煤矿安全法律法规汇编

国家煤矿安全监察局　编

应急管理出版社

·北　京·

内 容 提 要

本书是一本权威性、实用性和时效性兼具的煤矿安全法律法规专业工具书。全书共分为法律、行政法规、部门规章、司法解释、规范性文件五个部分，收录了目前煤矿在用常用的安全法律法规。

本书可供各级煤矿安全监察机构及其行政执法人员、煤矿企业、煤炭科研院所、社会服务机构等单位和人员查阅、使用。

前　言

新中国成立以来，党中央、国务院高度重视煤矿安全生产工作，先后出台一系列方针政策、法律法规和重大举措，为煤矿安全生产提供了有力的法制保障。经过各地区、各有关部门、广大煤矿企业和社会各界的共同努力，全国煤炭行业发生了翻天覆地的变化，煤矿安全生产工作取得了历史性成就，实现了历史性跨越，为保障国家能源安全及国民经济社会发展做出了历史性贡献。

全国煤矿安全生产取得的巨大成就，与煤矿安全法律法规的不断健全完善密不可分。在全面依法治国的背景下，做好新时代煤矿安全生产工作，离不开系统完备、科学规范、运行有效的煤矿安全法律法规体系。基于此，我们认真整理了与煤矿安全密切相关的法律、行政法规、部门规章、司法解释和规范性文件，编辑成册，以方便煤矿安全监管监察系统、煤矿企业、科研院所、高校人员了解、学习、使用。同时，也为后续制定和修订煤矿安全法律法规工作提供翔实资料。

本书主要收录了法律 18 部、行政法规 19 部、部门规章 33 份、司法解释 8 份、规范性文件 66 份，全面涵盖煤矿安全生产、监管监察、安全培训、责任追究、建设施工、劳动用工、职业防护、事故预防、文化建设等方面的内容。

在资料收集过程中，难免存在缺漏之处，恳请广大读者多提宝贵意见。

编　者

2020 年 1 月

前言

目　　录

第一部分　法　　律

第二部分　司　法　解　释

第三部分　行　政　法　规

第四部分　部　门　规　章

第五部分　规范性文件

第一部分　法　律

1. 中华人民共和国安全生产法

（2002 年 6 月 29 日第九届全国人民代表大会常务委员会第二十八次会议通过，根据 2009 年 8 月 27 日第十一届全国人民代表大会常务委员会第十次会议关于《关于修改部分法律的决定》第一次修正，根据 2014 年 8 月 31 日第十二届全国人民代表大会常务委员会第十次会议《关于修改〈中华人民共和国安全生产法〉的决定》第二次修正）

目　　录

第一章　总　　则

第一条　为了加强安全生产工作，防止和减少生产安全事故，保障人民群众生命和财产安全，促进经济社会持续健康发展，制定本法。

第二条　在中华人民共和国领域内从事生产经营活动的单位（以下统称生产经营单位）的安全生产，适用本法；有关法律、行政法规对消防安全和道路交通安全、铁路交通安全、水上交通安全、民用航空安全以及核与辐射安全、特种设备安全另有规定的，适用其规定。

第三条　安全生产工作应当以人为本，坚持安全发展，坚持安全第一、预防为主、综合治理的方针，强化和落实生产经营单位的主体责任，建立生产经营单位负责、职工参与、政府监管、行业自律和社会监督的机制。

第四条　生产经营单位必须遵守本法和其他有关安全生产的法律、法规，加强安全生产管理，建立、健全安全生产责任制和安全生产规章制度，改善安全生产条件，推进安全生产标准化建设，提高安全生产水平，确保安全生产。

第五条　生产经营单位的主要负责人对本单位的安全生产工作全面负责。

第六条　生产经营单位的从业人员有依法获得安全生产保障的权利，并应当依法履行安全生产方面的义务。

第七条　工会依法对安全生产工作进行监督。

生产经营单位的工会依法组织职工参加本单位安全生产工作的民主管理和民主监督，维护职工在安全生产方面的合法权益。生产经营单位制定或者修改有关安全生产的规章制度，应当听取工会的意见。

第八条　国务院和县级以上地方各级人民政府应当根据国民经济和社会发展规划制定安全生产规

划，并组织实施。安全生产规划应当与城乡规划相衔接。

国务院和县级以上地方各级人民政府应当加强对安全生产工作的领导，支持、督促各有关部门依法履行安全生产监督管理职责，建立健全安全生产工作协调机制，及时协调、解决安全生产监督管理中存在的重大问题。

乡、镇人民政府以及街道办事处、开发区管理机构等地方人民政府的派出机关应当按照职责，加强对本行政区域内生产经营单位安全生产状况的监督检查，协助上级人民政府有关部门依法履行安全生产监督管理职责。

第九条 国务院安全生产监督管理部门依照本法，对全国安全生产工作实施综合监督管理；县级以上地方各级人民政府安全生产监督管理部门依照本法，对本行政区域内安全生产工作实施综合监督管理。

国务院有关部门依照本法和其他有关法律、行政法规的规定，在各自的职责范围内对有关行业、领域的安全生产工作实施监督管理；县级以上地方各级人民政府有关部门依照本法和其他有关法律、法规的规定，在各自的职责范围内对有关行业、领域的安全生产工作实施监督管理。

安全生产监督管理部门和对有关行业、领域的安全生产工作实施监督管理的部门，统称负有安全生产监督管理职责的部门。

第十条 国务院有关部门应当按照保障安全生产的要求，依法及时制定有关的国家标准或者行业标准，并根据科技进步和经济发展适时修订。

生产经营单位必须执行依法制定的保障安全生产的国家标准或者行业标准。

第十一条 各级人民政府及其有关部门应当采取多种形式，加强对有关安全生产的法律、法规和安全生产知识的宣传，增强全社会的安全生产意识。

第十二条 有关协会组织依照法律、行政法规和章程，为生产经营单位提供安全生产方面的信息、培训等服务，发挥自律作用，促进生产经营单位加强安全生产管理。

第十三条 依法设立的为安全生产提供技术、管理服务的机构，依照法律、行政法规和执业准则，接受生产经营单位的委托为其安全生产工作提供技术、管理服务。

生产经营单位委托前款规定的机构提供安全生产技术、管理服务的，保证安全生产的责任仍由本单位负责。

第十四条 国家实行生产安全事故责任追究制度，依照本法和有关法律、法规的规定，追究生产安全事故责任人员的法律责任。

第十五条 国家鼓励和支持安全生产科学技术研究和安全生产先进技术的推广应用，提高安全生产水平。

第十六条 国家对在改善安全生产条件、防止生产安全事故、参加抢险救护等方面取得显著成绩的单位和个人，给予奖励。

第二章　生产经营单位的安全生产保障

第十七条 生产经营单位应当具备本法和有关法律、行政法规和国家标准或者行业标准规定的安全生产条件；不具备安全生产条件的，不得从事生产经营活动。

第十八条 生产经营单位的主要负责人对本单位安全生产工作负有下列职责：

（一）建立、健全本单位安全生产责任制；

（二）组织制定本单位安全生产规章制度和操作规程；

（三）组织制定并实施本单位安全生产教育和培训计划；

（四）保证本单位安全生产投入的有效实施；

（五）督促、检查本单位的安全生产工作，及时消除生产安全事故隐患；

（六）组织制定并实施本单位的生产安全事故应急救援预案；

（七）及时、如实报告生产安全事故。

第十九条 生产经营单位的安全生产责任制应当明确各岗位的责任人员、责任范围和考核标准等内容。

生产经营单位应当建立相应的机制，加强对安全生产责任制落实情况的监督考核，保证安全生产责任制的落实。

第二十条 生产经营单位应当具备的安全生产条件所必需的资金投入，由生产经营单位的决策机构、主要负责人或者个人经营的投资人予以保证，并对由于安全生产所必需的资金投入不足导致的后果承担责任。

有关生产经营单位应当按照规定提取和使用安全生产费用，专门用于改善安全生产条件。安全生产费用在成本中据实列支。安全生产费用提取、使用和监督管理的具体办法由国务院财政部门会同国务院安全生产监督管理部门征求国务院有关部门意见后制定。

第二十一条 矿山、金属冶炼、建筑施工、道路运输单位和危险物品的生产、经营、储存单位，应当设置安全生产管理机构或者配备专职安全生产管理人员。

前款规定以外的其他生产经营单位，从业人员超过一百人的，应当设置安全生产管理机构或者配备专职安全生产管理人员；从业人员在一百人以下的，应当配备专职或者兼职的安全生产管理人员。

第二十二条 生产经营单位的安全生产管理机构以及安全生产管理人员履行下列职责：

（一）组织或者参与拟订本单位安全生产规章制度、操作规程和生产安全事故应急救援预案；

（二）组织或者参与本单位安全生产教育和培训，如实记录安全生产教育和培训情况；

（三）督促落实本单位重大危险源的安全管理措施；

（四）组织或者参与本单位应急救援演练；

（五）检查本单位的安全生产状况，及时排查生产安全事故隐患，提出改进安全生产管理的建议；

（六）制止和纠正违章指挥、强令冒险作业、违反操作规程的行为；

（七）督促落实本单位安全生产整改措施。

第二十三条 生产经营单位的安全生产管理机构以及安全生产管理人员应当恪尽职守，依法履行职责。

生产经营单位作出涉及安全生产的经营决策，应当听取安全生产管理机构以及安全生产管理人员的意见。

生产经营单位不得因安全生产管理人员依法履行职责而降低其工资、福利等待遇或者解除与其订立的劳动合同。

危险物品的生产、储存单位以及矿山、金属冶炼单位的安全生产管理人员的任免，应当告知主管的负有安全生产监督管理职责的部门。

第二十四条 生产经营单位的主要负责人和安全生产管理人员必须具备与本单位所从事的生产经营活动相应的安全生产知识和管理能力。

危险物品的生产、经营、储存单位以及矿山、金属冶炼、建筑施工、道路运输单位的主要负责人和安全生产管理人员，应当由主管的负有安全生产监督管理职责的部门对其安全生产知识和管理能力考核合格。考核不得收费。

危险物品的生产、储存单位以及矿山、金属冶炼单位应当有注册安全工程师从事安全生产管理工作。鼓励其他生产经营单位聘用注册安全工程师从事安全生产管理工作。注册安全工程师按专业分类管理，具体办法由国务院人力资源和社会保障部门、国务院安全生产监督管理部门会同国务院有关部门制定。

第二十五条 生产经营单位应当对从业人员进行安全生产教育和培训，保证从业人员具备必要的安全生产知识，熟悉有关的安全生产规章制度和安全操作规程，掌握本岗位的安全操作技能，了解事故应急处理措施，知悉自身在安全生产方面的权利和义务。未经安全生产教育和培训合格的从业人员，不得上岗作业。

生产经营单位使用被派遣劳动者的，应当将被派遣劳动者纳入本单位从业人员统一管理，对被派遣劳动者进行岗位安全操作规程和安全操作技能的教育和培训。劳务派遣单位应当对被派遣劳动者进行必要的安全生产教育和培训。

生产经营单位接收中等职业学校、高等学校学生实习的，应当对实习学生进行相应的安全生产教育和培训，提供必要的劳动防护用品。学校应当协助生产经营单位对实习学生进行安全生产教育和培训。

生产经营单位应当建立安全生产教育和培训档案，如实记录安全生产教育和培训的时间、内容、参加人员以及考核结果等情况。

第二十六条 生产经营单位采用新工艺、新技术、新材料或者使用新设备，必须了解、掌握其安全技术特性，采取有效的安全防护措施，并对从业人员进行专门的安全生产教育和培训。

第二十七条 生产经营单位的特种作业人员必须按照国家有关规定经专门的安全作业培训，取得相应资格，方可上岗作业。

特种作业人员的范围由国务院安全生产监督管理部门会同国务院有关部门确定。

第二十八条 生产经营单位新建、改建、扩建工程项目（以下统称建设项目）的安全设施，必须与主体工程同时设计、同时施工、同时投入生产和使用。安全设施投资应当纳入建设项目概算。

第二十九条 矿山、金属冶炼建设项目和用于生产、储存、装卸危险物品的建设项目，应当按照国家有关规定进行安全评价。

第三十条 建设项目安全设施的设计人、设计单位应当对安全设施设计负责。

矿山、金属冶炼建设项目和用于生产、储存、装卸危险物品的建设项目的安全设施设计应当按照国家有关规定报经有关部门审查，审查部门及其负责审查的人员对审查结果负责。

第三十一条 矿山、金属冶炼建设项目和用于生产、储存、装卸危险物品的建设项目的施工单位必须按照批准的安全设施设计施工，并对安全设施的工程质量负责。

矿山、金属冶炼建设项目和用于生产、储存危险物品的建设项目竣工投入生产或者使用前，应当由建设单位负责组织对安全设施进行验收；验收合格后，方可投入生产和使用。安全生产监督管理部门应当加强对建设单位验收活动和验收结果的监督核查。

第三十二条 生产经营单位应当在有较大危险因素的生产经营场所和有关设施、设备上，设置明显的安全警示标志。

第三十三条 安全设备的设计、制造、安装、使用、检测、维修、改造和报废，应当符合国家标准或者行业标准。

生产经营单位必须对安全设备进行经常性维护、保养，并定期检测，保证正常运转。维护、保养、检测应当作好记录，并由有关人员签字。

第三十四条 生产经营单位使用的危险物品的容器、运输工具，以及涉及人身安全、危险性较大的海洋石油开采特种设备和矿山井下特种设备，必须按照国家有关规定，由专业生产单位生产，并经具有专业资质的检测、检验机构检测、检验合格，取得安全使用证或者安全标志，方可投入使用。检测、检验机构对检测、检验结果负责。

第三十五条 国家对严重危及生产安全的工艺、设备实行淘汰制度，具体目录由国务院安全生产监督管理部门会同国务院有关部门制定并公布。法律、行政法规对目录的制定另有规定的，适用其规定。

省、自治区、直辖市人民政府可以根据本地区实际情况制定并公布具体目录，对前款规定以外的危及生产安全的工艺、设备予以淘汰。

生产经营单位不得使用应当淘汰的危及生产安全的工艺、设备。

第三十六条 生产、经营、运输、储存、使用危险物品或者处置废弃危险物品的，由有关主管部门依照有关法律、法规的规定和国家标准或者行业标准审批并实施监督管理。

生产经营单位生产、经营、运输、储存、使用危险物品或者处置废弃危险物品，必须执行有关法律、法规和国家标准或者行业标准，建立专门的安全管理制度，采取可靠的安全措施，接受有关主管部门依法实施的监督管理。

第三十七条 生产经营单位对重大危险源应当登记建档，进行定期检测、评估、监控，并制定应急预案，告知从业人员和相关人员在紧急情况下应当采取的应急措施。

生产经营单位应当按照国家有关规定将本单位重大危险源及有关安全措施、应急措施报有关地方人民政府安全生产监督管理部门和有关部门备案。

第三十八条 生产经营单位应当建立健全生产安全事故隐患排查治理制度，采取技术、管理措施，及时发现并消除事故隐患。事故隐患排查治理情况应当如实记录，并向从业人员通报。

县级以上地方各级人民政府负有安全生产监督管理职责的部门应当建立健全重大事故隐患治理督办制度，督促生产经营单位消除重大事故隐患。

第三十九条 生产、经营、储存、使用危险物品的车间、商店、仓库不得与员工宿舍在同一座建筑物内，并应当与员工宿舍保持安全距离。

生产经营场所和员工宿舍应当设有符合紧急疏散要求、标志明显、保持畅通的出口。禁止锁闭、封堵生产经营场所或者员工宿舍的出口。

第四十条 生产经营单位进行爆破、吊装以及国务院安全生产监督管理部门会同国务院有关部门规定的其他危险作业，应当安排专门人员进行现场安全管理，确保操作规程的遵守和安全措施的落实。

第四十一条 生产经营单位应当教育和督促从业人员严格执行本单位的安全生产规章制度和安全操作规程；并向从业人员如实告知作业场所和工作岗位存在的危险因素、防范措施以及事故应急措施。

第四十二条 生产经营单位必须为从业人员提供符合国家标准或者行业标准的劳动防护用品，并监督、教育从业人员按照使用规则佩戴、使用。

第四十三条 生产经营单位的安全生产管理人员应当根据本单位的生产经营特点，对安全生产状况进行经常性检查；对检查中发现的安全问题，应当立即处理；不能处理的，应当及时报告本单位有关负责人，有关负责人应当及时处理。检查及处理情况应当如实记录在案。

生产经营单位的安全生产管理人员在检查中发现重大事故隐患，依照前款规定向本单位有关负责人报告，有关负责人不及时处理的，安全生产管理人员可以向主管的负有安全生产监督管理职责的部门报告，接到报告的部门应当依法及时处理。

第四十四条 生产经营单位应当安排用于配备劳动防护用品、进行安全生产培训的经费。

第四十五条 两个以上生产经营单位在同一作业区域内进行生产经营活动，可能危及对方生产安全的，应当签订安全生产管理协议，明确各自的安全生产管理职责和应当采取的安全措施，并指定专职安全生产管理人员进行安全检查与协调。

第四十六条 生产经营单位不得将生产经营项目、场所、设备发包或者出租给不具备安全生产条件或者相应资质的单位或者个人。

生产经营项目、场所发包或者出租给其他单位的，生产经营单位应当与承包单位、承租单位签订专门的安全生产管理协议，或者在承包合同、租赁合同中约定各自的安全生产管理职责；生产经营单位对承包单位、承租单位的安全生产工作统一协调、管理，定期进行安全检查，发现安全问题的，应当及时督促整改。

第四十七条 生产经营单位发生生产安全事故时，单位的主要负责人应当立即组织抢救，并不得在事故调查处理期间擅离职守。

第四十八条 生产经营单位必须依法参加工伤保险，为从业人员缴纳保险费。

国家鼓励生产经营单位投保安全生产责任保险。

第三章 从业人员的安全生产权利义务

第四十九条 生产经营单位与从业人员订立的劳动合同，应当载明有关保障从业人员劳动安全、防止职业危害的事项，以及依法为从业人员办理工伤保险的事项。

生产经营单位不得以任何形式与从业人员订立协议，免除或者减轻其对从业人员因生产安全事故伤亡依法应承担的责任。

第五十条 生产经营单位的从业人员有权了解其作业场所和工作岗位存在的危险因素、防范措施及事故应急措施，有权对本单位的安全生产工作提出建议。

第五十一条 从业人员有权对本单位安全生产工作中存在的问题提出批评、检举、控告；有权拒绝违章指挥和强令冒险作业。

生产经营单位不得因从业人员对本单位安全生产工作提出批评、检举、控告或者拒绝违章指挥、强令冒险作业而降低其工资、福利等待遇或者解除与其订立的劳动合同。

第五十二条 从业人员发现直接危及人身安全的紧急情况时，有权停止作业或者在采取可能的应急措施后撤离作业场所。

生产经营单位不得因从业人员在前款紧急情况下停止作业或者采取紧急撤离措施而降低其工资、福利等待遇或者解除与其订立的劳动合同。

第五十三条 因生产安全事故受到损害的从业人员，除依法享有工伤保险外，依照有关民事法律尚有获得赔偿的权利的，有权向本单位提出赔偿要求。

第五十四条 从业人员在作业过程中，应当严格遵守本单位的安全生产规章制度和操作规程，服从管理，正确佩戴和使用劳动防护用品。

第五十五条 从业人员应当接受安全生产教育和培训，掌握本职工作所需的安全生产知识，提高安全生产技能，增强事故预防和应急处理能力。

第五十六条 从业人员发现事故隐患或者其他不安全因素，应当立即向现场安全生产管理人员或者本单位负责人报告；接到报告的人员应当及时予以处理。

第五十七条 工会有权对建设项目的安全设施与主体工程同时设计、同时施工、同时投入生产和使用进行监督，提出意见。

工会对生产经营单位违反安全生产法律、法规，侵犯从业人员合法权益的行为，有权要求纠正；发现生产经营单位违章指挥、强令冒险作业或者发现事故隐患时，有权提出解决的建议，生产经营单位应当及时研究答复；发现危及从业人员生命安全的情况时，有权向生产经营单位建议组织从业人员撤离危险场所，生产经营单位必须立即作出处理。

工会有权依法参加事故调查，向有关部门提出处理意见，并要求追究有关人员的责任。

第五十八条 生产经营单位使用被派遣劳动者的，被派遣劳动者享有本法规定的从业人员的权利，并应当履行本法规定的从业人员的义务。

第四章　安全生产的监督管理

第五十九条　县级以上地方各级人民政府应当根据本行政区域内的安全生产状况，组织有关部门按照职责分工，对本行政区域内容易发生重大生产安全事故的生产经营单位进行严格检查。

安全生产监督管理部门应当按照分类分级监督管理的要求，制定安全生产年度监督检查计划，并按照年度监督检查计划进行监督检查，发现事故隐患，应当及时处理。

第六十条　负有安全生产监督管理职责的部门依照有关法律、法规的规定，对涉及安全生产的事项需要审查批准（包括批准、核准、许可、注册、认证、颁发证照等，下同）或者验收的，必须严格依照有关法律、法规和国家标准或者行业标准规定的安全生产条件和程序进行审查；不符合有关法律、法规和国家标准或者行业标准规定的安全生产条件的，不得批准或者验收通过。对未依法取得批准或者验收合格的单位擅自从事有关活动的，负责行政审批的部门发现或者接到举报后应当立即予以取缔，并依法予以处理。对已经依法取得批准的单位，负责行政审批的部门发现其不再具备安全生产条件的，应当撤销原批准。

第六十一条　负有安全生产监督管理职责的部门对涉及安全生产的事项进行审查、验收，不得收取费用；不得要求接受审查、验收的单位购买其指定品牌或者指定生产、销售单位的安全设备、器材或者其他产品。

第六十二条　安全生产监督管理部门和其他负有安全生产监督管理职责的部门依法开展安全生产行政执法工作，对生产经营单位执行有关安全生产的法律、法规和国家标准或者行业标准的情况进行监督检查，行使以下职权：

（一）进入生产经营单位进行检查，调阅有关资料，向有关单位和人员了解情况；

（二）对检查中发现的安全生产违法行为，当场予以纠正或者要求限期改正；对依法应当给予行政处罚的行为，依照本法和其他有关法律、行政法规的规定作出行政处罚决定；

（三）对检查中发现的事故隐患，应当责令立即排除；重大事故隐患排除前或者排除过程中无法保证安全的，应当责令从危险区域内撤出作业人员，责令暂时停产停业或者停止使用相关设施、设备；重大事故隐患排除后，经审查同意，方可恢复生产经营和使用；

（四）对有根据认为不符合保障安全生产的国家标准或者行业标准的设施、设备、器材以及违法生产、储存、使用、经营、运输的危险物品予以查封或者扣押，对违法生产、储存、使用、经营危险物品的作业场所予以查封，并依法作出处理决定。

监督检查不得影响被检查单位的正常生产经营活动。

第六十三条　生产经营单位对负有安全生产监督管理职责的部门的监督检查人员（以下统称安全生产监督检查人员）依法履行监督检查职责，应当予以配合，不得拒绝、阻挠。

第六十四条　安全生产监督检查人员应当忠于职守，坚持原则，秉公执法。

安全生产监督检查人员执行监督检查任务时，必须出示有效的监督执法证件；对涉及被检查单位的技术秘密和业务秘密，应当为其保密。

第六十五条　安全生产监督检查人员应当将检查的时间、地点、内容、发现的问题及其处理情况，作出书面记录，并由检查人员和被检查单位的负责人签字；被检查单位的负责人拒绝签字的，检查人员应当将情况记录在案，并向负有安全生产监督管理职责的部门报告。

第六十六条　负有安全生产监督管理职责的部门在监督检查中，应当互相配合，实行联合检查；确需分别进行检查的，应当互通情况，发现存在的安全问题应当由其他有关部门进行处理的，应当及时移送其他有关部门并形成记录备查，接受移送的部门应当及时进行处理。

第六十七条　负有安全生产监督管理职责的部门依法对存在重大事故隐患的生产经营单位作出停

产停业、停止施工、停止使用相关设施或者设备的决定，生产经营单位应当依法执行，及时消除事故隐患。生产经营单位拒不执行，有发生生产安全事故的现实危险的，在保证安全的前提下，经本部门主要负责人批准，负有安全生产监督管理职责的部门可以采取通知有关单位停止供电、停止供应民用爆炸物品等措施，强制生产经营单位履行决定。通知应当采用书面形式，有关单位应当予以配合。

负有安全生产监督管理职责的部门依照前款规定采取停止供电措施，除有危及生产安全的紧急情形外，应当提前二十四小时通知生产经营单位。生产经营单位依法履行行政决定、采取相应措施消除事故隐患的，负有安全生产监督管理职责的部门应当及时解除前款规定的措施。

第六十八条 监察机关依照行政监察法的规定，对负有安全生产监督管理职责的部门及其工作人员履行安全生产监督管理职责实施监察。

第六十九条 承担安全评价、认证、检测、检验的机构应当具备国家规定的资质条件，并对其作出的安全评价、认证、检测、检验的结果负责。

第七十条 负有安全生产监督管理职责的部门应当建立举报制度，公开举报电话、信箱或者电子邮件地址，受理有关安全生产的举报；受理的举报事项经调查核实后，应当形成书面材料；需要落实整改措施的，报经有关负责人签字并督促落实。

第七十一条 任何单位或者个人对事故隐患或者安全生产违法行为，均有权向负有安全生产监督管理职责的部门报告或者举报。

第七十二条 居民委员会、村民委员会发现其所在区域内的生产经营单位存在事故隐患或者安全生产违法行为时，应当向当地人民政府或者有关部门报告。

第七十三条 县级以上各级人民政府及其有关部门对报告重大事故隐患或者举报安全生产违法行为的有功人员，给予奖励。具体奖励办法由国务院安全生产监督管理部门会同国务院财政部门制定。

第七十四条 新闻、出版、广播、电影、电视等单位有进行安全生产公益宣传教育的义务，有对违反安全生产法律、法规的行为进行舆论监督的权利。

第七十五条 负有安全生产监督管理职责的部门应当建立安全生产违法行为信息库，如实记录生产经营单位的安全生产违法行为信息；对违法行为情节严重的生产经营单位，应当向社会公告，并通报行业主管部门、投资主管部门、国土资源主管部门、证券监督管理机构以及有关金融机构。

第五章　生产安全事故的应急救援与调查处理

第七十六条 国家加强生产安全事故应急能力建设，在重点行业、领域建立应急救援基地和应急救援队伍，鼓励生产经营单位和其他社会力量建立应急救援队伍，配备相应的应急救援装备和物资，提高应急救援的专业化水平。

国务院安全生产监督管理部门建立全国统一的生产安全事故应急救援信息系统，国务院有关部门建立健全相关行业、领域的生产安全事故应急救援信息系统。

第七十七条 县级以上地方各级人民政府应当组织有关部门制定本行政区域内生产安全事故应急救援预案，建立应急救援体系。

第七十八条 生产经营单位应当制定本单位生产安全事故应急救援预案，与所在地县级以上地方人民政府组织制定的生产安全事故应急救援预案相衔接，并定期组织演练。

第七十九条 危险物品的生产、经营、储存单位以及矿山、金属冶炼、城市轨道交通运营、建筑施工单位应当建立应急救援组织；生产经营规模较小的，可以不建立应急救援组织，但应当指定兼职的应急救援人员。

危险物品的生产、经营、储存、运输单位以及矿山、金属冶炼、城市轨道交通运营、建筑施工单位应当配备必要的应急救援器材、设备和物资，并进行经常性维护、保养，保证正常运转。

第八十条 生产经营单位发生生产安全事故后，事故现场有关人员应当立即报告本单位负责人。

单位负责人接到事故报告后，应当迅速采取有效措施，组织抢救，防止事故扩大，减少人员伤亡和财产损失，并按照国家有关规定立即如实报告当地负有安全生产监督管理职责的部门，不得隐瞒不报、谎报或者迟报，不得故意破坏事故现场、毁灭有关证据。

第八十一条 负有安全生产监督管理职责的部门接到事故报告后，应当立即按照国家有关规定上报事故情况。负有安全生产监督管理职责的部门和有关地方人民政府对事故情况不得隐瞒不报、谎报或者迟报。

第八十二条 有关地方人民政府和负有安全生产监督管理职责的部门的负责人接到生产安全事故报告后，应当按照生产安全事故应急救援预案的要求立即赶到事故现场，组织事故抢救。

参与事故抢救的部门和单位应当服从统一指挥，加强协同联动，采取有效的应急救援措施，并根据事故救援的需要采取警戒、疏散等措施，防止事故扩大和次生灾害的发生，减少人员伤亡和财产损失。

事故抢救过程中应当采取必要措施，避免或者减少对环境造成的危害。

任何单位和个人都应当支持、配合事故抢救，并提供一切便利条件。

第八十三条 事故调查处理应当按照科学严谨、依法依规、实事求是、注重实效的原则，及时、准确地查清事故原因，查明事故性质和责任，总结事故教训，提出整改措施，并对事故责任者提出处理意见。事故调查报告应当依法及时向社会公布。事故调查和处理的具体办法由国务院制定。

事故发生单位应当及时全面落实整改措施，负有安全生产监督管理职责的部门应当加强监督检查。

第八十四条 生产经营单位发生生产安全事故，经调查确定为责任事故的，除了应当查明事故单位的责任并依法予以追究外，还应当查明对安全生产的有关事项负有审查批准和监督职责的行政部门的责任，对有失职、渎职行为的，依照本法第八十七条的规定追究法律责任。

第八十五条 任何单位和个人不得阻挠和干涉对事故的依法调查处理。

第八十六条 县级以上地方各级人民政府安全生产监督管理部门应当定期统计分析本行政区域内发生生产安全事故的情况，并定期向社会公布。

第六章　法　律　责　任

第八十七条 负有安全生产监督管理职责的部门的工作人员，有下列行为之一的，给予降级或者撤职的处分；构成犯罪的，依照刑法有关规定追究刑事责任：

（一）对不符合法定安全生产条件的涉及安全生产的事项予以批准或者验收通过的；

（二）发现未依法取得批准、验收的单位擅自从事有关活动或者接到举报后不予取缔或者不依法予以处理的；

（三）对已经依法取得批准的单位不履行监督管理职责，发现其不再具备安全生产条件而不撤销原批准或者发现安全生产违法行为不予查处的；

（四）在监督检查中发现重大事故隐患，不依法及时处理的。

负有安全生产监督管理职责的部门的工作人员有前款规定以外的滥用职权、玩忽职守、徇私舞弊行为的，依法给予处分；构成犯罪的，依照刑法有关规定追究刑事责任。

第八十八条 负有安全生产监督管理职责的部门，要求被审查、验收的单位购买其指定的安全设备、器材或者其他产品的，在对安全生产事项的审查、验收中收取费用的，由其上级机关或者监察机关责令改正，责令退还收取的费用；情节严重的，对直接负责的主管人员和其他直接责任人员依法给予处分。

第八十九条　承担安全评价、认证、检测、检验工作的机构，出具虚假证明的，没收违法所得；违法所得在十万元以上的，并处违法所得二倍以上五倍以下的罚款；没有违法所得或者违法所得不足十万元的，单处或者并处十万元以上二十万元以下的罚款；对其直接负责的主管人员和其他直接责任人员处二万元以上五万元以下的罚款；给他人造成损害的，与生产经营单位承担连带赔偿责任；构成犯罪的，依照刑法有关规定追究刑事责任。

对有前款违法行为的机构，吊销其相应资质。

第九十条　生产经营单位的决策机构、主要负责人或者个人经营的投资人不依照本法规定保证安全生产所必需的资金投入，致使生产经营单位不具备安全生产条件的，责令限期改正，提供必需的资金；逾期未改正的，责令生产经营单位停产停业整顿。

有前款违法行为，导致发生生产安全事故的，对生产经营单位的主要负责人给予撤职处分，对个人经营的投资人处二万元以上二十万元以下的罚款；构成犯罪的，依照刑法有关规定追究刑事责任。

第九十一条　生产经营单位的主要负责人未履行本法规定的安全生产管理职责的，责令限期改正；逾期未改正的，处二万元以上五万元以下的罚款，责令生产经营单位停产停业整顿。

生产经营单位的主要负责人有前款违法行为，导致发生生产安全事故的，给予撤职处分；构成犯罪的，依照刑法有关规定追究刑事责任。

生产经营单位的主要负责人依照前款规定受刑事处罚或者撤职处分的，自刑罚执行完毕或者受处分之日起，五年内不得担任任何生产经营单位的主要负责人；对重大、特别重大生产安全事故负有责任的，终身不得担任本行业生产经营单位的主要负责人。

第九十二条　生产经营单位的主要负责人未履行本法规定的安全生产管理职责，导致发生生产安全事故的，由安全生产监督管理部门依照下列规定处以罚款：

（一）发生一般事故的，处上一年年收入百分之三十的罚款；

（二）发生较大事故的，处上一年年收入百分之四十的罚款；

（三）发生重大事故的，处上一年年收入百分之六十的罚款；

（四）发生特别重大事故的，处上一年年收入百分之八十的罚款。

第九十三条　生产经营单位的安全生产管理人员未履行本法规定的安全生产管理职责的，责令限期改正；导致发生生产安全事故的，暂停或者撤销其与安全生产有关的资格；构成犯罪的，依照刑法有关规定追究刑事责任。

第九十四条　生产经营单位有下列行为之一的，责令限期改正，可以处五万元以下的罚款；逾期未改正的，责令停产停业整顿，并处五万元以上十万元以下的罚款，对其直接负责的主管人员和其他直接责任人员处一万元以上二万元以下的罚款：

（一）未按照规定设置安全生产管理机构或者配备安全生产管理人员的；

（二）危险物品的生产、经营、储存单位以及矿山、金属冶炼、建筑施工、道路运输单位的主要负责人和安全生产管理人员未按照规定经考核合格的；

（三）未按照规定对从业人员、被派遣劳动者、实习学生进行安全生产教育和培训，或者未按照规定如实告知有关的安全生产事项的；

（四）未如实记录安全生产教育和培训情况的；

（五）未将事故隐患排查治理情况如实记录或者未向从业人员通报的；

（六）未按照规定制定生产安全事故应急救援预案或者未定期组织演练的；

（七）特种作业人员未按照规定经专门的安全作业培训并取得相应资格，上岗作业的。

第九十五条　生产经营单位有下列行为之一的，责令停止建设或者停产停业整顿，限期改正；逾期未改正的，处五十万元以上一百万元以下的罚款，对其直接负责的主管人员和其他直接责任人员处二万元以上五万元以下的罚款；构成犯罪的，依照刑法有关规定追究刑事责任：

（一）未按照规定对矿山、金属冶炼建设项目或者用于生产、储存、装卸危险物品的建设项目进行安全评价的；

（二）矿山、金属冶炼建设项目或者用于生产、储存、装卸危险物品的建设项目没有安全设施设计或者安全设施设计未按照规定报经有关部门审查同意的；

（三）矿山、金属冶炼建设项目或者用于生产、储存、装卸危险物品的建设项目的施工单位未按照批准的安全设施设计施工的；

（四）矿山、金属冶炼建设项目或者用于生产、储存危险物品的建设项目竣工投入生产或者使用前，安全设施未经验收合格的。

第九十六条 生产经营单位有下列行为之一的，责令限期改正，可以处五万元以下的罚款；逾期未改正的，处五万元以上二十万元以下的罚款，对其直接负责的主管人员和其他直接责任人员处一万元以上二万元以下的罚款；情节严重的，责令停产停业整顿；构成犯罪的，依照刑法有关规定追究刑事责任：

（一）未在有较大危险因素的生产经营场所和有关设施、设备上设置明显的安全警示标志的；

（二）安全设备的安装、使用、检测、改造和报废不符合国家标准或者行业标准的；

（三）未对安全设备进行经常性维护、保养和定期检测的；

（四）未为从业人员提供符合国家标准或者行业标准的劳动防护用品的；

（五）危险物品的容器、运输工具，以及涉及人身安全、危险性较大的海洋石油开采特种设备和矿山井下特种设备未经具有专业资质的机构检测、检验合格，取得安全使用证或者安全标志，投入使用的；

（六）使用应当淘汰的危及生产安全的工艺、设备的。

第九十七条 未经依法批准，擅自生产、经营、运输、储存、使用危险物品或者处置废弃危险物品的，依照有关危险物品安全管理的法律、行政法规的规定予以处罚；构成犯罪的，依照刑法有关规定追究刑事责任。

第九十八条 生产经营单位有下列行为之一的，责令限期改正，可以处十万元以下的罚款；逾期未改正的，责令停产停业整顿，并处十万元以上二十万元以下的罚款，对其直接负责的主管人员和其他直接责任人员处二万元以上五万元以下的罚款；构成犯罪的，依照刑法有关规定追究刑事责任：

（一）生产、经营、运输、储存、使用危险物品或者处置废弃危险物品，未建立专门安全管理制度、未采取可靠的安全措施的；

（二）对重大危险源未登记建档，或者未进行评估、监控，或者未制定应急预案的；

（三）进行爆破、吊装以及国务院安全生产监督管理部门会同国务院有关部门规定的其他危险作业，未安排专门人员进行现场安全管理的；

（四）未建立事故隐患排查治理制度的。

第九十九条 生产经营单位未采取措施消除事故隐患的，责令立即消除或者限期消除；生产经营单位拒不执行的，责令停产停业整顿，并处十万元以上五十万元以下的罚款，对其直接负责的主管人员和其他直接责任人员处二万元以上五万元以下的罚款。

第一百条 生产经营单位将生产经营项目、场所、设备发包或者出租给不具备安全生产条件或者相应资质的单位或者个人的，责令限期改正，没收违法所得；违法所得十万元以上的，并处违法所得二倍以上五倍以下的罚款；没有违法所得或者违法所得不足十万元的，单处或者并处十万元以上二十万元以下的罚款；对其直接负责的主管人员和其他直接责任人员处一万元以上二万元以下的罚款；导致发生生产安全事故给他人造成损害的，与承包方、承租方承担连带赔偿责任。

生产经营单位未与承包单位、承租单位签订专门的安全生产管理协议或者未在承包合同、租赁合同中明确各自的安全生产管理职责，或者未对承包单位、承租单位的安全生产统一协调、管理的，责令限期改正，可以处五万元以下的罚款，对其直接负责的主管人员和其他直接责任人员可以处一万元以下的罚款；逾期未改正的，责令停产停业整顿。

第一百零一条 两个以上生产经营单位在同一作业区域内进行可能危及对方安全生产的生产经营活动，未签订安全生产管理协议或者未指定专职安全生产管理人员进行安全检查与协调的，责令限期改正，可以处五万元以下的罚款，对其直接负责的主管人员和其他直接责任人员可以处一万元以下的罚款；逾期未改正的，责令停产停业。

第一百零二条 生产经营单位有下列行为之一的，责令限期改正，可以处五万元以下的罚款，对其直接负责的主管人员和其他直接责任人员可以处一万元以下的罚款；逾期未改正的，责令停产停业整顿；构成犯罪的，依照刑法有关规定追究刑事责任：

（一）生产、经营、储存、使用危险物品的车间、商店、仓库与员工宿舍在同一座建筑内，或者与员工宿舍的距离不符合安全要求的；

（二）生产经营场所和员工宿舍未设有符合紧急疏散需要、标志明显、保持畅通的出口，或者锁闭、封堵生产经营场所或者员工宿舍出口的。

第一百零三条 生产经营单位与从业人员订立协议，免除或者减轻其对从业人员因生产安全事故伤亡依法应承担的责任的，该协议无效；对生产经营单位的主要负责人、个人经营的投资人处二万元以上十万元以下的罚款。

第一百零四条 生产经营单位的从业人员不服从管理，违反安全生产规章制度或者操作规程的，由生产经营单位给予批评教育，依照有关规章制度给予处分；构成犯罪的，依照刑法有关规定追究刑事责任。

第一百零五条 违反本法规定，生产经营单位拒绝、阻碍负有安全生产监督管理职责的部门依法实施监督检查的，责令改正；拒不改正的，处二万元以上二十万元以下的罚款；对其直接负责的主管人员和其他直接责任人员处一万元以上二万元以下的罚款；构成犯罪的，依照刑法有关规定追究刑事责任。

第一百零六条 生产经营单位的主要负责人在本单位发生生产安全事故时，不立即组织抢救或者在事故调查处理期间擅离职守或者逃匿的，给予降级、撤职的处分，并由安全生产监督管理部门处上一年年收入百分之六十至百分之一百的罚款；对逃匿的处十五日以下拘留；构成犯罪的，依照刑法有关规定追究刑事责任。

生产经营单位的主要负责人对生产安全事故隐瞒不报、谎报或者迟报的，依照前款规定处罚。

第一百零七条 有关地方人民政府、负有安全生产监督管理职责的部门，对生产安全事故隐瞒不报、谎报或者迟报的，对直接负责的主管人员和其他直接责任人员依法给予处分；构成犯罪的，依照刑法有关规定追究刑事责任。

第一百零八条 生产经营单位不具备本法和其他有关法律、行政法规和国家标准或者行业标准规定的安全生产条件，经停产停业整顿仍不具备安全生产条件的，予以关闭；有关部门应当依法吊销其有关证照。

第一百零九条 发生生产安全事故，对负有责任的生产经营单位除要求其依法承担相应的赔偿等责任外，由安全生产监督管理部门依照下列规定处以罚款：

（一）发生一般事故的，处二十万元以上五十万元以下的罚款；

（二）发生较大事故的，处五十万元以上一百万元以下的罚款；

（三）发生重大事故的，处一百万元以上五百万元以下的罚款；

（四）发生特别重大事故的，处五百万元以上一千万元以下的罚款；情节特别严重的，处一千万元以上二千万元以下的罚款。

第一百一十条 本法规定的行政处罚，由安全生产监督管理部门和其他负有安全生产监督管理职责的部门按照职责分工决定。予以关闭的行政处罚由负有安全生产监督管理职责的部门报请县级以上人民政府按照国务院规定的权限决定；给予拘留的行政处罚由公安机关依照治安管理处罚法的规定决定。

第一百一十一条 生产经营单位发生生产安全事故造成人员伤亡、他人财产损失的，应当依法承担赔偿责任；拒不承担或者其负责人逃匿的，由人民法院依法强制执行。

生产安全事故的责任人未依法承担赔偿责任，经人民法院依法采取执行措施后，仍不能对受害人给予足额赔偿的，应当继续履行赔偿义务；受害人发现责任人有其他财产的，可以随时请求人民法院执行。

第七章 附 则

第一百一十二条 本法下列用语的含义：

危险物品，是指易燃易爆物品、危险化学品、放射性物品等能够危及人身安全和财产安全的物品。

重大危险源，是指长期地或者临时地生产、搬运、使用或者储存危险物品，且危险物品的数量等于或者超过临界量的单元（包括场所和设施）。

第一百一十三条 本法规定的生产安全一般事故、较大事故、重大事故、特别重大事故的划分标准由国务院规定。

国务院安全生产监督管理部门和其他负有安全生产监督管理职责的部门应当根据各自的职责分工，制定相关行业、领域重大事故隐患的判定标准。

第一百一十四条 本法自 2002 年 11 月 1 日起施行。

2. 中华人民共和国职业病防治法

（2001 年 10 月 27 日第九届全国人民代表大会常务委员会第二十四次会议通过，根据 2011 年 12 月 31 日第十一届全国人民代表大会常务委员会第二十四次会议《关于修改〈中华人民共和国职业病防治法〉的决定》第一次修正，根据 2016 年 7 月 2 日第十二届全国人民代表大会常务委员会第二十一次会议《关于修改〈中华人民共和国节约能源法〉等六部法律的决定》第二次修正，根据 2017 年 11 月 4 日第十二届全国人民代表大会常务委员会第三十次会议《关于修改〈中华人民共和国会计法〉等十一部法律的决定》第三次修正）

目　　录

第一章　总　　则

第一条　为了预防、控制和消除职业病危害，防治职业病，保护劳动者健康及其相关权益，促进经济社会发展，根据宪法，制定本法。

第二条　本法适用于中华人民共和国领域内的职业病防治活动。

本法所称职业病，是指企业、事业单位和个体经济组织等用人单位的劳动者在职业活动中，因接触粉尘、放射性物质和其他有毒、有害因素而引起的疾病。

职业病的分类和目录由国务院卫生行政部门会同国务院安全生产监督管理部门、劳动保障行政部门制定、调整并公布。

第三条　职业病防治工作坚持预防为主、防治结合的方针，建立用人单位负责、行政机关监管、行业自律、职工参与和社会监督的机制，实行分类管理、综合治理。

第四条　劳动者依法享有职业卫生保护的权利。

用人单位应当为劳动者创造符合国家职业卫生标准和卫生要求的工作环境和条件，并采取措施保障劳动者获得职业卫生保护。

工会组织依法对职业病防治工作进行监督，维护劳动者的合法权益。用人单位制定或者修改有关职业病防治的规章制度，应当听取工会组织的意见。

第五条　用人单位应当建立、健全职业病防治责任制，加强对职业病防治的管理，提高职业病防治水平，对本单位产生的职业病危害承担责任。

第六条　用人单位的主要负责人对本单位的职业病防治工作全面负责。

第七条 用人单位必须依法参加工伤保险。

国务院和县级以上地方人民政府劳动保障行政部门应当加强对工伤保险的监督管理，确保劳动者依法享受工伤保险待遇。

第八条 国家鼓励和支持研制、开发、推广、应用有利于职业病防治和保护劳动者健康的新技术、新工艺、新设备、新材料，加强对职业病的机理和发生规律的基础研究，提高职业病防治科学技术水平；积极采用有效的职业病防治技术、工艺、设备、材料；限制使用或者淘汰职业病危害严重的技术、工艺、设备、材料。

国家鼓励和支持职业病医疗康复机构的建设。

第九条 国家实行职业卫生监督制度。

国务院安全生产监督管理部门、卫生行政部门、劳动保障行政部门依照本法和国务院确定的职责，负责全国职业病防治的监督管理工作。国务院有关部门在各自的职责范围内负责职业病防治的有关监督管理工作。

县级以上地方人民政府安全生产监督管理部门、卫生行政部门、劳动保障行政部门依据各自职责，负责本行政区域内职业病防治的监督管理工作。县级以上地方人民政府有关部门在各自的职责范围内负责职业病防治的有关监督管理工作。

县级以上人民政府安全生产监督管理部门、卫生行政部门、劳动保障行政部门（以下统称职业卫生监督管理部门）应当加强沟通，密切配合，按照各自职责分工，依法行使职权，承担责任。

第十条 国务院和县级以上地方人民政府应当制定职业病防治规划，将其纳入国民经济和社会发展计划，并组织实施。

县级以上地方人民政府统一负责、领导、组织、协调本行政区域的职业病防治工作，建立健全职业病防治工作体制、机制，统一领导、指挥职业卫生突发事件应对工作；加强职业病防治能力建设和服务体系建设，完善、落实职业病防治工作责任制。

乡、民族乡、镇的人民政府应当认真执行本法，支持职业卫生监督管理部门依法履行职责。

第十一条 县级以上人民政府职业卫生监督管理部门应当加强对职业病防治的宣传教育，普及职业病防治的知识，增强用人单位的职业病防治观念，提高劳动者的职业健康意识、自我保护意识和行使职业卫生保护权利的能力。

第十二条 有关防治职业病的国家职业卫生标准，由国务院卫生行政部门组织制定并公布。

国务院卫生行政部门应当组织开展重点职业病监测和专项调查，对职业健康风险进行评估，为制定职业卫生标准和职业病防治政策提供科学依据。

县级以上地方人民政府卫生行政部门应当定期对本行政区域的职业病防治情况进行统计和调查分析。

第十三条 任何单位和个人有权对违反本法的行为进行检举和控告。有关部门收到相关的检举和控告后，应当及时处理。

对防治职业病成绩显著的单位和个人，给予奖励。

第二章 前 期 预 防

第十四条 用人单位应当依照法律、法规要求，严格遵守国家职业卫生标准，落实职业病预防措施，从源头上控制和消除职业病危害。

第十五条 产生职业病危害的用人单位的设立除应当符合法律、行政法规规定的设立条件外，其工作场所还应当符合下列职业卫生要求：

（一）职业病危害因素的强度或者浓度符合国家职业卫生标准；

（二）有与职业病危害防护相适应的设施；
（三）生产布局合理，符合有害与无害作业分开的原则；
（四）有配套的更衣间、洗浴间、孕妇休息间等卫生设施；
（五）设备、工具、用具等设施符合保护劳动者生理、心理健康的要求；
（六）法律、行政法规和国务院卫生行政部门、安全生产监督管理部门关于保护劳动者健康的其他要求。

第十六条 国家建立职业病危害项目申报制度。

用人单位工作场所存在职业病目录所列职业病的危害因素的，应当及时、如实向所在地安全生产监督管理部门申报危害项目，接受监督。

职业病危害因素分类目录由国务院卫生行政部门会同国务院安全生产监督管理部门制定、调整并公布。职业病危害项目申报的具体办法由国务院安全生产监督管理部门制定。

第十七条 新建、扩建、改建建设项目和技术改造、技术引进项目（以下统称建设项目）可能产生职业病危害的，建设单位在可行性论证阶段应当进行职业病危害预评价。

医疗机构建设项目可能产生放射性职业病危害的，建设单位应当向卫生行政部门提交放射性职业病危害预评价报告。卫生行政部门应当自收到预评价报告之日起三十日内，作出审核决定并书面通知建设单位。未提交预评价报告或者预评价报告未经卫生行政部门审核同意的，不得开工建设。

职业病危害预评价报告应当对建设项目可能产生的职业病危害因素及其对工作场所和劳动者健康的影响作出评价，确定危害类别和职业病防护措施。

建设项目职业病危害分类管理办法由国务院安全生产监督管理部门制定。

第十八条 建设项目的职业病防护设施所需费用应当纳入建设项目工程预算，并与主体工程同时设计，同时施工，同时投入生产和使用。

建设项目的职业病防护设施设计应当符合国家职业卫生标准和卫生要求；其中，医疗机构放射性职业病危害严重的建设项目的防护设施设计，应当经卫生行政部门审查同意后，方可施工。

建设项目在竣工验收前，建设单位应当进行职业病危害控制效果评价。

医疗机构可能产生放射性职业病危害的建设项目竣工验收时，其放射性职业病防护设施经卫生行政部门验收合格后，方可投入使用；其他建设项目的职业病防护设施应当由建设单位负责依法组织验收，验收合格后，方可投入生产和使用。安全生产监督管理部门应当加强对建设单位组织的验收活动和验收结果的监督核查。

第十九条 国家对从事放射性、高毒、高危粉尘等作业实行特殊管理。具体管理办法由国务院制定。

第三章 劳动过程中的防护与管理

第二十条 用人单位应当采取下列职业病防治管理措施：
（一）设置或者指定职业卫生管理机构或者组织，配备专职或者兼职的职业卫生管理人员，负责本单位的职业病防治工作；
（二）制定职业病防治计划和实施方案；
（三）建立、健全职业卫生管理制度和操作规程；
（四）建立、健全职业卫生档案和劳动者健康监护档案；
（五）建立、健全工作场所职业病危害因素监测及评价制度；
（六）建立、健全职业病危害事故应急救援预案。

第二十一条 用人单位应当保障职业病防治所需的资金投入，不得挤占、挪用，并对因资金投入不足导致的后果承担责任。

第二十二条 用人单位必须采用有效的职业病防护设施，并为劳动者提供个人使用的职业病防护用品。

用人单位为劳动者个人提供的职业病防护用品必须符合防治职业病的要求；不符合要求的，不得使用。

第二十三条 用人单位应当优先采用有利于防治职业病和保护劳动者健康的新技术、新工艺、新设备、新材料，逐步替代职业病危害严重的技术、工艺、设备、材料。

第二十四条 产生职业病危害的用人单位，应当在醒目位置设置公告栏，公布有关职业病防治的规章制度、操作规程、职业病危害事故应急救援措施和工作场所职业病危害因素检测结果。

对产生严重职业病危害的作业岗位，应当在其醒目位置，设置警示标识和中文警示说明。警示说明应当载明产生职业病危害的种类、后果、预防以及应急救治措施等内容。

第二十五条 对可能发生急性职业损伤的有毒、有害工作场所，用人单位应当设置报警装置，配置现场急救用品、冲洗设备、应急撤离通道和必要的泄险区。

对放射工作场所和放射性同位素的运输、贮存，用人单位必须配置防护设备和报警装置，保证接触放射线的工作人员佩戴个人剂量计。

对职业病防护设备、应急救援设施和个人使用的职业病防护用品，用人单位应当进行经常性的维护、检修，定期检测其性能和效果，确保其处于正常状态，不得擅自拆除或者停止使用。

第二十六条 用人单位应当实施由专人负责的职业病危害因素日常监测，并确保监测系统处于正常运行状态。

用人单位应当按照国务院安全生产监督管理部门的规定，定期对工作场所进行职业病危害因素检测、评价。检测、评价结果存入用人单位职业卫生档案，定期向所在地安全生产监督管理部门报告并向劳动者公布。

职业病危害因素检测、评价由依法设立的取得国务院安全生产监督管理部门或者设区的市级以上地方人民政府安全生产监督管理部门按照职责分工给予资质认可的职业卫生技术服务机构进行。职业卫生技术服务机构所作检测、评价应当客观、真实。

发现工作场所职业病危害因素不符合国家职业卫生标准和卫生要求时，用人单位应当立即采取相应治理措施，仍然达不到国家职业卫生标准和卫生要求的，必须停止存在职业病危害因素的作业；职业病危害因素经治理后，符合国家职业卫生标准和卫生要求的，方可重新作业。

第二十七条 职业卫生技术服务机构依法从事职业病危害因素检测、评价工作，接受安全生产监督管理部门的监督检查。安全生产监督管理部门应当依法履行监督职责。

第二十八条 向用人单位提供可能产生职业病危害的设备的，应当提供中文说明书，并在设备的醒目位置设置警示标识和中文警示说明。警示说明应当载明设备性能、可能产生的职业病危害、安全操作和维护注意事项、职业病防护以及应急救治措施等内容。

第二十九条 向用人单位提供可能产生职业病危害的化学品、放射性同位素和含有放射性物质的材料的，应当提供中文说明书。说明书应当载明产品特性、主要成分、存在的有害因素、可能产生的危害后果、安全使用注意事项、职业病防护以及应急救治措施等内容。产品包装应当有醒目的警示标识和中文警示说明。贮存上述材料的场所应当在规定的部位设置危险物品标识或者放射性警示标识。

国内首次使用或者首次进口与职业病危害有关的化学材料，使用单位或者进口单位按照国家规定经国务院有关部门批准后，应当向国务院卫生行政部门、安全生产监督管理部门报送该化学材料的毒性鉴定以及经有关部门登记注册或者批准进口的文件等资料。

进口放射性同位素、射线装置和含有放射性物质的物品的，按照国家有关规定办理。

第三十条 任何单位和个人不得生产、经营、进口和使用国家明令禁止使用的可能产生职业病危害的设备或者材料。

第三十一条 任何单位和个人不得将产生职业病危害的作业转移给不具备职业病防护条件的单位和个人。不具备职业病防护条件的单位和个人不得接受产生职业病危害的作业。

第三十二条 用人单位对采用的技术、工艺、设备、材料，应当知悉其产生的职业病危害，对有职业病危害的技术、工艺、设备、材料隐瞒其危害而采用的，对所造成的职业病危害后果承担责任。

第三十三条 用人单位与劳动者订立劳动合同（含聘用合同，下同）时，应当将工作过程中可能产生的职业病危害及其后果、职业病防护措施和待遇等如实告知劳动者，并在劳动合同中写明，不得隐瞒或者欺骗。

劳动者在已订立劳动合同期间因工作岗位或者工作内容变更，从事与所订立劳动合同中未告知的存在职业病危害的作业时，用人单位应当依照前款规定，向劳动者履行如实告知的义务，并协商变更原劳动合同相关条款。

用人单位违反前两款规定的，劳动者有权拒绝从事存在职业病危害的作业，用人单位不得因此解除与劳动者所订立的劳动合同。

第三十四条 用人单位的主要负责人和职业卫生管理人员应当接受职业卫生培训，遵守职业病防治法律、法规，依法组织本单位的职业病防治工作。

用人单位应当对劳动者进行上岗前的职业卫生培训和在岗期间的定期职业卫生培训，普及职业卫生知识，督促劳动者遵守职业病防治法律、法规、规章和操作规程，指导劳动者正确使用职业病防护设备和个人使用的职业病防护用品。

劳动者应当学习和掌握相关的职业卫生知识，增强职业病防范意识，遵守职业病防治法律、法规、规章和操作规程，正确使用、维护职业病防护设备和个人使用的职业病防护用品，发现职业病危害事故隐患应当及时报告。

劳动者不履行前款规定义务的，用人单位应当对其进行教育。

第三十五条 对从事接触职业病危害的作业的劳动者，用人单位应当按照国务院安全生产监督管理部门、卫生行政部门的规定组织上岗前、在岗期间和离岗时的职业健康检查，并将检查结果书面告知劳动者。职业健康检查费用由用人单位承担。

用人单位不得安排未经上岗前职业健康检查的劳动者从事接触职业病危害的作业；不得安排有职业禁忌的劳动者从事其所禁忌的作业；对在职业健康检查中发现有与所从事的职业相关的健康损害的劳动者，应当调离原工作岗位，并妥善安置；对未进行离岗前职业健康检查的劳动者不得解除或者终止与其订立的劳动合同。

职业健康检查应当由取得《医疗机构执业许可证》的医疗卫生机构承担。卫生行政部门应当加强对职业健康检查工作的规范管理，具体管理办法由国务院卫生行政部门制定。

第三十六条 用人单位应当为劳动者建立职业健康监护档案，并按照规定的期限妥善保存。

职业健康监护档案应当包括劳动者的职业史、职业病危害接触史、职业健康检查结果和职业病诊疗等有关个人健康资料。

劳动者离开用人单位时，有权索取本人职业健康监护档案复印件，用人单位应当如实、无偿提供，并在所提供的复印件上签章。

第三十七条 发生或者可能发生急性职业病危害事故时，用人单位应当立即采取应急救援和控制措施，并及时报告所在地安全生产监督管理部门和有关部门。安全生产监督管理部门接到报告后，应当及时会同有关部门组织调查处理；必要时，可以采取临时控制措施。卫生行政部门应当组织做好医疗救治工作。

对遭受或者可能遭受急性职业病危害的劳动者，用人单位应当及时组织救治、进行健康检查和医学观察，所需费用由用人单位承担。

第三十八条 用人单位不得安排未成年工从事接触职业病危害的作业；不得安排孕期、哺乳期的女职工从事对本人和胎儿、婴儿有危害的作业。

第三十九条 劳动者享有下列职业卫生保护权利：

（一）获得职业卫生教育、培训；

（二）获得职业健康检查、职业病诊疗、康复等职业病防治服务；

（三）了解工作场所产生或者可能产生的职业病危害因素、危害后果和应当采取的职业病防护措施；

（四）要求用人单位提供符合防治职业病要求的职业病防护设施和个人使用的职业病防护用品，改善工作条件；

（五）对违反职业病防治法律、法规以及危及生命健康的行为提出批评、检举和控告；

（六）拒绝违章指挥和强令进行没有职业病防护措施的作业；

（七）参与用人单位职业卫生工作的民主管理，对职业病防治工作提出意见和建议。

用人单位应当保障劳动者行使前款所列权利。因劳动者依法行使正当权利而降低其工资、福利等待遇或者解除、终止与其订立的劳动合同的，其行为无效。

第四十条 工会组织应当督促并协助用人单位开展职业卫生宣传教育和培训，有权对用人单位的职业病防治工作提出意见和建议，依法代表劳动者与用人单位签订劳动安全卫生专项集体合同，与用人单位就劳动者反映的有关职业病防治的问题进行协调并督促解决。

工会组织对用人单位违反职业病防治法律、法规，侵犯劳动者合法权益的行为，有权要求纠正；产生严重职业病危害时，有权要求采取防护措施，或者向政府有关部门建议采取强制性措施；发生职业病危害事故时，有权参与事故调查处理；发现危及劳动者生命健康的情形时，有权向用人单位建议组织劳动者撤离危险现场，用人单位应当立即作出处理。

第四十一条 用人单位按照职业病防治要求，用于预防和治理职业病危害、工作场所卫生检测、健康监护和职业卫生培训等费用，按照国家有关规定，在生产成本中据实列支。

第四十二条 职业卫生监督管理部门应当按照职责分工，加强对用人单位落实职业病防护管理措施情况的监督检查，依法行使职权，承担责任。

第四章　职业病诊断与职业病病人保障

第四十三条 医疗卫生机构承担职业病诊断，应当经省、自治区、直辖市人民政府卫生行政部门批准。省、自治区、直辖市人民政府卫生行政部门应当向社会公布本行政区域内承担职业病诊断的医疗卫生机构的名单。

承担职业病诊断的医疗卫生机构应当具备下列条件：

（一）持有《医疗机构执业许可证》；

（二）具有与开展职业病诊断相适应的医疗卫生技术人员；

（三）具有与开展职业病诊断相适应的仪器、设备；

（四）具有健全的职业病诊断质量管理制度。

承担职业病诊断的医疗卫生机构不得拒绝劳动者进行职业病诊断的要求。

第四十四条 劳动者可以在用人单位所在地、本人户籍所在地或者经常居住地依法承担职业病诊断的医疗卫生机构进行职业病诊断。

第四十五条 职业病诊断标准和职业病诊断、鉴定办法由国务院卫生行政部门制定。职业病伤残等级的鉴定办法由国务院劳动保障行政部门会同国务院卫生行政部门制定。

第四十六条 职业病诊断，应当综合分析下列因素：

（一）病人的职业史；

（二）职业病危害接触史和工作场所职业病危害因素情况；

（三）临床表现以及辅助检查结果等。

没有证据否定职业病危害因素与病人临床表现之间的必然联系的，应当诊断为职业病。

职业病诊断证明书应当由参与诊断的取得职业病诊断资格的执业医师签署，并经承担职业病诊断的医疗卫生机构审核盖章。

第四十七条 用人单位应当如实提供职业病诊断、鉴定所需的劳动者职业史和职业病危害接触史、工作场所职业病危害因素检测结果等资料；安全生产监督管理部门应当监督检查和督促用人单位提供上述资料；劳动者和有关机构也应当提供与职业病诊断、鉴定有关的资料。

职业病诊断、鉴定机构需要了解工作场所职业病危害因素情况时，可以对工作场所进行现场调查，也可以向安全生产监督管理部门提出，安全生产监督管理部门应当在十日内组织现场调查。用人单位不得拒绝、阻挠。

第四十八条 职业病诊断、鉴定过程中，用人单位不提供工作场所职业病危害因素检测结果等资料的，诊断、鉴定机构应当结合劳动者的临床表现、辅助检查结果和劳动者的职业史、职业病危害接触史，并参考劳动者的自述、安全生产监督管理部门提供的日常监督检查信息等，作出职业病诊断、鉴定结论。

劳动者对用人单位提供的工作场所职业病危害因素检测结果等资料有异议，或者因劳动者的用人单位解散、破产，无用人单位提供上述资料的，诊断、鉴定机构应当提请安全生产监督管理部门进行调查，安全生产监督管理部门应当自接到申请之日起三十日内对存在异议的资料或者工作场所职业病危害因素情况作出判定；有关部门应当配合。

第四十九条 职业病诊断、鉴定过程中，在确认劳动者职业史、职业病危害接触史时，当事人对劳动关系、工种、工作岗位或者在岗时间有争议的，可以向当地的劳动人事争议仲裁委员会申请仲裁；接到申请的劳动人事争议仲裁委员会应当受理，并在三十日内作出裁决。

当事人在仲裁过程中对自己提出的主张，有责任提供证据。劳动者无法提供由用人单位掌握管理的与仲裁主张有关的证据的，仲裁庭应当要求用人单位在指定期限内提供；用人单位在指定期限内不提供的，应当承担不利后果。

劳动者对仲裁裁决不服的，可以依法向人民法院提起诉讼。

用人单位对仲裁裁决不服的，可以在职业病诊断、鉴定程序结束之日起十五日内依法向人民法院提起诉讼；诉讼期间，劳动者的治疗费用按照职业病待遇规定的途径支付。

第五十条 用人单位和医疗卫生机构发现职业病病人或者疑似职业病病人时，应当及时向所在地卫生行政部门和安全生产监督管理部门报告。确诊为职业病的，用人单位还应当向所在地劳动保障行政部门报告。接到报告的部门应当依法作出处理。

第五十一条 县级以上地方人民政府卫生行政部门负责本行政区域内的职业病统计报告的管理工作，并按照规定上报。

第五十二条 当事人对职业病诊断有异议的，可以向作出诊断的医疗卫生机构所在地地方人民政府卫生行政部门申请鉴定。

职业病诊断争议由设区的市级以上地方人民政府卫生行政部门根据当事人的申请，组织职业病诊断鉴定委员会进行鉴定。

当事人对设区的市级职业病诊断鉴定委员会的鉴定结论不服的，可以向省、自治区、直辖市人民政府卫生行政部门申请再鉴定。

第五十三条 职业病诊断鉴定委员会由相关专业的专家组成。

省、自治区、直辖市人民政府卫生行政部门应当设立相关的专家库，需要对职业病争议作出诊断鉴定时，由当事人或者当事人委托有关卫生行政部门从专家库中以随机抽取的方式确定参加诊断鉴定委员会的专家。

职业病诊断鉴定委员会应当按照国务院卫生行政部门颁布的职业病诊断标准和职业病诊断、鉴定办法进行职业病诊断鉴定，向当事人出具职业病诊断鉴定书。职业病诊断、鉴定费用由用人单位承担。

第五十四条 职业病诊断鉴定委员会组成人员应当遵守职业道德，客观、公正地进行诊断鉴定，并承担相应的责任。职业病诊断鉴定委员会组成人员不得私下接触当事人，不得收受当事人的财物或者其他好处，与当事人有利害关系的，应当回避。

人民法院受理有关案件需要进行职业病鉴定时，应当从省、自治区、直辖市人民政府卫生行政部门依法设立的相关的专家库中选取参加鉴定的专家。

第五十五条 医疗卫生机构发现疑似职业病病人时，应当告知劳动者本人并及时通知用人单位。

用人单位应当及时安排对疑似职业病病人进行诊断；在疑似职业病病人诊断或者医学观察期间，不得解除或者终止与其订立的劳动合同。

疑似职业病病人在诊断、医学观察期间的费用，由用人单位承担。

第五十六条 用人单位应当保障职业病病人依法享受国家规定的职业病待遇。

用人单位应当按照国家有关规定，安排职业病病人进行治疗、康复和定期检查。

用人单位对不适宜继续从事原工作的职业病病人，应当调离原岗位，并妥善安置。

用人单位对从事接触职业病危害的作业的劳动者，应当给予适当岗位津贴。

第五十七条 职业病病人的诊疗、康复费用，伤残以及丧失劳动能力的职业病病人的社会保障，按照国家有关工伤保险的规定执行。

第五十八条 职业病病人除依法享有工伤保险外，依照有关民事法律，尚有获得赔偿的权利的，有权向用人单位提出赔偿要求。

第五十九条 劳动者被诊断患有职业病，但用人单位没有依法参加工伤保险的，其医疗和生活保障由该用人单位承担。

第六十条 职业病病人变动工作单位，其依法享有的待遇不变。

用人单位在发生分立、合并、解散、破产等情形时，应当对从事接触职业病危害的作业的劳动者进行健康检查，并按照国家有关规定妥善安置职业病病人。

第六十一条 用人单位已经不存在或者无法确认劳动关系的职业病病人，可以向地方人民政府民政部门申请医疗救助和生活等方面的救助。

地方各级人民政府应当根据本地区的实际情况，采取其他措施，使前款规定的职业病病人获得医疗救治。

第五章 监 督 检 查

第六十二条 县级以上人民政府职业卫生监督管理部门依照职业病防治法律、法规、国家职业卫生标准和卫生要求，依据职责划分，对职业病防治工作进行监督检查。

第六十三条 安全生产监督管理部门履行监督检查职责时，有权采取下列措施：

（一）进入被检查单位和职业病危害现场，了解情况，调查取证；

（二）查阅或者复制与违反职业病防治法律、法规的行为有关的资料和采集样品；

（三）责令违反职业病防治法律、法规的单位和个人停止违法行为。

第六十四条 发生职业病危害事故或者有证据证明危害状态可能导致职业病危害事故发生时，安全生产监督管理部门可以采取下列临时控制措施：

（一）责令暂停导致职业病危害事故的作业；
（二）封存造成职业病危害事故或者可能导致职业病危害事故发生的材料和设备；
（三）组织控制职业病危害事故现场。

在职业病危害事故或者危害状态得到有效控制后，安全生产监督管理部门应当及时解除控制措施。

第六十五条 职业卫生监督执法人员依法执行职务时，应当出示监督执法证件。

职业卫生监督执法人员应当忠于职守，秉公执法，严格遵守执法规范；涉及用人单位的秘密的，应当为其保密。

第六十六条 职业卫生监督执法人员依法执行职务时，被检查单位应当接受检查并予以支持配合，不得拒绝和阻碍。

第六十七条 卫生行政部门、安全生产监督管理部门及其职业卫生监督执法人员履行职责时，不得有下列行为：

（一）对不符合法定条件的，发给建设项目有关证明文件、资质证明文件或者予以批准；
（二）对已经取得有关证明文件的，不履行监督检查职责；
（三）发现用人单位存在职业病危害的，可能造成职业病危害事故，不及时依法采取控制措施；
（四）其他违反本法的行为。

第六十八条 职业卫生监督执法人员应当依法经过资格认定。

职业卫生监督管理部门应当加强队伍建设，提高职业卫生监督执法人员的政治、业务素质，依照本法和其他有关法律、法规的规定，建立、健全内部监督制度，对其工作人员执行法律、法规和遵守纪律的情况，进行监督检查。

第六章 法 律 责 任

第六十九条 建设单位违反本法规定，有下列行为之一的，由安全生产监督管理部门和卫生行政部门依据职责分工给予警告，责令限期改正；逾期不改正的，处十万元以上五十万元以下的罚款；情节严重的，责令停止产生职业病危害的作业，或者提请有关人民政府按照国务院规定的权限责令停建、关闭：

（一）未按照规定进行职业病危害预评价的；
（二）医疗机构可能产生放射性职业病危害的建设项目未按照规定提交放射性职业病危害预评价报告，或者放射性职业病危害预评价报告未经卫生行政部门审核同意，开工建设的；
（三）建设项目的职业病防护设施未按照规定与主体工程同时设计、同时施工、同时投入生产和使用的；
（四）建设项目的职业病防护设施设计不符合国家职业卫生标准和卫生要求，或者医疗机构放射性职业病危害严重的建设项目的防护设施设计未经卫生行政部门审查同意擅自施工的；
（五）未按照规定对职业病防护设施进行职业病危害控制效果评价的；
（六）建设项目竣工投入生产和使用前，职业病防护设施未按照规定验收合格的。

第七十条 违反本法规定，有下列行为之一的，由安全生产监督管理部门给予警告，责令限期改正；逾期不改正的，处十万元以下的罚款：

（一）工作场所职业病危害因素检测、评价结果没有存档、上报、公布的；
（二）未采取本法第二十条规定的职业病防治管理措施的；
（三）未按照规定公布有关职业病防治的规章制度、操作规程、职业病危害事故应急救援措施的；

（四）未按照规定组织劳动者进行职业卫生培训，或者未对劳动者个人职业病防护采取指导、督促措施的；

（五）国内首次使用或者首次进口与职业病危害有关的化学材料，未按照规定报送毒性鉴定资料以及经有关部门登记注册或者批准进口的文件的。

第七十一条 用人单位违反本法规定，有下列行为之一的，由安全生产监督管理部门责令限期改正，给予警告，可以并处五万元以上十万元以下的罚款：

（一）未按照规定及时、如实向安全生产监督管理部门申报产生职业病危害的项目的；

（二）未实施由专人负责的职业病危害因素日常监测，或者监测系统不能正常监测的；

（三）订立或者变更劳动合同时，未告知劳动者职业病危害真实情况的；

（四）未按照规定组织职业健康检查、建立职业健康监护档案或者未将检查结果书面告知劳动者的；

（五）未依照本法规定在劳动者离开用人单位时提供职业健康监护档案复印件的。

第七十二条 用人单位违反本法规定，有下列行为之一的，由安全生产监督管理部门给予警告，责令限期改正，逾期不改正的，处五万元以上二十万元以下的罚款；情节严重的，责令停止产生职业病危害的作业，或者提请有关人民政府按照国务院规定的权限责令关闭：

（一）工作场所职业病危害因素的强度或者浓度超过国家职业卫生标准的；

（二）未提供职业病防护设施和个人使用的职业病防护用品，或者提供的职业病防护设施和个人使用的职业病防护用品不符合国家职业卫生标准和卫生要求的；

（三）对职业病防护设备、应急救援设施和个人使用的职业病防护用品未按照规定进行维护、检修、检测，或者不能保持正常运行、使用状态的；

（四）未按照规定对工作场所职业病危害因素进行检测、评价的；

（五）工作场所职业病危害因素经治理仍然达不到国家职业卫生标准和卫生要求时，未停止存在职业病危害因素的作业的；

（六）未按照规定安排职业病病人、疑似职业病病人进行诊治的；

（七）发生或者可能发生急性职业病危害事故时，未立即采取应急救援和控制措施或者未按照规定及时报告的；

（八）未按照规定在产生严重职业病危害的作业岗位醒目位置设置警示标识和中文警示说明的；

（九）拒绝职业卫生监督管理部门监督检查的；

（十）隐瞒、伪造、篡改、毁损职业健康监护档案、工作场所职业病危害因素检测评价结果等相关资料，或者拒不提供职业病诊断、鉴定所需资料的；

（十一）未按照规定承担职业病诊断、鉴定费用和职业病病人的医疗、生活保障费用的。

第七十三条 向用人单位提供可能产生职业病危害的设备、材料，未按照规定提供中文说明书或者设置警示标识和中文警示说明的，由安全生产监督管理部门责令限期改正，给予警告，并处五万元以上二十万元以下的罚款。

第七十四条 用人单位和医疗卫生机构未按照规定报告职业病、疑似职业病的，由有关主管部门依据职责分工责令限期改正，给予警告，可以并处一万元以下的罚款；弄虚作假的，并处二万元以上五万元以下的罚款；对直接负责的主管人员和其他直接责任人员，可以依法给予降级或者撤职的处分。

第七十五条 违反本法规定，有下列情形之一的，由安全生产监督管理部门责令限期治理，并处五万元以上三十万元以下的罚款；情节严重的，责令停止产生职业病危害的作业，或者提请有关人民政府按照国务院规定的权限责令关闭：

（一）隐瞒技术、工艺、设备、材料所产生的职业病危害而采用的；

（二）隐瞒本单位职业卫生真实情况的；

（三）可能发生急性职业损伤的有毒、有害工作场所、放射工作场所或者放射性同位素的运输、贮存不符合本法第二十五条规定的；

（四）使用国家明令禁止使用的可能产生职业病危害的设备或者材料的；

（五）将产生职业病危害的作业转移给没有职业病防护条件的单位和个人，或者没有职业病防护条件的单位和个人接受产生职业病危害的作业的；

（六）擅自拆除、停止使用职业病防护设备或者应急救援设施的；

（七）安排未经职业健康检查的劳动者、有职业禁忌的劳动者、未成年工或者孕期、哺乳期女职工从事接触职业病危害的作业或者禁忌作业的；

（八）违章指挥和强令劳动者进行没有职业病防护措施的作业的。

第七十六条　生产、经营或者进口国家明令禁止使用的可能产生职业病危害的设备或者材料的，依照有关法律、行政法规的规定给予处罚。

第七十七条　用人单位违反本法规定，已经对劳动者生命健康造成严重损害的，由安全生产监督管理部门责令停止产生职业病危害的作业，或者提请有关人民政府按照国务院规定的权限责令关闭，并处十万元以上五十万元以下的罚款。

第七十八条　用人单位违反本法规定，造成重大职业病危害事故或者其他严重后果，构成犯罪的，对直接负责的主管人员和其他直接责任人员，依法追究刑事责任。

第七十九条　未取得职业卫生技术服务资质认可擅自从事职业卫生技术服务的，或者医疗卫生机构未经批准擅自从事职业病诊断的，由安全生产监督管理部门和卫生行政部门依据职责分工责令立即停止违法行为，没收违法所得；违法所得五千元以上的，并处违法所得二倍以上十倍以下的罚款；没有违法所得或者违法所得不足五千元的，并处五千元以上五万元以下的罚款；情节严重的，对直接负责的主管人员和其他直接责任人员，依法给予降级、撤职或者开除的处分。

第八十条　从事职业卫生技术服务的机构和承担职业病诊断的医疗卫生机构违反本法规定，有下列行为之一的，由安全生产监督管理部门和卫生行政部门依据职责分工责令立即停止违法行为，给予警告，没收违法所得；违法所得五千元以上的，并处违法所得二倍以上五倍以下的罚款；没有违法所得或者违法所得不足五千元的，并处五千元以上二万元以下的罚款；情节严重的，由原认可或者批准机关取消其相应的资格；对直接负责的主管人员和其他直接责任人员，依法给予降级、撤职或者开除的处分；构成犯罪的，依法追究刑事责任：

（一）超出资质认可或者批准范围从事职业卫生技术服务或者职业病诊断的；

（二）不按照本法规定履行法定职责的；

（三）出具虚假证明文件的。

第八十一条　职业病诊断鉴定委员会组成人员收受职业病诊断争议当事人的财物或者其他好处的，给予警告，没收收受的财物，可以并处三千元以上五万元以下的罚款，取消其担任职业病诊断鉴定委员会组成人员的资格，并从省、自治区、直辖市人民政府卫生行政部门设立的专家库中予以除名。

第八十二条　卫生行政部门、安全生产监督管理部门不按照规定报告职业病和职业病危害事故的，由上一级行政部门责令改正，通报批评，给予警告；虚报、瞒报的，对单位负责人、直接负责的主管人员和其他直接责任人员依法给予降级、撤职或者开除的处分。

第八十三条　县级以上地方人民政府在职业病防治工作中未依照本法履行职责，本行政区域出现重大职业病危害事故、造成严重社会影响的，依法对直接负责的主管人员和其他直接责任人员给予记大过直至开除的处分。

县级以上人民政府职业卫生监督管理部门不履行本法规定的职责，滥用职权、玩忽职守、徇私舞弊，依法对直接负责的主管人员和其他直接责任人员给予记大过或者降级的处分；造成职业病危害事故或者其他严重后果的，依法给予撤职或者开除的处分。

第八十四条 违反本法规定，构成犯罪的，依法追究刑事责任。

第七章 附 则

第八十五条 本法下列用语的含义：

职业病危害，是指对从事职业活动的劳动者可能导致职业病的各种危害。职业病危害因素包括：职业活动中存在的各种有害的化学、物理、生物因素以及在作业过程中产生的其他职业有害因素。

职业禁忌，是指劳动者从事特定职业或者接触特定职业病危害因素时，比一般职业人群更易于遭受职业病危害和罹患职业病或者可能导致原有自身疾病病情加重，或者在从事作业过程中诱发可能导致对他人生命健康构成危险的疾病的个人特殊生理或者病理状态。

第八十六条 本法第二条规定的用人单位以外的单位，产生职业病危害的，其职业病防治活动可以参照本法执行。

劳务派遣用工单位应当履行本法规定的用人单位的义务。

中国人民解放军参照执行本法的办法，由国务院、中央军事委员会制定。

第八十七条 对医疗机构放射性职业病危害控制的监督管理，由卫生行政部门依照本法的规定实施。

第八十八条 本法自 2002 年 5 月 1 日起施行。

3. 中华人民共和国矿山安全法

（1992 年 11 月 7 日第七届全国人民代表大会常务委员会第二十八次会议通过，根据 2009 年 8 月 27 日第十一届全国人民代表大会常务委员会第十次会议《关于修改部分法律的决定》修正）

目　　录

第一章　总　　则

第一条　为了保障矿山生产安全，防止矿山事故，保护矿山职工人身安全，促进采矿业的发展，制定本法。

第二条　在中华人民共和国领域和中华人民共和国管辖的其他海域从事矿产资源开采活动，必须遵守本法。

第三条　矿山企业必须具有保障安全生产的设施，建立、健全安全管理制度，采取有效措施改善职工劳动条件，加强矿山安全管理工作，保证安全生产。

第四条　国务院劳动行政主管部门对全国矿山安全工作实施统一监督。

县级以上地方各级人民政府劳动行政主管部门对本行政区域内的矿山安全工作实施统一监督。

县级以上人民政府管理矿山企业的主管部门对矿山安全工作进行管理。

第五条　国家鼓励矿山安全科学技术研究，推广先进技术，改进安全设施，提高矿山安全生产水平。

第六条　对坚持矿山安全生产，防止矿山事故，参加矿山抢险救护，进行矿山安全科学技术研究方面取得显著成绩的单位和个人，给予奖励。

第二章　矿山建设的安全保障

第七条　矿山建设工程的安全设施必须和主体工程同时设计、同时施工、同时投入生产和使用。

第八条　矿山建设工程的设计文件，必须符合矿山安全规程和行业技术规范，并按照国家规定经管理矿山企业的主管部门批准；不符合矿山安全规程和行业技术规范的，不得批准。

矿山建设工程安全设施的设计必须有劳动行政主管部门参加审查。

矿山安全规程和行业技术规范，由国务院管理矿山企业的主管部门制定。

第九条 矿山设计下列项目必须符合矿山安全规程和行业技术规范：

（一）矿井的通风系统和供风量、风质、风速；

（二）露天矿的边坡角和台阶的宽度、高度；

（三）供电系统；

（四）提升、运输系统；

（五）防水、排水系统和防火、灭火系统；

（六）防瓦斯系统和防尘系统；

（七）有关矿山安全的其他项目。

第十条 每个矿井必须有两个以上能行人的安全出口，出口之间的直线水平距离必须符合矿山安全规程和行业技术规范。

第十一条 矿山必须有与外界相通的、符合安全要求的运输和通讯设施。

第十二条 矿山建设工程必须按照管理矿山企业的主管部门批准的设计文件施工。

矿山建设工程安全设施竣工后，由管理矿山企业的主管部门验收，并须有劳动行政主管部门参加；不符合矿山安全规程和行业技术规范的，不得验收，不得投入生产。

第三章 矿山开采的安全保障

第十三条 矿山开采必须具备保障安全生产的条件，执行开采不同矿种的矿山安全规程和行业技术规范。

第十四条 矿山设计规定保留的矿柱、岩柱，在规定的期限内，应当予以保护，不得开采或者毁坏。

第十五条 矿山使用的有特殊安全要求的设备、器材、防护用品和安全检测仪器，必须符合国家安全标准或者行业安全标准；不符合国家安全标准或者行业安全标准的，不得使用。

第十六条 矿山企业必须对机电设备及其防护装置、安全检测仪器，定期检查、维修，保证使用安全。

第十七条 矿山企业必须对作业场所中的有毒有害物质和井下空气含氧量进行检测，保证符合安全要求。

第十八条 矿山企业必须对下列危害安全的事故隐患采取预防措施：

（一）冒顶、片帮、边坡滑落和地表塌陷；

（二）瓦斯爆炸、煤尘爆炸；

（三）冲击地压、瓦斯突出、井喷；

（四）地面和井下的火灾、水害；

（五）爆破器材和爆破作业发生的危害；

（六）粉尘、有毒有害气体、放射性物质和其他有害物质引起的危害；

（七）其他危害。

第十九条 矿山企业对使用机械、电气设备，排土场、矸石山、尾矿库和矿山闭坑后可能引起的危害，应当采取预防措施。

第四章 矿山企业的安全管理

第二十条 矿山企业必须建立、健全安全生产责任制。

矿长对本企业的安全生产工作负责。

第二十一条 矿长应当定期向职工代表大会或者职工大会报告安全生产工作，发挥职工代表大会的监督作用。

第二十二条 矿山企业职工必须遵守有关矿山安全的法律、法规和企业规章制度。

矿山企业职工有权对危害安全的行为，提出批评、检举和控告。

第二十三条 矿山企业工会依法维护职工生产安全的合法权益，组织职工对矿山安全工作进行监督。

第二十四条 矿山企业违反有关安全的法律、法规，工会有权要求企业行政方面或者有关部门认真处理。

矿山企业召开讨论有关安全生产的会议，应当有工会代表参加，工会有权提出意见和建议。

第二十五条 矿山企业工会发现企业行政方面违章指挥、强令工人冒险作业或者生产过程中发现明显重大事故隐患和职业危害，有权提出解决的建议；发现危及职工生命安全的情况时，有权向矿山企业行政方面建议组织职工撤离危险现场，矿山企业行政方面必须及时作出处理决定。

第二十六条 矿山企业必须对职工进行安全教育、培训；未经安全教育、培训的，不得上岗作业。

矿山企业安全生产的特种作业人员必须接受专门培训，经考核合格取得操作资格证书的，方可上岗作业。

第二十七条 矿长必须经过考核，具备安全专业知识，具有领导安全生产和处理矿山事故的能力。

矿山企业安全工作人员必须具备必要的安全专业知识和矿山安全工作经验。

第二十八条 矿山企业必须向职工发放保障安全生产所需的劳动防护用品。

第二十九条 矿山企业不得录用未成年人从事矿山井下劳动。

矿山企业对女职工按照国家规定实行特殊劳动保护，不得分配女职工从事矿山井下劳动。

第三十条 矿山企业必须制定矿山事故防范措施，并组织落实。

第三十一条 矿山企业应当建立由专职或者兼职人员组成的救护和医疗急救组织，配备必要的装备、器材和药物。

第三十二条 矿山企业必须从矿产品销售额中按照国家规定提取安全技术措施专项费用。安全技术措施专项费用必须全部用于改善矿山安全生产条件，不得挪作他用。

第五章 矿山安全的监督和管理

第三十三条 县级以上各级人民政府劳动行政主管部门对矿山安全工作行使下列监督职责：

（一）检查矿山企业和管理矿山企业的主管部门贯彻执行矿山安全法律、法规的情况；

（二）参加矿山建设工程安全设施的设计审查和竣工验收；

（三）检查矿山劳动条件和安全状况；

（四）检查矿山企业职工安全教育、培训工作；

（五）监督矿山企业提取和使用安全技术措施专项费用的情况；

（六）参加并监督矿山事故的调查和处理；

（七）法律、行政法规规定的其他监督职责。

第三十四条 县级以上人民政府管理矿山企业的主管部门对矿山安全工作行使下列管理职责：

（一）检查矿山企业贯彻执行矿山安全法律、法规的情况；

（二）审查批准矿山建设工程安全设施的设计；

（三）负责矿山建设工程安全设施的竣工验收；

（四）组织矿长和矿山企业安全工作人员的培训工作；

（五）调查和处理重大矿山事故；

（六）法律、行政法规规定的其他管理职责。

第三十五条 劳动行政主管部门的矿山安全监督人员有权进入矿山企业，在现场检查安全状况；发现有危及职工安全的紧急险情时，应当要求矿山企业立即处理。

第六章 矿山事故处理

第三十六条 发生矿山事故，矿山企业必须立即组织抢救，防止事故扩大，减少人员伤亡和财产损失，对伤亡事故必须立即如实报告劳动行政主管部门和管理矿山企业的主管部门。

第三十七条 发生一般矿山事故，由矿山企业负责调查和处理。

发生重大矿山事故，由政府及其有关部门、工会和矿山企业按照行政法规的规定进行调查和处理。

第三十八条 矿山企业对矿山事故中伤亡的职工按照国家规定给予抚恤或者补偿。

第三十九条 矿山事故发生后，应当尽快消除现场危险，查明事故原因，提出防范措施。现场危险消除后，方可恢复生产。

第七章 法律责任

第四十条 违反本法规定，有下列行为之一的，由劳动行政主管部门责令改正，可以并处罚款；情节严重的，提请县级以上人民政府决定责令停产整顿；对主管人员和直接责任人员由其所在单位或者上级主管机关给予行政处分：

（一）未对职工进行安全教育、培训，分配职工上岗作业的；

（二）使用不符合国家安全标准或者行业安全标准的设备、器材、防护用品、安全检测仪器的；

（三）未按照规定提取或者使用安全技术措施专项费用的；

（四）拒绝矿山安全监督人员现场检查或者在被检查时隐瞒事故隐患、不如实反映情况的；

（五）未按照规定及时、如实报告矿山事故的。

第四十一条 矿长不具备安全专业知识的，安全生产的特种作业人员未取得操作资格证书上岗作业的，由劳动行政主管部门责令限期改正；逾期不改正的，提请县级以上人民政府决定责令停产，调整配备合格人员后，方可恢复生产。

第四十二条 矿山建设工程安全设施的设计未经批准擅自施工的，由管理矿山企业的主管部门责令停止施工；拒不执行的，由管理矿山企业的主管部门提请县级以上人民政府决定由有关主管部门吊销其采矿许可证和营业执照。

第四十三条 矿山建设工程的安全设施未经验收或者验收不合格擅自投入生产的，由劳动行政主管部门会同管理矿山企业的主管部门责令停止生产，并由劳动行政主管部门处以罚款；拒不停止生产的，由劳动行政主管部门提请县级以上人民政府决定由有关主管部门吊销其采矿许可证和营业执照。

第四十四条 已经投入生产的矿山企业，不具备安全生产条件而强行开采的，由劳动行政主管部门会同管理矿山企业的主管部门责令限期改进；逾期仍不具备安全生产条件的，由劳动行政主管部门提请县级以上人民政府决定责令停产整顿或者由有关主管部门吊销其采矿许可证和营业执照。

第四十五条 当事人对行政处罚决定不服的，可以在接到处罚决定通知之日起十五日内向作出处罚决定的机关的上一级机关申请复议；当事人也可以在接到处罚决定通知之日起十五日内直接向人民法院起诉。

复议机关应当在接到复议申请之日起六十日内作出复议决定。当事人对复议决定不服的，可以在接到复议决定之日起十五日内向人民法院起诉。复议机关逾期不作出复议决定的，当事人可以在复议期满之日起十五日内向人民法院起诉。

当事人逾期不申请复议也不向人民法院起诉、又不履行处罚决定的，作出处罚决定的机关可以申请人民法院强制执行。

第四十六条 矿山企业主管人员违章指挥、强令工人冒险作业，因而发生重大伤亡事故的，依照刑法有关规定追究刑事责任。

第四十七条 矿山企业主管人员对矿山事故隐患不采取措施，因而发生重大伤亡事故的，依照刑法有关规定追究刑事责任。

第四十八条 矿山安全监督人员和安全管理人员滥用职权，玩忽职守、徇私舞弊，构成犯罪的，依法追究刑事责任；不构成犯罪的，给予行政处分。

第八章 附 则

第四十九条 国务院劳动行政主管部门根据本法制定实施条例，报国务院批准施行。

省、自治区、直辖市人民代表大会常务委员会可以根据本法和本地区的实际情况，制定实施办法。

第五十条 本法自 1993 年 5 月 1 日起施行。

4. 中华人民共和国矿产资源法

（1986 年 3 月 19 日第六届全国人民代表大会常务委员会第十五次会议通过，根据 1996 年 8 月 29 日第八届全国人民代表大会常务委员会第二十一次会议《关于修改〈中华人民共和国矿产资源法〉的决定》第一次修正，根据 2009 年 8 月 27 日第十一届全国人民代表大会常务委员会第十次会议《全国人民代表大会常务委员会关于修改部分法律的决定》第二次修正）

目　　录

第一章　总　　则

第一条　为了发展矿业，加强矿产资源的勘查、开发利用和保护工作，保障社会主义现代化建设的当前和长远的需要，根据中华人民共和国宪法，特制定本法。

第二条　在中华人民共和国领域及管辖海域勘查、开采矿产资源，必须遵守本法。

第三条　矿产资源属于国家所有，由国务院行使国家对矿产资源的所有权。地表或者地下的矿产资源的国家所有权，不因其所依附的土地的所有权或者使用权的不同而改变。

国家保障矿产资源的合理开发利用。禁止任何组织或者个人用任何手段侵占或者破坏矿产资源。各级人民政府必须加强矿产资源的保护工作。

勘查、开采矿产资源，必须依法分别申请、经批准取得探矿权、采矿权，并办理登记；但是，已经依法申请取得采矿权的矿山企业在划定的矿区范围内为本企业的生产而进行的勘查除外。国家保护探矿权和采矿权不受侵犯，保障矿区和勘查作业区的生产秩序、工作秩序不受影响和破坏。

从事矿产资源勘查和开采的，必须符合规定的资质条件。

第四条　国家保障依法设立的矿山企业开采矿产资源的合法权益。

国有矿山企业是开采矿产资源的主体。国家保障国有矿业经济的巩固和发展。

第五条　国家实行探矿权、采矿权有偿取得的制度；但是，国家对探矿权、采矿权有偿取得的费用，可以根据不同情况规定予以减缴、免缴。具体办法和实施步骤由国务院规定。

开采矿产资源，必须按照国家有关规定缴纳资源税和资源补偿费。

第六条　除按下列规定可以转让外，探矿权、采矿权不得转让：

（一）探矿权人有权在划定的勘查作业区内进行规定的勘查作业，有权优先取得勘查作业区内矿产资源的采矿权。探矿权人在完成规定的最低勘查投入后，经依法批准，可以将探矿权转让他人。

（二）已取得采矿权的矿山企业,因企业合并、分立,与他人合资、合作经营,或者因企业资产出售以及有其他变更企业资产产权的情形而需要变更采矿权主体的,经依法批准可以将采矿权转让他人采矿。

前款规定的具体办法和实施步骤由国务院规定。

禁止将探矿权、采矿权倒卖牟利。

第七条 国家对矿产资源的勘查、开发实行统一规划、合理布局、综合勘查、合理开采和综合利用的方针。

第八条 国家鼓励矿产资源勘查、开发的科学技术研究，推广先进技术，提高矿产资源勘查、开发的科学技术水平。

第九条 在勘查、开发、保护矿产资源和进行科学技术研究等方面成绩显著的单位和个人，由各级人民政府给予奖励。

第十条 国家在民族自治地方开采矿产资源，应当照顾民族自治地方的利益，作出有利于民族自治地方经济建设的安排，照顾当地少数民族群众的生产和生活。

民族自治地方的自治机关根据法律规定和国家的统一规划，对可以由本地方开发的矿产资源，优先合理开发利用。

第十一条 国务院地质矿产主管部门主管全国矿产资源勘查、开采的监督管理工作。国务院有关主管部门协助国务院地质矿产主管部门进行矿产资源勘查、开采的监督管理工作。

省、自治区、直辖市人民政府地质矿产主管部门主管本行政区域内矿产资源勘查、开采的监督管理工作。省、自治区、直辖市人民政府有关主管部门协助同级地质矿产主管部门进行矿产资源勘查、开采的监督管理工作。

第二章　矿产资源勘查的登记和开采的审批

第十二条 国家对矿产资源勘查实行统一的区块登记管理制度。矿产资源勘查登记工作，由国务院地质矿产主管部门负责；特定矿种的矿产资源勘查登记工作，可以由国务院授权有关主管部门负责。矿产资源勘查区块登记管理办法由国务院制定。

第十三条 国务院矿产储量审批机构或者省、自治区、直辖市矿产储量审批机构负责审查批准供矿山建设设计使用的勘探报告，并在规定的期限内批复报送单位。勘探报告未经批准，不得作为矿山建设设计的依据。

第十四条 矿产资源勘查成果档案资料和各类矿产储量的统计资料，实行统一的管理制度，按照国务院规定汇交或者填报。

第十五条 设立矿山企业，必须符合国家规定的资质条件，并依照法律和国家有关规定，由审批机关对其矿区范围、矿山设计或者开采方案、生产技术条件、安全措施和环境保护措施等进行审查；审查合格的，方予批准。

第十六条 开采下列矿产资源的，由国务院地质矿产主管部门审批，并颁发采矿许可证：

（一）国家规划矿区和对国民经济具有重要价值的矿区内的矿产资源；

（二）前项规定区域以外可供开采的矿产储量规模在大型以上的矿产资源；

（三）国家规定实行保护性开采的特定矿种；

（四）领海及中国管辖的其他海域的矿产资源；

（五）国务院规定的其他矿产资源。

开采石油、天然气、放射性矿产等特定矿种的，可以由国务院授权的有关主管部门审批，并颁发采矿许可证。

开采第一款、第二款规定以外的矿产资源，其可供开采的矿产的储量规模为中型的，由省、自治区、直辖市人民政府地质矿产主管部门审批和颁发采矿许可证。

开采第一款、第二款和第三款规定以外的矿产资源的管理办法，由省、自治区、直辖市人民代表大会常务委员会依法制定。

依照第三款、第四款的规定审批和颁发采矿许可证的，由省、自治区、直辖市人民政府地质矿产主管部门汇总向国务院地质矿产主管部门备案。

矿产储量规模的大型、中型的划分标准，由国务院矿产储量审批机构规定。

第十七条 国家对国家规划矿区、对国民经济具有重要价值的矿区和国家规定实行保护性开采的特定矿种，实行有计划的开采；未经国务院有关主管部门批准，任何单位和个人不得开采。

第十八条 国家规划矿区的范围、对国民经济具有重要价值的矿区的范围、矿山企业矿区的范围依法划定后，由划定矿区范围的主管机关通知有关县级人民政府予以公告。

矿山企业变更矿区范围，必须报请原审批机关批准，并报请原颁发采矿许可证的机关重新核发采矿许可证。

第十九条 地方各级人民政府应当采取措施，维护本行政区域内的国有矿山企业和其他矿山企业矿区范围内的正常秩序。

禁止任何单位和个人进入他人依法设立的国有矿山企业和其他矿山企业矿区范围内采矿。

第二十条 非经国务院授权的有关主管部门同意，不得在下列地区开采矿产资源：

（一）港口、机场、国防工程设施圈定地区以内；

（二）重要工业区、大型水利工程设施、城镇市政工程设施附近一定距离以内；

（三）铁路、重要公路两侧一定距离以内；

（四）重要河流、堤坝两侧一定距离以内；

（五）国家划定的自然保护区、重要风景区，国家重点保护的不能移动的历史文物和名胜古迹所在地；

（六）国家规定不得开采矿产资源的其他地区。

第二十一条 关闭矿山，必须提出矿山闭坑报告及有关采掘工程、安全隐患、土地复垦利用、环境保护的资料，并按照国家规定报请审查批准。

第二十二条 勘查、开采矿产资源时，发现具有重大科学文化价值的罕见地质现象以及文化古迹，应当加以保护并及时报告有关部门。

第三章　矿产资源的勘查

第二十三条 区域地质调查按照国家统一规划进行。区域地质调查的报告和图件按照国家规定验收，提供有关部门使用。

第二十四条 矿产资源普查在完成主要矿种普查任务的同时，应当对工作区内包括共生或者伴生矿产的成矿地质条件和矿床工业远景作出初步综合评价。

第二十五条 矿床勘探必须对矿区内具有工业价值的共生和伴生矿产进行综合评价，并计算其储量。未作综合评价的勘探报告不予批准。但是，国务院计划部门另有规定的矿床勘探项目除外。

第二十六条 普查、勘探易损坏的特种非金属矿产、流体矿产、易燃易爆易溶矿产和含有放射性元素的矿产，必须采用省级以上人民政府有关主管部门规定的普查、勘探方法，并有必要的技术装备和安全措施。

第二十七条 矿产资源勘查的原始地质编录和图件，岩矿心、测试样品和其他实物标本资料，各种勘查标志，应当按照有关规定保护和保存。

第二十八条 矿床勘探报告及其他有价值的勘查资料，按照国务院规定实行有偿使用。

第四章　矿产资源的开采

第二十九条　开采矿产资源，必须采取合理的开采顺序、开采方法和选矿工艺。矿山企业的开采回采率、采矿贫化率和选矿回收率应当达到设计要求。

第三十条　在开采主要矿产的同时，对具有工业价值的共生和伴生矿产应当统一规划，综合开采，综合利用，防止浪费；对暂时不能综合开采或者必须同时采出而暂时还不能综合利用的矿产以及含有有用组分的尾矿，应当采取有效的保护措施，防止损失破坏。

第三十一条　开采矿产资源，必须遵守国家劳动安全卫生规定，具备保障安全生产的必要条件。

第三十二条　开采矿产资源，必须遵守有关环境保护的法律规定，防止污染环境。

开采矿产资源，应当节约用地。耕地、草原、林地因采矿受到破坏的，矿山企业应当因地制宜地采取复垦利用、植树种草或者其他利用措施。

开采矿产资源给他人生产、生活造成损失的，应当负责赔偿，并采取必要的补救措施。

第三十三条　在建设铁路、工厂、水库、输油管道、输电线路和各种大型建筑物或者建筑群之前，建设单位必须向所在省、自治区、直辖市地质矿产主管部门了解拟建工程所在地区的矿产资源分布和开采情况。非经国务院授权的部门批准，不得压覆重要矿床。

第三十四条　国务院规定由指定的单位统一收购的矿产品，任何其他单位或者个人不得收购；开采者不得向非指定单位销售。

第五章　集体矿山企业和个体采矿

第三十五条　国家对集体矿山企业和个体采矿实行积极扶持、合理规划、正确引导、加强管理的方针，鼓励集体矿山企业开采国家指定范围内的矿产资源，允许个人采挖零星分散资源和只能用作普通建筑材料的砂、石、粘土以及为生活自用采挖少量矿产。

矿产储量规模适宜由矿山企业开采的矿产资源、国家规定实行保护性开采的特定矿种和国家规定禁止个人开采的其他矿产资源，个人不得开采。

国家指导、帮助集体矿山企业和个体采矿不断提高技术水平、资源利用率和经济效益。

地质矿产主管部门、地质工作单位和国有矿山企业应当按照积极支持、有偿互惠的原则向集体矿山企业和个体采矿提供地质资料和技术服务。

第三十六条　国务院和国务院有关主管部门批准开办的矿山企业矿区范围内已有的集体矿山企业，应当关闭或者到指定的其他地点开采，由矿山建设单位给予合理的补偿，并妥善安置群众生活；也可以按照该矿山企业的统筹安排，实行联合经营。

第三十七条　集体矿山企业和个体采矿应当提高技术水平，提高矿产资源回收率。禁止乱挖滥采，破坏矿产资源。

集体矿山企业必须测绘井上、井下工程对照图。

第三十八条　县级以上人民政府应当指导、帮助集体矿山企业和个体采矿进行技术改造，改善经营管理，加强安全生产。

第六章　法　律　责　任

第三十九条　违反本法规定，未取得采矿许可证擅自采矿的，擅自进入国家规划矿区、对国民经济具有重要价值的矿区范围采矿的，擅自开采国家规定实行保护性开采的特定矿种的，责令停止开采、赔偿损失，没收采出的矿产品和违法所得，可以并处罚款；拒不停止开采，造成矿产资源破坏的，依照刑法有关规定对直接责任人员追究刑事责任。

单位和个人进入他人依法设立的国有矿山企业和其他矿山企业矿区范围内采矿的，依照前款规定处罚。

第四十条 超越批准的矿区范围采矿的，责令退回本矿区范围内开采、赔偿损失，没收越界开采的矿产品和违法所得，可以并处罚款；拒不退回本矿区范围内开采，造成矿产资源破坏的，吊销采矿许可证，依照刑法有关规定对直接责任人员追究刑事责任。

第四十一条 盗窃、抢夺矿山企业和勘查单位的矿产品和其他财物的，破坏采矿、勘查设施的，扰乱矿区和勘查作业区的生产秩序、工作秩序的，分别依照刑法有关规定追究刑事责任；情节显著轻微的，依照治安管理处罚法有关规定予以处罚。

第四十二条 买卖、出租或者以其他形式转让矿产资源的，没收违法所得，处以罚款。

违反本法第六条的规定将探矿权、采矿权倒卖牟利的，吊销勘查许可证、采矿许可证，没收违法所得，处以罚款。

第四十三条 违反本法规定收购和销售国家统一收购的矿产品的，没收矿产品和违法所得，可以并处罚款；情节严重的，依照刑法有关规定，追究刑事责任。

第四十四条 违反本法规定，采取破坏性的开采方法开采矿产资源的，处以罚款，可以吊销采矿许可证；造成矿产资源严重破坏的，依照刑法有关规定对直接责任人员追究刑事责任。

第四十五条 本法第三十九条、第四十条、第四十二条规定的行政处罚，由县级以上人民政府负责地质矿产管理工作的部门按照国务院地质矿产主管部门规定的权限决定。第四十三条规定的行政处罚，由县级以上人民政府工商行政管理部门决定。第四十四条规定的行政处罚，由省、自治区、直辖市人民政府地质矿产主管部门决定。给予吊销勘查许可证或者采矿许可证处罚的，须由原发证机关决定。

依照第三十九条、第四十条、第四十二条、第四十四条规定应当给予行政处罚而不给予行政处罚的，上级人民政府地质矿产主管部门有权责令改正或者直接给予行政处罚。

第四十六条 当事人对行政处罚决定不服的，可以依法申请复议，也可以依法直接向人民法院起诉。

当事人逾期不申请复议也不向人民法院起诉，又不履行处罚决定的，由作出处罚决定的机关申请人民法院强制执行。

第四十七条 负责矿产资源勘查、开采监督管理工作的国家工作人员和其他有关国家工作人员徇私舞弊、滥用职权或者玩忽职守，违反本法规定批准勘查、开采矿产资源和颁发勘查许可证、采矿许可证，或者对违法采矿行为不依法予以制止、处罚，构成犯罪的，依法追究刑事责任；不构成犯罪的，给予行政处分。违法颁发的勘查许可证、采矿许可证，上级人民政府地质矿产主管部门有权予以撤销。

第四十八条 以暴力、威胁方法阻碍从事矿产资源勘查、开采监督管理工作的国家工作人员依法执行职务的，依照刑法有关规定追究刑事责任；拒绝、阻碍从事矿产资源勘查、开采监督管理工作的国家工作人员依法执行职务未使用暴力、威胁方法的，由公安机关依照治安管理处罚法的规定处罚。

第四十九条 矿山企业之间的矿区范围的争议，由当事人协商解决，协商不成的，由有关县级以上地方人民政府根据依法核定的矿区范围处理；跨省、自治区、直辖市的矿区范围的争议，由有关省、自治区、直辖市人民政府协商解决，协商不成的，由国务院处理。

第七章　附　　则

第五十条　外商投资勘查、开采矿产资源，法律、行政法规另有规定的，从其规定。

第五十一条　本法施行以前，未办理批准手续、未划定矿区范围、未取得采矿许可证开采矿产资源的，应当依照本法有关规定申请补办手续。

第五十二条　本法实施细则由国务院制定。

第五十三条　本法自 1986 年 10 月 1 日起施行。

5. 中华人民共和国煤炭法

（1996年8月29日第八届全国人民代表大会常务委员会第二十一次会议通过，根据2009年8月27日第十一届全国人民代表大会常务委员会第十次会议《关于修改部分法律的决定》第一次修正，根据2011年4月22日第十一届全国人民代表大会常务委员会第二十次会议《关于修改〈中华人民共和国煤炭法〉的决定》第二次修正，根据2013年6月29日第十二届全国人民代表大会常务委员会第三次会议《关于修改〈中华人民共和国文物保护法〉等十二部法律的决定》第三次修正，根据2016年11月7日第十二届全国人民代表大会常务委员会第二十四次会议《关于修改〈中华人民共和国对外贸易法〉等十二部法律的决定》第四次修正）

目　　录

第一章　总　　则

第一条　为了合理开发利用和保护煤炭资源，规范煤炭生产、经营活动，促进和保障煤炭行业的发展，制定本法。

第二条　在中华人民共和国领域和中华人民共和国管辖的其他海域从事煤炭生产、经营活动，适用本法。

第三条　煤炭资源属于国家所有。地表或者地下的煤炭资源的国家所有权，不因其依附的土地的所有权或者使用权的不同而改变。

第四条　国家对煤炭开发实行统一规划、合理布局、综合利用的方针。

第五条　国家依法保护煤炭资源，禁止任何乱采、滥挖破坏煤炭资源的行为。

第六条　国家保护依法投资开发煤炭资源的投资者的合法权益。

国家保障国有煤矿的健康发展。

国家对乡镇煤矿采取扶持、改造、整顿、联合、提高的方针，实行正规合理开发和有序发展。

第七条　煤矿企业必须坚持安全第一、预防为主的安全生产方针，建立健全安全生产的责任制度和群防群治制度。

第八条　各级人民政府及其有关部门和煤矿企业必须采取措施加强劳动保护，保障煤矿职工的安全和健康。

国家对煤矿井下作业的职工采取特殊保护措施。

第九条 国家鼓励和支持在开发利用煤炭资源过程中采用先进的科学技术和管理方法。

煤矿企业应当加强和改善经营管理，提高劳动生产率和经济效益。

第十条 国家维护煤矿矿区的生产秩序、工作秩序，保护煤矿企业设施。

第十一条 开发利用煤炭资源，应当遵守有关环境保护的法律、法规，防治污染和其他公害，保护生态环境。

第十二条 国务院煤炭管理部门依法负责全国煤炭行业的监督管理。国务院有关部门在各自的职责范围内负责煤炭行业的监督管理。

县级以上地方人民政府煤炭管理部门和有关部门依法负责本行政区域内煤炭行业的监督管理。

第十三条 煤炭矿务局是国有煤矿企业，具有独立法人资格。

矿务局和其他具有独立法人资格的煤矿企业、煤炭经营企业依法实行自主经营、自负盈亏、自我约束、自我发展。

第二章　煤炭生产开发规划与煤矿建设

第十四条 国务院煤炭管理部门根据全国矿产资源勘查规划编制全国煤炭资源勘查规划。

第十五条 国务院煤炭管理部门根据全国矿产资源规划规定的煤炭资源，组织编制和实施煤炭生产开发规划。

省、自治区、直辖市人民政府煤炭管理部门根据全国矿产资源规划规定的煤炭资源，组织编制和实施本地区煤炭生产开发规划，并报国务院煤炭管理部门备案。

第十六条 煤炭生产开发规划应当根据国民经济和社会发展的需要制定，并纳入国民经济和社会发展计划。

第十七条 国家制定优惠政策，支持煤炭工业发展，促进煤矿建设。

煤矿建设项目应当符合煤炭生产开发规划和煤炭产业政策。

第十八条 煤矿建设使用土地，应当依照有关法律、行政法规的规定办理。征收土地的，应当依法支付土地补偿费和安置补偿费，做好迁移居民的安置工作。

煤矿建设应当贯彻保护耕地、合理利用土地的原则。

地方人民政府对煤矿建设依法使用土地和迁移居民，应当给予支持和协助。

第十九条 煤矿建设应当坚持煤炭开发与环境治理同步进行。煤矿建设项目的环境保护设施必须与主体工程同时设计、同时施工、同时验收、同时投入使用。

第三章　煤炭生产与煤矿安全

第二十条 煤矿投入生产前，煤矿企业应当依照有关安全生产的法律、行政法规的规定取得安全生产许可证。未取得安全生产许可证的，不得从事煤炭生产。

第二十一条 对国民经济具有重要价值的特殊煤种或者稀缺煤种，国家实行保护性开采。

第二十二条 开采煤炭资源必须符合煤矿开采规程，遵守合理的开采顺序，达到规定的煤炭资源回采率。

煤炭资源回采率由国务院煤炭管理部门根据不同的资源和开采条件确定。

国家鼓励煤矿企业进行复采或者开采边角残煤和极薄煤。

第二十三条 煤矿企业应当加强煤炭产品质量的监督检查和管理。煤炭产品质量应当按照国家标准或者行业标准分等论级。

第二十四条 煤炭生产应当依法在批准的开采范围内进行，不得超越批准的开采范围越界、越层开采。

采矿作业不得擅自开采保安煤柱，不得采用可能危及相邻煤矿生产安全的决水、爆破、贯通巷道等危险方法。

第二十五条 因开采煤炭压占土地或者造成地表土地塌陷、挖损，由采矿者负责进行复垦，恢复到可供利用的状态；造成他人损失的，应当依法给予补偿。

第二十六条 关闭煤矿和报废矿井，应当依照有关法律、法规和国务院煤炭管理部门的规定办理。

第二十七条 国家建立煤矿企业积累煤矿衰老期转产资金的制度。

国家鼓励和扶持煤矿企业发展多种经营。

第二十八条 国家提倡和支持煤矿企业和其他企业发展煤电联产、炼焦、煤化工、煤建材等，进行煤炭的深加工和精加工。

国家鼓励煤矿企业发展煤炭洗选加工，综合开发利用煤层气、煤矸石、煤泥、石煤和泥炭。

第二十九条 国家发展和推广洁净煤技术。

国家采取措施取缔土法炼焦。禁止新建土法炼焦窑炉；现有的土法炼焦限期改造。

第三十条 县级以上各级人民政府及其煤炭管理部门和其他有关部门，应当加强对煤矿安全生产工作的监督管理。

第三十一条 煤矿企业的安全生产管理，实行矿务局长、矿长负责制。

第三十二条 矿务局长、矿长及煤矿企业的其他主要负责人必须遵守有关矿山安全的法律、法规和煤炭行业安全规章、规程，加强对煤矿安全生产工作的管理，执行安全生产责任制度，采取有效措施，防止伤亡和其他安全生产事故的发生。

第三十三条 煤矿企业应当对职工进行安全生产教育、培训；未经安全生产教育、培训的，不得上岗作业。

煤矿企业职工必须遵守有关安全生产的法律、法规、煤炭行业规章、规程和企业规章制度。

第三十四条 在煤矿井下作业中，出现危及职工生命安全并无法排除的紧急情况时，作业现场负责人或者安全管理人员应当立即组织职工撤离危险现场，并及时报告有关方面负责人。

第三十五条 煤矿企业工会发现企业行政方面违章指挥、强令职工冒险作业或者生产过程中发现明显重大事故隐患，可能危及职工生命安全的情况，有权提出解决问题的建议，煤矿企业行政方面必须及时作出处理决定。企业行政方面拒不处理的，工会有权提出批评、检举和控告。

第三十六条 煤矿企业必须为职工提供保障安全生产所需的劳动保护用品。

第三十七条 煤矿企业应当依法为职工参加工伤保险缴纳工伤保险费。鼓励企业为井下作业职工办理意外伤害保险，支付保险费。

第三十八条 煤矿企业使用的设备、器材、火工产品和安全仪器，必须符合国家标准或者行业标准。

第四章　煤　炭　经　营

第三十九条 煤炭经营企业从事煤炭经营，应当遵守有关法律、法规的规定，改善服务，保障供应。禁止一切非法经营活动。

第四十条 煤炭经营应当减少中间环节和取消不合理的中间环节，提倡有条件的煤矿企业直销。

煤炭用户和煤炭销区的煤炭经营企业有权直接从煤矿企业购进煤炭。在煤炭产区可以组成煤炭销售、运输服务机构，为中小煤矿办理经销、运输业务。

禁止行政机关违反国家规定擅自设立煤炭供应的中间环节和额外加收费用。

第四十一条 从事煤炭运输的车站、港口及其他运输企业不得利用其掌握的运力作为参与煤炭经营、谋取不正当利益的手段。

第四十二条 国务院物价行政主管部门会同国务院煤炭管理部门和有关部门对煤炭的销售价格进行监督管理。

第四十三条 煤矿企业和煤炭经营企业供应用户的煤炭质量应当符合国家标准或者行业标准，质级相符，质价相符。用户对煤炭质量有特殊要求的，由供需双方在煤炭购销合同中约定。

煤矿企业和煤炭经营企业不得在煤炭中掺杂、掺假，以次充好。

第四十四条 煤矿企业和煤炭经营企业供应用户的煤炭质量不符合国家标准或者行业标准，或者不符合合同约定，或者质级不符、质价不符，给用户造成损失的，应当依法给予赔偿。

第四十五条 煤矿企业、煤炭经营企业、运输企业和煤炭用户应当依照法律、国务院有关规定或者合同约定供应、运输和接卸煤炭。

运输企业应当将承运的不同质量的煤炭分装、分堆。

第四十六条 煤炭的进出口依照国务院的规定，实行统一管理。

具备条件的大型煤矿企业经国务院对外经济贸易主管部门依法许可，有权从事煤炭出口经营。

第四十七条 煤炭经营管理办法，由国务院依照本法制定。

第五章 煤矿矿区保护

第四十八条 任何单位或者个人不得危害煤矿矿区的电力、通讯、水源、交通及其他生产设施。

禁止任何单位和个人扰乱煤矿矿区的生产秩序和工作秩序。

第四十九条 对盗窃或者破坏煤矿矿区设施、器材及其他危及煤矿矿区安全的行为，一切单位和个人都有权检举、控告。

第五十条 未经煤矿企业同意，任何单位或者个人不得在煤矿企业依法取得土地使用权的有效期间内在该土地上种植、养殖、取土或者修建建筑物、构筑物。

第五十一条 未经煤矿企业同意，任何单位或者个人不得占用煤矿企业的铁路专用线、专用道路、专用航道、专用码头、电力专用线、专用供水管路。

第五十二条 任何单位或者个人需要在煤矿采区范围内进行可能危及煤矿安全的作业时，应当经煤矿企业同意，报煤炭管理部门批准，并采取安全措施后，方可进行作业。

在煤矿矿区范围内需要建设公用工程或者其他工程的，有关单位应当事先与煤矿企业协商并达成协议后，方可施工。

第六章 监督检查

第五十三条 煤炭管理部门和有关部门依法对煤矿企业和煤炭经营企业执行煤炭法律、法规的情况进行监督检查。

第五十四条 煤炭管理部门和有关部门的监督检查人员应当熟悉煤炭法律、法规，掌握有关煤炭专业技术，公正廉洁，秉公执法。

第五十五条 煤炭管理部门和有关部门的监督检查人员进行监督检查时，有权向煤矿企业、煤炭经营企业或者用户了解有关执行煤炭法律、法规的情况，查阅有关资料，并有权进入现场进行检查。

煤矿企业、煤炭经营企业和用户对依法执行监督检查任务的煤炭管理部门和有关部门的监督检查人员应当提供方便。

第五十六条　煤炭管理部门和有关部门的监督检查人员对煤矿企业和煤炭经营企业违反煤炭法律、法规的行为，有权要求其依法改正。

煤炭管理部门和有关部门的监督检查人员进行监督检查时，应当出示证件。

第七章　法　律　责　任

第五十七条　违反本法第二十二条的规定，开采煤炭资源未达到国务院煤炭管理部门规定的煤炭资源回采率的，由煤炭管理部门责令限期改正；逾期仍达不到规定的回采率的，责令停止生产。

第五十八条　违反本法第二十四条的规定，擅自开采保安煤柱或者采用危及相邻煤矿生产安全的危险方法进行采矿作业的，由劳动行政主管部门会同煤炭管理部门责令停止作业；由煤炭管理部门没收违法所得，并处违法所得一倍以上五倍以下的罚款；构成犯罪的，由司法机关依法追究刑事责任；造成损失的，依法承担赔偿责任。

第五十九条　违反本法第四十三条的规定，在煤炭产品中掺杂、掺假，以次充好的，责令停止销售，没收违法所得，并处违法所得一倍以上五倍以下的罚款；构成犯罪的，由司法机关依法追究刑事责任。

第六十条　违反本法第五十条的规定，未经煤矿企业同意，在煤矿企业依法取得土地使用权的有效期间内在该土地上修建建筑物、构筑物的，由当地人民政府动员拆除；拒不拆除的，责令拆除。

第六十一条　违反本法第五十一条的规定，未经煤矿企业同意，占用煤矿企业的铁路专用线、专用道路、专用航道、专用码头、电力专用线、专用供水管路的，由县级以上地方人民政府责令限期改正；逾期不改正的，强制清除，可以并处五万元以下的罚款；造成损失的，依法承担赔偿责任。

第六十二条　违反本法第五十二条的规定，未经批准或者未采取安全措施，在煤矿采区范围内进行危及煤矿安全作业的，由煤炭管理部门责令停止作业，可以并处五万元以下的罚款；造成损失的，依法承担赔偿责任。

第六十三条　有下列行为之一的，由公安机关依照治安管理处罚法的有关规定处罚；构成犯罪的，由司法机关依法追究刑事责任：

（一）阻碍煤矿建设，致使煤矿建设不能正常进行的；

（二）故意损坏煤矿矿区的电力、通讯、水源、交通及其他生产设施的；

（三）扰乱煤矿矿区秩序，致使生产、工作不能正常进行的；

（四）拒绝、阻碍监督检查人员依法执行职务的。

第六十四条　煤矿企业的管理人员违章指挥、强令职工冒险作业，发生重大伤亡事故的，依照刑法有关规定追究刑事责任。

第六十五条　煤矿企业的管理人员对煤矿事故隐患不采取措施予以消除，发生重大伤亡事故的，依照刑法有关规定追究刑事责任。

第六十六条　煤炭管理部门和有关部门的工作人员玩忽职守、徇私舞弊、滥用职权的，依法给予行政处分；构成犯罪的，由司法机关依法追究刑事责任。

第八章　附　　则

第六十七条　本法自1996年12月1日起施行。

6. 中华人民共和国劳动法

（1994 年 7 年 5 日第八届全国人民代表大会常务委员会第八次会议通过，根据 2009 年 8 月 27 日第十一届全国人民代表大会常务委员会第十次会议《关于修改部分法律的决定》第一次修正，根据 2018 年 12 月 29 日第十三届全国人民代表大会常务委员会第七次会议《关于修改〈中华人民共和国劳动法〉等七部法律的决定》第二次修正）

目　　录

第一章　总　　则

第一条　为了保护劳动者的合法权益，调整劳动关系，建立和维护适应社会主义市场经济的劳动制度，促进经济发展和社会进步，根据宪法，制定本法。

第二条　在中华人民共和国境内的企业、个体经济组织（以下统称用人单位）和与之形成劳动关系的劳动者，适用本法。

国家机关、事业组织、社会团体和与之建立劳动合同关系的劳动者，依照本法执行。

第三条　劳动者享有平等就业和选择职业的权利、取得劳动报酬的权利、休息休假的权利、获得劳动安全卫生保护的权利、接受职业技能培训的权利、享受社会保险和福利的权利、提请劳动争议处理的权利以及法律规定的其他劳动权利。

劳动者应当完成劳动任务，提高职业技能，执行劳动安全卫生规程，遵守劳动纪律和职业道德。

第四条　用人单位应当依法建立和完善规章制度，保障劳动者享有劳动权利和履行劳动义务。

第五条　国家采取各种措施，促进劳动就业，发展职业教育，制定劳动标准，调节社会收入，完善社会保险，协调劳动关系，逐步提高劳动者的生活水平。

第六条 国家提倡劳动者参加社会义务劳动，开展劳动竞赛和合理化建议活动，鼓励和保护劳动者进行科学研究、技术革新和发明创造，表彰和奖励劳动模范和先进工作者。

第七条 劳动者有权依法参加和组织工会。

工会代表和维护劳动者的合法权益，依法独立自主地开展活动。

第八条 劳动者依照法律规定，通过职工大会、职工代表大会或者其他形式，参与民主管理或者就保护劳动者合法权益与用人单位进行平等协商。

第九条 国务院劳动行政部门主管全国劳动工作。

县级以上地方人民政府劳动行政部门主管本行政区域内的劳动工作。

第二章 促 进 就 业

第十条 国家通过促进经济和社会发展，创造就业条件，扩大就业机会。

国家鼓励企业、事业组织、社会团体在法律、行政法规规定的范围内兴办产业或者拓展经营，增加就业。

国家支持劳动者自愿组织起来就业和从事个体经营实现就业。

第十一条 地方各级人民政府应当采取措施，发展多种类型的职业介绍机构，提供就业服务。

第十二条 劳动者就业，不因民族、种族、性别、宗教信仰不同而受歧视。

第十三条 妇女享有与男子平等的就业权利，在录用职工时，除国家规定的不适合妇女的工种或者岗位外，不得以性别为由拒绝录用妇女或者提高对妇女的录用标准。

第十四条 残疾人、少数民族人员、退出现役的军人的就业，法律、法规有特别规定的，从其规定。

第十五条 禁止用人单位招用未满十六周岁的未成年人。

文艺、体育和特种工艺单位招用未满十六周岁的未成年人，必须遵守国家有关规定，并保障其接受义务教育的权利。

第三章 劳动合同和集体合同

第十六条 劳动合同是劳动者与用人单位确立劳动关系、明确双方权利和义务的协议。

建立劳动关系应当订立劳动合同。

第十七条 订立和变更劳动合同，应当遵循平等自愿、协商一致的原则，不得违反法律、行政法规的规定。

劳动合同依法订立即具有法律约束力，当事人必须履行劳动合同规定的义务。

第十八条 下列劳动合同无效：

（一）违反法律、行政法规的劳动合同；

（二）采取欺诈、威胁等手段订立的劳动合同。

无效的劳动合同，从订立的时候起，就没有法律约束力。确认劳动合同部分无效的，如果不影响其余部分的效力，其余部分仍然有效。

劳动合同的无效，由劳动争议仲裁委员会或者人民法院确认。

第十九条 劳动合同应当以书面形式订立，并具备以下条款：

（一）劳动合同期限；

（二）工作内容；

（三）劳动保护和劳动条件；

（四）劳动报酬；

（五）劳动纪律；

（六）劳动合同终止的条件；

（七）违反劳动合同的责任。

劳动合同除前款规定的必备条款外，当事人可以协商约定其他内容。

第二十条 劳动合同的期限分为有固定期限、无固定期限和以完成一定的工作为期限。

劳动者在同一用人单位连续工作满十年以上，当事人双方同意续延劳动合同的，如果劳动者提出订立无固定期限的劳动合同，应当订立无固定期限的劳动合同。

第二十一条 劳动合同可以约定试用期。试用期最长不得超过六个月。

第二十二条 劳动合同当事人可以在劳动合同中约定保守用人单位商业秘密的有关事项。

第二十三条 劳动合同期满或者当事人约定的劳动合同终止条件出现，劳动合同即行终止。

第二十四条 经劳动合同当事人协商一致，劳动合同可以解除。

第二十五条 劳动者有下列情形之一的，用人单位可以解除劳动合同：

（一）试用期间被证明不符合录用条件的；

（二）严重违反劳动纪律或者用人单位规章制度的；

（三）严重失职，营私舞弊，对用人单位利益造成重大损害的；

（四）被依法追究刑事责任的。

第二十六条 有下列情形之一的，用人单位可以解除劳动合同，但是应当提前三十日以书面形式通知劳动者本人：

（一）劳动者患病或者非因工负伤，医疗期满后，不能从事原工作也不能从事由用人单位另行安排的工作的；

（二）劳动者不能胜任工作，经过培训或者调整工作岗位，仍不能胜任工作的。

（三）劳动合同订立时所依据的客观情况发生重大变化，致使原劳动合同无法履行，经当事人协商不能就变更劳动合同达成协议的。

第二十七条 用人单位濒临破产进行法定整顿期间或者生产经营状况发生严重困难，确需裁减人员的，应当提前三十日向工会或者全体职工说明情况，听取工会或者职工的意见，经向劳动行政部门报告后，可以裁减人员。

用人单位依据本条规定裁减人员，在六个月内录用人员的，应当优先录用被裁减的人员。

第二十八条 用人单位依据本法第二十四条、第二十六条、第二十七条的规定解除劳动合同的，应当依照国家有关规定给予经济补偿。

第二十九条 劳动者有下列情形之一的，用人单位不得依据本法第二十六条、第二十七条的规定解除劳动合同：

（一）患职业病或者因工负伤并被确认丧失或者部分丧失劳动能力的；

（二）患病或者负伤，在规定的医疗期内的；

（三）女职工在孕期、产期、哺乳期内的；

（四）法律、行政法规规定的其他情形。

第三十条 用人单位解除劳动合同，工会认为不适当的，有权提出意见。如果用人单位违反法律、法规或者劳动合同，工会有权要求重新处理；劳动者申请仲裁或者提起诉讼的，工会应当依法给予支持和帮助。

第三十一条 劳动者解除劳动合同，应当提前三十日以书面形式通知用人单位。

第三十二条 有下列情形之一的，劳动者可以随时通知用人单位解除劳动合同：

（一）在试用期内的；

（二）用人单位以暴力、威胁或者非法限制人身自由的手段强迫劳动的；

（三）用人单位未按照劳动合同约定支付劳动报酬或者提供劳动条件的。

第三十三条 企业职工一方与企业可以就劳动报酬、工作时间、休息休假、劳动安全卫生、保险福利等事项，签订集体合同。集体合同草案应当提交职工代表大会或者全体职工讨论通过。

集体合同由工会代表职工与企业签订；没有建立工会的企业，由职工推举的代表与企业签订。

第三十四条 集体合同签订后应当报送劳动行政部门；劳动行政部门自收到集体合同文本之日起十五日内未提出异议的，集体合同即行生效。

第三十五条 依法签订的集体合同对企业和企业全体职工具有约束力，职工个人与企业订立的劳动合同中劳动条件和劳动报酬等标准不得低于集体合同的规定。

第四章 工作时间和休息休假

第三十六条 国家实行劳动者每日工作时间不超过八小时、平均每周工作时间不超过四十四小时的工时制度。

第三十七条 对实行计件工作的劳动者，用人单位应当根据本法第三十六条规定的工时制度合理确定其劳动定额和计件报酬标准。

第三十八条 用人单位应当保证劳动者每周至少休息一日。

第三十九条 企业因生产特点不能实行本法第三十六条、第三十八条规定的，经劳动部门批准，可以实行其他工作和休息办法。

第四十条 用人单位在下列节日期间应当依法安排劳动者休假：

（一）元旦；

（二）春节；

（三）国际劳动节；

（四）国庆节；

（五）法律、法规规定的其他休假节日。

第四十一条 用人单位由于生产经营需要，经与工会和劳动者协商后可以延长工作时间，一般每日不得超过一小时；因特殊原因需要延长工作时间的，在保障劳动者身体健康的条件下延长工作时间每日不得超过三小时，但是每月不得超过三十六小时。

第四十二条 有下列情形之一的，延长工作时间不受本法第四十一条规定的限制：

（一）发生自然灾害、事故或者因其他原因，威胁劳动者生命健康和财产安全，需要紧急处理的；

（二）生产设备、交通运输线路、公共设施发生故障，影响生产和公众利益，必须及时抢修的；

（三）法律、行政法规规定的其他情形。

第四十三条 用人单位不得违反本法规定延长劳动者的工作时间。

第四十四条 有下列情形之一的，用人单位应当按照下列标准支付高于劳动者正常工作时间工资的工资报酬；

（一）安排劳动者延长工作时间的，支付不低于工资的百分之一百五十的工资报酬；

（二）休息日安排劳动者工作又不能安排补休的，支付不低于工资的百分之二百的工资报酬；

（三）法定休假日安排劳动者工作的，支付不低于工资的百分之三百的工资报酬。

第四十五条 国家实行带薪年休假制度。

劳动者连续工作一年以上的，享受带薪年休假。具体办法由国务院规定。

第五章　工　　资

第四十六条　工资分配应当遵循按劳分配原则，实行同工同酬。

工资水平在经济发展的基础上逐步提高。国家对工资总量实行宏观调控。

第四十七条　用人单位根据本单位的生产经营特点和经济效益，依法自主确定本单位的工资分配方式和工资水平。

第四十八条　国家实行最低工资保障制度。最低工资的具体标准由各省、自治区直辖市人民政府规定，报国务院备案。

用人单位支付劳动者的工资不得低于当地最低工资标准。

第四十九条　确定和调整最低工资标准应当综合参考下列因素：

（一）劳动者本人及平均赡养人口的最低生活费用；

（二）社会平均工资水平；

（三）劳动生产率；

（四）就业状况；

（五）地区之间经济发展水平的差异。

第五十条　工资应当以货币形式按月支付给劳动者本人。不得克扣或者无故拖欠劳动者的工资。

第五十一条　劳动者在法定休假日和婚丧假期间以及依法参加社会活动期间，用人单位应当依法支付工资。

第六章　劳动安全卫生

第五十二条　用人单位必须建立、健全劳动安全卫生制度，严格执行国家劳动安全卫生规程和标准，对劳动者进行劳动安全卫生教育，防止劳动过程中的事故，减少职业危害。

第五十三条　劳动安全卫生设施必须符合国家规定的标准。

新建、改建、扩建工程的劳动安全卫生设施必须与主体工程同时设计、同时施工、同时投入生产和使用。

第五十四条　用人单位必须为劳动者提供符合国家规定的劳动安全卫生条件和必要的劳动防护用品，对从事有职业危害作业的劳动者应当定期进行健康检查。

第五十五条　从事特种作业的劳动者必须经过专门培训并取得特种作业资格。

第五十六条　劳动者在劳动过程中必须严格遵守安全操作规程。

劳动者对用人单位管理人员违章指挥、强令冒险作业，有权拒绝执行；对危害生命安全和身体健康的行为，有权提出批评、检举和控告。

第五十七条　国家建立伤亡事故和职业病统计报告和处理制度。县级以上各级人民政府劳动行政部门、有关部门和用人单位应当依法对劳动者在劳动过程中发生的伤亡事故和劳动者的职业病状况，进行统计、报告和处理。

第七章　女职工和未成年工特殊保护

第五十八条　国家对女职工和未成年工实行特殊劳动保护。

未成年工是指年满十六周岁未满十八周岁的劳动者。

第五十九条　禁止安排女职工从事矿山井下、国家规定的第四级体力劳动强度的劳动和其他禁忌从事的劳动。

第六十条 不得安排女职工在经期从事高处、低温、冷水作业和国家规定的第三级体力劳动强度的劳动。

第六十一条 不得安排女职工在怀孕期间从事国家规定的第三级体力劳动强度的劳动和孕期禁忌从事的劳动，对怀孕七个月以上的女职工，不得安排其延长工作时间和夜班劳动。

第六十二条 女职工生育享受不少于九十天的产假。

第六十三条 不得安排女职工在哺乳未满一周岁的婴儿期间从事国家规定的第三级体力劳动强度的劳动和哺乳期禁忌从事的其他劳动，不得安排其延长工作时间和夜班劳动。

第六十四条 不得安排未成年工从事矿山井下、有毒有害、国家规定的第四级体力劳动强度的劳动和其他禁忌从事的劳动。

第六十五条 用人单位应当对未成年工定期进行健康检查。

第八章 职 业 培 训

第六十六条 国家通过各种途径，采取各种措施，发展职业培训事业，开发劳动者的职业技能，提高劳动者素质，增强劳动者的就业能力和工作能力。

第六十七条 各级人民政府应当把发展职业培训纳入社会经济发展的规划，鼓励和支持有条件的企业、事业组织、社会团体和个人进行各种形式的职业培训。

第六十八条 用人单位应建立职业培训制度，按照国家规定提取和使用职业培训经费，根据本单位实际，有计划地对劳动者进行职业培训。

从事技术工种的劳动者，上岗前必须经过培训。

第六十九条 国家确定职业分类，对规定的职业制定职业技能标准，实行职业资格证书制度，由经备案的考核鉴定机构负责对劳动者实施职业技能考核鉴定。

第九章 社会保险和福利

第七十条 国家发展社会保险事业，建立社会保险制度，设立社会保险基金，使劳动者在年老、患病、工伤、失业、生育等情况下获得帮助和补偿。

第七十一条 社会保险水平应当与社会经济发展水平和社会承受能力相适应。

第七十二条 社会保险基金按照保险类型确定资金来源，逐步实行社会统筹。用人单位和劳动者必须依法参加社会保险，缴纳社会保险费。

第七十三条 劳动者在下列情形下，依法享受社会保险待遇：

（一）退休；

（二）患病、负伤；

（三）因工伤残或者患职业病；

（四）失业；

（五）生育。

劳动者死亡后，其遗属依法享受遗属津贴。

劳动者享受社会保险待遇的条件和标准由法律、法规规定。

劳动者享受的社会保险金必须按时足额支付。

第七十四条 社会保险基金经办机构依照法律规定收支、管理和运营社会保险基金，并负有使社会保险基金保值增值的责任。

社会保险基金监督机构依照法律规定、对社会保险基金的收支、管理和运营实施监督。

社会保险基金经办机构和社会保险基金监督机构的设立和职能由法律规定。

任何组织和个人不得挪用社会保险基金。

第七十五条　国家鼓励用人单位根据本单位实际情况为劳动者建立补充保险。

国家提倡劳动者个人进行储蓄性保险。

第七十六条　国家发展社会福利事业，兴建公共福利设施、为劳动者休息、休养和疗养提供条件。

用人单位应当创造条件，改善集体福利，提高劳动者的福利待遇。

第十章　劳　动　争　议

第七十七条　用人单位与劳动者发生劳动争议，当事人可以依法申请调解、仲裁、提起诉讼，也可以协商解决。

调解原则适用于仲裁和诉讼程序。

第七十八条　解决劳动争议、应当根据合法、公正、及时处理的原则，依法维护劳动争议当事人的合法权益。

第七十九条　劳动争议发生后，当事人可以向本单位劳动争议调解委员会申请调解；调解不成，当事人一方要求仲裁的，可以向劳动争议仲裁委员会申请仲裁。当事人一方也可以直接向劳动争议仲裁委员会申请仲裁。对仲裁裁决不服的，可以向人民法院提起诉讼。

第八十条　在用人单位内，可以设立劳动争议调解委员会。劳动争议调解委员会由职工代表、用人单位代表和工会代表组成。劳动争议调解委员会主任由工会代表担任。

劳动争议经调解达成协议的，当事人应当履行。

第八十一条　劳动争议仲裁委员会由劳动行政部门代表、同级工会代表、用人单位方面的代表组成，劳动争议仲裁委员会主任由劳动行政部门代表担任。

第八十二条　提出仲裁要求的一方应当自劳动争议发生之日起六十日内向劳动争议仲裁委员会提出书面申请。仲裁裁决一般应在收到仲裁申请的六十日内作出。对仲裁裁决无异议的，当事人必须履行。

第八十三条　劳动争议当事人对仲裁裁决不服的，可以自收到仲裁裁决书之日起十五日内向人民法院提起诉讼。一方当事人在法定期限内不起诉又不履行仲裁裁决的，另一方当事人可以申请人民法院强制执行。

第八十四条　因签订集体合同发生争议，当事人协商解决不成的，当地人民政府劳动行政部门可以组织有关各方协调处理。

因履行集体合同发生争议，当事人协商解决不成的，可以向劳动争议仲裁委员会申请仲裁；对仲裁裁决不服的，可以自收到仲裁裁决书之日起十五日内向人民法院提起诉讼。

第十一章　监　督　检　查

第八十五条　县级以上各级人民政府劳动行政部门依法对用人单位遵守劳动法律、法规的情况进行监督检查，对违反劳动法律、法规的行为有权制止，并责令改正。

第八十六条　县级以上各级人民政府劳动行政部门监督检查人员执行公务，有权进入用人单位了解执行劳动法律、法规的情况，查阅必要的资料，并对劳动场所进行检查。

县级以上各级人民政府劳动行政部门监督检查人员执行公务，必须出示证件，秉公执法并遵守有关规定。

第八十七条 县级以上各级人民政府有关部门在各自职责范围内，对用人单位遵守劳动法律、法规的情况进行监督。

第八十八条 各级工会依法维护劳动者的合法权益，对用人单位遵守劳动法律、法规的情况进行监督。

任何组织和个人对于违反劳动法律、法规的行为有权检举和控告。

第十二章 法律责任

第八十九条 用人单位制定的劳动规章制度违反法律、法规规定的，由劳动行政部门给予警告，责令改正；对劳动者造成损害的，应当承担赔偿责任。

第九十条 用人单位违反本法规定，延长劳动者工作时间的，由劳动行政部门给予警告，责令改正，并可以处以罚款。

第九十一条 用人单位有下列侵害劳动者合法权益情形之一的，由劳动行政部门责令支付劳动者的工资报酬、经济补偿，并可以责令支付赔偿金：

（一）克扣或者无故拖欠劳动者工资的；

（二）拒不支付劳动者延长工作时间工资报酬的；

（三）低于当地最低工资标准支付劳动者工资的；

（四）解除劳动合同后，未依照本法规定给予劳动者经济补偿的。

第九十二条 用人单位的劳动安全设施和劳动卫生条件不符合国家规定或者未向劳动者提供必要的劳动防护用品和劳动保护设施的，由劳动行政部门或者有关部门责令改正，可以处以罚款；情节严重的，提请县级以上人民政府决定责令停产整顿；对事故隐患不采取措施，致使发生重大事故，造成劳动者生命和财产损失的，对责任人员比照刑法第一百八十七条的规定追究刑事责任。

第九十三条 用人单位强令劳动者违章冒险作业、发生重大伤亡事故，造成严重后果的，对责任人员依法追究刑事责任。

第九十四条 用人单位非法招用未满十六周岁的未成年人的，由劳动行政部门责令改正，处以罚款；情节严重的，由市场监督管理部门吊销营业执照。

第九十五条 用人单位违反本法对女职工和未成年工的保护规定，侵害其合法权益的，由劳动行政部门责令改正，处以罚款，对女职工或者未成年工造成损害的，应当承担赔偿责任。

第九十六条 用人单位有下列行为之一，由公安机关对责任人员处以十五日以下拘留、罚款或者警告；构成犯罪的，对责任人员依法追究刑事责任：

（一）以暴力、威胁或者非法限制人身自由的手段强迫劳动的。

（二）侮辱、体罚、殴打、非法搜查和拘禁劳动者的。

第九十七条 由于用人单位的原因订立的无效合同，对劳动者造成损害的，应当承担赔偿责任。

第九十八条 用人单位违反本法规定的条件解除劳动合同或者故意拖延不订立劳动合同的，由劳动行政部门责令改正；对劳动者造成损害的，应当承担赔偿责任。

第九十九条 用人单位招用尚未解除劳动合同的劳动者，对原用人单位造成经济损失的，该用人单位应当依法承担连带赔偿责任。

第一百条 用人单位无故不缴纳社会保险费的，由劳动行政部门责令其限期缴纳，逾期不缴的，可以加收滞纳金。

第一百零一条 用人单位无理阻挠劳动行政部门、有关部门及其工作人员行使监督检查权，打击报复举报人员的，由劳动行政部门或者有关部门处以罚款；构成犯罪的，对责任人员依法追究刑事责任。

第一百零二条 劳动者违反本法规定的条件解除劳动合同或者违反劳动合同中约定的保密事项，对用人单位造成经济损失的，应当依法承担赔偿责任。

第一百零三条 劳动行政部门或者有关部门的工作人员滥用职权、玩忽职守、徇私舞弊，构成犯罪的，依法追究刑事责任；不构成犯罪的，给予行政处分。

第一百零四条 国家工作人员和社会保险基金经办机构的工作人员挪用社会保险基金，构成犯罪的，依法追究刑事责任。

第一百零五条 违反本法规定侵害劳动者合法权益，其他法律、行政法规已规定处罚的，依照该法律、行政法规的规定处罚。

第十三章　附　　则

第一百零六条 省、自治区、直辖市人民政府根据本法和本地区的实际情况，规定劳动合同制度的实施步骤，报国务院备案。

第一百零七条 本法自 1995 年 1 月 1 日起施行。

7. 中华人民共和国治安管理处罚法

（2005 年 8 月 28 日第十届全国人民代表大会常务委员会第十七次会议通过，根据 2012 年 10 月 26 日第十一届全国人民代表大会常务委员会第二十九次会议《关于修改〈中华人民共和国治安管理处罚法〉的决定》修正）

目　　录

第一章　总　　则

第一条　为维护社会治安秩序，保障公共安全，保护公民、法人和其他组织的合法权益，规范和保障公安机关及其人民警察依法履行治安管理职责，制定本法。

第二条　扰乱公共秩序，妨害公共安全，侵犯人身权利、财产权利，妨害社会管理，具有社会危害性，依照《中华人民共和国刑法》的规定构成犯罪的，依法追究刑事责任；尚不够刑事处罚的，由公安机关依照本法给予治安管理处罚。

第三条　治安管理处罚的程序，适用本法的规定；本法没有规定的，适用《中华人民共和国行政处罚法》的有关规定。

第四条　在中华人民共和国领域内发生的违反治安管理行为，除法律有特别规定的外，适用本法。

在中华人民共和国船舶和航空器内发生的违反治安管理行为，除法律有特别规定的外，适用本法。

第五条　治安管理处罚必须以事实为依据，与违反治安管理行为的性质、情节以及社会危害程度相当。

实施治安管理处罚，应当公开、公正，尊重和保障人权，保护公民的人格尊严。

办理治安案件应当坚持教育与处罚相结合的原则。

第六条　各级人民政府应当加强社会治安综合治理，采取有效措施，化解社会矛盾，增进社会和谐，维护社会稳定。

第七条　国务院公安部门负责全国的治安管理工作。县级以上地方各级人民政府公安机关负责本行政区域内的治安管理工作。

治安案件的管辖由国务院公安部门规定。

第八条　违反治安管理的行为对他人造成损害的，行为人或者其监护人应当依法承担民事责任。

第九条 对于因民间纠纷引起的打架斗殴或者损毁他人财物等违反治安管理行为，情节较轻的，公安机关可以调解处理。经公安机关调解，当事人达成协议的，不予处罚。经调解未达成协议或者达成协议后不履行的，公安机关应当依照本法的规定对违反治安管理行为人给予处罚，并告知当事人可以就民事争议依法向人民法院提起民事诉讼。

第二章　处罚的种类和适用

第十条 治安管理处罚的种类分为：

（一）警告；

（二）罚款；

（三）行政拘留；

（四）吊销公安机关发放的许可证。

对违反治安管理的外国人，可以附加适用限期出境或者驱逐出境。

第十一条 办理治安案件所查获的毒品、淫秽物品等违禁品，赌具、赌资，吸食、注射毒品的用具以及直接用于实施违反治安管理行为的本人所有的工具，应当收缴，按照规定处理。

违反治安管理所得的财物，追缴退还被侵害人；没有被侵害人的，登记造册，公开拍卖或者按照国家有关规定处理，所得款项上缴国库。

第十二条 已满十四周岁不满十八周岁的人违反治安管理的，从轻或者减轻处罚；不满十四周岁的人违反治安管理的，不予处罚，但是应当责令其监护人严加管教。

第十三条 精神病人在不能辨认或者不能控制自己行为的时候违反治安管理的，不予处罚，但是应当责令其监护人严加看管和治疗。间歇性的精神病人在精神正常的时候违反治安管理的，应当给予处罚。

第十四条 盲人或者又聋又哑的人违反治安管理的，可以从轻、减轻或者不予处罚。

第十五条 醉酒的人违反治安管理的，应当给予处罚。

醉酒的人在醉酒状态中，对本人有危险或者对他人的人身、财产或者公共安全有威胁的，应当对其采取保护性措施约束至酒醒。

第十六条 有两种以上违反治安管理行为的，分别决定，合并执行。行政拘留处罚合并执行的，最长不超过二十日。

第十七条 共同违反治安管理的，根据违反治安管理行为人在违反治安管理行为中所起的作用，分别处罚。

教唆、胁迫、诱骗他人违反治安管理的，按照其教唆、胁迫、诱骗的行为处罚。

第十八条 单位违反治安管理的，对其直接负责的主管人员和其他直接责任人员依照本法的规定处罚。其他法律、行政法规对同一行为规定给予单位处罚的，依照其规定处罚。

第十九条 违反治安管理有下列情形之一的，减轻处罚或者不予处罚：

（一）情节特别轻微的；

（二）主动消除或者减轻违法后果，并取得被侵害人谅解的；

（三）出于他人胁迫或者诱骗的；

（四）主动投案，向公安机关如实陈述自己的违法行为的；

（五）有立功表现的。

第二十条 违反治安管理有下列情形之一的，从重处罚：

（一）有较严重后果的；

（二）教唆、胁迫、诱骗他人违反治安管理的；

（三）对报案人、控告人、举报人、证人打击报复的；

（四）六个月内曾受过治安管理处罚的。

第二十一条 违反治安管理行为人有下列情形之一，依照本法应当给予行政拘留处罚的，不执行行政拘留处罚：

（一）已满十四周岁不满十六周岁的；

（二）已满十六周岁不满十八周岁，初次违反治安管理的；

（三）七十周岁以上的；

（四）怀孕或者哺乳自己不满一周岁婴儿的。

第二十二条 违反治安管理行为在六个月内没有被公安机关发现的，不再处罚。

前款规定的期限，从违反治安管理行为发生之日起计算；违反治安管理行为有连续或者继续状态的，从行为终了之日起计算。

第三章 违反治安管理的行为和处罚

第一节 扰乱公共秩序的行为和处罚

第二十三条 有下列行为之一的，处警告或者二百元以下罚款；情节较重的，处五日以上十日以下拘留，可以并处五百元以下罚款：

（一）扰乱机关、团体、企业、事业单位秩序，致使工作、生产、营业、医疗、教学、科研不能正常进行，尚未造成严重损失的；

（二）扰乱车站、港口、码头、机场、商场、公园、展览馆或者其他公共场所秩序的；

（三）扰乱公共汽车、电车、火车、船舶、航空器或者其他公共交通工具上的秩序的；

（四）非法拦截或者强登、扒乘机动车、船舶、航空器以及其他交通工具，影响交通工具正常行驶的；

（五）破坏依法进行的选举秩序的。

聚众实施前款行为的，对首要分子处十日以上十五日以下拘留，可以并处一千元以下罚款。

第二十四条 有下列行为之一，扰乱文化、体育等大型群众性活动秩序的，处警告或者二百元以下罚款；情节严重的，处五日以上十日以下拘留，可以并处五百元以下罚款：

（一）强行进入场内的；

（二）违反规定，在场内燃放烟花爆竹或者其他物品的；

（三）展示侮辱性标语、条幅等物品的；

（四）围攻裁判员、运动员或者其他工作人员的；

（五）向场内投掷杂物，不听制止的；

（六）扰乱大型群众性活动秩序的其他行为。

因扰乱体育比赛秩序被处以拘留处罚的，可以同时责令其十二个月内不得进入体育场馆观看同类比赛；违反规定进入体育场馆的，强行带离现场。

第二十五条 有下列行为之一的，处五日以上十日以下拘留，可以并处五百元以下罚款；情节较轻的，处五日以下拘留或者五百元以下罚款：

（一）散布谣言，谎报险情、疫情、警情或者以其他方法故意扰乱公共秩序的；

（二）投放虚假的爆炸性、毒害性、放射性、腐蚀性物质或者传染病病原体等危险物质扰乱公共秩序的；

（三）扬言实施放火、爆炸、投放危险物质扰乱公共秩序的。

第二十六条 有下列行为之一的，处五日以上十日以下拘留，可以并处五百元以下罚款；情节较重的，处十日以上十五日以下拘留，可以并处一千元以下罚款：

（一）结伙斗殴的；

（二）追逐、拦截他人的；

（三）强拿硬要或者任意损毁、占用公私财物的；

（四）其他寻衅滋事行为。

第二十七条 有下列行为之一的，处十日以上十五日以下拘留，可以并处一千元以下罚款；情节较轻的，处五日以上十日以下拘留，可以并处五百元以下罚款：

（一）组织、教唆、胁迫、诱骗、煽动他人从事邪教、会道门活动或者利用邪教、会道门、迷信活动，扰乱社会秩序、损害他人身体健康的；

（二）冒用宗教、气功名义进行扰乱社会秩序、损害他人身体健康活动的。

第二十八条 违反国家规定，故意干扰无线电业务正常进行的，或者对正常运行的无线电台（站）产生有害干扰，经有关主管部门指出后，拒不采取有效措施消除的，处五日以上十日以下拘留；情节严重的，处十日以上十五日以下拘留。

第二十九条 有下列行为之一的，处五日以下拘留；情节较重的，处五日以上十日以下拘留：

（一）违反国家规定，侵入计算机信息系统，造成危害的；

（二）违反国家规定，对计算机信息系统功能进行删除、修改、增加、干扰，造成计算机信息系统不能正常运行的；

（三）违反国家规定，对计算机信息系统中存储、处理、传输的数据和应用程序进行删除、修改、增加的；

（四）故意制作、传播计算机病毒等破坏性程序，影响计算机信息系统正常运行的。

第二节 妨害公共安全的行为和处罚

第三十条 违反国家规定，制造、买卖、储存、运输、邮寄、携带、使用、提供、处置爆炸性、毒害性、放射性、腐蚀性物质或者传染病病原体等危险物质的，处十日以上十五日以下拘留；情节较轻的，处五日以上十日以下拘留。

第三十一条 爆炸性、毒害性、放射性、腐蚀性物质或者传染病病原体等危险物质被盗、被抢或者丢失，未按规定报告的，处五日以下拘留；故意隐瞒不报的，处五日以上十日以下拘留。

第三十二条 非法携带枪支、弹药或者弩、匕首等国家规定的管制器具的，处五日以下拘留，可以并处五百元以下罚款；情节较轻的，处警告或者二百元以下罚款。

非法携带枪支、弹药或者弩、匕首等国家规定的管制器具进入公共场所或者公共交通工具的，处五日以上十日以下拘留，可以并处五百元以下罚款。

第三十三条 有下列行为之一的，处十日以上十五日以下拘留：

（一）盗窃、损毁油气管道设施、电力电信设施、广播电视设施、水利防汛工程设施或者水文监测、测量、气象测报、环境监测、地质监测、地震监测等公共设施的；

（二）移动、损毁国家边境的界碑、界桩以及其他边境标志、边境设施或者领土、领海标志设施的；

（三）非法进行影响国（边）界线走向的活动或者修建有碍国（边）境管理的设施的。

第三十四条 盗窃、损坏、擅自移动使用中的航空设施，或者强行进入航空器驾驶舱的，处十日以上十五日以下拘留。

在使用中的航空器上使用可能影响导航系统正常功能的器具、工具，不听劝阻的，处五日以下拘留或者五百元以下罚款。

第三十五条 有下列行为之一的，处五日以上十日以下拘留，可以并处五百元以下罚款；情节较轻的，处五日以下拘留或者五百元以下罚款：

（一）盗窃、损毁或者擅自移动铁路设施、设备、机车车辆配件或者安全标志的；

（二）在铁路线路上放置障碍物，或者故意向列车投掷物品的；

（三）在铁路线路、桥梁、涵洞处挖掘坑穴、采石取沙的；

（四）在铁路线路上私设道口或者平交过道的。

第三十六条 擅自进入铁路防护网或者火车来临时在铁路线路上行走坐卧、抢越铁路，影响行车安全的，处警告或者二百元以下罚款。

第三十七条 有下列行为之一的，处五日以下拘留或者五百元以下罚款；情节严重的，处五日以上十日以下拘留，可以并处五百元以下罚款：

（一）未经批准，安装、使用电网的，或者安装、使用电网不符合安全规定的；

（二）在车辆、行人通行的地方施工，对沟井坎穴不设覆盖物、防围和警示标志的，或者故意损毁、移动覆盖物、防围和警示标志的；

（三）盗窃、损毁路面井盖、照明等公共设施的。

第三十八条 举办文化、体育等大型群众性活动，违反有关规定，有发生安全事故危险的，责令停止活动，立即疏散；对组织者处五日以上十日以下拘留，并处二百元以上五百元以下罚款；情节较轻的，处五日以下拘留或者五百元以下罚款。

第三十九条 旅馆、饭店、影剧院、娱乐场、运动场、展览馆或者其他供社会公众活动的场所的经营管理人员，违反安全规定，致使该场所有发生安全事故危险，经公安机关责令改正，拒不改正的，处五日以下拘留。

第三节　侵犯人身权利、财产权利的行为和处罚

第四十条 有下列行为之一的，处十日以上十五日以下拘留，并处五百元以上一千元以下罚款；情节较轻的，处五日以上十日以下拘留，并处二百元以上五百元以下罚款：

（一）组织、胁迫、诱骗不满十六周岁的人或者残疾人进行恐怖、残忍表演的；

（二）以暴力、威胁或者其他手段强迫他人劳动的；

（三）非法限制他人人身自由、非法侵入他人住宅或者非法搜查他人身体的。

第四十一条 胁迫、诱骗或者利用他人乞讨的，处十日以上十五日以下拘留，可以并处一千元以下罚款。

反复纠缠、强行讨要或者以其他滋扰他人的方式乞讨的，处五日以下拘留或者警告。

第四十二条 有下列行为之一的，处五日以下拘留或者五百元以下罚款；情节较重的，处五日以上十日以下拘留，可以并处五百元以下罚款：

（一）写恐吓信或者以其他方法威胁他人人身安全的；

（二）公然侮辱他人或者捏造事实诽谤他人的；

（三）捏造事实诬告陷害他人，企图使他人受到刑事追究或者受到治安管理处罚的；

（四）对证人及其近亲属进行威胁、侮辱、殴打或者打击报复的；

（五）多次发送淫秽、侮辱、恐吓或者其他信息，干扰他人正常生活的；

（六）偷窥、偷拍、窃听、散布他人隐私的。

第四十三条 殴打他人的，或者故意伤害他人身体的，处五日以上十日以下拘留，并处二百元以上五百元以下罚款；情节较轻的，处五日以下拘留或者五百元以下罚款。

有下列情形之一的，处十日以上十五日以下拘留，并处五百元以上一千元以下罚款：

（一）结伙殴打、伤害他人的；

（二）殴打、伤害残疾人、孕妇、不满十四周岁的人或者六十周岁以上的人的；

（三）多次殴打、伤害他人或者一次殴打、伤害多人的。

第四十四条 猥亵他人的，或者在公共场所故意裸露身体，情节恶劣的，处五日以上十日以下拘留；猥亵智力残疾人、精神病人、不满十四周岁的人或者有其他严重情节的，处十日以上十五日以下拘留。

第四十五条 有下列行为之一的，处五日以下拘留或者警告：

（一）虐待家庭成员，被虐待人要求处理的；

（二）遗弃没有独立生活能力的被扶养人的。

第四十六条 强买强卖商品，强迫他人提供服务或者强迫他人接受服务的，处五日以上十日以下拘留，并处二百元以上五百元以下罚款；情节较轻的，处五日以下拘留或者五百元以下罚款。

第四十七条 煽动民族仇恨、民族歧视，或者在出版物、计算机信息网络中刊载民族歧视、侮辱内容的，处十日以上十五日以下拘留，可以并处一千元以下罚款。

第四十八条 冒领、隐匿、毁弃、私自开拆或者非法检查他人邮件的，处五日以下拘留或者五百元以下罚款。

第四十九条 盗窃、诈骗、哄抢、抢夺、敲诈勒索或者故意损毁公私财物的，处五日以上十日以下拘留，可以并处五百元以下罚款；情节较重的，处十日以上十五日以下拘留，可以并处一千元以下罚款。

第四节 妨害社会管理的行为和处罚

第五十条 有下列行为之一的，处警告或者二百元以下罚款；情节严重的，处五日以上十日以下拘留，可以并处五百元以下罚款：

（一）拒不执行人民政府在紧急状态情况下依法发布的决定、命令的；

（二）阻碍国家机关工作人员依法执行职务的；

（三）阻碍执行紧急任务的消防车、救护车、工程抢险车、警车等车辆通行的；

（四）强行冲闯公安机关设置的警戒带、警戒区的。

阻碍人民警察依法执行职务的，从重处罚。

第五十一条 冒充国家机关工作人员或者以其他虚假身份招摇撞骗的，处五日以上十日以下拘留，可以并处五百元以下罚款；情节较轻的，处五日以下拘留或者五百元以下罚款。

冒充军警人员招摇撞骗的，从重处罚。

第五十二条 有下列行为之一的，处十日以上十五日以下拘留，可以并处一千元以下罚款；情节较轻的，处五日以上十日以下拘留，可以并处五百元以下罚款：

（一）伪造、变造或者买卖国家机关、人民团体、企业、事业单位或者其他组织的公文、证件、证明文件、印章的；

（二）买卖或者使用伪造、变造的国家机关、人民团体、企业、事业单位或者其他组织的公文、证件、证明文件的；

（三）伪造、变造、倒卖车票、船票、航空客票、文艺演出票、体育比赛入场券或者其他有价票证、凭证的；

（四）伪造、变造船舶户牌，买卖或者使用伪造、变造的船舶户牌，或者涂改船舶发动机号码的。

第五十三条 船舶擅自进入、停靠国家禁止、限制进入的水域或者岛屿的，对船舶负责人及有关责任人员处五百元以上一千元以下罚款；情节严重的，处五日以下拘留，并处五百元以上一千元以下罚款。

第五十四条 有下列行为之一的，处十日以上十五日以下拘留，并处五百元以上一千元以下罚款；情节较轻的，处五日以下拘留或者五百元以下罚款：

（一）违反国家规定，未经注册登记，以社会团体名义进行活动，被取缔后，仍进行活动的；

（二）被依法撤销登记的社会团体，仍以社会团体名义进行活动的；

（三）未经许可，擅自经营按照国家规定需要由公安机关许可的行业的。

有前款第三项行为的，予以取缔。

取得公安机关许可的经营者，违反国家有关管理规定，情节严重的，公安机关可以吊销许可证。

第五十五条 煽动、策划非法集会、游行、示威，不听劝阻的，处十日以上十五日以下拘留。

第五十六条 旅馆业的工作人员对住宿的旅客不按规定登记姓名、身份证件种类和号码的，或者明知住宿的旅客将危险物质带入旅馆，不予制止的，处二百元以上五百元以下罚款。

旅馆业的工作人员明知住宿的旅客是犯罪嫌疑人员或者被公安机关通缉的人员，不向公安机关报告的，处二百元以上五百元以下罚款；情节严重的，处五日以下拘留，可以并处五百元以下罚款。

第五十七条 房屋出租人将房屋出租给无身份证件的人居住的，或者不按规定登记承租人姓名、身份证件种类和号码的，处二百元以上五百元以下罚款。

房屋出租人明知承租人利用出租房屋进行犯罪活动，不向公安机关报告的，处二百元以上五百元以下罚款；情节严重的，处五日以下拘留，可以并处五百元以下罚款。

第五十八条 违反关于社会生活噪声污染防治的法律规定，制造噪声干扰他人正常生活的，处警告；警告后不改正的，处二百元以上五百元以下罚款。

第五十九条 有下列行为之一的，处五百元以上一千元以下罚款；情节严重的，处五日以上十日以下拘留，并处五百元以上一千元以下罚款：

（一）典当业工作人员承接典当的物品，不查验有关证明、不履行登记手续，或者明知是违法犯罪嫌疑人、赃物，不向公安机关报告的；

（二）违反国家规定，收购铁路、油田、供电、电信、矿山、水利、测量和城市公用设施等废旧专用器材的；

（三）收购公安机关通报寻查的赃物或者有赃物嫌疑的物品的；

（四）收购国家禁止收购的其他物品的。

第六十条 有下列行为之一的，处五日以上十日以下拘留，并处二百元以上五百元以下罚款：

（一）隐藏、转移、变卖或者损毁行政执法机关依法扣押、查封、冻结的财物的；

（二）伪造、隐匿、毁灭证据或者提供虚假证言、谎报案情，影响行政执法机关依法办案的；

（三）明知是赃物而窝藏、转移或者代为销售的；

（四）被依法执行管制、剥夺政治权利或者在缓刑、暂予监外执行中的罪犯或者被依法采取刑事强制措施的人，有违反法律、行政法规或者国务院有关部门的监督管理规定的行为。

第六十一条 协助组织或者运送他人偷越国（边）境的，处十日以上十五日以下拘留，并处一千元以上五千元以下罚款。

第六十二条 为偷越国（边）境人员提供条件的，处五日以上十日以下拘留，并处五百元以上二千元以下罚款。

偷越国（边）境的，处五日以下拘留或者五百元以下罚款。

第六十三条 有下列行为之一的，处警告或者二百元以下罚款；情节较重的，处五日以上十日以下拘留，并处二百元以上五百元以下罚款：

（一）刻划、涂污或者以其他方式故意损坏国家保护的文物、名胜古迹的；

（二）违反国家规定，在文物保护单位附近进行爆破、挖掘等活动，危及文物安全的。

第六十四条 有下列行为之一的，处五百元以上一千元以下罚款；情节严重的，处十日以上十五日以下拘留，并处五百元以上一千元以下罚款：

（一）偷开他人机动车的；

（二）未取得驾驶证驾驶或者偷开他人航空器、机动船舶的。

第六十五条 有下列行为之一的，处五日以上十日以下拘留；情节严重的，处十日以上十五日以下拘留，可以并处一千元以下罚款：

（一）故意破坏、污损他人坟墓或者毁坏、丢弃他人尸骨、骨灰的；

（二）在公共场所停放尸体或者因停放尸体影响他人正常生活、工作秩序，不听劝阻的。

第六十六条 卖淫、嫖娼的，处十日以上十五日以下拘留，可以并处五千元以下罚款；情节较轻的，处五日以下拘留或者五百元以下罚款。

在公共场所拉客招嫖的，处五日以下拘留或者五百元以下罚款。

第六十七条 引诱、容留、介绍他人卖淫的，处十日以上十五日以下拘留，可以并处五千元以下罚款；情节较轻的，处五日以下拘留或者五百元以下罚款。

第六十八条 制作、运输、复制、出售、出租淫秽的书刊、图片、影片、音像制品等淫秽物品或者利用计算机信息网络、电话以及其他通讯工具传播淫秽信息的，处十日以上十五日以下拘留，可以并处三千元以下罚款；情节较轻的，处五日以下拘留或者五百元以下罚款。

第六十九条 有下列行为之一的，处十日以上十五日以下拘留，并处五百元以上一千元以下罚款：

（一）组织播放淫秽音像的；

（二）组织或者进行淫秽表演的；

（三）参与聚众淫乱活动的。

明知他人从事前款活动，为其提供条件的，依照前款的规定处罚。

第七十条 以营利为目的，为赌博提供条件的，或者参与赌博赌资较大的，处五日以下拘留或者五百元以下罚款；情节严重的，处十日以上十五日以下拘留，并处五百元以上三千元以下罚款。

第七十一条 有下列行为之一的，处十日以上十五日以下拘留，可以并处三千元以下罚款；情节较轻的，处五日以下拘留或者五百元以下罚款：

（一）非法种植罂粟不满五百株或者其他少量毒品原植物的；

（二）非法买卖、运输、携带、持有少量未经灭活的罂粟等毒品原植物种子或者幼苗的；

（三）非法运输、买卖、储存、使用少量罂粟壳的。

有前款第一项行为，在成熟前自行铲除的，不予处罚。

第七十二条 有下列行为之一的，处十日以上十五日以下拘留，可以并处二千元以下罚款；情节较轻的，处五日以下拘留或者五百元以下罚款：

（一）非法持有鸦片不满二百克、海洛因或者甲基苯丙胺不满十克或者其他少量毒品的；

（二）向他人提供毒品的；

（三）吸食、注射毒品的；

（四）胁迫、欺骗医务人员开具麻醉药品、精神药品的。

第七十三条 教唆、引诱、欺骗他人吸食、注射毒品的，处十日以上十五日以下拘留，并处五百元以上二千元以下罚款。

第七十四条 旅馆业、饮食服务业、文化娱乐业、出租汽车业等单位的人员，在公安机关查处吸毒、赌博、卖淫、嫖娼活动时，为违法犯罪行为人通风报信的，处十日以上十五日以下拘留。

第七十五条 饲养动物，干扰他人正常生活的，处警告；警告后不改正的，或者放任动物恐吓他人的，处二百元以上五百元以下罚款。

驱使动物伤害他人的，依照本法第四十三条第一款的规定处罚。

第七十六条　有本法第六十七条、第六十八条、第七十条的行为，屡教不改的，可以按照国家规定采取强制性教育措施。

第四章　处　罚　程　序

第一节　调　　查

第七十七条　公安机关对报案、控告、举报或者违反治安管理行为人主动投案，以及其他行政主管部门、司法机关移送的违反治安管理案件，应当及时受理，并进行登记。

第七十八条　公安机关受理报案、控告、举报、投案后，认为属于违反治安管理行为的，应当立即进行调查；认为不属于违反治安管理行为的，应当告知报案人、控告人、举报人、投案人，并说明理由。

第七十九条　公安机关及其人民警察对治安案件的调查，应当依法进行。严禁刑讯逼供或者采用威胁、引诱、欺骗等非法手段收集证据。

以非法手段收集的证据不得作为处罚的根据。

第八十条　公安机关及其人民警察在办理治安案件时，对涉及的国家秘密、商业秘密或者个人隐私，应当予以保密。

第八十一条　人民警察在办理治安案件过程中，遇有下列情形之一的，应当回避；违反治安管理行为人、被侵害人或者其法定代理人也有权要求他们回避：

（一）是本案当事人或者当事人的近亲属的；

（二）本人或者其近亲属与本案有利害关系的；

（三）与本案当事人有其他关系，可能影响案件公正处理的。

人民警察的回避，由其所属的公安机关决定；公安机关负责人的回避，由上一级公安机关决定。

第八十二条　需要传唤违反治安管理行为人接受调查的，经公安机关办案部门负责人批准，使用传唤证传唤。对现场发现的违反治安管理行为人，人民警察经出示工作证件，可以口头传唤，但应当在询问笔录中注明。

公安机关应当将传唤的原因和依据告知被传唤人。对无正当理由不接受传唤或者逃避传唤的人，可以强制传唤。

第八十三条　对违反治安管理行为人，公安机关传唤后应当及时询问查证，询问查证的时间不得超过八小时；情况复杂，依照本法规定可能适用行政拘留处罚的，询问查证的时间不得超过二十四小时。

公安机关应当及时将传唤的原因和处所通知被传唤人家属。

第八十四条　询问笔录应当交被询问人核对；对没有阅读能力的，应当向其宣读。记载有遗漏或者差错的，被询问人可以提出补充或者更正。被询问人确认笔录无误后，应当签名或者盖章，询问的人民警察也应当在笔录上签名。

被询问人要求就被询问事项自行提供书面材料的，应当准许；必要时，人民警察也可以要求被询问人自行书写。

询问不满十六周岁的违反治安管理行为人，应当通知其父母或者其他监护人到场。

第八十五条　人民警察询问被侵害人或者其他证人，可以到其所在单位或者住处进行；必要时，也可以通知其到公安机关提供证言。

人民警察在公安机关以外询问被侵害人或者其他证人，应当出示工作证件。

询问被侵害人或者其他证人，同时适用本法第八十四条的规定。

第八十六条 询问聋哑的违反治安管理行为人、被侵害人或者其他证人，应当有通晓手语的人提供帮助，并在笔录上注明。

询问不通晓当地通用的语言文字的违反治安管理行为人、被侵害人或者其他证人，应当配备翻译人员，并在笔录上注明。

第八十七条 公安机关对与违反治安管理行为有关的场所、物品、人身可以进行检查。检查时，人民警察不得少于二人，并应当出示工作证件和县级以上人民政府公安机关开具的检查证明文件。对确有必要立即进行检查的，人民警察经出示工作证件，可以当场检查，但检查公民住所应当出示县级以上人民政府公安机关开具的检查证明文件。

检查妇女的身体，应当由女性工作人员进行。

第八十八条 检查的情况应当制作检查笔录，由检查人、被检查人和见证人签名或者盖章；被检查人拒绝签名的，人民警察应当在笔录上注明。

第八十九条 公安机关办理治安案件，对与案件有关的需要作为证据的物品，可以扣押；对被侵害人或者善意第三人合法占有的财产，不得扣押，应当予以登记。对与案件无关的物品，不得扣押。

对扣押的物品，应当会同在场见证人和被扣押物品持有人查点清楚，当场开列清单一式二份，由调查人员、见证人和持有人签名或者盖章，一份交给持有人，另一份附卷备查。

对扣押的物品，应当妥善保管，不得挪作他用；对不宜长期保存的物品，按照有关规定处理。经查明与案件无关的，应当及时退还；经核实属于他人合法财产的，应当登记后立即退还；满六个月无人对该财产主张权利或者无法查清权利人的，应当公开拍卖或者按照国家有关规定处理，所得款项上缴国库。

第九十条 为了查明案情，需要解决案件中有争议的专门性问题的，应当指派或者聘请具有专门知识的人员进行鉴定；鉴定人鉴定后，应当写出鉴定意见，并且签名。

第二节 决 定

第九十一条 治安管理处罚由县级以上人民政府公安机关决定；其中警告、五百元以下的罚款可以由公安派出所决定。

第九十二条 对决定给予行政拘留处罚的人，在处罚前已经采取强制措施限制人身自由的时间，应当折抵。限制人身自由一日，折抵行政拘留一日。

第九十三条 公安机关查处治安案件，对没有本人陈述，但其他证据能够证明案件事实的，可以作出治安管理处罚决定。但是，只有本人陈述，没有其他证据证明的，不能作出治安管理处罚决定。

第九十四条 公安机关作出治安管理处罚决定前，应当告知违反治安管理行为人作出治安管理处罚的事实、理由及依据，并告知违反治安管理行为人依法享有的权利。

违反治安管理行为人有权陈述和申辩。公安机关必须充分听取违反治安管理行为人的意见，对违反治安管理行为人提出的事实、理由和证据，应当进行复核；违反治安管理行为人提出的事实、理由或者证据成立的，公安机关应当采纳。

公安机关不得因违反治安管理行为人的陈述、申辩而加重处罚。

第九十五条 治安案件调查结束后，公安机关应当根据不同情况，分别作出以下处理：

（一）确有依法应当给予治安管理处罚的违法行为的，根据情节轻重及具体情况，作出处罚决定；

（二）依法不予处罚的，或者违法事实不能成立的，作出不予处罚决定；

（三）违法行为已涉嫌犯罪的，移送主管机关依法追究刑事责任；

（四）发现违反治安管理行为人有其他违法行为的，在对违反治安管理行为作出处罚决定的同时，通知有关行政主管部门处理。

第九十六条 公安机关作出治安管理处罚决定的，应当制作治安管理处罚决定书。决定书应当载明下列内容：

（一）被处罚人的姓名、性别、年龄、身份证件的名称和号码、住址；

（二）违法事实和证据；

（三）处罚的种类和依据；

（四）处罚的执行方式和期限；

（五）对处罚决定不服，申请行政复议、提起行政诉讼的途径和期限；

（六）作出处罚决定的公安机关的名称和作出决定的日期。

决定书应当由作出处罚决定的公安机关加盖印章。

第九十七条 公安机关应当向被处罚人宣告治安管理处罚决定书，并当场交付被处罚人；无法当场向被处罚人宣告的，应当在二日内送达被处罚人。决定给予行政拘留处罚的，应当及时通知被处罚人的家属。

有被侵害人的，公安机关应当将决定书副本抄送被侵害人。

第九十八条 公安机关作出吊销许可证以及处二千元以上罚款的治安管理处罚决定前，应当告知违反治安管理行为人有权要求举行听证；违反治安管理行为人要求听证的，公安机关应当及时依法举行听证。

第九十九条 公安机关办理治安案件的期限，自受理之日起不得超过三十日；案情重大、复杂的，经上一级公安机关批准，可以延长三十日。

为了查明案情进行鉴定的期间，不计入办理治安案件的期限。

第一百条 违反治安管理行为事实清楚，证据确凿，处警告或者二百元以下罚款的，可以当场作出治安管理处罚决定。

第一百零一条 当场作出治安管理处罚决定的，人民警察应当向违反治安管理行为人出示工作证件，并填写处罚决定书。处罚决定书应当当场交付被处罚人；有被侵害人的，并将决定书副本抄送被侵害人。

前款规定的处罚决定书，应当载明被处罚人的姓名、违法行为、处罚依据、罚款数额、时间、地点以及公安机关名称，并由经办的人民警察签名或者盖章。

当场作出治安管理处罚决定的，经办的人民警察应当在二十四小时内报所属公安机关备案。

第一百零二条 被处罚人对治安管理处罚决定不服的，可以依法申请行政复议或者提起行政诉讼。

第三节 执 行

第一百零三条 对被决定给予行政拘留处罚的人，由作出决定的公安机关送达拘留所执行。

第一百零四条 受到罚款处罚的人应当自收到处罚决定书之日起十五日内，到指定的银行缴纳罚款。但是，有下列情形之一的，人民警察可以当场收缴罚款：

（一）被处五十元以下罚款，被处罚人对罚款无异议的；

（二）在边远、水上、交通不便地区，公安机关及其人民警察依照本法的规定作出罚款决定后，被处罚人向指定的银行缴纳罚款确有困难，经被处罚人提出的；

（三）被处罚人在当地没有固定住所，不当场收缴事后难以执行的。

第一百零五条 人民警察当场收缴的罚款，应当自收缴罚款之日起二日内，交至所属的公安机关；在水上、旅客列车上当场收缴的罚款，应当自抵岸或者到站之日起二日内，交至所属的公安机关；公安机关应当自收到罚款之日起二日内将罚款缴付指定的银行。

第一百零六条 人民警察当场收缴罚款的，应当向被处罚人出具省、自治区、直辖市人民政府财政部门统一制发的罚款收据；不出具统一制发的罚款收据的，被处罚人有权拒绝缴纳罚款。

第一百零七条 被处罚人不服行政拘留处罚决定，申请行政复议、提起行政诉讼的，可以向公安机关提出暂缓执行行政拘留的申请。公安机关认为暂缓执行行政拘留不致发生社会危险的，由被处罚人或者其近亲属提出符合本法第一百零八条规定条件的担保人，或者按每日行政拘留二百元的标准交纳保证金，行政拘留的处罚决定暂缓执行。

第一百零八条 担保人应当符合下列条件：

（一）与本案无牵连；

（二）享有政治权利，人身自由未受到限制；

（三）在当地有常住户口和固定住所；

（四）有能力履行担保义务。

第一百零九条 担保人应当保证被担保人不逃避行政拘留处罚的执行。

担保人不履行担保义务，致使被担保人逃避行政拘留处罚的执行的，由公安机关对其处三千元以下罚款。

第一百一十条 被决定给予行政拘留处罚的人交纳保证金，暂缓行政拘留后，逃避行政拘留处罚的执行的，保证金予以没收并上缴国库，已经作出的行政拘留决定仍应执行。

第一百一十一条 行政拘留的处罚决定被撤销，或者行政拘留处罚开始执行的，公安机关收取的保证金应当及时退还交纳人。

第五章 执 法 监 督

第一百一十二条 公安机关及其人民警察应当依法、公正、严格、高效办理治安案件，文明执法，不得徇私舞弊。

第一百一十三条 公安机关及其人民警察办理治安案件，禁止对违反治安管理行为人打骂、虐待或者侮辱。

第一百一十四条 公安机关及其人民警察办理治安案件，应当自觉接受社会和公民的监督。

公安机关及其人民警察办理治安案件，不严格执法或者有违法违纪行为的，任何单位和个人都有权向公安机关或者人民检察院、行政监察机关检举、控告；收到检举、控告的机关，应当依据职责及时处理。

第一百一十五条 公安机关依法实施罚款处罚，应当依照有关法律、行政法规的规定，实行罚款决定与罚款收缴分离；收缴的罚款应当全部上缴国库。

第一百一十六条 人民警察办理治安案件，有下列行为之一的，依法给予行政处分；构成犯罪的，依法追究刑事责任：

（一）刑讯逼供、体罚、虐待、侮辱他人的；

（二）超过询问查证的时间限制人身自由的；

（三）不执行罚款决定与罚款收缴分离制度或者不按规定将罚没的财物上缴国库或者依法处理的；

（四）私分、侵占、挪用、故意损毁收缴、扣押的财物的；

（五）违反规定使用或者不及时返还被侵害人财物的；

（六）违反规定不及时退还保证金的；

（七）利用职务上的便利收受他人财物或者谋取其他利益的；

（八）当场收缴罚款不出具罚款收据或者不如实填写罚款数额的；

（九）接到要求制止违反治安管理行为的报警后，不及时出警的；

（十）在查处违反治安管理活动时，为违法犯罪行为人通风报信的；

（十一）有徇私舞弊、滥用职权，不依法履行法定职责的其他情形的。

办理治安案件的公安机关有前款所列行为的，对直接负责的主管人员和其他直接责任人员给予相应的行政处分。

第一百一十七条 公安机关及其人民警察违法行使职权，侵犯公民、法人和其他组织合法权益的，应当赔礼道歉；造成损害的，应当依法承担赔偿责任。

第六章 附 则

第一百一十八条 本法所称以上、以下、以内，包括本数。

第一百一十九条 本法自2006年3月1日起施行。1986年9月5日公布、1994年5月12日修订公布的《中华人民共和国治安管理处罚条例》同时废止。

8. 中华人民共和国突发事件应对法

（2007 年 8 月 30 日第十届全国人民代表大会常务委员会第二十九次会议通过）

目　　录

第一章　总　　则

第一条　为了预防和减少突发事件的发生，控制、减轻和消除突发事件引起的严重社会危害，规范突发事件应对活动，保护人民生命财产安全，维护国家安全、公共安全、环境安全和社会秩序，制定本法。

第二条　突发事件的预防与应急准备、监测与预警、应急处置与救援、事后恢复与重建等应对活动，适用本法。

第三条　本法所称突发事件，是指突然发生，造成或者可能造成严重社会危害，需要采取应急处置措施予以应对的自然灾害、事故灾难、公共卫生事件和社会安全事件。

按照社会危害程度、影响范围等因素，自然灾害、事故灾难、公共卫生事件分为特别重大、重大、较大和一般四级。法律、行政法规或者国务院另有规定的，从其规定。

突发事件的分级标准由国务院或者国务院确定的部门制定。

第四条　国家建立统一领导、综合协调、分类管理、分级负责、属地管理为主的应急管理体制。

第五条　突发事件应对工作实行预防为主、预防与应急相结合的原则。国家建立重大突发事件风险评估体系，对可能发生的突发事件进行综合性评估，减少重大突发事件的发生，最大限度地减轻重大突发事件的影响。

第六条　国家建立有效的社会动员机制，增强全民的公共安全和防范风险的意识，提高全社会的避险救助能力。

第七条　县级人民政府对本行政区域内突发事件的应对工作负责；涉及两个以上行政区域的，由有关行政区域共同的上一级人民政府负责，或者由各有关行政区域的上一级人民政府共同负责。

突发事件发生后，发生地县级人民政府应当立即采取措施控制事态发展，组织开展应急救援和处置工作，并立即向上一级人民政府报告，必要时可以越级上报。

突发事件发生地县级人民政府不能消除或者不能有效控制突发事件引起的严重社会危害的，应当及时向上级人民政府报告。上级人民政府应当及时采取措施，统一领导应急处置工作。

法律、行政法规规定由国务院有关部门对突发事件的应对工作负责的，从其规定；地方人民政府应当积极配合并提供必要的支持。

第八条 国务院在总理领导下研究、决定和部署特别重大突发事件的应对工作；根据实际需要，设立国家突发事件应急指挥机构，负责突发事件应对工作；必要时，国务院可以派出工作组指导有关工作。

县级以上地方各级人民政府设立由本级人民政府主要负责人、相关部门负责人、驻当地中国人民解放军和中国人民武装警察部队有关负责人组成的突发事件应急指挥机构，统一领导、协调本级人民政府各有关部门和下级人民政府开展突发事件应对工作；根据实际需要，设立相关类别突发事件应急指挥机构，组织、协调、指挥突发事件应对工作。

上级人民政府主管部门应当在各自职责范围内，指导、协助下级人民政府及其相应部门做好有关突发事件的应对工作。

第九条 国务院和县级以上地方各级人民政府是突发事件应对工作的行政领导机关，其办事机构及具体职责由国务院规定。

第十条 有关人民政府及其部门作出的应对突发事件的决定、命令，应当及时公布。

第十一条 有关人民政府及其部门采取的应对突发事件的措施，应当与突发事件可能造成的社会危害的性质、程度和范围相适应；有多种措施可供选择的，应当选择有利于最大程度地保护公民、法人和其他组织权益的措施。

公民、法人和其他组织有义务参与突发事件应对工作。

第十二条 有关人民政府及其部门为应对突发事件，可以征用单位和个人的财产。被征用的财产在使用完毕或者突发事件应急处置工作结束后，应当及时返还。财产被征用或者征用后毁损、灭失的，应当给予补偿。

第十三条 因采取突发事件应对措施，诉讼、行政复议、仲裁活动不能正常进行的，适用有关时效中止和程序中止的规定，但法律另有规定的除外。

第十四条 中国人民解放军、中国人民武装警察部队和民兵组织依照本法和其他有关法律、行政法规、军事法规的规定以及国务院、中央军事委员会的命令，参加突发事件的应急救援和处置工作。

第十五条 中华人民共和国政府在突发事件的预防、监测与预警、应急处置与救援、事后恢复与重建等方面，同外国政府和有关国际组织开展合作与交流。

第十六条 县级以上人民政府作出应对突发事件的决定、命令，应当报本级人民代表大会常务委员会备案；突发事件应急处置工作结束后，应当向本级人民代表大会常务委员会作出专项工作报告。

第二章 预防与应急准备

第十七条 国家建立健全突发事件应急预案体系。

国务院制定国家突发事件总体应急预案，组织制定国家突发事件专项应急预案；国务院有关部门根据各自的职责和国务院相关应急预案，制定国家突发事件部门应急预案。

地方各级人民政府和县级以上地方各级人民政府有关部门根据有关法律、法规、规章、上级人民政府及其有关部门的应急预案以及本地区的实际情况，制定相应的突发事件应急预案。

应急预案制定机关应当根据实际需要和情势变化，适时修订应急预案。应急预案的制定、修订程序由国务院规定。

第十八条 应急预案应当根据本法和其他有关法律、法规的规定，针对突发事件的性质、特点和可能造成的社会危害，具体规定突发事件应急管理工作的组织指挥体系与职责和突发事件的预防与预警机制、处置程序、应急保障措施以及事后恢复与重建措施等内容。

第十九条 城乡规划应当符合预防、处置突发事件的需要，统筹安排应对突发事件所必需的设备和基础设施建设，合理确定应急避难场所。

第二十条 县级人民政府应当对本行政区域内容易引发自然灾害、事故灾难和公共卫生事件的危险源、危险区域进行调查、登记、风险评估，定期进行检查、监控，并责令有关单位采取安全防范措施。

省级和设区的市级人民政府应当对本行政区域内容易引发特别重大、重大突发事件的危险源、危险区域进行调查、登记、风险评估，组织进行检查、监控，并责令有关单位采取安全防范措施。

县级以上地方各级人民政府按照本法规定登记的危险源、危险区域，应当按照国家规定及时向社会公布。

第二十一条 县级人民政府及其有关部门、乡级人民政府、街道办事处、居民委员会、村民委员会应当及时调解处理可能引发社会安全事件的矛盾纠纷。

第二十二条 所有单位应当建立健全安全管理制度，定期检查本单位各项安全防范措施的落实情况，及时消除事故隐患；掌握并及时处理本单位存在的可能引发社会安全事件的问题，防止矛盾激化和事态扩大；对本单位可能发生的突发事件和采取安全防范措施的情况，应当按照规定及时向所在地人民政府或者人民政府有关部门报告。

第二十三条 矿山、建筑施工单位和易燃易爆物品、危险化学品、放射性物品等危险物品的生产、经营、储运、使用单位，应当制定具体应急预案，并对生产经营场所、有危险物品的建筑物、构筑物及周边环境开展隐患排查，及时采取措施消除隐患，防止发生突发事件。

第二十四条 公共交通工具、公共场所和其他人员密集场所的经营单位或者管理单位应当制定具体应急预案，为交通工具和有关场所配备报警装置和必要的应急救援设备、设施，注明其使用方法，并显著标明安全撤离的通道、路线，保证安全通道、出口的畅通。

有关单位应当定期检测、维护其报警装置和应急救援设备、设施，使其处于良好状态，确保正常使用。

第二十五条 县级以上人民政府应当建立健全突发事件应急管理培训制度，对人民政府及其有关部门负有处置突发事件职责的工作人员定期进行培训。

第二十六条 县级以上人民政府应当整合应急资源，建立或者确定综合性应急救援队伍。人民政府有关部门可以根据实际需要设立专业应急救援队伍。

县级以上人民政府及其有关部门可以建立由成年志愿者组成的应急救援队伍。单位应当建立由本单位职工组成的专职或者兼职应急救援队伍。

县级以上人民政府应当加强专业应急救援队伍与非专业应急救援队伍的合作，联合培训、联合演练，提高合成应急、协同应急的能力。

第二十七条 国务院有关部门、县级以上地方各级人民政府及其有关部门、有关单位应当为专业应急救援人员购买人身意外伤害保险，配备必要的防护装备和器材，减少应急救援人员的人身风险。

第二十八条 中国人民解放军、中国人民武装警察部队和民兵组织应当有计划地组织开展应急救援的专门训练。

第二十九条 县级人民政府及其有关部门、乡级人民政府、街道办事处应当组织开展应急知识的宣传普及活动和必要的应急演练。

居民委员会、村民委员会、企业事业单位应当根据所在地人民政府的要求，结合各自的实际情况，开展有关突发事件应急知识的宣传普及活动和必要的应急演练。

新闻媒体应当无偿开展突发事件预防与应急、自救与互救知识的公益宣传。

第三十条 各级各类学校应当把应急知识教育纳入教学内容，对学生进行应急知识教育，培养学生的安全意识和自救与互救能力。

教育主管部门应当对学校开展应急知识教育进行指导和监督。

第三十一条 国务院和县级以上地方各级人民政府应当采取财政措施，保障突发事件应对工作所需经费。

第三十二条 国家建立健全应急物资储备保障制度，完善重要应急物资的监管、生产、储备、调拨和紧急配送体系。

设区的市级以上人民政府和突发事件易发、多发地区的县级人民政府应当建立应急救援物资、生活必需品和应急处置装备的储备制度。

县级以上地方各级人民政府应当根据本地区的实际情况，与有关企业签订协议，保障应急救援物资、生活必需品和应急处置装备的生产、供给。

第三十三条 国家建立健全应急通信保障体系，完善公用通信网，建立有线与无线相结合、基础电信网络与机动通信系统相配套的应急通信系统，确保突发事件应对工作的通信畅通。

第三十四条 国家鼓励公民、法人和其他组织为人民政府应对突发事件工作提供物资、资金、技术支持和捐赠。

第三十五条 国家发展保险事业，建立国家财政支持的巨灾风险保险体系，并鼓励单位和公民参加保险。

第三十六条 国家鼓励、扶持具备相应条件的教学科研机构培养应急管理专门人才，鼓励、扶持教学科研机构和有关企业研究开发用于突发事件预防、监测、预警、应急处置与救援的新技术、新设备和新工具。

第三章 监测与预警

第三十七条 国务院建立全国统一的突发事件信息系统。

县级以上地方各级人民政府应当建立或者确定本地区统一的突发事件信息系统，汇集、储存、分析、传输有关突发事件的信息，并与上级人民政府及其有关部门、下级人民政府及其有关部门、专业机构和监测网点的突发事件信息系统实现互联互通，加强跨部门、跨地区的信息交流与情报合作。

第三十八条 县级以上人民政府及其有关部门、专业机构应当通过多种途径收集突发事件信息。

县级人民政府应当在居民委员会、村民委员会和有关单位建立专职或者兼职信息报告员制度。

获悉突发事件信息的公民、法人或者其他组织，应当立即向所在地人民政府、有关主管部门或者指定的专业机构报告。

第三十九条 地方各级人民政府应当按照国家有关规定向上级人民政府报送突发事件信息。县级以上人民政府有关主管部门应当向本级人民政府相关部门通报突发事件信息。专业机构、监测网点和信息报告员应当及时向所在地人民政府及其有关主管部门报告突发事件信息。

有关单位和人员报送、报告突发事件信息，应当做到及时、客观、真实，不得迟报、谎报、瞒报、漏报。

第四十条 县级以上地方各级人民政府应当及时汇总分析突发事件隐患和预警信息，必要时组织相关部门、专业技术人员、专家学者进行会商，对发生突发事件的可能性及其可能造成的影响进行评估；认为可能发生重大或者特别重大突发事件的，应当立即向上级人民政府报告，并向上级人民政府有关部门、当地驻军和可能受到危害的毗邻或者相关地区的人民政府通报。

第四十一条 国家建立健全突发事件监测制度。

县级以上人民政府及其有关部门应当根据自然灾害、事故灾难和公共卫生事件的种类和特点，建立健全基础信息数据库，完善监测网络，划分监测区域，确定监测点，明确监测项目，提供必要的设备、设施，配备专职或者兼职人员，对可能发生的突发事件进行监测。

第四十二条 国家建立健全突发事件预警制度。

可以预警的自然灾害、事故灾难和公共卫生事件的预警级别，按照突发事件发生的紧急程度、发展势态和可能造成的危害程度分为一级、二级、三级和四级，分别用红色、橙色、黄色和蓝色标示，一级为最高级别。

预警级别的划分标准由国务院或者国务院确定的部门制定。

第四十三条 可以预警的自然灾害、事故灾难或者公共卫生事件即将发生或者发生的可能性增大时，县级以上地方各级人民政府应当根据有关法律、行政法规和国务院规定的权限和程序，发布相应级别的警报，决定并宣布有关地区进入预警期，同时向上一级人民政府报告，必要时可以越级上报，并向当地驻军和可能受到危害的毗邻或者相关地区的人民政府通报。

第四十四条 发布三级、四级警报，宣布进入预警期后，县级以上地方各级人民政府应当根据即将发生的突发事件的特点和可能造成的危害，采取下列措施：

（一）启动应急预案；

（二）责令有关部门、专业机构、监测网点和负有特定职责的人员及时收集、报告有关信息，向社会公布反映突发事件信息的渠道，加强对突发事件发生、发展情况的监测、预报和预警工作；

（三）组织有关部门和机构、专业技术人员、有关专家学者，随时对突发事件信息进行分析评估，预测发生突发事件可能性的大小、影响范围和强度以及可能发生的突发事件的级别；

（四）定时向社会发布与公众有关的突发事件预测信息和分析评估结果，并对相关信息的报道工作进行管理；

（五）及时按照有关规定向社会发布可能受到突发事件危害的警告，宣传避免、减轻危害的常识，公布咨询电话。

第四十五条 发布一级、二级警报，宣布进入预警期后，县级以上地方各级人民政府除采取本法第四十四条规定的措施外，还应当针对即将发生的突发事件的特点和可能造成的危害，采取下列一项或者多项措施：

（一）责令应急救援队伍、负有特定职责的人员进入待命状态，并动员后备人员做好参加应急救援和处置工作的准备；

（二）调集应急救援所需物资、设备、工具，准备应急设施和避难场所，并确保其处于良好状态、随时可以投入正常使用；

（三）加强对重点单位、重要部位和重要基础设施的安全保卫，维护社会治安秩序；

（四）采取必要措施，确保交通、通信、供水、排水、供电、供气、供热等公共设施的安全和正常运行；

（五）及时向社会发布有关采取特定措施避免或者减轻危害的建议、劝告；

（六）转移、疏散或者撤离易受突发事件危害的人员并予以妥善安置，转移重要财产；

（七）关闭或者限制使用易受突发事件危害的场所，控制或者限制容易导致危害扩大的公共场所的活动；

（八）法律、法规、规章规定的其他必要的防范性、保护性措施。

第四十六条 对即将发生或者已经发生的社会安全事件，县级以上地方各级人民政府及其有关主管部门应当按照规定向上一级人民政府及其有关主管部门报告，必要时可以越级上报。

第四十七条 发布突发事件警报的人民政府应当根据事态的发展，按照有关规定适时调整预警级别并重新发布。

有事实证明不可能发生突发事件或者危险已经解除的，发布警报的人民政府应当立即宣布解除警报，终止预警期，并解除已经采取的有关措施。

第四章　应急处置与救援

第四十八条　突发事件发生后，履行统一领导职责或者组织处置突发事件的人民政府应当针对其性质、特点和危害程度，立即组织有关部门，调动应急救援队伍和社会力量，依照本章的规定和有关法律、法规、规章的规定采取应急处置措施。

第四十九条　自然灾害、事故灾难或者公共卫生事件发生后，履行统一领导职责的人民政府可以采取下列一项或者多项应急处置措施：

（一）组织营救和救治受害人员，疏散、撤离并妥善安置受到威胁的人员以及采取其他救助措施；

（二）迅速控制危险源，标明危险区域，封锁危险场所，划定警戒区，实行交通管制以及其他控制措施；

（三）立即抢修被损坏的交通、通信、供水、排水、供电、供气、供热等公共设施，向受到危害的人员提供避难场所和生活必需品，实施医疗救护和卫生防疫以及其他保障措施；

（四）禁止或者限制使用有关设备、设施，关闭或者限制使用有关场所，中止人员密集的活动或者可能导致危害扩大的生产经营活动以及采取其他保护措施；

（五）启用本级人民政府设置的财政预备费和储备的应急救援物资，必要时调用其他急需物资、设备、设施、工具；

（六）组织公民参加应急救援和处置工作，要求具有特定专长的人员提供服务；

（七）保障食品、饮用水、燃料等基本生活必需品的供应；

（八）依法从严惩处囤积居奇、哄抬物价、制假售假等扰乱市场秩序的行为，稳定市场价格，维护市场秩序；

（九）依法从严惩处哄抢财物、干扰破坏应急处置工作等扰乱社会秩序的行为，维护社会治安；

（十）采取防止发生次生、衍生事件的必要措施。

第五十条　社会安全事件发生后，组织处置工作的人民政府应当立即组织有关部门并由公安机关针对事件的性质和特点，依照有关法律、行政法规和国家其他有关规定，采取下列一项或者多项应急处置措施：

（一）强制隔离使用器械相互对抗或者以暴力行为参与冲突的当事人，妥善解决现场纠纷和争端，控制事态发展；

（二）对特定区域内的建筑物、交通工具、设备、设施以及燃料、燃气、电力、水的供应进行控制；

（三）封锁有关场所、道路，查验现场人员的身份证件，限制有关公共场所内的活动；

（四）加强对易受冲击的核心机关和单位的警卫，在国家机关、军事机关、国家通讯社、广播电台、电视台、外国驻华使领馆等单位附近设置临时警戒线；

（五）法律、行政法规和国务院规定的其他必要措施。

严重危害社会治安秩序的事件发生时，公安机关应当立即依法出动警力，根据现场情况依法采取相应的强制性措施，尽快使社会秩序恢复正常。

第五十一条　发生突发事件，严重影响国民经济正常运行时，国务院或者国务院授权的有关主管部门可以采取保障、控制等必要的应急措施，保障人民群众的基本生活需要，最大限度地减轻突发事件的影响。

第五十二条　履行统一领导职责或者组织处置突发事件的人民政府，必要时可以向单位和个人征用应急救援所需设备、设施、场地、交通工具和其他物资，请求其他地方人民政府提供人力、物力、财力或者技术支援，要求生产、供应生活必需品和应急救援物资的企业组织生产、保证供给，要求提供医疗、交通等公共服务的组织提供相应的服务。

履行统一领导职责或者组织处置突发事件的人民政府，应当组织协调运输经营单位，优先运送处置突发事件所需物资、设备、工具、应急救援人员和受到突发事件危害的人员。

第五十三条 履行统一领导职责或者组织处置突发事件的人民政府，应当按照有关规定统一、准确、及时发布有关突发事件事态发展和应急处置工作的信息。

第五十四条 任何单位和个人不得编造、传播有关突发事件事态发展或者应急处置工作的虚假信息。

第五十五条 突发事件发生地的居民委员会、村民委员会和其他组织应当按照当地人民政府的决定、命令，进行宣传动员，组织群众开展自救和互救，协助维护社会秩序。

第五十六条 受到自然灾害危害或者发生事故灾难、公共卫生事件的单位，应当立即组织本单位应急救援队伍和工作人员营救受害人员，疏散、撤离、安置受到威胁的人员，控制危险源，标明危险区域，封锁危险场所，并采取其他防止危害扩大的必要措施，同时向所在地县级人民政府报告；对因本单位的问题引发的或者主体是本单位人员的社会安全事件，有关单位应当按照规定上报情况，并迅速派出负责人赶赴现场开展劝解、疏导工作。

突发事件发生地的其他单位应当服从人民政府发布的决定、命令，配合人民政府采取的应急处置措施，做好本单位的应急救援工作，并积极组织人员参加所在地的应急救援和处置工作。

第五十七条 突发事件发生地的公民应当服从人民政府、居民委员会、村民委员会或者所属单位的指挥和安排，配合人民政府采取的应急处置措施，积极参加应急救援工作，协助维护社会秩序。

第五章 事后恢复与重建

第五十八条 突发事件的威胁和危害得到控制或者消除后，履行统一领导职责或者组织处置突发事件的人民政府应当停止执行依照本法规定采取的应急处置措施，同时采取或者继续实施必要措施，防止发生自然灾害、事故灾难、公共卫生事件的次生、衍生事件或者重新引发社会安全事件。

第五十九条 突发事件应急处置工作结束后，履行统一领导职责的人民政府应当立即组织对突发事件造成的损失进行评估，组织受影响地区尽快恢复生产、生活、工作和社会秩序，制定恢复重建计划，并向上一级人民政府报告。

受突发事件影响地区的人民政府应当及时组织和协调公安、交通、铁路、民航、邮电、建设等有关部门恢复社会治安秩序，尽快修复被损坏的交通、通信、供水、排水、供电、供气、供热等公共设施。

第六十条 受突发事件影响地区的人民政府开展恢复重建工作需要上一级人民政府支持的，可以向上一级人民政府提出请求。上一级人民政府应当根据受影响地区遭受的损失和实际情况，提供资金、物资支持和技术指导，组织其他地区提供资金、物资和人力支援。

第六十一条 国务院根据受突发事件影响地区遭受损失的情况，制定扶持该地区有关行业发展的优惠政策。

受突发事件影响地区的人民政府应当根据本地区遭受损失的情况，制定救助、补偿、抚慰、抚恤、安置等善后工作计划并组织实施，妥善解决因处置突发事件引发的矛盾和纠纷。

公民参加应急救援工作或者协助维护社会秩序期间，其在本单位的工资待遇和福利不变；表现突出、成绩显著的，由县级以上人民政府给予表彰或者奖励。

县级以上人民政府对在应急救援工作中伤亡的人员依法给予抚恤。

第六十二条 履行统一领导职责的人民政府应当及时查明突发事件的发生经过和原因，总结突发事件应急处置工作的经验教训，制定改进措施，并向上一级人民政府提出报告。

第六章 法 律 责 任

第六十三条 地方各级人民政府和县级以上各级人民政府有关部门违反本法规定，不履行法定职责的，由其上级行政机关或者监察机关责令改正；有下列情形之一的，根据情节对直接负责的主管人员和其他直接责任人员依法给予处分：

（一）未按规定采取预防措施，导致发生突发事件，或者未采取必要的防范措施，导致发生次生、衍生事件的；

（二）迟报、谎报、瞒报、漏报有关突发事件的信息，或者通报、报送、公布虚假信息，造成后果的；

（三）未按规定及时发布突发事件警报、采取预警期的措施，导致损害发生的；

（四）未按规定及时采取措施处置突发事件或者处置不当，造成后果的；

（五）不服从上级人民政府对突发事件应急处置工作的统一领导、指挥和协调的；

（六）未及时组织开展生产自救、恢复重建等善后工作的；

（七）截留、挪用、私分或者变相私分应急救援资金、物资的；

（八）不及时归还征用的单位和个人的财产，或者对被征用财产的单位和个人不按规定给予补偿的。

第六十四条 有关单位有下列情形之一的，由所在地履行统一领导职责的人民政府责令停产停业，暂扣或者吊销许可证或者营业执照，并处五万元以上二十万元以下的罚款；构成违反治安管理行为的，由公安机关依法给予处罚：

（一）未按规定采取预防措施，导致发生严重突发事件的；

（二）未及时消除已发现的可能引发突发事件的隐患，导致发生严重突发事件的；

（三）未做好应急设备、设施日常维护、检测工作，导致发生严重突发事件或者突发事件危害扩大的；

（四）突发事件发生后，不及时组织开展应急救援工作，造成严重后果的。

前款规定的行为，其他法律、行政法规规定由人民政府有关部门依法决定处罚的，从其规定。

第六十五条 违反本法规定，编造并传播有关突发事件事态发展或者应急处置工作的虚假信息，或者明知是有关突发事件事态发展或者应急处置工作的虚假信息而进行传播的，责令改正，给予警告；造成严重后果的，依法暂停其业务活动或者吊销其执业许可证；负有直接责任的人员是国家工作人员的，还应当对其依法给予处分；构成违反治安管理行为的，由公安机关依法给予处罚。

第六十六条 单位或者个人违反本法规定，不服从所在地人民政府及其有关部门发布的决定、命令或者不配合其依法采取的措施，构成违反治安管理行为的，由公安机关依法给予处罚。

第六十七条 单位或者个人违反本法规定，导致突发事件发生或者危害扩大，给他人人身、财产造成损害的，应当依法承担民事责任。

第六十八条 违反本法规定，构成犯罪的，依法追究刑事责任。

第七章 附 则

第六十九条 发生特别重大突发事件，对人民生命财产安全、国家安全、公共安全、环境安全或者社会秩序构成重大威胁，采取本法和其他有关法律、法规、规章规定的应急处置措施不能消除或者有效控制、减轻其严重社会危害，需要进入紧急状态的，由全国人民代表大会常务委员会或者国务院依照宪法和其他有关法律规定的权限和程序决定。

紧急状态期间采取的非常措施，依照有关法律规定执行或者由全国人民代表大会常务委员会另行规定。

第七十条 本法自2007年11月1日起施行

9. 中华人民共和国行政处罚法

（1996 年 3 月 17 日第八届全国人民代表大会第四次会议通过，根据 2009 年 8 月 27 日第十一届全国人民代表大会常务委员会第十次会议《关于修改部分法律的决定》第一次修正，根据 2017 年 9 月 1 日第十二届全国人民代表大会常务委员会第二十九次会议《关于修改〈中华人民共和国法官法〉等八部法律的决定》第二次修正）

目　　录

第一章　总　　则

第一条　为了规范行政处罚的设定和实施，保障和监督行政机关有效实施行政管理，维护公共利益和社会秩序，保护公民、法人或者其他组织的合法权益，根据宪法，制定本法。

第二条　行政处罚的设定和实施，适用本法。

第三条　公民、法人或者其他组织违反行政管理秩序的行为，应当给予行政处罚的，依照本法由法律、法规或者规章规定，并由行政机关依照本法规定的程序实施。

没有法定依据或者不遵守法定程序的，行政处罚无效。

第四条　行政处罚遵循公正、公开的原则。

设定和实施行政处罚必须以事实为依据，与违法行为的事实、性质、情节以及社会危害程度相当。

对违法行为给予行政处罚的规定必须公布；未经公布的，不得作为行政处罚的依据。

第五条　实施行政处罚，纠正违法行为，应当坚持处罚与教育相结合，教育公民、法人或者其他组织自觉守法。

第六条　公民、法人或者其他组织对行政机关所给予的行政处罚，享有陈述权、申辩权；对行政处罚不服的，有权依法申请行政复议或者提起行政诉讼。

公民、法人或者其他组织因行政机关违法给予行政处罚受到损害的，有权依法提出赔偿要求。

第七条　公民、法人或者其他组织因违法受到行政处罚，其违法行为对他人造成损害的，应当依法承担民事责任。

违法行为构成犯罪，应当依法追究刑事责任，不得以行政处罚代替刑事处罚。

第二章　行政处罚的种类和设定

第八条　行政处罚的种类：

（一）警告；

（二）罚款；

（三）没收违法所得、没收非法财物；

（四）责令停产停业；

（五）暂扣或者吊销许可证、暂扣或者吊销执照；

（六）行政拘留；

（七）法律、行政法规规定的其他行政处罚。

第九条　法律可以设定各种行政处罚。

限制人身自由的行政处罚，只能由法律设定。

第十条　行政法规可以设定除限制人身自由以外的行政处罚。

法律对违法行为已经作出行政处罚规定，行政法规需要作出具体规定的，必须在法律规定的给予行政处罚的行为、种类和幅度的范围内规定。

第十一条　地方性法规可以设定除限制人身自由、吊销企业营业执照以外的行政处罚。

法律、行政法规对违法行为已经作出行政处罚规定，地方性法规需要作出具体规定的，必须在法律、行政法规规定的给予行政处罚的行为、种类和幅度的范围内规定。

第十二条　国务院部、委员会制定的规章可以在法律、行政法规规定的给予行政处罚的行为、种类和幅度的范围内作出具体规定。

尚未制定法律、行政法规的，前款规定的国务院部、委员会制定的规章对违反行政管理秩序的行为，可以设定警告或者一定数量罚款的行政处罚。罚款的限额由国务院规定。

国务院可以授权具有行政处罚权的直属机构依照本条第一款、第二款的规定，规定行政处罚。

第十三条　省、自治区、直辖市人民政府和省、自治区人民政府所在地的市人民政府以及经国务院批准的较大的市人民政府制定的规章可以在法律、法规规定的给予行政处罚的行为、种类和幅度的范围内作出具体规定。

尚未制定法律、法规的，前款规定的人民政府制定的规章对违反行政管理秩序的行为，可以设定警告或者一定数量罚款的行政处罚。罚款的限额由省、自治区、直辖市人民代表大会常务委员会规定。

第十四条　除本法第九条、第十条、第十一条、第十二条以及第十三条的规定外，其他规范性文件不得设定行政处罚。

第三章　行政处罚的实施机关

第十五条　行政处罚由具有行政处罚权的行政机关在法定职权范围内实施。

第十六条　国务院或者经国务院授权的省、自治区、直辖市人民政府可以决定一个行政机关行使有关行政机关的行政处罚权，但限制人身自由的行政处罚权只能由公安机关行使。

第十七条　法律、法规授权的具有管理公共事务职能的组织可以在法定授权范围内实施行政处罚。

第十八条　行政机关依照法律、法规或者规章的规定，可以在其法定权限内委托符合本法第十九条规定条件的组织实施行政处罚。行政机关不得委托其他组织或者个人实施行政处罚。

委托行政机关对受委托的组织实施行政处罚的行为应当负责监督，并对该行为的后果承担法律责任。

受委托组织在委托范围内，以委托行政机关名义实施行政处罚；不得再委托其他任何组织或者个人实施行政处罚。

第十九条 受委托组织必须符合以下条件：

（一）依法成立的管理公共事务的事业组织；

（二）具有熟悉有关法律、法规、规章和业务的工作人员；

（三）对违法行为需要进行技术检查或者技术鉴定的，应当有条件组织进行相应的技术检查或者技术鉴定。

第四章 行政处罚的管辖和适用

第二十条 行政处罚由违法行为发生地的县级以上地方人民政府具有行政处罚权的行政机关管辖。法律、行政法规另有规定的除外。

第二十一条 对管辖发生争议的，报请共同的上一级行政机关指定管辖。

第二十二条 违法行为构成犯罪的，行政机关必须将案件移送司法机关，依法追究刑事责任。

第二十三条 行政机关实施行政处罚时，应当责令当事人改正或者限期改正违法行为。

第二十四条 对当事人的同一个违法行为，不得给予两次以上罚款的行政处罚。

第二十五条 不满十四周岁的人有违法行为的，不予行政处罚，责令监护人加以管教；已满十四周岁不满十八周岁的人有违法行为的，从轻或者减轻行政处罚。

第二十六条 精神病人在不能辨认或者不能控制自己行为时有违法行为的，不予行政处罚，但应当责令其监护人严加看管和治疗。间歇性精神病人在精神正常时有违法行为的，应当给予行政处罚。

第二十七条 当事人有下列情形之一的，应当依法从轻或者减轻行政处罚：

（一）主动消除或者减轻违法行为危害后果的；

（二）受他人胁迫有违法行为的；

（三）配合行政机关查处违法行为有立功表现的；

（四）其他依法从轻或者减轻行政处罚的。

违法行为轻微并及时纠正，没有造成危害后果的，不予行政处罚。

第二十八条 违法行为构成犯罪，人民法院判处拘役或者有期徒刑时，行政机关已经给予当事人行政拘留的，应当依法折抵相应刑期。

违法行为构成犯罪，人民法院判处罚金时，行政机关已经给予当事人罚款的，应当折抵相应罚金。

第二十九条 违法行为在二年内未被发现的，不再给予行政处罚。法律另有规定的除外。

前款规定的期限，从违法行为发生之日起计算；违法行为有连续或者继续状态的，从行为终了之日起计算。

第五章 行政处罚的决定

第三十条 公民、法人或者其他组织违反行政管理秩序的行为，依法应当给予行政处罚的，行政机关必须查明事实；违法事实不清的，不得给予行政处罚。

第三十一条 行政机关在作出行政处罚决定之前，应当告知当事人作出行政处罚决定的事实、理由及依据，并告知当事人依法享有的权利。

第三十二条 当事人有权进行陈述和申辩。行政机关必须充分听取当事人的意见，对当事人提出的事实、理由和证据，应当进行复核；当事人提出的事实、理由或者证据成立的，行政机关应当采纳。

行政机关不得因当事人申辩而加重处罚。

第一节 简易程序

第三十三条 违法事实确凿并有法定依据，对公民处以五十元以下、对法人或者其他组织处以一千元以下罚款或者警告的行政处罚的，可以当场作出行政处罚决定。当事人应当依照本法第四十六条、第四十七条、第四十八条的规定履行行政处罚决定。

第三十四条 执法人员当场作出行政处罚决定的，应当向当事人出示执法身份证件，填写预定格式、编有号码的行政处罚决定书。行政处罚决定书应当当场交付当事人。

前款规定的行政处罚决定书应当载明当事人的违法行为、行政处罚依据、罚款数额、时间、地点以及行政机关名称，并由执法人员签名或者盖章。

执法人员当场作出的行政处罚决定，必须报所属行政机关备案。

第三十五条 当事人对当场作出的行政处罚决定不服的，可以依法申请行政复议或者提起行政诉讼。

第二节 一般程序

第三十六条 除本法第三十三条规定的可以当场作出的行政处罚外，行政机关发现公民、法人或者其他组织有依法应当给予行政处罚的行为的，必须全面、客观、公正地调查，收集有关证据；必要时，依照法律、法规的规定，可以进行检查。

第三十七条 行政机关在调查或者进行检查时，执法人员不得少于两人，并应当向当事人或者有关人员出示证件。当事人或者有关人员应当如实回答询问，并协助调查或者检查，不得阻挠。询问或者检查应当制作笔录。

行政机关在收集证据时，可以采取抽样取证的方法；在证据可能灭失或者以后难以取得的情况下，经行政机关负责人批准，可以先行登记保存，并应当在七日内及时作出处理决定，在此期间，当事人或者有关人员不得销毁或者转移证据。

执法人员与当事人有直接利害关系的，应当回避。

第三十八条 调查终结，行政机关负责人应当对调查结果进行审查，根据不同情况，分别作出如下决定：

（一）确有应受行政处罚的违法行为的，根据情节轻重及具体情况，作出行政处罚决定；

（二）违法行为轻微，依法可以不予行政处罚的，不予行政处罚；

（三）违法事实不能成立的，不得给予行政处罚；

（四）违法行为已构成犯罪的，移送司法机关。

对情节复杂或者重大违法行为给予较重的行政处罚，行政机关的负责人应当集体讨论决定。

在行政机关负责人作出决定之前，应当由从事行政处罚决定审核的人员进行审核。行政机关中初次从事行政处罚决定审核的人员，应当通过国家统一法律职业资格考试取得法律职业资格。

第三十九条 行政机关依照本法第三十八条的规定给予行政处罚，应当制作行政处罚决定书。行政处罚决定书应当载明下列事项：

（一）当事人的姓名或者名称、地址；

（二）违反法律、法规或者规章的事实和证据；

（三）行政处罚的种类和依据；

（四）行政处罚的履行方式和期限；

（五）不服行政处罚决定，申请行政复议或者提起行政诉讼的途径和期限；

（六）作出行政处罚决定的行政机关名称和作出决定的日期。

行政处罚决定书必须盖有作出行政处罚决定的行政机关的印章。

第四十条 行政处罚决定书应当在宣告后当场交付当事人；当事人不在场的，行政机关应当在七日内依照民事诉讼法的有关规定，将行政处罚决定书送达当事人。

第四十一条 行政机关及其执法人员在作出行政处罚决定之前，不依照本法第三十一条、第三十二条的规定向当事人告知给予行政处罚的事实、理由和依据，或者拒绝听取当事人的陈述、申辩，行政处罚决定不能成立；当事人放弃陈述或者申辩权利的除外。

第三节 听 证 程 序

第四十二条 行政机关作出责令停产停业、吊销许可证或者执照、较大数额罚款等行政处罚决定之前，应当告知当事人有要求举行听证的权利；当事人要求听证的，行政机关应当组织听证。当事人不承担行政机关组织听证的费用。听证依照以下程序组织：

（一）当事人要求听证的，应当在行政机关告知后三日内提出；

（二）行政机关应当在听证的七日前，通知当事人举行听证的时间、地点；

（三）除涉及国家秘密、商业秘密或者个人隐私外，听证公开举行；

（四）听证由行政机关指定的非本案调查人员主持；当事人认为主持人与本案有直接利害关系的，有权申请回避；

（五）当事人可以亲自参加听证，也可以委托一至二人代理；

（六）举行听证时，调查人员提出当事人违法的事实、证据和行政处罚建议；当事人进行申辩和质证；

（七）听证应当制作笔录；笔录应当交当事人审核无误后签字或者盖章。

当事人对限制人身自由的行政处罚有异议的，依照治安管理处罚法有关规定执行。

第四十三条 听证结束后，行政机关依照本法第三十八条的规定，作出决定。

第六章 行政处罚的执行

第四十四条 行政处罚决定依法作出后，当事人应当在行政处罚决定的期限内，予以履行。

第四十五条 当事人对行政处罚决定不服申请行政复议或者提起行政诉讼的，行政处罚不停止执行，法律另有规定的除外。

第四十六条 作出罚款决定的行政机关应当与收缴罚款的机构分离。

除依照本法第四十七条、第四十八条的规定当场收缴的罚款外，作出行政处罚决定的行政机关及其执法人员不得自行收缴罚款。

当事人应当自收到行政处罚决定书之日起十五日内，到指定的银行缴纳罚款。银行应当收受罚款，并将罚款直接上缴国库。

第四十七条 依照本法第三十三条的规定当场作出行政处罚决定，有下列情形之一的，执法人员可以当场收缴罚款：

（一）依法给予二十元以下的罚款的；

（二）不当场收缴事后难以执行的。

第四十八条 在边远、水上、交通不便地区，行政机关及其执法人员依照本法第三十三条、第三十八条的规定作出罚款决定后，当事人向指定的银行缴纳罚款确有困难，经当事人提出，行政机关及其执法人员可以当场收缴罚款。

第四十九条 行政机关及其执法人员当场收缴罚款的，必须向当事人出具省、自治区、直辖市财政部门统一制发的罚款收据；不出具财政部门统一制发的罚款收据的，当事人有权拒绝缴纳罚款。

第五十条 执法人员当场收缴的罚款，应当自收缴罚款之日起二日内，交至行政机关；在水上当场收缴的罚款，应当自抵岸之日起二日内交至行政机关；行政机关应当在二日内将罚款缴付指定的银行。

第五十一条 当事人逾期不履行行政处罚决定的，作出行政处罚决定的行政机关可以采取下列措施：

（一）到期不缴纳罚款的，每日按罚款数额的百分之三加处罚款；

（二）根据法律规定，将查封、扣押的财物拍卖或者将冻结的存款划拨抵缴罚款；

（三）申请人民法院强制执行。

第五十二条 当事人确有经济困难，需要延期或者分期缴纳罚款的，经当事人申请和行政机关批准，可以暂缓或者分期缴纳。

第五十三条 除依法应当予以销毁的物品外，依法没收的非法财物必须按照国家规定公开拍卖或者按照国家有关规定处理。

罚款、没收违法所得或者没收非法财物拍卖的款项，必须全部上缴国库，任何行政机关或者个人不得以任何形式截留、私分或者变相私分；财政部门不得以任何形式向作出行政处罚决定的行政机关返还罚款、没收的违法所得或者返还没收非法财物的拍卖款项。

第五十四条 行政机关应当建立健全对行政处罚的监督制度。县级以上人民政府应当加强对行政处罚的监督检查。

公民、法人或者其他组织对行政机关作出的行政处罚，有权申诉或者检举；行政机关应当认真审查，发现行政处罚有错误的，应当主动改正。

第七章 法 律 责 任

第五十五条 行政机关实施行政处罚，有下列情形之一的，由上级行政机关或者有关部门责令改正，可以对直接负责的主管人员和其他直接责任人员依法给予行政处分：

（一）没有法定的行政处罚依据的；

（二）擅自改变行政处罚种类、幅度的；

（三）违反法定的行政处罚程序的；

（四）违反本法第十八条关于委托处罚的规定的。

第五十六条 行政机关对当事人进行处罚不使用罚款、没收财物单据或者使用非法定部门制发的罚款、没收财物单据的，当事人有权拒绝处罚，并有权予以检举。上级行政机关或者有关部门对使用的非法单据予以收缴销毁，对直接负责的主管人员和其他直接责任人员依法给予行政处分。

第五十七条 行政机关违反本法第四十六条的规定自行收缴罚款的，财政部门违反本法第五十三条的规定向行政机关返还罚款或者拍卖款项的，由上级行政机关或者有关部门责令改正，对直接负责的主管人员和其他直接责任人员依法给予行政处分。

第五十八条 行政机关将罚款、没收的违法所得或者财物截留、私分或者变相私分的，由财政部门或者有关部门予以追缴，对直接负责的主管人员和其他直接责任人员依法给予行政处分；情节严重构成犯罪的，依法追究刑事责任。

执法人员利用职务上的便利，索取或者收受他人财物、收缴罚款据为己有，构成犯罪的，依法追究刑事责任；情节轻微不构成犯罪的，依法给予行政处分。

第五十九条 行政机关使用或者损毁扣押的财物，对当事人造成损失的，应当依法予以赔偿，对直接负责的主管人员和其他直接责任人员依法给予行政处分。

第六十条 行政机关违法实行检查措施或者执行措施，给公民人身或者财产造成损害、给法人或者其他组织造成损失的，应当依法予以赔偿，对直接负责的主管人员和其他直接责任人员依法给予行政处分；情节严重构成犯罪的，依法追究刑事责任。

第六十一条 行政机关为牟取本单位私利，对应当依法移交司法机关追究刑事责任的不移交，以行政处罚代替刑罚，由上级行政机关或者有关部门责令纠正；拒不纠正的，对直接负责的主管人员给予行政处分；徇私舞弊、包庇纵容违法行为的，依照刑法有关规定追究刑事责任。

第六十二条 执法人员玩忽职守，对应当予以制止和处罚的违法行为不予制止、处罚，致使公民、法人或者其他组织的合法权益、公共利益和社会秩序遭受损害的，对直接负责的主管人员和其他直接责任人员依法给予行政处分；情节严重构成犯罪的，依法追究刑事责任。

第八章 附 则

第六十三条 本法第四十六条罚款决定与罚款收缴分离的规定，由国务院制定具体实施办法。

第六十四条 本法自 1996 年 10 月 1 日起施行。

本法公布前制定的法规和规章关于行政处罚的规定与本法不符合的，应当自本法公布之日起，依照本法规定予以修订，在 1997 年 12 月 31 日前修订完毕。

10. 中华人民共和国行政强制法

（2011年6月30日第十一届全国人民代表大会常务委员会第二十一次会议通过）

目　录

第一章　总　　则

第一条　为了规范行政强制的设定和实施，保障和监督行政机关依法履行职责，维护公共利益和社会秩序，保护公民、法人和其他组织的合法权益，根据宪法，制定本法。

第二条　本法所称行政强制，包括行政强制措施和行政强制执行。

行政强制措施，是指行政机关在行政管理过程中，为制止违法行为、防止证据损毁、避免危害发生、控制危险扩大等情形，依法对公民的人身自由实施暂时性限制，或者对公民、法人或者其他组织的财物实施暂时性控制的行为。

行政强制执行，是指行政机关或者行政机关申请人民法院，对不履行行政决定的公民、法人或者其他组织，依法强制履行义务的行为。

第三条　行政强制的设定和实施，适用本法。

发生或者即将发生自然灾害、事故灾难、公共卫生事件或者社会安全事件等突发事件，行政机关采取应急措施或者临时措施，依照有关法律、行政法规的规定执行。

行政机关采取金融业审慎监管措施、进出境货物强制性技术监控措施，依照有关法律、行政法规的规定执行。

第四条　行政强制的设定和实施，应当依照法定的权限、范围、条件和程序。

第五条　行政强制的设定和实施，应当适当。采用非强制手段可以达到行政管理目的的，不得设定和实施行政强制。

第六条　实施行政强制，应当坚持教育与强制相结合。

第七条　行政机关及其工作人员不得利用行政强制权为单位或者个人谋取利益。

第八条　公民、法人或者其他组织对行政机关实施行政强制，享有陈述权、申辩权；有权依法申请行政复议或者提起行政诉讼；因行政机关违法实施行政强制受到损害的，有权依法要求赔偿。

公民、法人或者其他组织因人民法院在强制执行中有违法行为或者扩大强制执行范围受到损害的，有权依法要求赔偿。

第二章　　行政强制的种类和设定

第九条　行政强制措施的种类：

（一）限制公民人身自由；

（二）查封场所、设施或者财物；

（三）扣押财物；

（四）冻结存款、汇款；

（五）其他行政强制措施。

第十条　行政强制措施由法律设定。

尚未制定法律，且属于国务院行政管理职权事项的，行政法规可以设定除本法第九条第一项、第四项和应当由法律规定的行政强制措施以外的其他行政强制措施。

尚未制定法律、行政法规，且属于地方性事务的，地方性法规可以设定本法第九条第二项、第三项的行政强制措施。

法律、法规以外的其他规范性文件不得设定行政强制措施。

第十一条　法律对行政强制措施的对象、条件、种类作了规定的，行政法规、地方性法规不得作出扩大规定。

法律中未设定行政强制措施的，行政法规、地方性法规不得设定行政强制措施。但是，法律规定特定事项由行政法规规定具体管理措施的，行政法规可以设定除本法第九条第一项、第四项和应当由法律规定的行政强制措施以外的其他行政强制措施。

第十二条　行政强制执行的方式：

（一）加处罚款或者滞纳金；

（二）划拨存款、汇款；

（三）拍卖或者依法处理查封、扣押的场所、设施或者财物；

（四）排除妨碍、恢复原状；

（五）代履行；

（六）其他强制执行方式。

第十三条　行政强制执行由法律设定。

法律没有规定行政机关强制执行的，作出行政决定的行政机关应当申请人民法院强制执行。

第十四条　起草法律草案、法规草案，拟设定行政强制的，起草单位应当采取听证会、论证会等形式听取意见，并向制定机关说明设定该行政强制的必要性、可能产生的影响以及听取和采纳意见的情况。

第十五条　行政强制的设定机关应当定期对其设定的行政强制进行评价，并对不适当的行政强制及时予以修改或者废止。

行政强制的实施机关可以对已设定的行政强制的实施情况及存在的必要性适时进行评价，并将意见报告该行政强制的设定机关。

公民、法人或者其他组织可以向行政强制的设定机关和实施机关就行政强制的设定和实施提出意见和建议。有关机关应当认真研究论证，并以适当方式予以反馈。

第三章　行政强制措施实施程序

第一节　一　般　规　定

第十六条　行政机关履行行政管理职责，依照法律、法规的规定，实施行政强制措施。

违法行为情节显著轻微或者没有明显社会危害的，可以不采取行政强制措施。

第十七条　行政强制措施由法律、法规规定的行政机关在法定职权范围内实施。行政强制措施权不得委托。

依据《中华人民共和国行政处罚法》的规定行使相对集中行政处罚权的行政机关，可以实施法律、法规规定的与行政处罚权有关的行政强制措施。

行政强制措施应当由行政机关具备资格的行政执法人员实施，其他人员不得实施。

第十八条　行政机关实施行政强制措施应当遵守下列规定：

（一）实施前须向行政机关负责人报告并经批准；

（二）由两名以上行政执法人员实施；

（三）出示执法身份证件；

（四）通知当事人到场；

（五）当场告知当事人采取行政强制措施的理由、依据以及当事人依法享有的权利、救济途径；

（六）听取当事人的陈述和申辩；

（七）制作现场笔录；

（八）现场笔录由当事人和行政执法人员签名或者盖章，当事人拒绝的，在笔录中予以注明；

（九）当事人不到场的，邀请见证人到场，由见证人和行政执法人员在现场笔录上签名或者盖章；

（十）法律、法规规定的其他程序。

第十九条　情况紧急，需要当场实施行政强制措施的，行政执法人员应当在二十四小时内向行政机关负责人报告，并补办批准手续。行政机关负责人认为不应当采取行政强制措施的，应当立即解除。

第二十条　依照法律规定实施限制公民人身自由的行政强制措施，除应当履行本法第十八条规定的程序外，还应当遵守下列规定：

（一）当场告知或者实施行政强制措施后立即通知当事人家属实施行政强制措施的行政机关、地点和期限；

（二）在紧急情况下当场实施行政强制措施的，在返回行政机关后，立即向行政机关负责人报告并补办批准手续；

（三）法律规定的其他程序。

实施限制人身自由的行政强制措施不得超过法定期限。实施行政强制措施的目的已经达到或者条件已经消失，应当立即解除。

第二十一条　违法行为涉嫌犯罪应当移送司法机关的，行政机关应当将查封、扣押、冻结的财物一并移送，并书面告知当事人。

第二节　查　封、扣　押

第二十二条　查封、扣押应当由法律、法规规定的行政机关实施，其他任何行政机关或者组织不得实施。

第二十三条　查封、扣押限于涉案的场所、设施或者财物，不得查封、扣押与违法行为无关的场所、设施或者财物；不得查封、扣押公民个人及其所扶养家属的生活必需品。

当事人的场所、设施或者财物已被其他国家机关依法查封的，不得重复查封。

第二十四条　行政机关决定实施查封、扣押的，应当履行本法第十八条规定的程序，制作并当场交付查封、扣押决定书和清单。

查封、扣押决定书应当载明下列事项：

（一）当事人的姓名或者名称、地址；

（二）查封、扣押的理由、依据和期限；

（三）查封、扣押场所、设施或者财物的名称、数量等；

（四）申请行政复议或者提起行政诉讼的途径和期限；

（五）行政机关的名称、印章和日期。

查封、扣押清单一式二份，由当事人和行政机关分别保存。

第二十五条　查封、扣押的期限不得超过三十日；情况复杂的，经行政机关负责人批准，可以延长，但是延长期限不得超过三十日。法律、行政法规另有规定的除外。

延长查封、扣押的决定应当及时书面告知当事人，并说明理由。

对物品需要进行检测、检验、检疫或者技术鉴定的，查封、扣押的期间不包括检测、检验、检疫或者技术鉴定的期间。检测、检验、检疫或者技术鉴定的期间应当明确，并书面告知当事人。检测、检验、检疫或者技术鉴定的费用由行政机关承担。

第二十六条　对查封、扣押的场所、设施或者财物，行政机关应当妥善保管，不得使用或者损毁；造成损失的，应当承担赔偿责任。

对查封的场所、设施或者财物，行政机关可以委托第三人保管，第三人不得损毁或者擅自转移、处置。因第三人的原因造成的损失，行政机关先行赔付后，有权向第三人追偿。

因查封、扣押发生的保管费用由行政机关承担。

第二十七条　行政机关采取查封、扣押措施后，应当及时查清事实，在本法第二十五条规定的期限内作出处理决定。对违法事实清楚，依法应当没收的非法财物予以没收；法律、行政法规规定应当销毁的，依法销毁；应当解除查封、扣押的，作出解除查封、扣押的决定。

第二十八条　有下列情形之一的，行政机关应当及时作出解除查封、扣押决定：

（一）当事人没有违法行为；

（二）查封、扣押的场所、设施或者财物与违法行为无关；

（三）行政机关对违法行为已经作出处理决定，不再需要查封、扣押；

（四）查封、扣押期限已经届满；

（五）其他不再需要采取查封、扣押措施的情形。

解除查封、扣押应当立即退还财物；已将鲜活物品或者其他不易保管的财物拍卖或者变卖的，退还拍卖或者变卖所得款项。变卖价格明显低于市场价格，给当事人造成损失的，应当给予补偿。

第三节　冻　　结

第二十九条　冻结存款、汇款应当由法律规定的行政机关实施，不得委托给其他行政机关或者组织；其他任何行政机关或者组织不得冻结存款、汇款。

冻结存款、汇款的数额应当与违法行为涉及的金额相当；已被其他国家机关依法冻结的，不得重复冻结。

第三十条　行政机关依照法律规定决定实施冻结存款、汇款的，应当履行本法第十八条第一项、第二项、第三项、第七项规定的程序，并向金融机构交付冻结通知书。

金融机构接到行政机关依法作出的冻结通知书后，应当立即予以冻结，不得拖延，不得在冻结前向当事人泄露信息。

法律规定以外的行政机关或者组织要求冻结当事人存款、汇款的，金融机构应当拒绝。

第三十一条 依照法律规定冻结存款、汇款的，作出决定的行政机关应当在三日内向当事人交付冻结决定书。冻结决定书应当载明下列事项：

（一）当事人的姓名或者名称、地址；

（二）冻结的理由、依据和期限；

（三）冻结的账号和数额；

（四）申请行政复议或者提起行政诉讼的途径和期限；

（五）行政机关的名称、印章和日期。

第三十二条 自冻结存款、汇款之日起三十日内，行政机关应当作出处理决定或者作出解除冻结决定；情况复杂的，经行政机关负责人批准，可以延长，但是延长期限不得超过三十日。法律另有规定的除外。

延长冻结的决定应当及时书面告知当事人，并说明理由。

第三十三条 有下列情形之一的，行政机关应当及时作出解除冻结决定：

（一）当事人没有违法行为；

（二）冻结的存款、汇款与违法行为无关；

（三）行政机关对违法行为已经作出处理决定，不再需要冻结；

（四）冻结期限已经届满；

（五）其他不再需要采取冻结措施的情形。

行政机关作出解除冻结决定的，应当及时通知金融机构和当事人。金融机构接到通知后，应当立即解除冻结。

行政机关逾期未作出处理决定或者解除冻结决定的，金融机构应当自冻结期满之日起解除冻结。

第四章　行政机关强制执行程序

第一节　一　般　规　定

第三十四条 行政机关依法作出行政决定后，当事人在行政机关决定的期限内不履行义务的，具有行政强制执行权的行政机关依照本章规定强制执行。

第三十五条 行政机关作出强制执行决定前，应当事先催告当事人履行义务。催告应当以书面形式作出，并载明下列事项：

（一）履行义务的期限；

（二）履行义务的方式；

（三）涉及金钱给付的，应当有明确的金额和给付方式；

（四）当事人依法享有的陈述权和申辩权。

第三十六条 当事人收到催告书后有权进行陈述和申辩。行政机关应当充分听取当事人的意见，对当事人提出的事实、理由和证据，应当进行记录、复核。当事人提出的事实、理由或者证据成立的，行政机关应当采纳。

第三十七条 经催告，当事人逾期仍不履行行政决定，且无正当理由的，行政机关可以作出强制执行决定。

强制执行决定应当以书面形式作出，并载明下列事项：

（一）当事人的姓名或者名称、地址；
（二）强制执行的理由和依据；
（三）强制执行的方式和时间；
（四）申请行政复议或者提起行政诉讼的途径和期限；
（五）行政机关的名称、印章和日期。

在催告期间，对有证据证明有转移或者隐匿财物迹象的，行政机关可以作出立即强制执行决定。

第三十八条 催告书、行政强制执行决定书应当直接送达当事人。当事人拒绝接收或者无法直接送达当事人的，应当依照《中华人民共和国民事诉讼法》的有关规定送达。

第三十九条 有下列情形之一的，中止执行：
（一）当事人履行行政决定确有困难或者暂无履行能力的；
（二）第三人对执行标的主张权利，确有理由的；
（三）执行可能造成难以弥补的损失，且中止执行不损害公共利益的；
（四）行政机关认为需要中止执行的其他情形。

中止执行的情形消失后，行政机关应当恢复执行。对没有明显社会危害，当事人确无能力履行，中止执行满三年未恢复执行的，行政机关不再执行。

第四十条 有下列情形之一的，终结执行：
（一）公民死亡，无遗产可供执行，又无义务承受人的；
（二）法人或者其他组织终止，无财产可供执行，又无义务承受人的；
（三）执行标的灭失的；
（四）据以执行的行政决定被撤销的；
（五）行政机关认为需要终结执行的其他情形。

第四十一条 在执行中或者执行完毕后，据以执行的行政决定被撤销、变更，或者执行错误的，应当恢复原状或者退还财物；不能恢复原状或者退还财物的，依法给予赔偿。

第四十二条 实施行政强制执行，行政机关可以在不损害公共利益和他人合法权益的情况下，与当事人达成执行协议。执行协议可以约定分阶段履行；当事人采取补救措施的，可以减免加处的罚款或者滞纳金。

执行协议应当履行。当事人不履行执行协议的，行政机关应当恢复强制执行。

第四十三条 行政机关不得在夜间或者法定节假日实施行政强制执行。但是，情况紧急的除外。

行政机关不得对居民生活采取停止供水、供电、供热、供燃气等方式迫使当事人履行相关行政决定。

第四十四条 对违法的建筑物、构筑物、设施等需要强制拆除的，应当由行政机关予以公告，限期当事人自行拆除。当事人在法定期限内不申请行政复议或者提起行政诉讼，又不拆除的，行政机关可以依法强制拆除。

第二节　金钱给付义务的执行

第四十五条 行政机关依法作出金钱给付义务的行政决定，当事人逾期不履行的，行政机关可以依法加处罚款或者滞纳金。加处罚款或者滞纳金的标准应当告知当事人。

加处罚款或者滞纳金的数额不得超出金钱给付义务的数额。

第四十六条 行政机关依照本法第四十五条规定实施加处罚款或者滞纳金超过三十日，经催告当事人仍不履行的，具有行政强制执行权的行政机关可以强制执行。

行政机关实施强制执行前，需要采取查封、扣押、冻结措施的，依照本法第三章规定办理。

没有行政强制执行权的行政机关应当申请人民法院强制执行。但是，当事人在法定期限内不申请行政复议或者提起行政诉讼，经催告仍不履行的，在实施行政管理过程中已经采取查封、扣押措施的行政机关，可以将查封、扣押的财物依法拍卖抵缴罚款。

第四十七条 划拨存款、汇款应当由法律规定的行政机关决定，并书面通知金融机构。金融机构接到行政机关依法作出划拨存款、汇款的决定后，应当立即划拨。

法律规定以外的行政机关或者组织要求划拨当事人存款、汇款的，金融机构应当拒绝。

第四十八条 依法拍卖财物，由行政机关委托拍卖机构依照《中华人民共和国拍卖法》的规定办理。

第四十九条 划拨的存款、汇款以及拍卖和依法处理所得的款项应当上缴国库或者划入财政专户。任何行政机关或者个人不得以任何形式截留、私分或者变相私分。

第三节 代 履 行

第五十条 行政机关依法作出要求当事人履行排除妨碍、恢复原状等义务的行政决定，当事人逾期不履行，经催告仍不履行，其后果已经或者将危害交通安全、造成环境污染或者破坏自然资源的，行政机关可以代履行，或者委托没有利害关系的第三人代履行。

第五十一条 代履行应当遵守下列规定：

（一）代履行前送达决定书，代履行决定书应当载明当事人的姓名或者名称、地址，代履行的理由和依据、方式和时间、标的、费用预算以及代履行人；

（二）代履行三日前，催告当事人履行，当事人履行的，停止代履行；

（三）代履行时，作出决定的行政机关应当派员到场监督；

（四）代履行完毕，行政机关到场监督的工作人员、代履行人和当事人或者见证人应当在执行文书上签名或者盖章。

代履行的费用按照成本合理确定，由当事人承担。但是，法律另有规定的除外。

代履行不得采用暴力、胁迫以及其他非法方式。

第五十二条 需要立即清除道路、河道、航道或者公共场所的遗洒物、障碍物或者污染物，当事人不能清除的，行政机关可以决定立即实施代履行；当事人不在场的，行政机关应当在事后立即通知当事人，并依法作出处理。

第五章 申请人民法院强制执行

第五十三条 当事人在法定期限内不申请行政复议或者提起行政诉讼，又不履行行政决定的，没有行政强制执行权的行政机关可以自期限届满之日起三个月内，依照本章规定申请人民法院强制执行。

第五十四条 行政机关申请人民法院强制执行前，应当催告当事人履行义务。催告书送达十日后当事人仍未履行义务的，行政机关可以向所在地有管辖权的人民法院申请强制执行；执行对象是不动产的，向不动产所在地有管辖权的人民法院申请强制执行。

第五十五条 行政机关向人民法院申请强制执行，应当提供下列材料：

（一）强制执行申请书；

（二）行政决定书及作出决定的事实、理由和依据；

（三）当事人的意见及行政机关催告情况；

（四）申请强制执行标的情况；

（五）法律、行政法规规定的其他材料。

强制执行申请书应当由行政机关负责人签名，加盖行政机关的印章，并注明日期。

第五十六条 人民法院接到行政机关强制执行的申请，应当在五日内受理。

行政机关对人民法院不予受理的裁定有异议的，可以在十五日内向上一级人民法院申请复议，上一级人民法院应当自收到复议申请之日起十五日内作出是否受理的裁定。

第五十七条 人民法院对行政机关强制执行的申请进行书面审查，对符合本法第五十五条规定，且行政决定具备法定执行效力的，除本法第五十八条规定的情形外，人民法院应当自受理之日起七日内作出执行裁定。

第五十八条 人民法院发现有下列情形之一的，在作出裁定前可以听取被执行人和行政机关的意见：

（一）明显缺乏事实根据的；

（二）明显缺乏法律、法规依据的；

（三）其他明显违法并损害被执行人合法权益的。

人民法院应当自受理之日起三十日内作出是否执行的裁定。裁定不予执行的，应当说明理由，并在五日内将不予执行的裁定送达行政机关。

行政机关对人民法院不予执行的裁定有异议的，可以自收到裁定之日起十五日内向上一级人民法院申请复议，上一级人民法院应当自收到复议申请之日起三十日内作出是否执行的裁定。

第五十九条 因情况紧急，为保障公共安全，行政机关可以申请人民法院立即执行。经人民法院院长批准，人民法院应当自作出执行裁定之日起五日内执行。

第六十条 行政机关申请人民法院强制执行，不缴纳申请费。强制执行的费用由被执行人承担。

人民法院以划拨、拍卖方式强制执行的，可以在划拨、拍卖后将强制执行的费用扣除。

依法拍卖财物，由人民法院委托拍卖机构依照《中华人民共和国拍卖法》的规定办理。

划拨的存款、汇款以及拍卖和依法处理所得的款项应当上缴国库或者划入财政专户，不得以任何形式截留、私分或者变相私分。

第六章 法 律 责 任

第六十一条 行政机关实施行政强制，有下列情形之一的，由上级行政机关或者有关部门责令改正，对直接负责的主管人员和其他直接责任人员依法给予处分：

（一）没有法律、法规依据的；

（二）改变行政强制对象、条件、方式的；

（三）违反法定程序实施行政强制的；

（四）违反本法规定，在夜间或者法定节假日实施行政强制执行的；

（五）对居民生活采取停止供水、供电、供热、供燃气等方式迫使当事人履行相关行政决定的；

（六）有其他违法实施行政强制情形的。

第六十二条 违反本法规定，行政机关有下列情形之一的，由上级行政机关或者有关部门责令改正，对直接负责的主管人员和其他直接责任人员依法给予处分：

（一）扩大查封、扣押、冻结范围的；

（二）使用或者损毁查封、扣押场所、设施或者财物的；

（三）在查封、扣押法定期间不作出处理决定或者未依法及时解除查封、扣押的；

（四）在冻结存款、汇款法定期间不作出处理决定或者未依法及时解除冻结的。

第六十三条 行政机关将查封、扣押的财物或者划拨的存款、汇款以及拍卖和依法处理所得的款项，截留、私分或者变相私分的，由财政部门或者有关部门予以追缴；对直接负责的主管人员和其他直接责任人员依法给予记大过、降级、撤职或者开除的处分。

行政机关工作人员利用职务上的便利，将查封、扣押的场所、设施或者财物据为己有的，由上级行政机关或者有关部门责令改正，依法给予记大过、降级、撤职或者开除的处分。

第六十四条 行政机关及其工作人员利用行政强制权为单位或者个人谋取利益的，由上级行政机关或者有关部门责令改正，对直接负责的主管人员和其他直接责任人员依法给予处分。

第六十五条 违反本法规定，金融机构有下列行为之一的，由金融业监督管理机构责令改正，对直接负责的主管人员和其他直接责任人员依法给予处分：

（一）在冻结前向当事人泄露信息的；

（二）对应当立即冻结、划拨的存款、汇款不冻结或者不划拨，致使存款、汇款转移的

（三）将不应当冻结、划拨的存款、汇款予以冻结或者划拨的；

（四）未及时解除冻结存款、汇款的。

第六十六条 违反本法规定，金融机构将款项划入国库或者财政专户以外的其他账户的，由金融业监督管理机构责令改正，并处以违法划拨款项二倍的罚款；对直接负责的主管人员和其他直接责任人员依法给予处分。

违反本法规定，行政机关、人民法院指令金融机构将款项划入国库或者财政专户以外的其他账户的，对直接负责的主管人员和其他直接责任人员依法给予处分。

第六十七条 人民法院及其工作人员在强制执行中有违法行为或者扩大强制执行范围的，对直接负责的主管人员和其他直接责任人员依法给予处分。

第六十八条 违反本法规定，给公民、法人或者其他组织造成损失的，依法给予赔偿。

违反本法规定，构成犯罪的，依法追究刑事责任。

第七章　附　　则

第六十九条 本法中十日以内期限的规定是指工作日，不含法定节假日。

第七十条 法律、行政法规授权的具有管理公共事务职能的组织在法定授权范围内，以自己的名义实施行政强制，适用本法有关行政机关的规定。

第七十一条 本法自 2012 年 1 月 1 日起施行。

11. 中华人民共和国行政许可法

（2003 年 8 月 27 日第十届全国人民代表大会常务委员会第四次会议通过）

目　　录

第一章　总　　则

第一条　为了规范行政许可的设定和实施，保护公民、法人和其他组织的合法权益，维护公共利益和社会秩序，保障和监督行政机关有效实施行政管理，根据宪法，制定本法。

第二条　本法所称行政许可，是指行政机关根据公民、法人或者其他组织的申请，经依法审查，准予其从事特定活动的行为。

第三条　行政许可的设定和实施，适用本法。

有关行政机关对其他机关或者对其直接管理的事业单位的人事、财务、外事等事项的审批，不适用本法。

第四条　设定和实施行政许可，应当依照法定的权限、范围、条件和程序。

第五条　设定和实施行政许可，应当遵循公开、公平、公正的原则。

有关行政许可的规定应当公布；未经公布的，不得作为实施行政许可的依据。行政许可的实施和结果，除涉及国家秘密、商业秘密或者个人隐私的外，应当公开。

符合法定条件、标准的，申请人有依法取得行政许可的平等权利，行政机关不得歧视。

第六条　实施行政许可，应当遵循便民的原则，提高办事效率，提供优质服务。

第七条　公民、法人或者其他组织对行政机关实施行政许可，享有陈述权、申辩权；有权依法申请行政复议或者提起行政诉讼；其合法权益因行政机关违法实施行政许可受到损害的，有权依法要求赔偿。

第八条　公民、法人或者其他组织依法取得的行政许可受法律保护，行政机关不得擅自改变已经生效的行政许可。

行政许可所依据的法律、法规、规章修改或者废止，或者准予行政许可所依据的客观情况发生重大变化的，为了公共利益的需要，行政机关可以依法变更或者撤回已经生效的行政许可。由此给公民、法人或者其他组织造成财产损失的，行政机关应当依法给予补偿。

第九条　依法取得的行政许可，除法律、法规规定依照法定条件和程序可以转让的外，不得转让。

第十条　县级以上人民政府应当建立健全对行政机关实施行政许可的监督制度，加强对行政机关实施行政许可的监督检查。

行政机关应当对公民、法人或者其他组织从事行政许可事项的活动实施有效监督。

第二章　行政许可的设定

第十一条　设定行政许可，应当遵循经济和社会发展规律，有利于发挥公民、法人或者其他组织的积极性、主动性，维护公共利益和社会秩序，促进经济、社会和生态环境协调发展。

第十二条　下列事项可以设定行政许可：

（一）直接涉及国家安全、公共安全、经济宏观调控、生态环境保护以及直接关系人身健康、生命财产安全等特定活动，需要按照法定条件予以批准的事项；

（二）有限自然资源开发利用、公共资源配置以及直接关系公共利益的特定行业的市场准入等，需要赋予特定权利的事项；

（三）提供公众服务并且直接关系公共利益的职业、行业，需要确定具备特殊信誉、特殊条件或者特殊技能等资格、资质的事项；

（四）直接关系公共安全、人身健康、生命财产安全的重要设备、设施、产品、物品，需要按照技术标准、技术规范，通过检验、检测、检疫等方式进行审定的事项；

（五）企业或者其他组织的设立等，需要确定主体资格的事项；

（六）法律、行政法规规定可以设定行政许可的其他事项。

第十三条　本法第十二条所列事项，通过下列方式能够予以规范的，可以不设行政许可：

（一）公民、法人或者其他组织能够自主决定的；

（二）市场竞争机制能够有效调节的；

（三）行业组织或者中介机构能够自律管理的；

（四）行政机关采用事后监督等其他行政管理方式能够解决的。

第十四条　本法第十二条所列事项，法律可以设定行政许可。尚未制定法律的，行政法规可以设定行政许可。

必要时，国务院可以采用发布决定的方式设定行政许可。实施后，除临时性行政许可事项外，国务院应当及时提请全国人民代表大会及其常务委员会制定法律，或者自行制定行政法规。

第十五条　本法第十二条所列事项，尚未制定法律、行政法规的，地方性法规可以设定行政许可；尚未制定法律、行政法规和地方性法规的，因行政管理的需要，确需立即实施行政许可的，省、自治区、直辖市人民政府规章可以设定临时性的行政许可。临时性的行政许可实施满一年需要继续实施的，应当提请本级人民代表大会及其常务委员会制定地方性法规。

地方性法规和省、自治区、直辖市人民政府规章，不得设定应当由国家统一确定的公民、法人或者其他组织的资格、资质的行政许可；不得设定企业或者其他组织的设立登记及其前置性行政许可。其设定的行政许可，不得限制其他地区的个人或者企业到本地区从事生产经营和提供服务，不得限制其他地区的商品进入本地区市场。

第十六条　行政法规可以在法律设定的行政许可事项范围内，对实施该行政许可作出具体规定。

地方性法规可以在法律、行政法规设定的行政许可事项范围内，对实施该行政许可作出具体规定。

规章可以在上位法设定的行政许可事项范围内，对实施该行政许可作出具体规定。

法规、规章对实施上位法设定的行政许可作出的具体规定，不得增设行政许可；对行政许可条件作出的具体规定，不得增设违反上位法的其他条件。

第十七条 除本法第十四条、第十五条规定的外，其他规范性文件一律不得设定行政许可。

第十八条 设定行政许可，应当规定行政许可的实施机关、条件、程序、期限。

第十九条 起草法律草案、法规草案和省、自治区、直辖市人民政府规章草案，拟设定行政许可的，起草单位应当采取听证会、论证会等形式听取意见，并向制定机关说明设定该行政许可的必要性、对经济和社会可能产生的影响以及听取和采纳意见的情况。

第二十条 行政许可的设定机关应当定期对其设定的行政许可进行评价；对已设定的行政许可，认为通过本法第十三条所列方式能够解决的，应当对设定该行政许可的规定及时予以修改或者废止。

行政许可的实施机关可以对已设定的行政许可的实施情况及存在的必要性适时进行评价，并将意见报告该行政许可的设定机关。

公民、法人或者其他组织可以向行政许可的设定机关和实施机关就行政许可的设定和实施提出意见和建议。

第二十一条 省、自治区、直辖市人民政府对行政法规设定的有关经济事务的行政许可，根据本行政区域经济和社会发展情况，认为通过本法第十三条所列方式能够解决的，报国务院批准后，可以在本行政区域内停止实施该行政许可。

第三章 行政许可的实施机关

第二十二条 行政许可由具有行政许可权的行政机关在其法定职权范围内实施。

第二十三条 法律、法规授权的具有管理公共事务职能的组织，在法定授权范围内，以自己的名义实施行政许可。被授权的组织适用本法有关行政机关的规定。

第二十四条 行政机关在其法定职权范围内，依照法律、法规、规章的规定，可以委托其他行政机关实施行政许可。委托机关应当将受委托行政机关和受委托实施行政许可的内容予以公告。

委托行政机关对受委托行政机关实施行政许可的行为应当负责监督，并对该行为的后果承担法律责任。

受委托行政机关在委托范围内，以委托行政机关名义实施行政许可；不得再委托其他组织或者个人实施行政许可。

第二十五条 经国务院批准，省、自治区、直辖市人民政府根据精简、统一、效能的原则，可以决定一个行政机关行使有关行政机关的行政许可权。

第二十六条 行政许可需要行政机关内设的多个机构办理的，该行政机关应当确定一个机构统一受理行政许可申请，统一送达行政许可决定。

行政许可依法由地方人民政府两个以上部门分别实施的，本级人民政府可以确定一个部门受理行政许可申请并转告有关部门分别提出意见后统一办理，或者组织有关部门联合办理、集中办理。

第二十七条 行政机关实施行政许可，不得向申请人提出购买指定商品、接受有偿服务等不正当要求。

行政机关工作人员办理行政许可，不得索取或者收受申请人的财物，不得谋取其他利益。

第二十八条 对直接关系公共安全、人身健康、生命财产安全的设备、设施、产品、物品的检验、检测、检疫，除法律、行政法规规定由行政机关实施的外，应当逐步由符合法定条件的专业技术组织实施。专业技术组织及其有关人员对所实施的检验、检测、检疫结论承担法律责任。

第四章　行政许可的实施程序

第一节　申 请 与 受 理

第二十九条　公民、法人或者其他组织从事特定活动，依法需要取得行政许可的，应当向行政机关提出申请。申请书需要采用格式文本的，行政机关应当向申请人提供行政许可申请书格式文本。申请书格式文本中不得包含与申请行政许可事项没有直接关系的内容。

申请人可以委托代理人提出行政许可申请。但是，依法应当由申请人到行政机关办公场所提出行政许可申请的除外。

行政许可申请可以通过信函、电报、电传、传真、电子数据交换和电子邮件等方式提出。

第三十条　行政机关应当将法律、法规、规章规定的有关行政许可的事项、依据、条件、数量、程序、期限以及需要提交的全部材料的目录和申请书示范文本等在办公场所公示。

申请人要求行政机关对公示内容予以说明、解释的，行政机关应当说明、解释，提供准确、可靠的信息。

第三十一条　申请人申请行政许可，应当如实向行政机关提交有关材料和反映真实情况，并对其申请材料实质内容的真实性负责。行政机关不得要求申请人提交与其申请的行政许可事项无关的技术资料和其他材料。

第三十二条　行政机关对申请人提出的行政许可申请，应当根据下列情况分别作出处理：

（一）申请事项依法不需要取得行政许可的，应当即时告知申请人不受理；

（二）申请事项依法不属于本行政机关职权范围的，应当即时作出不予受理的决定，并告知申请人向有关行政机关申请；

（三）申请材料存在可以当场更正的错误的，应当允许申请人当场更正；

（四）申请材料不齐全或者不符合法定形式的，应当当场或者在五日内一次告知申请人需要补正的全部内容，逾期不告知的，自收到申请材料之日起即为受理；

（五）申请事项属于本行政机关职权范围，申请材料齐全、符合法定形式，或者申请人按照本行政机关的要求提交全部补正申请材料的，应当受理行政许可申请。

行政机关受理或者不予受理行政许可申请，应当出具加盖本行政机关专用印章和注明日期的书面凭证。

第三十三条　行政机关应当建立和完善有关制度，推行电子政务，在行政机关的网站上公布行政许可事项，方便申请人采取数据电文等方式提出行政许可申请；应当与其他行政机关共享有关行政许可信息，提高办事效率。

第二节　审 查 与 决 定

第三十四条　行政机关应当对申请人提交的申请材料进行审查。

申请人提交的申请材料齐全、符合法定形式，行政机关能够当场作出决定的，应当当场作出书面的行政许可决定。

根据法定条件和程序，需要对申请材料的实质内容进行核实的，行政机关应当指派两名以上工作人员进行核查。

第三十五条　依法应当先经下级行政机关审查后报上级行政机关决定的行政许可，下级行政机关应当在法定期限内将初步审查意见和全部申请材料直接报送上级行政机关。上级行政机关不得要求申请人重复提供申请材料。

第三十六条 行政机关对行政许可申请进行审查时，发现行政许可事项直接关系他人重大利益的，应当告知该利害关系人。申请人、利害关系人有权进行陈述和申辩。行政机关应当听取申请人、利害关系人的意见。

第三十七条 行政机关对行政许可申请进行审查后，除当场作出行政许可决定的外，应当在法定期限内按照规定程序作出行政许可决定。

第三十八条 申请人的申请符合法定条件、标准的，行政机关应当依法作出准予行政许可的书面决定。

行政机关依法作出不予行政许可的书面决定的，应当说明理由，并告知申请人享有依法申请行政复议或者提起行政诉讼的权利。

第三十九条 行政机关作出准予行政许可的决定，需要颁发行政许可证件的，应当向申请人颁发加盖本行政机关印章的下列行政许可证件：

（一）许可证、执照或者其他许可证书；

（二）资格证、资质证或者其他合格证书；

（三）行政机关的批准文件或者证明文件；

（四）法律、法规规定的其他行政许可证件。

行政机关实施检验、检测、检疫的，可以在检验、检测、检疫合格的设备、设施、产品、物品上加贴标签或者加盖检验、检测、检疫印章。

第四十条 行政机关作出的准予行政许可决定，应当予以公开，公众有权查阅。

第四十一条 法律、行政法规设定的行政许可，其适用范围没有地域限制的，申请人取得的行政许可在全国范围内有效。

第三节 期 限

第四十二条 除可以当场作出行政许可决定的外，行政机关应当自受理行政许可申请之日起二十日内作出行政许可决定。二十日内不能作出决定的，经本行政机关负责人批准，可以延长十日，并应当将延长期限的理由告知申请人。但是，法律、法规另有规定的，依照其规定。

依照本法第二十六条的规定，行政许可采取统一办理或者联合办理、集中办理的，办理的时间不得超过四十五日；四十五日内不能办结的，经本级人民政府负责人批准，可以延长十五日，并应当将延长期限的理由告知申请人。

第四十三条 依法应当先经下级行政机关审查后报上级行政机关决定的行政许可，下级行政机关应当自其受理行政许可申请之日起二十日内审查完毕。但是，法律、法规另有规定的，依照其规定。

第四十四条 行政机关作出准予行政许可的决定，应当自作出决定之日起十日内向申请人颁发、送达行政许可证件，或者加贴标签、加盖检验、检测、检疫印章。

第四十五条 行政机关作出行政许可决定，依法需要听证、招标、拍卖、检验、检测、检疫、鉴定和专家评审的，所需时间不计算在本节规定的期限内。行政机关应当将所需时间书面告知申请人。

第四节 听 证

第四十六条 法律、法规、规章规定实施行政许可应当听证的事项，或者行政机关认为需要听证的其他涉及公共利益的重大行政许可事项，行政机关应当向社会公告，并举行听证。

第四十七条 行政许可直接涉及申请人与他人之间重大利益关系的，行政机关在作出行政许可决定前，应当告知申请人、利害关系人享有要求听证的权利；申请人、利害关系人在被告知听证权利之日起五日内提出听证申请的，行政机关应当在二十日内组织听证。

申请人、利害关系人不承担行政机关组织听证的费用。

第四十八条 听证按照下列程序进行：

（一）行政机关应当于举行听证的七日前将举行听证的时间、地点通知申请人、利害关系人，必要时予以公告；

（二）听证应当公开举行；

（三）行政机关应当指定审查该行政许可申请的工作人员以外的人员为听证主持人，申请人、利害关系人认为主持人与该行政许可事项有直接利害关系的，有权申请回避；

（四）举行听证时，审查该行政许可申请的工作人员应当提供审查意见的证据、理由，申请人、利害关系人可以提出证据，并进行申辩和质证；

（五）听证应当制作笔录，听证笔录应当交听证参加人确认无误后签字或者盖章。

行政机关应当根据听证笔录，作出行政许可决定。

第五节　变 更 与 延 续

第四十九条 被许可人要求变更行政许可事项的，应当向作出行政许可决定的行政机关提出申请；符合法定条件、标准的，行政机关应当依法办理变更手续。

第五十条 被许可人需要延续依法取得的行政许可的有效期的，应当在该行政许可有效期届满三十日前向作出行政许可决定的行政机关提出申请。但是，法律、法规、规章另有规定的，依照其规定。

行政机关应当根据被许可人的申请，在该行政许可有效期届满前作出是否准予延续的决定；逾期未作决定的，视为准予延续。

第六节　特 别 规 定

第五十一条 实施行政许可的程序，本节有规定的，适用本节规定；本节没有规定的，适用本章其他有关规定。

第五十二条 国务院实施行政许可的程序，适用有关法律、行政法规的规定。

第五十三条 实施本法第十二条第二项所列事项的行政许可的，行政机关应当通过招标、拍卖等公平竞争的方式作出决定。但是，法律、行政法规另有规定的，依照其规定。

行政机关通过招标、拍卖等方式作出行政许可决定的具体程序，依照有关法律、行政法规的规定。

行政机关按照招标、拍卖程序确定中标人、买受人后，应当作出准予行政许可的决定，并依法向中标人、买受人颁发行政许可证件。

行政机关违反本条规定，不采用招标、拍卖方式，或者违反招标、拍卖程序，损害申请人合法权益的，申请人可以依法申请行政复议或者提起行政诉讼。

第五十四条 实施本法第十二条第三项所列事项的行政许可，赋予公民特定资格，依法应当举行国家考试的，行政机关根据考试成绩和其他法定条件作出行政许可决定；赋予法人或者其他组织特定的资格、资质的，行政机关根据申请人的专业人员构成、技术条件、经营业绩和管理水平等的考核结果作出行政许可决定。但是，法律、行政法规另有规定的，依照其规定。

公民特定资格的考试依法由行政机关或者行业组织实施，公开举行。行政机关或者行业组织应当事先公布资格考试的报名条件、报考办法、考试科目以及考试大纲。但是，不得组织强制性的资格考试的考前培训，不得指定教材或者其他助考材料。

第五十五条 实施本法第十二条第四项所列事项的行政许可的，应当按照技术标准、技术规范依法进行检验、检测、检疫，行政机关根据检验、检测、检疫的结果作出行政许可决定。

行政机关实施检验、检测、检疫，应当自受理申请之日起五日内指派两名以上工作人员按照技术标准、技术规范进行检验、检测、检疫。不需要对检验、检测、检疫结果作进一步技术分析即可认定设备、设施、产品、物品是否符合技术标准、技术规范的，行政机关应当当场作出行政许可决定。

行政机关根据检验、检测、检疫结果，作出不予行政许可决定的，应当书面说明不予行政许可所依据的技术标准、技术规范。

第五十六条 实施本法第十二条第五项所列事项的行政许可，申请人提交的申请材料齐全、符合法定形式的，行政机关应当当场予以登记。需要对申请材料的实质内容进行核实的，行政机关依照本法第三十四条第三款的规定办理。

第五十七条 有数量限制的行政许可，两个或者两个以上申请人的申请均符合法定条件、标准的，行政机关应当根据受理行政许可申请的先后顺序作出准予行政许可的决定。但是，法律、行政法规另有规定的，依照其规定。

第五章 行政许可的费用

第五十八条 行政机关实施行政许可和对行政许可事项进行监督检查，不得收取任何费用。但是，法律、行政法规另有规定的，依照其规定。

行政机关提供行政许可申请书格式文本，不得收费。

行政机关实施行政许可所需经费应当列入本行政机关的预算，由本级财政予以保障，按照批准的预算予以核拨。

第五十九条 行政机关实施行政许可，依照法律、行政法规收取费用的，应当按照公布的法定项目和标准收费；所收取的费用必须全部上缴国库，任何机关或者个人不得以任何形式截留、挪用、私分或者变相私分。财政部门不得以任何形式向行政机关返还或者变相返还实施行政许可所收取的费用。

第六章 监督检查

第六十条 上级行政机关应当加强对下级行政机关实施行政许可的监督检查，及时纠正行政许可实施中的违法行为。

第六十一条 行政机关应当建立健全监督制度，通过核查反映被许可人从事行政许可事项活动情况的有关材料，履行监督责任。

行政机关依法对被许可人从事行政许可事项的活动进行监督检查时，应当将监督检查的情况和处理结果予以记录，由监督检查人员签字后归档。公众有权查阅行政机关监督检查记录。

行政机关应当创造条件，实现与被许可人、其他有关行政机关的计算机档案系统互联，核查被许可人从事行政许可事项活动情况。

第六十二条 行政机关可以对被许可人生产经营的产品依法进行抽样检查、检验、检测，对其生产经营场所依法进行实地检查。检查时，行政机关可以依法查阅或者要求被许可人报送有关材料；被许可人应当如实提供有关情况和材料。

行政机关根据法律、行政法规的规定，对直接关系公共安全、人身健康、生命财产安全的重要设备、设施进行定期检验。对检验合格的，行政机关应当发给相应的证明文件。

第六十三条 行政机关实施监督检查，不得妨碍被许可人正常的生产经营活动，不得索取或者收受被许可人的财物，不得谋取其他利益。

第六十四条 被许可人在作出行政许可决定的行政机关管辖区域外违法从事行政许可事项活动的，违法行为发生地的行政机关应当依法将被许可人的违法事实、处理结果抄告作出行政许可决定的行政机关。

第六十五条 个人和组织发现违法从事行政许可事项的活动，有权向行政机关举报，行政机关应当及时核实、处理。

第六十六条 被许可人未依法履行开发利用自然资源义务或者未依法履行利用公共资源义务的，行政机关应当责令限期改正；被许可人在规定期限内不改正的，行政机关应当依照有关法律、行政法规的规定予以处理。

第六十七条 取得直接关系公共利益的特定行业的市场准入行政许可的被许可人，应当按照国家规定的服务标准、资费标准和行政机关依法规定的条件，向用户提供安全、方便、稳定和价格合理的服务，并履行普遍服务的义务；未经作出行政许可决定的行政机关批准，不得擅自停业、歇业。

被许可人不履行前款规定的义务的，行政机关应当责令限期改正，或者依法采取有效措施督促其履行义务。

第六十八条 对直接关系公共安全、人身健康、生命财产安全的重要设备、设施，行政机关应当督促设计、建造、安装和使用单位建立相应的自检制度。

行政机关在监督检查时，发现直接关系公共安全、人身健康、生命财产安全的重要设备、设施存在安全隐患的，应当责令停止建造、安装和使用，并责令设计、建造、安装和使用单位立即改正。

第六十九条 有下列情形之一的，作出行政许可决定的行政机关或者其上级行政机关，根据利害关系人的请求或者依据职权，可以撤销行政许可：

（一）行政机关工作人员滥用职权、玩忽职守作出准予行政许可决定的；

（二）超越法定职权作出准予行政许可决定的；

（三）违反法定程序作出准予行政许可决定的；

（四）对不具备申请资格或者不符合法定条件的申请人准予行政许可的；

（五）依法可以撤销行政许可的其他情形。

被许可人以欺骗、贿赂等不正当手段取得行政许可的，应当予以撤销。

依照前两款的规定撤销行政许可，可能对公共利益造成重大损害的，不予撤销。

依照本条第一款的规定撤销行政许可，被许可人的合法权益受到损害的，行政机关应当依法给予赔偿。依照本条第二款的规定撤销行政许可的，被许可人基于行政许可取得的利益不受保护。

第七十条 有下列情形之一的，行政机关应当依法办理有关行政许可的注销手续：

（一）行政许可有效期届满未延续的；

（二）赋予公民特定资格的行政许可，该公民死亡或者丧失行为能力的；

（三）法人或者其他组织依法终止的；

（四）行政许可依法被撤销、撤回，或者行政许可证件依法被吊销的；

（五）因不可抗力导致行政许可事项无法实施的；

（六）法律、法规规定的应当注销行政许可的其他情形。

第七章 法 律 责 任

第七十一条 违反本法第十七条规定设定的行政许可，有关机关应当责令设定该行政许可的机关改正，或者依法予以撤销。

第七十二条 行政机关及其工作人员违反本法的规定，有下列情形之一的，由其上级行政机关或者监察机关责令改正；情节严重的，对直接负责的主管人员和其他直接责任人员依法给予行政处分：

（一）对符合法定条件的行政许可申请不予受理的；

（二）不在办公场所公示依法应当公示的材料的；

（三）在受理、审查、决定行政许可过程中，未向申请人、利害关系人履行法定告知义务的；

（四）申请人提交的申请材料不齐全、不符合法定形式，不一次告知申请人必须补正的全部内容的；

（五）未依法说明不受理行政许可申请或者不予行政许可的理由的；

（六）依法应当举行听证而不举行听证的。

第七十三条 行政机关工作人员办理行政许可、实施监督检查，索取或者收受他人财物或者谋取其他利益，构成犯罪的，依法追究刑事责任；尚不构成犯罪的，依法给予行政处分。

第七十四条 行政机关实施行政许可，有下列情形之一的，由其上级行政机关或者监察机关责令改正，对直接负责的主管人员和其他直接责任人员依法给予行政处分；构成犯罪的，依法追究刑事责任：

（一）对不符合法定条件的申请人准予行政许可或者超越法定职权作出准予行政许可决定的；

（二）对符合法定条件的申请人不予行政许可或者不在法定期限内作出准予行政许可决定的；

（三）依法应当根据招标、拍卖结果或者考试成绩择优作出准予行政许可决定，未经招标、拍卖或者考试，或者不根据招标、拍卖结果或者考试成绩择优作出准予行政许可决定的。

第七十五条 行政机关实施行政许可，擅自收费或者不按照法定项目和标准收费的，由其上级行政机关或者监察机关责令退还非法收取的费用；对直接负责的主管人员和其他直接责任人员依法给予行政处分。

截留、挪用、私分或者变相私分实施行政许可依法收取的费用的，予以追缴；对直接负责的主管人员和其他直接责任人员依法给予行政处分；构成犯罪的，依法追究刑事责任。

第七十六条 行政机关违法实施行政许可，给当事人的合法权益造成损害的，应当依照国家赔偿法的规定给予赔偿。

第七十七条 行政机关不依法履行监督职责或者监督不力，造成严重后果的，由其上级行政机关或者监察机关责令改正，对直接负责的主管人员和其他直接责任人员依法给予行政处分；构成犯罪的，依法追究刑事责任。

第七十八条 行政许可申请人隐瞒有关情况或者提供虚假材料申请行政许可的，行政机关不予受理或者不予行政许可，并给予警告；行政许可申请属于直接关系公共安全、人身健康、生命财产安全事项的，申请人在一年内不得再次申请该行政许可。

第七十九条 被许可人以欺骗、贿赂等不正当手段取得行政许可的，行政机关应当依法给予行政处罚；取得的行政许可属于直接关系公共安全、人身健康、生命财产安全事项的，申请人在三年内不得再次申请该行政许可；构成犯罪的，依法追究刑事责任。

第八十条 被许可人有下列行为之一的，行政机关应当依法给予行政处罚；构成犯罪的，依法追究刑事责任：

（一）涂改、倒卖、出租、出借行政许可证件，或者以其他形式非法转让行政许可的；

（二）超越行政许可范围进行活动的；

（三）向负责监督检查的行政机关隐瞒有关情况、提供虚假材料或者拒绝提供反映其活动情况的真实材料的；

（四）法律、法规、规章规定的其他违法行为。

第八十一条 公民、法人或者其他组织未经行政许可，擅自从事依法应当取得行政许可的活动的，行政机关应当依法采取措施予以制止，并依法给予行政处罚；构成犯罪的，依法追究刑事责任。

第八章　附　　则

第八十二条　本法规定的行政机关实施行政许可的期限以工作日计算，不含法定节假日。

第八十三条　本法自 2004 年 7 月 1 日起施行。

本法施行前有关行政许可的规定，制定机关应当依照本法规定予以清理；不符合本法规定的，自本法施行之日起停止执行。

12. 中华人民共和国行政复议法

（1999年4月29日第九届全国人民代表大会常务委员会第九次会议通过，根据2009年8月27日第十一届全国人民代表大会常务委员会第十次会议《关于修改部分法律的决定》第一次修正，根据2017年9月1日第十二届全国人民代表大会常务委员会第二十九次会议《关于修改〈中华人民共和国法官法〉等八部法律的决定》第二次修正）

目　　录

第一章　总　　则

第一条　为了防止和纠正违法的或者不当的具体行政行为，保护公民、法人和其他组织的合法权益，保障和监督行政机关依法行使职权，根据宪法，制定本法。

第二条　公民、法人或者其他组织认为具体行政行为侵犯其合法权益，向行政机关提出行政复议申请，行政机关受理行政复议申请、作出行政复议决定，适用本法。

第三条　依照本法履行行政复议职责的行政机关是行政复议机关。行政复议机关负责法制工作的机构具体办理行政复议事项，履行下列职责：

（一）受理行政复议申请；

（二）向有关组织和人员调查取证，查阅文件和资料；

（三）审查申请行政复议的具体行政行为是否合法与适当，拟订行政复议决定；

（四）处理或者转送对本法第七条所列有关规定的审查申请；

（五）对行政机关违反本法规定的行为依照规定的权限和程序提出处理建议；

（六）办理因不服行政复议决定提起行政诉讼的应诉事项；

（七）法律、法规规定的其他职责。

行政机关中初次从事行政复议的人员，应当通过国家统一法律职业资格考试取得法律职业资格。

第四条　行政复议机关履行行政复议职责，应当遵循合法、公正、公开、及时、便民的原则，坚持有错必纠，保障法律、法规的正确实施。

第五条　公民、法人或者其他组织对行政复议决定不服的，可以依照行政诉讼法的规定向人民法院提起行政诉讼，但是法律规定行政复议决定为最终裁决的除外。

第二章　行政复议范围

第六条　有下列情形之一的，公民、法人或者其他组织可以依照本法申请行政复议：

（一）对行政机关作出的警告、罚款、没收违法所得、没收非法财物、责令停产停业、暂扣或者吊销许可证、暂扣或者吊销执照、行政拘留等行政处罚决定不服的；

（二）对行政机关作出的限制人身自由或者查封、扣押、冻结财产等行政强制措施决定不服的；

（三）对行政机关作出的有关许可证、执照、资质证、资格证等证书变更、中止、撤销的决定不服的；

（四）对行政机关作出的关于确认土地、矿藏、水流、森林、山岭、草原、荒地、滩涂、海域等自然资源的所有权或者使用权的决定不服的；

（五）认为行政机关侵犯合法的经营自主权的；

（六）认为行政机关变更或者废止农业承包合同，侵犯其合法权益的；

（七）认为行政机关违法集资、征收财物、摊派费用或者违法要求履行其他义务的；

（八）认为符合法定条件，申请行政机关颁发许可证、执照、资质证、资格证等证书，或者申请行政机关审批、登记有关事项，行政机关没有依法办理的；

（九）申请行政机关履行保护人身权利、财产权利、受教育权利的法定职责，行政机关没有依法履行的；

（十）申请行政机关依法发放抚恤金、社会保险金或者最低生活保障费，行政机关没有依法发放的；

（十一）认为行政机关的其他具体行政行为侵犯其合法权益的。

第七条　公民、法人或者其他组织认为行政机关的具体行政行为所依据的下列规定不合法，在对具体行政行为申请行政复议时，可以一并向行政复议机关提出对该规定的审查申请：

（一）国务院部门的规定；

（二）县级以上地方各级人民政府及其工作部门的规定；

（三）乡、镇人民政府的规定。

前款所列规定不含国务院部、委员会规章和地方人民政府规章。规章的审查依照法律、行政法规办理。

第八条　不服行政机关作出的行政处分或者其他人事处理决定的，依照有关法律、行政法规的规定提出申诉。

不服行政机关对民事纠纷作出的调解或者其他处理，依法申请仲裁或者向人民法院提起诉讼。

第三章　行政复议申请

第九条　公民、法人或者其他组织认为具体行政行为侵犯其合法权益的，可以自知道该具体行政行为之日起六十日内提出行政复议申请；但是法律规定的申请期限超过六十日的除外。

因不可抗力或者其他正当理由耽误法定申请期限的，申请期限自障碍消除之日起继续计算。

第十条　依照本法申请行政复议的公民、法人或者其他组织是申请人。

有权申请行政复议的公民死亡的，其近亲属可以申请行政复议。有权申请行政复议的公民为无民事行为能力人或者限制民事行为能力人的，其法定代理人可以代为申请行政复议。有权申请行政复议的法人或者其他组织终止的，承受其权利的法人或者其他组织可以申请行政复议。

同申请行政复议的具体行政行为有利害关系的其他公民、法人或者其他组织，可以作为第三人参加行政复议。

公民、法人或者其他组织对行政机关的具体行政行为不服申请行政复议的，作出具体行政行为的行政机关是被申请人。

申请人、第三人可以委托代理人代为参加行政复议。

第十一条 申请人申请行政复议，可以书面申请，也可以口头申请；口头申请的，行政复议机关应当当场记录申请人的基本情况、行政复议请求、申请行政复议的主要事实、理由和时间。

第十二条 对县级以上地方各级人民政府工作部门的具体行政行为不服的，由申请人选择，可以向该部门的本级人民政府申请行政复议，也可以向上一级主管部门申请行政复议。

对海关、金融、国税、外汇管理等实行垂直领导的行政机关和国家安全机关的具体行政行为不服的，向上一级主管部门申请行政复议。

第十三条 对地方各级人民政府的具体行政行为不服的，向上一级地方人民政府申请行政复议。

对省、自治区人民政府依法设立的派出机关所属的县级地方人民政府的具体行政行为不服的，向该派出机关申请行政复议。

第十四条 对国务院部门或者省、自治区、直辖市人民政府的具体行政行为不服的，向作出该具体行政行为的国务院部门或者省、自治区、直辖市人民政府申请行政复议。对行政复议决定不服的，可以向人民法院提起行政诉讼；也可以向国务院申请裁决，国务院依照本法的规定作出最终裁决。

第十五条 对本法第十二条、第十三条、第十四条规定以外的其他行政机关、组织的具体行政行为不服的，按照下列规定申请行政复议：

（一）对县级以上地方人民政府依法设立的派出机关的具体行政行为不服的，向设立该派出机关的人民政府申请行政复议；

（二）对政府工作部门依法设立的派出机构依照法律、法规或者规章规定，以自己的名义作出的具体行政行为不服的，向设立该派出机构的部门或者该部门的本级地方人民政府申请行政复议；

（三）对法律、法规授权的组织的具体行政行为不服的，分别向直接管理该组织的地方人民政府、地方人民政府工作部门或者国务院部门申请行政复议；

（四）对两个或者两个以上行政机关以共同的名义作出的具体行政行为不服的，向其共同上一级行政机关申请行政复议；

（五）对被撤销的行政机关在撤销前所作出的具体行政行为不服的，向继续行使其职权的行政机关的上一级行政机关申请行政复议。

有前款所列情形之一的，申请人也可以向具体行政行为发生地的县级地方人民政府提出行政复议申请，由接受申请的县级地方人民政府依照本法第十八条的规定办理。

第十六条 公民、法人或者其他组织申请行政复议，行政复议机关已经依法受理的，或者法律、法规规定应当先向行政复议机关申请行政复议、对行政复议决定不服再向人民法院提起行政诉讼的，在法定行政复议期限内不得向人民法院提起行政诉讼。

公民、法人或者其他组织向人民法院提起行政诉讼，人民法院已经依法受理的，不得申请行政复议。

第四章 行政复议受理

第十七条 行政复议机关收到行政复议申请后，应当在五日内进行审查，对不符合本法规定的行政复议申请，决定不予受理，并书面告知申请人；对符合本法规定，但是不属于本机关受理的行政复议申请，应当告知申请人向有关行政复议机关提出。

除前款规定外，行政复议申请自行政复议机关负责法制工作的机构收到之日起即为受理。

第十八条 依照本法第十五条第二款的规定接受行政复议申请的县级地方人民政府，对依照本法第十五条第一款的规定属于其他行政复议机关受理的行政复议申请，应当自接到该行政复议申请之日起七日内，转送有关行政复议机关，并告知申请人。接受转送的行政复议机关应当依照本法第十七条的规定办理。

第十九条 法律、法规规定应当先向行政复议机关申请行政复议、对行政复议决定不服再向人民法院提起行政诉讼的，行政复议机关决定不予受理或者受理后超过行政复议期限不作答复的，公民、法人或者其他组织可以自收到不予受理决定书之日起或者行政复议期满之日起十五日内，依法向人民法院提起行政诉讼。

第二十条 公民、法人或者其他组织依法提出行政复议申请，行政复议机关无正当理由不予受理的，上级行政机关应当责令其受理；必要时，上级行政机关也可以直接受理。

第二十一条 行政复议期间具体行政行为不停止执行;但是,有下列情形之一的,可以停止执行:

（一）被申请人认为需要停止执行的；

（二）行政复议机关认为需要停止执行的；

（三）申请人申请停止执行，行政复议机关认为其要求合理，决定停止执行的；

（四）法律规定停止执行的。

第五章 行政复议决定

第二十二条 行政复议原则上采取书面审查的办法，但是申请人提出要求或者行政复议机关负责法制工作的机构认为有必要时，可以向有关组织和人员调查情况，听取申请人、被申请人和第三人的意见。

第二十三条 行政复议机关负责法制工作的机构应当自行政复议申请受理之日起七日内，将行政复议申请书副本或者行政复议申请笔录复印件发送被申请人。被申请人应当自收到申请书副本或者申请笔录复印件之日起十日内，提出书面答复，并提交当初作出具体行政行为的证据、依据和其他有关材料。

申请人、第三人可以查阅被申请人提出的书面答复、作出具体行政行为的证据、依据和其他有关材料，除涉及国家秘密、商业秘密或者个人隐私外，行政复议机关不得拒绝。

第二十四条 在行政复议过程中，被申请人不得自行向申请人和其他有关组织或者个人收集证据。

第二十五条 行政复议决定作出前，申请人要求撤回行政复议申请的，经说明理由，可以撤回；撤回行政复议申请的，行政复议终止。

第二十六条 申请人在申请行政复议时，一并提出对本法第七条所列有关规定的审查申请的，行政复议机关对该规定有权处理的，应当在三十日内依法处理；无权处理的，应当在七日内按照法定程序转送有权处理的行政机关依法处理，有权处理的行政机关应当在六十日内依法处理。处理期间，中止对具体行政行为的审查。

第二十七条 行政复议机关在对被申请人作出的具体行政行为进行审查时，认为其依据不合法，本机关有权处理的，应当在三十日内依法处理；无权处理的，应当在七日内按照法定程序转送有权处理的国家机关依法处理。处理期间，中止对具体行政行为的审查。

第二十八条 行政复议机关负责法制工作的机构应当对被申请人作出的具体行政行为进行审查，提出意见，经行政复议机关的负责人同意或者集体讨论通过后，按照下列规定作出行政复议决定：

（一）具体行政行为认定事实清楚,证据确凿,适用依据正确,程序合法,内容适当的,决定维持;

（二）被申请人不履行法定职责的，决定其在一定期限内履行；

（三）具体行政行为有下列情形之一的，决定撤销、变更或者确认该具体行政行为违法；决定撤销或者确认该具体行政行为违法的，可以责令被申请人在一定期限内重新作出具体行政行为：

1 主要事实不清、证据不足的；

2 适用依据错误的；

3 违反法定程序的；

4 超越或者滥用职权的；

5 具体行政行为明显不当的。

（四）被申请人不按照本法第二十三条的规定提出书面答复、提交当初作出具体行政行为的证据、依据和其他有关材料的，视为该具体行政行为没有证据、依据，决定撤销该具体行政行为。

行政复议机关责令被申请人重新作出具体行政行为的，被申请人不得以同一的事实和理由作出与原具体行政行为相同或者基本相同的具体行政行为。

第二十九条 申请人在申请行政复议时可以一并提出行政赔偿请求，行政复议机关对符合国家赔偿法的有关规定应当给予赔偿的，在决定撤销、变更具体行政行为或者确认具体行政行为违法时，应当同时决定被申请人依法给予赔偿。

申请人在申请行政复议时没有提出行政赔偿请求的，行政复议机关在依法决定撤销或者变更罚款，撤销违法集资、没收财物、征收财物、摊派费用以及对财产的查封、扣押、冻结等具体行政行为时，应当同时责令被申请人返还财产，解除对财产的查封、扣押、冻结措施，或者赔偿相应的价款。

第三十条 公民、法人或者其他组织认为行政机关的具体行政行为侵犯其已经依法取得的土地、矿藏、水流、森林、山岭、草原、荒地、滩涂、海域等自然资源的所有权或者使用权的，应当先申请行政复议；对行政复议决定不服的，可以依法向人民法院提起行政诉讼。

根据国务院或者省、自治区、直辖市人民政府对行政区划的勘定、调整或者征收土地的决定，省、自治区、直辖市人民政府确认土地、矿藏、水流、森林、山岭、草原、荒地、滩涂、海域等自然资源的所有权或者使用权的行政复议决定为最终裁决。

第三十一条 行政复议机关应当自受理申请之日起六十日内作出行政复议决定；但是法律规定的行政复议期限少于六十日的除外。情况复杂，不能在规定期限内作出行政复议决定的，经行政复议机关的负责人批准，可以适当延长，并告知申请人和被申请人；但是延长期限最多不超过三十日。

行政复议机关作出行政复议决定，应当制作行政复议决定书，并加盖印章。

行政复议决定书一经送达，即发生法律效力。

第三十二条 被申请人应当履行行政复议决定。

被申请人不履行或者无正当理由拖延履行行政复议决定的，行政复议机关或者有关上级行政机关应当责令其限期履行。

第三十三条 申请人逾期不起诉又不履行行政复议决定的，或者不履行最终裁决的行政复议决定的，按照下列规定分别处理：

（一）维持具体行政行为的行政复议决定，由作出具体行政行为的行政机关依法强制执行，或者申请人民法院强制执行；

（二）变更具体行政行为的行政复议决定，由行政复议机关依法强制执行，或者申请人民法院强制执行。

第六章　法　律　责　任

第三十四条 行政复议机关违反本法规定，无正当理由不予受理依法提出的行政复议申请或者不按照规定转送行政复议申请的，或者在法定期限内不作出行政复议决定的，对直接负责的主管人员和其他直接责任人员依法给予警告、记过、记大过的行政处分；经责令受理仍不受理或者不按照规定转送行政复议申请，造成严重后果的，依法给予降级、撤职、开除的行政处分。

第三十五条 行政复议机关工作人员在行政复议活动中，徇私舞弊或者有其他渎职、失职行为的，依法给予警告、记过、记大过的行政处分；情节严重的，依法给予降级、撤职、开除的行政处分；构成犯罪的，依法追究刑事责任。

第三十六条 被申请人违反本法规定，不提出书面答复或者不提交作出具体行政行为的证据、依据和其他有关材料，或者阻挠、变相阻挠公民、法人或者其他组织依法申请行政复议的，对直接负责的主管人员和其他直接责任人员依法给予警告、记过、记大过的行政处分；进行报复陷害的，依法给予降级、撤职、开除的行政处分；构成犯罪的，依法追究刑事责任。

第三十七条 被申请人不履行或者无正当理由拖延履行行政复议决定的，对直接负责的主管人员和其他直接责任人员依法给予警告、记过、记大过的行政处分；经责令履行仍拒不履行的，依法给予降级、撤职、开除的行政处分。

第三十八条 行政复议机关负责法制工作的机构发现有无正当理由不予受理行政复议申请、不按照规定期限作出行政复议决定、徇私舞弊、对申请人打击报复或者不履行行政复议决定等情形的，应当向有关行政机关提出建议，有关行政机关应当依照本法和有关法律、行政法规的规定作出处理。

第七章 附 则

第三十九条 行政复议机关受理行政复议申请，不得向申请人收取任何费用。行政复议活动所需经费，应当列入本机关的行政经费，由本级财政予以保障。

第四十条 行政复议期间的计算和行政复议文书的送达，依照民事诉讼法关于期间、送达的规定执行。

本法关于行政复议期间有关“五日”、“七日”的规定是指工作日，不含节假日。

第四十一条 外国人、无国籍人、外国组织在中华人民共和国境内申请行政复议，适用本法。

第四十二条 本法施行前公布的法律有关行政复议的规定与本法的规定不一致的，以本法的规定为准。

第四十三条 本法自1999年10月1日起施行。1990年12月24日国务院发布、1994年10月9日国务院修订发布的《行政复议条例》同时废止。

13. 中华人民共和国行政诉讼法

（1989 年 4 月 4 日第七届全国人民代表大会第二次会议通过，根据 2014 年 11 月 1 日第十二届全国人民代表大会常务委员会第十一次会议《关于修改〈中华人民共和国行政诉讼法〉的决定》第一次修正，根据 2017 年 6 月 27 日第十二届全国人民代表大会常务委员会第二十八次会议《关于修改〈中华人民共和国民事诉讼法〉和〈中华人民共和国行政诉讼法〉的决定》第二次修正）

目　　录

第一章　总　　则

第一条　为保证人民法院公正、及时审理行政案件，解决行政争议，保护公民、法人和其他组织的合法权益，监督行政机关依法行使职权，根据宪法，制定本法。

第二条　公民、法人或者其他组织认为行政机关和行政机关工作人员的行政行为侵犯其合法权益，有权依照本法向人民法院提起诉讼。

前款所称行政行为，包括法律、法规、规章授权的组织作出的行政行为。

第三条　人民法院应当保障公民、法人和其他组织的起诉权利，对应当受理的行政案件依法受理。

行政机关及其工作人员不得干预、阻碍人民法院受理行政案件。

被诉行政机关负责人应当出庭应诉。不能出庭的，应当委托行政机关相应的工作人员出庭。

第四条　人民法院依法对行政案件独立行使审判权，不受行政机关、社会团体和个人的干涉。

人民法院设行政审判庭，审理行政案件。

第五条　人民法院审理行政案件，以事实为根据，以法律为准绳。

第六条　人民法院审理行政案件，对行政行为是否合法进行审查。

第七条　人民法院审理行政案件，依法实行合议、回避、公开审判和两审终审制度。

第八条　当事人在行政诉讼中的法律地位平等。

第九条　各民族公民都有用本民族语言、文字进行行政诉讼的权利。

在少数民族聚居或者多民族共同居住的地区，人民法院应当用当地民族通用的语言、文字进行审理和发布法律文书。

人民法院应当对不通晓当地民族通用的语言、文字的诉讼参与人提供翻译。

第十条 当事人在行政诉讼中有权进行辩论。

第十一条 人民检察院有权对行政诉讼实行法律监督。

第二章 受 案 范 围

第十二条 人民法院受理公民、法人或者其他组织提起的下列诉讼：

（一）对行政拘留、暂扣或者吊销许可证和执照、责令停产停业、没收违法所得、没收非法财物、罚款、警告等行政处罚不服的；

（二）对限制人身自由或者对财产的查封、扣押、冻结等行政强制措施和行政强制执行不服的；

（三）申请行政许可，行政机关拒绝或者在法定期限内不予答复，或者对行政机关作出的有关行政许可的其他决定不服的；

（四）对行政机关作出的关于确认土地、矿藏、水流、森林、山岭、草原、荒地、滩涂、海域等自然资源的所有权或者使用权的决定不服的；

（五）对征收、征用决定及其补偿决定不服的；

（六）申请行政机关履行保护人身权、财产权等合法权益的法定职责，行政机关拒绝履行或者不予答复的；

（七）认为行政机关侵犯其经营自主权或者农村土地承包经营权、农村土地经营权的；

（八）认为行政机关滥用行政权力排除或者限制竞争的；

（九）认为行政机关违法集资、摊派费用或者违法要求履行其他义务的；

（十）认为行政机关没有依法支付抚恤金、最低生活保障待遇或者社会保险待遇的；

（十一）认为行政机关不依法履行、未按照约定履行或者违法变更、解除政府特许经营协议、土地房屋征收补偿协议等协议的；

（十二）认为行政机关侵犯其他人身权、财产权等合法权益的。

除前款规定外，人民法院受理法律、法规规定可以提起诉讼的其他行政案件。

第十三条 人民法院不受理公民、法人或者其他组织对下列事项提起的诉讼：

（一）国防、外交等国家行为；

（二）行政法规、规章或者行政机关制定、发布的具有普遍约束力的决定、命令；

（三）行政机关对行政机关工作人员的奖惩、任免等决定；

（四）法律规定由行政机关最终裁决的行政行为。

第三章 管 辖

第十四条 基层人民法院管辖第一审行政案件。

第十五条 中级人民法院管辖下列第一审行政案件：

（一）对国务院部门或者县级以上地方人民政府所作的行政行为提起诉讼的案件；

（二）海关处理的案件；

（三）本辖区内重大、复杂的案件；

（四）其他法律规定由中级人民法院管辖的案件。

第十六条 高级人民法院管辖本辖区内重大、复杂的第一审行政案件。

第十七条 最高人民法院管辖全国范围内重大、复杂的第一审行政案件。

第十八条 行政案件由最初作出行政行为的行政机关所在地人民法院管辖。经复议的案件，也可以由复议机关所在地人民法院管辖。

经最高人民法院批准，高级人民法院可以根据审判工作的实际情况，确定若干人民法院跨行政区域管辖行政案件。

第十九条 对限制人身自由的行政强制措施不服提起的诉讼，由被告所在地或者原告所在地人民法院管辖。

第二十条 因不动产提起的行政诉讼，由不动产所在地人民法院管辖。

第二十一条 两个以上人民法院都有管辖权的案件，原告可以选择其中一个人民法院提起诉讼。原告向两个以上有管辖权的人民法院提起诉讼的，由最先立案的人民法院管辖。

第二十二条 人民法院发现受理的案件不属于本院管辖的，应当移送有管辖权的人民法院，受移送的人民法院应当受理。受移送的人民法院认为受移送的案件按照规定不属于本院管辖的，应当报请上级人民法院指定管辖，不得再自行移送。

第二十三条 有管辖权的人民法院由于特殊原因不能行使管辖权的，由上级人民法院指定管辖。

人民法院对管辖权发生争议，由争议双方协商解决。协商不成的，报它们的共同上级人民法院指定管辖。

第二十四条 上级人民法院有权审理下级人民法院管辖的第一审行政案件。

下级人民法院对其管辖的第一审行政案件，认为需要由上级人民法院审理或者指定管辖的，可以报请上级人民法院决定。

第四章 诉讼参加人

第二十五条 行政行为的相对人以及其他与行政行为有利害关系的公民、法人或者其他组织，有权提起诉讼。

有权提起诉讼的公民死亡，其近亲属可以提起诉讼。

有权提起诉讼的法人或者其他组织终止，承受其权利的法人或者其他组织可以提起诉讼。

人民检察院在履行职责中发现生态环境和资源保护、食品药品安全、国有财产保护、国有土地使用权出让等领域负有监督管理职责的行政机关违法行使职权或者不作为，致使国家利益或者社会公共利益受到侵害的，应当向行政机关提出检察建议，督促其依法履行职责。行政机关不依法履行职责的，人民检察院依法向人民法院提起诉讼。

第二十六条 公民、法人或者其他组织直接向人民法院提起诉讼的，作出行政行为的行政机关是被告。

经复议的案件，复议机关决定维持原行政行为的，作出原行政行为的行政机关和复议机关是共同被告；复议机关改变原行政行为的，复议机关是被告。

复议机关在法定期限内未作出复议决定，公民、法人或者其他组织起诉原行政行为的，作出原行政行为的行政机关是被告；起诉复议机关不作为的，复议机关是被告。

两个以上行政机关作出同一行政行为的，共同作出行政行为的行政机关是共同被告。

行政机关委托的组织所作的行政行为，委托的行政机关是被告。

行政机关被撤销或者职权变更的，继续行使其职权的行政机关是被告。

第二十七条 当事人一方或者双方为二人以上，因同一行政行为发生的行政案件，或者因同类行政行为发生的行政案件、人民法院认为可以合并审理并经当事人同意的，为共同诉讼。

第二十八条 当事人一方人数众多的共同诉讼，可以由当事人推选代表人进行诉讼。代表人的诉讼行为对其所代表的当事人发生效力，但代表人变更、放弃诉讼请求或者承认对方当事人的诉讼请求，应当经被代表的当事人同意。

第二十九条 公民、法人或者其他组织同被诉行政行为有利害关系但没有提起诉讼，或者同案件处理结果有利害关系的，可以作为第三人申请参加诉讼，或者由人民法院通知参加诉讼。

人民法院判决第三人承担义务或者减损第三人权益的，第三人有权依法提起上诉。

第三十条 没有诉讼行为能力的公民，由其法定代理人代为诉讼。法定代理人互相推诿代理责任的，由人民法院指定其中一人代为诉讼。

第三十一条 当事人、法定代理人，可以委托一至二人作为诉讼代理人。

下列人员可以被委托为诉讼代理人：

（一）律师、基层法律服务工作者；

（二）当事人的近亲属或者工作人员；

（三）当事人所在社区、单位以及有关社会团体推荐的公民。

第三十二条 代理诉讼的律师，有权按照规定查阅、复制本案有关材料，有权向有关组织和公民调查，收集与本案有关的证据。对涉及国家秘密、商业秘密和个人隐私的材料，应当依照法律规定保密。

当事人和其他诉讼代理人有权按照规定查阅、复制本案庭审材料，但涉及国家秘密、商业秘密和个人隐私的内容除外。

第五章　证　　据

第三十三条 证据包括：

（一）书证；

（二）物证；

（三）视听资料；

（四）电子数据；

（五）证人证言；

（六）当事人的陈述；

（七）鉴定意见；

（八）勘验笔录、现场笔录。

以上证据经法庭审查属实，才能作为认定案件事实的根据。

第三十四条 被告对作出的行政行为负有举证责任，应当提供作出该行政行为的证据和所依据的规范性文件。

被告不提供或者无正当理由逾期提供证据，视为没有相应证据。但是，被诉行政行为涉及第三人合法权益，第三人提供证据的除外。

第三十五条 在诉讼过程中，被告及其诉讼代理人不得自行向原告、第三人和证人收集证据。

第三十六条 被告在作出行政行为时已经收集了证据，但因不可抗力等正当事由不能提供的，经人民法院准许，可以延期提供。

原告或者第三人提出了其在行政处理程序中没有提出的理由或者证据的，经人民法院准许，被告可以补充证据。

第三十七条 原告可以提供证明行政行为违法的证据。原告提供的证据不成立的，不免除被告的举证责任。

第三十八条 在起诉被告不履行法定职责的案件中，原告应当提供其向被告提出申请的证据。但有下列情形之一的除外：

（一）被告应当依职权主动履行法定职责的；

（二）原告因正当理由不能提供证据的。

在行政赔偿、补偿的案件中，原告应当对行政行为造成的损害提供证据。因被告的原因导致原告无法举证的，由被告承担举证责任。

第三十九条 人民法院有权要求当事人提供或者补充证据。

第四十条 人民法院有权向有关行政机关以及其他组织、公民调取证据。但是，不得为证明行政行为的合法性调取被告作出行政行为时未收集的证据。

第四十一条 与本案有关的下列证据，原告或者第三人不能自行收集的，可以申请人民法院调取：

（一）由国家机关保存而须由人民法院调取的证据；

（二）涉及国家秘密、商业秘密和个人隐私的证据；

（三）确因客观原因不能自行收集的其他证据。

第四十二条 在证据可能灭失或者以后难以取得的情况下，诉讼参加人可以向人民法院申请保全证据，人民法院也可以主动采取保全措施。

第四十三条 证据应当在法庭上出示，并由当事人互相质证。对涉及国家秘密、商业秘密和个人隐私的证据，不得在公开开庭时出示。

人民法院应当按照法定程序，全面、客观地审查核实证据。对未采纳的证据应当在裁判文书中说明理由。

以非法手段取得的证据，不得作为认定案件事实的根据。

第六章 起诉和受理

第四十四条 对属于人民法院受案范围的行政案件，公民、法人或者其他组织可以先向行政机关申请复议，对复议决定不服的，再向人民法院提起诉讼；也可以直接向人民法院提起诉讼。

法律、法规规定应当先向行政机关申请复议，对复议决定不服再向人民法院提起诉讼的，依照法律、法规的规定。

第四十五条 公民、法人或者其他组织不服复议决定的，可以在收到复议决定书之日起十五日内向人民法院提起诉讼。复议机关逾期不作决定的，申请人可以在复议期满之日起十五日内向人民法院提起诉讼。法律另有规定的除外。

第四十六条 公民、法人或者其他组织直接向人民法院提起诉讼的，应当自知道或者应当知道作出行政行为之日起六个月内提出。法律另有规定的除外。

因不动产提起诉讼的案件自行政行为作出之日起超过二十年，其他案件自行政行为作出之日起超过五年提起诉讼的，人民法院不予受理。

第四十七条 公民、法人或者其他组织申请行政机关履行保护其人身权、财产权等合法权益的法定职责，行政机关在接到申请之日起两个月内不履行的，公民、法人或者其他组织可以向人民法院提起诉讼。法律、法规对行政机关履行职责的期限另有规定的，从其规定。

公民、法人或者其他组织在紧急情况下请求行政机关履行保护其人身权、财产权等合法权益的法定职责，行政机关不履行的，提起诉讼不受前款规定期限的限制。

第四十八条 公民、法人或者其他组织因不可抗力或者其他不属于其自身的原因耽误起诉期限的，被耽误的时间不计算在起诉期限内。

公民、法人或者其他组织因前款规定以外的其他特殊情况耽误起诉期限的，在障碍消除后十日内，可以申请延长期限，是否准许由人民法院决定。

第四十九条 提起诉讼应当符合下列条件：

（一）原告是符合本法第二十五条规定的公民、法人或者其他组织；

（二）有明确的被告；

（三）有具体的诉讼请求和事实根据；

（四）属于人民法院受案范围和受诉人民法院管辖。

第五十条 起诉应当向人民法院递交起诉状，并按照被告人数提出副本。

书写起诉状确有困难的，可以口头起诉，由人民法院记入笔录，出具注明日期的书面凭证，并告知对方当事人。

第五十一条 人民法院在接到起诉状时对符合本法规定的起诉条件的，应当登记立案。

对当场不能判定是否符合本法规定的起诉条件的，应当接收起诉状，出具注明收到日期的书面凭证，并在七日内决定是否立案。不符合起诉条件的，作出不予立案的裁定。裁定书应当载明不予立案的理由。原告对裁定不服的，可以提起上诉。

起诉状内容欠缺或者有其他错误的，应当给予指导和释明，并一次性告知当事人需要补正的内容。不得未经指导和释明即以起诉不符合条件为由不接收起诉状。

对于不接收起诉状、接收起诉状后不出具书面凭证，以及不一次性告知当事人需要补正的起诉状内容的，当事人可以向上级人民法院投诉，上级人民法院应当责令改正，并对直接负责的主管人员和其他直接责任人员依法给予处分。

第五十二条 人民法院既不立案，又不作出不予立案裁定的，当事人可以向上一级人民法院起诉。上一级人民法院认为符合起诉条件的，应当立案、审理，也可以指定其他下级人民法院立案、审理。

第五十三条 公民、法人或者其他组织认为行政行为所依据的国务院部门和地方人民政府及其部门制定的规范性文件不合法，在对行政行为提起诉讼时，可以一并请求对该规范性文件进行审查。

前款规定的规范性文件不含规章。

第七章 审理和判决

第一节 一般规定

第五十四条 人民法院公开审理行政案件，但涉及国家秘密、个人隐私和法律另有规定的除外。

涉及商业秘密的案件，当事人申请不公开审理的，可以不公开审理。

第五十五条 当事人认为审判人员与本案有利害关系或者有其他关系可能影响公正审判，有权申请审判人员回避。

审判人员认为自己与本案有利害关系或者有其他关系，应当申请回避。

前两款规定，适用于书记员、翻译人员、鉴定人、勘验人。

院长担任审判长时的回避，由审判委员会决定；审判人员的回避，由院长决定；其他人员的回避，由审判长决定。当事人对决定不服的，可以申请复议一次。

第五十六条 诉讼期间，不停止行政行为的执行。但有下列情形之一的，裁定停止执行：

（一）被告认为需要停止执行的；

（二）原告或者利害关系人申请停止执行，人民法院认为该行政行为的执行会造成难以弥补的损失，并且停止执行不损害国家利益、社会公共利益的；

（三）人民法院认为该行政行为的执行会给国家利益、社会公共利益造成重大损害的；

（四）法律、法规规定停止执行的。

当事人对停止执行或者不停止执行的裁定不服的，可以申请复议一次。

第五十七条 人民法院对起诉行政机关没有依法支付抚恤金、最低生活保障金和工伤、医疗社会保险金的案件，权利义务关系明确、不先予执行将严重影响原告生活的，可以根据原告的申请，裁定先予执行。

当事人对先予执行裁定不服的，可以申请复议一次。复议期间不停止裁定的执行。

第五十八条 经人民法院传票传唤，原告无正当理由拒不到庭，或者未经法庭许可中途退庭的，可以按照撤诉处理；被告无正当理由拒不到庭，或者未经法庭许可中途退庭的，可以缺席判决。

第五十九条 诉讼参与人或者其他人有下列行为之一的，人民法院可以根据情节轻重，予以训诫、责令具结悔过或者处一万元以下的罚款、十五日以下的拘留；构成犯罪的，依法追究刑事责任：

（一）有义务协助调查、执行的人，对人民法院的协助调查决定、协助执行通知书，无故推拖、拒绝或者妨碍调查、执行的；

（二）伪造、隐藏、毁灭证据或者提供虚假证明材料，妨碍人民法院审理案件的；

（三）指使、贿买、胁迫他人作伪证或者威胁、阻止证人作证的；

（四）隐藏、转移、变卖、毁损已被查封、扣押、冻结的财产的；

（五）以欺骗、胁迫等非法手段使原告撤诉的；

（六）以暴力、威胁或者其他方法阻碍人民法院工作人员执行职务，或者以哄闹、冲击法庭等方法扰乱人民法院工作秩序的；

（七）对人民法院审判人员或者其他工作人员、诉讼参与人、协助调查和执行的人员恐吓、侮辱、诽谤、诬陷、殴打、围攻或者打击报复的。

人民法院对有前款规定的行为之一的单位，可以对其主要负责人或者直接责任人员依照前款规定予以罚款、拘留；构成犯罪的，依法追究刑事责任。

罚款、拘留须经人民法院院长批准。当事人不服的，可以向上一级人民法院申请复议一次。复议期间不停止执行。

第六十条 人民法院审理行政案件，不适用调解。但是，行政赔偿、补偿以及行政机关行使法律、法规规定的自由裁量权的案件可以调解。

调解应当遵循自愿、合法原则，不得损害国家利益、社会公共利益和他人合法权益。

第六十一条 在涉及行政许可、登记、征收、征用和行政机关对民事争议所作的裁决的行政诉讼中，当事人申请一并解决相关民事争议的，人民法院可以一并审理。

在行政诉讼中，人民法院认为行政案件的审理需以民事诉讼的裁判为依据的，可以裁定中止行政诉讼。

第六十二条 人民法院对行政案件宣告判决或者裁定前，原告申请撤诉的，或者被告改变其所作的行政行为，原告同意并申请撤诉的，是否准许，由人民法院裁定。

第六十三条 人民法院审理行政案件，以法律和行政法规、地方性法规为依据。地方性法规适用于本行政区域内发生的行政案件。

人民法院审理民族自治地方的行政案件，并以该民族自治地方的自治条例和单行条例为依据。

人民法院审理行政案件，参照规章。

第六十四条 人民法院在审理行政案件中，经审查认为本法第五十三条规定的规范性文件不合法的，不作为认定行政行为合法的依据，并向制定机关提出处理建议。

第六十五条 人民法院应当公开发生法律效力的判决书、裁定书，供公众查阅，但涉及国家秘密、商业秘密和个人隐私的内容除外。

第六十六条 人民法院在审理行政案件中，认为行政机关的主管人员、直接责任人员违法违纪的，应当将有关材料移送监察机关、该行政机关或者其上一级行政机关；认为有犯罪行为的，应当将有关材料移送公安、检察机关。

人民法院对被告经传票传唤无正当理由拒不到庭，或者未经法庭许可中途退庭的，可以将被告拒不到庭或者中途退庭的情况予以公告，并可以向监察机关或者被告的上一级行政机关提出依法给予其主要负责人或者直接责任人员处分的司法建议。

第二节　第一审普通程序

第六十七条　人民法院应当在立案之日起五日内，将起诉状副本发送被告。被告应当在收到起诉状副本之日起十五日内向人民法院提交作出行政行为的证据和所依据的规范性文件，并提出答辩状。人民法院应当在收到答辩状之日起五日内，将答辩状副本发送原告。

被告不提出答辩状的，不影响人民法院审理。

第六十八条　人民法院审理行政案件，由审判员组成合议庭，或者由审判员、陪审员组成合议庭。合议庭的成员，应当是三人以上的单数。

第六十九条　行政行为证据确凿，适用法律、法规正确，符合法定程序的，或者原告申请被告履行法定职责或者给付义务理由不成立的，人民法院判决驳回原告的诉讼请求。

第七十条　行政行为有下列情形之一的，人民法院判决撤销或者部分撤销，并可以判决被告重新作出行政行为：

（一）主要证据不足的；

（二）适用法律、法规错误的；

（三）违反法定程序的；

（四）超越职权的；

（五）滥用职权的；

（六）明显不当的。

第七十一条　人民法院判决被告重新作出行政行为的，被告不得以同一的事实和理由作出与原行政行为基本相同的行政行为。

第七十二条　人民法院经过审理，查明被告不履行法定职责的，判决被告在一定期限内履行。

第七十三条　人民法院经过审理，查明被告依法负有给付义务的，判决被告履行给付义务。

第七十四条　行政行为有下列情形之一的，人民法院判决确认违法，但不撤销行政行为：

（一）行政行为依法应当撤销，但撤销会给国家利益、社会公共利益造成重大损害的；

（二）行政行为程序轻微违法，但对原告权利不产生实际影响的。

行政行为有下列情形之一，不需要撤销或者判决履行的，人民法院判决确认违法：

（一）行政行为违法，但不具有可撤销内容的；

（二）被告改变原违法行政行为，原告仍要求确认原行政行为违法的；

（三）被告不履行或者拖延履行法定职责，判决履行没有意义的。

第七十五条　行政行为有实施主体不具有行政主体资格或者没有依据等重大且明显违法情形，原告申请确认行政行为无效的，人民法院判决确认无效。

第七十六条　人民法院判决确认违法或者无效的，可以同时判决责令被告采取补救措施；给原告造成损失的，依法判决被告承担赔偿责任。

第七十七条　行政处罚明显不当，或者其他行政行为涉及对款额的确定、认定确有错误的，人民法院可以判决变更。

人民法院判决变更，不得加重原告的义务或者减损原告的权益。但利害关系人同为原告，且诉讼请求相反的除外。

第七十八条 被告不依法履行、未按照约定履行或者违法变更、解除本法第十二条第一款第十一项规定的协议的，人民法院判决被告承担继续履行、采取补救措施或者赔偿损失等责任。

被告变更、解除本法第十二条第一款第十一项规定的协议合法，但未依法给予补偿的，人民法院判决给予补偿。

第七十九条 复议机关与作出原行政行为的行政机关为共同被告的案件，人民法院应当对复议决定和原行政行为一并作出裁判。

第八十条 人民法院对公开审理和不公开审理的案件，一律公开宣告判决。

当庭宣判的，应当在十日内发送判决书；定期宣判的，宣判后立即发给判决书。

宣告判决时，必须告知当事人上诉权利、上诉期限和上诉的人民法院。

第八十一条 人民法院应当在立案之日起六个月内作出第一审判决。有特殊情况需要延长的，由高级人民法院批准，高级人民法院审理第一审案件需要延长的，由最高人民法院批准。

第三节 简 易 程 序

第八十二条 人民法院审理下列第一审行政案件，认为事实清楚、权利义务关系明确、争议不大的，可以适用简易程序：

（一）被诉行政行为是依法当场作出的；

（二）案件涉及款额二千元以下的；

（三）属于政府信息公开案件的。

除前款规定以外的第一审行政案件，当事人各方同意适用简易程序的，可以适用简易程序。

发回重审、按照审判监督程序再审的案件不适用简易程序。

第八十三条 适用简易程序审理的行政案件，由审判员一人独任审理，并应当在立案之日起四十五日内审结。

第八十四条 人民法院在审理过程中，发现案件不宜适用简易程序的，裁定转为普通程序。

第四节 第 二 审 程 序

第八十五条 当事人不服人民法院第一审判决的，有权在判决书送达之日起十五日内向上一级人民法院提起上诉。当事人不服人民法院第一审裁定的，有权在裁定书送达之日起十日内向上一级人民法院提起上诉。逾期不提起上诉的，人民法院的第一审判决或者裁定发生法律效力。

第八十六条 人民法院对上诉案件，应当组成合议庭，开庭审理。经过阅卷、调查和询问当事人，对没有提出新的事实、证据或者理由，合议庭认为不需要开庭审理的，也可以不开庭审理。

第八十七条 人民法院审理上诉案件，应当对原审人民法院的判决、裁定和被诉行政行为进行全面审查。

第八十八条 人民法院审理上诉案件，应当在收到上诉状之日起三个月内作出终审判决。有特殊情况需要延长的，由高级人民法院批准，高级人民法院审理上诉案件需要延长的，由最高人民法院批准。

第八十九条 人民法院审理上诉案件，按照下列情形，分别处理：

（一）原判决、裁定认定事实清楚，适用法律、法规正确的，判决或者裁定驳回上诉，维持原判决、裁定；

（二）原判决、裁定认定事实错误或者适用法律、法规错误的，依法改判、撤销或者变更；

（三）原判决认定基本事实不清、证据不足的，发回原审人民法院重审，或者查清事实后改判；

（四）原判决遗漏当事人或者违法缺席判决等严重违反法定程序的，裁定撤销原判决，发回原审人民法院重审。

原审人民法院对发回重审的案件作出判决后，当事人提起上诉的，第二审人民法院不得再次发回重审。

人民法院审理上诉案件，需要改变原审判决的，应当同时对被诉行政行为作出判决。

第五节　审判监督程序

第九十条　当事人对已经发生法律效力的判决、裁定，认为确有错误的，可以向上一级人民法院申请再审，但判决、裁定不停止执行。

第九十一条　当事人的申请符合下列情形之一的，人民法院应当再审：

（一）不予立案或者驳回起诉确有错误的；

（二）有新的证据，足以推翻原判决、裁定的；

（三）原判决、裁定认定事实的主要证据不足、未经质证或者系伪造的；

（四）原判决、裁定适用法律、法规确有错误的；

（五）违反法律规定的诉讼程序，可能影响公正审判的；

（六）原判决、裁定遗漏诉讼请求的；

（七）据以作出原判决、裁定的法律文书被撤销或者变更的；

（八）审判人员在审理该案件时有贪污受贿、徇私舞弊、枉法裁判行为的。

第九十二条　各级人民法院院长对本院已经发生法律效力的判决、裁定，发现有本法第九十一条规定情形之一，或者发现调解违反自愿原则或者调解书内容违法，认为需要再审的，应当提交审判委员会讨论决定。

最高人民法院对地方各级人民法院已经发生法律效力的判决、裁定，上级人民法院对下级人民法院已经发生法律效力的判决、裁定，发现有本法第九十一条规定情形之一，或者发现调解违反自愿原则或者调解书内容违法的，有权提审或者指令下级人民法院再审。

第九十三条　最高人民检察院对各级人民法院已经发生法律效力的判决、裁定，上级人民检察院对下级人民法院已经发生法律效力的判决、裁定，发现有本法第九十一条规定情形之一，或者发现调解书损害国家利益、社会公共利益的，应当提出抗诉。

地方各级人民检察院对同级人民法院已经发生法律效力的判决、裁定，发现有本法第九十一条规定情形之一，或者发现调解书损害国家利益、社会公共利益的，可以向同级人民法院提出检察建议，并报上级人民检察院备案；也可以提请上级人民检察院向同级人民法院提出抗诉。

各级人民检察院对审判监督程序以外的其他审判程序中审判人员的违法行为，有权向同级人民法院提出检察建议。

第八章　执　　行

第九十四条　当事人必须履行人民法院发生法律效力的判决、裁定、调解书。

第九十五条　公民、法人或者其他组织拒绝履行判决、裁定、调解书的，行政机关或者第三人可以向第一审人民法院申请强制执行，或者由行政机关依法强制执行。

第九十六条　行政机关拒绝履行判决、裁定、调解书的，第一审人民法院可以采取下列措施：

（一）对应当归还的罚款或者应当给付的款额，通知银行从该行政机关的账户内划拨；

（二）在规定期限内不履行的，从期满之日起，对该行政机关负责人按日处五十元至一百元的罚款；

（三）将行政机关拒绝履行的情况予以公告；

（四）向监察机关或者该行政机关的上一级行政机关提出司法建议。接受司法建议的机关，根据有关规定进行处理，并将处理情况告知人民法院；

（五）拒不履行判决、裁定、调解书，社会影响恶劣的，可以对该行政机关直接负责的主管人员和其他直接责任人员予以拘留；情节严重，构成犯罪的，依法追究刑事责任。

第九十七条 公民、法人或者其他组织对行政行为在法定期限内不提起诉讼又不履行的，行政机关可以申请人民法院强制执行，或者依法强制执行。

第九章 涉外行政诉讼

第九十八条 外国人、无国籍人、外国组织在中华人民共和国进行行政诉讼，适用本法。法律另有规定的除外。

第九十九条 外国人、无国籍人、外国组织在中华人民共和国进行行政诉讼，同中华人民共和国公民、组织有同等的诉讼权利和义务。

外国法院对中华人民共和国公民、组织的行政诉讼权利加以限制的，人民法院对该国公民、组织的行政诉讼权利，实行对等原则。

第一百条 外国人、无国籍人、外国组织在中华人民共和国进行行政诉讼，委托律师代理诉讼的，应当委托中华人民共和国律师机构的律师。

第十章 附　　则

第一百零一条 人民法院审理行政案件，关于期间、送达、财产保全、开庭审理、调解、中止诉讼、终结诉讼、简易程序、执行等，以及人民检察院对行政案件受理、审理、裁判、执行的监督，本法没有规定的，适用《中华人民共和国民事诉讼法》的相关规定。

第一百零二条 人民法院审理行政案件，应当收取诉讼费用。诉讼费用由败诉方承担，双方都有责任的由双方分担。收取诉讼费用的具体办法另行规定。

第一百零三条 本法自 1990 年 10 月 1 日起施行。

14. 中华人民共和国民事诉讼法

（1991年4月9日第七届全国人民代表大会第四次会议通过，根据2007年10月28日第十届全国人民代表大会常务委员会第三十次会议《关于修改〈中华人民共和国民事诉讼法〉的决定》第一次修正，根据2012年8月31日第十一届全国人民代表大会常务委员会第二十八次会议《关于修改〈中华人民共和国民事诉讼法〉的决定》第二次修正）

目　　录

第一编　总　　则

第一章　任务、适用范围和基本原则

第一条　中华人民共和国民事诉讼法以宪法为根据，结合我国民事审判工作的经验和实际情况制定。

第二条　中华人民共和国民事诉讼法的任务，是保护当事人行使诉讼权利，保证人民法院查明事实，分清是非，正确适用法律，及时审理民事案件，确认民事权利义务关系，制裁民事违法行为，保护当事人的合法权益，教育公民自觉遵守法律，维护社会秩序、经济秩序，保障社会主义建设事业顺利进行。

第三条　人民法院受理公民之间、法人之间、其他组织之间以及他们相互之间因财产关系和人身关系提起的民事诉讼，适用本法的规定。

第四条　凡在中华人民共和国领域内进行民事诉讼，必须遵守本法。

第五条　外国人、无国籍人、外国企业和组织在人民法院起诉、应诉，同中华人民共和国公民、法人和其他组织有同等的诉讼权利义务。

外国法院对中华人民共和国公民、法人和其他组织的民事诉讼权利加以限制的，中华人民共和国人民法院对该国公民、企业和组织的民事诉讼权利，实行对等原则。

第六条　民事案件的审判权由人民法院行使。

人民法院依照法律规定对民事案件独立进行审判，不受行政机关、社会团体和个人的干涉。

第七条　人民法院审理民事案件，必须以事实为根据，以法律为准绳。

第八条　民事诉讼当事人有平等的诉讼权利。人民法院审理民事案件，应当保障和便利当事人行使诉讼权利，对当事人在适用法律上一律平等。

第九条　人民法院审理民事案件，应当根据自愿和合法的原则进行调解；调解不成的，应当及时判决。

第十条　人民法院审理民事案件，依照法律规定实行合议、回避、公开审判和两审终审制度。

第十一条　各民族公民都有用本民族语言、文字进行民事诉讼的权利。

在少数民族聚居或者多民族共同居住的地区，人民法院应当用当地民族通用的语言、文字进行审理和发布法律文书。

人民法院应当对不通晓当地民族通用的语言、文字的诉讼参与人提供翻译。

第十二条　人民法院审理民事案件时，当事人有权进行辩论。

第十三条　民事诉讼应当遵循诚实信用原则。

当事人有权在法律规定的范围内处分自己的民事权利和诉讼权利。

第十四条　人民检察院有权对民事诉讼实行法律监督。

第十五条　机关、社会团体、企业事业单位对损害国家、集体或者个人民事权益的行为，可以支持受损害的单位或者个人向人民法院起诉。

第十六条　民族自治地方的人民代表大会根据宪法和本法的原则，结合当地民族的具体情况，可以制定变通或者补充的规定。自治区的规定，报全国人民代表大会常务委员会批准。自治州、自治县的规定，报省或者自治区的人民代表大会常务委员会批准，并报全国人民代表大会常务委员会备案。

第二章　管　　辖

第一节　级 别 管 辖

第十七条　基层人民法院管辖第一审民事案件，但本法另有规定的除外。

第十八条　中级人民法院管辖下列第一审民事案件：

（一）重大涉外案件；

（二）在本辖区有重大影响的案件；

（三）最高人民法院确定由中级人民法院管辖的案件。

第十九条　高级人民法院管辖在本辖区有重大影响的第一审民事案件。

第二十条　最高人民法院管辖下列第一审民事案件：

（一）在全国有重大影响的案件；

（二）认为应当由本院审理的案件。

第二节　地 域 管 辖

第二十一条　对公民提起的民事诉讼，由被告住所地人民法院管辖；被告住所地与经常居住地不一致的，由经常居住地人民法院管辖。

对法人或者其他组织提起的民事诉讼，由被告住所地人民法院管辖。

同一诉讼的几个被告住所地、经常居住地在两个以上人民法院辖区的，各该人民法院都有管辖权。

第二十二条　下列民事诉讼，由原告住所地人民法院管辖；原告住所地与经常居住地不一致的，由原告经常居住地人民法院管辖：

（一）对不在中华人民共和国领域内居住的人提起的有关身份关系的诉讼；

（二）对下落不明或者宣告失踪的人提起的有关身份关系的诉讼；

（三）对被采取强制性教育措施的人提起的诉讼；

（四）对被监禁的人提起的诉讼。

第二十三条　因合同纠纷提起的诉讼，由被告住所地或者合同履行地人民法院管辖。

第二十四条　因保险合同纠纷提起的诉讼，由被告住所地或者保险标的物所在地人民法院管辖。

第二十五条　因票据纠纷提起的诉讼，由票据支付地或者被告住所地人民法院管辖。

第二十六条　因公司设立、确认股东资格、分配利润、解散等纠纷提起的诉讼，由公司住所地人民法院管辖。

第二十七条　因铁路、公路、水上、航空运输和联合运输合同纠纷提起的诉讼，由运输始发地、目的地或者被告住所地人民法院管辖。

第二十八条　因侵权行为提起的诉讼，由侵权行为地或者被告住所地人民法院管辖。

第二十九条　因铁路、公路、水上和航空事故请求损害赔偿提起的诉讼，由事故发生地或者车辆、船舶最先到达地、航空器最先降落地或者被告住所地人民法院管辖。

第三十条　因船舶碰撞或者其他海事损害事故请求损害赔偿提起的诉讼，由碰撞发生地、碰撞船舶最先到达地、加害船舶被扣留地或者被告住所地人民法院管辖。

第三十一条　因海难救助费用提起的诉讼，由救助地或者被救助船舶最先到达地人民法院管辖。

第三十二条　因共同海损提起的诉讼，由船舶最先到达地、共同海损理算地或者航程终止地的人民法院管辖。

第三十三条　下列案件，由本条规定的人民法院专属管辖：

（一）因不动产纠纷提起的诉讼，由不动产所在地人民法院管辖；

（二）因港口作业中发生纠纷提起的诉讼，由港口所在地人民法院管辖；

（三）因继承遗产纠纷提起的诉讼，由被继承人死亡时住所地或者主要遗产所在地人民法院管辖。

第三十四条　合同或者其他财产权益纠纷的当事人可以书面协议选择被告住所地、合同履行地、合同签订地、原告住所地、标的物所在地等与争议有实际联系的地点的人民法院管辖，但不得违反本法对级别管辖和专属管辖的规定。

第三十五条　两个以上人民法院都有管辖权的诉讼，原告可以向其中一个人民法院起诉；原告向两个以上有管辖权的人民法院起诉的，由最先立案的人民法院管辖。

第三节　移送管辖和指定管辖

第三十六条　人民法院发现受理的案件不属于本院管辖的，应当移送有管辖权的人民法院，受移送的人民法院应当受理。受移送的人民法院认为受移送的案件依照规定不属于本院管辖的，应当报请上级人民法院指定管辖，不得再自行移送。

第三十七条　有管辖权的人民法院由于特殊原因，不能行使管辖权的，由上级人民法院指定管辖。

人民法院之间因管辖权发生争议，由争议双方协商解决；协商解决不了的，报请它们的共同上级人民法院指定管辖。

第三十八条　上级人民法院有权审理下级人民法院管辖的第一审民事案件；确有必要将本院管辖的第一审民事案件交下级人民法院审理的，应当报请其上级人民法院批准。

下级人民法院对它所管辖的第一审民事案件，认为需要由上级人民法院审理的，可以报请上级人民法院审理。

第三章　审　判　组　织

第三十九条　人民法院审理第一审民事案件，由审判员、陪审员共同组成合议庭或者由审判员组成合议庭。合议庭的成员人数，必须是单数。

适用简易程序审理的民事案件，由审判员一人独任审理。

陪审员在执行陪审职务时，与审判员有同等的权利义务。

第四十条　人民法院审理第二审民事案件，由审判员组成合议庭。合议庭的成员人数，必须是单数。

发回重审的案件，原审人民法院应当按照第一审程序另行组成合议庭。

审理再审案件，原来是第一审的，按照第一审程序另行组成合议庭；原来是第二审的或者是上级人民法院提审的，按照第二审程序另行组成合议庭。

第四十一条　合议庭的审判长由院长或者庭长指定审判员一人担任；院长或者庭长参加审判的，由院长或者庭长担任。

第四十二条　合议庭评议案件，实行少数服从多数的原则。评议应当制作笔录，由合议庭成员签名。评议中的不同意见，必须如实记入笔录。

第四十三条　审判人员应当依法秉公办案。

审判人员不得接受当事人及其诉讼代理人请客送礼。

审判人员有贪污受贿，徇私舞弊，枉法裁判行为的，应当追究法律责任；构成犯罪的，依法追究刑事责任。

第四章　回　　避

第四十四条　审判人员有下列情形之一的，应当自行回避，当事人有权用口头或者书面方式申请他们回避：

（一）是本案当事人或者当事人、诉讼代理人近亲属的；

（二）与本案有利害关系的；

（三）与本案当事人、诉讼代理人有其他关系，可能影响对案件公正审理的。

审判人员接受当事人、诉讼代理人请客送礼，或者违反规定会见当事人、诉讼代理人的，当事人有权要求他们回避。

审判人员有前款规定的行为的，应当依法追究法律责任。

前三款规定，适用于书记员、翻译人员、鉴定人、勘验人。

第四十五条　当事人提出回避申请，应当说明理由，在案件开始审理时提出；回避事由在案件开始审理后知道的，也可以在法庭辩论终结前提出。

被申请回避的人员在人民法院作出是否回避的决定前，应当暂停参与本案的工作，但案件需要采取紧急措施的除外。

第四十六条　院长担任审判长时的回避，由审判委员会决定；审判人员的回避，由院长决定；其他人员的回避，由审判长决定。

第四十七条　人民法院对当事人提出的回避申请，应当在申请提出的三日内，以口头或者书面形式作出决定。申请人对决定不服的，可以在接到决定时申请复议一次。复议期间，被申请回避的人员，不停止参与本案的工作。人民法院对复议申请，应当在三日内作出复议决定，并通知复议申请人。

第五章　诉 讼 参 加 人

第一节　当　事　人

第四十八条　公民、法人和其他组织可以作为民事诉讼的当事人。

法人由其法定代表人进行诉讼。其他组织由其主要负责人进行诉讼。

第四十九条　当事人有权委托代理人，提出回避申请，收集、提供证据，进行辩论，请求调解，提起上诉，申请执行。

当事人可以查阅本案有关材料，并可以复制本案有关材料和法律文书。查阅、复制本案有关材料的范围和办法由最高人民法院规定。

当事人必须依法行使诉讼权利，遵守诉讼秩序，履行发生法律效力的判决书、裁定书和调解书。

第五十条　双方当事人可以自行和解。

第五十一条　原告可以放弃或者变更诉讼请求。被告可以承认或者反驳诉讼请求，有权提起反诉。

第五十二条　当事人一方或者双方为二人以上，其诉讼标的是共同的，或者诉讼标的是同一种类、人民法院认为可以合并审理并经当事人同意的，为共同诉讼。

共同诉讼的一方当事人对诉讼标的有共同权利义务的，其中一人的诉讼行为经其他共同诉讼人承认，对其他共同诉讼人发生效力；对诉讼标的没有共同权利义务的，其中一人的诉讼行为对其他共同诉讼人不发生效力。

第五十三条 当事人一方人数众多的共同诉讼，可以由当事人推选代表人进行诉讼。代表人的诉讼行为对其所代表的当事人发生效力，但代表人变更、放弃诉讼请求或者承认对方当事人的诉讼请求，进行和解，必须经被代表的当事人同意。

第五十四条 诉讼标的是同一种类、当事人一方人数众多在起诉时人数尚未确定的，人民法院可以发出公告，说明案件情况和诉讼请求，通知权利人在一定期间向人民法院登记。

向人民法院登记的权利人可以推选代表人进行诉讼；推选不出代表人的，人民法院可以与参加登记的权利人商定代表人。

代表人的诉讼行为对其所代表的当事人发生效力，但代表人变更、放弃诉讼请求或者承认对方当事人的诉讼请求，进行和解，必须经被代表的当事人同意。

人民法院作出的判决、裁定，对参加登记的全体权利人发生效力。未参加登记的权利人在诉讼时效期间提起诉讼的，适用该判决、裁定。

第五十五条 对污染环境、侵害众多消费者合法权益等损害社会公共利益的行为，法律规定的机关和有关组织可以向人民法院提起诉讼。

第五十六条 对当事人双方的诉讼标的，第三人认为有独立请求权的，有权提起诉讼。

对当事人双方的诉讼标的，第三人虽然没有独立请求权，但案件处理结果同他有法律上的利害关系的，可以申请参加诉讼，或者由人民法院通知他参加诉讼。人民法院判决承担民事责任的第三人，有当事人的诉讼权利义务。

前两款规定的第三人，因不能归责于本人的事由未参加诉讼，但有证据证明发生法律效力的判决、裁定、调解书的部分或者全部内容错误，损害其民事权益的，可以自知道或者应当知道其民事权益受到损害之日起六个月内，向作出该判决、裁定、调解书的人民法院提起诉讼。人民法院经审理，诉讼请求成立的，应当改变或者撤销原判决、裁定、调解书；诉讼请求不成立的，驳回诉讼请求。

第二节 诉讼代理人

第五十七条 无诉讼行为能力人由他的监护人作为法定代理人代为诉讼。法定代理人之间互相推诿代理责任的，由人民法院指定其中一人代为诉讼。

第五十八条 当事人、法定代理人可以委托一至二人作为诉讼代理人。

下列人员可以被委托为诉讼代理人：

（一）律师、基层法律服务工作者；

（二）当事人的近亲属或者工作人员；

（三）当事人所在社区、单位以及有关社会团体推荐的公民。

第五十九条 委托他人代为诉讼，必须向人民法院提交由委托人签名或者盖章的授权委托书。

授权委托书必须记明委托事项和权限。诉讼代理人代为承认、放弃、变更诉讼请求，进行和解，提起反诉或者上诉，必须有委托人的特别授权。

侨居在国外的中华人民共和国公民从国外寄交或者托交的授权委托书，必须经中华人民共和国驻该国的使领馆证明；没有使领馆的，由与中华人民共和国有外交关系的第三国驻该国的使领馆证明，再转由中华人民共和国驻该第三国使领馆证明，或者由当地的爱国华侨团体证明。

第六十条 诉讼代理人的权限如果变更或者解除，当事人应当书面告知人民法院，并由人民法院通知对方当事人。

第六十一条 代理诉讼的律师和其他诉讼代理人有权调查收集证据，可以查阅本案有关材料。查阅本案有关材料的范围和办法由最高人民法院规定。

第六十二条 离婚案件有诉讼代理人的，本人除不能表达意思的以外，仍应出庭；确因特殊情况无法出庭的，必须向人民法院提交书面意见。

第六章　证　　据

第六十三条　证据包括：

（一）当事人的陈述；

（二）书证；

（三）物证；

（四）视听资料；

（五）电子数据；

（六）证人证言；

（七）鉴定意见；

（八）勘验笔录。

证据必须查证属实，才能作为认定事实的根据。

第六十四条　当事人对自己提出的主张，有责任提供证据。

当事人及其诉讼代理人因客观原因不能自行收集的证据，或者人民法院认为审理案件需要的证据，人民法院应当调查收集。

人民法院应当按照法定程序，全面地、客观地审查核实证据。

第六十五条　当事人对自己提出的主张应当及时提供证据。

人民法院根据当事人的主张和案件审理情况，确定当事人应当提供的证据及其期限。当事人在该期限内提供证据确有困难的，可以向人民法院申请延长期限，人民法院根据当事人的申请适当延长。当事人逾期提供证据的，人民法院应当责令其说明理由；拒不说明理由或者理由不成立的，人民法院根据不同情形可以不予采纳该证据，或者采纳该证据但予以训诫、罚款。

第六十六条　人民法院收到当事人提交的证据材料，应当出具收据，写明证据名称、页数、份数、原件或者复印件以及收到时间等，并由经办人员签名或者盖章。

第六十七条　人民法院有权向有关单位和个人调查取证，有关单位和个人不得拒绝。

人民法院对有关单位和个人提出的证明文书，应当辨别真伪，审查确定其效力。

第六十八条　证据应当在法庭上出示，并由当事人互相质证。对涉及国家秘密、商业秘密和个人隐私的证据应当保密，需要在法庭出示的，不得在公开开庭时出示。

第六十九条　经过法定程序公证证明的法律事实和文书，人民法院应当作为认定事实的根据，但有相反证据足以推翻公证证明的除外。

第七十条　书证应当提交原件。物证应当提交原物。提交原件或者原物确有困难的，可以提交复制品、照片、副本、节录本。

提交外文书证，必须附有中文译本。

第七十一条　人民法院对视听资料，应当辨别真伪，并结合本案的其他证据，审查确定能否作为认定事实的根据。

第七十二条　凡是知道案件情况的单位和个人，都有义务出庭作证。有关单位的负责人应当支持证人作证。

不能正确表达意思的人，不能作证。

第七十三条　经人民法院通知，证人应当出庭作证。有下列情形之一的，经人民法院许可，可以通过书面证言、视听传输技术或者视听资料等方式作证：

（一）因健康原因不能出庭的；

（二）因路途遥远，交通不便不能出庭的；

（三）因自然灾害等不可抗力不能出庭的；

（四）其他有正当理由不能出庭的。

第七十四条　证人因履行出庭作证义务而支出的交通、住宿、就餐等必要费用以及误工损失，由败诉一方当事人负担。当事人申请证人作证的，由该当事人先行垫付；当事人没有申请，人民法院通知证人作证的，由人民法院先行垫付。

第七十五条　人民法院对当事人的陈述，应当结合本案的其他证据，审查确定能否作为认定事实的根据。

当事人拒绝陈述的，不影响人民法院根据证据认定案件事实。

第七十六条　当事人可以就查明事实的专门性问题向人民法院申请鉴定。当事人申请鉴定的，由双方当事人协商确定具备资格的鉴定人；协商不成的，由人民法院指定。

当事人未申请鉴定，人民法院对专门性问题认为需要鉴定的，应当委托具备资格的鉴定人进行鉴定。

第七十七条　鉴定人有权了解进行鉴定所需要的案件材料，必要时可以询问当事人、证人。

鉴定人应当提出书面鉴定意见，在鉴定书上签名或者盖章。

第七十八条　当事人对鉴定意见有异议或者人民法院认为鉴定人有必要出庭的，鉴定人应当出庭作证。经人民法院通知，鉴定人拒不出庭作证的，鉴定意见不得作为认定事实的根据；支付鉴定费用的当事人可以要求返还鉴定费用。

第七十九条　当事人可以申请人民法院通知有专门知识的人出庭，就鉴定人作出的鉴定意见或者专业问题提出意见。

第八十条　勘验物证或者现场，勘验人必须出示人民法院的证件，并邀请当地基层组织或者当事人所在单位派人参加。当事人或者当事人的成年家属应当到场，拒不到场的，不影响勘验的进行。

有关单位和个人根据人民法院的通知，有义务保护现场，协助勘验工作。

勘验人应当将勘验情况和结果制作笔录，由勘验人、当事人和被邀参加人签名或者盖章。

第八十一条　在证据可能灭失或者以后难以取得的情况下，当事人可以在诉讼过程中向人民法院申请保全证据，人民法院也可以主动采取保全措施。

因情况紧急，在证据可能灭失或者以后难以取得的情况下，利害关系人可以在提起诉讼或者申请仲裁前向证据所在地、被申请人住所地或者对案件有管辖权的人民法院申请保全证据。

证据保全的其他程序，参照适用本法第九章保全的有关规定。

第七章　期间、送达

第一节　期　　间

第八十二条　期间包括法定期间和人民法院指定的期间。

期间以时、日、月、年计算。期间开始的时和日，不计算在期间内。

期间届满的最后一日是节假日的，以节假日后的第一日为期间届满的日期。

期间不包括在途时间，诉讼文书在期满前交邮的，不算过期。

第八十三条　当事人因不可抗拒的事由或者其他正当理由耽误期限的，在障碍消除后的十日内，可以申请顺延期限，是否准许，由人民法院决定。

第二节　送　　达

第八十四条　送达诉讼文书必须有送达回证，由受送达人在送达回证上记明收到日期，签名或者盖章。

受送达人在送达回证上的签收日期为送达日期。

第八十五条 送达诉讼文书，应当直接送交受送达人。受送达人是公民的，本人不在交他的同住成年家属签收；受送达人是法人或者其他组织的，应当由法人的法定代表人、其他组织的主要负责人或者该法人、组织负责收件的人签收；受送达人有诉讼代理人的，可以送交其代理人签收；受送达人已向人民法院指定代收人的，送交代收人签收。

受送达人的同住成年家属，法人或者其他组织的负责收件的人，诉讼代理人或者代收人在送达回证上签收的日期为送达日期。

第八十六条 受送达人或者他的同住成年家属拒绝接收诉讼文书的，送达人可以邀请有关基层组织或者所在单位的代表到场，说明情况，在送达回证上记明拒收事由和日期，由送达人、见证人签名或者盖章，把诉讼文书留在受送达人的住所；也可以把诉讼文书留在受送达人的住所，并采用拍照、录像等方式记录送达过程，即视为送达。

第八十七条 经受送达人同意，人民法院可以采用传真、电子邮件等能够确认其收悉的方式送达诉讼文书，但判决书、裁定书、调解书除外。

采用前款方式送达的，以传真、电子邮件等到达受送达人特定系统的日期为送达日期。

第八十八条 直接送达诉讼文书有困难的，可以委托其他人民法院代为送达，或者邮寄送达。邮寄送达的，以回执上注明的收件日期为送达日期。

第八十九条 受送达人是军人的，通过其所在部队团以上单位的政治机关转交。

第九十条 受送达人被监禁的，通过其所在监所转交。

受送达人被采取强制性教育措施的，通过其所在强制性教育机构转交。

第九十一条 代为转交的机关、单位收到诉讼文书后，必须立即交受送达人签收，以在送达回证上的签收日期，为送达日期。

第九十二条 受送达人下落不明，或者用本节规定的其他方式无法送达的，公告送达。自发出公告之日起，经过六十日，即视为送达。

公告送达，应当在案卷中记明原因和经过。

第八章 调　　解

第九十三条 人民法院审理民事案件，根据当事人自愿的原则，在事实清楚的基础上，分清是非，进行调解。

第九十四条 人民法院进行调解，可以由审判员一人主持，也可以由合议庭主持，并尽可能就地进行。

人民法院进行调解，可以用简便方式通知当事人、证人到庭。

第九十五条 人民法院进行调解，可以邀请有关单位和个人协助。被邀请的单位和个人，应当协助人民法院进行调解。

第九十六条 调解达成协议，必须双方自愿，不得强迫。调解协议的内容不得违反法律规定。

第九十七条 调解达成协议，人民法院应当制作调解书。调解书应当写明诉讼请求、案件的事实和调解结果。

调解书由审判人员、书记员署名，加盖人民法院印章，送达双方当事人。

调解书经双方当事人签收后，即具有法律效力。

第九十八条 下列案件调解达成协议，人民法院可以不制作调解书：

（一）调解和好的离婚案件；

（二）调解维持收养关系的案件；

（三）能够即时履行的案件；

（四）其他不需要制作调解书的案件。

对不需要制作调解书的协议，应当记入笔录，由双方当事人、审判人员、书记员签名或者盖章后，即具有法律效力。

第九十九条 调解未达成协议或者调解书送达前一方反悔的，人民法院应当及时判决。

第九章 保全和先予执行

第一百条 人民法院对于可能因当事人一方的行为或者其他原因，使判决难以执行或者造成当事人其他损害的案件，根据对方当事人的申请，可以裁定对其财产进行保全、责令其作出一定行为或者禁止其作出一定行为；当事人没有提出申请的，人民法院在必要时也可以裁定采取保全措施。

人民法院采取保全措施，可以责令申请人提供担保，申请人不提供担保的，裁定驳回申请。

人民法院接受申请后，对情况紧急的，必须在四十八小时内作出裁定；裁定采取保全措施的，应当立即开始执行。

第一百零一条 利害关系人因情况紧急，不立即申请保全将会使其合法权益受到难以弥补的损害的，可以在提起诉讼或者申请仲裁前向被保全财产所在地、被申请人住所地或者对案件有管辖权的人民法院申请采取保全措施。申请人应当提供担保，不提供担保的，裁定驳回申请。

人民法院接受申请后，必须在四十八小时内作出裁定；裁定采取保全措施的，应当立即开始执行。

申请人在人民法院采取保全措施后三十日内不依法提起诉讼或者申请仲裁的，人民法院应当解除保全。

第一百零二条 保全限于请求的范围，或者与本案有关的财物。

第一百零三条 财产保全采取查封、扣押、冻结或者法律规定的其他方法。人民法院保全财产后，应当立即通知被保全财产的人。

财产已被查封、冻结的，不得重复查封、冻结。

第一百零四条 财产纠纷案件，被申请人提供担保的，人民法院应当裁定解除保全。

第一百零五条 申请有错误的，申请人应当赔偿被申请人因保全所遭受的损失。

第一百零六条 人民法院对下列案件，根据当事人的申请，可以裁定先予执行：

（一）追索赡养费、扶养费、抚育费、抚恤金、医疗费用的；

（二）追索劳动报酬的；

（三）因情况紧急需要先予执行的。

第一百零七条 人民法院裁定先予执行的，应当符合下列条件：

（一）当事人之间权利义务关系明确，不先予执行将严重影响申请人的生活或者生产经营的；

（二）被申请人有履行能力。

人民法院可以责令申请人提供担保，申请人不提供担保的，驳回申请。申请人败诉的，应当赔偿被申请人因先予执行遭受的财产损失。

第一百零八条 当事人对保全或者先予执行的裁定不服的，可以申请复议一次。复议期间不停止裁定的执行。

第十章 对妨害民事诉讼的强制措施

第一百零九条 人民法院对必须到庭的被告，经两次传票传唤，无正当理由拒不到庭的，可以拘传。

第一百一十条 诉讼参与人和其他人应当遵守法庭规则。

人民法院对违反法庭规则的人，可以予以训诫，责令退出法庭或者予以罚款、拘留。

人民法院对哄闹、冲击法庭，侮辱、诽谤、威胁、殴打审判人员，严重扰乱法庭秩序的人，依法追究刑事责任；情节较轻的，予以罚款、拘留。

第一百一十一条 诉讼参与人或者其他人有下列行为之一的，人民法院可以根据情节轻重予以罚款、拘留；构成犯罪的，依法追究刑事责任：

（一）伪造、毁灭重要证据，妨碍人民法院审理案件的；

（二）以暴力、威胁、贿买方法阻止证人作证或者指使、贿买、胁迫他人作伪证的；

（三）隐藏、转移、变卖、毁损已被查封、扣押的财产，或者已被清点并责令其保管的财产，转移已被冻结的财产的；

（四）对司法工作人员、诉讼参加人、证人、翻译人员、鉴定人、勘验人、协助执行的人，进行侮辱、诽谤、诬陷、殴打或者打击报复的；

（五）以暴力、威胁或者其他方法阻碍司法工作人员执行职务的；

（六）拒不履行人民法院已经发生法律效力的判决、裁定的。

人民法院对有前款规定的行为之一的单位，可以对其主要负责人或者直接责任人员予以罚款、拘留；构成犯罪的，依法追究刑事责任。

第一百一十二条 当事人之间恶意串通，企图通过诉讼、调解等方式侵害他人合法权益的，人民法院应当驳回其请求，并根据情节轻重予以罚款、拘留；构成犯罪的，依法追究刑事责任。

第一百一十三条 被执行人与他人恶意串通，通过诉讼、仲裁、调解等方式逃避履行法律文书确定的义务的，人民法院应当根据情节轻重予以罚款、拘留；构成犯罪的，依法追究刑事责任。

第一百一十四条 有义务协助调查、执行的单位有下列行为之一的，人民法院除责令其履行协助义务外，并可以予以罚款：

（一）有关单位拒绝或者妨碍人民法院调查取证的；

（二）有关单位接到人民法院协助执行通知书后，拒不协助查询、扣押、冻结、划拨、变价财产的；

（三）有关单位接到人民法院协助执行通知书后，拒不协助扣留被执行人的收入、办理有关财产权证照转移手续、转交有关票证、证照或者其他财产的；

（四）其他拒绝协助执行的。

人民法院对有前款规定的行为之一的单位，可以对其主要负责人或者直接责任人员予以罚款；对仍不履行协助义务的，可以予以拘留；并可以向监察机关或者有关机关提出予以纪律处分的司法建议。

第一百一十五条 对个人的罚款金额，为人民币十万元以下。对单位的罚款金额，为人民币五万元以上一百万元以下。

拘留的期限，为十五日以下。

被拘留的人，由人民法院交公安机关看管。在拘留期间，被拘留人承认并改正错误的，人民法院可以决定提前解除拘留。

第一百一十六条 拘传、罚款、拘留必须经院长批准。

拘传应当发拘传票。

罚款、拘留应当用决定书。对决定不服的，可以向上一级人民法院申请复议一次。复议期间不停止执行。

第一百一十七条 采取对妨害民事诉讼的强制措施必须由人民法院决定。任何单位和个人采取非法拘禁他人或者非法私自扣押他人财产追索债务的，应当依法追究刑事责任，或者予以拘留、罚款。

第十一章　诉　讼　费　用

第一百一十八条　当事人进行民事诉讼，应当按照规定交纳案件受理费。财产案件除交纳案件受理费外，并按照规定交纳其他诉讼费用。

当事人交纳诉讼费用确有困难的，可以按照规定向人民法院申请缓交、减交或者免交。

收取诉讼费用的办法另行制定。

第二编　审　判　程　序

第十二章　第一审普通程序

第一节　起 诉 和 受 理

第一百一十九条　起诉必须符合下列条件：

（一）原告是与本案有直接利害关系的公民、法人和其他组织；

（二）有明确的被告；

（三）有具体的诉讼请求和事实、理由；

（四）属于人民法院受理民事诉讼的范围和受诉人民法院管辖。

第一百二十条　起诉应当向人民法院递交起诉状，并按照被告人数提出副本。

书写起诉状确有困难的，可以口头起诉，由人民法院记入笔录，并告知对方当事人。

第一百二十一条　起诉状应当记明下列事项：

（一）原告的姓名、性别、年龄、民族、职业、工作单位、住所、联系方式，法人或者其他组织的名称、住所和法定代表人或者主要负责人的姓名、职务、联系方式；

（二）被告的姓名、性别、工作单位、住所等信息，法人或者其他组织的名称、住所等信息；

（三）诉讼请求和所根据的事实与理由；

（四）证据和证据来源，证人姓名和住所。

第一百二十二条　当事人起诉到人民法院的民事纠纷，适宜调解的，先行调解，但当事人拒绝调解的除外。

第一百二十三条　人民法院应当保障当事人依照法律规定享有的起诉权利。对符合本法第一百一十九条的起诉，必须受理。符合起诉条件的，应当在七日内立案，并通知当事人；不符合起诉条件的，应当在七日内作出裁定书，不予受理；原告对裁定不服的，可以提起上诉。

第一百二十四条　人民法院对下列起诉，分别情形，予以处理：

（一）依照行政诉讼法的规定，属于行政诉讼受案范围的，告知原告提起行政诉讼；

（二）依照法律规定，双方当事人达成书面仲裁协议申请仲裁、不得向人民法院起诉的，告知原告向仲裁机构申请仲裁；

（三）依照法律规定，应当由其他机关处理的争议，告知原告向有关机关申请解决；

（四）对不属于本院管辖的案件，告知原告向有管辖权的人民法院起诉；

（五）对判决、裁定、调解书已经发生法律效力的案件，当事人又起诉的，告知原告申请再审，但人民法院准许撤诉的裁定除外；

（六）依照法律规定，在一定期限内不得起诉的案件，在不得起诉的期限内起诉的，不予受理；

（七）判决不准离婚和调解和好的离婚案件，判决、调解维持收养关系的案件，没有新情况、新理由，原告在六个月内又起诉的，不予受理。

第二节　审理前的准备

第一百二十五条　人民法院应当在立案之日起五日内将起诉状副本发送被告，被告应当在收到之日起十五日内提出答辩状。答辩状应当记明被告的姓名、性别、年龄、民族、职业、工作单位、住所、联系方式；法人或者其他组织的名称、住所和法定代表人或者主要负责人的姓名、职务、联系方式。人民法院应当在收到答辩状之日起五日内将答辩状副本发送原告。

被告不提出答辩状的，不影响人民法院审理。

第一百二十六条　人民法院对决定受理的案件，应当在受理案件通知书和应诉通知书中向当事人告知有关的诉讼权利义务，或者口头告知。

第一百二十七条　人民法院受理案件后，当事人对管辖权有异议的，应当在提交答辩状期间提出。人民法院对当事人提出的异议，应当审查。异议成立的，裁定将案件移送有管辖权的人民法院；异议不成立的，裁定驳回。

当事人未提出管辖异议，并应诉答辩的，视为受诉人民法院有管辖权，但违反级别管辖和专属管辖规定的除外。

第一百二十八条　合议庭组成人员确定后，应当在三日内告知当事人。

第一百二十九条　审判人员必须认真审核诉讼材料，调查收集必要的证据。

第一百三十条　人民法院派出人员进行调查时，应当向被调查人出示证件。

调查笔录经被调查人校阅后，由被调查人、调查人签名或者盖章。

第一百三十一条　人民法院在必要时可以委托外地人民法院调查。

委托调查，必须提出明确的项目和要求。受委托人民法院可以主动补充调查。

受委托人民法院收到委托书后，应当在三十日内完成调查。因故不能完成的，应当在上述期限内函告委托人民法院。

第一百三十二条　必须共同进行诉讼的当事人没有参加诉讼的，人民法院应当通知其参加诉讼。

第一百三十三条　人民法院对受理的案件，分别情形，予以处理：

（一）当事人没有争议，符合督促程序规定条件的，可以转入督促程序；

（二）开庭前可以调解的，采取调解方式及时解决纠纷；

（三）根据案件情况，确定适用简易程序或者普通程序；

（四）需要开庭审理的，通过要求当事人交换证据等方式，明确争议焦点。

第三节　开庭审理

第一百三十四条　人民法院审理民事案件，除涉及国家秘密、个人隐私或者法律另有规定的以外，应当公开进行。

离婚案件，涉及商业秘密的案件，当事人申请不公开审理的，可以不公开审理。

第一百三十五条　人民法院审理民事案件，根据需要进行巡回审理，就地办案。

第一百三十六条　人民法院审理民事案件，应当在开庭三日前通知当事人和其他诉讼参与人。公开审理的，应当公告当事人姓名、案由和开庭的时间、地点。

第一百三十七条　开庭审理前，书记员应当查明当事人和其他诉讼参与人是否到庭，宣布法庭纪律。

开庭审理时，由审判长核对当事人，宣布案由，宣布审判人员、书记员名单，告知当事人有关的诉讼权利义务，询问当事人是否提出回避申请。

第一百三十八条 法庭调查按照下列顺序进行：

（一）当事人陈述；

（二）告知证人的权利义务，证人作证，宣读未到庭的证人证言；

（三）出示书证、物证、视听资料和电子数据；

（四）宣读鉴定意见；

（五）宣读勘验笔录。

第一百三十九条 当事人在法庭上可以提出新的证据。

当事人经法庭许可，可以向证人、鉴定人、勘验人发问。

当事人要求重新进行调查、鉴定或者勘验的，是否准许，由人民法院决定。

第一百四十条 原告增加诉讼请求，被告提出反诉，第三人提出与本案有关的诉讼请求，可以合并审理。

第一百四十一条 法庭辩论按照下列顺序进行：

（一）原告及其诉讼代理人发言；

（二）被告及其诉讼代理人答辩；

（三）第三人及其诉讼代理人发言或者答辩；

（四）互相辩论。

法庭辩论终结，由审判长按照原告、被告、第三人的先后顺序征询各方最后意见。

第一百四十二条 法庭辩论终结，应当依法作出判决。判决前能够调解的，还可以进行调解，调解不成的，应当及时判决。

第一百四十三条 原告经传票传唤，无正当理由拒不到庭的，或者未经法庭许可中途退庭的，可以按撤诉处理；被告反诉的，可以缺席判决。

第一百四十四条 被告经传票传唤，无正当理由拒不到庭的，或者未经法庭许可中途退庭的，可以缺席判决。

第一百四十五条 宣判前，原告申请撤诉的，是否准许，由人民法院裁定。

人民法院裁定不准许撤诉的，原告经传票传唤，无正当理由拒不到庭的，可以缺席判决。

第一百四十六条 有下列情形之一的，可以延期开庭审理：

（一）必须到庭的当事人和其他诉讼参与人有正当理由没有到庭的；

（二）当事人临时提出回避申请的；

（三）需要通知新的证人到庭，调取新的证据，重新鉴定、勘验，或者需要补充调查的；

（四）其他应当延期的情形。

第一百四十七条 书记员应当将法庭审理的全部活动记入笔录，由审判人员和书记员签名。

法庭笔录应当当庭宣读，也可以告知当事人和其他诉讼参与人当庭或者在五日内阅读。当事人和其他诉讼参与人认为对自己的陈述记录有遗漏或者差错的，有权申请补正。如果不予补正，应当将申请记录在案。

法庭笔录由当事人和其他诉讼参与人签名或者盖章。拒绝签名盖章的，记明情况附卷。

第一百四十八条 人民法院对公开审理或者不公开审理的案件，一律公开宣告判决。

当庭宣判的，应当在十日内发送判决书；定期宣判的，宣判后立即发给判决书。

宣告判决时，必须告知当事人上诉权利、上诉期限和上诉的法院。

宣告离婚判决，必须告知当事人在判决发生法律效力前不得另行结婚。

第一百四十九条 人民法院适用普通程序审理的案件，应当在立案之日起六个月内审结。有特殊情况需要延长的，由本院院长批准，可以延长六个月；还需要延长的，报请上级人民法院批准。

第四节 诉讼中止和终结

第一百五十条 有下列情形之一的，中止诉讼：

（一）一方当事人死亡，需要等待继承人表明是否参加诉讼的；

（二）一方当事人丧失诉讼行为能力，尚未确定法定代理人的；

（三）作为一方当事人的法人或者其他组织终止，尚未确定权利义务承受人的；

（四）一方当事人因不可抗拒的事由，不能参加诉讼的；

（五）本案必须以另一案的审理结果为依据，而另一案尚未审结的；

（六）其他应当中止诉讼的情形。

中止诉讼的原因消除后，恢复诉讼。

第一百五十一条 有下列情形之一的，终结诉讼：

（一）原告死亡，没有继承人，或者继承人放弃诉讼权利的；

（二）被告死亡，没有遗产，也没有应当承担义务的人的；

（三）离婚案件一方当事人死亡的；

（四）追索赡养费、扶养费、抚育费以及解除收养关系案件的一方当事人死亡的。

第五节 判 决 和 裁 定

第一百五十二条 判决书应当写明判决结果和作出该判决的理由。判决书内容包括：

（一）案由、诉讼请求、争议的事实和理由；

（二）判决认定的事实和理由、适用的法律和理由；

（三）判决结果和诉讼费用的负担；

（四）上诉期间和上诉的法院。

判决书由审判人员、书记员署名，加盖人民法院印章。

第一百五十三条 人民法院审理案件，其中一部分事实已经清楚，可以就该部分先行判决。

第一百五十四条 裁定适用于下列范围：

（一）不予受理；

（二）对管辖权有异议的；

（三）驳回起诉；

（四）保全和先予执行；

（五）准许或者不准许撤诉；

（六）中止或者终结诉讼；

（七）补正判决书中的笔误；

（八）中止或者终结执行；

（九）撤销或者不予执行仲裁裁决；

（十）不予执行公证机关赋予强制执行效力的债权文书；

（十一）其他需要裁定解决的事项。

对前款第一项至第三项裁定，可以上诉。

裁定书应当写明裁定结果和作出该裁定的理由。裁定书由审判人员、书记员署名，加盖人民法院印章。口头裁定的，记入笔录。

第一百五十五条 最高人民法院的判决、裁定，以及依法不准上诉或者超过上诉期没有上诉的判决、裁定，是发生法律效力的判决、裁定。

第一百五十六条 公众可以查阅发生法律效力的判决书、裁定书，但涉及国家秘密、商业秘密和个人隐私的内容除外。

第十三章 简 易 程 序

第一百五十七条 基层人民法院和它派出的法庭审理事实清楚、权利义务关系明确、争议不大的简单的民事案件，适用本章规定。

基层人民法院和它派出的法庭审理前款规定以外的民事案件，当事人双方也可以约定适用简易程序。

第一百五十八条 对简单的民事案件，原告可以口头起诉。

当事人双方可以同时到基层人民法院或者它派出的法庭，请求解决纠纷。基层人民法院或者它派出的法庭可以当即审理，也可以另定日期审理。

第一百五十九条 基层人民法院和它派出的法庭审理简单的民事案件，可以用简便方式传唤当事人和证人、送达诉讼文书、审理案件，但应当保障当事人陈述意见的权利。

第一百六十条 简单的民事案件由审判员一人独任审理，并不受本法第一百三十六条、第一百三十八条、第一百四十一条规定的限制。

第一百六十一条 人民法院适用简易程序审理案件，应当在立案之日起三个月内审结。

第一百六十二条 基层人民法院和它派出的法庭审理符合本法第一百五十七条第一款规定的简单的民事案件，标的额为各省、自治区、直辖市上年度就业人员年平均工资百分之三十以下的，实行一审终审。

第一百六十三条 人民法院在审理过程中，发现案件不宜适用简易程序的，裁定转为普通程序。

第十四章 第 二 审 程 序

第一百六十四条 当事人不服地方人民法院第一审判决的，有权在判决书送达之日起十五日内向上一级人民法院提起上诉。

当事人不服地方人民法院第一审裁定的，有权在裁定书送达之日起十日内向上一级人民法院提起上诉。

第一百六十五条 上诉应当递交上诉状。上诉状的内容，应当包括当事人的姓名，法人的名称及其法定代表人的姓名或者其他组织的名称及其主要负责人的姓名；原审人民法院名称、案件的编号和案由；上诉的请求和理由。

第一百六十六条 上诉状应当通过原审人民法院提出，并按照对方当事人或者代表人的人数提出副本。

当事人直接向第二审人民法院上诉的，第二审人民法院应当在五日内将上诉状移交原审人民法院。

第一百六十七条 原审人民法院收到上诉状，应当在五日内将上诉状副本送达对方当事人，对方当事人在收到之日起十五日内提出答辩状。人民法院应当在收到答辩状之日起五日内将副本送达上诉人。对方当事人不提出答辩状的，不影响人民法院审理。

原审人民法院收到上诉状、答辩状，应当在五日内连同全部案卷和证据，报送第二审人民法院。

第一百六十八条 第二审人民法院应当对上诉请求的有关事实和适用法律进行审查。

第一百六十九条 第二审人民法院对上诉案件，应当组成合议庭，开庭审理。经过阅卷、调查和询问当事人，对没有提出新的事实、证据或者理由，合议庭认为不需要开庭审理的，可以不开庭审理。

第二审人民法院审理上诉案件，可以在本院进行，也可以到案件发生地或者原审人民法院所在地进行。

第一百七十条 第二审人民法院对上诉案件，经过审理，按照下列情形，分别处理：

（一）原判决、裁定认定事实清楚，适用法律正确的，以判决、裁定方式驳回上诉，维持原判决、裁定；

（二）原判决、裁定认定事实错误或者适用法律错误的，以判决、裁定方式依法改判、撤销或者变更；

（三）原判决认定基本事实不清的，裁定撤销原判决，发回原审人民法院重审，或者查清事实后改判；

（四）原判决遗漏当事人或者违法缺席判决等严重违反法定程序的，裁定撤销原判决，发回原审人民法院重审。

原审人民法院对发回重审的案件作出判决后，当事人提起上诉的，第二审人民法院不得再次发回重审。

第一百七十一条 第二审人民法院对不服第一审人民法院裁定的上诉案件的处理，一律使用裁定。

第一百七十二条 第二审人民法院审理上诉案件，可以进行调解。调解达成协议，应当制作调解书，由审判人员、书记员署名，加盖人民法院印章。调解书送达后，原审人民法院的判决即视为撤销。

第一百七十三条 第二审人民法院判决宣告前，上诉人申请撤回上诉的，是否准许，由第二审人民法院裁定。

第一百七十四条 第二审人民法院审理上诉案件，除依照本章规定外，适用第一审普通程序。

第一百七十五条 第二审人民法院的判决、裁定，是终审的判决、裁定。

第一百七十六条 人民法院审理对判决的上诉案件，应当在第二审立案之日起三个月内审结。有特殊情况需要延长的，由本院院长批准。

人民法院审理对裁定的上诉案件，应当在第二审立案之日起三十日内作出终审裁定。

第十五章 特 别 程 序

第一节 一 般 规 定

第一百七十七条 人民法院审理选民资格案件、宣告失踪或者宣告死亡案件、认定公民无民事行为能力或者限制民事行为能力案件、认定财产无主案件、确认调解协议案件和实现担保物权案件，适用本章规定。本章没有规定的，适用本法和其他法律的有关规定。

第一百七十八条 依照本章程序审理的案件，实行一审终审。选民资格案件或者重大、疑难的案件，由审判员组成合议庭审理；其他案件由审判员一人独任审理。

第一百七十九条 人民法院在依照本章程序审理案件的过程中，发现本案属于民事权益争议的，应当裁定终结特别程序，并告知利害关系人可以另行起诉。

第一百八十条 人民法院适用特别程序审理的案件，应当在立案之日起三十日内或者公告期满后三十日内审结。有特殊情况需要延长的，由本院院长批准。但审理选民资格的案件除外。

第二节 选 民 资 格 案 件

第一百八十一条 公民不服选举委员会对选民资格的申诉所作的处理决定，可以在选举日的五日以前向选区所在地基层人民法院起诉。

第一百八十二条 人民法院受理选民资格案件后，必须在选举日前审结。

审理时，起诉人、选举委员会的代表和有关公民必须参加。

人民法院的判决书，应当在选举日前送达选举委员会和起诉人，并通知有关公民。

第三节 宣告失踪、宣告死亡案件

第一百八十三条 公民下落不明满二年，利害关系人申请宣告其失踪的，向下落不明人住所地基层人民法院提出。

申请书应当写明失踪的事实、时间和请求，并附有公安机关或者其他有关机关关于该公民下落不明的书面证明。

第一百八十四条 公民下落不明满四年，或者因意外事故下落不明满二年，或者因意外事故下落不明，经有关机关证明该公民不可能生存，利害关系人申请宣告其死亡的，向下落不明人住所地基层人民法院提出。

申请书应当写明下落不明的事实、时间和请求，并附有公安机关或者其他有关机关关于该公民下落不明的书面证明。

第一百八十五条 人民法院受理宣告失踪、宣告死亡案件后，应当发出寻找下落不明人的公告。宣告失踪的公告期间为三个月，宣告死亡的公告期间为一年。因意外事故下落不明，经有关机关证明该公民不可能生存的，宣告死亡的公告期间为三个月。

公告期间届满，人民法院应当根据被宣告失踪、宣告死亡的事实是否得到确认，作出宣告失踪、宣告死亡的判决或者驳回申请的判决。

第一百八十六条 被宣告失踪、宣告死亡的公民重新出现，经本人或者利害关系人申请，人民法院应当作出新判决，撤销原判决。

第四节 认定公民无民事行为能力、限制民事行为能力案件

第一百八十七条 申请认定公民无民事行为能力或者限制民事行为能力，由其近亲属或者其他利害关系人向该公民住所地基层人民法院提出。

申请书应当写明该公民无民事行为能力或者限制民事行为能力的事实和根据。

第一百八十八条 人民法院受理申请后，必要时应当对被请求认定为无民事行为能力或者限制民事行为能力的公民进行鉴定。申请人已提供鉴定意见的，应当对鉴定意见进行审查。

第一百八十九条 人民法院审理认定公民无民事行为能力或者限制民事行为能力的案件，应当由该公民的近亲属为代理人，但申请人除外。近亲属互相推诿的，由人民法院指定其中一人为代理人。该公民健康情况许可的，还应当询问本人的意见。

人民法院经审理认定申请有事实根据的，判决该公民为无民事行为能力或者限制民事行为能力人；认定申请没有事实根据的，应当判决予以驳回。

第一百九十条 人民法院根据被认定为无民事行为能力人、限制民事行为能力人或者他的监护人的申请，证实该公民无民事行为能力或者限制民事行为能力的原因已经消除的，应当作出新判决，撤销原判决。

第五节 认定财产无主案件

第一百九十一条 申请认定财产无主，由公民、法人或者其他组织向财产所在地基层人民法院提出。

申请书应当写明财产的种类、数量以及要求认定财产无主的根据。

第一百九十二条 人民法院受理申请后，经审查核实，应当发出财产认领公告。公告满一年无人

认领的，判决认定财产无主，收归国家或者集体所有。

第一百九十三条 判决认定财产无主后，原财产所有人或者继承人出现，在民法通则规定的诉讼时效期间可以对财产提出请求，人民法院审查属实后，应当作出新判决，撤销原判决。

第六节 确认调解协议案件

第一百九十四条 申请司法确认调解协议，由双方当事人依照人民调解法等法律，自调解协议生效之日起三十日内，共同向调解组织所在地基层人民法院提出。

第一百九十五条 人民法院受理申请后，经审查，符合法律规定的，裁定调解协议有效，一方当事人拒绝履行或者未全部履行的，对方当事人可以向人民法院申请执行；不符合法律规定的，裁定驳回申请，当事人可以通过调解方式变更原调解协议或者达成新的调解协议，也可以向人民法院提起诉讼。

第七节 实现担保物权案件

第一百九十六条 申请实现担保物权，由担保物权人以及其他有权请求实现担保物权的人依照物权法等法律，向担保财产所在地或者担保物权登记地基层人民法院提出。

第一百九十七条 人民法院受理申请后，经审查，符合法律规定的，裁定拍卖、变卖担保财产，当事人依据该裁定可以向人民法院申请执行；不符合法律规定的，裁定驳回申请，当事人可以向人民法院提起诉讼。

第十六章 审判监督程序

第一百九十八条 各级人民法院院长对本院已经发生法律效力的判决、裁定、调解书，发现确有错误，认为需要再审的，应当提交审判委员会讨论决定。

最高人民法院对地方各级人民法院已经发生法律效力的判决、裁定、调解书，上级人民法院对下级人民法院已经发生法律效力的判决、裁定、调解书，发现确有错误的，有权提审或者指令下级人民法院再审。

第一百九十九条 当事人对已经发生法律效力的判决、裁定，认为有错误的，可以向上一级人民法院申请再审；当事人一方人数众多或者当事人双方为公民的案件，也可以向原审人民法院申请再审。当事人申请再审的，不停止判决、裁定的执行。

第二百条 当事人的申请符合下列情形之一的，人民法院应当再审：

（一）有新的证据，足以推翻原判决、裁定的；

（二）原判决、裁定认定的基本事实缺乏证据证明的；

（三）原判决、裁定认定事实的主要证据是伪造的；

（四）原判决、裁定认定事实的主要证据未经质证的；

（五）对审理案件需要的主要证据，当事人因客观原因不能自行收集，书面申请人民法院调查收集，人民法院未调查收集的；

（六）原判决、裁定适用法律确有错误的；

（七）审判组织的组成不合法或者依法应当回避的审判人员没有回避的；

（八）无诉讼行为能力人未经法定代理人代为诉讼或者应当参加诉讼的当事人，因不能归责于本人或者其诉讼代理人的事由，未参加诉讼的；

（九）违反法律规定，剥夺当事人辩论权利的；

（十）未经传票传唤，缺席判决的；

（十一）原判决、裁定遗漏或者超出诉讼请求的；

（十二）据以作出原判决、裁定的法律文书被撤销或者变更的；

（十三）审判人员审理该案件时有贪污受贿，徇私舞弊，枉法裁判行为的。

第二百零一条 当事人对已经发生法律效力的调解书，提出证据证明调解违反自愿原则或者调解协议的内容违反法律的，可以申请再审。经人民法院审查属实的，应当再审。

第二百零二条 当事人对已经发生法律效力的解除婚姻关系的判决、调解书，不得申请再审。

第二百零三条 当事人申请再审的，应当提交再审申请书等材料。人民法院应当自收到再审申请书之日起五日内将再审申请书副本发送对方当事人。对方当事人应当自收到再审申请书副本之日起十五日内提交书面意见；不提交书面意见的，不影响人民法院审查。人民法院可以要求申请人和对方当事人补充有关材料，询问有关事项。

第二百零四条 人民法院应当自收到再审申请书之日起三个月内审查，符合本法规定的，裁定再审；不符合本法规定的，裁定驳回申请。有特殊情况需要延长的，由本院院长批准。

因当事人申请裁定再审的案件由中级人民法院以上的人民法院审理，但当事人依照本法第一百九十九条的规定选择向基层人民法院申请再审的除外。最高人民法院、高级人民法院裁定再审的案件，由本院再审或者交其他人民法院再审，也可以交原审人民法院再审。

第二百零五条 当事人申请再审，应当在判决、裁定发生法律效力后六个月内提出；有本法第二百条第一项、第三项、第十二项、第十三项规定情形的，自知道或者应当知道之日起六个月内提出。

第二百零六条 按照审判监督程序决定再审的案件，裁定中止原判决、裁定、调解书的执行，但追索赡养费、扶养费、抚育费、抚恤金、医疗费用、劳动报酬等案件，可以不中止执行。

第二百零七条 人民法院按照审判监督程序再审的案件，发生法律效力的判决、裁定是由第一审法院作出的，按照第一审程序审理，所作的判决、裁定，当事人可以上诉；发生法律效力的判决、裁定是由第二审法院作出的，按照第二审程序审理，所作的判决、裁定，是发生法律效力的判决、裁定；上级人民法院按照审判监督程序提审的，按照第二审程序审理，所作的判决、裁定是发生法律效力的判决、裁定。

人民法院审理再审案件，应当另行组成合议庭。

第二百零八条 最高人民检察院对各级人民法院已经发生法律效力的判决、裁定，上级人民检察院对下级人民法院已经发生法律效力的判决、裁定，发现有本法第二百条规定情形之一的，或者发现调解书损害国家利益、社会公共利益的，应当提出抗诉。

地方各级人民检察院对同级人民法院已经发生法律效力的判决、裁定，发现有本法第二百条规定情形之一的，或者发现调解书损害国家利益、社会公共利益的，可以向同级人民法院提出检察建议，并报上级人民检察院备案；也可以提请上级人民检察院向同级人民法院提出抗诉。

各级人民检察院对审判监督程序以外的其他审判程序中审判人员的违法行为，有权向同级人民法院提出检察建议。

第二百零九条 有下列情形之一的，当事人可以向人民检察院申请检察建议或者抗诉：

（一）人民法院驳回再审申请的；

（二）人民法院逾期未对再审申请作出裁定的；

（三）再审判决、裁定有明显错误的。

人民检察院对当事人的申请应当在三个月内进行审查，作出提出或者不予提出检察建议或者抗诉的决定。当事人不得再次向人民检察院申请检察建议或者抗诉。

第二百一十条 人民检察院因履行法律监督职责提出检察建议或者抗诉的需要，可以向当事人或者案外人调查核实有关情况。

第二百一十一条 人民检察院提出抗诉的案件，接受抗诉的人民法院应当自收到抗诉书之日起三十日内作出再审的裁定；有本法第二百条第一项至第五项规定情形之一的，可以交下一级人民法院再审，但经该下一级人民法院再审的除外。

第二百一十二条 人民检察院决定对人民法院的判决、裁定、调解书提出抗诉的，应当制作抗诉书。

第二百一十三条 人民检察院提出抗诉的案件，人民法院再审时，应当通知人民检察院派员出席法庭。

第十七章 督 促 程 序

第二百一十四条 债权人请求债务人给付金钱、有价证券，符合下列条件的，可以向有管辖权的基层人民法院申请支付令：

（一）债权人与债务人没有其他债务纠纷的；

（二）支付令能够送达债务人的。

申请书应当写明请求给付金钱或者有价证券的数量和所根据的事实、证据。

第二百一十五条 债权人提出申请后，人民法院应当在五日内通知债权人是否受理。

第二百一十六条 人民法院受理申请后，经审查债权人提供的事实、证据，对债权债务关系明确、合法的，应当在受理之日起十五日内向债务人发出支付令；申请不成立的，裁定予以驳回。

债务人应当自收到支付令之日起十五日内清偿债务，或者向人民法院提出书面异议。

债务人在前款规定的期间不提出异议又不履行支付令的，债权人可以向人民法院申请执行。

第二百一十七条 人民法院收到债务人提出的书面异议后，经审查，异议成立的，应当裁定终结督促程序，支付令自行失效。

支付令失效的，转入诉讼程序，但申请支付令的一方当事人不同意提起诉讼的除外。

第十八章 公示催告程序

第二百一十八条 按照规定可以背书转让的票据持有人，因票据被盗、遗失或者灭失，可以向票据支付地的基层人民法院申请公示催告。依照法律规定可以申请公示催告的其他事项，适用本章规定。

申请人应当向人民法院递交申请书，写明票面金额、发票人、持票人、背书人等票据主要内容和申请的理由、事实。

第二百一十九条 人民法院决定受理申请，应当同时通知支付人停止支付，并在三日内发出公告，催促利害关系人申报权利。公示催告的期间，由人民法院根据情况决定，但不得少于六十日。

第二百二十条 支付人收到人民法院停止支付的通知，应当停止支付，至公示催告程序终结。

公示催告期间，转让票据权利的行为无效。

第二百二十一条 利害关系人应当在公示催告期间向人民法院申报。

人民法院收到利害关系人的申报后，应当裁定终结公示催告程序，并通知申请人和支付人。

申请人或者申报人可以向人民法院起诉。

第二百二十二条 没有人申报的，人民法院应当根据申请人的申请，作出判决，宣告票据无效。判决应当公告，并通知支付人。自判决公告之日起，申请人有权向支付人请求支付。

第二百二十三条 利害关系人因正当理由不能在判决前向人民法院申报的，自知道或者应当知道判决公告之日起一年内，可以向作出判决的人民法院起诉。

第三编　执　行　程　序

第十九章　一　般　规　定

第二百二十四条　发生法律效力的民事判决、裁定，以及刑事判决、裁定中的财产部分，由第一审人民法院或者与第一审人民法院同级的被执行的财产所在地人民法院执行。

法律规定由人民法院执行的其他法律文书，由被执行人住所地或者被执行的财产所在地人民法院执行。

第二百二十五条　当事人、利害关系人认为执行行为违反法律规定的，可以向负责执行的人民法院提出书面异议。当事人、利害关系人提出书面异议的，人民法院应当自收到书面异议之日起十五日内审查，理由成立的，裁定撤销或者改正；理由不成立的，裁定驳回。当事人、利害关系人对裁定不服的，可以自裁定送达之日起十日内向上一级人民法院申请复议。

第二百二十六条　人民法院自收到申请执行书之日起超过六个月未执行的，申请执行人可以向上一级人民法院申请执行。上一级人民法院经审查，可以责令原人民法院在一定期限内执行，也可以决定由本院执行或者指令其他人民法院执行。

第二百二十七条　执行过程中，案外人对执行标的提出书面异议的，人民法院应当自收到书面异议之日起十五日内审查，理由成立的，裁定中止对该标的执行；理由不成立的，裁定驳回。案外人、当事人对裁定不服，认为原判决、裁定错误的，依照审判监督程序办理；与原判决、裁定无关的，可以自裁定送达之日起十五日内向人民法院提起诉讼。

第二百二十八条　执行工作由执行员进行。

采取强制执行措施时，执行员应当出示证件。执行完毕后，应当将执行情况制作笔录，由在场的有关人员签名或者盖章。

人民法院根据需要可以设立执行机构。

第二百二十九条　被执行人或者被执行的财产在外地的，可以委托当地人民法院代为执行。受委托人民法院收到委托函件后，必须在十五日内开始执行，不得拒绝。执行完毕后，应当将执行结果及时函复委托人民法院；在三十日内如果还未执行完毕，也应当将执行情况函告委托人民法院。

受委托人民法院自收到委托函件之日起十五日内不执行的，委托人民法院可以请求受委托人民法院的上级人民法院指令受委托人民法院执行。

第二百三十条　在执行中，双方当事人自行和解达成协议的，执行员应当将协议内容记入笔录，由双方当事人签名或者盖章。

申请执行人因受欺诈、胁迫与被执行人达成和解协议，或者当事人不履行和解协议的，人民法院可以根据当事人的申请，恢复对原生效法律文书的执行。

第二百三十一条　在执行中，被执行人向人民法院提供担保，并经申请执行人同意的，人民法院可以决定暂缓执行及暂缓执行的期限。被执行人逾期仍不履行的，人民法院有权执行被执行人的担保财产或者担保人的财产。

第二百三十二条　作为被执行人的公民死亡的，以其遗产偿还债务。作为被执行人的法人或者其他组织终止的，由其权利义务承受人履行义务。

第二百三十三条　执行完毕后，据以执行的判决、裁定和其他法律文书确有错误，被人民法院撤销的，对已被执行的财产，人民法院应当作出裁定，责令取得财产的人返还；拒不返还的，强制执行。

第二百三十四条 人民法院制作的调解书的执行，适用本编的规定。

第二百三十五条 人民检察院有权对民事执行活动实行法律监督。

第二十章 执行的申请和移送

第二百三十六条 发生法律效力的民事判决、裁定，当事人必须履行。一方拒绝履行的，对方当事人可以向人民法院申请执行，也可以由审判员移送执行员执行。

调解书和其他应当由人民法院执行的法律文书，当事人必须履行。一方拒绝履行的，对方当事人可以向人民法院申请执行。

第二百三十七条 对依法设立的仲裁机构的裁决，一方当事人不履行的，对方当事人可以向有管辖权的人民法院申请执行。受申请的人民法院应当执行。

被申请人提出证据证明仲裁裁决有下列情形之一的，经人民法院组成合议庭审查核实，裁定不予执行：

（一）当事人在合同中没有订有仲裁条款或者事后没有达成书面仲裁协议的；

（二）裁决的事项不属于仲裁协议的范围或者仲裁机构无权仲裁的；

（三）仲裁庭的组成或者仲裁的程序违反法定程序的；

（四）裁决所根据的证据是伪造的；

（五）对方当事人向仲裁机构隐瞒了足以影响公正裁决的证据的；

（六）仲裁员在仲裁该案时有贪污受贿，徇私舞弊，枉法裁决行为的。

人民法院认定执行该裁决违背社会公共利益的，裁定不予执行。

裁定书应当送达双方当事人和仲裁机构。

仲裁裁决被人民法院裁定不予执行的，当事人可以根据双方达成的书面仲裁协议重新申请仲裁，也可以向人民法院起诉。

第二百三十八条 对公证机关依法赋予强制执行效力的债权文书，一方当事人不履行的，对方当事人可以向有管辖权的人民法院申请执行，受申请的人民法院应当执行。

公证债权文书确有错误的，人民法院裁定不予执行，并将裁定书送达双方当事人和公证机关。

第二百三十九条 申请执行的期间为二年。申请执行时效的中止、中断，适用法律有关诉讼时效中止、中断的规定。

前款规定的期间，从法律文书规定履行期间的最后一日起计算；法律文书规定分期履行的，从规定的每次履行期间的最后一日起计算；法律文书未规定履行期间的，从法律文书生效之日起计算。

第二百四十条 执行员接到申请执行书或者移交执行书，应当向被执行人发出执行通知，并可以立即采取强制执行措施。

第二十一章 执 行 措 施

第二百四十一条 被执行人未按执行通知履行法律文书确定的义务，应当报告当前以及收到执行通知之日前一年的财产情况。被执行人拒绝报告或者虚假报告的，人民法院可以根据情节轻重对被执行人或者其法定代理人、有关单位的主要负责人或者直接责任人员予以罚款、拘留。

第二百四十二条 被执行人未按执行通知履行法律文书确定的义务，人民法院有权向有关单位查询被执行人的存款、债券、股票、基金份额等财产情况。人民法院有权根据不同情形扣押、冻结、划拨、变价被执行人的财产。人民法院查询、扣押、冻结、划拨、变价的财产不得超出被执行人应当履行义务的范围。

人民法院决定扣押、冻结、划拨、变价财产，应当作出裁定，并发出协助执行通知书，有关单位必须办理。

第二百四十三条 被执行人未按执行通知履行法律文书确定的义务，人民法院有权扣留、提取被执行人应当履行义务部分的收入。但应当保留被执行人及其所扶养家属的生活必需费用。

人民法院扣留、提取收入时，应当作出裁定，并发出协助执行通知书，被执行人所在单位、银行、信用合作社和其他有储蓄业务的单位必须办理。

第二百四十四条 被执行人未按执行通知履行法律文书确定的义务，人民法院有权查封、扣押、冻结、拍卖、变卖被执行人应当履行义务部分的财产。但应当保留被执行人及其所扶养家属的生活必需品。

采取前款措施，人民法院应当作出裁定。

第二百四十五条 人民法院查封、扣押财产时，被执行人是公民的，应当通知被执行人或者他的成年家属到场；被执行人是法人或者其他组织的，应当通知其法定代表人或者主要负责人到场。拒不到场的，不影响执行。被执行人是公民的，其工作单位或者财产所在地的基层组织应当派人参加。

对被查封、扣押的财产，执行员必须造具清单，由在场人签名或者盖章后，交被执行人一份。被执行人是公民的，也可以交他的成年家属一份。

第二百四十六条 被查封的财产，执行员可以指定被执行人负责保管。因被执行人的过错造成的损失，由被执行人承担。

第二百四十七条 财产被查封、扣押后，执行员应当责令被执行人在指定期间履行法律文书确定的义务。被执行人逾期不履行的，人民法院应当拍卖被查封、扣押的财产；不适于拍卖或者当事人双方同意不进行拍卖的，人民法院可以委托有关单位变卖或者自行变卖。国家禁止自由买卖的物品，交有关单位按照国家规定的价格收购。

第二百四十八条 被执行人不履行法律文书确定的义务，并隐匿财产的，人民法院有权发出搜查令，对被执行人及其住所或者财产隐匿地进行搜查。

采取前款措施，由院长签发搜查令。

第二百四十九条 法律文书指定交付的财物或者票证，由执行员传唤双方当事人当面交付，或者由执行员转交，并由被交付人签收。

有关单位持有该项财物或者票证的，应当根据人民法院的协助执行通知书转交，并由被交付人签收。

有关公民持有该项财物或者票证的，人民法院通知其交出。拒不交出的，强制执行。

第二百五十条 强制迁出房屋或者强制退出土地，由院长签发公告，责令被执行人在指定期间履行。被执行人逾期不履行的，由执行员强制执行。

强制执行时，被执行人是公民的，应当通知被执行人或者他的成年家属到场；被执行人是法人或者其他组织的，应当通知其法定代表人或者主要负责人到场。拒不到场的，不影响执行。被执行人是公民的，其工作单位或者房屋、土地所在地的基层组织应当派人参加。执行员应当将强制执行情况记入笔录，由在场人签名或者盖章。

强制迁出房屋被搬出的财物，由人民法院派人运至指定处所，交给被执行人。被执行人是公民的，也可以交给他的成年家属。因拒绝接收而造成的损失，由被执行人承担。

第二百五十一条 在执行中，需要办理有关财产权证照转移手续的，人民法院可以向有关单位发出协助执行通知书，有关单位必须办理。

第二百五十二条 对判决、裁定和其他法律文书指定的行为，被执行人未按执行通知履行的，人民法院可以强制执行或者委托有关单位或者其他人完成，费用由被执行人承担。

第二百五十三条 被执行人未按判决、裁定和其他法律文书指定的期间履行给付金钱义务的，应当加倍支付迟延履行期间的债务利息。被执行人未按判决、裁定和其他法律文书指定的期间履行其他义务的，应当支付迟延履行金。

第二百五十四条　人民法院采取本法第二百四十二条、第二百四十三条、第二百四十四条规定的执行措施后，被执行人仍不能偿还债务的，应当继续履行义务。债权人发现被执行人有其他财产的，可以随时请求人民法院执行。

第二百五十五条　被执行人不履行法律文书确定的义务的，人民法院可以对其采取或者通知有关单位协助采取限制出境，在征信系统记录、通过媒体公布不履行义务信息以及法律规定的其他措施。

第二十二章　执行中止和终结

第二百五十六条　有下列情形之一的，人民法院应当裁定中止执行：

（一）申请人表示可以延期执行的；

（二）案外人对执行标的提出确有理由的异议的；

（三）作为一方当事人的公民死亡，需要等待继承人继承权利或者承担义务的；

（四）作为一方当事人的法人或者其他组织终止，尚未确定权利义务承受人的；

（五）人民法院认为应当中止执行的其他情形。

中止的情形消失后，恢复执行。

第二百五十七条　有下列情形之一的，人民法院裁定终结执行：

（一）申请人撤销申请的；

（二）据以执行的法律文书被撤销的；

（三）作为被执行人的公民死亡，无遗产可供执行，又无义务承担人的；

（四）追索赡养费、扶养费、抚育费案件的权利人死亡的；

（五）作为被执行人的公民因生活困难无力偿还借款，无收入来源，又丧失劳动能力的；

（六）人民法院认为应当终结执行的其他情形。

第二百五十八条　中止和终结执行的裁定，送达当事人后立即生效。

第四编　涉外民事诉讼程序的特别规定

第二十三章　一　般　原　则

第二百五十九条　在中华人民共和国领域内进行涉外民事诉讼，适用本编规定。本编没有规定的，适用本法其他有关规定。

第二百六十条　中华人民共和国缔结或者参加的国际条约同本法有不同规定的，适用该国际条约的规定，但中华人民共和国声明保留的条款除外。

第二百六十一条　对享有外交特权与豁免的外国人、外国组织或者国际组织提起的民事诉讼，应当依照中华人民共和国有关法律和中华人民共和国缔结或者参加的国际条约的规定办理。

第二百六十二条　人民法院审理涉外民事案件，应当使用中华人民共和国通用的语言、文字。当事人要求提供翻译的，可以提供，费用由当事人承担。

第二百六十三条　外国人、无国籍人、外国企业和组织在人民法院起诉、应诉，需要委托律师代理诉讼的，必须委托中华人民共和国的律师。

第二百六十四条　在中华人民共和国领域内没有住所的外国人、无国籍人、外国企业和组织委托中华人民共和国律师或者其他人代理诉讼，从中华人民共和国领域外寄交或者托交的授权委托书，应当经所在国公证机关证明，并经中华人民共和国驻该国使领馆认证，或者履行中华人民共和国与该所在国订立的有关条约中规定的证明手续后，才具有效力。

第二十四章　管　　辖

第二百六十五条　因合同纠纷或者其他财产权益纠纷，对在中华人民共和国领域内没有住所的被告提起的诉讼，如果合同在中华人民共和国领域内签订或者履行，或者诉讼标的物在中华人民共和国领域内，或者被告在中华人民共和国领域内有可供扣押的财产，或者被告在中华人民共和国领域内设有代表机构，可以由合同签订地、合同履行地、诉讼标的物所在地、可供扣押财产所在地、侵权行为地或者代表机构住所地人民法院管辖。

第二百六十六条　因在中华人民共和国履行中外合资经营企业合同、中外合作经营企业合同、中外合作勘探开发自然资源合同发生纠纷提起的诉讼，由中华人民共和国人民法院管辖。

第二十五章　送达、期间

第二百六十七条　人民法院对在中华人民共和国领域内没有住所的当事人送达诉讼文书，可以采用下列方式：

（一）依照受送达人所在国与中华人民共和国缔结或者共同参加的国际条约中规定的方式送达；

（二）通过外交途径送达；

（三）对具有中华人民共和国国籍的受送达人，可以委托中华人民共和国驻受送达人所在国的使领馆代为送达；

（四）向受送达人委托的有权代其接受送达的诉讼代理人送达；

（五）向受送达人在中华人民共和国领域内设立的代表机构或者有权接受送达的分支机构、业务代办人送达；

（六）受送达人所在国的法律允许邮寄送达的，可以邮寄送达，自邮寄之日起满三个月，送达回证没有退回，但根据各种情况足以认定已经送达的，期间届满之日视为送达；

（七）采用传真、电子邮件等能够确认受送达人收悉的方式送达；

（八）不能用上述方式送达的，公告送达，自公告之日起满三个月，即视为送达。

第二百六十八条　被告在中华人民共和国领域内没有住所的，人民法院应当将起诉状副本送达被告，并通知被告在收到起诉状副本后三十日内提出答辩状。被告申请延期的，是否准许，由人民法院决定。

第二百六十九条　在中华人民共和国领域内没有住所的当事人，不服第一审人民法院判决、裁定的，有权在判决书、裁定书送达之日起三十日内提起上诉。被上诉人在收到上诉状副本后，应当在三十日内提出答辩状。当事人不能在法定期间提起上诉或者提出答辩状，申请延期的，是否准许，由人民法院决定。

第二百七十条　人民法院审理涉外民事案件的期间，不受本法第一百四十九条、第一百七十六条规定的限制。

第二十六章　仲　　裁

第二百七十一条　涉外经济贸易、运输和海事中发生的纠纷，当事人在合同中订有仲裁条款或者事后达成书面仲裁协议，提交中华人民共和国涉外仲裁机构或者其他仲裁机构仲裁的，当事人不得向人民法院起诉。

当事人在合同中没有订有仲裁条款或者事后没有达成书面仲裁协议的，可以向人民法院起诉。

第二百七十二条 当事人申请采取保全的，中华人民共和国的涉外仲裁机构应当将当事人的申请，提交被申请人住所地或者财产所在地的中级人民法院裁定。

第二百七十三条 经中华人民共和国涉外仲裁机构裁决的，当事人不得向人民法院起诉。一方当事人不履行仲裁裁决的，对方当事人可以向被申请人住所地或者财产所在地的中级人民法院申请执行。

第二百七十四条 对中华人民共和国涉外仲裁机构作出的裁决，被申请人提出证据证明仲裁裁决有下列情形之一的，经人民法院组成合议庭审查核实，裁定不予执行：

（一）当事人在合同中没有订有仲裁条款或者事后没有达成书面仲裁协议的；

（二）被申请人没有得到指定仲裁员或者进行仲裁程序的通知，或者由于其他不属于被申请人负责的原因未能陈述意见的；

（三）仲裁庭的组成或者仲裁的程序与仲裁规则不符的；

（四）裁决的事项不属于仲裁协议的范围或者仲裁机构无权仲裁的。

人民法院认定执行该裁决违背社会公共利益的，裁定不予执行。

第二百七十五条 仲裁裁决被人民法院裁定不予执行的，当事人可以根据双方达成的书面仲裁协议重新申请仲裁，也可以向人民法院起诉。

第二十七章 司 法 协 助

第二百七十六条 根据中华人民共和国缔结或者参加的国际条约，或者按照互惠原则，人民法院和外国法院可以相互请求，代为送达文书、调查取证以及进行其他诉讼行为。

外国法院请求协助的事项有损于中华人民共和国的主权、安全或者社会公共利益的，人民法院不予执行。

第二百七十七条 请求和提供司法协助，应当依照中华人民共和国缔结或者参加的国际条约所规定的途径进行；没有条约关系的，通过外交途径进行。

外国驻中华人民共和国的使领馆可以向该国公民送达文书和调查取证，但不得违反中华人民共和国的法律，并不得采取强制措施。

除前款规定的情况外，未经中华人民共和国主管机关准许，任何外国机关或者个人不得在中华人民共和国领域内送达文书、调查取证。

第二百七十八条 外国法院请求人民法院提供司法协助的请求书及其所附文件，应当附有中文译本或者国际条约规定的其他文字文本。

人民法院请求外国法院提供司法协助的请求书及其所附文件，应当附有该国文字译本或者国际条约规定的其他文字文本。

第二百七十九条 人民法院提供司法协助，依照中华人民共和国法律规定的程序进行。外国法院请求采用特殊方式的，也可以按照其请求的特殊方式进行，但请求采用的特殊方式不得违反中华人民共和国法律。

第二百八十条 人民法院作出的发生法律效力的判决、裁定，如果被执行人或者其财产不在中华人民共和国领域内，当事人请求执行的，可以由当事人直接向有管辖权的外国法院申请承认和执行，也可以由人民法院依照中华人民共和国缔结或者参加的国际条约的规定，或者按照互惠原则，请求外国法院承认和执行。

中华人民共和国涉外仲裁机构作出的发生法律效力的仲裁裁决，当事人请求执行的，如果被执行人或者其财产不在中华人民共和国领域内，应当由当事人直接向有管辖权的外国法院申请承认和执行。

第二百八十一条 外国法院作出的发生法律效力的判决、裁定，需要中华人民共和国人民法院承认和执行的，可以由当事人直接向中华人民共和国有管辖权的中级人民法院申请承认和执行，也可以由外国法院依照该国与中华人民共和国缔结或者参加的国际条约的规定，或者按照互惠原则，请求人民法院承认和执行。

第二百八十二条 人民法院对申请或者请求承认和执行的外国法院作出的发生法律效力的判决、裁定，依照中华人民共和国缔结或者参加的国际条约，或者按照互惠原则进行审查后，认为不违反中华人民共和国法律的基本原则或者国家主权、安全、社会公共利益的，裁定承认其效力，需要执行的，发出执行令，依照本法的有关规定执行。违反中华人民共和国法律的基本原则或者国家主权、安全、社会公共利益的，不予承认和执行。

第二百八十三条 国外仲裁机构的裁决，需要中华人民共和国人民法院承认和执行的，应当由当事人直接向被执行人住所地或者其财产所在地的中级人民法院申请，人民法院应当依照中华人民共和国缔结或者参加的国际条约，或者按照互惠原则办理。

第二百八十四条 本法自公布之日起施行，《中华人民共和国民事诉讼法（试行）》同时废止。

15. 中华人民共和国刑法

（1979 年 7 月 1 日第五届全国人民代表大会第二次会议通过，1997 年 3 月 14 日第八届全国人民代表大会第五次会议修订。根据 1999 年 12 月 25 日中华人民共和国刑法修正案，2001 年 8 月 31 日中华人民共和国刑法修正案（二），2001 年 12 月 29 日中华人民共和国刑法修正案（三），2002 年 12 月 28 日中华人民共和国刑法修正案（四），2005 年 2 月 28 日中华人民共和国刑法修正案（五），2006 年 6 月 29 日中华人民共和国刑法修正案（六），2009 年 2 月 28 日中华人民共和国刑法修正案（七）修正，根据 2009 年 8 月 27 日全国人民代表大会常务委员会《关于修改部分法律的决定》修正，根据 2011 年 2 月 25 日中华人民共和国刑法修正案（八）修正，根据 2015 年 8 月 29 日第十二届全国人民代表大会常务委员会第十六次会议通过的《刑法修正案（九）》修正，根据 2017 年 11 月 4 日第十二届全国人民代表大会常务委员会第三十次会议通过的《刑法修正案（十）》修正）

目　　录

第一编　总　　则

第一章　刑法的任务、基本原则和适用范围

第一条　为了惩罚犯罪，保护人民，根据宪法，结合我国同犯罪作斗争的具体经验及实际情况，制定本法。

第二条　中华人民共和国刑法的任务，是用刑罚同一切犯罪行为作斗争，以保卫国家安全，保卫人民民主专政的政权和社会主义制度，保护国有财产和劳动群众集体所有的财产，保护公民私人所有的财产，保护公民的人身权利、民主权利和其他权利，维护社会秩序、经济秩序，保障社会主义建设事业的顺利进行。

第三条 法律明文规定为犯罪行为的，依照法律定罪处刑；法律没有明文规定为犯罪行为的，不得定罪处刑。

第四条 对任何人犯罪，在适用法律上一律平等。不允许任何人有超越法律的特权。

第五条 刑罚的轻重，应当与犯罪分子所犯罪行和承担的刑事责任相适应。

第六条 凡在中华人民共和国领域内犯罪的，除法律有特别规定的以外，都适用本法。

凡在中华人民共和国船舶或者航空器内犯罪的，也适用本法。

犯罪的行为或者结果有一项发生在中华人民共和国领域内的，就认为是在中华人民共和国领域内犯罪。

第七条 中华人民共和国公民在中华人民共和国领域外犯本法规定之罪的，适用本法，但是按本法规定的最高刑为三年以下有期徒刑的，可以不予追究。

中华人民共和国国家工作人员和军人在中华人民共和国领域外犯本法规定之罪的，适用本法。

第八条 外国人在中华人民共和国领域外对中华人民共和国国家或者公民犯罪，而按本法规定的最低刑为三年以上有期徒刑的，可以适用本法，但是按照犯罪地的法律不受处罚的除外。

第九条 对于中华人民共和国缔结或者参加的国际条约所规定的罪行，中华人民共和国在所承担条约义务的范围内行使刑事管辖权的，适用本法。

第十条 凡在中华人民共和国领域外犯罪，依照本法应当负刑事责任的，虽然经过外国审判，仍然可以依照本法追究，但是在外国已经受过刑罚处罚的，可以免除或者减轻处罚。

第十一条 享有外交特权和豁免权的外国人的刑事责任，通过外交途径解决。

第十二条 中华人民共和国成立以后本法施行以前的行为，如果当时的法律不认为是犯罪的，适用当时的法律；如果当时的法律认为是犯罪的，依照本法总则第四章第八节的规定应当追诉的，按照当时的法律追究刑事责任，但是如果本法不认为是犯罪或者处刑较轻的，适用本法。

本法施行以前，依照当时的法律已经作出的生效判决，继续有效。

第二章 犯　　罪

第一节 犯罪和刑事责任

第十三条 一切危害国家主权、领土完整和安全，分裂国家、颠覆人民民主专政的政权和推翻社会主义制度，破坏社会秩序和经济秩序，侵犯国有财产或者劳动群众集体所有的财产，侵犯公民私人所有的财产，侵犯公民的人身权利、民主权利和其他权利，以及其他危害社会的行为，依照法律应当受刑罚处罚的，都是犯罪，但是情节显著轻微危害不大的，不认为是犯罪。

第十四条 明知自己的行为会发生危害社会的结果，并且希望或者放任这种结果发生，因而构成犯罪的，是故意犯罪。

故意犯罪，应当负刑事责任。

第十五条 应当预见自己的行为可能发生危害社会的结果，因为疏忽大意而没有预见，或者已经预见而轻信能够避免，以致发生这种结果的，是过失犯罪。

过失犯罪，法律有规定的才负刑事责任。

第十六条 行为在客观上虽然造成了损害结果，但是不是出于故意或者过失，而是由于不能抗拒或者不能预见的原因所引起的，不是犯罪。

第十七条 已满十六周岁的人犯罪，应当负刑事责任。

已满十四周岁不满十六周岁的人，犯故意杀人、故意伤害致人重伤或者死亡、强奸、抢劫、贩卖毒品、放火、爆炸、投毒罪的，应当负刑事责任。

已满十四周岁不满十八周岁的人犯罪，应当从轻或者减轻处罚。

因不满十六周岁不予刑事处罚的，责令他的家长或者监护人加以管教；在必要的时候，也可以由政府收容教养。

第十七条之一已满七十五周岁的人故意犯罪的，可以从轻或者减轻处罚；过失犯罪的，应当从轻或者减轻处罚。

第十八条 精神病人在不能辨认或者不能控制自己行为的时候造成危害结果，经法定程序鉴定确认的，不负刑事责任，但是应当责令他的家属或者监护人严加看管和医疗；在必要的时候，由政府强制医疗。

间歇性的精神病人在精神正常的时候犯罪，应当负刑事责任。

尚未完全丧失辨认或者控制自己行为能力的精神病人犯罪的，应当负刑事责任，但是可以从轻或者减轻处罚。

醉酒的人犯罪，应当负刑事责任。

第十九条 又聋又哑的人或者盲人犯罪，可以从轻、减轻或者免除处罚。

第二十条 为了使国家、公共利益、本人或者他人的人身、财产和其他权利免受正在进行的不法侵害，而采取的制止不法侵害的行为，对不法侵害人造成损害的，属于正当防卫，不负刑事责任。

正当防卫明显超过必要限度造成重大损害的，应当负刑事责任，但是应当减轻或者免除处罚。

对正在进行行凶、杀人、抢劫、强奸、绑架以及其他严重危及人身安全的暴力犯罪，采取防卫行为，造成不法侵害人伤亡的，不属于防卫过当，不负刑事责任。

第二十一条 为了使国家、公共利益、本人或者他人的人身、财产和其他权利免受正在发生的危险，不得已采取的紧急避险行为，造成损害的，不负刑事责任。

紧急避险超过必要限度造成不应有的损害的，应当负刑事责任，但是应当减轻或者免除处罚。

第一款中关于避免本人危险的规定，不适用于职务上、业务上负有特定责任的人。

第二节 犯罪的预备、未遂和中止

第二十二条 为了犯罪，准备工具、制造条件的，是犯罪预备。

对于预备犯，可以比照既遂犯从轻、减轻处罚或者免除处罚。

第二十三条 已经着手实行犯罪，由于犯罪分子意志以外的原因而未得逞的，是犯罪未遂。

对于未遂犯，可以比照既遂犯从轻或者减轻处罚。

第二十四条 在犯罪过程中，自动放弃犯罪或者自动有效地防止犯罪结果发生的，是犯罪中止。

对于中止犯，没有造成损害的，应当免除处罚；造成损害的，应当减轻处罚。

第三节 共同犯罪

第二十五条 共同犯罪是指二人以上共同故意犯罪。

二人以上共同过失犯罪，不以共同犯罪论处；应当负刑事责任的，按照他们所犯的罪分别处罚。

第二十六条 组织、领导犯罪集团进行犯罪活动的或者在共同犯罪中起主要作用的，是主犯。

三人以上为共同实施犯罪而组成的较为固定的犯罪组织，是犯罪集团。

对组织、领导犯罪集团的首要分子，按照集团所犯的全部罪行处罚。

对于第三款规定以外的主犯，应当按照其所参与的或者组织、指挥的全部犯罪处罚。

第二十七条 在共同犯罪中起次要或者辅助作用的，是从犯。

对于从犯，应当从轻、减轻处罚或者免除处罚。

第二十八条 对于被胁迫参加犯罪的，应当按照他的犯罪情节减轻处罚或者免除处罚。

第二十九条 教唆他人犯罪的，应当按照他在共同犯罪中所起的作用处罚。教唆不满十八周岁的人犯罪的，应当从重处罚。

如果被教唆的人没有犯被教唆的罪，对于教唆犯，可以从轻或者减轻处罚。

第四节　单　位　犯　罪

第三十条　公司、企业、事业单位、机关、团体实施的危害社会的行为，法律规定为单位犯罪的，应当负刑事责任。

第三十一条　单位犯罪的，对单位判处罚金，并对其直接负责的主管人员和其他直接责任人员判处刑罚。本法分则和其他法律另有规定的，依照规定。

第三章　刑　　罚

第一节　刑罚的种类

第三十二条　刑罚分为主刑和附加刑。

第三十三条　主刑的种类如下：

（一）管制；

（二）拘役；

（三）有期徒刑；

（四）无期徒刑；

（五）死刑。

第三十四条　附加刑的种类如下：

（一）罚金；

（二）剥夺政治权利；

（三）没收财产。

附加刑也可以独立适用。

第三十五条　对于犯罪的外国人，可以独立适用或者附加适用驱逐出境。

第三十六条　由于犯罪行为而使被害人遭受经济损失的，对犯罪分子除依法给予刑事处罚外，并应根据情况判处赔偿经济损失。

承担民事赔偿责任的犯罪分子，同时被判处罚金，其财产不足以全部支付的，或者被判处没收财产的，应当先承担对被害人的民事赔偿责任。

第三十七条　对于犯罪情节轻微不需要判处刑罚的，可以免予刑事处罚，但是可以根据案件的不同情况，予以训诫或者责令具结悔过、赔礼道歉、赔偿损失，或者由主管部门予以行政处罚或者行政处分。

第三十七条之一因利用职业便利实施犯罪，或者实施违背职业要求的特定义务的犯罪被判处刑罚的，人民法院可以根据犯罪情况和预防再犯罪的需要，禁止其自刑罚执行完毕之日或者假释之日起从事相关职业，期限为三年至五年。

被禁止从事相关职业的人违反人民法院依照前款规定作出的决定的，由公安机关依法给予处罚；情节严重的，依照本法第三百一十三条的规定定罪处罚。

其他法律、行政法规对其从事相关职业另有禁止或者限制性规定的，从其规定。

第二节　管　　制

第三十八条　管制的期限，为三个月以上二年以下。

判处管制，可以根据犯罪情况，同时禁止犯罪分子在执行期间从事特定活动，进入特定区域、场所，接触特定的人。

对判处管制的犯罪分子，依法实行社区矫正。

违反第二款规定的禁止令的，由公安机关依照《中华人民共和国治安管理处罚法》的规定处罚。

第三十九条 被判处管制的犯罪分子，在执行期间，应当遵守下列规定：

（一）遵守法律、行政法规，服从监督；

（二）未经执行机关批准，不得行使言论、出版、集会、结社、游行、示威自由的权利；

（三）按照执行机关规定报告自己的活动情况；

（四）遵守执行机关关于会客的规定；

（五）离开所居住的市、县或者迁居，应当报经执行机关批准。

对于被判处管制的犯罪分子，在劳动中应当同工同酬。

第四十条 被判处管制的犯罪分子，管制期满，执行机关应即向本人和其所在单位或者居住地的群众宣布解除管制。

第四十一条 管制的刑期，从判决执行之日起计算；判决执行以前先行羁押的，羁押一日折抵刑期二日。

第三节 拘　　役

第四十二条 拘役的期限，为一个月以上六个月以下。

第四十三条 被判处拘役的犯罪分子，由公安机关就近执行。

在执行期间，被判处拘役的犯罪分子每月可以回家一天至两天；参加劳动的，可以酌量发给报酬。

第四十四条 拘役的刑期，从判决执行之日起计算；判决执行以前先行羁押的，羁押一日折抵刑期一日。

第四节 有期徒刑、无期徒刑

第四十五条 有期徒刑的期限，除本法第五十条、第六十九条规定外，为六个月以上十五年以下。

第四十六条 被判处有期徒刑、无期徒刑的犯罪分子，在监狱或者其他执行场所执行；凡有劳动能力的，都应当参加劳动，接受教育和改造。

第四十七条 有期徒刑的刑期，从判决执行之日起计算；判决执行以前先行羁押的，羁押一日折抵刑期一日。

第五节 死　　刑

第四十八条 死刑只适用于罪行极其严重的犯罪分子。对于应当判处死刑的犯罪分子，如果不是必须立即执行的，可以判处死刑同时宣告缓期二年执行。

死刑除依法由最高人民法院判决的以外，都应当报请最高人民法院核准。死刑缓期执行的，可以由高级人民法院判决或者核准。

第四十九条 犯罪的时候不满十八周岁的人和审判的时候怀孕的妇女，不适用死刑。

审判的时候已满七十五周岁的人，不适用死刑，但以特别残忍手段致人死亡的除外。

第五十条 判处死刑缓期执行的，在死刑缓期执行期间，如果没有故意犯罪，二年期满以后，减为无期徒刑；如果确有重大立功表现，二年期满以后，减为二十五年有期徒刑；如果故意犯罪，情节恶劣的，报请最高人民法院核准后执行死刑；对于故意犯罪未执行死刑的，死刑缓期执行的期间重新计算，并报最高人民法院备案。

对被判处死刑缓期执行的累犯以及因故意杀人、强奸、抢劫、绑架、放火、爆炸、投放危险物质或者有组织的暴力性犯罪被判处死刑缓期执行的犯罪分子，人民法院根据犯罪情节等情况可以同时决定对其限制减刑。

第五十一条 死刑缓期执行的期间，从判决确定之日起计算。死刑缓期执行减为有期徒刑的刑期，从死刑缓期执行期满之日起计算。

第六节 罚 金

第五十二条 判处罚金，应当根据犯罪情节决定罚金数额。

第五十三条 罚金在判决指定的期限内一次或者分期缴纳。期满不缴纳的，强制缴纳。对于不能全部缴纳罚金的，人民法院在任何时候发现被执行人有可以执行的财产，应当随时追缴。

由于遭遇不能抗拒的灾祸等原因缴纳确实有困难的，经人民法院裁定，可以延期缴纳、酌情减少或者免除。

第七节 剥夺政治权利

第五十四条 剥夺政治权利是剥夺下列权利：

（一）选举权和被选举权；

（二）言论、出版、集会、结社、游行、示威自由的权利；

（三）担任国家机关职务的权利；

（四）担任国有公司、企业、事业单位和人民团体领导职务的权利。

第五十五条 剥夺政治权利的期限，除本法第五十七条规定外，为一年以上五年以下。

判处管制附加剥夺政治权利的，剥夺政治权利的期限与管制的期限相等，同时执行。

第五十六条 对于危害国家安全的犯罪分子应当附加剥夺政治权利；对于故意杀人、强奸、放火、爆炸、投毒、抢劫等严重破坏社会秩序的犯罪分子，可以附加剥夺政治权利。

独立适用剥夺政治权利的，依照本法分则的规定。

第五十七条 对于被判处死刑、无期徒刑的犯罪分子，应当剥夺政治权利终身。

在死刑缓期执行减为有期徒刑或者无期徒刑减为有期徒刑的时候，应当把附加剥夺政治权利的期限改为三年以上十年以下。

第五十八条 附加剥夺政治权利的刑期，从徒刑、拘役执行完毕之日或者从假释之日起计算；剥夺政治权利的效力当然施用于主刑执行期间。

被剥夺政治权利的犯罪分子，在执行期间，应当遵守法律、行政法规和国务院公安部门有关监督管理的规定，服从监督；不得行使本法第五十四条规定的各项权利。

第八节 没收财产

第五十九条 没收财产是没收犯罪分子个人所有财产的一部或者全部。没收全部财产的，应当对犯罪分子个人及其扶养的家属保留必需的生活费用。

在判处没收财产的时候，不得没收属于犯罪分子家属所有或者应有的财产。

第六十条 没收财产以前犯罪分子所负的正当债务，需要以没收的财产偿还的，经债权人请求，应当偿还。

第四章　刑罚的具体运用

第一节　量　　刑

第六十一条　对于犯罪分子决定刑罚的时候，应当根据犯罪的事实、犯罪的性质、情节和对于社会的危害程度，依照本法的有关规定判处。

第六十二条　犯罪分子具有本法规定的从重处罚、从轻处罚情节的，应当在法定刑的限度以内判处刑罚。

第六十三条　犯罪分子具有本法规定的减轻处罚情节的，应当在法定刑以下判处刑罚；本法规定有数个量刑幅度的，应当在法定量刑幅度的下一个量刑幅度内判处刑罚。

犯罪分子虽然不具有本法规定的减轻处罚情节，但是根据案件的特殊情况，经最高人民法院核准，也可以在法定刑以下判处刑罚。

第六十四条　犯罪分子违法所得的一切财物，应当予以追缴或者责令退赔；对被害人的合法财产，应当及时返还；违禁品和供犯罪所用的本人财物，应当予以没收。没收的财物和罚金，一律上缴国库，不得挪用和自行处理。

第二节　累　　犯

第六十五条　被判处有期徒刑以上刑罚的犯罪分子，刑罚执行完毕或者赦免以后，在五年以内再犯应当判处有期徒刑以上刑罚之罪的，是累犯，应当从重处罚，但是过失犯罪和不满十八周岁的人犯罪的除外。

前款规定的期限，对于被假释的犯罪分子，从假释期满之日起计算。

第六十六条　危害国家安全犯罪、恐怖活动犯罪、黑社会性质的组织犯罪的犯罪分子，在刑罚执行完毕或者赦免以后，在任何时候再犯上述任一类罪的，都以累犯论处。

第三节　自首和立功

第六十七条　犯罪以后自动投案，如实供述自己的罪行的，是自首。对于自首的犯罪分子，可以从轻或者减轻处罚。其中，犯罪较轻的，可以免除处罚。

被采取强制措施的犯罪嫌疑人、被告人和正在服刑的罪犯，如实供述司法机关还未掌握的本人其他罪行的，以自首论。

犯罪嫌疑人虽不具有前两款规定的自首情节，但是如实供述自己罪行的，可以从轻处罚；因其如实供述自己罪行，避免特别严重后果发生的，可以减轻处罚。

第六十八条　犯罪分子有揭发他人犯罪行为，查证属实的，或者提供重要线索，从而得以侦破其他案件等立功表现的，可以从轻或者减轻处罚；有重大立功表现的，可以减轻或者免除处罚。

第四节　数罪并罚

第六十九条　判决宣告以前一人犯数罪的，除判处死刑和无期徒刑的以外，应当在总和刑期以下、数刑中最高刑期以上，酌情决定执行的刑期，但是管制最高不能超过三年，拘役最高不能超过一年，有期徒刑总和刑期不满三十五年的，最高不能超过二十年，总和刑期在三十五年以上的，最高不能超过二十五年。

数罪中有判处有期徒刑和拘役的，执行有期徒刑。数罪中有判处有期徒刑和管制，或者拘役和管制的，有期徒刑、拘役执行完毕后，管制仍须执行。

数罪中有判处附加刑的，附加刑仍须执行，其中附加刑种类相同的，合并执行，种类不同的，分别执行。

第七十条 判决宣告以后，刑罚执行完毕以前，发现被判刑的犯罪分子在判决宣告以前还有其他罪没有判决的，应当对新发现的罪作出判决，把前后两个判决所判处的刑罚，依照本法第六十九条的规定，决定执行的刑罚。已经执行的刑期，应当计算在新判决决定的刑期以内。

第七十一条 判决宣告以后，刑罚执行完毕以前，被判刑的犯罪分子又犯罪的，应当对新犯的罪作出判决，把前罪没有执行的刑罚和后罪所判处的刑罚，依照本法第六十九条的规定，决定执行的刑罚。

第五节 缓　　刑

第七十二条 对于被判处拘役、三年以下有期徒刑的犯罪分子，同时符合下列条件的，可以宣告缓刑，对其中不满十八周岁的人、怀孕的妇女和已满七十五周岁的人，应当宣告缓刑：

（一）犯罪情节较轻；

（二）有悔罪表现；

（三）没有再犯罪的危险；

（四）宣告缓刑对所居住社区没有重大不良影响。

宣告缓刑，可以根据犯罪情况，同时禁止犯罪分子在缓刑考验期限内从事特定活动，进入特定区域、场所，接触特定的人。

被宣告缓刑的犯罪分子，如果被判处附加刑，附加刑仍须执行。

第七十三条 拘役的缓刑考验期限为原判刑期以上一年以下，但是不能少于二个月。

有期徒刑的缓刑考验期限为原判刑期以上五年以下，但是不能少于一年。

缓刑考验期限，从判决确定之日起计算。

第七十四条 对于累犯和犯罪集团的首要分子，不适用缓刑。

第七十五条 被宣告缓刑的犯罪分子，应当遵守下列规定：

（一）遵守法律、行政法规，服从监督；

（二）按照考察机关的规定报告自己的活动情况；

（三）遵守考察机关关于会客的规定；

（四）离开所居住的市、县或者迁居，应当报经考察机关批准。

第七十六条 对宣告缓刑的犯罪分子，在缓刑考验期限内，依法实行社区矫正，如果没有本法第七十七条规定的情形，缓刑考验期满，原判的刑罚就不再执行，并公开予以宣告。

第七十七条 被宣告缓刑的犯罪分子，在缓刑考验期限内犯新罪或者发现判决宣告以前还有其他罪没有判决的，应当撤销缓刑，对新犯的罪或者新发现的罪作出判决，把前罪和后罪所判处的刑罚，依照本法第六十九条的规定，决定执行的刑罚。

被宣告缓刑的犯罪分子，在缓刑考验期限内，违反法律、行政法规或者国务院有关部门关于缓刑的监督管理规定，或者违反人民法院判决中的禁止令，情节严重的，应当撤销缓刑，执行原判刑罚。

第六节 减　　刑

第七十八条 被判处管制、拘役、有期徒刑、无期徒刑的犯罪分子，在执行期间，如果认真遵守监规，接受教育改造，确有悔改表现的，或者有立功表现的，可以减刑；有下列重大立功表现之一的，应当减刑：

（一）阻止他人重大犯罪活动的；

（二）检举监狱内外重大犯罪活动，经查证属实的；

（三）有发明创造或者重大技术革新的；

（四）在日常生产、生活中舍己救人的；

（五）在抗御自然灾害或者排除重大事故中，有突出表现的；

（六）对国家和社会有其他重大贡献的。

减刑以后实际执行的刑期不能少于下列期限：

（一）判处管制、拘役、有期徒刑的，不能少于原判刑期的二分之一；

（二）判处无期徒刑的，不能少于十三年；

（三）人民法院依照本法第五十条第二款规定限制减刑的死刑缓期执行的犯罪分子，缓期执行期满后依法减为无期徒刑的，不能少于二十五年，缓期执行期满后依法减为二十五年有期徒刑的，不能少于二十年。

第七十九条 对于犯罪分子的减刑，由执行机关向中级以上人民法院提出减刑建议书。人民法院应当组成合议庭进行审理，对确有悔改或者立功事实的，裁定予以减刑。非经法定程序不得减刑。

第八十条 无期徒刑减为有期徒刑的刑期，从裁定减刑之日起计算。

第七节 假　　释

第八十一条 被判处有期徒刑的犯罪分子，执行原判刑期二分之一以上，被判处无期徒刑的犯罪分子，实际执行十三年以上，如果认真遵守监规，接受教育改造，确有悔改表现，没有再犯罪的危险的，可以假释。如果有特殊情况，经最高人民法院核准，可以不受上述执行刑期的限制。

对累犯以及因故意杀人、强奸、抢劫、绑架、放火、爆炸、投放危险物质或者有组织的暴力性犯罪被判处十年以上有期徒刑、无期徒刑的犯罪分子，不得假释。

对犯罪分子决定假释时，应当考虑其假释后对所居住社区的影响。

第八十二条 对于犯罪分子的假释，依照本法第七十九条规定的程序进行。非经法定程序不得假释。

第八十三条 有期徒刑的假释考验期限，为没有执行完毕的刑期；无期徒刑的假释考验期限为十年。

假释考验期限，从假释之日起计算。

第八十四条 被宣告假释的犯罪分子，应当遵守下列规定：

（一）遵守法律、行政法规，服从监督；

（二）按照监督机关的规定报告自己的活动情况；

（三）遵守监督机关关于会客的规定；

（四）离开所居住的市、县或者迁居，应当报经监督机关批准。

第八十五条 对假释的犯罪分子，在假释考验期限内，依法实行社区矫正，如果没有本法第八十六条规定的情形，假释考验期满，就认为原判刑罚已经执行完毕，并公开予以宣告。

第八十六条 被假释的犯罪分子，在假释考验期限内犯新罪，应当撤销假释，依照本法第七十一条的规定实行数罪并罚。

在假释考验期限内，发现被假释的犯罪分子在判决宣告以前还有其他罪没有判决的，应当撤销假释，依照本法第七十条的规定实行数罪并罚。

被假释的犯罪分子，在假释考验期限内，有违反法律、行政法规或者国务院有关部门关于假释的监督管理规定的行为，尚未构成新的犯罪的，应当依照法定程序撤销假释，收监执行未执行完毕的刑罚。

第八节　时　　效

第八十七条　犯罪经过下列期限不再追诉：

（一）法定最高刑为不满五年有期徒刑的，经过五年；

（二）法定最高刑为五年以上不满十年有期徒刑的，经过十年；

（三）法定最高刑为十年以上有期徒刑的，经过十五年；

（四）法定最高刑为无期徒刑、死刑的，经过二十年。如果二十年以后认为必须追诉的，须报请最高人民检察院核准。

第八十八条　在人民检察院、公安机关、国家安全机关立案侦查或者在人民法院受理案件以后，逃避侦查或者审判的，不受追诉期限的限制。

被害人在追诉期限内提出控告，人民法院、人民检察院、公安机关应当立案而不予立案的，不受追诉期限的限制。

第八十九条　追诉期限从犯罪之日起计算；犯罪行为有连续或者继续状态的，从犯罪行为终了之日起计算。

在追诉期限以内又犯罪的，前罪追诉的期限从犯后罪之日起计算。

第五章　其　他　规　定

第九十条　民族自治地方不能全部适用本法规定的，可以由自治区或者省的人民代表大会根据当地民族的政治、经济、文化的特点和本法规定的基本原则，制定变通或者补充的规定，报请全国人民代表大会常务委员会批准施行。

第九十一条　本法所称公共财产，是指下列财产：

（一）国有财产；

（二）劳动群众集体所有的财产；

（三）用于扶贫和其他公益事业的社会捐助或者专项基金的财产。

在国家机关、国有公司、企业、集体企业和人民团体管理、使用或者运输中的私人财产，以公共财产论。

第九十二条　本法所称公民私人所有的财产，是指下列财产：

（一）公民的合法收入、储蓄、房屋和其他生活资料；

（二）依法归个人、家庭所有的生产资料；

（三）个体户和私营企业的合法财产；

（四）依法归个人所有的股份、股票、债券和其他财产。

第九十三条　本法所称国家工作人员，是指国家机关中从事公务的人员。

国有公司、企业、事业单位、人民团体中从事公务的人员和国家机关、国有公司、企业、事业单位委派到非国有公司、企业、事业单位、社会团体从事公务的人员，以及其他依照法律从事公务的人员，以国家工作人员论。

第九十四条　本法所称司法工作人员，是指有侦查、检察、审判、监管职责的工作人员。

第九十五条　本法所称重伤，是指有下列情形之一的伤害：

（一）使人肢体残废或者毁人容貌的；

（二）使人丧失听觉、视觉或者其他器官机能的；

（三）其他对于人身健康有重大伤害的。

第九十六条　本法所称违反国家规定，是指违反全国人民代表大会及其常务委员会制定的法律和决定，国务院制定的行政法规、规定的行政措施、发布的决定和命令。

第九十七条 本法所称首要分子，是指在犯罪集团或者聚众犯罪中起组织、策划、指挥作用的犯罪分子。

第九十八条 本法所称告诉才处理，是指被害人告诉才处理。如果被害人因受强制、威吓无法告诉的，人民检察院和被害人的近亲属也可以告诉。

第九十九条 本法所称以上、以下、以内，包括本数。

第一百条 依法受过刑事处罚的人，在入伍、就业的时候，应当如实向有关单位报告自己曾受过刑事处罚，不得隐瞒。

犯罪的时候不满十八周岁被判处五年有期徒刑以下刑罚的人，免除前款规定的报告义务。

第一百零一条 本法总则适用于其他有刑罚规定的法律，但是其他法律有特别规定的除外。

第二编 分 则

第一章 危害国家安全罪

第一百零二条 勾结外国，危害中华人民共和国的主权、领土完整和安全的，处无期徒刑或者十年以上有期徒刑。

与境外机构、组织、个人相勾结，犯前款罪的，依照前款的规定处罚。

第一百零三条 组织、策划、实施分裂国家、破坏国家统一的，对首要分子或者罪行重大的，处无期徒刑或者十年以上有期徒刑；对积极参加的，处三年以上十年以下有期徒刑；对其他参加的，处三年以下有期徒刑、拘役、管制或者剥夺政治权利。

煽动分裂国家、破坏国家统一的，处五年以下有期徒刑、拘役、管制或者剥夺政治权利；首要分子或者罪行重大的，处五年以上有期徒刑。

第一百零四条 组织、策划、实施武装叛乱或者武装暴乱的，对首要分子或者罪行重大的，处无期徒刑或者十年以上有期徒刑；对积极参加的，处三年以上十年以下有期徒刑；对其他参加的，处三年以下有期徒刑、拘役、管制或者剥夺政治权利。

策动、胁迫、勾引、收买国家机关工作人员、武装部队人员、人民警察、民兵进行武装叛乱或者武装暴乱的，依照前款的规定从重处罚。

第一百零五条 组织、策划、实施颠覆国家政权、推翻社会主义制度的，对首要分子或者罪行重大的，处无期徒刑或者十年以上有期徒刑；对积极参加的，处三年以上十年以下有期徒刑；对其他参加的，处三年以下有期徒刑、拘役、管制或者剥夺政治权利。

以造谣、诽谤或者其他方式煽动颠覆国家政权、推翻社会主义制度的，处五年以下有期徒刑、拘役、管制或者剥夺政治权利；首要分子或者罪行重大的，处五年以上有期徒刑。

第一百零六条 与境外机构、组织、个人相勾结，实施本章第一百零三条、第一百零四条、第一百零五条规定之罪的，依照各该条的规定从重处罚。

第一百零七条 境内外机构、组织或者个人资助实施本章第一百零二条、第一百零三条、第一百零四条、第一百零五条规定之罪的，对直接责任人员，处五年以下有期徒刑、拘役、管制或者剥夺政治权利；情节严重的，处五年以上有期徒刑。

第一百零八条 投敌叛变的，处三年以上十年以下有期徒刑；情节严重或者带领武装部队人员、人民警察、民兵投敌叛变的，处十年以上有期徒刑或者无期徒刑。

第一百零九条 国家机关工作人员在履行公务期间，擅离岗位，叛逃境外或者在境外叛逃的，处五年以下有期徒刑、拘役、管制或者剥夺政治权利；情节严重的，处五年以上十年以下有期徒刑。

掌握国家秘密的国家工作人员叛逃境外或者在境外叛逃的，依照前款的规定从重处罚。

第一百一十条 有下列间谍行为之一，危害国家安全的，处十年以上有期徒刑或者无期徒刑；情节较轻的，处三年以上十年以下有期徒刑：

（一）参加间谍组织或者接受间谍组织及其代理人的任务的；

（二）为敌人指示轰击目标的。

第一百一十一条 为境外的机构、组织、人员窃取、刺探、收买、非法提供国家秘密或者情报的，处五年以上十年以下有期徒刑；情节特别严重的，处十年以上有期徒刑或者无期徒刑；情节较轻的，处五年以下有期徒刑、拘役、管制或者剥夺政治权利。

第一百一十二条 战时供给敌人武器装备、军用物资资敌的，处十年以上有期徒刑或者无期徒刑；情节较轻的，处三年以上十年以下有期徒刑。

第一百一十三条 本章上述危害国家安全罪行中，除第一百零三条第二款、第一百零五条、第一百零七条、第一百零九条外，对国家和人民危害特别严重、情节特别恶劣的，可以判处死刑。

犯本章之罪的，可以并处没收财产。

第二章 危害公共安全罪

第一百一十四条 放火、决水、爆炸以及投放毒害性、放射性、传染病病原体等物质或者以其他危险方法危害公共安全，尚未造成严重后果的，处三年以上十年以下有期徒刑。

第一百一十五条 放火、决水、爆炸以及投放毒害性、放射性、传染病病原体等物质或者以其他危险方法致人重伤、死亡或者使公私财产遭受重大损失的，处十年以上有期徒刑、无期徒刑或者死刑。

过失犯前款罪的，处三年以上七年以下有期徒刑；情节较轻的，处三年以下有期徒刑或者拘役。

第一百一十六条 破坏火车、汽车、电车、船只、航空器，足以使火车、汽车、电车、船只、航空器发生倾覆、毁坏危险，尚未造成严重后果的，处三年以上十年以下有期徒刑。

第一百一十七条 破坏轨道、桥梁、隧道、公路、机场、航道、灯塔、标志或者进行其他破坏活动，足以使火车、汽车、电车、船只、航空器发生倾覆、毁坏危险，尚未造成严重后果的，处三年以上十年以下有期徒刑。

第一百一十八条 破坏电力、燃气或者其他易燃易爆设备，危害公共安全，尚未造成严重后果的，处三年以上十年以下有期徒刑。

第一百一十九条 破坏交通工具、交通设施、电力设备、燃气设备、易燃易爆设备，造成严重后果的，处十年以上有期徒刑、无期徒刑或者死刑。

过失犯前款罪的，处三年以上七年以下有期徒刑；情节较轻的，处三年以下有期徒刑或者拘役。

第一百二十条 组织、领导恐怖活动组织的，处十年以上有期徒刑或者无期徒刑，并处没收财产；积极参加的，处三年以上十年以下有期徒刑，并处罚金；其他参加的，处三年以下有期徒刑、拘役、管制或者剥夺政治权利，可以并处罚金。

犯前款罪并实施杀人、爆炸、绑架等犯罪的，依照数罪并罚的规定处罚。

资助恐怖活动组织、实施恐怖活动的个人的，或者资助恐怖活动培训的，处五年以下有期徒刑、拘役、管制或者剥夺政治权利，并处罚金；情节严重的，处五年以上有期徒刑，并处罚金或者没收财产。

为恐怖活动组织、实施恐怖活动或者恐怖活动培训招募、运送人员的，依照前款的规定处罚。

单位犯前两款罪的，对单位判处罚金，并对其直接负责的主管人员和其他直接责任人员，依照第一款的规定处罚。”

有下列情形之一的，处五年以下有期徒刑、拘役、管制或者剥夺政治权利，并处罚金；情节严重的，处五年以上有期徒刑，并处罚金或者没收财产：

（一）为实施恐怖活动准备凶器、危险物品或者其他工具的；

（二）组织恐怖活动培训或者积极参加恐怖活动培训的；

（三）为实施恐怖活动与境外恐怖活动组织或者人员联络的；

（四）为实施恐怖活动进行策划或者其他准备的。

有前款行为，同时构成其他犯罪的，依照处罚较重的规定定罪处罚。

以制作、散发宣扬恐怖主义、极端主义的图书、音频视频资料或者其他物品，或者通过讲授、发布信息等方式宣扬恐怖主义、极端主义的，或者煽动实施恐怖活动的，处五年以下有期徒刑、拘役、管制或者剥夺政治权利，并处罚金；情节严重的，处五年以上有期徒刑，并处罚金或者没收财产。

利用极端主义煽动、胁迫群众破坏国家法律确立的婚姻、司法、教育、社会管理等制度实施的，处三年以下有期徒刑、拘役或者管制，并处罚金；情节严重的，处三年以上七年以下有期徒刑，并处罚金；情节特别严重的，处七年以上有期徒刑，并处罚金或者没收财产。

以暴力、胁迫等方式强制他人在公共场所穿着、佩戴宣扬恐怖主义、极端主义服饰、标志的，处三年以下有期徒刑、拘役或者管制，并处罚金。

明知是宣扬恐怖主义、极端主义的图书、音频视频资料或者其他物品而非法持有，情节严重的，处三年以下有期徒刑、拘役或者管制，并处或者单处罚金。

第一百二十一条 以暴力、胁迫或者其他方法劫持航空器的，处十年以上有期徒刑或者无期徒刑；致人重伤、死亡或者使航空器遭受严重破坏的，处死刑。

第一百二十二条 以暴力、胁迫或者其他方法劫持船只、汽车的，处五年以上十年以下有期徒刑；造成严重后果的，处十年以上有期徒刑或者无期徒刑。

第一百二十三条 对飞行中的航空器上的人员使用暴力，危及飞行安全，尚未造成严重后果的，处五年以下有期徒刑或者拘役；造成严重后果的，处五年以上有期徒刑。

第一百二十四条 破坏广播电视设施、公用电信设施，危害公共安全的，处三年以上七年以下有期徒刑；造成严重后果的，处七年以上有期徒刑。

过失犯前款罪的，处三年以上七年以下有期徒刑；情节较轻的，处三年以下有期徒刑或者拘役。

第一百二十五条 非法制造、买卖、运输、邮寄、储存枪支、弹药、爆炸物的，处三年以上十年以下有期徒刑；情节严重的，处十年以上有期徒刑、无期徒刑或者死刑。

非法制造、买卖、运输、储存毒害性、放射性、传染病病原体等物质，危害公共安全的，依照前款的规定处罚。

单位犯前两款罪的，对单位判处罚金，并对其直接负责的主管人员和其他直接责任人员，依照第一款的规定处罚。

第一百二十六条 依法被指定、确定的枪支制造企业、销售企业，违反枪支管理规定，有下列行为之一的，对单位判处罚金，并对其直接负责的主管人员和其他直接责任人员，处五年以下有期徒刑；情节严重的，处五年以上十年以下有期徒刑；情节特别严重的，处十年以上有期徒刑或者无期徒刑：

（一）以非法销售为目的，超过限额或者不按照规定的品种制造、配售枪支的；

（二）以非法销售为目的，制造无号、重号、假号的枪支的；

（三）非法销售枪支或者在境内销售为出口制造的枪支的。

第一百二十七条 盗窃、抢夺枪支、弹药、爆炸物的，或者盗窃、抢夺毒害性、放射性、传染病病原体等物质，危害公共安全的，处三年以上十年以下有期徒刑；情节严重的，处十年以上有期徒刑、无期徒刑或者死刑。

抢劫枪支、弹药、爆炸物的，或者抢劫毒害性、放射性、传染病病原体等物质，危害公共安全的，或者盗窃、抢夺国家机关、军警人员、民兵的枪支、弹药、爆炸物的，处十年以上有期徒刑、无期徒刑或者死刑。

第一百二十八条 违反枪支管理规定，非法持有、私藏枪支、弹药的，处三年以下有期徒刑、拘役或者管制；情节严重的，处三年以上七年以下有期徒刑。

依法配备公务用枪的人员，非法出租、出借枪支的，依照前款的规定处罚。

依法配置枪支的人员，非法出租、出借枪支，造成严重后果的，依照第一款的规定处罚。

单位犯第二款、第三款罪的，对单位判处罚金，并对其直接负责的主管人员和其他直接责任人员，依照第一款的规定处罚。

第一百二十九条 依法配备公务用枪的人员，丢失枪支不及时报告，造成严重后果的，处三年以下有期徒刑或者拘役。

第一百三十条 非法携带枪支、弹药、管制刀具或者爆炸性、易燃性、放射性、毒害性、腐蚀性物品，进入公共场所或者公共交通工具，危及公共安全，情节严重的，处三年以下有期徒刑、拘役或者管制。

第一百三十一条 航空人员违反规章制度，致使发生重大飞行事故，造成严重后果的，处三年以下有期徒刑或者拘役；造成飞机坠毁或者人员死亡的，处三年以上七年以下有期徒刑。

第一百三十二条 铁路职工违反规章制度，致使发生铁路运营安全事故，造成严重后果的，处三年以下有期徒刑或者拘役；造成特别严重后果的，处三年以上七年以下有期徒刑。

第一百三十三条 违反交通运输管理法规，因而发生重大事故，致人重伤、死亡或者使公私财产遭受重大损失的，处三年以下有期徒刑或者拘役；交通运输肇事后逃逸或者有其他特别恶劣情节的，处三年以上七年以下有期徒刑；因逃逸致人死亡的，处七年以上有期徒刑。

在道路上驾驶机动车，有下列情形之一的，处拘役，并处罚金：

（一）追逐竞驶，情节恶劣的；

（二）醉酒驾驶机动车的；

（三）从事校车业务或者旅客运输，严重超过额定乘员载客，或者严重超过规定时速行驶的；

（四）违反危险化学品安全管理规定运输危险化学品，危及公共安全的。

机动车所有人、管理人对前款第三项、第四项行为负有直接责任的，依照前款的规定处罚。

有前两款行为，同时构成其他犯罪的，依照处罚较重的规定定罪处罚。

第一百三十四条 在生产、作业中违反有关安全管理的规定，因而发生重大伤亡事故或者造成其他严重后果的，处三年以下有期徒刑或者拘役；情节特别恶劣的，处三年以上七年以下有期徒刑。

强令他人违章冒险作业，因而发生重大伤亡事故或者造成其他严重后果的，处五年以下有期徒刑或者拘役；情节特别恶劣的，处五年以上有期徒刑。

第一百三十五条 安全生产设施或者安全生产条件不符合国家规定，因而发生重大伤亡事故或者造成其他严重后果的，对直接负责的主管人员和其他直接责任人员，处三年以下有期徒刑或者拘役；情节特别恶劣的，处三年以上七年以下有期徒刑。

举办大型群众性活动违反安全管理规定，因而发生重大伤亡事故或者造成其他严重后果的，对直接负责的主管人员和其他直接责任人员，处三年以下有期徒刑或者拘役；情节特别恶劣的，处三年以上七年以下有期徒刑。

第一百三十六条 违反爆炸性、易燃性、放射性、毒害性、腐蚀性物品的管理规定，在生产、储存、运输、使用中发生重大事故，造成严重后果的，处三年以下有期徒刑或者拘役；后果特别严重的，处三年以上七年以下有期徒刑。

第一百三十七条 建设单位、设计单位、施工单位、工程监理单位违反国家规定，降低工程质量标准，造成重大安全事故的，对直接责任人员，处五年以下有期徒刑或者拘役，并处罚金；后果特别严重的，处五年以上十年以下有期徒刑，并处罚金。

第一百三十八条 明知校舍或者教育教学设施有危险，而不采取措施或者不及时报告，致使发生重大伤亡事故的，对直接责任人员，处三年以下有期徒刑或者拘役；后果特别严重的，处三年以上七年以下有期徒刑。

第一百三十九条 违反消防管理法规，经消防监督机构通知采取改正措施而拒绝执行，造成严重后果的，对直接责任人员，处三年以下有期徒刑或者拘役；后果特别严重的，处三年以上七年以下有期徒刑。

在安全事故发生后，负有报告职责的人员不报或者谎报事故情况，贻误事故抢救，情节严重的，处三年以下有期徒刑或者拘役；情节特别严重的，处三年以上七年以下有期徒刑。

第三章　破坏社会主义市场经济秩序罪

第一节　生产、销售伪劣商品罪

第一百四十条 生产者、销售者在产品中掺杂、掺假，以假充真，以次充好或者以不合格产品冒充合格产品，销售金额五万元以上不满二十万元的，处二年以下有期徒刑或者拘役，并处或者单处销售金额百分之五十以上二倍以下罚金；销售金额二十万元以上不满五十万元的，处二年以上七年以下有期徒刑，并处销售金额百分之五十以上二倍以下罚金；销售金额五十万元以上不满二百万元的，处七年以上有期徒刑，并处销售金额百分之五十以上二倍以下罚金；销售金额二百万元以上的，处十五年有期徒刑或者无期徒刑，并处销售金额百分之五十以上二倍以下罚金或者没收财产。

第一百四十一条 生产、销售假药的，处三年以下有期徒刑或者拘役，并处罚金；对人体健康造成严重危害或者有其他严重情节的，处三年以上十年以下有期徒刑，并处罚金；致人死亡或者有其他特别严重情节的，处十年以上有期徒刑、无期徒刑或者死刑，并处罚金或者没收财产。

本条所称假药，是指依照《中华人民共和国药品管理法》的规定属于假药和按假药处理的药品、非药品。

第一百四十二条 生产、销售劣药，对人体健康造成严重危害的，处三年以上十年以下有期徒刑，并处销售金额百分之五十以上二倍以下罚金；后果特别严重的，处十年以上有期徒刑或者无期徒刑，并处销售金额百分之五十以上二倍以下罚金或者没收财产。

本条所称劣药，是指依照《中华人民共和国药品管理法》的规定属于劣药的药品。

第一百四十三条 生产、销售不符合食品安全标准的食品，足以造成严重食物中毒事故或者其他严重食源性疾病的，处三年以下有期徒刑或者拘役，并处罚金；对人体健康造成严重危害或者有其他严重情节的，处三年以上七年以下有期徒刑，并处罚金；后果特别严重的，处七年以上有期徒刑或者无期徒刑，并处罚金或者没收财产。

第一百四十四条 在生产、销售的食品中掺入有毒、有害的非食品原料的，或者销售明知掺有有毒、有害的非食品原料的食品的，处五年以下有期徒刑，并处罚金；对人体健康造成严重危害或者有其他严重情节的，处五年以上十年以下有期徒刑，并处罚金；致人死亡或者有其他特别严重情节的，依照本法第一百四十一条的规定处罚。

第一百四十五条 生产不符合保障人体健康的国家标准、行业标准的医疗器械、医用卫生材料，或者销售明知是不符合保障人体健康的国家标准、行业标准的医疗器械、医用卫生材料，足以严重危害人体健康的，处三年以下有期徒刑或者拘役，并处销售金额百分之五十以上二倍以下罚金；对人体健康造成严重危害的，处三年以上十年以下有期徒刑，并处销售金额百分之五十以上二倍以下罚金；后果特别严重的，处十年以上有期徒刑或者无期徒刑，并处销售金额百分之五十以上二倍以下罚金或者没收财产。

第一百四十六条 生产不符合保障人身、财产安全的国家标准、行业标准的电器、压力容器、易燃易爆产品或者其他不符合保障人身、财产安全的国家标准、行业标准的产品，或者销售明知是以上不符合保障人身、财产安全的国家标准、行业标准的产品，造成严重后果的，处五年以下有期徒刑，并处销售金额百分之五十以上二倍以下罚金；后果特别严重的，处五年以上有期徒刑，并处销售金额百分之五十以上二倍以下罚金。

第一百四十七条 生产假农药、假兽药、假化肥，销售明知是假的或者失去使用效能的农药、兽药、化肥、种子，或者生产者、销售者以不合格的农药、兽药、化肥、种子冒充合格的农药、兽药、化肥、种子，使生产遭受较大损失的，处三年以下有期徒刑或者拘役，并处或者单处销售金额百分之五十以上二倍以下罚金；使生产遭受重大损失的，处三年以上七年以下有期徒刑，并处销售金额百分之五十以上二倍以下罚金；使生产遭受特别重大损失的，处七年以上有期徒刑或者无期徒刑，并处销售金额百分之五十以上二倍以下罚金或者没收财产。

第一百四十八条 生产不符合卫生标准的化妆品，或者销售明知是不符合卫生标准的化妆品，造成严重后果的，处三年以下有期徒刑或者拘役，并处或者单处销售金额百分之五十以上二倍以下罚金。

第一百四十九条 生产、销售本节第一百四十一条至第一百四十八条所列产品，不构成各该条规定的犯罪，但是销售金额在五万元以上的，依照本节第一百四十条的规定定罪处罚。

生产、销售本节第一百四十一条至第一百四十八条所列产品，构成各该条规定的犯罪，同时又构成本节第一百四十条规定之罪的，依照处罚较重的规定定罪处罚。

第一百五十条 单位犯本节第一百四十条至第一百四十八条规定之罪的，对单位判处罚金，并对其直接负责的主管人员和其他直接责任人员，依照各该条的规定处罚。

第二节 走 私 罪

第一百五十一条 走私武器、弹药、核材料或者伪造的货币的，处七年以上有期徒刑，并处罚金或者没收财产；情节特别严重的，处无期徒刑，并处没收财产；情节较轻的，处三年以上七年以下有期徒刑，并处罚金。

走私国家禁止出口的文物、黄金、白银和其他贵重金属或者国家禁止进出口的珍贵动物及其制品的，处五年以上十年以下有期徒刑，并处罚金；情节特别严重的，处十年以上有期徒刑或者无期徒刑，并处没收财产；情节较轻的，处五年以下有期徒刑，并处罚金。

走私珍稀植物及其制品等国家禁止进出口的其他货物、物品的，处五年以下有期徒刑或者拘役，并处或者单处罚金；情节严重的，处五年以上有期徒刑，并处罚金。

单位犯本条规定之罪的，对单位判处罚金，并对其直接负责的主管人员和其他直接责任人员，依照本条各款的规定处罚。

第一百五十二条 以牟利或者传播为目的，走私淫秽的影片、录像带、录音带、图片、书刊或者其他淫秽物品的，处三年以上十年以下有期徒刑，并处罚金；情节严重的，处十年以上有期徒刑或者无期徒刑，并处罚金或者没收财产；情节较轻的，处三年以下有期徒刑、拘役或者管制，并处罚金。

逃避海关监管将境外固体废物、液态废物和气态废物运输进境，情节严重的，处五年以下有期徒刑，并处或者单处罚金；情节特别严重的，处五年以上有期徒刑，并处罚金。

单位犯前两款罪的，对单位判处罚金，并对其直接负责的主管人员和其他直接责任人员，依照前两款的规定处罚。

第一百五十三条 走私本法第一百五十一条、第一百五十二条、第三百四十七条规定以外的货物、物品的，根据情节轻重，分别依照下列规定处罚：

（一）走私货物、物品偷逃应缴税额较大或者一年内曾因走私被给予二次行政处罚后又走私的，处三年以下有期徒刑或者拘役，并处偷逃应缴税额一倍以上五倍以下罚金。

（二）走私货物、物品偷逃应缴税额巨大或者有其他严重情节的，处三年以上十年以下有期徒刑，并处偷逃应缴税额一倍以上五倍以下罚金。

（三）走私货物、物品偷逃应缴税额特别巨大或者有其他特别严重情节的，处十年以上有期徒刑或者无期徒刑，并处偷逃应缴税额一倍以上五倍以下罚金或者没收财产。

单位犯前款罪的，对单位判处罚金，并对其直接负责的主管人员和其他直接责任人员，处三年以下有期徒刑或者拘役；情节严重的，处三年以上十年以下有期徒刑；情节特别严重的，处十年以上有期徒刑。

对多次走私未经处理的，按照累计走私货物、物品的偷逃应缴税额处罚。

第一百五十四条 下列走私行为，根据本节规定构成犯罪的，依照本法第一百五十三条的规定定罪处罚：

（一）未经海关许可并且未补缴应缴税额，擅自将批准进口的来料加工、来件装配、补偿贸易的原材料、零件、制成品、设备等保税货物，在境内销售牟利的；

（二）未经海关许可并且未补缴应缴税额，擅自将特定减税、免税进口的货物、物品，在境内销售牟利的。

第一百五十五条 下列行为，以走私罪论处，依照本节的有关规定处罚：

（一）直接向走私人非法收购国家禁止进口物品的，或者直接向走私人非法收购走私进口的其他货物、物品，数额较大的；

（二）在内海、领海、界河、界湖运输、收购、贩卖国家禁止进出口物品的，或者运输、收购、贩卖国家限制进出口货物、物品，数额较大，没有合法证明的。

第一百五十六条 与走私罪犯通谋，为其提供贷款、资金、账号、发票、证明，或者为其提供运输、保管、邮寄或者其他方便的，以走私罪的共犯论处。

第一百五十七条 武装掩护走私的，依照本法第一百五十一条第一款的规定从重处罚。

以暴力、威胁方法抗拒缉私的，以走私罪和本法第二百七十七条规定的阻碍国家机关工作人员依法执行职务罪，依照数罪并罚的规定处罚。

第三节 妨害对公司、企业的管理秩序罪

第一百五十八条 申请公司登记使用虚假证明文件或者采取其他欺诈手段虚报注册资本，欺骗公司登记主管部门，取得公司登记，虚报注册资本数额巨大、后果严重或者有其他严重情节的，处三年以下有期徒刑或者拘役，并处或者单处虚报注册资本金额百分之一以上百分之五以下罚金。

单位犯前款罪的，对单位判处罚金，并对其直接负责的主管人员和其他直接责任人员，处三年以下有期徒刑或者拘役。

第一百五十九条 公司发起人、股东违反公司法的规定未交付货币、实物或者未转移财产权，虚假出资，或者在公司成立后又抽逃其出资，数额巨大、后果严重或者有其他严重情节的，处五年以下有期徒刑或者拘役，并处或者单处虚假出资金额或者抽逃出资金额百分之二以上百分之十以下罚金。

单位犯前款罪的，对单位判处罚金，并对其直接负责的主管人员和其他直接责任人员，处五年以下有期徒刑或者拘役。

第一百六十条 在招股说明书、认股书、公司、企业债券募集办法中隐瞒重要事实或者编造重大虚假内容，发行股票或者公司、企业债券，数额巨大、后果严重或者有其他严重情节的，处五年以下

有期徒刑或者拘役，并处或者单处非法募集资金金额百分之一以上百分之五以下罚金。

单位犯前款罪的，对单位判处罚金，并对其直接负责的主管人员和其他直接责任人员，处五年以下有期徒刑或者拘役。

第一百六十一条 依法负有信息披露义务的公司、企业向股东和社会公众提供虚假的或者隐瞒重要事实的财务会计报告，或者对依法应当披露的其他重要信息不按照规定披露，严重损害股东或者其他人利益，或者有其他严重情节的，对其直接负责的主管人员和其他直接责任人员，处三年以下有期徒刑或者拘役，并处或者单处二万元以上二十万元以下罚金。

第一百六十二条 公司、企业进行清算时，隐匿财产，对资产负债表或者财产清单作虚伪记载或者在未清偿债务前分配公司、企业财产，严重损害债权人或者其他人利益的，对其直接负责的主管人员和其他直接责任人员，处五年以下有期徒刑或者拘役，并处或者单处二万元以上二十万元以下罚金。

隐匿或者故意销毁依法应当保存的会计凭证、会计账簿、财务会计报告，情节严重的，处五年以下有期徒刑或者拘役，并处或者单处二万元以上二十万元以下罚金。

单位犯前款罪的，对单位判处罚金，并对其直接负责的主管人员和其他直接责任人员，依照前款的规定处罚。

公司、企业通过隐匿财产、承担虚构的债务或者以其他方法转移、处分财产，实施虚假破产，严重损害债权人或者其他人利益的，对其直接负责的主管人员和其他直接责任人员，处五年以下有期徒刑或者拘役，并处或者单处二万元以上二十万元以下罚金。

第一百六十三条 公司、企业或者其他单位的工作人员利用职务上的便利，索取他人财物或者非法收受他人财物，为他人谋取利益，数额较大的，处五年以下有期徒刑或者拘役；数额巨大的，处五年以上有期徒刑，可以并处没收财产。

公司、企业或者其他单位的工作人员在经济往来中，利用职务上的便利，违反国家规定，收受各种名义的回扣、手续费，归个人所有的，依照前款的规定处罚。

国有公司、企业或者其他国有单位中从事公务的人员和国有公司、企业或者其他国有单位委派到非国有公司、企业以及其他单位从事公务的人员有前两款行为的，依照本法第三百八十五条、第三百八十六条的规定定罪处罚。

第一百六十四条 为谋取不正当利益，给予公司、企业或者其他单位的工作人员以财物，数额较大的，处三年以下有期徒刑或者拘役，并处罚金；数额巨大的，处三年以上十年以下有期徒刑，并处罚金。

为谋取不正当商业利益，给予外国公职人员或者国际公共组织官员以财物的，依照前款的规定处罚。

单位犯前两款罪的，对单位判处罚金，并对其直接负责的主管人员和其他直接责任人员，依照第一款的规定处罚。

行贿人在被追诉前主动交代行贿行为的，可以减轻处罚或者免除处罚。

第一百六十五条 国有公司、企业的董事、经理利用职务便利，自己经营或者为他人经营与其所任职公司、企业同类的营业，获取非法利益，数额巨大的，处三年以下有期徒刑或者拘役，并处或者单处罚金；数额特别巨大的，处三年以上七年以下有期徒刑，并处罚金。

第一百六十六条 国有公司、企业、事业单位的工作人员，利用职务便利，有下列情形之一，使国家利益遭受重大损失的，处三年以下有期徒刑或者拘役，并处或者单处罚金；致使国家利益遭受特别重大损失的，处三年以上七年以下有期徒刑，并处罚金：

（一）将本单位的盈利业务交由自己的亲友进行经营的；

（二）以明显高于市场的价格向自己的亲友经营管理的单位采购商品或者以明显低于市场的价格

向自己的亲友经营管理的单位销售商品的；

（三）向自己的亲友经营管理的单位采购不合格商品的。

第一百六十七条 国有公司、企业、事业单位直接负责的主管人员，在签订、履行合同过程中，因严重不负责任被诈骗，致使国家利益遭受重大损失的，处三年以下有期徒刑或者拘役；致使国家利益遭受特别重大损失的，处三年以上七年以下有期徒刑。

第一百六十八条 国有公司、企业的工作人员，由于严重不负责任或者滥用职权，造成国有公司、企业破产或者严重损失，致使国家利益遭受重大损失的，处三年以下有期徒刑或者拘役；致使国家利益遭受特别重大损失的，处三年以上七年以下有期徒刑。

国有事业单位的工作人员有前款行为，致使国家利益遭受重大损失的，依照前款的规定处罚。

国有公司、企业、事业单位的工作人员，徇私舞弊，犯前两款罪的，依照第一款的规定从重处罚。

第一百六十九条 国有公司、企业或者其上级主管部门直接负责的主管人员，徇私舞弊，将国有资产低价折股或者低价出售，致使国家利益遭受重大损失的，处三年以下有期徒刑或者拘役；致使国家利益遭受特别重大损失的，处三年以上七年以下有期徒刑。

上市公司的董事、监事、高级管理人员违背对公司的忠实义务，利用职务便利，操纵上市公司从事下列行为之一，致使上市公司利益遭受重大损失的，处三年以下有期徒刑或者拘役，并处或者单处罚金；致使上市公司利益遭受特别重大损失的，处三年以上七年以下有期徒刑，并处罚金：

（一）无偿向其他单位或者个人提供资金、商品、服务或者其他资产的；

（二）以明显不公平的条件，提供或者接受资金、商品、服务或者其他资产的；

（三）向明显不具有清偿能力的单位或者个人提供资金、商品、服务或者其他资产的；

（四）为明显不具有清偿能力的单位或者个人提供担保，或者无正当理由为其他单位或者个人提供担保的；

（五）无正当理由放弃债权、承担债务的；

（六）采用其他方式损害上市公司利益的。

上市公司的控股股东或者实际控制人，指使上市公司董事、监事、高级管理人员实施前款行为的，依照前款的规定处罚。

犯前款罪的上市公司的控股股东或者实际控制人是单位的，对单位判处罚金，并对其直接负责的主管人员和其他直接责任人员，依照第一款的规定处罚。

第四节　破坏金融管理秩序罪

第一百七十条 伪造货币的，处三年以上十年以下有期徒刑，并处罚金；有下列情形之一的，处十年以上有期徒刑或者无期徒刑，并处罚金或者没收财产：

（一）伪造货币集团的首要分子；

（二）伪造货币数额特别巨大的；

（三）有其他特别严重情节的。

出售、购买伪造的货币或者明知是伪造的货币而运输，数额较大的，处三年以下有期徒刑或者拘役，并处二万元以上二十万元以下罚金；数额巨大的，处三年以上十年以下有期徒刑，并处五万元以上五十万元以下罚金；数额特别巨大的，处十年以上有期徒刑或者无期徒刑，并处五万元以上五十万元以下罚金或者没收财产。

银行或者其他金融机构的工作人员购买伪造的货币或者利用职务上的便利，以伪造的货币换取货币的，处三年以上十年以下有期徒刑，并处二万元以上二十万元以下罚金；数额巨大或者有其他严重情节的，处十年以上有期徒刑或者无期徒刑，并处二万元以上二十万元以下罚金或者没收财产；情节较轻的，处三年以下有期徒刑或者拘役，并处或者单处一万元以上十万元以下罚金。

伪造货币并出售或者运输伪造的货币的，依照本法第一百七十条的规定定罪从重处罚。

第一百七十二条 明知是伪造的货币而持有、使用，数额较大的，处三年以下有期徒刑或者拘役，并处或者单处一万元以上十万元以下罚金；数额巨大的，处三年以上十年以下有期徒刑，并处二万元以上二十万元以下罚金；数额特别巨大的，处十年以上有期徒刑，并处五万元以上五十万元以下罚金或者没收财产。

第一百七十三条 变造货币，数额较大的，处三年以下有期徒刑或者拘役，并处或者单处一万元以上十万元以下罚金；数额巨大的，处三年以上十年以下有期徒刑，并处二万元以上二十万元以下罚金。

第一百七十四条 未经国家有关主管部门批准，擅自设立商业银行、证券交易所、期货交易所、证券公司、期货经纪公司、保险公司或者其他金融机构的，处三年以下有期徒刑或者拘役，并处或者单处二万元以上二十万元以下罚金；情节严重的，处三年以上十年以下有期徒刑，并处五万元以上五十万元以下罚金。

伪造、变造、转让商业银行、证券交易所、期货交易所、证券公司、期货经纪公司、保险公司或者其他金融机构的经营许可证或者批准文件的，依照前款的规定处罚。

单位犯前两款罪的，对单位判处罚金，并对其直接负责的主管人员和其他直接责任人员，依照第一款的规定处罚。

第一百七十五条 以转贷牟利为目的，套取金融机构信贷资金高利转贷他人，违法所得数额较大的，处三年以下有期徒刑或者拘役，并处违法所得一倍以上五倍以下罚金；数额巨大的，处三年以上七年以下有期徒刑，并处违法所得一倍以上五倍以下罚金。

单位犯前款罪的，对单位判处罚金，并对其直接负责的主管人员和其他直接责任人员，处三年以下有期徒刑或者拘役。

以欺骗手段取得银行或者其他金融机构贷款、票据承兑、信用证、保函等，给银行或者其他金融机构造成重大损失或者有其他严重情节的，处三年以下有期徒刑或者拘役，并处或者单处罚金；给银行或者其他金融机构造成特别重大损失或者有其他特别严重情节的，处三年以上七年以下有期徒刑，并处罚金。

单位犯前款罪的，对单位判处罚金，并对其直接负责的主管人员和其他直接责任人员，依照前款的规定处罚。”

第一百七十六条 非法吸收公众存款或者变相吸收公众存款，扰乱金融秩序的，处三年以下有期徒刑或者拘役，并处或者单处二万元以上二十万元以下罚金；数额巨大或者有其他严重情节的，处三年以上十年以下有期徒刑，并处五万元以上五十万元以下罚金。

单位犯前款罪的，对单位判处罚金，并对其直接负责的主管人员和其他直接责任人员，依照前款的规定处罚。

第一百七十七条 有下列情形之一，伪造、变造金融票证的，处五年以下有期徒刑或者拘役，并处或者单处二万元以上二十万元以下罚金；情节严重的，处五年以上十年以下有期徒刑，并处五万元以上五十万元以下罚金；情节特别严重的，处十年以上有期徒刑或者无期徒刑，并处五万元以上五十万元以下罚金或者没收财产：

（一）伪造、变造汇票、本票、支票的；

（二）伪造、变造委托收款凭证、汇款凭证、银行存单等其他银行结算凭证的；

（三）伪造、变造信用证或者附随的单据、文件的；

（四）伪造信用卡的。

单位犯前款罪的，对单位判处罚金，并对其直接负责的主管人员和其他直接责任人员，依照前款的规定处罚。

有下列情形之一，妨害信用卡管理的，处三年以下有期徒刑或者拘役，并处或者单处一万元以上十万元以下罚金；数量巨大或者有其他严重情节的，处三年以上十年以下有期徒刑，并处二万元以上二十万元以下罚金：

（一）明知是伪造的信用卡而持有、运输的，或者明知是伪造的空白信用卡而持有、运输，数量较大的；

（二）非法持有他人信用卡，数量较大的；

（三）使用虚假的身份证明骗领信用卡的；

（四）出售、购买、为他人提供伪造的信用卡或者以虚假的身份证明骗领的信用卡的。

窃取、收买或者非法提供他人信用卡信息资料的，依照前款规定处罚。

银行或者其他金融机构的工作人员利用职务上的便利，犯第二款罪的，从重处罚。

第一百七十八条 伪造、变造国库券或者国家发行的其他有价证券，数额较大的，处三年以下有期徒刑或者拘役，并处或者单处二万元以上二十万元以下罚金；数额巨大的，处三年以上十年以下有期徒刑，并处五万元以上五十万元以下罚金；数额特别巨大的，处十年以上有期徒刑或者无期徒刑，并处五万元以上五十万元以下罚金或者没收财产。

伪造、变造股票或者公司、企业债券，数额较大的，处三年以下有期徒刑或者拘役，并处或者单处一万元以上十万元以下罚金；数额巨大的，处三年以上十年以下有期徒刑，并处二万元以上二十万元以下罚金。

单位犯前两款罪的，对单位判处罚金，并对其直接负责的主管人员和其他直接责任人员，依照前两款的规定处罚。

第一百七十九条 未经国家有关主管部门批准，擅自发行股票或者公司、企业债券，数额巨大、后果严重或者有其他严重情节的，处五年以下有期徒刑或者拘役，并处或者单处非法募集资金金额百分之一以上百分之五以下罚金。

单位犯前款罪的，对单位判处罚金，并对其直接负责的主管人员和其他直接责任人员，处五年以下有期徒刑或者拘役。

第一百八十条 证券、期货交易内幕信息的知情人员或者非法获取证券、期货交易内幕信息的人员，在涉及证券的发行，证券、期货交易或者其他对证券、期货交易价格有重大影响的信息尚未公开前，买入或者卖出该证券，或者从事与该内幕信息有关的期货交易，或者泄露该信息，或者明示、暗示他人从事上述交易活动，情节严重的，处五年以下有期徒刑或者拘役，并处或者单处违法所得一倍以上五倍以下罚金；情节特别严重的，处五年以上十年以下有期徒刑，并处违法所得一倍以上五倍以下罚金。

单位犯前款罪的，对单位判处罚金，并对其直接负责的主管人员和其他直接责任人员，处五年以下有期徒刑或者拘役。

内幕信息、知情人员的范围，依照法律、行政法规的规定确定。

证券交易所、期货交易所、证券公司、期货经纪公司、基金管理公司、商业银行、保险公司等金融机构的从业人员以及有关监管部门或者行业协会的工作人员，利用因职务便利获取的内幕信息以外的其他未公开的信息，违反规定，从事与该信息相关的证券、期货交易活动，或者明示、暗示他人从事相关交易活动，情节严重的，依照第一款的规定处罚。

第一百八十一条 编造并且传播影响证券、期货交易的虚假信息，扰乱证券、期货交易市场，造成严重后果的，处五年以下有期徒刑或者拘役，并处或者单处一万元以上十万元以下罚金。

证券交易所、期货交易所、证券公司、期货经纪公司的从业人员，证券业协会、期货业协会或者证券期货监督管理部门的工作人员，故意提供虚假信息或者伪造、变造、销毁交易记录，诱骗投资者买卖证券、期货合约，造成严重后果的，处五年以下有期徒刑或者拘役，并处或者单处一万元以上十万元以下罚金；情节特别恶劣的，处五年以上十年以下有期徒刑，并处二万元以上二十万元以下罚金。

单位犯前两款罪的，对单位判处罚金，并对其直接负责的主管人员和其他直接责任人员，处五年以下有期徒刑或者拘役。

第一百八十二条 有下列情形之一，操纵证券、期货市场，情节严重的，处五年以下有期徒刑或者拘役，并处或者单处罚金；情节特别严重的，处五年以上十年以下有期徒刑，并处罚金：

（一）单独或者合谋，集中资金优势、持股或者持仓优势或者利用信息优势联合或者连续买卖，操纵证券、期货交易价格或者证券、期货交易量的；

（二）与他人串通，以事先约定的时间、价格和方式相互进行证券、期货交易，影响证券、期货交易价格或者证券、期货交易量的；

（三）在自己实际控制的账户之间进行证券交易，或者以自己为交易对象，自买自卖期货合约，影响证券、期货交易价格或者证券、期货交易量的；

（四）以其他方法操纵证券、期货市场的。

单位犯前款罪的，对单位判处罚金，并对其直接负责的主管人员和其他直接责任人员，依照前款的规定处罚。”

第一百八十三条 保险公司的工作人员利用职务上的便利，故意编造未曾发生的保险事故进行虚假理赔，骗取保险金归自己所有的，依照本法第二百七十一条的规定定罪处罚。

国有保险公司工作人员和国有保险公司委派到非国有保险公司从事公务的人员有前款行为的，依照本法第三百八十二条、第三百八十三条的规定定罪处罚。

第一百八十四条 银行或者其他金融机构的工作人员在金融业务活动中索取他人财物或者非法收受他人财物，为他人谋取利益的，或者违反国家规定，收受各种名义的回扣、手续费，归个人所有的，依照本法第一百六十三条的规定定罪处罚。

国有金融机构工作人员和国有金融机构委派到非国有金融机构从事公务的人员有前款行为的，依照本法第三百八十五条、第三百八十六条的规定定罪处罚。

第一百八十五条 商业银行、证券交易所、期货交易所、证券公司、期货经纪公司、保险公司或者其他金融机构的工作人员利用职务上的便利，挪用本单位或者客户资金的，依照本法第二百七十二条的规定定罪处罚。

国有商业银行、证券交易所、期货交易所、证券公司、期货经纪公司、保险公司或者其他国有金融机构的工作人员和国有商业银行、证券交易所、期货交易所、证券公司、期货经纪公司、保险公司或者其他国有金融机构委派到前款规定中的非国有机构从事公务的人员有前款行为的，依照本法第三百八十四条的规定定罪处罚。

商业银行、证券交易所、期货交易所、证券公司、期货经纪公司、保险公司或者其他金融机构，违背受托义务，擅自运用客户资金或者其他委托、信托的财产，情节严重的，对单位判处罚金，并对其直接负责的主管人员和其他直接责任人员，处三年以下有期徒刑或者拘役，并处三万元以上三十万元以下罚金；情节特别严重的，处三年以上十年以下有期徒刑，并处五万元以上五十万元以下罚金。

社会保障基金管理机构、住房公积金管理机构等公众资金管理机构，以及保险公司、保险资产管理公司、证券投资基金管理公司，违反国家规定运用资金的，对其直接负责的主管人员和其他直接责任人员，依照前款的规定处罚。

第一百八十六条 银行或者其他金融机构的工作人员违反国家规定发放贷款，数额巨大或者造成重大损失的，处五年以下有期徒刑或者拘役，并处一万元以上十万元以下罚金；数额特别巨大或者造成特别重大损失的，处五年以上有期徒刑，并处二万元以上二十万元以下罚金。

银行或者其他金融机构的工作人员违反国家规定，向关系人发放贷款的，依照前款的规定从重处罚。

单位犯前两款罪的，对单位判处罚金，并对其直接负责的主管人员和其他直接责任人员，依照前两款的规定处罚。

关系人的范围，依照《中华人民共和国商业银行法》和有关金融法规确定。

第一百八十七条 银行或者其他金融机构的工作人员吸收客户资金不入账，数额巨大或者造成重大损失的，处五年以下有期徒刑或者拘役，并处二万元以上二十万元以下罚金；数额特别巨大或者造成特别重大损失的，处五年以上有期徒刑，并处五万元以上五十万元以下罚金。

单位犯前款罪的，对单位判处罚金，并对其直接负责的主管人员和其他直接责任人员，依照前款的规定处罚。

第一百八十八条 银行或者其他金融机构的工作人员违反规定，为他人出具信用证或者其他保函、票据、存单、资信证明，情节严重的，处五年以下有期徒刑或者拘役；情节特别严重的，处五年以上有期徒刑。

单位犯前款罪的，对单位判处罚金，并对其直接负责的主管人员和其他直接责任人员，依照前款的规定处罚。

第一百八十九条 银行或者其他金融机构的工作人员在票据业务中，对违反票据法规定的票据予以承兑、付款或者保证，造成重大损失的，处五年以下有期徒刑或者拘役；造成特别重大损失的，处五年以上有期徒刑。

单位犯前款罪的，对单位判处罚金，并对其直接负责的主管人员和其他直接责任人员，依照前款的规定处罚。

第一百九十条 国有公司、企业或者其他国有单位，违反国家规定，擅自将外汇存放境外，或者将境内的外汇非法转移到境外，情节严重的，对单位判处罚金，并对其直接负责的主管人员和其他直接责任人员，处五年以下有期徒刑或者拘役。

第一百九十一条 明知是毒品犯罪、黑社会性质的组织犯罪、恐怖活动犯罪、走私犯罪、贪污贿赂犯罪、破坏金融管理秩序犯罪、金融诈骗犯罪的所得及其产生的收益，为掩饰、隐瞒其来源和性质，有下列行为之一的，没收实施以上犯罪的所得及其产生的收益，处五年以下有期徒刑或者拘役，并处或者单处洗钱数额百分之五以上百分之二十以下罚金；情节严重的，处五年以上十年以下有期徒刑，并处洗钱数额百分之五以上百分之二十以下罚金：

（一）提供资金账户的；

（二）协助将财产转换为现金、金融票据、有价证券的；

（三）通过转账或者其他结算方式协助资金转移的；

（四）协助将资金汇往境外的；

（五）以其他方法掩饰、隐瞒犯罪所得及其收益的来源和性质的。”

单位犯前款罪的，对单位判处罚金，并对其直接负责的主管人员和其他直接责任人员，处五年以下有期徒刑或者拘役；情节严重的，处五年以上十年以下有期徒刑。

第五节　金 融 诈 骗 罪

第一百九十二条 以非法占有为目的，使用诈骗方法非法集资，数额较大的，处五年以下有期徒刑或者拘役，并处二万元以上二十万元以下罚金；数额巨大或者有其他严重情节的，处五年以上十年以下有期徒刑，并处五万元以上五十万元以下罚金；数额特别巨大或者有其他特别严重情节的，处十年以上有期徒刑或者无期徒刑，并处五万元以上五十万元以下罚金或者没收财产。

第一百九十三条 有下列情形之一，以非法占有为目的，诈骗银行或者其他金融机构的贷款，数额较大的，处五年以下有期徒刑或者拘役，并处二万元以上二十万元以下罚金；数额巨大或者有其他严重情节的，处五年以上十年以下有期徒刑，并处五万元以上五十万元以下罚金；数额特别巨大或者有其他特别严重情节的，处十年以上有期徒刑或者无期徒刑，并处五万元以上五十万元以下罚金或者没收财产：

（一）编造引进资金、项目等虚假理由的；

（二）使用虚假的经济合同的；

（三）使用虚假的证明文件的；

（四）使用虚假的产权证明作担保或者超出抵押物价值重复担保的；

（五）以其他方法诈骗贷款的。

第一百九十四条 有下列情形之一，进行金融票据诈骗活动，数额较大的，处五年以下有期徒刑或者拘役，并处二万元以上二十万元以下罚金；数额巨大或者有其他严重情节的，处五年以上十年以下有期徒刑，并处五万元以上五十万元以下罚金；数额特别巨大或者有其他特别严重情节的，处十年以上有期徒刑或者无期徒刑，并处五万元以上五十万元以下罚金或者没收财产：

（一）明知是伪造、变造的汇票、本票、支票而使用的；

（二）明知是作废的汇票、本票、支票而使用的；

（三）冒用他人的汇票、本票、支票的；

（四）签发空头支票或者与其预留印鉴不符的支票，骗取财物的；

（五）汇票、本票的出票人签发无资金保证的汇票、本票或者在出票时作虚假记载，骗取财物的。

使用伪造、变造的委托收款凭证、汇款凭证、银行存单等其他银行结算凭证的，依照前款的规定处罚。

第一百九十五条 有下列情形之一，进行信用证诈骗活动的，处五年以下有期徒刑或者拘役，并处二万元以上二十万元以下罚金；数额巨大或者有其他严重情节的，处五年以上十年以下有期徒刑，并处五万元以上五十万元以下罚金；数额特别巨大或者有其他特别严重情节的，处十年以上有期徒刑或者无期徒刑，并处五万元以上五十万元以下罚金或者没收财产：

（一）使用伪造、变造的信用证或者附随的单据、文件的；

（二）使用作废的信用证的；

（三）骗取信用证的；

（四）以其他方法进行信用证诈骗活动的。

第一百九十六条 有下列情形之一，进行信用卡诈骗活动，数额较大的，处五年以下有期徒刑或者拘役，并处二万元以上二十万元以下罚金；数额巨大或者有其他严重情节的，处五年以上十年以下有期徒刑，并处五万元以上五十万元以下罚金；数额特别巨大或者有其他特别严重情节的，处十年以上有期徒刑或者无期徒刑，并处五万元以上五十万元以下罚金或者没收财产：

（一）使用伪造的信用卡，或者使用以虚假的身份证明骗领的信用卡的；

（二）使用作废的信用卡的；

（三）冒用他人信用卡的；

（四）恶意透支的。

前款所称恶意透支，是指持卡人以非法占有为目的，超过规定限额或者规定期限透支，并且经发卡银行催收后仍不归还的行为。

盗窃信用卡并使用的，依照本法第二百六十四条的规定定罪处罚。”

第一百九十七条 使用伪造、变造的国库券或者国家发行的其他有价证券，进行诈骗活动，数额较大的，处五年以下有期徒刑或者拘役，并处二万元以上二十万元以下罚金；数额巨大或者有其他严重情节的，处五年以上十年以下有期徒刑，并处五万元以上五十万元以下罚金；数额特别巨大或者有其他特别严重情节的，处十年以上有期徒刑或者无期徒刑，并处五万元以上五十万元以下罚金或者没收财产。

第一百九十八条 有下列情形之一，进行保险诈骗活动，数额较大的，处五年以下有期徒刑或者拘役，并处一万元以上十万元以下罚金；数额巨大或者有其他严重情节的，处五年以上十年以下有期徒刑，并处二万元以上二十万元以下罚金；数额特别巨大或者有其他特别严重情节的，处十年以上有期徒刑，并处二万元以上二十万元以下罚金或者没收财产：

（一）投保人故意虚构保险标的，骗取保险金的；

（二）投保人、被保险人或者受益人对发生的保险事故编造虚假的原因或者夸大损失的程度，骗取保险金的；

（三）投保人、被保险人或者受益人编造未曾发生的保险事故，骗取保险金的；

（四）投保人、被保险人故意造成财产损失的保险事故，骗取保险金的；

（五）投保人、受益人故意造成被保险人死亡、伤残或者疾病，骗取保险金的。

有前款第四项、第五项所列行为，同时构成其他犯罪的，依照数罪并罚的规定处罚。

单位犯第一款罪的，对单位判处罚金，并对其直接负责的主管人员和其他直接责任人员，处五年以下有期徒刑或者拘役；数额巨大或者有其他严重情节的，处五年以上十年以下有期徒刑；数额特别巨大或者有其他特别严重情节的，处十年以上有期徒刑。

保险事故的鉴定人、证明人、财产评估人故意提供虚假的证明文件，为他人诈骗提供条件的，以保险诈骗的共犯论处。

第二百条 单位犯本节第一百九十二条、第一百九十四条、第一百九十五条规定之罪的，对单位判处罚金，并对其直接负责的主管人员和其他直接责任人员，处五年以下有期徒刑或者拘役，可以并处罚金；数额巨大或者有其他严重情节的，处五年以上十年以下有期徒刑，并处罚金；数额特别巨大或者有其他特别严重情节的，处十年以上有期徒刑或者无期徒刑，并处罚金。

第六节　危害税收征管罪

第二百零一条 纳税人采取欺骗、隐瞒手段进行虚假纳税申报或者不申报，逃避缴纳税款数额较大并且占应纳税额百分之十以上的，处三年以下有期徒刑或者拘役，并处罚金；数额巨大并且占应纳税额百分之三十以上的，处三年以上七年以下有期徒刑，并处罚金。

扣缴义务人采取前款所列手段，不缴或者少缴已扣、已收税款，数额较大的，依照前款的规定处罚。

对多次实施前两款行为，未经处理的，按照累计数额计算。

有第一款行为，经税务机关依法下达追缴通知后，补缴应纳税款，缴纳滞纳金，已受行政处罚的，不予追究刑事责任；但是，五年内因逃避缴纳税款受过刑事处罚或者被税务机关给予二次以上行政处罚的除外。

第二百零二条 以暴力、威胁方法拒不缴纳税款的，处三年以下有期徒刑或者拘役，并处拒缴税款一倍以上五倍以下罚金；情节严重的，处三年以上七年以下有期徒刑，并处拒缴税款一倍以上五倍以下罚金。

第二百零三条 纳税人欠缴应纳税款，采取转移或者隐匿财产的手段，致使税务机关无法追缴欠缴的税款，数额在一万元以上不满十万元的，处三年以下有期徒刑或者拘役，并处或者单处欠缴税款一倍以上五倍以下罚金；数额在十万元以上的，处三年以上七年以下有期徒刑，并处欠缴税款一倍以上五倍以下罚金。

第二百零四条 以假报出口或者其他欺骗手段，骗取国家出口退税款，数额较大的，处五年以下有期徒刑或者拘役，并处骗取税款一倍以上五倍以下罚金；数额巨大或者有其他严重情节的，处五年以上十年以下有期徒刑，并处骗取税款一倍以上五倍以下罚金；数额特别巨大或者有其他特别严重情节的，处十年以上有期徒刑或者无期徒刑，并处骗取税款一倍以上五倍以下罚金或者没收财产。

纳税人缴纳税款后，采取前款规定的欺骗方法，骗取所缴纳的税款的，依照本法第二百零一条的规定定罪处罚；骗取税款超过所缴纳的税款部分，依照前款的规定处罚。

第二百零五条 虚开增值税专用发票或者虚开用于骗取出口退税、抵扣税款的其他发票的，处三年以下有期徒刑或者拘役，并处二万元以上二十万元以下罚金；虚开的税款数额较大或者有其他严重情节的，处三年以上十年以下有期徒刑，并处五万元以上五十万元以下罚金；虚开的税款数额巨大或者有其他特别严重情节的，处十年以上有期徒刑或者无期徒刑，并处五万元以上五十万元以下罚金或者没收财产。

单位犯本条规定之罪的，对单位判处罚金，并对其直接负责的主管人员和其他直接责任人员，处三年以下有期徒刑或者拘役；虚开的税款数额较大或者有其他严重情节的，处三年以上十年以下有期徒刑；虚开的税款数额巨大或者有其他特别严重情节的，处十年以上有期徒刑或者无期徒刑。

虚开增值税专用发票或者虚开用于骗取出口退税、抵扣税款的其他发票，是指有为他人虚开、为自己虚开、让他人为自己虚开、介绍他人虚开行为之一的。

虚开本法第二百零五条规定以外的其他发票，情节严重的，处二年以下有期徒刑、拘役或者管制，并处罚金；情节特别严重的，处二年以上七年以下有期徒刑，并处罚金。

单位犯前款罪的，对单位判处罚金，并对其直接负责的主管人员和其他直接责任人员，依照前款的规定处罚。

第二百零六条 伪造或者出售伪造的增值税专用发票的，处三年以下有期徒刑、拘役或者管制，并处二万元以上二十万元以下罚金；数量较大或者有其他严重情节的，处三年以上十年以下有期徒刑，并处五万元以上五十万元以下罚金；数量巨大或者有其他特别严重情节的，处十年以上有期徒刑或者无期徒刑，并处五万元以上五十万元以下罚金或者没收财产。

单位犯本条规定之罪的，对单位判处罚金，并对其直接负责的主管人员和其他直接责任人员，处三年以下有期徒刑、拘役或者管制；数量较大或者有其他严重情节的，处三年以上十年以下有期徒刑；数量巨大或者有其他特别严重情节的，处十年以上有期徒刑或者无期徒刑。

第二百零七条 非法出售增值税专用发票的，处三年以下有期徒刑、拘役或者管制，并处二万元以上二十万元以下罚金；数量较大的，处三年以上十年以下有期徒刑，并处五万元以上五十万元以下罚金；数量巨大的，处十年以上有期徒刑或者无期徒刑，并处五万元以上五十万元以下罚金或者没收财产。

第二百零八条 非法购买增值税专用发票或者购买伪造的增值税专用发票的，处五年以下有期徒刑或者拘役，并处或者单处二万元以上二十万元以下罚金。

非法购买增值税专用发票或者购买伪造的增值税专用发票又虚开或者出售的，分别依照本法第二百零五条、第二百零六条、第二百零七条的规定定罪处罚。

第二百零九条 伪造、擅自制造或者出售伪造、擅自制造的可以用于骗取出口退税、抵扣税款的其他发票的，处三年以下有期徒刑、拘役或者管制，并处二万元以上二十万元以下罚金；数量巨大的，处三年以上七年以下有期徒刑，并处五万元以上五十万元以下罚金；数量特别巨大的，处七年以上有期徒刑，并处五万元以上五十万元以下罚金或者没收财产。

伪造、擅自制造或者出售伪造、擅自制造的前款规定以外的其他发票的，处二年以下有期徒刑、拘役或者管制，并处或者单处一万元以上五万元以下罚金；情节严重的，处二年以上七年以下有期徒刑，并处五万元以上五十万元以下罚金。

非法出售可以用于骗取出口退税、抵扣税款的其他发票的，依照第一款的规定处罚。

非法出售第三款规定以外的其他发票的，依照第二款的规定处罚。

第二百一十条 盗窃增值税专用发票或者可以用于骗取出口退税、抵扣税款的其他发票的，依照本法第二百六十四条的规定定罪处罚。

使用欺骗手段骗取增值税专用发票或者可以用于骗取出口退税、抵扣税款的其他发票的，依照本法第二百六十六条的规定定罪处罚。

明知是伪造的发票而持有，数量较大的，处二年以下有期徒刑、拘役或者管制，并处罚金；数量巨大的，处二年以上七年以下有期徒刑，并处罚金。

单位犯前款罪的，对单位判处罚金，并对其直接负责的主管人员和其他直接责任人员，依照前款的规定处罚。

第二百一十一条 单位犯本节第二百零一条、第二百零三条、第二百零四条、第二百零七条、第二百零八条、第二百零九条规定之罪的，对单位判处罚金，并对其直接负责的主管人员和其他直接责任人员，依照各该条的规定处罚。

第二百一十二条 犯本节第二百零一条至第二百零五条规定之罪，被判处罚金、没收财产的，在执行前，应当先由税务机关追缴税款和所骗取的出口退税款。

第七节 侵犯知识产权罪

第二百一十三条 未经注册商标所有人许可，在同一种商品上使用与其注册商标相同的商标，情节严重的，处三年以下有期徒刑或者拘役，并处或者单处罚金；情节特别严重的，处三年以上七年以下有期徒刑，并处罚金。

第二百一十四条 销售明知是假冒注册商标的商品，销售金额数额较大的，处三年以下有期徒刑或者拘役，并处或者单处罚金；销售金额数额巨大的，处三年以上七年以下有期徒刑，并处罚金。

第二百一十五条 伪造、擅自制造他人注册商标标识或者销售伪造、擅自制造的注册商标标识，情节严重的，处三年以下有期徒刑、拘役或者管制，并处或者单处罚金；情节特别严重的，处三年以上七年以下有期徒刑，并处罚金。

第二百一十六条 假冒他人专利，情节严重的，处三年以下有期徒刑或者拘役，并处或者单处罚金。

第二百一十七条 以营利为目的，有下列侵犯著作权情形之一，违法所得数额较大或者有其他严重情节的，处三年以下有期徒刑或者拘役，并处或者单处罚金；违法所得数额巨大或者有其他特别严重情节的，处三年以上七年以下有期徒刑，并处罚金：

（一）未经著作权人许可，复制发行其文字作品、音乐、电影、电视、录像作品、计算机软件及其他作品的；

（二）出版他人享有专有出版权的图书的；

（三）未经录音录像制作者许可，复制发行其制作的录音录像的；

（四）制作、出售假冒他人署名的美术作品的。

第二百一十八条 以营利为目的，销售明知是本法第二百一十七条规定的侵权复制品，违法所得数额巨大的，处三年以下有期徒刑或者拘役，并处或者单处罚金。

第二百一十九条 有下列侵犯商业秘密行为之一，给商业秘密的权利人造成重大损失的，处三年以下有期徒刑或者拘役，并处或者单处罚金；造成特别严重后果的，处三年以上七年以下有期徒刑，并处罚金：

（一）以盗窃、利诱、胁迫或者其他不正当手段获取权利人的商业秘密的；

（二）披露、使用或者允许他人使用以前项手段获取的权利人的商业秘密的；

（三）违反约定或者违反权利人有关保守商业秘密的要求，披露、使用或者允许他人使用其所掌握的商业秘密的。

明知或者应知前款所列行为，获取、使用或者披露他人的商业秘密的，以侵犯商业秘密论。

本条所称商业秘密，是指不为公众所知悉，能为权利人带来经济利益，具有实用性并经权利人采取保密措施的技术信息和经营信息。

本条所称权利人，是指商业秘密的所有人和经商业秘密所有人许可的商业秘密使用人。

第二百二十条 单位犯本节第二百一十三条至第二百一十九条规定之罪的，对单位判处罚金，并对其直接负责的主管人员和其他直接责任人员，依照本节各该条的规定处罚。

第八节 扰乱市场秩序罪

第二百二十一条 捏造并散布虚伪事实，损害他人的商业信誉、商品声誉，给他人造成重大损失或者有其他严重情节的，处二年以下有期徒刑或者拘役，并处或者单处罚金。

第二百二十二条 广告主、广告经营者、广告发布者违反国家规定，利用广告对商品或者服务作虚假宣传，情节严重的，处二年以下有期徒刑或者拘役，并处或者单处罚金。

第二百二十三条 投标人相互串通投标报价，损害招标人或者其他投标人利益，情节严重的，处三年以下有期徒刑或者拘役，并处或者单处罚金。

投标人与招标人串通投标，损害国家、集体、公民的合法利益的，依照前款的规定处罚。

第二百二十四条 有下列情形之一，以非法占有为目的，在签订、履行合同过程中，骗取对方当事人财物，数额较大的，处三年以下有期徒刑或者拘役，并处或者单处罚金；数额巨大或者有其他严重情节的，处三年以上十年以下有期徒刑，并处罚金；数额特别巨大或者有其他特别严重情节的，处十年以上有期徒刑或者无期徒刑，并处罚金或者没收财产：

（一）以虚构的单位或者冒用他人名义签订合同的；

（二）以伪造、变造、作废的票据或者其他虚假的产权证明作担保的；

（三）没有实际履行能力，以先履行小额合同或者部分履行合同的方法，诱骗对方当事人继续签订和履行合同的；

（四）收受对方当事人给付的货物、货款、预付款或者担保财产后逃匿的；

（五）以其他方法骗取对方当事人财物的。

组织、领导以推销商品、提供服务等经营活动为名，要求参加者以缴纳费用或者购买商品、服务等方式获得加入资格，并按照一定顺序组成层级，直接或者间接以发展人员的数量作为计酬或者返利依据，引诱、胁迫参加者继续发展他人参加，骗取财物，扰乱经济社会秩序的传销活动的，处五年以下有期徒刑或者拘役，并处罚金；情节严重的，处五年以上有期徒刑，并处罚金。

第二百二十五条 违反国家规定，有下列非法经营行为之一，扰乱市场秩序，情节严重的，处五年以下有期徒刑或者拘役，并处或者单处违法所得一倍以上五倍以下罚金；情节特别严重的，处五年以上有期徒刑，并处违法所得一倍以上五倍以下罚金或者没收财产：

（一）未经许可经营法律、行政法规规定的专营、专卖物品或者其他限制买卖的物品的；

（二）买卖进出口许可证、进出口原产地证明以及其他法律、行政法规规定的经营许可证或者批准文件的；

（三）未经国家有关主管部门批准非法经营证券、期货、保险业务的，或者非法从事资金支付结算业务的；

（四）其他严重扰乱市场秩序的非法经营行为。

第二百二十六条 以暴力、威胁手段，实施下列行为之一，情节严重的，处三年以下有期徒刑或者拘役，并处或者单处罚金；情节特别严重的，处三年以上七年以下有期徒刑，并处罚金：

（一）强买强卖商品的；

（二）强迫他人提供或者接受服务的；

（三）强迫他人参与或者退出投标、拍卖的；

（四）强迫他人转让或者收购公司、企业的股份、债券或者其他资产的；

（五）强迫他人参与或者退出特定的经营活动的。

第二百二十七条 伪造或者倒卖伪造的车票、船票、邮票或者其他有价票证，数额较大的，处二年以下有期徒刑、拘役或者管制，并处或者单处票证价额一倍以上五倍以下罚金；数额巨大的，处二年以上七年以下有期徒刑，并处票证价额一倍以上五倍以下罚金。

倒卖车票、船票，情节严重的，处三年以下有期徒刑、拘役或者管制，并处或者单处票证价额一倍以上五倍以下罚金。

第二百二十八条 以牟利为目的，违反土地管理法规，非法转让、倒卖土地使用权，情节严重的，处三年以下有期徒刑或者拘役，并处或者单处非法转让、倒卖土地使用权价额百分之五以上百分之二十以下罚金；情节特别严重的，处三年以上七年以下有期徒刑，并处非法转让、倒卖土地使用权价额百分之五以上百分之二十以下罚金。

第二百二十九条 承担资产评估、验资、验证、会计、审计、法律服务等职责的中介组织的人员故意提供虚假证明文件，情节严重的，处五年以下有期徒刑或者拘役，并处罚金。

前款规定的人员，索取他人财物或者非法收受他人财物，犯前款罪的，处五年以上十年以下有期徒刑，并处罚金。

第一款规定的人员，严重不负责任，出具的证明文件有重大失实，造成严重后果的，处三年以下有期徒刑或者拘役，并处或者单处罚金。

第二百三十条 违反进出口商品检验法的规定，逃避商品检验，将必须经商检机构检验的进口商品未报经检验而擅自销售、使用，或者将必须经商检机构检验的出口商品未报经检验合格而擅自出口，情节严重的，处三年以下有期徒刑或者拘役，并处或者单处罚金。

第二百三十一条 单位犯本节第二百二十一条至第二百三十条规定之罪的，对单位判处罚金，并对其直接负责的主管人员和其他直接责任人员，依照本节各该条的规定处罚。

第四章　侵犯公民人身权利、民主权利罪

第二百三十二条 故意杀人的，处死刑、无期徒刑或者十年以上有期徒刑；情节较轻的，处三年以上十年以下有期徒刑。

第二百三十三条 过失致人死亡的，处三年以上七年以下有期徒刑；情节较轻的，处三年以下有期徒刑。本法另有规定的，依照规定。

第二百三十四条 故意伤害他人身体的，处三年以下有期徒刑、拘役或者管制。

犯前款罪，致人重伤的，处三年以上十年以下有期徒刑；致人死亡或者以特别残忍手段致人重伤造成严重残疾的，处十年以上有期徒刑、无期徒刑或者死刑。本法另有规定的，依照规定。

组织他人出卖人体器官的，处五年以下有期徒刑，并处罚金；情节严重的，处五年以上有期徒刑，并处罚金或者没收财产。

未经本人同意摘取其器官，或者摘取不满十八周岁的人的器官，或者强迫、欺骗他人捐献器官的，依照本法第二百三十四条、第二百三十二条的规定定罪处罚。

违背本人生前意愿摘取其尸体器官，或者本人生前未表示同意，违反国家规定，违背其近亲属意愿摘取其尸体器官的，依照本法第三百零二条的规定定罪处罚。

第二百三十五条 过失伤害他人致人重伤的，处三年以下有期徒刑或者拘役。本法另有规定的，依照规定。

第二百三十六条　以暴力、胁迫或者其他手段强奸妇女的，处三年以上十年以下有期徒刑。

奸淫不满十四周岁的幼女的，以强奸论，从重处罚。

强奸妇女、奸淫幼女，有下列情形之一的，处十年以上有期徒刑、无期徒刑或者死刑：

（一）强奸妇女、奸淫幼女情节恶劣的；

（二）强奸妇女、奸淫幼女多人的；

（三）在公共场所当众强奸妇女的；

（四）二人以上轮奸的；

（五）致使被害人重伤、死亡或者造成其他严重后果的。

第二百三十七条　以暴力、胁迫或者其他方法强制猥亵他人或者侮辱妇女的，处五年以下有期徒刑或者拘役。

聚众或者在公共场所当众犯前款罪的，或者有其他恶劣情节的，处五年以上有期徒刑。

猥亵儿童的，依照前两款的规定从重处罚。

第二百三十八条　非法拘禁他人或者以其他方法非法剥夺他人人身自由的，处三年以下有期徒刑、拘役、管制或者剥夺政治权利。具有殴打、侮辱情节的，从重处罚。

犯前款罪，致人重伤的，处三年以上十年以下有期徒刑；致人死亡的，处十年以上有期徒刑。使用暴力致人伤残、死亡的，依照本法第二百三十四条、第二百三十二条的规定定罪处罚。

为索取债务非法扣押、拘禁他人的，依照前两款的规定处罚。

国家机关工作人员利用职权犯前三款罪的，依照前三款的规定从重处罚。

第二百三十九条　以勒索财物为目的绑架他人的，或者绑架他人作为人质的，处十年以上有期徒刑或者无期徒刑，并处罚金或者没收财产；情节较轻的，处五年以上十年以下有期徒刑，并处罚金。

犯前款罪，杀害被绑架人的，或者故意伤害被绑架人，致人重伤、死亡的，处无期徒刑或者死刑，并处没收财产。

以勒索财物为目的偷盗婴幼儿的，依照前两款的规定处罚。

第二百四十条　拐卖妇女、儿童的，处五年以上十年以下有期徒刑，并处罚金；有下列情形之一的，处十年以上有期徒刑或者无期徒刑，并处罚金或者没收财产；情节特别严重的，处死刑，并处没收财产：

（一）拐卖妇女、儿童集团的首要分子；

（二）拐卖妇女、儿童三人以上的；

（三）奸淫被拐卖的妇女的；

（四）诱骗、强迫被拐卖的妇女卖淫或者将被拐卖的妇女卖给他人迫使其卖淫的；

（五）以出卖为目的，使用暴力、胁迫或者麻醉方法绑架妇女、儿童的；

（六）以出卖为目的，偷盗婴幼儿的；

（七）造成被拐卖的妇女、儿童或者其亲属重伤、死亡或者其他严重后果的；

（八）将妇女、儿童卖往境外的。

拐卖妇女、儿童是指以出卖为目的，有拐骗、绑架、收买、贩卖、接送、中转妇女、儿童的行为之一的。

第二百四十一条　收买被拐卖的妇女、儿童的，处三年以下有期徒刑、拘役或者管制。

收买被拐卖的妇女，强行与其发生性关系的，依照本法第二百三十六条的规定定罪处罚。

收买被拐卖的妇女、儿童，非法剥夺、限制其人身自由或者有伤害、侮辱等犯罪行为的，依照本法的有关规定定罪处罚。

收买被拐卖的妇女、儿童，并有第二款、第三款规定的犯罪行为的，依照数罪并罚的规定处罚。

收买被拐卖的妇女、儿童又出卖的，依照本法第二百四十条的规定定罪处罚。

收买被拐卖的妇女、儿童，对被买儿童没有虐待行为，不阻碍对其进行解救的，可以从轻处罚；按照被买妇女的意愿，不阻碍其返回原居住地的，可以从轻或者减轻处罚。

第二百四十二条 以暴力、威胁方法阻碍国家机关工作人员解救被收买的妇女、儿童的，依照本法第二百七十七条的规定定罪处罚。

聚众阻碍国家机关工作人员解救被收买的妇女、儿童的首要分子，处五年以下有期徒刑或者拘役；其他参与者使用暴力、威胁方法的，依照前款的规定处罚。

第二百四十三条 捏造事实诬告陷害他人，意图使他人受刑事追究，情节严重的，处三年以下有期徒刑、拘役或者管制；造成严重后果的，处三年以上十年以下有期徒刑。

国家机关工作人员犯前款罪的，从重处罚。

不是有意诬陷，而是错告，或者检举失实的，不适用前两款的规定。

第二百四十四条 以暴力、威胁或者限制人身自由的方法强迫他人劳动的，处三年以下有期徒刑或者拘役，并处罚金；情节严重的，处三年以上十年以下有期徒刑，并处罚金。

明知他人实施前款行为，为其招募、运送人员或者有其他协助强迫他人劳动行为的，依照前款的规定处罚。

单位犯前两款罪的，对单位判处罚金，并对其直接负责的主管人员和其他直接责任人员，依照第一款的规定处罚。

违反劳动管理法规，雇用未满十六周岁的未成年人从事超强度体力劳动的，或者从事高空、井下作业的，或者在爆炸性、易燃性、放射性、毒害性等危险环境下从事劳动，情节严重的，对直接责任人员，处三年以下有期徒刑或者拘役，并处罚金；情节特别严重的，处三年以上七年以下有期徒刑，并处罚金。

有前款行为，造成事故，又构成其他犯罪的，依照数罪并罚的规定处罚。

第二百四十五条 非法搜查他人身体、住宅，或者非法侵入他人住宅的，处三年以下有期徒刑或者拘役。

司法工作人员滥用职权，犯前款罪的，从重处罚。

第二百四十六条 以暴力或者其他方法公然侮辱他人或者捏造事实诽谤他人，情节严重的，处三年以下有期徒刑、拘役、管制或者剥夺政治权利。

前款罪，告诉的才处理，但是严重危害社会秩序和国家利益的除外。

通过信息网络实施第一款规定的行为，被害人向人民法院告诉，但提供证据确有困难的，人民法院可以要求公安机关提供协助。

第二百四十七条 司法工作人员对犯罪嫌疑人、被告人实行刑讯逼供或者使用暴力逼取证人证言的，处三年以下有期徒刑或者拘役。致人伤残、死亡的，依照本法第二百三十四条、第二百三十二条的规定定罪从重处罚。

第二百四十八条 监狱、拘留所、看守所等监管机构的监管人员对被监管人进行殴打或者体罚虐待，情节严重的，处三年以下有期徒刑或者拘役；情节特别严重的，处三年以上十年以下有期徒刑。致人伤残、死亡的，依照本法第二百三十四条、第二百三十二条的规定定罪从重处罚。

监管人员指使被监管人殴打或者体罚虐待其他被监管人的，依照前款的规定处罚。

第二百四十九条 煽动民族仇恨、民族歧视，情节严重的，处三年以下有期徒刑、拘役、管制或者剥夺政治权利；情节特别严重的，处三年以上十年以下有期徒刑。

第二百五十条 在出版物中刊载歧视、侮辱少数民族的内容，情节恶劣，造成严重后果的，对直接责任人员，处三年以下有期徒刑、拘役或者管制。

第二百五十一条 国家机关工作人员非法剥夺公民的宗教信仰自由和侵犯少数民族风俗习惯，情节严重的，处二年以下有期徒刑或者拘役。

第二百五十二条 隐匿、毁弃或者非法开拆他人信件，侵犯公民通信自由权利，情节严重的，处一年以下有期徒刑或者拘役。

第二百五十三条 邮政工作人员私自开拆或者隐匿、毁弃邮件、电报的，处二年以下有期徒刑或者拘役。

犯前款罪而窃取财物的，依照本法第二百六十四条的规定定罪从重处罚。

第二百五十三条之一 违反国家有关规定，向他人出售或者提供公民个人信息，情节严重的，处三年以下有期徒刑或者拘役，并处或者单处罚金；情节特别严重的，处三年以上七年以下有期徒刑，并处罚金。

违反国家有关规定，将在履行职责或者提供服务过程中获得的公民个人信息，出售或者提供给他人的，依照前款的规定从重处罚。

窃取或者以其他方法非法获取公民个人信息的，依照第一款的规定处罚。

单位犯前三款罪的，对单位判处罚金，并对其直接负责的主管人员和其他直接责任人员，依照各该款的规定处罚。

第二百五十四条 国家机关工作人员滥用职权、假公济私，对控告人、申诉人、批评人、举报人实行报复陷害的，处二年以下有期徒刑或者拘役；情节严重的，处二年以上七年以下有期徒刑。

第二百五十五条 公司、企业、事业单位、机关、团体的领导人，对依法履行职责、抵制违反会计法、统计法行为的会计、统计人员实行打击报复，情节恶劣的，处三年以下有期徒刑或者拘役。

第二百五十六条 在选举各级人民代表大会代表和国家机关领导人员时，以暴力、威胁、欺骗、贿赂、伪造选举文件、虚报选举票数等手段破坏选举或者妨害选民和代表自由行使选举权和被选举权，情节严重的，处三年以下有期徒刑、拘役或者剥夺政治权利。

第二百五十七条 以暴力干涉他人婚姻自由的，处二年以下有期徒刑或者拘役。

犯前款罪，致使被害人死亡的，处二年以上七年以下有期徒刑。

第一款罪，告诉的才处理。

第二百五十八条 有配偶而重婚的，或者明知他人有配偶而与之结婚的，处二年以下有期徒刑或者拘役。

第二百五十九条 明知是现役军人的配偶而与之同居或者结婚的，处三年以下有期徒刑或者拘役。

利用职权、从属关系，以胁迫手段奸淫现役军人的妻子的，依照本法第二百三十六条的规定定罪处罚。

第二百六十条 虐待家庭成员，情节恶劣的，处二年以下有期徒刑、拘役或者管制。

犯前款罪，致使被害人重伤、死亡的，处二年以上七年以下有期徒刑。

第一款罪，告诉的才处理，但被害人没有能力告诉，或者因受到强制、威吓无法告诉的除外。

第二百六十条之一 对未成年人、老年人、患病的人、残疾人等负有监护、看护职责的人虐待被监护、看护的人，情节恶劣的，处三年以下有期徒刑或者拘役。

单位犯前款罪的，对单位判处罚金，并对其直接负责的主管人员和其他直接责任人员，依照前款的规定处罚。

有第一款行为，同时构成其他犯罪的，依照处罚较重的规定定罪处罚。

第二百六十一条 对于年老、年幼、患病或者其他没有独立生活能力的人，负有扶养义务而拒绝扶养，情节恶劣的，处五年以下有期徒刑、拘役或者管制。

第二百六十二条 拐骗不满十四周岁的未成年人，脱离家庭或者监护人的，处五年以下有期徒刑或者拘役。

以暴力、胁迫手段组织残疾人或者不满十四周岁的未成年人乞讨的，处三年以下有期徒刑或者拘役，并处罚金；情节严重的，处三年以上七年以下有期徒刑，并处罚金。

组织未成年人进行盗窃、诈骗、抢夺、敲诈勒索等违反治安管理活动的，处三年以下有期徒刑或者拘役，并处罚金；情节严重的，处三年以上七年以下有期徒刑，并处罚金。

第五章　侵 犯 财 产 罪

第二百六十三条　以暴力、胁迫或者其他方法抢劫公私财物的，处三年以上十年以下有期徒刑，并处罚金；有下列情形之一的，处十年以上有期徒刑、无期徒刑或者死刑，并处罚金或者没收财产：

（一）入户抢劫的；

（二）在公共交通工具上抢劫的；

（三）抢劫银行或者其他金融机构的；

（四）多次抢劫或者抢劫数额巨大的；

（五）抢劫致人重伤、死亡的；

（六）冒充军警人员抢劫的；

（七）持枪抢劫的；

（八）抢劫军用物资或者抢险、救灾、救济物资的。

第二百六十四条　盗窃公私财物，数额较大的，或者多次盗窃、入户盗窃、携带凶器盗窃、扒窃的，处三年以下有期徒刑、拘役或者管制，并处或者单处罚金；数额巨大或者有其他严重情节的，处三年以上十年以下有期徒刑，并处罚金；数额特别巨大或者有其他特别严重情节的，处十年以上有期徒刑或者无期徒刑，并处罚金或者没收财产。

第二百六十五条　以牟利为目的，盗接他人通信线路、复制他人电信码号或者明知是盗接、复制的电信设备、设施而使用的，依照本法第二百六十四条的规定定罪处罚。

第二百六十六条　诈骗公私财物，数额较大的，处三年以下有期徒刑、拘役或者管制，并处或者单处罚金；数额巨大或者有其他严重情节的，处三年以上十年以下有期徒刑，并处罚金；数额特别巨大或者有其他特别严重情节的，处十年以上有期徒刑或者无期徒刑，并处罚金或者没收财产。本法另有规定的，依照规定。

第二百六十七条　抢夺公私财物，数额较大的，或者多次抢夺的，处三年以下有期徒刑、拘役或者管制，并处或者单处罚金；数额巨大或者有其他严重情节的，处三年以上十年以下有期徒刑，并处罚金；数额特别巨大或者有其他特别严重情节的，处十年以上有期徒刑或者无期徒刑，并处罚金或者没收财产。

携带凶器抢夺的，依照本法第二百六十三条的规定定罪处罚。

第二百六十八条　聚众哄抢公私财物，数额较大或者有其他严重情节的，对首要分子和积极参加的，处三年以下有期徒刑、拘役或者管制，并处罚金；数额巨大或者有其他特别严重情节的，处三年以上十年以下有期徒刑，并处罚金。

第二百六十九条　犯盗窃、诈骗、抢夺罪，为窝藏赃物、抗拒抓捕或者毁灭罪证而当场使用暴力或者以暴力相威胁的，依照本法第二百六十三条的规定定罪处罚。

第二百七十条　将代为保管的他人财物非法占为己有，数额较大，拒不退还的，处二年以下有期徒刑、拘役或者罚金；数额巨大或者有其他严重情节的，处二年以上五年以下有期徒刑，并处罚金。

将他人的遗忘物或者埋藏物非法占为己有，数额较大，拒不交出的，依照前款的规定处罚。

本条罪，告诉的才处理。

第二百七十一条　公司、企业或者其他单位的人员，利用职务上的便利，将本单位财物非法占为己有，数额较大的，处五年以下有期徒刑或者拘役；数额巨大的，处五年以上有期徒刑，可以并处没收财产。

国有公司、企业或者其他国有单位中从事公务的人员和国有公司、企业或者其他国有单位委派到非国有公司、企业以及其他单位从事公务的人员有前款行为的，依照本法第三百八十二条、第三百八十三条的规定定罪处罚。

第二百七十二条 公司、企业或者其他单位的工作人员，利用职务上的便利，挪用本单位资金归个人使用或者借贷给他人，数额较大、超过三个月未还的，或者虽未超过三个月，但数额较大、进行营利活动的，或者进行非法活动的，处三年以下有期徒刑或者拘役；挪用本单位资金数额巨大的，或者数额较大不退还的，处三年以上十年以下有期徒刑。

国有公司、企业或者其他国有单位中从事公务的人员和国有公司、企业或者其他国有单位委派到非国有公司、企业以及其他单位从事公务的人员有前款行为的，依照本法第三百八十四条的规定定罪处罚。

第二百七十三条 挪用用于救灾、抢险、防汛、优抚、扶贫、移民、救济款物，情节严重，致使国家和人民群众利益遭受重大损害的，对直接责任人员，处三年以下有期徒刑或者拘役；情节特别严重的，处三年以上七年以下有期徒刑。

第二百七十四条 敲诈勒索公私财物，数额较大或者多次敲诈勒索的，处三年以下有期徒刑、拘役或者管制，并处或者单处罚金；数额巨大或者有其他严重情节的，处三年以上十年以下有期徒刑，并处罚金；数额特别巨大或者有其他特别严重情节的，处十年以上有期徒刑，并处罚金。

第二百七十五条 故意毁坏公私财物，数额较大或者有其他严重情节的，处三年以下有期徒刑、拘役或者罚金；数额巨大或者有其他特别严重情节的，处三年以上七年以下有期徒刑。

第二百七十六条 由于泄愤报复或者其他个人目的，毁坏机器设备、残害耕畜或者以其他方法破坏生产经营的，处三年以下有期徒刑、拘役或者管制；情节严重的，处三年以上七年以下有期徒刑。

以转移财产、逃匿等方法逃避支付劳动者的劳动报酬或者有能力支付而不支付劳动者的劳动报酬，数额较大，经政府有关部门责令支付仍不支付的，处三年以下有期徒刑或者拘役，并处或者单处罚金；造成严重后果的，处三年以上七年以下有期徒刑，并处罚金。

单位犯前款罪的，对单位判处罚金，并对其直接负责的主管人员和其他直接责任人员，依照前款的规定处罚。

有前两款行为，尚未造成严重后果，在提起公诉前支付劳动者的劳动报酬，并依法承担相应赔偿责任的，可以减轻或者免除处罚。

第六章　妨害社会管理秩序罪

第一节　扰乱公共秩序罪

第二百七十七条 以暴力、威胁方法阻碍国家机关工作人员依法执行职务的，处三年以下有期徒刑、拘役、管制或者罚金。

以暴力、威胁方法阻碍全国人民代表大会和地方各级人民代表大会代表依法执行代表职务的，依照前款的规定处罚。

在自然灾害和突发事件中，以暴力、威胁方法阻碍红十字会工作人员依法履行职责的，依照第一款的规定处罚。

故意阻碍国家安全机关、公安机关依法执行国家安全工作任务，未使用暴力、威胁方法，造成严重后果的，依照第一款的规定处罚。

暴力袭击正在依法执行职务的人民警察的，依照第一款的规定从重处罚。

第二百七十八条 煽动群众暴力抗拒国家法律、行政法规实施的，处三年以下有期徒刑、拘役、管制或者剥夺政治权利；造成严重后果的，处三年以上七年以下有期徒刑。

第二百七十九条 冒充国家机关工作人员招摇撞骗的，处三年以下有期徒刑、拘役、管制或者剥夺政治权利；情节严重的，处三年以上十年以下有期徒刑。

冒充人民警察招摇撞骗的，依照前款的规定从重处罚。

第二百八十条 伪造、变造、买卖或者盗窃、抢夺、毁灭国家机关的公文、证件、印章的，处三年以下有期徒刑、拘役、管制或者剥夺政治权利，并处罚金；情节严重的，处三年以上十年以下有期徒刑，并处罚金。

伪造公司、企业、事业单位、人民团体的印章的，处三年以下有期徒刑、拘役、管制或者剥夺政治权利，并处罚金。

伪造、变造、买卖居民身份证、护照、社会保障卡、驾驶证等依法可以用于证明身份的证件的，处三年以下有期徒刑、拘役、管制或者剥夺政治权利，并处罚金；情节严重的，处三年以上七年以下有期徒刑，并处罚金。

在依照国家规定应当提供身份证明的活动中，使用伪造、变造的或者盗用他人的居民身份证、护照、社会保障卡、驾驶证等依法可以用于证明身份的证件，情节严重的，处拘役或者管制，并处或者单处罚金。

有前款行为，同时构成其他犯罪的，依照处罚较重的规定定罪处罚。

第二百八十一条 非法生产、买卖人民警察制式服装、车辆号牌等专用标志、警械，情节严重的，处三年以下有期徒刑、拘役或者管制，并处或者单处罚金。

单位犯前款罪的，对单位判处罚金，并对其直接负责的主管人员和其他直接责任人员，依照前款的规定处罚。

第二百八十二条 以窃取、刺探、收买方法，非法获取国家秘密的，处三年以下有期徒刑、拘役、管制或者剥夺政治权利；情节严重的，处三年以上七年以下有期徒刑。

非法持有属于国家绝密、机密的文件、资料或者其他物品，拒不说明来源与用途的，处三年以下有期徒刑、拘役或者管制。

第二百八十三条 非法生产、销售专用间谍器材或者窃听、窃照专用器材的，处三年以下有期徒刑、拘役或者管制，并处或者单处罚金；情节严重的，处三年以上七年以下有期徒刑，并处罚金。

单位犯前款罪的，对单位判处罚金，并对其直接负责的主管人员和其他直接责任人员，依照前款的规定处罚。

第二百八十四条 非法使用窃听、窃照专用器材，造成严重后果的，处二年以下有期徒刑、拘役或者管制。

在法律规定的国家考试中，组织作弊的，处三年以下有期徒刑或者拘役，并处或者单处罚金；情节严重的，处三年以上七年以下有期徒刑，并处罚金。

为他人实施前款犯罪提供作弊器材或者其他帮助的，依照前款的规定处罚。

为实施考试作弊行为，向他人非法出售或者提供第一款规定的考试的试题、答案的，依照第一款的规定处罚。

代替他人或者让他人代替自己参加第一款规定的考试的，处拘役或者管制，并处或者单处罚金。

第二百八十五条 违反国家规定，侵入国家事务、国防建设、尖端科学技术领域的计算机信息系统的，处三年以下有期徒刑或者拘役。

违反国家规定，侵入前款规定以外的计算机信息系统或者采用其他技术手段，获取该计算机信息系统中存储、处理或者传输的数据，或者对该计算机信息系统实施非法控制，情节严重的，处三年以下有期徒刑或者拘役，并处或者单处罚金；情节特别严重的，处三年以上七年以下有期徒刑，并处罚金。

提供专门用于侵入、非法控制计算机信息系统的程序、工具，或者明知他人实施侵入、非法控制计算机信息系统的违法犯罪行为而为其提供程序、工具，情节严重的，依照前款的规定处罚。

单位犯前三款罪的，对单位判处罚金，并对其直接负责的主管人员和其他直接责任人员，依照各该款的规定处罚。

第二百八十六条 违反国家规定，对计算机信息系统功能进行删除、修改、增加、干扰，造成计算机信息系统不能正常运行，后果严重的，处五年以下有期徒刑或者拘役；后果特别严重的，处五年以上有期徒刑。

违反国家规定，对计算机信息系统中存储、处理或者传输的数据和应用程序进行删除、修改、增加的操作，后果严重的，依照前款的规定处罚。

故意制作、传播计算机病毒等破坏性程序，影响计算机系统正常运行，后果严重的，依照第一款的规定处罚。

单位犯前三款罪的，对单位判处罚金，并对其直接负责的主管人员和其他直接责任人员，依照第一款的规定处罚。

网络服务提供者不履行法律、行政法规规定的信息网络安全管理义务，经监管部门责令采取改正措施而拒不改正，有下列情形之一的，处三年以下有期徒刑、拘役或者管制，并处或者单处罚金：

（一）致使违法信息大量传播的；

（二）致使用户信息泄露，造成严重后果的；

（三）致使刑事案件证据灭失，情节严重的；

（四）有其他严重情节的。

单位犯前款罪的，对单位判处罚金，并对其直接负责的主管人员和其他直接责任人员，依照前款的规定处罚。

有前两款行为，同时构成其他犯罪的，依照处罚较重的规定定罪处罚。

第二百八十七条 利用计算机实施金融诈骗、盗窃、贪污、挪用公款、窃取国家秘密或者其他犯罪的，依照本法有关规定定罪处罚。

利用信息网络实施下列行为之一，情节严重的，处三年以下有期徒刑或者拘役，并处或者单处罚金：

（一）设立用于实施诈骗、传授犯罪方法、制作或者销售违禁物品、管制物品等违法犯罪活动的网站、通讯群组的；

（二）发布有关制作或者销售毒品、枪支、淫秽物品等违禁物品、管制物品或者其他违法犯罪信息的；

（三）为实施诈骗等违法犯罪活动发布信息的。

单位犯前款罪的，对单位判处罚金，并对其直接负责的主管人员和其他直接责任人员，依照第一款的规定处罚。

有前两款行为，同时构成其他犯罪的，依照处罚较重的规定定罪处罚。

明知他人利用信息网络实施犯罪，为其犯罪提供互联网接入、服务器托管、网络存储、通讯传输等技术支持，或者提供广告推广、支付结算等帮助，情节严重的，处三年以下有期徒刑或者拘役，并处或者单处罚金。

单位犯前款罪的，对单位判处罚金，并对其直接负责的主管人员和其他直接责任人员，依照第一款的规定处罚。

有前两款行为，同时构成其他犯罪的，依照处罚较重的规定定罪处罚。

第二百八十八条 违反国家规定，擅自设置、使用无线电台（站），或者擅自使用无线电频率，干扰无线电通讯秩序，情节严重的，处三年以下有期徒刑、拘役或者管制，并处或者单处罚金；情节特别严重的，处三年以上七年以下有期徒刑，并处罚金。

单位犯前款罪的，对单位判处罚金，并对其直接负责的主管人员和其他直接责任人员，依照前款的规定处罚。

第二百八十九条 聚众“打砸抢”，致人伤残、死亡的，依照本法第二百三十四条、第二百三十二条的规定定罪处罚。毁坏或者抢走公私财物的，除判令退赔外，对首要分子，依照本法第二百六十三条的规定定罪处罚。

第二百九十条 聚众扰乱社会秩序，情节严重，致使工作、生产、营业和教学、科研、医疗无法进行，造成严重损失的，对首要分子，处三年以上七年以下有期徒刑；对其他积极参加的，处三年以下有期徒刑、拘役、管制或者剥夺政治权利。

聚众冲击国家机关，致使国家机关工作无法进行，造成严重损失的，对首要分子，处五年以上十年以下有期徒刑；对其他积极参加的，处五年以下有期徒刑、拘役、管制或者剥夺政治权利。

多次扰乱国家机关工作秩序，经行政处罚后仍不改正，造成严重后果的，处三年以下有期徒刑、拘役或者管制。

多次组织、资助他人非法聚集，扰乱社会秩序，情节严重的，依照前款的规定处罚。

第二百九十一条 聚众扰乱车站、码头、民用航空站、商场、公园、影剧院、展览会、运动场或者其他公共场所秩序，聚众堵塞交通或者破坏交通秩序，抗拒、阻碍国家治安管理工作人员依法执行职务，情节严重的，对首要分子，处五年以下有期徒刑、拘役或者管制。

投放虚假的爆炸性、毒害性、放射性、传染病病原体等物质，或者编造爆炸威胁、生化威胁、放射威胁等恐怖信息，或者明知是编造的恐怖信息而故意传播，严重扰乱社会秩序的，处五年以下有期徒刑、拘役或者管制；造成严重后果的，处五年以上有期徒刑。

编造虚假的险情、疫情、灾情、警情，在信息网络或者其他媒体上传播，或者明知是上述虚假信息，故意在信息网络或者其他媒体上传播，严重扰乱社会秩序的，处三年以下有期徒刑、拘役或者管制；造成严重后果的，处三年以上七年以下有期徒刑。

第二百九十二条 聚众斗殴的，对首要分子和其他积极参加的，处三年以下有期徒刑、拘役或者管制；有下列情形之一的，对首要分子和其他积极参加的，处三年以上十年以下有期徒刑：

（一）多次聚众斗殴的；

（二）聚众斗殴人数多，规模大，社会影响恶劣的；

（三）在公共场所或者交通要道聚众斗殴，造成社会秩序严重混乱的；

（四）持械聚众斗殴的。

聚众斗殴，致人重伤、死亡的，依照本法第二百三十四条、第二百三十二条的规定定罪处罚。

第二百九十三条 有下列寻衅滋事行为之一，破坏社会秩序的，处五年以下有期徒刑、拘役或者管制：

（一）随意殴打他人，情节恶劣的；

（二）追逐、拦截、辱骂、恐吓他人，情节恶劣的；

（三）强拿硬要或者任意损毁、占用公私财物，情节严重的；

（四）在公共场所起哄闹事，造成公共场所秩序严重混乱的。

纠集他人多次实施前款行为，严重破坏社会秩序的，处五年以上十年以下有期徒刑，可以并处罚金。

第二百九十四条 组织、领导黑社会性质的组织的，处七年以上有期徒刑，并处没收财产；积极参加的，处三年以上七年以下有期徒刑，可以并处罚金或者没收财产；其他参加的，处三年以下有期徒刑、拘役、管制或者剥夺政治权利，可以并处罚金。

境外的黑社会组织的人员到中华人民共和国境内发展组织成员的，处三年以上十年以下有期徒刑。

国家机关工作人员包庇黑社会性质的组织，或者纵容黑社会性质的组织进行违法犯罪活动的，处五年以下有期徒刑；情节严重的，处五年以上有期徒刑。

犯前三款罪又有其他犯罪行为的，依照数罪并罚的规定处罚。

黑社会性质的组织应当同时具备以下特征：

（一）形成较稳定的犯罪组织，人数较多，有明确的组织者、领导者，骨干成员基本固定；

（二）有组织地通过违法犯罪活动或者其他手段获取经济利益，具有一定的经济实力，以支持该组织的活动；

（三）以暴力、威胁或者其他手段，有组织地多次进行违法犯罪活动，为非作恶，欺压、残害群众；

（四）通过实施违法犯罪活动，或者利用国家工作人员的包庇或者纵容，称霸一方，在一定区域或者行业内，形成非法控制或者重大影响，严重破坏经济、社会生活秩序。

第二百九十五条 传授犯罪方法的，处五年以下有期徒刑、拘役或者管制；情节严重的，处五年以上十年以下有期徒刑；情节特别严重的，处十年以上有期徒刑或者无期徒刑。

第二百九十六条 举行集会、游行、示威，未依照法律规定申请或者申请未获许可，或者未按照主管机关许可的起止时间、地点、路线进行，又拒不服从解散命令，严重破坏社会秩序的，对集会、游行、示威的负责人和直接责任人员，处五年以下有期徒刑、拘役、管制或者剥夺政治权利。

第二百九十七条 违反法律规定，携带武器、管制刀具或者爆炸物参加集会、游行、示威的，处三年以下有期徒刑、拘役、管制或者剥夺政治权利。

第二百九十八条 扰乱、冲击或者以其他方法破坏依法举行的集会、游行、示威，造成公共秩序混乱的，处五年以下有期徒刑、拘役、管制或者剥夺政治权利。

第二百九十九条 在公众场合故意以焚烧、毁损、涂划、玷污、践踏等方式侮辱中华人民共和国国旗、国徽的，处三年以下有期徒刑、拘役、管制或者剥夺政治权利。

在公共场合，故意篡改中华人民共和国国歌歌词、曲谱，以歪曲、贬损方式奏唱国歌，或者以其他方式侮辱国歌，情节严重的，依照前款的规定处罚。

第三百条 组织、利用会道门、邪教组织或者利用迷信破坏国家法律、行政法规实施的，处三年以上七年以下有期徒刑，并处罚金；情节特别严重的，处七年以上有期徒刑或者无期徒刑，并处罚金或者没收财产；情节较轻的，处三年以下有期徒刑、拘役、管制或者剥夺政治权利，并处或者单处罚金。

组织、利用会道门、邪教组织或者利用迷信蒙骗他人，致人重伤、死亡的，依照前款的规定处罚。

犯第一款罪又有奸淫妇女、诈骗财物等犯罪行为的，依照数罪并罚的规定处罚。

第三百零一条 聚众进行淫乱活动的，对首要分子或者多次参加的，处五年以下有期徒刑、拘役或者管制。

引诱未成年人参加聚众淫乱活动的，依照前款的规定从重处罚。

第三百零二条 盗窃、侮辱、故意毁坏尸体、尸骨、骨灰的，处三年以下有期徒刑、拘役或者管制。

第三百零三条 以营利为目的，聚众赌博或者以赌博为业的，处三年以下有期徒刑、拘役或者管制，并处罚金。

开设赌场的，处三年以下有期徒刑、拘役或者管制，并处罚金；情节严重的，处三年以上十年以下有期徒刑，并处罚金。

第三百零四条 邮政工作人员严重不负责任，故意延误投递邮件，致使公共财产、国家和人民利益遭受重大损失的，处二年以下有期徒刑或者拘役。

第二节 妨害司法罪

第三百零五条 在刑事诉讼中，证人、鉴定人、记录人、翻译人对与案件有重要关系的情节，故意作虚假证明、鉴定、记录、翻译，意图陷害他人或者隐匿罪证的，处三年以下有期徒刑或者拘役；情节严重的，处三年以上七年以下有期徒刑。

第三百零六条 在刑事诉讼中，辩护人、诉讼代理人毁灭、伪造证据，帮助当事人毁灭、伪造证据，威胁、引诱证人违背事实改变证言或者作伪证的，处三年以下有期徒刑或者拘役；情节严重的，处三年以上七年以下有期徒刑。

辩护人、诉讼代理人提供、出示、引用的证人证言或者其他证据失实，不是有意伪造的，不属于伪造证据。

第三百零七条 以暴力、威胁、贿买等方法阻止证人作证或者指使他人作伪证的，处三年以下有期徒刑或者拘役；情节严重的，处三年以上七年以下有期徒刑。

帮助当事人毁灭、伪造证据，情节严重的，处三年以下有期徒刑或者拘役。

司法工作人员犯前两款罪的，从重处罚。

以捏造的事实提起民事诉讼，妨害司法秩序或者严重侵害他人合法权益的，处三年以下有期徒刑、拘役或者管制，并处或者单处罚金；情节严重的，处三年以上七年以下有期徒刑，并处罚金。

单位犯前款罪的，对单位判处罚金，并对其直接负责的主管人员和其他直接责任人员，依照前款的规定处罚。

有第一款行为，非法占有他人财产或者逃避合法债务，又构成其他犯罪的，依照处罚较重的规定定罪从重处罚。

司法工作人员利用职权，与他人共同实施前三款行为的，从重处罚；同时构成其他犯罪的，依照处罚较重的规定定罪从重处罚。

第三百零八条 对证人进行打击报复的，处三年以下有期徒刑或者拘役；情节严重的，处三年以上七年以下有期徒刑。

司法工作人员、辩护人、诉讼代理人或者其他诉讼参与人，泄露依法不公开审理的案件中不应当公开的信息，造成信息公开传播或者其他严重后果的，处三年以下有期徒刑、拘役或者管制，并处或者单处罚金。

有前款行为，泄露国家秘密的，依照本法第三百九十八条的规定定罪处罚。

公开披露、报道第一款规定的案件信息，情节严重的，依照第一款的规定处罚。

单位犯前款罪的，对单位判处罚金，并对其直接负责的主管人员和其他直接责任人员，依照第一款的规定处罚。

第三百零九条 有下列扰乱法庭秩序情形之一的，处三年以下有期徒刑、拘役、管制或者罚金：

（一）聚众哄闹、冲击法庭的；

（二）殴打司法工作人员或者诉讼参与人的；

（三）侮辱、诽谤、威胁司法工作人员或者诉讼参与人，不听法庭制止，严重扰乱法庭秩序的；

（四）有毁坏法庭设施，抢夺、损毁诉讼文书、证据等扰乱法庭秩序行为，情节严重的。

第三百一十条 明知是犯罪的人而为其提供隐藏处所、财物，帮助其逃匿或者作假证明包庇的，处三年以下有期徒刑、拘役或者管制；情节严重的，处三年以上十年以下有期徒刑。

犯前款罪，事前通谋的，以共同犯罪论处。

第三百一十一条 明知他人有间谍犯罪或者恐怖主义、极端主义犯罪行为，在司法机关向其调查有关情况、收集有关证据时，拒绝提供，情节严重的，处三年以下有期徒刑、拘役或者管制。

第三百一十二条 明知是犯罪所得及其产生的收益而予以窝藏、转移、收购、代为销售或者以其他方法掩饰、隐瞒的，处三年以下有期徒刑、拘役或者管制，并处或者单处罚金；情节严重的，处三年以上七年以下有期徒刑，并处罚金。

单位犯前款罪的，对单位判处罚金，并对其直接负责的主管人员和其他直接责任人员，依照前款的规定处罚。

第三百一十三条 对人民法院的判决、裁定有能力执行而拒不执行，情节严重的，处三年以下有期徒刑、拘役或者罚金；情节特别严重的，处三年以上七年以下有期徒刑，并处罚金。

单位犯前款罪的，对单位判处罚金，并对其直接负责的主管人员和其他直接责任人员，依照前款的规定处罚。

第三百一十四条 隐藏、转移、变卖、故意毁损已被司法机关查封、扣押、冻结的财产，情节严重的，处三年以下有期徒刑、拘役或者罚金。

第三百一十五条 依法被关押的罪犯，有下列破坏监管秩序行为之一，情节严重的，处三年以下有期徒刑：

（一）殴打监管人员的；

（二）组织其他被监管人破坏监管秩序的；

（三）聚众闹事，扰乱正常监管秩序的；

（四）殴打、体罚或者指使他人殴打、体罚其他被监管人的。

第三百一十六条 依法被关押的罪犯、被告人、犯罪嫌疑人脱逃的，处五年以下有期徒刑或者拘役。

劫夺押解途中的罪犯、被告人、犯罪嫌疑人的，处三年以上七年以下有期徒刑；情节严重的，处七年以上有期徒刑。

第三百一十七条 组织越狱的首要分子和积极参加的，处五年以上有期徒刑；其他参加的，处五年以下有期徒刑或者拘役。

暴动越狱或者聚众持械劫狱的首要分子和积极参加的，处十年以上有期徒刑或者无期徒刑；情节特别严重的，处死刑；其他参加的，处三年以上十年以下有期徒刑。

第三节　妨害国（边）境管理罪

第三百一十八条 组织他人偷越国（边）境的，处二年以上七年以下有期徒刑，并处罚金；有下列情形之一的，处七年以上有期徒刑或者无期徒刑，并处罚金或者没收财产：

（一）组织他人偷越国（边）境集团的首要分子；

（二）多次组织他人偷越国（边）境或者组织他人偷越国（边）境人数众多的；

（三）造成被组织人重伤、死亡的；

（四）剥夺或者限制被组织人人身自由的；

（五）以暴力、威胁方法抗拒检查的；

（六）违法所得数额巨大的；

（七）有其他特别严重情节的。

犯前款罪，对被组织人有杀害、伤害、强奸、拐卖等犯罪行为，或者对检查人员有杀害、伤害等犯罪行为的，依照数罪并罚的规定处罚。

第三百一十九条 以劳务输出、经贸往来或者其他名义，弄虚作假，骗取护照、签证等出境证件，为组织他人偷越国（边）境使用的，处三年以下有期徒刑，并处罚金；情节严重的，处三年以上十年以下有期徒刑，并处罚金。

单位犯前款罪的，对单位判处罚金，并对其直接负责的主管人员和其他直接责任人员，依照前款的规定处罚。

第三百二十条 为他人提供伪造、变造的护照、签证等出入境证件，或者出售护照、签证等出入境证件的，处五年以下有期徒刑，并处罚金；情节严重的，处五年以上有期徒刑，并处罚金。

第三百二十一条 运送他人偷越国（边）境的，处五年以下有期徒刑、拘役或者管制，并处罚金；有下列情形之一的，处五年以上十年以下有期徒刑，并处罚金：

（一）多次实施运送行为或者运送人数众多的；

（二）所使用的船只、车辆等交通工具不具备必要的安全条件，足以造成严重后果的；

（三）违法所得数额巨大的；

（四）有其他特别严重情节的。

在运送他人偷越国（边）境中造成被运送人重伤、死亡，或者以暴力、威胁方法抗拒检查的，处七年以上有期徒刑，并处罚金。

犯前两款罪，对被运送人有杀害、伤害、强奸、拐卖等犯罪行为，或者对检查人员有杀害、伤害等犯罪行为的，依照数罪并罚的规定处罚。

第三百二十二条 违反国（边）境管理法规，偷越国（边）境，情节严重的，处一年以下有期徒刑、拘役或者管制，并处罚金；为参加恐怖活动组织、接受恐怖活动培训或者实施恐怖活动，偷越国（边）境的，处一年以上三年以下有期徒刑，并处罚金。

第三百二十三条 故意破坏国家边境的界碑、界桩或者永久性测量标志的，处三年以下有期徒刑或者拘役。

第四节 妨害文物管理罪

第三百二十四条 故意损毁国家保护的珍贵文物或者被确定为全国重点文物保护单位、省级文物保护单位的文物的，处三年以下有期徒刑或者拘役，并处或者单处罚金；情节严重的，处三年以上十年以下有期徒刑，并处罚金。

故意损毁国家保护的名胜古迹，情节严重的，处五年以下有期徒刑或者拘役，并处或者单处罚金。

过失损毁国家保护的珍贵文物或者被确定为全国重点文物保护单位、省级文物保护单位的文物，造成严重后果的，处三年以下有期徒刑或者拘役。

第三百二十五条 违反文物保护法规，将收藏的国家禁止出口的珍贵文物私自出售或者私自赠送给外国人的，处五年以下有期徒刑或者拘役，可以并处罚金。

单位犯前款罪的，对单位判处罚金，并对其直接负责的主管人员和其他直接责任人员，依照前款的规定处罚。

第三百二十六条 以牟利为目的，倒卖国家禁止经营的文物，情节严重的，处五年以下有期徒刑或者拘役，并处罚金；情节特别严重的，处五年以上十年以下有期徒刑，并处罚金。

单位犯前款罪的，对单位判处罚金，并对其直接负责的主管人员和其他直接责任人员，依照前款的规定处罚。

第三百二十七条 违反文物保护法规，国有博物馆、图书馆等单位将国家保护的文物藏品出售或者私自送给非国有单位或者个人的，对单位判处罚金，并对其直接负责的主管人员和其他直接责任人员，处三年以下有期徒刑或者拘役。

第三百二十八条 盗掘具有历史、艺术、科学价值的古文化遗址、古墓葬的，处三年以上十年以下有期徒刑，并处罚金；情节较轻的，处三年以下有期徒刑、拘役或者管制，并处罚金；有下列情形之一的，处十年以上有期徒刑或者无期徒刑，并处罚金或者没收财产：

（一）盗掘确定为全国重点文物保护单位和省级文物保护单位的古文化遗址、古墓葬的；

（二）盗掘古文化遗址、古墓葬集团的首要分子；

（三）多次盗掘古文化遗址、古墓葬的；

（四）盗掘古文化遗址、古墓葬，并盗窃珍贵文物或者造成珍贵文物严重破坏的。

盗掘国家保护的具有科学价值的古人类化石和古脊椎动物化石的，依照前款的规定处罚。

第三百二十九条 抢夺、窃取国家所有的档案的，处五年以下有期徒刑或者拘役。

违反档案法的规定，擅自出卖、转让国家所有的档案，情节严重的，处三年以下有期徒刑或者拘役。

有前两款行为，同时又构成本法规定的其他犯罪的，依照处罚较重的规定定罪处罚。

第五节 危害公共卫生罪

第三百三十条 违反传染病防治法的规定，有下列情形之一，引起甲类传染病传播或者有传播严重危险的，处三年以下有期徒刑或者拘役；后果特别严重的，处三年以上七年以下有期徒刑：

（一）供水单位供应的饮用水不符合国家规定的卫生标准的；

（二）拒绝按照卫生防疫机构提出的卫生要求，对传染病病原体污染的污水、污物、粪便进行消毒处理的；

（三）准许或者纵容传染病病人、病原携带者和疑似传染病病人从事国务院卫生行政部门规定禁止从事的易使该传染病扩散的工作的；

（四）拒绝执行卫生防疫机构依照传染病防治法提出的预防、控制措施的。

单位犯前款罪的，对单位判处罚金，并对其直接负责的主管人员和其他直接责任人员，依照前款的规定处罚。

甲类传染病的范围，依照《中华人民共和国传染病防治法》和国务院有关规定确定。

第三百三十一条 从事实验、保藏、携带、运输传染病菌种、毒种的人员，违反国务院卫生行政部门的有关规定，造成传染病菌种、毒种扩散，后果严重的，处三年以下有期徒刑或者拘役；后果特别严重的，处三年以上七年以下有期徒刑。

第三百三十二条 违反国境卫生检疫规定，引起检疫传染病传播或者有传播严重危险的，处三年以下有期徒刑或者拘役，并处或者单处罚金。

单位犯前款罪的，对单位判处罚金，并对其直接负责的主管人员和其他直接责任人员，依照前款的规定处罚。

第三百三十三条 非法组织他人出卖血液的，处五年以下有期徒刑，并处罚金；以暴力、威胁方法强迫他人出卖血液的，处五年以上十年以下有期徒刑，并处罚金。

有前款行为，对他人造成伤害的，依照本法第二百三十四条的规定定罪处罚。

第三百三十四条 非法采集、供应血液或者制作、供应血液制品，不符合国家规定的标准，足以危害人体健康的，处五年以下有期徒刑或者拘役，并处罚金；对人体健康造成严重危害的，处五年以上十年以下有期徒刑，并处罚金；造成特别严重后果的，处十年以上有期徒刑或者无期徒刑，并处罚金或者没收财产。

经国家主管部门批准采集、供应血液或者制作、供应血液制品的部门，不依照规定进行检测或者违背其他操作规定，造成危害他人身体健康后果的，对单位判处罚金，并对其直接负责的主管人员和其他直接责任人员，处五年以下有期徒刑或者拘役。

第三百三十五条 医务人员由于严重不负责任，造成就诊人死亡或者严重损害就诊人身体健康的，处三年以下有期徒刑或者拘役。

第三百三十六条 未取得医生执业资格的人非法行医，情节严重的，处三年以下有期徒刑、拘役或者管制，并处或者单处罚金；严重损害就诊人身体健康的，处三年以上十年以下有期徒刑，并处罚金；造成就诊人死亡的，处十年以上有期徒刑，并处罚金。

未取得医生执业资格的人擅自为他人进行节育复通手术、假节育手术、终止妊娠手术或者摘取宫内节育器，情节严重的，处三年以下有期徒刑、拘役或者管制，并处或者单处罚金；严重损害就诊人身体健康的，处三年以上十年以下有期徒刑，并处罚金；造成就诊人死亡的，处十年以上有期徒刑，并处罚金。

第三百三十七条 违反有关动植物防疫、检疫的国家规定，引起重大动植物疫情的，或者有引起重大动植物疫情危险，情节严重的，处三年以下有期徒刑或者拘役，并处或者单处罚金。

单位犯前款罪的，对单位判处罚金，并对其直接负责的主管人员和其他直接责任人员，依照前款的规定处罚。

第六节 破坏环境资源保护罪

第三百三十八条 违反国家规定，排放、倾倒或者处置有放射性的废物、含传染病病原体的废物、有毒物质或者其他有害物质，严重污染环境的，处三年以下有期徒刑或者拘役，并处或者单处罚金；后果特别严重的，处三年以上七年以下有期徒刑，并处罚金。

第三百三十九条 违反国家规定，将境外的固体废物进境倾倒、堆放、处置的，处五年以下有期徒刑或者拘役，并处罚金；造成重大环境污染事故，致使公私财产遭受重大损失或者严重危害人体健康的，处五年以上十年以下有期徒刑，并处罚金；后果特别严重的，处十年以上有期徒刑，并处罚金。

未经国务院有关主管部门许可，擅自进口固体废物用作原料，造成重大环境污染事故，致使公私财产遭受重大损失或者严重危害人体健康的，处五年以下有期徒刑或者拘役，并处罚金；后果特别严重的，处五年以上十年以下有期徒刑，并处罚金。

以原料利用为名，进口不能用作原料的固体废物、液态废物和气态废物的，依照本法第一百五十二条第二款、第三款的规定定罪处罚。

第三百四十条 违反保护水产资源法规，在禁渔区、禁渔期或者使用禁用的工具、方法捕捞水产品，情节严重的，处三年以下有期徒刑、拘役、管制或者罚金。

第三百四十一条 非法猎捕、杀害国家重点保护的珍贵、濒危野生动物的，或者非法收购、运输、出售国家重点保护的珍贵、濒危野生动物及其制品的，处五年以下有期徒刑或者拘役，并处罚金；情节严重的，处五年以上十年以下有期徒刑，并处罚金；情节特别严重的，处十年以上有期徒刑，并处罚金或者没收财产。

违反狩猎法规，在禁猎区、禁猎期或者使用禁用的工具、方法进行狩猎，破坏野生动物资源，情节严重的，处三年以下有期徒刑、拘役、管制或者罚金。

第三百四十二条 违反土地管理法规，非法占用耕地、林地等农用地，改变被占用土地用途，数量较大，造成耕地、林地等农用地大量毁坏的，处五年以下有期徒刑或者拘役，并处或者单处罚金。

第三百四十三条 违反矿产资源法的规定，未取得采矿许可证擅自采矿，擅自进入国家规划矿区、对国民经济具有重要价值的矿区和他人矿区范围采矿，或者擅自开采国家规定实行保护性开采的特定矿种，情节严重的，处三年以下有期徒刑、拘役或者管制，并处或者单处罚金；情节特别严重的，处三年以上七年以下有期徒刑，并处罚金。

违反矿产资源法的规定，采取破坏性的开采方法开采矿产资源，造成矿产资源严重破坏的，处五年以下有期徒刑或者拘役，并处罚金。

第三百四十四条 违反国家规定，非法采伐、毁坏珍贵树木或者国家重点保护的其他植物的，或者非法收购、运输、加工、出售珍贵树木或者国家重点保护的其他植物及其制品的，处三年以下有期徒刑、拘役或者管制，并处罚金；情节严重的，处三年以上七年以下有期徒刑，并处罚金。

第三百四十五条 盗伐森林或者其他林木，数量较大的，处三年以下有期徒刑、拘役或者管制，并处或者单处罚金；数量巨大的，处三年以上七年以下有期徒刑，并处罚金；数量特别巨大的，处七年以上有期徒刑，并处罚金。

违反森林法的规定，滥伐森林或者其他林木，数量较大的，处三年以下有期徒刑、拘役或者管制，并处或者单处罚金；数量巨大的，处三年以上七年以下有期徒刑，并处罚金。

非法收购、运输明知是盗伐、滥伐的林木，情节严重的，处三年以下有期徒刑、拘役或者管制，并处或者单处罚金；情节特别严重的，处三年以上七年以下有期徒刑，并处罚金。

盗伐、滥伐国家级自然保护区内的森林或者其他林木的，从重处罚。

第三百四十六条 单位犯本节第三百三十八条至第三百四十五条规定之罪的，对单位判处罚金，并对其直接负责的主管人员和其他直接责任人员，依照本节各该条的规定处罚。

第七节　走私、贩卖、运输、制造毒品罪

第三百四十七条 走私、贩卖、运输、制造毒品，无论数量多少，都应当追究刑事责任，予以刑事处罚。

走私、贩卖、运输、制造毒品，有下列情形之一的，处十五年有期徒刑、无期徒刑或者死刑，并处没收财产：

（一）走私、贩卖、运输、制造鸦片一千克以上、海洛因或者甲基苯丙胺五十克以上或者其他毒品数量大的；

（二）走私、贩卖、运输、制造毒品集团的首要分子；

（三）武装掩护走私、贩卖、运输、制造毒品的；

（四）以暴力抗拒检查、拘留、逮捕，情节严重的；

（五）参与有组织的国际贩毒活动的。

走私、贩卖、运输、制造鸦片二百克以上不满一千克、海洛因或者甲基苯丙胺十克以上不满五十克或者其他毒品数量较大的，处七年以上有期徒刑，并处罚金。

走私、贩卖、运输、制造鸦片不满二百克、海洛因或者甲基苯丙胺不满十克或者其他少量毒品的，处三年以下有期徒刑、拘役或者管制，并处罚金；情节严重的，处三年以上七年以下有期徒刑，并处罚金。

单位犯第二款、第三款、第四款罪的，对单位判处罚金，并对其直接负责的主管人员和其他直接责任人员，依照各该款的规定处罚。

利用、教唆未成年人走私、贩卖、运输、制造毒品，或者向未成年人出售毒品的，从重处罚。

对多次走私、贩卖、运输、制造毒品，未经处理的，毒品数量累计计算。

第三百四十八条 非法持有鸦片一千克以上、海洛因或者甲基苯丙胺五十克以上或者其他毒品数量大的，处七年以上有期徒刑或者无期徒刑，并处罚金；非法持有鸦片二百克以上不满一千克、海洛因或者甲基苯丙胺十克以上不满五十克或者其他毒品数量较大的，处三年以下有期徒刑、拘役或者管制，并处罚金；情节严重的，处三年以上七年以下有期徒刑，并处罚金。

第三百四十九条 包庇走私、贩卖、运输、制造毒品的犯罪分子的，为犯罪分子窝藏、转移、隐瞒毒品或者犯罪所得的财物的，处三年以下有期徒刑、拘役或者管制；情节严重的，处三年以上十年以下有期徒刑。

缉毒人员或者其他国家机关工作人员掩护、包庇走私、贩卖、运输、制造毒品的犯罪分子的，依照前款的规定从重处罚。

犯前两款罪，事先通谋的，以走私、贩卖、运输、制造毒品罪的共犯论处。

第三百五十条 违反国家规定，非法生产、买卖、运输醋酸酐、乙醚、三氯甲烷或者其他用于制造毒品的原料、配剂，或者携带上述物品进出境，情节较重的，处三年以下有期徒刑、拘役或者管制，并处罚金；情节严重的，处三年以上七年以下有期徒刑，并处罚金；情节特别严重的，处七年以上有期徒刑，并处罚金或者没收财产。

明知他人制造毒品而为其生产、买卖、运输前款规定的物品的，以制造毒品罪的共犯论处。

单位犯前两款罪的，对单位判处罚金，并对其直接负责的主管人员和其他直接责任人员，依照前两款的规定处罚。

第三百五十一条 非法种植罂粟、大麻等毒品原植物的，一律强制铲除。有下列情形之一的，处五年以下有期徒刑、拘役或者管制，并处罚金：

（一）种植罂粟五百株以上不满三千株或者其他毒品原植物数量较大的；

（二）经公安机关处理后又种植的；

（三）抗拒铲除的。

非法种植罂粟三千株以上或者其他毒品原植物数量大的，处五年以上有期徒刑，并处罚金或者没收财产。

非法种植罂粟或者其他毒品原植物，在收获前自动铲除的，可以免除处罚。

第三百五十二条 非法买卖、运输、携带、持有未经灭活的罂粟等毒品原植物种子或者幼苗，数量较大的，处三年以下有期徒刑、拘役或者管制，并处或者单处罚金。

第三百五十三条 引诱、教唆、欺骗他人吸食、注射毒品的，处三年以下有期徒刑、拘役或者管制，并处罚金；情节严重的，处三年以上七年以下有期徒刑，并处罚金。

强迫他人吸食、注射毒品的，处三年以上十年以下有期徒刑，并处罚金。

引诱、教唆、欺骗或者强迫未成年人吸食、注射毒品的，从重处罚。

第三百五十四条 容留他人吸食、注射毒品的，处三年以下有期徒刑、拘役或者管制，并处罚金。

第三百五十五条 依法从事生产、运输、管理、使用国家管制的麻醉药品、精神药品的人员，违反国家规定，向吸食、注射毒品的人提供国家规定管制的能够使人形成瘾癖的麻醉药品、精神药品的，处三年以下有期徒刑或者拘役，并处罚金；情节严重的，处三年以上七年以下有期徒刑，并处罚金。向走私、贩卖毒品的犯罪分子或者以牟利为目的，向吸食、注射毒品的人提供国家规定管制的能够使人形成瘾癖的麻醉药品、精神药品的，依照本法第三百四十七条的规定定罪处罚。

单位犯前款罪的，对单位判处罚金，并对其直接负责的主管人员和其他直接责任人员，依照前款的规定处罚。

第三百五十六条 因走私、贩卖、运输、制造、非法持有毒品罪被判过刑，又犯本节规定之罪的，从重处罚。

第三百五十七条 本法所称的毒品，是指鸦片、海洛因、甲基苯丙胺（冰毒）、吗啡、大麻、可卡因以及国家规定管制的其他能够使人形成瘾癖的麻醉药品和精神药品。

毒品的数量以查证属实的走私、贩卖、运输、制造、非法持有毒品的数量计算，不以纯度折算。

第八节 组织、强迫、引诱、容留、介绍卖淫罪

第三百五十八条 组织、强迫他人卖淫的，处五年以上十年以下有期徒刑，并处罚金；情节严重的，处十年以上有期徒刑或者无期徒刑，并处罚金或者没收财产。

组织、强迫未成年人卖淫的，依照前款的规定从重处罚。

犯前两款罪，并有杀害、伤害、强奸、绑架等犯罪行为的，依照数罪并罚的规定处罚。

为组织卖淫的人招募、运送人员或者有其他协助组织他人卖淫行为的，处五年以下有期徒刑，并

处罚金；情节严重的，处五年以上十年以下有期徒刑，并处罚金。

第三百五十九条 引诱、容留、介绍他人卖淫的，处五年以下有期徒刑、拘役或者管制，并处罚金；情节严重的，处五年以上有期徒刑，并处罚金。

引诱不满十四周岁的幼女卖淫的，处五年以上有期徒刑，并处罚金。

第三百六十条 明知自己患有梅毒、淋病等严重性病卖淫、嫖娼的，处五年以下有期徒刑、拘役或者管制，并处罚金。

第三百六十一条 旅馆业、饮食服务业、文化娱乐业、出租汽车业等单位的人员，利用本单位的条件，组织、强迫、引诱、容留、介绍他人卖淫的，依照本法第三百五十八条、第三百五十九条的规定定罪处罚。

前款所列单位的主要负责人，犯前款罪的，从重处罚。

第三百六十二条 旅馆业、饮食服务业、文化娱乐业、出租汽车业等单位的人员，在公安机关查处卖淫、嫖娼活动时，为违法犯罪分子通风报信，情节严重的，依照本法第三百一十条的规定定罪处罚。

第九节　制作、贩卖、传播淫秽物品罪

第三百六十三条 以牟利为目的，制作、复制、出版、贩卖、传播淫秽物品的，处三年以下有期徒刑、拘役或者管制，并处罚金；情节严重的，处三年以上十年以下有期徒刑，并处罚金；情节特别严重的，处十年以上有期徒刑或者无期徒刑，并处罚金或者没收财产。

为他人提供书号，出版淫秽书刊的，处三年以下有期徒刑、拘役或者管制，并处或者单处罚金；明知他人用于出版淫秽书刊而提供书号的，依照前款的规定处罚。

第三百六十四条 传播淫秽的书刊、影片、音像、图片或者其他淫秽物品，情节严重的，处二年以下有期徒刑、拘役或者管制。

组织播放淫秽的电影、录像等音像制品的，处三年以下有期徒刑、拘役或者管制，并处罚金；情节严重的，处三年以上十年以下有期徒刑，并处罚金。

制作、复制淫秽的电影、录像等音像制品组织播放的，依照第二款的规定从重处罚。

向不满十八周岁的未成年人传播淫秽物品的，从重处罚。

第三百六十五条 组织进行淫秽表演的，处三年以下有期徒刑、拘役或者管制，并处罚金；情节严重的，处三年以上十年以下有期徒刑，并处罚金。

第三百六十六条 单位犯本节第三百六十三条、第三百六十四条、第三百六十五条规定之罪的，对单位判处罚金，并对其直接负责的主管人员和其他直接责任人员，依照各该条的规定处罚。

第三百六十七条 本法所称淫秽物品，是指具体描绘性行为或者露骨宣扬色情的诲淫性的书刊、影片、录像带、录音带、图片及其他淫秽物品。

有关人体生理、医学知识的科学著作不是淫秽物品。

包含有色情内容的有艺术价值的文学、艺术作品不视为淫秽物品。

第七章　危害国防利益罪

第三百六十八条 以暴力、威胁方法阻碍军人依法执行职务的，处三年以下有期徒刑、拘役、管制或者罚金。

故意阻碍武装部队军事行动，造成严重后果的，处五年以下有期徒刑或者拘役。

第三百六十九条 破坏武器装备、军事设施、军事通信的，处三年以下有期徒刑、拘役或者管制；破坏重要武器装备、军事设施、军事通信的，处三年以上十年以下有期徒刑；情节特别严重的，

处十年以上有期徒刑、无期徒刑或者死刑。

过失犯前款罪，造成严重后果的，处三年以下有期徒刑或者拘役；造成特别严重后果的，处三年以上七年以下有期徒刑。

战时犯前两款罪的，从重处罚。

第三百七十条 明知是不合格的武器装备、军事设施而提供给武装部队的，处五年以下有期徒刑或者拘役；情节严重的，处五年以上十年以下有期徒刑；情节特别严重的，处十年以上有期徒刑、无期徒刑或者死刑。

过失犯前款罪，造成严重后果的，处三年以下有期徒刑或者拘役；造成特别严重后果的，处三年以上七年以下有期徒刑。

单位犯第一款罪的，对单位判处罚金，并对其直接负责的主管人员和其他直接责任人员，依照第一款的规定处罚。

第三百七十一条 聚众冲击军事禁区，严重扰乱军事禁区秩序的，对首要分子，处五年以上十年以下有期徒刑；对其他积极参加的，处五年以下有期徒刑、拘役、管制或者剥夺政治权利。

聚众扰乱军事管理区秩序，情节严重，致使军事管理区工作无法进行，造成严重损失的，对首要分子，处三年以上七年以下有期徒刑；对其他积极参加的，处三年以下有期徒刑、拘役、管制或者剥夺政治权利。

第三百七十二条 冒充军人招摇撞骗的，处三年以下有期徒刑、拘役、管制或者剥夺政治权利；情节严重的，处三年以上十年以下有期徒刑。

第三百七十三条 煽动军人逃离部队或者明知是逃离部队的军人而雇用，情节严重的，处三年以下有期徒刑、拘役或者管制。

第三百七十四条 在征兵工作中徇私舞弊，接送不合格兵员，情节严重的，处三年以下有期徒刑或者拘役；造成特别严重后果的，处三年以上七年以下有期徒刑。

第三百七十五条 伪造、变造、买卖或者盗窃、抢夺武装部队公文、证件、印章的，处三年以下有期徒刑、拘役、管制或者剥夺政治权利；情节严重的，处三年以上十年以下有期徒刑。

非法生产、买卖武装部队制式服装，情节严重的，处三年以下有期徒刑、拘役或者管制，并处或者单处罚金。

伪造、盗窃、买卖或者非法提供、使用武装部队车辆号牌等专用标志，情节严重的，处三年以下有期徒刑、拘役或者管制，并处或者单处罚金；情节特别严重的，处三年以上七年以下有期徒刑，并处罚金

单位犯第二款、第三款罪的，对单位判处罚金，并对其直接负责的主管人员和其他直接责任人员，依照各该款的规定处罚。

第三百七十六条 预备役人员战时拒绝、逃避征召或者军事训练，情节严重的，处三年以下有期徒刑或者拘役。

公民战时拒绝、逃避服役，情节严重的，处二年以下有期徒刑或者拘役。

第三百七十七条 战时故意向武装部队提供虚假敌情，造成严重后果的，处三年以上十年以下有期徒刑；造成特别严重后果的，处十年以上有期徒刑或者无期徒刑。

第三百七十八条 战时造谣惑众，扰乱军心的，处三年以下有期徒刑、拘役或者管制；情节严重的，处三年以上十年以下有期徒刑。

第三百七十九条 战时明知是逃离部队的军人而为其提供隐蔽处所、财物，情节严重的，处三年以下有期徒刑或者拘役。

第三百八十条 战时拒绝或者故意延误军事订货，情节严重的，对单位判处罚金，并对其直接负责的主管人员和其他直接责任人员，处五年以下有期徒刑或者拘役；造成严重后果的，处五年以上有

期徒刑。

第三百八十一条　战时拒绝军事征收、征用，情节严重的，处三年以下有期徒刑或者拘役。

第八章　贪污贿赂罪

第三百八十二条　国家工作人员利用职务上的便利，侵吞、窃取、骗取或者以其他手段非法占有公共财物的，是贪污罪。

受国家机关、国有公司、企业、事业单位、人民团体委托管理、经营国有财产的人员，利用职务上的便利，侵吞、窃取、骗取或者以其他手段非法占有国有财物的，以贪污论。

与前两款所列人员勾结，伙同贪污的，以共犯论处。

第三百八十三条　对犯贪污罪的，根据情节轻重，分别依照下列规定处罚：

（一）贪污数额较大或者有其他较重情节的，处三年以下有期徒刑或者拘役，并处罚金。

（二）贪污数额巨大或者有其他严重情节的，处三年以上十年以下有期徒刑，并处罚金或者没收财产。

（三）贪污数额特别巨大或者有其他特别严重情节的，处十年以上有期徒刑或者无期徒刑，并处罚金或者没收财产；数额特别巨大，并使国家和人民利益遭受特别重大损失的，处无期徒刑或者死刑，并处没收财产。

对多次贪污未经处理的，按照累计贪污数额处罚。

犯第一款罪，在提起公诉前如实供述自己罪行、真诚悔罪、积极退赃，避免、减少损害结果的发生，有第一项规定情形的，可以从轻、减轻或者免除处罚；有第二项、第三项规定情形的，可以从轻处罚。

犯第一款罪，有第三项规定情形被判处死刑缓期执行的，人民法院根据犯罪情节等情况可以同时决定在其死刑缓期执行二年期满依法减为无期徒刑后，终身监禁，不得减刑、假释。

第三百八十四条　国家工作人员利用职务上的便利，挪用公款归个人使用，进行非法活动的，或者挪用公款数额较大、进行营利活动的，或者挪用公款数额较大、超过三个月未还的，是挪用公款罪，处五年以下有期徒刑或者拘役；情节严重的，处五年以上有期徒刑。挪用公款数额巨大不退还的，处十年以上有期徒刑或者无期徒刑。

挪用用于救灾、抢险、防汛、优抚、扶贫、移民、救济款物归个人使用的，从重处罚。

第三百八十五条　国家工作人员利用职务上的便利，索取他人财物的，或者非法收受他人财物，为他人谋取利益的，是受贿罪。

国家工作人员在经济往来中，违反国家规定，收受各种名义的回扣、手续费，归个人所有的，以受贿论处。

第三百八十六条　对犯受贿罪的，根据受贿所得数额及情节，依照本法第三百八十三条的规定处罚。索贿的从重处罚。

第三百八十七条　国家机关、国有公司、企业、事业单位、人民团体，索取、非法收受他人财物，为他人谋取利益，情节严重的，对单位判处罚金，并对其直接负责的主管人员和其他直接责任人员，处五年以下有期徒刑或者拘役。

前款所列单位，在经济往来中，在账外暗中收受各种名义的回扣、手续费的，以受贿论，依照前款的规定处罚。

第三百八十八条　国家工作人员利用本人职权或者地位形成的便利条件，通过其他国家工作人员职务上的行为，为请托人谋取不正当利益，索取请托人财物或者收受请托人财物的，以受贿论处。

国家工作人员的近亲属或者其他与该国家工作人员关系密切的人，通过该国家工作人员职务上的行为，或者利用该国家工作人员职权或者地位形成的便利条件，通过其他国家工作人员职务上的行为，为请托人谋取不正当利益，索取请托人财物或者收受请托人财物，数额较大或者有其他较重情节的，处三年以下有期徒刑或者拘役，并处罚金；数额巨大或者有其他严重情节的，处三年以上七年以下有期徒刑，并处罚金；数额特别巨大或者有其他特别严重情节的，处七年以上有期徒刑，并处罚金或者没收财产。

离职的国家工作人员或者其近亲属以及其他与其关系密切的人，利用该离职的国家工作人员原职权或者地位形成的便利条件实施前款行为的，依照前款的规定定罪处罚。

第三百八十九条 为谋取不正当利益，给予国家工作人员以财物的，是行贿罪。

在经往来中，违反国家规定，给予国家工作人员以财物，数额较大的，或者违反国家规定，给予国家工作人员以各种名义的回扣、手续费的，以行贿论处。

因被勒索给予国家工作人员以财物，没有获得不正当利益的，不是行贿。

第三百九十条 对犯行贿罪的，处五年以下有期徒刑或者拘役，并处罚金；因行贿谋取不正当利益，情节严重的，或者使国家利益遭受重大损失的，处五年以上十年以下有期徒刑，并处罚金；情节特别严重的，或者使国家利益遭受特别重大损失的，处十年以上有期徒刑或者无期徒刑，并处罚金或者没收财产。

行贿人在被追诉前主动交代行贿行为的，可以从轻或者减轻处罚。其中，犯罪较轻的，对侦破重大案件起关键作用的，或者有重大立功表现的，可以减轻或者免除处罚。

为谋取不正当利益，向国家工作人员的近亲属或者其他与该国家工作人员关系密切的人，或者向离职的国家工作人员或者其近亲属以及其他与其关系密切的人行贿的，处三年以下有期徒刑或者拘役，并处罚金；情节严重的，或者使国家利益遭受重大损失的，处三年以上七年以下有期徒刑，并处罚金；情节特别严重的，或者使国家利益遭受特别重大损失的，处七年以上十年以下有期徒刑，并处罚金。

单位犯前款罪的，对单位判处罚金，并对其直接负责的主管人员和其他直接责任人员，处三年以下有期徒刑或者拘役，并处罚金。

第三百九十一条 为谋取不正当利益，给予国家机关、国有公司、企业、事业单位、人民团体以财物的，或者在经济往来中，违反国家规定，给予各种名义的回扣、手续费的，处三年以下有期徒刑或者拘役，并处罚金。

单位犯前款罪的，对单位判处罚金，并对其直接负责的主管人员和其他直接责任人员，依照前款的规定处罚。

第三百九十二条 向国家工作人员介绍贿赂，情节严重的，处三年以下有期徒刑或者拘役，并处罚金。

介绍贿赂人在被追诉前主动交代介绍贿赂行为的，可以减轻处罚或者免除处罚。

第三百九十三条 单位为谋取不正当利益而行贿，或者违反国家规定，给予国家工作人员以回扣、手续费，情节严重的，对单位判处罚金，并对其直接负责的主管人员和其他直接责任人员，处五年以下有期徒刑或者拘役，并处罚金。因行贿取得的违法所得归个人所有的，依照本法第三百八十九条、第三百九十条的规定定罪处罚。

第三百九十四条 国家工作人员在国内公务活动或者对外交往中接受礼物，依照国家规定应当交公而不交公，数额较大的，依照本法第三百八十二条、第三百八十三条的规定定罪处罚。

第三百九十五条 国家工作人员的财产、支出明显超过合法收入，差额巨大的，可以责令该国家工作人员说明来源，不能说明来源的，差额部分以非法所得论，处五年以下有期徒刑或者拘役；差额特别巨大的，处五年以上十年以下有期徒刑。财产的差额部分予以追缴。

国家工作人员在境外的存款，应当依照国家规定申报。数额较大、隐瞒不报的，处二年以下有期徒刑或者拘役；情节较轻的，由其所在单位或者上级主管机关酌情给予行政处分。

第三百九十六条 国家机关、国有公司、企业、事业单位、人民团体，违反国家规定，以单位名义将国有资产集体私分给个人，数额较大的，对其直接负责的主管人员和其他直接责任人员，处三年以下有期徒刑或者拘役，并处或者单处罚金；数额巨大的，处三年以上七年以下有期徒刑，并处罚金。

司法机关、行政执法机关违反国家规定，将应当上缴国家的罚没财物，以单位名义集体私分给个人的，依照前款的规定处罚。

第九章 渎 职 罪

第三百九十七条 国家机关工作人员滥用职权或者玩忽职守，致使公共财产、国家和人民利益遭受重大损失的，处三年以下有期徒刑或者拘役；情节特别严重的，处三年以上七年以下有期徒刑。本法另有规定的，依照规定。

国家机关工作人员徇私舞弊，犯前款罪的，处五年以下有期徒刑或者拘役；情节特别严重的，处五年以上十年以下有期徒刑。本法另有规定的，依照规定。

第三百九十八条 国家机关工作人员违反保守国家秘密法的规定，故意或者过失泄露国家秘密，情节严重的，处三年以下有期徒刑或者拘役；情节特别严重的，处三年以上七年以下有期徒刑。

非国家机关工作人员犯前款罪的，依照前款的规定酌情处罚。

第三百九十九条 司法工作人员徇私枉法、徇情枉法，对明知是无罪的人而使他受追诉、对明知是有罪的人而故意包庇不使他受追诉，或者在刑事审判活动中故意违背事实和法律作枉法裁判的，处五年以下有期徒刑或者拘役；情节严重的，处五年以上十年以下有期徒刑；情节特别严重的，处十年以上有期徒刑。

在民事、行政审判活动中故意违背事实和法律作枉法裁判，情节严重的，处五年以下有期徒刑或者拘役；情节特别严重的，处五年以上十年以下有期徒刑。

在执行判决、裁定活动中，严重不负责任或者滥用职权，不依法采取诉讼保全措施、不履行法定执行职责，或者违法采取诉讼保全措施、强制执行措施，致使当事人或者其他人的利益遭受重大损失的，处五年以下有期徒刑或者拘役；致使当事人或者其他人的利益遭受特别重大损失的，处五年以上十年以下有期徒刑。

司法工作人员收受贿赂，有前三款行为的，同时又构成本法第三百八十五条规定之罪的，依照处罚较重的规定定罪处罚。

依法承担仲裁职责的人员，在仲裁活动中故意违背事实和法律作枉法裁决，情节严重的，处三年以下有期徒刑或者拘役；情节特别严重的，处三年以上七年以下有期徒刑。

第四百条 司法工作人员私放在押的犯罪嫌疑人、被告人或者罪犯的，处五年以下有期徒刑或者拘役；情节严重的，处五年以上十年以下有期徒刑；情节特别严重的，处十年以上有期徒刑。

司法工作人员由于严重不负责任，致使在押的犯罪嫌疑人、被告人或者罪犯脱逃，造成严重后果的，处三年以下有期徒刑或者拘役；造成特别严重后果的，处三年以上十年以下有期徒刑。

第四百零一条 司法工作人员徇私舞弊，对不符合减刑、假释、暂予监外执行条件的罪犯，予以减刑、假释或者暂予监外执行的，处三年以下有期徒刑或者拘役；情节严重的，处三年以上七年以下有期徒刑。

第四百零二条 行政执法人员徇私舞弊，对依法应当移交司法机关追究刑事责任的不移交，情节严重的，处三年以下有期徒刑或者拘役；造成严重后果的，处三年以上七年以下有期徒刑。

第四百零三条 国家有关主管部门的国家机关工作人员，徇私舞弊，滥用职权，对不符合法律规定条件的公司设立、登记申请或者股票、债券发行、上市申请，予以批准或者登记，致使公共财产、国家和人民利益遭受重大损失的，处五年以下有期徒刑或者拘役。

上级部门强令登记机关及其工作人员实施前款行为的，对其直接负责的主管人员，依照前款的规定处罚。

第四百零四条 税务机关的工作人员徇私舞弊，不征或者少征应征税款，致使国家税收遭受重大损失的，处五年以下有期徒刑或者拘役；造成特别重大损失的，处五年以上有期徒刑。

第四百零五条 税务机关的工作人员违反法律、行政法规的规定，在办理发售发票、抵扣税款、出口退税工作中，徇私舞弊，致使国家利益遭受重大损失的，处五年以下有期徒刑或者拘役；致使国家利益遭受特别重大损失的，处五年以上有期徒刑。

其他国家机关工作人员违反国家规定，在提供出口货物报关单、出口收汇核销单等出口退税凭证的工作中，徇私舞弊，致使国家利益遭受重大损失的，依照前款的规定处罚。

第四百零六条 国家机关工作人员在签订、履行合同过程中，因严重不负责任被诈骗，致使国家利益遭受重大损失的，处三年以下有期徒刑或者拘役；致使国家利益遭受特别重大损失的，处三年以上七年以下有期徒刑。

第四百零七条 林业主管部门的工作人员违反森林法的规定，超过批准的年采伐限额发放林木采伐许可证或者违反规定滥发林木采伐许可证，情节严重，致使森林遭受严重破坏的，处三年以下有期徒刑或者拘役。

第四百零八条 负有环境保护监督管理职责的国家机关工作人员严重不负责任，导致发生重大环境污染事故，致使公私财产遭受重大损失或者造成人身伤亡的严重后果的，处三年以下有期徒刑或者拘役。

负有食品安全监督管理职责的国家机关工作人员，滥用职权或者玩忽职守，导致发生重大食品安全事故或者造成其他严重后果的，处五年以下有期徒刑或者拘役；造成特别严重后果的，处五年以上十年以下有期徒刑。

徇私舞弊犯前款罪的，从重处罚。

第四百零九条 从事传染病防治的政府卫生行政部门的工作人员严重不负责任，导致传染病传播或者流行，情节严重的，处三年以下有期徒刑或者拘役。

第四百一十条 国家机关工作人员徇私舞弊，违反土地管理法规，滥用职权，非法批准征收、征用、占用土地，或者非法低价出让国有土地使用权，情节严重的，处三年以下有期徒刑或者拘役；致使国家或者集体利益遭受特别重大损失的，处三年以上七年以下有期徒刑。

第四百一十一条 海关工作人员徇私舞弊，放纵走私，情节严重的，处五年以下有期徒刑或者拘役；情节特别严重的，处五年以上有期徒刑。

第四百一十二条 国家商检部门、商检机构的工作人员徇私舞弊，伪造检验结果的，处五年以下有期徒刑或者拘役；造成严重后果的，处五年以上十年以下有期徒刑。

前款所列人员严重不负责任，对应当检验的物品不检验，或者延误检验出证、错误出证，致使国家利益遭受重大损失的，处三年以下有期徒刑或者拘役。

第四百一十三条 动植物检疫机关的检疫人员徇私舞弊，伪造检疫结果的，处五年以下有期徒刑或者拘役；造成严重后果的，处五年以上十年以下有期徒刑。

前款所列人员严重不负责任，对应当检疫的检疫物不检疫，或者延误检疫出证、错误出证，致使国家利益遭受重大损失的，处三年以下有期徒刑或者拘役。

第四百一十四条 对生产、销售伪劣商品犯罪行为负有追究责任的国家机关工作人员，徇私舞弊，不履行法律规定的追究职责，情节严重的，处五年以下有期徒刑或者拘役。

第四百一十五条 负责办理护照、签证以及其他出入境证件的国家机关工作人员，对明知是企图偷越国（边）境的人员，予以办理出入境证件的，或者边防、海关等国家机关工作人员，对明知是偷越国（边）境的人员，予以放行的，处三年以下有期徒刑或者拘役；情节严重的，处三年以上七年以下有期徒刑。

第四百一十六条 对被拐卖、绑架的妇女、儿童负有解救职责的国家机关工作人员，接到被拐卖、绑架的妇女、儿童及其家属的解救要求或者接到其他人的举报，而对被拐卖、绑架的妇女、儿童不进行解救，造成严重后果的，处五年以下有期徒刑或者拘役。

负有解救职责的国家机关工作人员利用职务阻碍解救的，处二年以上七年以下有期徒刑；情节较轻的，处二年以下有期徒刑或者拘役。

第四百一十七条 有查禁犯罪活动职责的国家机关工作人员，向犯罪分子通风报信、提供便利，帮助犯罪分子逃避处罚的，处三年以下有期徒刑或者拘役；情节严重的，处三年以上十年以下有期徒刑。

第四百一十八条 国家机关工作人员在招收公务员、学生工作中徇私舞弊，情节严重的，处三年以下有期徒刑或者拘役。

第四百一十九条 国家机关工作人员严重不负责任，造成珍贵文物损毁或者流失，后果严重的，处三年以下有期徒刑或者拘役。

第十章 军人违反职责罪

第四百二十条 军人违反职责，危害国家军事利益，依照法律应当受刑罚处罚的行为，是军人违反职责罪。

第四百二十一条 战时违抗命令，对作战造成危害的，处三年以上十年以下有期徒刑；致使战斗、战役遭受重大损失的，处十年以上有期徒刑、无期徒刑或者死刑。

第四百二十二条 故意隐瞒、谎报军情或者拒传、假传军令，对作战造成危害的，处三年以上十年以下有期徒刑；致使战斗、战役遭受重大损失的，处十年以上有期徒刑、无期徒刑或者死刑。

第四百二十三条 在战场上贪生怕死，自动放下武器投降敌人的，处三年以上十年以下有期徒刑；情节严重的，处十年以上有期徒刑或者无期徒刑。

投降后为敌人效劳的，处十年以上有期徒刑、无期徒刑或者死刑。

第四百二十四条 战时临阵脱逃的，处三年以下有期徒刑；情节严重的，处三年以上十年以下有期徒刑；致使战斗、战役遭受重大损失的，处十年以上有期徒刑、无期徒刑或者死刑。

第四百二十五条 指挥人员和值班、值勤人员擅离职守或者玩忽职守，造成严重后果的，处三年以下有期徒刑或者拘役；造成特别严重后果的，处三年以上七年以下有期徒刑。

战时犯前款罪的，处五年以上有期徒刑。

第四百二十六条 以暴力、威胁方法，阻碍指挥人员或者值班、值勤人员执行职务的，处五年以下有期徒刑或者拘役；情节严重的，处五年以上十年以下有期徒刑；情节特别严重的，处十年以上有期徒刑或者无期徒刑。战时从重处罚。

第四百二十七条 滥用职权，指使部属进行违反职责的活动，造成严重后果的，处五年以下有期徒刑或者拘役；情节特别严重的，处五年以上十年以下有期徒刑。

第四百二十八条 指挥人员违抗命令，临阵畏缩，作战消极，造成严重后果的，处五年以下有期徒刑；致使战斗、战役遭受重大损失或者有其他特别严重情节的，处五年以上有期徒刑。

第四百二十九条 在战场上明知友邻部队处境危急请求救援，能救援而不救援，致使友邻部队遭受重大损失的，对指挥人员，处五年以下有期徒刑。

第四百三十条 在履行公务期间，擅离岗位，叛逃境外或者在境外叛逃，危害国家军事利益的，处五年以下有期徒刑或者拘役；情节严重的，处五年以上有期徒刑。

驾驶航空器、舰船叛逃的，或者有其他特别严重情节的，处十年以上有期徒刑、无期徒刑或者死刑。

第四百三十一条 以窃取、刺探、收买方法，非法获取军事秘密的，处五年以下有期徒刑；情节严重的，处五年以上十年以下有期徒刑；情节特别严重的，处十年以上有期徒刑。

为境外的机构、组织、人员窃取、刺探、收买、非法提供军事秘密的，处十年以上有期徒刑、无期徒刑或者死刑。

第四百三十二条 违反保守国家秘密法规，故意或者过失泄露军事秘密，情节严重的，处五年以下有期徒刑或者拘役；情节特别严重的，处五年以上十年以下有期徒刑。

战时犯前款罪的，处五年以上十年以下有期徒刑；情节特别严重的，处十年以上有期徒刑或者无期徒刑。

第四百三十三条 战时造谣惑众，动摇军心的，处三年以下有期徒刑；情节严重的，处三年以上十年以下有期徒刑；情节特别严重的，处十年以上有期徒刑或者无期徒刑。

第四百三十四条 战时自伤身体，逃避军事义务的，处三年以下有期徒刑；情节严重的，处三年以上七年以下有期徒刑。

第四百三十五条 违反兵役法规，逃离部队，情节严重的，处三年以下有期徒刑或者拘役。

战时犯前款罪的，处三年以上七年以下有期徒刑。

第四百三十六条 违反武器装备使用规定，情节严重，因而发生责任事故，致人重伤、死亡或者造成其他严重后果的，处三年以下有期徒刑或者拘役；后果特别严重的，处三年以上七年以下有期徒刑。

第四百三十七条 违反武器装备管理规定，擅自改变武器装备的编配用途，造成严重后果的，处三年以下有期徒刑或者拘役；造成特别严重后果的，处三年以上七年以下有期徒刑。

第四百三十八条 盗窃、抢夺武器装备或者军用物资的，处五年以下有期徒刑或者拘役；情节严重的，处五年以上十年以下有期徒刑；情节特别严重的，处十年以上有期徒刑、无期徒刑或者死刑。

盗窃、抢夺枪支、弹药、爆炸物的，依照本法第一百二十七条的规定处罚。

第四百三十九条 非法出卖、转让军队武器装备的，处三年以上十年以下有期徒刑；出卖、转让大量武器装备或者有其他特别严重情节的，处十年以上有期徒刑、无期徒刑或者死刑。

第四百四十条 违抗命令，遗弃武器装备的，处五年以下有期徒刑或者拘役；遗弃重要或者大量武器装备的，或者有其他严重情节的，处五年以上有期徒刑。

第四百四十一条 遗失武器装备，不及时报告或者有其他严重情节的，处三年以下有期徒刑或者拘役。

第四百四十二条 违反规定，擅自出卖、转让军队房地产，情节严重的，对直接责任人员，处三年以下有期徒刑或者拘役；情节特别严重的，处三年以上十年以下有期徒刑。

第四百四十三条 滥用职权，虐待部属，情节恶劣，致人重伤或者造成其他严重后果的，处五年以下有期徒刑或者拘役；致人死亡的，处五年以上有期徒刑。

第四百四十四条 在战场上故意遗弃伤病军人，情节恶劣的，对直接责任人员，处五年以下有期徒刑。

第四百四十五条 战时在救护治疗职位上，有条件救治而拒不救治危重伤病军人的，处五年以下有期徒刑或者拘役；造成伤病军人重残、死亡或者有其他严重情节的，处五年以上十年以下有期徒刑。

第四百四十六条 战时在军事行动地区，残害无辜居民或者掠夺无辜居民财物的，处五年以下有期徒刑；情节严重的，处五年以上十年以下有期徒刑；情节特别严重的，处十年以上有期徒刑、无期徒刑或者死刑。

第四百四十七条 私放俘虏的，处五年以下有期徒刑；私放重要俘虏、私放俘虏多人或者有其他严重情节的，处五年以上有期徒刑。

第四百四十八条 虐待俘虏，情节恶劣的，处三年以下有期徒刑。

第四百四十九条 在战时，对被判处三年以下有期徒刑没有现实危险宣告缓刑的犯罪军人，允许其戴罪立功，确有立功表现时，可以撤销原判刑罚，不以犯罪论处。

第四百五十条 本章适用于中国人民解放军的现役军官、文职干部、士兵及具有军籍的学员和中国人民武装警察部队的现役警官、文职干部、士兵及具有军籍的学员以及执行军事任务的预备役人员和其他人员。

第四百五十一条 本章所称战时，是指国家宣布进入战争状态、部队受领作战任务或者遭敌突然袭击时。

部队执行戒严任务或者处置突发性暴力事件时，以战时论。

附　　则

第四百五十二条 本法自 1997 年 10 月 1 日起施行。

列于本法附件一的全国人民代表大会常务委员会制定的条例、补充规定和决定，已纳入本法或者已不适用，自本法施行之日起，予以废止。

列于本法附件二的全国人民代表大会常务委员会制定的补充规定和决定予以保留，其中，有关行政处罚和行政措施的规定继续有效；有关刑事责任的规定已纳入本法，自本法施行之日起，适用本法规定。

附件一

全国人民代表大会常务委员会制定的下列条例、补充规定和决定，已纳入本法或者已不适用，自本法施行之日起，予以废止：

1. 中华人民共和国惩治军人违反职责罪暂行条例
2. 关于严惩严重破坏经济的罪犯的决定
3. 关于严惩严重危害社会治安的犯罪分子的决定
4. 关于惩治走私罪的补充规定
5. 关于惩治贪污罪贿赂罪的补充规定
6. 关于惩治泄露国家秘密犯罪的补充规定
7. 关于惩治捕杀国家重点保护的珍贵、濒危野生动物犯罪的补充规定
8. 关于惩治侮辱中华人民共和国国旗国徽罪的决定
9. 关于惩治盗掘古文化遗址古墓葬犯罪的补充规定
10. 关于惩治劫持航空器犯罪分子的决定
11. 关于惩治假冒注册商标犯罪的补充规定
12. 关于惩治生产、销售伪劣商品犯罪的决定
13. 关于惩治侵犯著作权的犯罪的决定
14. 关于惩治违反公司法的犯罪的决定
15. 关于处理逃跑或者重新犯罪的劳改犯和劳教人员的决定

附件二

全国人民代表大会常务委员会制定的下列补充规定和决定予以保留，其中，有关行政处罚和行政措施的规定继续有效；有关刑事责任的规定已纳入本法，自本法施行之日起，适用本法规定：

1. 关于禁毒的决定
2. 关于惩治走私、制作、贩卖、传播淫秽物品的犯罪分子的决定
3. 关于严惩拐卖、绑架妇女、儿童的犯罪分子的决定
4. 关于严禁卖淫嫖娼的决定
5. 关于惩治偷税、抗税犯罪的补充规定
6. 关于严惩组织、运送他人偷越国（边）境犯罪的补充规定
7. 关于惩治破坏金融秩序犯罪的决定
8. 关于惩治虚开、伪造和非法出售增值税专用发票犯罪的决定

16. 中华人民共和国公务员法

（2005 年 4 月 27 日第十届全国人民代表大会常务委员会第十五次会议通过，根据 2017 年 9 月 1 日第十二届全国人民代表大会常务委员会第二十九次会议《关于修改〈中华人民共和国法官法〉等八部法律的决定》修正）

目　　录

第一章　总　　则

第一条　为了规范公务员的管理，保障公务员的合法权益，加强对公务员的监督，建设高素质的公务员队伍，促进勤政廉政，提高工作效能，根据宪法，制定本法。

第二条　本法所称公务员，是指依法履行公职、纳入国家行政编制、由国家财政负担工资福利的工作人员。

第三条　公务员的义务、权利和管理，适用本法。

法律对公务员中的领导成员的产生、任免、监督以及法官、检察官等的义务、权利和管理另有规定的，从其规定。

第四条　公务员制度坚持以马克思列宁主义、毛泽东思想、邓小平理论和“三个代表”重要思想为指导，贯彻社会主义初级阶段的基本路线，贯彻中国共产党的干部路线和方针，坚持党管干部原则。

第五条 公务员的管理，坚持公开、平等、竞争、择优的原则，依照法定的权限、条件、标准和程序进行。

第六条 公务员的管理，坚持监督约束与激励保障并重的原则。

第七条 公务员的任用，坚持任人唯贤、德才兼备的原则，注重工作实绩。

第八条 国家对公务员实行分类管理，提高管理效能和科学化水平。

第九条 公务员依法履行职务的行为，受法律保护。

第十条 中央公务员主管部门负责全国公务员的综合管理工作。县级以上地方各级公务员主管部门负责本辖区内公务员的综合管理工作。上级公务员主管部门指导下级公务员主管部门的公务员管理工作。各级公务员主管部门指导同级各机关的公务员管理工作。

第二章 公务员的条件、义务与权利

第十一条 公务员应当具备下列条件：

（一）具有中华人民共和国国籍；

（二）年满十八周岁；

（三）拥护中华人民共和国宪法；

（四）具有良好的品行；

（五）具有正常履行职责的身体条件；

（六）具有符合职位要求的文化程度和工作能力；

（七）法律规定的其他条件。

第十二条 公务员应当履行下列义务：

（一）模范遵守宪法和法律；

（二）按照规定的权限和程序认真履行职责，努力提高工作效率；

（三）全心全意为人民服务，接受人民监督；

（四）维护国家的安全、荣誉和利益；

（五）忠于职守，勤勉尽责，服从和执行上级依法作出的决定和命令；

（六）保守国家秘密和工作秘密；

（七）遵守纪律，恪守职业道德，模范遵守社会公德；

（八）清正廉洁，公道正派；

（九）法律规定的其他义务。

第十三条 公务员享有下列权利：

（一）获得履行职责应当具有的工作条件；

（二）非因法定事由、非经法定程序，不被免职、降职、辞退或者处分；

（三）获得工资报酬，享受福利、保险待遇；

（四）参加培训；

（五）对机关工作和领导人员提出批评和建议；

（六）提出申诉和控告；

（七）申请辞职；

（八）法律规定的其他权利。

第三章 职务与级别

第十四条 国家实行公务员职位分类制度。

公务员职位类别按照公务员职位的性质、特点和管理需要，划分为综合管理类、专业技术类和行政执法类等类别。国务院根据本法，对于具有职位特殊性，需要单独管理的，可以增设其他职位类别。各职位类别的适用范围由国家另行规定。

第十五条 国家根据公务员职位类别设置公务员职务序列。

第十六条 公务员职务分为领导职务和非领导职务。

领导职务层次分为：国家级正职、国家级副职、省部级正职、省部级副职、厅局级正职、厅局级副职、县处级正职、县处级副职、乡科级正职、乡科级副职。

非领导职务层次在厅局级以下设置。

第十七条 综合管理类的领导职务根据宪法、有关法律、职务层次和机构规格设置确定。

综合管理类的非领导职务分为：巡视员、副巡视员、调研员、副调研员、主任科员、副主任科员、科员、办事员。

综合管理类以外其他职位类别公务员的职务序列，根据本法由国家另行规定。

第十八条 各机关依照确定的职能、规格、编制限额、职数以及结构比例，设置本机关公务员的具体职位，并确定各职位的工作职责和任职资格条件。

第十九条 公务员的职务应当对应相应的级别。公务员职务与级别的对应关系，由国务院规定。

公务员的职务与级别是确定公务员工资及其他待遇的依据。

公务员的级别根据所任职务及其德才表现、工作实绩和资历确定。公务员在同一职务上，可以按照国家规定晋升级别。

第二十条 国家根据人民警察以及海关、驻外外交机构公务员的工作特点，设置与其职务相对应的衔级。

第四章 录 用

第二十一条 录用担任主任科员以下及其他相当职务层次的非领导职务公务员，采取公开考试、严格考察、平等竞争、择优录取的办法。

民族自治地方依照前款规定录用公务员时，依照法律和有关规定对少数民族报考者予以适当照顾。

第二十二条 中央机关及其直属机构公务员的录用，由中央公务员主管部门负责组织。地方各级机关公务员的录用，由省级公务员主管部门负责组织，必要时省级公务员主管部门可以授权设区的市级公务员主管部门组织。

第二十三条 报考公务员，除应当具备本法第十一条规定的条件外，还应当具备省级以上公务员主管部门规定的拟任职位所要求的资格条件。

国家对行政机关中初次从事行政处罚决定审核、行政复议、行政裁决、法律顾问的公务员实行统一法律职业资格考试制度，由国务院司法行政部门商有关部门组织实施。

第二十四条 下列人员不得录用为公务员：

（一）曾因犯罪受过刑事处罚的；

（二）曾被开除公职的；

（三）有法律规定不得录用为公务员的其他情形的。

第二十五条 录用公务员，必须在规定的编制限额内，并有相应的职位空缺。

第二十六条 录用公务员，应当发布招考公告。招考公告应当载明招考的职位、名额、报考资格条件、报考需要提交的申请材料以及其他报考须知事项。

招录机关应当采取措施，便利公民报考。

第二十七条 招录机关根据报考资格条件对报考申请进行审查。报考者提交的申请材料应当真实、准确。

第二十八条 公务员录用考试采取笔试和面试的方式进行，考试内容根据公务员应当具备的基本能力和不同职位类别分别设置。

第二十九条 招录机关根据考试成绩确定考察人选，并对其进行报考资格复审、考察和体检。

体检的项目和标准根据职位要求确定。具体办法由中央公务员主管部门会同国务院卫生行政部门规定。

第三十条 招录机关根据考试成绩、考察情况和体检结果，提出拟录用人员名单，并予以公示。

公示期满，中央一级招录机关将拟录用人员名单报中央公务员主管部门备案；地方各级招录机关将拟录用人员名单报省级或者设区的市级公务员主管部门审批。

第三十一条 录用特殊职位的公务员，经省级以上公务员主管部门批准，可以简化程序或者采用其他测评办法。

第三十二条 新录用的公务员试用期为一年。试用期满合格的，予以任职；不合格的，取消录用。

第五章 考　　核

第三十三条 对公务员的考核，按照管理权限，全面考核公务员的德、能、勤、绩、廉，重点考核工作实绩。

第三十四条 公务员的考核分为平时考核和定期考核。定期考核以平时考核为基础。

第三十五条 对非领导成员公务员的定期考核采取年度考核的方式，先由个人按照职位职责和有关要求进行总结，主管领导在听取群众意见后，提出考核等次建议，由本机关负责人或者授权的考核委员会确定考核等次。

对领导成员的定期考核，由主管机关按照有关规定办理。

第三十六条 定期考核的结果分为优秀、称职、基本称职和不称职四个等次。

定期考核的结果应当以书面形式通知公务员本人。

第三十七条 定期考核的结果作为调整公务员职务、级别、工资以及公务员奖励、培训、辞退的依据。

第六章 职 务 任 免

第三十八条 公务员职务实行选任制和委任制。

领导成员职务按照国家规定实行任期制。

第三十九条 选任制公务员在选举结果生效时即任当选职务；任期届满不再连任，或者任期内辞职、被罢免、被撤职的，其所任职务即终止。

第四十条 委任制公务员遇有试用期满考核合格、职务发生变化、不再担任公务员职务以及其他情形需要任免职务的，应当按照管理权限和规定的程序任免其职务。

第四十一条 公务员任职必须在规定的编制限额和职数内进行，并有相应的职位空缺。

第四十二条 公务员因工作需要在机关外兼职，应当经有关机关批准，并不得领取兼职报酬。

第七章 职 务 升 降

第四十三条 公务员晋升职务，应当具备拟任职务所要求的思想政治素质、工作能力、文化程度和任职经历等方面的条件和资格。

公务员晋升职务，应当逐级晋升。特别优秀的或者工作特殊需要的，可以按照规定破格或者越一级晋升职务。

第四十四条 公务员晋升领导职务，按照下列程序办理：

（一）民主推荐，确定考察对象；

（二）组织考察，研究提出任职建议方案，并根据需要在一定范围内进行酝酿；

（三）按照管理权限讨论决定；

（四）按照规定履行任职手续。

公务员晋升非领导职务，参照前款规定的程序办理。

第四十五条 机关内设机构厅局级正职以下领导职务出现空缺时，可以在本机关或者本系统内通过竞争上岗的方式，产生任职人选。

厅局级正职以下领导职务或者副调研员以上及其他相当职务层次的非领导职务出现空缺，可以面向社会公开选拔，产生任职人选。

确定初任法官、初任检察官的任职人选，可以面向社会，从通过国家统一法律职业资格考试取得法律职业资格的人员中公开选拔。

第四十六条 公务员晋升领导职务的，应当按照有关规定实行任职前公示制度和任职试用期制度。

第四十七条 公务员在定期考核中被确定为不称职的，按照规定程序降低一个职务层次任职。

第八章 奖 励

第四十八条 对工作表现突出，有显著成绩和贡献，或者有其他突出事迹的公务员或者公务员集体，给予奖励。奖励坚持精神奖励与物质奖励相结合、以精神奖励为主的原则。

公务员集体的奖励适用于按照编制序列设置的机构或者为完成专项任务组成的工作集体。

第四十九条 公务员或者公务员集体有下列情形之一的，给予奖励：

（一）忠于职守，积极工作，成绩显著的；

（二）遵守纪律，廉洁奉公，作风正派，办事公道，模范作用突出的；

（三）在工作中有发明创造或者提出合理化建议，取得显著经济效益或者社会效益的；

（四）为增进民族团结、维护社会稳定做出突出贡献的；

（五）爱护公共财产，节约国家资财有突出成绩的；

（六）防止或者消除事故有功，使国家和人民群众利益免受或者减少损失的；

（七）在抢险、救灾等特定环境中奋不顾身，做出贡献的；

（八）同违法违纪行为作斗争有功绩的；

（九）在对外交往中为国家争得荣誉和利益的；

（十）有其他突出功绩的。

第五十条 奖励分为：嘉奖、记三等功、记二等功、记一等功、授予荣誉称号。

对受奖励的公务员或者公务员集体予以表彰，并给予一次性奖金或者其他待遇。

第五十一条 给予公务员或者公务员集体奖励，按照规定的权限和程序决定或者审批。

第五十二条 公务员或者公务员集体有下列情形之一的，撤销奖励：

（一）弄虚作假，骗取奖励的；

（二）申报奖励时隐瞒严重错误或者严重违反规定程序的；

（三）有法律、法规规定应当撤销奖励的其他情形的。

第九章 惩 戒

第五十三条 公务员必须遵守纪律，不得有下列行为：

（一）散布有损国家声誉的言论，组织或者参加旨在反对国家的集会、游行、示威等活动；

（二）组织或者参加非法组织，组织或者参加罢工；

（三）玩忽职守，贻误工作；

（四）拒绝执行上级依法作出的决定和命令；

（五）压制批评，打击报复；

（六）弄虚作假，误导、欺骗领导和公众；

（七）贪污、行贿、受贿，利用职务之便为自己或者他人谋取私利；

（八）违反财经纪律，浪费国家资财；

（九）滥用职权，侵害公民、法人或者其他组织的合法权益；

（十）泄露国家秘密或者工作秘密；

（十一）在对外交往中损害国家荣誉和利益；

（十二）参与或者支持色情、吸毒、赌博、迷信等活动；

（十三）违反职业道德、社会公德；

（十四）从事或者参与营利性活动，在企业或者其他营利性组织中兼任职务；

（十五）旷工或者因公外出、请假期满无正当理由逾期不归；

（十六）违反纪律的其他行为。

第五十四条 公务员执行公务时，认为上级的决定或者命令有错误的，可以向上级提出改正或者撤销该决定或者命令的意见；上级不改变该决定或者命令，或者要求立即执行的，公务员应当执行该决定或者命令，执行的后果由上级负责，公务员不承担责任；但是，公务员执行明显违法的决定或者命令的，应当依法承担相应的责任。

第五十五条 公务员因违法违纪应当承担纪律责任的，依照本法给予处分；违纪行为情节轻微，经批评教育后改正的，可以免予处分。

第五十六条 处分分为：警告、记过、记大过、降级、撤职、开除。

第五十七条 对公务员的处分，应当事实清楚、证据确凿、定性准确、处理恰当、程序合法、手续完备。

公务员违纪的，应当由处分决定机关决定对公务员违纪的情况进行调查，并将调查认定的事实及拟给予处分的依据告知公务员本人。公务员有权进行陈述和申辩。

处分决定机关认为对公务员应当给予处分的，应当在规定的期限内，按照管理权限和规定的程序作出处分决定。处分决定应当以书面形式通知公务员本人。

第五十八条 公务员在受处分期间不得晋升职务和级别，其中受记过、记大过、降级、撤职处分的，不得晋升工资档次。

受处分的期间为：警告，六个月；记过，十二个月；记大过，十八个月；降级、撤职，二十四个月。

受撤职处分的，按照规定降低级别。

第五十九条 公务员受开除以外的处分，在受处分期间有悔改表现，并且没有再发生违纪行为的，处分期满后，由处分决定机关解除处分并以书面形式通知本人。

解除处分后，晋升工资档次、级别和职务不再受原处分的影响。但是，解除降级、撤职处分的，不视为恢复原级别、原职务。

第十章 培　　训

第六十条 机关根据公务员工作职责的要求和提高公务员素质的需要，对公务员进行分级分类培训。

国家建立专门的公务员培训机构。机关根据需要也可以委托其他培训机构承担公务员培训任务。

第六十一条 机关对新录用人员应当在试用期内进行初任培训；对晋升领导职务的公务员应当在任职前或者任职后一年内进行任职培训；对从事专项工作的公务员应当进行专门业务培训；对全体公务员应当进行更新知识、提高工作能力的在职培训，其中对担任专业技术职务的公务员，应当按照专业技术人员继续教育的要求，进行专业技术培训。

国家有计划地加强对后备领导人员的培训。

第六十二条 公务员的培训实行登记管理。

公务员参加培训的时间由公务员主管部门按照本法第六十一条规定的培训要求予以确定。

公务员培训情况、学习成绩作为公务员考核的内容和任职、晋升的依据之一。

第十一章 交流与回避

第六十三条 国家实行公务员交流制度。

公务员可以在公务员队伍内部交流，也可以与国有企业事业单位、人民团体和群众团体中从事公务的人员交流。

交流的方式包括调任、转任和挂职锻炼。

第六十四条 国有企业事业单位、人民团体和群众团体中从事公务的人员可以调入机关担任领导职务或者副调研员以上及其他相当职务层次的非领导职务。调任人选应当具备本法第十一条规定的条件和拟任职位所要求的资格条件，并不得有本法第二十四条规定的情形。调任机关应当根据上述规定，对调任人选进行严格考察，并按照管理权限审批，必要时可以对调任人选进行考试。

第六十五条 公务员在不同职位之间转任应当具备拟任职位所要求的资格条件，在规定的编制限额和职数内进行。

对省部级正职以下的领导成员应当有计划、有重点地实行跨地区、跨部门转任。

对担任机关内设机构领导职务和工作性质特殊的非领导职务的公务员，应当有计划地在本机关内转任。

第六十六条 根据培养锻炼公务员的需要，可以选派公务员到下级机关或者上级机关、其他地区机关以及国有企业事业单位挂职锻炼。

公务员在挂职锻炼期间，不改变与原机关的人事关系。

第六十七条 公务员应当服从机关的交流决定。

公务员本人申请交流的，按照管理权限审批。

第六十八条 公务员之间有夫妻关系、直系血亲关系、三代以内旁系血亲关系以及近姻亲关系的，不得在同一机关担任双方直接隶属于同一领导人员的职务或者有直接上下级领导关系的职务，也不得在其中一方担任领导职务的机关从事组织、人事、纪检、监察、审计和财务工作。

因地域或者工作性质特殊，需要变通执行任职回避的，由省级以上公务员主管部门规定。

第六十九条 公务员担任乡级机关、县级机关及其有关部门主要领导职务的，应当实行地域回避，法律另有规定的除外。

第七十条 公务员执行公务时，有下列情形之一的，应当回避：

（一）涉及本人利害关系的；

（二）涉及与本人有本法第六十八条第一款所列亲属关系人员的利害关系的；

（三）其他可能影响公正执行公务的。

第七十一条 公务员有应当回避情形的，本人应当申请回避；利害关系人有权申请公务员回避。其他人员可以向机关提供公务员需要回避的情况。

机关根据公务员本人或者利害关系人的申请，经审查后作出是否回避的决定，也可以不经申请直接作出回避决定。

第七十二条 法律对公务员回避另有规定的，从其规定。

第十二章　工资福利保险

第七十三条 公务员实行国家统一的职务与级别相结合的工资制度。

公务员工资制度贯彻按劳分配的原则，体现工作职责、工作能力、工作实绩、资历等因素，保持不同职务、级别之间的合理工资差距。

国家建立公务员工资的正常增长机制。

第七十四条 公务员工资包括基本工资、津贴、补贴和奖金。

公务员按照国家规定享受地区附加津贴、艰苦边远地区津贴、岗位津贴等津贴。

公务员按照国家规定享受住房、医疗等补贴、补助。

公务员在定期考核中被确定为优秀、称职的，按照国家规定享受年终奖金。

公务员工资应当按时足额发放。

第七十五条 公务员的工资水平应当与国民经济发展相协调、与社会进步相适应。

国家实行工资调查制度，定期进行公务员和企业相当人员工资水平的调查比较，并将工资调查比较结果作为调整公务员工资水平的依据。

第七十六条 公务员按照国家规定享受福利待遇。国家根据经济社会发展水平提高公务员的福利待遇。

公务员实行国家规定的工时制度，按照国家规定享受休假。公务员在法定工作日之外加班的，应当给予相应的补休。

第七十七条 国家建立公务员保险制度，保障公务员在退休、患病、工伤、生育、失业等情况下获得帮助和补偿。

公务员因公致残的，享受国家规定的伤残待遇。公务员因公牺牲、因公死亡或者病故的，其亲属享受国家规定的抚恤和优待。

第七十八条 任何机关不得违反国家规定自行更改公务员工资、福利、保险政策，擅自提高或者降低公务员的工资、福利、保险待遇。任何机关不得扣减或者拖欠公务员的工资。

第七十九条 公务员工资、福利、保险、退休金以及录用、培训、奖励、辞退等所需经费，应当列入财政预算，予以保障。

第十三章　辞　职　辞　退

第八十条　公务员辞去公职，应当向任免机关提出书面申请。任免机关应当自接到申请之日起三十日内予以审批，其中对领导成员辞去公职的申请，应当自接到申请之日起九十日内予以审批。

第八十一条　公务员有下列情形之一的，不得辞去公职：

（一）未满国家规定的最低服务年限的；

（二）在涉及国家秘密等特殊职位任职或者离开上述职位不满国家规定的脱密期限的；

（三）重要公务尚未处理完毕，且须由本人继续处理的；

（四）正在接受审计、纪律审查，或者涉嫌犯罪，司法程序尚未终结的；

（五）法律、行政法规规定的其他不得辞去公职的情形。

第八十二条　担任领导职务的公务员，因工作变动依照法律规定需要辞去现任职务的，应当履行辞职手续。

担任领导职务的公务员，因个人或者其他原因，可以自愿提出辞去领导职务。

领导成员因工作严重失误、失职造成重大损失或者恶劣社会影响的，或者对重大事故负有领导责任的，应当引咎辞去领导职务。

领导成员应当引咎辞职或者因其他原因不再适合担任现任领导职务，本人不提出辞职的，应当责令其辞去领导职务。

第八十三条　公务员有下列情形之一的，予以辞退：

（一）在年度考核中，连续两年被确定为不称职的；

（二）不胜任现职工作，又不接受其他安排的；

（三）因所在机关调整、撤销、合并或者缩减编制员额需要调整工作，本人拒绝合理安排的；

（四）不履行公务员义务，不遵守公务员纪律，经教育仍无转变，不适合继续在机关工作，又不宜给予开除处分的；

（五）旷工或者因公外出、请假期满无正当理由逾期不归连续超过十五天，或者一年内累计超过三十天的。

第八十四条　对有下列情形之一的公务员，不得辞退：

（一）因公致残，被确认丧失或者部分丧失工作能力的；

（二）患病或者负伤，在规定的医疗期内的；

（三）女性公务员在孕期、产假、哺乳期内的；

（四）法律、行政法规规定的其他不得辞退的情形。

第八十五条　辞退公务员，按照管理权限决定。辞退决定应当以书面形式通知被辞退的公务员。

被辞退的公务员，可以领取辞退费或者根据国家有关规定享受失业保险。

第八十六条　公务员辞职或者被辞退，离职前应当办理公务交接手续，必要时按照规定接受审计。

第十四章　退　　休

第八十七条　公务员达到国家规定的退休年龄或者完全丧失工作能力的，应当退休。

第八十八条　公务员符合下列条件之一的，本人自愿提出申请，经任免机关批准，可以提前退休：

（一）工作年限满三十年的；

（二）距国家规定的退休年龄不足五年，且工作年限满二十年的；

（三）符合国家规定的可以提前退休的其他情形的。

第八十九条 公务员退休后，享受国家规定的退休金和其他待遇，国家为其生活和健康提供必要的服务和帮助，鼓励发挥个人专长，参与社会发展。

第十五章 申 诉 控 告

第九十条 公务员对涉及本人的下列人事处理不服的，可以自知道该人事处理之日起三十日内向原处理机关申请复核；对复核结果不服的，可以自接到复核决定之日起十五日内，按照规定向同级公务员主管部门或者作出该人事处理的机关的上一级机关提出申诉；也可以不经复核，自知道该人事处理之日起三十日内直接提出申诉：

（一）处分；

（二）辞退或者取消录用；

（三）降职；

（四）定期考核定为不称职；

（五）免职；

（六）申请辞职、提前退休未予批准；

（七）未按规定确定或者扣减工资、福利、保险待遇；

（八）法律、法规规定可以申诉的其他情形。

对省级以下机关作出的申诉处理决定不服的，可以向作出处理决定的上一级机关提出再申诉。

行政机关公务员对处分不服向行政监察机关申诉的，按照《中华人民共和国行政监察法》的规定办理。

第九十一条 原处理机关应当自接到复核申请书后的三十日内作出复核决定。受理公务员申诉的机关应当自受理之日起六十日内作出处理决定；案情复杂的，可以适当延长，但是延长时间不得超过三十日。

复核、申诉期间不停止人事处理的执行。

第九十二条 公务员申诉的受理机关审查认定人事处理有错误的，原处理机关应当及时予以纠正。

第九十三条 公务员认为机关及其领导人员侵犯其合法权益的，可以依法向上级机关或者有关的专门机关提出控告。受理控告的机关应当按照规定及时处理。

第九十四条 公务员提出申诉、控告，不得捏造事实，诬告、陷害他人。

第十六章 职 位 聘 任

第九十五条 机关根据工作需要，经省级以上公务员主管部门批准，可以对专业性较强的职位和辅助性职位实行聘任制。

前款所列职位涉及国家秘密的，不实行聘任制。

第九十六条 机关聘任公务员可以参照公务员考试录用的程序进行公开招聘，也可以从符合条件的人员中直接选聘。

机关聘任公务员应当在规定的编制限额和工资经费限额内进行。

第九十七条 机关聘任公务员，应当按照平等自愿、协商一致的原则，签订书面的聘任合同，确定机关与所聘公务员双方的权利、义务。聘任合同经双方协商一致可以变更或者解除。

聘任合同的签订、变更或者解除，应当报同级公务员主管部门备案。

第九十八条　聘任合同应当具备合同期限，职位及其职责要求，工资、福利、保险待遇，违约责任等条款。

聘任合同期限为一年至五年。聘任合同可以约定试用期，试用期为一个月至六个月。

聘任制公务员按照国家规定实行协议工资制，具体办法由中央公务员主管部门规定。

第九十九条　机关依据本法和聘任合同对所聘公务员进行管理。

第一百条　国家建立人事争议仲裁制度。

人事争议仲裁应当根据合法、公正、及时处理的原则，依法维护争议双方的合法权益。

人事争议仲裁委员会根据需要设立。人事争议仲裁委员会由公务员主管部门的代表、聘用机关的代表、聘任制公务员的代表以及法律专家组成。

聘任制公务员与所在机关之间因履行聘任合同发生争议的，可以自争议发生之日起六十日内向人事争议仲裁委员会申请仲裁。当事人对仲裁裁决不服的，可以自接到仲裁裁决书之日起十五日内向人民法院提起诉讼。仲裁裁决生效后，一方当事人不履行的，另一方当事人可以申请人民法院执行。

第十七章　法　律　责　任

第一百零一条　对有下列违反本法规定情形的，由县级以上领导机关或者公务员主管部门按照管理权限，区别不同情况，分别予以责令纠正或者宣布无效；对负有责任的领导人员和直接责任人员，根据情节轻重，给予批评教育或者处分；构成犯罪的，依法追究刑事责任：

（一）不按编制限额、职数或者任职资格条件进行公务员录用、调任、转任、聘任和晋升的；

（二）不按规定条件进行公务员奖惩、回避和办理退休的；

（三）不按规定程序进行公务员录用、调任、转任、聘任、晋升、竞争上岗、公开选拔以及考核、奖惩的；

（四）违反国家规定，更改公务员工资、福利、保险待遇标准的；

（五）在录用、竞争上岗、公开选拔中发生泄露试题、违反考场纪律以及其他严重影响公开、公正的；

（六）不按规定受理和处理公务员申诉、控告的；

（七）违反本法规定的其他情形的。

第一百零二条　公务员辞去公职或者退休的，原系领导成员的公务员在离职三年内，其他公务员在离职两年内，不得到与原工作业务直接相关的企业或者其他营利性组织任职，不得从事与原工作业务直接相关的营利性活动。

公务员辞去公职或者退休后有违反前款规定行为的，由其原所在机关的同级公务员主管部门责令限期改正；逾期不改正的，由县级以上工商行政管理部门没收该人员从业期间的违法所得，责令接收单位将该人员予以清退，并根据情节轻重，对接收单位处以被处罚人员违法所得一倍以上五倍以下的罚款。

第一百零三条　机关因错误的具体人事处理对公务员造成名誉损害的，应当赔礼道歉、恢复名誉、消除影响；造成经济损失的，应当依法给予赔偿。

第一百零四条　公务员主管部门的工作人员，违反本法规定，滥用职权、玩忽职守、徇私舞弊，构成犯罪的，依法追究刑事责任；尚不构成犯罪的，给予处分。

第十八章　附　　则

第一百零五条　本法所称领导成员，是指机关的领导人员，不包括机关内设机构担任领导职务的人员。

第一百零六条 法律、法规授权的具有公共事务管理职能的事业单位中除工勤人员以外的工作人员，经批准参照本法进行管理。

第一百零七条 本法自2006年1月1日起施行。全国人民代表大会常务委员会1957年10月23日批准、国务院1957年10月26日公布的《国务院关于国家行政机关工作人员的奖惩暂行规定》、1993年8月14日国务院公布的《国家公务员暂行条例》同时废止。

17. 中华人民共和国国家赔偿法

（1994年5月12日第八届全国人民代表大会常务委员会第七次会议通过，根据2010年4月29日第十一届全国人民代表大会常务委员会第十四次会议《关于修改〈中华人民共和国国家赔偿法〉的决定》第一次修正，根据2012年10月26日第十一届全国人民代表大会常务委员会第二十九次会议《关于修改〈中华人民共和国国家赔偿法〉的决定》第二次修正）

目　　录

第一章　总　　则

第一条　为保障公民、法人和其他组织享有依法取得国家赔偿的权利，促进国家机关依法行使职权，根据宪法，制定本法。

第二条　国家机关和国家机关工作人员行使职权，有本法规定的侵犯公民、法人和其他组织合法权益的情形，造成损害的，受害人有依照本法取得国家赔偿的权利。

本法规定的赔偿义务机关，应当依照本法及时履行赔偿义务。

第二章　行　政　赔　偿

第一节　赔　偿　范　围

第三条　行政机关及其工作人员在行使行政职权时有下列侵犯人身权情形之一的，受害人有取得赔偿的权利：

（一）违法拘留或者违法采取限制公民人身自由的行政强制措施的；

（二）非法拘禁或者以其他方法非法剥夺公民人身自由的；

（三）以殴打、虐待等行为或者唆使、放纵他人以殴打、虐待等行为造成公民身体伤害或者死亡的；

（四）违法使用武器、警械造成公民身体伤害或者死亡的；

（五）造成公民身体伤害或者死亡的其他违法行为。

第四条 行政机关及其工作人员在行使行政职权时有下列侵犯财产权情形之一的，受害人有取得赔偿的权利：

（一）违法实施罚款、吊销许可证和执照、责令停产停业、没收财物等行政处罚的；

（二）违法对财产采取查封、扣押、冻结等行政强制措施的；

（三）违法征收、征用财产的；

（四）造成财产损害的其他违法行为。

第五条 属于下列情形之一的，国家不承担赔偿责任：

（一）行政机关工作人员与行使职权无关的个人行为；

（二）因公民、法人和其他组织自己的行为致使损害发生的；

（三）法律规定的其他情形。

第二节 赔偿请求人和赔偿义务机关

第六条 受害的公民、法人和其他组织有权要求赔偿。

受害的公民死亡，其继承人和其他有扶养关系的亲属有权要求赔偿。

受害的法人或者其他组织终止的，其权利承受人有权要求赔偿。

第七条 行政机关及其工作人员行使行政职权侵犯公民、法人和其他组织的合法权益造成损害的，该行政机关为赔偿义务机关。

两个以上行政机关共同行使行政职权时侵犯公民、法人和其他组织的合法权益造成损害的，共同行使行政职权的行政机关为共同赔偿义务机关。

法律、法规授权的组织在行使授予的行政权力时侵犯公民、法人和其他组织的合法权益造成损害的，被授权的组织为赔偿义务机关。

受行政机关委托的组织或者个人在行使受委托的行政权力时侵犯公民、法人和其他组织的合法权益造成损害的，委托的行政机关为赔偿义务机关。

赔偿义务机关被撤销的，继续行使其职权的行政机关为赔偿义务机关；没有继续行使其职权的行政机关的，撤销该赔偿义务机关的行政机关为赔偿义务机关。

第八条 经复议机关复议的，最初造成侵权行为的行政机关为赔偿义务机关，但复议机关的复议决定加重损害的，复议机关对加重的部分履行赔偿义务。

第三节 赔 偿 程 序

第九条 赔偿义务机关有本法第三条、第四条规定情形之一的，应当给予赔偿。

赔偿请求人要求赔偿，应当先向赔偿义务机关提出，也可以在申请行政复议或者提起行政诉讼时一并提出。

第十条 赔偿请求人可以向共同赔偿义务机关中的任何一个赔偿义务机关要求赔偿，该赔偿义务机关应当先予赔偿。

第十一条 赔偿请求人根据受到的不同损害，可以同时提出数项赔偿要求。

第十二条 要求赔偿应当递交申请书，申请书应当载明下列事项：

（一）受害人的姓名、性别、年龄、工作单位和住所，法人或者其他组织的名称、住所和法定代表人或者主要负责人的姓名、职务；

（二）具体的要求、事实根据和理由；

（三）申请的年、月、日。

赔偿请求人书写申请书确有困难的，可以委托他人代书；也可以口头申请，由赔偿义务机关记入笔录。

赔偿请求人不是受害人本人的，应当说明与受害人的关系，并提供相应证明。

赔偿请求人当面递交申请书的，赔偿义务机关应当当场出具加盖本行政机关专用印章并注明收讫日期的书面凭证。申请材料不齐全的，赔偿义务机关应当当场或者在五日内一次性告知赔偿请求人需要补正的全部内容。

第十三条 赔偿义务机关应当自收到申请之日起两个月内，作出是否赔偿的决定。赔偿义务机关作出赔偿决定，应当充分听取赔偿请求人的意见，并可以与赔偿请求人就赔偿方式、赔偿项目和赔偿数额依照本法第四章的规定进行协商。

赔偿义务机关决定赔偿的，应当制作赔偿决定书，并自作出决定之日起十日内送达赔偿请求人。

赔偿义务机关决定不予赔偿的，应当自作出决定之日起十日内书面通知赔偿请求人，并说明不予赔偿的理由。

第十四条 赔偿义务机关在规定期限内未作出是否赔偿的决定，赔偿请求人可以自期限届满之日起三个月内，向人民法院提起诉讼。

赔偿请求人对赔偿的方式、项目、数额有异议的，或者赔偿义务机关作出不予赔偿决定的，赔偿请求人可以自赔偿义务机关作出赔偿或者不予赔偿决定之日起三个月内，向人民法院提起诉讼。

第十五条 人民法院审理行政赔偿案件，赔偿请求人和赔偿义务机关对自己提出的主张，应当提供证据。

赔偿义务机关采取行政拘留或者限制人身自由的强制措施期间，被限制人身自由的人死亡或者丧失行为能力的，赔偿义务机关的行为与被限制人身自由的人的死亡或者丧失行为能力是否存在因果关系，赔偿义务机关应当提供证据。

第十六条 赔偿义务机关赔偿损失后，应当责令有故意或者重大过失的工作人员或者受委托的组织或者个人承担部分或者全部赔偿费用。

对有故意或者重大过失的责任人员，有关机关应当依法给予处分；构成犯罪的，应当依法追究刑事责任。

第三章 刑 事 赔 偿

第一节 赔 偿 范 围

第十七条 行使侦查、检察、审判职权的机关以及看守所、监狱管理机关及其工作人员在行使职权时有下列侵犯人身权情形之一的，受害人有取得赔偿的权利：

（一）违反刑事诉讼法的规定对公民采取拘留措施的，或者依照刑事诉讼法规定的条件和程序对公民采取拘留措施，但是拘留时间超过刑事诉讼法规定的时限，其后决定撤销案件、不起诉或者判决宣告无罪终止追究刑事责任的；

（二）对公民采取逮捕措施后，决定撤销案件、不起诉或者判决宣告无罪终止追究刑事责任的；

（三）依照审判监督程序再审改判无罪，原判刑罚已经执行的；

（四）刑讯逼供或者以殴打、虐待等行为或者唆使、放纵他人以殴打、虐待等行为造成公民身体伤害或者死亡的；

（五）违法使用武器、警械造成公民身体伤害或者死亡的。

第十八条 行使侦查、检察、审判职权的机关以及看守所、监狱管理机关及其工作人员在行使职权时有下列侵犯财产权情形之一的，受害人有取得赔偿的权利：

（一）违法对财产采取查封、扣押、冻结、追缴等措施的；

（二）依照审判监督程序再审改判无罪，原判罚金、没收财产已经执行的。

第十九条 属于下列情形之一的，国家不承担赔偿责任：

（一）因公民自己故意作虚伪供述，或者伪造其他有罪证据被羁押或者被判处刑罚的；

（二）依照刑法第十七条、第十八条规定不负刑事责任的人被羁押的；

（三）依照刑事诉讼法第十五条、第一百七十三条第二款、第二百七十三条第二款、第二百七十九条规定不追究刑事责任的人被羁押的；

（四）行使侦查、检察、审判职权的机关以及看守所、监狱管理机关的工作人员与行使职权无关的个人行为；

（五）因公民自伤、自残等故意行为致使损害发生的；

（六）法律规定的其他情形。

第二节 赔偿请求人和赔偿义务机关

第二十条 赔偿请求人的确定依照本法第六条的规定。

第二十一条 行使侦查、检察、审判职权的机关以及看守所、监狱管理机关及其工作人员在行使职权时侵犯公民、法人和其他组织的合法权益造成损害的，该机关为赔偿义务机关。

对公民采取拘留措施，依照本法的规定应当给予国家赔偿的，作出拘留决定的机关为赔偿义务机关。

对公民采取逮捕措施后决定撤销案件、不起诉或者判决宣告无罪的，作出逮捕决定的机关为赔偿义务机关。

再审改判无罪的，作出原生效判决的人民法院为赔偿义务机关。二审改判无罪，以及二审发回重审后作无罪处理的，作出一审有罪判决的人民法院为赔偿义务机关。

第三节 赔 偿 程 序

第二十二条 赔偿义务机关有本法第十七条、第十八条规定情形之一的，应当给予赔偿。

赔偿请求人要求赔偿，应当先向赔偿义务机关提出。

赔偿请求人提出赔偿请求，适用本法第十一条、第十二条的规定。

第二十三条 赔偿义务机关应当自收到申请之日起两个月内，作出是否赔偿的决定。赔偿义务机关作出赔偿决定，应当充分听取赔偿请求人的意见，并可以与赔偿请求人就赔偿方式、赔偿项目和赔偿数额依照本法第四章的规定进行协商。

赔偿义务机关决定赔偿的，应当制作赔偿决定书，并自作出决定之日起十日内送达赔偿请求人。

赔偿义务机关决定不予赔偿的，应当自作出决定之日起十日内书面通知赔偿请求人，并说明不予赔偿的理由。

第二十四条 赔偿义务机关在规定期限内未作出是否赔偿的决定，赔偿请求人可以自期限届满之日起三十日内向赔偿义务机关的上一级机关申请复议。

赔偿请求人对赔偿的方式、项目、数额有异议的，或者赔偿义务机关作出不予赔偿决定的，赔偿请求人可以自赔偿义务机关作出赔偿或者不予赔偿决定之日起三十日内，向赔偿义务机关的上一级机关申请复议。

赔偿义务机关是人民法院的，赔偿请求人可以依照本条规定向其上一级人民法院赔偿委员会申请作出赔偿决定。

第二十五条 复议机关应当自收到申请之日起两个月内作出决定。

赔偿请求人不服复议决定的，可以在收到复议决定之日起三十日内向复议机关所在地的同级人民法院赔偿委员会申请作出赔偿决定；复议机关逾期不作决定的，赔偿请求人可以自期限届满之日起三十日内向复议机关所在地的同级人民法院赔偿委员会申请作出赔偿决定。

第二十六条 人民法院赔偿委员会处理赔偿请求，赔偿请求人和赔偿义务机关对自己提出的主张，应当提供证据。

被羁押人在羁押期间死亡或者丧失行为能力的，赔偿义务机关的行为与被羁押人的死亡或者丧失行为能力是否存在因果关系，赔偿义务机关应当提供证据。

第二十七条 人民法院赔偿委员会处理赔偿请求，采取书面审查的办法。必要时，可以向有关单位和人员调查情况、收集证据。赔偿请求人与赔偿义务机关对损害事实及因果关系有争议的，赔偿委员会可以听取赔偿请求人和赔偿义务机关的陈述和申辩，并可以进行质证。

第二十八条 人民法院赔偿委员会应当自收到赔偿申请之日起三个月内作出决定；属于疑难、复杂、重大案件的，经本院院长批准，可以延长三个月。

第二十九条 中级以上的人民法院设立赔偿委员会，由人民法院三名以上审判员组成，组成人员的人数应当为单数。

赔偿委员会作赔偿决定，实行少数服从多数的原则。

赔偿委员会作出的赔偿决定，是发生法律效力的决定，必须执行。

第三十条 赔偿请求人或者赔偿义务机关对赔偿委员会作出的决定，认为确有错误的，可以向上一级人民法院赔偿委员会提出申诉。

赔偿委员会作出的赔偿决定生效后，如发现赔偿决定违反本法规定的，经本院院长决定或者上级人民法院指令，赔偿委员会应当在两个月内重新审查并依法作出决定，上一级人民法院赔偿委员会也可以直接审查并作出决定。

最高人民检察院对各级人民法院赔偿委员会作出的决定，上级人民检察院对下级人民法院赔偿委员会作出的决定，发现违反本法规定的，应当向同级人民法院赔偿委员会提出意见，同级人民法院赔偿委员会应当在两个月内重新审查并依法作出决定。

第三十一条 赔偿义务机关赔偿后，应当向有下列情形之一的工作人员追偿部分或者全部赔偿费用：

（一）有本法第十七条第四项、第五项规定情形的；

（二）在处理案件中有贪污受贿，徇私舞弊，枉法裁判行为的。

对有前款规定情形的责任人员，有关机关应当依法给予处分；构成犯罪的，应当依法追究刑事责任。

第四章　赔偿方式和计算标准

第三十二条 国家赔偿以支付赔偿金为主要方式。

能够返还财产或者恢复原状的，予以返还财产或者恢复原状。

第三十三条 侵犯公民人身自由的，每日赔偿金按照国家上年度职工日平均工资计算。

第三十四条 侵犯公民生命健康权的，赔偿金按照下列规定计算：

（一）造成身体伤害的，应当支付医疗费、护理费，以及赔偿因误工减少的收入。减少的收入每日的赔偿金按照国家上年度职工日平均工资计算，最高额为国家上年度职工年平均工资的五倍；

（二）造成部分或者全部丧失劳动能力的，应当支付医疗费、护理费、残疾生活辅助具费、康复费等因残疾而增加的必要支出和继续治疗所必需的费用，以及残疾赔偿金。残疾赔偿金根据丧失劳动能力的程度，按照国家规定的伤残等级确定，最高不超过国家上年度职工年平均工资的二十倍。造成全部丧失劳动能力的，对其扶养的无劳动能力的人，还应当支付生活费；

（三）造成死亡的，应当支付死亡赔偿金、丧葬费，总额为国家上年度职工年平均工资的二十倍。对死者生前扶养的无劳动能力的人，还应当支付生活费。

前款第二项、第三项规定的生活费的发放标准，参照当地最低生活保障标准执行。被扶养的人是未成年人的，生活费给付至十八周岁止；其他无劳动能力的人，生活费给付至死亡时止。

第三十五条 有本法第三条或者第十七条规定情形之一，致人精神损害的，应当在侵权行为影响的范围内，为受害人消除影响，恢复名誉，赔礼道歉；造成严重后果的，应当支付相应的精神损害抚慰金。

第三十六条 侵犯公民、法人和其他组织的财产权造成损害的，按照下列规定处理：

（一）处罚款、罚金、追缴、没收财产或者违法征收、征用财产的，返还财产；

（二）查封、扣押、冻结财产的，解除对财产的查封、扣押、冻结，造成财产损坏或者灭失的，依照本条第三项、第四项的规定赔偿；

（三）应当返还的财产损坏的，能够恢复原状的恢复原状，不能恢复原状的，按照损害程度给付相应的赔偿金；

（四）应当返还的财产灭失的，给付相应的赔偿金；

（五）财产已经拍卖或者变卖的，给付拍卖或者变卖所得的价款；变卖的价款明显低于财产价值的，应当支付相应的赔偿金；

（六）吊销许可证和执照、责令停产停业的，赔偿停产停业期间必要的经常性费用开支；

（七）返还执行的罚款或者罚金、追缴或者没收的金钱，解除冻结的存款或者汇款的，应当支付银行同期存款利息；

（八）对财产权造成其他损害的，按照直接损失给予赔偿。

第三十七条 赔偿费用列入各级财政预算。

赔偿请求人凭生效的判决书、复议决定书、赔偿决定书或者调解书，向赔偿义务机关申请支付赔偿金。

赔偿义务机关应当自收到支付赔偿金申请之日起七日内，依照预算管理权限向有关的财政部门提出支付申请。财政部门应当自收到支付申请之日起十五日内支付赔偿金。

赔偿费用预算与支付管理的具体办法由国务院规定。

第五章 其 他 规 定

第三十八条 人民法院在民事诉讼、行政诉讼过程中，违法采取对妨害诉讼的强制措施、保全措施或者对判决、裁定及其他生效法律文书执行错误，造成损害的，赔偿请求人要求赔偿的程序，适用本法刑事赔偿程序的规定。

第三十九条 赔偿请求人请求国家赔偿的时效为两年，自其知道或者应当知道国家机关及其工作人员行使职权时的行为侵犯其人身权、财产权之日起计算，但被羁押等限制人身自由期间不计算在内。在申请行政复议或者提起行政诉讼时一并提出赔偿请求的，适用行政复议法、行政诉讼法有关时效的规定。

赔偿请求人在赔偿请求时效的最后六个月内，因不可抗力或者其他障碍不能行使请求权的，时效中止。从中止时效的原因消除之日起，赔偿请求时效期间继续计算。

第四十条 外国人、外国企业和组织在中华人民共和国领域内要求中华人民共和国国家赔偿的，适用本法。

外国人、外国企业和组织的所属国对中华人民共和国公民、法人和其他组织要求该国国家赔偿的权利不予保护或者限制的，中华人民共和国与该外国人、外国企业和组织的所属国实行对等原则。

第六章　附　　则

第四十一条　赔偿请求人要求国家赔偿的，赔偿义务机关、复议机关和人民法院不得向赔偿请求人收取任何费用。

对赔偿请求人取得的赔偿金不予征税。

第四十二条　本法自 1995 年 1 月 1 日起施行。

18. 中华人民共和国档案法

（1987 年 9 月 5 日第六届全国人民代表大会常务委员会第二十二次会议通过，根据 1996 年 7 月 5 日第八届全国人民代表大会常务委员会第二十次会议《关于修改〈中华人民共和国档案法〉的决定》第一次修正，根据 2016 年 11 月 7 日第十二届全国人民代表大会常务委员会第二十四次会议《关于修改〈中华人民共和国对外贸易法〉等十二部法律的决定》第二次修正）

目　　录

第一章　总　　则

第一条　为了加强对档案的管理和收集、整理工作，有效地保护和利用档案，为社会主义现代化建设服务，制定本法。

第二条　本法所称的档案，是指过去和现在的国家机构、社会组织以及个人从事政治、军事、经济、科学、技术、文化、宗教等活动直接形成的对国家和社会有保存价值的各种文字、图表、声像等不同形式的历史记录。

第三条　一切国家机关、武装力量、政党、社会团体、企业事业单位和公民都有保护档案的义务。

第四条　各级人民政府应当加强对档案工作的领导，把档案事业的建设列入国民经济和社会发展计划。

第五条　档案工作实行统一领导、分级管理的原则，维护档案完整与安全，便于社会各方面的利用。

第二章　档案机构及其职责

第六条　国家档案行政管理部门主管全国档案事业，对全国的档案事业实行统筹规划，组织协调，统一制度，监督和指导。

县级以上地方各级人民政府的档案行政管理部门主管本行政区域内的档案事业，并对本行政区域内机关、团体、企业事业单位和其他组织的档案工作实行监督和指导。

乡、民族乡、镇人民政府应当指定人员负责保管本机关的档案，并对所属单位的档案工作实行监督和指导。

第七条 机关、团体、企业事业单位和其他组织的档案机构或者档案工作人员，负责保管本单位的档案，并对所属机构的档案工作实行监督和指导。

第八条 中央和县级以上地方各级各类档案馆，是集中管理档案的文化事业机构，负责接收、收集、整理、保管和提供利用各分管范围内的档案。

第九条 档案工作人员应当忠于职守，遵守纪律，具备专业知识。

在档案的收集、整理、保护和提供利用等方面成绩显著的单位或者个人，由各级人民政府给予奖励。

第三章 档案的管理

第十条 对国家规定的应当立卷归档的材料，必须按照规定，定期向本单位档案机构或者档案工作人员移交，集中管理，任何个人不得据为己有。

国家规定不得归档的材料，禁止擅自归档。

第十一条 机关、团体、企业事业单位和其他组织必须按照国家规定，定期向档案馆移交档案。

第十二条 博物馆、图书馆、纪念馆等单位保存的文物、图书资料同时是档案的，可以按照法律和行政法规的规定，由上述单位自行管理。

档案馆与上述单位应当在档案的利用方面互相协作。

第十三条 各级各类档案馆，机关、团体、企业事业单位和其他组织的档案机构，应当建立科学的管理制度，便于对档案的利用；配置必要的设施，确保档案的安全；采用先进技术，实现档案管理的现代化。

第十四条 保密档案的管理和利用，密级的变更和解密，必须按照国家有关保密的法律和行政法规的规定办理。

第十五条 鉴定档案保存价值的原则、保管期限的标准以及销毁档案的程序和办法，由国家档案行政管理部门制定。禁止擅自销毁档案。

第十六条 集体所有的和个人所有的对国家和社会具有保存价值的或者应当保密的档案，档案所有者应当妥善保管。对于保管条件恶劣或者其他原因被认为可能导致档案严重损毁和不安全的，国家档案行政管理部门有权采取代为保管等确保档案完整和安全的措施；必要时，可以收购或者征购。

前款所列档案，档案所有者可以向国家档案馆寄存或者出卖。严禁卖给、赠送给外国人或者外国组织。

向国家捐赠档案的，档案馆应当予以奖励。

第十七条 禁止出卖属于国家所有的档案。

国有企业事业单位资产转让时，转让有关档案的具体办法由国家档案行政管理部门制定。

档案复制件的交换、转让和出卖，按照国家规定办理。

第十八条 属于国家所有的档案和本法第十六条规定的档案以及这些档案的复制件，禁止私自携运出境。

第四章 档案的利用和公布

第十九条 国家档案馆保管的档案，一般应当自形成之日起满三十年向社会开放。经济、科学、技术、文化等类档案向社会开放的期限，可以少于三十年，涉及国家安全或者重大利益以及其他到期不宜开放的档案向社会开放的期限，可以多于三十年，具体期限由国家档案行政管理部门制订，报国务院批准施行。

档案馆应当定期公布开放档案的目录，并为档案的利用创造条件，简化手续，提供方便。

中华人民共和国公民和组织持有合法证明，可以利用已经开放的档案。

第二十条 机关、团体、企业事业单位和其他组织以及公民根据经济建设、国防建设、教学科研和其他各项工作的需要，可以按照有关规定，利用档案馆未开放的档案以及有关机关、团体、企业事业单位和其他组织保存的档案。

利用未开放档案的办法，由国家档案行政管理部门和有关主管部门规定。

第二十一条 向档案馆移交、捐赠、寄存档案的单位和个人，对其档案享有优先利用权，并可对其档案中不宜向社会开放的部分提出限制利用的意见，档案馆应当维护他们的合法权益。

第二十二条 属于国家所有的档案，由国家授权的档案馆或者有关机关公布；未经档案馆或者有关机关同意，任何组织和个人无权公布。

集体所有的和个人所有的档案，档案的所有者有权公布，但必须遵守国家有关规定，不得损害国家安全和利益，不得侵犯他人的合法权益。

第二十三条 各级各类档案馆应当配备研究人员，加强对档案的研究整理，有计划地组织编辑出版档案材料，在不同范围内发行。

第五章 法律责任

第二十四条 下列行为之一的，由县级以上人民政府档案行政管理部门、有关主管部门对直接负责的主管人员或者其他直接责任人员依法给予行政处分；构成犯罪的，依法追究刑事责任：

（一）损毁、丢失属于国家所有的档案的；

（二）擅自提供、抄录、公布、销毁属于国家所有的档案的；

（三）涂改、伪造档案的；

（四）违反本法第十七条规定，擅自出卖或者转让属于国家所有的档案的；

（五）将档案卖给、赠送给外国人或者外国组织的；

（六）违反本法第十条、第十一条规定，不按规定归档或者不按期移交档案的；

（七）明知所保存的档案面临危险而不采取措施，造成档案损失的；

（八）档案工作人员玩忽职守，造成档案损失的。

在利用档案馆的档案中，有前款第一项、第二项、第三项违法行为的，由县级以上人民政府档案行政管理部门给予警告，可以并处罚款；造成损失的，责令赔偿损失。

企业事业组织或者个人有第一款第四项、第五项违法行为的，由县级以上人民政府档案行政管理部门给予警告，可以并处罚款；有违法所得的，没收违法所得；并可以依照本法第十六条的规定征购所出卖或者赠送的档案。

第二十五条 携运禁止出境的档案或者其复制件出境的，由海关予以没收，可以并处罚款；并将没收的档案或者其复制件移交档案行政管理部门；构成犯罪的，依法追究刑事责任。

第六章 附则

第二十六条 本法实施办法，由国家档案行政管理部门制定，报国务院批准后施行。

第二十七条 本法自 1988 年 1 月 1 日起施行。

第二部分　司法解释

1. 最高人民法院关于确定民事侵权精神损害赔偿责任若干问题的解释

法释〔2001〕7 号

（2001 年 2 月 26 日最高人民法院审判委员会第 1161 次会议通过）

为在审理民事侵权案件中正确确定精神损害赔偿责任，根据《中华人民共和国民法通则》等有关法律规定，结合审判实践经验，对有关问题作如下解释：

第一条 自然人因下列人格权利遭受非法侵害，向人民法院起诉请求赔偿精神损害的，人民法院应当依法予以受理：

（一）生命权、健康权、身体权；

（二）姓名权、肖像权、名誉权、荣誉权；

（三）人格尊严权、人身自由权。

违反社会公共利益、社会公德侵害他人隐私或者其他人格利益，受害人以侵权为由向人民法院起诉请求赔偿精神损害的，人民法院应当依法予以受理。

第二条 非法使被监护人脱离监护，导致亲子关系或者近亲属间的亲属关系遭受严重损害，监护人向人民法院起诉请求赔偿精神损害的，人民法院应当依法予以受理。

第三条 自然人死亡后，其近亲属因下列侵权行为遭受精神痛苦，向人民法院起诉请求赔偿精神损害的，人民法院应当依法予以受理：

（一）以侮辱、诽谤、贬损、丑化或者违反社会公共利益、社会公德的其他方式，侵害死者姓名、肖像、名誉、荣誉；

（二）非法披露、利用死者隐私，或者以违反社会公共利益、社会公德的其他方式侵害死者隐私；

（三）非法利用、损害遗体、遗骨，或者以违反社会公共利益、社会公德的其他方式侵害遗体、遗骨。

第四条 具有人格象征意义的特定纪念物品，因侵权行为而永久性灭失或者毁损，物品所有人以侵权为由，向人民法院起诉请求赔偿精神损害的，人民法院应当依法予以受理。

第五条 法人或者其他组织以人格权利遭受侵害为由，向人民法院起诉请求赔偿精神损害的，人民法院不予受理。

第六条 当事人在侵权诉讼中没有提出赔偿精神损害的诉讼请求，诉讼终结后又基于同一侵权事实另行起诉请求赔偿精神损害的，人民法院不予受理。

第七条 自然人因侵权行为致死，或者自然人死亡后其人格或者遗体遭受侵害，死者的配偶、父母和子女向人民法院起诉请求赔偿精神损害的，列其配偶、父母和子女为原告；没有配偶、父母和子女的，可以由其他近亲属提起诉讼，列其他近亲属为原告。

第八条 因侵权致人精神损害，但未造成严重后果，受害人请求赔偿精神损害的，一般不予支持，人民法院可以根据情形判令侵权人停止侵害、恢复名誉、消除影响、赔礼道歉。

因侵权致人精神损害，造成严重后果的，人民法院除判令侵权人承担停止侵害、恢复名誉、消除影响、赔礼道歉等民事责任外，可以根据受害人一方的请求判令其赔偿相应的精神损害抚慰金。

第九条 精神损害抚慰金包括以下方式：

（一）致人残疾的，为残疾赔偿金；

（二）致人死亡的，为死亡赔偿金；

（三）其他损害情形的精神抚慰金。

第十条 精神损害的赔偿数额根据以下因素确定：

（一）侵权人的过错程度，法律另有规定的除外；

（二）侵害的手段、场合、行为方式等具体情节；

（三）侵权行为所造成的后果；

（四）侵权人的获利情况；

（五）侵权人承担责任的经济能力；

（六）受诉法院所在地平均生活水平。

法律、行政法规对残疾赔偿金、死亡赔偿金等有明确规定的，适用法律、行政法规的规定。

第十一条 受害人对损害事实和损害后果的发生有过错的，可以根据其过错程度减轻或者免除侵权人的精神损害赔偿责任。

第十二条 在本解释公布施行之前已经生效施行的司法解释，其内容有与本解释不一致的，以本解释为准。

2. 最高人民法院关于行政诉讼证据若干问题的规定

法释〔2002〕21 号

（2002 年 6 月 4 日最高人民法院审判委员会第 1224 次会议通过）

为准确认定案件事实，公正、及时地审理行政案件，根据《中华人民共和国行政诉讼法》（以下简称行政诉讼法）等有关法律规定，结合行政审判实际，制定本规定。

第一章　举证责任分配和举证期限

第一条　根据行政诉讼法第三十二条和第四十三条的规定，被告对作出的具体行政行为负有举证责任，应当在收到起诉状副本之日起十日内，提供据以作出被诉具体行政行为的全部证据和所依据的规范性文件。被告不提供或者无正当理由逾期提供证据的，视为被诉具体行政行为没有相应的证据。

被告因不可抗力或者客观上不能控制的其他正当事由，不能在前款规定的期限内提供证据的，应当在收到起诉状副本之日起十日内向人民法院提出延期提供证据的书面申请。人民法院准许延期提供的，被告应当在正当事由消除后十日内提供证据。逾期提供的，视为被诉具体行政行为没有相应的证据。

第二条　原告或者第三人提出其在行政程序中没有提出的反驳理由或者证据的，经人民法院准许，被告可以在第一审程序中补充相应的证据。

第三条　根据行政诉讼法第三十三条的规定，在诉讼过程中，被告及其诉讼代理人不得自行向原告和证人搜集证据。

第四条　公民、法人或者其他组织向人民法院起诉时，应当提供其符合起诉条件的相应的证据材料。

在起诉被告不作为的案件中，原告应当提供其在行政程序中曾经提出申请的证据材料。但有下列情形的除外：

（一）被告应当依职权主动履行法定职责的；

（二）原告因被告受理申请的登记制度不完备等正当事由不能提供相关证据材料并能够作出合理说明的。

被告认为原告起诉超过法定期限的，由被告承担举证责任。

第五条　在行政赔偿诉讼中，原告应当对被诉具体行政行为造成损害的事实提供证据。

第六条　原告可以提供证明被诉具体行政行为违法的证据。原告提供的证据不成立的，不免除被告对被诉具体行政行为合法性的举证责任。

第七条　原告或者第三人应当在开庭审理前或者人民法院指定的交换证据之日提供证据。因正当事由申请延期提供证据的，经人民法院准许，可以在法庭调查中提供。逾期提供证据的，视为放弃举证权利。

原告或者第三人在第一审程序中无正当事由未提供而在第二审程序中提供的证据，人民法院不予接纳。

第八条　人民法院向当事人送达受理案件通知书或者应诉通知书时，应当告知其举证范围、举证期限和逾期提供证据的法律后果，并告知因正当事由不能按期提供证据时应当提出延期提供证据的申请。

第九条 根据行政诉讼法第三十四条第一款的规定，人民法院有权要求当事人提供或者补充证据。

对当事人无争议，但涉及国家利益、公共利益或者他人合法权益的事实，人民法院可以责令当事人提供或者补充有关证据。

第二章 提供证据的要求

第十条 根据行政诉讼法第三十一条第一款第（一）项的规定，当事人向人民法院提供书证的，应当符合下列要求：

（一）提供书证的原件，原本、正本和副本均属于书证的原件。提供原件确有困难的，可以提供与原件核对无误的复印件、照片、节录本；

（二）提供由有关部门保管的书证原件的复制件、影印件或者抄录件的，应当注明出处，经该部门核对无异后加盖其印章；

（三）提供报表、图纸、会计账册、专业技术资料、科技文献等书证的，应当附有说明材料；

（四）被告提供的被诉具体行政行为所依据的询问、陈述、谈话类笔录，应当有行政执法人员、被询问人、陈述人、谈话人签名或者盖章。

法律、法规、司法解释和规章对书证的制作形式另有规定的，从其规定。

第十一条 根据行政诉讼法第三十一条第一款第（二）项的规定，当事人向人民法院提供物证的，应当符合下列要求：

（一）提供原物。提供原物确有困难的，可以提供与原物核对无误的复制件或者证明该物证的照片、录像等其他证据；

（二）原物为数量较多的种类物的，提供其中的一部分。

第十二条 根据行政诉讼法第三十一条第一款第（三）项的规定，当事人向人民法院提供计算机数据或者录音、录像等视听资料的，应当符合下列要求：

（一）提供有关资料的原始载体。提供原始载体确有困难的，可以提供复制件；

（二）注明制作方法、制作时间、制作人和证明对象等；

（三）声音资料应当附有该声音内容的文字记录。

第十三条 根据行政诉讼法第三十一条第一款第（四）项的规定，当事人向人民法院提供证人证言的，应当符合下列要求：

（一）写明证人的姓名、年龄、性别、职业、住址等基本情况；

（二）有证人的签名，不能签名的，应当以盖章等方式证明；

（三）注明出具日期；

（四）附有居民身份证复印件等证明证人身份的文件。

第十四条 根据行政诉讼法第三十一条第一款第（六）项的规定，被告向人民法院提供的在行政程序中采用的鉴定结论，应当载明委托人和委托鉴定的事项、向鉴定部门提交的相关材料、鉴定的依据和使用的科学技术手段、鉴定部门和鉴定人鉴定资格的说明，并应有鉴定人的签名和鉴定部门的盖章。通过分析获得的鉴定结论，应当说明分析过程。

第十五条 根据行政诉讼法第三十一条第一款第（七）项的规定，被告向人民法院提供的现场笔录，应当载明时间、地点和事件等内容，并由执法人员和当事人签名。当事人拒绝签名或者不能签名的，应当注明原因。有其他人在现场的，可由其他人签名。法律、法规和规章对现场笔录的制作形式另有规定的，从其规定。

第十六条 当事人向人民法院提供的在中华人民共和国领域外形成的证据，应当说明来源，经所在国公证机关证明，并经中华人民共和国驻该国使领馆认证，或者履行中华人民共和国与证据所在国订立的有关条约中规定的证明手续。

当事人提供的在中华人民共和国香港特别行政区、澳门特别行政区和台湾地区内形成的证据，应当具有按照有关规定办理的证明手续。

第十七条 当事人向人民法院提供外文书证或者外国语视听资料的，应当附有由具有翻译资质的机构翻译的或者其他翻译准确的中文译本，由翻译机构盖章或者翻译人员签名。

第十八条 证据涉及国家秘密、商业秘密或者个人隐私的，提供人应当作出明确标注，并向法庭说明，法庭予以审查确认。

第十九条 当事人应当对其提交的证据材料分类编号，对证据材料的来源、证明对象和内容作简要说明，签名或者盖章，注明提交日期。

第二十条 人民法院收到当事人提交的证据材料，应当出具收据，注明证据的名称、份数、页数、件数、种类等以及收到的时间，由经办人员签名或者盖章。

第二十一条 对于案情比较复杂或者证据数量较多的案件，人民法院可以组织当事人在开庭前向对方出示或者交换证据，并将交换证据的情况记录在卷。

第三章 调取和保全证据

第二十二条 根据行政诉讼法第三十四条第二款的规定，有下列情形之一的，人民法院有权向有关行政机关以及其他组织、公民调取证据：

（一）涉及国家利益、公共利益或者他人合法权益的事实认定的；

（二）涉及依职权追加当事人、中止诉讼、终结诉讼、回避等程序性事项的。

第二十三条 原告或者第三人不能自行收集，但能够提供确切线索的，可以申请人民法院调取下列证据材料：

（一）由国家有关部门保存而须由人民法院调取的证据材料；

（二）涉及国家秘密、商业秘密、个人隐私的证据材料；

（三）确因客观原因不能自行收集的其他证据材料。

人民法院不得为证明被诉具体行政行为的合法性，调取被告在作出具体行政行为时未收集的证据。

第二十四条 当事人申请人民法院调取证据的，应当在举证期限内提交调取证据申请书。

调取证据申请书应当写明下列内容：

（一）证据持有人的姓名或者名称、住址等基本情况；

（二）拟调取证据的内容；

（三）申请调取证据的原因及其要证明的案件事实。

第二十五条 人民法院对当事人调取证据的申请，经审查符合调取证据条件的，应当及时决定调取；不符合调取证据条件的，应当向当事人或者其诉讼代理人送达通知书，说明不准许调取的理由。当事人及其诉讼代理人可以在收到通知书之日起三日内向受理申请的人民法院书面申请复议一次。

人民法院应当在收到复议申请之日起五日内作出答复。人民法院根据当事人申请，经调取未能取得相应证据的，应当告知申请人并说明原因。

第二十六条 人民法院需要调取的证据在异地的，可以书面委托证据所在地人民法院调取。受托人民法院应当在收到委托书后，按照委托要求及时完成调取证据工作，送交委托人民法院。受托人民法院不能完成委托内容的，应当告知委托的人民法院并说明原因。

第二十七条 当事人根据行政诉讼法第三十六条的规定向人民法院申请保全证据的，应当在举证期限届满前以书面形式提出，并说明证据的名称和地点、保全的内容和范围、申请保全的理由等事项。

当事人申请保全证据的，人民法院可以要求其提供相应的担保。

法律、司法解释规定诉前保全证据的，依照其规定办理。

第二十八条 人民法院依照行政诉讼法第三十六条规定保全证据的，可以根据具体情况，采取查封、扣押、拍照、录音、录像、复制、鉴定、勘验、制作询问笔录等保全措施。

人民法院保全证据时，可以要求当事人或者其诉讼代理人到场。

第二十九条 原告或者第三人有证据或者有正当理由表明被告据以认定案件事实的鉴定结论可能有错误，在举证期限内书面申请重新鉴定的，人民法院应予准许。

第三十条 当事人对人民法院委托的鉴定部门作出的鉴定结论有异议申请重新鉴定，提出证据证明存在下列情形之一的，人民法院应予准许：

（一）鉴定部门或者鉴定人不具有相应的鉴定资格的；

（二）鉴定程序严重违法的；

（三）鉴定结论明显依据不足的；

（四）经过质证不能作为证据使用的其他情形。

对有缺陷的鉴定结论，可以通过补充鉴定、重新质证或者补充质证等方式解决。

第三十一条 对需要鉴定的事项负有举证责任的当事人，在举证期限内无正当理由不提出鉴定申请、不预交鉴定费用或者拒不提供相关材料，致使对案件争议的事实无法通过鉴定结论予以认定的，应当对该事实承担举证不能的法律后果。

第三十二条 人民法院对委托或者指定的鉴定部门出具的鉴定书，应当审查是否具有下列内容：

（一）鉴定的内容；

（二）鉴定时提交的相关材料；

（三）鉴定的依据和使用的科学技术手段；

（四）鉴定的过程；

（五）明确的鉴定结论；

（六）鉴定部门和鉴定人鉴定资格的说明；

（七）鉴定人及鉴定部门签名盖章。

前款内容欠缺或者鉴定结论不明确的，人民法院可以要求鉴定部门予以说明、补充鉴定或者重新鉴定。

第三十三条 人民法院可以依当事人申请或者依职权勘验现场。

勘验现场时，勘验人必须出示人民法院的证件，并邀请当地基层组织或者当事人所在单位派人参加。当事人或其成年亲属应当到场，拒不到场的，不影响勘验的进行，但应当在勘验笔录中说明情况。

第三十四条 审判人员应当制作勘验笔录，记载勘验的时间、地点、勘验人、在场人、勘验的经过和结果，由勘验人、当事人、在场人签名。

勘验现场时绘制的现场图，应当注明绘制的时间、方位、绘制人姓名和身份等内容。

当事人对勘验结论有异议的，可以在举证期限内申请重新勘验，是否准许由人民法院决定。

第四章　证据的对质辨认和核实

第三十五条 证据应当在法庭上出示，并经庭审质证。未经庭审质证的证据，不能作为定案的依据。

当事人在庭前证据交换过程中没有争议并记录在卷的证据，经审判人员在庭审中说明后，可以作为认定案件事实的依据。

第三十六条 经合法传唤，因被告无正当理由拒不到庭而需要依法缺席判决的，被告提供的证据不能作为定案的依据，但当事人在庭前交换证据中没有争议的证据除外。

第三十七条 涉及国家秘密、商业秘密和个人隐私或者法律规定的其他应当保密的证据，不得在开庭时公开质证。

第三十八条 当事人申请人民法院调取的证据，由申请调取证据的当事人在庭审中出示，并由当事人质证。

人民法院依职权调取的证据，由法庭出示，并可就调取该证据的情况进行说明，听取当事人意见。

第三十九条 当事人应当围绕证据的关联性、合法性和真实性，针对证据有无证明效力以及证明效力大小，进行质证。

经法庭准许，当事人及其代理人可以就证据问题相互发问，也可以向证人、鉴定人或者勘验人发问。

当事人及其代理人相互发问，或者向证人、鉴定人、勘验人发问时，发问的内容应当与案件事实有关联，不得采用引诱、威胁、侮辱等语言或者方式。

第四十条 对书证、物证和视听资料进行质证时，当事人应当出示证据的原件或者原物。但有下列情况之一的除外：

（一）出示原件或者原物确有困难并经法庭准许可以出示复制件或者复制品；

（二）原件或者原物已不存在，可以出示证明复制件、复制品与原件、原物一致的其他证据。

视听资料应当当庭播放或者显示，并由当事人进行质证。

第四十一条 凡是知道案件事实的人，都有出庭作证的义务。有下列情形之一的，经人民法院准许，当事人可以提交书面证言：

（一）当事人在行政程序或者庭前证据交换中对证人证言无异议的；

（二）证人因年迈体弱或者行动不便无法出庭的；

（三）证人因路途遥远、交通不便无法出庭的；

（四）证人因自然灾害等不可抗力或者其他意外事件无法出庭的；

（五）证人因其他特殊原因确实无法出庭的。

第四十二条 不能正确表达意志的人不能作证。

根据当事人申请，人民法院可以就证人能否正确表达意志进行审查或者交由有关部门鉴定。必要时，人民法院也可以依职权交由有关部门鉴定。

第四十三条 当事人申请证人出庭作证的，应当在举证期限届满前提出，并经人民法院许可。人民法院准许证人出庭作证的，应当在开庭审理前通知证人出庭作证。

当事人在庭审过程中要求证人出庭作证的，法庭可以根据审理案件的具体情况，决定是否准许以及是否延期审理。

第四十四条 有下列情形之一，原告或者第三人可以要求相关行政执法人员作为证人出庭作证：

（一）对现场笔录的合法性或者真实性有异议的；

（二）对扣押财产的品种或者数量有异议的；

（三）对检验的物品取样或者保管有异议的；

（四）对行政执法人员的身份的合法性有异议的；

（五）需要出庭作证的其他情形。

第四十五条 证人出庭作证时，应当出示证明其身份的证件。法庭应当告知其诚实作证的法律义务和作伪证的法律责任。

出庭作证的证人不得旁听案件的审理。法庭询问证人时，其他证人不得在场，但组织证人对质的除外。

第四十六条 证人应当陈述其亲历的具体事实。证人根据其经历所作的判断、推测或者评论，不能作为定案的依据。

第四十七条 当事人要求鉴定人出庭接受询问的，鉴定人应当出庭。鉴定人因正当事由不能出庭的，经法庭准许，可以不出庭，由当事人对其书面鉴定结论进行质证。

鉴定人不能出庭的正当事由，参照本规定第四十一条的规定。

对于出庭接受询问的鉴定人，法庭应当核实其身份、与当事人及案件的关系，并告知鉴定人如实说明鉴定情况的法律义务和故意作虚假说明的法律责任。

第四十八条 对被诉具体行政行为涉及的专门性问题，当事人可以向法庭申请由专业人员出庭进行说明，法庭也可以通知专业人员出庭说明。必要时，法庭可以组织专业人员进行对质。

当事人对出庭的专业人员是否具备相应专业知识、学历、资历等专业资格等有异议的，可以进行询问。由法庭决定其是否可以作为专业人员出庭。

专业人员可以对鉴定人进行询问。

第四十九条 法庭在质证过程中，对与案件没有关联的证据材料，应予排除并说明理由。

法庭在质证过程中，准许当事人补充证据的，对补充的证据仍应进行质证。

法庭对经过庭审质证的证据，除确有必要外，一般不再进行质证。

第五十条 在第二审程序中，对当事人依法提供的新的证据，法庭应当进行质证；当事人对第一审认定的证据仍有争议的，法庭也应当进行质证。

第五十一条 按照审判监督程序审理的案件，对当事人依法提供的新的证据，法庭应当进行质证；因原判决、裁定认定事实的证据不足而提起再审所涉及的主要证据，法庭也应当进行质证。

第五十二条 本规定第五十条和第五十一条中的“新的证据”是指以下证据：

（一）在一审程序中应当准予延期提供而未获准许的证据；

（二）当事人在一审程序中依法申请调取而未获准许或者未取得，人民法院在第二审程序中调取的证据；

（三）原告或者第三人提供的在举证期限届满后发现的证据。

第五章　证据的审核认定

第五十三条 人民法院裁判行政案件，应当以证据证明的案件事实为依据。

第五十四条 法庭应当对经过庭审质证的证据和无需质证的证据进行逐一审查和对全部证据综合审查，遵循法官职业道德，运用逻辑推理和生活经验，进行全面、客观和公正地分析判断，确定证据材料与案件事实之间的证明关系，排除不具有关联性的证据材料，准确认定案件事实。

第五十五条 法庭应当根据案件的具体情况，从以下方面审查证据的合法性：

（一）证据是否符合法定形式；

（二）证据的取得是否符合法律、法规、司法解释和规章的要求；

（三）是否有影响证据效力的其他违法情形。

第五十六条 法庭应当根据案件的具体情况，从以下方面审查证据的真实性：

（一）证据形成的原因；

（二）发现证据时的客观环境；

（三）证据是否为原件、原物，复制件、复制品与原件、原物是否相符；

（四）提供证据的人或者证人与当事人是否具有利害关系；

（五）影响证据真实性的其他因素。

第五十七条 下列证据材料不能作为定案依据：

（一）严重违反法定程序收集的证据材料；

（二）以偷拍、偷录、窃听等手段获取侵害他人合法权益的证据材料；

（三）以利诱、欺诈、胁迫、暴力等不正当手段获取的证据材料；

（四）当事人无正当事由超出举证期限提供的证据材料；

（五）在中华人民共和国领域以外或者在中华人民共和国香港特别行政区、澳门特别行政区和台湾地区形成的未办理法定证明手续的证据材料；

（六）当事人无正当理由拒不提供原件、原物，又无其他证据印证，且对方当事人不予认可的证据的复制件或者复制品；

（七）被当事人或者他人进行技术处理而无法辨明真伪的证据材料；

（八）不能正确表达意志的证人提供的证言；

（九）不具备合法性和真实性的其他证据材料。

第五十八条 以违反法律禁止性规定或者侵犯他人合法权益的方法取得的证据，不能作为认定案件事实的依据。

第五十九条 被告在行政程序中依照法定程序要求原告提供证据，原告依法应当提供而拒不提供，在诉讼程序中提供的证据，人民法院一般不予采纳。

第六十条 下列证据不能作为认定被诉具体行政行为合法的依据：

（一）被告及其诉讼代理人在作出具体行政行为后或者在诉讼程序中自行收集的证据；

（二）被告在行政程序中非法剥夺公民、法人或者其他组织依法享有的陈述、申辩或者听证权利所采用的证据；

（三）原告或者第三人在诉讼程序中提供的、被告在行政程序中未作为具体行政行为依据的证据。

第六十一条 复议机关在复议程序中收集和补充的证据，或者作出原具体行政行为的行政机关在复议程序中未向复议机关提交的证据，不能作为人民法院认定原具体行政行为合法的依据。

第六十二条 对被告在行政程序中采纳的鉴定结论，原告或者第三人提出证据证明有下列情形之一的，人民法院不予采纳：

（一）鉴定人不具备鉴定资格；

（二）鉴定程序严重违法；

（三）鉴定结论错误、不明确或者内容不完整。

第六十三条 证明同一事实的数个证据，其证明效力一般可以按照下列情形分别认定：

（一）国家机关以及其他职能部门依职权制作的公文文书优于其他书证；

（二）鉴定结论、现场笔录、勘验笔录、档案材料以及经过公证或者登记的书证优于其他书证、视听资料和证人证言；

（三）原件、原物优于复制件、复制品；

（四）法定鉴定部门的鉴定结论优于其他鉴定部门的鉴定结论；

（五）法庭主持勘验所制作的勘验笔录优于其他部门主持勘验所制作的勘验笔录；

（六）原始证据优于传来证据；

（七）其他证人证言优于与当事人有亲属关系或者其他密切关系的证人提供的对该当事人有利的证言；

（八）出庭作证的证人证言优于未出庭作证的证人证言；

（九）数个种类不同、内容一致的证据优于一个孤立的证据。

第六十四条 以有形载体固定或者显示的电子数据交换、电子邮件以及其他数据资料，其制作情况和真实性经对方当事人确认，或者以公证等其他有效方式予以证明的，与原件具有同等的证明效力。

第六十五条 在庭审中一方当事人或者其代理人在代理权限范围内对另一方当事人陈述的案件事实明确表示认可的，人民法院可以对该事实予以认定。但有相反证据足以推翻的除外。

第六十六条 在行政赔偿诉讼中，人民法院主持调解时当事人为达成调解协议而对案件事实的认可，不得在其后的诉讼中作为对其不利的证据。

第六十七条 在不受外力影响的情况下，一方当事人提供的证据，对方当事人明确表示认可的，可以认定该证据的证明效力；对方当事人予以否认，但不能提供充分的证据进行反驳的，可以综合全案情况审查认定该证据的证明效力。

第六十八条 下列事实法庭可以直接认定：

（一）众所周知的事实；

（二）自然规律及定理；

（三）按照法律规定推定的事实；

（四）已经依法证明的事实；

（五）根据日常生活经验法则推定的事实。

前款（一）、（三）、（四）、（五）项，当事人有相反证据足以推翻的除外。

第六十九条 原告确有证据证明被告持有的证据对原告有利，被告无正当事由拒不提供的，可以推定原告的主张成立。

第七十条 生效的人民法院裁判文书或者仲裁机构裁决文书确认的事实，可以作为定案依据。但是如果发现裁判文书或者裁决文书认定的事实有重大问题的，应当中止诉讼，通过法定程序予以纠正后恢复诉讼。

第七十一条 下列证据不能单独作为定案依据：

（一）未成年人所作的与其年龄和智力状况不相适应的证言；

（二）与一方当事人有亲属关系或者其他密切关系的证人所作的对该当事人有利的证言，或者与一方当事人有不利关系的证人所作的对该当事人不利的证言；

（三）应当出庭作证而无正当理由不出庭作证的证人证言；

（四）难以识别是否经过修改的视听资料；

（五）无法与原件、原物核对的复制件或者复制品；

（六）经一方当事人或者他人改动，对方当事人不予认可的证据材料；

（七）其他不能单独作为定案依据的证据材料。

第七十二条 庭审中经过质证的证据，能够当庭认定的，应当当庭认定；不能当庭认定的，应当在合议庭合议时认定。

人民法院应当在裁判文书中阐明证据是否采纳的理由。

第七十三条 法庭发现当庭认定的证据有误，可以按照下列方式纠正：

（一）庭审结束前发现错误的，应当重新进行认定；

（二）庭审结束后宣判前发现错误的，在裁判文书中予以更正并说明理由，也可以再次开庭予以认定；

（三）有新的证据材料可能推翻已认定的证据的，应当再次开庭予以认定。

第六章　附　　则

第七十四条　证人、鉴定人及其近亲属的人身和财产安全受法律保护。

人民法院应当对证人、鉴定人的住址和联系方式予以保密。

第七十五条　证人、鉴定人因出庭作证或者接受询问而支出的合理费用，由提供证人、鉴定人的一方当事人先行支付，由败诉一方当事人承担。

第七十六条　证人、鉴定人作伪证的，依照行政诉讼法第四十九条第一款第（二）项的规定追究其法律责任。

第七十七条　诉讼参与人或者其他人有对审判人员或者证人、鉴定人、勘验人及其近亲属实施威胁、侮辱、殴打、骚扰或者打击报复等妨碍行政诉讼行为的，依照行政诉讼法第四十九条第一款第（三）项、第（五）项或者第（六）项的规定追究其法律责任。

第七十八条　对应当协助调取证据的单位和个人，无正当理由拒不履行协助义务的，依照行政诉讼法第四十九条第一款第（五）项的规定追究其法律责任。

第七十九条　本院以前有关行政诉讼的司法解释与本规定不一致的，以本规定为准。

第八十条　本规定自 2002 年 10 月 1 日起施行。2002 年 10 月 1 日尚未审结的一审、二审和再审行政案件不适用本规定。

本规定施行前已经审结的行政案件，当事人以违反本规定为由申请再审的，人民法院不予支持。

本规定施行后按照审判监督程序决定再审的行政案件，适用本规定。

3. 最高人民法院关于适用《中华人民共和国国家赔偿法》若干问题的解释（一）

法释〔2011〕4号

（2011年2月14日最高人民法院审判委员会第1511次会议通过）

为正确适用2010年4月29日第十一届全国人民代表大会常务委员会第十四次会议修正的《中华人民共和国国家赔偿法》，对人民法院处理国家赔偿案件中适用国家赔偿法的有关问题解释如下：

第一条 国家机关及其工作人员行使职权侵犯公民、法人和其他组织合法权益的行为发生在2010年12月1日以后，或者发生在2010年12月1日以前、持续至2010年12月1日以后的，适用修正的国家赔偿法。

第二条 国家机关及其工作人员行使职权侵犯公民、法人和其他组织合法权益的行为发生在2010年12月1日以前的，适用修正前的国家赔偿法，但有下列情形之一的，适用修正的国家赔偿法：

（一）2010年12月1日以前已经受理赔偿请求人的赔偿请求但尚未作出生效赔偿决定的；

（二）赔偿请求人在2010年12月1日以后提出赔偿请求的。

第三条 人民法院对2010年12月1日以前已经受理但尚未审结的国家赔偿确认案件，应当继续审理。

第四条 公民、法人和其他组织对行使侦查、检察、审判职权的机关以及看守所、监狱管理机关在2010年12月1日以前作出并已发生法律效力的不予确认职务行为违法的法律文书不服，未依据修正前的国家赔偿法规定提出申诉并经有权机关作出侵权确认结论，直接向人民法院赔偿委员会申请赔偿的，不予受理。

第五条 公民、法人和其他组织对在2010年12月1日以前发生法律效力的赔偿决定不服提出申诉的，人民法院审查处理时适用修正前的国家赔偿法；但是仅就修正的国家赔偿法增加的赔偿项目及标准提出申诉的，人民法院不予受理。

第六条 人民法院审查发现2010年12月1日以前发生法律效力的确认裁定、赔偿决定确有错误应当重新审查处理的，适用修正前的国家赔偿法。

第七条 赔偿请求人认为行使侦查、检察、审判职权的机关以及看守所、监狱管理机关及其工作人员在行使职权时有修正的国家赔偿法第十七条第（一）、（二）、（三）项、第十八条规定情形的，应当在刑事诉讼程序终结后提出赔偿请求，但下列情形除外：

（一）赔偿请求人有证据证明其与尚未终结的刑事案件无关的；

（二）刑事案件被害人依据刑事诉讼法第一百九十八条的规定，以财产未返还或者认为返还的财产受到损害而要求赔偿的。

第八条 赔偿请求人认为人民法院有修正的国家赔偿法第三十八条规定情形的，应当在民事、行政诉讼程序或者执行程序终结后提出赔偿请求，但人民法院已依法撤销对妨害诉讼采取的强制措施的情形除外。

第九条 赔偿请求人或者赔偿义务机关认为人民法院赔偿委员会作出的赔偿决定存在错误，依法向上一级人民法院赔偿委员会提出申诉的，不停止赔偿决定的执行；但人民法院赔偿委员会依据修正的国家赔偿法第三十条的规定决定重新审查的，可以决定中止原赔偿决定的执行。

第十条 人民检察院依据修正的国家赔偿法第三十条第三款的规定，对人民法院赔偿委员会在2010年12月1日以后作出的赔偿决定提出意见的，同级人民法院赔偿委员会应当决定重新审查，并可以决定中止原赔偿决定的执行。

第十一条 本解释自公布之日起施行。

4. 最高人民法院关于人民法院赔偿委员会审理国家赔偿案件程序的规定

法释〔2011〕6号

(2011年2月28日由最高人民法院审判委员会第1513次会议通过)

根据2010年4月29日修正的《中华人民共和国国家赔偿法》(以下简称国家赔偿法),结合国家赔偿工作实际,对人民法院赔偿委员会(以下简称赔偿委员会)审理国家赔偿案件的程序作如下规定:

第一条 赔偿请求人向赔偿委员会申请作出赔偿决定,应当递交赔偿申请书一式四份。赔偿请求人书写申请书确有困难的,可以口头申请。口头提出申请的,人民法院应当填写《申请赔偿登记表》,由赔偿请求人签名或者盖章。

第二条 赔偿请求人向赔偿委员会申请作出赔偿决定,应当提供以下法律文书和证明材料:

(一)赔偿义务机关作出的决定书;

(二)复议机关作出的复议决定书,但赔偿义务机关是人民法院的除外;

(三)赔偿义务机关或者复议机关逾期未作出决定的,应当提供赔偿义务机关对赔偿申请的收讫凭证等相关证明材料;

(四)行使侦查、检察、审判职权的机关在赔偿申请所涉案件的刑事诉讼程序、民事诉讼程序、行政诉讼程序、执行程序中作出的法律文书;

(五)赔偿义务机关职权行为侵犯赔偿请求人合法权益造成损害的证明材料;

(六)证明赔偿申请符合申请条件的其他材料。

第三条 赔偿委员会收到赔偿申请,经审查认为符合申请条件的,应当在七日内立案,并通知赔偿请求人、赔偿义务机关和复议机关;认为不符合申请条件的,应当在七日内决定不予受理;立案后发现不符合申请条件的,决定驳回申请。

前款规定的期限,自赔偿委员会收到赔偿申请之日起计算。申请材料不齐全的,赔偿委员会应当在五日内一次性告知赔偿请求人需要补正的全部内容,收到赔偿申请的时间应当自赔偿委员会收到补正材料之日起计算。

第四条 赔偿委员会应当在立案之日起五日内将赔偿申请书副本或者《申请赔偿登记表》副本送达赔偿义务机关和复议机关。

第五条 赔偿请求人可以委托一至二人作为代理人。律师、提出申请的公民的近亲属、有关的社会团体或者所在单位推荐的人、经赔偿委员会许可的其他公民,都可以被委托为代理人。

赔偿义务机关、复议机关可以委托本机关工作人员一至二人作为代理人。

第六条 赔偿请求人、赔偿义务机关、复议机关委托他人代理,应当向赔偿委员会提交由委托人签名或者盖章的授权委托书。

授权委托书应当载明委托事项和权限。代理人代为承认、放弃、变更赔偿请求,应当有委托人的特别授权。

第七条 赔偿委员会审理赔偿案件,应当指定一名审判员负责具体承办。

负责具体承办赔偿案件的审判员应当查清事实并写出审理报告,提请赔偿委员会讨论决定。

赔偿委员会作赔偿决定，必须有三名以上审判员参加，按照少数服从多数的原则作出决定。

第八条 审判人员有下列情形之一的，应当回避，赔偿请求人和赔偿义务机关有权以书面或者口头方式申请其回避：

（一）是本案赔偿请求人的近亲属；

（二）是本案代理人的近亲属；

（三）与本案有利害关系；

（四）与本案有其他关系，可能影响对案件公正审理的。

前款规定，适用于书记员、翻译人员、鉴定人、勘验人。

第九条 赔偿委员会审理赔偿案件，可以组织赔偿义务机关与赔偿请求人就赔偿方式、赔偿项目和赔偿数额依照国家赔偿法第四章的规定进行协商。

第十条 组织协商应当遵循自愿和合法的原则。赔偿请求人、赔偿义务机关一方或者双方不愿协商，或者协商不成的，赔偿委员会应当及时作出决定。

第十一条 赔偿请求人和赔偿义务机关经协商达成协议的，赔偿委员会审查确认后应当制作国家赔偿决定书。

第十二条 赔偿请求人、赔偿义务机关对自己提出的主张或者反驳对方主张所依据的事实有责任提供证据加以证明。有国家赔偿法第二十六条第二款规定情形的，应当由赔偿义务机关提供证据。

没有证据或者证据不足以证明其事实主张的，由负有举证责任的一方承担不利后果。

第十三条 赔偿义务机关对其职权行为的合法性负有举证责任。

赔偿请求人可以提供证明职权行为违法的证据，但不因此免除赔偿义务机关对其职权行为合法性的举证责任。

第十四条 有下列情形之一的，赔偿委员会可以组织赔偿请求人和赔偿义务机关进行质证：

（一）对侵权事实、损害后果及因果关系争议较大的；

（二）对是否属于国家赔偿法第十九条规定的国家不承担赔偿责任的情形争议较大的；

（三）对赔偿方式、赔偿项目或者赔偿数额争议较大的；

（四）赔偿委员会认为应当质证的其他情形。

第十五条 赔偿委员会认为重大、疑难的案件，应报请院长提交审判委员会讨论决定。审判委员会的决定，赔偿委员会应当执行。

第十六条 赔偿委员会作出决定前，赔偿请求人撤回赔偿申请的，赔偿委员会应当依法审查并作出是否准许的决定。

第十七条 有下列情形之一的，赔偿委员会应当决定中止审理：

（一）赔偿请求人死亡，需要等待其继承人和其他有扶养关系的亲属表明是否参加赔偿案件处理的；

（二）赔偿请求人丧失行为能力，尚未确定法定代理人的；

（三）作为赔偿请求人的法人或者其他组织终止，尚未确定权利义务承受人的；

（四）赔偿请求人因不可抗拒的事由，在法定审限内不能参加赔偿案件处理的；

（五）宣告无罪的案件，人民法院决定再审或者人民检察院按照审判监督程序提出抗诉的；

（六）应当中止审理的其他情形。

中止审理的原因消除后，赔偿委员会应当及时恢复审理，并通知赔偿请求人、赔偿义务机关和复议机关。

第十八条 有下列情形之一的，赔偿委员会应当决定终结审理：

（一）赔偿请求人死亡，没有继承人和其他有扶养关系的亲属或者赔偿请求人的继承人和其他有扶养关系的亲属放弃要求赔偿权利的；

（二）作为赔偿请求人的法人或者其他组织终止后，其权利义务承受人放弃要求赔偿权利的；

（三）赔偿请求人据以申请赔偿的撤销案件决定、不起诉决定或者无罪判决被撤销的；

（四）应当终结审理的其他情形。

第十九条 赔偿委员会审理赔偿案件应当按照下列情形，分别作出决定：

（一）赔偿义务机关的决定或者复议机关的复议决定认定事实清楚，适用法律正确的，依法予以维持；

（二）赔偿义务机关的决定、复议机关的复议决定认定事实清楚，但适用法律错误的，依法重新决定；

（三）赔偿义务机关的决定、复议机关的复议决定认定事实不清、证据不足的，查清事实后依法重新决定；

（四）赔偿义务机关、复议机关逾期未作决定的，查清事实后依法作出决定。

第二十条 赔偿委员会审理赔偿案件作出决定，应当制作国家赔偿决定书，加盖人民法院印章。

第二十一条 国家赔偿决定书应当载明以下事项：

（一）赔偿请求人的基本情况，赔偿义务机关、复议机关的名称及其法定代表人；

（二）赔偿请求人申请事项及理由，赔偿义务机关的决定、复议机关的复议决定情况；

（三）赔偿委员会认定的事实及依据；

（四）决定的理由及法律依据；

（五）决定内容。

第二十二条 赔偿委员会作出的决定应当分别送达赔偿请求人、赔偿义务机关和复议机关。

第二十三条 人民法院办理本院为赔偿义务机关的国家赔偿案件参照本规定。

第二十四条 自本规定公布之日起，《人民法院赔偿委员会审理赔偿案件程序的暂行规定》即行废止；本规定施行前本院发布的司法解释与本规定不一致的，以本规定为准。

5. 最高人民法院、最高人民检察院关于办理渎职刑事案件适用法律若干问题的解释（一）

法释〔2012〕18 号

（2012 年 7 月 9 日最高人民法院审判委员会第 1552 次会议、2012 年 9 月 12 日最高人民检察院第十一届检察委员会第 79 次会议通过）

为依法惩治渎职犯罪，根据刑法有关规定，现就办理渎职刑事案件适用法律的若干问题解释如下：

第一条　国家机关工作人员滥用职权或者玩忽职守，具有下列情形之一的，应当认定为刑法第三百九十七条规定的“致使公共财产、国家和人民利益遭受重大损失”：

（一）造成死亡 1 人以上，或者重伤 3 人以上，或者轻伤 9 人以上，或者重伤 2 人、轻伤 3 人以上，或者重伤 1 人、轻伤 6 人以上的；

（二）造成经济损失 30 万元以上的；

（三）造成恶劣社会影响的；

（四）其他致使公共财产、国家和人民利益遭受重大损失的情形。

具有下列情形之一的，应当认定为刑法第三百九十七条规定的“情节特别严重”：

（一）造成伤亡达到前款第（一）项规定人数 3 倍以上的；

（二）造成经济损失 150 万元以上的；

（三）造成前款规定的损失后果，不报、迟报、谎报或者授意、指使、强令他人不报、迟报、谎报事故情况，致使损失后果持续、扩大或者抢救工作延误的；

（四）造成特别恶劣社会影响的；

（五）其他特别严重的情节。

第二条　国家机关工作人员实施滥用职权或者玩忽职守犯罪行为，触犯刑法分则第九章第三百九十八条至第四百一十九条规定的，依照该规定定罪处罚。

国家机关工作人员滥用职权或者玩忽职守，因不具备徇私舞弊等情形，不符合刑法分则第九章第三百九十八条至第四百一十九条的规定，但依法构成第三百九十七条规定的犯罪的，以滥用职权罪或者玩忽职守罪定罪处罚。

第三条　国家机关工作人员实施渎职犯罪并收受贿赂，同时构成受贿罪的，除刑法另有规定外，以渎职犯罪和受贿罪数罪并罚。

第四条　国家机关工作人员实施渎职行为，放纵他人犯罪或者帮助他人逃避刑事处罚，构成犯罪的，依照渎职罪的规定定罪处罚。

国家机关工作人员与他人共谋，利用其职务行为帮助他人实施其他犯罪行为，同时构成渎职犯罪和共谋实施的其他犯罪共犯的，依照处罚较重的规定定罪处罚。

国家机关工作人员与他人共谋，既利用其职务行为帮助他人实施其他犯罪，又以非职务行为与他人共同实施该其他犯罪行为，同时构成渎职犯罪和其他犯罪的共犯的，依照数罪并罚的规定定罪处罚。

第五条　国家机关负责人员违法决定，或者指使、授意、强令其他国家机关工作人员违法履行职务或者不履行职务，构成刑法分则第九章规定的渎职犯罪的，应当依法追究刑事责任。

以“集体研究”形式实施的渎职犯罪，应当依照刑法分则第九章的规定追究国家机关负有责任的人员的刑事责任。对于具体执行人员，应当在综合认定其行为性质、是否提出反对意见、危害结果大小等情节的基础上决定是否追究刑事责任和应当判处的刑罚。

第六条 以危害结果为条件的渎职犯罪的追诉期限，从危害结果发生之日起计算；有数个危害结果的，从最后一个危害结果发生之日起计算。

第七条 依法或者受委托行使国家行政管理职权的公司、企业、事业单位的工作人员，在行使行政管理职权时滥用职权或者玩忽职守，构成犯罪的，应当依照《全国人民代表大会常务委员会关于〈中华人民共和国刑法〉第九章渎职罪主体适用问题的解释》的规定，适用渎职罪的规定追究刑事责任。

第八条 本解释规定的“经济损失”，是指渎职犯罪或者与渎职犯罪相关联的犯罪立案时已经实际造成的财产损失，包括为挽回渎职犯罪所造成损失而支付的各种开支、费用等。立案后至提起公诉前持续发生的经济损失，应一并计入渎职犯罪造成的经济损失。

债务人经法定程序被宣告破产，债务人潜逃、去向不明，或者因行为人的责任超过诉讼时效等，致使债权已经无法实现的，无法实现的债权部分应当认定为渎职犯罪的经济损失。

渎职犯罪或者与渎职犯罪相关联的犯罪立案后，犯罪分子及其亲友自行挽回的经济损失，司法机关或者犯罪分子所在单位及其上级主管部门挽回的经济损失，或者因客观原因减少的经济损失，不予扣减，但可以作为酌定从轻处罚的情节。

第九条 负有监督管理职责的国家机关工作人员滥用职权或者玩忽职守，致使不符合安全标准的食品、有毒有害食品、假药、劣药等流入社会，对人民群众生命、健康造成严重危害后果的，依照渎职罪的规定从严惩处。

第十条 最高人民法院、最高人民检察院此前发布的司法解释与本解释不一致的，以本解释为准。

6. 最高人民法院、最高人民检察院关于办理危害生产安全刑事案件适用法律若干问题的解释

法释〔2015〕22 号

（2015 年 11 月 9 日最高人民法院审判委员会第 1665 次会议、2015 年 12 月 9 日由最高人民检察院第十二届检察委员会第 44 次会议通过）

为依法惩治危害生产安全犯罪，根据刑法有关规定，现就办理此类刑事案件适用法律的若干问题解释如下：

第一条 刑法第一百三十四条第一款规定的犯罪主体，包括对生产、作业负有组织、指挥或者管理职责的负责人、管理人员、实际控制人、投资人等人员，以及直接从事生产、作业的人员。

第二条 刑法第一百三十四条第二款规定的犯罪主体，包括对生产、作业负有组织、指挥或者管理职责的负责人、管理人员、实际控制人、投资人等人员。

第三条 刑法第一百三十五条规定的“直接负责的主管人员和其他直接责任人员”，是指对安全生产设施或者安全生产条件不符合国家规定负有直接责任的生产经营单位负责人、管理人员、实际控制人、投资人，以及其他对安全生产设施或者安全生产条件负有管理、维护职责的人员。

第四条 刑法第一百三十九条之一规定的“负有报告职责的人员”，是指负有组织、指挥或者管理职责的负责人、管理人员、实际控制人、投资人，以及其他负有报告职责的人员。

第五条 明知存在事故隐患、继续作业存在危险，仍然违反有关安全管理的规定，实施下列行为之一的，应当认定为刑法第一百三十四条第二款规定的“强令他人违章冒险作业”：

（一）利用组织、指挥、管理职权，强制他人违章作业的；

（二）采取威逼、胁迫、恐吓等手段，强制他人违章作业的；

（三）故意掩盖事故隐患，组织他人违章作业的；

（四）其他强令他人违章作业的行为。

第六条 实施刑法第一百三十二条、第一百三十四条第一款、第一百三十五条、第一百三十五条之一、第一百三十六条、第一百三十九条规定的行为，因而发生安全事故，具有下列情形之一的，应当认定为“造成严重后果”或者“发生重大伤亡事故或者造成其他严重后果”，对相关责任人员，处三年以下有期徒刑或者拘役：

（一）造成死亡一人以上，或者重伤三人以上的；

（二）造成直接经济损失一百万元以上的；

（三）其他造成严重后果或者重大安全事故的情形。

实施刑法第一百三十四条第二款规定的行为，因而发生安全事故，具有本条第一款规定情形的，应当认定为“发生重大伤亡事故或者造成其他严重后果”，对相关责任人员，处五年以下有期徒刑或者拘役。

实施刑法第一百三十七条规定的行为，因而发生安全事故，具有本条第一款规定情形的，应当认定为“造成重大安全事故”，对直接责任人员，处五年以下有期徒刑或者拘役，并处罚金。

实施刑法第一百三十八条规定的行为，因而发生安全事故，具有本条第一款第一项规定情形的，应当认定为“发生重大伤亡事故”，对直接责任人员，处三年以下有期徒刑或者拘役。

第七条 实施刑法第一百三十二条、第一百三十四条第一款、第一百三十五条、第一百三十五条之一、第一百三十六条、第一百三十九条规定的行为，因而发生安全事故，具有下列情形之一的，对相关责任人员，处三年以上七年以下有期徒刑：

（一）造成死亡三人以上或者重伤十人以上，负事故主要责任的；

（二）造成直接经济损失五百万元以上，负事故主要责任的；

（三）其他造成特别严重后果、情节特别恶劣或者后果特别严重的情形。

实施刑法第一百三十四条第二款规定的行为，因而发生安全事故，具有本条第一款规定情形的，对相关责任人员，处五年以上有期徒刑。

实施刑法第一百三十七条规定的行为，因而发生安全事故，具有本条第一款规定情形的，对直接责任人员，处五年以上十年以下有期徒刑，并处罚金。

实施刑法第一百三十八条规定的行为，因而发生安全事故，具有下列情形之一的，对直接责任人员，处三年以上七年以下有期徒刑：

（一）造成死亡三人以上或者重伤十人以上，负事故主要责任的；

（二）具有本解释第六条第一款第一项规定情形，同时造成直接经济损失五百万元以上并负事故主要责任的，或者同时造成恶劣社会影响的。

第八条 在安全事故发生后，负有报告职责的人员不报或者谎报事故情况，贻误事故抢救，具有下列情形之一的，应当认定为刑法第一百三十九条之一规定的“情节严重”：

（一）导致事故后果扩大，增加死亡一人以上，或者增加重伤三人以上，或者增加直接经济损失一百万元以上的；

（二）实施下列行为之一，致使不能及时有效开展事故抢救的：

1. 决定不报、迟报、谎报事故情况或者指使、串通有关人员不报、迟报、谎报事故情况的；

2. 在事故抢救期间擅离职守或者逃匿的；

3. 伪造、破坏事故现场，或者转移、藏匿、毁灭遇难人员尸体，或者转移、藏匿受伤人员的；

4. 毁灭、伪造、隐匿与事故有关的图纸、记录、计算机数据等资料以及其他证据的；

（三）其他情节严重的情形。

具有下列情形之一的，应当认定为刑法第一百三十九条之一规定的“情节特别严重”：

（一）导致事故后果扩大，增加死亡三人以上，或者增加重伤十人以上，或者增加直接经济损失五百万元以上的；

（二）采用暴力、胁迫、命令等方式阻止他人报告事故情况，导致事故后果扩大的；

（三）其他情节特别严重的情形。

第九条 在安全事故发生后，与负有报告职责的人员串通，不报或者谎报事故情况，贻误事故抢救，情节严重的，依照刑法第一百三十九条之一的规定，以共犯论处。

第十条 在安全事故发生后，直接负责的主管人员和其他直接责任人员故意阻挠开展抢救，导致人员死亡或者重伤，或者为了逃避法律追究，对被害人进行隐藏、遗弃，致使被害人因无法得到救助而死亡或者重度残疾的，分别依照刑法第二百三十二条、第二百三十四条的规定，以故意杀人罪或者故意伤害罪定罪处罚。

第十一条 生产不符合保障人身、财产安全的国家标准、行业标准的安全设备，或者明知安全设备不符合保障人身、财产安全的国家标准、行业标准而进行销售，致使发生安全事故，造成严重后果的，依照刑法第一百四十六条的规定，以生产、销售不符合安全标准的产品罪定罪处罚。

第十二条 实施刑法第一百三十二条、第一百三十四条至第一百三十九条之一规定的犯罪行为，具有下列情形之一的，从重处罚：

（一）未依法取得安全许可证件或者安全许可证件过期、被暂扣、吊销、注销后从事生产经营活动的；

（二）关闭、破坏必要的安全监控和报警设备的；

（三）已经发现事故隐患，经有关部门或者个人提出后，仍不采取措施的；

（四）一年内曾因危害生产安全违法犯罪活动受过行政处罚或者刑事处罚的；

（五）采取弄虚作假、行贿等手段，故意逃避、阻挠负有安全监督管理职责的部门实施监督检查的；

（六）安全事故发生后转移财产意图逃避承担责任的；

（七）其他从重处罚的情形。

实施前款第五项规定的行为，同时构成刑法第三百八十九条规定的犯罪的，依照数罪并罚的规定处罚。

第十三条 实施刑法第一百三十二条、第一百三十四条至第一百三十九条之一规定的犯罪行为，在安全事故发生后积极组织、参与事故抢救，或者积极配合调查、主动赔偿损失的，可以酌情从轻处罚。

第十四条 国家工作人员违反规定投资入股生产经营，构成本解释规定的有关犯罪的，或者国家工作人员的贪污、受贿犯罪行为与安全事故发生存在关联性的，从重处罚；同时构成贪污、受贿犯罪和危害生产安全犯罪的，依照数罪并罚的规定处罚。

第十五条 国家机关工作人员在履行安全监督管理职责时滥用职权、玩忽职守，致使公共财产、国家和人民利益遭受重大损失的，或者徇私舞弊，对发现的刑事案件依法应当移交司法机关追究刑事责任而不移交，情节严重的，分别依照刑法第三百九十七条、第四百零二条的规定，以滥用职权罪、玩忽职守罪或者徇私舞弊不移交刑事案件罪定罪处罚。

公司、企业、事业单位的工作人员在依法或者受委托行使安全监督管理职责时滥用职权或者玩忽职守，构成犯罪的，应当依照《全国人民代表大会常务委员会关于〈中华人民共和国刑法〉第九章渎职罪主体适用问题的解释》的规定，适用渎职罪的规定追究刑事责任。

第十六条 对于实施危害生产安全犯罪适用缓刑的犯罪分子，可以根据犯罪情况，禁止其在缓刑考验期限内从事与安全生产相关联的特定活动；对于被判处刑罚的犯罪分子，可以根据犯罪情况和预防再犯罪的需要，禁止其自刑罚执行完毕之日或者假释之日起三年至五年内从事与安全生产相关的职业。

第十七条 本解释自2015年12月16日起施行。本解释施行后，《最高人民法院、最高人民检察院关于办理危害矿山生产安全刑事案件具体应用法律若干问题的解释》（法释〔2007〕5号）同时废止。最高人民法院、最高人民检察院此前发布的司法解释和规范性文件与本解释不一致的，以本解释为准。

7. 最高人民法院、最高人民检察院关于办理非法采矿、破坏性采矿刑事案件适用法律若干问题的解释

法释〔2016〕25号

（2016年9月26日最高人民法院审判委员会第1694次会议、2016年11月4日由最高人民检察院第十二届检察委员会第57次会议通过）

为依法惩处非法采矿、破坏性采矿犯罪活动，根据《中华人民共和国刑法》《中华人民共和国刑事诉讼法》的有关规定，现就办理此类刑事案件适用法律的若干问题解释如下：

第一条 违反《中华人民共和国矿产资源法》《中华人民共和国水法》等法律、行政法规有关矿产资源开发、利用、保护和管理的规定的，应当认定为刑法第三百四十三条规定的“违反矿产资源法的规定”。

第二条 具有下列情形之一的，应当认定为刑法第三百四十三条第一款规定的“未取得采矿许可证”：

（一）无许可证的；

（二）许可证被注销、吊销、撤销的；

（三）超越许可证规定的矿区范围或者开采范围的；

（四）超出许可证规定的矿种的（共生、伴生矿种除外）；

（五）其他未取得许可证的情形。

第三条 实施非法采矿行为，具有下列情形之一的，应当认定为刑法第三百四十三条第一款规定的“情节严重”：

（一）开采的矿产品价值或者造成矿产资源破坏的价值在十万元至三十万元以上的；

（二）在国家规划矿区、对国民经济具有重要价值的矿区采矿，开采国家规定实行保护性开采的特定矿种，或者在禁采区、禁采期内采矿，开采的矿产品价值或者造成矿产资源破坏的价值在五万元至十五万元以上的；

（三）二年内曾因非法采矿受过两次以上行政处罚，又实施非法采矿行为的；

（四）造成生态环境严重损害的；

（五）其他情节严重的情形。

实施非法采矿行为，具有下列情形之一的，应当认定为刑法第三百四十三条第一款规定的“情节特别严重”：

（一）数额达到前款第一项、第二项规定标准五倍以上的；

（二）造成生态环境特别严重损害的；

（三）其他情节特别严重的情形。

第四条 在河道管理范围内采砂，具有下列情形之一，符合刑法第三百四十三条第一款和本解释第二条、第三条规定的，以非法采矿罪定罪处罚：

（一）依据相关规定应当办理河道采砂许可证，未取得河道采砂许可证的；

（二）依据相关规定应当办理河道采砂许可证和采矿许可证，既未取得河道采砂许可证，又未取得采矿许可证的。

实施前款规定行为，虽不具有本解释第三条第一款规定的情形，但严重影响河势稳定，危害防洪安全的，应当认定为刑法第三百四十三条第一款规定的“情节严重”。

第五条 未取得海砂开采海域使用权证，且未取得采矿许可证，采挖海砂，符合刑法第三百四十三条第一款和本解释第二条、第三条规定的，以非法采矿罪定罪处罚。

实施前款规定行为，虽不具有本解释第三条第一款规定的情形，但造成海岸线严重破坏的，应当认定为刑法第三百四十三条第一款规定的“情节严重”。

第六条 造成矿产资源破坏的价值在五十万元至一百万元以上，或者造成国家规划矿区、对国民经济具有重要价值的矿区和国家规定实行保护性开采的特定矿种资源破坏的价值在二十五万元至五十万元以上的，应当认定为刑法第三百四十三条第二款规定的“造成矿产资源严重破坏”。

第七条 明知是犯罪所得的矿产品及其产生的收益，而予以窝藏、转移、收购、代为销售或者以其他方法掩饰、隐瞒的，依照刑法第三百一十二条的规定，以掩饰、隐瞒犯罪所得、犯罪所得收益罪定罪处罚。

实施前款规定的犯罪行为，事前通谋的，以共同犯罪论处。

第八条 多次非法采矿、破坏性采矿构成犯罪，依法应当追诉的，或者二年内多次非法采矿、破坏性采矿未经处理的，价值数额累计计算。

第九条 单位犯刑法第三百四十三条规定之罪的，依照本解释规定的相应自然人犯罪的定罪量刑标准，对直接负责的主管人员和其他直接责任人员定罪处罚，并对单位判处罚金。

第十条 实施非法采矿犯罪，不属于“情节特别严重”，或者实施破坏性采矿犯罪，行为人系初犯，全部退赃退赔，积极修复环境，并确有悔改表现的，可以认定为犯罪情节轻微，不起诉或者免予刑事处罚。

第十一条 对受雇佣为非法采矿、破坏性采矿犯罪提供劳务的人员，除参与利润分成或者领取高额固定工资的以外，一般不以犯罪论处，但曾因非法采矿、破坏性采矿受过处罚的除外。

第十二条 对非法采矿、破坏性采矿犯罪的违法所得及其收益，应当依法追缴或者责令退赔。

对用于非法采矿、破坏性采矿犯罪的专门工具和供犯罪所用的本人财物，应当依法没收。

第十三条 非法开采的矿产品价值，根据销赃数额认定；无销赃数额，销赃数额难以查证，或者根据销赃数额认定明显不合理的，根据矿产品价格和数量认定。

矿产品价值难以确定的，依据下列机构出具的报告，结合其他证据作出认定：

（一）价格认证机构出具的报告；

（二）省级以上人民政府国土资源、水行政、海洋等主管部门出具的报告；

（三）国务院水行政主管部门在国家确定的重要江河、湖泊设立的流域管理机构出具的报告。

第十四条 对案件所涉的有关专门性问题难以确定的，依据下列机构出具的鉴定意见或者报告，结合其他证据作出认定：

（一）司法鉴定机构就生态环境损害出具的鉴定意见；

（二）省级以上人民政府国土资源主管部门就造成矿产资源破坏的价值、是否属于破坏性开采方法出具的报告；

（三）省级以上人民政府水行政主管部门或者国务院水行政主管部门在国家确定的重要江河、湖泊设立的流域管理机构就是否危害防洪安全出具的报告；

（四）省级以上人民政府海洋主管部门就是否造成海岸线严重破坏出具的报告。

第十五条 各省、自治区、直辖市高级人民法院、人民检察院，可以根据本地区实际情况，在本解释第三条、第六条规定的数额幅度内，确定本地区执行的具体数额标准，报最高人民法院、最高人民检察院备案。

第十六条 本解释自2016年12月1日起施行。本解释施行后，《最高人民法院关于审理非法采矿、破坏性采矿刑事案件具体应用法律若干问题的解释》（法释〔2003〕9号）同时废止。

8. 最高人民法院关于适用《中华人民共和国行政诉讼法》的解释

法释〔2018〕1号

（2017年11月13日最高人民法院审判委员会第1726次会议通过）

为正确适用《中华人民共和国行政诉讼法》（以下简称行政诉讼法），结合人民法院行政审判工作实际，制定本解释。

一、受案范围

第一条 公民、法人或者其他组织对行政机关及其工作人员的行政行为不服，依法提起诉讼的，属于人民法院行政诉讼的受案范围。

下列行为不属于人民法院行政诉讼的受案范围：

（一）公安、国家安全等机关依照刑事诉讼法的明确授权实施的行为；

（二）调解行为以及法律规定的仲裁行为；

（三）行政指导行为；

（四）驳回当事人对行政行为提起申诉的重复处理行为；

（五）行政机关作出的不产生外部法律效力的行为；

（六）行政机关为作出行政行为而实施的准备、论证、研究、层报、咨询等过程性行为；

（七）行政机关根据人民法院的生效裁判、协助执行通知书作出的执行行为，但行政机关扩大执行范围或者采取违法方式实施的除外；

（八）上级行政机关基于内部层级监督关系对下级行政机关作出的听取报告、执法检查、督促履责等行为；

（九）行政机关针对信访事项作出的登记、受理、交办、转送、复查、复核意见等行为；

（十）对公民、法人或者其他组织权利义务不产生实际影响的行为。

第二条 行政诉讼法第十三条第一项规定的“国家行为”，是指国务院、中央军事委员会、国防部、外交部等根据宪法和法律的授权，以国家的名义实施的有关国防和外交事务的行为，以及经宪法和法律授权的国家机关宣布紧急状态等行为。

行政诉讼法第十三条第二项规定的“具有普遍约束力的决定、命令”，是指行政机关针对不特定对象发布的能反复适用的规范性文件。

行政诉讼法第十三条第三项规定的“对行政机关工作人员的奖惩、任免等决定”，是指行政机关作出的涉及行政机关工作人员公务员权利义务的决定。

行政诉讼法第十三条第四项规定的“法律规定由行政机关最终裁决的行政行为”中的“法律”，是指全国人民代表大会及其常务委员会制定、通过的规范性文件。

二、管辖

第三条 各级人民法院行政审判庭审理行政案件和审查行政机关申请执行其行政行为的案件。

专门人民法院、人民法庭不审理行政案件，也不审查和执行行政机关申请执行其行政行为的案件。铁路运输法院等专门人民法院审理行政案件，应当执行行政诉讼法第十八条第二款的规定。

第四条 立案后，受诉人民法院的管辖权不受当事人住所地改变、追加被告等事实和法律状态变更的影响。

第五条 有下列情形之一的，属于行政诉讼法第十五条第三项规定的“本辖区内重大、复杂的案件”：

（一）社会影响重大的共同诉讼案件；

（二）涉外或者涉及香港特别行政区、澳门特别行政区、台湾地区的案件；

（三）其他重大、复杂案件。

第六条 当事人以案件重大复杂为由，认为有管辖权的基层人民法院不宜行使管辖权或者根据行政诉讼法第五十二条的规定，向中级人民法院起诉，中级人民法院应当根据不同情况在七日内分别作出以下处理：

（一）决定自行审理；

（二）指定本辖区其他基层人民法院管辖；

（三）书面告知当事人向有管辖权的基层人民法院起诉。

第七条 基层人民法院对其管辖的第一审行政案件，认为需要由中级人民法院审理或者指定管辖的，可以报请中级人民法院决定。中级人民法院应当根据不同情况在七日内分别作出以下处理：

（一）决定自行审理；

（二）指定本辖区其他基层人民法院管辖；

（三）决定由报请的人民法院审理。

第八条 行政诉讼法第十九条规定的“原告所在地”，包括原告的户籍所在地、经常居住地和被限制人身自由地。

对行政机关基于同一事实，既采取限制公民人身自由的行政强制措施，又采取其他行政强制措施或者行政处罚不服的，由被告所在地或者原告所在地的人民法院管辖。

第九条 行政诉讼法第二十条规定的“因不动产提起的行政诉讼”是指因行政行为导致不动产物权变动而提起的诉讼。

不动产已登记的，以不动产登记簿记载的所在地为不动产所在地；不动产未登记的，以不动产实际所在地为不动产所在地。

第十条 人民法院受理案件后，被告提出管辖异议的，应当在收到起诉状副本之日起十五日内提出。

对当事人提出的管辖异议，人民法院应当进行审查。异议成立的，裁定将案件移送有管辖权的人民法院；异议不成立的，裁定驳回。

人民法院对管辖异议审查后确定有管辖权的，不因当事人增加或者变更诉讼请求等改变管辖，但违反级别管辖、专属管辖规定的除外。

第十一条 有下列情形之一的，人民法院不予审查：

（一）人民法院发回重审或者按第一审程序再审的案件，当事人提出管辖异议的；

（二）当事人在第一审程序中未按照法律规定的期限和形式提出管辖异议，在第二审程序中提出的。

三、诉讼参加人

第十二条 有下列情形之一的，属于行政诉讼法第二十五条第一款规定的“与行政行为有利害关系”：

（一）被诉的行政行为涉及其相邻权或者公平竞争权的；

（二）在行政复议等行政程序中被追加为第三人的；

（三）要求行政机关依法追究加害人法律责任的；

（四）撤销或者变更行政行为涉及其合法权益的；

（五）为维护自身合法权益向行政机关投诉，具有处理投诉职责的行政机关作出或者未作出处理的；

（六）其他与行政行为有利害关系的情形。

第十三条　债权人以行政机关对债务人所作的行政行为损害债权实现为由提起行政诉讼的，人民法院应当告知其就民事争议提起民事诉讼，但行政机关作出行政行为时依法应予保护或者应予考虑的除外。

第十四条　行政诉讼法第二十五条第二款规定的“近亲属”，包括配偶、父母、子女、兄弟姐妹、祖父母、外祖父母、孙子女、外孙子女和其他具有扶养、赡养关系的亲属。

公民因被限制人身自由而不能提起诉讼的，其近亲属可以依其口头或者书面委托以该公民的名义提起诉讼。近亲属起诉时无法与被限制人身自由的公民取得联系，近亲属可以先行起诉，并在诉讼中补充提交委托证明。

第十五条　合伙企业向人民法院提起诉讼的，应当以核准登记的字号为原告。未依法登记领取营业执照的个人合伙的全体合伙人为共同原告；全体合伙人可以推选代表人，被推选的代表人，应当由全体合伙人出具推选书。

个体工商户向人民法院提起诉讼的，以营业执照上登记的经营者为原告。有字号的，以营业执照上登记的字号为原告，并应当注明该字号经营者的基本信息。

第十六条　股份制企业的股东大会、股东会、董事会等认为行政机关作出的行政行为侵犯企业经营自主权的，可以企业名义提起诉讼。

联营企业、中外合资或者合作企业的联营、合资、合作各方，认为联营、合资、合作企业权益或者自己一方合法权益受行政行为侵害的，可以自己的名义提起诉讼。

非国有企业被行政机关注销、撤销、合并、强令兼并、出售、分立或者改变企业隶属关系的，该企业或者其法定代表人可以提起诉讼。

第十七条　事业单位、社会团体、基金会、社会服务机构等非营利法人的出资人、设立人认为行政行为损害法人合法权益的，可以自己的名义提起诉讼。

第十八条　业主委员会对于行政机关作出的涉及业主共有利益的行政行为，可以自己的名义提起诉讼。

业主委员会不起诉的，专有部分占建筑物总面积过半数或者占总户数过半数的业主可以提起诉讼。

第十九条　当事人不服经上级行政机关批准的行政行为，向人民法院提起诉讼的，以在对外发生法律效力的文书上署名的机关为被告。

第二十条　行政机关组建并赋予行政管理职能但不具有独立承担法律责任能力的机构，以自己的名义作出行政行为，当事人不服提起诉讼的，应当以组建该机构的行政机关为被告。

法律、法规或者规章授权行使行政职权的行政机关内设机构、派出机构或者其他组织，超出法定授权范围实施行政行为，当事人不服提起诉讼的，应当以实施该行为的机构或者组织为被告。

没有法律、法规或者规章规定，行政机关授权其内设机构、派出机构或者其他组织行使行政职权的，属于行政诉讼法第二十六条规定的委托。当事人不服提起诉讼的，应当以该行政机关为被告。

第二十一条　当事人对由国务院、省级人民政府批准设立的开发区管理机构作出的行政行为不服提起诉讼的，以该开发区管理机构为被告；对由国务院、省级人民政府批准设立的开发区管理机构所属职能部门作出的行政行为不服提起诉讼的，以其职能部门为被告；对其他开发区管理机构所属职能部门作出的行政行为不服提起诉讼的，以开发区管理机构为被告；开发区管理机构没有行政主体资格的，以设立该机构的地方人民政府为被告。

第二十二条 行政诉讼法第二十六条第二款规定的“复议机关改变原行政行为”，是指复议机关改变原行政行为的处理结果。复议机关改变原行政行为所认定的主要事实和证据、改变原行政行为所适用的规范依据，但未改变原行政行为处理结果的，视为复议机关维持原行政行为。

复议机关确认原行政行为无效，属于改变原行政行为。

复议机关确认原行政行为违法，属于改变原行政行为，但复议机关以违反法定程序为由确认原行政行为违法的除外。

第二十三条 行政机关被撤销或者职权变更，没有继续行使其职权的行政机关的，以其所属的人民政府为被告；实行垂直领导的，以垂直领导的上一级行政机关为被告。

第二十四条 当事人对村民委员会或者居民委员会依据法律、法规、规章的授权履行行政管理职责的行为不服提起诉讼的，以村民委员会或者居民委员会为被告。

当事人对村民委员会、居民委员会受行政机关委托作出的行为不服提起诉讼的，以委托的行政机关为被告。

当事人对高等学校等事业单位以及律师协会、注册会计师协会等行业协会依据法律、法规、规章的授权实施的行政行为不服提起诉讼的，以该事业单位、行业协会为被告。

当事人对高等学校等事业单位以及律师协会、注册会计师协会等行业协会受行政机关委托作出的行为不服提起诉讼的，以委托的行政机关为被告。

第二十五条 市、县级人民政府确定的房屋征收部门组织实施房屋征收与补偿工作过程中作出行政行为，被征收人不服提起诉讼的，以房屋征收部门为被告。

征收实施单位受房屋征收部门委托，在委托范围内从事的行为，被征收人不服提起诉讼的，应当以房屋征收部门为被告。

第二十六条 原告所起诉的被告不适格，人民法院应当告知原告变更被告；原告不同意变更的，裁定驳回起诉。

应当追加被告而原告不同意追加的，人民法院应当通知其以第三人的身份参加诉讼，但行政复议机关作共同被告的除外。

第二十七条 必须共同进行诉讼的当事人没有参加诉讼的，人民法院应当依法通知其参加；当事人也可以向人民法院申请参加。

人民法院应当对当事人提出的申请进行审查，申请理由不成立的，裁定驳回；申请理由成立的，书面通知其参加诉讼。

前款所称的必须共同进行诉讼，是指按照行政诉讼法第二十七条的规定，当事人一方或者双方为两人以上，因同一行政行为发生行政争议，人民法院必须合并审理的诉讼。

第二十八条 人民法院追加共同诉讼的当事人时，应当通知其他当事人。应当追加的原告，已明确表示放弃实体权利的，可不予追加；既不愿意参加诉讼，又不放弃实体权利的，应追加为第三人，其不参加诉讼，不能阻碍人民法院对案件的审理和裁判。

第二十九条 行政诉讼法第二十八条规定的“人数众多”，一般指十人以上。

根据行政诉讼法第二十八条的规定，当事人一方人数众多的，由当事人推选代表人。当事人推选不出的，可以由人民法院在起诉的当事人中指定代表人。

行政诉讼法第二十八条规定的代表人为二至五人。代表人可以委托一至二人作为诉讼代理人。

第三十条 行政机关的同一行政行为涉及两个以上利害关系人，其中一部分利害关系人对行政行为不服提起诉讼，人民法院应当通知没有起诉的其他利害关系人作为第三人参加诉讼。

与行政案件处理结果有利害关系的第三人，可以申请参加诉讼，或者由人民法院通知其参加诉讼。人民法院判决其承担义务或者减损其权益的第三人，有权提出上诉或者申请再审。

行政诉讼法第二十九条规定的第三人，因不能归责于本人的事由未参加诉讼，但有证据证明发生法律效力的判决、裁定、调解书损害其合法权益的，可以依照行政诉讼法第九十条的规定，自知道或者应当知道其合法权益受到损害之日起六个月内，向上一级人民法院申请再审。

第三十一条 当事人委托诉讼代理人，应当向人民法院提交由委托人签名或者盖章的授权委托书。委托书应当载明委托事项和具体权限。公民在特殊情况下无法书面委托的，也可以由他人代书，并由自己捺印等方式确认，人民法院应当核实并记录在卷；被诉行政机关或者其他有义务协助的机关拒绝人民法院向被限制人身自由的公民核实的，视为委托成立。当事人解除或者变更委托的，应当书面报告人民法院。

第三十二条 依照行政诉讼法第三十一条第二款第二项规定，与当事人有合法劳动人事关系的职工，可以当事人工作人员的名义作为诉讼代理人。以当事人的工作人员身份参加诉讼活动，应当提交以下证据之一加以证明：

（一）缴纳社会保险记录凭证；

（二）领取工资凭证；

（三）其他能够证明其为当事人工作人员身份的证据。

第三十三条 根据行政诉讼法第三十一条第二款第三项规定，有关社会团体推荐公民担任诉讼代理人的，应当符合下列条件：

（一）社会团体属于依法登记设立或者依法免予登记设立的非营利性法人组织；

（二）被代理人属于该社会团体的成员，或者当事人一方住所地位于该社会团体的活动地域；

（三）代理事务属于该社会团体章程载明的业务范围；

（四）被推荐的公民是该社会团体的负责人或者与该社会团体有合法劳动人事关系的工作人员。

专利代理人经中华全国专利代理人协会推荐，可以在专利行政案件中担任诉讼代理人。

四、证据

第三十四条 根据行政诉讼法第三十六条第一款的规定，被告申请延期提供证据的，应当在收到起诉状副本之日起十五日内以书面方式向人民法院提出。人民法院准许延期提供的，被告应当在正当事由消除后十五日内提供证据。逾期提供的，视为被诉行政行为没有相应的证据。

第三十五条 原告或者第三人应当在开庭审理前或者人民法院指定的交换证据清单之日提供证据。因正当事由申请延期提供证据的，经人民法院准许，可以在法庭调查中提供。逾期提供证据的，人民法院应当责令其说明理由；拒不说明理由或者理由不成立的，视为放弃举证权利。

原告或者第三人在第一审程序中无正当事由未提供而在第二审程序中提供的证据，人民法院不予接纳。

第三十六条 当事人申请延长举证期限，应当在举证期限届满前向人民法院提出书面申请。

申请理由成立的，人民法院应当准许，适当延长举证期限，并通知其他当事人。申请理由不成立的，人民法院不予准许，并通知申请人。

第三十七条 根据行政诉讼法第三十九条的规定，对当事人无争议，但涉及国家利益、公共利益或者他人合法权益的事实，人民法院可以责令当事人提供或者补充有关证据。

第三十八条 对于案情比较复杂或者证据数量较多的案件，人民法院可以组织当事人在开庭前向对方出示或者交换证据，并将交换证据清单的情况记录在卷。

当事人在庭前证据交换过程中没有争议并记录在卷的证据，经审判人员在庭审中说明后，可以作为认定案件事实的依据。

第三十九条　当事人申请调查收集证据，但该证据与待证事实无关联、对证明待证事实无意义或者其他无调查收集必要的，人民法院不予准许。

第四十条　人民法院在证人出庭作证前应当告知其如实作证的义务以及作伪证的法律后果。

证人因履行出庭作证义务而支出的交通、住宿、就餐等必要费用以及误工损失，由败诉一方当事人承担。

第四十一条　有下列情形之一，原告或者第三人要求相关行政执法人员出庭说明的，人民法院可以准许：

（一）对现场笔录的合法性或者真实性有异议的；

（二）对扣押财产的品种或者数量有异议的；

（三）对检验的物品取样或者保管有异议的；

（四）对行政执法人员身份的合法性有异议的；

（五）需要出庭说明的其他情形。

第四十二条　能够反映案件真实情况、与待证事实相关联、来源和形式符合法律规定的证据，应当作为认定案件事实的根据。

第四十三条　有下列情形之一的，属于行政诉讼法第四十三条第三款规定的“以非法手段取得的证据”：

（一）严重违反法定程序收集的证据材料；

（二）以违反法律强制性规定的手段获取且侵害他人合法权益的证据材料；

（三）以利诱、欺诈、胁迫、暴力等手段获取的证据材料。

第四十四条　人民法院认为有必要的，可以要求当事人本人或者行政机关执法人员到庭，就案件有关事实接受询问。在询问之前，可以要求其签署保证书。

保证书应当载明据实陈述、如有虚假陈述愿意接受处罚等内容。当事人或者行政机关执法人员应当在保证书上签名或者捺印。

负有举证责任的当事人拒绝到庭、拒绝接受询问或者拒绝签署保证书，待证事实又欠缺其他证据加以佐证的，人民法院对其主张的事实不予认定。

第四十五条　被告有证据证明其在行政程序中依照法定程序要求原告或者第三人提供证据，原告或者第三人依法应当提供而没有提供，在诉讼程序中提供的证据，人民法院一般不予采纳。

第四十六条　原告或者第三人确有证据证明被告持有的证据对原告或者第三人有利的，可以在开庭审理前书面申请人民法院责令行政机关提交。

申请理由成立的，人民法院应当责令行政机关提交，因提交证据所产生的费用，由申请人预付。行政机关无正当理由拒不提交的，人民法院可以推定原告或者第三人基于该证据主张的事实成立。

持有证据的当事人以妨碍对方当事人使用为目的，毁灭有关证据或者实施其他致使证据不能使用行为的，人民法院可以推定对方当事人基于该证据主张的事实成立，并可依照行政诉讼法第五十九条规定处理。

第四十七条　根据行政诉讼法第三十八条第二款的规定，在行政赔偿、补偿案件中，因被告的原因导致原告无法就损害情况举证的，应当由被告就该损害情况承担举证责任。

对于各方主张损失的价值无法认定的，应当由负有举证责任的一方当事人申请鉴定，但法律、法规、规章规定行政机关在作出行政行为时依法应当评估或者鉴定的除外；负有举证责任的当事人拒绝申请鉴定的，由其承担不利的法律后果。

当事人的损失因客观原因无法鉴定的，人民法院应当结合当事人的主张和在案证据，遵循法官职业道德，运用逻辑推理和生活经验、生活常识等，酌情确定赔偿数额。

五、期间、送达

第四十八条 期间包括法定期间和人民法院指定的期间。

期间以时、日、月、年计算。期间开始的时和日，不计算在期间内。

期间届满的最后一日是节假日的，以节假日后的第一日为期间届满的日期。

期间不包括在途时间，诉讼文书在期满前交邮的，视为在期限内发送。

第四十九条 行政诉讼法第五十一条第二款规定的立案期限，因起诉状内容欠缺或者有其他错误通知原告限期补正的，从补正后递交人民法院的次日起算。由上级人民法院转交下级人民法院立案的案件，从受诉人民法院收到起诉状的次日起算。

第五十条 行政诉讼法第八十一条、第八十三条、第八十八条规定的审理期限，是指从立案之日起至裁判宣告、调解书送达之日止的期间，但公告期间、鉴定期间、调解期间、中止诉讼期间、审理当事人提出的管辖异议以及处理人民法院之间的管辖争议期间不应计算在内。

再审案件按照第一审程序或者第二审程序审理的，适用行政诉讼法第八十一条、第八十八条规定的审理期限。审理期限自再审立案的次日起算。

基层人民法院申请延长审理期限，应当直接报请高级人民法院批准，同时报中级人民法院备案。

第五十一条 人民法院可以要求当事人签署送达地址确认书，当事人确认的送达地址为人民法院法律文书的送达地址。

当事人同意电子送达的，应当提供并确认传真号、电子信箱等电子送达地址。

当事人送达地址发生变更的，应当及时书面告知受理案件的人民法院；未及时告知的，人民法院按原地址送达，视为依法送达。

人民法院可以通过国家邮政机构以法院专递方式进行送达。

第五十二条 人民法院可以在当事人住所地以外向当事人直接送达诉讼文书。当事人拒绝签署送达回证的，采用拍照、录像等方式记录送达过程即视为送达。审判人员、书记员应当在送达回证上注明送达情况并签名。

六、起诉与受理

第五十三条 人民法院对符合起诉条件的案件应当立案，依法保障当事人行使诉讼权利。

对当事人依法提起的诉讼，人民法院应当根据行政诉讼法第五十一条的规定接收起诉状。能够判断符合起诉条件的，应当当场登记立案；当场不能判断是否符合起诉条件的，应当在接收起诉状后七日内决定是否立案；七日内仍不能作出判断的，应当先予立案。

第五十四条 依照行政诉讼法第四十九条的规定，公民、法人或者其他组织提起诉讼时应当提交以下起诉材料：

（一）原告的身份证明材料以及有效联系方式；

（二）被诉行政行为或者不作为存在的材料；

（三）原告与被诉行政行为具有利害关系的材料；

（四）人民法院认为需要提交的其他材料。

由法定代理人或者委托代理人代为起诉的，还应当在起诉状中写明或者在口头起诉时向人民法院说明法定代理人或者委托代理人的基本情况，并提交法定代理人或者委托代理人的身份证明和代理权限证明等材料。

第五十五条 依照行政诉讼法第五十一条的规定，人民法院应当就起诉状内容和材料是否完备以及是否符合行政诉讼法规定的起诉条件进行审查。

起诉状内容或者材料欠缺的，人民法院应当给予指导和释明，并一次性全面告知当事人需要补正的内容、补充的材料及期限。在指定期限内补正并符合起诉条件的，应当登记立案。当事人拒绝补正或者经补正仍不符合起诉条件的，退回诉状并记录在册；坚持起诉的，裁定不予立案，并载明不予立案的理由。

第五十六条 法律、法规规定应当先申请复议，公民、法人或者其他组织未申请复议直接提起诉讼的，人民法院裁定不予立案。

依照行政诉讼法第四十五条的规定，复议机关不受理复议申请或者在法定期限内不作出复议决定，公民、法人或者其他组织不服，依法向人民法院提起诉讼的，人民法院应当依法立案。

第五十七条 法律、法规未规定行政复议为提起行政诉讼必经程序，公民、法人或者其他组织既提起诉讼又申请行政复议的，由先立案的机关管辖；同时立案的，由公民、法人或者其他组织选择。公民、法人或者其他组织已经申请行政复议，在法定复议期间内又向人民法院提起诉讼的，人民法院裁定不予立案。

第五十八条 法律、法规未规定行政复议为提起行政诉讼必经程序，公民、法人或者其他组织向复议机关申请行政复议后，又经复议机关同意撤回复议申请，在法定起诉期限内对原行政行为提起诉讼的，人民法院应当依法立案。

第五十九条 公民、法人或者其他组织向复议机关申请行政复议后，复议机关作出维持决定的，应当以复议机关和原行为机关为共同被告，并以复议决定送达时间确定起诉期限。

第六十条 人民法院裁定准许原告撤诉后，原告以同一事实和理由重新起诉的，人民法院不予立案。

准予撤诉的裁定确有错误，原告申请再审的，人民法院应当通过审判监督程序撤销原准予撤诉的裁定，重新对案件进行审理。

第六十一条 原告或者上诉人未按规定的期限预交案件受理费，又不提出缓交、减交、免交申请，或者提出申请未获批准的，按自动撤诉处理。在按撤诉处理后，原告或者上诉人在法定期限内再次起诉或者上诉，并依法解决诉讼费预交问题的，人民法院应予立案。

第六十二条 人民法院判决撤销行政机关的行政行为后，公民、法人或者其他组织对行政机关重新作出的行政行为不服向人民法院起诉的，人民法院应当依法立案。

第六十三条 行政机关作出行政行为时，没有制作或者没有送达法律文书，公民、法人或者其他组织只要能证明行政行为存在，并在法定期限内起诉的，人民法院应当依法立案。

第六十四条 行政机关作出行政行为时，未告知公民、法人或者其他组织起诉期限的，起诉期限从公民、法人或者其他组织知道或者应当知道起诉期限之日起计算，但从知道或者应当知道行政行为内容之日起最长不得超过一年。

复议决定未告知公民、法人或者其他组织起诉期限的，适用前款规定。

第六十五条 公民、法人或者其他组织不知道行政机关作出的行政行为内容的，其起诉期限从知道或者应当知道该行政行为内容之日起计算，但最长不得超过行政诉讼法第四十六条第二款规定的起诉期限。

第六十六条 公民、法人或者其他组织依照行政诉讼法第四十七条第一款的规定，对行政机关不履行法定职责提起诉讼的，应当在行政机关履行法定职责期限届满之日起六个月内提出。

第六十七条 原告提供被告的名称等信息足以使被告与其他行政机关相区别的，可以认定为行政诉讼法第四十九条第二项规定的“有明确的被告”。

起诉状列写被告信息不足以认定明确的被告的，人民法院可以告知原告补正；原告补正后仍不能确定明确的被告的，人民法院裁定不予立案。

第六十八条 行政诉讼法第四十九条第三项规定的“有具体的诉讼请求”是指：

（一）请求判决撤销或者变更行政行为；

（二）请求判决行政机关履行特定法定职责或者给付义务；

（三）请求判决确认行政行为违法；

（四）请求判决确认行政行为无效；

（五）请求判决行政机关予以赔偿或者补偿；

（六）请求解决行政协议争议；

（七）请求一并审查规章以下规范性文件；

（八）请求一并解决相关民事争议；

（九）其他诉讼请求。

当事人单独或者一并提起行政赔偿、补偿诉讼的，应当有具体的赔偿、补偿事项以及数额；请求一并审查规章以下规范性文件的，应当提供明确的文件名称或者审查对象；请求一并解决相关民事争议的，应当有具体的民事诉讼请求。

当事人未能正确表达诉讼请求的，人民法院应当要求其明确诉讼请求。

第六十九条 有下列情形之一，已经立案的，应当裁定驳回起诉：

（一）不符合行政诉讼法第四十九条规定的；

（二）超过法定起诉期限且无行政诉讼法第四十八条规定情形的；

（三）错列被告且拒绝变更的；

（四）未按照法律规定由法定代理人、指定代理人、代表人为诉讼行为的；

（五）未按照法律、法规规定先向行政机关申请复议的；

（六）重复起诉的；

（七）撤回起诉后无正当理由再行起诉的；

（八）行政行为对其合法权益明显不产生实际影响的；

（九）诉讼标的已为生效裁判或者调解书所羁束的；

（十）其他不符合法定起诉条件的情形。

前款所列情形可以补正或者更正的，人民法院应当指定期间责令补正或者更正；在指定期间已经补正或者更正的，应当依法审理。

人民法院经过阅卷、调查或者询问当事人，认为不需要开庭审理的，可以迳行裁定驳回起诉。

第七十条 起诉状副本送达被告后，原告提出新的诉讼请求的，人民法院不予准许，但有正当理由的除外。

七、审理与判决

第七十一条 人民法院适用普通程序审理案件，应当在开庭三日前用传票传唤当事人。对证人、鉴定人、勘验人、翻译人员，应当用通知书通知其到庭。当事人或者其他诉讼参与人在外地的，应当留有必要的在途时间。

第七十二条 有下列情形之一的，可以延期开庭审理：

（一）应当到庭的当事人和其他诉讼参与人有正当理由没有到庭的；

（二）当事人临时提出回避申请且无法及时作出决定的；

（三）需要通知新的证人到庭，调取新的证据，重新鉴定、勘验，或者需要补充调查的；

（四）其他应当延期的情形。

第七十三条 根据行政诉讼法第二十七条的规定，有下列情形之一的，人民法院可以决定合并审理：

（一）两个以上行政机关分别对同一事实作出行政行为，公民、法人或者其他组织不服向同一人民法院起诉的；

（二）行政机关就同一事实对若干公民、法人或者其他组织分别作出行政行为，公民、法人或者其他组织不服分别向同一人民法院起诉的；

（三）在诉讼过程中，被告对原告作出新的行政行为，原告不服向同一人民法院起诉的；

（四）人民法院认为可以合并审理的其他情形。

第七十四条 当事人申请回避，应当说明理由，在案件开始审理时提出；回避事由在案件开始审理后知道的，应当在法庭辩论终结前提出。

被申请回避的人员，在人民法院作出是否回避的决定前，应当暂停参与本案的工作，但案件需要采取紧急措施的除外。

对当事人提出的回避申请，人民法院应当在三日内以口头或者书面形式作出决定。对当事人提出的明显不属于法定回避事由的申请，法庭可以依法当庭驳回。

申请人对驳回回避申请决定不服的，可以向作出决定的人民法院申请复议一次。复议期间，被申请回避的人员不停止参与本案的工作。对申请人的复议申请，人民法院应当在三日内作出复议决定，并通知复议申请人。

第七十五条 在一个审判程序中参与过本案审判工作的审判人员，不得再参与该案其他程序的审判。

发回重审的案件，在一审法院作出裁判后又进入第二审程序的，原第二审程序中合议庭组成人员不受前款规定的限制。

第七十六条 人民法院对于因一方当事人的行为或者其他原因，可能使行政行为或者人民法院生效裁判不能或者难以执行的案件，根据对方当事人的申请，可以裁定对其财产进行保全、责令其作出一定行为或者禁止其作出一定行为；当事人没有提出申请的，人民法院在必要时也可以裁定采取上述保全措施。

人民法院采取保全措施，可以责令申请人提供担保；申请人不提供担保的，裁定驳回申请。

人民法院接受申请后，对情况紧急的，必须在四十八小时内作出裁定；裁定采取保全措施的，应当立即开始执行。

当事人对保全的裁定不服的，可以申请复议；复议期间不停止裁定的执行。

第七十七条 利害关系人因情况紧急，不立即申请保全将会使其合法权益受到难以弥补的损害的，可以在提起诉讼前向被保全财产所在地、被申请人住所地或者对案件有管辖权的人民法院申请采取保全措施。申请人应当提供担保，不提供担保的，裁定驳回申请。

人民法院接受申请后，必须在四十八小时内作出裁定；裁定采取保全措施的，应当立即开始执行。

申请人在人民法院采取保全措施后三十日内不依法提起诉讼的，人民法院应当解除保全。

当事人对保全的裁定不服的，可以申请复议；复议期间不停止裁定的执行。

第七十八条 保全限于请求的范围，或者与本案有关的财物。

财产保全采取查封、扣押、冻结或者法律规定的其他方法。人民法院保全财产后，应当立即通知被保全人。

财产已被查封、冻结的，不得重复查封、冻结。

涉及财产的案件，被申请人提供担保的，人民法院应当裁定解除保全。

申请有错误的，申请人应当赔偿被申请人因保全所遭受的损失。

第七十九条 原告或者上诉人申请撤诉，人民法院裁定不予准许的，原告或者上诉人经传票传唤无正当理由拒不到庭，或者未经法庭许可中途退庭的，人民法院可以缺席判决。

第三人经传票传唤无正当理由拒不到庭，或者未经法庭许可中途退庭的，不发生阻止案件审理的效果。

根据行政诉讼法第五十八条的规定，被告经传票传唤无正当理由拒不到庭，或者未经法庭许可中途退庭的，人民法院可以按期开庭或者继续开庭审理，对到庭的当事人诉讼请求、双方的诉辩理由以及已经提交的证据及其他诉讼材料进行审理后，依法缺席判决。

第八十条　原告或者上诉人在庭审中明确拒绝陈述或者以其他方式拒绝陈述，导致庭审无法进行，经法庭释明法律后果后仍不陈述意见的，视为放弃陈述权利，由其承担不利的法律后果。

当事人申请撤诉或者依法可以按撤诉处理的案件，当事人有违反法律的行为需要依法处理的，人民法院可以不准许撤诉或者不按撤诉处理。

法庭辩论终结后原告申请撤诉，人民法院可以准许，但涉及到国家利益和社会公共利益的除外。

第八十一条　被告在一审期间改变被诉行政行为的，应当书面告知人民法院。

原告或者第三人对改变后的行政行为不服提起诉讼的，人民法院应当就改变后的行政行为进行审理。

被告改变原违法行政行为，原告仍要求确认原行政行为违法的，人民法院应当依法作出确认判决。

原告起诉被告不作为，在诉讼中被告作出行政行为，原告不撤诉的，人民法院应当就不作为依法作出确认判决。

第八十二条　当事人之间恶意串通，企图通过诉讼等方式侵害国家利益、社会公共利益或者他人合法权益的，人民法院应当裁定驳回起诉或者判决驳回其请求，并根据情节轻重予以罚款、拘留；构成犯罪的，依法追究刑事责任。

第八十三条　行政诉讼法第五十九条规定的罚款、拘留可以单独适用，也可以合并适用。

对同一妨害行政诉讼行为的罚款、拘留不得连续适用。发生新的妨害行政诉讼行为的，人民法院可以重新予以罚款、拘留。

第八十四条　人民法院审理行政诉讼法第六十条第一款规定的行政案件，认为法律关系明确、事实清楚，在征得当事人双方同意后，可以迳行调解。

第八十五条　调解达成协议，人民法院应当制作调解书。调解书应当写明诉讼请求、案件的事实和调解结果。

调解书由审判人员、书记员署名，加盖人民法院印章，送达双方当事人。

调解书经双方当事人签收后，即具有法律效力。调解书生效日期根据最后收到调解书的当事人签收的日期确定。

第八十六条　人民法院审理行政案件，调解过程不公开，但当事人同意公开的除外。

经人民法院准许，第三人可以参加调解。人民法院认为有必要的，可以通知第三人参加调解。

调解协议内容不公开，但为保护国家利益、社会公共利益、他人合法权益，人民法院认为确有必要公开的除外。

当事人一方或者双方不愿调解、调解未达成协议的，人民法院应当及时判决。

当事人自行和解或者调解达成协议后，请求人民法院按照和解协议或者调解协议的内容制作判决书的，人民法院不予准许。

第八十七条　在诉讼过程中，有下列情形之一的，中止诉讼：

（一）原告死亡，须等待其近亲属表明是否参加诉讼的；

（二）原告丧失诉讼行为能力，尚未确定法定代理人的；

（三）作为一方当事人的行政机关、法人或者其他组织终止，尚未确定权利义务承受人的；

（四）一方当事人因不可抗力的事由不能参加诉讼的；

（五）案件涉及法律适用问题，需要送请有权机关作出解释或者确认的；

（六）案件的审判须以相关民事、刑事或者其他行政案件的审理结果为依据，而相关案件尚未审结的；

（七）其他应当中止诉讼的情形。

中止诉讼的原因消除后，恢复诉讼。

第八十八条 在诉讼过程中，有下列情形之一的，终结诉讼：

（一）原告死亡，没有近亲属或者近亲属放弃诉讼权利的；

（二）作为原告的法人或者其他组织终止后，其权利义务的承受人放弃诉讼权利的。

因本解释第八十七条第一款第一、二、三项原因中止诉讼满九十日仍无人继续诉讼的，裁定终结诉讼，但有特殊情况的除外。

第八十九条 复议决定改变原行政行为错误，人民法院判决撤销复议决定时，可以一并责令复议机关重新作出复议决定或者判决恢复原行政行为的法律效力。

第九十条 人民法院判决被告重新作出行政行为，被告重新作出的行政行为与原行政行为的结果相同，但主要事实或者主要理由有改变的，不属于行政诉讼法第七十一条规定的情形。

人民法院以违反法定程序为由，判决撤销被诉行政行为的，行政机关重新作出行政行为不受行政诉讼法第七十一条规定的限制。

行政机关以同一事实和理由重新作出与原行政行为基本相同的行政行为，人民法院应当根据行政诉讼法第七十条、第七十一条的规定判决撤销或者部分撤销，并根据行政诉讼法第九十六条的规定处理。

第九十一条 原告请求被告履行法定职责的理由成立，被告违法拒绝履行或者无正当理由逾期不予答复的，人民法院可以根据行政诉讼法第七十二条的规定，判决被告在一定期限内依法履行原告请求的法定职责；尚需被告调查或者裁量的，应当判决被告针对原告的请求重新作出处理。

第九十二条 原告申请被告依法履行支付抚恤金、最低生活保障待遇或者社会保险待遇等给付义务的理由成立，被告依法负有给付义务而拒绝或者拖延履行义务的，人民法院可以根据行政诉讼法第七十三条的规定，判决被告在一定期限内履行相应的给付义务。

第九十三条 原告请求被告履行法定职责或者依法履行支付抚恤金、最低生活保障待遇或者社会保险待遇等给付义务，原告未先向行政机关提出申请的，人民法院裁定驳回起诉。

人民法院经审理认为原告所请求履行的法定职责或者给付义务明显不属于行政机关权限范围的，可以裁定驳回起诉。

第九十四条 公民、法人或者其他组织起诉请求撤销行政行为，人民法院经审查认为行政行为无效的，应当作出确认无效的判决。

公民、法人或者其他组织起诉请求确认行政行为无效，人民法院审查认为行政行为不属于无效情形，经释明，原告请求撤销行政行为的，应当继续审理并依法作出相应判决；原告请求撤销行政行为但超过法定起诉期限的，裁定驳回起诉；原告拒绝变更诉讼请求的，判决驳回其诉讼请求。

第九十五条 人民法院经审理认为被诉行政行为违法或者无效，可能给原告造成损失，经释明，原告请求一并解决行政赔偿争议的，人民法院可以就赔偿事项进行调解；调解不成的，应当一并判决。人民法院也可以告知其就赔偿事项另行提起诉讼。

第九十六条 有下列情形之一，且对原告依法享有的听证、陈述、申辩等重要程序性权利不产生实质损害的，属于行政诉讼法第七十四条第一款第二项规定的“程序轻微违法”：

（一）处理期限轻微违法；

（二）通知、送达等程序轻微违法；

（三）其他程序轻微违法的情形。

第九十七条 原告或者第三人的损失系由其自身过错和行政机关的违法行政行为共同造成的，人民法院应当依据各方行为与损害结果之间有无因果关系以及在损害发生和结果中作用力的大小，确定行政机关相应的赔偿责任。

第九十八条 因行政机关不履行、拖延履行法定职责，致使公民、法人或者其他组织的合法权益遭受损害的，人民法院应当判决行政机关承担行政赔偿责任。在确定赔偿数额时，应当考虑该不履行、拖延履行法定职责的行为在损害发生过程和结果中所起的作用等因素。

第九十九条 有下列情形之一的，属于行政诉讼法第七十五条规定的“重大且明显违法”：

（一）行政行为实施主体不具有行政主体资格；

（二）减损权利或者增加义务的行政行为没有法律规范依据；

（三）行政行为的内容客观上不可能实施；

（四）其他重大且明显违法的情形。

第一百条 人民法院审理行政案件，适用最高人民法院司法解释的，应当在裁判文书中援引。

人民法院审理行政案件，可以在裁判文书中引用合法有效的规章及其他规范性文件。

第一百零一条 裁定适用于下列范围：

（一）不予立案；

（二）驳回起诉；

（三）管辖异议；

（四）终结诉讼；

（五）中止诉讼；

（六）移送或者指定管辖；

（七）诉讼期间停止行政行为的执行或者驳回停止执行的申请；

（八）财产保全；

（九）先予执行；

（十）准许或者不准许撤诉；

（十一）补正裁判文书中的笔误；

（十二）中止或者终结执行；

（十三）提审、指令再审或者发回重审；

（十四）准许或者不准许执行行政机关的行政行为；

（十五）其他需要裁定的事项。

对第一、二、三项裁定，当事人可以上诉。

裁定书应当写明裁定结果和作出该裁定的理由。裁定书由审判人员、书记员署名，加盖人民法院印章。口头裁定的，记入笔录。

第一百零二条 行政诉讼法第八十二条规定的行政案件中的“事实清楚”，是指当事人对争议的事实陈述基本一致，并能提供相应的证据，无须人民法院调查收集证据即可查明事实；“权利义务关系明确”，是指行政法律关系中权利和义务能够明确区分；“争议不大”，是指当事人对行政行为的合法性、责任承担等没有实质分歧。

第一百零三条 适用简易程序审理的行政案件，人民法院可以用口头通知、电话、短信、传真、电子邮件等简便方式传唤当事人、通知证人、送达裁判文书以外的诉讼文书。

以简便方式送达的开庭通知，未经当事人确认或者没有其他证据证明当事人已经收到的，人民法院不得缺席判决。

第一百零四条 适用简易程序案件的举证期限由人民法院确定，也可以由当事人协商一致并经人民法院准许，但不得超过十五日。被告要求书面答辩的，人民法院可以确定合理的答辩期间。

人民法院应当将举证期限和开庭日期告知双方当事人，并向当事人说明逾期举证以及拒不到庭的法律后果，由双方当事人在笔录和开庭传票的送达回证上签名或者捺印。

当事人双方均表示同意立即开庭或者缩短举证期限、答辩期间的，人民法院可以立即开庭审理或者确定近期开庭。

第一百零五条 人民法院发现案情复杂，需要转为普通程序审理的，应当在审理期限届满前作出裁定并将合议庭组成人员及相关事项书面通知双方当事人。

案件转为普通程序审理的，审理期限自人民法院立案之日起计算。

第一百零六条 当事人就已经提起诉讼的事项在诉讼过程中或者裁判生效后再次起诉，同时具有下列情形的，构成重复起诉：

（一）后诉与前诉的当事人相同；

（二）后诉与前诉的诉讼标的相同；

（三）后诉与前诉的诉讼请求相同，或者后诉的诉讼请求被前诉裁判所包含。

第一百零七条 第一审人民法院作出判决和裁定后，当事人均提起上诉的，上诉各方均为上诉人。

诉讼当事人中的一部分人提出上诉，没有提出上诉的对方当事人为被上诉人，其他当事人依原审诉讼地位列明。

第一百零八条 当事人提出上诉，应当按照其他当事人或者诉讼代表人的人数提出上诉状副本。

原审人民法院收到上诉状，应当在五日内将上诉状副本发送其他当事人，对方当事人应当在收到上诉状副本之日起十五日内提出答辩状。

原审人民法院应当在收到答辩状之日起五日内将副本发送上诉人。对方当事人不提出答辩状的，不影响人民法院审理。

原审人民法院收到上诉状、答辩状，应当在五日内连同全部案卷和证据，报送第二审人民法院；已经预收的诉讼费用，一并报送。

第一百零九条 第二审人民法院经审理认为原审人民法院不予立案或者驳回起诉的裁定确有错误且当事人的起诉符合起诉条件的，应当裁定撤销原审人民法院的裁定，指令原审人民法院依法立案或者继续审理。

第二审人民法院裁定发回原审人民法院重新审理的行政案件，原审人民法院应当另行组成合议庭进行审理。

原审判决遗漏了必须参加诉讼的当事人或者诉讼请求的，第二审人民法院应当裁定撤销原审判决，发回重审。

原审判决遗漏行政赔偿请求，第二审人民法院经审查认为依法不应当予以赔偿的，应当判决驳回行政赔偿请求。

原审判决遗漏行政赔偿请求，第二审人民法院经审理认为依法应当予以赔偿的，在确认被诉行政行为违法的同时，可以就行政赔偿问题进行调解；调解不成的，应当就行政赔偿部分发回重审。

当事人在第二审期间提出行政赔偿请求的，第二审人民法院可以进行调解；调解不成的，应当告知当事人另行起诉。

第一百一十条 当事人向上一级人民法院申请再审，应当在判决、裁定或者调解书发生法律效力后六个月内提出。有下列情形之一的，自知道或者应当知道之日起六个月内提出：

（一）有新的证据，足以推翻原判决、裁定的；

（二）原判决、裁定认定事实的主要证据是伪造的；

（三）据以作出原判决、裁定的法律文书被撤销或者变更的；

（四）审判人员审理该案件时有贪污受贿、徇私舞弊、枉法裁判行为的。

第一百一十一条 当事人申请再审的，应当提交再审申请书等材料。人民法院认为有必要的，可以自收到再审申请书之日起五日内将再审申请书副本发送对方当事人。对方当事人应当自收到再审申请书副本之日起十五日内提交书面意见。人民法院可以要求申请人和对方当事人补充有关材料，询问有关事项。

第一百一十二条 人民法院应当自再审申请案件立案之日起六个月内审查，有特殊情况需要延长的，由本院院长批准。

第一百一十三条 人民法院根据审查再审申请案件的需要决定是否询问当事人；新的证据可能推翻原判决、裁定的，人民法院应当询问当事人。

第一百一十四条 审查再审申请期间，被申请人及原审其他当事人依法提出再审申请的，人民法院应当将其列为再审申请人，对其再审事由一并审查，审查期限重新计算。经审查，其中一方再审申请人主张的再审事由成立的，应当裁定再审。各方再审申请人主张的再审事由均不成立的，一并裁定驳回再审申请。

第一百一十五条 审查再审申请期间，再审申请人申请人民法院委托鉴定、勘验的，人民法院不予准许。

审查再审申请期间，再审申请人撤回再审申请的，是否准许，由人民法院裁定。

再审申请人经传票传唤，无正当理由拒不接受询问的，按撤回再审申请处理。

人民法院准许撤回再审申请或者按撤回再审申请处理后，再审申请人再次申请再审的，不予立案，但有行政诉讼法第九十一条第二项、第三项、第七项、第八项规定情形，自知道或者应当知道之日起六个月内提出的除外。

第一百一十六条 当事人主张的再审事由成立，且符合行政诉讼法和本解释规定的申请再审条件的，人民法院应当裁定再审。

当事人主张的再审事由不成立，或者当事人申请再审超过法定申请再审期限、超出法定再审事由范围等不符合行政诉讼法和本解释规定的申请再审条件的，人民法院应当裁定驳回再审申请。

第一百一十七条 有下列情形之一的，当事人可以向人民检察院申请抗诉或者检察建议：

（一）人民法院驳回再审申请的；

（二）人民法院逾期未对再审申请作出裁定的；

（三）再审判决、裁定有明显错误的。

人民法院基于抗诉或者检察建议作出再审判决、裁定后，当事人申请再审的，人民法院不予立案。

第一百一十八条 按照审判监督程序决定再审的案件，裁定中止原判决、裁定、调解书的执行，但支付抚恤金、最低生活保障费或者社会保险待遇的案件，可以不中止执行。

上级人民法院决定提审或者指令下级人民法院再审的，应当作出裁定，裁定应当写明中止原判决的执行；情况紧急的，可以将中止执行的裁定口头通知负责执行的人民法院或者作出生效判决、裁定的人民法院，但应当在口头通知后十日内发出裁定书。

第一百一十九条 人民法院按照审判监督程序再审的案件，发生法律效力的判决、裁定是由第一审法院作出的，按照第一审程序审理，所作的判决、裁定，当事人可以上诉；发生法律效力的判决、裁定是由第二审法院作出的，按照第二审程序审理，所作的判决、裁定，是发生法律效力的判决、裁定；上级人民法院按照审判监督程序提审的，按照第二审程序审理，所作的判决、裁定是发生法律效力的判决、裁定。

人民法院审理再审案件，应当另行组成合议庭。

第一百二十条 人民法院审理再审案件应当围绕再审请求和被诉行政行为合法性进行。当事人的再审请求超出原审诉讼请求，符合另案诉讼条件的，告知当事人可以另行起诉。

被申请人及原审其他当事人在庭审辩论结束前提出的再审请求，符合本解释规定的申请期限的，人民法院应当一并审理。

人民法院经再审，发现已经发生法律效力的判决、裁定损害国家利益、社会公共利益、他人合法权益的，应当一并审理。

第一百二十一条 再审审理期间，有下列情形之一的，裁定终结再审程序：

（一）再审申请人在再审期间撤回再审请求，人民法院准许的；

（二）再审申请人经传票传唤，无正当理由拒不到庭的，或者未经法庭许可中途退庭，按撤回再审请求处理的；

（三）人民检察院撤回抗诉的；

（四）其他应当终结再审程序的情形。

因人民检察院提出抗诉裁定再审的案件，申请抗诉的当事人有前款规定的情形，且不损害国家利益、社会公共利益或者他人合法权益的，人民法院裁定终结再审程序。

再审程序终结后，人民法院裁定中止执行的原生效判决自动恢复执行。

第一百二十二条 人民法院审理再审案件，认为原生效判决、裁定确有错误，在撤销原生效判决或者裁定的同时，可以对生效判决、裁定的内容作出相应裁判，也可以裁定撤销生效判决或者裁定，发回作出生效判决、裁定的人民法院重新审理。

第一百二十三条 人民法院审理二审案件和再审案件，对原审法院立案、不予立案或者驳回起诉错误的，应当分别情况作如下处理：

（一）第一审人民法院作出实体判决后，第二审人民法院认为不应当立案的，在撤销第一审人民法院判决的同时，可以迳行驳回起诉；

（二）第二审人民法院维持第一审人民法院不予立案裁定错误的，再审法院应当撤销第一审、第二审人民法院裁定，指令第一审人民法院受理；

（三）第二审人民法院维持第一审人民法院驳回起诉裁定错误的，再审法院应当撤销第一审、第二审人民法院裁定，指令第一审人民法院审理。

第一百二十四条 人民检察院提出抗诉的案件，接受抗诉的人民法院应当自收到抗诉书之日起三十日内作出再审的裁定；有行政诉讼法第九十一条第二、三项规定情形之一的，可以指令下一级人民法院再审，但经该下一级人民法院再审过的除外。

人民法院在审查抗诉材料期间，当事人之间已经达成和解协议的，人民法院可以建议人民检察院撤回抗诉。

第一百二十五条 人民检察院提出抗诉的案件，人民法院再审开庭时，应当在开庭三日前通知人民检察院派员出庭。

第一百二十六条 人民法院收到再审检察建议后，应当组成合议庭，在三个月内进行审查，发现原判决、裁定、调解书确有错误，需要再审的，依照行政诉讼法第九十二条规定裁定再审，并通知当事人；经审查，决定不予再审的，应当书面回复人民检察院。

第一百二十七条 人民法院审理因人民检察院抗诉或者检察建议裁定再审的案件，不受此前已经作出的驳回当事人再审申请裁定的限制。

八、行政机关负责人出庭应诉

第一百二十八条 行政诉讼法第三条第三款规定的行政机关负责人，包括行政机关的正职、副职负责人以及其他参与分管的负责人。

行政机关负责人出庭应诉的，可以另行委托一至二名诉讼代理人。行政机关负责人不能出庭的，应当委托行政机关相应的工作人员出庭，不得仅委托律师出庭。

第一百二十九条 涉及重大公共利益、社会高度关注或者可能引发群体性事件等案件以及人民法院书面建议行政机关负责人出庭的案件，被诉行政机关负责人应当出庭。

被诉行政机关负责人出庭应诉的，应当在当事人及其诉讼代理人基本情况、案件由来部分予以列明。

行政机关负责人有正当理由不能出庭应诉的，应当向人民法院提交情况说明，并加盖行政机关印章或者由该机关主要负责人签字认可。

行政机关拒绝说明理由的，不发生阻止案件审理的效果，人民法院可以向监察机关、上一级行政机关提出司法建议。

第一百三十条 行政诉讼法第三条第三款规定的“行政机关相应的工作人员”，包括该行政机关具有国家行政编制身份的工作人员以及其他依法履行公职的人员。

被诉行政行为是地方人民政府作出的，地方人民政府法制工作机构的工作人员，以及被诉行政行为具体承办机关工作人员，可以视为被诉人民政府相应的工作人员。

第一百三十一条 行政机关负责人出庭应诉的，应当向人民法院提交能够证明该行政机关负责人职务的材料。

行政机关委托相应的工作人员出庭应诉的，应当向人民法院提交加盖行政机关印章的授权委托书，并载明工作人员的姓名、职务和代理权限。

第一百三十二条 行政机关负责人和行政机关相应的工作人员均不出庭，仅委托律师出庭的或者人民法院书面建议行政机关负责人出庭应诉，行政机关负责人不出庭应诉的，人民法院应当记录在案和在裁判文书中载明，并可以建议有关机关依法作出处理。

九、复议机关作共同被告

第一百三十三条 行政诉讼法第二十六条第二款规定的“复议机关决定维持原行政行为”，包括复议机关驳回复议申请或者复议请求的情形，但以复议申请不符合受理条件为由驳回的除外。

第一百三十四条 复议机关决定维持原行政行为的，作出原行政行为的行政机关和复议机关是共同被告。原告只起诉作出原行政行为的行政机关或者复议机关的，人民法院应当告知原告追加被告。原告不同意追加的，人民法院应当将另一机关列为共同被告。

行政复议决定既有维持原行政行为内容，又有改变原行政行为内容或者不予受理申请内容的，作出原行政行为的行政机关和复议机关为共同被告。

复议机关作共同被告的案件，以作出原行政行为的行政机关确定案件的级别管辖。

第一百三十五条 复议机关决定维持原行政行为的，人民法院应当在审查原行政行为合法性的同时，一并审查复议决定的合法性。

作出原行政行为的行政机关和复议机关对原行政行为合法性共同承担举证责任，可以由其中一个机关实施举证行为。复议机关对复议决定的合法性承担举证责任。

复议机关作共同被告的案件，复议机关在复议程序中依法收集和补充的证据，可以作为人民法院认定复议决定和原行政行为合法的依据。

第一百三十六条 人民法院对原行政行为作出判决的同时，应当对复议决定一并作出相应判决。

人民法院依职权追加作出原行政行为的行政机关或者复议机关为共同被告的，对原行政行为或者复议决定可以作出相应判决。

人民法院判决撤销原行政行为和复议决定的，可以判决作出原行政行为的行政机关重新作出行政行为。

人民法院判决作出原行政行为的行政机关履行法定职责或者给付义务的，应当同时判决撤销复议决定。

原行政行为合法、复议决定违法的，人民法院可以判决撤销复议决定或者确认复议决定违法，同时判决驳回原告针对原行政行为的诉讼请求。

原行政行为被撤销、确认违法或者无效，给原告造成损失的，应当由作出原行政行为的行政机关承担赔偿责任；因复议决定加重损害的，由复议机关对加重部分承担赔偿责任。

原行政行为不符合复议或者诉讼受案范围等受理条件，复议机关作出维持决定的，人民法院应当裁定一并驳回对原行政行为和复议决定的起诉。

十、相关民事争议的一并审理

第一百三十七条 公民、法人或者其他组织请求一并审理行政诉讼法第六十一条规定的相关民事争议，应当在第一审开庭审理前提出；有正当理由的，也可以在法庭调查中提出。

第一百三十八条 人民法院决定在行政诉讼中一并审理相关民事争议，或者案件当事人一致同意相关民事争议在行政诉讼中一并解决，人民法院准许的，由受理行政案件的人民法院管辖。

公民、法人或者其他组织请求一并审理相关民事争议，人民法院经审查发现行政案件已经超过起诉期限，民事案件尚未立案的，告知当事人另行提起民事诉讼；民事案件已经立案的，由原审判组织继续审理。

人民法院在审理行政案件中发现民事争议为解决行政争议的基础，当事人没有请求人民法院一并审理相关民事争议的，人民法院应当告知当事人依法申请一并解决民事争议。当事人就民事争议另行提起民事诉讼并已立案的，人民法院应当中止行政诉讼的审理。民事争议处理期间不计算在行政诉讼审理期限内。

第一百三十九条 有下列情形之一的，人民法院应当作出不予准许一并审理民事争议的决定，并告知当事人可以依法通过其他渠道主张权利：

（一）法律规定应当由行政机关先行处理的；

（二）违反民事诉讼法专属管辖规定或者协议管辖约定的；

（三）约定仲裁或者已经提起民事诉讼的；

（四）其他不宜一并审理民事争议的情形。

对不予准许的决定可以申请复议一次。

第一百四十条 人民法院在行政诉讼中一并审理相关民事争议的，民事争议应当单独立案，由同一审判组织审理。

人民法院审理行政机关对民事争议所作裁决的案件，一并审理民事争议的，不另行立案。

第一百四十一条 人民法院一并审理相关民事争议，适用民事法律规范的相关规定，法律另有规定的除外。

当事人在调解中对民事权益的处分，不能作为审查被诉行政行为合法性的根据。

第一百四十二条 对行政争议和民事争议应当分别裁判。

当事人仅对行政裁判或者民事裁判提出上诉的，未上诉的裁判在上诉期满后即发生法律效力。第一审人民法院应当将全部案卷一并移送第二审人民法院，由行政审判庭审理。第二审人民法院发现未上诉的生效裁判确有错误的，应当按照审判监督程序再审。

第一百四十三条 行政诉讼原告在宣判前申请撤诉的，是否准许由人民法院裁定。人民法院裁定准许行政诉讼原告撤诉，但其对已经提起的一并审理相关民事争议不撤诉的，人民法院应当继续审理。

第一百四十四条 人民法院一并审理相关民事争议，应当按行政案件、民事案件的标准分别收取诉讼费用。

十一、规范性文件的一并审查

第一百四十五条 公民、法人或者其他组织在对行政行为提起诉讼时一并请求对所依据的规范性文件审查的，由行政行为案件管辖法院一并审查。

第一百四十六条 公民、法人或者其他组织请求人民法院一并审查行政诉讼法第五十三条规定的规范性文件，应当在第一审开庭审理前提出；有正当理由的，也可以在法庭调查中提出。

第一百四十七条 人民法院在对规范性文件审查过程中，发现规范性文件可能不合法的，应当听取规范性文件制定机关的意见。

制定机关申请出庭陈述意见的，人民法院应当准许。

行政机关未陈述意见或者未提供相关证明材料的，不能阻止人民法院对规范性文件进行审查。

第一百四十八条 人民法院对规范性文件进行一并审查时，可以从规范性文件制定机关是否超越权限或者违反法定程序、作出行政行为所依据的条款以及相关条款等方面进行。

有下列情形之一的，属于行政诉讼法第六十四条规定的“规范性文件不合法”：

（一）超越制定机关的法定职权或者超越法律、法规、规章的授权范围的；

（二）与法律、法规、规章等上位法的规定相抵触的；

（三）没有法律、法规、规章依据，违法增加公民、法人和其他组织义务或者减损公民、法人和其他组织合法权益的；

（四）未履行法定批准程序、公开发布程序，严重违反制定程序的；

（五）其他违反法律、法规以及规章规定的情形。

第一百四十九条 人民法院经审查认为行政行为所依据的规范性文件合法的，应当作为认定行政行为合法的依据；经审查认为规范性文件不合法的，不作为人民法院认定行政行为合法的依据，并在裁判理由中予以阐明。作出生效裁判的人民法院应当向规范性文件的制定机关提出处理建议，并可以抄送制定机关的同级人民政府、上一级行政机关、监察机关以及规范性文件的备案机关。

规范性文件不合法的，人民法院可以在裁判生效之日起三个月内，向规范性文件制定机关提出修改或者废止该规范性文件的司法建议。

规范性文件由多个部门联合制定的，人民法院可以向该规范性文件的主办机关或者共同上一级行政机关发送司法建议。

接收司法建议的行政机关应当在收到司法建议之日起六十日内予以书面答复。情况紧急的，人民法院可以建议制定机关或者其上一级行政机关立即停止执行该规范性文件。

第一百五十条 人民法院认为规范性文件不合法的，应当在裁判生效后报送上一级人民法院进行备案。涉及国务院部门、省级行政机关制定的规范性文件，司法建议还应当分别层报最高人民法院、高级人民法院备案。

第一百五十一条 各级人民法院院长对本院已经发生法律效力的判决、裁定，发现规范性文件合法性认定错误，认为需要再审的，应当提交审判委员会讨论。

最高人民法院对地方各级人民法院已经发生法律效力的判决、裁定，上级人民法院对下级人民法院已经发生法律效力的判决、裁定，发现规范性文件合法性认定错误的，有权提审或者指令下级人民法院再审。

十二、执行

第一百五十二条 对发生法律效力的行政判决书、行政裁定书、行政赔偿判决书和行政调解书，负有义务的一方当事人拒绝履行的，对方当事人可以依法申请人民法院强制执行。

人民法院判决行政机关履行行政赔偿、行政补偿或者其他行政给付义务，行政机关拒不履行的，对方当事人可以依法向法院申请强制执行。

第一百五十三条 申请执行的期限为二年。申请执行时效的中止、中断，适用法律有关规定。

申请执行的期限从法律文书规定的履行期间最后一日起计算；法律文书规定分期履行的，从规定的每次履行期间的最后一日起计算；法律文书中没有规定履行期限的，从该法律文书送达当事人之日起计算。

逾期申请的，除有正当理由外，人民法院不予受理。

第一百五十四条 发生法律效力的行政判决书、行政裁定书、行政赔偿判决书和行政调解书，由第一审人民法院执行。

第一审人民法院认为情况特殊，需要由第二审人民法院执行的，可以报请第二审人民法院执行；第二审人民法院可以决定由其执行，也可以决定由第一审人民法院执行。

第一百五十五条 行政机关根据行政诉讼法第九十七条的规定申请执行其行政行为，应当具备以下条件：

（一）行政行为依法可以由人民法院执行；

（二）行政行为已经生效并具有可执行内容；

（三）申请人是作出该行政行为的行政机关或者法律、法规、规章授权的组织；

（四）被申请人是该行政行为所确定的义务人；

（五）被申请人在行政行为确定的期限内或者行政机关催告期限内未履行义务；

（六）申请人在法定期限内提出申请；

（七）被申请执行的行政案件属于受理执行申请的人民法院管辖。

行政机关申请人民法院执行，应当提交行政强制法第五十五条规定的相关材料。

人民法院对符合条件的申请，应当在五日内立案受理，并通知申请人；对不符合条件的申请，应当裁定不予受理。行政机关对不予受理裁定有异议，在十五日内向上一级人民法院申请复议的，上一级人民法院应当在收到复议申请之日起十五日内作出裁定。

第一百五十六条 没有强制执行权的行政机关申请人民法院强制执行其行政行为，应当自被执行人的法定起诉期限届满之日起三个月内提出。逾期申请的，除有正当理由外，人民法院不予受理。

第一百五十七条 行政机关申请人民法院强制执行其行政行为的，由申请人所在地的基层人民法院受理；执行对象为不动产的，由不动产所在地的基层人民法院受理。

基层人民法院认为执行确有困难的，可以报请上级人民法院执行；上级人民法院可以决定由其执行，也可以决定由下级人民法院执行。

第一百五十八条 行政机关根据法律的授权对平等主体之间民事争议作出裁决后，当事人在法定期限内不起诉又不履行，作出裁决的行政机关在申请执行的期限内未申请人民法院强制执行的，生效行政裁决确定的权利人或者其继承人、权利承受人在六个月内可以申请人民法院强制执行。

享有权利的公民、法人或者其他组织申请人民法院强制执行生效行政裁决，参照行政机关申请人民法院强制执行行政行为的规定。

第一百五十九条 行政机关或者行政行为确定的权利人申请人民法院强制执行前，有充分理由认为被执行人可能逃避执行的，可以申请人民法院采取财产保全措施。后者申请强制执行的，应当提供相应的财产担保。

第一百六十条 人民法院受理行政机关申请执行其行政行为的案件后，应当在七日内由行政审判庭对行政行为的合法性进行审查，并作出是否准予执行的裁定。

人民法院在作出裁定前发现行政行为明显违法并损害被执行人合法权益的，应当听取被执行人和行政机关的意见，并自受理之日起三十日内作出是否准予执行的裁定。

需要采取强制执行措施的，由本院负责强制执行非诉行政行为的机构执行。

第一百六十一条 被申请执行的行政行为有下列情形之一的，人民法院应当裁定不准予执行：

（一）实施主体不具有行政主体资格的；

（二）明显缺乏事实根据的；

（三）明显缺乏法律、法规依据的；

（四）其他明显违法并损害被执行人合法权益的情形。

行政机关对不准予执行的裁定有异议，在十五日内向上一级人民法院申请复议的，上一级人民法院应当在收到复议申请之日起三十日内作出裁定。

十三、附则

第一百六十二条 公民、法人或者其他组织对 2015 年 5 月 1 日之前作出的行政行为提起诉讼，请求确认行政行为无效的，人民法院不予立案。

第一百六十三条 本解释自 2018 年 2 月 8 日起施行。

本解释施行后，《最高人民法院关于执行〈中华人民共和国行政诉讼法〉若干问题的解释》（法释〔2000〕8 号）、《最高人民法院关于适用〈中华人民共和国行政诉讼法〉若干问题的解释》（法释〔2015〕9 号）同时废止。最高人民法院以前发布的司法解释与本解释不一致的，不再适用。

第三部分　行政法规

1. 矿产资源开采登记管理办法

（1998 年 2 月 12 日国务院令第 241 号公布，2014 年 7 月 29 日国务院令第 653 号修正）

第一条 为了加强对矿产资源开采的管理，保护采矿权人的合法权益，维护矿产资源开采秩序，促进矿业发展，根据《中华人民共和国矿产资源法》，制定本办法。

第二条 在中华人民共和国领域及管辖的其他海域开采矿产资源，必须遵守本办法。

第三条 开采下列矿产资源，由国务院地质矿产主管部门审批登记，颁发采矿许可证：

（一）国家规划矿区和对国民经济具有重要价值的矿区内的矿产资源；

（二）领海及中国管辖的其他海域的矿产资源；

（三）外商投资开采的矿产资源；

（四）本办法附录所列的矿产资源。

开采石油、天然气矿产的，经国务院指定的机关审查同意后，由国务院地质矿产主管部门登记，颁发采矿许可证。

开采下列矿产资源，由省、自治区、直辖市人民政府地质矿产主管部门审批登记，颁发采矿许可证：

（一）本条第一款、第二款规定以外的矿产储量规模中型以上的矿产资源；

（二）国务院地质矿产主管部门授权省、自治区、直辖市人民政府地质矿产主管部门审批登记的矿产资源。

开采本条第一款、第二款、第三款规定以外的矿产资源，由县级以上地方人民政府负责地质矿产管理工作的部门，按照省、自治区、直辖市人民代表大会常务委员会制定的管理办法审批登记，颁发采矿许可证。

矿区范围跨县级以上行政区域的，由所涉及行政区域的共同上一级登记管理机关审批登记，颁发采矿许可证。

县级以上地方人民政府负责地质矿产管理工作的部门在审批发证后，应当逐级向上一级人民政府负责地质矿产管理工作的部门备案。

第四条 采矿权申请人在提出采矿权申请前，应当根据经批准的地质勘查储量报告，向登记管理机关申请划定矿区范围。

需要申请立项，设立矿山企业的，应当根据划定的矿区范围，按照国家规定办理有关手续。

第五条 采矿权申请人申请办理采矿许可证时，应当向登记管理机关提交下列资料：

（一）申请登记书和矿区范围图；

（二）采矿权申请人资质条件的证明；

（三）矿产资源开发利用方案；

（四）依法设立矿山企业的批准文件；

（五）开采矿产资源的环境影响评价报告；

（六）国务院地质矿产主管部门规定提交的其他资料。

申请开采国家规划矿区或者对国民经济具有重要价值的矿区内的矿产资源和国家实行保护性开采的特定矿种的，还应当提交国务院有关主管部门的批准文件。

申请开采石油、天然气的，还应当提交国务院批准设立石油公司或者同意进行石油、天然气开采的批准文件以及采矿企业法人资格证明。

第六条 登记管理机关应当自收到申请之日起40日内，作出准予登记或者不予登记的决定，并通知采矿权申请人。

需要采矿权申请人修改或者补充本办法第五条规定的资料的，登记管理机关应当通知采矿权申请人限期修改或者补充。

准予登记的，采矿权申请人应当自收到通知之日起30日内，依照本办法第九条的规定缴纳采矿权使用费，并依照本办法第十条的规定缴纳国家出资勘查形成的采矿权价款，办理登记手续，领取采矿许可证，成为采矿权人。

不予登记的，登记管理机关应当向采矿权申请人说明理由。

第七条 采矿许可证有效期，按照矿山建设规模确定：大型以上的，采矿许可证有效期最长为30年；中型的，采矿许可证有效期最长为20年；小型的，采矿许可证有效期最长为10年。采矿许可证有效期满，需要继续采矿的，采矿权人应当在采矿许可证有效期届满的30日前，到登记管理机关办理延续登记手续。

采矿权人逾期不办理延续登记手续的，采矿许可证自行废止。

第八条 登记管理机关在颁发采矿许可证后，应当通知矿区范围所在地的有关县级人民政府。有关县级人民政府应当自收到通知之日起90日内，对矿区范围予以公告，并可以根据采矿权人的申请，组织埋设界桩或者设置地面标志。

第九条 国家实行采矿权有偿取得的制度。采矿权使用费，按照矿区范围的面积逐年缴纳，标准为每平方公里每年1000元。

第十条 申请国家出资勘查并已经探明矿产地的采矿权的，采矿权申请人除依照本办法第九条的规定缴纳采矿权使用费外，还应当缴纳国家出资勘查形成的采矿权价款；采矿权价款按照国家有关规定，可以一次缴纳，也可以分期缴纳。

国家出资勘查形成的采矿权价款，由具有矿业权评估资质的评估机构进行评估；评估报告报登记管理机关备案。

第十一条 采矿权使用费和国家出资勘查形成的采矿权价款由登记管理机关收取，全部纳入国家预算管理。具体管理。使用办法，由国务院地质矿产主管部门会同国务院财政部门、计划主管部门制定。

第十二条 有下列情形之一的，由采矿权人提出申请，经省级以上人民政府登记管理机关按照国务院地质矿产主管部门会同国务院财政部门制定的采矿权使用费和采矿权价款的减免办法审查批准，可以减缴。免缴采矿权使用费和采矿权价款：

（一）开采边远贫困地区的矿产资源的；

（二）开采国家紧缺的矿种的；

（三）因自然灾害等不可抗力的原因，造成矿山企业严重亏损或者停产的；

（四）国务院地质矿产主管部门和国务院财政部门规定的其他情形。

第十三条 采矿权可以通过招标投标的方式有偿取得。

登记管理机关依照本办法第三条规定的权限确定招标的矿区范围，发布招标公告，提出投标要求和截止日期；但是，对境外招标的矿区范围由国务院地质矿产主管部门确定。

登记管理机关组织评标，采取择优原则确定中标人。中标人缴纳本办法第九条、第十条规定的费用后，办理登记手续，领取采矿许可证，成为采矿权人，并履行标书中承诺的义务。

第十四条 登记管理机关应当对本行政区域内的采矿权人合理开发利用矿产资源、保护环境及其他应当履行的法定义务等情况依法进行监督检查。采矿权人应当如实报告有关情况，并提交年度报告。

第十五条 有下列情形之一的，采矿权人应当在采矿许可证有效期内，向登记管理机关申请变更登记：

（一）变更矿区范围的；

（二）变更主要开采矿种的；

（三）变更开采方式的；

（四）变更矿山企业名称的；

（五）经依法批准转让采矿权的。

第十六条 采矿权人在采矿许可证有效期内或者有效期届满，停办、关闭矿山的，应当自决定停办或者关闭矿山之日起30内，向原发证机关申请办理采矿许可证注销登记手续。

第十七条 任何单位和个人未领取采矿许可证擅自采矿的，擅自进入国家规划矿区和对国民经济具有重要价值的矿区范围采矿的，擅自开采国家规定实行保护性开采的特定矿种的，超越批准的矿区范围采矿的，由登记管理机关依照有关法律、行政法规的规定予以处罚。

第十八条 不依照本办法规定提交年度报告、拒绝接受监督检查或者弄虚作假的，由县级以上人民政府负责地质矿产管理工作的部门按照国务院地质矿产主管部门规定的权限，责令停止违法行为，予以警告，可以并处5万元以下的罚款；情节严重的，由原发证机关吊销采矿许可证。

第十九条 破坏或者擅自移动矿区范围界桩或者地面标志的，由县级以上人民政府负责地质矿产管理工作的部门按照国务院地质矿产主管部门规定的权限，责令限期恢复；情节严重的，处3万元以下的罚款。

第二十条 擅自印制或者伪造、冒用采矿许可证的，由县级以上人民政府负责地质矿产管理工作的部门按照国务院地质矿产主管部门规定的权限，没收违法所得，可以并处10万元以下的罚款；构成犯罪的，依法追究刑事责任。

第二十一条 违反本办法规定，不按期缴纳本办法规定应当缴纳的费用的，由登记管理机关责令限期缴纳，并从滞纳之日起每日加收千分之二的滞纳金；逾期仍不缴纳的，由原发证机关吊销采矿许可证。

第二十二条 违反本办法规定，不办理采矿许可证变更登记或者注销登记手续的，由登记管理机关责令限期改正；逾期不改正的，由原发证机关吊销采矿许可证。

第二十三条 违反本办法规定开采石油、天然气矿产的，由国务院地质矿产主管部门按照本办法的有关规定给予行政处罚。

第二十四条 采矿权人被吊销采矿许可证的，自采矿许可证被吊销之日起2年内不得再申请采矿权。

第二十五条 登记管理机关工作人员徇私舞弊、滥用职权、玩忽职守，构成犯罪的，依法追究刑事责任；尚不构成犯罪的，依法给予行政处分。

第二十六条 采矿许可证由国务院地质矿产主管部门统一印制。申请登记书、变更申请登记书和注销申请登记书的格式，由国务院地质矿产主管部门统一制定。

第二十七条 办理采矿登记手续，应当按照规定缴纳登记费。收费标准和管理、使用办法，由国务院物价主管部门会同国务院地质矿产主管部门、财政部门规定。

第二十八条 外商投资开采矿产资源，依照本办法的规定办理；法律、行政法规另有特别规定的，从其规定。

第二十九条 中外合作开采矿产资源的，中方合作者应当在签订合同后，将合同向原发证机关备案。

第三十条 本办法施行前已经取得采矿许可证的，由国务院地质矿产主管部门统一组织换领新采矿许可证。

本办法施行前已经开办的矿山企业，应当自本办法施行之日起开始缴纳采矿权使用费，并可以依照本办法的规定申请减缴、免缴。

第三十一条 登记管理机关应当对颁发的采矿许可证和吊销的采矿许可证予以公告。

第三十二条 本办法所称矿区范围，是指经登记管理机关依法划定的可供开采矿产资源的范围、井巷工程设施分布范围或者露天剥离范围的立体空间区域。

本办法所称开采方式，是指地下开采或者露天开采。

第三十三条 本办法附录的修改，由国务院地质矿产主管部门报国务院批准后公布。

第三十四条 本办法自发布之日起施行。1987 年 4 月 29 日国务院发布的《全民所有制矿山企业采矿登记管理暂行办法》和 1990 年 11 月 22 日《国务院关于修改〈全民所有制矿山企业采矿登记管理暂行办法〉的决定》同时废止。

【附录】

国务院地质矿产主管部门审批发证矿种目录

1	煤	13	铬	25	稀土
2	石油	14	钴	26	磷
3	油页岩	15	铁	27	钾
4	烃类天然气	16	铜	28	硫
5	二氧化碳气	17	铅	29	锶
6	煤成（层）气	18	锌	30	金刚石
7	地热	19	铝	31	铌
8	放射性矿产	20	镍	32	钽
9	金	21	钨	33	石棉
10	银	22	锡	34	矿泉水
11	铂	23	锑		
12	锰	24	钼		

2. 煤矿安全监察条例

（2000 年 11 月 7 日国务院令第 296 号，2013 年 7 月 18 日国务院令第 638 号修正）

第一章　总　　则

第一条　为了保障煤矿安全，规范煤矿安全监察工作，保护煤矿职工人身安全和身体健康，根据煤炭法、矿山安全法、第九届全国人民代表大会第一次会议通过的国务院机构改革方案和国务院关于煤矿安全监察体制的决定，制定本条例。

第二条　国家对煤矿安全实行监察制度。国务院决定设立的煤矿安全监察机构按照国务院规定的职责，依照本条例的规定对煤矿实施安全监察。

第三条　煤矿安全监察机构依法行使职权，不受任何组织和个人的非法干涉。

煤矿及其有关人员必须接受并配合煤矿安全监察机构依法实施的安全监察，不得拒绝、阻挠。

第四条　地方各级人民政府应当加强煤矿安全管理工作，支持和协助煤矿安全监察机构依法对煤矿实施安全监察。

煤矿安全监察机构应当及时向有关地方人民政府通报煤矿安全监察的有关情况，并可以提出加强和改善煤矿安全管理的建议。

第五条　煤矿安全监察应当以预防为主，及时发现和消除事故隐患，有效纠正影响煤矿安全的违法行为，实行安全监察与促进安全管理相结合、教育与惩处相结合。

第六条　煤矿安全监察应当依靠煤矿职工和工会组织。

煤矿职工对事故隐患或者影响煤矿安全的违法行为有权向煤矿安全监察机构报告或者举报。煤矿安全监察机构对报告或者举报有功人员给予奖励。

第七条　煤矿安全监察机构及其煤矿安全监察人员应当依法履行安全监察职责。任何单位和个人对煤矿安全监察机构及其煤矿安全监察人员的违法违纪行为，有权向上级煤矿安全监察机构或者有关机关检举和控告。

第二章　煤矿安全监察机构及其职责

第八条　本条例所称煤矿安全监察机构，是指国家煤矿安全监察机构和在省、自治区、直辖市设立的煤矿安全监察机构（以下简称地区煤矿安全监察机构）及其在大中型矿区设立的煤矿安全监察办事处。

第九条　地区煤矿安全监察机构及其煤矿安全监察办事处负责对划定区域内的煤矿实施安全监察;煤矿安全监察办事处在国家煤矿安全监察机构规定的权限范围内,可以对违法行为实施行政处罚。

第十条　煤矿安全监察机构设煤矿安全监察员。煤矿安全监察员应当公道、正派，熟悉煤矿安全法律、法规和规章，具有相应的专业知识和相关的工作经验，并经考试录用。

煤矿安全监察员的具体管理办法由国家煤矿安全监察机构商国务院有关部门制定。

第十一条　地区煤矿安全监察机构、煤矿安全监察办事处应当对煤矿实施经常性安全检查；对事故多发地区的煤矿，应当实施重点安全检查。国家煤矿安全监察机构根据煤矿安全工作的实际情况，组织对全国煤矿的全面安全检查或者重点安全抽查。

第十二条 地区煤矿安全监察机构、煤矿安全监察办事处应当对每个煤矿建立煤矿安全监察档案。煤矿安全监察人员对每次安全检查的内容、发现的问题及其处理情况，应当作详细记录，并由参加检查的煤矿安全监察人员签名后归档。

第十三条 地区煤矿安全监察机构、煤矿安全监察办事处应当每 15 日分别向国家煤矿安全监察机构、地区煤矿安全监察机构报告一次煤矿安全监察情况；有重大煤矿安全问题的，应当及时采取措施并随时报告。

国家煤矿安全监察机构应当定期公布煤矿安全监察情况。

第十四条 煤矿安全监察人员履行安全监察职责，有权随时进入煤矿作业场所进行检查，调阅有关资料，参加煤矿安全生产会议，向有关单位或者人员了解情况。

第十五条 煤矿安全监察人员在检查中发现影响煤矿安全的违法行为，有权当场予以纠正或者要求限期改正；对依法应当给予行政处罚的行为，由煤矿安全监察机构依照行政处罚法和本条例规定的程序作出决定。

第十六条 煤矿安全监察人员进行现场检查时，发现存在事故隐患的，有权要求煤矿立即消除或者限期解决；发现威胁职工生命安全的紧急情况时，有权要求立即停止作业，下达立即从危险区内撤出作业人员的命令，并立即将紧急情况和处理措施报告煤矿安全监察机构。

第十七条 煤矿安全监察机构在实施安全监察过程中，发现煤矿存在的安全问题涉及有关地方人民政府或其有关部门的，应当向有关地方人民政府或其有关部门提出建议，并向上级人民政府或其有关部门报告。

第十八条 煤矿发生伤亡事故的，由煤矿安全监察机构负责组织调查处理。

煤矿安全监察机构组织调查处理事故，应当依照国家规定的事故调查程序和处理办法进行。

第十九条 煤矿安全监察机构及其煤矿安全监察人员不得接受煤矿的任何馈赠、报酬、福利待遇，不得在煤矿报销任何费用，不得参加煤矿安排、组织或者支付费用的宴请、娱乐、旅游、出访等活动，不得借煤矿安全监察工作在煤矿为自己、亲友或者他人谋取利益。

第三章 煤矿安全监察内容

第二十条 煤矿安全监察机构对煤矿执行煤炭法、矿山安全法和其他有关煤矿安全的法律、法规以及国家安全标准、行业安全标准、煤矿安全规程和行业技术规范的情况实施监察。

第二十一条 煤矿建设工程设计必须符合煤矿安全规程和行业技术规范的要求。煤矿建设工程安全设施设计必须经煤矿安全监察机构审查同意；未经审查同意的，不得施工。

煤矿安全监察机构审查煤矿建设工程安全设施设计，应当自收到申请审查的设计资料之日起 30 日内审查完毕，签署同意或者不同意的意见，并书面答复。

第二十二条 煤矿建设工程竣工后或者投产前，应当经煤矿安全监察机构对其安全设施和条件进行验收；未经验收或者验收不合格的，不得投入生产。

煤矿安全监察机构对煤矿建设工程安全设施和条件进行验收，应当自收到申请验收文件之日起 30 日内验收完毕，签署合格或者不合格的意见，并书面答复。

第二十三条 煤矿安全监察机构应当监督煤矿制定事故预防和应急计划，并检查煤矿制定的发现和消除事故隐患的措施及其落实情况。

第二十四条 煤矿安全监察机构发现煤矿矿井通风、防火、防水、防瓦斯、防毒、防尘等安全设施和条件不符合国家安全标准、行业安全标准、煤矿安全规程和行业技术规范要求的，应当责令立即停止作业或者责令限期达到要求。

第二十五条 煤矿安全监察机构发现煤矿进行独眼井开采的，应当责令关闭。

第二十六条 煤矿安全监察机构发现煤矿作业场所有下列情形之一的，应当责令立即停止作业，限期改正；有关煤矿或其作业场所经复查合格的，方可恢复作业：

（一）未使用专用防爆电器设备的；

（二）未使用专用放炮器的；

（三）未使用人员专用升降容器的；

（四）使用明火明电照明的。

第二十七条 煤矿安全监察机构对煤矿安全技术措施专项费用的提取和使用情况进行监督，对未依法提取或者使用的，应当责令限期改正。

第二十八条 煤矿安全监察机构发现煤矿矿井使用的设备、器材、仪器、仪表、防护用品不符合国家安全标准或者行业安全标准的，应当责令立即停止使用。

第二十九条 煤矿安全监察机构发现煤矿有下列情形之一的，应当责令限期改正：

（一）未依法建立安全生产责任制的；

（二）未设置安全生产机构或者配备安全生产人员的；

（三）矿长不具备安全专业知识的；

（四）特种作业人员未取得资格证书上岗作业的；

（五）分配职工上岗作业前，未进行安全教育、培训的；

（六）未向职工发放保障安全生产所需的劳动防护用品的。

第三十条 煤矿安全监察人员发现煤矿作业场所的瓦斯、粉尘或者其他有毒有害气体的浓度超过国家安全标准或者行业安全标准的，煤矿擅自开采保安煤柱的，或者采用危及相邻煤矿生产安全的决水、爆破、贯通巷道等危险方法进行采矿作业的，应当责令立即停止作业，并将有关情况报告煤矿安全监察机构。

第三十一条 煤矿安全监察人员发现煤矿矿长或者其他主管人员违章指挥工人或者强令工人违章、冒险作业，或者发现工人违章作业的，应当立即纠正或者责令立即停止作业。

第三十二条 煤矿安全监察机构及其煤矿安全监察人员履行安全监察职责，向煤矿有关人员了解情况时，有关人员应当如实反映情况，不得提供虚假情况，不得隐瞒本煤矿存在的事故隐患以及其他安全问题。

第三十三条 煤矿安全监察机构依照本条例的规定责令煤矿限期解决事故隐患、限期改正影响煤矿安全的违法行为或者限期使安全设施和条件达到要求的，应当在限期届满时及时对煤矿的执行情况进行复查并签署复查意见；经有关煤矿申请，也可以在限期内进行复查并签署复查意见。

煤矿安全监察机构及其煤矿安全监察人员依照本条例的规定责令煤矿立即停止作业，责令立即停止使用不符合国家安全标准或者行业安全标准的设备、器材、仪器、仪表、防护用品，或者责令关闭矿井的，应当对煤矿的执行情况随时进行检查。

第三十四条 煤矿安全监察机构及其煤矿安全监察人员履行安全监察职责，应当出示安全监察证件。发出安全监察指令，应当采用书面通知形式；紧急情况下需要采取紧急处置措施，来不及书面通知的，应当随后补充书面通知。

第四章 罚 则

第三十五条 煤矿建设工程安全设施设计未经煤矿安全监察机构审查同意，擅自施工的，由煤矿安全监察机构责令停止施工；拒不执行的，由煤矿安全监察机构移送地质矿产主管部门依法吊销采矿许可证。

第三十六条 煤矿建设工程安全设施和条件未经验收或者验收不合格，擅自投入生产的，由煤矿安全监察机构责令停止生产，处5万元以上10万元以下的罚款；拒不停止生产的，由煤矿安全监察机构移送地质矿产主管部门依法吊销采矿许可证。

第三十七条 煤矿矿井通风、防火、防水、防瓦斯、防毒、防尘等安全设施和条件不符合国家安全标准、行业安全标准、煤矿安全规程和行业技术规范的要求，经煤矿安全监察机构责令限期达到要求，逾期仍达不到要求的，由煤矿安全监察机构责令停产整顿；经停产整顿仍不具备安全生产条件的，由煤矿安全监察机构决定吊销安全生产许可证，并移送地质矿产主管部门依法吊销采矿许可证。

第三十八条 煤矿作业场所未使用专用防爆电器设备、专用放炮器、人员专用升降容器或者使用明火明电照明，经煤矿安全监察机构责令限期改正，逾期不改正的，由煤矿安全监察机构责令停产整顿，可以处3万元以下的罚款。

第三十九条 未依法提取或者使用煤矿安全技术措施专项费用，或者使用不符合国家安全标准或者行业安全标准的设备、器材、仪器、仪表、防护用品，经煤矿安全监察机构责令限期改正或者责令立即停止使用，逾期不改正或者不立即停止使用的，由煤矿安全监察机构处5万元以下的罚款；情节严重的，由煤矿安全监察机构责令停产整顿；对直接负责的主管人员和其他直接责任人员，依法给予纪律处分。

第四十条 煤矿矿长不具备安全专业知识，或者特种作业人员未取得操作资格证书上岗作业，经煤矿安全监察机构责令限期改正，逾期不改正的，责令停产整顿；调整配备合格人员并经复查合格后，方可恢复生产。

第四十一条 分配职工上岗作业前未进行安全教育、培训，经煤矿安全监察机构责令限期改正，逾期不改正的，由煤矿安全监察机构处4万元以下的罚款；情节严重的，由煤矿安全监察机构责令停产整顿；对直接负责的主管人员和其他直接责任人员，依法给予纪律处分。

第四十二条 煤矿作业场所的瓦斯、粉尘或者其他有毒有害气体的浓度超过国家安全标准或者行业安全标准，经煤矿安全监察人员责令立即停止作业，拒不停止作业的，由煤矿安全监察机构责令停产整顿，可以处10万元以下的罚款。

第四十三条 擅自开采保安煤柱，或者采用危及相邻煤矿生产安全的决水、爆破、贯通巷道等危险方法进行采矿作业，经煤矿安全监察人员责令立即停止作业，拒不停止作业的，由煤矿安全监察机构决定吊销安全生产许可证，并移送地质矿产主管部门依法吊销采矿许可证；构成犯罪的，依法追究刑事责任；造成损失的，依法承担赔偿责任。

第四十四条 煤矿矿长或者其他主管人员有下列行为之一的，由煤矿安全监察机构给予警告；造成严重后果，构成犯罪的，依法追究刑事责任：

（一）违章指挥工人或者强令工人违章、冒险作业的；

（二）对工人屡次违章作业熟视无睹，不加制止的；

（三）对重大事故预兆或者已发现的事故隐患不及时采取措施的；

（四）拒不执行煤矿安全监察机构及其煤矿安全监察人员的安全监察指令的。

第四十五条 煤矿有关人员拒绝、阻碍煤矿安全监察机构及其煤矿安全监察人员现场检查，或者提供虚假情况，或者隐瞒存在的事故隐患以及其他安全问题的，由煤矿安全监察机构给予警告，可以并处5万元以上10万元以下的罚款；情节严重的，由煤矿安全监察机构责令停产整顿；对直接负责的主管人员和其他直接责任人员，依法给予撤职直至开除的纪律处分。

第四十六条 煤矿发生事故，有下列情形之一的，由煤矿安全监察机构给予警告，可以并处3万元以上15万元以下的罚款；情节严重的，由煤矿安全监察机构责令停产整顿；对直接负责的主管人员和其他直接责任人员，依法给予降级直至开除的纪律处分；构成犯罪的，依法追究刑事责任：

（一）不按照规定及时、如实报告煤矿事故的；

（二）伪造、故意破坏煤矿事故现场的；

（三）阻碍、干涉煤矿事故调查工作，拒绝接受调查取证、提供有关情况和资料的。

第四十七条 依照本条例规定被吊销采矿许可证的，由工商行政管理部门依法相应吊销营业执照。

第四十八条 煤矿安全监察人员滥用职权、玩忽职守、徇私舞弊，应当发现而没有发现煤矿事故隐患或者影响煤矿安全的违法行为，或者发现事故隐患或者影响煤矿安全的违法行为不及时处理或者报告，或者有违反本条例第十九条规定行为之一，构成犯罪的，依法追究刑事责任；尚不构成犯罪的，依法给予行政处分。

第五章 附 则

第四十九条 未设立地区煤矿安全监察机构的省、自治区、直辖市，省、自治区、直辖市人民政府可以指定有关部门依照本条例的规定对本行政区域内的煤矿实施安全监察。

第五十条 本条例自2000年12月1日起施行。

3. 国务院关于特大安全事故行政责任追究的规定

（2001 年 4 月 21 日国务院令第 302 号公布）

第一条 为了有效地防范特大安全事故的发生，严肃追究特大安全事故的行政责任，保障人民群众生命、财产安全，制定本规定。

第二条 地方人民政府主要领导人和政府有关部门正职负责人对下列特大安全事故的防范、发生，依照法律、行政法规和本规定的规定有失职、渎职情形或者负有领导责任的，依照本规定给予行政处分；构成玩忽职守罪或者其他罪的，依法追究刑事责任：

（一）特大火灾事故；

（二）特大交通安全事故；

（三）特大建筑质量安全事故；

（四）民用爆炸物品和化学危险品特大安全事故；

（五）煤矿和其他矿山特大安全事故；

（六）锅炉、压力容器、压力管道和特种设备特大安全事故；

（七）其他特大安全事故。

地方人民政府和政府有关部门对特大安全事故的防范、发生直接负责的主管人员和其他直接责任人员，比照本规定给予行政处分；构成玩忽职守罪或者其他罪的，依法追究刑事责任。

特大安全事故肇事单位和个人的刑事处罚、行政处罚和民事责任，依照有关法律、法规和规章的规定执行。

第三条 特大安全事故的具体标准，按照国家有关规定执行。

第四条 地方各级人民政府及政府有关部门应当依照有关法律、法规和规章的规定，采取行政措施，对本地区实施安全监督管理，保障本地区人民群众生命、财产安全，对本地区或者职责范围内防范特大安全事故的发生、特大安全事故发生后的迅速和妥善处理负责。

第五条 地方各级人民政府应当每个季度至少召开一次防范特大安全事故工作会议，由政府主要领导人或者政府主要领导人委托政府分管领导人召集有关部门正职负责人参加，分析、布置、督促、检查本地区防范特大安全事故的工作。会议应当作出决定并形成纪要，会议确定的各项防范措施必须严格实施。

第六条 市（地、州）、县（市、区）人民政府应当组织有关部门按照职责分工对本地区容易发生特大安全事故的单位、设施和场所安全事故的防范明确责任、采取措施，并组织有关部门对上述单位、设施和场所进行严格检查。

第七条 市（地、州）、县（市、区）人民政府必须制定本地区特大安全事故应急处理预案。本地区特大安全事故应急处理预案经政府主要领导人签署后，报上一级人民政府备案。

第八条 市（地、州）、县（市、区）人民政府应当组织有关部门对本规定第二条所列各类特大安全事故的隐患进行查处；发现特大安全事故隐患的，责令立即排除；特大安全事故隐患排除前或者排除过程中，无法保证安全的，责令暂时停产、停业或者停止使用。法律、行政法规对查处机关另有规定的，依照其规定。

第九条 市（地、州）、县（市、区）人民政府及其有关部门对本地区存在的特大安全事故隐患，超出其管辖或者职责范围的，应当立即向有管辖权或者负有职责的上级人民政府或者政府有关部门报告；情况紧急的，可以立即采取包括责令暂时停产、停业在内的紧急措施，同时报告；有关上级人民政府或者政府有关部门接到报告后，应当立即组织查处。

第十条 中小学校对学生进行劳动技能教育以及组织学生参加公益劳动等社会实践活动，必须确保学生安全。严禁以任何形式、名义组织学生从事接触易燃、易爆、有毒、有害等危险品的劳动或者其他危险性劳动。严禁将学校场地出租作为从事易燃、易爆、有毒、有害等危险品的生产、经营场所。

中小学校违反前款规定的，按照学校隶属关系，对县（市、区）、乡（镇）人民政府主要领导人和县（市、区）人民政府教育行政部门正职负责人，根据情节轻重，给予记过、降级直至撤职的行政处分；构成玩忽职守罪或者其他罪的，依法追究刑事责任。

中小学校违反本条第一款规定的，对校长给予撤职的行政处分，对直接组织者给予开除公职的行政处分；构成非法制造爆炸物罪或者其他罪的，依法追究刑事责任。

第十一条 依法对涉及安全生产事项负责行政审批（包括批准、核准、许可、注册、认证、颁发证照、竣工验收等，下同）的政府部门或者机构，必须严格依照法律、法规和规章规定的安全条件和程序进行审查；不符合法律、法规和规章规定的安全条件的，不得批准；不符合法律、法规和规章规定的安全条件，弄虚作假，骗取批准或者勾结串通行政审批工作人员取得批准的，负责行政审批的政府部门或者机构除必须立即撤销原批准外，应当对弄虚作假骗取批准或者勾结串通行政审批工作人员的当事人依法给予行政处罚；构成行贿罪或者其他罪的，依法追究刑事责任。

负责行政审批的政府部门或者机构违反前款规定，对不符合法律、法规和规章规定的安全条件予以批准的，对部门或者机构的正职负责人，根据情节轻重，给予降级、撤职直至开除公职的行政处分；与当事人勾结串通的，应当开除公职；构成受贿罪、玩忽职守罪或者其他罪的，依法追究刑事责任。

第十二条 对依照本规定第十一条第一款的规定取得批准的单位和个人，负责行政审批的政府部门或者机构必须对其实施严格监督检查；发现其不再具备安全条件的，必须立即撤销原批准。

负责行政审批的政府部门或者机构违反前款规定，不对取得批准的单位和个人实施严格监督检查，或者发现其不再具备安全条件而不立即撤销原批准的，对部门或者机构的正职负责人，根据情节轻重，给予降级或者撤职的行政处分；构成受贿罪、玩忽职守罪或者其他罪的，依法追究刑事责任。

第十三条 对未依法取得批准，擅自从事有关活动的，负责行政审批的政府部门或者机构发现或者接到举报后，应当立即予以查封、取缔，并依法给予行政处罚；属于经营单位的，由工商行政管理部门依法相应吊销营业执照。

负责行政审批的政府部门或者机构违反前款规定，对发现或者举报的未依法取得批准而擅自从事有关活动的，不予查封、取缔、不依法给予行政处罚，工商行政管理部门不予吊销营业执照的，对部门或者机构的正职负责人，根据情节轻重，给予降级或者撤职的行政处分；构成受贿罪、玩忽职守罪或者其他罪的，依法追究刑事责任。

第十四条 市（地、州）、县（市、区）人民政府依照本规定应当履行职责而未履行，或者未按照规定的职责和程序履行，本地区发生特大安全事故的，对政府主要领导人，根据情节轻重，给予降级或者撤职的行政处分；构成玩忽职守罪的，依法追究刑事责任。

负责行政审批的政府部门或者机构、负责安全监督管理的政府有关部门，未依照本规定履行职责，发生特大安全事故的，对部门或者机构的正职负责人，根据情节轻重，给予撤职或者开除公职的行政处分；构成玩忽职守罪或者其他罪的，依法追究刑事责任。

第十五条 发生特大安全事故，社会影响特别恶劣或者性质特别严重的，由国务院对负有领导责任的省长、自治区主席、直辖市市长和国务院有关部门正职负责人给予行政处分。

第十六条 特大安全事故发生后，有关县（市、区）、市（地、州）和省、自治区、直辖市人民政府及政府有关部门应当按照国家规定的程序和时限立即上报，不得隐瞒不报、谎报或者拖延报告，并应当配合、协助事故调查，不得以任何方式阻碍、干涉事故调查。

特大安全事故发生后，有关地方人民政府及政府有关部门违反前款规定的，对政府主要领导人和政府部门正职负责人给予降级的行政处分。

第十七条 特大安全事故发生后，有关地方人民政府应当迅速组织救助，有关部门应当服从指挥、调度，参加或者配合救助，将事故损失降到最低限度。

第十八条 特大安全事故发生后，省、自治区、直辖市人民政府应当按照国家有关规定迅速、如实发布事故消息。

第十九条 特大安全事故发生后，按照国家有关规定组织调查组对事故进行调查。事故调查工作应当自事故发生之日起60日内完成，并由调查组提出调查报告；遇有特殊情况的，经调查组提出并报国家安全生产监督管理机构批准后，可以适当延长时间。调查报告应当包括依照本规定对有关责任人员追究行政责任或者其他法律责任的意见。

省、自治区、直辖市人民政府应当自调查报告提交之日起30日内，对有关责任人员作出处理决定；必要时，国务院可以对特大安全事故的有关责任人员作出处理决定。

第二十条 地方人民政府或者政府部门阻挠、干涉对特大安全事故有关责任人员追究行政责任的，对该地方人民政府主要领导人或者政府部门正职负责人，根据情节轻重，给予降级或者撤职的行政处分。

第二十一条 任何单位和个人均有权向有关地方人民政府或者政府部门报告特大安全事故隐患，有权向上级人民政府或者政府部门举报地方人民政府或者政府部门不履行安全监督管理职责或者不按照规定履行职责的情况。接到报告或者举报的有关人民政府或者政府部门，应当立即组织对事故隐患进行查处，或者对举报的不履行、不按照规定履行安全监督管理职责的情况进行调查处理。

第二十二条 监察机关依照行政监察法的规定，对地方各级人民政府和政府部门及其工作人员履行安全监督管理职责实施监察。

第二十三条 对特大安全事故以外的其他安全事故的防范、发生追究行政责任的办法，由省、自治区、直辖市人民政府参照本规定制定。

第二十四条 本规定自公布之日起施行。

4. 行政执法机关移送涉嫌犯罪案件的规定

（2001 年 7 月 9 日国务院令第 310 号公布）

《行政执法机关移送涉嫌犯罪案件的规定》已经 2001 年 7 月 4 日国务院第 42 次常务会议通过，现予公布，自公布之日起施行。

第一条 为了保证行政执法机关向公安机关及时移送涉嫌犯罪案件，依法惩罚破坏社会主义市场经济秩序罪、妨害社会管理秩序罪以及其他罪，保障社会主义建设事业顺利进行，制定本规定。

第二条 本规定所称行政执法机关，是指依照法律、法规或者规章的规定，对破坏社会主义市场经济秩序、妨害社会管理秩序以及其他违法行为具有行政处罚权的行政机关，以及法律、法规授权的具有管理公共事务职能、在法定授权范围内实施行政处罚的组织。

第三条 行政执法机关在依法查处违法行为过程中，发现违法事实涉及的金额、违法事实的情节、违法事实造成的后果等，根据刑法关于破坏社会主义市场经济秩序罪、妨害社会管理秩序罪等罪的规定和最高人民法院、最高人民检察院关于破坏社会主义市场经济秩序罪、妨害社会管理秩序罪等罪的司法解释以及最高人民检察院、公安部关于经济犯罪案件的追诉标准等规定，涉嫌构成犯罪，依法需要追究刑事责任的，必须依照本规定向公安机关移送。

第四条 行政执法机关在查处违法行为过程中，必须妥善保存所收集的与违法行为有关的证据。

行政执法机关对查获的涉案物品，应当如实填写涉案物品清单，并按照国家有关规定予以处理。对易腐烂、变质等不宜或者不易保管的涉案物品，应当采取必要措施，留取证据；对需要进行检验、鉴定的涉案物品，应当由法定检验、鉴定机构进行检验、鉴定，并出具检验报告或者鉴定结论。

第五条 行政执法机关对应当向公安机关移送的涉嫌犯罪案件，应当立即指定 2 名或者 2 名以上行政执法人员组成专案组专门负责，核实情况后提出移送涉嫌犯罪案件的书面报告，报经本机关正职负责人或者主持工作的负责人审批。

行政执法机关正职负责人或者主持工作的负责人应当自接到报告之日起 3 日内作出批准移送或者不批准移送的决定。决定批准的，应当在 24 小时内向同级公安机关移送；决定不批准的，应当将不予批准的理由记录在案。

第六条 行政执法机关向公安机关移送涉嫌犯罪案件，应当附有下列材料：

（一）涉嫌犯罪案件移送书；

（二）涉嫌犯罪案件情况的调查报告；

（三）涉案物品清单；

（四）有关检验报告或者鉴定结论；

（五）其他有关涉嫌犯罪的材料。

第七条 公安机关对行政执法机关移送的涉嫌犯罪案件，应当在涉嫌犯罪案件移送书的回执上签字；其中，不属于本机关管辖的，应当在 24 小时内转送有管辖权的机关，并书面告知移送案件的行政执法机关。

第八条 公安机关应当自接受行政执法机关移送的涉嫌犯罪案件之日起 3 日内，依照刑法、刑事诉讼法以及最高人民法院、最高人民检察院关于立案标准和公安部关于公安机关办理刑事案件程序的规定，对所移送的案件进行审查。认为有犯罪事实，需要追究刑事责任，依法决定立案的，应当书面通知移送案件的行政执法机关；认为没有犯罪事实，或者犯罪事实显著轻微，不需要追究刑事责任，依法不予立案的，应当说明理由，并书面通知移送案件的行政执法机关，相应退回案卷材料。

第九条 行政执法机关接到公安机关不予立案的通知书后，认为依法应当由公安机关决定立案的，可以自接到不予立案通知书之日起3日内，提请作出不予立案决定的公安机关复议，也可以建议人民检察院依法进行立案监督。

作出不予立案决定的公安机关应当自收到行政执法机关提请复议的文件之日起3日内作出立案或者不予立案的决定，并书面通知移送案件的行政执法机关。移送案件的行政执法机关对公安机关不予立案的复议决定仍有异议的，应当自收到复议决定通知书之日起3日内建议人民检察院依法进行立案监督。

公安机关应当接受人民检察院依法进行的立案监督。

第十条 行政执法机关对公安机关决定不予立案的案件，应当依法作出处理；其中，依照有关法律、法规或者规章的规定应当给予行政处罚的，应当依法实施行政处罚。

第十一条 行政执法机关对应当向公安机关移送的涉嫌犯罪案件，不得以行政处罚代替移送。

行政执法机关向公安机关移送涉嫌犯罪案件前已经作出的警告，责令停产停业，暂扣或者吊销许可证、暂扣或者吊销执照的行政处罚决定，不停止执行。

依照行政处罚法的规定，行政执法机关向公安机关移送涉嫌犯罪案件前，已经依法给予当事人罚款的，人民法院判处罚金时，依法折抵相应罚金。

第十二条 行政执法机关对公安机关决定立案的案件，应当自接到立案通知书之日起3日内将涉案物品以及与案件有关的其他材料移交公安机关，并办结交接手续；法律、行政法规另有规定的，依照其规定。

第十三条 公安机关对发现的违法行为，经审查，没有犯罪事实，或者立案侦查后认为犯罪事实显著轻微，不需要追究刑事责任，但依法应当追究行政责任的，应当及时将案件移送同级行政执法机关，有关行政执法机关应当依法作出处理。

第十四条 行政执法机关移送涉嫌犯罪案件，应当接受人民检察院和监察机关依法实施的监督。

任何单位和个人对行政执法机关违反本规定，应当向公安机关移送涉嫌犯罪案件而不移送的，有权向人民检察院、监察机关或者上级行政执法机关举报。

第十五条 行政执法机关违反本规定，隐匿、私分、销毁涉案物品的，由本级或者上级人民政府，或者实行垂直管理的上级行政执法机关，对其正职负责人根据情节轻重，给予降级以上的行政处分；构成犯罪的，依法追究刑事责任。

对前款所列行为直接负责的主管人员和其他直接责任人员，比照前款的规定给予行政处分；构成犯罪的，依法追究刑事责任。

第十六条 行政执法机关违反本规定，逾期不将案件移送公安机关的，由本级或者上级人民政府，或者实行垂直管理的上级行政执法机关，责令限期移送，并对其正职负责人或者主持工作的负责人根据情节轻重，给予记过以上的行政处分；构成犯罪的，依法追究刑事责任。

行政执法机关违反本规定，对应当向公安机关移送的案件不移送，或者以行政处罚代替移送的，由本级或者上级人民政府，或者实行垂直管理的上级行政执法机关，责令改正，给予通报；拒不改正的，对其正职负责人或者主持工作的负责人给予记过以上的行政处分；构成犯罪的，依法追究刑事责任。

对本条第一款、第二款所列行为直接负责的主管人员和其他直接责任人员，分别比照前两款的规定给予行政处分；构成犯罪的，依法追究刑事责任。

第十七条 公安机关违反本规定，不接受行政执法机关移送的涉嫌犯罪案件，或者逾期不作出立案或者不予立案的决定的，除由人民检察院依法实施立案监督外，由本级或者上级人民政府责令改正，对其正职负责人根据情节轻重，给予记过以上的行政处分；构成犯罪的，依法追究刑事责任。

对前款所列行为直接负责的主管人员和其他直接责任人员，比照前款的规定给予行政处分；构成犯罪的，依法追究刑事责任。

第十八条 行政执法机关在依法查处违法行为过程中，发现贪污贿赂、国家工作人员渎职或者国家机关工作人员利用职权侵犯公民人身权利和民主权利等违法行为，涉嫌构成犯罪的，应当比照本规定及时将案件移送人民检察院。

第十九条 本规定自公布之日起施行。

5. 工伤保险条例

（2003 年 4 月 27 日国务院令第 375 号公布，2010 年 12 月 20 日国务院令第 586 号修正）

第一章　总　　则

第一条　为了保障因工作遭受事故伤害或者患职业病的职工获得医疗救治和经济补偿，促进工伤预防和职业康复，分散用人单位的工伤风险，制定本条例。

第二条　中华人民共和国境内的企业、事业单位、社会团体、民办非企业单位、基金会、律师事务所、会计师事务所等组织和有雇工的个体工商户（以下称用人单位）应当依照本条例规定参加工伤保险，为本单位全部职工或者雇工（以下称职工）缴纳工伤保险费。

中华人民共和国境内的企业、事业单位、社会团体、民办非企业单位、基金会、律师事务所、会计师事务所等组织的职工和个体工商户的雇工，均有依照本条例的规定享受工伤保险待遇的权利。

第三条　工伤保险费的征缴按照《社会保险费征缴暂行条例》关于基本养老保险费、基本医疗保险费、失业保险费的征缴规定执行。

第四条　用人单位应当将参加工伤保险的有关情况在本单位内公示。

用人单位和职工应当遵守有关安全生产和职业病防治的法律法规，执行安全卫生规程和标准，预防工伤事故发生，避免和减少职业病危害。

职工发生工伤时，用人单位应当采取措施使工伤职工得到及时救治。

第五条　国务院社会保险行政部门负责全国的工伤保险工作。

县级以上地方各级人民政府社会保险行政部门负责本行政区域内的工伤保险工作。

社会保险行政部门按照国务院有关规定设立的社会保险经办机构（以下称经办机构）具体承办工伤保险事务。

第六条　社会保险行政部门等部门制定工伤保险的政策、标准，应当征求工会组织、用人单位代表的意见。

第二章　工伤保险基金

第七条　工伤保险基金由用人单位缴纳的工伤保险费、工伤保险基金的利息和依法纳入工伤保险基金的其他资金构成。

第八条　工伤保险费根据以支定收、收支平衡的原则，确定费率。

国家根据不同行业的工伤风险程度确定行业的差别费率，并根据工伤保险费使用、工伤发生率等情况在每个行业内确定若干费率档次。行业差别费率及行业内费率档次由国务院社会保险行政部门制定，报国务院批准后公布施行。

统筹地区经办机构根据用人单位工伤保险费使用、工伤发生率等情况，适用所属行业内相应的费率档次确定单位缴费费率。

第九条　国务院社会保险行政部门应当定期了解全国各统筹地区工伤保险基金收支情况，及时提出调整行业差别费率及行业内费率档次的方案，报国务院批准后公布施行。

第十条 用人单位应当按时缴纳工伤保险费。职工个人不缴纳工伤保险费。

用人单位缴纳工伤保险费的数额为本单位职工工资总额乘以单位缴费费率之积。

对难以按照工资总额缴纳工伤保险费的行业，其缴纳工伤保险费的具体方式，由国务院社会保险行政部门规定。

第十一条 工伤保险基金逐步实行省级统筹。

跨地区、生产流动性较大的行业，可以采取相对集中的方式异地参加统筹地区的工伤保险。具体办法由国务院社会保险行政部门会同有关行业的主管部门制定。

第十二条 工伤保险基金存入社会保障基金财政专户，用于本条例规定的工伤保险待遇，劳动能力鉴定，工伤预防的宣传、培训等费用，以及法律、法规规定的用于工伤保险的其他费用的支付。

工伤预防费用的提取比例、使用和管理的具体办法，由国务院社会保险行政部门会同国务院财政、卫生行政、安全生产监督管理等部门规定。

任何单位或者个人不得将工伤保险基金用于投资运营、兴建或者改建办公场所、发放奖金，或者挪作其他用途。

第十三条 工伤保险基金应当留有一定比例的储备金，用于统筹地区重大事故的工伤保险待遇支付；储备金不足支付的，由统筹地区的人民政府垫付。储备金占基金总额的具体比例和储备金的使用办法，由省、自治区、直辖市人民政府规定。

第三章 工 伤 认 定

第十四条 职工有下列情形之一的，应当认定为工伤：

（一）在工作时间和工作场所内，因工作原因受到事故伤害的；

（二）工作时间前后在工作场所内，从事与工作有关的预备性或者收尾性工作受到事故伤害的；

（三）在工作时间和工作场所内，因履行工作职责受到暴力等意外伤害的；

（四）患职业病的；

（五）因工外出期间，由于工作原因受到伤害或者发生事故下落不明的；

（六）在上下班途中，受到非本人主要责任的交通事故或者城市轨道交通、客运轮渡、火车事故伤害的；

（七）法律、行政法规规定应当认定为工伤的其他情形。

第十五条 职工有下列情形之一的，视同工伤：

（一）在工作时间和工作岗位，突发疾病死亡或者在48小时之内经抢救无效死亡的；

（二）在抢险救灾等维护国家利益、公共利益活动中受到伤害的；

（三）职工原在军队服役，因战、因公负伤致残，已取得革命伤残军人证，到用人单位后旧伤复发的。

职工有前款第（一）项、第（二）项情形的，按照本条例的有关规定享受工伤保险待遇；职工有前款第（三）项情形的，按照本条例的有关规定享受除一次性伤残补助金以外的工伤保险待遇。

第十六条 职工符合本条例第十四条、第十五条的规定，但是有下列情形之一的，不得认定为工伤或者视同工伤：

（一）故意犯罪的；

（二）醉酒或者吸毒的；

（三）自残或者自杀的。

第十七条 职工发生事故伤害或者按照职业病防治法规定被诊断、鉴定为职业病，所在单位应当自事故伤害发生之日或者被诊断、鉴定为职业病之日起30日内，向统筹地区社会保险行政部门提出工伤认定申请。遇有特殊情况，经报社会保险行政部门同意，申请时限可以适当延长。

用人单位未按前款规定提出工伤认定申请的，工伤职工或者其近亲属、工会组织在事故伤害发生之日或者被诊断、鉴定为职业病之日起1年内，可以直接向用人单位所在地统筹地区社会保险行政部门提出工伤认定申请。

按照本条第一款规定应当由省级社会保险行政部门进行工伤认定的事项，根据属地原则由用人单位所在地的设区的市级社会保险行政部门办理。

用人单位未在本条第一款规定的时限内提交工伤认定申请，在此期间发生符合本条例规定的工伤待遇等有关费用由该用人单位负担。

第十八条 提出工伤认定申请应当提交下列材料：

（一）工伤认定申请表；

（二）与用人单位存在劳动关系（包括事实劳动关系）的证明材料；

（三）医疗诊断证明或者职业病诊断证明书（或者职业病诊断鉴定书）。

工伤认定申请表应当包括事故发生的时间、地点、原因以及职工伤害程度等基本情况。

工伤认定申请人提供材料不完整的，社会保险行政部门应当一次性书面告知工伤认定申请人需要补正的全部材料。申请人按照书面告知要求补正材料后，社会保险行政部门应当受理。

第十九条 社会保险行政部门受理工伤认定申请后，根据审核需要可以对事故伤害进行调查核实，用人单位、职工、工会组织、医疗机构以及有关部门应当予以协助。职业病诊断和诊断争议的鉴定，依照职业病防治法的有关规定执行。对依法取得职业病诊断证明书或者职业病诊断鉴定书的，社会保险行政部门不再进行调查核实。

职工或者其近亲属认为是工伤，用人单位不认为是工伤的，由用人单位承担举证责任。

第二十条 社会保险行政部门应当自受理工伤认定申请之日起60日内作出工伤认定的决定，并书面通知申请工伤认定的职工或者其近亲属和该职工所在单位。

社会保险行政部门对受理的事实清楚、权利义务明确的工伤认定申请，应当在15日内作出工伤认定的决定。

作出工伤认定决定需要以司法机关或者有关行政主管部门的结论为依据的，在司法机关或者有关行政主管部门尚未作出结论期间，作出工伤认定决定的时限中止。

社会保险行政部门工作人员与工伤认定申请人有利害关系的，应当回避。

第四章 劳动能力鉴定

第二十一条 职工发生工伤，经治疗伤情相对稳定后存在残疾、影响劳动能力的，应当进行劳动能力鉴定。

第二十二条 劳动能力鉴定是指劳动功能障碍程度和生活自理障碍程度的等级鉴定。

劳动功能障碍分为十个伤残等级，最重的为一级，最轻的为十级。

生活自理障碍分为三个等级：生活完全不能自理、生活大部分不能自理和生活部分不能自理。

劳动能力鉴定标准由国务院社会保险行政部门会同国务院卫生行政部门等部门制定。

第二十三条 劳动能力鉴定由用人单位、工伤职工或者其近亲属向设区的市级劳动能力鉴定委员会提出申请，并提供工伤认定决定和职工工伤医疗的有关资料。

第二十四条 省、自治区、直辖市劳动能力鉴定委员会和设区的市级劳动能力鉴定委员会分别由省、自治区、直辖市和设区的市级社会保险行政部门、卫生行政部门、工会组织、经办机构代表以及用人单位代表组成。

劳动能力鉴定委员会建立医疗卫生专家库。列入专家库的医疗卫生专业技术人员应当具备下列条件：

（一）具有医疗卫生高级专业技术职务任职资格；

（二）掌握劳动能力鉴定的相关知识；

（三）具有良好的职业品德。

第二十五条 设区的市级劳动能力鉴定委员会收到劳动能力鉴定申请后，应当从其建立的医疗卫生专家库中随机抽取3名或者5名相关专家组成专家组，由专家组提出鉴定意见。设区的市级劳动能力鉴定委员会根据专家组的鉴定意见作出工伤职工劳动能力鉴定结论；必要时，可以委托具备资格的医疗机构协助进行有关的诊断。

设区的市级劳动能力鉴定委员会应当自收到劳动能力鉴定申请之日起60日内作出劳动能力鉴定结论，必要时，作出劳动能力鉴定结论的期限可以延长30日。劳动能力鉴定结论应当及时送达申请鉴定的单位和个人。

第二十六条 申请鉴定的单位或者个人对设区的市级劳动能力鉴定委员会作出的鉴定结论不服的，可以在收到该鉴定结论之日起15日内向省、自治区、直辖市劳动能力鉴定委员会提出再次鉴定申请。省、自治区、直辖市劳动能力鉴定委员会作出的劳动能力鉴定结论为最终结论。

第二十七条 劳动能力鉴定工作应当客观、公正。劳动能力鉴定委员会组成人员或者参加鉴定的专家与当事人有利害关系的，应当回避。

第二十八条 自劳动能力鉴定结论作出之日起1年后，工伤职工或者其近亲属、所在单位或者经办机构认为伤残情况发生变化的，可以申请劳动能力复查鉴定。

第二十九条 劳动能力鉴定委员会依照本条例第二十六条和第二十八条的规定进行再次鉴定和复查鉴定的期限，依照本条例第二十五条第二款的规定执行。

第五章　工伤保险待遇

第三十条 职工因工作遭受事故伤害或者患职业病进行治疗，享受工伤医疗待遇。

职工治疗工伤应当在签订服务协议的医疗机构就医，情况紧急时可以先到就近的医疗机构急救。

治疗工伤所需费用符合工伤保险诊疗项目目录、工伤保险药品目录、工伤保险住院服务标准的，从工伤保险基金支付。工伤保险诊疗项目目录、工伤保险药品目录、工伤保险住院服务标准，由国务院社会保险行政部门会同国务院卫生行政部门、食品药品监督管理部门等部门规定。

职工住院治疗工伤的伙食补助费，以及经医疗机构出具证明，报经办机构同意，工伤职工到统筹地区以外就医所需的交通、食宿费用从工伤保险基金支付，基金支付的具体标准由统筹地区人民政府规定。

工伤职工治疗非工伤引发的疾病，不享受工伤医疗待遇，按照基本医疗保险办法处理。

工伤职工到签订服务协议的医疗机构进行工伤康复的费用，符合规定的，从工伤保险基金支付。

第三十一条 社会保险行政部门作出认定为工伤的决定后发生行政复议、行政诉讼的，行政复议和行政诉讼期间不停止支付工伤职工治疗工伤的医疗费用。

第三十二条 工伤职工因日常生活或者就业需要，经劳动能力鉴定委员会确认，可以安装假肢、矫形器、假眼、假牙和配置轮椅等辅助器具，所需费用按照国家规定的标准从工伤保险基金支付。

第三十三条 职工因工作遭受事故伤害或者患职业病需要暂停工作接受工伤医疗的，在停工留薪期内，原工资福利待遇不变，由所在单位按月支付。

停工留薪期一般不超过12个月。伤情严重或者情况特殊，经设区的市级劳动能力鉴定委员会确认，可以适当延长，但延长不得超过12个月。工伤职工评定伤残等级后，停发原待遇，按照本章的有关规定享受伤残待遇。工伤职工在停工留薪期满后仍需治疗的，继续享受工伤医疗待遇。

生活不能自理的工伤职工在停工留薪期需要护理的，由所在单位负责。

第三十四条 工伤职工已经评定伤残等级并经劳动能力鉴定委员会确认需要生活护理的，从工伤保险基金按月支付生活护理费。

生活护理费按照生活完全不能自理、生活大部分不能自理或者生活部分不能自理 3 个不同等级支付，其标准分别为统筹地区上年度职工月平均工资的 50%、40% 或者 30%。

第三十五条 职工因工致残被鉴定为一级至四级伤残的，保留劳动关系，退出工作岗位，享受以下待遇：

（一）从工伤保险基金按伤残等级支付一次性伤残补助金，标准为：一级伤残为 27 个月的本人工资，二级伤残为 25 个月的本人工资，三级伤残为 23 个月的本人工资，四级伤残为 21 个月的本人工资；

（二）从工伤保险基金按月支付伤残津贴，标准为：一级伤残为本人工资的 90%，二级伤残为本人工资的 85%，三级伤残为本人工资的 80%，四级伤残为本人工资的 75%。伤残津贴实际金额低于当地最低工资标准的，由工伤保险基金补足差额；

（三）工伤职工达到退休年龄并办理退休手续后，停发伤残津贴，按照国家有关规定享受基本养老保险待遇。基本养老保险待遇低于伤残津贴的，由工伤保险基金补足差额。

职工因工致残被鉴定为一级至四级伤残的，由用人单位和职工个人以伤残津贴为基数，缴纳基本医疗保险费。

第三十六条 职工因工致残被鉴定为五级、六级伤残的，享受以下待遇：

（一）从工伤保险基金按伤残等级支付一次性伤残补助金，标准为：五级伤残为 18 个月的本人工资，六级伤残为 16 个月的本人工资；

（二）保留与用人单位的劳动关系，由用人单位安排适当工作。难以安排工作的，由用人单位按月发给伤残津贴，标准为：五级伤残为本人工资的 70%，六级伤残为本人工资的 60%，并由用人单位按照规定为其缴纳应缴纳的各项社会保险费。伤残津贴实际金额低于当地最低工资标准的，由用人单位补足差额。

经工伤职工本人提出，该职工可以与用人单位解除或者终止劳动关系，由工伤保险基金支付一次性工伤医疗补助金，由用人单位支付一次性伤残就业补助金。一次性工伤医疗补助金和一次性伤残就业补助金的具体标准由省、自治区、直辖市人民政府规定。

第三十七条 职工因工致残被鉴定为七级至十级伤残的，享受以下待遇：

（一）从工伤保险基金按伤残等级支付一次性伤残补助金，标准为：七级伤残为 13 个月的本人工资，八级伤残为 11 个月的本人工资，九级伤残为 9 个月的本人工资，十级伤残为 7 个月的本人工资；

（二）劳动、聘用合同期满终止，或者职工本人提出解除劳动、聘用合同的，由工伤保险基金支付一次性工伤医疗补助金，由用人单位支付一次性伤残就业补助金。一次性工伤医疗补助金和一次性伤残就业补助金的具体标准由省、自治区、直辖市人民政府规定。

第三十八条 工伤职工工伤复发，确认需要治疗的，享受本条例第三十条、第三十二条和第三十三条规定的工伤待遇。

第三十九条 职工因工死亡，其近亲属按照下列规定从工伤保险基金领取丧葬补助金、供养亲属抚恤金和一次性工亡补助金：

（一）丧葬补助金为 6 个月的统筹地区上年度职工月平均工资；

（二）供养亲属抚恤金按照职工本人工资的一定比例发给由因工死亡职工生前提供主要生活来源、无劳动能力的亲属。标准为：配偶每月 40%，其他亲属每人每月 30%，孤寡老人或者孤儿每人每月在上述标准的基础上增加 10%。核定的各供养亲属的抚恤金之和不应高于因工死亡职工生前的工资。供养亲属的具体范围由国务院社会保险行政部门规定；

（三）一次性工亡补助金标准为上一年度全国城镇居民人均可支配收入的20倍。

伤残职工在停工留薪期内因工伤导致死亡的，其近亲属享受本条第一款规定的待遇。

一级至四级伤残职工在停工留薪期满后死亡的，其近亲属可以享受本条第一款第（一）项、第（二）项规定的待遇。

第四十条 伤残津贴、供养亲属抚恤金、生活护理费由统筹地区社会保险行政部门根据职工平均工资和生活费用变化等情况适时调整。调整办法由省、自治区、直辖市人民政府规定。

第四十一条 职工因工外出期间发生事故或者在抢险救灾中下落不明的，从事故发生当月起3个月内照发工资，从第4个月起停发工资，由工伤保险基金向其供养亲属按月支付供养亲属抚恤金。生活有困难的，可以预支一次性工亡补助金的50%。职工被人民法院宣告死亡的，按照本条例第三十九条职工因工死亡的规定处理。

第四十二条 工伤职工有下列情形之一的，停止享受工伤保险待遇：

（一）丧失享受待遇条件的；

（二）拒不接受劳动能力鉴定的；

（三）拒绝治疗的。

第四十三条 用人单位分立、合并、转让的，承继单位应当承担原用人单位的工伤保险责任；原用人单位已经参加工伤保险的，承继单位应当到当地经办机构办理工伤保险变更登记。

用人单位实行承包经营的，工伤保险责任由职工劳动关系所在单位承担。

职工被借调期间受到工伤事故伤害的，由原用人单位承担工伤保险责任，但原用人单位与借调单位可以约定补偿办法。

企业破产的，在破产清算时依法拨付应当由单位支付的工伤保险待遇费用。

第四十四条 职工被派遣出境工作，依据前往国家或者地区的法律应当参加当地工伤保险的，参加当地工伤保险，其国内工伤保险关系中止；不能参加当地工伤保险的，其国内工伤保险关系不中止。

第四十五条 职工再次发生工伤，根据规定应当享受伤残津贴的，按照新认定的伤残等级享受伤残津贴待遇。

第六章 监 督 管 理

第四十六条 经办机构具体承办工伤保险事务，履行下列职责：

（一）根据省、自治区、直辖市人民政府规定，征收工伤保险费；

（二）核查用人单位的工资总额和职工人数，办理工伤保险登记，并负责保存用人单位缴费和职工享受工伤保险待遇情况的记录；

（三）进行工伤保险的调查、统计；

（四）按照规定管理工伤保险基金的支出；

（五）按照规定核定工伤保险待遇；

（六）为工伤职工或者其近亲属免费提供咨询服务。

第四十七条 经办机构与医疗机构、辅助器具配置机构在平等协商的基础上签订服务协议，并公布签订服务协议的医疗机构、辅助器具配置机构的名单。具体办法由国务院社会保险行政部门分别会同国务院卫生行政部门、民政部门等部门制定。

第四十八条 经办机构按照协议和国家有关目录、标准对工伤职工医疗费用、康复费用、辅助器具费用的使用情况进行核查，并按时足额结算费用。

第四十九条 经办机构应当定期公布工伤保险基金的收支情况，及时向社会保险行政部门提出调整费率的建议。

第五十条 社会保险行政部门、经办机构应当定期听取工伤职工、医疗机构、辅助器具配置机构以及社会各界对改进工伤保险工作的意见。

第五十一条 社会保险行政部门依法对工伤保险费的征缴和工伤保险基金的支付情况进行监督检查。

财政部门和审计机关依法对工伤保险基金的收支、管理情况进行监督。

第五十二条 任何组织和个人对有关工伤保险的违法行为，有权举报。社会保险行政部门对举报应当及时调查，按照规定处理，并为举报人保密。

第五十三条 工会组织依法维护工伤职工的合法权益，对用人单位的工伤保险工作实行监督。

第五十四条 职工与用人单位发生工伤待遇方面的争议，按照处理劳动争议的有关规定处理。

第五十五条 有下列情形之一的，有关单位或者个人可以依法申请行政复议，也可以依法向人民法院提起行政诉讼：

（一）申请工伤认定的职工或者其近亲属、该职工所在单位对工伤认定申请不予受理的决定不服的；

（二）申请工伤认定的职工或者其近亲属、该职工所在单位对工伤认定结论不服的；

（三）用人单位对经办机构确定的单位缴费费率不服的；

（四）签订服务协议的医疗机构、辅助器具配置机构认为经办机构未履行有关协议或者规定的；

（五）工伤职工或者其近亲属对经办机构核定的工伤保险待遇有异议的。

第七章 法 律 责 任

第五十六条 单位或者个人违反本条例第十二条规定挪用工伤保险基金，构成犯罪的，依法追究刑事责任；尚不构成犯罪的，依法给予处分或者纪律处分。被挪用的基金由社会保险行政部门追回，并入工伤保险基金；没收的违法所得依法上缴国库。

第五十七条 社会保险行政部门工作人员有下列情形之一的，依法给予处分；情节严重，构成犯罪的，依法追究刑事责任：

（一）无正当理由不受理工伤认定申请，或者弄虚作假将不符合工伤条件的人员认定为工伤职工的；

（二）未妥善保管申请工伤认定的证据材料，致使有关证据灭失的；

（三）收受当事人财物的。

第五十八条 经办机构有下列行为之一的，由社会保险行政部门责令改正，对直接负责的主管人员和其他责任人员依法给予纪律处分；情节严重，构成犯罪的，依法追究刑事责任；造成当事人经济损失的，由经办机构依法承担赔偿责任：

（一）未按规定保存用人单位缴费和职工享受工伤保险待遇情况记录的；

（二）不按规定核定工伤保险待遇的；

（三）收受当事人财物的。

第五十九条 医疗机构、辅助器具配置机构不按服务协议提供服务的，经办机构可以解除服务协议。

经办机构不按时足额结算费用的，由社会保险行政部门责令改正；医疗机构、辅助器具配置机构可以解除服务协议。

第六十条 用人单位、工伤职工或者其近亲属骗取工伤保险待遇，医疗机构、辅助器具配置机构骗取工伤保险基金支出的，由社会保险行政部门责令退还，处骗取金额2倍以上5倍以下的罚款；情节严重，构成犯罪的，依法追究刑事责任。

第六十一条 从事劳动能力鉴定的组织或者个人有下列情形之一的，由社会保险行政部门责令改正，处2000元以上1万元以下的罚款；情节严重，构成犯罪的，依法追究刑事责任：

（一）提供虚假鉴定意见的；

（二）提供虚假诊断证明的；

（三）收受当事人财物的。

第六十二条 用人单位依照本条例规定应当参加工伤保险而未参加的，由社会保险行政部门责令限期参加，补缴应当缴纳的工伤保险费，并自欠缴之日起，按日加收万分之五的滞纳金；逾期仍不缴纳的，处欠缴数额1倍以上3倍以下的罚款。

依照本条例规定应当参加工伤保险而未参加工伤保险的用人单位职工发生工伤的，由该用人单位按照本条例规定的工伤保险待遇项目和标准支付费用。

用人单位参加工伤保险并补缴应当缴纳的工伤保险费、滞纳金后，由工伤保险基金和用人单位依照本条例的规定支付新发生的费用。

第六十三条 用人单位违反本条例第十九条的规定，拒不协助社会保险行政部门对事故进行调查核实的，由社会保险行政部门责令改正，处2000元以上2万元以下的罚款。

第八章　附　　则

第六十四条 本条例所称工资总额，是指用人单位直接支付给本单位全部职工的劳动报酬总额。

本条例所称本人工资，是指工伤职工因工作遭受事故伤害或者患职业病前12个月平均月缴费工资。本人工资高于统筹地区职工平均工资300%的，按照统筹地区职工平均工资的300%计算；本人工资低于统筹地区职工平均工资60%的，按照统筹地区职工平均工资的60%计算。

第六十五条 公务员和参照公务员法管理的事业单位、社会团体的工作人员因工作遭受事故伤害或者患职业病的，由所在单位支付费用。具体办法由国务院社会保险行政部门会同国务院财政部门规定。

第六十六条 无营业执照或者未经依法登记、备案的单位以及被依法吊销营业执照或者撤销登记、备案的单位的职工受到事故伤害或者患职业病的，由该单位向伤残职工或者死亡职工的近亲属给予一次性赔偿，赔偿标准不得低于本条例规定的工伤保险待遇；用人单位不得使用童工，用人单位使用童工造成童工伤残、死亡的，由该单位向童工或者童工的近亲属给予一次性赔偿，赔偿标准不得低于本条例规定的工伤保险待遇。具体办法由国务院社会保险行政部门规定。

前款规定的伤残职工或者死亡职工的近亲属就赔偿数额与单位发生争议的，以及前款规定的童工或者童工的近亲属就赔偿数额与单位发生争议的，按照处理劳动争议的有关规定处理。

第六十七条 本条例自2004年1月1日起施行。本条例施行前已受到事故伤害或者患职业病的职工尚未完成工伤认定的，按照本条例的规定执行。

6. 安全生产许可证条例

（2004年1月13日国务院令第397号公布）

第一条 为了严格规范安全生产条件，进一步加强安全生产监督管理，防止和减少生产安全事故，根据《中华人民共和国安全生产法》的有关规定，制定本条例。

第二条 国家对矿山企业、建筑施工企业和危险化学品、烟花爆竹、民用爆破器材生产企业（以下统称企业）实行安全生产许可制度。

企业未取得安全生产许可证的，不得从事生产活动。

第三条 国务院安全生产监督管理部门负责中央管理的非煤矿矿山企业和危险化学品、烟花爆竹生产企业安全生产许可证的颁发和管理。

省、自治区、直辖市人民政府安全生产监督管理部门负责前款规定以外的非煤矿矿山企业和危险化学品、烟花爆竹生产企业安全生产许可证的颁发和管理，并接受国务院安全生产监督管理部门的指导和监督。

国家煤矿安全监察机构负责中央管理的煤矿企业安全生产许可证的颁发和管理。

在省、自治区、直辖市设立的煤矿安全监察机构负责前款规定以外的其他煤矿企业安全生产许可证的颁发和管理，并接受国家煤矿安全监察机构的指导和监督。

第四条 国务院建设主管部门负责中央管理的建筑施工企业安全生产许可证的颁发和管理。

省、自治区、直辖市人民政府建设主管部门负责前款规定以外的建筑施工企业安全生产许可证的颁发和管理，并接受国务院建设主管部门的指导和监督。

第五条 国务院国防科技工业主管部门负责民用爆破器材生产企业安全生产许可证的颁发和管理。

第六条 企业取得安全生产许可证，应当具备下列安全生产条件：

（一）建立、健全安全生产责任制，制定完备的安全生产规章制度和操作规程；

（二）安全投入符合安全生产要求；

（三）设置安全生产管理机构，配备专职安全生产管理人员；

（四）主要负责人和安全生产管理人员经考核合格；

（五）特种作业人员经有关业务主管部门考核合格，取得特种作业操作资格证书；

（六）从业人员经安全生产教育和培训合格；

（七）依法参加工伤保险，为从业人员缴纳保险费；

（八）厂房、作业场所和安全设施、设备、工艺符合有关安全生产法律、法规、标准和规程的要求；

（九）有职业危害防治措施，并为从业人员配备符合国家标准或者行业标准的劳动防护用品；

（十）依法进行安全评价；

（十一）有重大危险源检测、评估、监控措施和应急预案；

（十二）有生产安全事故应急救援预案、应急救援组织或者应急救援人员，配备必要的应急救援器材、设备；

（十三）法律、法规规定的其他条件。

第七条 企业进行生产前，应当依照本条例的规定向安全生产许可证颁发管理机关申请领取安全生产许可证，并提供本条例第六条规定的相关文件、资料。安全生产许可证颁发管理机关应当自收到申请之日起45日内审查完毕，经审查符合本条例规定的安全生产条件的，颁发安全生产许可证；不符合本条例规定的安全生产条件的，不予颁发安全生产许可证，书面通知企业并说明理由。

煤矿企业应当以矿（井）为单位，在申请领取煤炭生产许可证前，依照本条例的规定取得安全生产许可证。

第八条 安全生产许可证由国务院安全生产监督管理部门规定统一的式样。

第九条 安全生产许可证的有效期为3年。安全生产许可证有效期满需要延期的，企业应当于期满前3个月向原安全生产许可证颁发管理机关办理延期手续。

企业在安全生产许可证有效期内，严格遵守有关安全生产的法律法规，未发生死亡事故的，安全生产许可证有效期届满时，经原安全生产许可证颁发管理机关同意，不再审查，安全生产许可证有效期延期3年。

第十条 安全生产许可证颁发管理机关应当建立、健全安全生产许可证档案管理制度，并定期向社会公布企业取得安全生产许可证的情况。

第十一条 煤矿企业安全生产许可证颁发管理机关、建筑施工企业安全生产许可证颁发管理机关、民用爆破器材生产企业安全生产许可证颁发管理机关，应当每年向同级安全生产监督管理部门通报其安全生产许可证颁发和管理情况。

第十二条 国务院安全生产监督管理部门和省、自治区、直辖市人民政府安全生产监督管理部门对建筑施工企业、民用爆破器材生产企业、煤矿企业取得安全生产许可证的情况进行监督。

第十三条 企业不得转让、冒用安全生产许可证或者使用伪造的安全生产许可证。

第十四条 企业取得安全生产许可证后，不得降低安全生产条件，并应当加强日常安全生产管理，接受安全生产许可证颁发管理机关的监督检查。

安全生产许可证颁发管理机关应当加强对取得安全生产许可证的企业的监督检查，发现其不再具备本条例规定的安全生产条件的，应当暂扣或者吊销安全生产许可证。

第十五条 安全生产许可证颁发管理机关工作人员在安全生产许可证颁发、管理和监督检查工作中，不得索取或者接受企业的财物，不得谋取其他利益。

第十六条 监察机关依照《中华人民共和国行政监察法》的规定，对安全生产许可证颁发管理机关及其工作人员履行本条例规定的职责实施监察。

第十七条 任何单位或者个人对违反本条例规定的行为，有权向安全生产许可证颁发管理机关或者监察机关等有关部门举报。

第十八条 安全生产许可证颁发管理机关工作人员有下列行为之一的，给予降级或者撤职的行政处分；构成犯罪的，依法追究刑事责任：

（一）向不符合本条例规定的安全生产条件的企业颁发安全生产许可证的；

（二）发现企业未依法取得安全生产许可证擅自从事生产活动，不依法处理的；

（三）发现取得安全生产许可证的企业不再具备本条例规定的安全生产条件，不依法处理的；

（四）接到对违反本条例规定行为的举报后，不及时处理的；

（五）在安全生产许可证颁发、管理和监督检查工作中，索取或者接受企业的财物，或者谋取其他利益的。

第十九条 违反本条例规定，未取得安全生产许可证擅自进行生产的，责令停止生产，没收违法所得，并处10万元以上50万元以下的罚款；造成重大事故或者其他严重后果，构成犯罪的，依法追究刑事责任。

第二十条 违反本条例规定，安全生产许可证有效期满未办理延期手续，继续进行生产的，责令停止生产，限期补办延期手续，没收违法所得，并处5万元以上10万元以下的罚款；逾期仍不办理延期手续，继续进行生产的，依照本条例第十九条的规定处罚。

第二十一条 违反本条例规定，转让安全生产许可证的，没收违法所得，处10万元以上50万元以下的罚款，并吊销其安全生产许可证；构成犯罪的，依法追究刑事责任；接受转让的，依照本条例第十九条的规定处罚。

冒用安全生产许可证或者使用伪造的安全生产许可证的，依照本条例第十九条的规定处罚。

第二十二条 本条例施行前已经进行生产的企业，应当自本条例施行之日起1年内，依照本条例的规定向安全生产许可证颁发管理机关申请办理安全生产许可证；逾期不办理安全生产许可证，或者经审查不符合本条例规定的安全生产条件，未取得安全生产许可证，继续进行生产的，依照本条例第十九条的规定处罚。

第二十三条 本条例规定的行政处罚，由安全生产许可证颁发管理机关决定。

第二十四条 本条例自公布之日起施行。

7. 信 访 条 例

（2005 年 1 月 10 日国务院令第 431 号公布）

第一章 总 则

第一条 为了保持各级人民政府同人民群众的密切联系，保护信访人的合法权益，维护信访秩序，制定本条例。

第二条 本条例所称信访，是指公民、法人或者其他组织采用书信、电子邮件、传真、电话、走访等形式，向各级人民政府、县级以上人民政府工作部门反映情况，提出建议、意见或者投诉请求，依法由有关行政机关处理的活动。

采用前款规定的形式，反映情况，提出建议、意见或者投诉请求的公民、法人或者其他组织，称信访人。

第三条 各级人民政府、县级以上人民政府工作部门应当做好信访工作，认真处理来信、接待来访，倾听人民群众的意见、建议和要求，接受人民群众的监督，努力为人民群众服务。

各级人民政府、县级以上人民政府工作部门应当畅通信访渠道，为信访人采用本条例规定的形式反映情况，提出建议、意见或者投诉请求提供便利条件。

任何组织和个人不得打击报复信访人。

第四条 信访工作应当在各级人民政府领导下，坚持属地管理、分级负责，谁主管、谁负责，依法、及时、就地解决问题与疏导教育相结合的原则。

第五条 各级人民政府、县级以上人民政府工作部门应当科学、民主决策，依法履行职责，从源头上预防导致信访事项的矛盾和纠纷。

县级以上人民政府应当建立统一领导、部门协调，统筹兼顾、标本兼治，各负其责、齐抓共管的信访工作格局，通过联席会议、建立排查调处机制、建立信访督查工作制度等方式，及时化解矛盾和纠纷。

各级人民政府、县级以上人民政府各工作部门的负责人应当阅批重要来信、接待重要来访、听取信访工作汇报，研究解决信访工作中的突出问题。

第六条 县级以上人民政府应当设立信访工作机构；县级以上人民政府工作部门及乡、镇人民政府应当按照有利工作、方便信访人的原则，确定负责信访工作的机构（以下简称信访工作机构）或者人员，具体负责信访工作。

县级以上人民政府信访工作机构是本级人民政府负责信访工作的行政机构，履行下列职责：

（一）受理、交办、转送信访人提出的信访事项；

（二）承办上级和本级人民政府交由处理的信访事项；

（三）协调处理重要信访事项；

（四）督促检查信访事项的处理；

（五）研究、分析信访情况，开展调查研究，及时向本级人民政府提出完善政策和改进工作的建议；

（六）对本级人民政府其他工作部门和下级人民政府信访工作机构的信访工作进行指导。

第七条 各级人民政府应当建立健全信访工作责任制，对信访工作中的失职、渎职行为，严格依照有关法律、行政法规和本条例的规定，追究有关责任人员的责任，并在一定范围内予以通报。

各级人民政府应当将信访工作绩效纳入公务员考核体系。

第八条 信访人反映的情况，提出的建议、意见，对国民经济和社会发展或者对改进国家机关工作以及保护社会公共利益有贡献的，由有关行政机关或者单位给予奖励。

对在信访工作中做出优异成绩的单位或者个人，由有关行政机关给予奖励。

第二章 信 访 渠 道

第九条 各级人民政府、县级以上人民政府工作部门应当向社会公布信访工作机构的通信地址、电子信箱、投诉电话、信访接待的时间和地点、查询信访事项处理进展及结果的方式等相关事项。

各级人民政府、县级以上人民政府工作部门应当在其信访接待场所或者网站公布与信访工作有关的法律、法规、规章，信访事项的处理程序，以及其他为信访人提供便利的相关事项。

第十条 设区的市级、县级人民政府及其工作部门，乡、镇人民政府应当建立行政机关负责人信访接待日制度，由行政机关负责人协调处理信访事项。信访人可以在公布的接待日和接待地点向有关行政机关负责人当面反映信访事项。

县级以上人民政府及其工作部门负责人或者其指定的人员，可以就信访人反映突出的问题到信访人居住地与信访人面谈沟通。

第十一条 国家信访工作机构充分利用现有政务信息网络资源，建立全国信访信息系统，为信访人在当地提出信访事项、查询信访事项办理情况提供便利。

县级以上地方人民政府应当充分利用现有政务信息网络资源，建立或者确定本行政区域的信访信息系统，并与上级人民政府、政府有关部门、下级人民政府的信访信息系统实现互联互通。

第十二条 县级以上各级人民政府的信访工作机构或者有关工作部门应当及时将信访人的投诉请求输入信访信息系统，信访人可以持行政机关出具的投诉请求受理凭证到当地人民政府的信访工作机构或者有关工作部门的接待场所查询其所提出的投诉请求的办理情况。具体实施办法和步骤由省、自治区、直辖市人民政府规定。

第十三条 设区的市、县两级人民政府可以根据信访工作的实际需要，建立政府主导、社会参与、有利于迅速解决纠纷的工作机制。

信访工作机构应当组织相关社会团体、法律援助机构、相关专业人员、社会志愿者等共同参与，运用咨询、教育、协商、调解、听证等方法，依法、及时、合理处理信访人的投诉请求。

第三章 信访事项的提出

第十四条 信访人对下列组织、人员的职务行为反映情况，提出建议、意见，或者不服下列组织、人员的职务行为，可以向有关行政机关提出信访事项：

（一）行政机关及其工作人员；

（二）法律、法规授权的具有管理公共事务职能的组织及其工作人员；

（三）提供公共服务的企业、事业单位及其工作人员；

（四）社会团体或者其他企业、事业单位中由国家行政机关任命、派出的人员；

（五）村民委员会、居民委员会及其成员。

对依法应当通过诉讼、仲裁、行政复议等法定途径解决的投诉请求，信访人应当依照有关法律、行政法规规定的程序向有关机关提出。

第十五条 信访人对各级人民代表大会以及县级以上各级人民代表大会常务委员会、人民法院、人民检察院职权范围内的信访事项，应当分别向有关的人民代表大会及其常务委员会、人民法院、人民检察院提出，并遵守本条例第十六条、第十七条、第十八条、第十九条、第二十条的规定。

第十六条 信访人采用走访形式提出信访事项，应当向依法有权处理的本级或者上一级机关提出；信访事项已经受理或者正在办理的，信访人在规定期限内向受理、办理机关的上级机关再提出同一信访事项的，该上级机关不予受理。

第十七条 信访人提出信访事项，一般应当采用书信、电子邮件、传真等书面形式；信访人提出投诉请求的，还应当载明信访人的姓名（名称）、住址和请求、事实、理由。

有关机关对采用口头形式提出的投诉请求，应当记录信访人的姓名（名称）、住址和请求、事实、理由。

第十八条 信访人采用走访形式提出信访事项的，应当到有关机关设立或者指定的接待场所提出。

多人采用走访形式提出共同的信访事项的，应当推选代表，代表人数不得超过 5 人。

第十九条 信访人提出信访事项，应当客观真实，对其所提供材料内容的真实性负责，不得捏造、歪曲事实，不得诬告、陷害他人。

第二十条 信访人在信访过程中应当遵守法律、法规，不得损害国家、社会、集体的利益和其他公民的合法权利，自觉维护社会公共秩序和信访秩序，不得有下列行为：

（一）在国家机关办公场所周围、公共场所非法聚集，围堵、冲击国家机关，拦截公务车辆，或者堵塞、阻断交通的；

（二）携带危险物品、管制器具的；

（三）侮辱、殴打、威胁国家机关工作人员，或者非法限制他人人身自由的；

（四）在信访接待场所滞留、滋事，或者将生活不能自理的人弃留在信访接待场所的；

（五）煽动、串联、胁迫、以财物诱使、幕后操纵他人信访或者以信访为名借机敛财的；

（六）扰乱公共秩序、妨害国家和公共安全的其他行为。

第四章　信访事项的受理

第二十一条 县级以上人民政府信访工作机构收到信访事项，应当予以登记，并区分情况，在 15 日内分别按下列方式处理：

（一）对本条例第十五条规定的信访事项，应当告知信访人分别向有关的人民代表大会及其常务委员会、人民法院、人民检察院提出。对已经或者依法应当通过诉讼、仲裁、行政复议等法定途径解决的，不予受理，但应当告知信访人依照有关法律、行政法规规定程序向有关机关提出。

（二）对依照法定职责属于本级人民政府或者其工作部门处理决定的信访事项，应当转送有权处理的行政机关；情况重大、紧急的，应当及时提出建议，报请本级人民政府决定。

（三）信访事项涉及下级行政机关或者其工作人员的，按照“属地管理、分级负责，谁主管、谁负责”的原则，直接转送有权处理的行政机关，并抄送下一级人民政府信访工作机构。

县级以上人民政府信访工作机构要定期向下一级人民政府信访工作机构通报转送情况，下级人民政府信访工作机构要定期向上一级人民政府信访工作机构报告转送信访事项的办理情况。

（四）对转送信访事项中的重要情况需要反馈办理结果的，可以直接交由有权处理的行政机关办理，要求其在指定办理期限内反馈结果，提交办结报告。

按照前款第（二）项至第（四）项规定，有关行政机关应当自收到转送、交办的信访事项之日起 15 日内决定是否受理并书面告知信访人，并按要求通报信访工作机构。

第二十二条 信访人按照本条例规定直接向各级人民政府信访工作机构以外的行政机关提出的信访事项，有关行政机关应当予以登记；对符合本条例第十四条第一款规定并属于本机关法定职权范围的信访事项，应当受理，不得推诿、敷衍、拖延；对不属于本机关职权范围的信访事项，应当告知信访人向有权的机关提出。

有关行政机关收到信访事项后，能够当场答复是否受理的，应当当场书面答复；不能当场答复的，应当自收到信访事项之日起15日内书面告知信访人。但是，信访人的姓名（名称）、住址不清的除外。

有关行政机关应当相互通报信访事项的受理情况。

第二十三条 行政机关及其工作人员不得将信访人的检举、揭发材料及有关情况透露或者转给被检举、揭发的人员或者单位。

第二十四条 涉及两个或者两个以上行政机关的信访事项，由所涉及的行政机关协商受理；受理有争议的，由其共同的上一级行政机关决定受理机关。

第二十五条 应当对信访事项作出处理的行政机关分立、合并、撤销的，由继续行使其职权的行政机关受理；职责不清的，由本级人民政府或者其指定的机关受理。

第二十六条 公民、法人或者其他组织发现可能造成社会影响的重大、紧急信访事项和信访信息时，可以就近向有关行政机关报告。地方各级人民政府接到报告后，应当立即报告上一级人民政府；必要时，通报有关主管部门。县级以上地方人民政府有关部门接到报告后，应当立即报告本级人民政府和上一级主管部门；必要时，通报有关主管部门。国务院有关部门接到报告后，应当立即报告国务院；必要时，通报有关主管部门。

行政机关对重大、紧急信访事项和信访信息不得隐瞒、谎报、缓报，或者授意他人隐瞒、谎报、缓报。

第二十七条 对于可能造成社会影响的重大、紧急信访事项和信访信息，有关行政机关应当在职责范围内依法及时采取措施，防止不良影响的产生、扩大。

第五章 信访事项的办理和督办

第二十八条 行政机关及其工作人员办理信访事项，应当恪尽职守、秉公办事，查明事实、分清责任，宣传法制、教育疏导，及时妥善处理，不得推诿、敷衍、拖延。

第二十九条 信访人反映的情况，提出的建议、意见，有利于行政机关改进工作、促进国民经济和社会发展的，有关行政机关应当认真研究论证并积极采纳。

第三十条 行政机关工作人员与信访事项或者信访人有直接利害关系的，应当回避。

第三十一条 对信访事项有权处理的行政机关办理信访事项，应当听取信访人陈述事实和理由；必要时可以要求信访人、有关组织和人员说明情况；需要进一步核实有关情况的，可以向其他组织和人员调查。

对重大、复杂、疑难的信访事项，可以举行听证。听证应当公开举行，通过质询、辩论、评议、合议等方式，查明事实，分清责任。听证范围、主持人、参加人、程序等由省、自治区、直辖市人民政府规定。

第三十二条 对信访事项有权处理的行政机关经调查核实，应当依照有关法律、法规、规章及其他有关规定，分别作出以下处理，并书面答复信访人：

（一）请求事实清楚，符合法律、法规、规章或者其他有关规定的，予以支持；

（二）请求事由合理但缺乏法律依据的，应当对信访人做好解释工作；

（三）请求缺乏事实根据或者不符合法律、法规、规章或者其他有关规定的，不予支持。

有权处理的行政机关依照前款第（一）项规定作出支持信访请求意见的，应当督促有关机关或者单位执行。

第三十三条 信访事项应当自受理之日起60日内办结；情况复杂的，经本行政机关负责人批准，可以适当延长办理期限，但延长期限不得超过30日，并告知信访人延期理由。法律、行政法规另有规定的，从其规定。

第三十四条 信访人对行政机关作出的信访事项处理意见不服的，可以自收到书面答复之日起30日内请求原办理行政机关的上一级行政机关复查。收到复查请求的行政机关应当自收到复查请求之日起30日内提出复查意见，并予以书面答复。

第三十五条 信访人对复查意见不服的，可以自收到书面答复之日起30日内向复查机关的上一级行政机关请求复核。收到复核请求的行政机关应当自收到复核请求之日起30日内提出复核意见。

复核机关可以按照本条例第三十一条第二款的规定举行听证，经过听证的复核意见可以依法向社会公示。听证所需时间不计算在前款规定的期限内。

信访人对复核意见不服，仍然以同一事实和理由提出投诉请求的，各级人民政府信访工作机构和其他行政机关不再受理。

第三十六条 县级以上人民政府信访工作机构发现有关行政机关有下列情形之一的，应当及时督办，并提出改进建议：

（一）无正当理由未按规定的办理期限办结信访事项的；

（二）未按规定反馈信访事项办理结果的；

（三）未按规定程序办理信访事项的；

（四）办理信访事项推诿、敷衍、拖延的；

（五）不执行信访处理意见的；

（六）其他需要督办的情形。

收到改进建议的行政机关应当在30日内书面反馈情况；未采纳改进建议的，应当说明理由。

第三十七条 县级以上人民政府信访工作机构对于信访人反映的有关政策性问题，应当及时向本级人民政府报告，并提出完善政策、解决问题的建议。

第三十八条 县级以上人民政府信访工作机构对在信访工作中推诿、敷衍、拖延、弄虚作假造成严重后果的行政机关工作人员，可以向有关行政机关提出给予行政处分的建议。

第三十九条 县级以上人民政府信访工作机构应当就以下事项向本级人民政府定期提交信访情况分析报告：

（一）受理信访事项的数据统计、信访事项涉及领域以及被投诉较多的机关；

（二）转送、督办情况以及各部门采纳改进建议的情况；

（三）提出的政策性建议及其被采纳情况。

第六章 法 律 责 任

第四十条 因下列情形之一导致信访事项发生，造成严重后果的，对直接负责的主管人员和其他直接责任人员，依照有关法律、行政法规的规定给予行政处分；构成犯罪的，依法追究刑事责任：

（一）超越或者滥用职权，侵害信访人合法权益的；

（二）行政机关应当作为而不作为，侵害信访人合法权益的；

（三）适用法律、法规错误或者违反法定程序，侵害信访人合法权益的；

（四）拒不执行有权处理的行政机关作出的支持信访请求意见的。

第四十一条 县级以上人民政府信访工作机构对收到的信访事项应当登记、转送、交办而未按规定登记、转送、交办，或者应当履行督办职责而未履行的，由其上级行政机关责令改正；造成严重后果的，对直接负责的主管人员和其他直接责任人员依法给予行政处分。

第四十二条 负有受理信访事项职责的行政机关在受理信访事项过程中违反本条例的规定，有下列情形之一的，由其上级行政机关责令改正；造成严重后果的，对直接负责的主管人员和其他直接责任人员依法给予行政处分：

（一）对收到的信访事项不按规定登记的；

（二）对属于其法定职权范围的信访事项不予受理的；

（三）行政机关未在规定期限内书面告知信访人是否受理信访事项的。

第四十三条 对信访事项有权处理的行政机关在办理信访事项过程中，有下列行为之一的，由其上级行政机关责令改正；造成严重后果的，对直接负责的主管人员和其他直接责任人员依法给予行政处分：

（一）推诿、敷衍、拖延信访事项办理或者未在法定期限内办结信访事项的；

（二）对事实清楚，符合法律、法规、规章或者其他有关规定的投诉请求未予支持的。

第四十四条 行政机关工作人员违反本条例规定，将信访人的检举、揭发材料或者有关情况透露、转给被检举、揭发的人员或者单位的，依法给予行政处分。

行政机关工作人员在处理信访事项过程中，作风粗暴，激化矛盾并造成严重后果的，依法给予行政处分。

第四十五条 行政机关及其工作人员违反本条例第二十六条规定，对可能造成社会影响的重大、紧急信访事项和信访信息，隐瞒、谎报、缓报，或者授意他人隐瞒、谎报、缓报，造成严重后果的，对直接负责的主管人员和其他直接责任人员依法给予行政处分；构成犯罪的，依法追究刑事责任。

第四十六条 打击报复信访人，构成犯罪的，依法追究刑事责任；尚不构成犯罪的，依法给予行政处分或者纪律处分。

第四十七条 违反本条例第十八条、第二十条规定的，有关国家机关工作人员应当对信访人进行劝阻、批评或者教育。

经劝阻、批评和教育无效的，由公安机关予以警告、训诫或者制止；违反集会游行示威的法律、行政法规，或者构成违反治安管理行为的，由公安机关依法采取必要的现场处置措施、给予治安管理处罚；构成犯罪的，依法追究刑事责任。

第四十八条 信访人捏造歪曲事实、诬告陷害他人，构成犯罪的，依法追究刑事责任；尚不构成犯罪的，由公安机关依法给予治安管理处罚。

第七章 附 则

第四十九条 社会团体、企业事业单位的信访工作参照本条例执行。

第五十条 对外国人、无国籍人、外国组织信访事项的处理，参照本条例执行。

第五十一条 本条例自 2005 年 5 月 1 日起施行。1995 年 10 月 28 日国务院发布的《信访条例》同时废止。

8. 国务院关于预防煤矿生产安全事故的特别规定

（2005 年 9 月 3 日国务院令第 446 号公布，2013 年 7 月 18 日国务院令第 638 号修正）

第一条 为了及时发现并排除煤矿安全生产隐患，落实煤矿安全生产责任，预防煤矿生产安全事故发生，保障职工的生命安全和煤矿安全生产，制定本规定。

第二条 煤矿企业是预防煤矿生产安全事故的责任主体。煤矿企业负责人（包括一些煤矿企业的实际控制人，下同）对预防煤矿生产安全事故负主要责任。

第三条 国务院有关部门和地方各级人民政府应当建立并落实预防煤矿生产安全事故的责任制，监督检查煤矿企业预防煤矿生产安全事故的情况，及时解决煤矿生产安全事故预防工作中的重大问题。

第四条 县级以上地方人民政府负责煤矿安全生产监督管理的部门、国家煤矿安全监察机构设在省、自治区、直辖市的煤矿安全监察机构（以下简称煤矿安全监察机构），对所辖区域的煤矿重大安全生产隐患和违法行为负有检查和依法查处的职责。

县级以上地方人民政府负责煤矿安全生产监督管理的部门、煤矿安全监察机构不依法履行职责，不及时查处所辖区域的煤矿重大安全生产隐患和违法行为的，对直接责任人和主要负责人，根据情节轻重，给予记过、记大过、降级、撤职或者开除的行政处分；构成犯罪的，依法追究刑事责任。

第五条 煤矿未依法取得采矿许可证、安全生产许可证、营业执照和矿长未依法取得矿长资格证、矿长安全资格证的，煤矿不得从事生产。擅自从事生产的，属非法煤矿。

负责颁发前款规定证照的部门，一经发现煤矿无证照或者证照不全从事生产的，应当责令该煤矿立即停止生产，没收违法所得和开采出的煤炭以及采掘设备，并处违法所得 1 倍以上 5 倍以下的罚款；构成犯罪的，依法追究刑事责任；同时于 2 日内提请当地县级以上地方人民政府予以关闭，并可以向上一级地方人民政府报告。

第六条 负责颁发采矿许可证、安全生产许可证、营业执照和矿长资格证、矿长安全资格证的部门，向不符合法定条件的煤矿或者矿长颁发有关证照的，对直接责任人，根据情节轻重，给予降级、撤职或者开除的行政处分；对主要负责人，根据情节轻重，给予记大过、降级、撤职或者开除的行政处分；构成犯罪的，依法追究刑事责任。

前款规定颁发证照的部门，应当加强对取得证照煤矿的日常监督管理，促使煤矿持续符合取得证照应当具备的条件。不依法履行日常监督管理职责的，对主要负责人，根据情节轻重，给予记过、记大过、降级、撤职或者开除的行政处分；构成犯罪的，依法追究刑事责任。

第七条 在乡、镇人民政府所辖区域内发现有非法煤矿并且没有采取有效制止措施的，对乡、镇人民政府的主要负责人以及负有责任的相关负责人，根据情节轻重，给予降级、撤职或者开除的行政处分；在县级人民政府所辖区域内 1 个月内发现有 2 处或者 2 处以上非法煤矿并且没有采取有效制止措施的，对县级人民政府的主要负责人以及负有责任的相关负责人，根据情节轻重，给予降级、撤职或者开除的行政处分；构成犯罪的，依法追究刑事责任。

其他有关机关和部门对存在非法煤矿负有责任的，对主要负责人，属于行政机关工作人员的，根据情节轻重，给予记过、记大过、降级或者撤职的行政处分；不属于行政机关工作人员的，建议有关机关和部门给予相应的处分。

第八条 煤矿的通风、防瓦斯、防水、防火、防煤尘、防冒顶等安全设备、设施和条件应当符合国家标准、行业标准，并有防范生产安全事故发生的措施和完善的应急处理预案。

煤矿有下列重大安全生产隐患和行为的，应当立即停止生产，排除隐患：

（一）超能力、超强度或者超定员组织生产的；

（二）瓦斯超限作业的；

（三）煤与瓦斯突出矿井，未依照规定实施防突出措施的；

（四）高瓦斯矿井未建立瓦斯抽放系统和监控系统，或者瓦斯监控系统不能正常运行的；

（五）通风系统不完善、不可靠的；

（六）有严重水患，未采取有效措施的；

（七）超层越界开采的；

（八）有冲击地压危险，未采取有效措施的；

（九）自然发火严重，未采取有效措施的；

（十）使用明令禁止使用或者淘汰的设备、工艺的；

（十一）年产6万吨以上的煤矿没有双回路供电系统的；

（十二）新建煤矿边建设边生产，煤矿改扩建期间，在改扩建的区域生产，或者在其他区域的生产超出安全设计规定的范围和规模的；

（十三）煤矿实行整体承包生产经营后，未重新取得安全生产许可证，从事生产的，或者承包方再次转包的，以及煤矿将井下采掘工作面和井巷维修作业进行劳务承包的；

（十四）煤矿改制期间，未明确安全生产责任人和安全管理机构的，或者在完成改制后，未重新取得或者变更采矿许可证、安全生产许可证和营业执照的；

（十五）有其他重大安全生产隐患的。

第九条 煤矿企业应当建立健全安全生产隐患排查、治理和报告制度。煤矿企业应当对本规定第八条第二款所列情形定期组织排查，并将排查情况每季度向县级以上地方人民政府负责煤矿安全生产监督管理的部门、煤矿安全监察机构写出书面报告。报告应当经煤矿企业负责人签字。

煤矿企业未依照前款规定排查和报告的，由县级以上地方人民政府负责煤矿安全生产监督管理的部门或者煤矿安全监察机构责令限期改正；逾期未改正的，责令停产整顿，并对煤矿企业负责人处3万元以上15万元以下的罚款。

第十条 煤矿有本规定第八条第二款所列情形之一，仍然进行生产的，由县级以上地方人民政府负责煤矿安全生产监督管理的部门或者煤矿安全监察机构责令停产整顿，提出整顿的内容、时间等具体要求，处50万元以上200万元以下的罚款；对煤矿企业负责人处3万元以上15万元以下的罚款。

对3个月内2次或者2次以上发现有重大安全生产隐患，仍然进行生产的煤矿，县级以上地方人民政府负责煤矿安全生产监督管理的部门、煤矿安全监察机构应当提请有关地方人民政府关闭该煤矿，并由颁发证照的部门立即吊销矿长资格证和矿长安全资格证，该煤矿的法定代表人和矿长5年内不得再担任任何煤矿的法定代表人或者矿长。

第十一条 对被责令停产整顿的煤矿，颁发证照的部门应当暂扣采矿许可证、安全生产许可证、营业执照和矿长资格证、矿长安全资格证。

被责令停产整顿的煤矿应当制定整改方案，落实整改措施和安全技术规定；整改结束后要求恢复生产的，应当由县级以上地方人民政府负责煤矿安全生产监督管理的部门自收到恢复生产申请之日起60日内组织验收完毕；验收合格的，经组织验收的地方人民政府负责煤矿安全生产监督管理的部门的主要负责人签字，并经有关煤矿安全监察机构审核同意，报请有关地方人民政府主要负责人签字批准，颁发证照的部门发还证照，煤矿方可恢复生产；验收不合格的，由有关地方人民政府予以关闭。

被责令停产整顿的煤矿擅自从事生产的，县级以上地方人民政府负责煤矿安全生产监督管理的部门、煤矿安全监察机构应当提请有关地方人民政府予以关闭，没收违法所得，并处违法所得1倍以上5倍以下的罚款；构成犯罪的，依法追究刑事责任。

第十二条　对被责令停产整顿的煤矿，在停产整顿期间，由有关地方人民政府采取有效措施进行监督检查。因监督检查不力，煤矿在停产整顿期间继续生产的，对直接责任人，根据情节轻重，给予降级、撤职或者开除的行政处分；对有关负责人，根据情节轻重，给予记大过、降级、撤职或者开除的行政处分；构成犯罪的，依法追究刑事责任。

第十三条　对提请关闭的煤矿，县级以上地方人民政府负责煤矿安全生产监督管理的部门或者煤矿安全监察机构应当责令立即停止生产；有关地方人民政府应当在7日内作出关闭或者不予关闭的决定，并由其主要负责人签字存档。对决定关闭的，有关地方人民政府应当立即组织实施。

关闭煤矿应当达到下列要求：

（一）吊销相关证照；

（二）停止供应并处理火工用品；

（三）停止供电，拆除矿井生产设备、供电、通信线路；

（四）封闭、填实矿井井筒，平整井口场地，恢复地貌；

（五）妥善遣散从业人员。

关闭煤矿未达到前款规定要求的，对组织实施关闭的地方人民政府及其有关部门的负责人和直接责任人给予记过、记大过、降级、撤职或者开除的行政处分；构成犯罪的，依法追究刑事责任。

依照本条第一款规定决定关闭的煤矿，仍有开采价值的，经依法批准可以进行拍卖。

关闭的煤矿擅自恢复生产的，依照本规定第五条第二款规定予以处罚；构成犯罪的，依法追究刑事责任。

第十四条　县级以上地方人民政府负责煤矿安全生产监督管理的部门或者煤矿安全监察机构，发现煤矿有本规定第八条第二款所列情形之一的，应当将情况报送有关地方人民政府。

第十五条　煤矿存在瓦斯突出、自然发火、冲击地压、水害威胁等重大安全生产隐患，该煤矿在现有技术条件下难以有效防治的，县级以上地方人民政府负责煤矿安全生产监督管理的部门、煤矿安全监察机构应当责令其立即停止生产，并提请有关地方人民政府组织专家进行论证。专家论证应当客观、公正、科学。有关地方人民政府应当根据论证结论，作出是否关闭煤矿的决定，并组织实施。

第十六条　煤矿企业应当依照国家有关规定对井下作业人员进行安全生产教育和培训，保证井下作业人员具有必要的安全生产知识，熟悉有关安全生产规章制度和安全操作规程，掌握本岗位的安全操作技能，并建立培训档案。未进行安全生产教育和培训或者经教育和培训不合格的人员不得下井作业。

县级以上地方人民政府负责煤矿安全生产监督管理的部门应当对煤矿井下作业人员的安全生产教育和培训情况进行监督检查；煤矿安全监察机构应当对煤矿特种作业人员持证上岗情况进行监督检查。发现煤矿企业未依照国家有关规定对井下作业人员进行安全生产教育和培训或者特种作业人员无证上岗的，应当责令限期改正，处10万元以上50万元以下的罚款；逾期未改正的，责令停产整顿。

县级以上地方人民政府负责煤矿安全生产监督管理的部门、煤矿安全监察机构未履行前款规定的监督检查职责的，对主要负责人，根据情节轻重，给予警告、记过或者记大过的行政处分。

第十七条　县级以上地方人民政府负责煤矿安全生产监督管理的部门、煤矿安全监察机构在监督检查中，1个月内3次或者3次以上发现煤矿企业未依照国家有关规定对井下作业人员进行安全生产教育和培训或者特种作业人员无证上岗的，应当提请有关地方人民政府对该煤矿予以关闭。

第十八条　煤矿拒不执行县级以上地方人民政府负责煤矿安全生产监督管理的部门或者煤矿安全监察机构依法下达的执法指令的，由颁发证照的部门吊销矿长资格证和矿长安全资格证；构成违反治安管理行为的，由公安机关依照治安管理的法律、行政法规的规定处罚；构成犯罪的，依法追究刑事责任。

第十九条　县级以上地方人民政府负责煤矿安全生产监督管理的部门、煤矿安全监察机构对被责令停产整顿或者关闭的煤矿，应当自煤矿被责令停产整顿或者关闭之日起 3 日内在当地主要媒体公告。

被责令停产整顿的煤矿经验收合格恢复生产的，县级以上地方人民政府负责煤矿安全生产监督管理的部门、煤矿安全监察机构应当自煤矿验收合格恢复生产之日起 3 日内在同一媒体公告。

县级以上地方人民政府负责煤矿安全生产监督管理的部门、煤矿安全监察机构未依照本条第一款、第二款规定进行公告的，对有关负责人，根据情节轻重，给予警告、记过、记大过或者降级的行政处分。

公告所需费用由同级财政列支。

第二十条　国家机关工作人员和国有企业负责人不得违反国家规定投资入股煤矿（依法取得上市公司股票的除外），不得对煤矿的违法行为予以纵容、包庇。

国家行政机关工作人员和国有企业负责人违反前款规定的，根据情节轻重，给予降级、撤职或者开除的处分；构成犯罪的，依法追究刑事责任。

第二十一条　煤矿企业负责人和生产经营管理人员应当按照国家规定轮流带班下井，并建立下井登记档案。

县级以上地方人民政府负责煤矿安全生产监督管理的部门或者煤矿安全监察机构发现煤矿企业在生产过程中，1 周内其负责人或者生产经营管理人员没有按照国家规定带班下井，或者下井登记档案虚假的，责令改正，并对该煤矿企业处 3 万元以上 15 万元以下的罚款。

第二十二条　煤矿企业应当免费为每位职工发放煤矿职工安全手册。

煤矿职工安全手册应当载明职工的权利、义务，煤矿重大安全生产隐患的情形和应急保护措施、方法以及安全生产隐患和违法行为的举报电话、受理部门。

煤矿企业没有为每位职工发放符合要求的职工安全手册的，由县级以上地方人民政府负责煤矿安全生产监督管理的部门或者煤矿安全监察机构责令限期改正；逾期未改正的，处 5 万元以下的罚款。

第二十三条　任何单位和个人发现煤矿有本规定第五条第一款和第八条第二款所列情形之一的，都有权向县级以上地方人民政府负责煤矿安全生产监督管理的部门或者煤矿安全监察机构举报。

受理的举报经调查属实的，受理举报的部门或者机构应当给予最先举报人 1000 元至 1 万元的奖励，所需费用由同级财政列支。

县级以上地方人民政府负责煤矿安全生产监督管理的部门或者煤矿安全监察机构接到举报后，应当及时调查处理；不及时调查处理的，对有关责任人，根据情节轻重，给予警告、记过、记大过或者降级的行政处分。

第二十四条　煤矿有违反本规定的违法行为，法律规定由有关部门查处的，有关部门应当依法进行查处。但是，对同一违法行为不得给予两次以上罚款的行政处罚。

第二十五条　国家行政机关工作人员、国有企业负责人有违反本规定的行为，依照本规定应当给予处分的，由监察机关或者任免机关依法作出处分决定。

国家行政机关工作人员、国有企业负责人对处分决定不服的，可以依法提出申诉。

第二十六条　当事人对行政处罚决定不服的，可以依法申请行政复议，或者依法直接向人民法院提起行政诉讼。

第二十七条　省、自治区、直辖市人民政府可以依据本规定制定具体实施办法。

第二十八条　本规定自公布之日起施行。

9. 民用爆炸物品安全管理条例

（2006 年 5 月 10 日国务院令第 466 号公布，2014 年 7 月 29 日国务院令第 653 号修正）

第一章 总 则

第一条 为了加强对民用爆炸物品的安全管理，预防爆炸事故发生，保障公民生命、财产安全和公共安全，制定本条例。

第二条 民用爆炸物品的生产、销售、购买、进出口、运输、爆破作业和储存以及硝酸铵的销售、购买，适用本条例。

本条例所称民用爆炸物品，是指用于非军事目的、列入民用爆炸物品品名表的各类火药、炸药及其制品和雷管、导火索等点火、起爆器材。

民用爆炸物品品名表，由国务院民用爆炸物品行业主管部门会同国务院公安部门制订、公布。

第三条 国家对民用爆炸物品的生产、销售、购买、运输和爆破作业实行许可证制度。

未经许可，任何单位或者个人不得生产、销售、购买、运输民用爆炸物品，不得从事爆破作业。

严禁转让、出借、转借、抵押、赠送、私藏或者非法持有民用爆炸物品。

第四条 民用爆炸物品行业主管部门负责民用爆炸物品生产、销售的安全监督管理。

公安机关负责民用爆炸物品公共安全管理和民用爆炸物品购买、运输、爆破作业的安全监督管理，监控民用爆炸物品流向。

安全生产监督、铁路、交通、民用航空主管部门依照法律、行政法规的规定，负责做好民用爆炸物品的有关安全监督管理工作。

民用爆炸物品行业主管部门、公安机关、工商行政管理部门按照职责分工，负责组织查处非法生产、销售、购买、储存、运输、邮寄、使用民用爆炸物品的行为。

第五条 民用爆炸物品生产、销售、购买、运输和爆破作业单位（以下称民用爆炸物品从业单位）的主要负责人是本单位民用爆炸物品安全管理责任人，对本单位的民用爆炸物品安全管理工作全面负责。

民用爆炸物品从业单位是治安保卫工作的重点单位，应当依法设置治安保卫机构或者配备治安保卫人员，设置技术防范设施，防止民用爆炸物品丢失、被盗、被抢。

民用爆炸物品从业单位应当建立安全管理制度、岗位安全责任制度，制订安全防范措施和事故应急预案，设置安全管理机构或者配备专职安全管理人员。

第六条 无民事行为能力人、限制民事行为能力人或者曾因犯罪受过刑事处罚的人，不得从事民用爆炸物品的生产、销售、购买、运输和爆破作业。

民用爆炸物品从业单位应当加强对本单位从业人员的安全教育、法制教育和岗位技术培训，从业人员经考核合格的，方可上岗作业；对有资格要求的岗位，应当配备具有相应资格的人员。

第七条 国家建立民用爆炸物品信息管理系统，对民用爆炸物品实行标识管理，监控民用爆炸物品流向。

民用爆炸物品生产企业、销售企业和爆破作业单位应当建立民用爆炸物品登记制度，如实将本单位生产、销售、购买、运输、储存、使用民用爆炸物品的品种、数量和流向信息输入计算机系统。

第八条 任何单位或者个人都有权举报违反民用爆炸物品安全管理规定的行为；接到举报的主管部门、公安机关应当立即查处，并为举报人员保密，对举报有功人员给予奖励。

第九条 国家鼓励民用爆炸物品从业单位采用提高民用爆炸物品安全性能的新技术，鼓励发展民用爆炸物品生产、配送、爆破作业一体化的经营模式。

第二章 生 产

第十条 设立民用爆炸物品生产企业，应当遵循统筹规划、合理布局的原则。

第十一条 申请从事民用爆炸物品生产的企业，应当具备下列条件：

（一）符合国家产业结构规划和产业技术标准；

（二）厂房和专用仓库的设计、结构、建筑材料、安全距离以及防火、防爆、防雷、防静电等安全设备、设施符合国家有关标准和规范；

（三）生产设备、工艺符合有关安全生产的技术标准和规程；

（四）有具备相应资格的专业技术人员、安全生产管理人员和生产岗位人员；

（五）有健全的安全管理制度、岗位安全责任制度；

（六）法律、行政法规规定的其他条件。

第十二条 申请从事民用爆炸物品生产的企业，应当向国务院民用爆炸物品行业主管部门提交申请书、可行性研究报告以及能够证明其符合本条例第十一条规定条件的有关材料。国务院民用爆炸物品行业主管部门应当自受理申请之日起45日内进行审查，对符合条件的，核发《民用爆炸物品生产许可证》；对不符合条件的，不予核发《民用爆炸物品生产许可证》，书面向申请人说明理由。

民用爆炸物品生产企业为调整生产能力及品种进行改建、扩建的，应当依照前款规定申请办理《民用爆炸物品生产许可证》。

民用爆炸物品生产企业持《民用爆炸物品生产许可证》到工商行政管理部门办理工商登记，并在办理工商登记后3日内，向所在地县级人民政府公安机关备案。

第十三条 取得《民用爆炸物品生产许可证》的企业应当在基本建设完成后，向省、自治区、直辖市人民政府民用爆炸物品行业主管部门申请安全生产许可。省、自治区、直辖市人民政府民用爆炸物品行业主管部门应当依照《安全生产许可证条例》的规定对其进行查验，对符合条件的，核发《民用爆炸物品生产许可证》。民用爆炸物品生产企业取得《民用爆炸物品生产许可证》后，方可生产民用爆炸物品。

民用爆炸物品生产企业应当在办理工商登记后3日内，向所在地县级人民政府公安机关备案。

第十四条 民用爆炸物品生产企业应当严格按照《民用爆炸物品生产许可证》核定的品种和产量进行生产，生产作业应当严格执行安全技术规程的规定。

第十五条 民用爆炸物品生产企业应当对民用爆炸物品做出警示标识、登记标识，对雷管编码打号。民用爆炸物品警示标识、登记标识和雷管编码规则，由国务院公安部门会同国务院民用爆炸物品行政主管部门规定。

第十六条 民用爆炸物品生产企业应当建立健全产品检验制度，保证民用爆炸物品的质量符合相关标准。民用爆炸物品的包装，应当符合法律、行政法规的规定以及相关标准。

第十七条 试验或者试制民用爆炸物品，必须在专门场地或者专门的试验室进行。严禁在生产车间或者仓库内试验或者试制民用爆炸物品。

第三章　销售和购买

第十八条　申请从事民用爆炸物品销售的企业，应当具备下列条件：

（一）符合对民用爆炸物品销售企业规划的要求；

（二）销售场所和专用仓库符合国家有关标准和规范；

（三）有具备相应资格的安全管理人员、仓库管理人员；

（四）有健全的安全管理制度、岗位安全责任制度；

（五）法律、行政法规规定的其他条件。

第十九条　申请从事民用爆炸物品销售的企业，应当向所在地省、自治区、直辖市人民政府民用爆炸物品行业主管部门提交申请书、可行性研究报告以及能够证明其符合本条例第十八条规定条件的有关材料。省、自治区、直辖市人民政府民用爆炸物品行业主管部门应当自受理申请之日起30日内进行审查，并对申请单位的销售场所和专用仓库等经营设施进行查验，对符合条件的，核发《民用爆炸物品销售许可证》；对不符合条件的，不予核发《民用爆炸物品销售许可证》，书面向申请人说明理由。

民用爆炸物品销售企业持《民用爆炸物品销售许可证》到工商行政管理部门办理工商登记后，方可销售民用爆炸物品。

民用爆炸物品销售企业应当在办理工商登记后3日内，向所在地县级人民政府公安机关备案。

第二十条　民用爆炸物品生产企业凭《民用爆炸物品生产许可证》，可以销售本企业生产的民用爆炸物品。

民用爆炸物品生产企业销售本企业生产的民用爆炸物品，不得超出核定的品种、产量。

第二十一条　民用爆炸物品使用单位申请购买民用爆炸物品的，应当向所在地县级人民政府公安机关提出购买申请，并提交下列有关材料：

（一）工商营业执照或者事业单位法人证书；

（二）《爆破作业单位许可证》或者其他合法使用的证明；

（三）购买单位的名称、地址、银行账户；

（四）购买的品种、数量和用途说明。

受理申请的公安机关应当自受理申请之日起5日内对提交的有关材料进行审查，对符合条件的，核发《民用爆炸物品购买许可证》；对不符合条件的，不予核发《民用爆炸物品购买许可证》，书面向申请人说明理由。

《民用爆炸物品购买许可证》应当载明许可购买的品种、数量、购买单位以及许可的有效期限。

第二十二条　民用爆炸物品生产企业凭《民用爆炸物品生产许可证》购买属于民用爆炸物品的原料，民用爆炸物品销售企业凭《民用爆炸物品销售许可证》向民用爆炸物品生产企业购买民用爆炸物品，民用爆炸物品使用单位凭《民用爆炸物品购买许可证》购买民用爆炸物品，还应当提供经办人的身份证明。

销售民用爆炸物品的企业，应当查验前款规定的许可证和经办人的身份证明；对持《民用爆炸物品购买许可证》购买的，应当按照许可的品种、数量销售。

第二十三条　销售、购买民用爆炸物品，应当通过银行账户进行交易，不得使用现金或者实物进行交易。

销售民用爆炸物品的企业，应当将购买单位的许可证、银行账户转账凭证、经办人的身份证明复印件保存2年备查。

第二十四条　销售民用爆炸物品的企业，应当自民用爆炸物品买卖成交之日起3日内，将销售的品种、数量和购买单位向所在地省、自治区、直辖市人民政府民用爆炸物品行业主管部门和所在地县级人民政府公安机关备案。

购买民用爆炸物品的单位，应当自民用爆炸物品买卖成交之日起3日内，将购买的品种、数量向所在地县级人民政府公安机关备案。

第二十五条　进出口民用爆炸物品，应当经国务院民用爆炸物品行业主管部门审批。进出口民用爆炸物品审批办法，由国务院民用爆炸物品行业主管部门会同国务院公安部门、海关总署规定。

进出口单位应当将进出口的民用爆炸物品的品种、数量向收货地或者出境口岸所在地县级人民政府公安机关备案。

第四章　运　　输

第二十六条　运输民用爆炸物品，收货单位应当向运达地县级人民政府公安机关提出申请，并提交包括下列内容的材料：

（一）民用爆炸物品生产企业、销售企业、使用单位以及进出口单位分别提供的《民用爆炸物品生产许可证》、《民用爆炸物品销售许可证》、《民用爆炸物品购买许可证》或者进出口批准证明；

（二）运输民用爆炸物品的品种、数量、包装材料和包装方式；

（三）运输民用爆炸物品的特性、出现险情的应急处置方法；

（四）运输时间、起始地点、运输路线、经停地点。

受理申请的公安机关应当自受理申请之日起3日内对提交的有关材料进行审查，对符合条件的，核发《民用爆炸物品运输许可证》；对不符合条件的，不予核发《民用爆炸物品运输许可证》，书面向申请人说明理由。

《民用爆炸物品运输许可证》应当载明收货单位、销售企业、承运人，一次性运输有效期限、起始地点、运输路线、经停地点，民用爆炸物品的品种、数量。

第二十七条　运输民用爆炸物品的，应当凭《民用爆炸物品运输许可证》，按照许可的品种、数量运输。

第二十八条　经由道路运输民用爆炸物品的，应当遵守下列规定：

（一）携带《民用爆炸物品运输许可证》；

（二）民用爆炸物品的装载符合国家有关标准和规范，车厢内不得载人；

（三）运输车辆安全技术状况应当符合国家有关安全技术标准的要求，并按照规定悬挂或者安装符合国家标准的易燃易爆危险物品警示标志；

（四）运输民用爆炸物品的车辆应当保持安全车速；

（五）按照规定的路线行驶，途中经停应当有专人看守，并远离建筑设施和人口稠密的地方，不得在许可以外的地点经停；

（六）按照安全操作规程装卸民用爆炸物品，并在装卸现场设置警戒，禁止无关人员进入；

（七）出现危险情况立即采取必要的应急处置措施，并报告当地公安机关。

第二十九条　民用爆炸物品运达目的地，收货单位应当进行验收后在《民用爆炸物品运输许可证》上签注，并在3日内将《民用爆炸物品运输许可证》交回发证机关核销。

第三十条　禁止携带民用爆炸物品搭乘公共交通工具或者进入公共场所。

禁止邮寄民用爆炸物品，禁止在托运的货物、行李、包裹、邮件中夹带民用爆炸物品。

第五章 爆 破 作 业

第三十一条 申请从事爆破作业的单位，应当具备下列条件：

（一）爆破作业属于合法的生产活动；

（二）有符合国家有关标准和规范的民用爆炸物品专用仓库；

（三）有具备相应资格的安全管理人员、仓库管理人员和具备国家规定执业资格的爆破作业人员；

（四）有健全的安全管理制度、岗位安全责任制度；

（五）有符合国家标准、行业标准的爆破作业专用设备；

（六）法律、行政法规规定的其他条件。

第三十二条 申请从事爆破作业的单位，应当按照国务院公安部门的规定，向有关人民政府公安机关提出申请，并提供能够证明其符合本条例第三十一条规定条件的有关材料。受理申请的公安机关应当自受理申请之日起20日内进行审查，对符合条件的，核发《爆破作业单位许可证》；对不符合条件的，不予核发《爆破作业单位许可证》，书面向申请人说明理由。

营业性爆破作业单位持《爆破作业单位许可证》到工商行政管理部门办理工商登记后，方可从事营业性爆破作业活动。

爆破作业单位应当在办理工商登记后3日内，向所在地县级人民政府公安机关备案。

第三十三条 爆破作业单位应当对本单位的爆破作业人员、安全管理人员、仓库管理人员进行专业技术培训。爆破作业人员应当经设区的市级人民政府公安机关考核合格，取得《爆破作业人员许可证》后，方可从事爆破作业。

第三十四条 爆破作业单位应当按照其资质等级承接爆破作业项目，爆破作业人员应当按照其资格等级从事爆破作业。爆破作业的分级管理办法由国务院公安部门规定。

第三十五条 在城市、风景名胜区和重要工程设施附近实施爆破作业的，应当向爆破作业所在地设区的市级人民政府公安机关提出申请，提交《爆破作业单位许可证》和具有相应资质的安全评估企业出具的爆破设计、施工方案评估报告。受理申请的公安机关应当自受理申请之日起20日内对提交的有关材料进行审查，对符合条件的，作出批准的决定；对不符合条件的，作出不予批准的决定，并书面向申请人说明理由。

实施前款规定的爆破作业，应当由具有相应资质的安全监理企业进行监理，由爆破作业所在地县级人民政府公安机关负责组织实施安全警戒。

第三十六条 爆破作业单位跨省、自治区、直辖市行政区域从事爆破作业的，应当事先将爆破作业项目的有关情况向爆破作业所在地县级人民政府公安机关报告。

第三十七条 爆破作业单位应当如实记载领取、发放民用爆炸物品的品种、数量、编号以及领取、发放人员姓名。领取民用爆炸物品的数量不得超过当班用量，作业后剩余的民用爆炸物品必须当班清退回库。

爆破作业单位应当将领取、发放民用爆炸物品的原始记录保存2年备查。

第三十八条 实施爆破作业，应当遵守国家有关标准和规范，在安全距离以外设置警示标志并安排警戒人员，防止无关人员进入；爆破作业结束后应当及时检查、排除未引爆的民用爆炸物品。

第三十九条 爆破作业单位不再使用民用爆炸物品时，应当将剩余的民用爆炸物品登记造册，报所在地县级人民政府公安机关组织监督销毁。

发现、拣拾无主民用爆炸物品的，应当立即报告当地公安机关。

第六章　储　　存

第四十条　民用爆炸物品应当储存在专用仓库内，并按照国家规定设置技术防范设施。

第四十一条　储存民用爆炸物品应当遵守下列规定：

（一）建立出入库检查、登记制度，收存和发放民用爆炸物品必须进行登记，做到账目清楚，账物相符；

（二）储存的民用爆炸物品数量不得超过储存设计容量，对性质相抵触的民用爆炸物品必须分库储存，严禁在库房内存放其他物品；

（三）专用仓库应当指定专人管理、看护，严禁无关人员进入仓库区内，严禁在仓库区内吸烟和用火，严禁把其他容易引起燃烧、爆炸的物品带入仓库区内，严禁在库房内住宿和进行其他活动；

（四）民用爆炸物品丢失、被盗、被抢，应当立即报告当地公安机关。

第四十二条　在爆破作业现场临时存放民用爆炸物品的，应当具备临时存放民用爆炸物品的条件，并设专人管理、看护，不得在不具备安全存放条件的场所存放民用爆炸物品。

第四十三条　民用爆炸物品变质和过期失效的，应当及时清理出库，并予以销毁。销毁前应当登记造册，提出销毁实施方案，报省、自治区、直辖市人民政府民用爆炸物品行业主管部门、所在地县级人民政府公安机关组织监督销毁。

第七章　法　律　责　任

第四十四条　非法制造、买卖、运输、储存民用爆炸物品，构成犯罪的，依法追究刑事责任；尚不构成犯罪，有违反治安管理行为的，依法给予治安管理处罚。

违反本条例规定，在生产、储存、运输、使用民用爆炸物品中发生重大事故，造成严重后果或者后果特别严重，构成犯罪的，依法追究刑事责任。

违反本条例规定，未经许可生产、销售民用爆炸物品的，由民用爆炸物品行业主管部门责令停止非法生产、销售活动，处10万元以上50万元以下的罚款，并没收非法生产、销售的民用爆炸物品及其违法所得。

违反本条例规定，未经许可购买、运输民用爆炸物品或者从事爆破作业的，由公安机关责令停止非法购买、运输、爆破作业活动，处5万元以上20万元以下的罚款，并没收非法购买、运输以及从事爆破作业使用的民用爆炸物品及其违法所得。

民用爆炸物品行业主管部门、公安机关对没收的非法民用爆炸物品，应当组织销毁。

第四十五条　违反本条例规定，生产、销售民用爆炸物品的企业有下列行为之一的，由民用爆炸物品行业主管部门责令限期改正，处10万元以上50万元以下的罚款；逾期不改正的，责令停产停业整顿；情节严重的，吊销《民用爆炸物品生产许可证》或者《民用爆炸物品销售许可证》：

（一）超出生产许可的品种、产量进行生产、销售的；

（二）违反安全技术规程生产作业的；

（三）民用爆炸物品的质量不符合相关标准的；

（四）民用爆炸物品的包装不符合法律、行政法规的规定以及相关标准的；

（五）超出购买许可的品种、数量销售民用爆炸物品的；

（六）向没有《民用爆炸物品生产许可证》、《民用爆炸物品销售许可证》、《民用爆炸物品购买许可证》的单位销售民用爆炸物品的；

（七）民用爆炸物品生产企业销售本企业生产的民用爆炸物品未按照规定向民用爆炸物品行业主

管部门备案的；

（八）未经审批进出口民用爆炸物品的。

第四十六条 违反本条例规定，有下列情形之一的，由公安机关责令限期改正，处5万元以上20万元以下的罚款；逾期不改正的，责令停产停业整顿：

（一）未按照规定对民用爆炸物品做出警示标识、登记标识或者未对雷管编码打号的；

（二）超出购买许可的品种、数量购买民用爆炸物品的；

（三）使用现金或者实物进行民用爆炸物品交易的；

（四）未按照规定保存购买单位的许可证、银行账户转账凭证、经办人的身份证明复印件的；

（五）销售、购买、进出口民用爆炸物品，未按照规定向公安机关备案的；

（六）未按照规定建立民用爆炸物品登记制度，如实将本单位生产、销售、购买、运输、储存、使用民用爆炸物品的品种、数量和流向信息输入计算机系统的；

（七）未按照规定将《民用爆炸物品运输许可证》交回发证机关核销的。

第四十七条 违反本条例规定，经由道路运输民用爆炸物品，有下列情形之一的，由公安机关责令改正，处5万元以上20万元以下的罚款：

（一）违反运输许可事项的；

（二）未携带《民用爆炸物品运输许可证》的；

（三）违反有关标准和规范混装民用爆炸物品的；

（四）运输车辆未按照规定悬挂或者安装符合国家标准的易燃易爆危险物品警示标志的；

（五）未按照规定的路线行驶，途中经停没有专人看守或者在许可以外的地点经停的；

（六）装载民用爆炸物品的车厢载人的；

（七）出现危险情况未立即采取必要的应急处置措施、报告当地公安机关的。

第四十八条 违反本条例规定，从事爆破作业的单位有下列情形之一的，由公安机关责令停止违法行为或者限期改正，处10万元以上50万元以下的罚款；逾期不改正的，责令停产停业整顿；情节严重的，吊销《爆破作业单位许可证》：

（一）爆破作业单位未按照其资质等级从事爆破作业的；

（二）营业性爆破作业单位跨省、自治区、直辖市行政区域实施爆破作业，未按照规定事先向爆破作业所在地的县级人民政府公安机关报告的；

（三）爆破作业单位未按照规定建立民用爆炸物品领取登记制度、保存领取登记记录的；

（四）违反国家有关标准和规范实施爆破作业的。

爆破作业人员违反国家有关标准和规范的规定实施爆破作业的，由公安机关责令限期改正，情节严重的，吊销《爆破作业人员许可证》。

第四十九条 违反本条例规定，有下列情形之一的，由民用爆炸物品行业主管部门、公安机关按照职责责令限期改正，可以并处5万元以上20万元以下的罚款；逾期不改正的，责令停产停业整顿；情节严重的，吊销许可证：

（一）未按照规定在专用仓库设置技术防范设施的；

（二）未按照规定建立出入库检查、登记制度或者收存和发放民用爆炸物品，致使账物不符的；

（三）超量储存、在非专用仓库储存或者违反储存标准和规范储存民用爆炸物品的；

（四）有本条例规定的其他违反民用爆炸物品储存管理规定行为的。

第五十条 违反本条例规定，民用爆炸物品从业单位有下列情形之一的，由公安机关处2万元以上10万元以下的罚款；情节严重的，吊销其许可证；有违反治安管理行为的，依法给予治安管理处罚：

（一）违反安全管理制度，致使民用爆炸物品丢失、被盗、被抢的；

（二）民用爆炸物品丢失、被盗、被抢，未按照规定向当地公安机关报告或者故意隐瞒不报的；

（三）转让、出借、转借、抵押、赠送民用爆炸物品的。

第五十一条 违反本条例规定，携带民用爆炸物品搭乘公共交通工具或者进入公共场所，邮寄或者在托运的货物、行李、包裹、邮件中夹带民用爆炸物品，构成犯罪的，依法追究刑事责任；尚不构成犯罪的，由公安机关依法给予治安管理处罚，没收非法的民用爆炸物品，处1000元以上1万元以下的罚款。

第五十二条 民用爆炸物品从业单位的主要负责人未履行本条例规定的安全管理责任，导致发生重大伤亡事故或者造成其他严重后果，构成犯罪的，依法追究刑事责任；尚不构成犯罪的，对主要负责人给予撤职处分，对个人经营的投资人处2万元以上20万元以下的罚款。

第五十三条 民用爆炸物品行业主管部门、公安机关、工商行政管理部门的工作人员，在民用爆炸物品安全监督管理工作中滥用职权、玩忽职守或者徇私舞弊，构成犯罪的，依法追究刑事责任；尚不构成犯罪的，依法给予行政处分。

第八章　附　　则

第五十四条 《民用爆炸物品生产许可证》、《民用爆炸物品销售许可证》，由国务院民用爆炸物品行业主管部门规定式样；《民用爆炸物品购买许可证》、《民用爆炸物品运输许可证》、《爆破作业单位许可证》、《爆破作业人员许可证》，由国务院公安部门规定式样。

第五十五条 本条例自2006年9月1日起施行。1984年1月6日国务院发布的《中华人民共和国民用爆炸物品管理条例》同时废止。

10. 政府信息公开条例

（2007 年 4 月 5 日国务院令第 492 号公布）

第一章　总　　则

第一条　为了保障公民、法人和其他组织依法获取政府信息，提高政府工作的透明度，促进依法行政，充分发挥政府信息对人民群众生产、生活和经济社会活动的服务作用，制定本条例。

第二条　本条例所称政府信息，是指行政机关在履行职责过程中制作或者获取的，以一定形式记录、保存的信息。

第三条　各级人民政府应当加强对政府信息公开工作的组织领导。

国务院办公厅是全国政府信息公开工作的主管部门，负责推进、指导、协调、监督全国的政府信息公开工作。

县级以上地方人民政府办公厅（室）或者县级以上地方人民政府确定的其他政府信息公开工作主管部门负责推进、指导、协调、监督本行政区域的政府信息公开工作。

第四条　各级人民政府及县级以上人民政府部门应当建立健全本行政机关的政府信息公开工作制度，并指定机构（以下统称政府信息公开工作机构）负责本行政机关政府信息公开的日常工作。

政府信息公开工作机构的具体职责是：

（一）具体承办本行政机关的政府信息公开事宜；

（二）维护和更新本行政机关公开的政府信息；

（三）组织编制本行政机关的政府信息公开指南、政府信息公开目录和政府信息公开工作年度报告；

（四）对拟公开的政府信息进行保密审查；

（五）本行政机关规定的与政府信息公开有关的其他职责。

第五条　行政机关公开政府信息，应当遵循公正、公平、便民的原则。

第六条　行政机关应当及时、准确地公开政府信息。行政机关发现影响或者可能影响社会稳定、扰乱社会管理秩序的虚假或者不完整信息的，应当在其职责范围内发布准确的政府信息予以澄清。

第七条　行政机关应当建立健全政府信息发布协调机制。行政机关发布政府信息涉及其他行政机关的，应当与有关行政机关进行沟通、确认，保证行政机关发布的政府信息准确一致。

行政机关发布政府信息依照国家有关规定需要批准的，未经批准不得发布。

第八条　行政机关公开政府信息，不得危及国家安全、公共安全、经济安全和社会稳定。

第二章　公开的范围

第九条　行政机关对符合下列基本要求之一的政府信息应当主动公开：

（一）涉及公民、法人或者其他组织切身利益的；

（二）需要社会公众广泛知晓或者参与的；

（三）反映本行政机关机构设置、职能、办事程序等情况的；

（四）其他依照法律、法规和国家有关规定应当主动公开的。

第十条　县级以上各级人民政府及其部门应当依照本条例第九条的规定，在各自职责范围内确定主动公开的政府信息的具体内容，并重点公开下列政府信息：

（一）行政法规、规章和规范性文件；

（二）国民经济和社会发展规划、专项规划、区域规划及相关政策；

（三）国民经济和社会发展统计信息；

（四）财政预算、决算报告；

（五）行政事业性收费的项目、依据、标准；

（六）政府集中采购项目的目录、标准及实施情况；

（七）行政许可的事项、依据、条件、数量、程序、期限以及申请行政许可需要提交的全部材料目录及办理情况；

（八）重大建设项目的批准和实施情况；

（九）扶贫、教育、医疗、社会保障、促进就业等方面的政策、措施及其实施情况；

（十）突发公共事件的应急预案、预警信息及应对情况；

（十一）环境保护、公共卫生、安全生产、食品药品、产品质量的监督检查情况。

第十一条　设区的市级人民政府、县级人民政府及其部门重点公开的政府信息还应当包括下列内容：

（一）城乡建设和管理的重大事项；

（二）社会公益事业建设情况；

（三）征收或者征用土地、房屋拆迁及其补偿、补助费用的发放、使用情况；

（四）抢险救灾、优抚、救济、社会捐助等款物的管理、使用和分配情况。

第十二条　乡（镇）人民政府应当依照本条例第九条的规定，在其职责范围内确定主动公开的政府信息的具体内容，并重点公开下列政府信息：

（一）贯彻落实国家关于农村工作政策的情况；

（二）财政收支、各类专项资金的管理和使用情况；

（三）乡（镇）土地利用总体规划、宅基地使用的审核情况；

（四）征收或者征用土地、房屋拆迁及其补偿、补助费用的发放、使用情况；

（五）乡（镇）的债权债务、筹资筹劳情况；

（六）抢险救灾、优抚、救济、社会捐助等款物的发放情况；

（七）乡镇集体企业及其他乡镇经济实体承包、租赁、拍卖等情况；

（八）执行计划生育政策的情况。

第十三条　除本条例第九条、第十条、第十一条、第十二条规定的行政机关主动公开的政府信息外，公民、法人或者其他组织还可以根据自身生产、生活、科研等特殊需要，向国务院部门、地方各级人民政府及县级以上地方人民政府部门申请获取相关政府信息。

第十四条　行政机关应当建立健全政府信息发布保密审查机制，明确审查的程序和责任。

行政机关在公开政府信息前，应当依照《中华人民共和国保守国家秘密法》以及其他法律、法规和国家有关规定对拟公开的政府信息进行审查。

行政机关对政府信息不能确定是否可以公开时，应当依照法律、法规和国家有关规定报有关主管部门或者同级保密工作部门确定。

行政机关不得公开涉及国家秘密、商业秘密、个人隐私的政府信息。但是，经权利人同意公开或者行政机关认为不公开可能对公共利益造成重大影响的涉及商业秘密、个人隐私的政府信息，可以予以公开。

第三章　公开的方式和程序

第十五条　行政机关应当将主动公开的政府信息，通过政府公报、政府网站、新闻发布会以及报刊、广播、电视等便于公众知晓的方式公开。

第十六条　各级人民政府应当在国家档案馆、公共图书馆设置政府信息查阅场所，并配备相应的设施、设备，为公民、法人或者其他组织获取政府信息提供便利。

行政机关可以根据需要设立公共查阅室、资料索取点、信息公告栏、电子信息屏等场所、设施，公开政府信息。

行政机关应当及时向国家档案馆、公共图书馆提供主动公开的政府信息。

第十七条　行政机关制作的政府信息，由制作该政府信息的行政机关负责公开；行政机关从公民、法人或者其他组织获取的政府信息，由保存该政府信息的行政机关负责公开。法律、法规对政府信息公开的权限另有规定的，从其规定。

第十八条　属于主动公开范围的政府信息，应当自该政府信息形成或者变更之日起20个工作日内予以公开。法律、法规对政府信息公开的期限另有规定的，从其规定。

第十九条　行政机关应当编制、公布政府信息公开指南和政府信息公开目录，并及时更新。

政府信息公开指南，应当包括政府信息的分类、编排体系、获取方式，政府信息公开工作机构的名称、办公地址、办公时间、联系电话、传真号码、电子邮箱等内容。

政府信息公开目录，应当包括政府信息的索引、名称、内容概述、生成日期等内容。

第二十条　公民、法人或者其他组织依照本条例第十三条规定向行政机关申请获取政府信息的，应当采用书面形式（包括数据电文形式）；采用书面形式确有困难的，申请人可以口头提出，由受理该申请的行政机关代为填写政府信息公开申请。

政府信息公开申请应当包括下列内容：

（一）申请人的姓名或者名称、联系方式；

（二）申请公开的政府信息的内容描述；

（三）申请公开的政府信息的形式要求。

第二十一条　对申请公开的政府信息，行政机关根据下列情况分别作出答复：

（一）属于公开范围的，应当告知申请人获取该政府信息的方式和途径；

（二）属于不予公开范围的，应当告知申请人并说明理由；

（三）依法不属于本行政机关公开或者该政府信息不存在的，应当告知申请人，对能够确定该政府信息的公开机关的，应当告知申请人该行政机关的名称、联系方式；

（四）申请内容不明确的，应当告知申请人作出更改、补充。

第二十二条　申请公开的政府信息中含有不应当公开的内容，但是能够作区分处理的，行政机关应当向申请人提供可以公开的信息内容。

第二十三条　行政机关认为申请公开的政府信息涉及商业秘密、个人隐私，公开后可能损害第三方合法权益的，应当书面征求第三方的意见；第三方不同意公开的，不得公开。但是，行政机关认为不公开可能对公共利益造成重大影响的，应当予以公开，并将决定公开的政府信息内容和理由书面通知第三方。

第二十四条　行政机关收到政府信息公开申请，能够当场答复的，应当当场予以答复。

行政机关不能当场答复的，应当自收到申请之日起15个工作日内予以答复；如需延长答复期限的，应当经政府信息公开工作机构负责人同意，并告知申请人，延长答复的期限最长不得超过15个工作日。

申请公开的政府信息涉及第三方权益的，行政机关征求第三方意见所需时间不计算在本条第二款规定的期限内。

第二十五条 公民、法人或者其他组织向行政机关申请提供与其自身相关的税费缴纳、社会保障、医疗卫生等政府信息的，应当出示有效身份证件或者证明文件。

公民、法人或者其他组织有证据证明行政机关提供的与其自身相关的政府信息记录不准确的，有权要求该行政机关予以更正。该行政机关无权更正的，应当转送有权更正的行政机关处理，并告知申请人。

第二十六条 行政机关依申请公开政府信息，应当按照申请人要求的形式予以提供；无法按照申请人要求的形式提供的，可以通过安排申请人查阅相关资料、提供复制件或者其他适当形式提供。

第二十七条 行政机关依申请提供政府信息，除可以收取检索、复制、邮寄等成本费用外，不得收取其他费用。行政机关不得通过其他组织、个人以有偿服务方式提供政府信息。

行政机关收取检索、复制、邮寄等成本费用的标准由国务院价格主管部门会同国务院财政部门制定。

第二十八条 申请公开政府信息的公民确有经济困难的，经本人申请、政府信息公开工作机构负责人审核同意，可以减免相关费用。

申请公开政府信息的公民存在阅读困难或者视听障碍的，行政机关应当为其提供必要的帮助。

第四章 监督和保障

第二十九条 各级人民政府应当建立健全政府信息公开工作考核制度、社会评议制度和责任追究制度，定期对政府信息公开工作进行考核、评议。

第三十条 政府信息公开工作主管部门和监察机关负责对行政机关政府信息公开的实施情况进行监督检查。

第三十一条 各级行政机关应当在每年3月31日前公布本行政机关的政府信息公开工作年度报告。

第三十二条 政府信息公开工作年度报告应当包括下列内容：

（一）行政机关主动公开政府信息的情况；

（二）行政机关依申请公开政府信息和不予公开政府信息的情况；

（三）政府信息公开的收费及减免情况；

（四）因政府信息公开申请行政复议、提起行政诉讼的情况；

（五）政府信息公开工作存在的主要问题及改进情况；

（六）其他需要报告的事项。

第三十三条 公民、法人或者其他组织认为行政机关不依法履行政府信息公开义务的，可以向上级行政机关、监察机关或者政府信息公开工作主管部门举报。收到举报的机关应当予以调查处理。

公民、法人或者其他组织认为行政机关在政府信息公开工作中的具体行政行为侵犯其合法权益的，可以依法申请行政复议或者提起行政诉讼。

第三十四条 行政机关违反本条例的规定，未建立健全政府信息发布保密审查机制的，由监察机关、上一级行政机关责令改正；情节严重的，对行政机关主要负责人依法给予处分。

第三十五条 行政机关违反本条例的规定，有下列情形之一的，由监察机关、上一级行政机关责令改正；情节严重的，对行政机关直接负责的主管人员和其他直接责任人员依法给予处分；构成犯罪的，依法追究刑事责任：

（一）不依法履行政府信息公开义务的；

（二）不及时更新公开的政府信息内容、政府信息公开指南和政府信息公开目录的；
（三）违反规定收取费用的；
（四）通过其他组织、个人以有偿服务方式提供政府信息的；
（五）公开不应当公开的政府信息的；
（六）违反本条例规定的其他行为。

第五章　附　　则

第三十六条　法律、法规授权的具有管理公共事务职能的组织公开政府信息的活动，适用本条例。

第三十七条　教育、医疗卫生、计划生育、供水、供电、供气、供热、环保、公共交通等与人民群众利益密切相关的公共企事业单位在提供社会公共服务过程中制作、获取的信息的公开，参照本条例执行，具体办法由国务院有关主管部门或者机构制定。

第三十八条　本条例自 2008 年 5 月 1 日起施行。

11. 生产安全事故报告和调查处理条例

（2007 年 4 月 9 日国务院令第 493 号公布）

第一章　总　　则

第一条　为了规范生产安全事故的报告和调查处理，落实生产安全事故责任追究制度，防止和减少生产安全事故，根据《中华人民共和国安全生产法》和有关法律，制定本条例。

第二条　生产经营活动中发生的造成人身伤亡或者直接经济损失的生产安全事故的报告和调查处理，适用本条例；环境污染事故、核设施事故、国防科研生产事故的报告和调查处理不适用本条例。

第三条　根据生产安全事故（以下简称事故）造成的人员伤亡或者直接经济损失，事故一般分为以下等级：

（一）特别重大事故，是指造成 30 人以上死亡，或者 100 人以上重伤（包括急性工业中毒，下同），或者 1 亿元以上直接经济损失的事故；

（二）重大事故，是指造成 10 人以上 30 人以下死亡，或者 50 人以上 100 人以下重伤，或者 5000 万元以上 1 亿元以下直接经济损失的事故；

（三）较大事故，是指造成 3 人以上 10 人以下死亡，或者 10 人以上 50 人以下重伤，或者 1000 万元以上 5000 万元以下直接经济损失的事故；

（四）一般事故，是指造成 3 人以下死亡，或者 10 人以下重伤，或者 1000 万元以下直接经济损失的事故。

国务院安全生产监督管理部门可以会同国务院有关部门，制定事故等级划分的补充性规定。

本条第一款所称的“以上”包括本数，所称的“以下”不包括本数。

第四条　事故报告应当及时、准确、完整，任何单位和个人对事故不得迟报、漏报、谎报或者瞒报。

事故调查处理应当坚持实事求是、尊重科学的原则，及时、准确地查清事故经过、事故原因和事故损失，查明事故性质，认定事故责任，总结事故教训，提出整改措施，并对事故责任者依法追究责任。

第五条　县级以上人民政府应当依照本条例的规定，严格履行职责，及时、准确地完成事故调查处理工作。

事故发生地有关地方人民政府应当支持、配合上级人民政府或者有关部门的事故调查处理工作，并提供必要的便利条件。

参加事故调查处理的部门和单位应当互相配合，提高事故调查处理工作的效率。

第六条　工会依法参加事故调查处理，有权向有关部门提出处理意见。

第七条　任何单位和个人不得阻挠和干涉对事故的报告和依法调查处理。

第八条　对事故报告和调查处理中的违法行为，任何单位和个人有权向安全生产监督管理部门、监察机关或者其他有关部门举报，接到举报的部门应当依法及时处理。

第二章 事 故 报 告

第九条 事故发生后，事故现场有关人员应当立即向本单位负责人报告；单位负责人接到报告后，应当于1小时内向事故发生地县级以上人民政府安全生产监督管理部门和负有安全生产监督管理职责的有关部门报告。

情况紧急时，事故现场有关人员可以直接向事故发生地县级以上人民政府安全生产监督管理部门和负有安全生产监督管理职责的有关部门报告。

第十条 安全生产监督管理部门和负有安全生产监督管理职责的有关部门接到事故报告后，应当依照下列规定上报事故情况，并通知公安机关、劳动保障行政部门、工会和人民检察院：

（一）特别重大事故、重大事故逐级上报至国务院安全生产监督管理部门和负有安全生产监督管理职责的有关部门；

（二）较大事故逐级上报至省、自治区、直辖市人民政府安全生产监督管理部门和负有安全生产监督管理职责的有关部门；

（三）一般事故上报至设区的市级人民政府安全生产监督管理部门和负有安全生产监督管理职责的有关部门。

安全生产监督管理部门和负有安全生产监督管理职责的有关部门依照前款规定上报事故情况，应当同时报告本级人民政府。国务院安全生产监督管理部门和负有安全生产监督管理职责的有关部门以及省级人民政府接到发生特别重大事故、重大事故的报告后，应当立即报告国务院。

必要时，安全生产监督管理部门和负有安全生产监督管理职责的有关部门可以越级上报事故情况。

第十一条 安全生产监督管理部门和负有安全生产监督管理职责的有关部门逐级上报事故情况，每级上报的时间不得超过2小时。

第十二条 报告事故应当包括下列内容：

（一）事故发生单位概况；

（二）事故发生的时间、地点以及事故现场情况；

（三）事故的简要经过；

（四）事故已经造成或者可能造成的伤亡人数（包括下落不明的人数）和初步估计的直接经济损失；

（五）已经采取的措施；

（六）其他应当报告的情况。

第十三条 事故报告后出现新情况的，应当及时补报。

自事故发生之日起30日内，事故造成的伤亡人数发生变化的，应当及时补报。道路交通事故、火灾事故自发生之日起7日内，事故造成的伤亡人数发生变化的，应当及时补报。

第十四条 事故发生单位负责人接到事故报告后，应当立即启动事故相应应急预案，或者采取有效措施，组织抢救，防止事故扩大，减少人员伤亡和财产损失。

第十五条 事故发生地有关地方人民政府、安全生产监督管理部门和负有安全生产监督管理职责的有关部门接到事故报告后，其负责人应当立即赶赴事故现场，组织事故救援。

第十六条 事故发生后，有关单位和人员应当妥善保护事故现场以及相关证据，任何单位和个人不得破坏事故现场、毁灭相关证据。

因抢救人员、防止事故扩大以及疏通交通等原因，需要移动事故现场物件的，应当做出标志，绘制现场简图并做出书面记录，妥善保存现场重要痕迹、物证。

第十七条 事故发生地公安机关根据事故的情况，对涉嫌犯罪的，应当依法立案侦查，采取强制措施和侦查措施。犯罪嫌疑人逃匿的，公安机关应当迅速追捕归案。

第十八条 安全生产监督管理部门和负有安全生产监督管理职责的有关部门应当建立值班制度，并向社会公布值班电话，受理事故报告和举报。

第三章 事 故 调 查

第十九条 特别重大事故由国务院或者国务院授权有关部门组织事故调查组进行调查。

重大事故、较大事故、一般事故分别由事故发生地省级人民政府、设区的市级人民政府、县级人民政府负责调查。省级人民政府、设区的市级人民政府、县级人民政府可以直接组织事故调查组进行调查，也可以授权或者委托有关部门组织事故调查组进行调查。

未造成人员伤亡的一般事故，县级人民政府也可以委托事故发生单位组织事故调查组进行调查。

第二十条 上级人民政府认为必要时，可以调查由下级人民政府负责调查的事故。

自事故发生之日起30日内（道路交通事故、火灾事故自发生之日起7日内），因事故伤亡人数变化导致事故等级发生变化，依照本条例规定应当由上级人民政府负责调查的，上级人民政府可以另行组织事故调查组进行调查。

第二十一条 特别重大事故以下等级事故，事故发生地与事故发生单位不在同一个县级以上行政区域的，由事故发生地人民政府负责调查，事故发生单位所在地人民政府应当派人参加。

第二十二条 事故调查组的组成应当遵循精简、效能的原则。

根据事故的具体情况，事故调查组由有关人民政府、安全生产监督管理部门、负有安全生产监督管理职责的有关部门、监察机关、公安机关以及工会派人组成，并应当邀请人民检察院派人参加。

事故调查组可以聘请有关专家参与调查。

第二十三条 事故调查组成员应当具有事故调查所需要的知识和专长，并与所调查的事故没有直接利害关系。

第二十四条 事故调查组组长由负责事故调查的人民政府指定。事故调查组组长主持事故调查组的工作。

第二十五条 事故调查组履行下列职责：

（一）查明事故发生的经过、原因、人员伤亡情况及直接经济损失；

（二）认定事故的性质和事故责任；

（三）提出对事故责任者的处理建议；

（四）总结事故教训，提出防范和整改措施；

（五）提交事故调查报告。

第二十六条 事故调查组有权向有关单位和个人了解与事故有关的情况，并要求其提供相关文件、资料，有关单位和个人不得拒绝。

事故发生单位的负责人和有关人员在事故调查期间不得擅离职守，并应当随时接受事故调查组的询问，如实提供有关情况。

事故调查中发现涉嫌犯罪的，事故调查组应当及时将有关材料或者其复印件移交司法机关处理。

第二十七条 事故调查中需要进行技术鉴定的，事故调查组应当委托具有国家规定资质的单位进行技术鉴定。必要时，事故调查组可以直接组织专家进行技术鉴定。技术鉴定所需时间不计入事故调查期限。

第二十八条 事故调查组成员在事故调查工作中应当诚信公正、恪尽职守，遵守事故调查组的纪律，保守事故调查的秘密。

未经事故调查组组长允许，事故调查组成员不得擅自发布有关事故的信息。

第二十九条 事故调查组应当自事故发生之日起60日内提交事故调查报告;特殊情况下,经负责事故调查的人民政府批准,提交事故调查报告的期限可以适当延长,但延长的期限最长不超过60日。

第三十条 事故调查报告应当包括下列内容:

（一）事故发生单位概况；

（二）事故发生经过和事故救援情况；

（三）事故造成的人员伤亡和直接经济损失；

（四）事故发生的原因和事故性质；

（五）事故责任的认定以及对事故责任者的处理建议；

（六）事故防范和整改措施。

事故调查报告应当附具有关证据材料。事故调查组成员应当在事故调查报告上签名。

第三十一条 事故调查报告报送负责事故调查的人民政府后，事故调查工作即告结束。事故调查的有关资料应当归档保存。

第四章 事 故 处 理

第三十二条 重大事故、较大事故、一般事故，负责事故调查的人民政府应当自收到事故调查报告之日起15日内做出批复；特别重大事故，30日内做出批复，特殊情况下，批复时间可以适当延长，但延长的时间最长不超过30日。

有关机关应当按照人民政府的批复，依照法律、行政法规规定的权限和程序，对事故发生单位和有关人员进行行政处罚，对负有事故责任的国家工作人员进行处分。

事故发生单位应当按照负责事故调查的人民政府的批复,对本单位负有事故责任的人员进行处理。

负有事故责任的人员涉嫌犯罪的，依法追究刑事责任。

第三十三条 事故发生单位应当认真吸取事故教训，落实防范和整改措施，防止事故再次发生。防范和整改措施的落实情况应当接受工会和职工的监督。

安全生产监督管理部门和负有安全生产监督管理职责的有关部门应当对事故发生单位落实防范和整改措施的情况进行监督检查。

第三十四条 事故处理的情况由负责事故调查的人民政府或者其授权的有关部门、机构向社会公布，依法应当保密的除外。

第五章 法 律 责 任

第三十五条 事故发生单位主要负责人有下列行为之一的，处上一年年收入40%至80%的罚款；属于国家工作人员的，并依法给予处分；构成犯罪的，依法追究刑事责任：

（一）不立即组织事故抢救的；

（二）迟报或者漏报事故的；

（三）在事故调查处理期间擅离职守的。

第三十六条 事故发生单位及其有关人员有下列行为之一的，对事故发生单位处100万元以上500万元以下的罚款；对主要负责人、直接负责的主管人员和其他直接责任人员处上一年年收入60%至100%的罚款；属于国家工作人员的，并依法给予处分；构成违反治安管理行为的，由公安机关依法给予治安管理处罚；构成犯罪的，依法追究刑事责任：

（一）谎报或者瞒报事故的；

（二）伪造或者故意破坏事故现场的；
（三）转移、隐匿资金、财产，或者销毁有关证据、资料的；
（四）拒绝接受调查或者拒绝提供有关情况和资料的；
（五）在事故调查中作伪证或者指使他人作伪证的；
（六）事故发生后逃匿的。

第三十七条 事故发生单位对事故发生负有责任的，依照下列规定处以罚款：
（一）发生一般事故的，处10万元以上20万元以下的罚款；
（二）发生较大事故的，处20万元以上50万元以下的罚款；
（三）发生重大事故的，处50万元以上200万元以下的罚款；
（四）发生特别重大事故的，处200万元以上500万元以下的罚款。

第三十八条 事故发生单位主要负责人未依法履行安全生产管理职责，导致事故发生的，依照下列规定处以罚款；属于国家工作人员的，并依法给予处分；构成犯罪的，依法追究刑事责任：
（一）发生一般事故的，处上一年年收入30%的罚款；
（二）发生较大事故的，处上一年年收入40%的罚款；
（三）发生重大事故的，处上一年年收入60%的罚款；
（四）发生特别重大事故的，处上一年年收入80%的罚款。

第三十九条 有关地方人民政府、安全生产监督管理部门和负有安全生产监督管理职责的有关部门有下列行为之一的，对直接负责的主管人员和其他直接责任人员依法给予处分；构成犯罪的，依法追究刑事责任：
（一）不立即组织事故抢救的；
（二）迟报、漏报、谎报或者瞒报事故的；
（三）阻碍、干涉事故调查工作的；
（四）在事故调查中作伪证或者指使他人作伪证的。

第四十条 事故发生单位对事故发生负有责任的，由有关部门依法暂扣或者吊销其有关证照；对事故发生单位负有事故责任的有关人员，依法暂停或者撤销其与安全生产有关的执业资格、岗位证书；事故发生单位主要负责人受到刑事处罚或者撤职处分的，自刑罚执行完毕或者受处分之日起，5年内不得担任任何生产经营单位的主要负责人。

为发生事故的单位提供虚假证明的中介机构，由有关部门依法暂扣或者吊销其有关证照及其相关人员的执业资格；构成犯罪的，依法追究刑事责任。

第四十一条 参与事故调查的人员在事故调查中有下列行为之一的，依法给予处分；构成犯罪的，依法追究刑事责任：
（一）对事故调查工作不负责任，致使事故调查工作有重大疏漏的；
（二）包庇、袒护负有事故责任的人员或者借机打击报复的。

第四十二条 违反本条例规定，有关地方人民政府或者有关部门故意拖延或者拒绝落实经批复的对事故责任人的处理意见的，由监察机关对有关责任人员依法给予处分。

第四十三条 本条例规定的罚款的行政处罚，由安全生产监督管理部门决定。

法律、行政法规对行政处罚的种类、幅度和决定机关另有规定的，依照其规定。

第六章 附 则

第四十四条 没有造成人员伤亡，但是社会影响恶劣的事故，国务院或者有关地方人民政府认为需要调查处理的，依照本条例的有关规定执行。

国家机关、事业单位、人民团体发生的事故的报告和调查处理，参照本条例的规定执行。

第四十五条 特别重大事故以下等级事故的报告和调查处理，有关法律、行政法规或者国务院另有规定的，依照其规定。

第四十六条 本条例自2007年6月1日起施行。国务院1989年3月29日公布的《特别重大事故调查程序暂行规定》和1991年2月22日公布的《企业职工伤亡事故报告和处理规定》同时废止。

12. 行政机关公务员处分条例

（2007 年 4 月 22 日国务院令第 495 号公布）

第一章　总　　则

第一条　为了严肃行政机关纪律，规范行政机关公务员的行为，保证行政机关及其公务员依法履行职责，根据《中华人民共和国公务员法》和《中华人民共和国行政监察法》，制定本条例。

第二条　行政机关公务员违反法律、法规、规章以及行政机关的决定和命令，应当承担纪律责任的，依照本条例给予处分。

法律、其他行政法规、国务院决定对行政机关公务员处分有规定的，依照该法律、行政法规、国务院决定的规定执行；法律、其他行政法规、国务院决定对行政机关公务员应当受到处分的违法违纪行为做了规定，但是未对处分幅度做规定的，适用本条例第三章与其最相类似的条款有关处分幅度的规定。

地方性法规、部门规章、地方政府规章可以补充规定本条例第三章未作规定的应当给予处分的违法违纪行为以及相应的处分幅度。除国务院监察机关、国务院人事部门外，国务院其他部门制定处分规章，应当与国务院监察机关、国务院人事部门联合制定。

除法律、法规、规章以及国务院决定外，行政机关不得以其他形式设定行政机关公务员处分事项。

第三条　行政机关公务员依法履行职务的行为受法律保护，非因法定事由，非经法定程序，不受处分。

第四条　给予行政机关公务员处分，应当坚持公正、公平和教育与惩处相结合的原则。

给予行政机关公务员处分，应当与其违法违纪行为的性质、情节、危害程度相适应。

给予行政机关公务员处分，应当事实清楚、证据确凿、定性准确、处理恰当、程序合法、手续完备。

第五条　行政机关公务员违法违纪涉嫌犯罪的，应当移送司法机关依法追究刑事责任。

第二章　处分的种类和适用

第六条　行政机关公务员处分的种类为：

（一）警告；

（二）记过；

（三）记大过；

（四）降级；

（五）撤职；

（六）开除。

第七条　行政机关公务员受处分的期间为：

（一）警告，6 个月；

（二）记过，12 个月；

（三）记大过，18 个月；

（四）降级、撤职，24 个月。

第八条 行政机关公务员在受处分期间不得晋升职务和级别，其中，受记过、记大过、降级、撤职处分的，不得晋升工资档次；受撤职处分的，应当按照规定降低级别。

第九条 行政机关公务员受开除处分的，自处分决定生效之日起，解除其与单位的人事关系，不得再担任公务员职务。

行政机关公务员受开除以外的处分，在受处分期间有悔改表现，并且没有再发生违法违纪行为的，处分期满后，应当解除处分。解除处分后，晋升工资档次、级别和职务不再受原处分的影响。但是，解除降级、撤职处分的，不视为恢复原级别、原职务。

第十条 行政机关公务员同时有两种以上需要给予处分的行为的，应当分别确定其处分。应当给予的处分种类不同的，执行其中最重的处分；应当给予撤职以下多个相同种类处分的，执行该处分，并在一个处分期以上、多个处分期之和以下，决定处分期。

行政机关公务员在受处分期间受到新的处分的，其处分期为原处分期尚未执行的期限与新处分期限之和。

处分期最长不得超过 48 个月。

第十一条 行政机关公务员 2 人以上共同违法违纪，需要给予处分的，根据各自应当承担的纪律责任，分别给予处分。

第十二条 有下列情形之一的，应当从重处分：

（一）在 2 人以上的共同违法违纪行为中起主要作用的；

（二）隐匿、伪造、销毁证据的；

（三）串供或者阻止他人揭发检举、提供证据材料的；

（四）包庇同案人员的；

（五）法律、法规、规章规定的其他从重情节。

第十三条 有下列情形之一的，应当从轻处分：

（一）主动交代违法违纪行为的；

（二）主动采取措施，有效避免或者挽回损失的；

（三）检举他人重大违法违纪行为，情况属实的。

第十四条 行政机关公务员主动交代违法违纪行为，并主动采取措施有效避免或者挽回损失的，应当减轻处分。

行政机关公务员违纪行为情节轻微，经过批评教育后改正的，可以免予处分。

第十五条 行政机关公务员有本条例第十二条、第十三条规定情形之一的，应当在本条例第三章规定的处分幅度以内从重或者从轻给予处分。

行政机关公务员有本条例第十四条第一款规定情形的，应当在本条例第三章规定的处分幅度以外，减轻一个处分的档次给予处分。应当给予警告处分，又有减轻处分的情形的，免予处分。

第十六条 行政机关经人民法院、监察机关、行政复议机关或者上级行政机关依法认定有行政违法行为或者其他违法违纪行为，需要追究纪律责任的，对负有责任的领导人员和直接责任人员给予处分。

第十七条 违法违纪的行政机关公务员在行政机关对其作出处分决定前，已经依法被判处刑罚、罢免、免职或者已经辞去领导职务，依法应当给予处分的，由行政机关根据其违法违纪事实，给予处分。

行政机关公务员依法被判处刑罚的，给予开除处分。

第三章　违法违纪行为及其适用的处分

第十八条　有下列行为之一的，给予记大过处分；情节较重的，给予降级或者撤职处分；情节严重的，给予开除处分：

（一）散布有损国家声誉的言论，组织或者参加旨在反对国家的集会、游行、示威等活动的；

（二）组织或者参加非法组织，组织或者参加罢工的；

（三）违反国家的民族宗教政策，造成不良后果的；

（四）以暴力、威胁、贿赂、欺骗等手段，破坏选举的；

（五）在对外交往中损害国家荣誉和利益的；

（六）非法出境，或者违反规定滞留境外不归的；

（七）未经批准获取境外永久居留资格，或者取得外国国籍的；

（八）其他违反政治纪律的行为。

有前款第（六）项规定行为的，给予开除处分；有前款第（一）项、第（二）项或者第（三）项规定的行为，属于不明真相被裹挟参加，经批评教育后确有悔改表现的，可以减轻或者免予处分。

第十九条　有下列行为之一的，给予警告、记过或者记大过处分；情节较重的，给予降级或者撤职处分；情节严重的，给予开除处分：

（一）负有领导责任的公务员违反议事规则，个人或者少数人决定重大事项，或者改变集体作出的重大决定的；

（二）拒绝执行上级依法作出的决定、命令的；

（三）拒不执行机关的交流决定的；

（四）拒不执行人民法院对行政案件的判决、裁定或者监察机关、审计机关、行政复议机关作出的决定的；

（五）违反规定应当回避而不回避，影响公正执行公务，造成不良后果的；

（六）离任、辞职或者被辞退时，拒不办理公务交接手续或者拒不接受审计的；

（七）旷工或者因公外出、请假期满无正当理由逾期不归，造成不良影响的；

（八）其他违反组织纪律的行为。

第二十条　有下列行为之一的，给予记过、记大过处分；情节较重的，给予降级或者撤职处分；情节严重的，给予开除处分：

（一）不依法履行职责，致使可以避免的爆炸、火灾、传染病传播流行、严重环境污染、严重人员伤亡等重大事故或者群体性事件发生的；

（二）发生重大事故、灾害、事件或者重大刑事案件、治安案件，不按规定报告、处理的；

（三）对救灾、抢险、防汛、防疫、优抚、扶贫、移民、救济、社会保险、征地补偿等专项款物疏于管理，致使款物被贪污、挪用，或者毁损、灭失的；

（四）其他玩忽职守、贻误工作的行为。

第二十一条　有下列行为之一的，给予警告或者记过处分；情节较重的，给予记大过或者降级处分；情节严重的，给予撤职处分：

（一）在行政许可工作中违反法定权限、条件和程序设定或者实施行政许可的；

（二）违法设定或者实施行政强制措施的；

（三）违法设定或者实施行政处罚的；

（四）违反法律、法规规定进行行政委托的；

（五）对需要政府、政府部门决定的招标投标、征收征用、城市房屋拆迁、拍卖等事项违反规定办理的。

第二十二条 弄虚作假，误导、欺骗领导和公众，造成不良后果的，给予警告、记过或者记大过处分；情节较重的，给予降级或者撤职处分；情节严重的，给予开除处分。

第二十三条 有贪污、索贿、受贿、行贿、介绍贿赂、挪用公款、利用职务之便为自己或者他人谋取私利、巨额财产来源不明等违反廉政纪律行为的，给予记过或者记大过处分；情节较重的，给予降级或者撤职处分；情节严重的，给予开除处分。

第二十四条 违反财经纪律，挥霍浪费国家资财的，给予警告处分；情节较重的，给予记过或者记大过处分；情节严重的，给予降级或者撤职处分。

第二十五条 有下列行为之一的，给予记过或者记大过处分；情节较重的，给予降级或者撤职处分；情节严重的，给予开除处分：

（一）以殴打、体罚、非法拘禁等方式侵犯公民人身权利的；

（二）压制批评，打击报复，扣压、销毁举报信件，或者向被举报人透露举报情况的；

（三）违反规定向公民、法人或者其他组织摊派或者收取财物的；

（四）妨碍执行公务或者违反规定干预执行公务的；

（五）其他滥用职权，侵害公民、法人或者其他组织合法权益的行为。

第二十六条 泄露国家秘密、工作秘密，或者泄露因履行职责掌握的商业秘密、个人隐私，造成不良后果的，给予警告、记过或者记大过处分；情节较重的，给予降级或者撤职处分；情节严重的，给予开除处分。

第二十七条 从事或者参与营利性活动，在企业或者其他营利性组织中兼任职务的，给予记过或者记大过处分；情节较重的，给予降级或者撤职处分；情节严重的，给予开除处分。

第二十八条 严重违反公务员职业道德，工作作风懈怠、工作态度恶劣，造成不良影响的，给予警告、记过或者记大过处分。

第二十九条 有下列行为之一的，给予警告、记过或者记大过处分；情节较重的，给予降级或者撤职处分；情节严重的，给予开除处分：

（一）拒不承担赡养、抚养、扶养义务的；

（二）虐待、遗弃家庭成员的；

（三）包养情人的；

（四）严重违反社会公德的行为。

有前款第（三）项行为的，给予撤职或者开除处分。

第三十条 参与迷信活动，造成不良影响的，给予警告、记过或者记大过处分；组织迷信活动的，给予降级或者撤职处分，情节严重的，给予开除处分。

第三十一条 吸食、注射毒品或者组织、支持、参与卖淫、嫖娼、色情淫乱活动的，给予撤职或者开除处分。

第三十二条 参与赌博的，给予警告或者记过处分；情节较重的，给予记大过或者降级处分；情节严重的，给予撤职或者开除处分。

为赌博活动提供场所或者其他便利条件的，给予警告、记过或者记大过处分；情节严重的，给予撤职或者开除处分。

在工作时间赌博的，给予记过、记大过或者降级处分；屡教不改的，给予撤职或者开除处分。

挪用公款赌博的，给予撤职或者开除处分。

利用赌博索贿、受贿或者行贿的，依照本条例第二十三条的规定给予处分。

第三十三条 违反规定超计划生育的，给予降级或者撤职处分；情节严重的，给予开除处分。

第四章　处 分 的 权 限

第三十四条　对行政机关公务员给予处分，由任免机关或者监察机关（以下统称处分决定机关）按照管理权限决定。

第三十五条　对经全国人民代表大会及其常务委员会决定任命的国务院组成人员给予处分，由国务院决定。其中，拟给予撤职、开除处分的，由国务院向全国人民代表大会提出罢免建议，或者向全国人民代表大会常务委员会提出免职建议。罢免或者免职前，国务院可以决定暂停其履行职务。

第三十六条　对经地方各级人民代表大会及其常务委员会选举或者决定任命的地方各级人民政府领导人员给予处分，由上一级人民政府决定。

拟给予经县级以上地方人民代表大会及其常务委员会选举或者决定任命的县级以上地方人民政府领导人员撤职、开除处分的，应当先由本级人民政府向同级人民代表大会提出罢免建议。其中，拟给予县级以上地方人民政府副职领导人员撤职、开除处分的，也可以向同级人民代表大会常务委员会提出撤销职务的建议。拟给予乡镇人民政府领导人员撤职、开除处分的，应当先由本级人民政府向同级人民代表大会提出罢免建议。罢免或者撤销职务前，上级人民政府可以决定暂停其履行职务；遇有特殊紧急情况，省级以上人民政府认为必要时，也可以对其作出撤职或者开除的处分，同时报告同级人民代表大会常务委员会，并通报下级人民代表大会常务委员会。

第三十七条　对地方各级人民政府工作部门正职领导人员给予处分，由本级人民政府决定。其中，拟给予撤职、开除处分的，由本级人民政府向同级人民代表大会常务委员会提出免职建议。免去职务前，本级人民政府或者上级人民政府可以决定暂停其履行职务。

第三十八条　行政机关公务员违法违纪，已经被立案调查，不宜继续履行职责的，任免机关可以决定暂停其履行职务。

被调查的公务员在违法违纪案件立案调查期间，不得交流、出境、辞去公职或者办理退休手续。

第五章　处 分 的 程 序

第三十九条　任免机关对涉嫌违法违纪的行政机关公务员的调查、处理，按照下列程序办理：

（一）经任免机关负责人同意，由任免机关有关部门对需要调查处理的事项进行初步调查；

（二）任免机关有关部门经初步调查认为该公务员涉嫌违法违纪，需要进一步查证的，报任免机关负责人批准后立案；

（三）任免机关有关部门负责对该公务员违法违纪事实做进一步调查，包括收集、查证有关证据材料，听取被调查的公务员所在单位的领导成员、有关工作人员以及所在单位监察机构的意见，向其他有关单位和人员了解情况，并形成书面调查材料，向任免机关负责人报告；

（四）任免机关有关部门将调查认定的事实及拟给予处分的依据告知被调查的公务员本人，听取其陈述和申辩，并对其所提出的事实、理由和证据进行复核，记录在案。被调查的公务员提出的事实、理由和证据成立的，应予采信；

（五）经任免机关领导成员集体讨论，作出对该公务员给予处分、免予处分或者撤销案件的决定；

（六）任免机关应当将处分决定以书面形式通知受处分的公务员本人，并在一定范围内宣布；

（七）任免机关有关部门应当将处分决定归入受处分的公务员本人档案，同时汇集有关材料形成该处分案件的工作档案。

受处分的行政机关公务员处分期满解除处分的程序，参照前款第（五）项、第（六）项和第

（七）项的规定办理。

任免机关应当按照管理权限，及时将处分决定或者解除处分决定报公务员主管部门备案。

第四十条 监察机关对违法违纪的行政机关公务员的调查、处理，依照《中华人民共和国行政监察法》规定的程序办理。

第四十一条 对行政机关公务员违法违纪案件进行调查，应当由2名以上办案人员进行；接受调查的单位和个人应当如实提供情况。

严禁以暴力、威胁、引诱、欺骗等非法方式收集证据；非法收集的证据不得作为定案的依据。

第四十二条 参与行政机关公务员违法违纪案件调查、处理的人员有下列情形之一的，应当提出回避申请；被调查的公务员以及与案件有利害关系的公民、法人或者其他组织有权要求其回避：

（一）与被调查的公务员是近亲属关系的；

（二）与被调查的案件有利害关系的；

（三）与被调查的公务员有其他关系，可能影响案件公正处理的。

第四十三条 处分决定机关负责人的回避，由处分决定机关的上一级行政机关负责人决定；其他违法违纪案件调查、处理人员的回避，由处分决定机关负责人决定。

处分决定机关或者处分决定机关的上一级行政机关，发现违法违纪案件调查、处理人员有应当回避的情形，可以直接决定该人员回避。

第四十四条 给予行政机关公务员处分，应当自批准立案之日起6个月内作出决定；案情复杂或者遇有其他特殊情形的，办案期限可以延长，但是最长不得超过12个月。

第四十五条 处分决定应当包括下列内容：

（一）被处分人员的姓名、职务、级别、工作单位等基本情况；

（二）经查证的违法违纪事实；

（三）处分的种类和依据；

（四）不服处分决定的申诉途径和期限；

（五）处分决定机关的名称、印章和作出决定的日期。

解除处分决定除包括前款第（一）项、第（二）项和第（五）项规定的内容外，还应当包括原处分的种类和解除处分的依据，以及受处分的行政机关公务员在受处分期间的表现情况。

第四十六条 处分决定、解除处分决定自作出之日起生效。

第四十七条 行政机关公务员受到开除处分后，有新工作单位的，其本人档案转由新工作单位管理；没有新工作单位的，其本人档案转由其户籍所在地人事部门所属的人才服务机构管理。

第六章　不服处分的申诉

第四十八条 受到处分的行政机关公务员对处分决定不服的，依照《中华人民共和国公务员法》和《中华人民共和国行政监察法》的有关规定，可以申请复核或者申诉。

复核、申诉期间不停止处分的执行。

行政机关公务员不因提出复核、申诉而被加重处分。

第四十九条 有下列情形之一的，受理公务员复核、申诉的机关应当撤销处分决定，重新作出决定或者责令原处分决定机关重新作出决定：

（一）处分所依据的违法违纪事实证据不足的；

（二）违反法定程序，影响案件公正处理的；

（三）作出处分决定超越职权或者滥用职权的。

第五十条 有下列情形之一的，受理公务员复核、申诉的机关应当变更处分决定，或者责令原处分决定机关变更处分决定：

（一）适用法律、法规、规章或者国务院决定错误的；

（二）对违法违纪行为的情节认定有误的；

（三）处分不当的。

第五十一条 行政机关公务员的处分决定被变更，需要调整该公务员的职务、级别或者工资档次的，应当按照规定予以调整；行政机关公务员的处分决定被撤销的，应当恢复该公务员的级别、工资档次，按照原职务安排相应的职务，并在适当范围内为其恢复名誉。

被撤销处分或者被减轻处分的行政机关公务员工资福利受到损失的，应当予以补偿。

第七章 附 则

第五十二条 有违法违纪行为应当受到处分的行政机关公务员，在处分决定机关作出处分决定前已经退休的，不再给予处分；但是，依法应当给予降级、撤职、开除处分的，应当按照规定相应降低或者取消其享受的待遇。

第五十三条 行政机关公务员违法违纪取得的财物和用于违法违纪的财物，除依法应当由其他机关没收、追缴或者责令退赔的，由处分决定机关没收、追缴或者责令退赔。违法违纪取得的财物应当退还原所有人或者原持有人的，退还原所有人或者原持有人；属于国家财产以及不应当退还或者无法退还原所有人或者原持有人的，上缴国库。

第五十四条 对法律、法规授权的具有公共事务管理职能的事业单位中经批准参照《中华人民共和国公务员法》管理的工作人员给予处分，参照本条例的有关规定办理。

第五十五条 本条例自2007年6月1日起施行。1988年9月13日国务院发布的《国家行政机关工作人员贪污贿赂行政处分暂行规定》同时废止。

13. 行政复议法实施条例

（2007年5月29日国务院令第499号公布）

第一章 总 则

第一条 为了进一步发挥行政复议制度在解决行政争议、建设法治政府、构建社会主义和谐社会中的作用，根据《中华人民共和国行政复议法》（以下简称行政复议法），制定本条例。

第二条 各级行政复议机关应当认真履行行政复议职责，领导并支持本机关负责法制工作的机构（以下简称行政复议机构）依法办理行政复议事项，并依照有关规定配备、充实、调剂专职行政复议人员，保证行政复议机构的办案能力与工作任务相适应。

第三条 行政复议机构除应当依照行政复议法第三条的规定履行职责外，还应当履行下列职责：

（一）依照行政复议法第十八条的规定转送有关行政复议申请；

（二）办理行政复议法第二十九条规定的行政赔偿等事项；

（三）按照职责权限，督促行政复议申请的受理和行政复议决定的履行；

（四）办理行政复议、行政应诉案件统计和重大行政复议决定备案事项；

（五）办理或者组织办理未经行政复议直接提起行政诉讼的行政应诉事项；

（六）研究行政复议工作中发现的问题，及时向有关机关提出改进建议，重大问题及时向行政复议机关报告。

第四条 专职行政复议人员应当具备与履行行政复议职责相适应的品行、专业知识和业务能力，并取得相应资格。具体办法由国务院法制机构会同国务院有关部门规定。

第二章 行政复议申请

第一节 申 请 人

第五条 依照行政复议法和本条例的规定申请行政复议的公民、法人或者其他组织为申请人。

第六条 合伙企业申请行政复议的，应当以核准登记的企业为申请人，由执行合伙事务的合伙人代表该企业参加行政复议；其他合伙组织申请行政复议的，由合伙人共同申请行政复议。

前款规定以外的不具备法人资格的其他组织申请行政复议的，由该组织的主要负责人代表该组织参加行政复议；没有主要负责人的，由共同推选的其他成员代表该组织参加行政复议。

第七条 股份制企业的股东大会、股东代表大会、董事会认为行政机关作出的具体行政行为侵犯企业合法权益的，可以以企业的名义申请行政复议。

第八条 同一行政复议案件申请人超过5人的，推选1至5名代表参加行政复议。

第九条 行政复议期间，行政复议机构认为申请人以外的公民、法人或者其他组织与被审查的具体行政行为有利害关系的，可以通知其作为第三人参加行政复议。

行政复议期间，申请人以外的公民、法人或者其他组织与被审查的具体行政行为有利害关系的，可以向行政复议机构申请作为第三人参加行政复议。

第三人不参加行政复议，不影响行政复议案件的审理。

第十条 申请人、第三人可以委托 1 至 2 名代理人参加行政复议。申请人、第三人委托代理人的，应当向行政复议机构提交授权委托书。授权委托书应当载明委托事项、权限和期限。公民在特殊情况下无法书面委托的，可以口头委托。口头委托的，行政复议机构应当核实并记录在卷。申请人、第三人解除或者变更委托的，应当书面报告行政复议机构。

第二节 被 申 请 人

第十一条 公民、法人或者其他组织对行政机关的具体行政行为不服，依照行政复议法和本条例的规定申请行政复议的，作出该具体行政行为的行政机关为被申请人。

第十二条 行政机关与法律、法规授权的组织以共同的名义作出具体行政行为的，行政机关和法律、法规授权的组织为共同被申请人。

行政机关与其他组织以共同名义作出具体行政行为的，行政机关为被申请人。

第十三条 下级行政机关依照法律、法规、规章规定，经上级行政机关批准作出具体行政行为的，批准机关为被申请人。

第十四条 行政机关设立的派出机构、内设机构或者其他组织，未经法律、法规授权，对外以自己名义作出具体行政行为的，该行政机关为被申请人。

第三节 行政复议申请期限

第十五条 行政复议法第九条第一款规定的行政复议申请期限的计算，依照下列规定办理：

（一）当场作出具体行政行为的，自具体行政行为作出之日起计算；

（二）载明具体行政行为的法律文书直接送达的，自受送达人签收之日起计算；

（三）载明具体行政行为的法律文书邮寄送达的，自受送达人在邮件签收单上签收之日起计算；没有邮件签收单的，自受送达人在送达回执上签名之日起计算；

（四）具体行政行为依法通过公告形式告知受送达人的，自公告规定的期限届满之日起计算；

（五）行政机关作出具体行政行为时未告知公民、法人或者其他组织，事后补充告知的，自该公民、法人或者其他组织收到行政机关补充告知的通知之日起计算；

（六）被申请人能够证明公民、法人或者其他组织知道具体行政行为的，自证据材料证明其知道具体行政行为之日起计算。

行政机关作出具体行政行为，依法应当向有关公民、法人或者其他组织送达法律文书而未送达的，视为该公民、法人或者其他组织不知道该具体行政行为。

第十六条 公民、法人或者其他组织依照行政复议法第六条第（八）项、第（九）项、第（十）项的规定申请行政机关履行法定职责，行政机关未履行的，行政复议申请期限依照下列规定计算：

（一）有履行期限规定的，自履行期限届满之日起计算；

（二）没有履行期限规定的，自行政机关收到申请满60日起计算。

公民、法人或者其他组织在紧急情况下请求行政机关履行保护人身权、财产权的法定职责，行政机关不履行的，行政复议申请期限不受前款规定的限制。

第十七条 行政机关作出的具体行政行为对公民、法人或者其他组织的权利、义务可能产生不利影响的，应当告知其申请行政复议的权利、行政复议机关和行政复议申请期限。

第四节 行政复议申请的提出

第十八条 申请人书面申请行政复议的，可以采取当面递交、邮寄或者传真等方式提出行政复议申请。

有条件的行政复议机构可以接受以电子邮件形式提出的行政复议申请。

第十九条 申请人书面申请行政复议的，应当在行政复议申请书中载明下列事项：

（一）申请人的基本情况，包括：公民的姓名、性别、年龄、身份证号码、工作单位、住所、邮政编码；法人或者其他组织的名称、住所、邮政编码和法定代表人或者主要负责人的姓名、职务；

（二）被申请人的名称；

（三）行政复议请求、申请行政复议的主要事实和理由；

（四）申请人的签名或者盖章；

（五）申请行政复议的日期。

第二十条 申请人口头申请行政复议的，行政复议机构应当依照本条例第十九条规定的事项，当场制作行政复议申请笔录交申请人核对或者向申请人宣读，并由申请人签字确认。

第二十一条 有下列情形之一的，申请人应当提供证明材料：

（一）认为被申请人不履行法定职责的，提供曾经要求被申请人履行法定职责而被申请人未履行的证明材料；

（二）申请行政复议时一并提出行政赔偿请求的，提供受具体行政行为侵害而造成损害的证明材料；

（三）法律、法规规定需要申请人提供证据材料的其他情形。

第二十二条 申请人提出行政复议申请时错列被申请人的，行政复议机构应当告知申请人变更被申请人。

第二十三条 申请人对两个以上国务院部门共同作出的具体行政行为不服的，依照行政复议法第十四条的规定，可以向其中任何一个国务院部门提出行政复议申请，由作出具体行政行为的国务院部门共同作出行政复议决定。

第二十四条 申请人对经国务院批准实行省以下垂直领导的部门作出的具体行政行为不服的，可以选择向该部门的本级人民政府或者上一级主管部门申请行政复议；省、自治区、直辖市另有规定的，依照省、自治区、直辖市的规定办理。

第二十五条 申请人依照行政复议法第三十条第二款的规定申请行政复议的，应当向省、自治区、直辖市人民政府提出行政复议申请。

第二十六条 依照行政复议法第七条的规定，申请人认为具体行政行为所依据的规定不合法的，可以在对具体行政行为申请行政复议的同时一并提出对该规定的审查申请；申请人在对具体行政行为提出行政复议申请时尚不知道该具体行政行为所依据的规定的，可以在行政复议机关作出行政复议决定前向行政复议机关提出对该规定的审查申请。

第三章 行政复议受理

第二十七条 公民、法人或者其他组织认为行政机关的具体行政行为侵犯其合法权益提出行政复议申请，除不符合行政复议法和本条例规定的申请条件的，行政复议机关必须受理。

第二十八条 行政复议申请符合下列规定的，应当予以受理：

（一）有明确的申请人和符合规定的被申请人；

（二）申请人与具体行政行为有利害关系；

（三）有具体的行政复议请求和理由；

（四）在法定申请期限内提出；

（五）属于行政复议法规定的行政复议范围；

（六）属于收到行政复议申请的行政复议机构的职责范围；

（七）其他行政复议机关尚未受理同一行政复议申请，人民法院尚未受理同一主体就同一事实提起的行政诉讼。

第二十九条 行政复议申请材料不齐全或者表述不清楚的，行政复议机构可以自收到该行政复议申请之日起5日内书面通知申请人补正。补正通知应当载明需要补正的事项和合理的补正期限。无正当理由逾期不补正的，视为申请人放弃行政复议申请。补正申请材料所用时间不计入行政复议审理期限。

第三十条 申请人就同一事项向两个或者两个以上有权受理的行政机关申请行政复议的，由最先收到行政复议申请的行政机关受理；同时收到行政复议申请的，由收到行政复议申请的行政机关在10日内协商确定；协商不成的，由其共同上一级行政机关在10日内指定受理机关。协商确定或者指定受理机关所用时间不计入行政复议审理期限。

第三十一条 依照行政复议法第二十条的规定，上级行政机关认为行政复议机关不予受理行政复议申请的理由不成立的，可以先行督促其受理；经督促仍不受理的，应当责令其限期受理，必要时也可以直接受理；认为行政复议申请不符合法定受理条件的，应当告知申请人。

第四章 行政复议决定

第三十二条 行政复议机构审理行政复议案件，应当由2名以上行政复议人员参加。

第三十三条 行政复议机构认为必要时，可以实地调查核实证据；对重大、复杂的案件，申请人提出要求或者行政复议机构认为必要时，可以采取听证的方式审理。

第三十四条 行政复议人员向有关组织和人员调查取证时，可以查阅、复制、调取有关文件和资料，向有关人员进行询问。

调查取证时，行政复议人员不得少于2人，并应当向当事人或者有关人员出示证件。被调查单位和人员应当配合行政复议人员的工作，不得拒绝或者阻挠。

需要现场勘验的，现场勘验所用时间不计入行政复议审理期限。

第三十五条 行政复议机关应当为申请人、第三人查阅有关材料提供必要条件。

第三十六条 依照行政复议法第十四条的规定申请原级行政复议的案件，由原承办具体行政行为有关事项的部门或者机构提出书面答复，并提交作出具体行政行为的证据、依据和其他有关材料。

第三十七条 行政复议期间涉及专门事项需要鉴定的，当事人可以自行委托鉴定机构进行鉴定，也可以申请行政复议机构委托鉴定机构进行鉴定。鉴定费用由当事人承担。鉴定所用时间不计入行政复议审理期限。

第三十八条 申请人在行政复议决定作出前自愿撤回行政复议申请的，经行政复议机构同意，可以撤回。

申请人撤回行政复议申请的，不得再以同一事实和理由提出行政复议申请。但是，申请人能够证明撤回行政复议申请违背其真实意思表示的除外。

第三十九条 行政复议期间被申请人改变原具体行政行为的，不影响行政复议案件的审理。但是，申请人依法撤回行政复议申请的除外。

第四十条 公民、法人或者其他组织对行政机关行使法律、法规规定的自由裁量权作出的具体行政行为不服申请行政复议，申请人与被申请人在行政复议决定作出前自愿达成和解的，应当向行政复议机构提交书面和解协议；和解内容不损害社会公共利益和他人合法权益的，行政复议机构应当准许。

第四十一条 行政复议期间有下列情形之一，影响行政复议案件审理的，行政复议中止：

（一）作为申请人的自然人死亡，其近亲属尚未确定是否参加行政复议的；

（二）作为申请人的自然人丧失参加行政复议的能力，尚未确定法定代理人参加行政复议的；

（三）作为申请人的法人或者其他组织终止，尚未确定权利义务承受人的；

（四）作为申请人的自然人下落不明或者被宣告失踪的；

（五）申请人、被申请人因不可抗力，不能参加行政复议的；

（六）案件涉及法律适用问题，需要有权机关作出解释或者确认的；

（七）案件审理需要以其他案件的审理结果为依据，而其他案件尚未审结的；

（八）其他需要中止行政复议的情形。

行政复议中止的原因消除后，应当及时恢复行政复议案件的审理。

行政复议机构中止、恢复行政复议案件的审理，应当告知有关当事人。

第四十二条 行政复议期间有下列情形之一的，行政复议终止：

（一）申请人要求撤回行政复议申请，行政复议机构准予撤回的；

（二）作为申请人的自然人死亡，没有近亲属或者其近亲属放弃行政复议权利的；

（三）作为申请人的法人或者其他组织终止，其权利义务的承受人放弃行政复议权利的；

（四）申请人与被申请人依照本条例第四十条的规定，经行政复议机构准许达成和解的；

（五）申请人对行政拘留或者限制人身自由的行政强制措施不服申请行政复议后，因申请人同一违法行为涉嫌犯罪，该行政拘留或者限制人身自由的行政强制措施变更为刑事拘留的。

依照本条例第四十一条第一款第（一）项、第（二）项、第（三）项规定中止行政复议，满60日行政复议中止的原因仍未消除的，行政复议终止。

第四十三条 依照行政复议法第二十八条第一款第（一）项规定，具体行政行为认定事实清楚，证据确凿，适用依据正确，程序合法，内容适当的，行政复议机关应当决定维持。

第四十四条 依照行政复议法第二十八条第一款第（二）项规定，被申请人不履行法定职责的，行政复议机关应当决定其在一定期限内履行法定职责。

第四十五条 具体行政行为有行政复议法第二十八条第一款第（三）项规定情形之一的，行政复议机关应当决定撤销、变更该具体行政行为或者确认该具体行政行为违法；决定撤销该具体行政行为或者确认该具体行政行为违法的，可以责令被申请人在一定期限内重新作出具体行政行为。

第四十六条 被申请人未依照行政复议法第二十三条的规定提出书面答复、提交当初作出具体行政行为的证据、依据和其他有关材料的，视为该具体行政行为没有证据、依据，行政复议机关应当决定撤销该具体行政行为。

第四十七条 具体行政行为有下列情形之一，行政复议机关可以决定变更：

（一）认定事实清楚，证据确凿，程序合法，但是明显不当或者适用依据错误的；

（二）认定事实不清，证据不足，但是经行政复议机关审理查明事实清楚，证据确凿的。

第四十八条 有下列情形之一的，行政复议机关应当决定驳回行政复议申请：

（一）申请人认为行政机关不履行法定职责申请行政复议，行政复议机关受理后发现该行政机关没有相应法定职责或者在受理前已经履行法定职责的；

（二）受理行政复议申请后，发现该行政复议申请不符合行政复议法和本条例规定的受理条件的。

上级行政机关认为行政复议机关驳回行政复议申请的理由不成立的，应当责令其恢复审理。

第四十九条 行政复议机关依照行政复议法第二十八条的规定责令被申请人重新作出具体行政行为的，被申请人应当在法律、法规、规章规定的期限内重新作出具体行政行为；法律、法规、规章未规定期限的，重新作出具体行政行为的期限为60日。

公民、法人或者其他组织对被申请人重新作出的具体行政行为不服，可以依法申请行政复议或者提起行政诉讼。

第五十条 有下列情形之一的，行政复议机关可以按照自愿、合法的原则进行调解：

（一）公民、法人或者其他组织对行政机关行使法律、法规规定的自由裁量权作出的具体行政行为不服申请行政复议的；

（二）当事人之间的行政赔偿或者行政补偿纠纷。

当事人经调解达成协议的，行政复议机关应当制作行政复议调解书。调解书应当载明行政复议请求、事实、理由和调解结果，并加盖行政复议机关印章。行政复议调解书经双方当事人签字，即具有法律效力。

调解未达成协议或者调解书生效前一方反悔的，行政复议机关应当及时作出行政复议决定。

第五十一条 行政复议机关在申请人的行政复议请求范围内，不得作出对申请人更为不利的行政复议决定。

第五十二条 第三人逾期不起诉又不履行行政复议决定的，依照行政复议法第三十三条的规定处理。

第五章 行政复议指导和监督

第五十三条 行政复议机关应当加强对行政复议工作的领导。

行政复议机构在本级行政复议机关的领导下，按照职责权限对行政复议工作进行督促、指导。

第五十四条 县级以上各级人民政府应当加强对所属工作部门和下级人民政府履行行政复议职责的监督。

行政复议机关应当加强对其行政复议机构履行行政复议职责的监督。

第五十五条 县级以上地方各级人民政府应当建立健全行政复议工作责任制，将行政复议工作纳入本级政府目标责任制。

第五十六条 县级以上地方各级人民政府应当按照职责权限，通过定期组织检查、抽查等方式，对所属工作部门和下级人民政府行政复议工作进行检查，并及时向有关方面反馈检查结果。

第五十七条 行政复议期间行政复议机关发现被申请人或者其他下级行政机关的相关行政行为违法或者需要做好善后工作的，可以制作行政复议意见书。有关机关应当自收到行政复议意见书之日起60日内将纠正相关行政违法行为或者做好善后工作的情况通报行政复议机构。

行政复议期间行政复议机构发现法律、法规、规章实施中带有普遍性的问题，可以制作行政复议建议书，向有关机关提出完善制度和改进行政执法的建议。

第五十八条 县级以上各级人民政府行政复议机构应当定期向本级人民政府提交行政复议工作状况分析报告。

第五十九条 下级行政复议机关应当及时将重大行政复议决定报上级行政复议机关备案。

第六十条 各级行政复议机构应当定期组织对行政复议人员进行业务培训，提高行政复议人员的专业素质。

第六十一条 各级行政复议机关应当定期总结行政复议工作，对在行政复议工作中做出显著成绩的单位和个人，依照有关规定给予表彰和奖励。

第六章 法律责任

第六十二条 被申请人在规定期限内未按照行政复议决定的要求重新作出具体行政行为，或者违反规定重新作出具体行政行为的，依照行政复议法第三十七条的规定追究法律责任。

第六十三条 拒绝或者阻挠行政复议人员调查取证、查阅、复制、调取有关文件和资料的，对有关责任人员依法给予处分或者治安处罚；构成犯罪的，依法追究刑事责任。

第六十四条 行政复议机关或者行政复议机构不履行行政复议法和本条例规定的行政复议职责，经有权监督的行政机关督促仍不改正的，对直接负责的主管人员和其他直接责任人员依法给予警告、记过、记大过的处分；造成严重后果的，依法给予降级、撤职、开除的处分。

第六十五条 行政机关及其工作人员违反行政复议法和本条例规定的，行政复议机构可以向人事、监察部门提出对有关责任人员的处分建议，也可以将有关人员违法的事实材料直接转送人事、监察部门处理；接受转送的人事、监察部门应当依法处理，并将处理结果通报转送的行政复议机构。

第七章 附　　则

第六十六条 本条例自 2007 年 8 月 1 日起施行。

14. 劳动合同法实施条例

（2008 年 9 月 18 日国务院令第 535 号公布）

第一章　总　　则

第一条　为了贯彻实施《中华人民共和国劳动合同法》（以下简称劳动合同法），制定本条例。

第二条　各级人民政府和县级以上人民政府劳动行政等有关部门以及工会等组织，应当采取措施，推动劳动合同法的贯彻实施，促进劳动关系的和谐。

第三条　依法成立的会计师事务所、律师事务所等合伙组织和基金会，属于劳动合同法规定的用人单位。

第二章　劳动合同的订立

第四条　劳动合同法规定的用人单位设立的分支机构，依法取得营业执照或者登记证书的，可以作为用人单位与劳动者订立劳动合同；未依法取得营业执照或者登记证书的，受用人单位委托可以与劳动者订立劳动合同。

第五条　自用工之日起一个月内，经用人单位书面通知后，劳动者不与用人单位订立书面劳动合同的，用人单位应当书面通知劳动者终止劳动关系，无需向劳动者支付经济补偿，但是应当依法向劳动者支付其实际工作时间的劳动报酬。

第六条　用人单位自用工之日起超过一个月不满一年未与劳动者订立书面劳动合同的，应当依照劳动合同法第八十二条的规定向劳动者每月支付两倍的工资，并与劳动者补订书面劳动合同；劳动者不与用人单位订立书面劳动合同的，用人单位应当书面通知劳动者终止劳动关系，并依照劳动合同法第四十七条的规定支付经济补偿。

前款规定的用人单位向劳动者每月支付两倍工资的起算时间为用工之日起满一个月的次日，截止时间为补订书面劳动合同的前一日。

第七条　用人单位自用工之日起满一年未与劳动者订立书面劳动合同的，自用工之日起满一个月的次日至满一年的前一日应当依照劳动合同法第八十二条的规定向劳动者每月支付两倍的工资，并视为自用工之日起满一年的当日已经与劳动者订立无固定期限劳动合同，应当立即与劳动者补订书面劳动合同。

第八条　劳动合同法第七条规定的职工名册，应当包括劳动者姓名、性别、公民身份号码、户籍地址及现住址、联系方式、用工形式、用工起始时间、劳动合同期限等内容。

第九条　劳动合同法第十四条第二款规定的连续工作满 10 年的起始时间，应当自用人单位用工之日起计算，包括劳动合同法施行前的工作年限。

第十条　劳动者非因本人原因从原用人单位被安排到新用人单位工作的，劳动者在原用人单位的工作年限合并计算为新用人单位的工作年限。原用人单位已经向劳动者支付经济补偿的，新用人单位在依法解除、终止劳动合同计算支付经济补偿的工作年限时，不再计算劳动者在原用人单位的工作年限。

第十一条 除劳动者与用人单位协商一致的情形外，劳动者依照劳动合同法第十四条第二款的规定，提出订立无固定期限劳动合同的，用人单位应当与其订立无固定期限劳动合同。对劳动合同的内容，双方应当按照合法、公平、平等自愿、协商一致、诚实信用的原则协商确定；对协商不一致的内容，依照劳动合同法第十八条的规定执行。

第十二条 地方各级人民政府及县级以上地方人民政府有关部门为安置就业困难人员提供的给予岗位补贴和社会保险补贴的公益性岗位，其劳动合同不适用劳动合同法有关无固定期限劳动合同的规定以及支付经济补偿的规定。

第十三条 用人单位与劳动者不得在劳动合同法第四十四条规定的劳动合同终止情形之外约定其他的劳动合同终止条件。

第十四条 劳动合同履行地与用人单位注册地不一致的，有关劳动者的最低工资标准、劳动保护、劳动条件、职业危害防护和本地区上年度职工月平均工资标准等事项，按照劳动合同履行地的有关规定执行；用人单位注册地的有关标准高于劳动合同履行地的有关标准，且用人单位与劳动者约定按照用人单位注册地的有关规定执行的，从其约定。

第十五条 劳动者在试用期的工资不得低于本单位相同岗位最低档工资的 80% 或者不得低于劳动合同约定工资的 80%，并不得低于用人单位所在地的最低工资标准。

第十六条 劳动合同法第二十二条第二款规定的培训费用，包括用人单位为了对劳动者进行专业技术培训而支付的有凭证的培训费用、培训期间的差旅费用以及因培训产生的用于该劳动者的其他直接费用。

第十七条 劳动合同期满，但是用人单位与劳动者依照劳动合同法第二十二条的规定约定的服务期尚未到期的，劳动合同应当续延至服务期满；双方另有约定的，从其约定。

第三章　劳动合同的解除和终止

第十八条 有下列情形之一的，依照劳动合同法规定的条件、程序，劳动者可以与用人单位解除固定期限劳动合同、无固定期限劳动合同或者以完成一定工作任务为期限的劳动合同：

（一）劳动者与用人单位协商一致的；

（二）劳动者提前 30 日以书面形式通知用人单位的；

（三）劳动者在试用期内提前 3 日通知用人单位的；

（四）用人单位未按照劳动合同约定提供劳动保护或者劳动条件的；

（五）用人单位未及时足额支付劳动报酬的；

（六）用人单位未依法为劳动者缴纳社会保险费的；

（七）用人单位的规章制度违反法律、法规的规定，损害劳动者权益的；

（八）用人单位以欺诈、胁迫的手段或者乘人之危，使劳动者在违背真实意思的情况下订立或者变更劳动合同的；

（九）用人单位在劳动合同中免除自己的法定责任、排除劳动者权利的；

（十）用人单位违反法律、行政法规强制性规定的；

（十一）用人单位以暴力、威胁或者非法限制人身自由的手段强迫劳动者劳动的；

（十二）用人单位违章指挥、强令冒险作业危及劳动者人身安全的；

（十三）法律、行政法规规定劳动者可以解除劳动合同的其他情形。

第十九条 有下列情形之一的，依照劳动合同法规定的条件、程序，用人单位可以与劳动者解除固定期限劳动合同、无固定期限劳动合同或者以完成一定工作任务为期限的劳动合同：

（一）用人单位与劳动者协商一致的；

（二）劳动者在试用期间被证明不符合录用条件的；

（三）劳动者严重违反用人单位的规章制度的；

（四）劳动者严重失职，营私舞弊，给用人单位造成重大损害的；

（五）劳动者同时与其他用人单位建立劳动关系，对完成本单位的工作任务造成严重影响，或者经用人单位提出，拒不改正的；

（六）劳动者以欺诈、胁迫的手段或者乘人之危，使用人单位在违背真实意思的情况下订立或者变更劳动合同的；

（七）劳动者被依法追究刑事责任的；

（八）劳动者患病或者非因工负伤，在规定的医疗期满后不能从事原工作，也不能从事由用人单位另行安排的工作的；

（九）劳动者不能胜任工作，经过培训或者调整工作岗位，仍不能胜任工作的；

（十）劳动合同订立时所依据的客观情况发生重大变化，致使劳动合同无法履行，经用人单位与劳动者协商，未能就变更劳动合同内容达成协议的；

（十一）用人单位依照企业破产法规定进行重整的；

（十二）用人单位生产经营发生严重困难的；

（十三）企业转产、重大技术革新或者经营方式调整，经变更劳动合同后，仍需裁减人员的；

（十四）其他因劳动合同订立时所依据的客观经济情况发生重大变化，致使劳动合同无法履行的。

第二十条 用人单位依照劳动合同法第四十条的规定，选择额外支付劳动者一个月工资解除劳动合同的，其额外支付的工资应当按照该劳动者上一个月的工资标准确定。

第二十一条 劳动者达到法定退休年龄的，劳动合同终止。

第二十二条 以完成一定工作任务为期限的劳动合同因任务完成而终止的，用人单位应当依照劳动合同法第四十七条的规定向劳动者支付经济补偿。

第二十三条 用人单位依法终止工伤职工的劳动合同的，除依照劳动合同法第四十七条的规定支付经济补偿外，还应当依照国家有关工伤保险的规定支付一次性工伤医疗补助金和伤残就业补助金。

第二十四条 用人单位出具的解除、终止劳动合同的证明，应当写明劳动合同期限、解除或者终止劳动合同的日期、工作岗位、在本单位的工作年限。

第二十五条 用人单位违反劳动合同法的规定解除或者终止劳动合同，依照劳动合同法第八十七条的规定支付了赔偿金的，不再支付经济补偿。赔偿金的计算年限自用工之日起计算。

第二十六条 用人单位与劳动者约定了服务期，劳动者依照劳动合同法第三十八条的规定解除劳动合同的，不属于违反服务期的约定，用人单位不得要求劳动者支付违约金。

有下列情形之一，用人单位与劳动者解除约定服务期的劳动合同的，劳动者应当按照劳动合同的约定向用人单位支付违约金：

（一）劳动者严重违反用人单位的规章制度的；

（二）劳动者严重失职，营私舞弊，给用人单位造成重大损害的；

（三）劳动者同时与其他用人单位建立劳动关系，对完成本单位的工作任务造成严重影响，或者经用人单位提出，拒不改正的；

（四）劳动者以欺诈、胁迫的手段或者乘人之危，使用人单位在违背真实意思的情况下订立或者变更劳动合同的；

（五）劳动者被依法追究刑事责任的。

第二十七条 劳动合同法第四十七条规定的经济补偿的月工资按照劳动者应得工资计算，包括计时工资或者计件工资以及奖金、津贴和补贴等货币性收入。劳动者在劳动合同解除或者终止前12个月的平均工资低于当地最低工资标准的，按照当地最低工资标准计算。劳动者工作不满 12 个月的，按照实际工作的月数计算平均工资。

第四章　劳务派遣特别规定

第二十八条　用人单位或者其所属单位出资或者合伙设立的劳务派遣单位，向本单位或者所属单位派遣劳动者的，属于劳动合同法第六十七条规定的不得设立的劳务派遣单位。

第二十九条　用工单位应当履行劳动合同法第六十二条规定的义务，维护被派遣劳动者的合法权益。

第三十条　劳务派遣单位不得以非全日制用工形式招用被派遣劳动者。

第三十一条　劳务派遣单位或者被派遣劳动者依法解除、终止劳动合同的经济补偿，依照劳动合同法第四十六条、第四十七条的规定执行。

第三十二条　劳务派遣单位违法解除或者终止被派遣劳动者的劳动合同的，依照劳动合同法第四十八条的规定执行。

第五章　法　律　责　任

第三十三条　用人单位违反劳动合同法有关建立职工名册规定的，由劳动行政部门责令限期改正；逾期不改正的，由劳动行政部门处 2000 元以上 2 万元以下的罚款。

第三十四条　用人单位依照劳动合同法的规定应当向劳动者每月支付两倍的工资或者应当向劳动者支付赔偿金而未支付的，劳动行政部门应当责令用人单位支付。

第三十五条　用工单位违反劳动合同法和本条例有关劳务派遣规定的，由劳动行政部门和其他有关主管部门责令改正；情节严重的，以每位被派遣劳动者 1000 元以上 5000 元以下的标准处以罚款；给被派遣劳动者造成损害的，劳务派遣单位和用工单位承担连带赔偿责任。

第六章　附　　则

第三十六条　对违反劳动合同法和本条例的行为的投诉、举报，县级以上地方人民政府劳动行政部门依照《劳动保障监察条例》的规定处理。

第三十七条　劳动者与用人单位因订立、履行、变更、解除或者终止劳动合同发生争议的，依照《中华人民共和国劳动争议调解仲裁法》的规定处理。

第三十八条　本条例自公布之日起施行。

15. 国家赔偿费用管理条例

（2011 年 1 月 17 日国务院令第 589 号公布）

第一条 为了加强国家赔偿费用管理，保障公民、法人和其他组织享有依法取得国家赔偿的权利，促进国家机关依法行使职权，根据《中华人民共和国国家赔偿法》（以下简称国家赔偿法），制定本条例。

第二条 本条例所称国家赔偿费用，是指依照国家赔偿法的规定，应当向赔偿请求人赔偿的费用。

第三条 国家赔偿费用由各级人民政府按照财政管理体制分级负担。

各级人民政府应当根据实际情况，安排一定数额的国家赔偿费用，列入本级年度财政预算。当年需要支付的国家赔偿费用超过本级年度财政预算安排的，应当按照规定及时安排资金。

第四条 国家赔偿费用由各级人民政府财政部门统一管理。

国家赔偿费用的管理应当依法接受监督。

第五条 赔偿请求人申请支付国家赔偿费用的，应当向赔偿义务机关提出书面申请，并提交与申请有关的生效判决书、复议决定书、赔偿决定书或者调解书以及赔偿请求人的身份证明。

赔偿请求人书写申请书确有困难的，可以委托他人代书；也可以口头申请，由赔偿义务机关如实记录，交赔偿请求人核对或者向赔偿请求人宣读，并由赔偿请求人签字确认。

第六条 申请材料真实、有效、完整的，赔偿义务机关收到申请材料即为受理。赔偿义务机关受理申请的，应当书面通知赔偿请求人。

申请材料不完整的，赔偿义务机关应当当场或者在 3 个工作日内一次告知赔偿请求人需要补正的全部材料。赔偿请求人按照赔偿义务机关的要求提交补正材料的，赔偿义务机关收到补正材料即为受理。未告知需要补正材料的，赔偿义务机关收到申请材料即为受理。

申请材料虚假、无效，赔偿义务机关决定不予受理的，应当书面通知赔偿请求人并说明理由。

第七条 赔偿请求人对赔偿义务机关不予受理决定有异议的，可以自收到书面通知之日起 10 日内向赔偿义务机关的上一级机关申请复核。上一级机关应当自收到复核申请之日起 5 个工作日内依法作出决定。

上一级机关认为不予受理决定错误的，应当自作出复核决定之日起 3 个工作日内通知赔偿义务机关受理，并告知赔偿请求人。赔偿义务机关应当在收到通知后立即受理。

上一级机关维持不予受理决定的，应当自作出复核决定之日起 3 个工作日内书面通知赔偿请求人并说明理由。

第八条 赔偿义务机关应当自受理赔偿请求人支付申请之日起 7 日内，依照预算管理权限向有关财政部门提出书面支付申请，并提交下列材料：

（一）赔偿请求人请求支付国家赔偿费用的申请；

（二）生效的判决书、复议决定书、赔偿决定书或者调解书；

（三）赔偿请求人的身份证明。

第九条 财政部门收到赔偿义务机关申请材料后，应当根据下列情况分别作出处理：

（一）申请的国家赔偿费用依照预算管理权限不属于本财政部门支付的，应当在 3 个工作日内退回申请材料并书面通知赔偿义务机关向有管理权限的财政部门申请；

（二）申请材料符合要求的，收到申请即为受理，并书面通知赔偿义务机关；

（三）申请材料不符合要求的，应当在 3 个工作日内一次告知赔偿义务机关需要补正的全部材料。赔偿义务机关应当在 5 个工作日内按照要求提交全部补正材料，财政部门收到补正材料即为受理。

第十条 财政部门应当自受理申请之日起 15 日内，按照预算和财政国库管理的有关规定支付国家赔偿费用。

财政部门发现赔偿项目、计算标准违反国家赔偿法规定的，应当提交作出赔偿决定的机关或者其上级机关依法处理、追究有关人员的责任。

第十一条 财政部门自支付国家赔偿费用之日起 3 个工作日内告知赔偿义务机关、赔偿请求人。

第十二条 赔偿义务机关应当依照国家赔偿法第十六条、第三十一条的规定，责令有关工作人员、受委托的组织或者个人承担或者向有关工作人员追偿部分或者全部国家赔偿费用，赔偿义务机关依照前款规定作出决定后，应当书面通知有关财政部门。

有关工作人员、受委托的组织或者个人应当依照财政收入收缴的规定上缴应当承担或者被追偿的国家赔偿费用。

第十三条 赔偿义务机关、财政部门及其工作人员有下列行为之一，根据《财政违法行为处罚处分条例》的规定处理、处分；构成犯罪的，依法追究刑事责任：

（一）以虚报、冒领等手段骗取国家赔偿费用的；

（二）违反国家赔偿法规定的范围和计算标准实施国家赔偿造成财政资金损失的；

（三）不依法支付国家赔偿费用的；

（四）截留、滞留、挪用、侵占国家赔偿费用的；

（五）未依照规定责令有关工作人员、受委托的组织或者个人承担国家赔偿费用或者向有关工作人员追偿国家赔偿费用的；

（六）未依照规定将应当承担或者被追偿的国家赔偿费用及时上缴财政的。

第十四条 本条例自公布之日起施行。1995 年 1 月 25 日国务院发布的《国家赔偿费用管理办法》同时废止。

16. 全国年节及纪念日放假办法

（1949 年 12 月 23 日政务院发布，根据 1999 年 9 月 18 日《国务院关于修改〈全国年节及纪念日放假办法〉的决定》第一次修订，根据 2007 年 12 月 14 日《国务院关于修改〈全国年节及纪念日放假办法〉的决定》第二次修订，根据 2013 年 12 月 11 日《国务院关于修改〈全国年节及纪念日放假办法〉的决定》第三次修订）

第一条 为统一全国年节及纪念日的假期，制定本办法。

第二条 全体公民放假的节日：

（一）新年，放假 1 天（1 月 1 日）；

（二）春节，放假 3 天（农历正月初一、初二、初三）；

（三）清明节，放假 1 天（农历清明当日）；

（四）劳动节，放假 1 天（5 月 1 日）；

（五）端午节，放假 1 天（农历端午当日）；

（六）中秋节，放假 1 天（农历中秋当日）；

（七）国庆节，放假 3 天（10 月 1 日、2 日、3 日）。

第三条 部分公民放假的节日及纪念日：

（一）妇女节（3 月 8 日），妇女放假半天；

（二）青年节（5 月 4 日），14 周岁以上的青年放假半天；

（三）儿童节（6 月 1 日），不满 14 周岁的少年儿童放假 1 天；

（四）中国人民解放军建军纪念日（8 月 1 日），现役军人放假半天。

第四条 少数民族习惯的节日，由各少数民族聚居地区的地方人民政府，按照各该民族习惯，规定放假日期。

第五条 二七纪念日、五卅纪念日、七七抗战纪念日、九三抗战胜利纪念日、九一八纪念日、教师节、护士节、记者节、植树节等其他节日、纪念日，均不放假。

第六条 全体公民放假的假日，如果适逢星期六、星期日，应当在工作日补假。部分公民放假的假日，如果适逢星期六、星期日，则不补假。

第七条 本办法自公布之日起施行。

17. 保守国家秘密法实施条例

（2014 年 1 月 17 日国务院令第 646 号公布）

第一章　总　　则

第一条　根据《中华人民共和国保守国家秘密法》（以下简称保密法）的规定，制定本条例。

第二条　国家保密行政管理部门主管全国的保密工作。县级以上地方各级保密行政管理部门在上级保密行政管理部门指导下，主管本行政区域的保密工作。

第三条　中央国家机关在其职权范围内管理或者指导本系统的保密工作，监督执行保密法律法规，可以根据实际情况制定或者会同有关部门制定主管业务方面的保密规定。

第四条　县级以上人民政府应当加强保密基础设施建设和关键保密科技产品的配备。

省级以上保密行政管理部门应当加强关键保密科技产品的研发工作。

保密行政管理部门履行职责所需的经费，应当列入本级人民政府财政预算。机关、单位开展保密工作所需经费应当列入本机关、本单位的年度财政预算或者年度收支计划。

第五条　机关、单位不得将依法应当公开的事项确定为国家秘密，不得将涉及国家秘密的信息公开。

第六条　机关、单位实行保密工作责任制。机关、单位负责人对本机关、本单位的保密工作负责，工作人员对本岗位的保密工作负责。

机关、单位应当根据保密工作需要设立保密工作机构或者指定人员专门负责保密工作。

机关、单位及其工作人员履行保密工作责任制情况应当纳入年度考评和考核内容。

第七条　各级保密行政管理部门应当组织开展经常性的保密宣传教育。机关、单位应当定期对本机关、本单位工作人员进行保密形势、保密法律法规、保密技术防范等方面的教育培训。

第二章　国家秘密的范围和密级

第八条　国家秘密及其密级的具体范围（以下称保密事项范围）应当明确规定国家秘密具体事项的名称、密级、保密期限、知悉范围。

保密事项范围应当根据情况变化及时调整。制定、修订保密事项范围应当充分论证，听取有关机关、单位和相关领域专家的意见。

第九条　机关、单位负责人为本机关、本单位的定密责任人，根据工作需要，可以指定其他人员为定密责任人。

专门负责定密的工作人员应当接受定密培训，熟悉定密职责和保密事项范围，掌握定密程序和方法。

第十条　定密责任人在职责范围内承担有关国家秘密确定、变更和解除工作。具体职责是：

（一）审核批准本机关、本单位产生的国家秘密的密级、保密期限和知悉范围；

（二）对本机关、本单位产生的尚在保密期限内的国家秘密进行审核，作出是否变更或者解除的决定；

（三）对是否属于国家秘密和属于何种密级不明确的事项先行拟定密级，并按照规定的程序报保密行政管理部门确定。

第十一条 中央国家机关、省级机关以及设区的市、自治州级机关可以根据保密工作需要或者有关机关、单位的申请，在国家保密行政管理部门规定的定密权限、授权范围内作出定密授权。

定密授权应当以书面形式作出。授权机关应当对被授权机关、单位履行定密授权的情况进行监督。

中央国家机关、省级机关作出的授权，报国家保密行政管理部门备案；设区的市、自治州级机关作出的授权，报省、自治区、直辖市保密行政管理部门备案。

第十二条 机关、单位应当在国家秘密产生的同时，由承办人依据有关保密事项范围拟定密级、保密期限和知悉范围，报定密责任人审核批准，并采取相应保密措施。

第十三条 机关、单位对所产生的国家秘密，应当按照保密事项范围的规定确定具体的保密期限；保密事项范围没有规定具体保密期限的，可以根据工作需要，在保密法规定的保密期限内确定；不能确定保密期限的，应当确定解密条件。

国家秘密的保密期限，自标明的制发日起计算；不能标明制发日的，确定该国家秘密的机关、单位应当书面通知知悉范围内的机关、单位和人员，保密期限自通知之日起计算。

第十四条 机关、单位应当按照保密法的规定，严格限定国家秘密的知悉范围，对知悉机密级以上国家秘密的人员，应当作出书面记录。

第十五条 国家秘密载体以及属于国家秘密的设备、产品的明显部位应当标注国家秘密标志。国家秘密标志应当标注密级和保密期限。国家秘密的密级和保密期限发生变更的，应当及时对原国家秘密标志作出变更。

无法标注国家秘密标志的，确定该国家秘密的机关、单位应当书面通知知悉范围内的机关、单位和人员。

第十六条 机关、单位对所产生的国家秘密，认为符合保密法有关解密或者延长保密期限规定的，应当及时解密或者延长保密期限。

机关、单位对不属于本机关、本单位产生的国家秘密，认为符合保密法有关解密或者延长保密期限规定的，可以向原定密机关、单位或者其上级机关、单位提出建议。

已经依法移交各级国家档案馆的属于国家秘密的档案，由原定密机关、单位按照国家有关规定进行解密审核。

第十七条 机关、单位被撤销或者合并的，该机关、单位所确定国家秘密的变更和解除，由承担其职能的机关、单位负责，也可以由其上级机关、单位或者保密行政管理部门指定的机关、单位负责。

第十八条 机关、单位发现本机关、本单位国家秘密的确定、变更和解除不当的，应当及时纠正；上级机关、单位发现下级机关、单位国家秘密的确定、变更和解除不当的，应当及时通知其纠正，也可以直接纠正。

第十九条 机关、单位对符合保密法的规定，但保密事项范围没有规定的不明确事项，应当先行拟定密级、保密期限和知悉范围，采取相应的保密措施，并自拟定之日起10日内报有关部门确定。拟定为绝密级的事项和中央国家机关拟定的机密级、秘密级的事项，报国家保密行政管理部门确定；其他机关、单位拟定的机密级、秘密级的事项，报省、自治区、直辖市保密行政管理部门确定。

保密行政管理部门接到报告后，应当在10日内作出决定。省、自治区、直辖市保密行政管理部门还应当将所作决定及时报国家保密行政管理部门备案。

第二十条 机关、单位对已定密事项是否属于国家秘密或者属于何种密级有不同意见的，可以向原定密机关、单位提出异议，由原定密机关、单位作出决定。

机关、单位对原定密机关、单位未予处理或者对作出的决定仍有异议的，按照下列规定办理：

（一）确定为绝密级的事项和中央国家机关确定的机密级、秘密级的事项，报国家保密行政管理部门确定。

（二）其他机关、单位确定的机密级、秘密级的事项，报省、自治区、直辖市保密行政管理部门确定；对省、自治区、直辖市保密行政管理部门作出的决定有异议的，可以报国家保密行政管理部门确定。

在原定密机关、单位或者保密行政管理部门作出决定前，对有关事项应当按照主张密级中的最高密级采取相应的保密措施。

第三章 保 密 制 度

第二十一条 国家秘密载体管理应当遵守下列规定：

（一）制作国家秘密载体，应当由机关、单位或者经保密行政管理部门保密审查合格的单位承担，制作场所应当符合保密要求。

（二）收发国家秘密载体，应当履行清点、编号、登记、签收手续。

（三）传递国家秘密载体，应当通过机要交通、机要通信或者其他符合保密要求的方式进行。

（四）复制国家秘密载体或者摘录、引用、汇编属于国家秘密的内容，应当按照规定报批，不得擅自改变原件的密级、保密期限和知悉范围，复制件应当加盖复制机关、单位戳记，并视同原件进行管理。

（五）保存国家秘密载体的场所、设施、设备，应当符合国家保密要求。

（六）维修国家秘密载体，应当由本机关、本单位专门技术人员负责。确需外单位人员维修的，应当由本机关、本单位的人员现场监督；确需在本机关、本单位以外维修的，应当符合国家保密规定。

（七）携带国家秘密载体外出，应当符合国家保密规定，并采取可靠的保密措施；携带国家秘密载体出境的，应当按照国家保密规定办理批准和携带手续。

第二十二条 销毁国家秘密载体应当符合国家保密规定和标准，确保销毁的国家秘密信息无法还原。

销毁国家秘密载体应当履行清点、登记、审批手续，并送交保密行政管理部门设立的销毁工作机构或者保密行政管理部门指定的单位销毁。机关、单位确因工作需要，自行销毁少量国家秘密载体的，应当使用符合国家保密标准的销毁设备和方法。

第二十三条 涉密信息系统按照涉密程度分为绝密级、机密级、秘密级。机关、单位应当根据涉密信息系统存储、处理信息的最高密级确定系统的密级，按照分级保护要求采取相应的安全保密防护措施。

第二十四条 涉密信息系统应当由国家保密行政管理部门设立或者授权的保密测评机构进行检测评估，并经设区的市、自治州级以上保密行政管理部门审查合格，方可投入使用。

公安、国家安全机关的涉密信息系统投入使用的管理办法，由国家保密行政管理部门会同国务院公安、国家安全部门另行规定。

第二十五条 机关、单位应当加强涉密信息系统的运行使用管理，指定专门机构或者人员负责运行维护、安全保密管理和安全审计，定期开展安全保密检查和风险评估。

涉密信息系统的密级、主要业务应用、使用范围和使用环境等发生变化或者涉密信息系统不再使用的，应当按照国家保密规定及时向保密行政管理部门报告，并采取相应措施。

第二十六条 机关、单位采购涉及国家秘密的工程、货物和服务的，应当根据国家保密规定确定密级，并符合国家保密规定和标准。机关、单位应当对提供工程、货物和服务的单位提出保密管理要求，并与其签订保密协议。

政府采购监督管理部门、保密行政管理部门应当依法加强对涉及国家秘密的工程、货物和服务采购的监督管理。

第二十七条 举办会议或者其他活动涉及国家秘密的，主办单位应当采取下列保密措施：

（一）根据会议、活动的内容确定密级，制定保密方案，限定参加人员范围；

（二）使用符合国家保密规定和标准的场所、设施、设备；

（三）按照国家保密规定管理国家秘密载体；

（四）对参加人员提出具体保密要求。

第二十八条 企业事业单位从事国家秘密载体制作、复制、维修、销毁，涉密信息系统集成或者武器装备科研生产等涉及国家秘密的业务（以下简称涉密业务），应当由保密行政管理部门或者保密行政管理部门会同有关部门进行保密审查。保密审查不合格的，不得从事涉密业务。

第二十九条 从事涉密业务的企业事业单位应当具备下列条件：

（一）在中华人民共和国境内依法成立3年以上的法人，无违法犯罪记录；

（二）从事涉密业务的人员具有中华人民共和国国籍；

（三）保密制度完善，有专门的机构或者人员负责保密工作；

（四）用于涉密业务的场所、设施、设备符合国家保密规定和标准；

（五）具有从事涉密业务的专业能力；

（六）法律、行政法规和国家保密行政管理部门规定的其他条件。

第三十条 涉密人员的分类管理、任（聘）用审查、脱密期管理、权益保障等具体办法，由国家保密行政管理部门会同国务院有关主管部门制定。

第四章 监 督 管 理

第三十一条 机关、单位应当向同级保密行政管理部门报送本机关、本单位年度保密工作情况。下级保密行政管理部门应当向上级保密行政管理部门报送本行政区域年度保密工作情况。

第三十二条 保密行政管理部门依法对机关、单位执行保密法律法规的下列情况进行检查：

（一）保密工作责任制落实情况；

（二）保密制度建设情况；

（三）保密宣传教育培训情况；

（四）涉密人员管理情况；

（五）国家秘密确定、变更和解除情况；

（六）国家秘密载体管理情况；

（七）信息系统和信息设备保密管理情况；

（八）互联网使用保密管理情况；

（九）保密技术防护设施设备配备使用情况；

（十）涉密场所及保密要害部门、部位管理情况；

（十一）涉密会议、活动管理情况；

（十二）信息公开保密审查情况。

第三十三条 保密行政管理部门在保密检查过程中，发现有泄密隐患的，可以查阅有关材料、询问人员、记录情况；对有关设施、设备、文件资料等可以依法先行登记保存，必要时进行保密技术检测。有关机关、单位及其工作人员对保密检查应当予以配合。

保密行政管理部门实施检查后，应当出具检查意见，对需要整改的，应当明确整改内容和期限。

第三十四条 机关、单位发现国家秘密已经泄露或者可能泄露的，应当立即采取补救措施，并在

24 小时内向同级保密行政管理部门和上级主管部门报告。

地方各级保密行政管理部门接到泄密报告的，应当在24 小时内逐级报至国家保密行政管理部门。

第三十五条 保密行政管理部门对公民举报、机关和单位报告、保密检查发现、有关部门移送的涉嫌泄露国家秘密的线索和案件，应当依法及时调查或者组织、督促有关机关、单位调查处理。调查工作结束后，认为有违反保密法律法规的事实，需要追究责任的，保密行政管理部门可以向有关机关、单位提出处理建议。有关机关、单位应当及时将处理结果书面告知同级保密行政管理部门。

第三十六条 保密行政管理部门收缴非法获取、持有的国家秘密载体，应当进行登记并出具清单，查清密级、数量、来源、扩散范围等，并采取相应的保密措施。

保密行政管理部门可以提请公安、工商行政管理等有关部门协助收缴非法获取、持有的国家秘密载体，有关部门应当予以配合。

第三十七条 国家保密行政管理部门或者省、自治区、直辖市保密行政管理部门应当依据保密法律法规和保密事项范围，对办理涉嫌泄露国家秘密案件的机关提出鉴定的事项是否属于国家秘密、属于何种密级作出鉴定。

保密行政管理部门受理鉴定申请后，应当自受理之日起30 日内出具鉴定结论；不能按期出具鉴定结论的，经保密行政管理部门负责人批准，可以延长30 日。

第三十八条 保密行政管理部门及其工作人员应当按照法定的职权和程序开展保密审查、保密检查和泄露国家秘密案件查处工作，做到科学、公正、严格、高效，不得利用职权谋取利益。

第五章 法律责任

第三十九条 机关、单位发生泄露国家秘密案件不按照规定报告或者未采取补救措施的，对直接负责的主管人员和其他直接责任人员依法给予处分。

第四十条 在保密检查或者泄露国家秘密案件查处中，有关机关、单位及其工作人员拒不配合，弄虚作假，隐匿、销毁证据，或者以其他方式逃避、妨碍保密检查或者泄露国家秘密案件查处的，对直接负责的主管人员和其他直接责任人员依法给予处分。

企业事业单位及其工作人员协助机关、单位逃避、妨碍保密检查或者泄露国家秘密案件查处的，由有关主管部门依法予以处罚。

第四十一条 经保密审查合格的企业事业单位违反保密管理规定的，由保密行政管理部门责令限期整改，逾期不改或者整改后仍不符合要求的，暂停涉密业务；情节严重的，停止涉密业务。

第四十二条 涉密信息系统未按照规定进行检测评估和审查而投入使用的，由保密行政管理部门责令改正，并建议有关机关、单位对直接负责的主管人员和其他直接责任人员依法给予处分。

第四十三条 机关、单位委托未经保密审查的单位从事涉密业务的，由有关机关、单位对直接负责的主管人员和其他直接责任人员依法给予处分。

未经保密审查的单位从事涉密业务的，由保密行政管理部门责令停止违法行为；有违法所得的，由工商行政管理部门没收违法所得。

第四十四条 保密行政管理部门未依法履行职责，或者滥用职权、玩忽职守、徇私舞弊的，对直接负责的主管人员和其他直接责任人员依法给予处分；构成犯罪的，依法追究刑事责任。

第六章 附则

第四十五条 本条例自2014 年3 月1 日起施行。1990 年4 月25 日国务院批准、1990 年5 月25 日国家保密局发布的《中华人民共和国保守国家秘密法实施办法》同时废止。

18. 生产安全事故应急条例

（2019 年 2 月 17 日国务院令第 708 号公布）

第一章 总 则

第一条 为了规范生产安全事故应急工作，保障人民群众生命和财产安全，根据《中华人民共和国安全生产法》和《中华人民共和国突发事件应对法》，制定本条例。

第二条 本条例适用于生产安全事故应急工作；法律、行政法规另有规定的，适用其规定。

第三条 国务院统一领导全国的生产安全事故应急工作，县级以上地方人民政府统一领导本行政区域内的生产安全事故应急工作。生产安全事故应急工作涉及两个以上行政区域的，由有关行政区域共同的上一级人民政府负责，或者由各有关行政区域的上一级人民政府共同负责。

县级以上人民政府应急管理部门和其他对有关行业、领域的安全生产工作实施监督管理的部门（以下统称负有安全生产监督管理职责的部门）在各自职责范围内，做好有关行业、领域的生产安全事故应急工作。

县级以上人民政府应急管理部门指导、协调本级人民政府其他负有安全生产监督管理职责的部门和下级人民政府的生产安全事故应急工作。

乡、镇人民政府以及街道办事处等地方人民政府派出机关应当协助上级人民政府有关部门依法履行生产安全事故应急工作职责。

第四条 生产经营单位应当加强生产安全事故应急工作，建立、健全生产安全事故应急工作责任制，其主要负责人对本单位的生产安全事故应急工作全面负责。

第二章 应 急 准 备

第五条 县级以上人民政府及其负有安全生产监督管理职责的部门和乡、镇人民政府以及街道办事处等地方人民政府派出机关，应当针对可能发生的生产安全事故的特点和危害，进行风险辨识和评估，制定相应的生产安全事故应急救援预案，并依法向社会公布。

生产经营单位应当针对本单位可能发生的生产安全事故的特点和危害，进行风险辨识和评估，制定相应的生产安全事故应急救援预案，并向本单位从业人员公布。

第六条 生产安全事故应急救援预案应当符合有关法律、法规、规章和标准的规定，具有科学性、针对性和可操作性，明确规定应急组织体系、职责分工以及应急救援程序和措施。

有下列情形之一的，生产安全事故应急救援预案制定单位应当及时修订相关预案：

（一）制定预案所依据的法律、法规、规章、标准发生重大变化；

（二）应急指挥机构及其职责发生调整；

（三）安全生产面临的风险发生重大变化；

（四）重要应急资源发生重大变化；

（五）在预案演练或者应急救援中发现需要修订预案的重大问题；

（六）其他应当修订的情形。

第七条 县级以上人民政府负有安全生产监督管理职责的部门应当将其制定的生产安全事故应急救援预案报送本级人民政府备案；易燃易爆物品、危险化学品等危险物品的生产、经营、储存、运输单位，矿山、金属冶炼、城市轨道交通运营、建筑施工单位，以及宾馆、商场、娱乐场所、旅游景区等人员密集场所经营单位，应当将其制定的生产安全事故应急救援预案按照国家有关规定报送县级以上人民政府负有安全生产监督管理职责的部门备案，并依法向社会公布。

第八条 县级以上地方人民政府以及县级以上人民政府负有安全生产监督管理职责的部门，乡、镇人民政府以及街道办事处等地方人民政府派出机关，应当至少每 2 年组织 1 次生产安全事故应急救援预案演练。

易燃易爆物品、危险化学品等危险物品的生产、经营、储存、运输单位，矿山、金属冶炼、城市轨道交通运营、建筑施工单位，以及宾馆、商场、娱乐场所、旅游景区等人员密集场所经营单位，应当至少每半年组织 1 次生产安全事故应急救援预案演练，并将演练情况报送所在地县级以上地方人民政府负有安全生产监督管理职责的部门。

县级以上地方人民政府负有安全生产监督管理职责的部门应当对本行政区域内前款规定的重点生产经营单位的生产安全事故应急救援预案演练进行抽查；发现演练不符合要求的，应当责令限期改正。

第九条 县级以上人民政府应当加强对生产安全事故应急救援队伍建设的统一规划、组织和指导。

县级以上人民政府负有安全生产监督管理职责的部门根据生产安全事故应急工作的实际需要，在重点行业、领域单独建立或者依托有条件的生产经营单位、社会组织共同建立应急救援队伍。

国家鼓励和支持生产经营单位和其他社会力量建立提供社会化应急救援服务的应急救援队伍。

第十条 易燃易爆物品、危险化学品等危险物品的生产、经营、储存、运输单位，矿山、金属冶炼、城市轨道交通运营、建筑施工单位，以及宾馆、商场、娱乐场所、旅游景区等人员密集场所经营单位，应当建立应急救援队伍；其中，小型企业或者微型企业等规模较小的生产经营单位，可以不建立应急救援队伍，但应当指定兼职的应急救援人员，并且可以与邻近的应急救援队伍签订应急救援协议。

工业园区、开发区等产业聚集区域内的生产经营单位，可以联合建立应急救援队伍。

第十一条 应急救援队伍的应急救援人员应当具备必要的专业知识、技能、身体素质和心理素质。

应急救援队伍建立单位或者兼职应急救援人员所在单位应当按照国家有关规定对应急救援人员进行培训；应急救援人员经培训合格后，方可参加应急救援工作。

应急救援队伍应当配备必要的应急救援装备和物资，并定期组织训练。

第十二条 生产经营单位应当及时将本单位应急救援队伍建立情况按照国家有关规定报送县级以上人民政府负有安全生产监督管理职责的部门，并依法向社会公布。

县级以上人民政府负有安全生产监督管理职责的部门应当定期将本行业、本领域的应急救援队伍建立情况报送本级人民政府，并依法向社会公布。

第十三条 县级以上地方人民政府应当根据本行政区域内可能发生的生产安全事故的特点和危害，储备必要的应急救援装备和物资，并及时更新和补充。

易燃易爆物品、危险化学品等危险物品的生产、经营、储存、运输单位，矿山、金属冶炼、城市轨道交通运营、建筑施工单位，以及宾馆、商场、娱乐场所、旅游景区等人员密集场所经营单位，应当根据本单位可能发生的生产安全事故的特点和危害，配备必要的灭火、排水、通风以及危险物品稀释、掩埋、收集等应急救援器材、设备和物资，并进行经常性维护、保养，保证正常运转。

第十四条 下列单位应当建立应急值班制度，配备应急值班人员：

（一）县级以上人民政府及其负有安全生产监督管理职责的部门；

（二）危险物品的生产、经营、储存、运输单位以及矿山、金属冶炼、城市轨道交通运营、建筑施工单位；

（三）应急救援队伍。

规模较大、危险性较高的易燃易爆物品、危险化学品等危险物品的生产、经营、储存、运输单位应当成立应急处置技术组，实行24小时应急值班。

第十五条 生产经营单位应当对从业人员进行应急教育和培训，保证从业人员具备必要的应急知识，掌握风险防范技能和事故应急措施。

第十六条 国务院负有安全生产监督管理职责的部门应当按照国家有关规定建立生产安全事故应急救援信息系统，并采取有效措施，实现数据互联互通、信息共享。

生产经营单位可以通过生产安全事故应急救援信息系统办理生产安全事故应急救援预案备案手续，报送应急救援预案演练情况和应急救援队伍建设情况；但依法需要保密的除外。

第三章 应 急 救 援

第十七条 发生生产安全事故后，生产经营单位应当立即启动生产安全事故应急救援预案，采取下列一项或者多项应急救援措施，并按照国家有关规定报告事故情况：

（一）迅速控制危险源，组织抢救遇险人员；

（二）根据事故危害程度，组织现场人员撤离或者采取可能的应急措施后撤离；

（三）及时通知可能受到事故影响的单位和人员；

（四）采取必要措施，防止事故危害扩大和次生、衍生灾害发生；

（五）根据需要请求邻近的应急救援队伍参加救援，并向参加救援的应急救援队伍提供相关技术资料、信息和处置方法；

（六）维护事故现场秩序，保护事故现场和相关证据；

（七）法律、法规规定的其他应急救援措施。

第十八条 有关地方人民政府及其部门接到生产安全事故报告后，应当按照国家有关规定上报事故情况，启动相应的生产安全事故应急救援预案，并按照应急救援预案的规定采取下列一项或者多项应急救援措施：

（一）组织抢救遇险人员，救治受伤人员，研判事故发展趋势以及可能造成的危害；

（二）通知可能受到事故影响的单位和人员，隔离事故现场，划定警戒区域，疏散受到威胁的人员，实施交通管制；

（三）采取必要措施，防止事故危害扩大和次生、衍生灾害发生，避免或者减少事故对环境造成的危害；

（四）依法发布调用和征用应急资源的决定；

（五）依法向应急救援队伍下达救援命令；

（六）维护事故现场秩序，组织安抚遇险人员和遇险遇难人员亲属；

（七）依法发布有关事故情况和应急救援工作的信息；

（八）法律、法规规定的其他应急救援措施。

有关地方人民政府不能有效控制生产安全事故的，应当及时向上级人民政府报告。上级人民政府应当及时采取措施，统一指挥应急救援。

第十九条 应急救援队伍接到有关人民政府及其部门的救援命令或者签有应急救援协议的生产经营单位的救援请求后，应当立即参加生产安全事故应急救援。

应急救援队伍根据救援命令参加生产安全事故应急救援所耗费用，由事故责任单位承担；事故责任单位无力承担的，由有关人民政府协调解决。

第二十条 发生生产安全事故后，有关人民政府认为有必要的，可以设立由本级人民政府及其有关部门负责人、应急救援专家、应急救援队伍负责人、事故发生单位负责人等人员组成的应急救援现场指挥部，并指定现场指挥部总指挥。

第二十一条 现场指挥部实行总指挥负责制，按照本级人民政府的授权组织制定并实施生产安全事故现场应急救援方案，协调、指挥有关单位和个人参加现场应急救援。

参加生产安全事故现场应急救援的单位和个人应当服从现场指挥部的统一指挥。

第二十二条 在生产安全事故应急救援过程中，发现可能直接危及应急救援人员生命安全的紧急情况时，现场指挥部或者统一指挥应急救援的人民政府应当立即采取相应措施消除隐患，降低或者化解风险，必要时可以暂时撤离应急救援人员。

第二十三条 生产安全事故发生地人民政府应当为应急救援人员提供必需的后勤保障，并组织通信、交通运输、医疗卫生、气象、水文、地质、电力、供水等单位协助应急救援。

第二十四条 现场指挥部或者统一指挥生产安全事故应急救援的人民政府及其有关部门应当完整、准确地记录应急救援的重要事项，妥善保存相关原始资料和证据。

第二十五条 生产安全事故的威胁和危害得到控制或者消除后，有关人民政府应当决定停止执行依照本条例和有关法律、法规采取的全部或者部分应急救援措施。

第二十六条 有关人民政府及其部门根据生产安全事故应急救援需要依法调用和征用的财产，在使用完毕或者应急救援结束后，应当及时归还。财产被调用、征用或者调用、征用后毁损、灭失的，有关人民政府及其部门应当按照国家有关规定给予补偿。

第二十七条 按照国家有关规定成立的生产安全事故调查组应当对应急救援工作进行评估，并在事故调查报告中作出评估结论。

第二十八条 县级以上地方人民政府应当按照国家有关规定，对在生产安全事故应急救援中伤亡的人员及时给予救治和抚恤；符合烈士评定条件的，按照国家有关规定评定为烈士。

第四章 法 律 责 任

第二十九条 地方各级人民政府和街道办事处等地方人民政府派出机关以及县级以上人民政府有关部门违反本条例规定的，由其上级行政机关责令改正；情节严重的，对直接负责的主管人员和其他直接责任人员依法给予处分。

第三十条 生产经营单位未制定生产安全事故应急救援预案、未定期组织应急救援预案演练、未对从业人员进行应急教育和培训，生产经营单位的主要负责人在本单位发生生产安全事故时不立即组织抢救的，由县级以上人民政府负有安全生产监督管理职责的部门依照《中华人民共和国安全生产法》有关规定追究法律责任。

第三十一条 生产经营单位未对应急救援器材、设备和物资进行经常性维护、保养，导致发生严重生产安全事故或者生产安全事故危害扩大，或者在本单位发生生产安全事故后未立即采取相应的应急救援措施，造成严重后果的，由县级以上人民政府负有安全生产监督管理职责的部门依照《中华人民共和国突发事件应对法》有关规定追究法律责任。

第三十二条 生产经营单位未将生产安全事故应急救援预案报送备案、未建立应急值班制度或者配备应急值班人员的，由县级以上人民政府负有安全生产监督管理职责的部门责令限期改正；逾期未改正的，处 3 万元以上 5 万元以下的罚款，对直接负责的主管人员和其他直接责任人员处 1 万元以上 2 万元以下的罚款。

第三十三条 违反本条例规定，构成违反治安管理行为的，由公安机关依法给予处罚；构成犯罪的，依法追究刑事责任。

第五章 附 则

第三十四条 储存、使用易燃易爆物品、危险化学品等危险物品的科研机构、学校、医院等单位的安全事故应急工作，参照本条例有关规定执行。

第三十五条 本条例自2019年4月1日起施行。

19. 矿山安全法实施条例

（1996年10月30日劳动部令第4号公布）

第一章　总　　则

第一条　根据《中华人民共和国矿山安全法》（以下简称《矿山安全法》），制定本条例。

第二条　《矿山安全法》及本条例中下列用语的含义：

矿山，是指在依法批准的矿区范围内从事矿产资源开采活动的场所及其附属设施。

矿产资源开采活动，是指在依法批准的矿区范围内从事矿产资源勘探和矿山建设、生产、闭坑及有关活动。

第三条　国家采取政策和措施，支持发展矿山安全教育，鼓励矿山安全开采技术、安全管理方法、安全设备与仪器的研究和推广，促进矿山安全科学技术进步。

第四条　各级人民政府、政府有关部门或者企业事业单位对有下列情形之一的单位和个人，按照国家有关规定给予奖励：

（一）在矿山安全管理和监督工作中，忠于职守，作出显著成绩的；

（二）防止矿山事故或者抢险救护有功的；

（三）在推广矿山安全技术、改进矿山安全设施方面，作出显著成绩的；

（四）在矿山安全生产方面提出合理化建议，效果显著的；

（五）在改善矿山劳动条件或者预防矿山事故方面有发明创造和科研成果，效果显著的。

第二章　矿山建设的安全保障

第五条　矿山设计使用的地质勘探报告书，应当包括下列技术资料：

（一）较大的断层、破碎带、滑坡、泥石流的性质和规模；

（二）含水层（包括溶洞）和隔水层的岩性、层厚、产状，含水层之间、地面水和地下水之间的水力联系，地下水的潜水位、水质、水量和流向，地面水流系统和有关水利工程的疏水能力以及当地历年降水量和最高洪水位；

（三）矿山设计范围内原有小窑、老窑的分布范围、开采深度和积水情况；

（四）沼气、二氧化碳赋存情况，矿物自然发火和矿尘爆炸的可能性；

（五）对人体有害的矿物组分、含量和变化规律，勘探区至少一年的天然放射性本底数据；

（六）地温异常和热水矿区的岩石热导率、地温梯度、热水来源、水温、水压和水量，以及圈定的热害区范围；

（七）工业、生活用水的水源和水质；

（八）钻孔封孔资料；

（九）矿山设计需要的其他资料。

第六条　编制矿山建设项目的可行性研究报告和总体设计，应当对矿山开采的安全条件进行论证。

矿山建设项目的初步设计，应当编制安全专篇。安全专篇的编写要求，由国务院劳动行政主管部门规定。

第七条 根据《矿山安全法》第八条的规定，矿山建设单位在向管理矿山企业的主管部门报送审批矿山建设工程安全设施设计文件时，应当同时报送劳动行政主管部门审查；没有劳动行政主管部门的审查意见，管理矿山企业的主管部门不得批准。

经批准的矿山建设工程安全设施设计需要修改时，应当征求原参加审查的劳动行政主管部门的意见。

第八条 矿山建设工程应当按照经批准的设计文件施工，保证施工质量；工程竣工后，应当按照国家有关规定申请验收。

建设单位应当在验收前60日向管理矿山企业的主管部门、劳动行政主管部门报送矿山建设工程安全设施施工、竣工情况的综合报告。

第九条 管理矿山企业的主管部门、劳动行政主管部门应当自收到建设单位报送的矿山建设工程安全设施施工、竣工情况的综合报告之日起30日内，对矿山建设工程的安全设施进行检查；不符合矿山安全规程、行业技术规范的，不得验收，不得投入生产或者使用。

第十条 矿山应当有保障安全生产、预防事故和职业危害的安全设施，并符合下列基本要求：

（一）每个矿井至少有两个独立的能行人的直达地面的安全出口。矿井的每个生产水平（中段）和各个采区（盘区）至少有两个能行人的安全出口，并与直达地面的出口相通。

（二）每个矿井有独立的采用机械通风的通风系统，保证井下作业场所有足够的风量；但是，小型非沼气矿井在保证井下作业场所所需风量的前提下，可以采用自然通风。

（三）井巷断面能满足行人、运输、通风和安全设施、设备的安装、维修及施工需要。

（四）井巷支护和采场顶板管理能保证作业场所的安全。

（五）相邻矿井之间、矿井与露天矿之间、矿井与老窑之间留有足够的安全隔离矿柱。矿山井巷布置留有足够的保障井上和井下安全的矿柱或者岩柱。

（六）露天矿山的阶段高度、平台宽度和边坡角能满足安全作业和边坡稳定的需要。船采沙矿的采池边界与地面建筑物、设备之间有足够的安全距离。

（七）有地面和井下的防水、排水系统，有防止地表水泄入井下和露天采场的措施。

（八）溜矿井有防止和处理堵塞的安全措施。

（九）有自然发火可能性的矿井，主要运输巷道布置在岩层或者不易自然发火的矿层内，并采用预防性灌浆或者其他有效的预防自然发火的措施。

（十）矿山地面消防设施符合国家有关消防的规定。矿井有防灭火设施和器材。

（十一）地面及井下供配电系统符合国家有关规定。

（十二）矿山提升运输设备、装置及设施符合下列要求：

1. 钢丝绳、连接装置、提升容器以及保险链有足够的安全系数；
2. 提升容器与井壁、罐道梁之间及两个提升容器之间有足够的间隙；
3. 提升绞车和提升容器有可靠的安全保护装置；
4. 电机车、架线、轨道的选型能满足安全要求；
5. 运送人员的机械设备有可靠的安全保护装置；
6. 提升运输设备有灵敏可靠的信号装置。

（十三）每个矿井有防尘供水系统。地面和井下所有产生粉尘的作业地点有综合防尘措施。

（十四）有瓦斯、矿尘爆炸可能性的矿井，采用防爆电器设备，并采取防尘和隔爆措施。

（十五）开采放射性矿物的矿井，符合下列要求：

1. 矿井进风量和风质能满足降氡的需要，避免串联通风和污风循环；

2. 主要进风道开在矿脉之外，穿矿脉或者岩体裂隙发育的进风巷道有防止氡析出的措施；

3. 采用后退式回采；

4. 能防止井下污水散流，并采取封闭的排放污水系统。

（十六）矿山储存爆破材料的场所符合国家有关规定。

（十七）排土场、矸石山有防止发生泥石流和其他危害的安全措施，尾矿库有防止溃坝等事故的安全设施。

（十八）有防止山体滑坡和因采矿活动引起地表塌陷造成危害的预防措施。

（十九）每个矿井配置足够数量的通风检测仪表和有毒有害气体与井下环境检测仪器。开采有瓦斯突出的矿井，装备监测系统或者检测仪器。

（二十）有与外界相通的、符合安全要求的运输设施和通讯设施。

（二十一）有更衣室、浴室等设施。

第三章　矿山开采的安全保障

第十一条　采掘作业应当编制作业规程，规定保证作业人员安全的技术措施和组织措施，并在情况变化时及时予以修改和补充。

第十二条　矿山开采应当有下列图纸资料：

（一）地质图（包括水文地质图和工程地质图）；

（二）矿山总布置图和矿井井上、井下对照图；

（三）矿井、巷道、采场布置图；

（四）矿山生产和安全保障的主要系统图。

第十三条　矿山企业应当在采矿许可证批准的范围开采，禁止越层、越界开采。

第十四条　矿山使用的下列设备、器材、防护用品和安全检测仪器，应当符合国家安全标准或者行业安全标准；不符合国家安全标准或者行业安全标准的，不得使用：

（一）采掘、支护、装载、运输、提升、通风、排水、瓦斯抽放、压缩空气和起重设备；

（二）电动机、变压器、配电柜、电器开关、电控装置；

（三）爆破器材、通讯器材、矿灯、电缆、钢丝绳、支护材料、防火材料；

（四）各种安全卫生检测仪器仪表；

（五）自救器、安全帽、防尘防毒口罩或者面罩、防护服、防护鞋等防护用品和救护设备；

（六）经有关主管部门认定的其他有特殊安全要求的设备和器材。

第十五条　矿山企业应当对机电设备及其防护装置、安全检测仪器定期检查、维修，并建立技术档案，保证使用安全。

非负责设备运行的人员，不得操作设备。非值班电气人员，不得进行电气作业。操作电气设备的人员，应当有可靠的绝缘保护。检修电气设备时，不得带电作业。

第十六条　矿山作业场所空气中的有毒有害物质的浓度，不得超过国家标准或者行业标准；矿山企业应当按照国家规定的方法，按照下列要求定期检测：

（一）粉尘作业点，每月至少检测两次；

（二）三硝基甲苯作业点，每月至少检测一次；

（三）放射性物质作业点，每月至少检测三次；

（四）其他有毒有害物质作业点，井下每月至少检测一次，地面每季度至少检测一次；

（五）采用个体采样方法检测呼吸性粉尘的，每季度至少检测一次。

第十七条　井下采掘作业，必须按照作业规程的规定管理顶帮。采掘作业通过地质破碎带或者其他顶帮破碎地点时，应当加强支护。

露天采剥作业，应当按照设计规定，控制采剥工作面的阶段高度、宽度、边坡角和最终边坡角。采剥作业和排土作业，不得对深部或者邻近井巷造成危害。

第十八条 煤矿和其他有瓦斯爆炸可能性的矿井，应当严格执行瓦斯检查制度，任何人不得携带烟草和点火用具下井。

第十九条 在下列条件下从事矿山开采，应当编制专门设计文件，并报管理矿山企业的主管部门批准：

（一）有瓦斯突出的；

（二）有冲击地压的；

（三）在需要保护的建筑物、构筑物和铁路下面开采的；

（四）在水体下面开采的；

（五）在地温异常或者有热水涌出的地区开采的。

第二十条 有自然发火可能性的矿井，应当采取下列措施：

（一）及时清出采场浮矿和其他可燃物质，回采结束后及时封闭采空区；

（二）采取防火灌浆或者其他有效的预防自然发火的措施；

（三）定期检查井巷和采区封闭情况，测定可能自然发火地点的温度和风量；定期检测火区内的温度、气压和空气成份。

第二十一条 井下采掘作业遇下列情形之一时，应当探水前进：

（一）接近承压含水层或者含水的断层、流砂层、砾石层、溶洞、陷落柱时；

（二）接近与地表水体相通的地质破碎带或者接近连通承压层的未封钻孔时；

（三）接近积水的老窑、旧巷或者灌过泥浆的采空区时；

（四）发现有出水征兆时；

（五）掘开隔离矿柱或者岩柱放水时。

第二十二条 井下风量、风质、风速和作业环境的气候，必须符合矿山安全规程的规定。

采掘工作面进风风流中，按照体积计算，氧气不得低于20%，二氧化碳不得超过5%。

井下作业地点的空气温度不得超过28℃；超过时，应当采取降温或者其他防护措施。

第二十三条 开采放射性矿物的矿井，必须采取下列措施，减少氡气析出量：

（一）及时封闭采空区和已经报废或者暂时不用的井巷；

（二）用留矿法作业的采场采用下行通风；

（三）严格管理井下污水。

第二十四条 矿山的爆破作业和爆破材料的制造、储存、运输、试验及销毁，必须严格执行国家有关规定。

第二十五条 矿山企业对地面、井下产生粉尘的作业，应当采取综合防尘措施，控制粉尘危害。

井下风动凿岩，禁止干打眼。

第二十六条 矿山企业应当建立、健全对地面陷落区、排土场、矸石山、尾矿库的检查和维护制度；对可能发生的危害，应当采取预防措施。

第二十七条 矿山企业应当按照国家有关规定关闭矿山，对关闭矿山后可能引起的危害采取预防措施。关闭矿山报告应当包括下列内容：

（一）采掘范围及采空区处理情况；

（二）对矿井采取的封闭措施；

（三）对其他不安全因素的处理办法。

第四章　矿山企业的安全管理

第二十八条　矿山企业应当建立、健全下列安全生产责任制：

（一）行政领导岗位安全生产责任制；

（二）职能机构安全生产责任制；

（三）岗位人员的安全生产责任制。

第二十九条　矿长（含矿务局局长、矿山公司经理，下同）对本企业的安全生产工作负有下列责任：

（一）认真贯彻执行《矿山安全法》和本条例以及其他法律、法规中有关矿山安全生产的规定；

（二）制定本企业安全生产管理制度；

（三）根据需要配备合格的安全工作人员，对每个作业场所进行跟班检查；

（四）采取有效措施，改善职工劳动条件，保证安全生产所需要的材料、设备、仪器和劳动防护用品的及时供应；

（五）依照本条例的规定，对职工进行安全教育、培训；

（六）制定矿山灾害的预防和应急计划；

（七）及时采取措施，处理矿山存在的事故隐患；

（八）及时、如实向劳动行政主管部门和管理矿山企业的主管部门报告矿山事故。

第三十条　矿山企业应当根据需要，设置安全机构或者配备专职安全工作人员。专职安全工作人员应当经过培训，具备必要的安全专业知识和矿山安全工作经验，能胜任现场安全检查工作。

第三十一条　矿长应当定期向职工代表大会或者职工大会报告下列事项，接受民主监督：

（一）企业安全生产重大决策；

（二）企业安全技术措施计划及其执行情况；

（三）职工安全教育、培训计划及其执行情况；

（四）职工提出的改善劳动条件的建议和要求的处理情况；

（五）重大事故处理情况；

（六）有关安全生产的其他重要事项。

第三十二条　矿山企业职工享有下列权利：

（一）有权获得作业场所安全与职业危害方面的信息；

（二）有权向有关部门和工会组织反映矿山安全状况和存在的问题；

（三）对任何危害职工安全健康的决定和行为，有权提出批评、检举和控告。

第三十三条　矿山企业职工应当履行下列义务：

（一）遵守有关矿山安全的法律、法规和企业规章制度；

（二）维护矿山企业的生产设备、设施；

（三）接受安全教育和培训；

（四）及时报告危险情况，参加抢险救护。

第三十四条　矿山企业工会有权督促企业行政方面加强职工的安全教育、培训工作，开展安全宣传活动，提高职工的安全生产意识和技术素质。

第三十五条　矿山企业应当按照下列规定对职工进行安全教育、培训：

（一）新进矿山的井下作业职工，接受安全教育、培训的时间不得少于 72 小时，考试合格后，必须在有安全工作经验的职工带领下工作满 4 个月，然后经再次考核合格，方可独立工作；

（二）新进露天矿的职工，接受安全教育、培训的时间不得少于 40 小时，经考试合格后，方可上岗作业；

（三）对调换工种和采用新工艺作业的人员，必须重新培训，经考试合格后，方可上岗作业；

（四）所有生产作业人员，每年接受在职安全教育、培训的时间不少于20小时。

职工安全教育、培训期间，矿山企业应当支付工资。

职工安全教育、培训情况和考核结果，应当记录存档。

第三十六条 矿山企业对职工的安全教育、培训，应当包括下列内容：

（一）《矿山安全法》及本条例赋予矿山职工的权利与义务；

（二）矿山安全规程及矿山企业有关安全管理的规章制度；

（三）与职工本职工作有关的安全知识；

（四）各种事故征兆的识别、发生紧急危险情况时的应急措施和撤退路线；

（五）自救装备的使用和有关急救方面的知识；

（六）有关主管部门规定的其他内容。

第三十七条 瓦斯检查工、爆破工、通风工、信号工、拥罐工、电工、金属焊接（切割）工、矿井泵工、瓦斯抽放工、主扇风机操作工、主提升机操作工、绞车操作工、输送机操作工、尾矿工、安全检查工和矿内机动车司机等特种作业人员应当接受专门技术培训，经考核合格取得操作资格证书后，方可上岗作业。特种作业人员的考核、发证工作按照国家有关规定执行。

第三十八条 对矿长安全资格的考核，应当包括下列内容：

（一）《矿山安全法》和有关法律、法规及矿山安全规程；

（二）矿山安全知识；

（三）安全生产管理能力；

（四）矿山事故处理能力；

（五）安全生产业绩。

第三十九条 矿山企业向职工发放的劳动防护用品应当是经过鉴定和检验合格的产品。劳动防护用品的发放标准由国务院劳动行政主管部门制定。

第四十条 矿山企业应当每年编制矿山灾害预防和应急计划；在每季度末，应当根据实际情况对计划及时进行修改，制定相应的措施。

矿山企业应当使每个职工熟悉矿山灾害预防和应急计划，并且每年至少组织一次矿山救灾演习。

矿山企业应当根据国家有关规定，按照不同作业场所的要求，设置矿山安全标志。

第四十一条 矿山企业应当建立由专职的或者兼职的人员组成的矿山救护和医疗急救组织。不具备单独建立专业救护和医疗急救组织的小型矿山企业，除应当建立兼职的救护和医疗急救组织外，还应当与邻近的有专业的救护和医疗急救组织的矿山企业签订救护和急救协议，或者与邻近的矿山企业联合建立专业救护和医疗急救组织。

矿山救护和医疗急救组织应当有固定场所、训练器械和训练场地。

矿山救护和医疗急救组织的规模和装备标准，由国务院管理矿山企业的有关主管部门规定。

第四十二条 矿山企业必须按照国家规定的安全条件进行生产，并安排一部分资金，用于下列改善矿山安全生产条件的项目：

（一）预防矿山事故的安全技术措施；

（二）预防职业危害的劳动卫生技术措施；

（三）职工的安全培训；

（四）改善矿山安全生产条件的其他技术措施。

前款所需资金，由矿山企业按矿山维简费的20%的比例具实列支；没有矿山维简费的矿山企业，按固定资产折旧费的20%的比例具实列支。

第五章　矿山安全的监督和管理

第四十三条　县级以上各级人民政府劳动行政主管部门，应当根据矿山安全监督工作的实际需要，配备矿山安全监督人员。

矿山安全监督人员必须熟悉矿山安全技术知识，具有矿山安全工作经验，能胜任矿山安全检查工作。

矿山安全监督证件和专用标志由国务院劳动行政主管部门统一制作。

第四十四条　矿山安全监督人员在执行职务时，有权进入现场检查，参加有关会议，无偿调阅有关资料，向有关单位和人员了解情况。

矿山安全监督人员进入现场检查，发现有危及职工安全健康的情况时，有权要求矿山企业立即改正或者限期解决；情况紧急时，有权要求矿山企业立即停止作业，从危险区内撤出作业人员。

劳动行政主管部门可以委托检测机构对矿山作业场所和危险性较大的在用设备、仪器、器材进行抽检。

劳动行政主管部门对检查中发现的违反《矿山安全法》和本条例以及其他法律、法规有关矿山安全的规定的情况，应当依法提出处理意见。

第四十五条　矿山安全监督人员执行公务时，应当出示矿山安全监督证件，秉公执法，并遵守有关规定。

第六章　矿山事故处理

第四十六条　矿山发生事故后，事故现场有关人员应当立即报告矿长或者有关主管人员；矿长或者有关主管人员接到事故报告后，必须立即采取有效措施，组织抢救，防止事故扩大，尽力减少人员伤亡和财产损失。

第四十七条　矿山发生重伤、死亡事故后，矿山企业应当在24小时内如实向劳动行政主管部门和管理矿山企业的主管部门报告。

第四十八条　劳动行政主管部门和管理矿山企业的主管部门接到死亡事故或者一次重伤3人以上的事故报告后，应当立即报告本级人民政府，并报各自的上一级主管部门。

第四十九条　发生伤亡事故，矿山企业和有关单位应当保护事故现场；因抢救事故，需要移动现场部分物品时，必须作出标志，绘制事故现场图，并详细记录；在消除现场危险，采取防范措施后，方可恢复生产。

第五十条　矿山事故发生后，有关部门应当按照国家有关规定，进行事故调查处理。

第五十一条　矿山事故调查处理工作应当自事故发生之日起90日内结束；遇有特殊情况，可以适当延长，但是不得超过180日。矿山事故处理结案后，应当公布处理结果。

第七章　法律责任

第五十二条　依照《矿山安全法》第四十条规定处以罚款的，分别按照下列规定执行：

（一）未对职工进行安全教育、培训，分配职工上岗作业的，处4万元以下的罚款；

（二）使用不符合国家安全标准或者行业安全标准的设备、器材、防护用品和安全检测仪器的，处5万元以下的罚款；

（三）未按照规定提取或者使用安全技术措施专项费用的，处5万元以下的罚款；

（四）拒绝矿山安全监督人员现场检查或者在被检查时隐瞒事故隐患，不如实反映情况的，处2万元以下的罚款；

（五）未按照规定及时、如实报告矿山事故的，处3万元以下的罚款。

第五十三条 依照《矿山安全法》第四十三条规定处以罚款的，罚款幅度为5万元以上10万元以下。

第五十四条 违反本条例第十五条、第十六条、第十七条、第十八条、第十九条、第二十条、第二十一条、第二十二条、第二十三条、第二十五条规定的，由劳动行政主管部门责令改正，可以处2万元以下的罚款。

第五十五条 当事人收到罚款通知书后，应当在15日内到指定的金融机构缴纳罚款；逾期不缴纳的，自逾期之日起每日加收3‰的滞纳金。

第五十六条 矿山企业主管人员有下列行为之一，造成矿山事故的，按照规定给予纪律处分；构成犯罪的，由司法机关依法追究刑事责任：

（一）违章指挥、强令工人违章、冒险作业的；

（二）对工人屡次违章作业熟视无睹，不加制止的；

（三）对重大事故预兆或者已发现的隐患不及时采取措施的；

（四）不执行劳动行政主管部门的监督指令或者不采纳有关部门提出的整顿意见，造成严重后果的。

第八章 附 则

第五十七条 国务院管理矿山企业的主管部门根据《矿山安全法》和本条例修订或者制定的矿山安全规程和行业技术规范，报国务院劳动行政主管部门备案。

第五十八条 石油天然气开采的安全规定，由国务院劳动行政主管部门会同石油工业主管部门制定，报国务院批准后施行。

第五十九条 本条例自发布之日起施行。

第四部分　部门规章

1. 煤矿安全监察员管理办法

（2003 年 6 月 13 日国家安全监管局、国家煤矿安监局令第 2 号公布，2015 年 6 月 8 日国家安全监管总局令第 81 号修正）

第一条 为加强和规范煤矿安全监察员管理工作，保障煤矿安全监察员依法行政，根据《公务员法》、《安全生产法》、《煤矿安全监察条例》等法律法规，制定本办法。

第二条 煤矿安全监察机构实行煤矿安全监察员制度。煤矿安全监察员是从事煤矿安全监察和行政执法工作的国家公务员。

第三条 国家安全生产监督管理总局、省级煤矿安全监察局按干部管理权限对煤矿安全监察员实行分级管理。

第四条 煤矿安全监察员除符合国家公务员的条件外，还应当具备下列条件：

（一）热爱煤矿安全监察工作，熟悉国家有关煤矿安全的方针、政策、法律、法规、规章、标准、规程；

（二）熟悉煤矿安全监察业务，具有煤矿安全方面的专业知识；

（三）具有大学专科以上学历；

（四）符合国家煤矿安全监察机构规定的工作经历和年龄要求；

（五）身体健康，适应煤矿安全监察工作需要。

第五条 煤矿安全监察员由国家安全生产监督管理总局考核，并颁发煤矿安全监察执法证。

第六条 煤矿安全监察员按照法律行政法规规定的职责实施煤矿安全监察，不受任何组织和个人的非法干涉，煤矿及其有关人员不得拒绝、阻挠。

第七条 煤矿安全监察员依法履行下列职责：

（一）依照安全生产法、煤矿安全监察条例和其他有关安全生产的法律、法规、规章、标准，对煤矿安全实施监察；

（二）对划定区域内的煤矿安全情况实施经常性安全检查和重点检查；

（三）查处煤矿安全违法行为，依法作出现场处理决定或提出实施行政处罚的意见；

（四）参与煤矿建设项目安全设施设计审查以及对建设单位竣工验收活动和验收结果的监督核查；

（五）监督检查煤矿职业危害的防治工作；

（六）参加煤矿伤亡事故的应急救援、调查和处理工作；

（七）法律、法规规定由煤矿安全监察员履行的其他职责。

第八条 煤矿安全监察员履行安全监察职责，具有下列权力：

（一）有权随时进入煤矿作业场所进行检查，调阅有关资料，参加煤矿安全生产会议，向有关单位或者人员了解情况；

（二）在检查中发现影响煤矿安全的违法行为，有权当场予以纠正或者要求限期改正；

（三）进行现场检查时，发现存在事故隐患的，有权要求煤矿立即消除或者限期解决；发现威胁职工生命安全的紧急情况时，有权要求立即停止作业，下达立即从危险区域内撤出作业人员的命令，并立即将紧急情况和处理措施报告煤矿安全监察机构；

（四）发现煤矿作业场所的瓦斯、粉尘或者其他有毒有害气体的浓度超过国家安全标准或者行业安全标准的，煤矿擅自开采保安煤柱的，或者采用危及相邻煤矿生产安全的决水、爆破、贯通巷道等危险方法进行采矿作业的，有权责令立即停止作业，并将有关情况报告煤矿安全监察机构；

（五）发现煤矿矿长或者其他主管人员违章指挥工人或者强令工人违章、冒险作业，或者发现工人违章作业的，有权立即责令纠正或者责令立即停止作业；

（六）发现煤矿使用的设施、设备、器材、劳动防护用品不符合国家安全标准或者行业安全标准的，有权责令其停止使用；需要查封或者扣押的，应当及时报告煤矿安全监察机构依法处理；

（七）法律、法规赋予的其他权力。

第九条 煤矿安全监察机构应当为煤矿安全监察员提供履行职责所需的装备和劳动防护用品。

煤矿安全监察员下井工作，享受井下工作津贴。

第十条 煤矿安全监察员履行安全监察职责，应当向当事人和有关人员出示煤矿安全监察员证。

煤矿安全监察员证只限本人使用，不得伪造、买卖或转借他人。

第十一条 煤矿安全监察员在执行公务时，涉及本人或者涉及本人有关亲属的利害关系的，应当回避。

第十二条 煤矿安全监察员发现煤矿存在事故隐患或危及煤矿安全的违法行为应当及时处理或者向煤矿安全监察机构报告。

煤矿安全监察员对每次安全检查的时间、地点、内容、发现的问题及其处理情况，应当作详细记录、填写执法文书，并由参加检查的煤矿安全监察员签名后归档。

煤矿安全监察员发出安全监察指令，应当填写执法文书并送达行政相对人。

第十三条 煤矿安全监察员应当依法履行煤矿安全监察职责，保守国家秘密和工作秘密，维护国家利益和当事人的合法权益。

第十四条 煤矿安全监察员不得接受煤矿的任何馈赠、报酬、福利待遇，不得在煤矿报销任何费用，不得参加煤矿安排、组织或者支付费用的宴请、娱乐、旅游、出访等活动，不得借煤矿安全监察工作在煤矿为自己、亲友或者他人谋取利益。

第十五条 煤矿安全监察机构负责制定煤矿安全监察员培训规划和办法，组织实施对煤矿安全监察员的岗前培训、年度轮训、特殊培训。煤矿安全监察员每三年应当接受不少于一个月的脱产培训。

第十六条 煤矿安全监察机构应当建立健全煤矿安全监察员的监督约束制度。

煤矿安全监察机构的行政监察部门依照行政监察法的规定，对煤矿安全监察员履行工作职责实施行政监察。

煤矿安全监察机构应当及时受理任何单位和个人对煤矿安全监察员违法违纪行为的检举和控告。

煤矿安全监察员应当自觉接受有关部门、煤矿及其职工和社会的监督。

第十七条 煤矿安全监察员实行定期交流轮岗制度。

第十八条 煤矿安全监察机构按照管理权限和国家有关规定对煤矿安全监察员的德、能、勤、绩、廉进行日常考核和年度考核。考核结果作为煤矿安全监察员使用和奖惩的依据。

第十九条 煤矿安全监察员有下列表现之一的，由煤矿安全监察机构按照国家有关规定予以奖励：

（一）在煤矿安全监察工作中成绩突出，有重大贡献的；

（二）在防止或者抢救煤矿事故中，使国家、煤矿和群众利益免受或者减少损失的；

（三）在煤矿安全监察工作中依法履行职责，使煤矿安全状况有明显好转的；

（四）在煤矿抢险救灾等工作中奋不顾身、作出贡献的；

（五）在煤矿安全技术装备开发与推广方面做出显著成绩的；

（六）同违法违纪行为作斗争有功绩的；

（七）有其他功绩的。

第二十条 煤矿安全监察员有下列行为之一的，由煤矿安全监察机构按国家有关规定给予行政处分；构成犯罪的，依法追究刑事责任。

（一）接受煤矿的馈赠、报酬、礼品、现金、有价证券；

（二）参加煤矿安排、组织或者支付费用的宴请、娱乐、旅游、出访等活动的；

（三）利用职务便利为本人及亲友谋取私利的；

（四）滥施行政处罚或者擅自改变行政处罚决定的；

（五）徇私枉法，包庇、纵容违法单位和个人的；

（六）对被监察的单位和个人进行刁难或者打击报复的；

（七）有其他违法违纪行为的。

第二十一条 煤矿安全监察员滥用职权、玩忽职守、徇私舞弊，有下列行为之一的，给予降级或者撤职的行政处分；构成犯罪的，依法追究刑事责任。

（一）对不符合法定安全生产条件的煤矿予以批准或验收通过的；

（二）发现未依法取得批准、验收的煤矿擅自从事生产活动或者接到举报后不依法予以处理的；

（三）对已经取得批准的煤矿不履行安全监察职责，发现其不再具备安全生产条件而不撤销原批准的；

（四）发现事故隐患或影响煤矿安全的违法行为不依法及时处理或报告的。

第二十二条 本办法自2003年8月1日起施行。2000年12月9日国家煤矿安全监察局发布的《煤矿安全监察员管理暂行办法》同时废止。

2. 生产经营单位安全培训规定

（2006 年 1 月 17 日国家安全监管总局令第 3 号公布，2013 年 8 月 29 日国家安全监管总局令第 63 号第一次修正，2015 年 5 月 29 日国家安全生产监管总局令第 80 号第二次修正）

第一章 总 则

第一条 为加强和规范生产经营单位安全培训工作，提高从业人员安全素质，防范伤亡事故，减轻职业危害，根据安全生产法和有关法律、行政法规，制定本规定。

第二条 工矿商贸生产经营单位（以下简称生产经营单位）从业人员的安全培训，适用本规定。

第三条 生产经营单位负责本单位从业人员安全培训工作。

生产经营单位应当按照安全生产法和有关法律、行政法规和本规定，建立健全安全培训工作制度。

第四条 生产经营单位应当进行安全培训的从业人员包括主要负责人、安全生产管理人员、特种作业人员和其他从业人员。

生产经营单位使用被派遣劳动者的，应当将被派遣劳动者纳入本单位从业人员统一管理，对被派遣劳动者进行岗位安全操作规程和安全操作技能的教育和培训。劳务派遣单位应当对被派遣劳动者进行必要的安全生产教育和培训。

生产经营单位接收中等职业学校、高等学校学生实习的，应当对实习学生进行相应的安全生产教育和培训，提供必要的劳动防护用品。学校应当协助生产经营单位对实习学生进行安全生产教育和培训。

生产经营单位从业人员应当接受安全培训，熟悉有关安全生产规章制度和安全操作规程，具备必要的安全生产知识，掌握本岗位的安全操作技能，了解事故应急处理措施，知悉自身在安全生产方面的权利和义务。

未经安全培训合格的从业人员，不得上岗作业。

第五条 国家安全生产监督管理总局指导全国安全培训工作，依法对全国的安全培训工作实施监督管理。

国务院有关主管部门按照各自职责指导监督本行业安全培训工作，并按照本规定制定实施办法。

国家煤矿安全监察局指导监督检查全国煤矿安全培训工作。

各级安全生产监督管理部门和煤矿安全监察机构（以下简称安全生产监管监察部门）按照各自的职责，依法对生产经营单位的安全培训工作实施监督管理。

第二章 主要负责人、安全生产管理人员的安全培训

第六条 生产经营单位主要负责人和安全生产管理人员应当接受安全培训，具备与所从事的生产经营活动相适应的安全生产知识和管理能力。

第七条 生产经营单位主要负责人安全培训应当包括下列内容：

（一）国家安全生产方针、政策和有关安全生产的法律、法规、规章及标准；

（二）安全生产管理基本知识、安全生产技术、安全生产专业知识；
（三）重大危险源管理、重大事故防范、应急管理和救援组织以及事故调查处理的有关规定；
（四）职业危害及其预防措施；
（五）国内外先进的安全生产管理经验；
（六）典型事故和应急救援案例分析；
（七）其他需要培训的内容。

第八条　生产经营单位安全生产管理人员安全培训应当包括下列内容：

（一）国家安全生产方针、政策和有关安全生产的法律、法规、规章及标准；
（二）安全生产管理、安全生产技术、职业卫生等知识；
（三）伤亡事故统计、报告及职业危害的调查处理方法；
（四）应急管理、应急预案编制以及应急处置的内容和要求；
（五）国内外先进的安全生产管理经验；
（六）典型事故和应急救援案例分析；
（七）其他需要培训的内容。

第九条　生产经营单位主要负责人和安全生产管理人员初次安全培训时间不得少于32学时。每年再培训时间不得少于12学时。

煤矿、非煤矿山、危险化学品、烟花爆竹、金属冶炼等生产经营单位主要负责人和安全生产管理人员初次安全培训时间不得少于48学时，每年再培训时间不得少于16学时。

第十条　生产经营单位主要负责人和安全生产管理人员的安全培训必须依照安全生产监管监察部门制定的安全培训大纲实施。

非煤矿山、危险化学品、烟花爆竹、金属冶炼等生产经营单位主要负责人和安全生产管理人员的安全培训大纲及考核标准由国家安全生产监督管理总局统一制定。

煤矿主要负责人和安全生产管理人员的安全培训大纲及考核标准由国家煤矿安全监察局制定。

煤矿、非煤矿山、危险化学品、烟花爆竹、金属冶炼以外的其他生产经营单位主要负责人和安全管理人员的安全培训大纲及考核标准，由省、自治区、直辖市安全生产监督管理部门制定。

第三章　其他从业人员的安全培训

第十一条　煤矿、非煤矿山、危险化学品、烟花爆竹、金属冶炼等生产经营单位必须对新上岗的临时工、合同工、劳务工、轮换工、协议工等进行强制性安全培训，保证其具备本岗位安全操作、自救互救以及应急处置所需的知识和技能后，方能安排上岗作业。

第十二条　加工、制造业等生产单位的其他从业人员，在上岗前必须经过厂（矿）、车间（工段、区、队）、班组三级安全培训教育。

生产经营单位应当根据工作性质对其他从业人员进行安全培训，保证其具备本岗位安全操作、应急处置等知识和技能。

第十三条　生产经营单位新上岗的从业人员，岗前安全培训时间不得少于24学时。

煤矿、非煤矿山、危险化学品、烟花爆竹、金属冶炼等生产经营单位新上岗的从业人员安全培训时间不得少于72学时，每年再培训的时间不得少于20学时。

第十四条　厂（矿）级岗前安全培训内容应当包括：

（一）本单位安全生产情况及安全生产基本知识；
（二）本单位安全生产规章制度和劳动纪律；
（三）从业人员安全生产权利和义务；

（四）有关事故案例等。

煤矿、非煤矿山、危险化学品、烟花爆竹、金属冶炼等生产经营单位厂（矿）级安全培训除包括上述内容外，应当增加事故应急救援、事故应急预案演练及防范措施等内容。

第十五条 车间（工段、区、队）级岗前安全培训内容应当包括：

（一）工作环境及危险因素；

（二）所从事工种可能遭受的职业伤害和伤亡事故；

（三）所从事工种的安全职责、操作技能及强制性标准；

（四）自救互救、急救方法、疏散和现场紧急情况的处理；

（五）安全设备设施、个人防护用品的使用和维护；

（六）本车间（工段、区、队）安全生产状况及规章制度；

（七）预防事故和职业危害的措施及应注意的安全事项；

（八）有关事故案例；

（九）其他需要培训的内容。

第十六条 班组级岗前安全培训内容应当包括：

（一）岗位安全操作规程；

（二）岗位之间工作衔接配合的安全与职业卫生事项；

（三）有关事故案例；

（四）其他需要培训的内容。

第十七条 从业人员在本生产经营单位内调整工作岗位或离岗一年以上重新上岗时，应当重新接受车间（工段、区、队）和班组级的安全培训。

生产经营单位采用新工艺、新技术、新材料或者使用新设备时，应当对有关从业人员重新进行有针对性的安全培训。

第十八条 生产经营单位的特种作业人员，必须按照国家有关法律、法规的规定接受专门的安全培训，经考核合格，取得特种作业操作资格证书后，方可上岗作业。

特种作业人员的范围和培训考核管理办法，另行规定。

第四章　安全培训的组织实施

第十九条 生产经营单位从业人员的安全培训工作，由生产经营单位组织实施。

生产经营单位应当坚持以考促学、以讲促学，确保全体从业人员熟练掌握岗位安全生产知识和技能；煤矿、非煤矿山、危险化学品、烟花爆竹、金属冶炼等生产经营单位还应当完善和落实师傅带徒弟制度。

第二十条 具备安全培训条件的生产经营单位，应当以自主培训为主；可以委托具备安全培训条件的机构，对从业人员进行安全培训。

不具备安全培训条件的生产经营单位，应当委托具备安全培训条件的机构，对从业人员进行安全培训。

生产经营单位委托其他机构进行安全培训的，保证安全培训的责任仍由本单位负责。

第二十一条 生产经营单位应当将安全培训工作纳入本单位年度工作计划。保证本单位安全培训工作所需资金。

生产经营单位的主要负责人负责组织制定并实施本单位安全培训计划。

第二十二条 生产经营单位应当建立健全从业人员安全生产教育和培训档案，由生产经营单位的安全生产管理机构以及安全生产管理人员详细、准确记录培训的时间、内容、参加人员以及考核结果等情况。

第二十三条 生产经营单位安排从业人员进行安全培训期间，应当支付工资和必要的费用。

第五章 监 督 管 理

第二十四条 煤矿、非煤矿山、危险化学品、烟花爆竹、金属冶炼等生产经营单位主要负责人和安全生产管理人员，自任职之日起6个月内，必须经安全生产监管监察部门对其安全生产知识和管理能力考核合格。

第二十五条 安全生产监管监察部门依法对生产经营单位安全培训情况进行监督检查，督促生产经营单位按照国家有关法律法规和本规定开展安全培训工作。

县级以上地方人民政府负责煤矿安全生产监督管理的部门对煤矿井下作业人员的安全培训情况进行监督检查。煤矿安全监察机构对煤矿特种作业人员安全培训及其持证上岗的情况进行监督检查。

第二十六条 各级安全生产监管监察部门对生产经营单位安全培训及其持证上岗的情况进行监督检查，主要包括以下内容：

（一）安全培训制度、计划的制定及其实施的情况；

（二）煤矿、非煤矿山、危险化学品、烟花爆竹、金属冶炼等生产经营单位主要负责人和安全生产管理人员安全培训以及安全生产知识和管理能力考核的情况；其他生产经营单位主要负责人和安全生产管理人员培训的情况；

（三）特种作业人员操作资格证持证上岗的情况；

（四）建立安全生产教育和培训档案，并如实记录的情况；

（五）对从业人员现场抽考本职工作的安全生产知识；

（六）其他需要检查的内容。

第二十七条 安全生产监管监察部门对煤矿、非煤矿山、危险化学品、烟花爆竹、金属冶炼等生产经营单位的主要负责人、安全管理人员应当按照本规定严格考核。考核不得收费。

安全生产监管监察部门负责考核的有关人员不得玩忽职守和滥用职权。

第二十八条 安全生产监管监察部门检查中发现安全生产教育和培训责任落实不到位、有关从业人员未经培训合格的，应当视为生产安全事故隐患，责令生产经营单位立即停止违法行为，限期整改，并依法予以处罚。

第六章 罚 则

第二十九条 生产经营单位有下列行为之一的，由安全生产监管监察部门责令其限期改正，可以处1万元以上3万元以下的罚款：

（一）未将安全培训工作纳入本单位工作计划并保证安全培训工作所需资金的；

（二）从业人员进行安全培训期间未支付工资并承担安全培训费用的。

第三十条 生产经营单位有下列行为之一的，由安全生产监管监察部门责令其限期改正，可以处5万元以下的罚款；逾期未改正的，责令停产停业整顿，并处5万元以上10万元以下的罚款，对其直接负责的主管人员和其他直接责任人员处1万元以上2万元以下的罚款：

（一）煤矿、非煤矿山、危险化学品、烟花爆竹、金属冶炼等生产经营单位主要负责人和安全管理人员未按照规定经考核合格的；

（二）未按照规定对从业人员、被派遣劳动者、实习学生进行安全生产教育和培训或者未如实告知其有关安全生产事项的；

（三）未如实记录安全生产教育和培训情况的；

（四）特种作业人员未按照规定经专门的安全技术培训并取得特种作业人员操作资格证书，上岗作业的。

县级以上地方人民政府负责煤矿安全生产监督管理的部门发现煤矿未按照本规定对井下作业人员进行安全培训的，责令限期改正，处10万元以上50万元以下的罚款；逾期未改正的，责令停产停业整顿。

煤矿安全监察机构发现煤矿特种作业人员无证上岗作业的，责令限期改正，处10万元以上50万元以下的罚款；逾期未改正的，责令停产停业整顿。

第三十一条 安全生产监管监察部门有关人员在考核、发证工作中玩忽职守、滥用职权的，由上级安全生产监管监察部门或者行政监察部门给予记过、记大过的行政处分。

第七章 附 则

第三十二条 生产经营单位主要负责人是指有限责任公司或者股份有限公司的董事长、总经理，其他生产经营单位的厂长、经理、（矿务局）局长、矿长（含实际控制人）等。

生产经营单位安全生产管理人员是指生产经营单位分管安全生产的负责人、安全生产管理机构负责人及其管理人员，以及未设安全生产管理机构的生产经营单位专、兼职安全生产管理人员等。

生产经营单位其他从业人员是指除主要负责人、安全生产管理人员和特种作业人员以外，该单位从事生产经营活动的所有人员，包括其他负责人、其他管理人员、技术人员和各岗位的工人以及临时聘用的人员。

第三十三条 省、自治区、直辖市安全生产监督管理部门和省级煤矿安全监察机构可以根据本规定制定实施细则，报国家安全生产监督管理总局和国家煤矿安全监察局备案。

第三十四条 本规定自2006年3月1日起施行。

3. 煤矿安全监察行政处罚办法

（2003 年 7 月 2 日国家安全监管局、国家煤矿安监局令第 4 号公布，2015 年 6 月 8 日国家安全监管总局令第 81 号修正）

第一条 为了制裁煤矿安全违法行为，规范煤矿安全监察行政处罚工作，保障煤矿依法进行生产，根据煤矿安全监察条例及其他有关法律、行政法规的规定，制定本办法。

第二条 国家煤矿安全监察局、省级煤矿安全监察局和煤矿安全监察分局（以下简称煤矿安全监察机构），对煤矿及其有关人员违反有关安全生产的法律、行政法规、部门规章、国家标准、行业标准和规程的行为（以下简称煤矿安全违法行为）实施行政处罚，适用本办法。本办法未作规定的，适用安全生产违法行为行政处罚办法。

有关法律、行政法规对行政处罚另有规定的，依照其规定。

第三条 省级煤矿安全监察局、煤矿安全监察分局实施行政处罚按照属地原则进行管辖。

国家煤矿安全监察局认为应由其实施行政处罚的，由国家煤矿安全监察局管辖。

两个以上煤矿安全监察机构因行政处罚管辖权发生争议的，由其共同的上一级煤矿安全监察机构指定管辖。

第四条 当事人对煤矿安全监察机构所给予的行政处罚，享有陈述、申辩权；对行政处罚不服的，有权依法申请行政复议或者提起行政诉讼。

当事人因煤矿安全监察机构违法给予行政处罚受到损害的，有权依法提出赔偿要求。

第五条 煤矿安全监察员执行公务时，应当出示煤矿安全监察执法证件。

第六条 煤矿安全监察机构及其煤矿安全监察员对检查中发现的煤矿安全违法行为，可以作出下列现场处理决定：

（一）当场予以纠正或者要求限期改正；

（二）责令限期达到要求；

（三）责令立即停止作业（施工）或者立即停止使用；

经现场处理决定后拒不改正，或者依法应当给予行政处罚的煤矿安全违法行为，依法作出行政处罚决定。

第七条 煤矿或者施工单位有下列行为之一的，责令停止建设或者停产停业整顿，限期改正；逾期未改正的，处 50 万元以上 100 万元以下的罚款，对其直接负责的主管人员和其他直接责任人员处 2 万元以上 5 万元以下的罚款；构成犯罪的，依照刑法有关规定追究刑事责任：

（一）未按照规定对煤矿建设项目进行安全评价的；

（二）煤矿建设项目没有安全设施设计或者安全设施设计未按照规定报经有关部门审查同意的；

（三）煤矿建设项目的施工单位未按照批准的安全设施设计施工的；

（四）煤矿建设项目竣工投入生产或者使用前，安全设施未经验收合格的。

第八条 煤矿矿井通风、防火、防水、防瓦斯、防毒、防尘等安全设施不符合法定要求的，责令限期达到要求；逾期仍达不到要求的，责令停产整顿。

第九条 煤矿作业场所有下列情形之一的，责令限期改正；逾期不改正的，责令停产整顿，并处 3 万元以下的罚款：

（一）未使用专用防爆电器设备的；

（二）未使用专用放炮器的；

（三）未使用人员专用升降容器的；

（四）使用明火明电照明的。

第十条 煤矿未依法提取或者使用煤矿安全技术措施专项费用的，责令限期改正，提供必需的资金；逾期不改正的，处5万元以下的罚款，责令停产整顿。

有前款违法行为，导致发生生产安全事故的，对煤矿主要负责人给予撤职处分，对个人经营的投资人处2万元以上20万元以下的罚款；构成犯罪的，依照刑法有关规定追究刑事责任。

第十一条 煤矿使用不符合国家安全标准或者行业安全标准的设备、器材、仪器、仪表、防护用品的，责令限期改正或者责令立即停止使用；逾期不改正或者不立即停止使用的，处5万元以下的罚款；情节严重的，责令停产整顿。

第十二条 煤矿企业的机电设备、安全仪器，未按照下列规定操作、检查、维修和建立档案的，责令改正，可以并处2万元以下的罚款：

（一）未定期对机电设备及其防护装置、安全检测仪器检查、维修和建立技术档案的；

（二）非负责设备运行人员操作设备的；

（三）非值班电气人员进行电气作业的；

（四）操作电气设备的人员，没有可靠的绝缘保护和检修电气设备带电作业的。

第十三条 煤矿井下采掘作业，未按照作业规程的规定管理顶帮；通过地质破碎带或者其他顶帮破碎地点时，未加强支护；露天采剥作业，未按照设计规定，控制采剥工作面的阶段高度、宽度、边坡角和最终边坡角；采剥作业和排土作业，对深部或者邻近井巷造成危害的，责令改正，可以并处2万元以下的罚款。

第十四条 煤矿未严格执行瓦斯检查制度，入井人员携带烟草和点火用具下井的，责令改正，可以并处2万元以下的罚款。

第十五条 煤矿在有瓦斯突出、冲击地压条件下从事采掘作业；在未加保护的建筑物、构筑物和铁路、水体下面开采；在地温异常或者热水涌出的地区开采，未编制专门设计文件和报主管部门批准的，责令改正，可以并处2万元以下的罚款。

第十六条 煤矿作业场所的瓦斯、粉尘或者其他有毒有害气体的浓度超过国家安全标准或者行业安全标准的，责令立即停止作业；拒不停止作业的，责令停产整顿，可以并处10万元以下的罚款。

第十七条 有自然发火可能性的矿井，未按规定采取有效的预防自然发火措施的，责令改正，可以并处2万元以下的罚款。

第十八条 煤矿在有可能发生突水危险的地区从事采掘作业，未采取探放水措施的，责令改正，可以并处2万元以下的罚款。

第十九条 煤矿井下风量、风质、风速和作业环境的气候，不符合煤矿安全规程的规定的，责令改正，可以并处2万元以下的罚款。

第二十条 煤矿对产生粉尘的作业场所，未采取综合防尘措施，或者未按规定对粉尘进行检测的，责令改正，可以并处2万元以下的罚款。

第二十一条 擅自开采保安煤柱，或者采用危及相邻煤矿生产安全的决水、爆破、贯通巷道等危险方法进行采矿作业，责令立即停止作业；拒不停止作业的，由煤矿安全监察机构决定吊销安全生产许可证，并移送地质矿产主管部门依法吊销采矿许可证。

第二十二条 煤矿违反有关安全生产法律、行政法规的规定，拒绝、阻碍煤矿安全监察机构依法实施监督检查的，责令改正；拒不改正的，处2万元以上20万元以下的罚款；对其直接负责的主管人员和其他直接责任人员处1万元以上2万元以下的罚款；构成犯罪的，依照刑法有关规定追究刑事责任。

煤矿提供虚假情况，或者隐瞒存在的事故隐患以及其他安全问题的，由煤矿安全监察机构给予警告，可以并处5万元以上10万元以下的罚款；情节严重的，责令停产整顿。

第二十三条 煤矿发生事故，对煤矿、煤矿主要负责人以及其他有关责任单位、人员依照《安全生产法》及有关法律、行政法规的规定予以行政处罚；构成犯罪的，依照刑法有关规定追究刑事责任。

第二十四条 经停产整顿仍不具备法定安全生产条件给予关闭的行政处罚，由煤矿安全监察机构报请县级以上人民政府按照国务院规定的权限决定。

第二十五条 煤矿安全监察机构及其煤矿安全监察员实施行政处罚时，应当符合《安全生产违法行为行政处罚办法》规定的程序并使用统一的煤矿安全监察行政执法文书。

第二十六条 未设立省级煤矿安全监察局的省、自治区，由省、自治区人民政府指定的负责煤矿安全监察工作的部门依照本办法的规定对本行政区域内的煤矿安全违法行为实施行政处罚。

第二十七条 本办法自2003年8月15日起施行。《煤矿安全监察行政处罚暂行办法》同时废止。

4. 煤矿建设项目安全设施监察规定

（2003 年 7 月 4 日国家安全监管局、国家煤矿安监局令第 6 号公布，2015 年 6 月 8 日国家安全监管总局令第 81 号修正）

第一章　总　　则

第一条　为了规范煤矿建设工程安全设施监察工作，保障煤矿安全生产，根据安全生产法、煤矿安全监察条例以及有关法律、行政法规的规定，制定本规定。

第二条　煤矿安全监察机构对煤矿新建、改建和扩建工程项目（以下简称煤矿建设项目）的安全设施进行监察，适用本规定。

第三条　煤矿建设项目应当进行安全评价，其初步设计应当按规定编制安全专篇。安全专篇应当包括安全条件的论证、安全设施的设计等内容。

第四条　煤矿建设项目的安全设施的设计、施工应当符合工程建设强制性标准、煤矿安全规程和行业技术规范。

第五条　煤矿建设项目施工前，其安全设施设计应当经煤矿安全监察机构审查同意；竣工投入生产或使用前，其安全设施和安全条件应当经煤矿建设单位验收合格。煤矿安全监察机构应当加强对建设单位验收活动和验收结果的监督核查。

第六条　煤矿建设项目安全设施的设计审查，由煤矿安全监察机构按照设计或者新增的生产能力，实行分级负责。

（一）设计或者新增的生产能力在 300 万吨/年及以上的井工煤矿建设项目和 1000 万吨/年及以上的露天煤矿建设项目，由国家煤矿安全监察局负责设计审查。

（二）设计或者新增的生产能力在 300 万吨/年以下的井工煤矿建设项目和 1000 万吨/年以下的露天煤矿建设项目，由省级煤矿安全监察局负责设计审查。”

第七条　未设立煤矿安全监察机构的省、自治区，由省、自治区人民政府指定的负责煤矿安全监察工作的部门负责本规定第六条第二项规定的设计审查。

第八条　经省级煤矿安全监察局审查同意的项目，应及时报国家煤矿安全监察局备案。

第二章　安　全　评　价

第九条　煤矿建设项目的安全评价包括安全预评价和安全验收评价。

煤矿建设项目在可行性研究阶段，应当进行安全预评价；在投入生产或者使用前，应当进行安全验收评价。

第十条　煤矿建设项目的安全评价应由具有国家规定资质的安全中介机构承担。承担煤矿建设项目安全评价的安全中介机构对其作出的安全评价结果负责。

第十一条　煤矿企业应与承担煤矿建设项目安全评价的安全中介机构签订书面委托合同，明确双方各自的权利和义务。

第十二条　承担煤矿建设项目安全评价的安全中介机构，应当按照规定的标准和程序进行评价，提出评价报告。

第十三条 煤矿建设项目安全预评价报告应当包括以下内容：

（一）主要危险、有害因素和危害程度以及对公共安全影响的定性、定量评价；

（二）预防和控制的可能性评价；

（三）建设项目可能造成职业危害的评价；

（四）安全对策措施、安全设施设计原则；

（五）预评价结论；

（六）其他需要说明的事项。

第十四条 煤矿建设项目安全验收评价报告应当包括以下内容：

（一）安全设施符合法律、法规、标准和规程规定以及设计文件的评价；

（二）安全设施在生产或使用中的有效性评价；

（三）职业危害防治措施的有效性评价；

（四）建设项目的整体安全性评价；

（五）存在的安全问题和解决问题的建议；

（六）验收评价结论；

（七）有关试运转期间的技术资料、现场检测、检验数据和统计分析资料；

（八）其他需要说明的事项。

第三章 设 计 审 查

第十五条 煤矿建设项目的安全设施设计应经煤矿安全监察机构审查同意；未经审查同意的，不得施工。

第十六条 煤矿建设项目的安全设施设计，应由具有相应资质的设计单位承担。设计单位对安全设施设计负责。

第十七条 煤矿建设项目的安全设施设计应当包括煤矿水、火、瓦斯、煤尘、顶板等主要灾害的防治措施，所确定的设施、设备、器材等应当符合国家标准和行业标准。

第十八条 煤矿建设项目的安全设施设计审查前，煤矿企业应当按照本规定第六条的规定，向煤矿安全监察机构提出书面申请。

第十九条 申请煤矿建设项目的安全设施设计审查，应当提交下列资料：

（一）安全设施设计审查申请报告及申请表；

（二）建设项目审批、核准或者备案的文件；

（三）采矿许可证或者矿区范围批准文件；

（四）安全预评价报告书；

（五）初步设计及安全专篇；

（六）其他需要说明的材料。

第二十条 煤矿安全监察机构接到审查申请后，应当对上报资料进行审查。有下列情形之一的，为设计审查不合格：

（一）安全设施设计未由具备相应资质的设计单位承担的；

（二）煤矿水、火、瓦斯、煤尘、顶板等主要灾害防治措施不符合规定的；

（三）安全设施设计不符合工程建设强制性标准、煤矿安全规程和行业技术规范的；

（四）所确定的设施、设备、器材不符合国家标准和行业标准的；

（五）不符合国家煤矿安全监察局规定的其他条件的。

第二十一条 煤矿安全监察机构审查煤矿建设项目的安全设施设计,应当自收到审查申请起30日内审查完毕。经审查同意的,应当以文件形式批复;不同意的,应当提出审查意见,并以书面形式答复。

第二十二条 煤矿企业对已批准的煤矿建设项目安全设施设计需作重大变更的,应经原审查机构审查同意。

第四章 施工和联合试运转

第二十三条 煤矿建设项目的安全设施应由具有相应资质的施工单位承担。

施工单位应当按照批准的安全设施设计施工,并对安全设施的工程质量负责。

第二十四条 施工单位在施工期间,发现煤矿建设项目的安全设施设计不合理或者存在重大事故隐患时,应当立即停止施工,并报告煤矿企业。煤矿企业需对安全设施设计作重大变更的,应当按照本规定第二十二条的规定重新审查。

第二十五条 煤矿安全监察机构对煤矿建设工程安全设施的施工情况进行监察。

第二十六条 煤矿建设项目在竣工完成后,应当在正式投入生产或使用前进行联合试运转。联合试运转的时间一般为1至6个月,有特殊情况需要延长的,总时长不得超过12个月。

煤矿建设项目联合试运转,应按规定经有关主管部门批准。

第二十七条 煤矿建设项目联合试运转期间,煤矿企业应当制定可靠的安全措施,做好现场检测、检验,收集有关数据,并编制联合试运转报告。

第二十八条 煤矿建设项目联合试运转正常后,应当进行安全验收评价。

第五章 竣 工 验 收

第二十九条 煤矿建设项目的安全设施和安全条件验收应当由煤矿建设单位负责组织;未经验收合格的,不得投入生产和使用。

煤矿建设单位实行多级管理的,应当由具体负责建设项目施工建设单位的上一级具有法人资格的公司(单位)负责组织验收。

第三十条 煤矿建设单位或者其上一级具有法人资格的公司(单位)组织验收时,应当对有关资料进行审查并组织现场验收。有下列情形之一的,为验收不合格:

(一)安全设施和安全条件不符合设计要求,或未通过工程质量认证的;

(二)安全设施和安全条件不能满足正常生产和使用的;

(三)未按规定建立安全生产管理机构和配备安全生产管理人员的;

(四)矿长和特种作业人员不具备相应资格的;

(五)不符合国家煤矿安全监察局规定的其他条件的。

第六章 附 则

第三十一条 违反本规定的,由煤矿安全监察机构或者省、自治区人民政府指定的负责煤矿安全监察工作的部门依照《安全生产法》及有关法律、行政法规的规定予以行政处罚;构成犯罪的,依照刑法有关规定追究刑事责任。

第三十二条 煤矿建设项目的安全设施设计审查申请表的样式,由国家煤矿安全监察局制定。

第三十三条 本规定自2003年8月15日起施行。《煤矿建设工程安全设施设计审查与竣工验收暂行办法》同时废止。

5. 注册安全工程师管理规定

（2007 年 1 月 11 日国家安全监管总局令第 11 号公布，2013 年 8 月 29 日国家安全监管总局令第 63 号修正）

第一章 总 则

第一条 为了加强注册安全工程师的管理，保障注册安全工程师依法执业，根据《安全生产法》等有关法律、行政法规，制定本规定。

第二条 取得中华人民共和国注册安全工程师执业资格证书的人员注册以及注册后的执业、继续教育及其监督管理，适用本规定。

第三条 本规定所称注册安全工程师是指取得中华人民共和国注册安全工程师执业资格证书（以下简称资格证书），在生产经营单位从事安全生产管理、安全技术工作或者在安全生产中介机构从事安全生产专业服务工作，并按照本规定注册取得中华人民共和国注册安全工程师执业证（以下简称执业证）和执业印章的人员。

第四条 注册安全工程师应当严格执行国家法律、法规和本规定，恪守职业道德和执业准则。

第五条 国家安全生产监督管理总局（以下简称安全监管总局）对全国注册安全工程师的注册、执业活动实施统一监督管理。国务院有关主管部门（以下简称部门注册机构）对本系统注册安全工程师的注册、执业活动实施监督管理。

省、自治区、直辖市人民政府安全生产监督管理部门对本行政区域内注册安全工程师的注册、执业活动实施监督管理。

省级煤矿安全监察机构（以下与省、自治区、直辖市人民政府安全生产监督管理部门统称省级注册机构）对所辖区域内煤矿安全注册安全工程师的注册、执业活动实施监督管理。

第六条 从业人员 300 人以上的煤矿、非煤矿矿山、建筑施工单位和危险物品生产、经营单位，应当按照不少于安全生产管理人员 15% 的比例配备注册安全工程师；安全生产管理人员在 7 人以下的，至少配备 1 名。

前款规定以外的其他生产经营单位，应当配备注册安全工程师或者委托安全生产中介机构选派注册安全工程师提供安全生产服务。

安全生产中介机构应当按照不少于安全生产专业服务人员 30% 的比例配备注册安全工程师。

生产经营单位和安全生产中介机构（以下统称聘用单位）应当为本单位专业技术人员参加注册安全工程师执业资格考试以及注册安全工程师注册、继续教育提供便利。

第二章 注 册

第七条 取得资格证书的人员，经注册取得执业证和执业印章后方可以注册安全工程师的名义执业。

第八条 申请注册的人员，必须同时具备下列条件：

（一）取得资格证书；

（二）在生产经营单位从事安全生产管理、安全技术工作或者在安全生产中介机构从事安全生产专业服务工作。

第九条 注册安全工程师实行分类注册，注册类别包括：

（一）煤矿安全；

（二）非煤矿矿山安全；

（三）建筑施工安全；

（四）危险物品安全；

（五）其他安全。

第十条 取得资格证书的人员申请注册，按照下列程序办理：

（一）申请人向聘用单位提出申请，聘用单位同意后，将申请人按本规定第十一条、第十三条、第十四条规定的申请材料报送部门、省级注册机构；中央企业总公司（总厂、集团公司）经安全监管总局认可，可以将本企业申请人的申请材料直接报送安全监管总局；申请人和聘用单位应当对申请材料的真实性负责；

（二）部门、省级注册机构在收到申请人的申请材料后，应当作出是否受理的决定，并向申请人出具书面凭证；申请材料不齐全或者不符合要求，应当当场或者在5日内一次性告知申请人需要补正的全部内容。逾期不告知的，自收到申请材料之日起即为受理。部门、省级注册机构自受理申请之日起20日内将初步核查意见和全部申请材料报送安全监管总局；

（三）安全监管总局自收到部门、省级注册机构以及中央企业总公司（总厂、集团公司）报送的材料之日起20日内完成复审并作出书面决定。准予注册的，自作出决定之日起10日内，颁发执业证和执业印章，并在公众媒体上予以公告；不予注册的，应当书面说明理由。

第十一条 申请初始注册应当提交下列材料：

（一）注册申请表；

（二）申请人资格证书（复印件）；

（三）申请人与聘用单位签订的劳动合同或者聘用文件（复印件）；

（四）申请人有效身份证件或者身份证明（复印件）。

第十二条 申请人有下列情形之一的，不予注册：

（一）不具有完全民事行为能力的；

（二）在申请注册过程中有弄虚作假行为的；

（三）同时在两个或者两个以上聘用单位申请注册的；

（四）安全监管总局规定的不予注册的其他情形。

第十三条 注册有效期为3年，自准予注册之日起计算。

注册有效期满需要延续注册的，申请人应当在有效期满30日前，按照本规定第十条规定的程序提出申请。注册审批机关应当在有效期满前作出是否准予延续注册的决定；逾期未作决定的，视为准予延续。

申请延续注册，应当提交下列材料：

（一）注册申请表；

（二）申请人执业证；

（三）申请人与聘用单位签订的劳动合同或者聘用文件（复印件）；

（四）聘用单位出具的申请人执业期间履职情况证明材料；

（五）注册有效期内达到继续教育要求的证明材料。

第十四条 在注册有效期内，注册安全工程师变更执业单位，应当按照本规定第十条规定的程序提出申请，办理变更注册手续。变更注册后仍延续原注册有效期。

申请变更注册，应当提交下列材料：

（一）注册申请表；

（二）申请人执业证；

（三）申请人与原聘用单位合同到期或解聘证明（复印件）；

（四）申请人与新聘用单位签订的劳动合同或者聘用文件（复印件）。

注册安全工程师在办理变更注册手续期间不得执业。

第十五条　有下列情形之一的，注册安全工程师应当及时告知执业证和执业印章颁发机关；重新具备条件的，按照本规定第十一条、第十四条申请重新注册或者变更注册：

（一）注册有效期满未延续注册的；

（二）聘用单位被吊销营业执照的；

（三）聘用单位被吊销相应资质证书的；

（四）与聘用单位解除劳动关系的。

第十六条　执业证颁发机关发现有下列情形之一的，应当将执业证和执业印章收回，并办理注销注册手续：

（一）注册安全工程师受到刑事处罚的；

（二）有本规定第十五条规定情形之一未申请重新注册或者变更注册的；

（三）法律、法规规定的其他情形。

第三章　执　　业

第十七条　注册安全工程师的执业范围包括：

（一）安全生产管理；

（二）安全生产检查；

（三）安全评价或者安全评估；

（四）安全检测检验；

（五）安全生产技术咨询、服务；

（六）安全生产教育和培训；

（七）法律、法规规定的其他安全生产技术服务。

第十八条　注册安全工程师应当由聘用单位委派，并按照注册类别在规定的执业范围内执业，同时在出具的各种文件、报告上签字和加盖执业印章。

第十九条　生产经营单位的下列安全生产工作，应有注册安全工程师参与并签署意见：

（一）制定安全生产规章制度、安全技术操作规程和作业规程；

（二）排查事故隐患，制定整改方案和安全措施；

（三）制定从业人员安全培训计划；

（四）选用和发放劳动防护用品；

（五）生产安全事故调查；

（六）制定重大危险源检测、评估、监控措施和应急救援预案；

（七）其他安全生产工作事项。

第二十条　聘用单位应当为注册安全工程师建立执业活动档案，并保证档案内容的真实性。

第四章　权 利 和 义 务

第二十一条　注册安全工程师享有下列权利：

（一）使用注册安全工程师称谓；

（二）从事规定范围内的执业活动；

（三）对执业中发现的不符合安全生产要求的事项提出意见和建议；

（四）参加继续教育；

（五）使用本人的执业证和执业印章；

（六）获得相应的劳动报酬；

（七）对侵犯本人权利的行为进行申诉；

（八）法律、法规规定的其他权利。

第二十二条　注册安全工程师应当履行下列义务：

（一）保证执业活动的质量，承担相应的责任；

（二）接受继续教育，不断提高执业水准；

（三）在本人执业活动所形成的有关报告上署名；

（四）维护国家、公众的利益和受聘单位的合法权益；

（五）保守执业活动中的秘密；

（六）不得出租、出借、涂改、变造执业证和执业印章；

（七）不得同时在两个或者两个以上单位受聘执业；

（八）法律、法规规定的其他义务。

第五章　继　续　教　育

第二十三条　继续教育按照注册类别分类进行。

注册安全工程师在每个注册周期内应当参加继续教育，时间累计不得少于48学时。

第二十四条　继续教育由部门、省级注册机构按照统一制定的大纲组织实施。中央企业注册安全工程师的继续教育可以由中央企业总公司（总厂、集团公司）组织实施。

继续教育应当由具备安全培训条件的机构承担。

第二十五条　煤矿安全、非煤矿矿山安全、危险物品安全（民用爆破器材安全除外）和其他安全类注册安全工程师继续教育大纲，由安全监管总局组织制定；建筑施工安全、民用爆破器材安全注册安全工程师继续教育大纲，由安全监管总局会同国务院有关主管部门组织制定。

第六章　监　督　管　理

第二十六条　安全生产监督管理部门、煤矿安全监察机构和有关主管部门的工作人员应当坚持公开、公正、公平的原则，严格按照法律、行政法规和本规定，对申请注册的人员进行资格审查，颁发执业证和执业印章。

第二十七条　安全监管总局对准予注册以及注销注册、撤销注册、吊销执业证的人员名单向社会公告，接受社会监督。

第二十八条　对注册安全工程师的执业活动，安全生产监督管理部门、煤矿安全监察机构和有关主管部门应当进行监督检查。

第七章 罚　　则

第二十九条 安全生产监督管理部门、煤矿安全监察机构或者有关主管部门发现申请人、聘用单位隐瞒有关情况或者提供虚假材料申请注册的，应当不予受理或者不予注册；申请人一年内不得再次申请注册。

第三十条 未经注册擅自以注册安全工程师名义执业的，由县级以上安全生产监督管理部门、有关主管部门或者煤矿安全监察机构责令其停止违法活动，没收违法所得，并处三万元以下的罚款；造成损失的，依法承担赔偿责任。

第三十一条 注册安全工程师以欺骗、贿赂等不正当手段取得执业证的，由县级以上安全生产监督管理部门、有关主管部门或者煤矿安全监察机构处三万元以下的罚款；由执业证颁发机关撤销其注册，当事人三年内不得再次申请注册。

第三十二条 注册安全工程师有下列行为之一的，由县级以上安全生产监督管理部门、有关主管部门或者煤矿安全监察机构处三万元以下的罚款；由执业证颁发机关吊销其执业证，当事人五年内不得再次申请注册；造成损失的，依法承担赔偿责任；构成犯罪的，依法追究刑事责任：

（一）准许他人以本人名义执业的；

（二）以个人名义承接业务、收取费用的；

（三）出租、出借、涂改、变造执业证和执业印章的；

（四）泄漏执业过程中应当保守的秘密并造成严重后果的；

（五）利用执业之便，贪污、索贿、受贿或者谋取不正当利益的；

（六）提供虚假执业活动成果的；

（七）超出执业范围或者聘用单位业务范围从事执业活动的；

（八）法律、法规、规章规定的其他违法行为。

第三十三条 在注册工作中，工作人员有下列行为之一的，依照有关规定给予行政处分：

（一）利用职务之便，索取或者收受他人财物或者谋取不正当利益的；

（二）对发现不符合条件的申请人准予注册的；

（三）对符合条件的申请人不予注册的。第八章附则

第三十四条 获准在中华人民共和国境内就业的外籍人员及香港特别行政区、澳门特别行政区、台湾地区的专业人员，符合本规定要求的，按照本规定执行。

第三十五条 本规定自 2007 年 3 月 1 日起施行。原国家安全生产监督管理局 2004 年公布的《注册安全工程师注册管理办法》同时废止。

6. 生产安全事故罚款处罚规定（试行）

（2007 年 7 月 12 日国家安全监管总局令第 13 号公布，2011 年 9 月 1 日国家安全监管总局令第 42 号第一次修正，2015 年 4 月 2 日国家安全监管总局令第 77 号第二次修正）

第一条 为防止和减少生产安全事故，严格追究生产安全事故发生单位及其有关责任人员的法律责任，正确适用事故罚款的行政处罚，依照《安全生产法》、《生产安全事故报告和调查处理条例》（以下简称《条例》）的规定，制定本规定。

第二条 安全生产监督管理部门和煤矿安全监察机构对生产安全事故发生单位（以下简称事故发生单位）及其主要负责人、直接负责的主管人员和其他责任人员等有关责任人员依照《安全生产法》和《条例》实施罚款的行政处罚，适用本规定。

第三条 本规定所称事故发生单位是指对事故发生负有责任的生产经营单位。

本规定所称主要负责人是指有限责任公司、股份有限公司的董事长或者总经理或者个人经营的投资人，其他生产经营单位的厂长、经理、局长、矿长（含实际控制人）等人员。

第四条 本规定所称事故发生单位主要负责人、直接负责的主管人员和其他直接责任人员的上一年年收入，属于国有生产经营单位的，是指该单位上级主管部门所确定的上一年年收入总额；属于非国有生产经营单位的，是指经财务、税务部门核定的上一年年收入总额。

生产经营单位提供虚假资料或者由于财务、税务部门无法核定等原因致使有关人员的上一年年收入难以确定的，按照下列办法确定：

（一）主要负责人的上一年年收入，按照本省、自治区、直辖市上一年度职工平均工资的 5 倍以上 10 倍以下计算；

（二）直接负责的主管人员和其他直接责任人员的上一年年收入，按照本省、自治区、直辖市上一年度职工平均工资的 1 倍以上 5 倍以下计算。

第五条 《条例》所称的迟报、漏报、谎报和瞒报，依照下列情形认定：

（一）报告事故的时间超过规定时限的，属于迟报；

（二）因过失对应当上报的事故或者事故发生的时间、地点、类别、伤亡人数、直接经济损失等内容遗漏未报的，属于漏报；

（三）故意不如实报告事故发生的时间、地点、初步原因、性质、伤亡人数和涉险人数、直接经济损失等有关内容的，属于谎报；

（四）隐瞒已经发生的事故，超过规定时限未向安全监管监察部门和有关部门报告，经查证属实的，属于瞒报。

第六条 对事故发生单位及其有关责任人员处以罚款的行政处罚，依照下列规定决定：

（一）对发生特别重大事故的单位及其有关责任人员罚款的行政处罚，由国家安全生产监督管理总局决定；

（二）对发生重大事故的单位及其有关责任人员罚款的行政处罚，由省级人民政府安全生产监督管理部门决定；

（三）对发生较大事故的单位及其有关责任人员罚款的行政处罚，由设区的市级人民政府安全生产监督管理部门决定；

（四）对发生一般事故的单位及其有关责任人员罚款的行政处罚，由县级人民政府安全生产监督管理部门决定。

上级安全生产监督管理部门可以指定下一级安全生产监督管理部门对事故发生单位及其有关责任人员实施行政处罚。

第七条 对煤矿事故发生单位及其有关责任人员处以罚款的行政处罚，依照下列规定执行：

（一）对发生特别重大事故的煤矿及其有关责任人员罚款的行政处罚，由国家煤矿安全监察局决定；

（二）对发生重大事故和较大事故的煤矿及其有关责任人员罚款的行政处罚，由省级煤矿安全监察机构决定；

（三）对发生一般事故的煤矿及其有关责任人员罚款的行政处罚，由省级煤矿安全监察机构所属分局决定。

上级煤矿安全监察机构可以指定下一级煤矿安全监察机构对事故发生单位及其有关责任人员实施行政处罚。

第八条 特别重大事故以下等级事故，事故发生地与事故发生单位所在地不在同一个县级以上行政区域的，由事故发生地的安全生产监督管理部门或者煤矿安全监察机构依照本规定第六条或者第七条规定的权限实施行政处罚。

第九条 安全生产监督管理部门和煤矿安全监察机构对事故发生单位及其有关责任人员实施罚款的行政处罚，依照《安全生产违法行为行政处罚办法》规定的程序执行。

第十条 事故发生单位及其有关责任人员对安全生产监督管理部门和煤矿安全监察机构给予的行政处罚，享有陈述、申辩的权利；对行政处罚不服的，有权依法申请行政复议或者提起行政诉讼。

第十一条 事故发生单位主要负责人有《安全生产法》第一百零六条、《条例》第三十五条规定的下列行为之一的，依照下列规定处以罚款：

（一）事故发生单位主要负责人在事故发生后不立即组织事故抢救的，处上一年年收入100%的罚款；

（二）事故发生单位主要负责人迟报事故的，处上一年年收入60%至80%的罚款；漏报事故的，处上一年年收入40%至60%的罚款；

（三）事故发生单位主要负责人在事故调查处理期间擅离职守的，处上一年年收入80%至100%的罚款。

第十二条 事故发生单位有《条例》第三十六条规定行为之一的，依照《国家安全监管总局关于印发〈安全生产行政处罚自由裁量标准〉的通知》（安监总政法〔2010〕137号）等规定给予罚款。

第十三条 事故发生单位的主要负责人、直接负责的主管人员和其他直接责任人员有《安全生产法》第一百零六条、《条例》第三十六条规定的下列行为之一的，依照下列规定处以罚款：

（一）伪造、故意破坏事故现场，或者转移、隐匿资金、财产、销毁有关证据、资料，或者拒绝接受调查，或者拒绝提供有关情况和资料，或者在事故调查中作伪证，或者指使他人作伪证的，处上一年年收入80%至90%的罚款；

（二）谎报、瞒报事故或者事故发生后逃匿的，处上一年年收入100%的罚款。

第十四条 事故发生单位对造成3人以下死亡，或者3人以上10人以下重伤（包括急性工业中毒，下同），或者300万元以上1000万元以下直接经济损失的一般事故负有责任的，处20万元以上50万元以下的罚款。

事故发生单位有本条第一款规定的行为且有谎报或者瞒报事故情节的，处50万元的罚款。

第十五条 事故发生单位对较大事故发生负有责任的，依照下列规定处以罚款：

（一）造成3人以上6人以下死亡，或者10人以上30人以下重伤，或者1000万元以上3000万元以下直接经济损失的，处50万元以上70万元以下的罚款；

（二）造成6人以上10人以下死亡，或者30人以上50人以下重伤，或者3000万元以上5000万元以下直接经济损失的，处70万元以上100万元以下的罚款。

事故发生单位对较大事故发生负有责任且有谎报或者瞒报情节的，处100万元的罚款。

第十六条　事故发生单位对重大事故发生负有责任的，依照下列规定处以罚款：

（一）造成10人以上15人以下死亡，或者50人以上70人以下重伤，或者5000万元以上7000万元以下直接经济损失的，处100万元以上300万元以下的罚款；

（二）造成15人以上30人以下死亡，或者70人以上100人以下重伤，或者7000万元以上1亿元以下直接经济损失的，处300万元以上500万元以下的罚款。

事故发生单位对重大事故发生负有责任且有谎报或者瞒报情节的，处500万元的罚款。

第十七条　事故发生单位对特别重大事故发生负有责任的，依照下列规定处以罚款：

（一）造成30人以上40人以下死亡，或者100人以上120人以下重伤，或者1亿元以上1.2亿元以下直接经济损失的，处500万元以上1000万元以下的罚款；

（二）造成40人以上50人以下死亡，或者120人以上150人以下重伤，或者1.2亿元以上1.5亿元以下直接经济损失的，处1000万元以上1500万元以下的罚款；

（三）造成50人以上死亡，或者150人以上重伤，或者1.5亿元以上直接经济损失的，处1500万元以上2000万元以下的罚款。

事故发生单位对特别重大事故发生负有责任且有下列情形之一的，处2000万元的罚款：

（一）谎报特别重大事故的；

（二）瞒报特别重大事故的；

（三）未依法取得有关行政审批或者证照擅自从事生产经营活动的；

（四）拒绝、阻碍行政执法的；

（五）拒不执行有关停产停业、停止施工、停止使用相关设备或者设施的行政执法指令的；

（六）明知存在事故隐患，仍然进行生产经营活动的；

（七）一年内已经发生2起以上较大事故，或者1起重大以上事故，再次发生特别重大事故的；

（八）地下矿山负责人未按照规定带班下井的。

第十八条　事故发生单位主要负责人未依法履行安全生产管理职责，导致事故发生的，依照下列规定处以罚款：

（一）发生一般事故的，处上一年年收入30%的罚款；

（二）发生较大事故的，处上一年年收入40%的罚款；

（三）发生重大事故的，处上一年年收入60%的罚款；

（四）发生特别重大事故的，处上一年年收入80%的罚款。

第十九条　个人经营的投资人未依照《安全生产法》的规定保证安全生产所必需的资金投入，致使生产经营单位不具备安全生产条件，导致发生生产安全事故的，依照下列规定对个人经营的投资人处以罚款：

（一）发生一般事故的，处2万元以上5万元以下的罚款；

（二）发生较大事故的，处5万元以上10万元以下的罚款；

（三）发生重大事故的，处10万元以上15万元以下的罚款；

（四）发生特别重大事故的，处15万元以上20万元以下的罚款。

第二十条　违反《条例》和本规定，事故发生单位及其有关责任人员有两种以上应当处以罚款的行为的，安全生产监督管理部门或者煤矿安全监察机构应当分别裁量，合并作出处罚决定。

第二十一条 对事故发生负有责任的其他单位及其有关责任人员处以罚款的行政处罚，依照相关法律、法规和规章的规定实施。

第二十二条 本规定自公布之日起施行。

7. 安全生产行政复议规定

（2007 年 10 月 8 日国家安全生产监督管理总局令第 14 号公布）

第一章　总　　则

第一条　为了规范安全生产行政复议工作，解决行政争议，根据《中华人民共和国行政复议法》和《中华人民共和国行政复议法实施条例》，制定本规定。

第二条　公民、法人或者其他组织认为安全生产监督管理部门、煤矿安全监察机构（以下统称安全监管监察部门）的具体行政行为侵犯其合法权益，向安全生产行政复议机关申请行政复议，安全生产行政复议机关受理行政复议申请，作出行政复议决定，适用本规定。

第三条　依法履行行政复议职责的安全监管监察部门是安全生产行政复议机关。安全生产行政复议机关负责法制工作的机构是本机关的行政复议机构（以下简称安全生产行政复议机构）。

安全生产行政复议机关应当领导、支持本机关行政复议机构依法办理行政复议事项，并依照有关规定充实、配备专职行政复议人员，保证行政复议机构的办案能力与工作任务相适应。

第四条　国家安全生产监督管理总局办理行政复议案件按照下列程序，统一受理，分工负责：

（一）政策法规司按照本规定规定的期限，对行政复议申请进行初步审查，做出受理或者不予受理的决定。对决定受理的，将案卷材料转送相关业务司局分口承办；

（二）相关业务司局收到案卷材料后，应当在 30 日内了解核实有关情况，提出处理意见；

（三）政策法规司根据处理意见，在 20 日内拟定行政复议决定书，提交本局负责人集体讨论或者主管负责人审定；

（四）本局负责人集体讨论通过或者主管负责人同意后，政策法规司制作行政复议决定书，并送达申请人、被申请人和第三人。

国家煤矿安全监察局和省级及省级以下安全监管监察部门办理行政复议案件参照上述程序执行。

第二章　行政复议范围与管辖

第五条　公民、法人或者其他组织对安全监管监察部门作出的下列具体行政行为不服，可以申请行政复议：

（一）行政处罚决定；

（二）行政强制措施；

（三）行政许可的变更、中止、撤销、撤回等决定；

（四）认为符合法定条件，申请安全监管监察部门办理许可证、资格证等行政许可手续，安全监管监察部门没有依法办理的；

（五）认为安全监管监察部门违法收费或者违法要求履行义务的；

（六）认为安全监管监察部门其他具体行政行为侵犯其合法权益的。

第六条　公民、法人或者其他组织认为安全监管监察部门的具体行政行为所依据的规定不合法，在对具体行政行为申请行政复议时，可以依据行政复议法第七条的规定一并提出审查申请。

第七条 安全监管监察部门作出的下列行政行为，不属于安全生产行政复议范围：

（一）生产安全事故调查报告；

（二）不具有强制力的行政指导行为和信访答复行为；

（三）生产安全事故隐患认定；

（四）公告信息发布；

（五）法律、行政法规规定的非具体行政行为。

第八条 对县级以上地方人民政府安全生产监督管理部门作出的具体行政行为不服的，可以向上一级安全生产监督管理部门申请行政复议，也可以向同级人民政府申请行政复议。已向同级人民政府提出行政复议申请，且同级人民政府已经受理的，上一级安全生产监督管理部门不再受理。

对国家安全生产监督管理总局作出的具体行政行为不服的，向国家安全生产监督管理总局申请行政复议。

第九条 对煤矿安全监察分局作出的具体行政行为不服的，向该分局所隶属的省级煤矿安全监察局申请行政复议。

对省级煤矿安全监察机构作出的具体行政行为不服的，向国家安全生产监督管理总局申请行政复议。

对国家煤矿安全监察局作出的具体行政行为不服的，向国家煤矿安全监察局申请行政复议。

第十条 安全监管监察部门设立的派出机构、内设机构或者其他组织，未经法律、行政法规授权，对外以自己名义作出具体行政行为的，该安全监管监察部门为被申请人。

第十一条 对安全监管监察部门依法委托的机构，以委托的安全监管监察部门名义作出的具体行政行为不服的，依照本规定第八条和第九条的规定申请行政复议。

第十二条 对安全监管监察部门与有关部门共同作出的具体行政行为不服的，可以向其共同的上一级行政机关申请行政复议。共同作出具体行政行为的安全监管监察部门与有关部门为共同被申请人。

对国家安全生产监督管理总局与国务院其他部门共同作出的具体行政行为不服的，可以向国家安全生产监督管理总局或者共同作出具体行政行为的其他任何一个部门提起行政复议申请，由作出具体行政行为的部门共同作出行政复议决定。

第十三条 下级安全监管监察部门依照法律、行政法规、规章规定，经上级安全监管监察部门批准作出具体行政行为的，批准机关为被申请人。

第三章 行政复议的申请与受理

第十四条 安全监管监察部门作出具体行政行为，依法应当向有关公民、法人或者其他组织送达法律文书而未送达的，视为该公民、法人或者其他组织不知道该具体行政行为。

安全监管监察部门作出的具体行政行为对公民、法人或者其他组织的权利、义务可能产生不利影响的，应当告知其申请行政复议的权利、行政复议机关和行政复议申请期限。

第十五条 行政复议可以书面申请，也可以当场口头申请。书面申请可以采取当面递交、邮寄或者传真等方式提出，并在行政复议申请书中载明《行政复议法实施条例》第十九条规定的事项。

当场口头申请的，安全生产行政复议机构应当按照第一款规定的事项，当场制作行政复议申请笔录交申请人核对或者向申请人宣读，并由申请人签字确认。

第十六条 安全生产行政复议机构应当自收到行政复议申请之日起 3 日内对复议申请是否符合下列条件进行初步审查：

（一）有明确的申请人和被申请人；

（二）申请人与具体行政行为有利害关系；

（三）有具体的行政复议请求和事实依据；

（四）在法定申请期限内提出；

（五）属于本规定第五条规定的行政复议范围；

（六）属于收到行政复议申请的行政复议机关的职责范围；

（七）其他行政复议机关尚未受理同一行政复议申请，人民法院尚未受理同一主体就同一事实提起的行政诉讼。

第十七条 行政复议申请错列被申请人的，安全生产行政复议机构应当告知申请人变更被申请人。

第十八条 行政复议申请材料不齐全或者表述不清楚的，安全生产行政复议机构可以自收到该行政复议申请之日起5日内书面通知申请人补正。补正通知应当载明需要补正的事项和合理的补正期限。无正当理由逾期不补正的，视为申请人放弃行政复议申请。补正申请材料所用时间不计入行政复议审理期限。

第十九条 经初步审查后，安全生产行政复议机构应当自收到行政复议申请之日起5日内按下列规定作出处理：

（一）符合本规定第十六条规定的，予以受理，并制发行政复议受理决定书；

（二）不符合本规定第十六条规定的，决定不予受理，并制发行政复议申请不予受理决定书；

（三）不属于本机关职责范围的，应当告知申请人向有权受理的行政复议机关提出。

第二十条 行政复议期间，安全生产行政复议机构认为申请人以外的公民、法人或者其他组织与被审查的具体行政行为有利害关系的，可以通知其作为第三人参加行政复议。

行政复议期间，申请人以外的公民、法人或者其他组织与被审查的具体行政行为有利害关系的，可以向安全生产行政复议机构申请作为第三人参加行政复议。

第四章　行政复议的审理和决定

第二十一条 安全生产行政复议机构审理行政复议案件，应当由2名以上行政复议人员参加。

第二十二条 安全生产行政复议机构应当自行政复议申请受理之日起7日内，将行政复议申请书副本或者行政复议申请笔录复印件发送被申请人。

被申请人应当自收到申请书副本或者行政复议申请笔录复印件之日起10日内，按照复议机构要求的份数提出书面答复，并提交当初作出具体行政行为的证据、依据和其他有关材料。

被申请人书面答复应当载明下列事项，并加盖单位公章：

（一）作出具体行政行为的基本过程和情况；

（二）作出具体行政行为的事实依据和有关证据材料；

（三）作出具体行政行为所依据的法律、行政法规、规章和规范性文件的文号、具体条款和内容；

（四）对申请人复议请求的意见和理由；

（五）答复的年月日。

第二十三条 有下列情形之一的，被申请人经安全生产行政复议机构允许可以补充相关证据：

（一）在作出具体行政行为时已经收集证据，但因不可抗力等正当理由不能提供的；

（二）申请人或者第三人在行政复议过程中，提出了其在安全监管监察部门实施具体行政行为过程中没有提出的申辩理由或者证据的。

第二十四条 有下列情形之一的，申请人应当提供证明材料：

（一）认为被申请人不履行法定职责的，提供曾经要求被申请人履行法定职责而被申请人未履行的证明材料，但被申请人依法应当主动履行的除外；

（二）申请行政复议时一并提出行政赔偿请求的，提供受具体行政行为侵害而造成损害的证明材料；

（三）申请人自己主张的事实；

（四）法律、行政法规规定由申请人提供证据材料的其他情形。

第二十五条 申请人、被申请人、第三人应当对其提交的证据材料分类编号，对证据材料的来源、证明对象和内容作简要说明，并在证据材料上签字或者盖章，注明提交日期。

证据材料是复印件的，应当经复议机构核对无误，并注明原件存放的单位和处所。

第二十六条 行政复议原则上采取书面审理的方式，但对重大、复杂的案件，申请人提出要求或者安全生产行政复议机构认为必要时，可以采取听证的方式审理。

听证应当保障当事人平等的陈述、质证和辩论的权利。

第二十七条 安全生产行政复议机构采取听证的方式审理复议案件，应当制作听证笔录并载明下列事项：

（一）案由，听证的时间、地点；

（二）申请人、被申请人、第三人及其代理人的基本情况；

（三）听证主持人、听证员、书记员的姓名、职务等；

（四）申请人、被申请人、第三人争议的焦点问题，有关事实、证据和依据；

（五）其他应当记载的事项。

申请人、被申请人、第三人应当核对听证笔录并签字或者盖章。

第二十八条 安全生产行政复议机构认为必要时，可以实地调查核实证据。调查核实时，行政复议人员不得少于2人，并应当向当事人或者有关人员出示证件。

需要现场勘验的，现场勘验所用时间不计入行政复议审理期限。

第二十九条 安全生产行政复议期间涉及专门事项需要鉴定的，当事人可以自行委托鉴定机构进行鉴定，也可以申请行政复议机构委托鉴定机构进行鉴定。鉴定费用由当事人承担。鉴定所用时间不计入行政复议审理期限。

第三十条 申请人在行政复议决定作出前自愿撤回行政复议申请的，经行政复议机构同意，可以撤回。

申请人撤回行政复议申请的，不得以同一事实和理由再次提出行政复议申请。但是，申请人能够证明撤回行政复议申请违背其真实意思表示的除外。

第三十一条 行政复议申请由两个以上申请人共同提出，在行政复议决定作出前，部分申请人撤回行政复议申请的，安全生产行政复议机关应当就其他申请人未撤回的行政复议申请作出行政复议决定。

第三十二条 被申请人在复议期间改变原具体行政行为的，应当书面告知复议机构。

被申请人改变原具体行政行为，申请人撤回复议申请的，行政复议终止；申请人不撤回复议申请的，安全生产行政复议机关经审查认为原具体行政行为违法的，应当作出确认其违法的复议决定；认为原具体行政行为合法的，应当作出维持的复议决定。

第三十三条 公民、法人或者其他组织对安全监管监察部门行使法律、行政法规规定的自由裁量权作出的具体行政行为不服申请行政复议，申请人与被申请人在行政复议决定作出前自愿达成和解的，应当向安全生产行政复议机构提交书面和解协议；和解内容不损害社会公共利益和他人合法权益的，安全生产行政复议机构应当准许。

第三十四条 有下列情形之一的，安全生产行政复议机构可以按照自愿、合法的原则进行调解：

（一）公民、法人或者其他组织对安全监管监察部门行使法律、行政法规规定的自由裁量权作出的具体行政行为不服申请行政复议的；

（二）当事人之间的行政赔偿或者行政补偿的纠纷。

当事人经调解达成协议的，安全生产行政复议机关应当制作行政复议调解书。调解书应当载明行政复议请求、事实、理由和调解结果，并加盖安全生产行政复议机关印章。行政复议调解书经双方当事人签字，即具有法律效力。

调解未达成协议或者调解书生效前一方反悔的，安全生产行政复议机关应当及时作出行政复议决定。

第三十五条 安全生产行政复议机构应当对被申请人作出的具体行政行为进行审查，提出意见，经安全生产行政复议机关集体讨论通过或者负责人同意后，依法作出行政复议决定。

第三十六条 被申请人被责令重新作出具体行政行为的，应当在法律、行政法规、规章规定的期限内重新作出具体行政行为；法律、行政法规、规章未规定期限的，重新作出具体行政行为的期限为60日。

被申请人不得以同一事实和理由作出与原具体行政行为相同或者基本相同的具体行政行为。但因违反法定程序被责令重新作出具体行政行为的除外。

第三十七条 申请人在申请行政复议时一并提出行政赔偿请求，安全生产行政复议机关对符合国家赔偿法有关规定应当给予赔偿的，在决定撤销、变更具体行政行为或者确认具体行政行为违法时，应当同时决定被申请人依法给予赔偿。

申请人在申请行政复议时没有提出行政赔偿请求的，安全生产行政复议机关在依法决定撤销或者变更原具体行政行为确定的罚款以及对设备、设施、器材的扣押、查封等强制措施时，应当同时责令被申请人返还罚款，解除对设备、设施、器材的扣押、查封等强制措施。

第三十八条 安全生产行政复议机关在申请人的行政复议请求范围内，不得作出对申请人更为不利的行政复议决定。

第五章　附　　则

第三十九条 安全生产行政复议机关及其工作人员和被申请人在安全生产行政复议工作中违反本规定的，依照行政复议法及其实施条例的规定，追究法律责任。

第四十条 行政复议期间的计算和行政复议文书的送达，依照民事诉讼法关于期间、送达的规定执行。

本规定关于行政复议期间有关“3 日”“5 日”“7 日”的规定是指工作日，不含节假日。

第四十一条 安全生产行政复议案件审理完毕，案件承办人应当将案件材料在10 日内立卷、归档。

下一级安全生产行政复议机关应当在作出行政复议决定之日起15 日内将行政复议决定书报上一级安全生产行政复议机构备案。

第四十二条 安全监管行政复议机关办理行政复议案件，使用国家安全生产监督管理总局统一制定的文书式样。

煤矿安全监察行政复议机关办理行政复议案件，使用国家煤矿安全监察局统一制定的文书式样。

第四十三条 本规定自2007 年11 月1 日起施行。原国家经济贸易委员会2003 年2 月18 日公布的《安全生产行政复议暂行办法》和原国家安全生产监督管理局（国家煤矿安全监察局）2003 年6 月20 日公布的《煤矿安全监察行政复议规定》同时废止。

8. 安全生产违法行为行政处罚办法

（2007 年 11 月 30 日国家安全监管总局令第 15 号公布，2015 年 4 月 2 日国家安全监管总局令第 77 号修正）

第一章　总　　则

第一条　为了制裁安全生产违法行为，规范安全生产行政处罚工作，依照行政处罚法、安全生产法及其他有关法律、行政法规的规定，制定本办法。

第二条　县级以上人民政府安全生产监督管理部门对生产经营单位及其有关人员在生产经营活动中违反有关安全生产的法律、行政法规、部门规章、国家标准、行业标准和规程的违法行为（以下统称安全生产违法行为）实施行政处罚，适用本办法。

煤矿安全监察机构依照本办法和煤矿安全监察行政处罚办法，对煤矿、煤矿安全生产中介机构等生产经营单位及其有关人员的安全生产违法行为实施行政处罚。

有关法律、行政法规对安全生产违法行为行政处罚的种类、幅度或者决定机关另有规定的，依照其规定。

第三条　对安全生产违法行为实施行政处罚，应当遵循公平、公正、公开的原则。

安全生产监督管理部门或者煤矿安全监察机构（以下统称安全监管监察部门）及其行政执法人员实施行政处罚，必须以事实为依据。行政处罚应当与安全生产违法行为的事实、性质、情节以及社会危害程度相当。

第四条　生产经营单位及其有关人员对安全监管监察部门给予的行政处罚，依法享有陈述权、申辩权和听证权；对行政处罚不服的，有权依法申请行政复议或者提起行政诉讼；因违法给予行政处罚受到损害的，有权依法申请国家赔偿。

第二章　行政处罚的种类、管辖

第五条　安全生产违法行为行政处罚的种类：

（一）警告；

（二）罚款；

（三）没收违法所得、没收非法开采的煤炭产品、采掘设备；

（四）责令停产停业整顿、责令停产停业、责令停止建设、责令停止施工；

（五）暂扣或者吊销有关许可证，暂停或者撤销有关执业资格、岗位证书；

（六）关闭；

（七）拘留；

（八）安全生产法律、行政法规规定的其他行政处罚。

第六条　县级以上安全监管监察部门应当按照本章的规定，在各自的职责范围内对安全生产违法行为行政处罚行使管辖权。

安全生产违法行为的行政处罚，由安全生产违法行为发生地的县级以上安全监管监察部门管辖。

中央企业及其所属企业、有关人员的安全生产违法行为的行政处罚，由安全生产违法行为发生地的设区的市级以上安全监管监察部门管辖。

暂扣、吊销有关许可证和暂停、撤销有关执业资格、岗位证书的行政处罚，由发证机关决定。其中，暂扣有关许可证和暂停有关执业资格、岗位证书的期限一般不得超过6个月；法律、行政法规另有规定的，依照其规定。

给予关闭的行政处罚，由县级以上安全监管监察部门报请县级以上人民政府按照国务院规定的权限决定。

给予拘留的行政处罚，由县级以上安全监管监察部门建议公安机关依照治安管理处罚法的规定决定。

第七条 两个以上安全监管监察部门因行政处罚管辖权发生争议的，由其共同的上一级安全监管监察部门指定管辖。

第八条 对报告或者举报的安全生产违法行为，安全监管监察部门应当受理；发现不属于自己管辖的，应当及时移送有管辖权的部门。

受移送的安全监管监察部门对管辖权有异议的，应当报请共同的上一级安全监管监察部门指定管辖。

第九条 安全生产违法行为涉嫌犯罪的，安全监管监察部门应当将案件移送司法机关，依法追究刑事责任；尚不够刑事处罚但依法应当给予行政处罚的，由安全监管监察部门管辖。

第十条 上级安全监管监察部门可以直接查处下级安全监管监察部门管辖的案件，也可以将自己管辖的案件交由下级安全监管监察部门管辖。

下级安全监管监察部门可以将重大、疑难案件报请上级安全监管监察部门管辖。

第十一条 上级安全监管监察部门有权对下级安全监管监察部门违法或者不适当的行政处罚予以纠正或者撤销。

第十二条 安全监管监察部门根据需要，可以在其法定职权范围内委托符合《行政处罚法》第十九条规定条件的组织或者乡、镇人民政府以及街道办事处、开发区管理机构等地方人民政府的派出机构实施行政处罚。受委托的单位在委托范围内，以委托的安全监管监察部门名义实施行政处罚。

委托的安全监管监察部门应当监督检查受委托的单位实施行政处罚，并对其实施行政处罚的后果承担法律责任。

第三章 行政处罚的程序

第十三条 安全生产行政执法人员在执行公务时，必须出示省级以上安全生产监督管理部门或者县级以上地方人民政府统一制作的有效行政执法证件。其中对煤矿进行安全监察，必须出示国家安全生产监督管理总局统一制作的煤矿安全监察员证。

第十四条 安全监管监察部门及其行政执法人员在监督检查时发现生产经营单位存在事故隐患的，应当按照下列规定采取现场处理措施：

（一）能够立即排除的，应当责令立即排除；

（二）重大事故隐患排除前或者排除过程中无法保证安全的，应当责令从危险区域撤出作业人员，并责令暂时停产停业、停止建设、停止施工或者停止使用相关设施、设备，限期排除隐患。

隐患排除后，经安全监管监察部门审查同意，方可恢复生产经营和使用。

本条第一款第（二）项规定的责令暂时停产停业、停止建设、停止施工或者停止使用相关设施、设备的期限一般不超过6个月；法律、行政法规另有规定的，依照其规定。

第十五条 对有根据认为不符合安全生产的国家标准或者行业标准的在用设施、设备、器材，违法生产、储存、使用、经营、运输的危险物品，以及违法生产、储存、使用、经营危险物品的作业场所，安全监管监察部门应当依照《行政强制法》的规定予以查封或者扣押。查封或者扣押的期限不得超过30日，情况复杂的，经安全监管监察部门负责人批准，最多可以延长30日，并在查封或者扣押期限内作出处理决定：

（一）对违法事实清楚、依法应当没收的非法财物予以没收；

（二）法律、行政法规规定应当销毁的，依法销毁；

（三）法律、行政法规规定应当解除查封、扣押的，作出解除查封、扣押的决定。

实施查封、扣押，应当制作并当场交付查封、扣押决定书和清单。

第十六条　安全监管监察部门依法对存在重大事故隐患的生产经营单位作出停产停业、停止施工、停止使用相关设施、设备的决定，生产经营单位应当依法执行，及时消除事故隐患。生产经营单位拒不执行，有发生生产安全事故的现实危险的，在保证安全的前提下，经本部门主要负责人批准，安全监管监察部门可以采取通知有关单位停止供电、停止供应民用爆炸物品等措施，强制生产经营单位履行决定。通知应当采用书面形式，有关单位应当予以配合。

安全监管监察部门依照前款规定采取停止供电措施，除有危及生产安全的紧急情形外，应当提前24小时通知生产经营单位。生产经营单位依法履行行政决定、采取相应措施消除事故隐患的，安全监管监察部门应当及时解除前款规定的措施。

第十七条　生产经营单位被责令限期改正或者限期进行隐患排除治理的，应当在规定限期内完成。因不可抗力无法在规定限期内完成的，应当在进行整改或者治理的同时，于限期届满前10日内提出书面延期申请，安全监管监察部门应当在收到申请之日起5日内书面答复是否准予延期。

生产经营单位提出复查申请或者整改、治理限期届满的，安全监管监察部门应当自申请或者限期届满之日起10日内进行复查，填写复查意见书，由被复查单位和安全监管监察部门复查人员签名后存档。逾期未整改、未治理或者整改、治理不合格的，安全监管监察部门应当依法给予行政处罚。

第十八条　安全监管监察部门在作出行政处罚决定前，应当填写行政处罚告知书，告知当事人作出行政处罚决定的事实、理由、依据，以及当事人依法享有的权利，并送达当事人。当事人应当在收到行政处罚告知书之日起3日内进行陈述、申辩，或者依法提出听证要求，逾期视为放弃上述权利。

第十九条　安全监管监察部门应当充分听取当事人的陈述和申辩，对当事人提出的事实、理由和证据，应当进行复核；当事人提出的事实、理由和证据成立的，安全监管监察部门应当采纳。

安全监管监察部门不得因当事人陈述或者申辩而加重处罚。

第二十条　安全监管监察部门对安全生产违法行为实施行政处罚，应当符合法定程序，制作行政执法文书。

第一节　简 易 程 序

第二十一条　违法事实确凿并有法定依据，对个人处以50元以下罚款、对生产经营单位处以1000元以下罚款或者警告的行政处罚的，安全生产行政执法人员可以当场作出行政处罚决定。

第二十二条　安全生产行政执法人员当场作出行政处罚决定，应当填写预定格式、编有号码的行政处罚决定书并当场交付当事人。

安全生产行政执法人员当场作出行政处罚决定后应当及时报告，并在5日内报所属安全监管监察部门备案。

第二节　一 般 程 序

第二十三条　除依照简易程序当场作出的行政处罚外，安全监管监察部门发现生产经营单位及其有关人员有应当给予行政处罚的行为的，应当予以立案，填写立案审批表，并全面、客观、公正地进行调查，收集有关证据。对确需立即查处的安全生产违法行为，可以先行调查取证，并在5日内补办立案手续。

第二十四条 对已经立案的案件，由立案审批人指定两名或者两名以上安全生产行政执法人员进行调查。

有下列情形之一的，承办案件的安全生产行政执法人员应当回避：

（一）本人是本案的当事人或者当事人的近亲属的；

（二）本人或者其近亲属与本案有利害关系的；

（三）与本人有其他利害关系，可能影响案件的公正处理的。

安全生产行政执法人员的回避，由派出其进行调查的安全监管监察部门的负责人决定。进行调查的安全监管监察部门负责人的回避，由该部门负责人集体讨论决定。回避决定作出之前，承办案件的安全生产行政执法人员不得擅自停止对案件的调查。

第二十五条 进行案件调查时，安全生产行政执法人员不得少于两名。当事人或者有关人员应当如实回答安全生产行政执法人员的询问，并协助调查或者检查，不得拒绝、阻挠或者提供虚假情况。

询问或者检查应当制作笔录。笔录应当记载时间、地点、询问和检查情况，并由被询问人、被检查单位和安全生产行政执法人员签名或者盖章；被询问人、被检查单位要求补正的，应当允许。被询问人或者被检查单位拒绝签名或者盖章的，安全生产行政执法人员应当在笔录上注明原因并签名。

第二十六条 安全生产行政执法人员应当收集、调取与案件有关的原始凭证作为证据。调取原始凭证确有困难的，可以复制，复制件应当注明“经核对与原件无异”的字样和原始凭证存放的单位及其处所，并由出具证据的人员签名或者单位盖章。

第二十七条 安全生产行政执法人员在收集证据时，可以采取抽样取证的方法；在证据可能灭失或者以后难以取得的情况下，经本单位负责人批准，可以先行登记保存，并应当在7日内作出处理决定：

（一）违法事实成立依法应当没收的，作出行政处罚决定，予以没收；依法应当扣留或者封存的，予以扣留或者封存；

（二）违法事实不成立，或者依法不应当予以没收、扣留、封存的，解除登记保存。

第二十八条 安全生产行政执法人员对与案件有关的物品、场所进行勘验检查时，应当通知当事人到场，制作勘验笔录，并由当事人核对无误后签名或者盖章。当事人拒绝到场的，可以邀请在场的其他人员作证，并在勘验笔录中注明原因并签名；也可以采用录音、录像等方式记录有关物品、场所的情况后，再进行勘验检查。

第二十九条 案件调查终结后，负责承办案件的安全生产行政执法人员应当填写案件处理呈批表，连同有关证据材料一并报本部门负责人审批。

安全监管监察部门负责人应当及时对案件调查结果进行审查，根据不同情况，分别作出以下决定：

（一）确有应受行政处罚的违法行为的，根据情节轻重及具体情况，作出行政处罚决定；

（二）违法行为轻微，依法可以不予行政处罚的，不予行政处罚；

（三）违法事实不能成立，不得给予行政处罚；

（四）违法行为涉嫌犯罪的，移送司法机关处理。

对严重安全生产违法行为给予责令停产停业整顿、责令停产停业、责令停止建设、责令停止施工、吊销有关许可证、撤销有关执业资格或者岗位证书、5万元以上罚款、没收违法所得、没收非法开采的煤炭产品或者采掘设备价值5万元以上的行政处罚的，应当由安全监管监察部门的负责人集体讨论决定。

第三十条 安全监管监察部门依照本办法第二十九条的规定给予行政处罚，应当制作行政处罚决定书。行政处罚决定书应当载明下列事项：

（一）当事人的姓名或者名称、地址或者住址；

（二）违法事实和证据；

（三）行政处罚的种类和依据；

（四）行政处罚的履行方式和期限；

（五）不服行政处罚决定，申请行政复议或者提起行政诉讼的途径和期限；

（六）作出行政处罚决定的安全监管监察部门的名称和作出决定的日期。

行政处罚决定书必须盖有作出行政处罚决定的安全监管监察部门的印章。

第三十一条 行政处罚决定书应当在宣告后当场交付当事人；当事人不在场的，安全监管监察部门应当在7日内依照民事诉讼法的有关规定，将行政处罚决定书送达当事人或者其他的法定受送达人：

（一）送达必须有送达回执，由受送达人在送达回执上注明收到日期，签名或者盖章；

（二）送达应当直接送交受送达人。受送达人是个人的，本人不在交他的同住成年家属签收，并在行政处罚决定书送达回执的备注栏内注明与受送达人的关系；

（三）受送达人是法人或者其他组织的，应当由法人的法定代表人、其他组织的主要负责人或者该法人、组织负责收件的人签收；

（四）受送达人指定代收人的，交代收人签收并注明受当事人委托的情况；

（五）直接送达确有困难的，可以挂号邮寄送达，也可以委托当地安全监管监察部门代为送达，代为送达的安全监管监察部门收到文书后，必须立即交受送达人签收；

（六）当事人或者他的同住成年家属拒绝接收的，送达人应当邀请有关基层组织或者所在单位的代表到场，说明情况，在行政处罚决定书送达回执上记明拒收的事由和日期，由送达人、见证人签名或者盖章，将行政处罚决定书留在当事人的住所；也可以把行政处罚决定书留在受送达人的住所，并采用拍照、录像等方式记录送达过程，即视为送达；

（七）受送达人下落不明，或者用以上方式无法送达的，可以公告送达，自公告发布之日起经过60日，即视为送达。公告送达，应当在案卷中注明原因和经过。

安全监管监察部门送达其他行政处罚执法文书，按照前款规定办理。

第三十二条 行政处罚案件应当自立案之日起30日内作出行政处罚决定；由于客观原因不能完成的，经安全监管监察部门负责人同意，可以延长，但不得超过90日；特殊情况需进一步延长的，应当经上一级安全监管监察部门批准，可延长至180日。

第三节 听 证 程 序

第三十三条 安全监管监察部门作出责令停产停业整顿、责令停产停业、吊销有关许可证、撤销有关执业资格、岗位证书或者较大数额罚款的行政处罚决定之前，应当告知当事人有要求举行听证的权利；当事人要求听证的，安全监管监察部门应当组织听证，不得向当事人收取听证费用。

前款所称较大数额罚款，为省、自治区、直辖市人大常委会或者人民政府规定的数额；没有规定数额的，其数额对个人罚款为2万元以上，对生产经营单位罚款为5万元以上。

第三十四条 当事人要求听证的，应当在安全监管监察部门依照本办法第十八条规定告知后3日内以书面方式提出。

第三十五条 当事人提出听证要求后，安全监管监察部门应当在收到书面申请之日起15日内举行听证会，并在举行听证会的7日前，通知当事人举行听证的时间、地点。

当事人应当按期参加听证。当事人有正当理由要求延期的，经组织听证的安全监管监察部门负责人批准可以延期1次；当事人未按期参加听证，并且未事先说明理由的，视为放弃听证权利。

第三十六条 听证参加人由听证主持人、听证员、案件调查人员、当事人及其委托代理人、书记员组成。

听证主持人、听证员、书记员应当由组织听证的安全监管监察部门负责人指定的非本案调查人员担任。

当事人可以委托 1 至 2 名代理人参加听证，并提交委托书。

第三十七条 除涉及国家秘密、商业秘密或者个人隐私外，听证应当公开举行。

第三十八条 当事人在听证中的权利和义务：

（一）有权对案件涉及的事实、适用法律及有关情况进行陈述和申辩；

（二）有权对案件调查人员提出的证据质证并提出新的证据；

（三）如实回答主持人的提问；

（四）遵守听证会场纪律，服从听证主持人指挥。

第三十九条 听证按照下列程序进行：

（一）书记员宣布听证会场纪律、当事人的权利和义务。听证主持人宣布案由，核实听证参加人名单，宣布听证开始；

（二）案件调查人员提出当事人的违法事实、出示证据，说明拟作出的行政处罚的内容及法律依据；

（三）当事人或者其委托代理人对案件的事实、证据、适用的法律等进行陈述和申辩，提交新的证据材料；

（四）听证主持人就案件的有关问题向当事人、案件调查人员、证人询问；

（五）案件调查人员、当事人或者其委托代理人相互辩论；

（六）当事人或者其委托代理人作最后陈述；

（七）听证主持人宣布听证结束。

听证笔录应当当场交当事人核对无误后签名或者盖章。

第四十条 有下列情形之一的，应当中止听证：

（一）需要重新调查取证的；

（二）需要通知新证人到场作证的；

（三）因不可抗力无法继续进行听证的。

第四十一条 有下列情形之一的，应当终止听证：

（一）当事人撤回听证要求的；

（二）当事人无正当理由不按时参加听证的；

（三）拟作出的行政处罚决定已经变更，不适用听证程序的。

第四十二条 听证结束后，听证主持人应当依据听证情况，填写听证会报告书，提出处理意见并附听证笔录报安全监管监察部门负责人审查。安全监管监察部门依照本办法第二十九条的规定作出决定。

第四章　行政处罚的适用

第四十三条 生产经营单位的决策机构、主要负责人、个人经营的投资人（包括实际控制人，下同）未依法保证下列安全生产所必需的资金投入之一，致使生产经营单位不具备安全生产条件的，责令限期改正，提供必需的资金，可以对生产经营单位处 1 万元以上 3 万元以下罚款，对生产经营单位的主要负责人、个人经营的投资人处 5000 元以上 1 万元以下罚款；逾期未改正的，责令生产经营单位停产停业整顿：

（一）提取或者使用安全生产费用；

（二）用于配备劳动防护用品的经费；

（三）用于安全生产教育和培训的经费。

（四）国家规定的其他安全生产所必须的资金投入。

生产经营单位主要负责人、个人经营的投资人有前款违法行为，导致发生生产安全事故的，依照《生产安全事故罚款处罚规定（试行）》的规定给予处罚。

第四十四条 生产经营单位的主要负责人未依法履行安全生产管理职责，导致生产安全事故发生的，依照《生产安全事故罚款处罚规定（试行）》的规定给予处罚。

第四十五条 生产经营单位及其主要负责人或者其他人员有下列行为之一的，给予警告，并可以对生产经营单位处1万元以上3万元以下罚款，对其主要负责人、其他有关人员处1000元以上1万元以下的罚款：

（一）违反操作规程或者安全管理规定作业的；

（二）违章指挥从业人员或者强令从业人员违章、冒险作业的；

（三）发现从业人员违章作业不加制止的；

（四）超过核定的生产能力、强度或者定员进行生产的；

（五）对被查封或者扣押的设施、设备、器材、危险物品和作业场所，擅自启封或者使用的；

（六）故意提供虚假情况或者隐瞒存在的事故隐患以及其他安全问题的；

（七）拒不执行安全监管监察部门依法下达的安全监管监察指令的。

第四十六条 危险物品的生产、经营、储存单位以及矿山、金属冶炼单位有下列行为之一的，责令改正，并可以处1万元以上3万元以下的罚款：

（一）未建立应急救援组织或者生产经营规模较小、未指定兼职应急救援人员的；

（二）未配备必要的应急救援器材、设备和物资，并进行经常性维护、保养，保证正常运转的。

第四十七条 生产经营单位与从业人员订立协议，免除或者减轻其对从业人员因生产安全事故伤亡依法应承担的责任的，该协议无效；对生产经营单位的主要负责人、个人经营的投资人按照下列规定处以罚款：

（一）在协议中减轻因生产安全事故伤亡对从业人员依法应承担的责任的，处2万元以上5万元以下的罚款；

（二）在协议中免除因生产安全事故伤亡对从业人员依法应承担的责任的，处5万元以上10万元以下的罚款。

第四十八条 生产经营单位不具备法律、行政法规和国家标准、行业标准规定的安全生产条件，经责令停产停业整顿仍不具备安全生产条件的，安全监管监察部门应当提请有管辖权的人民政府予以关闭；人民政府决定关闭的，安全监管监察部门应当依法吊销其有关许可证。

第四十九条 生产经营单位转让安全生产许可证的，没收违法所得，吊销安全生产许可证，并按照下列规定处以罚款：

（一）接受转让的单位和个人未发生生产安全事故的，处10万元以上30万元以下的罚款；

（二）接受转让的单位和个人发生生产安全事故但没有造成人员死亡的，处30万元以上40万元以下的罚款；

（三）接受转让的单位和个人发生人员死亡生产安全事故的，处40万元以上50万元以下的罚款。

第五十条 知道或者应当知道生产经营单位未取得安全生产许可证或者其他批准文件擅自从事生产经营活动，仍为其提供生产经营场所、运输、保管、仓储等条件的，责令立即停止违法行为，有违法所得的，没收违法所得，并处违法所得1倍以上3倍以下的罚款，但是最高不得超过3万元；没有违法所得的，并处5000元以上1万元以下的罚款。

第五十一条　生产经营单位及其有关人员弄虚作假，骗取或者勾结、串通行政审批工作人员取得安全生产许可证书及其他批准文件的，撤销许可及批准文件，并按照下列规定处以罚款：

（一）生产经营单位有违法所得的，没收违法所得，并处违法所得1倍以上3倍以下的罚款，但是最高不得超过3万元；没有违法所得的，并处5000元以上1万元以下的罚款；

（二）对有关人员处1000元以上1万元以下的罚款。

有前款规定违法行为的生产经营单位及其有关人员在3年内不得再次申请该行政许可。

生产经营单位及其有关人员未依法办理安全生产许可证书变更手续的，责令限期改正，并对生产经营单位处1万元以上3万元以下的罚款，对有关人员处1000元以上5000元以下的罚款。

第五十二条　未取得相应资格、资质证书的机构及其有关人员从事安全评价、认证、检测、检验工作，责令停止违法行为，并按照下列规定处以罚款：

（一）机构有违法所得的，没收违法所得，并处违法所得1倍以上3倍以下的罚款，但是最高不得超过3万元；没有违法所得的，并处5000元以上1万元以下的罚款；

（二）有关人员处5000元以上1万元以下的罚款。

第五十三条　生产经营单位及其有关人员触犯不同的法律规定，有两个以上应当给予行政处罚的安全生产违法行为的，安全监管监察部门应当适用不同的法律规定，分别裁量，合并处罚。

第五十四条　对同一生产经营单位及其有关人员的同一安全生产违法行为，不得给予两次以上罚款的行政处罚。

第五十五条　生产经营单位及其有关人员有下列情形之一的，应当从重处罚：

（一）危及公共安全或者其他生产经营单位安全的，经责令限期改正，逾期未改正的；

（二）一年内因同一违法行为受到两次以上行政处罚的；

（三）拒不整改或者整改不力，其违法行为呈持续状态的；

（四）拒绝、阻碍或者以暴力威胁行政执法人员的。

第五十六条　生产经营单位及其有关人员有下列情形之一的，应当依法从轻或者减轻行政处罚：

（一）已满14周岁不满18周岁的公民实施安全生产违法行为的；

（二）主动消除或者减轻安全生产违法行为危害后果的；

（三）受他人胁迫实施安全生产违法行为的；

（四）配合安全监管监察部门查处安全生产违法行为，有立功表现的；

（五）主动投案，向安全监管监察部门如实交代自己的违法行为的；

（六）具有法律、行政法规规定的其他从轻或者减轻处罚情形的。

有从轻处罚情节的，应当在法定处罚幅度的中档以下确定行政处罚标准，但不得低于法定处罚幅度的下限。

本条第一款第（四）项所称的立功表现，是指当事人有揭发他人安全生产违法行为，并经查证属实；或者提供查处其他安全生产违法行为的重要线索，并经查证属实；或者阻止他人实施安全生产违法行为；或者协助司法机关抓捕其他违法犯罪嫌疑人的行为。

安全生产违法行为轻微并及时纠正，没有造成危害后果的，不予行政处罚。

第五章　行政处罚的执行和备案

第五十七条　安全监管监察部门实施行政处罚时，应当同时责令生产经营单位及其有关人员停止、改正或者限期改正违法行为。

第五十八条　本办法所称的违法所得，按照下列规定计算：

（一）生产、加工产品的，以生产、加工产品的销售收入作为违法所得；

（二）销售商品的，以销售收入作为违法所得；

（三）提供安全生产中介、租赁等服务的，以服务收入或者报酬作为违法所得；

（四）销售收入无法计算的，按当地同类同等规模的生产经营单位的平均销售收入计算；

（五）服务收入、报酬无法计算的，按照当地同行业同种服务的平均收入或者报酬计算。

第五十九条 行政处罚决定依法作出后，当事人应当在行政处罚决定的期限内，予以履行；当事人逾期不履的，作出行政处罚决定的安全监管监察部门可以采取下列措施：

（一）到期不缴纳罚款的，每日按罚款数额的3% 加处罚款，但不得超过罚款数额；

（二）根据法律规定，将查封、扣押的设施、设备、器材和危险物品拍卖所得价款抵缴罚款；

（三）申请人民法院强制执行。

当事人对行政处罚决定不服申请行政复议或者提起行政诉讼的，行政处罚不停止执行，法律另有规定的除外。

第六十条 安全生产行政执法人员当场收缴罚款的，应当出具省、自治区、直辖市财政部门统一制发的罚款收据；当场收缴的罚款，应当自收缴罚款之日起 2 日内，交至所属安全监管监察部门；安全监管监察部门应当在 2 日内将罚款缴付指定的银行。

第六十一条 除依法应当予以销毁的物品外，需要将查封、扣押的设施、设备、器材和危险物品拍卖抵缴罚款的，依照法律或者国家有关规定处理。销毁物品，依照国家有关规定处理；没有规定的，经县级以上安全监管监察部门负责人批准，由两名以上安全生产行政执法人员监督销毁，并制作销毁记录。处理物品，应当制作清单。

第六十二条 罚款、没收违法所得的款项和没收非法开采的煤炭产品、采掘设备，必须按照有关规定上缴，任何单位和个人不得截留、私分或者变相私分。

第六十三条 县级安全生产监督管理部门处以 5 万元以上罚款、没收违法所得、没收非法生产的煤炭产品或者采掘设备价值 5 万元以上、责令停产停业、停止建设、停止施工、停产停业整顿、吊销有关资格、岗位证书或者许可证的行政处罚的，应当自作出行政处罚决定之日起 10 日内报设区的市级安全生产监督管理部门备案。

第六十四条 设区的市级安全生产监管监察部门处以 10 万元以上罚款、没收违法所得、没收非法生产的煤炭产品或者采掘设备价值 10 万元以上、责令停产停业、停止建设、停止施工、停产停业整顿、吊销有关资格、岗位证书或者许可证的行政处罚的，应当自作出行政处罚决定之日起 10 日内报省级安全监管监察部门备案。

第六十五条 省级安全监管监察部门处以 50 万元以上罚款、没收违法所得、没收非法生产的煤炭产品或者采掘设备价值 50 万元以上、责令停产停业、停止建设、停止施工、停产停业整顿、吊销有关资格、岗位证书或者许可证的行政处罚的，应当自作出行政处罚决定之日起 10 日内报国家安全生产监督管理总局或者国家煤矿安全监察局备案。

对上级安全监管监察部门交办案件给予行政处罚的，由决定行政处罚的安全监管监察部门自作出行政处罚决定之日起 10 日内报上级安全监管监察部门备案。

第六十六条 行政处罚执行完毕后，案件材料应当按照有关规定立卷归档。

案卷立案归档后，任何单位和个人不得擅自增加、抽取、涂改和销毁案卷材料。未经安全监管监察部门负责人批准，任何单位和个人不得借阅案卷。

第六章　附　　则

第六十七条 安全生产监督管理部门所用的行政处罚文书式样，由国家安全生产监督管理总局统一制定。

煤矿安全监察机构所用的行政处罚文书式样，由国家煤矿安全监察局统一制定。

第六十八条 本办法所称的生产经营单位，是指合法和非法从事生产或者经营活动的基本单元，包括企业法人、不具备企业法人资格的合伙组织、个体工商户和自然人等生产经营主体。

第六十九条 本办法自2008年1月1日起施行。原国家安全生产监督管理局（国家煤矿安全监察局）2003年5月19日公布的《安全生产违法行为行政处罚办法》、2001年4月27日公布的《煤矿安全监察程序暂行规定》同时废止。

9. 安全生产事故隐患排查治理暂行规定

（2007 年 12 月 28 日国家安全监管总局令第 16 号公布）

第一章　总　　则

第一条　为了建立安全生产事故隐患排查治理长效机制，强化安全生产主体责任，加强事故隐患监督管理，防止和减少事故，保障人民群众生命财产安全，根据安全生产法等法律、行政法规，制定本规定。

第二条　生产经营单位安全生产事故隐患排查治理和安全生产监督管理部门、煤矿安全监察机构（以下统称安全监管监察部门）实施监管监察，适用本规定。

有关法律、行政法规对安全生产事故隐患排查治理另有规定的，依照其规定。

第三条　本规定所称安全生产事故隐患（以下简称事故隐患），是指生产经营单位违反安全生产法律、法规、规章、标准、规程和安全生产管理制度的规定，或者因其他因素在生产经营活动中存在可能导致事故发生的物的危险状态、人的不安全行为和管理上的缺陷。

事故隐患分为一般事故隐患和重大事故隐患。一般事故隐患，是指危害和整改难度较小，发现后能够立即整改排除的隐患。重大事故隐患，是指危和整改难度较大，应当全部或者局部停产停业，并经过一定时间整改治理方能排除的隐患，或者因外部因素影响致使生产经营单位自身难以排除的隐患。

第四条　生产经营单位应当建立健全事故隐患排查治理制度。

生产经营单位主要负责人对本单位事故隐患排查治理工作全面负责。

第五条　各级安全监管监察部门按照职责对所辖区域内生产经营单位排查治理事故隐患工作依法实施综合监督管理；各级人民政府有关部门在各自职责范围内对生产经营单位排查治理事故隐患工作依法实施监督管理。

第六条　任何单位和个人发现事故隐患，均有权向安全监管监察部门和有关部门报告。

安全监管监察部门接到事故隐患报告后，应当按照职责分工立即组织核实并予以查处；发现所报告事故隐患应当由其他有关部门处理的，应当立即移送有关部门并记录备查。

第二章　生产经营单位的职责

第七条　生产经营单位应当依照法律、法规、规章、标准和规程的要求从事生产经营活动。严禁非法从事生产经营活动。

第八条　生产经营单位是事故隐患排查、治理和防控的责任主体。

生产经营单位应当建立健全事故隐患排查治理和建档监控等制度，逐级建立并落实从主要负责人到每个从业人员的隐患排查治理和监控责任制。

第九条　生产经营单位应当保证事故隐患排查治理所需的资金，建立资金使用专项制度。

第十条　生产经营单位应当定期组织安全生产管理人员、工程技术人员和其他相关人员排查本单位的事故隐患。对排查出的事故隐患，应当按照事故隐患的等级进行登记，建立事故隐患信息档案，并按照职责分工实施监控治理。

第十一条 生产经营单位应当建立事故隐患报告和举报奖励制度，鼓励、发动职工发现和排除事故隐患，鼓励社会公众举报。对发现、排除和举报事故隐患的有功人员，应当给予物质奖励和表彰。

第十二条 生产经营单位将生产经营项目、场所、设备发包、出租的，应当与承包、承租单位签订安全生产管理协议，并在协议中明确各方对事故隐患排查、治理和防控的管理职责。生产经营单位对承包、承租单位的事故隐患排查治理负有统一协调和监督管理的职责。

第十三条 安全监管监察部门和有关部门的监督检查人员依法履行事故隐患监督检查职责时，生产经营单位应当积极配合，不得拒绝和阻挠。

第十四条 生产经营单位应当每季、每年对本单位事故隐患排查治理情况进行统计分析，并分别于下一季度15日前和下一年1月31日前向安全监管监察部门和有关部门报送书面统计分析表。统计分析表应当由生产经营单位主要负责人签字。

对于重大事故隐患，生产经营单位除依照前款规定报送外，应当及时向安全监管监察部门和有关部门报告。重大事故隐患报告内容应当包括：

（一）隐患的现状及其产生原因；

（二）隐患的危害程度和整改难易程度分析；

（三）隐患的治理方案。

第十五条 对于一般事故隐患，由生产经营单位（车间、分厂、区队等）负责人或者有关人员立即组织整改。

对于重大事故隐患，由生产经营单位主要负责人组织制定并实施事故隐患治理方案。重大事故隐患治理方案应当包括以下内容：

（一）治理的目标和任务；

（二）采取的方法和措施；

（三）经费和物资的落实；

（四）负责治理的机构和人员；

（五）治理的时限和要求；

（六）安全措施和应急预案。

第十六条 生产经营单位在事故隐患治理过程中，应当采取相应的安全防范措施，防止事故发生。事故隐患排除前或者排除过程中无法保证安全的，应当从危险区域内撤出作业人员，并疏散可能危及的其他人员，设置警戒标志，暂时停产停业或者停止使用；对暂时难以停产或者停止使用的相关生产储存装置、设施、设备，应当加强维护和保养，防止事故发生。

第十七条 生产经营单位应当加强对自然灾害的预防。对于因自然灾害可能导致事故灾难的隐患，应当按照有关法律、法规、标准和本规定的要求排查治理，采取可靠的预防措施，制定应急预案。在接到有关自然灾害预报时，应当及时向下属单位发出预警通知；发生自然灾害可能危及生产经营单位和人员安全的情况时，应当采取撤离人员、停止作业、加强监测等安全措施，并及时向当地人民政府及其有关部门报告。

第十八条 地方人民政府或者安全监管监察部门及有关部门挂牌督办并责令全部或者局部停产停业治理的重大事故隐患，治理工作结束后，有条件的生产经营单位应当组织本单位的技术人员和专家对重大事故隐患的治理情况进行评估；其他生产经营单位应当委托具备相应资质的安全评价机构对重大事故隐患的治理情况进行评估。

经治理后符合安全生产条件的，生产经营单位应当向安全监管监察部门和有关部门提出恢复生产的书面申请，经安全监管监察部门和有关部门审查同意后，方可恢复生产经营。申请报告应当包括治理方案的内容、项目和安全评价机构出具的评价报告等。

第三章 监 督 管 理

第十九条 安全监管监察部门应当指导、监督生产经营单位按照有关法律、法规、规章、标准和规程的要求，建立健全事故隐患排查治理等各项制度。

第二十条 安全监管监察部门应当建立事故隐患排查治理监督检查制度，定期组织对生产经营单位事故隐患排查治理情况开展监督检查；应当加强对重点单位的事故隐患排查治理情况的监督检查。对检查过程中发现的重大事故隐患，应当下达整改指令书，并建立信息管理台账。必要时，报告同级人民政府并对重大事故隐患实行挂牌督办。

安全监管监察部门应当配合有关部门做好对生产经营单位事故隐患排查治理情况开展的监督检查，依法查处事故隐患排查治理的非法和违法行为及其责任者。

安全监管监察部门发现属于其他有关部门职责范围内的重大事故隐患的，应该及时将有关资料移送有管辖权的有关部门，并记录备查。

第二十一条 已经取得安全生产许可证的生产经营单位，在其被挂牌督办的重大事故隐患治理结束前，安全监管监察部门应当加强监督检查。必要时，可以提请原许可证颁发机关依法暂扣其安全生产许可证。

第二十二条 安全监管监察部门应当会同有关部门把重大事故隐患整改纳入重点行业领域的安全专项整治中加以治理，落实相应责任。

第二十三条 对挂牌督办并采取全部或者局部停产停业治理的重大事故隐患，安全监管监察部门收到生产经营单位恢复生产的申请报告后，应当在10日内进行现场审查。审查合格的，对事故隐患进行核销，同意恢复生产经营；审查不合格的，依法责令改正或者下达停产整改指令。对整改无望或者生产经营单位拒不执行整改指令的，依法实施行政处罚；不具备安全生产条件的，依法提请县级以上人民政府按照国务院规定的权限予以关闭。

第二十四条 安全监管监察部门应当每季将本行政区域重大事故隐患的排查治理情况和统计分析表逐级报至省级安全监管监察部门备案。

省级安全监管监察部门应当每半年将本行政区域重大事故隐患的排查治理情况和统计分析表报国家安全生产监督管理总局备案。

第四章 罚 则

第二十五条 生产经营单位及其主要负责人未履行事故隐患排查治理职责，导致发生生产安全事故的，依法给予行政处罚。

第二十六条 生产经营单位违反本规定，有下列行为之一的，由安全监管监察部门给予警告，并处三万元以下的罚款：

（一）未建立安全生产事故隐患排查治理等各项制度的；

（二）未按规定上报事故隐患排查治理统计分析表的；

（三）未制定事故隐患治理方案的；

（四）重大事故隐患不报或者未及时报告的；

（五）未对事故隐患进行排查治理擅自生产经营的；

（六）整改不合格或者未经安全监管监察部门审查同意擅自恢复生产经营的。

第二十七条 承担检测检验、安全评价的中介机构，出具虚假评价证明，尚不够刑事处罚的，没收违法所得，违法所得在五千元以上的，并处违法所得二倍以上五倍以下的罚款，没有违法所得或者违法所得不足五千元的，单处或者并处五千元以上二万元以下的罚款，同时可对其直接负责的主管人员和其他直接责任人员处五千元以上五万元以下的罚款；给他人造成损害的，与生产经营单位承担连带赔偿责任。

对有前款违法行为的机构，撤销其相应的资质。

第二十八条 生产经营单位事故隐患排查治理过程中违反有关安全生产法律、法规、规章、标准和规程规定的，依法给予行政处罚。

第二十九条 安全监管监察部门的工作人员未依法履行职责的，按照有关规定处理。

第五章 附　　则

第三十条 省级安全监管监察部门可以根据本规定，制定事故隐患排查治理和监督管理实施细则。

第三十一条 事业单位、人民团体以及其他经济组织的事故隐患排查治理，参照本规定执行。

第三十二条 本规定自2008年2月1日起施行。

10. 生产安全事故信息报告和处置办法

（2009 年 6 月 16 日国家安全监管总局令第 21 号公布）

第一章　总　　则

第一条　为了规范生产安全事故信息的报告和处置工作，根据《安全生产法》、《生产安全事故报告和调查处理条例》等有关法律、行政法规，制定本办法。

第二条　生产经营单位报告生产安全事故信息和安全生产监督管理部门、煤矿安全监察机构对生产安全事故信息的报告和处置工作，适用本办法。

第三条　本办法规定的应当报告和处置的生产安全事故信息（以下简称事故信息），是指已经发生的生产安全事故和较大涉险事故的信息。

第四条　事故信息的报告应当及时、准确和完整，信息的处置应当遵循快速高效、协同配合、分级负责的原则。

安全生产监督管理部门负责各类生产经营单位的事故信息报告和处置工作。煤矿安全监察机构负责煤矿的事故信息报告和处置工作。

第五条　安全生产监督管理部门、煤矿安全监察机构应当建立事故信息报告和处置制度，设立事故信息调度机构，实行 24 小时不间断调度值班，并向社会公布值班电话，受理事故信息报告和举报。

第二章　事故信息的报告

第六条　生产经营单位发生生产安全事故或者较大涉险事故，其单位负责人接到事故信息报告后应当于 1 小时内报告事故发生地县级安全生产监督管理部门、煤矿安全监察分局。

发生较大以上生产安全事故的，事故发生单位在依照第一款规定报告的同时，应当在 1 小时内报告省级安全生产监督管理部门、省级煤矿安全监察机构。

发生重大、特别重大生产安全事故的，事故发生单位在依照本条第一款、第二款规定报告的同时，可以立即报告国家安全生产监督管理总局、国家煤矿安全监察局。

第七条　安全生产监督管理部门、煤矿安全监察机构接到事故发生单位的事故信息报告后，应当按照下列规定上报事故情况，同时书面通知同级公安机关、劳动保障部门、工会、人民检察院和有关部门：

（一）一般事故和较大涉险事故逐级上报至设区的市级安全生产监督管理部门、省级煤矿安全监察机构；

（二）较大事故逐级上报至省级安全生产监督管理部门、省级煤矿安全监察机构；

（三）重大事故、特别重大事故逐级上报至国家安全生产监督管理总局、国家煤矿安全监察局。

前款规定的逐级上报，每一级上报时间不得超过 2 小时。安全生产监督管理部门依照前款规定上报事故情况时，应当同时报告本级人民政府。

第八条　发生较大生产安全事故或者社会影响重大的事故的，县级、市级安全生产监督管理部门或者煤矿安全监察分局接到事故报告后，在依照本办法第七条规定逐级上报的同时，应当在 1 小时内先用电话快报省级安全生产监督管理部门、省级煤矿安全监察机构，随后补报文字报告；乡镇安监站（办）可以根据事故情况越级直接报告省级安全生产监督管理部门、省级煤矿安全监察机构。

第九条 发生重大、特别重大生产安全事故或者社会影响恶劣的事故的，县级、市级安全生产监督管理部门或者煤矿安全监察分局接到事故报告后，在依照本办法第七条规定逐级上报的同时，应当在1小时内先用电话快报省级安全生产监督管理部门、省级煤矿安全监察机构，随后补报文字报告；必要时，可以直接用电话报告国家安全生产监督管理总局、国家煤矿安全监察局。

省级安全生产监督管理部门、省级煤矿安全监察机构接到事故报告后，应当在1小时内先用电话快报国家安全生产监督管理总局、国家煤矿安全监察局，随后补报文字报告。

国家安全生产监督管理总局、国家煤矿安全监察局接到事故报告后，应当在1小时内先用电话快报国务院总值班室，随后补报文字报告。

第十条 报告事故信息，应当包括下列内容：

（一）事故发生单位的名称、地址、性质、产能等基本情况；

（二）事故发生的时间、地点以及事故现场情况；

（三）事故的简要经过（包括应急救援情况）；

（四）事故已经造成或者可能造成的伤亡人数（包括下落不明、涉险的人数）和初步估计的直接经济损失；

（五）已经采取的措施；

（六）其他应当报告的情况。

使用电话快报，应当包括下列内容：

（一）事故发生单位的名称、地址、性质；

（二）事故发生的时间、地点；

（三）事故已经造成或者可能造成的伤亡人数（包括下落不明、涉险的人数）。

第十一条 事故具体情况暂时不清楚的，负责事故报告的单位可以先报事故概况，随后补报事故全面情况。

事故信息报告后出现新情况的，负责事故报告的单位应当依照本办法第六条、第七条、第八条、第九条的规定及时续报。较大涉险事故、一般事故、较大事故每日至少续报1次；重大事故、特别重大事故每日至少续报2次。

自事故发生之日起30日内（道路交通、火灾事故自发生之日起7日内），事故造成的伤亡人数发生变化的，应于当日续报。

第十二条 安全生产监督管理部门、煤矿安全监察机构接到任何单位或者个人的事故信息举报后，应当立即与事故单位或者下一级安全生产监督管理部门、煤矿安全监察机构联系，并进行调查核实。

下一级安全生产监督管理部门、煤矿安全监察机构接到上级安全生产监督管理部门、煤矿安全监察机构的事故信息举报核查通知后，应当立即组织查证核实，并在2个月内向上一级安全生产监督管理部门、煤矿安全监察机构报告核实结果。

对发生较大涉险事故的，安全生产监督管理部门、煤矿安全监察机构依照本条第二款规定向上一级安全生产监督管理部门、煤矿安全监察机构报告核实结果；对发生生产安全事故的，安全生产监督管理部门、煤矿安全监察机构应当在5日内对事故情况进行初步查证，并将事故初步查证的简要情况报告上一级安全生产监督管理部门、煤矿安全监察机构，详细核实结果在2个月内报告。

第十三条 事故信息经初步查证后，负责查证的安全生产监督管理部门、煤矿安全监察机构应当立即报告本级人民政府和上一级安全生产监督管理部门、煤矿安全监察机构，并书面通知公安机关、劳动保障部门、工会、人民检察院和有关部门。

第十四条 安全生产监督管理部门与煤矿安全监察机构之间，安全生产监督管理部门、煤矿安全监察机构与其他负有安全生产监督管理职责的部门之间，应当建立有关事故信息的通报制度，及时沟通事故信息。

第十五条 对于事故信息的每周、每月、每年的统计报告，按照有关规定执行。

第三章 事故信息的处置

第十六条 安全生产监督管理部门、煤矿安全监察机构应当建立事故信息处置责任制，做好事故信息的核实、跟踪、分析、统计工作。

第十七条 发生生产安全事故或者较大涉险事故后，安全生产监督管理部门、煤矿安全监察机构应当立即研究、确定并组织实施相关处置措施。安全生产监督管理部门、煤矿安全监察机构负责人按照职责分工负责相关工作。

第十八条 安全生产监督管理部门、煤矿安全监察机构接到生产安全事故报告后，应当按照下列规定派员立即赶赴事故现场：

（一）发生一般事故的，县级安全生产监督管理部门、煤矿安全监察分局负责人立即赶赴事故现场；

（二）发生较大事故的，设区的市级安全生产监督管理部门、省级煤矿安全监察局负责人应当立即赶赴事故现场；

（三）发生重大事故的，省级安全监督管理部门、省级煤矿安全监察局负责人立即赶赴事故现场；

（四）发生特别重大事故的，国家安全生产监督管理总局、国家煤矿安全监察局负责人立即赶赴事故现场。

上级安全生产监督管理部门、煤矿安全监察机构认为必要的，可以派员赶赴事故现场。

第十九条 安全生产监督管理部门、煤矿安全监察机构负责人及其有关人员赶赴事故现场后，应当随时保持与本单位的联系。有关事故信息发生重大变化的，应当依照本办法有关规定及时向本单位或者上级安全生产监督管理部门、煤矿安全监察机构报告。

第二十条 安全生产监督管理部门、煤矿安全监察机构应当依照有关规定定期向社会公布事故信息。

任何单位和个人不得擅自发布事故信息。

第二十一条 安全生产监督管理部门、煤矿安全监察机构应当根据事故信息报告的情况，启动相应的应急救援预案，或者组织有关应急救援队伍协助地方人民政府开展应急救援工作。

第二十二条 安全生产监督管理部门、煤矿安全监察机构按照有关规定组织或者参加事故调查处理工作。

第四章 罚 则

第二十三条 安全生产监督管理部门、煤矿安全监察机构及其工作人员未依法履行事故信息报告和处置职责的，依照有关规定予以处理。

第二十四条 生产经营单位及其有关人员对生产安全事故迟报、漏报、谎报或者瞒报的，依照有关规定予以处罚。

第二十五条 生产经营单位对较大涉险事故迟报、漏报、谎报或者瞒报的，给予警告，并处3万元以下的罚款。

第五章　附　　则

第二十六条　本办法所称的较大涉险事故是指：

（一）涉险10人以上的事故；

（二）造成3人以上被困或者下落不明的事故；

（三）紧急疏散人员500人以上的事故；

（四）因生产安全事故对环境造成严重污染（人员密集场所、生活水源、农田、河流、水库、湖泊等）的事故；

（五）危及重要场所和设施安全（电站、重要水利设施、危化品库、油气站和车站、码头、港口、机场及其他人员密集场所等）的事故；

（六）其他较大涉险事故。

第二十七条　省级安全生产监督管理部门、省级煤矿安全监察机构可以根据本办法的规定，制定具体的实施办法。

第二十八条　本办法自2009年7月1日起施行。

11. 安全评价机构管理规定

（2009 年 7 月 1 日国家安全监管总局令第 22 号公布，2013 年 8 月 29 日国家安全监管总局令第 63 号第一次修正，2015 年 5 月 29 日国家安全监管总局令第 80 号第二次修正）

第一章　总　　则

第一条　为加强安全评价机构的管理，规范安全评价行为，建立公正、公平、竞争、有序的安全评价技术服务体系，根据《安全生产法》、《行政许可法》和有关规定，制定本规定。

第二条　在中华人民共和国境内申请安全评价资质、从事法定安全评价活动以及安全生产监督管理部门、煤矿安全监察机构实施安全评价机构资质监督管理，适用本规定。

第三条　国家对安全评价机构实行资质许可制度。安全评价机构应当取得相应的安全评价资质证书（以下简称资质证书），并在资质证书确定的业务范围内从事安全评价活动。

未取得资质证书的安全评价机构，不得从事法定安全评价活动。

本规定所称的安全评价机构，是指依法从事安全评价活动的社会中介组织。

第四条　安全评价机构的资质分为甲级、乙级两种，根据其专业人员构成、技术条件确定各自的业务范围。安全评价机构业务范围划分标准见附件 1。

甲级资质由省、自治区、直辖市安全生产监督管理部门（以下简称省级安全生产监督管理部门）、省级煤矿安全监察机构审核，国家安全生产监督管理总局审批、颁发证书；乙级资质由设区的市级安全生产监督管理部门、煤矿安全监察分局审核，省级安全生产监督管理部门、省级煤矿安全监察机构审批、颁发证书。

省级安全生产监督管理部门、设区的市级安全生产监督管理部门负责除煤矿以外的安全评价机构资质的审批、审核工作，省级煤矿安全监察机构、煤矿安全监察分局负责煤矿的安全评价机构资质的审批、审核工作。

未设立煤矿安全监察机构的省、自治区、直辖市，由省级安全生产监督管理部门、设区的市级安全生产监督管理部门负责煤矿的安全评价机构资质的审批、审核工作。

第五条　根据社会经济发展水平、区域经济结构和安全评价工作的需要，国家对安全评价机构的设置实行统筹规划、合理布局和总量控制。

第六条　取得甲级资质的安全评价机构，可以根据确定的业务范围在全国范围内从事安全评价活动；取得乙级资质的安全评价机构，可以根据确定的业务范围在其所在的省、自治区、直辖市内从事安全评价活动。

下列建设项目或者企业的安全评价，必须由取得甲级资质的安全评价机构承担：

（一）国务院及其投资主管部门审批（核准、备案）的建设项目；

（二）跨省、自治区、直辖市的建设项目；

（三）生产剧毒化学品的建设项目；

（四）生产剧毒化学品的企业和其他大型生产企业。

法律、法规和国务院或其有关部门对安全评价有特殊规定的，依照其规定。

第七条　国家安全生产监督管理总局、省级安全生产监督管理部门、省级煤矿安全监察机构定期向社会公布取得甲级、乙级资质的安全评价机构的名称、业务范围、从业人员、技术装备等相关信息，并接受社会监督。

第二章　取得资质的条件和程序

第八条　安全评价机构申请甲级资质，应当具备下列条件：

（一）具有法人资格，固定资产400万元以上；

（二）有与其开展工作相适应的固定工作场所和设施、设备，具有必要的技术支撑条件；

（三）取得安全评价机构乙级资质3年以上，且没有违法行为记录；

（四）有健全的内部管理制度和安全评价过程控制体系；

（五）有25名以上专职安全评价师，其中一级安全评价师20%以上、二级安全评价师30%以上。按照不少于专职安全评价师30%的比例配备注册安全工程师。安全评价师、注册安全工程师有与其申报业务相适应的专业能力；

（六）法定代表人通过具备安全培训条件的机构组织的相关安全生产和安全评价知识培训，并考试合格；

（七）设有专职技术负责人和过程控制负责人。专职技术负责人有二级以上安全评价师和注册安全工程师资格，并具有与所申报业务相适应的高级专业技术职称；

（八）法律、行政法规、规章规定的其他条件。

第九条　安全评价机构申请乙级资质，应当具备下列条件：

（一）具有法人资格，固定资产200万元以上；

（二）有与其开展工作相适应的固定工作场所和设施设备，具有必要的技术支撑条件；

（三）有健全的内部管理制度和安全评价过程控制体系；

（四）有16名以上专职安全评价师，其中一级安全评价师20%以上、二级安全评价师30%以上。按照不少于专职安全评价师30%的比例配备注册安全工程师。安全评价师、注册安全工程师有与其申报业务相适应的专业能力；

（五）法定代表人通过具备安全培训条件的机构组织的相关安全生产和安全评价知识培训，并考试合格；

（六）设有专职技术负责人和过程控制负责人。专职技术负责人有二级以上安全评价师和注册安全工程师资格，并具有与所申报业务相适应的高级专业技术职称；

（七）法律、行政法规、规章规定的其他条件。

第十条　申请甲级、乙级资质的机构，应当按照本规定第四条的规定，于每年6月向国家安全生产监督管理总局、省级安全生产监督管理部门、省级煤矿安全监察机构（以下简称资质审批机关）提出申请。

第十一条　申请甲级资质，按照下列程序办理：

（一）申请人将安全评价机构资质申请表和本规定第八条规定的证明材料，报所在地省级安全生产监督管理部门、省级煤矿安全监察机构审核；

（二）省级安全生产监督管理部门、省级煤矿安全监察机构应当在5日内对申请人提供的证明材料进行预审以决定是否受理。予以受理的，自受理申请之日起20日内完成审核工作，并将审核报告和证明材料报国家安全生产监督管理总局；不予受理的，向申请人书面说明理由；

（三）国家安全生产监督管理总局接到审核报告和证明材料后，应当按照本规定的要求进行审批，并在20日内完成审批工作。经审批合格的，颁发资质证书；不合格的，不予颁发资质证书，并书面说明理由。

第十二条 申请乙级资质，按照下列程序办理：

（一）申请人将安全评价机构资质申请表和本规定第九条规定的证明材料，报所在地设区的市级安全生产监督管理部门、煤矿安全监察分局审核；

（二）设区的市级安全生产监督管理部门、煤矿安全监察分局应当在5日内对申请人提供的证明材料进行预审并决定是否受理。予以受理的，自受理申请之日起20日内完成审核工作，并将审核报告和证明材料报省级安全生产监督管理部门、省级煤矿安全监察机构；不予受理的，向申请人书面说明理由；

（三）省级安全生产监督管理部门、省级煤矿安全监察机构接到审核报告和证明材料后，应当按照本规定的要求进行审批，并在20日内完成审批工作。经审批合格的，颁发资质证书，并填写乙级资质安全评价机构审批备案表（式样见附件2），自颁发资质证书之日起30日内报国家安全生产监督管理总局备案；不合格的，不予颁发资质证书，并书面说明理由。

第十三条 安全生产监督管理部门、煤矿安全监察机构进行资质审核、审批时，可以采用形式审查、现场审查、综合审查相结合的方式。

形式审查，是指对申请人提供的文件、材料是否符合规定要求所进行的审查。

现场审查，是指对申请人提供的文件、材料的实质内容进行的现场核查。

综合审查，是指对申请人提供的文件、材料及其真实性的综合评定。

安全生产监督管理部门、煤矿安全监察机构需要对申请材料的实质内容进行核实的，应当指派两名以上工作人员进行现场审查。现场审查所需时间不计入资质审核、审批期限。

第十四条 安全评价机构取得资质1年以上，需要增加业务范围的，应当按照本规定第四条的规定于每年9月向资质审批机关提出申请。

申请增加业务范围的程序按照本规定第十一条、第十二条、第十三条的规定办理。

第十五条 安全评价机构的资质证书遗失的，应当及时在有关电视、报刊等媒体上予以声明，并向原资质审批机关申请补发。

第十六条 甲级、乙级资质证书的有效期均为3年。资质证书有效期满需要延期的，安全评价机构应当于期满前3个月向原资质审批机关提出申请，经复审合格后予以办理延期手续；不合格的，不予办理延期手续。

第十七条 安全评价机构有下列情形之一的，应当在发生变化之日起30日内向原资质审批机关申请办理资质证书变更手续：

（一）机构分立或者合并的；

（二）机构名称或者地址发生变化的；

（三）法定代表人、技术负责人发生变化的。

第十八条 安全评价机构有下列情形之一的，资质审批机关应当注销其资质：

（一）资质证书有效期届满未申请延期或者申请延期但不予批准的；

（二）被依法终止的；

（三）自行申请注销的。

第十九条 安全评价机构甲级、乙级资质证书由国家安全生产监督管理总局统一印制。

第三章　安全评价活动

第二十条 安全评价机构应当依照法律、法规、规章、国家标准或者行业标准的规定，遵循客观公正、诚实守信、公平竞争的原则，遵守执业准则，恪守职业道德，依法独立开展安全评价活动，客观、如实地反映所评价的安全事项，并对作出的安全评价结果承担法律责任。

被评价对象的安全生产条件发生重大变化的，被评价对象应当及时委托有资质的安全评价机构重新进行安全评价；未委托重新进行安全评价的，由被评价对象对其产生的后果负责。

第二十一条　安全评价机构开展安全评价业务活动时，应当依法与委托方签订安全评价技术服务合同，明确评价对象、评价范围以及双方的权利、义务和责任。

安全评价机构与被评价对象有利害关系的，应当回避。

建设项目的安全预评价和安全验收评价不得委托同一个安全评价机构。

第二十二条　安全评价机构从事安全评价活动的收费，必须符合法律、法规和有关财政收费的规定。法律、法规和有关财政收费没有规定的，应当按照行业自律标准或者指导性标准收费；没有行业自律和指导性收费标准的，双方可以通过合同协商确定。

省级安全生产监督管理部门、省级煤矿安全监察机构可以根据本行政区域经济发展水平、产业结构以及周边区域收费情况，出台本行政区域的收费指导意见，报国家安全生产监督管理总局备案。

第二十三条　安全评价机构及其从业人员在从事安全评价活动中，不得有下列行为：

（一）泄露被评价对象的技术秘密和商业秘密；

（二）伪造、转让或者租借资质、资格证书；

（三）超出资质证书业务范围从事安全评价活动；

（四）出具虚假或者严重失实的安全评价报告；

（五）转包安全评价项目；

（六）擅自更改、简化评价程序和相关内容；

（七）同时在两个以上安全评价机构从业；

（八）故意贬低、诋毁其他安全评价机构；

（九）从业人员不到现场开展安全评价活动；

（十）法律、法规和规章规定的其他违法、违规行为。

第二十四条　安全评价机构应当建立健全内部管理制度和安全评价过程控制体系。安全评价过程控制记录、被评价对象现场勘查记录、影像资料及相关证明材料，应当及时归档，妥善保管。技术负责人和过程控制负责人应当按照法律、法规、规章和国家标准、行业标准的规定，加强安全评价活动全过程管理。

安全评价机构应当依法与从业人员签订劳动合同，并为其提供必要的劳动防护用品。

第二十五条　取得甲级资质的安全评价机构跨省、自治区、直辖市开展安全评价活动，应当填写甲级资质安全评价机构跨省（自治区、直辖市）开展评价工作报告表（式样见附件3），报送评价项目所在地的省级安全生产监督管理部门、省级煤矿安全监察机构备案，并接受其监督检查。

第二十六条　从事安全评价活动的安全评价师、注册安全工程师应当每年参加必要的继续教育，不断提高安全评价水平。

第二十七条　安全评价行业组织应当加强自律管理，维护安全评价市场秩序，推进安全评价诚信体系建设，建立并完善从业人员管理制度，强化对从业人员的监督。

第四章　监　督　管　理

第二十八条　安全生产监督管理部门、煤矿安全监察机构及其工作人员应当坚持公开、公平、公正的原则，严格按照法律、法规和本规定，审核、审批和颁发资质证书。

第二十九条　对已经取得资质证书的安全评价机构，安全生产监督管理部门、煤矿安全监察机构应当加强监督检查；发现安全评价机构不具备资质条件的，依照规定予以处理。监督检查记录应当经检查人员和安全评价机构负责人签字后归档。

安全评价机构及其从业人员应当接受安全生产监督管理部门、煤矿安全监察机构及其工作人员的监督检查。

对违法违规的安全评价机构和从业人员，安全生产监督管理部门、煤矿安全监察机构应当建立“黑名单”制度，及时向社会公告。

第三十条 安全生产监督管理部门、煤矿安全监察机构应当建立健全安全评价的申诉、投诉和举报制度，受理社会和个人的申诉、投诉和举报，并依法处理。

第三十一条 国家对安全评价机构实行定期考核。

安全评价机构应当每年填写安全评价工作业绩表，经被评价对象确认后，分别报国家安全生产监督管理总局、省级安全生产监督管理部门、省级煤矿安全监察机构备案。安全评价工作业绩表列入安全评价机构考核的重要内容。

对安全评价机构在资质证书有效期内没有开展相应活动的，核减相应的业务范围；定期考核不合格的，依照本规定予以处理。

第三十二条 安全生产监督管理部门、煤矿安全监察机构及其工作人员不得有下列行为：

（一）要求被评价对象接受指定的安全评价机构进行安全评价；

（二）以备案为由，变相设立法律、法规规定以外的行政许可；

（三）采取任何形式的地区保护，限制外地评价机构到本地区开展评价活动；

（四）干预安全评价机构开展正常活动；

（五）以任何理由或者任何方式向安全评价机构收取费用或者变相收取费用；

（六）向安全评价机构摊派财物；

（七）在安全评价机构报销任何费用。

第三十三条 监察机关依照《行政监察法》的规定，对安全生产监督管理部门、煤矿安全监察机构及其工作人员履行安全评价资质监督管理职责实施监察。

第五章 罚 则

第三十四条 安全生产监督管理部门、煤矿安全监察机构工作人员在对安全评价机构实施行政许可和监督检查工作中滥用职权、玩忽职守、徇私舞弊的，依照有关规定给予处理。

第三十五条 安全评价机构未取得相应资质证书，或者冒用资质证书、使用伪造的资质证书从事安全评价活动的，给予警告，并处2万元以上3万元以下的罚款。

转让、租借资质证书或者转包安全评价项目的，给予警告，并处1万元以上2万元以下的罚款。

安全评价机构的资质证书有效期届满未办理延期或者未经批准延期擅自从事安全评价活动的，依照本条第一款的规定处罚。

第三十六条 安全评价机构有下列情形之一的，给予警告，并处1万元以下的罚款；情节严重的，暂停资质半年，并处3万元以下的罚款；对相关责任人依法给予处理：

（一）从业人员不到现场开展评价活动的；

（二）安全评价报告与实际情况不符，或者评价报告存在重大疏漏，但尚未造成重大损失的；

（三）未按照有关法律、法规、规章和国家标准、行业标准的规定从事安全评价活动的；

（四）泄露被评价对象的技术秘密和商业秘密的；

（五）采取不正当竞争手段，故意贬低、诋毁其他安全评价机构，并造成严重影响的；

（六）未按规定办理资质证书变更手续的；

（七）定期考核不合格，经整改后仍达不到规定要求的；

（八）内部管理混乱，安全评价过程控制未有效实施的；

（九）未依法与委托方签订安全评价技术服务合同的；

（十）拒绝、阻碍安全生产监督管理部门、煤矿安全监察机构依法监督检查的。

第三十七条 安全评价机构出具虚假证明或者虚假评价报告，尚不构成刑事处罚的，没收违法所得，违法所得在5000元以上的，并处违法所得二倍以上五倍以下的罚款；没有违法所得或者违法所得不足5000元的，单处或者并处5000元以上2万元以下的罚款，对其直接负责的主管人员和其他责任人员处5000元以上5万元以下的罚款；给他人造成损害的，与被评价对象承担连带赔偿责任。

对有前款违法行为的，撤销其相应的资质。

第三十八条 安全评价机构有下列情形之一的，撤销其相应资质：

（一）不符合本规定第八条、第九条规定的资质条件的；

（二）弄虚作假骗取资质证书的；

（三）有其他依法应当撤销资质的情形的。

第三十九条 本规定所规定的行政处罚，由省级以上安全生产监督管理部门、煤矿安全监察机构决定。对甲级资质评价机构的处罚，国家安全生产监督管理总局可以委托省级安全生产监督管理部门、省级煤矿安全监察机构实施。

撤销资质证书的行政处罚由原资质审批机关决定。

第六章　附　　则

第四十条 本规定所称安全评价师，是指取得国家职业资格，专门从事安全评价活动的人员。

第四十一条 本规定施行前已经取得相应资质的安全评价机构，应于其资质证书有效期满前3个月，按照本规定的条件和程序，重新申请取得相应的安全评价资质；逾期不申请或者经复审不符合规定的相应资质条件，继续从事安全评价活动的，依照本规定第三十五条第一款的规定处罚。

申请海洋石油天然气开采安全评价机构资质的，由国家安全生产监督管理总局直接受理，其资质条件参照本规定执行。

第四十二条 本规定所称的“以上”、“以下”，均包括本数。

第四十三条 本规定自2009年10月1日起施行。原国家安全生产监督管理局（国家煤矿安全监察局）2004年10月20日公布的《安全评价机构管理规定》同时废止。

附件：1. 安全评价机构业务范围划分标准

2. 乙级资质安全评价机构审批备案表

3. 甲级资质安全评价机构跨省（自治区、直辖市）开展评价工作报告表

12. 安全生产监管监察职责和行政执法责任追究的规定

（2009 年 7 月 25 日国家安全监管总局令第 24 号公布，2013 年 8 月 29 日国家安全监管总局令第 63 号第一次修正，2015 年 4 月 2 日国家安全监管总局令第 77 号第二次修正）

第一章 总　　则

第一条 为促进安全生产监督管理部门、煤矿安全监察机构及其行政执法人员依法履行职责，落实行政执法责任，保障公民、法人和其他组织合法权益，根据《公务员法》、《安全生产法》、《安全生产许可证条例》等法律法规和国务院有关规定，制定本规定。

第二条 县级以上人民政府安全生产监督管理部门、煤矿安全监察机构（以下统称安全监管监察部门）及其内设机构、行政执法人员履行安全生产监管监察职责和实施行政执法责任追究，适用本规定；法律、法规对行政执法责任追究或者党政领导干部问责另有规定的，依照其规定。

本规定所称行政执法责任追究，是指对作出违法、不当的安全监管监察行政执法行为（以下简称行政执法行为），或者未履行法定职责的安全监管监察部门及其内设机构、行政执法人员，实施行政责任追究（以下简称责任追究）。

第三条 责任追究应当遵循公正公平、有错必纠、责罚相当、惩教结合的原则，做到事实清楚、证据确凿、定性准确、处理适当、程序合法、手续完备。

第四条 责任追究实行回避制度。与违法、不当行政执法行为或者责任人有利害关系，或者有其他特殊关系，可能影响公正处理的人员，实施责任追究时应当回避。

安全监管监察部门负责人的回避由该部门负责人集体讨论决定，其他人员的回避由该部门负责人决定。

第二章 安全生产监管监察和行政执法职责

第五条 县级以上人民政府安全生产监督管理部门依法对本行政区域内安全生产工作实施综合监督管理，指导协调和监督检查本级人民政府有关部门依法履行安全生产监督管理职责；对本行政区域内没有其他行政主管部门负责安全生产监督管理的生产经营单位实施安全生产监督管理；对下级人民政府安全生产工作进行监督检查。

煤矿安全监察机构依法履行国家煤矿安全监察职责，实施煤矿安全监察行政执法，对煤矿安全进行重点监察、专项监察和定期监察，对地方人民政府依法履行煤矿安全生产监督管理职责的情况进行监督检查。

第六条 安全监管监察部门应当依照《安全生产法》和其他有关法律、法规、规章和本级人民政府、上级安全监管监察部门规定的安全监管监察职责，根据各自的监管监察权限、行政执法人员数量、监管监察的生产经营单位状况、技术装备和经费保障等实际情况，制定本部门年度安全监管或者煤矿安全监察执法工作计划，并按照执法工作计划进行监管监察，发现事故隐患，应当依法及时处理。

安全监管执法工作计划应当报本级人民政府批准后实施，并报上一级安全监管部门备案；煤矿安全监察执法工作计划应当报上一级煤矿安全监察机构批准后实施。安全监管和煤矿安全监察执法工作计划因特殊情况需要作出重大调整或者变更的，应当及时报原批准单位批准，并按照批准后的计划执行。

安全监管和煤矿安全监察执法工作计划应当包括监管监察的对象、时间、次数、主要事项、方式和职责分工等内容。根据安全监管监察工作需要，安全监管监察部门可以按照安全监管和煤矿安全监察执法工作计划编制现场检查方案，对作业现场的安全生产实施监督检查。

第七条 安全监管监察部门应当按照各自权限，依照法律、法规、规章和国家标准或者行业标准规定的安全生产条件和程序，履行下列行政审批或者考核职责：

（一）矿山、金属冶炼建设项目和用于生产、储存危险物品的建设项目安全设施的设计审查；

（二）矿山企业、危险化学品和烟花爆竹生产企业的安全生产许可；

（三）危险化学品经营许可；

（四）非药品类易制毒化学品生产、经营许可；

（五）烟花爆竹经营（批发、零售）许可；

（六）矿山、危险化学品、烟花爆竹生产经营单位和金属冶炼单位主要负责人、安全生产管理人员的安全资格认定，特种作业人员（特种设备作业人员除外）操作资格认定；

（七）涉及人身安全、危险性较大的海洋石油开采特种设备和矿山井下特种设备安全使用证或者安全标志的核发；

（八）安全生产检测检验、安全评价机构资质的认可；

（九）注册助理安全工程师资格、注册安全工程师执业资格的考试和注册；

（十）法律、行政法规和国务院设定的其他行政审批或者考核职责。

行政许可申请人对其申请材料实质内容的真实性负责。安全监管监察部门对符合法定条件的申请，应当依法予以受理，并作出准予或者不予行政许可的决定。根据法定条件和程序，需要对申请材料的实质内容进行核实的，应当指派两名以上行政执法人员进行核查。

对未依法取得行政许可或者验收合格擅自从事有关活动的生产经营单位，安全监管监察部门发现或者接到举报后，属于本部门行政许可职责范围的，应当及时依法查处；属于其他部门行政许可职责范围的，应当及时移送相关部门。对已经依法取得本部门行政许可的生产经营单位，发现其不再具备安全生产条件的，安全监管监察部门应当依法暂扣或者吊销原行政许可证件。

第八条 安全监管监察部门应当按照年度安全监管和煤矿安全监察执法工作计划、现场检查方案，对生产经营单位是否具备有关法律、法规、规章和国家标准或者行业标准规定的安全生产条件进行监督检查，重点监督检查下列事项：

（一）依法通过有关安全生产行政审批的情况；

（二）有关人员的安全生产教育和培训、考核情况；

（三）建立和落实安全生产责任制、安全生产规章制度和操作规程、作业规程的情况；

（四）按照国家规定提取和使用安全生产费用，安排用于配备劳动防护用品、进行安全生产教育和培训的经费，以及其他安全生产投入的情况；

（五）依法设置安全生产管理机构和配备安全生产管理人员的情况；

（六）危险物品的生产、储存单位以及矿山、金属冶炼单位配备或者聘用注册安全工程师的情况；

（七）从业人员、被派遣劳动者和实习学生受到安全生产教育、培训及其教育培训档案的情况；

（八）新建、改建、扩建工程项目的安全设施与主体工程同时设计、同时施工、同时投入生产和使用，以及按规定办理设计审查和竣工验收的情况；

（九）在有较大危险因素的生产经营场所和有关设施、设备上，设置安全警示标志的情况；

（十）对安全设备的维护、保养、定期检测的情况；

（十一）重大危险源登记建档、定期检测、评估、监控和制定应急预案的情况；

（十二）教育和督促从业人员严格执行本单位的安全生产规章制度和安全操作规程，并向从业人员如实告知作业场所和工作岗位存在的危险因素、防范措施以及事故应急措施的情况；

（十三）为从业人员提供符合国家标准或者行业标准的劳动防护用品，并监督、教育从业人员按照使用规则正确佩戴和使用的情况；

（十四）在同一作业区域内进行生产经营活动，可能危及对方生产安全的，与对方签订安全生产管理协议，明确各自的安全生产管理职责和应当采取的安全措施，并指定专职安全生产管理人员进行安全检查与协调的情况；

（十五）对承包单位、承租单位的安全生产工作实行统一协调、管理，定期进行安全检查，督促整改安全问题的情况；

（十六）建立健全生产安全事故隐患排查治理制度，及时发现并消除事故隐患，如实记录事故隐患治理，以及向从业人员通报的情况；

（十七）制定、实施生产安全事故应急预案，定期组织应急预案演练，以及有关应急预案备案的情况；

（十八）危险物品的生产、经营、储存单位以及矿山、金属冶炼单位建立应急救援组织或者兼职救援队伍、签订应急救援协议，以及应急救援器材、设备和物资的配备、维护、保养的情况；

（十九）按照规定报告生产安全事故的情况；

（二十）依法应当监督检查的其他情况。

第九条 安全监管监察部门在监督检查中，发现生产经营单位存在安全生产违法行为或者事故隐患的，应当依法采取下列现场处理措施：

（一）当场予以纠正；

（二）责令限期改正、责令限期达到要求；

（三）责令立即停止作业（施工）、责令立即停止使用、责令立即排除事故隐患；

（四）责令从危险区域撤出作业人员；

（五）责令暂时停产停业、停止建设、停止施工或者停止使用相关设备、设施；

（六）依法应当采取的其他现场处理措施。

第十条 被责令限期改正、限期达到要求、暂时停产停业、停止建设、停止施工或者停止使用的生产经营单位提出复查申请或者整改、治理限期届满的，安全监管监察部门应当自收到申请或者限期届满之日起10日内进行复查，并填写复查意见书，由被复查单位和安全监管监察部门复查人员签名后存档。

煤矿安全监察机构依照有关规定将复查工作移交给县级以上地方人民政府负责煤矿安全生产监督管理的部门的，应当及时将相应的执法文书抄送该部门并备案。县级以上地方人民政府负责煤矿安全生产监督管理的部门应当自收到煤矿申请或者限期届满之日起10日内进行复查，并填写复查意见书，由被复查煤矿和复查人员签名后存档，并将复查意见书及时抄送移交复查的煤矿安全监察机构。

对逾期未整改、治理或者整改、治理不合格的生产经营单位，安全监管监察部门应当依法给予行政处罚，并依法提请县级以上地方人民政府按照规定的权限决定关闭。

第十一条 安全监管监察部门在监督检查中，发现生产经营单位存在安全生产非法、违法行为的，有权依法采取下列行政强制措施：

（一）对有根据认为不符合安全生产的国家标准或者行业标准的在用设施、设备、器材，违法生产、储存、使用、经营、运输的危险物品，以及违法生产、储存、使用、经营危险物品的作业场所予以查封或者扣押，并依法作出处理决定；

（二）扣押相关的证据材料和违法物品，临时查封有关场所；

（三）法律、法规规定的其他行政强制措施。

实施查封、扣押的，应当制作并当场交付查封、扣押决定书和清单。

第十二条 安全监管监察部门依法对存在重大事故隐患的生产经营单位作出停产停业、停止施工、停止使用相关设施、设备的决定，生产经营单位应当依法执行，及时消除事故隐患。生产经营单位拒不执行，有发生生产安全事故的现实危险的，在保证安全的前提下，经本部门主要负责人批准，安全监管监察部门可以采取通知有关单位停止供电、停止供应民用爆炸物品等措施，强制生产经营单位履行决定。通知应当采用书面形式，有关单位应当予以配合。

安全监管监察部门依照前款规定采取停止供电措施，除有危及生产安全的紧急情形外，应当提前二十四小时通知生产经营单位。生产经营单位依法履行行政决定、采取相应措施消除事故隐患的，安全监管监察部门应当及时解除前款规定的措施。

第十三条 安全监管监察部门在监督检查中，发现生产经营单位存在的安全问题涉及有关地方人民政府或其有关部门的，应当及时向有关地方人民政府报告或其有关部门通报。

第十四条 安全监管监察部门应当严格依照法律、法规和规章规定的行政处罚的行为、种类、幅度和程序，按照各自的管辖权限，对监督检查中发现的生产经营单位及有关人员的安全生产非法、违法行为实施行政处罚。

对到期不缴纳罚款的，安全监管监察部门可以每日按罚款数额的百分之三加处罚款。

生产经营单位拒不执行安全监管监察部门行政处罚决定的，作出行政处罚决定的安全监管监察部门可以依法申请人民法院强制执行；拒不执行处罚决定可能导致生产安全事故的，应当及时向有关地方人民政府报告或其有关部门通报。

第十五条 安全监管监察部门对生产经营单位及其从业人员作出现场处理措施、行政强制措施和行政处罚决定等行政执法行为前，应当充分听取当事人的陈述、申辩，对其提出的事实、理由和证据，应当进行复核。当事人提出的事实、理由和证据成立的，应当予以采纳。

安全监管监察部门对生产经营单位及其从业人员作出现场处理措施、行政强制措施和行政处罚决定等行政执法行为时，应当依法制作有关法律文书，并按照规定送达当事人。

第十六条 安全监管监察部门应当依法履行下列生产安全事故报告和调查处理职责：

（一）建立值班制度，并向社会公布值班电话，受理事故报告和举报；

（二）按照法定的时限、内容和程序逐级上报和补报事故；

（三）接到事故报告后，按照规定派人立即赶赴事故现场，组织或者指导协调事故救援；

（四）按照规定组织或者参加事故调查处理；

（五）对事故发生单位落实事故防范和整改措施的情况进行监督检查；

（六）依法对事故责任单位和有关责任人员实施行政处罚；

（七）依法应当履行的其他职责。

第十七条 安全监管监察部门应当依法受理、调查和处理本部门法定职责范围内的举报事项，并形成书面材料。调查处理情况应当答复举报人，但举报人的姓名、名称、住址不清的除外。对不属于本部门职责范围的举报事项，应当依法予以登记，并告知举报人向有权机关提出。

第十八条 安全监管监察部门应当依法受理行政复议申请，审理行政复议案件，并作出处理或者决定。

第三章 责任追究的范围与承担责任的主体

第十九条 安全监管监察部门及其内设机构、行政执法人员履行本规定第二章规定的行政执法职责，有下列违法或者不当的情形之一，致使行政执法行为被撤销、变更、确认违法，或者被责令履行法定职责、承担行政赔偿责任的，应当实施责任追究：

（一）超越、滥用法定职权的；

（二）主要事实不清、证据不足的；

（三）适用依据错误的；

（四）行政裁量明显不当的；

（五）违反法定程序的；

（六）未按照年度安全监管或者煤矿安全监察执法工作计划、现场检查方案履行法定职责的；

（七）其他违法或者不当的情形。

前款所称的行政执法行为被撤销、变更、确认违法，或者被责令履行法定职责、承担行政赔偿责任，是指行政执法行为被人民法院生效的判决、裁定，或者行政复议机关等有权机关的决定予以撤销、变更、确认违法或者被责令履行法定职责、承担行政赔偿责任的情形。

第二十条 有下列情形之一的，安全监管监察部门及其内设机构、行政执法人员不承担责任：

（一）因生产经营单位、中介机构等行政管理相对人的行为，致使安全监管监察部门及其内设机构、行政执法人员无法作出正确行政执法行为的；

（二）因有关行政执法依据规定不一致，致使行政执法行为适用法律、法规和规章依据不当的；

（三）因不能预见、不能避免并不能克服的不可抗力致使行政执法行为违法、不当或者未履行法定职责的；

（四）违法、不当的行政执法行为情节轻微并及时纠正，没有造成不良后果或者不良后果被及时消除的；

（五）按照批准、备案的安全监管或者煤矿安全监察执法工作计划、现场检查方案和法律、法规、规章规定的方式、程序已经履行安全生产监管监察职责的；

（六）对发现的安全生产非法、违法行为和事故隐患已经依法查处，因生产经营单位及其从业人员拒不执行安全生产监管监察指令导致生产安全事故的；

（七）生产经营单位非法生产或者经责令停产停业整顿后仍不具备安全生产条件，安全监管监察部门已经依法提请县级以上地方人民政府决定取缔或者关闭的；

（八）对拒不执行行政处罚决定的生产经营单位，安全监管监察部门已经依法申请人民法院强制执行的；

（九）安全监管监察部门已经依法向县级以上地方人民政府提出加强和改善安全生产监督管理建议的；

（十）依法不承担责任的其他情形。

第二十一条 承办人直接作出违法或者不当行政执法行为的，由承办人承担责任。

第二十二条 对安全监管监察部门应当经审核、批准作出的行政执法行为，分别按照下列情形区分并承担责任：

（一）承办人未经审核人、批准人审批擅自作出行政执法行为，或者不按审核、批准的内容实施，致使行政执法行为违法或者不当的，由承办人承担责任；

（二）承办人弄虚作假、徇私舞弊，或者承办人提出的意见错误，审核人、批准人没有发现或者发现后未予以纠正，致使行政执法行为违法或者不当的，由承办人承担主要责任，审核人、批准人承担次要责任；

（三）审核人改变或者不采纳承办人的正确意见，批准人批准该审核意见，致使行政执法行为违法或者不当的，由审核人承担主要责任，批准人承担次要责任；

（四）审核人未报请批准人批准而擅自作出决定，致使行政执法行为违法或者不当的，由审核人承担责任；

（五）审核人弄虚作假、徇私舞弊，致使批准人作出错误决定的，由审核人承担责任；

（六）批准人改变或者不采纳承办人、审核人的正确意见，致使行政执法行为违法或者不当的，由批准人承担责任；

（七）未经承办人拟办、审核人审核，批准人直接作出违法或者不当的行政执法行为的，由批准人承担责任。

第二十三条 因安全监管监察部门指派不具有行政执法资格的单位或者人员执法，致使行政执法行为违法或者不当的，由指派部门及其负责人承担责任。

第二十四条 因安全监管监察部门负责人集体研究决定，致使行政执法行为违法或者不当的，主要负责人应当承担主要责任，参与作出决定的其他负责人应当分别承担相应的责任。

安全监管监察部门负责人擅自改变集体决定，致使行政执法行为违法或者不当的，由该负责人承担全部责任。

第二十五条 两名以上行政执法人员共同作出违法或者不当行政执法行为的，由主办人员承担主要责任，其他人员承担次要责任；不能区分主要、次要责任人的，共同承担责任。

因安全监管监察部门内设机构单独决定，致使行政执法行为违法或者不当的，由该机构承担全部责任；因两个以上内设机构共同决定，致使行政执法行为违法或者不当的，由有关内设机构共同承担责任。

第二十六条 经安全监管监察部门内设机构会签作出的行政执法行为，分别按照下列情形区分并承担责任：

（一）主办机构提供的有关事实、证据不真实、不准确或者不完整，会签机构通过审查能够提出正确意见但没有提出，致使行政执法行为违法或者不当的，由主办机构承担主要责任，会签机构承担次要责任；

（二）主办机构没有采纳会签机构提出的正确意见，致使行政执法行为违法或者不当的，由主办机构承担责任。

第二十七条 因执行上级安全监管监察部门的指示、批复，致使行政执法行为违法或者不当的，由作出指示、批复的上级安全监管监察部门承担责任。

因请示、报告单位隐瞒事实或者未完整提供真实情况等原因，致使上级安全监管监察部门作出错误指示、批复的，由请示、报告单位承担责任。

第二十八条 下级安全监管监察部门认为上级的决定或者命令有错误的，可以向上级提出改正、撤销该决定或者命令的意见；上级不改变该决定或者命令，或者要求立即执行的，下级安全监管监察部门应当执行该决定或者命令，其不当或者违法责任由上级安全监管监察部门承担。

第二十九条 上级安全监管监察部门改变、撤销下级安全监管监察部门作出的行政执法行为，致使行政执法行为违法或者不当的，由上级安全监管监察部门及其有关内设机构、行政执法人员依照本章规定分别承担相应责任。

第三十条 安全监管监察部门及其内设机构、行政执法人员不履行法定职责的，应当根据各自的职责分工，依照本章规定区分并承担责任。

第四章 责任追究的方式与适用

第三十一条 对安全监管监察部门及其内设机构的责任追究包括下列方式：

（一）责令限期改正；

（二）通报批评；

（三）取消当年评优评先资格；

（四）法律、法规和规章规定的其他方式。

对行政执法人员的责任追究包括下列方式：

（一）批评教育；

（二）离岗培训；

（三）取消当年评优评先资格；

（四）暂扣行政执法证件；

（五）调离执法岗位；

（六）法律、法规和规章规定的其他方式。

本条第一款和第二款规定的责任追究方式，可以单独或者合并适用。

第三十二条 对安全监管监察部门及其内设机构、行政执法人员实施责任追究的时候，应当根据违法、不当行政执法行为的事实、性质、情节和对于社会的危害程度，依照本规定的有关条款决定。

第三十三条 违法或者不当行政执法行为的情节较轻、危害较小的，对安全监管监察部门责令限期改正，对行政执法人员予以批评教育或者离岗培训，并取消当年评优评先资格。

违法或者不当行政执法行为的情节较重、危害较大的，对安全监管监察部门责令限期改正，予以通报批评，并取消当年评优评先资格；对行政执法人员予以调离执法岗位或者暂扣行政执法证件，并取消当年评优评先资格。

第三十四条 安全监管监察部门及其内设机构在年度行政执法评议考核中被确定为不合格的，责令限期改正，并予以通报批评、取消当年评优评先资格。

行政执法人员在年度行政执法评议考核中被确定为不称职的，予以离岗培训、暂扣行政执法证件，并取消当年评优评先资格。

第三十五条 一年内被申请行政复议或者被提起行政诉讼的行政执法行为中，被撤销、变更、确认违法的比例占20%以上（含本数，下同）的，应当责令有关安全监管监察部门限期改正，并取消当年评优评先资格。

第三十六条 安全监管监察部门承担行政赔偿责任的，应当依照《国家赔偿法》第十四条的规定，责令有故意或者重大过失的行政执法人员承担全部或者部分行政赔偿费用。

第三十七条 对实施违法或者不当的行政执法行为，或者未履行法定职责的行政执法人员，依照《公务员法》、《行政机关公务员处分条例》等的规定应当给予行政处分或者辞退处理的，依照其规定。

第三十八条 行政执法人员的行政执法行为涉嫌犯罪的，移交司法机关处理。

第三十九条 有下列情形之一的，可以从轻或者减轻追究责任：

（一）违反本规定第十一条至第十四条所规定的职责，未造成严重后果的；

（二）主动采取措施，有效避免损失或者挽回影响的；

（三）积极配合责任追究，并且主动承担责任的；

（四）依法可以从轻的其他情形。

第四十条 有下列情形之一的，应当从重追究责任：

（一）因违法、不当行政执法行为或者不履行法定职责，严重损害国家声誉，或者造成恶劣社会影响，或者致使公共财产、国家和人民利益遭受重大损失的；

（二）滥用职权、玩忽职守、徇私舞弊，致使行政执法行为违法、不当的；

（三）弄虚作假、隐瞒真相，干扰、阻碍责任追究的；

（四）对检举人、控告人、申诉人和实施责任追究的人员打击、报复、陷害的；

（五）一年内出现两次以上应当追究责任的情形的；

（六）依法应当从重追究责任的其他情形。

第五章　责任追究的机关与程序

第四十一条　安全生产监督管理部门及其负责人的责任，按照干部管理权限，由其上级安全生产监督管理部门或者本级人民政府行政监察机关追究；所属内设机构和其他行政执法人员的责任，由所在安全生产监督管理部门追究。

煤矿安全监察机构及其负责人的责任，按照干部管理权限，由其上级煤矿安全监察机构追究；所属内设机构及其行政执法人员的责任，由所在煤矿安全监察机构追究。

第四十二条　安全监管监察部门进行责任追究，按照下列程序办理：

（一）负责法制工作的机构自行政执法行为被确认违法、不当之日起 15 日内，将有关当事人的情况书面通报本部门负责行政监察工作的机构；

（二）负责行政监察工作的机构自收到法制工作机构通报或者直接收到有关行政执法行为违法、不当的举报之日起 60 日内调查核实有关情况，提出责任追究的建议，报本部门领导班子集体讨论决定；

（三）负责人事工作的机构自责任追究决定作出之日起 15 日内落实决定事项。

法律、法规对责任追究的程序另有规定的，依照其规定。

第四十三条　安全监管监察部门实施责任追究应当制作《行政执法责任追究决定书》。《行政执法责任追究决定书》由负责行政监察工作的机构草拟，安全监管监察部门作出决定。

《行政执法责任追究决定书》应当写明责任追究的事实、依据、方式、批准机关、生效时间、当事人的申诉期限及受理机关等。离岗培训和暂扣行政执法证件的，还应当写明培训和暂扣的期限等。

第四十四条　安全监管监察部门作出责任追究决定前，负责行政监察工作的机构应当将追究责任的有关事实、理由和依据告知当事人，并听取其陈述和申辩。对其合理意见，应当予以采纳。

《行政执法责任追究决定书》应当送到当事人，以及当事人所在的单位和内设机构。责任追究决定作出后，作出决定的安全监管监察部门应当派人与当事人谈话，做好思想工作，督促其做好工作交接等后续工作。

当事人对责任追究决定不服的，可以依照《公务员法》等规定申请复核和提出申诉。申诉期间，不停止责任追究决定的执行。

第四十五条　对当事人的责任追究情况应当作为其考核、奖惩、任免的重要依据。安全监管监察部门负责人事工作的机构应当将责任追究的有关材料记入当事人个人档案。

第六章　附　　则

第四十六条　本规定所称的安全生产非法行为，是指公民、法人或者其他组织未依法取得安全监管监察部门的行政许可，擅自从事生产经营活动的行为，或者该行政许可已经失效，继续从事生产经营活动的行为。

本规定所称的安全生产违法行为，是指公民、法人或者其他组织违反有关安全生产的法律、法规、规章、国家标准、行业标准的规定，从事生产经营活动的行为。

本规定所称的违法的行政执法行为，是指违反法律、法规、规章规定的职责、程序所作出的具体行政行为。

本规定所称的不当的行政执法行为，是指违反客观、适度、公平、公正、合理等适用法律的一般原则所作出的具体行政行为。

第四十七条 依法授权或者委托行使安全生产行政执法职责的单位及其行政执法人员的责任追究，参照本规定执行。

第四十八条 本规定自2009年10月1日起施行。省、自治区、直辖市人民代表大会及其常务委员会或者省、自治区、直辖市人民政府对地方安全生产监督管理部门及其内设机构、行政执法人员的责任追究另有规定的，依照其规定。

13. 作业场所职业危害申报管理办法

（2009 年 9 月 8 日国家安全监管总局令第 27 号公布）

第一条 为了规范作业场所职业危害的申报工作，加强对生产经营单位职业健康工作的监督管理，根据《中华人民共和国职业病防治法》、《使用有毒物品作业场所劳动保护条例》等法律、行政法规和国务院有关职业健康监督检查职责调整的规定，制定本办法。

第二条 在中华人民共和国境内存在或者产生职业危害的生产经营单位（煤矿企业除外），应当按照国家有关法律、行政法规及本办法的规定，及时、如实申报职业危害，并接受安全生产监督管理部门的监督管理。

煤矿企业作业场所职业危害申报的管理，另行规定。

第三条 本办法所称作业场所职业危害，是指从业人员在从事职业活动中，由于接触粉尘、毒物等有害因素而对身体健康所造成的各种损害。

作业场所职业危害按照《职业病危害因素分类目录》确定。

第四条 职业危害申报工作实行属地分级管理。生产经营单位应当按照规定对本单位作业场所职业危害因素进行检测、评价，并按照职责分工向其所在地县级以上安全生产监督管理部门申报。

中央企业及其所属单位的职业危害申报，按照职责分工向其所在地设区的市级以上安全生产监督管理部门申报。

第五条 生产经营单位申报职业危害时，应当提交《作业场所职业危害申报表》和下列有关资料：

（一）生产经营单位的基本情况；

（二）产生职业危害因素的生产技术、工艺和材料的情况；

（三）作业场所职业危害因素的种类、浓度和强度的情况；

（四）作业场所接触职业危害因素的人数及分布情况；

（五）职业危害防护设施及个人防护用品的配备情况；

（六）对接触职业危害因素从业人员的管理情况；

（七）法律、法规和规章规定的其他资料。

第六条 作业场所职业危害申报采取电子和纸质文本两种方式。生产经营单位通过“作业场所职业危害申报与备案管理系统”进行电子数据申报，同时将《作业场所职业危害申报表》加盖公章并由生产经营单位主要负责人签字后，按照本办法第四条和第五条的规定，连同有关资料一并上报所在地相应的安全生产监督管理部门。

第七条 作业场所职业危害申报不得收取任何费用。

第八条 作业场所职业危害每年申报一次。生产经营单位下列事项发生重大变化的，应当按照本条规定向原申报机关申报变更：

（一）进行新建、改建、扩建、技术改造或者技术引进的，在建设项目竣工验收之日起 30 日内进行申报；

（二）因技术、工艺或者材料发生变化导致原申报的职业危害因素及其相关内容发生重大变化的，在技术、工艺或者材料变化之日起 15 日内进行申报；

（三）生产经营单位名称、法定代表人或者主要负责人发生变化的，在发生变化之日起 15 日内进行申报。

第九条 生产经营单位终止生产经营活动的，应当在生产经营活动终止之日起15日内向原申报机关报告并办理相关手续。

第十条 县级以上安全生产监督管理部门应当建立职业危害管理档案。职业危害管理档案应当包括辖区内存在职业危害因素的生产经营单位数量、职业危害因素种类、行业及地区分布、接触人数、防护设施的配备和职业卫生管理状况等内容。

第十一条 安全生产监督管理部门应当依法对生产经营单位作业场所职业危害申报情况进行监督检查。

第十二条 安全生产监督管理部门及其工作人员在对职业危害申报材料审查以及监督检查中，涉及生产经营单位商业秘密和技术秘密的，应当为其保密。违反有关保密义务的，应当承担相应的法律责任。

第十三条 生产经营单位未按照本办法规定及时、如实地申报职业危害的，由安全生产监督管理部门给予警告，责令限期改正，可以并处2万元以上5万元以下的罚款。

第十四条 生产经营单位有关事项发生重大变化，未按照本办法第八条的规定申报变更的，由安全生产监督管理部门责令限期改正，可以并处1万元以上3万元以下罚款。

第十五条 《作业场所职业危害申报表》、《作业场所职业危害申报回执》的内容和格式由国家安全生产监督管理总局统一制定。

第十六条 本办法自2009年11月1日起施行。

14. 特种作业人员安全技术培训考核管理规定

（2010 年 5 月 24 日国家安全监管总局令第 30 号公布，2013 年 8 月 29 日国家安全监管总局令第 63 号第一次修正，2015 年 5 月 29 日国家安全监管总局令第 80 号第二次修正）

第一章　总　　则

第一条　为了规范特种作业人员的安全技术培训考核工作，提高特种作业人员的安全技术水平，防止和减少伤亡事故，根据《安全生产法》、《行政许可法》等有关法律、行政法规，制定本规定。

第二条　生产经营单位特种作业人员的安全技术培训、考核、发证、复审及其监督管理工作，适用本规定。

有关法律、行政法规和国务院对有关特种作业人员管理另有规定的，从其规定。

第三条　本规定所称特种作业，是指容易发生事故，对操作者本人、他人的安全健康及设备、设施的安全可能造成重大危害的作业。特种作业的范围由特种作业目录规定。

本规定所称特种作业人员，是指直接从事特种作业的从业人员。

第四条　特种作业人员应当符合下列条件：

（一）年满 18 周岁，且不超过国家法定退休年龄；

（二）经社区或者县级以上医疗机构体检健康合格，并无妨碍从事相应特种作业的器质性心脏病、癫痫病、美尼尔氏症、眩晕症、癔病、震颤麻痹症、精神病、痴呆症以及其他疾病和生理缺陷；

（三）具有初中及以上文化程度；

（四）具备必要的安全技术知识与技能；

（五）相应特种作业规定的其他条件。

危险化学品特种作业人员除符合前款第一项、第二项、第四项和第五项规定的条件外，应当具备高中或者相当于高中及以上文化程度。

第五条　特种作业人员必须经专门的安全技术培训并考核合格，取得《中华人民共和国特种作业操作证》（以下简称特种作业操作证）后，方可上岗作业。

第六条　特种作业人员的安全技术培训、考核、发证、复审工作实行统一监管、分级实施、教考分离的原则。

第七条　国家安全生产监督管理总局（以下简称安全监管总局）指导、监督全国特种作业人员的安全技术培训、考核、发证、复审工作；省、自治区、直辖市人民政府安全生产监督管理部门指导、监督本行政区域特种作业人员的安全技术培训工作，负责本行政区域特种作业人员的考核、发证、复审工作；县级以上地方人民政府安全生产监督管理部门负责监督检查本行政区域特种作业人员的安全技术培训和持证上岗工作。

国家煤矿安全监察局（以下简称煤矿安监局）指导、监督全国煤矿特种作业人员（含煤矿矿井使用的特种设备作业人员）的安全技术培训、考核、发证、复审工作；省、自治区、直辖市人民政府负责煤矿特种作业人员考核发证工作的部门或者指定的机构指导、监督本行政区域煤矿特种作业人员的安全技术培训工作，负责本行政区域煤矿特种作业人员的考核、发证、复审工作。

省、自治区、直辖市人民政府安全生产监督管理部门和负责煤矿特种作业人员考核发证工作的部门或者指定的机构（以下统称考核发证机关）可以委托设区的市人民政府安全生产监督管理部门和负责煤矿特种作业人员考核发证工作的部门或者指定的机构实施特种作业人员的考核、发证、复审工作。

第八条 对特种作业人员安全技术培训、考核、发证、复审工作中的违法行为，任何单位和个人均有权向安全监管总局、煤矿安监局和省、自治区、直辖市及设区的市人民政府安全生产监督管理部门、负责煤矿特种作业人员考核发证工作的部门或者指定的机构举报。

第二章 培 训

第九条 特种作业人员应当接受与其所从事的特种作业相应的安全技术理论培训和实际操作培训。

已经取得职业高中、技工学校及中专以上学历的毕业生从事与其所学专业相应的特种作业，持学历证明经考核发证机关同意，可以免予相关专业的培训。

跨省、自治区、直辖市从业的特种作业人员，可以在户籍所在地或者从业所在地参加培训。

第十条 对特种作业人员的安全技术培训，具备安全培训条件的生产经营单位应当以自主培训为主，也可以委托具备安全培训条件的机构进行培训。

不具备安全培训条件的生产经营单位，应当委托具备安全培训条件的机构进行培训。

生产经营单位委托其他机构进行特种作业人员安全技术培训的，保证安全技术培训的责任仍由本单位负责。

第十一条 从事特种作业人员安全技术培训的机构（以下统称培训机构），应当制定相应的培训计划、教学安排，并按照安全监管总局、煤矿安监局制定的特种作业人员培训大纲和煤矿特种作业人员培训大纲进行特种作业人员的安全技术培训。

第三章 考 核 发 证

第十二条 特种作业人员的考核包括考试和审核两部分。考试由考核发证机关或其委托的单位负责；审核由考核发证机关负责。

安全监管总局、煤矿安监局分别制定特种作业人员、煤矿特种作业人员的考核标准，并建立相应的考试题库。

考核发证机关或其委托的单位应当按照安全监管总局、煤矿安监局统一制定的考核标准进行考核。

第十三条 参加特种作业操作资格考试的人员，应当填写考试申请表，由申请人或者申请人的用人单位持学历证明或者培训机构出具的培训证明向申请人户籍所在地或者从业所在地的考核发证机关或其委托的单位提出申请。

考核发证机关或其委托的单位收到申请后，应当在60日内组织考试。

特种作业操作资格考试包括安全技术理论考试和实际操作考试两部分。考试不及格的，允许补考1次。经补考仍不及格的，重新参加相应的安全技术培训。

第十四条 考核发证机关委托承担特种作业操作资格考试的单位应当具备相应的场所、设施、设备等条件，建立相应的管理制度，并公布收费标准等信息。

第十五条 考核发证机关或其委托承担特种作业操作资格考试的单位，应当在考试结束后10个工作日内公布考试成绩。

第十六条 符合本规定第四条规定并经考试合格的特种作业人员，应当向其户籍所在地或者从业所在地的考核发证机关申请办理特种作业操作证，并提交身份证复印件、学历证书复印件、体检证明、考试合格证明等材料。

第十七条 收到申请的考核发证机关应当在5个工作日内完成对特种作业人员所提交申请材料的审查，作出受理或者不予受理的决定。能够当场作出受理决定的，应当当场作出受理决定；申请材料不齐全或者不符合要求的，应当当场或者在5个工作日内一次告知申请人需要补正的全部内容，逾期不告知的，视为自收到申请材料之日起即已被受理。

第十八条 对已经受理的申请，考核发证机关应当在20个工作日内完成审核工作。符合条件的，颁发特种作业操作证；不符合条件的，应当说明理由。

第十九条 特种作业操作证有效期为6年，在全国范围内有效。

特种作业操作证由安全监管总局统一式样、标准及编号。

第二十条 特种作业操作证遗失的，应当向原考核发证机关提出书面申请，经原考核发证机关审查同意后，予以补发。

特种作业操作证所记载的信息发生变化或者损毁的，应当向原考核发证机关提出书面申请，经原考核发证机关审查确认后，予以更换或者更新。

第四章 复 审

第二十一条 特种作业操作证每3年复审1次。

特种作业人员在特种作业操作证有效期内，连续从事本工种10年以上，严格遵守有关安全生产法律法规的，经原考核发证机关或者从业所在地考核发证机关同意，特种作业操作证的复审时间可以延长至每6年1次。

第二十二条 特种作业操作证需要复审的，应当在期满前60日内，由申请人或者申请人的用人单位向原考核发证机关或者从业所在地考核发证机关提出申请，并提交下列材料：

（一）社区或者县级以上医疗机构出具的健康证明；

（二）从事特种作业的情况；

（三）安全培训考试合格记录。

特种作业操作证有效期届满需要延期换证的，应当按照前款的规定申请延期复审。

第二十三条 特种作业操作证申请复审或者延期复审前，特种作业人员应当参加必要的安全培训并考试合格。

安全培训时间不少于8个学时，主要培训法律、法规、标准、事故案例和有关新工艺、新技术、新装备等知识。

第二十四条 申请复审的，考核发证机关应当在收到申请之日起20个工作日内完成复审工作。复审合格的，由考核发证机关签章、登记，予以确认；不合格的，说明理由。

申请延期复审的，经复审合格后，由考核发证机关重新颁发特种作业操作证。

第二十五条 特种作业人员有下列情形之一的，复审或者延期复审不予通过：

（一）健康体检不合格的；

（二）违章操作造成严重后果或者有2次以上违章行为，并经查证确实的；

（三）有安全生产违法行为，并给予行政处罚的；

（四）拒绝、阻碍安全生产监管监察部门监督检查的；

（五）未按规定参加安全培训，或者考试不合格的；

（六）具有本规定第三十条、第三十一条规定情形的。

第二十六条 特种作业操作证复审或者延期复审符合本规定第二十五条第二项、第三项、第四项、第五项情形的，按照本规定经重新安全培训考试合格后，再办理复审或者延期复审手续。

再复审、延期复审仍不合格，或者未按期复审的，特种作业操作证失效。

第二十七条 申请人对复审或者延期复审有异议的，可以依法申请行政复议或者提起行政诉讼。

第五章 监督管理

第二十八条 考核发证机关或其委托的单位及其工作人员应当忠于职守、坚持原则、廉洁自律，按照法律、法规、规章的规定进行特种作业人员的考核、发证、复审工作，接受社会的监督。

第二十九条 考核发证机关应当加强对特种作业人员的监督检查，发现其具有本规定第三十条规定情形的，及时撤销特种作业操作证；对依法应当给予行政处罚的安全生产违法行为，按照有关规定依法对生产经营单位及其特种作业人员实施行政处罚。

考核发证机关应当建立特种作业人员管理信息系统，方便用人单位和社会公众查询；对于注销特种作业操作证的特种作业人员，应当及时向社会公告。

第三十条 有下列情形之一的，考核发证机关应当撤销特种作业操作证：

（一）超过特种作业操作证有效期未延期复审的；

（二）特种作业人员的身体条件已不适合继续从事特种作业的；

（三）对发生生产安全事故负有责任的；

（四）特种作业操作证记载虚假信息的；

（五）以欺骗、贿赂等不正当手段取得特种作业操作证的。

特种作业人员违反前款第四项、第五项规定的，3 年内不得再次申请特种作业操作证。

第三十一条 有下列情形之一的，考核发证机关应当注销特种作业操作证：

（一）特种作业人员死亡的；

（二）特种作业人员提出注销申请的；

（三）特种作业操作证被依法撤销的。

第三十二条 离开特种作业岗位 6 个月以上的特种作业人员，应当重新进行实际操作考试，经确认合格后方可上岗作业。

第三十三条 省、自治区、直辖市人民政府安全生产监督管理部门和负责煤矿特种作业人员考核发证工作的部门或者指定的机构应当每年分别向安全监管总局、煤矿安监局报告特种作业人员的考核发证情况。

第三十四条 生产经营单位应当加强对本单位特种作业人员的管理，建立健全特种作业人员培训、复审档案，做好申报、培训、考核、复审的组织工作和日常的检查工作。

第三十五条 特种作业人员在劳动合同期满后变动工作单位的，原工作单位不得以任何理由扣押其特种作业操作证。

跨省、自治区、直辖市从业的特种作业人员应当接受从业所在地考核发证机关的监督管理。

第三十六条 生产经营单位不得印制、伪造、倒卖特种作业操作证，或者使用非法印制、伪造、倒卖的特种作业操作证。

特种作业人员不得伪造、涂改、转借、转让、冒用特种作业操作证或者使用伪造的特种作业操作证。

第六章 罚则

第三十七条 考核发证机关或其委托的单位及其工作人员在特种作业人员考核、发证和复审工作中滥用职权、玩忽职守、徇私舞弊的，依法给予行政处分；构成犯罪的，依法追究刑事责任。

第三十八条 生产经营单位未建立健全特种作业人员档案的，给予警告，并处1万元以下的罚款。

第三十九条 生产经营单位使用未取得特种作业操作证的特种作业人员上岗作业的，责令限期改正，可以处5万元以下的罚款；逾期未改正的，责令停产停业整顿，并处5万元以上10万元以下的罚款，对直接负责的主管人员和其他直接责任人员处1万元以上2万元以下的罚款。

煤矿企业使用未取得特种作业操作证的特种作业人员上岗作业的，依照《国务院关于预防煤矿生产安全事故的特别规定》的规定处罚。

第四十条 生产经营单位非法印制、伪造、倒卖特种作业操作证，或者使用非法印制、伪造、倒卖的特种作业操作证的，给予警告，并处1万元以上3万元以下的罚款；构成犯罪的，依法追究刑事责任。

第四十一条 特种作业人员伪造、涂改特种作业操作证或者使用伪造的特种作业操作证的，给予警告，并处1000元以上5000元以下的罚款。

特种作业人员转借、转让、冒用特种作业操作证的，给予警告，并处2000元以上1万元以下的罚款。

第七章 附 则

第四十二条 特种作业人员培训、考试的收费标准，由省、自治区、直辖市人民政府安全生产监督管理部门会同负责煤矿特种作业人员考核发证工作的部门或者指定的机构统一制定，报同级人民政府物价、财政部门批准后执行，证书工本费由考核发证机关列入同级财政预算。

第四十三条 省、自治区、直辖市人民政府安全生产监督管理部门和负责煤矿特种作业人员考核发证工作的部门或者指定的机构可以结合本地区实际，制定实施细则，报安全监管总局、煤矿安监局备案。

第四十四条 本规定自2010年7月1日起施行。1999年7月12日原国家经贸委发布的《特种作业人员安全技术培训考核管理办法》（原国家经贸委令第13号）同时废止。

附件：

特种作业目录

1 电工作业

指对电气设备进行运行、维护、安装、检修、改造、施工、调试等作业（不含电力系统进网作业）。

1.1 高压电工作业

指对1千伏（kV）及以上的高压电气设备进行运行、维护、安装、检修、改造、施工、调试、试验及绝缘工、器具进行试验的作业。

1.2 低压电工作业

指对1千伏（kV）以下的低压电器设备进行安装、调试、运行操作、维护、检修、改造施工和试验的作业。

1.3 防爆电气作业

指对各种防爆电气设备进行安装、检修、维护的作业。

适用于除煤矿井下以外的防爆电气作业。

2 焊接与热切割作业

指运用焊接或者热切割方法对材料进行加工的作业（不含《特种设备安全监察条例》规定的有关作业）。

2.1 熔化焊接与热切割作业

指使用局部加热的方法将连接处的金属或其他材料加热至熔化状态而完成焊接与切割的作业。

适用于气焊与气割、焊条电弧焊与碳弧气刨、埋弧焊、气体保护焊、等离子弧焊、电渣焊、电子束焊、激光焊、氧熔剂切割、激光切割、等离子切割等作业。

2.2 压力焊作业

指利用焊接时施加一定压力而完成的焊接作业。

适用于电阻焊、气压焊、爆炸焊、摩擦焊、冷压焊、超声波焊、锻焊等作业。

2.3 钎焊作业

指使用比母材熔点低的材料作钎料，将焊件和钎料加热到高于钎料熔点，但低于母材熔点的温度，利用液态钎料润湿母材，填充接头间隙并与母材相互扩散而实现连接焊件的作业。

适用于火焰钎焊作业、电阻钎焊作业、感应钎焊作业、浸渍钎焊作业、炉中钎焊作业，不包括烙铁钎焊作业。

3 高处作业

指专门或经常在坠落高度基准面 2 米及以上有可能坠落的高处进行的作业。

3.1 登高架设作业

指在高处从事脚手架、跨越架架设或拆除的作业。

3.2 高处安装、维护、拆除作业

指在高处从事安装、维护、拆除的作业。

适用于利用专用设备进行建筑物内外装饰、清洁、装修，电力、电信等线路架设，高处管道架设，小型空调高处安装、维修，各种设备设施与户外广告设施的安装、检修、维护以及在高处从事建筑物、设备设施拆除作业。

4 制冷与空调作业

指对大中型制冷与空调设备运行操作、安装与修理的作业。

4.1 制冷与空调设备运行操作作业

指对各类生产经营企业和事业等单位的大中型制冷与空调设备运行操作的作业。

适用于化工类（石化、化工、天然气液化、工艺性空调）生产企业，机械类（冷加工、冷处理、工艺性空调）生产企业，食品类（酿造、饮料、速冻或冷冻调理食品、工艺性空调）生产企业，农副产品加工类（屠宰及肉食品加工、水产加工、果蔬加工）生产企业，仓储类（冷库、速冻加工、制冰）生产经营企业，运输类（冷藏运输）经营企业，服务类（电信机房、体育场馆、建筑的集中空调）经营企业和事业等单位的大中型制冷与空调设备运行操作作业。

4.2 制冷与空调设备安装修理作业

指对 4.1 所指制冷与空调设备整机、部件及相关系统进行安装、调试与维修的作业。

5 煤矿安全作业

5.1 煤矿井下电气作业

指从事煤矿井下机电设备的安装、调试、巡检、维修和故障处理，保证本班机电设备安全运行的作业。

适用于与煤共生、伴生的坑探、矿井建设、开采过程中的井下电钳等作业。

5.2　煤矿井下爆破作业

指在煤矿井下进行爆破的作业。

5.3　煤矿安全监测监控作业

指从事煤矿井下安全监测监控系统的安装、调试、巡检、维修，保证其安全运行的作业。

适用于与煤共生、伴生的坑探、矿井建设、开采过程中的安全监测监控作业。

5.4　煤矿瓦斯检查作业

指从事煤矿井下瓦斯巡检工作，负责管辖范围内通风设施的完好及通风、瓦斯情况检查，按规定填写各种记录，及时处理或汇报发现的问题的作业。

适用于与煤共生、伴生的矿井建设、开采过程中的煤矿井下瓦斯检查作业。

5.5　煤矿安全检查作业

指从事煤矿安全监督检查，巡检生产作业场所的安全设施和安全生产状况，检查并督促处理相应事故隐患的作业。

5.6　煤矿提升机操作作业

指操作煤矿的提升设备运送人员、矿石、矸石和物料，并负责巡检和运行记录的作业。

适用于操作煤矿提升机，包括立井、暗立井提升机，斜井、暗斜井提升机以及露天矿山斜坡卷扬提升的提升机作业。

5.7　煤矿采煤机（掘进机）操作作业

指在采煤工作面、掘进工作面操作采煤机、掘进机，从事落煤、装煤、掘进工作，负责采煤机、掘进机巡检和运行记录，保证采煤机、掘进机安全运行的作业。

适用于煤矿开采、掘进过程中的采煤机、掘进机作业。

5.8　煤矿瓦斯抽采作业

指从事煤矿井下瓦斯抽采钻孔施工、封孔、瓦斯流量测定及瓦斯抽采设备操作等，保证瓦斯抽采工作安全进行的作业。

适用于煤矿、与煤共生和伴生的矿井建设、开采过程中的煤矿地面和井下瓦斯抽采作业。

5.9　煤矿防突作业

指从事煤与瓦斯突出的预测预报、相关参数的收集与分析、防治突出措施的实施与检查、防突效果检验等，保证防突工作安全进行的作业。

适用于煤矿、与煤共生和伴生的矿井建设、开采过程中的煤矿井下煤与瓦斯防突作业。

5.10　煤矿探放水作业

指从事煤矿探放水的预测预报、相关参数的收集与分析、探放水措施的实施与检查、效果检验等，保证探放水工作安全进行的作业。

适用于煤矿、与煤共生和伴生的矿井建设、开采过程中的煤矿井下探放水作业。

6　金属非金属矿山安全作业

6.1　金属非金属矿井通风作业

指安装井下局部通风机，操作地面主要扇风机、井下局部通风机和辅助通风机，操作、维护矿井通风构筑物，进行井下防尘，使矿井通风系统正常运行，保证局部通风，以预防中毒窒息和除尘等的作业。

6.2　尾矿作业

指从事尾矿库放矿、筑坝、巡坝、抽洪和排渗设施的作业。

适用于金属非金属矿山的尾矿作业。

6.3　金属非金属矿山安全检查作业

指从事金属非金属矿山安全监督检查，巡检生产作业场所的安全设施和安全生产状况，检查并督促处理相应事故隐患的作业。

6.4 金属非金属矿山提升机操作作业

指操作金属非金属矿山的提升设备运送人员、矿石、矸石和物料，及负责巡检和运行记录的作业。

适用于金属非金属矿山的提升机，包括竖井、盲竖井提升机，斜井、盲斜井提升机以及露天矿山斜坡卷扬提升的提升机作业。

6.5 金属非金属矿山支柱作业

指在井下检查井巷和采场顶、帮的稳定性，撬浮石，进行支护的作业。

6.6 金属非金属矿山井下电气作业

指从事金属非金属矿山井下机电设备的安装、调试、巡检、维修和故障处理，保证机电设备安全运行的作业。

6.7 金属非金属矿山排水作业

指从事金属非金属矿山排水设备日常使用、维护、巡检的作业。

6.8 金属非金属矿山爆破作业

指在露天和井下进行爆破的作业。

7 石油天然气安全作业

7.1 司钻作业

指石油、天然气开采过程中操作钻机起升钻具的作业。

适用于陆上石油、天然气司钻（含钻井司钻、作业司钻及勘探司钻）作业。

8 冶金（有色）生产安全作业

8.1 煤气作业

指冶金、有色企业内从事煤气生产、储存、输送、使用、维护检修的作业。

9 危险化学品安全作业

指从事危险化工工艺过程操作及化工自动化控制仪表安装、维修、维护的作业。

9.1 光气及光气化工艺作业

指光气合成以及厂内光气储存、输送和使用岗位的作业。

适用于一氧化碳与氯气反应得到光气，光气合成双光气、三光气，采用光气作单体合成聚碳酸酯，甲苯二异氰酸酯（TDI）制备，4，4′-二苯基甲烷二异氰酸酯（MDI）制备等工艺过程的操作作业。

9.2 氯碱电解工艺作业

指氯化钠和氯化钾电解、液氯储存和充装岗位的作业。

适用于氯化钠（食盐）水溶液电解生产氯气、氢氧化钠、氢气，氯化钾水溶液电解生产氯气、氢氧化钾、氢气等工艺过程的操作作业。

9.3 氯化工艺作业

指液氯储存、气化和氯化反应岗位的作业。

适用于取代氯化，加成氯化，氧氯化等工艺过程的操作作业。

9.4 硝化工艺作业

指硝化反应、精馏分离岗位的作业。

适用于直接硝化法，间接硝化法，亚硝化法等工艺过程的操作作业。

9.5 合成氨工艺作业

指压缩、氨合成反应、液氨储存岗位的作业。

适用于节能氨五工艺法（AMV），德士古水煤浆加压气化法、凯洛格法，甲醇与合成氨联合生产的联醇法，纯碱与合成氨联合生产的联碱法，采用变换催化剂、氧化锌脱硫剂和甲烷催化剂的“三催化”气体净化法工艺过程的操作作业。

9.6 裂解（裂化）工艺作业

指石油系的烃类原料裂解（裂化）岗位的作业。

适用于热裂解制烯烃工艺，重油催化裂化制汽油、柴油、丙烯、丁烯，乙苯裂解制苯乙烯，二氟一氯甲烷（HCFC－22）热裂解制得四氟乙烯（TFE），二氟一氯乙烷（HCFC－142b）热裂解制得偏氟乙烯（VDF），四氟乙烯和八氟环丁烷热裂解制得六氟乙烯（HFP）工艺过程的操作作业。

9.7 氟化工艺作业

指氟化反应岗位的作业。

适用于直接氟化，金属氟化物或氟化氢气体氟化，置换氟化以及其他氟化物的制备等工艺过程的操作作业。

9.8 加氢工艺作业

指加氢反应岗位的作业。

适用于不饱和炔烃、烯烃的三键和双键加氢，芳烃加氢，含氧化合物加氢，含氮化合物加氢以及油品加氢等工艺过程的操作作业。

9.9 重氮化工艺作业

指重氮化反应、重氮盐后处理岗位的作业。

适用于顺法、反加法、亚硝酰硫酸法、硫酸铜触媒法以及盐析法等工艺过程的操作作业。

9.10 氧化工艺作业

指氧化反应岗位的作业。

适用于乙烯氧化制环氧乙烷，甲醇氧化制备甲醛，对二甲苯氧化制备对苯二甲酸，异丙苯经氧化－酸解联产苯酚和丙酮，环己烷氧化制环己酮，天然气氧化制乙炔，丁烯、丁烷、C4 馏分或苯的氧化制顺丁烯二酸酐，邻二甲苯或萘的氧化制备邻苯二甲酸酐，均四甲苯的氧化制备均苯四甲酸二酐，苊的氧化制 1，8－萘二甲酸酐，3－甲基吡啶氧化制 3－吡啶甲酸（烟酸），4－甲基吡啶氧化制 4－吡啶甲酸（异烟酸），2－乙基己醇（异辛醇）氧化制备 2－乙基己酸（异辛酸），对氯甲苯氧化制备对氯苯甲醛和对氯苯甲酸，甲苯氧化制备苯甲醛、苯甲酸，对硝基甲苯氧化制备对硝基苯甲酸，环十二醇/酮混合物的开环氧化制备十二碳二酸，环己酮/醇混合物的氧化制己二酸，乙二醛硝酸氧化法合成乙醛酸，以及丁醛氧化制丁酸以及氨氧化制硝酸等工艺过程的操作作业。

9.11 过氧化工艺作业

指过氧化反应、过氧化物储存岗位的作业。

适用于双氧水的生产，乙酸在硫酸存在下与双氧水作用制备过氧乙酸水溶液，酸酐与双氧水作用直接制备过氧二酸，苯甲酰氯与双氧水的碱性溶液作用制备过氧化苯甲酰，以及异丙苯经空气氧化生产过氧化氢异丙苯等工艺过程的操作作业。

9.12 胺基化工艺作业

指胺基化反应岗位的作业。

适用于邻硝基氯苯与氨水反应制备邻硝基苯胺，对硝基氯苯与氨水反应制备对硝基苯胺，间甲酚与氯化铵的混合物在催化剂和氨水作用下生成间甲苯胺，甲醇在催化剂和氨气作用下制备甲胺，1－硝基蒽醌与过量的氨水在氯苯中制备 1－氨基蒽醌，2，6－蒽醌二磺酸氨解制备 2，6－二氨基蒽醌，苯乙烯与胺反应制备 N－取代苯乙胺，环氧乙烷或亚乙基亚胺与胺或氨发生开环加成反应制备氨基乙醇或二胺，甲苯经氨氧化制备苯甲腈，以及丙烯氨氧化制备丙烯腈等工艺过程的操作作业。

9.13　磺化工艺作业

指磺化反应岗位的作业。

适用于三氧化硫磺化法，共沸去水磺化法，氯磺酸磺化法，烘焙磺化法，以及亚硫酸盐磺化法等工艺过程的操作作业。

9.14　聚合工艺作业

指聚合反应岗位的作业。

适用于聚烯烃、聚氯乙烯、合成纤维、橡胶、乳液、涂料粘合剂生产以及氟化物聚合等工艺过程的操作作业。

9.15　烷基化工艺作业

指烷基化反应岗位的作业。

适用于C－烷基化反应，N－烷基化反应，O－烷基化反应等工艺过程的操作作业。

9.16　化工自动化控制仪表作业

指化工自动化控制仪表系统安装、维修、维护的作业。

10　烟花爆竹安全作业

指从事烟花爆竹生产、储存中的药物混合、造粒、筛选、装药、筑药、压药、搬运等危险工序的作业。

10.1　烟火药制造作业

指从事烟火药的粉碎、配药、混合、造粒、筛选、干燥、包装等作业。

10.2　黑火药制造作业

指从事黑火药的潮药、浆硝、包片、碎片、油压、抛光和包浆等作业。

10.3　引火线制造作业

指从事引火线的制引、浆引、漆引、切引等作业。

10.4　烟花爆竹产品涉药作业

指从事烟花爆竹产品加工中的压药、装药、筑药、褙药剂、已装药的钻孔等作业。

10.5　烟花爆竹储存作业

指从事烟花爆竹仓库保管、守护、搬运等作业。

11　安全监管总局认定的其他作业

15. 安全生产行政处罚自由裁量适用规则（试行）

（2010年7月15日国家安全监管总局令第31号公布）

第一章 总 则

第一条 为了正确适用安全生产法律、行政法规和部门规章，规范安全生产监督管理部门合法、适当地行使行政处罚自由裁量权，根据《行政处罚法》、《安全生产法》、《职业病防治法》等法律、行政法规和部门规章的规定，制定本规则。

第二条 县级以上安全生产监督管理部门或其委托实施行政处罚的组织或者机构（以下统称安全监管执法机关）依照安全生产法律、行政法规和部门规章作出行政处罚行使自由裁量权的，适用本规则；具体实施行政处罚需要自由裁量的，参照《安全生产行政处罚自由裁量标准》（以下简称《标准》）执行。

煤矿安全监察机构对煤矿安全生产违法行为作出行政处罚行使自由裁量权的，适用《煤矿安全监察行政处罚自由裁量实施标准（试行）》。

法律、行政法规和地方性法规对行政处罚自由裁量另有规定的，适用其规定；原国家安全监管局、国家安全监管总局公布的部门规章与本规则不一致的，适用本规则。

第三条 本规则所称的行政处罚自由裁量权，是指安全监管执法机关在对安全生产违法行为实施行政处罚时，根据立法目的和行政处罚的原则，在法律、行政法规和部门规章规定的行政处罚的种类和幅度内，综合考量违法的事实、性质、手段、后果、情节和改正措施等因素，正确、适当地确定行政处罚的种类、幅度或者作出不予行政处罚决定的选择适用权限。

第四条 各级安全监管执法机关应当加强对各自管辖范围内安全生产行政处罚自由裁量行为的监督检查。

上级安全监管执法机关有权对下级安全监管执法机关违法或者不当的行政处罚予以纠正或者撤销。

第二章 行政处罚自由裁量的考量原则

第五条 行使行政处罚自由裁量权，应当遵循程序法定原则，严格遵守法律、行政法规和部门规章规定的程序。

第六条 行使行政处罚自由裁量权，应当遵循合法、公平、公正、公开的原则，过罚相当的原则和处罚与教育相结合的原则，依法维护公民、法人和其他组织的合法权益，确保行政处罚自由裁量权行使的合法性和合理性。

第七条 行使行政处罚自由裁量权，应当以事实为依据、以法律为准绳，全面分析违法行为的主体、客体、主观方面、客观方面等因素，综合裁量，合理确定应否给予行政处罚或者应当给予行政处罚的种类、幅度。给予行政处罚的种类、幅度应当与违法行为的事实、性质、情节、认知态度以及社会危害程度相当。

对同一类违法主体实施的性质相同、情节相近或者相似、危害后果基本相当的违法行为，在行使行政处罚自由裁量权时，适用的法律依据、处罚种类应当基本一致，处罚幅度应当基本相当。

第八条 同一个违法行为违反不同法律、行政法规或者部门规章规定的，在适用具体法律条文时应当遵循下列原则：

（一）优先适用法律效力高的规定；

（二）法律效力相同，属于特别规定的优先适用；

（三）法律效力相同，生效时间在后的优先适用。

第九条 法律对同一个违法行为设定了行政处罚的，按照下列原则行使自由裁量权：

（一）同一法律规定实施某个违法行为应当（可以）处以罚款的行政处罚确定的，参照《标准》对其罚款幅度予以细化；

（二）同一法律规定实施某个违法行为应当（可以）处以不同种类（包括警告、没收违法所得、暂扣或者吊销许可证等）的行政处罚的，参照《标准》给予相应种类的行政处罚；

（三）同一法律规定实施某个违法行为根据情节轻重不同处以不同种类的行政处罚的，参照《标准》确定的情节给予相应种类的行政处罚。

第十条 生产经营单位及其有关人员违反不同的法律规定，或者违反同一条款的不同违法情形，有两个以上应当给予行政处罚的违法行为的，应当适用不同的法律规定或者同一法律条款规定的不同违法情形，分别裁量，合并处罚。

第三章　行政处罚自由裁量的适用规则

第十一条 法律、行政法规或者部门规章规定应当先予责令改正或者责令限期改正的，应当先予书面责令当事人在规定期限内予以改正；当事人逾期不改正的，再依法决定行政处罚。

第十二条 法律、行政法规或者部门规章规定的多种处罚应当并处的，不得选择适用；规定可以并处的，可以选择适用。

法律、行政法规或者部门规章明确规定的处罚种类可以单处也可以并处的，可以选择适用，但应分清主罚项和次罚项。

法律、行政法规规定应当先予没收物品、没收违法所得，再作其他处罚的，不得直接选择适用其他处罚。

第十三条 法律、行政法规或者部门规章已经规定处罚种类的，实施自由裁量权时，不得改变行政处罚种类；对当事人实施罚款的，其罚款额不得高于法律、行政法规或者部门规章规定数额的上限，也不得低于其规定数额的下限。

第十四条 当事人有下列情形之一的，应当依法从轻处罚：

（一）已满14周岁不满18周岁的公民实施安全生产违法行为的；

（二）主动消除或者减轻安全生产违法行为危害后果的；

（三）受他人胁迫实施安全生产违法行为的；

（四）配合安全监管执法机关查处安全生产违法行为，有立功表现的；

（五）主动投案，向安全监管执法机关如实交代自己的违法行为的；

（六）具有法律、行政法规规定的其他从轻处罚情形的。

有从轻处罚情节的，应当在法定处罚幅度的中档以下确定行政处罚标准，但不得低于法定处罚幅度的下限。

本条第一款第（四）项所称的立功表现，是指当事人有揭发他人安全生产违法行为，并经查证属实；或者提供查处其他安全生产违法行为的重要线索，并经查证属实；或者阻止他人实施安全生产违法行为；或者协助司法机关抓捕其他违法犯罪嫌疑人的行为。

第十五条 当事人有下列情形之一的，应当依法从重处罚：

（一）危及公共安全或者其他生产经营单位及其人员安全，经责令限期改正，逾期未改正的；

（二）一年内因同一种安全生产违法行为受到两次以上行政处罚的；

（三）拒不整改或者整改不力，其违法行为处于持续状态的；

（四）拒绝、阻碍或者以暴力威胁行政执法人员的；

（五）在处置突发事件期间实施安全生产违法行为的；

（六）隐匿、销毁违法行为证据的；

（七）违法行为情节恶劣，造成人身死亡（重伤、急性工业中毒）或者严重社会影响的；

（八）故意实施违法行为的；

（九）对举报人、证人打击报复的；

（十）未依法排查治理事故隐患的；

（十一）发生生产安全事故后逃匿或者瞒报、谎报的；

（十二）具有法律、行政法规规定的其他从重处罚情形的。

有从重处罚情节的，应当在法定处罚幅度内选择较高或者最高幅度确定处罚标准，但不得高于法定处罚幅度上限。

第十六条 当事人有下列情形之一的，不予处罚：

（一）证据不足，安全生产违法事实不能成立的；

（二）安全生产违法行为轻微并及时纠正，没有造成危害后果的；

（三）不满 14 周岁的公民实施安全生产违法行为的；

（四）精神病人在不能辨认或者不能控制自己行为时实施安全生产违法行为的；

（五）安全生产违法行为在两年内未被发现的，法律另有规定的除外；

（六）具有法律、行政法规、部门规章规定的其他情形的。

前款第五项规定的期限，从违法行为发生之日起计算，违法行为有连续或者继续状态的，从行为终了之日起计算。

第十七条 《标准》所称的违法所得，按照下列规定计算：

（一）生产、加工产品的，以生产、加工的产品及其销售收入作为违法所得；

（二）销售商品的，以销售收入作为违法所得；

（三）提供安全生产中介、租赁等服务的，以服务收入或者报酬作为违法所得；

（四）销售收入无法计算的，按照当地同类同等规模的生产经营单位的平均销售收入计算；

（五）服务收入、报酬无法计算的，按照当地同行业同种服务的平均收入或者报酬计算。

第四章 行政处罚自由裁量的审核与监督

第十八条 除当场行政处罚外，行政处罚自由裁量结果实行审核制度。

案件调查终结后，案件承办人员应当对拟作出行政处罚的种类和幅度提出建议，并说明行使自由裁量权的事实、理由和依据；案件审核人员应当对处罚依据、额度等提出审核意见，并将审核意见报送安全监管执法机关负责人审查决定；安全监管执法机关已经成立行政处罚案件审核委员会的，审核意见报案件审核委员会审查决定。

对安全生产违法行为给予从轻或者从重处罚的自由裁量结果，应当由安全监管执法机关的负责人集体讨论决定。

第十九条 行政处罚案件实行备案审查制度。

各级安全监管执法机关负责法制工作的机构负责本机关行政处罚案件的备案审查工作，对各类安全生产行政处罚案件的实体内容、执法程序、自由裁量的合法性、适当性以及相关证据进行事后审查，并定期对行政执法案卷进行复查和监督。

第二十条 行使安全生产行政处罚自由裁量权的裁量结果应当公开，允许社会公众查阅，但涉及国家秘密、商业秘密或者个人隐私的除外。

第二十一条 行政监察机关对安全监管执法机关及其工作人员行使行政处罚自由裁量权实施监察。

安全监管执法机关及其工作人员行使行政处罚自由裁量权明显不当的，必须及时予以纠正；对有关责任人员依照《安全生产监管监察职责和行政执法责任追究的暂行规定》处理。

第五章 附 则

第二十二条 违反《安全生产法》有关规定发生生产安全事故，应当给予生产经营单位的主要负责人、个人经营的投资人和其他责任人员罚款的，依照《安全生产法》第八十条、第八十一条的规定处罚。

违反《安全生产法》以外的有关法律、行政法规、部门规章的规定发生生产安全事故，应当给予生产经营单位的主要负责人、个人经营的投资人和其他责任人员罚款的，依照《生产安全事故报告和调查处理条例》的规定处罚。

第二十三条 行政处罚自由裁量审查和备案审查的具体办法，由地方各级安全监管执法机关根据本机关实际制定，并报上一级安全监管执法机关备案。

第二十四条 安全生产违法行为涉嫌构成刑事犯罪的，应当依据规定程序移交司法机关，不得以罚代刑。

第二十五条 本规则自 2010 年 10 月 1 日起施行。

16. 煤矿领导带班下井及安全监督检查规定

（2010 年 9 月 7 日国家安全监管总局令第 33 号公布，2015 年 6 月 8 日国家安全监管总局令第 81 号修正）

第一章 总 则

第一条 为落实煤矿领导带班下井制度，根据《国务院关于进一步加强企业安全生产工作的通知》（国发〔2010〕23 号）和有关法律、行政法规的规定，制定本规定。

第二条 煤矿领导带班下井和县级以上地方人民政府煤炭行业管理部门、煤矿安全生产监督管理部门（以下分别简称为煤炭行业管理部门、煤矿安全监管部门），以及煤矿安全监察机构对其实施监督检查，适用本规定。

第三条 煤炭行业管理部门是落实煤矿领导带班下井制度的主管部门，负责督促煤矿抓好有关制度的建设和落实。

煤矿安全监管部门对煤矿领导带班下井进行日常性的监督检查，对煤矿违反带班下井制度的行为依法作出现场处理或者实施行政处罚。

煤矿安全监察机构对煤矿领导带班下井实施国家监察，对煤矿违反带班下井制度的行为依法作出现场处理或者实施行政处罚。

第四条 本规定所称的煤矿，是指煤矿生产矿井和新建、改建、扩建、技术改造、资源整合重组等建设矿井及其施工单位。

本规定所称煤矿领导，是指煤矿的主要负责人、领导班子成员和副总工程师。

建设矿井的领导，是指煤矿建设单位和从事煤矿建设的施工单位的主要负责人、领导班子成员和副总工程师。

第五条 煤矿是落实领导带班下井制度的责任主体，每班必须有矿领导带班下井，并与工人同时下井、同时升井。

煤矿的主要负责人对落实领导带班下井制度全面负责。

煤矿集团公司应当加强对所属煤矿领导带班下井的情况实施监督检查。

第六条 任何单位和个人对煤矿领导未按照规定带班下井或者弄虚作假的，均有权向煤炭行业管理部门、煤矿安全监管部门、煤矿安全监察机构举报和报告。

第二章 带 班 下 井

第七条 煤矿应当建立健全领导带班下井制度，并严格考核。带班下井制度应当明确带班下井人员、每月带班下井的个数、在井下工作时间、带班下井的任务、职责权限、群众监督和考核奖惩等内容。

煤矿的主要负责人每月带班下井不得少于 5 个。

煤矿领导带班下井时，其领导姓名应当在井口明显位置公示。煤矿领导每月带班下井工作计划的完成情况，应当在煤矿公示栏公示，接受群众监督。

第八条　煤矿领导带班下井制度应当按照煤矿的隶属关系报送所在地煤炭行业管理部门，同时抄送煤矿安全监管部门和驻地煤矿安全监察机构。

第九条　煤矿领导带班下井时，应当履行下列职责：

（一）加强对采煤、掘进、通风等重点部位、关键环节的检查巡视，全面掌握当班井下的安全生产状况；

（二）及时发现和组织消除事故隐患和险情，及时制止违章违纪行为，严禁违章指挥，严禁超能力组织生产；

（三）遇到险情时，立即下达停产撤人命令，组织涉险区域人员及时、有序撤离到安全地点。

第十条　煤矿领导带班下井实行井下交接班制度。

上一班的带班领导应当在井下向接班的领导详细说明井下安全状况、存在的问题及原因、需要注意的事项等，并认真填写交接班记录簿。

第十一条　煤矿应当建立领导带班下井档案管理制度。

煤矿领导升井后，应当及时将下井的时间、地点、经过路线、发现的问题及处理情况、意见等有关情况进行登记，并由专人负责整理和存档备查。

煤矿领导带班下井的相关记录和煤矿井下人员定位系统存储信息保存期不少于一年。

第十二条　煤矿没有领导带班下井的，煤矿从业人员有权拒绝下井作业。煤矿不得因此降低从业人员工资、福利等待遇或者解除与其订立的劳动合同。

第三章　监　督　检　查

第十三条　煤炭行业管理部门应当加强对煤矿领导带班下井的日常管理和督促检查。煤矿安全监管部门应当将煤矿建立并执行领导带班下井制度作为日常监督检查的重要内容，每季度至少对所辖区域煤矿领导带班下井执行情况进行一次监督检查。

煤矿领导带班下井执行情况应当在当地主要媒体向社会公布，接受社会监督。

第十四条　煤矿安全监察机构应当将煤矿领导带班下井制度执行情况纳入年度监察执法计划，每年至少进行两次专项监察或者重点监察。

煤矿领导带班下井的专项监察或者重点监察的情况应当报告上一级煤矿安全监察机构，并通报有关地方人民政府。

第十五条　煤炭行业管理部门、煤矿安全监管部门、煤矿安全监察机构对煤矿领导带班下井情况进行监督检查，可以采取现场随机询问煤矿从业人员、查阅井下交接班及下井档案记录、听取煤矿从业人员反映、调阅煤矿井下人员定位系统监控记录等方式。

第十六条　煤炭行业管理部门、煤矿安全监管部门、煤矿安全监察机构对煤矿领导带班下井情况进行监督检查时，重点检查下列内容：

（一）是否建立健全煤矿领导带班下井制度，包括井下交接班制度和带班下井档案管理制度；

（二）煤矿领导特别是煤矿主要负责人带班下井情况；

（三）是否制订煤矿领导每月轮流带班下井工作计划以及工作计划执行、公示、考核和奖惩等情况；

（四）煤矿领导带班下井在井下履行职责情况，特别是重大事故隐患和险情的处置情况；

（五）煤矿领导井下交接班记录、带班下井档案等情况；

（六）群众举报有关问题的查处情况。

第十七条　煤炭行业管理部门、煤矿安全监管部门、煤矿安全监察机构应当建立举报制度，公开举报电话、信箱或者电子邮件地址，受理有关举报；对于受理的举报，应当认真调查核实；经查证属实的，依法从重处罚。

第四章　法　律　责　任

第十八条　煤矿有下列情形之一的，给予警告，并处3万元罚款；对煤矿主要负责人处1万元罚款：

（一）未建立健全煤矿领导带班下井制度的；

（二）未建立煤矿领导井下交接班制度的；

（三）未建立煤矿领导带班下井档案管理制度的；

（四）煤矿领导每月带班下井情况未按照规定公示的；

（五）未按规定填写煤矿领导下井交接班记录簿、带班下井记录或者保存带班下井相关记录档案的。

第十九条　煤矿领导未按规定带班下井，或者带班下井档案虚假的，责令改正，并对该煤矿处15万元的罚款，对违反规定的煤矿领导按照擅离职守处理，对煤矿主要负责人处1万元的罚款。

第二十条　对发生事故而没有煤矿领导带班下井的煤矿，依法责令停产整顿，暂扣或者吊销煤矿安全生产许可证，并依照下列规定处以罚款；情节严重的，提请有关人民政府依法予以关闭：

（一）发生一般事故的，处50万元的罚款；

（二）发生较大事故的，处100万元的罚款；

（三）发生重大事故的，处500万元的罚款；

（四）发生特别重大事故的，处2000万元的罚款。

第二十一条　对发生事故而没有煤矿领导带班下井的煤矿，对其主要负责人依法暂扣或者吊销其安全资格证，并依照下列规定处以罚款：

（一）发生一般事故的，处上一年年收入30%的罚款；

（二）发生较大事故的，处上一年年收入40%的罚款；

（三）发生重大事故的，处上一年年收入60%的罚款；

（四）发生特别重大事故的，处上一年年收入80%的罚款。

煤矿的主要负责人未履行《安全生产法》规定的安全生产管理职责，导致发生生产安全事故，受到刑事处罚或者撤职处分的，自刑罚执行完毕或者受处分之日起，5年内不得担任任何生产经营单位的主要负责人；对重大、特别重大生产安全事故负有责任的，终身不得担任煤矿的主要负责人。

第二十二条　本规定的行政处罚，由煤矿安全监管部门、煤矿安全监察机构依照各自的法定职权决定。

第五章　附　　则

第二十三条　省级煤炭行业管理部门会同煤矿安全监管部门可以依照本规定制定实施细则，报国家安全生产监督管理总局、国家煤矿安监局备案。

第二十四条　中央企业所属煤矿按照分级属地管理原则，由省（市、区）、设区的市人民政府煤炭行业管理部门、煤矿安全监管部门和煤矿安全监察机构负责监督监察。

第二十五条　露天煤矿领导带班下井参照本规定执行。

第二十六条　本规定自2010年10月7日起施行。

17. 建设项目安全设施“三同时”监督管理办法

（2010 年 12 月 14 日国家安全监管总局令第 36 号公布，2015 年 4 月 2 日国家安全监管总局令第 77 号修正）

第一章　总　　则

第一条　为加强建设项目安全管理，预防和减少生产安全事故，保障从业人员生命和财产安全，根据《中华人民共和国安全生产法》和《国务院关于进一步加强企业安全生产工作的通知》等法律、行政法规和规定，制定本办法。

第二条　经县级以上人民政府及其有关主管部门依法审批、核准或者备案的生产经营单位新建、改建、扩建工程项目（以下统称建设项目）安全设施的建设及其监督管理，适用本办法。

法律、行政法规及国务院对建设项目安全设施建设及其监督管理另有规定的，依照其规定。

第三条　本办法所称的建设项目安全设施，是指生产经营单位在生产经营活动中用于预防生产安全事故的设备、设施、装置、构（建）筑物和其他技术措施的总称。

第四条　生产经营单位是建设项目安全设施建设的责任主体。建设项目安全设施必须与主体工程同时设计、同时施工、同时投入生产和使用（以下简称“三同时”）。安全设施投资应当纳入建设项目概算。

第五条　国家安全生产监督管理总局对全国建设项目安全设施“三同时”实施综合监督管理，并在国务院规定的职责范围内承担有关建设项目安全设施“三同时”的监督管理。

县级以上地方各级安全生产监督管理部门对本行政区域内的建设项目安全设施“三同时”实施综合监督管理，并在本级人民政府规定的职责范围内承担本级人民政府及其有关主管部门审批、核准或者备案的建设项目安全设施“三同时”的监督管理。

跨两个及两个以上行政区域的建设项目安全设施“三同时”由其共同的上一级人民政府安全生产监督管理部门实施监督管理。

上一级人民政府安全生产监督管理部门根据工作需要，可以将其负责监督管理的建设项目安全设施“三同时”工作委托下一级人民政府安全生产监督管理部门实施监督管理。

第六条　安全生产监督管理部门应当加强建设项目安全设施建设的日常安全监管，落实有关行政许可及其监管责任，督促生产经营单位落实安全设施建设责任。

第二章　建设项目安全预评价

第七条　下列建设项目在进行可行性研究时，生产经营单位应当按照国家规定，进行安全预评价：

（一）非煤矿矿山建设项目；

（二）生产、储存危险化学品（包括使用长输管道输送危险化学品，下同）的建设项目；

（三）生产、储存烟花爆竹的建设项目；

（四）金属冶炼建设项目；

（五）使用危险化学品从事生产并且使用量达到规定数量的化工建设项目（属于危险化学品生产的除外，下同）；

（六）法律、行政法规和国务院规定的其他建设项目。

第八条 生产经营单位应当委托具有相应资质的安全评价机构，对其建设项目进行安全预评价，并编制安全预评价报告。

建设项目安全预评价报告应当符合国家标准或者行业标准的规定。

生产、储存危险化学品的建设项目和化工建设项目安全预评价报告除符合本条第二款的规定外，还应当符合有关危险化学品建设项目的规定。

第九条 本办法第七条规定以外的其他建设项目，生产经营单位应当对其安全生产条件和设施进行综合分析，形成书面报告备查。

第三章 建设项目安全设施设计审查

第十条 生产经营单位在建设项目初步设计时，应当委托有相应资质的设计单位对建设项目安全设施同时进行设计，编制安全设施设计。

安全设施设计必须符合有关法律、法规、规章和国家标准或者行业标准、技术规范的规定，并尽可能采用先进适用的工艺、技术和可靠的设备、设施。本办法第七条规定的建设项目安全设施设计还应当充分考虑建设项目安全预评价报告提出的安全对策措施。

安全设施设计单位、设计人应当对其编制的设计文件负责。

第十一条 建设项目安全设施设计应当包括下列内容：

（一）设计依据；

（二）建设项目概述；

（三）建设项目潜在的危险、有害因素和危险、有害程度及周边环境安全分析；

（四）建筑及场地布置；

（五）重大危险源分析及检测监控；

（六）安全设施设计采取的防范措施；

（七）安全生产管理机构设置或者安全生产管理人员配备要求；

（八）从业人员安全生产教育和培训要求；

（九）工艺、技术和设备、设施的先进性和可靠性分析；

（十）安全设施专项投资概算；

（十一）安全预评价报告中的安全对策及建议采纳情况；

（十二）预期效果以及存在的问题与建议；

（十三）可能出现的事故预防及应急救援措施；

（十四）法律、法规、规章、标准规定需要说明的其他事项。

第十二条 本办法第七条第（一）项、第（二）项、第（三）项、第（四）项规定的建设项目安全设施设计完成后，生产经营单位应当按照本办法第五条的规定向安全生产监督管理部门提出审查申请，并提交下列文件资料：

（一）建设项目审批、核准或者备案的文件；

（二）建设项目安全设施设计审查申请；

（三）设计单位的设计资质证明文件；

（四）建设项目安全设施设计；

（五）建设项目安全预评价报告及相关文件资料；

（六）法律、行政法规、规章规定的其他文件资料。

安全生产监督管理部门收到申请后，对属于本部门职责范围内的，应当及时进行审查，并在收到申请后 5 个工作日内作出受理或者不予受理的决定，书面告知申请人；对不属于本部门职责范围内的，应当将有关文件资料转送有审查权的安全生产监督管理部门，并书面告知申请人。

第十三条 对已经受理的建设项目安全设施设计审查申请，安全生产监督管理部门应当自受理之日起 20 个工作日内作出是否批准的决定，并书面告知申请人。20 个工作日内不能作出决定的，经本部门负责人批准，可以延长 10 个工作日，并应当将延长期限的理由书面告知申请人。

第十四条 建设项目安全设施设计有下列情形之一的，不予批准，并不得开工建设：

（一）无建设项目审批、核准或者备案文件的；

（二）未委托具有相应资质的设计单位进行设计的；

（三）安全预评价报告由未取得相应资质的安全评价机构编制的；

（四）设计内容不符合有关安全生产的法律、法规、规章和国家标准或者行业标准、技术规范的规定的；

（五）未采纳安全预评价报告中的安全对策和建议，且未作充分论证说明的；

（六）不符合法律、行政法规规定的其他条件的。

建设项目安全设施设计审查未予批准的，生产经营单位经过整改后可以向原审查部门申请再审。

第十五条 已经批准的建设项目及其安全设施设计有下列情形之一的，生产经营单位应当报原批准部门审查同意；未经审查同意的，不得开工建设：

（一）建设项目的规模、生产工艺、原料、设备发生重大变更的；

（二）改变安全设施设计且可能降低安全性能的；

（三）在施工期间重新设计的。

第十六条 本办法第七条第（一）项、第（二）项、第（三）项和第（四）项规定以外的建设项目安全设施设计，由生产经营单位组织审查，形成书面报告备查。

第四章　建设项目安全设施施工和竣工验收

第十七条 建设项目安全设施的施工应当由取得相应资质的施工单位进行，并与建设项目主体工程同时施工。

施工单位应当在施工组织设计中编制安全技术措施和施工现场临时用电方案，同时对危险性较大的分部分项工程依法编制专项施工方案，并附具安全验算结果，经施工单位技术负责人、总监理工程师签字后实施。

施工单位应当严格按照安全设施设计和相关施工技术标准、规范施工，并对安全设施的工程质量负责。

第十八条 施工单位发现安全设施设计文件有错漏的，应当及时向生产经营单位、设计单位提出。生产经营单位、设计单位应当及时处理。

施工单位发现安全设施存在重大事故隐患时，应当立即停止施工并报告生产经营单位进行整改。整改合格后，方可恢复施工。

第十九条 工程监理单位应当审查施工组织设计中的安全技术措施或者专项施工方案是否符合工程建设强制性标准。

工程监理单位在实施监理过程中，发现存在事故隐患的，应当要求施工单位整改；情况严重的，应当要求施工单位暂时停止施工，并及时报告生产经营单位。施工单位拒不整改或者不停止施工的，工程监理单位应当及时向有关主管部门报告。

工程监理单位、监理人员应当按照法律、法规和工程建设强制性标准实施监理，并对安全设施工程的工程质量承担监理责任。

第二十条　建设项目安全设施建成后，生产经营单位应当对安全设施进行检查，对发现的问题及时整改。

第二十一条　本办法第七条规定的建设项目竣工后，根据规定建设项目需要试运行（包括生产、使用，下同）的，应当在正式投入生产或者使用前进行试运行。

试运行时间应当不少于30日，最长不得超过180日，国家有关部门有规定或者特殊要求的行业除外。

生产、储存危险化学品的建设项目和化工建设项目，应当在建设项目试运行前将试运行方案报负责建设项目安全许可的安全生产监督管理部门备案。

第二十二条　本办法第七条规定的建设项目安全设施竣工或者试运行完成后，生产经营单位应当委托具有相应资质的安全评价机构对安全设施进行验收评价，并编制建设项目安全验收评价报告。

建设项目安全验收评价报告应当符合国家标准或者行业标准的规定。

生产、储存危险化学品的建设项目和化工建设项目安全验收评价报告除符合本条第二款的规定外，还应当符合有关危险化学品建设项目的规定。

第二十三条　建设项目竣工投入生产或者使用前，生产经营单位应当组织对安全设施进行竣工验收，并形成书面报告备查。安全设施竣工验收合格后，方可投入生产和使用。

安全监管部门应当按照下列方式之一对本办法第七条第（一）项、第（二）项、第（三）项和第（四）项规定建设项目的竣工验收活动和验收结果的监督核查：

（一）对安全设施竣工验收报告按照不少于总数10%的比例进行随机抽查；

（二）在实施有关安全许可时，对建设项目安全设施竣工验收报告进行审查。

抽查和审查以书面方式为主。对竣工验收报告的实质内容存在疑问，需要到现场核查的，安全监管部门应当指派两名以上工作人员对有关内容进行现场核查。工作人员应当提出现场核查意见，并如实记录在案。

第二十四条　建设项目的安全设施有下列情形之一的，建设单位不得通过竣工验收，并不得投入生产或者使用：

（一）未选择具有相应资质的施工单位施工的；

（二）未按照建设项目安全设施设计文件施工或者施工质量未达到建设项目安全设施设计文件要求的；

（三）建设项目安全设施的施工不符合国家有关施工技术标准的；

（四）未选择具有相应资质的安全评价机构进行安全验收评价或者安全验收评价不合格的；

（五）安全设施和安全生产条件不符合有关安全生产法律、法规、规章和国家标准或者行业标准、技术规范规定的；

（六）发现建设项目试运行期间存在事故隐患未整改的；

（七）未依法设置安全生产管理机构或者配备安全生产管理人员的；

（八）从业人员未经过安全生产教育和培训或者不具备相应资格的；

（九）不符合法律、行政法规规定的其他条件的。

第二十五条　生产经营单位应当按照档案管理的规定，建立建设项目安全设施“三同时”文件资料档案，并妥善保存。

第二十六条　建设项目安全设施未与主体工程同时设计、同时施工或者同时投入使用的，安全生产监督管理部门对与此有关的行政许可一律不予审批，同时责令生产经营单位立即停止施工、限期改正违法行为，对有关生产经营单位和人员依法给予行政处罚。

第五章 法 律 责 任

第二十七条 建设项目安全设施“三同时”违反本办法的规定，安全生产监督管理部门及其工作人员给予审批通过或者颁发有关许可证的，依法给予行政处分。

第二十八条 生产经营单位对本办法第七条第（一）项、第（二）项、第（三）项和第（四）项规定的建设项目有下列情形之一的，责令停止建设或者停产停业整顿，限期改正；逾期未改正的，处50万元以上100万元以下的罚款，对其直接负责的主管人员和其他直接责任人员处2万元以上5万元以下的罚款；构成犯罪的，依照刑法有关规定追究刑事责任：

（一）未按照本办法规定对建设项目进行安全评价的；

（二）没有安全设施设计或者安全设施设计未按照规定报经安全生产监督管理部门审查同意，擅自开工的；

（三）施工单位未按照批准的安全设施设计施工的；

（四）投入生产或者使用前，安全设施未经验收合格的。

第二十九条 已经批准的建设项目安全设施设计发生重大变更，生产经营单位未报原批准部门审查同意擅自开工建设的，责令限期改正，可以并处1万元以上3万元以下的罚款。

第三十条 本办法第七条第（一）项、第（二）项、第（三）项和第（四）项规定以外的建设项目有下列情形之一的，对有关生产经营单位责令限期改正，可以并处5000元以上3万元以下的罚款：

（一）没有安全设施设计的；

（二）安全设施设计未组织审查，并形成书面审查报告的；

（三）施工单位未按照安全设施设计施工的；

（四）投入生产或者使用前，安全设施未经竣工验收合格，并形成书面报告的。

第三十一条 承担建设项目安全评价的机构弄虚作假、出具虚假报告，尚未构成犯罪的，没收违法所得，违法所得在10万元以上的，并处违法所得二倍以上五倍以下的罚款；没有违法所得或者违法所得不足10万元的，单处或者并处10万元以上20万元以下的罚款，对其直接负责的主管人员和其他直接责任人员处2万元以上5万元以下的罚款；给他人造成损害的，与生产经营单位承担连带赔偿责任。

对有前款违法行为的机构，吊销其相应资质。

第三十二条 本办法规定的行政处罚由安全生产监督管理部门决定。法律、行政法规对行政处罚的种类、幅度和决定机关另有规定的，依照其规定。

安全生产监督管理部门对应当由其他有关部门进行处理的“三同时”问题，应当及时移送有关部门并形成记录备查。

第六章 附 则

第三十三条 本办法自2011年2月1日起施行。

18. 安全生产培训管理办法

（2012 年 1 月 19 日国家安全监管总局令第 44 号公布，2013 年 8 月 29 日国家安全监管总局令第 63 号第一次修正，2015 年 5 月 29 日国家安全监管总局令第 80 号第二次修正）

第一章　总　　则

第一条　为了加强安全生产培训管理，规范安全生产培训秩序，保证安全生产培训质量，促进安全生产培训工作健康发展，根据《中华人民共和国安全生产法》和有关法律、行政法规的规定，制定本办法。

第二条　安全培训机构、生产经营单位从事安全生产培训（以下简称安全培训）活动以及安全生产监督管理部门、煤矿安全监察机构、地方人民政府负责煤矿安全培训的部门对安全培训工作实施监督管理，适用本办法。

第三条　本办法所称安全培训是指以提高安全监管监察人员、生产经营单位从业人员和从事安全生产工作的相关人员的安全素质为目的的教育培训活动。

前款所称安全监管监察人员是指县级以上各级人民政府安全生产监督管理部门、各级煤矿安全监察机构从事安全监管监察、行政执法的安全生产监管人员和煤矿安全监察人员；生产经营单位从业人员是指生产经营单位主要负责人、安全生产管理人员、特种作业人员及其他从业人员；从事安全生产工作的相关人员是指从事安全教育培训工作的教师、危险化学品登记机构的登记人员和承担安全评价、咨询、检测、检验的人员及注册安全工程师、安全生产应急救援人员等。

第四条　安全培训工作实行统一规划、归口管理、分级实施、分类指导、教考分离的原则。

国家安全生产监督管理总局（以下简称国家安全监管总局）指导全国安全培训工作，依法对全国的安全培训工作实施监督管理。

国家煤矿安全监察局（以下简称国家煤矿安监局）指导全国煤矿安全培训工作，依法对全国煤矿安全培训工作实施监督管理。

国家安全生产应急救援指挥中心指导全国安全生产应急救援培训工作。

县级以上地方各级人民政府安全生产监督管理部门依法对本行政区域内的安全培训工作实施监督管理。

省、自治区、直辖市人民政府负责煤矿安全培训的部门、省级煤矿安全监察机构（以下统称省级煤矿安全培训监管机构）按照各自工作职责，依法对所辖区域煤矿安全培训工作实施监督管理。

第五条　安全培训的机构应当具备从事安全培训工作所需要的条件。从事危险物品的生产、经营、储存单位以及矿山、金属冶炼单位的主要负责人和安全生产管理人员，特种作业人员以及注册安全工程师等相关人员培训的安全培训机构，应当将教师、教学和实习实训设施等情况书面报告所在地安全生产监督管理部门、煤矿安全培训监管机构。

安全生产相关社会组织依照法律、行政法规和章程，为生产经营单位提供安全培训有关服务，对安全培训机构实行自律管理，促进安全培训工作水平的提升。

第二章 安 全 培 训

第六条 安全培训应当按照规定的安全培训大纲进行。

安全监管监察人员，危险物品的生产、经营、储存单位与非煤矿山、金属冶炼单位的主要负责人和安全生产管理人员、特种作业人员以及从事安全生产工作的相关人员的安全培训大纲，由国家安全监管总局组织制定。

煤矿企业的主要负责人和安全生产管理人员、特种作业人员的培训大纲由国家煤矿安监局组织制定。

除危险物品的生产、经营、储存单位和矿山、金属冶炼单位以外其他生产经营单位的主要负责人、安全生产管理人员及其他从业人员的安全培训大纲，由省级安全生产监督管理部门、省级煤矿安全培训监管机构组织制定。

第七条 国家安全监管总局、省级安全生产监督管理部门定期组织优秀安全培训教材的评选。

安全培训机构应当优先使用优秀安全培训教材。

第八条 国家安全监管总局负责省级以上安全生产监督管理部门的安全生产监管人员、各级煤矿安全监察机构的煤矿安全监察人员的培训工作。

省级安全生产监督管理部门负责市级、县级安全生产监督管理部门的安全生产监管人员的培训工作。

生产经营单位的从业人员的安全培训，由生产经营单位负责。

危险化学品登记机构的登记人员和承担安全评价、咨询、检测、检验的人员及注册安全工程师、安全生产应急救援人员的安全培训，按照有关法律、法规、规章的规定进行。

第九条 对从业人员的安全培训，具备安全培训条件的生产经营单位应当以自主培训为主，也可以委托具备安全培训条件的机构进行安全培训。

不具备安全培训条件的生产经营单位，应当委托具有安全培训条件的机构对从业人员进行安全培训。

生产经营单位委托其他机构进行安全培训的，保证安全培训的责任仍由本单位负责。

第十条 生产经营单位应当建立安全培训管理制度，保障从业人员安全培训所需经费，对从业人员进行与其所从事岗位相应的安全教育培训；从业人员调整工作岗位或者采用新工艺、新技术、新设备、新材料的，应当对其进行专门的安全教育和培训。未经安全教育和培训合格的从业人员，不得上岗作业。

生产经营单位使用被派遣劳动者的，应当将被派遣劳动者纳入本单位从业人员统一管理，对被派遣劳动者进行岗位安全操作规程和安全操作技能的教育和培训。劳务派遣单位应当对被派遣劳动者进行必要的安全生产教育和培训。

生产经营单位接收中等职业学校、高等学校学生实习的，应当对实习学生进行相应的安全生产教育和培训，提供必要的劳动防护用品。学校应当协助生产经营单位对实习学生进行安全生产教育和培训。

从业人员安全培训的时间、内容、参加人员以及考核结果等情况，生产经营单位应当如实记录并建档备查。

第十一条 生产经营单位从业人员的培训内容和培训时间，应当符合《生产经营单位安全培训规定》和有关标准的规定。

第十二条 中央企业的分公司、子公司及其所属单位和其他生产经营单位，发生造成人员死亡的生产安全事故的，其主要负责人和安全生产管理人员应当重新参加安全培训。

特种作业人员对造成人员死亡的生产安全事故负有直接责任的，应当按照《特种作业人员安全技术培训考核管理规定》重新参加安全培训。

第十三条 国家鼓励生产经营单位实行师傅带徒弟制度。

矿山新招的井下作业人员和危险物品生产经营单位新招的危险工艺操作岗位人员，除按照规定进行安全培训外，还应当在有经验的职工带领下实习满2个月后，方可独立上岗作业。

第十四条 国家鼓励生产经营单位招录职业院校毕业生。

职业院校毕业生从事与所学专业相关的作业，可以免予参加初次培训，实际操作培训除外。

第十五条 安全培训机构应当建立安全培训工作制度和人员培训档案。安全培训相关情况，应当如实记录并建档备查。

第十六条 安全培训机构从事安全培训工作的收费，应当符合法律、法规的规定。法律、法规没有规定的，应当按照行业自律标准或者指导性标准收费。

第十七条 国家鼓励安全培训机构和生产经营单位利用现代信息技术开展安全培训，包括远程培训。

第三章　安全培训的考核

第十八条 安全监管监察人员、从事安全生产工作的相关人员、依照有关法律法规应当接受安全生产知识和管理能力考核的生产经营单位主要负责人和安全生产管理人员、特种作业人员的安全培训的考核，应当坚持教考分离、统一标准、统一题库、分级负责的原则，分步推行有远程视频监控的计算机考试。

第十九条 安全监管监察人员，危险物品的生产、经营、储存单位及非煤矿山、金属冶炼单位主要负责人、安全生产管理人员和特种作业人员，以及从事安全生产工作的相关人员的考核标准，由国家安全监管总局统一制定。

煤矿企业的主要负责人、安全生产管理人员和特种作业人员的考核标准，由国家煤矿安监局制定。

除危险物品的生产、经营、储存单位和矿山、金属冶炼单位以外其他生产经营单位主要负责人、安全生产管理人员及其他从业人员的考核标准，由省级安全生产监督管理部门制定。

第二十条 国家安全监管总局负责省级以上安全生产监督管理部门的安全生产监管人员、各级煤矿安全监察机构的煤矿安全监察人员的考核；负责中央企业的总公司、总厂或者集团公司的主要负责人和安全生产管理人员的考核。

省级安全生产监督管理部门负责市级、县级安全生产监督管理部门的安全生产监管人员的考核；负责省属生产经营单位和中央企业分公司、子公司及其所属单位的主要负责人和安全生产管理人员的考核；负责特种作业人员的考核。

市级安全生产监督管理部门负责本行政区域内除中央企业、省属生产经营单位以外的其他生产经营单位的主要负责人和安全生产管理人员的考核。

省级煤矿安全培训监管机构负责所辖区域内煤矿企业的主要负责人、安全生产管理人员和特种作业人员的考核。

除主要负责人、安全生产管理人员、特种作业人员以外的生产经营单位的其他从业人员的考核，由生产经营单位按照省级安全生产监督管理部门公布的考核标准，自行组织考核。

第二十一条 安全生产监督管理部门、煤矿安全培训监管机构和生产经营单位应当制定安全培训的考核制度，建立考核管理档案备查。

第四章　安全培训的发证

第二十二条　接受安全培训人员经考核合格的，由考核部门在考核结束后10个工作日内颁发相应的证书。

第二十三条　安全生产监管人员经考核合格后，颁发安全生产监管执法证；煤矿安全监察人员经考核合格后，颁发煤矿安全监察执法证；危险物品的生产、经营、储存单位和矿山、金属冶炼单位主要负责人、安全生产管理人员经考核合格后，颁发安全合格证；特种作业人员经考核合格后，颁发《中华人民共和国特种作业操作证》（以下简称特种作业操作证）；危险化学品登记机构的登记人员经考核合格后，颁发上岗证；其他人员经培训合格后，颁发培训合格证。

第二十四条　安全生产监管执法证、煤矿安全监察执法证、安全合格证、特种作业操作证和上岗证的式样，由国家安全监管总局统一规定。培训合格证的式样，由负责培训考核的部门规定。

第二十五条　安全生产监管执法证、煤矿安全监察执法证、安全合格证的有效期为3年。有效期届满需要延期的，应当于有效期届满30日前向原发证部门申请办理延期手续。

特种作业人员的考核发证按照《特种作业人员安全技术培训考核管理规定》执行。

第二十六条　特种作业操作证和省级安全生产监督管理部门、省级煤矿安全培训监管机构颁发的主要负责人、安全生产管理人员的安全合格证，在全国范围内有效。

第二十七条　承担安全评价、咨询、检测、检验的人员和安全生产应急救援人员的考核、发证，按照有关法律、法规、规章的规定执行。

第五章　监　督　管　理

第二十八条　安全生产监督管理部门、煤矿安全培训监管机构应当依照法律、法规和本办法的规定，加强对安全培训工作的监督管理，对生产经营单位、安全培训机构违反有关法律、法规和本办法的行为，依法作出处理。

省级安全生产监督管理部门、省级煤矿安全培训监管机构应当定期统计分析本行政区域内安全培训、考核、发证情况，并报国家安全监管总局。

第二十九条　安全生产监督管理部门和煤矿安全培训监管机构应当对安全培训机构开展安全培训活动的情况进行监督检查，检查内容包括：

（一）具备从事安全培训工作所需要的条件的情况；

（二）建立培训管理制度和教师配备的情况；

（三）执行培训大纲、建立培训档案和培训保障的情况；

（四）培训收费的情况；

（五）法律法规规定的其他内容。

第三十条　安全生产监督管理部门、煤矿安全培训监管机构应当对生产经营单位的安全培训情况进行监督检查，检查内容包括：

（一）安全培训制度、年度培训计划、安全培训管理档案的制定和实施的情况；

（二）安全培训经费投入和使用的情况；

（三）主要负责人、安全生产管理人员接受安全生产知识和管理能力考核的情况；

（四）特种作业人员持证上岗的情况；

（五）应用新工艺、新技术、新材料、新设备以及转岗前对从业人员安全培训的情况；

（六）其他从业人员安全培训的情况；

（七）法律法规规定的其他内容。

第三十一条 任何单位或者个人对生产经营单位、安全培训机构违反有关法律、法规和本办法的行为，均有权向安全生产监督管理部门、煤矿安全监察机构、煤矿安全培训监管机构报告或者举报。

接到举报的部门或者机构应当为举报人保密，并按照有关规定对举报进行核查和处理。

第三十二条 监察机关依照《中华人民共和国行政监察法》等法律、行政法规的规定，对安全生产监督管理部门、煤矿安全监察机构、煤矿安全培训监管机构及其工作人员履行安全培训工作监督管理职责情况实施监察。

第六章 法 律 责 任

第三十三条 安全生产监督管理部门、煤矿安全监察机构、煤矿安全培训监管机构的工作人员在安全培训监督管理工作中滥用职权、玩忽职守、徇私舞弊的，依照有关规定给予处分；构成犯罪的，依法追究刑事责任。

第三十四条 安全培训机构有下列情形之一的，责令限期改正，处1万元以下的罚款；逾期未改正的，给予警告，处1万元以上3万元以下的罚款：

（一）不具备安全培训条件的；

（二）未按照统一的培训大纲组织教学培训的；

（三）未建立培训档案或者培训档案管理不规范的；

安全培训机构采取不正当竞争手段，故意贬低、诋毁其他安全培训机构的，依照前款规定处罚。

第三十五条 生产经营单位主要负责人、安全生产管理人员、特种作业人员以欺骗、贿赂等不正当手段取得安全合格证或者特种作业操作证的，除撤销其相关证书外，处3000元以下的罚款，并自撤销其相关证书之日起3年内不得再次申请该证书。

第三十六条 生产经营单位有下列情形之一的，责令改正，处3万元以下的罚款：

（一）从业人员安全培训的时间少于《生产经营单位安全培训规定》或者有关标准规定的；

（二）矿山新招的井下作业人员和危险物品生产经营单位新招的危险工艺操作岗位人员，未经实习期满独立上岗作业的；

（三）相关人员未按照本办法第十二条规定重新参加安全培训的。

第三十七条 生产经营单位存在违反有关法律、法规中安全生产教育培训的其他行为的，依照相关法律、法规的规定予以处罚。

第七章 附 则

第三十八条 本办法自2012年3月1日起施行。2004年12月28日公布的《安全生产培训管理办法》（原国家安全生产监督管理局、国家煤矿安全监察局令第20号）同时废止。

19. 工作场所职业卫生监督管理规定

（2012 年 4 月 27 日国家安全监管总局令第 47 号公布）。

第一章　总　　则

第一条　为了加强职业卫生监督管理工作，强化用人单位职业病防治的主体责任，预防、控制职业病危害，保障劳动者健康和相关权益，根据《中华人民共和国职业病防治法》等法律、行政法规，制定本规定。

第二条　用人单位的职业病防治和安全生产监督管理部门对其实施监督管理，适用本规定。

第三条　用人单位应当加强职业病防治工作，为劳动者提供符合法律、法规、规章、国家职业卫生标准和卫生要求的工作环境和条件，并采取有效措施保障劳动者的职业健康。

第四条　用人单位是职业病防治的责任主体，并对本单位产生的职业病危害承担责任。

用人单位的主要负责人对本单位的职业病防治工作全面负责。

第五条　国家安全生产监督管理总局依照《中华人民共和国职业病防治法》和国务院规定的职责，负责全国用人单位职业卫生的监督管理工作。

县级以上地方人民政府安全生产监督管理部门依照《中华人民共和国职业病防治法》和本级人民政府规定的职责，负责本行政区域内用人单位职业卫生的监督管理工作。

第六条　为职业病防治提供技术服务的职业卫生技术服务机构，应当依照《职业卫生技术服务机构监督管理暂行办法》和有关标准、规范、执业准则的要求，为用人单位提供技术服务。

第七条　任何单位和个人均有权向安全生产监督管理部门举报用人单位违反本规定的行为和职业病危害事故。

第二章　用人单位的职责

第八条　职业病危害严重的用人单位，应当设置或者指定职业卫生管理机构或者组织，配备专职职业卫生管理人员。

其他存在职业病危害的用人单位，劳动者超过 100 人的，应当设置或者指定职业卫生管理机构或者组织，配备专职职业卫生管理人员；劳动者在 100 人以下的，应当配备专职或者兼职的职业卫生管理人员，负责本单位的职业病防治工作。

第九条　用人单位的主要负责人和职业卫生管理人员应当具备与本单位所从事的生产经营活动相适应的职业卫生知识和管理能力，并接受职业卫生培训。

用人单位主要负责人、职业卫生管理人员的职业卫生培训，应当包括下列主要内容：

（一）职业卫生相关法律、法规、规章和国家职业卫生标准；

（二）职业病危害预防和控制的基本知识；

（三）职业卫生管理相关知识；

（四）国家安全生产监督管理总局规定的其他内容。

第十条　用人单位应当对劳动者进行上岗前的职业卫生培训和在岗期间的定期职业卫生培训，普及职业卫生知识，督促劳动者遵守职业病防治的法律、法规、规章、国家职业卫生标准和操作规程。

用人单位应当对职业病危害严重的岗位的劳动者，进行专门的职业卫生培训，经培训合格后方可上岗作业。

因变更工艺、技术、设备、材料，或者岗位调整导致劳动者接触的职业病危害因素发生变化的，用人单位应当重新对劳动者进行上岗前的职业卫生培训。

第十一条 存在职业病危害的用人单位应当制定职业病危害防治计划和实施方案，建立、健全下列职业卫生管理制度和操作规程：

（一）职业病危害防治责任制度；

（二）职业病危害警示与告知制度；

（三）职业病危害项目申报制度；

（四）职业病防治宣传教育培训制度；

（五）职业病防护设施维护检修制度；

（六）职业病防护用品管理制度；

（七）职业病危害监测及评价管理制度；

（八）建设项目职业卫生“三同时”管理制度；

（九）劳动者职业健康监护及其档案管理制度；

（十）职业病危害事故处置与报告制度；

（十一）职业病危害应急救援与管理制度；

（十二）岗位职业卫生操作规程；

（十三）法律、法规、规章规定的其他职业病防治制度。

第十二条 产生职业病危害的用人单位的工作场所应当符合下列基本要求：

（一）生产布局合理，有害作业与无害作业分开；

（二）工作场所与生活场所分开，工作场所不得住人；

（三）有与职业病防治工作相适应的有效防护设施；

（四）职业病危害因素的强度或者浓度符合国家职业卫生标准；

（五）有配套的更衣间、洗浴间、孕妇休息间等卫生设施；

（六）设备、工具、用具等设施符合保护劳动者生理、心理健康的要求；

（七）法律、法规、规章和国家职业卫生标准的其他规定。

第十三条 用人单位工作场所存在职业病目录所列职业病的危害因素的，应当按照《职业病危害项目申报办法》的规定，及时、如实向所在地安全生产监督管理部门申报职业病危害项目，并接受安全生产监督管理部门的监督检查。

第十四条 新建、改建、扩建的工程建设项目和技术改造、技术引进项目（以下统称建设项目）可能产生职业病危害的，建设单位应当按照《建设项目职业卫生“三同时”监督管理暂行办法》的规定，向安全生产监督管理部门申请备案、审核、审查和竣工验收。

第十五条 产生职业病危害的用人单位，应当在醒目位置设置公告栏，公布有关职业病防治的规章制度、操作规程、职业病危害事故应急救援措施和工作场所职业病危害因素检测结果。

存在或者产生职业病危害的工作场所、作业岗位、设备、设施，应当按照《工作场所职业病危害警示标识》（GBZ 158）的规定，在醒目位置设置图形、警示线、警示语句等警示标识和中文警示说明。警示说明应当载明产生职业病危害的种类、后果、预防和应急处置措施等内容。

存在或产生高毒物品的作业岗位，应当按照《高毒物品作业岗位职业病危害告知规范》（GBZ/T 203）的规定，在醒目位置设置高毒物品告知卡，告知卡应当载明高毒物品的名称、理化特性、健康危害、防护措施及应急处理等告知内容与警示标识。

第十六条 用人单位应当为劳动者提供符合国家职业卫生标准的职业病防护用品，并督促、指导劳动者按照使用规则正确佩戴、使用，不得发放钱物替代发放职业病防护用品。

用人单位应当对职业病防护用品进行经常性的维护、保养，确保防护用品有效，不得使用不符合国家职业卫生标准或者已经失效的职业病防护用品。

第十七条 在可能发生急性职业损伤的有毒、有害工作场所，用人单位应当设置报警装置，配置现场急救用品、冲洗设备、应急撤离通道和必要的泄险区。

现场急救用品、冲洗设备等应当设在可能发生急性职业损伤的工作场所或者临近地点，并在醒目位置设置清晰的标识。

在可能突然泄漏或者逸出大量有害物质的密闭或者半密闭工作场所，除遵守本条第一款、第二款规定外，用人单位还应当安装事故通风装置以及与事故排风系统相连锁的泄漏报警装置。

生产、销售、使用、贮存放射性同位素和射线装置的场所，应当按照国家有关规定设置明显的放射性标志，其入口处应当按照国家有关安全和防护标准的要求，设置安全和防护设施以及必要的防护安全联锁、报警装置或者工作信号。放射性装置的生产调试和使用场所，应当具有防止误操作、防止工作人员受到意外照射的安全措施。用人单位必须配备与辐射类型和辐射水平相适应的防护用品和监测仪器，包括个人剂量测量报警、固定式和便携式辐射监测、表面污染监测、流出物监测等设备，并保证可能接触放射线的工作人员佩戴个人剂量计。

第十八条 用人单位应当对职业病防护设备、应急救援设施进行经常性的维护、检修和保养，定期检测其性能和效果，确保其处于正常状态，不得擅自拆除或者停止使用。

第十九条 存在职业病危害的用人单位，应当实施由专人负责的工作场所职业病危害因素日常监测，确保监测系统处于正常工作状态。

第二十条 存在职业病危害的用人单位，应当委托具有相应资质的职业卫生技术服务机构，每年至少进行一次职业病危害因素检测。

职业病危害严重的用人单位，除遵守前款规定外，应当委托具有相应资质的职业卫生技术服务机构，每三年至少进行一次职业病危害现状评价。

检测、评价结果应当存入本单位职业卫生档案，并向安全生产监督管理部门报告和劳动者公布。

第二十一条 存在职业病危害的用人单位，有下述情形之一的，应当及时委托具有相应资质的职业卫生技术服务机构进行职业病危害现状评价：

（一）初次申请职业卫生安全许可证，或者职业卫生安全许可证有效期届满申请换证的；

（二）发生职业病危害事故的；

（三）国家安全生产监督管理总局规定的其他情形。

用人单位应当落实职业病危害现状评价报告中提出的建议和措施，并将职业病危害现状评价结果及整改情况存入本单位职业卫生档案。

第二十二条 用人单位在日常的职业病危害监测或者定期检测、现状评价过程中，发现工作场所职业病危害因素不符合国家职业卫生标准和卫生要求时，应当立即采取相应治理措施，确保其符合职业卫生环境和条件的要求；仍然达不到国家职业卫生标准和卫生要求的，必须停止存在职业病危害因素的作业；职业病危害因素经治理后，符合国家职业卫生标准和卫生要求的，方可重新作业。

第二十三条 向用人单位提供可能产生职业病危害的设备的，应当提供中文说明书，并在设备的醒目位置设置警示标识和中文警示说明。警示说明应当载明设备性能、可能产生的职业病危害、安全操作和维护注意事项、职业病防护措施等内容。

用人单位应当检查前款规定的事项，不得使用不符合要求的设备。

第二十四条 向用人单位提供可能产生职业病危害的化学品、放射性同位素和含有放射性物质的材料的，应当提供中文说明书。说明书应当载明产品特性、主要成分、存在的有害因素、可能产生的危害后果、安全使用注意事项、职业病防护和应急救治措施等内容。产品包装应当有醒目的警示标识和中文警示说明。贮存上述材料的场所应当在规定的部位设置危险物品标识或者放射性警示标识。

用人单位应当检查前款规定的事项，不得使用不符合要求的材料。

第二十五条 任何用人单位不得使用国家明令禁止使用的可能产生职业病危害的设备或者材料。

第二十六条 任何单位和个人不得将产生职业病危害的作业转移给不具备职业病防护条件的单位和个人。不具备职业病防护条件的单位和个人不得接受产生职业病危害的作业。

第二十七条 用人单位应当优先采用有利于防治职业病危害和保护劳动者健康的新技术、新工艺、新材料、新设备，逐步替代产生职业病危害的技术、工艺、材料、设备。

第二十八条 用人单位对采用的技术、工艺、材料、设备，应当知悉其可能产生的职业病危害，并采取相应的防护措施。对有职业病危害的技术、工艺、设备、材料，故意隐瞒其危害而采用的，用人单位对其所造成的职业病危害后果承担责任。

第二十九条 用人单位与劳动者订立劳动合同（含聘用合同，下同）时，应当将工作过程中可能产生的职业病危害及其后果、职业病防护措施和待遇等如实告知劳动者，并在劳动合同中写明，不得隐瞒或者欺骗。

劳动者在履行劳动合同期间因工作岗位或者工作内容变更，从事与所订立劳动合同中未告知的存在职业病危害的作业时，用人单位应当依照前款规定，向劳动者履行如实告知的义务，并协商变更原劳动合同相关条款。

用人单位违反本条规定的，劳动者有权拒绝从事存在职业病危害的作业，用人单位不得因此解除与劳动者所订立的劳动合同。

第三十条 对从事接触职业病危害因素作业的劳动者，用人单位应当按照《用人单位职业健康监护监督管理办法》、《放射工作人员职业健康管理办法》、《职业健康监护技术规范》（GBZ 188）、《放射工作人员职业健康监护技术规范》（GBZ 235）等有关规定组织上岗前、在岗期间、离岗时的职业健康检查，并将检查结果书面如实告知劳动者。

职业健康检查费用由用人单位承担。

第三十一条 用人单位应当按照《用人单位职业健康监护监督管理办法》的规定，为劳动者建立职业健康监护档案，并按照规定的期限妥善保存。

职业健康监护档案应当包括劳动者的职业史、职业病危害接触史、职业健康检查结果、处理结果和职业病诊疗等有关个人健康资料。

劳动者离开用人单位时，有权索取本人职业健康监护档案复印件，用人单位应当如实、无偿提供，并在所提供的复印件上签章。

第三十二条 劳动者健康出现损害需要进行职业病诊断、鉴定的，用人单位应当如实提供职业病诊断、鉴定所需的劳动者职业史和职业病危害接触史、工作场所职业病危害因素检测结果和放射工作人员个人剂量监测结果等资料。

第三十三条 用人单位不得安排未成年工从事接触职业病危害的作业，不得安排有职业禁忌的劳动者从事其所禁忌的作业，不得安排孕期、哺乳期女职工从事对本人和胎儿、婴儿有危害的作业。

第三十四条 用人单位应当建立健全下列职业卫生档案资料：

（一）职业病防治责任制文件；

（二）职业卫生管理规章制度、操作规程；

（三）工作场所职业病危害因素种类清单、岗位分布以及作业人员接触情况等资料；

（四）职业病防护设施、应急救援设施基本信息，以及其配置、使用、维护、检修与更换等记录；

（五）工作场所职业病危害因素检测、评价报告与记录；

（六）职业病防护用品配备、发放、维护与更换等记录；

（七）主要负责人、职业卫生管理人员和职业病危害严重工作岗位的劳动者等相关人员职业卫生培训资料；

（八）职业病危害事故报告与应急处置记录；

（九）劳动者职业健康检查结果汇总资料，存在职业禁忌证、职业健康损害或者职业病的劳动者处理和安置情况记录；

（十）建设项目职业卫生“三同时”有关技术资料，以及其备案、审核、审查或者验收等有关回执或者批复文件；

（十一）职业卫生安全许可证申领、职业病危害项目申报等有关回执或者批复文件；

（十二）其他有关职业卫生管理的资料或者文件。

第三十五条 用人单位发生职业病危害事故，应当及时向所在地安全生产监督管理部门和有关部门报告，并采取有效措施，减少或者消除职业病危害因素，防止事故扩大。对遭受或者可能遭受急性职业病危害的劳动者，用人单位应当及时组织救治、进行健康检查和医学观察，并承担所需费用。

用人单位不得故意破坏事故现场、毁灭有关证据，不得迟报、漏报、谎报或者瞒报职业病危害事故。

第三十六条 用人单位发现职业病病人或者疑似职业病病人时，应当按照国家规定及时向所在地安全生产监督管理部门和有关部门报告。

第三十七条 工作场所使用有毒物品的用人单位，应当按照有关规定向安全生产监督管理部门申请办理职业卫生安全许可证。

第三十八条 用人单位在安全生产监督管理部门行政执法人员依法履行监督检查职责时，应当予以配合，不得拒绝、阻挠。

第三章 监 督 管 理

第三十九条 安全生产监督管理部门应当依法对用人单位执行有关职业病防治的法律、法规、规章和国家职业卫生标准的情况进行监督检查，重点监督检查下列内容：

（一）设置或者指定职业卫生管理机构或者组织，配备专职或者兼职的职业卫生管理人员情况；

（二）职业卫生管理制度和操作规程的建立、落实及公布情况；

（三）主要负责人、职业卫生管理人员和职业病危害严重的工作岗位的劳动者职业卫生培训情况；

（四）建设项目职业卫生“三同时”制度落实情况；

（五）工作场所职业病危害项目申报情况；

（六）工作场所职业病危害因素监测、检测、评价及结果报告和公布情况；

（七）职业病防护设施、应急救援设施的配置、维护、保养情况，以及职业病防护用品的发放、管理及劳动者佩戴使用情况；

（八）职业病危害因素及危害后果警示、告知情况；

（九）劳动者职业健康监护、放射工作人员个人剂量监测情况；

（十）职业病危害事故报告情况；

（十一）提供劳动者健康损害与职业史、职业病危害接触关系等相关资料的情况；

（十二）依法应当监督检查的其他情况。

第四十条 安全生产监督管理部门应当建立健全职业卫生监督检查制度，加强行政执法人员职业卫生知识的培训，提高行政执法人员的业务素质。

第四十一条 安全生产监督管理部门应当加强建设项目职业卫生“三同时”的监督管理，建立健全相关资料的档案管理制度。

第四十二条 安全生产监督管理部门应当加强职业卫生技术服务机构的资质认可管理和技术服务工作的监督检查，督促职业卫生技术服务机构公平、公正、客观、科学地开展职业卫生技术服务。

第四十三条 安全生产监督管理部门应当建立健全职业病危害防治信息统计分析制度，加强对用人单位职业病危害因素检测、评价结果、劳动者职业健康监护信息以及职业卫生监督检查信息等资料的统计、汇总和分析。

第四十四条 安全生产监督管理部门应当按照有关规定，支持、配合有关部门和机构开展职业病的诊断、鉴定工作。

第四十五条 安全生产监督管理部门行政执法人员依法履行监督检查职责时，应当出示有效的执法证件。

行政执法人员应当忠于职守，秉公执法，严格遵守执法规范；涉及被检查单位的技术秘密、业务秘密以及个人隐私的，应当为其保密。

第四十六条 安全生产监督管理部门履行监督检查职责时，有权采取下列措施：

（一）进入被检查单位及工作场所，进行职业病危害检测，了解情况，调查取证；

（二）查阅、复制被检查单位有关职业病危害防治的文件、资料，采集有关样品；

（三）责令违反职业病防治法律、法规的单位和个人停止违法行为；

（四）责令暂停导致职业病危害事故的作业，封存造成职业病危害事故或者可能导致职业病危害事故发生的材料和设备；

（五）组织控制职业病危害事故现场。

在职业病危害事故或者危害状态得到有效控制后，安全生产监督管理部门应当及时解除前款第四项、第五项规定的控制措施。

第四十七条 发生职业病危害事故，安全生产监督管理部门应当依照国家有关规定报告事故和组织事故的调查处理。

第四章 法 律 责 任

第四十八条 用人单位有下列情形之一的，给予警告，责令限期改正，可以并处5千元以上2万元以下的罚款：

（一）未按照规定实行有害作业与无害作业分开、工作场所与生活场所分开的；

（二）用人单位的主要负责人、职业卫生管理人员未接受职业卫生培训的。

第四十九条 用人单位有下列情形之一的，给予警告，责令限期改正；逾期未改正的，处10万元以下的罚款：

（一）未按照规定制定职业病防治计划和实施方案的；

（二）未按照规定设置或者指定职业卫生管理机构或者组织，或者未配备专职或者兼职的职业卫生管理人员的；

（三）未按照规定建立、健全职业卫生管理制度和操作规程的；

（四）未按照规定建立、健全职业卫生档案和劳动者健康监护档案的；

（五）未建立、健全工作场所职业病危害因素监测及评价制度的；

（六）未按照规定公布有关职业病防治的规章制度、操作规程、职业病危害事故应急救援措施的；

（七）未按照规定组织劳动者进行职业卫生培训，或者未对劳动者个体防护采取有效的指导、督促措施的；

（八）工作场所职业病危害因素检测、评价结果未按照规定存档、上报和公布的。

第五十条 用人单位有下列情形之一的，责令限期改正，给予警告，可以并处5万元以上10万元以下的罚款：

（一）未按照规定及时、如实申报产生职业病危害的项目的；

（二）未实施由专人负责职业病危害因素日常监测，或者监测系统不能正常监测的；

（三）订立或者变更劳动合同时，未告知劳动者职业病危害真实情况的；

（四）未按照规定组织劳动者进行职业健康检查、建立职业健康监护档案或者未将检查结果书面告知劳动者的；

（五）未按照规定在劳动者离开用人单位时提供职业健康监护档案复印件的。

第五十一条 用人单位有下列情形之一的，给予警告，责令限期改正；逾期未改正的，处5万元以上20万元以下的罚款；情节严重的，责令停止产生职业病危害的作业，或者提请有关人民政府按照国务院规定的权限责令关闭：

（一）工作场所职业病危害因素的强度或者浓度超过国家职业卫生标准的；

（二）未提供职业病防护设施和劳动者使用的职业病防护用品，或者提供的职业病防护设施和劳动者使用的职业病防护用品不符合国家职业卫生标准和卫生要求的；

（三）未按照规定对职业病防护设备、应急救援设施和劳动者职业病防护用品进行维护、检修、检测，或者不能保持正常运行、使用状态的；

（四）未按照规定对工作场所职业病危害因素进行检测、现状评价的；

（五）工作场所职业病危害因素经治理仍然达不到国家职业卫生标准和卫生要求时，未停止存在职业病危害因素的作业的；

（六）发生或者可能发生急性职业病危害事故，未立即采取应急救援和控制措施或者未按照规定及时报告的；

（七）未按照规定在产生严重职业病危害的作业岗位醒目位置设置警示标识和中文警示说明的；

（八）拒绝安全生产监督管理部门监督检查的；

（九）隐瞒、伪造、篡改、毁损职业健康监护档案、工作场所职业病危害因素检测评价结果等相关资料，或者不提供职业病诊断、鉴定所需要资料的；

（十）未按照规定承担职业病诊断、鉴定费用和职业病病人的医疗、生活保障费用的。

第五十二条 用人单位有下列情形之一的，责令限期改正，并处5万元以上30万元以下的罚款；情节严重的，责令停止产生职业病危害的作业，或者提请有关人民政府按照国务院规定的权限责令关闭：

（一）隐瞒技术、工艺、设备、材料所产生的职业病危害而采用的；

（二）隐瞒本单位职业卫生真实情况的；

（三）可能发生急性职业损伤的有毒、有害工作场所或者放射工作场所不符合本规定第十七条规定的；

（四）使用国家明令禁止使用的可能产生职业病危害的设备或者材料的；

（五）将产生职业病危害的作业转移给没有职业病防护条件的单位和个人，或者没有职业病防护条件的单位和个人接受产生职业病危害的作业的；

（六）擅自拆除、停止使用职业病防护设备或者应急救援设施的；

（七）安排未经职业健康检查的劳动者、有职业禁忌的劳动者、未成年工或者孕期、哺乳期女职工从事接触产生职业病危害的作业或者禁忌作业的。

（八）违章指挥和强令劳动者进行没有职业病防护措施的作业的。

第五十三条 用人单位违反《中华人民共和国职业病防治法》的规定，已经对劳动者生命健康造成严重损害的，责令停止产生职业病危害的作业，或者提请有关人民政府按照国务院规定的权限责令关闭，并处10万元以上50万元以下的罚款。

造成重大职业病危害事故或者其他严重后果，构成犯罪的，对直接负责的主管人员和其他直接责任人员，依法追究刑事责任。

第五十四条 向用人单位提供可能产生职业病危害的设备或者材料，未按照规定提供中文说明书或者设置警示标识和中文警示说明的，责令限期改正，给予警告，并处5万元以上20万元以下的罚款。

第五十五条 用人单位未按照规定报告职业病、疑似职业病的，责令限期改正，给予警告，可以并处1万元以下的罚款；弄虚作假的，并处2万元以上5万元以下的罚款。

第五十六条 安全生产监督管理部门及其行政执法人员未按照规定报告职业病危害事故的，依照有关规定给予处理；构成犯罪的，依法追究刑事责任。

第五十七条 本规定所规定的行政处罚，由县级以上安全生产监督管理部门决定。法律、行政法规和国务院有关规定对行政处罚决定机关另有规定的，依照其规定。

第五章 附 则

第五十八条 本规定下列用语的含义：

（一）工作场所，是指劳动者进行职业活动的所有地点，包括建设单位施工场所；

（二）职业病危害严重的用人单位，是指建设项目职业病危害分类管理目录中所列职业病危害严重行业的用人单位。

建设项目职业病危害分类管理目录由国家安全生产监督管理总局公布。各省级安全生产监督管理部门可以根据本地区实际情况，对分类目录作出补充规定。

第五十九条 本规定未规定的其他有关职业病防治事项，依照《中华人民共和国职业病防治法》和其他有关法律、法规、规章的规定执行。

第六十条 煤矿的职业病防治和煤矿安全监察机构对其实施监察，依照本规定和国家安全生产监督管理总局的其他有关规定执行。

第六十一条 本规定自2012年6月1日起施行。2009年7月1日国家安全生产监督管理总局公布的《作业场所职业健康监督管理暂行规定》同时废止。

《工作场所职业卫生监督管理规定》（以下简称新《规定》），是依据《职业病防治法》第六、九条等规定，对《作业场所职业健康监督管理暂行规定》（国家安全监管总局令第23号）进行的修订。

20. 用人单位职业健康监护监督管理办法

（2012年4月27日国家安全监管总局令第49号公布）

第一章　总　　则

第一条　为了规范用人单位职业健康监护工作，加强职业健康监护的监督管理，保护劳动者健康及其相关权益，根据《中华人民共和国职业病防治法》，制定本办法。

第二条　用人单位从事接触职业病危害作业的劳动者（以下简称劳动者）的职业健康监护和安全生产监督管理部门对其实施监督管理，适用本办法。

第三条　本办法所称职业健康监护，是指劳动者上岗前、在岗期间、离岗时、应急的职业健康检查和职业健康监护档案管理。

第四条　用人单位应当建立、健全劳动者职业健康监护制度，依法落实职业健康监护工作。

第五条　用人单位应当接受安全生产监督管理部门依法对其职业健康监护工作的监督检查，并提供有关文件和资料。

第六条　对用人单位违反本办法的行为，任何单位和个人均有权向安全生产监督管理部门举报或者报告。

第二章　用人单位的职责

第七条　用人单位是职业健康监护工作的责任主体，其主要负责人对本单位职业健康监护工作全面负责。

用人单位应当依照本办法以及《职业健康监护技术规范》（GBZ 188）、《放射工作人员职业健康监护技术规范》（GBZ 235）等国家职业卫生标准的要求，制定、落实本单位职业健康检查年度计划，并保证所需要的专项经费。

第八条　用人单位应当组织劳动者进行职业健康检查，并承担职业健康检查费用。

劳动者接受职业健康检查应当视同正常出勤。

第九条　用人单位应当选择由省级以上人民政府卫生行政部门批准的医疗卫生机构承担职业健康检查工作，并确保参加职业健康检查的劳动者身份的真实性。

第十条　用人单位在委托职业健康检查机构对从事接触职业病危害作业的劳动者进行职业健康检查时，应当如实提供下列文件、资料：

（一）用人单位的基本情况；

（二）工作场所职业病危害因素种类及其接触人员名册；

（三）职业病危害因素定期检测、评价结果。

第十一条　用人单位应当对下列劳动者进行上岗前的职业健康检查：

（一）拟从事接触职业病危害作业的新录用劳动者，包括转岗到该作业岗位的劳动者；

（二）拟从事有特殊健康要求作业的劳动者。

第十二条　用人单位不得安排未经上岗前职业健康检查的劳动者从事接触职业病危害的作业，不得安排有职业禁忌的劳动者从事其所禁忌的作业。

用人单位不得安排未成年工从事接触职业病危害的作业，不得安排孕期、哺乳期的女职工从事对本人和胎儿、婴儿有危害的作业。

第十三条 用人单位应当根据劳动者所接触的职业病危害因素，定期安排劳动者进行在岗期间的职业健康检查。

对在岗期间的职业健康检查，用人单位应当按照《职业健康监护技术规范》（GBZ 188）等国家职业卫生标准的规定和要求，确定接触职业病危害的劳动者的检查项目和检查周期。需要复查的，应当根据复查要求增加相应的检查项目。

第十四条 出现下列情况之一的，用人单位应当立即组织有关劳动者进行应急职业健康检查：

（一）接触职业病危害因素的劳动者在作业过程中出现与所接触职业病危害因素相关的不适症状的；

（二）劳动者受到急性职业中毒危害或者出现职业中毒症状的。

第十五条 对准备脱离所从事的职业病危害作业或者岗位的劳动者，用人单位应当在劳动者离岗前30日内组织劳动者进行离岗时的职业健康检查。劳动者离岗前90日内的在岗期间的职业健康检查可以视为离岗时的职业健康检查。

用人单位对未进行离岗时职业健康检查的劳动者，不得解除或者终止与其订立的劳动合同。

第十六条 用人单位应当及时将职业健康检查结果及职业健康检查机构的建议以书面形式如实告知劳动者。

第十七条 用人单位应当根据职业健康检查报告，采取下列措施：

（一）对有职业禁忌的劳动者，调离或者暂时脱离原工作岗位；

（二）对健康损害可能与所从事的职业相关的劳动者，进行妥善安置；

（三）对需要复查的劳动者，按照职业健康检查机构要求的时间安排复查和医学观察；

（四）对疑似职业病病人，按照职业健康检查机构的建议安排其进行医学观察或者职业病诊断；

（五）对存在职业病危害的岗位，立即改善劳动条件，完善职业病防护设施，为劳动者配备符合国家标准的职业病危害防护用品。

第十八条 职业健康监护中出现新发生职业病（职业中毒）或者两例以上疑似职业病（职业中毒）的，用人单位应当及时向所在地安全生产监督管理部门报告。

第十九条 用人单位应当为劳动者个人建立职业健康监护档案，并按照有关规定妥善保存。职业健康监护档案包括下列内容：

（一）劳动者姓名、性别、年龄、籍贯、婚姻、文化程度、嗜好等情况；

（二）劳动者职业史、既往病史和职业病危害接触史；

（三）历次职业健康检查结果及处理情况；

（四）职业病诊疗资料；

（五）需要存入职业健康监护档案的其他有关资料。

第二十条 安全生产行政执法人员、劳动者或者其近亲属、劳动者委托的代理人有权查阅、复印劳动者的职业健康监护档案。

劳动者离开用人单位时，有权索取本人职业健康监护档案复印件，用人单位应当如实、无偿提供，并在所提供的复印件上签章。

第二十一条 用人单位发生分立、合并、解散、破产等情形时，应当对劳动者进行职业健康检查，并依照国家有关规定妥善安置职业病病人；其职业健康监护档案应当依照国家有关规定实施移交保管。

第三章　监　督　管　理

第二十二条　安全生产监督管理部门应当依法对用人单位落实有关职业健康监护的法律、法规、规章和标准的情况进行监督检查，重点监督检查下列内容：

（一）职业健康监护制度建立情况；

（二）职业健康监护计划制定和专项经费落实情况；

（三）如实提供职业健康检查所需资料情况；

（四）劳动者上岗前、在岗期间、离岗时、应急职业健康检查情况；

（五）对职业健康检查结果及建议，向劳动者履行告知义务情况；

（六）针对职业健康检查报告采取措施情况；

（七）报告职业病、疑似职业病情况；

（八）劳动者职业健康监护档案建立及管理情况；

（九）为离开用人单位的劳动者如实、无偿提供本人职业健康监护档案复印件情况；

（十）依法应当监督检查的其他情况。

第二十三条　安全生产监督管理部门应当加强行政执法人员职业健康知识培训，提高行政执法人员的业务素质。

第二十四条　安全生产行政执法人员依法履行监督检查职责时，应当出示有效的执法证件。

安全生产行政执法人员应当忠于职守，秉公执法，严格遵守执法规范；涉及被检查单位技术秘密、业务秘密以及个人隐私的，应当为其保密。

第二十五条　安全生产监督管理部门履行监督检查职责时，有权进入被检查单位，查阅、复制被检查单位有关职业健康监护的文件、资料。

第四章　法　律　责　任

第二十六条　用人单位有下列行为之一的，给予警告，责令限期改正，可以并处 3 万元以下的罚款：

（一）未建立或者落实职业健康监护制度的；

（二）未按照规定制定职业健康监护计划和落实专项经费的；

（三）弄虚作假，指使他人冒名顶替参加职业健康检查的；

（四）未如实提供职业健康检查所需要的文件、资料的；

（五）未根据职业健康检查情况采取相应措施的；

（六）不承担职业健康检查费用的。

第二十七条　用人单位有下列行为之一的，责令限期改正，给予警告，可以并处 5 万元以上 10 万元以下的罚款：

（一）未按照规定组织职业健康检查、建立职业健康监护档案或者未将检查结果如实告知劳动者的；

（二）未按照规定在劳动者离开用人单位时提供职业健康监护档案复印件的。

第二十八条　用人单位有下列情形之一的，给予警告，责令限期改正，逾期不改正的，处 5 万元以上 20 万元以下的罚款；情节严重的，责令停止产生职业病危害的作业，或者提请有关人民政府按照国务院规定的权限责令关闭：

（一）未按照规定安排职业病病人、疑似职业病病人进行诊治的；

（二）隐瞒、伪造、篡改、损毁职业健康监护档案等相关资料，或者拒不提供职业病诊断、鉴定所需资料的。

第二十九条 用人单位有下列情形之一的，责令限期治理，并处5万元以上30万元以下的罚款；情节严重的，责令停止产生职业病危害的作业，或者提请有关人民政府按照国务院规定的权限责令关闭：

（一）安排未经职业健康检查的劳动者从事接触职业病危害的作业的；

（二）安排未成年工从事接触职业病危害的作业的；

（三）安排孕期、哺乳期女职工从事对本人和胎儿、婴儿有危害的作业的；

（四）安排有职业禁忌的劳动者从事所禁忌的作业的。

第三十条 用人单位违反本办法规定，未报告职业病、疑似职业病的，由安全生产监督管理部门责令限期改正，给予警告，可以并处1万元以下的罚款；弄虚作假的，并处2万元以上5万元以下的罚款。

第五章 附 则

第三十一条 煤矿安全监察机构依照本办法负责煤矿劳动者职业健康监护的监察工作。

第三十二条 本办法自2012年6月1日起施行。

21. 职业卫生技术服务机构监督管理暂行办法

（2012 年 4 月 27 日国家安全监管总局令第 50 号公布，2015 年 5 月 29 日国家安全监管总局令第 80 号修正）

第一章 总 则

第一条 为了加强对职业卫生技术服务机构的监督管理，规范职业卫生技术服务行为，根据《中华人民共和国职业病防治法》，制定本办法。

第二条 在中华人民共和国境内申请职业卫生技术服务机构资质，从事职业卫生检测、评价等技术服务以及安全生产监督管理部门实施职业卫生技术服务机构资质认可与监督管理，适用本办法。

第三条 本办法所称职业卫生技术服务机构，是指为建设项目提供职业病危害预评价、职业病危害控制效果评价，为用人单位提供职业病危害因素检测、职业病危害现状评价、职业病防护设备设施与防护用品的效果评价等技术服务的机构。

第四条 国家对职业卫生技术服务机构实行资质认可制度。职业卫生技术服务机构应当依照本办法取得职业卫生技术服务机构资质；未取得职业卫生技术服务机构资质的，不得从事职业卫生检测、评价等技术服务。

第五条 职业卫生技术服务机构的资质从高到低分为甲级、乙级、丙级三个等级。

甲级资质由国家安全生产监督管理总局认可及颁发证书。

乙级资质由省、自治区、直辖市人民政府安全生产监督管理部门（以下简称省级安全生产监督管理部门）认可及颁发证书，并报国家安全生产监督管理总局备案。

丙级资质由设区的市级人民政府安全生产监督管理部门（以下简称市级安全生产监督管理部门）认可及颁发证书，并报省级安全生产监督管理部门备案，由省级安全生产监督管理部门报国家安全生产监督管理总局进行登记。

第六条 国家安全生产监督管理总局根据社会经济发展水平、区域经济结构和职业卫生技术服务工作的需要，对职业卫生技术服务机构的设置实行统筹规划、合理布局和总量控制。

第七条 取得甲级资质的职业卫生技术服务机构，可以根据认可的业务范围在全国从事职业卫生技术服务活动。

下列建设项目的职业卫生技术服务，必须由取得甲级资质的职业卫生技术服务机构承担：

（一）国务院及其投资主管部门审批（核准、备案）的建设项目；

（二）核设施、绝密工程等特殊性质的建设项目；

（三）跨省、自治区、直辖市的建设项目；

（四）国家安全生产监督管理总局规定的其他项目。

第八条 取得乙级资质的职业卫生技术服务机构，可以根据认可的业务范围在其所在的省、自治区、直辖市从事职业卫生技术服务活动。

下列建设项目的职业卫生技术服务，必须由取得乙级以上资质的职业卫生技术服务机构承担：

（一）省级人民政府及其投资主管部门审批（核准、备案）的建设项目；

（二）跨设区的市的建设项目；

（三）省级安全生产监督管理部门规定的其他项目。

第九条 取得丙级资质的职业卫生技术服务机构，可以根据认可的业务范围在其所在的设区的市或者省级安全生产监督管理部门指定的范围从事除本办法第七条、第八条规定的建设项目以外的职业卫生技术服务活动。

第二章 资 质 认 可

第十条 国家安全生产监督管理总局、省级安全生产监督管理部门和市级安全生产监督管理部门应当分别设立国家级、省级和市级职业卫生专家库（以下简称专家库），由专家库专家承担相应的职业卫生技术服务机构资质认可的技术评审工作。

第十一条 从事技术评审的专家应当具备下列条件：

（一）具有相关专业的高级专业技术职称任职资格；

（二）具有连续5年以上相关工作经验；

（三）熟悉相关法律、法规、标准和规范；

（四）具有良好的职业道德和专业素质；

（五）身体健康，能够胜任技术评审工作。

专家库专家任期5年，可连聘连任。

第十二条 专家库专家不得参加与本人有利害关系的职业卫生技术服务机构资质认可的技术评审工作。

被评审的职业卫生技术服务机构不得聘请专家库专家为顾问。

专家库专家不得参加被评审职业卫生技术服务机构的可能有碍技术评审公正的活动。

第十三条 国家安全生产监督管理总局、省级安全生产监督管理部门和市级安全生产监督管理部门应当对专家库专家进行定期复审，并根据资质认可工作的需要，及时进行调整。

第十四条 职业卫生技术服务机构申请甲级资质，应当具备下列条件：

（一）具有法人资格；

（二）固定资产700万元以上；

（三）工作场所面积不少于700平方米；

（四）有健全的内部管理制度和质量保证体系；

（五）有不少于25名经培训合格的专职技术人员；

（六）有专职技术负责人和质量控制负责人，专职技术负责人具有与所申报业务相适应的高级专业技术职称和5年以上工作经验；

（七）具有与所申请资质、业务范围相适应的检测、评价能力；

（八）法律、行政法规、规章规定的其他条件。

第十五条 职业卫生技术服务机构申请乙级资质，应当具备下列条件：

（一）具有法人资格；

（二）固定资产400万元以上；

（三）工作场所面积不少于400平方米；

（四）有健全的内部管理制度和质量保证体系；

（五）有不少于20名经培训合格的专职技术人员；

（六）有专职技术负责人和质量控制负责人，专职技术负责人具有与所申报业务相适应的高级专业技术职称和3年以上工作经验；

（七）具有与所申请资质、业务范围相适应的检测、评价能力；

（八）法律、行政法规、规章规定的其他条件。

第十六条 申请职业卫生技术服务机构丙级资质，应当具备下列条件：

（一）具有法人资格；

（二）固定资产200万元以上；

（三）工作场所面积不少于200平方米；

（四）有健全的内部管理制度和质量保证体系；

（五）有不少于10名经培训合格的专职技术人员；

（六）有专职技术负责人和质量控制负责人，专职技术负责人具有与所申报业务相适应的中级以上专业技术职称和1年以上工作经验；

（七）具有与所申请资质、业务范围相适应的检测、评价能力；

（八）法律、行政法规、规章规定的其他条件。

第十七条 申请职业卫生技术服务机构资质认可，应当提交下列文件、资料：

（一）法定代表人签署的申请表；

（二）法人资格证明或者名称预先核准通知书；

（三）固定资产的证明；

（四）工作场所产权证明或者租赁合同；

（五）专职技术人员、专职技术负责人、质量控制负责人的名单及其培训合格证书、技术职称证书、工作经历证明；

（六）职业卫生技术服务质量管理文件；

（七）拟开展的职业卫生技术服务项目及资质等级；

（八）在申请职业卫生技术服务业务范围内，能够证明具有相应业务能力的文件、资料；

（九）法律、法规规定的其他文件、资料。

第十八条 申请甲级资质，按照下列程序办理：

（一）申请人将职业卫生技术服务机构资质申请表和本办法第十七条规定的文件、资料，报所在地省级安全生产监督管理部门审核；

（二）省级安全生产监督管理部门应当自收到申请文件、资料之日起5个工作日对其进行初审并决定是否受理。决定受理的，应当自受理之日起20个工作日内完成审核工作，并将审核意见和全部申请文件、资料报国家安全生产监督管理总局；决定不予受理的，应当向申请人书面说明理由；

（三）国家安全生产监督管理总局应当自收到审核意见和申请文件、资料之日起20个工作日内，组织专家组对申请人进行技术评审，并根据专家组提交的技术评审报告和社会经济发展水平、区域经济结构、统筹规划、总量控制等要求作出资质认可决定。决定认可的，应当自作出决定之日起10个工作日内向申请人颁发资质证书；决定不予认可的，应当向申请人书面说明理由。

第十九条 申请乙级资质，按照下列程序办理：

（一）申请人将职业卫生技术服务机构资质申请表和本办法第十七条规定的文件、资料，报所在地的市级安全生产监督管理部门审核；

（二）市级安全生产监督管理部门应当自收到申请文件、资料之日起5个工作日内对其进行初审并决定是否受理。决定受理的，应当自受理之日起20个工作日内完成审核，并将审核意见和全部申请文件、资料报省级安全生产监督管理部门；决定不予受理的，应当向申请人书面说明理由；

（三）省级安全生产监督管理部门应当自收到审核意见和申请文件、资料之日起20个工作日内，组织专家组对申请人进行技术评审，并根据专家组提交的技术评审报告和区域经济结构、统筹规划、总量控制等要求作出资质认可决定。决定认可的，应当自作出决定之日起10个工作日内向申请人颁发资质证书；决定不予认可的，应当向申请人书面说明理由。

第二十条 申请丙级资质，按照下列程序办理：

（一）申请人将职业卫生技术服务机构资质申请表和本办法第十七条规定的文件、资料，报所在地的县级安全生产监督管理部门审核；

（二）县级安全生产监督管理部门应当自收到申请文件、资料之日起5个工作日内对其进行初审并决定是否受理。决定受理的，应当自受理之日起20个工作日内完成审核，并将审核意见和全部申请文件、资料报市级安全生产监督管理部门；决定不予受理的，应当向申请人书面说明理由；

（三）市级安全生产监督管理部门应当自受理之日起20个工作日内，组织专家组对申请人进行技术评审，并根据专家组提交的技术评审报告和统筹规划、总量控制等要求作出资质认可决定。决定认可的，应当自作出决定之日起10个工作日内向申请人颁发资质证书；决定不予认可的，应当向申请人书面说明理由。

第二十一条 国家安全生产监督管理总局、省级安全生产监督管理部门、市级安全生产监督管理部门（以下统称发证机关）应当从专家库中随机抽取相关专业的3至7名专家组成专家组，对申请人提供的文件、资料进行技术评审。

技术评审包括申请文件、资料的技术审查和现场技术考核。现场技术考核应当包括下列内容：

（一）核查现场有关设备、设施、仪器、仪表等；

（二）考核技术负责人、质量控制负责人及有关专职技术人员的专业知识和操作能力；

（三）抽查原始工作记录、影像资料、报告、总结、档案等资料；

（四）进行必要的盲样检测。

第二十二条 技术评审工作应当自受理资质申请之日起60日内完成，并提交技术评审报告。技术评审报告是发证机关作出职业卫生技术服务机构资质认可决定的重要依据。

专家组技术评审和申请人整改问题所需的时间，不计算在本办法第十八条、第十九条、第二十条规定的期限内。

第二十三条 职业卫生技术服务机构取得资质1年以上，需要增加业务范围的，应当向发证机关提出申请。发证机关应当按照本办法的规定进行认可。

第二十四条 职业卫生技术服务机构的资质证书遗失的，应当及时在有关电视、报刊等媒体上予以声明，并向原发证机关申请补发。

第二十五条 职业卫生技术服务机构甲级、乙级、丙级资质证书有效期均为3年。资质证书有效期满需要延续的，职业卫生技术服务机构应当于期满前3个月向原发证机关提出申请，经复审合格后予以办理延续手续；不合格的，不予办理延续手续，并向申请人书面说明理由。

第二十六条 职业卫生技术服务机构变更名称、法定代表人、注册地址的，应当自变更之日起30日内向原发证机关申请办理资质证书变更手续。

职业卫生技术服务机构分立、合并的，应当申请办理资质证书变更手续或者重新申请职业卫生技术服务机构资质认可。

第二十七条 职业卫生技术服务机构有下列情形之一的，发证机关应当注销其资质：

（一）资质证书有效期届满未申请延续或者不予批准延续的；

（二）被依法终止的；

（三）自行申请注销的。

第二十八条 职业卫生技术服务机构不得转让或者租借其取得的资质证书。

任何单位和个人不得伪造、变造、买卖职业卫生技术服务机构资质证书。

第二十九条 发证机关对取得资质的职业卫生技术服务机构应当及时公告，接受社会监督。

职业卫生技术服务机构资质证书由国家安全生产监督管理总局统一印制。

第三章 技 术 服 务

第三十条 职业卫生技术服务机构应当依法独立开展职业卫生技术服务活动，科学、客观、真实地反映技术服务事项，并对出具的职业卫生技术报告承担法律责任。

第三十一条 职业卫生技术服务机构应当公开办事制度和程序，简化手续，方便服务对象，并采取措施保证服务质量。

第三十二条 取得资质的职业卫生技术服务机构，应当在批准的业务范围和规定的区域范围内开展技术服务工作，并接受技术服务所在地安全生产监督管理部门的监督管理。

取得甲级资质的职业卫生技术服务机构跨省、自治区、直辖市开展职业卫生技术服务，应当填写职业卫生技术服务机构跨省、自治区、直辖市服务工作报告表，报送服务所在地省级安全生产监督管理部门备案，并接受其监督检查。

职业卫生技术服务机构跨省、自治区、直辖市服务工作报告表式样由国家安全生产监督管理总局规定。

第三十三条 职业卫生技术服务机构开展技术服务时，应当依法与建设单位、用人单位签订职业卫生技术服务合同，明确技术服务内容、范围以及双方的权利、义务和责任。

第三十四条 职业卫生技术服务机构从事职业卫生检测、评价技术服务的收费，应当符合法律、法规的规定。法律、法规没有规定的，应当按照行业自律标准或者指导性标准收费；没有行业自律标准和指导性收费标准的，双方可以通过合同协商确定。

第三十五条 职业卫生技术服务机构及其专职技术人员在从事职业卫生技术服务活动中，不得有下列行为：

（一）泄露服务对象的技术秘密和商业秘密；

（二）伪造、变造、转让或者租借资质证书；

（三）超出资质证书业务范围从事技术服务活动；

（四）出具虚假或者失实的职业卫生技术报告；

（五）转包职业卫生技术服务项目；

（六）擅自更改、简化职业卫生技术服务程序和相关内容；

（七）采取不正当竞争手段，故意贬低、诋毁其他职业卫生技术服务机构；

（八）法律、法规规定的其他违法行为。

专职技术人员不得同时在两个以上职业卫生技术机构从业。

第三十六条 职业卫生技术服务机构的职业卫生技术服务过程控制记录、现场勘查记录、影像资料及相关证明材料，应当及时归档，妥善保管。专职技术负责人和质量控制负责人应当按照法律、法规和标准的规定，加强职业卫生技术服务的全过程管理。

职业卫生技术服务机构应当为专职技术人员提供必要的个体防护用品。

第四章 监 督 管 理

第三十七条 发证机关应当加强对职业卫生技术服务机构及专职技术人员的监督检查，重点监督检查下列内容：

（一）职业卫生专职技术人员是否具备从业能力；

（二）是否按照职业卫生技术服务工作规范开展工作；

（三）出具的报告是否符合规范标准；

（四）职业卫生技术服务档案是否完整；

（五）内部质量保证体系文件是否健全；

（六）实际操作中是否存在违规现象；

（七）依法应当监督检查的其他内容。

第三十八条 发证机关应当对取得资质的职业卫生技术服务机构每年进行评估检查。进行年度评估检查时，应当征求服务对象的意见。

第三十九条 安全生产监督管理部门及其工作人员不得有下列行为：

（一）要求用人单位接受指定的职业卫生技术服务机构进行职业卫生技术服务；

（二）以备案为由，变相设立法律、法规规定以外的行政许可；

（三）采取任何形式的地方保护，限制外地职业卫生技术服务机构到本地区开展职业卫生技术服务；

（四）干预职业卫生技术服务机构开展正常活动；

（五）以任何理由或者方式向职业卫生技术服务机构收取或者变相收取费用；

（六）向职业卫生技术服务机构摊派财物、推销产品；

（七）在职业卫生技术服务机构报销任何费用。

第四十条 任何单位或者个人发现职业卫生技术服务机构及其从业人员、安全生产监督管理部门及其工作人员、专家库专家违反有关职业病防治的法律、法规和本办法规定的行为，均有权向安全生产监督管理部门或者有关部门举报。

安全生产监督管理部门应当为举报人保密，并依法对举报进行核查和处理。

第五章 法 律 责 任

第四十一条 安全生产监督管理部门的工作人员徇私舞弊、滥用职权、弄虚作假、玩忽职守，未依法履行职业卫生技术服务机构资质认可和监督管理职责的，依法给予处分。

专家库专家在职业卫生技术服务机构技术评审工作中徇私舞弊、弄虚作假的，撤销其专家库专家资格，终身不得再担任专家库专家。

第四十二条 申请人隐瞒有关情况或者提供虚假材料申请职业卫生技术服务机构资质认可的，不予受理或者不予颁发证书，并自发证机关发现之日起 1 年内不得再次申请职业卫生技术服务机构资质。

职业卫生技术服务机构在申请资质、资质延续、接受监督检查时，采取弄虚作假等不正当手段的，给予警告，不予颁发证书或者不予延续。

职业卫生技术服务机构以欺骗等不正当手段取得职业卫生技术服务机构资质证书的，撤销其资质证书，并自发证机关撤销其资质证书之日起 3 年内不得再次申请职业卫生技术服务机构资质。

第四十三条 未取得职业卫生技术服务资质认可，擅自从事职业卫生检测、评价技术服务的，责令立即停止违法行为，没收违法所得；违法所得 5 千元以上的，并处违法所得 2 倍以上 10 倍以下的罚款；没有违法所得或者违法所得不足 5 千元的，并处 5 千元以上 5 万元以下的罚款；情节严重的，对直接负责的主管人员和其他直接责任人员，依法给予降级、撤职或者开除的处分。

第四十四条 从事职业卫生技术服务的机构违反《中华人民共和国职业病防治法》及本办法规定，有下列行为之一的，责令立即停止违法行为，给予警告，没收违法所得；违法所得 5 千元以上的，并处违法所得 2 倍以上 5 倍以下的罚款；没有违法所得或者违法所得不足 5 千元的，并处 5 千元以上 2 万元以下的罚款；情节严重的，由原发证机关取消其相应的资格；对直接负责的主管人员和其他责任人员，依法给予降级、撤职或者开除的处分；构成犯罪的，依法追究刑事责任：

（一）超出规定的业务范围和区域从事职业卫生检测、评价技术服务的；

（二）未按照《中华人民共和国职业病防治法》及本办法履行法定职责的；

（三）出具虚假证明文件的。

第四十五条 职业卫生技术服务机构有下列情形之一的，给予警告，并处1万元以下的罚款；情节严重的，处1万元以上3万元以下的罚款，依照法律、行政法规的规定撤销其相应资质；对相关责任人依法给予处理：

（一）泄露服务对象的技术秘密和商业秘密的；

（二）转让或者租借资质证书的；

（三）转包职业卫生技术服务项目的；

（四）采取不正当竞争手段，故意贬低、诋毁其他职业卫生技术服务机构的；

（五）未按照规定办理资质证书变更手续的；

（六）未依法与建设单位、用人单位签订职业卫生技术服务合同的；

（七）擅自更改、简化职业卫生技术服务程序和相关内容的；

（八）在申请资质、资质延续、接受监督检查时，隐瞒有关情况或者提供虚假文件、资料的。

第四十六条 职业卫生专职技术人员同时在两个以上职业卫生技术服务机构从业的，责令改正，对职业卫生技术服务机构处3万元以下的罚款，对职业卫生专职技术人员处1万元以下的罚款。

第四十七条 已经取得资质认可的职业卫生技术服务机构，不再符合本办法规定的资质条件的，应当依法撤销其资质。

第四十八条 本办法所规定的行政处罚，由市级以上安全生产监督管理部门决定。对甲级职业卫生技术服务机构的行政处罚，国家安全生产监督管理总局可以委托省级安全生产监督管理部门实施。

撤销资质证书由原发证机关决定。

第六章　附　　则

第四十九条 2011年12月31日前，已经依照国务院卫生行政部门有关规定取得职业卫生技术服务机构资质证书的职业卫生技术服务机构，应当依照本办法的规定向安全生产监督管理部门申请换发国家安全生产监督管理总局统一印制的资质证书，有效期不变；有效期满后，需要继续从事职业卫生技术服务的，依照本办法的规定申请资质延续。

第五十条 为煤矿服务的职业卫生技术服务机构资质认可及管理另行规定。

第五十一条 职业卫生技术服务机构资质认可有关文书的样式和内容，由国家安全生产监督管理总局统一规定。

第五十二条 本办法所称职业病危害不包括医疗机构的放射性危害。

第五十三条 本办法自2012年7月1日起施行。

22. 安全生产监管监察部门信息公开办法

（2012年9月21日国家安全监管总局令第56号公布）

第一章　总　　则

第一条　为了深化政务公开，加强政务服务，保障公民、法人和其他组织依法获取安全生产监管监察部门信息，促进依法行政，依据《中华人民共和国政府信息公开条例》（以下简称《政府信息公开条例》）和有关法律、行政法规的规定，制定本办法。

第二条　安全生产监督管理部门、煤矿安全监察机构（以下统称安全生产监管监察部门）公开本部门信息，适用本办法。

第三条　本办法所称安全生产监管监察部门信息（以下简称信息），是指安全生产监管监察部门在依法履行安全生产监管监察职责过程中，制作或者获取的，以一定形式记录、保存的信息。

第四条　安全生产监管监察部门应当加强对信息公开工作的组织领导，建立健全安全生产政府信息公开制度。

第五条　安全生产监管监察部门应当指定专门机构负责本部门信息公开的日常工作，具体职责是：

（一）组织制定本部门信息公开的制度；

（二）组织编制本部门信息公开指南、公开目录和公开工作年度报告；

（三）组织、协调本部门内设机构的信息公开工作；

（四）组织维护和更新本部门已经公开的信息；

（五）统一受理和答复向本部门提出的信息公开申请；

（六）负责对拟公开信息的保密审查工作进行程序审核；

（七）本部门规定与信息公开有关的其他职责。

安全生产监管监察部门的其他内设机构应当依照本办法的规定，负责审核并主动公开本机构有关信息，并配合协助前款规定的专门机构做好本部门信息公开工作。

第六条　安全生产监管监察部门应当依据有关法律、行政法规的规定加强对信息公开工作的保密审查，确保国家秘密信息安全。

第七条　安全生产监管监察部门负责行政监察的机构应当加强对本部门信息公开工作的监督检查。

第八条　安全生产监管监察部门应当建立健全信息公开的协调机制。安全生产监管监察部门拟发布的信息涉及其他行政机关或者与其他行政机关联合制作的，应当由负责发布信息的内设机构与其他行政机关进行沟通、确认，确保信息发布及时、准确。

安全生产监管监察部门拟发布的信息依照国家有关规定需要批准的，未经批准不得发布。

第九条　安全生产监管监察部门应当遵循依法、公正、公开、便民的原则，及时、准确地公开信息，但危及国家安全、公共安全、经济安全和社会稳定的信息除外。

安全生产监管监察部门发现影响或者可能影响社会稳定、扰乱安全生产秩序的虚假或者不完整信息的，应当按照实事求是和审慎处理的原则，在职责范围内发布准确的信息予以澄清，及时回应社会关切，正确引导社会舆论。

第二章　公　开　范　围

第十条　安全生产监管监察部门应当依照《政府信息公开条例》第九条的规定，在本部门职责范围内确定主动公开的信息的具体内容，并重点公开下列信息：

（一）本部门基本信息，包括职能、内设机构、负责人姓名、办公地点、办事程序、联系方式等；

（二）安全生产法律、法规、规章、标准和规范性文件；

（三）安全生产的专项规划及相关政策；

（四）安全生产行政许可的事项、负责承办的内设机构、依据、条件、数量、程序、期限以及申请行政许可需要提交的全部材料的目录及办理情况；

（五）行政事业性收费的项目、依据、标准；

（六）地方人民政府规定需要主动公开的财政信息；

（七）开展安全生产监督检查的情况；

（八）生产安全事故的发生情况，社会影响较大的生产安全事故的应急处置和救援情况，经过有关人民政府或者主管部门依法批复的事故调查和处理情况；

（九）法律、法规和规章规定应当公开的其他信息。

安全生产有关决策、规定或者规划、计划、方案等，涉及公民、法人和其他组织切身利益或者有重大社会影响的，在决策前应当广泛征求有关公民、法人和其他组织的意见，并以适当方式反馈或者公布意见采纳情况。

第十一条　除本办法第十条规定应当主动公开的信息外，公民、法人或者其他组织可以根据自身生产、生活、科研等特殊需要，申请获取相关信息。

公民、法人或者其他组织使用安全生产监管监察部门公开的信息，不得损害国家利益、公共利益和他人的合法权益。

第十二条　安全生产监管监察部门的下列信息不予公开：

（一）涉及国家秘密以及危及国家安全、公共安全、经济安全和社会稳定的；

（二）属于商业秘密或者公开后可能导致商业秘密被泄露的；

（三）属于个人隐私或者公开后可能导致对个人隐私权造成侵害的；

（四）在日常工作中制作或者获取的内部管理信息；

（五）尚未形成，需要进行汇总、加工、重新制作（作区分处理的除外），或者需要向其他行政机关、公民、法人或者其他组织搜集的信息；

（六）处于讨论、研究或者审查中的过程性信息；

（七）依照法律、法规和国务院规定不予公开的其他信息。

安全生产监管监察部门有证据证明与申请人生产、生活、科研等特殊需要无关的信息，可以不予提供。

与安全生产行政执法有关的信息，公开后可能影响检查、调查、取证等安全生产行政执法活动，或者危及公民、法人和其他组织人身或者财产安全的，安全生产监管监察部门可以暂时不予公开。在行政执法活动结束后，再依照本办法的规定予以公开。

涉及商业秘密、个人隐私，经权利人同意公开，或者安全生产监管监察部门认为不公开可能对公共利益造成重大影响的信息，可以予以公开。

第三章 公开方式和程序

第十三条 安全生产监管监察部门应当通过政府网站、公报、新闻发布会或者报刊、广播、电视等便于公众知晓的方式主动公开本办法第十条规定的信息，并依照《政府信息公开条例》的规定及时向当地档案馆和公共图书馆提供主动公开的信息。具体办法由安全生产监管监察部门与当地档案馆、公共图书馆协商制定。

安全生产监管监察部门可以根据需要，在办公地点设立信息查阅室、信息公告栏、电子信息屏等场所、设施公开信息。

第十四条 安全生产监管监察部门制作的信息，由制作该信息的部门负责公开；安全生产监管监察部门从公民、法人或者其他组织获取的信息，由保存该信息的行政机关负责公开。法律、法规对政府信息公开的权限另有规定的，从其规定。

第十五条 安全生产监管监察部门在制作信息时，应当明确该信息的公开属性，包括主动公开、依申请公开或者不予公开。

对于需要主动公开的信息，安全生产监管监察部门应当自该信息形成或者变更之日起 20 个工作日内予以公开。法律、法规对公开期限另有规定的，从其规定。

第十六条 公民、法人或者其他组织依照本办法第十一条的规定申请获取信息的，应当按照“一事一申请”的原则填写《信息公开申请表》，向安全生产监管监察部门提出申请；填写《信息公开申请表》确有困难的，申请人可以口头提出，由受理该申请的安全生产监管监察部门代为填写，申请人签字确认。

第十七条 安全生产监管监察部门收到《信息公开申请表》后，负责信息公开的专门机构应当进行审查，符合要求的，予以受理，并在收到《信息公开申请表》之日起 3 个工作日内向申请人出具申请登记回执；不予受理的，应当书面告知申请人不予受理的理由。

第十八条 安全生产监管监察部门受理信息公开申请后，负责信息公开的专门机构能够当场答复的，应当当场答复；不能够当场答复的，应当及时转送本部门相关内设机构办理。

安全生产监管监察部门受理的信息公开申请，应当自收到《信息公开申请表》之日起 15 个工作日内按照本办法第十九条的规定予以答复；不能在 15 个工作日内作出答复的，经本部门负责信息公开的专门机构负责人同意，可以适当延长答复期限，并书面告知申请人，延长答复的期限最长不得超过 15 个工作日。

申请获取的信息涉及第三方权益的，受理申请的安全生产监管监察部门征求第三方意见所需时间不计算在前款规定的期限内。

第十九条 对于已经受理的信息公开申请，安全生产监管监察部门应当根据下列情况分别予以答复：

（一）属于本部门信息公开范围的，应当书面告知申请人获取该信息的方式、途径，或者直接向申请人提供该信息；

（二）属于不予公开范围的，应当书面告知申请人不予公开的理由、依据；

（三）依法不属于本部门职能范围或者信息不存在的，应当书面告知申请人，对能够确定该信息的公开机关的，应当告知申请人该行政机关的名称和联系方式；

（四）申请内容不明确的，应当书面告知申请人作出更改、补充。

申请获取的信息中含有不应当公开的内容，但是能够作区分处理的，安全生产监管监察部门应当向申请人提供可以公开的信息内容。

第二十条 申请获取的信息涉及商业秘密、个人隐私，或者公开后可能损害第三方合法权益的，受理申请的安全生产监管监察部门应当书面征求第三方的意见。第三方不同意公开的，不得公开；但是，受理申请的安全生产监管监察部门认为不公开可能对公共利益造成重大影响的，应当予以公开，并将决定公开的信息内容和理由书面通知第三方。

第二十一条 公民、法人和其他组织有证据证明与其自身相关的信息不准确的，有权要求更正。受理申请的安全生产监管监察部门经核实后，应当予以更正，并将更正后的信息书面告知申请人；无权更正的，应当转送有权更正的部门或者其他行政机关处理，并告知申请人。

第二十二条 对于依申请公开的信息，安全生产监管监察部门应当按照申请人要求的形式予以提供；无法按照申请人要求的形式提供的，可以通过安排申请人查阅相关资料、提供复制件或者其他适当的形式提供。

第二十三条 安全生产监管监察部门依申请提供信息，除可以按照国家规定的标准向申请人收取检索、复制、邮寄等成本费用外，不得收取其他费用。

申请获取信息的公民确有经济困难的，经本人申请、安全生产监管监察部门负责信息公开的专门机构负责人审核同意，可以减免相关费用。

第四章 监督与保障

第二十四条 安全生产监管监察部门应当建立健全信息发布保密审查制度，明确保密审查的人员、方法、程序和责任。

安全生产监管监察部门在公开信息前，应当依照《中华人民共和国保守国家秘密法》、《安全生产工作国家秘密范围的规定》等法律、行政法规和有关保密制度，对拟公开的信息进行保密审查。

安全生产监管监察部门在保密审查过程中不能确定是否涉及国家秘密的，应当说明信息来源和本部门的保密审查意见，报上级安全生产监管监察部门或者本级保密行政管理部门确定。

第二十五条 安全生产监管监察部门应当编制、公布本部门信息公开指南及信息公开目录，并及时更新。

信息公开指南应当包括信息的分类、编排体系、获取方式和信息公开专门机构的名称、办公地址、办公时间、联系电话、传真号码、电子邮箱等内容。

信息公开目录应当包括信息的索引、名称、信息内容概述、生成日期、公开时间等内容。

第二十六条 安全生产监管监察部门应当建立健全信息公开工作考核制度、社会评议制度和责任追究制度，定期对信息公开工作进行考核、评议。

第二十七条 安全生产监管监察部门应当于每年3月31日前公布本部门上一年度信息公开工作年度报告。年度报告应当包括下列内容：

（一）本部门主动公开信息的情况；

（二）本部门依申请公开信息和不予公开信息的情况；

（三）信息公开工作的收费及减免情况；

（四）因信息公开申请行政复议、提起行政诉讼的情况；

（五）信息公开工作存在的主要问题及改进情况；

（六）其他需要报告的事项。

第二十八条 公民、法人或者其他组织认为安全生产监管监察部门不依法履行信息公开义务的，可以向上级安全生产监管监察部门举报。收到举报的安全生产监管监察部门应当依照《信访条例》的规定予以处理，督促被举报的安全生产监管监察部门依法履行信息公开义务。

第二十九条 公民、法人或者其他组织认为信息公开工作中的具体行政行为侵犯其合法权益的，可以依法申请行政复议或者提起行政诉讼。

第三十条 安全生产监管监察部门及其工作人员违反本办法的规定，有下列情形之一的，由本部门负责行政监察的机构或者其上级安全生产监管监察部门责令改正；情节严重的，对部门主要负责人、直接负责的主管人员和其他直接责任人员依法给予处分；构成犯罪的，依法追究刑事责任：

（一）不依法履行信息公开义务的；

（二）不及时更新公开的信息内容、信息公开指南和信息公开目录的；

（三）违反规定收取费用的；

（四）通过其他组织、个人以有偿服务方式提供信息的；

（五）公开不应当公开的信息的；

（六）故意提供虚假信息的；

（七）违反有关法律法规和本办法规定的其他行为。

第五章 附　　则

第三十一条 国家安全生产监督管理总局管理的具有行政职能的事业单位的有关信息公开，参照本办法执行。

第三十二条 本办法自2012年11月1日起施行。

23. 煤矿作业场所职业病危害防治规定

（2015 年 2 月 28 日国家安全监管总局令第 73 号公布）

第一章　总　　则

第一条　为加强煤矿作业场所职业病危害的防治工作，强化煤矿企业职业病危害防治主体责任，预防、控制职业病危害，保护煤矿劳动者健康，依据《中华人民共和国职业病防治法》、《中华人民共和国安全生产法》、《煤矿安全监察条例》等法律、行政法规，制定本规定。

第二条　本规定适用于中华人民共和国领域内各类煤矿及其所属为煤矿服务的矿井建设施工、洗煤厂、选煤厂等存在职业病危害的作业场所职业病危害预防和治理活动。

第三条　本规定所称煤矿作业场所职业病危害（以下简称职业病危害），是指由粉尘、噪声、热害、有毒有害物质等因素导致煤矿劳动者职业病的危害。

第四条　煤矿是本企业职业病危害防治的责任主体。

职业病危害防治坚持以人为本、预防为主、综合治理的方针，按照源头治理、科学防治、严格管理、依法监督的要求开展工作。

第二章　职业病危害防治管理

第五条　煤矿主要负责人（法定代表人、实际控制人，下同）是本单位职业病危害防治工作的第一责任人，对本单位职业病危害防治工作全面负责。

第六条　煤矿应当建立健全职业病危害防治领导机构，制定职业病危害防治规划，明确职责分工和落实工作经费，加强职业病危害防治工作。

第七条　煤矿应当设置或者指定职业病危害防治的管理机构，配备专职职业卫生管理人员，负责职业病危害防治日常管理工作。

第八条　煤矿应当制定职业病危害防治年度计划和实施方案，并建立健全下列制度：

（一）职业病危害防治责任制度；

（二）职业病危害警示与告知制度；

（三）职业病危害项目申报制度；

（四）职业病防治宣传、教育和培训制度；

（五）职业病防护设施管理制度；

（六）职业病个体防护用品管理制度；

（七）职业病危害日常监测及检测、评价管理制度；

（八）建设项目职业病防护设施与主体工程同时设计、同时施工、同时投入生产和使用（以下简称建设项目职业卫生“三同时”）的制度；

（九）劳动者职业健康监护及其档案管理制度；

（十）职业病诊断、鉴定及报告制度；

（十一）职业病危害防治经费保障及使用管理制度；

（十二）职业卫生档案管理制度；

（十三）职业病危害事故应急管理制度；

（十四）法律、法规、规章规定的其他职业病危害防治制度。

第九条 煤矿应当配备专职或者兼职的职业病危害因素监测人员，装备相应的监测仪器设备。监测人员应当经培训合格；未经培训合格的，不得上岗作业。

第十条 煤矿应当以矿井为单位开展职业病危害因素日常监测，并委托具有资质的职业卫生技术服务机构，每年进行一次作业场所职业病危害因素检测，每三年进行一次职业病危害现状评价。根据监测、检测、评价结果，落实整改措施，同时将日常监测、检测、评价、落实整改情况存入本单位职业卫生档案。检测、评价结果向所在地安全生产监督管理部门和驻地煤矿安全监察机构报告，并向劳动者公布。

第十一条 煤矿不得使用国家明令禁止使用的可能产生职业病危害的技术、工艺、设备和材料，限制使用或者淘汰职业病危害严重的技术、工艺、设备和材料。

第十二条 煤矿应当优化生产布局和工艺流程，使有害作业和无害作业分开，减少接触职业病危害的人数和接触时间。

第十三条 煤矿应当按照《煤矿职业安全卫生个体防护用品配备标准》（AQ 1051）规定，为接触职业病危害的劳动者提供符合标准的个体防护用品，并指导和督促其正确使用。

第十四条 煤矿应当履行职业病危害告知义务，与劳动者订立或者变更劳动合同时，应当将作业过程中可能产生的职业病危害及其后果、防护措施和相关待遇等如实告知劳动者，并在劳动合同中载明，不得隐瞒或者欺骗。

第十五条 煤矿应当在醒目位置设置公告栏，公布有关职业病危害防治的规章制度、操作规程和作业场所职业病危害因素检测结果；对产生严重职业病危害的作业岗位，应当在醒目位置设置警示标识和中文警示说明。

第十六条 煤矿主要负责人、职业卫生管理人员应当具备煤矿职业卫生知识和管理能力，接受职业病危害防治培训。培训内容应当包括职业卫生相关法律、法规、规章和标准，职业病危害预防和控制的基本知识，职业卫生管理相关知识等内容。

煤矿应当对劳动者进行上岗前、在岗期间的定期职业病危害防治知识培训，督促劳动者遵守职业病防治法律、法规、规章、标准和操作规程，指导劳动者正确使用职业病防护设备和个体防护用品。上岗前培训时间不少于4学时，在岗期间的定期培训时间每年不少于2学时。

第十七条 煤矿应当建立健全企业职业卫生档案。企业职业卫生档案应当包括下列内容：

（一）职业病防治责任制文件；

（二）职业卫生管理规章制度；

（三）作业场所职业病危害因素种类清单、岗位分布以及作业人员接触情况等资料；

（四）职业病防护设施、应急救援设施基本信息及其配置、使用、维护、检修与更换等记录；

（五）作业场所职业病危害因素检测、评价报告与记录；

（六）职业病个体防护用品配备、发放、维护与更换等记录；

（七）煤矿企业主要负责人、职业卫生管理人员和劳动者的职业卫生培训资料；

（八）职业病危害事故报告与应急处置记录；

（九）劳动者职业健康检查结果汇总资料，存在职业禁忌证、职业健康损害或者职业病的劳动者处理和安置情况记录；

（十）建设项目职业卫生“三同时”有关技术资料；

（十一）职业病危害项目申报情况记录；

（十二）其他有关职业卫生管理的资料或者文件。

第十八条 煤矿应当保障职业病危害防治专项经费，经费在财政部、国家安全监管总局《关于印发〈企业安全生产费用提取和使用管理办法〉的通知》（财企〔2012〕16号）第十七条“（十）其他与安全生产直接相关的支出”中列支。

第十九条 煤矿发生职业病危害事故，应当及时向所在地安全生产监督管理部门和驻地煤矿安全监察机构报告，同时积极采取有效措施，减少或者消除职业病危害因素，防止事故扩大。对遭受或者可能遭受急性职业病危害的劳动者，应当及时组织救治，并承担所需费用。

煤矿不得迟报、漏报、谎报或者瞒报煤矿职业病危害事故。

第三章 建设项目职业病防护设施“三同时”管理

第二十条 煤矿建设项目职业病防护设施必须与主体工程同时设计、同时施工、同时投入生产和使用。职业病防护设施所需费用应当纳入建设项目工程预算。

第二十一条 煤矿建设项目在可行性论证阶段，建设单位应当委托具有资质的职业卫生技术服务机构进行职业病危害预评价，编制预评价报告。

第二十二条 煤矿建设项目在初步设计阶段，应当委托具有资质的设计单位编制职业病防护设施设计专篇。

第二十三条 煤矿建设项目完工后，在试运行期内，应当委托具有资质的职业卫生技术服务机构进行职业病危害控制效果评价，编制控制效果评价报告。

第四章 职业病危害项目申报

第二十四条 煤矿在申领、换发煤矿安全生产许可证时，应当如实向驻地煤矿安全监察机构申报职业病危害项目，同时抄报所在地安全生产监督管理部门。

第二十五条 煤矿申报职业病危害项目时，应当提交下列文件、资料：

（一）煤矿的基本情况；

（二）煤矿职业病危害防治领导机构、管理机构情况；

（三）煤矿建立职业病危害防治制度情况；

（四）职业病危害因素名称、监测人员及仪器设备配备情况；

（五）职业病防护设施及个体防护用品配备情况；

（六）煤矿主要负责人、职业卫生管理人员及劳动者职业卫生培训情况证明材料；

（七）劳动者职业健康检查结果汇总资料，存在职业禁忌症、职业健康损害或者职业病的劳动者处理和安置情况记录；

（八）职业病危害警示标识设置与告知情况；

（九）煤矿职业卫生档案管理情况；

（十）法律、法规和规章规定的其他资料。

第二十六条 安全生产监督管理部门和煤矿安全监察机构及其工作人员应当对煤矿企业职业病危害项目申报材料中涉及的商业和技术等秘密保密。违反有关保密义务的，应当承担相应的法律责任。

第五章 职业健康监护

第二十七条 对接触职业病危害的劳动者，煤矿应当按照国家有关规定组织上岗前、在岗期间和离岗时的职业健康检查，并将检查结果书面告知劳动者。职业健康检查费用由煤矿承担。职业健康检查由省级以上人民政府卫生行政部门批准的医疗卫生机构承担。

第二十八条 煤矿不得安排未经上岗前职业健康检查的人员从事接触职业病危害的作业；不得安排有职业禁忌的人员从事其所禁忌的作业；不得安排未成年工从事接触职业病危害的作业；不得安排孕期、哺乳期的女职工从事对本人和胎儿、婴儿有危害的作业。

第二十九条 劳动者接受职业健康检查应当视同正常出勤，煤矿企业不得以常规健康检查代替职业健康检查。接触职业病危害作业的劳动者的职业健康检查周期按照表1执行。

表1 接触职业病危害作业的劳动者的职业健康检查周期

<table>
<tr><th>接触有害物质</th><th>体检对象</th><th>检查周期</th></tr>
<tr><td rowspan="2">煤尘（以煤尘为主）</td><td>在岗人员</td><td>2年1次</td></tr>
<tr><td>观察对象、Ⅰ期煤工尘肺患者</td><td rowspan="4">每年1次</td></tr>
<tr><td>岩尘（以岩尘为主）</td><td>在岗人员、观察对象、Ⅰ期矽肺患者</td></tr>
<tr><td>噪声</td><td>在岗人员</td></tr>
<tr><td>高温</td><td>在岗人员</td></tr>
<tr><td>化学毒物</td><td>在岗人员</td><td>根据所接触的化学毒物确定检查周期</td></tr>
<tr><td colspan="3">接触粉尘危害作业退休人员的职业健康检查周期按照有关规定执行</td></tr>
</table>

第三十条 煤矿不得以劳动者上岗前职业健康检查代替在岗期间定期的职业健康检查，也不得以劳动者在岗期间职业健康检查代替离岗时职业健康检查，但最后一次在岗期间的职业健康检查在离岗前的90日内的，可以视为离岗时检查。对未进行离岗前职业健康检查的劳动者，煤矿不得解除或者终止与其订立的劳动合同。

第三十一条 煤矿应当根据职业健康检查报告，采取下列措施：

（一）对有职业禁忌的劳动者，调离或者暂时脱离原工作岗位；

（二）对健康损害可能与所从事的职业相关的劳动者，进行妥善安置；

（三）对需要复查的劳动者，按照职业健康检查机构要求的时间安排复查和医学观察；

（四）对疑似职业病病人，按照职业健康检查机构的建议安排其进行医学观察或者职业病诊断；

（五）对存在职业病危害的岗位，改善劳动条件，完善职业病防护设施。

第三十二条 煤矿应当为劳动者个人建立职业健康监护档案，并按照有关规定的期限妥善保存。

职业健康监护档案应当包括劳动者个人基本情况、劳动者职业史和职业病危害接触史，历次职业健康检查结果及处理情况，职业病诊疗等资料。

劳动者离开煤矿时，有权索取本人职业健康监护档案复印件，煤矿必须如实、无偿提供，并在所提供的复印件上签章。

第三十三条 劳动者健康出现损害需要进行职业病诊断、鉴定的，煤矿企业应当如实提供职业病诊断、鉴定所需的劳动者职业史和职业病危害接触史、作业场所职业病危害因素检测结果等资料。

第六章 粉尘危害防治

第三十四条 煤矿应当在正常生产情况下对作业场所的粉尘浓度进行监测。粉尘浓度应当符合表2的要求；不符合要求的，应当采取有效措施。

表2　煤矿作业场所粉尘浓度要求

粉尘种类	游离 SiO_2 含量（%）	时间加权平均容许浓度（mg/m^3）	
		总粉尘	呼吸性粉尘
煤尘	<10	4	2.5
矽尘	10≤～≤50	1	0.7
	50<～≤80	0.7	0.3
	>80	0.5	0.2
水泥尘	<10	4	1.5

第三十五条　煤矿进行粉尘监测时，其监测点的选择和布置应当符合表3的要求。

表3　煤矿作业场所测尘点的选择和布置要求

类别	生产工艺	测尘点布置
采煤工作面	司机操作采煤机、打眼、人工落煤及攉煤	工人作业地点
	多工序同时作业	回风巷距工作面10～15 m处
掘进工作面	司机操作掘进机、打眼、装岩（煤）、锚喷支护	工人作业地点
	多工序同时作业（爆破作业除外）	距掘进头10～15 m回风侧
其他场所	翻罐笼作业、巷道维修、转载点	工人作业地点
露天煤矿	穿孔机作业、挖掘机作业	下风侧3～5 m处
	司机操作穿孔机、司机操作挖掘机、汽车运输	操作室内
地面作业场所	地面煤仓、储煤场、输送机运输等处生产作业	作业人员活动范围内

第三十六条　粉尘监测采用定点或者个体方法进行，推广实时在线监测系统。粉尘监测应当符合下列要求：

（一）总粉尘浓度，煤矿井下每月测定2次或者采用实时在线监测，地面及露天煤矿每月测定1次或者采用实时在线监测；

（二）呼吸性粉尘浓度每月测定1次；

（三）粉尘分散度每6个月监测1次；

（四）粉尘中游离 SiO_2 含量，每6个月测定1次，在变更工作面时也应当测定1次。

第三十七条　煤矿应当使用粉尘采样器、直读式粉尘浓度测定仪等仪器设备进行粉尘浓度的测定。井工煤矿的采煤工作面回风巷、掘进工作面回风侧应当设置粉尘浓度传感器，并接入安全监测监控系统。

第三十八条　井工煤矿必须建立防尘洒水系统。永久性防尘水池容量不得小于200 m^3，且贮水量不得小于井下连续2 h的用水量，备用水池贮水量不得小于永久性防尘水池的50%。

防尘管路应当敷设到所有能产生粉尘和沉积粉尘的地点，没有防尘供水管路的采掘工作面不得生产。静压供水管路管径应当满足矿井防尘用水量的要求，强度应当满足静压水压力的要求。

防尘用水水质悬浮物的含量不得超过30 mg/L，粒径不大于0.3 mm，水的pH值应当在6～9范围内，水的碳酸盐硬度不超过3 mmol/L。使用降尘剂时，降尘剂应当无毒、无腐蚀、不污染环境。

第三十九条　井工煤矿掘进井巷和硐室时，必须采用湿式钻眼，使用水炮泥，爆破前后冲洗井壁巷帮，爆破过程中采用高压喷雾（喷雾压力不低于8 MPa）或者压气喷雾降尘、装岩（煤）洒水和净化风流等综合防尘措施。

第四十条 井工煤矿在煤、岩层中钻孔，应当采取湿式作业。煤（岩）与瓦斯突出煤层或者软煤层中难以采取湿式钻孔时，可以采取干式钻孔，但必须采取除尘器捕尘、除尘，除尘器的呼吸性粉尘除尘效率不得低于90%。

第四十一条 井工煤矿炮采工作面应当采取湿式钻眼，使用水炮泥，爆破前后应当冲洗煤壁，爆破时应当采用高压喷雾（喷雾压力不低于8 MPa）或者压气喷雾降尘，出煤时应当洒水降尘。

第四十二条 井工煤矿采煤机作业时，必须使用内、外喷雾装置。内喷雾压力不得低于2 MPa，外喷雾压力不得低于4 MPa。内喷雾装置不能正常使用时，外喷雾压力不得低于8 MPa，否则采煤机必须停机。液压支架必须安装自动喷雾降尘装置，实现降柱、移架同步喷雾。破碎机必须安装防尘罩，并加装喷雾装置或者除尘器。放顶煤采煤工作面的放煤口，必须安装高压喷雾装置（喷雾压力不低于8 MPa）或者采取压气喷雾降尘。

第四十三条 井工煤矿掘进机作业时，应当使用内、外喷雾装置和控尘装置、除尘器等构成的综合防尘系统。掘进机内喷雾压力不得低于2 MPa，外喷雾压力不得低于4 MPa。内喷雾装置不能正常使用时，外喷雾压力不得低于8 MPa；除尘器的呼吸性粉尘除尘效率不得低于90%。

第四十四条 井工煤矿的采煤工作面回风巷、掘进工作面回风侧应当分别安设至少2道自动控制风流净化水幕。

第四十五条 煤矿井下煤仓放煤口、溜煤眼放煤口以及地面带式输送机走廊必须安设喷雾装置或者除尘器，作业时进行喷雾降尘或者用除尘器除尘。煤仓放煤口、溜煤眼放煤口采用喷雾降尘时，喷雾压力不得低于8 MPa。

第四十六条 井工煤矿的所有煤层必须进行煤层注水可注性测试。对于可注水煤层必须进行煤层注水。煤层注水过程中应当对注水流量、注水量及压力等参数进行监测和控制，单孔注水总量应当使该钻孔预湿煤体的平均水分含量增量不得低于1.5%，封孔深度应当保证注水过程中煤壁及钻孔不漏水、不跑水。在厚煤层分层开采时，在确保安全前提下，应当采取在上一分层的采空区内灌水，对下一分层的煤体进行湿润。

第四十七条 井工煤矿打锚杆眼应当实施湿式钻孔，喷射混凝土时应当采用潮喷或者湿喷工艺，喷射机、喷浆点应当配备捕尘、除尘装置，距离锚喷作业点下风向100 m内，应当设置2道以上自动控制风流净化水幕。

第四十八条 井工煤矿转载点应当采用自动喷雾降尘（喷雾压力应当大于0.7 MPa）或者密闭尘源除尘器抽尘净化等措施。转载点落差超过0.5 m，必须安装溜槽或者导向板。装煤点下风侧20 m内，必须设置一道自动控制风流净化水幕。运输巷道内应当设置自动控制风流净化水幕。

第四十九条 露天煤矿粉尘防治应当符合下列要求：

（一）设置有专门稳定可靠供水水源的加水站（池），加水能力满足洒水降尘所需的最大供给量；

（二）采取湿式钻孔；不能实现湿式钻孔时，设置有效的孔口捕尘装置；

（三）破碎作业时，密闭作业区域并采用喷雾降尘或者除尘器除尘；

（四）加强对穿孔机、挖掘机、汽车等司机操作室的防护；

（五）挖掘机装车前，对煤（岩）洒水，卸煤（岩）时喷雾降尘；

（六）对运输路面经常清理浮尘、洒水，加强维护，保持路面平整。

第五十条 洗选煤厂原煤准备（给煤、破碎、筛分、转载）过程中宜密闭尘源，并采取喷雾降尘或者除尘器除尘。

第五十一条 储煤场厂区应当定期洒水抑尘，储煤场四周应当设抑尘网，装卸煤炭应当喷雾降尘或者洒水车降尘，煤炭外运时应当采取密闭措施。

第七章　噪声危害防治

第五十二条　煤矿作业场所噪声危害依照下列标准判定：

（一）劳动者每天连续接触噪声时间达到或者超过 8 h 的，噪声声级限值为 85 dB（A）；

（二）劳动者每天接触噪声时间不足 8 h 的，可以根据实际接触噪声的时间，按照接触噪声时间减半、噪声声级限值增加 3 dB（A）的原则确定其声级限值。

第五十三条　煤矿应当配备 2 台以上噪声测定仪器，并对作业场所噪声每 6 个月监测 1 次。

第五十四条　煤矿作业场所噪声的监测地点主要包括：

（一）井工煤矿的主要通风机、提升机、空气压缩机、局部通风机、采煤机、掘进机、风动凿岩机、风钻、乳化液泵、水泵等地点；

（二）露天煤矿的挖掘机、穿孔机、矿用汽车、输送机、排土机和爆破作业等地点；

（三）选煤厂破碎机、筛分机、空压机等地点。

煤矿进行监测时，应当在每个监测地点选择 3 个测点，监测结果以 3 个监测点的平均值为准。

第五十五条　煤矿应当优先选用低噪声设备，通过隔声、消声、吸声、减振、减少接触时间、佩戴防护耳塞（罩）等措施降低噪声危害。

第八章　热　害　防　治

第五十六条　井工煤矿采掘工作面的空气温度不得超过 26 ℃，机电设备硐室的空气温度不得超过 30 ℃。当空气温度超过上述要求时，煤矿必须缩短超温地点工作人员的工作时间，并给予劳动者高温保健待遇。采掘工作面的空气温度超过 30 ℃、机电设备硐室的空气温度超过 34 ℃时，必须停止作业。

第五十七条　井工煤矿采掘工作面和机电设备硐室应当设置温度传感器。

第五十八条　井工煤矿应当采取通风降温、采用分区式开拓方式缩短入风线路长度等措施，降低工作面的温度；当采用上述措施仍然无法达到作业环境标准温度的，应当采用制冷等降温措施。

第五十九条　井工煤矿地面辅助生产系统和露天煤矿应当合理安排劳动者工作时间，减少高温时段室外作业。

第九章　职业中毒防治

第六十条　煤矿作业场所主要化学毒物浓度不得超过表 4 的要求。

第六十一条　煤矿进行化学毒物监测时，应当选择有代表性的作业地点，其中包括空气中有害物质浓度最高、作业人员接触时间最长的作业地点。采样应当在正常生产状态下进行。

第六十二条　煤矿应当对 NO（换算成 NO_2）、CO、SO_2 每 3 个月至少监测 1 次，对 H_2S 每月至少监测 1 次。煤层有自燃倾向的，应当根据需要随时监测。

第六十三条　煤矿作业场所应当加强通风降低有害气体的浓度，在采用通风措施无法达到表 4 的规定时，应当采用净化、化学吸收等措施降低有害气体的浓度。

表 4　煤矿主要化学毒物最高允许浓度

化学毒物名称	最高允许浓度/%
CO	0.0024
H_2S	0.00066

表4（续）

化学毒物名称	最高允许浓度/%
NO（换算成 NO_2）	0.00025
SO_2	0.0005

第十章 法 律 责 任

第六十四条 煤矿违反本规定，有下列行为之一的，给予警告，责令限期改正；逾期不改正的，处十万元以下的罚款：

（一）作业场所职业病危害因素检测、评价结果没有存档、上报、公布的；

（二）未设置职业病防治管理机构或者配备专职职业卫生管理人员的；

（三）未制定职业病防治计划或者实施方案的；

（四）未建立健全职业病危害防治制度的；

（五）未建立健全企业职业卫生档案或者劳动者职业健康监护档案的；

（六）未公布有关职业病防治的规章制度、操作规程、职业病危害事故应急救援措施的；

（七）未组织劳动者进行职业卫生培训，或者未对劳动者个人职业病防护采取指导、督促措施的。

第六十五条 煤矿违反本规定，有下列行为之一的，给予警告，可以并处五万元以上十万元以下的罚款：

（一）未如实申报产生职业病危害的项目的；

（二）未实施由专人负责的职业病危害因素日常监测，或者监测系统不能正常监测的；

（三）订立或者变更劳动合同时，未告知劳动者职业病危害真实情况的；

（四）未组织职业健康检查、建立职业健康监护档案，或者未将检查结果书面告知劳动者的；

（五）未在劳动者离开煤矿企业时提供职业健康监护档案复印件的。

第六十六条 煤矿违反本规定，有下列行为之一的，责令限期改正，逾期不改正的，处五万元以上二十万元以下的罚款；情节严重的，责令停止产生职业病危害的作业，或者提请有关人民政府按照国务院规定的权限责令关闭：

（一）作业场所职业病危害因素的强度或者浓度超过本规定要求的；

（二）未提供职业病防护设施和个人使用的职业病防护用品，或者提供的职业病防护设施和个人使用的职业病防护用品不符合本规定要求的；

（三）未对作业场所职业病危害因素进行检测、评价的；

（四）作业场所职业病危害因素经治理仍然达不到本规定要求时，未停止存在职业病危害因素的作业的；

（五）发生或者可能发生急性职业病危害事故时，未立即采取应急救援和控制措施，或者未按照规定及时报告的；

（六）未按照规定在产生严重职业病危害的作业岗位醒目位置设置警示标识和中文警示说明的。

第六十七条 煤矿违反本规定，有下列情形之一的，责令限期治理，并处五万元以上三十万元以下的罚款；情节严重的，责令停止产生职业病危害的作业，或者暂扣、吊销煤矿安全生产许可证：

（一）隐瞒本单位职业卫生真实情况的；

（二）使用国家明令禁止使用的可能产生职业病危害的设备或者材料的；

（三）安排未经职业健康检查的劳动者、有职业禁忌的劳动者、未成年工或者孕期、哺乳期女职工从事接触职业病危害的作业或者禁忌作业的。

第六十八条 煤矿违反本规定，有下列行为之一的，给予警告，责令限期改正，逾期不改正的，处三万元以下的罚款：

（一）未投入职业病防治经费的；

（二）未建立职业病防治领导机构的；

（三）煤矿企业主要负责人、职业卫生管理人员和职业病危害因素监测人员未接受职业卫生培训的。

第六十九条 煤矿违反本规定，造成重大职业病危害事故或者其他严重后果，构成犯罪的，对直接负责的主管人员和其他直接责任人员，依法追究刑事责任。

第七十条 煤矿违反本规定的其他违法行为，依照《中华人民共和国职业病防治法》和其他行政法规、规章的规定给予行政处罚。

第七十一条 本规定设定的行政处罚，由煤矿安全监察机构实施。

第十一章　附　　则

第七十二条 本规定中未涉及的其他职业病危害因素，按照国家有关规定执行。

第七十三条 本规定自 2015 年 4 月 1 日起施行。

24. 煤矿重大生产安全事故隐患判定标准

（2015 年 12 月 3 日国家安全监管总局令第 85 号公布）

第一条 为了准确认定、及时消除煤矿重大生产安全事故隐患（以下简称煤矿重大事故隐患），根据《安全生产法》和《国务院关于预防煤矿生产安全事故的特别规定》（国务院令第 446 号）等法律、法规，制定本判定标准。

第二条 本标准适用于判定各类煤矿重大事故隐患。

第三条 煤矿重大事故隐患包括以下 15 个方面：

（一）超能力、超强度或者超定员组织生产；

（二）瓦斯超限作业；

（三）煤与瓦斯突出矿井，未依照规定实施防突出措施；

（四）高瓦斯矿井未建立瓦斯抽采系统和监控系统，或者不能正常运行；

（五）通风系统不完善、不可靠；

（六）有严重水患，未采取有效措施；

（七）超层越界开采；

（八）有冲击地压危险，未采取有效措施；

（九）自然发火严重，未采取有效措施；

（十）使用明令禁止使用或者淘汰的设备、工艺；

（十一）煤矿没有双回路供电系统；

（十二）新建煤矿边建设边生产，煤矿改扩建期间，在改扩建的区域生产，或者在其他区域的生产超出安全设计规定的范围和规模；

（十三）煤矿实行整体承包生产经营后，未重新取得或者及时变更安全生产许可证而从事生产，或者承包方再次转包，以及将井下采掘工作面和井巷维修作业进行劳务承包；

（十四）煤矿改制期间，未明确安全生产责任人和安全管理机构，或者在完成改制后，未重新取得或者变更采矿许可证、安全生产许可证和营业执照；

（十五）其他重大事故隐患。

第四条 “超能力、超强度或者超定员组织生产”重大事故隐患，是指有下列情形之一的：

（一）矿井全年原煤产量超过矿井核定（设计）生产能力 110% 的，或者矿井月产量超过矿井核定（设计）生产能力 10% 的；

（二）矿井开拓、准备、回采煤量可采期小于有关标准规定的最短时间组织生产、造成接续紧张的，或者采用“剃头下山”开采的；

（三）采掘工作面瓦斯抽采不达标组织生产的；

（四）煤矿未制定或者未严格执行井下劳动定员制度的。

第五条 “瓦斯超限作业”重大事故隐患，是指有下列情形之一的：

（一）瓦斯检查存在漏检、假检的；

（二）井下瓦斯超限后不采取措施继续作业的。

第六条 “煤与瓦斯突出矿井，未依照规定实施防突出措施”重大事故隐患，是指有下列情形之一的：

（一）未建立防治突出机构并配备相应专业人员的；

（二）未装备矿井安全监控系统和地面永久瓦斯抽采系统或者系统不能正常运行的；

（三）未进行区域或者工作面突出危险性预测的；

（四）未按规定采取防治突出措施的；

（五）未进行防治突出措施效果检验或者防突措施效果检验不达标仍然组织生产建设的；

（六）未采取安全防护措施的；

（七）使用架线式电机车的。

第七条 “高瓦斯矿井未建立瓦斯抽采系统和监控系统，或者不能正常运行”重大事故隐患，是指有下列情形之一的：

（一）按照《煤矿安全规程》规定应当建立而未建立瓦斯抽采系统的；

（二）未按规定安设、调校甲烷传感器，人为造成甲烷传感器失效的，瓦斯超限后不能断电或者断电范围不符合规定的；

（三）安全监控系统出现故障没有及时采取措施予以恢复的，或者对系统记录的瓦斯超限数据进行修改、删除、屏蔽的。

第八条 “通风系统不完善、不可靠”重大事故隐患，是指有下列情形之一的：

（一）矿井总风量不足的；

（二）没有备用主要通风机或者两台主要通风机工作能力不匹配的；

（三）违反规定串联通风的；

（四）没有按设计形成通风系统的，或者生产水平和采区未实现分区通风的；

（五）高瓦斯、煤与瓦斯突出矿井的任一采区，开采容易自燃煤层、低瓦斯矿井开采煤层群和分层开采采用联合布置的采区，未设置专用回风巷的，或者突出煤层工作面没有独立的回风系统的；

（六）采掘工作面等主要用风地点风量不足的；

（七）采区进（回）风巷未贯穿整个采区，或者虽贯穿整个采区但一段进风、一段回风的；

（八）煤巷、半煤岩巷和有瓦斯涌出的岩巷的掘进工作面未装备甲烷电、风电闭锁装置或者不能正常使用的；

（九）高瓦斯、煤与瓦斯突出建设矿井局部通风不能实现双风机、双电源且自动切换的；

（十）高瓦斯、煤与瓦斯突出建设矿井进入二期工程前，其他建设矿井进入三期工程前，没有形成地面主要通风机供风的全风压通风系统的。

第九条 “有严重水患，未采取有效措施”重大事故隐患，是指有下列情形之一的：

（一）未查明矿井水文地质条件和井田范围内采空区、废弃老窑积水等情况而组织生产建设的；

（二）水文地质类型复杂、极复杂的矿井没有设立专门的防治水机构和配备专门的探放水作业队伍、配齐专用探放水设备的；

（三）在突水威胁区域进行采掘作业未按规定进行探放水的；

（四）未按规定留设或者擅自开采各种防隔水煤柱的；

（五）有透水征兆未撤出井下作业人员的；

（六）受地表水倒灌威胁的矿井在强降雨天气或其来水上游发生洪水期间未实施停产撤人的；

（七）建设矿井进入三期工程前，没有按设计建成永久排水系统的。

第十条 “超层越界开采”重大事故隐患，是指有下列情形之一的：

（一）超出采矿许可证规定开采煤层层位或者标高而进行开采的；

（二）超出采矿许可证载明的坐标控制范围而开采的；

（三）擅自开采保安煤柱的。

第十一条 “有冲击地压危险，未采取有效措施”重大事故隐患，是指有下列情形之一的：

（一）首次发生过冲击地压动力现象，半年内没有完成冲击地压危险性鉴定的；

（二）有冲击地压危险的矿井未配备专业人员并编制专门设计的；

（三）未进行冲击地压预测预报，或者采取的防治措施没有消除冲击地压危险仍组织生产建设的。

第十二条 “自然发火严重，未采取有效措施”重大事故隐患，是指有下列情形之一的：

（一）开采容易自燃和自燃的煤层时，未编制防止自然发火设计或者未按设计组织生产建设的；

（二）高瓦斯矿井采用放顶煤采煤法不能有效防治煤层自然发火的；

（三）有自然发火征兆没有采取相应的安全防范措施并继续生产建设的。

第十三条 “使用明令禁止使用或者淘汰的设备、工艺”重大事故隐患，是指有下列情形之一的：

（一）使用被列入国家应予淘汰的煤矿机电设备和工艺目录的产品或者工艺的；

（二）井下电气设备未取得煤矿矿用产品安全标志，或者防爆等级与矿井瓦斯等级不符的；

（三）未按矿井瓦斯等级选用相应的煤矿许用炸药和雷管、未使用专用发爆器的，或者裸露放炮的；

（四）采煤工作面不能保证2个畅通的安全出口的；

（五）高瓦斯矿井、煤与瓦斯突出矿井、开采容易自燃和自燃煤层（薄煤层除外）矿井，采煤工作面采用前进式采煤方法的。

第十四条 “煤矿没有双回路供电系统”重大事故隐患，是指有下列情形之一的：

（一）单回路供电的；

（二）有两个回路但取自一个区域变电所同一母线端的；

（三）进入二期工程的高瓦斯、煤与瓦斯突出及水害严重的建设矿井，进入三期工程的其他建设矿井，没有形成双回路供电的。

第十五条 “新建煤矿边建设边生产，煤矿改扩建期间，在改扩建的区域生产，或者在其他区域的生产超出安全设计规定的范围和规模”重大事故隐患，是指有下列情形之一的：

（一）建设项目安全设施设计未经审查批准，或者批准后做出重大变更后未经再次审批擅自组织施工的；

（二）改扩建矿井在改扩建区域生产的；

（三）改扩建矿井在非改扩建区域超出设计规定范围和规模生产的。

第十六条 “煤矿实行整体承包生产经营后，未重新取得或者及时变更安全生产许可证从事生产的，或者承包方再次转包，以及将井下采掘工作面和井巷维修作业进行劳务承包”重大事故隐患，是指有下列情形之一的：

（一）生产经营单位将煤矿承包或者托管给没有合法有效煤矿生产建设证照的单位或者个人的；

（二）煤矿实行承包（托管）但未签订安全生产管理协议，或者未约定双方安全生产管理职责合同而进行生产的；

（三）承包方（承托方）未按规定变更安全生产许可证进行生产的；

（四）承包方（承托方）再次将煤矿承包（托管）给其他单位或者个人的；

（五）煤矿将井下采掘工作面或者井巷维修作业作为独立工程承包（托管）给其他企业或者个人的。

第十七条 “煤矿改制期间，未明确安全生产责任人和安全管理机构，或者在完成改制后，未重新取得或者变更采矿许可证、安全生产许可证和营业执照”重大事故隐患，是指有下列情形之一的：

（一）改制期间，未明确安全生产责任人而进行生产建设的；

（二）改制期间，未健全安全生产管理机构和配备安全管理人员进行生产建设的；

（三）完成改制后，未重新取得或者变更采矿许可证、安全生产许可证、营业执照而进行生产建设的。

第十八条 “其他重大事故隐患”，是指有下列情形之一的：

（一）没有分别配备矿长、总工程师和分管安全、生产、机电的副矿长，以及负责采煤、掘进、机电运输、通风、地质测量工作的专业技术人员的；

（二）未按规定足额提取和使用安全生产费用的；

（三）出现瓦斯动力现象，或者相邻矿井开采的同一煤层发生了突出，或者煤层瓦斯压力达到或者超过0.74 MPa的非突出矿井，未立即按照突出煤层管理并在规定时限内进行突出危险性鉴定的（直接认定为突出矿井的除外）；

（四）图纸作假、隐瞒采掘工作面的。

第十九条 本标准自印发之日起施行。国家安全监管总局、国家煤矿安监局2005年9月26日印发的《煤矿重大安全生产隐患认定办法（试行）》（安监总煤矿字〔2005〕133号）同时废止。

25. 煤矿企业安全生产许可证实施办法

（2016年2月16日国家安全监管总局令第86号公布）

第一章　总　　则

第一条　为了规范煤矿企业安全生产条件，加强煤矿企业安全生产许可证的颁发管理工作，根据《安全生产许可证条例》和有关法律、行政法规，制定本实施办法。

第二条　煤矿企业必须依照本实施办法的规定取得安全生产许可证。未取得安全生产许可证的，不得从事生产活动。

煤层气地面开采企业安全生产许可证的管理办法，另行制定。

第三条　煤矿企业除本企业申请办理安全生产许可证外，其所属矿（井、露天坑）也应当申请办理安全生产许可证，一矿（井、露天坑）一证。

煤矿企业实行多级管理的，其上级煤矿企业也应当申请办理安全生产许可证。

第四条　安全生产许可证的颁发管理工作实行企业申请、两级发证、属地监管的原则。

第五条　国家煤矿安全监察局指导、监督全国煤矿企业安全生产许可证的颁发管理工作，负责符合本办法第三条规定的中央管理的煤矿企业总部（总公司、集团公司）安全生产许可证的颁发和管理。

省级煤矿安全监察局负责前款规定以外的其他煤矿企业安全生产许可证的颁发和管理；未设立煤矿安全监察机构的省、自治区，由省、自治区人民政府指定的部门（以下与省级煤矿安全监察局统称省级安全生产许可证颁发管理机关）负责本行政区域内煤矿企业安全生产许可证的颁发和管理。

国家煤矿安全监察局和省级安全生产许可证颁发管理机关统称安全生产许可证颁发管理机关。

第二章　安全生产条件

第六条　煤矿企业取得安全生产许可证，应当具备下列安全生产条件：

（一）建立、健全主要负责人、分管负责人、安全生产管理人员、职能部门、岗位安全生产责任制；制定安全目标管理、安全奖惩、安全技术审批、事故隐患排查治理、安全检查、安全办公会议、地质灾害普查、井下劳动组织定员、矿领导带班下井、井工煤矿入井检身与出入井人员清点等安全生产规章制度和各工种操作规程；

（二）安全投入满足安全生产要求，并按照有关规定足额提取和使用安全生产费用；

（三）设置安全生产管理机构，配备专职安全生产管理人员；煤与瓦斯突出矿井、水文地质类型复杂矿井还应设置专门的防治煤与瓦斯突出管理机构和防治水管理机构；

（四）主要负责人和安全生产管理人员的安全生产知识和管理能力经考核合格；

（五）参加工伤保险，为从业人员缴纳工伤保险费；

（六）制定重大危险源检测、评估和监控措施；

（七）制定应急救援预案，并按照规定设立矿山救护队，配备救护装备；不具备单独设立矿山救护队条件的，与邻近的专业矿山救护队签订救护协议；

（八）制定特种作业人员培训计划、从业人员培训计划、职业危害防治计划；

（九）法律、行政法规规定的其他条件。

第七条 煤矿除符合本实施办法第六条规定的条件外，还必须符合下列条件：

（一）特种作业人员经有关业务主管部门考核合格，取得特种作业操作资格证书；

（二）从业人员进行安全生产教育培训，并经考试合格；

（三）制定职业危害防治措施、综合防尘措施，建立粉尘检测制度，为从业人员配备符合国家标准或者行业标准的劳动防护用品；

（四）依法进行安全评价；

（五）制定矿井灾害预防和处理计划；

（六）依法取得采矿许可证，并在有效期内。

第八条 井工煤矿除符合本实施办法第六条、第七条规定的条件外，其安全设施、设备、工艺还必须符合下列条件：

（一）矿井至少有 2 个能行人的通达地面的安全出口，各个出口之间的距离不得小于 30 米；井下每一个水平到上一个水平和各个采（盘）区至少有两个便于行人的安全出口，并与通达地面的安全出口相连接；采煤工作面有两个畅通的安全出口，一个通到进风巷道，另一个通到回风巷道。在用巷道净断面满足行人、运输、通风和安全设施及设备安装、检修、施工的需要；

（二）按规定进行瓦斯等级、煤层自燃倾向性和煤尘爆炸危险性鉴定；

（三）矿井有完善的独立通风系统。矿井、采区和采掘工作面的供风能力满足安全生产要求，矿井使用安装在地面的矿用主要通风机进行通风，并有同等能力的备用主要通风机，主要通风机按规定进行性能检测；生产水平和采区实行分区通风；高瓦斯和煤与瓦斯突出矿井、开采容易自燃煤层的矿井、煤层群联合布置矿井的每个采区设置专用回风巷，掘进工作面使用专用局部通风机进行通风，矿井有反风设施；

（四）矿井有安全监控系统，传感器的设置、报警和断电符合规定，有瓦斯检查制度和矿长、技术负责人瓦斯日报审查签字制度，配备足够的专职瓦斯检查员和瓦斯检测仪器；按规定建立瓦斯抽采系统，开采煤与瓦斯突出危险煤层的有预测预报、防治措施、效果检验和安全防护的综合防突措施；

（五）有防尘供水系统，有地面和井下排水系统；有水害威胁的矿井还应有专用探放水设备；

（六）制定井上、井下防火措施；有地面消防水池和井下消防管路系统，井上、井下有消防材料库；开采容易自燃和自燃煤层的矿井还应有防灭火专项设计和综合预防煤层自然发火的措施；

（七）矿井有两回路电源线路；严禁井下配电变压器中性点直接接地；井下电气设备的选型符合防爆要求，有短路、过负荷、接地、漏电等保护，掘进工作面的局部通风机按规定采用专用变压器、专用电缆、专用开关，实现风电、瓦斯电闭锁；

（八）运送人员的装置应当符合有关规定。使用检测合格的钢丝绳；带式输送机采用非金属聚合物制造的输送带的阻燃性能和抗静电性能符合规定，设置安全保护装置；

（九）有通信联络系统，按规定建立人员位置监测系统；

（十）按矿井瓦斯等级选用相应的煤矿许用炸药和电雷管，爆破工作由专职爆破工担任；

（十一）不得使用国家有关危及生产安全淘汰目录规定的设备及生产工艺；使用的矿用产品应有安全标志；

（十二）配备足够数量的自救器，自救器的选用型号应与矿井灾害类型相适应，按规定建立安全避险系统；

（十三）有反映实际情况的图纸：矿井地质图和水文地质图，井上下对照图，巷道布置图，采掘工程平面图，通风系统图，井下运输系统图，安全监控系统布置图和断电控制图，人员位置监测系统图，压风、排水、防尘、防火注浆、抽采瓦斯等管路系统图，井下通信系统图，井上、下配电系统图和井下电气设备布置图，井下避灾路线图。采掘工作面有符合实际情况的作业规程。

第九条 露天煤矿除符合本实施办法第六条、第七条规定的条件外，其安全设施、设备、工艺还必须符合下列条件：

（一）按规定设置栅栏、安全挡墙、警示标志；

（二）露天采场最终边坡的台阶坡面角和边坡角符合最终边坡设计要求；

（三）配电线路、电动机、变压器的保护符合安全要求；

（四）爆炸物品的领用、保管和使用符合规定；

（五）有边坡工程、地质勘探工程、岩土物理力学试验和稳定性分析，有边坡监测措施；

（六）有防排水设施和措施；

（七）地面和采场内的防灭火措施符合规定；开采有自然发火倾向的煤层或者开采范围内存在火区时，制定专门防灭火措施；

（八）有反映实际情况的图纸：地形地质图，工程地质平面图、断面图、综合水文地质图，采剥、排土工程平面图和运输系统图，供配电系统图，通信系统图，防排水系统图，边坡监测系统平面图，井工采空区与露天矿平面对照图。

第三章 安全生产许可证的申请和颁发

第十条 煤矿企业依据本实施办法第五条的规定向安全生产许可证颁发管理机关申请领取安全生产许可证。

第十一条 申请领取安全生产许可证应当提供下列文件、资料：

（一）煤矿企业提供的文件、资料：

1. 安全生产许可证申请书；

2. 主要负责人安全生产责任制（复制件），各分管负责人、安全生产管理人员以及职能部门负责人安全生产责任制目录清单；

3. 安全生产规章制度目录清单；

4. 设置安全生产管理机构、配备专职安全生产管理人员的文件（复制件）；

5. 主要负责人、安全生产管理人员安全生产知识和管理能力考核合格的证明材料；

6. 特种作业人员培训计划，从业人员安全生产教育培训计划；

7. 为从业人员缴纳工伤保险费的有关证明材料；

8. 重大危险源检测、评估和监控措施；

9. 事故应急救援预案，设立矿山救护队的文件或者与专业救护队签订的救护协议。

（二）煤矿提供的文件、资料和图纸：

1. 安全生产许可证申请书；

2. 采矿许可证（复制件）；

3. 主要负责人安全生产责任制（复制件），各分管负责人、安全生产管理人员以及职能部门负责人安全生产责任制目录清单；

4. 安全生产规章制度和操作规程目录清单；

5. 设置安全生产管理机构和配备专职安全生产管理人员的文件（复制件）；

6. 矿长、安全生产管理人员安全生产知识和管理能力考核合格的证明材料；

7. 特种作业人员操作资格证书的证明材料；

8. 从业人员安全生产教育培训计划和考试合格的证明材料；

9. 为从业人员缴纳工伤保险费的有关证明材料；

10. 具备资质的中介机构出具的安全评价报告；

11. 矿井瓦斯等级鉴定文件；高瓦斯、煤与瓦斯突出矿井瓦斯参数测定报告，煤层自燃倾向性和煤尘爆炸危险性鉴定报告；

12. 矿井灾害预防和处理计划；

13. 井工煤矿采掘工程平面图，通风系统图；

14. 露天煤矿采剥工程平面图，边坡监测系统平面图；

15. 事故应急救援预案，设立矿山救护队的文件或者与专业矿山救护队签订的救护协议；

16. 井工煤矿主要通风机、主提升机、空压机、主排水泵的检测检验合格报告。

第十二条　安全生产许可证颁发管理机关对申请人提交的申请书及文件、资料，应当按照下列规定处理：

（一）申请事项不属于本机关职权范围的，即时作出不予受理的决定，并告知申请人向有关行政机关申请；

（二）申请材料存在可以当场更正的错误的，允许或者要求申请人当场更正，并即时出具受理的书面凭证，通过互联网申请的，符合要求后即时提供电子受理回执；

（三）申请材料不齐全或者不符合要求的，应当当场或者在5个工作日内一次告知申请人需要补正的全部内容，逾期不告知的，自收到申请材料之日起即为受理；

（四）申请材料齐全、符合要求或者按照要求全部补正的，自收到申请材料或者全部补正材料之日起为受理。

第十三条　煤矿企业应当对其向安全生产许可证颁发管理机关提交的文件、资料和图纸的真实性负责。

从事安全评价、检测检验的机构应当对其出具的安全评价报告、检测检验结果负责。

第十四条　对已经受理的申请，安全生产许可证颁发管理机关应当指派有关人员对申请材料进行审查；对申请材料实质内容存在疑问，认为需要到现场核查的，应当到现场进行核查。

第十五条　负责审查的有关人员提出审查意见。

安全生产许可证颁发管理机关应当对有关人员提出的审查意见进行讨论，并在受理申请之日起45个工作日内作出颁发或者不予颁发安全生产许可证的决定。

对决定颁发的，安全生产许可证颁发管理机关应当自决定之日起10个工作日内送达或者通知申请人领取安全生产许可证；对不予颁发的，应当在10个工作日内书面通知申请人并说明理由。

第十六条　经审查符合本实施办法规定的，安全生产许可证颁发管理机关应当分别向煤矿企业及其所属煤矿颁发安全生产许可证。

第十七条　安全生产许可证的有效期为3年。安全生产许可证有效期满需要延期的，煤矿企业应当于期满前3个月按照本实施办法第十条的规定，向原安全生产许可证颁发管理机关提出延期申请，并提交本实施办法第十一条规定的文件、资料和安全生产许可证正本、副本。

第十八条　对已经受理的延期申请，安全生产许可证颁发管理机关应当按照本实施办法的规定办理安全生产许可证延期手续。

第十九条　煤矿企业在安全生产许可证有效期内符合下列条件，在安全生产许可证有效期届满时，经原安全生产许可证颁发管理机关同意，不再审查，直接办理延期手续：

（一）严格遵守有关安全生产的法律法规和本实施办法；

（二）接受安全生产许可证颁发管理机关及煤矿安全监察机构的监督检查；

（三）未因存在严重违法行为纳入安全生产不良记录“黑名单”管理；

（四）未发生生产安全死亡事故；

（五）煤矿安全质量标准化等级达到二级及以上。

第二十条 煤矿企业在安全生产许可证有效期内有下列情形之一的，应当向原安全生产许可证颁发管理机关申请变更安全生产许可证：

（一）变更主要负责人的；

（二）变更隶属关系的；

（三）变更经济类型的；

（四）变更煤矿企业名称的；

（五）煤矿改建、扩建工程经验收合格的。

变更本条第一款第一、二、三、四项的，自工商营业执照变更之日起10个工作日内提出申请；变更本条第一款第五项的，应当在改建、扩建工程验收合格后10个工作日内提出申请。

申请变更本条第一款第一项的，应提供变更后的工商营业执照副本和主要负责人任命文件（或者聘书）；申请变更本条第一款第二、三、四项的，应提供变更后的工商营业执照副本；申请变更本条第一款第五项的，应提供改建、扩建工程安全设施及条件竣工验收合格的证明材料。

第二十一条 对于本实施办法第二十条第一款第一、二、三、四项的变更申请，安全生产许可证颁发管理机关在对申请人提交的相关文件、资料审核后，即可办理安全生产许可证变更。

对于本实施办法第二十条第一款第五项的变更申请，安全生产许可证颁发管理机关应当按照本实施办法第十四条、第十五条的规定办理安全生产许可证变更。

第二十二条 经安全生产许可证颁发管理机关审查同意延期、变更安全生产许可证的，安全生产许可证颁发管理机关应当收回原安全生产许可证正本，换发新的安全生产许可证正本；在安全生产许可证副本上注明延期、变更内容，并加盖公章。

第二十三条 煤矿企业停办、关闭的，应当自停办、关闭决定之日起10个工作日内向原安全生产许可证颁发管理机关申请注销安全生产许可证，并提供煤矿开采现状报告、实测图纸和遗留事故隐患的报告及防治措施。

第二十四条 安全生产许可证分为正本和副本，具有同等法律效力，正本为悬挂式，副本为折页式。

安全生产许可证颁发管理机关应当在安全生产许可证正本、副本上载明煤矿企业名称、主要负责人、注册地址、隶属关系、经济类型、有效期、发证机关、发证日期等内容。

安全生产许可证正本、副本的式样由国家煤矿安全监察局制定。

安全生产许可证相关的行政许可文书由国家煤矿安全监察局规定统一的格式。

第四章　安全生产许可证的监督管理

第二十五条 煤矿企业取得安全生产许可证后，应当加强日常安全生产管理，不得降低安全生产条件。

第二十六条 煤矿企业不得转让、冒用、买卖、出租、出借或者使用伪造的安全生产许可证。

第二十七条 安全生产许可证颁发管理机关应当坚持公开、公平、公正的原则，严格依照本实施办法的规定审查、颁发安全生产许可证。

安全生产许可证颁发管理机关工作人员在安全生产许可证颁发、管理和监督检查工作中，不得索取或者接受煤矿企业的财物，不得谋取其他利益。

第二十八条 安全生产许可证颁发管理机关发现有下列情形之一的，应当撤销已经颁发的安全生产许可证：

（一）超越职权颁发安全生产许可证的；

（二）违反本实施办法规定的程序颁发安全生产许可证的；

（三）不具备本实施办法规定的安全生产条件颁发安全生产许可证的；

（四）以欺骗、贿赂等不正当手段取得安全生产许可证的。

第二十九条 取得安全生产许可证的煤矿企业有下列情形之一的，安全生产许可证颁发管理机关应当注销其安全生产许可证：

（一）终止煤炭生产活动的；

（二）安全生产许可证被依法撤销的；

（三）安全生产许可证被依法吊销的；

（四）安全生产许可证有效期满未申请办理延期手续的。

第三十条 煤矿企业隐瞒有关情况或者提供虚假材料申请安全生产许可证的，安全生产许可证颁发管理机关不予受理，且在一年内不得再次申请安全生产许可证。

第三十一条 安全生产许可证颁发管理机关应当每年向社会公布一次煤矿企业取得安全生产许可证的情况。

第三十二条 安全生产许可证颁发管理机关应当将煤矿企业安全生产许可证颁发管理情况通报煤矿企业所在地市级以上人民政府及其指定的负责煤矿安全监管工作的部门。

第三十三条 安全生产许可证颁发管理机关应当建立、健全安全生产许可证档案管理制度。

第三十四条 省级安全生产许可证颁发管理机关应当于每年1月15日前将所负责行政区域内上年度煤矿企业安全生产许可证颁发和管理情况报国家煤矿安全监察局，同时通报本级安全生产监督管理部门。

第三十五条 任何单位或者个人对违反《安全生产许可证条例》和本实施办法规定的行为，有权向安全生产许可证颁发管理机关或者监察机关等有关部门举报。

第五章 罚 则

第三十六条 安全生产许可证颁发管理机关工作人员有下列行为之一的，给予降级或者撤职的处分；构成犯罪的，依法追究刑事责任：

（一）向不符合本实施办法规定的安全生产条件的煤矿企业颁发安全生产许可证的；

（二）发现煤矿企业未依法取得安全生产许可证擅自从事生产活动不依法处理的；

（三）发现取得安全生产许可证的煤矿企业不再具备本实施办法规定的安全生产条件不依法处理的；

（四）接到对违反本实施办法规定行为的举报后，不依法处理的；

（五）在安全生产许可证颁发、管理和监督检查工作中，索取或者接受煤矿企业的财物，或者谋取其他利益的。

第三十七条 承担安全评价、检测、检验工作的机构，出具虚假安全评价、检测、检验报告或者证明的，没收违法所得；违法所得在10万元以上的，并处违法所得2倍以上5倍以下的罚款，没有违法所得或者违法所得不足10万元的，单处或者并处10万元以上20万元以下的罚款，对其直接负责的主管人员和其他直接责任人员处2万元以上5万元以下的罚款；给他人造成损害的，与煤矿企业承担连带赔偿责任；构成犯罪的，依照刑法有关规定追究刑事责任。

对有前款违法行为的机构，依法吊销其相应资质。

第三十八条 安全生产许可证颁发管理机关应当加强对取得安全生产许可证的煤矿企业的监督检查，发现其不再具备本实施办法规定的安全生产条件的，应当责令限期整改，依法暂扣安全生产许可证；经整改仍不具备本实施办法规定的安全生产条件的，依法吊销安全生产许可证。

第三十九条　取得安全生产许可证的煤矿企业，倒卖、出租、出借或者以其他形式非法转让安全生产许可证的，没收违法所得，处10万元以上50万元以下的罚款，吊销其安全生产许可证；构成犯罪的，依法追究刑事责任。

第四十条　发现煤矿企业有下列行为之一的，责令停止生产，没收违法所得，并处10万元以上50万元以下的罚款；构成犯罪的，依法追究刑事责任：

（一）未取得安全生产许可证，擅自进行生产的；

（二）接受转让的安全生产许可证的；

（三）冒用安全生产许可证的；

（四）使用伪造安全生产许可证的。

第四十一条　在安全生产许可证有效期满未申请办理延期手续，继续进行生产的，责令停止生产，限期补办延期手续，没收违法所得，并处5万元以上10万元以下的罚款；逾期仍不申请办理延期手续，依照本实施办法第二十九条、第四十条的规定处理。

第四十二条　在安全生产许可证有效期内，主要负责人、隶属关系、经济类型、煤矿企业名称发生变化，未按本实施办法申请办理变更手续的，责令限期补办变更手续，并处1万元以上3万元以下罚款。

改建、扩建工程已经验收合格，未按本实施办法规定申请办理变更手续擅自投入生产的，责令停止生产，限期补办变更手续，并处1万元以上3万元以下罚款；逾期仍不办理变更手续，继续进行生产的，依照本实施办法第四十条的规定处罚。

第六章　附　　则

第四十三条　本实施办法规定的行政处罚，由安全生产许可证颁发管理机关决定。除吊销安全生产许可证外，安全生产许可证颁发管理机关可以委托有关省级煤矿安全监察局、煤矿安全监察分局实施行政处罚。

第四十四条　本实施办法自2016年4月1日起施行。原国家安全生产监督管理局（国家煤矿安全监察局）2004年5月17日公布、国家安全生产监督管理总局2015年6月8日修改的《煤矿企业安全生产许可证实施办法》同时废止。

26. 煤矿安全规程

（2016 年 2 月 25 日国家安全监管总局令第 87 号公布）

修订后的《煤矿安全规程》已经 2015 年 12 月 22 日国家安全生产监督管理总局第 13 次局长办公会议审议通过，现予公布，自 2016 年 10 月 1 日起施行。原国家安全生产监督管理局、国家煤矿安全监察局 2004 年 11 月 3 日公布的《煤矿安全规程》，国家安全生产监督管理总局 2006 年 10 月 25 日公布的《关于修改〈煤矿安全规程〉第六十八条和第一百五十八条的决定》，2009 年 4 月 22 日公布的《关于修改〈煤矿安全规程〉第一百二十八条、第一百二十九条、第四百四十一条、第四百四十二条的决定》，2010 年 1 月 21 日公布的《关于修改〈煤矿安全规程〉部分条款的决定》，2011 年 1 月 25 日公布的《关于修改〈煤矿安全规程〉第二编第六章防治水部分条款的决定》同时废止。

27. 生产安全事故应急预案管理办法

（2016 年 6 月 3 日国家安全监管总局令第 88 号公布）

第一章　总　　则

第一条　为规范生产安全事故应急预案管理工作，迅速有效处置生产安全事故，依据《中华人民共和国突发事件应对法》、《中华人民共和国安全生产法》等法律和《突发事件应急预案管理办法》（国办发〔2013〕101 号），制定本办法。

第二条　生产安全事故应急预案（以下简称应急预案）的编制、评审、公布、备案、宣传、教育、培训、演练、评估、修订及监督管理工作，适用本办法。

第三条　应急预案的管理实行属地为主、分级负责、分类指导、综合协调、动态管理的原则。

第四条　国家安全生产监督管理总局负责全国应急预案的综合协调管理工作。

县级以上地方各级安全生产监督管理部门负责本行政区域内应急预案的综合协调管理工作。县级以上地方各级其他负有安全生产监督管理职责的部门按照各自的职责负责有关行业、领域应急预案的管理工作。

第五条　生产经营单位主要负责人负责组织编制和实施本单位的应急预案，并对应急预案的真实性和实用性负责；各分管负责人应当按照职责分工落实应急预案规定的职责。

第六条　生产经营单位应急预案分为综合应急预案、专项应急预案和现场处置方案。

综合应急预案，是指生产经营单位为应对各种生产安全事故而制定的综合性工作方案，是本单位应对生产安全事故的总体工作程序、措施和应急预案体系的总纲。

专项应急预案，是指生产经营单位为应对某一种或者多种类型生产安全事故，或者针对重要生产设施、重大危险源、重大活动防止生产安全事故而制定的专项性工作方案。

现场处置方案，是指生产经营单位根据不同生产安全事故类型，针对具体场所、装置或者设施所制定的应急处置措施。

第二章　应急预案的编制

第七条　应急预案的编制应当遵循以人为本、依法依规、符合实际、注重实效的原则，以应急处置为核心，明确应急职责、规范应急程序、细化保障措施。

第八条　应急预案的编制应当符合下列基本要求：

（一）有关法律、法规、规章和标准的规定；

（二）本地区、本部门、本单位的安全生产实际情况；

（三）本地区、本部门、本单位的危险性分析情况；

（四）应急组织和人员的职责分工明确，并有具体的落实措施；

（五）有明确、具体的应急程序和处置措施，并与其应急能力相适应；

（六）有明确的应急保障措施，满足本地区、本部门、本单位的应急工作需要；

（七）应急预案基本要素齐全、完整，应急预案附件提供的信息准确；

（八）应急预案内容与相关应急预案相互衔接。

第九条 编制应急预案应当成立编制工作小组，由本单位有关负责人任组长，吸收与应急预案有关的职能部门和单位的人员，以及有现场处置经验的人员参加。

第十条 编制应急预案前，编制单位应当进行事故风险评估和应急资源调查。

事故风险评估，是指针对不同事故种类及特点，识别存在的危险危害因素，分析事故可能产生的直接后果以及次生、衍生后果，评估各种后果的危害程度和影响范围，提出防范和控制事故风险措施的过程。

应急资源调查，是指全面调查本地区、本单位第一时间可以调用的应急资源状况和合作区域内可以请求援助的应急资源状况，并结合事故风险评估结论制定应急措施的过程。

第十一条 地方各级安全生产监督管理部门应当根据法律、法规、规章和同级人民政府以及上一级安全生产监督管理部门的应急预案，结合工作实际，组织编制相应的部门应急预案。

部门应急预案应当根据本地区、本部门的实际情况，明确信息报告、响应分级、指挥权移交、警戒疏散等内容。

第十二条 生产经营单位应当根据有关法律、法规、规章和相关标准，结合本单位组织管理体系、生产规模和可能发生的事故特点，确立本单位的应急预案体系，编制相应的应急预案，并体现自救互救和先期处置等特点。

第十三条 生产经营单位风险种类多、可能发生多种类型事故的，应当组织编制综合应急预案。

综合应急预案应当规定应急组织机构及其职责、应急预案体系、事故风险描述、预警及信息报告、应急响应、保障措施、应急预案管理等内容。

第十四条 对于某一种或者多种类型的事故风险，生产经营单位可以编制相应的专项应急预案，或将专项应急预案并入综合应急预案。

专项应急预案应当规定应急指挥机构与职责、处置程序和措施等内容。

第十五条 对于危险性较大的场所、装置或者设施，生产经营单位应当编制现场处置方案。

现场处置方案应当规定应急工作职责、应急处置措施和注意事项等内容。

事故风险单一、危险性小的生产经营单位，可以只编制现场处置方案。

第十六条 生产经营单位应急预案应当包括向上级应急管理机构报告的内容、应急组织机构和人员的联系方式、应急物资储备清单等附件信息。附件信息发生变化时，应当及时更新，确保准确有效。

第十七条 生产经营单位组织应急预案编制过程中，应当根据法律、法规、规章的规定或者实际需要，征求相关应急救援队伍、公民、法人或其他组织的意见。

第十八条 生产经营单位编制的各类应急预案之间应当相互衔接，并与相关人民政府及其部门、应急救援队伍和涉及的其他单位的应急预案相衔接。

第十九条 生产经营单位应当在编制应急预案的基础上，针对工作场所、岗位的特点，编制简明、实用、有效的应急处置卡。

应急处置卡应当规定重点岗位、人员的应急处置程序和措施，以及相关联络人员和联系方式，便于从业人员携带。

第三章 应急预案的评审、公布和备案

第二十条 地方各级安全生产监督管理部门应当组织有关专家对本部门编制的部门应急预案进行审定；必要时，可以召开听证会，听取社会有关方面的意见。

第二十一条 矿山、金属冶炼、建筑施工企业和易燃易爆物品、危险化学品的生产、经营（带储存设施的，下同）、储存企业，以及使用危险化学品达到国家规定数量的化工企业、烟花爆竹生产、批发经营企业和中型规模以上的其他生产经营单位，应当对本单位编制的应急预案进行评审，并形成书面评审纪要。

前款规定以外的其他生产经营单位应当对本单位编制的应急预案进行论证。

第二十二条 参加应急预案评审的人员应当包括有关安全生产及应急管理方面的专家。

评审人员与所评审应急预案的生产经营单位有利害关系的，应当回避。

第二十三条 应急预案的评审或者论证应当注重基本要素的完整性、组织体系的合理性、应急处置程序和措施的针对性、应急保障措施的可行性、应急预案的衔接性等内容。

第二十四条 生产经营单位的应急预案经评审或者论证后，由本单位主要负责人签署公布，并及时发放到本单位有关部门、岗位和相关应急救援队伍。

事故风险可能影响周边其他单位、人员的，生产经营单位应当将有关事故风险的性质、影响范围和应急防范措施告知周边的其他单位和人员。

第二十五条 地方各级安全生产监督管理部门的应急预案，应当报同级人民政府备案，并抄送上一级安全生产监督管理部门。

其他负有安全生产监督管理职责的部门的应急预案，应当抄送同级安全生产监督管理部门。

第二十六条 生产经营单位应当在应急预案公布之日起20个工作日内，按照分级属地原则，向安全生产监督管理部门和有关部门进行告知性备案。

中央企业总部（上市公司）的应急预案，报国务院主管的负有安全生产监督管理职责的部门备案，并抄送国家安全生产监督管理总局；其所属单位的应急预案报所在地的省、自治区、直辖市或者设区的市级人民政府主管的负有安全生产监督管理职责的部门备案，并抄送同级安全生产监督管理部门。

前款规定以外的非煤矿山、金属冶炼和危险化学品生产、经营、储存企业，以及使用危险化学品达到国家规定数量的化工企业、烟花爆竹生产、批发经营企业的应急预案，按照隶属关系报所在地县级以上地方人民政府安全生产监督管理部门备案；其他生产经营单位应急预案的备案，由省、自治区、直辖市人民政府负有安全生产监督管理职责的部门确定。

油气输送管道运营单位的应急预案，除按照本条第一款、第二款的规定备案外，还应当抄送所跨行政区域的县级安全生产监督管理部门。

煤矿企业的应急预案除按照本条第一款、第二款的规定备案外，还应当抄送所在地的煤矿安全监察机构。

第二十七条 生产经营单位申报应急预案备案，应当提交下列材料：

（一）应急预案备案申报表；

（二）应急预案评审或者论证意见；

（三）应急预案文本及电子文档；

（四）风险评估结果和应急资源调查清单。

第二十八条 受理备案登记的负有安全生产监督管理职责的部门应当在5个工作日内对应急预案材料进行核对，材料齐全的，应当予以备案并出具应急预案备案登记表；材料不齐全的，不予备案并一次性告知需要补齐的材料。逾期不予备案又不说明理由的，视为已经备案。

对于实行安全生产许可的生产经营单位，已经进行应急预案备案的，在申请安全生产许可证时，可以不提供相应的应急预案，仅提供应急预案备案登记表。

第二十九条 各级安全生产监督管理部门应当建立应急预案备案登记建档制度，指导、督促生产经营单位做好应急预案的备案登记工作。

第四章　应急预案的实施

第三十条　各级安全生产监督管理部门、各类生产经营单位应当采取多种形式开展应急预案的宣传教育，普及生产安全事故避险、自救和互救知识，提高从业人员和社会公众的安全意识与应急处置技能。

第三十一条　各级安全生产监督管理部门应当将本部门应急预案的培训纳入安全生产培训工作计划，并组织实施本行政区域内重点生产经营单位的应急预案培训工作。

生产经营单位应当组织开展本单位的应急预案、应急知识、自救互救和避险逃生技能的培训活动，使有关人员了解应急预案内容，熟悉应急职责、应急处置程序和措施。

应急培训的时间、地点、内容、师资、参加人员和考核结果等情况应当如实记入本单位的安全生产教育和培训档案。

第三十二条　各级安全生产监督管理部门应当定期组织应急预案演练，提高本部门、本地区生产安全事故应急处置能力。

第三十三条　生产经营单位应当制定本单位的应急预案演练计划，根据本单位的事故风险特点，每年至少组织一次综合应急预案演练或者专项应急预案演练，每半年至少组织一次现场处置方案演练。

第三十四条　应急预案演练结束后，应急预案演练组织单位应当对应急预案演练效果进行评估，撰写应急预案演练评估报告，分析存在的问题，并对应急预案提出修订意见。

第三十五条　应急预案编制单位应当建立应急预案定期评估制度，对预案内容的针对性和实用性进行分析，并对应急预案是否需要修订作出结论。

矿山、金属冶炼、建筑施工企业和易燃易爆物品、危险化学品等危险物品的生产、经营、储存企业、使用危险化学品达到国家规定数量的化工企业、烟花爆竹生产、批发经营企业和中型规模以上的其他生产经营单位，应当每三年进行一次应急预案评估。

应急预案评估可以邀请相关专业机构或者有关专家、有实际应急救援工作经验的人员参加，必要时可以委托安全生产技术服务机构实施。

第三十六条　有下列情形之一的，应急预案应当及时修订并归档：

（一）依据的法律、法规、规章、标准及上位预案中的有关规定发生重大变化的；

（二）应急指挥机构及其职责发生调整的；

（三）面临的事故风险发生重大变化的；

（四）重要应急资源发生重大变化的；

（五）预案中的其他重要信息发生变化的；

（六）在应急演练和事故应急救援中发现问题需要修订的；

（七）编制单位认为应当修订的其他情况。

第三十七条　应急预案修订涉及组织指挥体系与职责、应急处置程序、主要处置措施、应急响应分级等内容变更的，修订工作应当参照本办法规定的应急预案编制程序进行，并按照有关应急预案报备程序重新备案。

第三十八条　生产经营单位应当按照应急预案的规定，落实应急指挥体系、应急救援队伍、应急物资及装备，建立应急物资、装备配备及其使用档案，并对应急物资、装备进行定期检测和维护，使其处于适用状态。

第三十九条　生产经营单位发生事故时，应当第一时间启动应急响应，组织有关力量进行救援，并按照规定将事故信息及应急响应启动情况报告安全生产监督管理部门和其他负有安全生产监督管理职责的部门。

第四十条 生产安全事故应急处置和应急救援结束后，事故发生单位应当对应急预案实施情况进行总结评估。

第五章 监督管理

第四十一条 各级安全生产监督管理部门和煤矿安全监察机构应当将生产经营单位应急预案工作纳入年度监督检查计划，明确检查的重点内容和标准，并严格按照计划开展执法检查。

第四十二条 地方各级安全生产监督管理部门应当每年对应急预案的监督管理工作情况进行总结，并报上一级安全生产监督管理部门。

第四十三条 对于在应急预案管理工作中做出显著成绩的单位和人员，安全生产监督管理部门、生产经营单位可以给予表彰和奖励。

第六章 法律责任

第四十四条 生产经营单位有下列情形之一的，由县级以上安全生产监督管理部门依照《中华人民共和国安全生产法》第九十四条的规定，责令限期改正，可以处5万元以下罚款；逾期未改正的，责令停产停业整顿，并处5万元以上10万元以下罚款，对直接负责的主管人员和其他直接责任人员处1万元以上2万元以下的罚款：

（一）未按照规定编制应急预案的；

（二）未按照规定定期组织应急预案演练的。

第四十五条 生产经营单位有下列情形之一的，由县级以上安全生产监督管理部门责令限期改正，可以处1万元以上3万元以下罚款：

（一）在应急预案编制前未按照规定开展风险评估和应急资源调查的；

（二）未按照规定开展应急预案评审或者论证的；

（三）未按照规定进行应急预案备案的；

（四）事故风险可能影响周边单位、人员的，未将事故风险的性质、影响范围和应急防范措施告知周边单位和人员的；

（五）未按照规定开展应急预案评估的；

（六）未按照规定进行应急预案修订并重新备案的；

（七）未落实应急预案规定的应急物资及装备的。

第七章 附 则

第四十六条 《生产经营单位生产安全事故应急预案备案申报表》和《生产经营单位生产安全事故应急预案备案登记表》由国家安全生产应急救援指挥中心统一制定。

第四十七条 各省、自治区、直辖市安全生产监督管理部门可以依据本办法的规定，结合本地区实际制定实施细则。

第四十八条 本办法自2016年7月1日起施行。

28. 建设项目职业病防护设施"三同时"监督管理办法

（2017 年 3 月 9 日国家安全监管总局令第 90 号公布）

第一章 总 则

第一条 为了预防、控制和消除建设项目可能产生的职业病危害，加强和规范建设项目职业病防护设施建设的监督管理，根据《中华人民共和国职业病防治法》，制定本办法。

第二条 安全生产监督管理部门职责范围内、可能产生职业病危害的新建、改建、扩建和技术改造、技术引进建设项目（以下统称建设项目）职业病防护设施建设及其监督管理，适用本办法。

本办法所称的可能产生职业病危害的建设项目，是指存在或者产生职业病危害因素分类目录所列职业病危害因素的建设项目。

本办法所称的职业病防护设施，是指消除或者降低工作场所的职业病危害因素的浓度或者强度，预防和减少职业病危害因素对劳动者健康的损害或者影响，保护劳动者健康的设备、设施、装置、构（建）筑物等的总称。

第三条 负责本办法第二条规定建设项目投资、管理的单位（以下简称建设单位）是建设项目职业病防护设施建设的责任主体。

建设项目职业病防护设施必须与主体工程同时设计、同时施工、同时投入生产和使用（以下统称建设项目职业病防护设施"三同时"）。建设单位应当优先采用有利于保护劳动者健康的新技术、新工艺、新设备和新材料，职业病防护设施所需费用应当纳入建设项目工程预算。

第四条 建设单位对可能产生职业病危害的建设项目，应当依照本办法进行职业病危害预评价、职业病防护设施设计、职业病危害控制效果评价及相应的评审，组织职业病防护设施验收，建立健全建设项目职业卫生管理制度与档案。

建设项目职业病防护设施"三同时"工作可以与安全设施"三同时"工作一并进行。建设单位可以将建设项目职业病危害预评价和安全预评价、职业病防护设施设计和安全设施设计、职业病危害控制效果评价和安全验收评价合并出具报告或者设计，并对职业病防护设施与安全设施一并组织验收。

第五条 国家安全生产监督管理总局在国务院规定的职责范围内对全国建设项目职业病防护设施"三同时"实施监督管理。

县级以上地方各级人民政府安全生产监督管理部门依法在本级人民政府规定的职责范围内对本行政区域内的建设项目职业病防护设施"三同时"实施分类分级监督管理，具体办法由省级安全生产监督管理部门制定，并报国家安全生产监督管理总局备案。

跨两个及两个以上行政区域的建设项目职业病防护设施"三同时"由其共同的上一级人民政府安全生产监督管理部门实施监督管理。

上一级人民政府安全生产监督管理部门根据工作需要，可以将其负责的建设项目职业病防护设施"三同时"监督管理工作委托下一级人民政府安全生产监督管理部门实施；接受委托的安全生产监督管理部门不得再委托。

第六条 国家根据建设项目可能产生职业病危害的风险程度，将建设项目分为职业病危害一般、较重和严重3个类别，并对职业病危害严重建设项目实施重点监督检查。

建设项目职业病危害分类管理目录由国家安全生产监督管理总局制定并公布。省级安全生产监督管理部门可以根据本地区实际情况，对建设项目职业病危害分类管理目录作出补充规定，但不得低于国家安全生产监督管理总局规定的管理层级。

第七条 安全生产监督管理部门应当建立职业卫生专家库（以下简称专家库），并根据需要聘请专家库专家参与建设项目职业病防护设施“三同时”的监督检查工作。

专家库专家应当熟悉职业病危害防治有关法律、法规、规章、标准，具有较高的专业技术水平、实践经验和有关业务背景及良好的职业道德，按照客观、公正的原则，对所参与的工作提出技术意见，并对该意见负责。

专家库专家实行回避制度，参加监督检查的专家库专家不得参与该建设项目职业病防护设施“三同时”的评审及验收等相应工作，不得与该建设项目建设单位、评价单位、设计单位、施工单位或者监理单位等相关单位存在直接利害关系。

第八条 除国家保密的建设项目外，产生职业病危害的建设单位应当通过公告栏、网站等方式及时公布建设项目职业病危害预评价、职业病防护设施设计、职业病危害控制效果评价的承担单位、评价结论、评审时间及评审意见，以及职业病防护设施验收时间、验收方案和验收意见等信息，供本单位劳动者和安全生产监督管理部门查询。

第二章 职业病危害预评价

第九条 对可能产生职业病危害的建设项目，建设单位应当在建设项目可行性论证阶段进行职业病危害预评价，编制预评价报告。

第十条 建设项目职业病危害预评价报告应当符合职业病防治有关法律、法规、规章和标准的要求，并包括下列主要内容：

（一）建设项目概况，主要包括项目名称、建设地点、建设内容、工作制度、岗位设置及人员数量等；

（二）建设项目可能产生的职业病危害因素及其对工作场所、劳动者健康影响与危害程度的分析与评价；

（三）对建设项目拟采取的职业病防护设施和防护措施进行分析、评价，并提出对策与建议；

（四）评价结论，明确建设项目的职业病危害风险类别及拟采取的职业病防护设施和防护措施是否符合职业病防治有关法律、法规、规章和标准的要求。

第十一条 建设单位进行职业病危害预评价时，对建设项目可能产生的职业病危害因素及其对工作场所、劳动者健康影响与危害程度的分析与评价，可以运用工程分析、类比调查等方法。其中，类比调查数据应当采用获得资质认可的职业卫生技术服务机构出具的、与建设项目规模和工艺类似的用人单位职业病危害因素检测结果。

第十二条 职业病危害预评价报告编制完成后，属于职业病危害一般或者较重的建设项目，其建设单位主要负责人或其指定的负责人应当组织具有职业卫生相关专业背景的中级及中级以上专业技术职称人员或者具有职业卫生相关专业背景的注册安全工程师（以下统称职业卫生专业技术人员）对职业病危害预评价报告进行评审，并形成是否符合职业病防治有关法律、法规、规章和标准要求的评审意见；属于职业病危害严重的建设项目，其建设单位主要负责人或其指定的负责人应当组织外单位职业卫生专业技术人员参加评审工作，并形成评审意见。

建设单位应当按照评审意见对职业病危害预评价报告进行修改完善，并对最终的职业病危害预评价报告的真实性、客观性和合规性负责。职业病危害预评价工作过程应当形成书面报告备查。书面报告的具体格式由国家安全生产监督管理总局另行制定。

第十三条 建设项目职业病危害预评价报告有下列情形之一的，建设单位不得通过评审：

（一）对建设项目可能产生的职业病危害因素识别不全，未对工作场所职业病危害对劳动者健康影响与危害程度进行分析与评价的，或者评价不符合要求的；

（二）未对建设项目拟采取的职业病防护设施和防护措施进行分析、评价，对存在的问题未提出对策措施的；

（三）建设项目职业病危害风险分析与评价不正确的；

（四）评价结论和对策措施不正确的；

（五）不符合职业病防治有关法律、法规、规章和标准规定的其他情形的。

第十四条 建设项目职业病危害预评价报告通过评审后，建设项目的生产规模、工艺等发生变更导致职业病危害风险发生重大变化的，建设单位应当对变更内容重新进行职业病危害预评价和评审。

第三章 职业病防护设施设计

第十五条 存在职业病危害的建设项目，建设单位应当在施工前按照职业病防治有关法律、法规、规章和标准的要求，进行职业病防护设施设计。

第十六条 建设项目职业病防护设施设计应当包括下列内容：

（一）设计依据；

（二）建设项目概况及工程分析；

（三）职业病危害因素分析及危害程度预测；

（四）拟采取的职业病防护设施和应急救援设施的名称、规格、型号、数量、分布，并对防控性能进行分析；

（五）辅助用室及卫生设施的设置情况；

（六）对预评价报告中拟采取的职业病防护设施、防护措施及对策措施采纳情况的说明；

（七）职业病防护设施和应急救援设施投资预算明细表；

（八）职业病防护设施和应急救援设施可以达到的预期效果及评价。

第十七条 职业病防护设施设计完成后，属于职业病危害一般或者较重的建设项目，其建设单位主要负责人或其指定的负责人应当组织职业卫生专业技术人员对职业病防护设施设计进行评审，并形成是否符合职业病防治有关法律、法规、规章和标准要求的评审意见；属于职业病危害严重的建设项目，其建设单位主要负责人或其指定的负责人应当组织外单位职业卫生专业技术人员参加评审工作，并形成评审意见。

建设单位应当按照评审意见对职业病防护设施设计进行修改完善，并对最终的职业病防护设施设计的真实性、客观性和合规性负责。职业病防护设施设计工作过程应当形成书面报告备查。书面报告的具体格式由国家安全生产监督管理总局另行制定。

第十八条 建设项目职业病防护设施设计有下列情形之一的，建设单位不得通过评审和开工建设：

（一）未对建设项目主要职业病危害进行防护设施设计或者设计内容不全的；

（二）职业病防护设施设计未按照评审意见进行修改完善的；

（三）未采纳职业病危害预评价报告中的对策措施，且未作充分论证说明的；

（四）未对职业病防护设施和应急救援设施的预期效果进行评价的；

（五）不符合职业病防治有关法律、法规、规章和标准规定的其他情形的。

第十九条 建设单位应当按照评审通过的设计和有关规定组织职业病防护设施的采购和施工。

第二十条　建设项目职业病防护设施设计在完成评审后，建设项目的生产规模、工艺等发生变更导致职业病危害风险发生重大变化的，建设单位应当对变更的内容重新进行职业病防护设施设计和评审。

第四章　职业病危害控制效果评价与防护设施验收

第二十一条　建设项目职业病防护设施建设期间，建设单位应当对其进行经常性的检查，对发现的问题及时进行整改。

第二十二条　建设项目投入生产或者使用前，建设单位应当依照职业病防治有关法律、法规、规章和标准要求，采取下列职业病危害防治管理措施：

（一）设置或者指定职业卫生管理机构，配备专职或者兼职的职业卫生管理人员；

（二）制定职业病防治计划和实施方案；

（三）建立、健全职业卫生管理制度和操作规程；

（四）建立、健全职业卫生档案和劳动者健康监护档案；

（五）实施由专人负责的职业病危害因素日常监测，并确保监测系统处于正常运行状态；

（六）对工作场所进行职业病危害因素检测、评价；

（七）建设单位的主要负责人和职业卫生管理人员应当接受职业卫生培训，并组织劳动者进行上岗前的职业卫生培训；

（八）按照规定组织从事接触职业病危害作业的劳动者进行上岗前职业健康检查，并将检查结果书面告知劳动者；

（九）在醒目位置设置公告栏，公布有关职业病危害防治的规章制度、操作规程、职业病危害事故应急救援措施和工作场所职业病危害因素检测结果。对产生严重职业病危害的作业岗位，应当在其醒目位置，设置警示标识和中文警示说明；

（十）为劳动者个人提供符合要求的职业病防护用品；

（十一）建立、健全职业病危害事故应急救援预案；

（十二）职业病防治有关法律、法规、规章和标准要求的其他管理措施。

第二十三条　建设项目完工后，需要进行试运行的，其配套建设的职业病防护设施必须与主体工程同时投入试运行。

试运行时间应当不少于30日，最长不得超过180日，国家有关部门另有规定或者特殊要求的行业除外。

第二十四条　建设项目在竣工验收前或者试运行期间，建设单位应当进行职业病危害控制效果评价，编制评价报告。建设项目职业病危害控制效果评价报告应当符合职业病防治有关法律、法规、规章和标准的要求，包括下列主要内容：

（一）建设项目概况；

（二）职业病防护设施设计执行情况分析、评价；

（三）职业病防护设施检测和运行情况分析、评价；

（四）工作场所职业病危害因素检测分析、评价；

（五）工作场所职业病危害因素日常监测情况分析、评价；

（六）职业病危害因素对劳动者健康危害程度分析、评价；

（七）职业病危害防治管理措施分析、评价；

（八）职业健康监护状况分析、评价；

（九）职业病危害事故应急救援和控制措施分析、评价；

（十）正常生产后建设项目职业病防治效果预期分析、评价；

（十一）职业病危害防护补充措施及建议；

（十二）评价结论，明确建设项目的职业病危害风险类别，以及采取控制效果评价报告所提对策建议后，职业病防护设施和防护措施是否符合职业病防治有关法律、法规、规章和标准的要求。

第二十五条 建设单位在职业病防护设施验收前，应当编制验收方案。验收方案应当包括下列内容：

（一）建设项目概况和风险类别，以及职业病危害预评价、职业病防护设施设计执行情况；

（二）参与验收的人员及其工作内容、责任；

（三）验收工作时间安排、程序等。

建设单位应当在职业病防护设施验收前20日将验收方案向管辖该建设项目的安全生产监督管理部门进行书面报告。

第二十六条 属于职业病危害一般或者较重的建设项目，其建设单位主要负责人或其指定的负责人应当组织职业卫生专业技术人员对职业病危害控制效果评价报告进行评审以及对职业病防护设施进行验收，并形成是否符合职业病防治有关法律、法规、规章和标准要求的评审意见和验收意见。属于职业病危害严重的建设项目，其建设单位主要负责人或其指定的负责人应当组织外单位职业卫生专业技术人员参加评审和验收工作，并形成评审和验收意见。

建设单位应当按照评审与验收意见对职业病危害控制效果评价报告和职业病防护设施进行整改完善，并对最终的职业病危害控制效果评价报告和职业病防护设施验收结果的真实性、合规性和有效性负责。

建设单位应当将职业病危害控制效果评价和职业病防护设施验收工作过程形成书面报告备查，其中职业病危害严重的建设项目应当在验收完成之日起20日内向管辖该建设项目的安全生产监督管理部门提交书面报告。书面报告的具体格式由国家安全生产监督管理总局另行制定。

第二十七条 有下列情形之一的，建设项目职业病危害控制效果评价报告不得通过评审、职业病防护设施不得通过验收：

（一）评价报告内容不符合本办法第二十四条要求的；

（二）评价报告未按照评审意见整改的；

（三）未按照建设项目职业病防护设施设计组织施工，且未充分论证说明的；

（四）职业病危害防治管理措施不符合本办法第二十二条要求的；

（五）职业病防护设施未按照验收意见整改的；

（六）不符合职业病防治有关法律、法规、规章和标准规定的其他情形的。

第二十八条 分期建设、分期投入生产或者使用的建设项目，其配套的职业病防护设施应当分期与建设项目同步进行验收。

第二十九条 建设项目职业病防护设施未按照规定验收合格的，不得投入生产或者使用。

第五章　监　督　检　查

第三十条 安全生产监督管理部门应当在职责范围内按照分类分级监管的原则，将建设单位开展建设项目职业病防护设施"三同时"情况的监督检查纳入安全生产年度监督检查计划，并按照监督检查计划与安全设施"三同时"实施一体化监督检查，对发现的违法行为应当依法予以处理；对违法行为情节严重的，应当按照规定纳入安全生产不良记录"黑名单"管理。

第三十一条 安全生产监督管理部门应当依法对建设单位开展建设项目职业病危害预评价情况进行监督检查，重点监督检查下列事项：

（一）是否进行建设项目职业病危害预评价；

（二）是否对建设项目可能产生的职业病危害因素及其对工作场所、劳动者健康影响与危害程度进行分析、评价；

（三）是否对建设项目拟采取的职业病防护设施和防护措施进行评价，是否提出对策与建议；

（四）是否明确建设项目职业病危害风险类别；

（五）主要负责人或其指定的负责人是否组织职业卫生专业技术人员对职业病危害预评价报告进行评审，职业病危害预评价报告是否按照评审意见进行修改完善；

（六）职业病危害预评价工作过程是否形成书面报告备查；

（七）是否按照本办法规定公布建设项目职业病危害预评价情况；

（八）依法应当监督检查的其他事项。

第三十二条　安全生产监督管理部门应当依法对建设单位开展建设项目职业病防护设施设计情况进行监督检查，重点监督检查下列事项：

（一）是否进行职业病防护设施设计；

（二）是否采纳职业病危害预评价报告中的对策与建议，如未采纳是否进行充分论证说明；

（三）是否明确职业病防护设施和应急救援设施的名称、规格、型号、数量、分布，并对防控性能进行分析；

（四）是否明确辅助用室及卫生设施的设置情况；

（五）是否明确职业病防护设施和应急救援设施投资预算；

（六）主要负责人或其指定的负责人是否组织职业卫生专业技术人员对职业病防护设施设计进行评审，职业病防护设施设计是否按照评审意见进行修改完善；

（七）职业病防护设施设计工作过程是否形成书面报告备查；

（八）是否按照本办法规定公布建设项目职业病防护设施设计情况；

（九）依法应当监督检查的其他事项。

第三十三条　安全生产监督管理部门应当依法对建设单位开展建设项目职业病危害控制效果评价及职业病防护设施验收情况进行监督检查，重点监督检查下列事项：

（一）是否进行职业病危害控制效果评价及职业病防护设施验收；

（二）职业病危害防治管理措施是否齐全；

（三）主要负责人或其指定的负责人是否组织职业卫生专业技术人员对建设项目职业病危害控制效果评价报告进行评审和对职业病防护设施进行验收，是否按照评审意见和验收意见对职业病危害控制效果评价报告和职业病防护设施进行整改完善；

（四）建设项目职业病危害控制效果评价及职业病防护设施验收工作过程是否形成书面报告备查；

（五）建设项目职业病防护设施验收方案、职业病危害严重建设项目职业病危害控制效果评价与职业病防护设施验收工作报告是否按照规定向安全生产监督管理部门进行报告；

（六）是否按照本办法规定公布建设项目职业病危害控制效果评价和职业病防护设施验收情况；

（七）依法应当监督检查的其他事项。

第三十四条　安全生产监督管理部门应当按照下列规定对建设单位组织的验收活动和验收结果进行监督核查，并纳入安全生产年度监督检查计划：

（一）对职业病危害严重建设项目的职业病防护设施的验收方案和验收工作报告，全部进行监督核查；

（二）对职业病危害较重和一般的建设项目职业病防护设施的验收方案和验收工作报告，按照国家安全生产监督管理总局规定的“双随机”方式实施抽查。

第三十五条 安全生产监督管理部门应当加强监督检查人员建设项目职业病防护设施“三同时”知识的培训，提高业务素质。

第三十六条 安全生产监督管理部门及其工作人员不得有下列行为：

（一）强制要求建设单位接受指定的机构、职业卫生专业技术人员开展建设项目职业病防护设施“三同时”有关工作；

（二）以任何理由或者方式向建设单位和有关机构收取或者变相收取费用；

（三）向建设单位摊派财物、推销产品；

（四）在建设单位和有关机构报销任何费用。

第三十七条 任何单位或者个人发现建设单位、安全生产监督管理部门及其工作人员、有关机构和人员违反职业病防治有关法律、法规、标准和本办法规定的行为，均有权向安全生产监督管理部门或者有关部门举报。

受理举报的安全生产监督管理部门应当为举报人保密，并依法对举报内容进行核查和处理。

第三十八条 上级安全生产监督管理部门应当加强对下级安全生产监督管理部门建设项目职业病防护设施“三同时”监督执法工作的检查、指导。

地方各级安全生产监督管理部门应当定期汇总分析有关监督执法情况，并按照要求逐级上报。

第六章　法　律　责　任

第三十九条 建设单位有下列行为之一的，由安全生产监督管理部门给予警告，责令限期改正；逾期不改正的，处10万元以上50万元以下的罚款；情节严重的，责令停止产生职业病危害的作业，或者提请有关人民政府按照国务院规定的权限责令停建、关闭：

（一）未按照本办法规定进行职业病危害预评价的；

（二）建设项目的职业病防护设施未按照规定与主体工程同时设计、同时施工、同时投入生产和使用的；

（三）建设项目的职业病防护设施设计不符合国家职业卫生标准和卫生要求的；

（四）未按照本办法规定对职业病防护设施进行职业病危害控制效果评价的；

（五）建设项目竣工投入生产和使用前，职业病防护设施未按照本办法规定验收合格的。

第四十条 建设单位有下列行为之一的，由安全生产监督管理部门给予警告，责令限期改正；逾期不改正的，处5000元以上3万元以下的罚款：

（一）未按照本办法规定，对职业病危害预评价报告、职业病防护设施设计、职业病危害控制效果评价报告进行评审或者组织职业病防护设施验收的；

（二）职业病危害预评价、职业病防护设施设计、职业病危害控制效果评价或者职业病防护设施验收工作过程未形成书面报告备查的；

（三）建设项目的生产规模、工艺等发生变更导致职业病危害风险发生重大变化的，建设单位对变更内容未重新进行职业病危害预评价和评审，或者未重新进行职业病防护设施设计和评审的；

（四）需要试运行的职业病防护设施未与主体工程同时试运行的；

（五）建设单位未按照本办法第八条规定公布有关信息的。

第四十一条 建设单位在职业病危害预评价报告、职业病防护设施设计、职业病危害控制效果评价报告编制、评审以及职业病防护设施验收等过程中弄虚作假的，由安全生产监督管理部门责令限期改正，给予警告，可以并处5000元以上3万元以下的罚款。

第四十二条 建设单位未按照规定及时、如实报告建设项目职业病防护设施验收方案，或者职业病危害严重建设项目未提交职业病危害控制效果评价与职业病防护设施验收的书面报告的，由安全生产监督管理部门责令限期改正，给予警告，可以并处5000元以上3万元以下的罚款。

第四十三条 参与建设项目职业病防护设施“三同时”监督检查工作的专家库专家违反职业道德或者行为规范，降低标准、弄虚作假、牟取私利，作出显失公正或者虚假意见的，由安全生产监督管理部门将其从专家库除名，终身不得再担任专家库专家。职业卫生专业技术人员在建设项目职业病防护设施“三同时”评审、验收等活动中涉嫌犯罪的，移送司法机关依法追究刑事责任。

第四十四条 违反本办法规定的其他行为，依照《中华人民共和国职业病防治法》有关规定给予处理。

第七章 附 则

第四十五条 煤矿建设项目职业病防护设施“三同时”的监督检查工作按照新修订发布的《煤矿和煤层气地面开采建设项目安全设施监察规定》执行，煤矿安全监察机构按照规定履行国家监察职责。

第四十六条 本办法自2017年5月1日起施行。国家安全安全生产监督管理总局2012年4月27日公布的《建设项目职业卫生“三同时”监督管理暂行办法》同时废止。

29. 煤矿安全培训规定

（2018 年 1 月 11 日国家安全监管总局令第 92 号公布）

第一章 总 则

第一条 为了加强和规范煤矿安全培训工作，提高从业人员安全素质，防止和减少伤亡事故，根据《中华人民共和国安全生产法》《中华人民共和国职业病防治法》等有关法律法规，制定本规定。

第二条 煤矿企业从业人员安全培训、考核、发证及监督管理工作适用本规定。

本规定所称煤矿企业，是指在依法批准的矿区范围内从事煤炭资源开采活动的企业，包括集团公司、上市公司、总公司、矿务局、煤矿。

本规定所称煤矿企业从业人员，是指煤矿企业主要负责人、安全生产管理人员、特种作业人员和其他从业人员。

第三条 国家煤矿安全监察局负责指导和监督管理全国煤矿企业从业人员安全培训工作。

省、自治区、直辖市人民政府负责煤矿安全培训的主管部门（以下简称省级煤矿安全培训主管部门）负责指导和监督管理本行政区域内煤矿企业从业人员安全培训工作。

省级及以下煤矿安全监察机构对辖区内煤矿企业从业人员安全培训工作依法实施监察。

第四条 煤矿企业是安全培训的责任主体，应当依法对从业人员进行安全生产教育和培训，提高从业人员的安全生产意识和能力。

煤矿企业主要负责人对本企业从业人员安全培训工作全面负责。

第五条 国家鼓励煤矿企业变招工为招生。煤矿企业新招井下从业人员，应当优先录用大中专学校、职业高中、技工学校煤矿相关专业的毕业生。

第二章 安全培训的组织与管理

第六条 煤矿企业应当建立完善安全培训管理制度，制定年度安全培训计划，明确负责安全培训工作的机构，配备专职或者兼职安全培训管理人员，按照国家规定的比例提取教育培训经费。其中，用于安全培训的资金不得低于教育培训经费总额的百分之四十。

第七条 对从业人员的安全技术培训，具备《安全培训机构基本条件》（AQ/T 8011）规定的安全培训条件的煤矿企业应当以自主培训为主，也可以委托具备安全培训条件的机构进行安全培训。

不具备安全培训条件的煤矿企业应当委托具备安全培训条件的机构进行安全培训。

从事煤矿安全培训的机构，应当将教师、教学和实习与实训设施等情况书面报告所在地省级煤矿安全培训主管部门。

第八条 煤矿企业应当建立健全从业人员安全培训档案，实行一人一档。煤矿企业从业人员安全培训档案的内容包括：

（一）学员登记表，包括学员的文化程度、职务、职称、工作经历、技能等级晋升等情况；

（二）身份证复印件、学历证书复印件；

（三）历次接受安全培训、考核的情况；

（四）安全生产违规违章行为记录，以及被追究责任，受到处分、处理的情况；

（五）其他有关情况。

煤矿企业从业人员安全培训档案应当按照《企业文件材料归档范围和档案保管期限规定》（国家档案局令第10号）保存。

第九条　煤矿企业除建立从业人员安全培训档案外，还应当建立企业安全培训档案，实行一期一档。煤矿企业安全培训档案的内容包括：

（一）培训计划；

（二）培训时间、地点；

（三）培训课时及授课教师；

（四）课程讲义；

（五）学员名册、考勤、考核情况；

（六）综合考评报告等；

（七）其他有关情况。

对煤矿企业主要负责人和安全生产管理人员的煤矿企业安全培训档案应当保存三年以上，对特种作业人员的煤矿企业安全培训档案应当保存六年以上，其他从业人员的煤矿企业安全培训档案应当保存三年以上。

第三章　主要负责人和安全生产管理人员的安全培训及考核

第十条　本规定所称煤矿企业主要负责人，是指煤矿企业的董事长、总经理，矿务局局长，煤矿矿长等人员。

本规定所称煤矿企业安全生产管理人员，是指煤矿企业分管安全、采煤、掘进、通风、机电、运输、地测、防治水、调度等工作的副董事长、副总经理、副局长、副矿长，总工程师、副总工程师和技术负责人，安全生产管理机构负责人及其管理人员，采煤、掘进、通风、机电、运输、地测、防治水、调度等职能部门（含煤矿井、区、科、队）负责人。

第十一条　煤矿矿长、副矿长、总工程师、副总工程师应当具备煤矿相关专业大专及以上学历，具有三年以上煤矿相关工作经历。

煤矿安全生产管理机构负责人应当具备煤矿相关专业中专及以上学历，具有二年以上煤矿安全生产相关工作经历。

第十二条　煤矿企业应当每年组织主要负责人和安全生产管理人员进行新法律法规、新标准、新规程、新技术、新工艺、新设备和新材料等方面的安全培训。

第十三条　国家煤矿安全监察局组织制定煤矿企业主要负责人和安全生产管理人员安全生产知识和管理能力考核的标准，建立国家级考试题库。

省级煤矿安全培训主管部门应当根据前款规定的考核标准，建立省级考试题库，并报国家煤矿安全监察局备案。

第十四条　煤矿企业主要负责人考试应当包括下列内容：

（一）国家安全生产方针、政策和有关安全生产的法律、法规、规章及标准；

（二）安全生产管理、安全生产技术和职业健康基本知识；

（三）重大危险源管理、重大事故防范、应急管理和事故调查处理的有关规定；

（四）国内外先进的安全生产管理经验；

（五）典型事故和应急救援案例分析；

（六）其他需要考试的内容。

第十五条　煤矿企业安全生产管理人员考试应当包括下列内容：

（一）国家安全生产方针、政策和有关安全生产的法律、法规、规章及标准；

（二）安全生产管理、安全生产技术、职业健康等知识；

（三）伤亡事故报告、统计及职业危害的调查处理方法；

（四）应急管理的内容及其要求；

（五）国内外先进的安全生产管理经验；

（六）典型事故和应急救援案例分析；

（七）其他需要考试的内容。

第十六条　国家煤矿安全监察局负责中央管理的煤矿企业总部（含所属在京一级子公司）主要负责人和安全生产管理人员考核工作。

省级煤矿安全培训主管部门负责本行政区域内前款以外的煤矿企业主要负责人和安全生产管理人员考核工作。

国家煤矿安全监察局和省级煤矿安全培训主管部门（以下统称考核部门）应当定期组织考核，并提前公布考核时间。

第十七条　煤矿企业主要负责人和安全生产管理人员应当自任职之日起六个月内通过考核部门组织的安全生产知识和管理能力考核，并持续保持相应水平和能力。

煤矿企业主要负责人和安全生产管理人员应当自任职之日起三十日内，按照本规定第十六条的规定向考核部门提出考核申请，并提交其任职文件、学历、工作经历等相关材料。

考核部门接到煤矿企业主要负责人和安全生产管理人员申请及其材料后，经审核符合条件的，应当及时组织相应的考试；发现申请人不符合本规定第十一条规定的，不得对申请人进行安全生产知识和管理能力考试，并书面告知申请人及其所在煤矿企业或其任免机关调整其工作岗位。

第十八条　煤矿企业主要负责人和安全生产管理人员的考试应当在规定的考点采用计算机方式进行。考试试题从国家级考试题库和省级考试题库随机抽取，其中抽取国家级考试题库试题比例占百分之八十以上。考试满分为一百分，八十分以上为合格。

考核部门应当自考试结束之日起五个工作日内公布考试成绩。

第十九条　煤矿企业主要负责人和安全生产管理人员考试合格后，考核部门应当在公布考试成绩之日起十个工作日内颁发安全生产知识和管理能力考核合格证明（以下简称考核合格证明）。考核合格证明在全国范围内有效。

煤矿企业主要负责人和安全生产管理人员考试不合格的，可以补考一次；经补考仍不合格的，一年内不得再次申请考核。考核部门应当告知其所在煤矿企业或其任免机关调整其工作岗位。

第二十条　考核部门对煤矿企业主要负责人和安全生产管理人员的安全生产知识和管理能力每三年考核一次。

第四章　特种作业人员的安全培训和考核发证

第二十一条　煤矿特种作业人员及其工种由国家安全生产监督管理总局会同国家煤矿安全监察局确定，并适时调整；其他任何单位或者个人不得擅自变更其范围。

第二十二条　煤矿特种作业人员应当具备初中及以上文化程度（自 2018 年 6 月 1 日起新上岗的煤矿特种作业人员应当具备高中及以上文化程度），具有煤矿相关工作经历，或者职业高中、技工学校及中专以上相关专业学历。

第二十三条　国家煤矿安全监察局组织制定煤矿特种作业人员培训大纲和考核标准，建立统一的考试题库。

省级煤矿安全培训主管部门负责本行政区域内煤矿特种作业人员的考核、发证工作，也可以委托设区的市级人民政府煤矿安全培训主管部门实施煤矿特种作业人员的考核、发证工作。

省级煤矿安全培训主管部门及其委托的设区的市级人民政府煤矿安全培训主管部门以下统称考核发证部门。

第二十四条 煤矿特种作业人员必须经专门的安全技术培训和考核合格，由省级煤矿安全培训主管部门颁发《中华人民共和国特种作业操作证》（以下简称特种作业操作证）后，方可上岗作业。

第二十五条 煤矿特种作业人员在参加资格考试前应当按照规定的培训大纲进行安全生产知识和实际操作能力的专门培训。其中，初次培训的时间不得少于九十学时。

已经取得职业高中、技工学校及中专以上学历的毕业生从事与其所学专业相应的特种作业，持学历证明经考核发证部门审核属实的，免予初次培训，直接参加资格考试。

第二十六条 参加煤矿特种作业操作资格考试的人员，应当填写考试申请表，由本人或其所在煤矿企业持身份证复印件、学历证书复印件或者培训机构出具的培训合格证明向其工作地或者户籍所在地考核发证部门提出申请。

考核发证部门收到申请及其有关材料后，应当在六十日内组织考试。对不符合考试条件的，应当书面告知申请人或其所在煤矿企业。

第二十七条 煤矿特种作业操作资格考试包括安全生产知识考试和实际操作能力考试。安全生产知识考试合格后，进行实际操作能力考试。

煤矿特种作业操作资格考试应当在规定的考点进行，安全生产知识考试应当使用统一的考试题库，使用计算机考试，实际操作能力考试采用国家统一考试标准进行考试。考试满分均为一百分，八十分以上为合格。

考核发证部门应当在考试结束后十个工作日内公布考试成绩。

申请人考试合格的，考核发证部门应当自考试合格之日起二十个工作日内完成发证工作。

申请人考试不合格的，可以补考一次；经补考仍不合格的，重新参加相应的安全技术培训。

第二十八条 特种作业操作证有效期六年，全国范围内有效。

特种作业操作证由国家安全生产监督管理总局统一式样、标准和编号。

第二十九条 特种作业操作证有效期届满需要延期换证的，持证人应当在有效期届满六十日前参加不少于二十四学时的专门培训，持培训合格证明由本人或其所在企业向当地考核发证部门或者原考核发证部门提出考试申请。经安全生产知识和实际操作能力考试合格的，考核发证部门应当在二十个工作日内予以换发新的特种作业操作证。

第三十条 离开特种作业岗位六个月以上、但特种作业操作证仍在有效期内的特种作业人员，需要重新从事原特种作业的，应当重新进行实际操作能力考试，经考试合格后方可上岗作业。

第三十一条 特种作业操作证遗失或者损毁的，应当及时向原考核发证部门提出书面申请，由原考核发证部门补发。

特种作业操作证所记载的信息发生变化的，应当向原考核发证部门提出书面申请，经原考核发证部门审查确认后，予以更新。

第五章 其他从业人员的安全培训和考核

第三十二条 煤矿其他从业人员应当具备初中及以上文化程度。

本规定所称煤矿其他从业人员，是指除煤矿主要负责人、安全生产管理人员和特种作业人员以外，从事生产经营活动的其他从业人员，包括煤矿其他负责人、其他管理人员、技术人员和各岗位的工人、使用的被派遣劳动者和临时聘用人员。

第三十三条 煤矿企业应当对其他从业人员进行安全培训，保证其具备必要的安全生产知识、技能和事故应急处理能力，知悉自身在安全生产方面的权利和义务。

第三十四条 省级煤矿安全培训主管部门负责制定煤矿企业其他从业人员安全培训大纲和考核标准。

第三十五条 煤矿企业或者具备安全培训条件的机构应当按照培训大纲对其他从业人员进行安全培训。其中，对从事采煤、掘进、机电、运输、通风、防治水等工作的班组长的安全培训，应当由其所在煤矿的上一级煤矿企业组织实施；没有上一级煤矿企业的，由本单位组织实施。

煤矿企业其他从业人员的初次安全培训时间不得少于七十二学时，每年再培训的时间不得少于二十学时。

煤矿企业或者具备安全培训条件的机构对其他从业人员安全培训合格后，应当颁发安全培训合格证明；未经培训并取得培训合格证明的，不得上岗作业。

第三十六条 煤矿企业新上岗的井下作业人员安全培训合格后，应当在有经验的工人师傅带领下，实习满四个月，并取得工人师傅签名的实习合格证明后，方可独立工作。

工人师傅一般应当具备中级工以上技能等级、三年以上相应工作经历和没有发生过违章指挥、违章作业、违反劳动纪律等条件。

第三十七条 企业井下作业人员调整工作岗位或者离开本岗位一年以上重新上岗前，以及煤矿企业采用新工艺、新技术、新材料或者使用新设备的，应当对其进行相应的安全培训，经培训合格后，方可上岗作业。

第六章 监 督 管 理

第三十八条 省级煤矿安全培训主管部门应当将煤矿企业主要负责人、安全生产管理人员考核合格证明、特种作业人员特种作业操作证的发放、注销等情况在本部门网站上公布，接受社会监督。

第三十九条 煤矿安全培训主管部门和煤矿安全监察机构应当对煤矿企业安全培训的下列情况进行监督检查，发现违法行为的，依法给予行政处罚：

（一）建立安全培训管理制度，制定年度培训计划，明确负责安全培训管理工作的机构，配备专职或者兼职安全培训管理人员的情况；

（二）按照本规定投入和使用安全培训资金的情况；

（三）实行自主培训的煤矿企业的安全培训条件；

（四）煤矿企业及其从业人员安全培训档案的情况；

（五）主要负责人、安全生产管理人员考核的情况；

（六）特种作业人员持证上岗的情况；

（七）应用新工艺、新技术、新材料、新设备以及离岗、转岗时对从业人员安全培训的情况；

（八）其他从业人员安全培训的情况。

第四十条 考核部门应当建立煤矿企业安全培训随机抽查制度，制定现场抽考办法，加强对煤矿安全培训的监督检查。

考核部门对煤矿企业主要负责人和安全生产管理人员现场抽考不合格的，应当责令其重新参加安全生产知识和管理能力考核；经考核仍不合格的，考核部门应当书面告知其所在煤矿企业或其任免机关调整其工作岗位。

第四十一条 省级及以下煤矿安全监察机构应当按照年度监察执法计划，采用现场抽考等多种方式对煤矿企业安全培训情况实施严格监察；对监察中发现的突出问题和共性问题，应当向本级人民政府煤矿安全培训主管部门或者下级人民政府提出有关安全培训工作的监察建议函。

第四十二条 省级煤矿安全培训主管部门发现下列情形之一的，应当撤销特种作业操作证：

（一）特种作业人员对发生生产安全事故负有直接责任的；

（二）特种作业操作证记载信息虚假的。

特种作业人员违反上述规定被撤销特种作业操作证的，三年内不得再次申请特种作业操作证。

第四十三条 煤矿企业从业人员在劳动合同期满变更工作单位或者依法解除劳动合同的，原工作单位不得以任何理由扣押其考核合格证明或者特种作业操作证。

第四十四条 省级煤矿安全培训主管部门应当将煤矿企业主要负责人、安全生产管理人员和特种作业人员的考核情况，及时抄送省级煤矿安全监察局。

煤矿安全监察机构应当将煤矿企业主要负责人、安全生产管理人员和特种作业人员的行政处罚决定及时抄送同级煤矿安全培训主管部门。

第四十五条 煤矿安全培训主管部门应当建立煤矿安全培训举报制度，公布举报电话、电子信箱，依法受理并调查处理有关举报，并将查处结果书面反馈给实名举报人。

第七章 法律责任

第四十六条 煤矿安全培训主管部门的工作人员在煤矿安全考核工作中滥用职权、玩忽职守、徇私舞弊的，依照有关规定给予处分；构成犯罪的，依法追究刑事责任。

第四十七条 煤矿企业有下列行为之一的，由煤矿安全培训主管部门或者煤矿安全监察机构责令其限期改正，可以处五万元以下的罚款；逾期未改正的，责令停产停业整顿，并处五万元以上十万元以下的罚款，对其直接负责的主管人员和其他直接责任人员处一万元以上二万元以下的罚款：

（一）主要负责人和安全生产管理人员未按照规定经考核合格的；

（二）未按照规定对从业人员进行安全生产培训的；

（三）未如实记录安全生产培训情况的；

（四）特种作业人员未经专门的安全培训并取得相应资格，上岗作业的。

第四十八条 煤矿安全培训主管部门或者煤矿安全监察机构发现煤矿企业有下列行为之一的，责令其限期改正，可以处一万元以上三万元以下的罚款：

（一）未建立安全培训管理制度或者未制定年度安全培训计划的；

（二）未明确负责安全培训工作的机构，或者未配备专兼职安全培训管理人员的；

（三）用于安全培训的资金不符合本规定的；

（四）未按照统一的培训大纲组织培训的；

（五）不具备安全培训条件进行自主培训，或者委托不具备安全培训条件机构进行培训的。

具备安全培训条件的机构未按照规定的培训大纲进行安全培训，或者未经安全培训并考试合格颁发有关培训合格证明的，依照前款规定给予行政处罚。

第八章 附 则

第四十九条 煤矿企业主要负责人和安全生产管理人员考核不得收费，所需经费由煤矿安全培训主管部门列入同级财政年度预算。

煤矿特种作业人员培训、考试经费可以列入同级财政年度预算，也可由省级煤矿安全培训主管部门制定收费标准，报同级人民政府物价部门、财政部门批准后执行。证书工本费由考核发证机关列入同级财政年度预算。

第五十条 本规定自2018年3月1日起施行。国家安全生产监督管理总局2012年5月28日公布、2013年8月29日修正的《煤矿安全培训规定》（国家安全生产监督管理总局令第52号）同时废止。

30. 事业单位工作人员处分暂行规定

（2012 年 8 月 22 日人力资源和社会保障部、监察部令第 18 号公布）

第一章　总　　则

第一条　为严肃事业单位纪律，规范事业单位工作人员行为，保证事业单位及其工作人员依法履行职责，制定本规定。

第二条　事业单位工作人员违法违纪，应当承担纪律责任的，依照本规定给予处分。

对法律、法规授权的具有公共事务管理职能的事业单位中经批准参照《中华人民共和国公务员法》管理的工作人员给予处分，参照《行政机关公务员处分条例》的有关规定办理。

对行政机关任命的事业单位工作人员，法律、法规授权的具有公共事务管理职能的事业单位中不参照《中华人民共和国公务员法》管理的工作人员，国家行政机关依法委托从事公共事务管理活动的事业单位工作人员给予处分，适用本规定；但监察机关对上述人员违法违纪行为进行调查处理的程序和作出处分决定的权限，以及作为监察对象的事业单位工作人员对处分决定不服向监察机关提出申诉的，依照《中华人民共和国行政监察法》及其实施条例办理。

第三条　给予事业单位工作人员处分，应当坚持公正、公平和教育与惩处相结合的原则。

给予事业单位工作人员处分，应当与其违法违纪行为的性质、情节、危害程度相适应。

给予事业单位工作人员处分，应当事实清楚、证据确凿、定性准确、处理恰当、程序合法、手续完备。

第四条　事业单位工作人员涉嫌犯罪的，应当移送司法机关依法追究刑事责任。

第二章　处分的种类和适用

第五条　处分的种类为：

（一）警告；

（二）记过；

（三）降低岗位等级或者撤职；

（四）开除。

其中，撤职处分适用于行政机关任命的事业单位工作人员。

第六条　受处分的期间为：

（一）警告，6 个月；

（二）记过，12 个月；

（三）降低岗位等级或者撤职，24 个月。

第七条　事业单位工作人员受到警告处分的，在受处分期间，不得聘用到高于现聘岗位等级的岗位；在作出处分决定的当年，年度考核不能确定为优秀等次。

事业单位工作人员受到记过处分的，在受处分期间，不得聘用到高于现聘岗位等级的岗位，年度考核不得确定为合格及以上等次。

事业单位工作人员受到降低岗位等级处分的，自处分决定生效之日起降低一个以上岗位等级聘用，按照事业单位收入分配有关规定确定其工资待遇；在受处分期间，不得聘用到高于受处分后所聘岗位等级的岗位，年度考核不得确定为基本合格及以上等次。

行政机关任命的事业单位工作人员在受处分期间的任命、考核、工资待遇按照干部人事管理权限，参照本条第一款、第二款、第三款规定执行。

事业单位工作人员受到开除处分的，自处分决定生效之日起，终止其与事业单位的人事关系。

第八条 事业单位工作人员受到记过以上处分的，在受处分期间不得参加本专业（技术、技能）领域专业技术职务任职资格或者工勤技能人员技术等级考试（评审）。应当取消专业技术职务任职资格或者职业资格的，按照有关规定办理。

第九条 事业单位工作人员同时有两种以上需要给予处分的行为的，应当分别确定其处分。应当给予的处分种类不同的，执行其中最重的处分；应当给予开除以外多个相同种类处分的，执行该处分，但处分期应当按照一个处分期以上、两个处分期之和以下确定。

事业单位工作人员在受处分期间受到新的处分的，其处分期为原处分期尚未执行的期限与新处分期限之和，但是最长不得超过48个月。

第十条 事业单位工作人员两人以上共同违法违纪，需要给予处分的，按照各自应当承担的责任，分别给予相应的处分。

第十一条 有下列情形之一的，应当从重处分：

（一）在两人以上的共同违法违纪行为中起主要作用的；

（二）隐匿、伪造、销毁证据的；

（三）串供或者阻止他人揭发检举、提供证据材料的；

（四）包庇同案人员的；

（五）法律、法规、规章规定的其他从重情节。

第十二条 有下列情形之一的，应当从轻处分：

（一）主动交代违法违纪行为的；

（二）主动采取措施，有效避免或者挽回损失的；

（三）检举他人重大违法违纪行为，情况属实的。

第十三条 事业单位工作人员主动交代违法违纪行为，并主动采取措施有效避免或者挽回损失的，应当减轻处分或者免予处分。

事业单位工作人员违法违纪行为情节轻微，经过批评教育后改正的，可以免予处分。

第十四条 事业单位工作人员有本规定第十一条、第十二条规定情形之一的，应当在本规定第三章规定的处分幅度以内从重或者从轻给予处分。

事业单位工作人员有本规定第十三条第一款规定情形的，应当在本规定第三章规定的处分幅度以外，减轻一个处分的档次给予处分。应当给予警告处分，又有减轻处分的情形的，免予处分。

第十五条 事业单位有违法违纪行为，应当追究纪律责任的，依法对负有责任的领导人员和直接责任人员给予处分。

第三章 违法违纪行为及其适用的处分

第十六条 有下列行为之一的，给予记过处分；情节较重的，给予降低岗位等级或者撤职处分；情节严重的，给予开除处分：

（一）散布损害国家声誉的言论，组织或者参加旨在损害国家利益的集会、游行、示威等活动的；

（二）组织或者参加非法组织的；

（三）接受境外资助从事损害国家利益或者危害国家安全活动的；

（四）接受损害国家荣誉和利益的境外邀请、奖励，经批评教育拒不改正的；

（五）违反国家民族宗教法规和政策，造成不良后果的；

（六）非法出境、未经批准获取境外永久居留资格或者取得外国国籍的；

（七）携带含有依法禁止内容的书刊、音像制品、电子读物进入国（境）内的；

（八）其他违反政治纪律的行为。

有前款第（一）项至第（三）项规定的行为，但属于不明真相被裹挟参加、经批评教育后确有悔改表现的，可以减轻或者免予处分。

第十七条 有下列行为之一的，给予警告或者记过处分；情节较重的，给予降低岗位等级或者撤职处分；情节严重的，给予开除处分：

（一）在执行国家重要任务、应对公共突发事件中，不服从指挥、调遣或者消极对抗的；

（二）破坏正常工作秩序，给国家或者公共利益造成损失的；

（三）违章指挥、违规操作，致使人民生命财产遭受损失的；

（四）发生重大事故、灾害、事件，擅离职守或者不按规定报告、不采取措施处置或者处置不力的；

（五）在项目评估评审、产品认证、设备检测检验等工作中徇私舞弊，或者违反规定造成不良影响的；

（六）泄露国家秘密的；

（七）泄露因工作掌握的内幕信息，造成不良后果的；

（八）采取不正当手段为本人或者他人谋取岗位，或者在事业单位公开招聘等人事管理工作中有其他违反组织人事纪律行为的；

（九）其他违反工作纪律失职渎职的行为。

有前款第（六）项规定行为的，给予记过以上处分。

第十八条 有下列行为之一的，给予警告或者记过处分；情节较重的，给予降低岗位等级或者撤职处分；情节严重的，给予开除处分：

（一）贪污、索贿、受贿、行贿、介绍贿赂、挪用公款的；

（二）利用工作之便为本人或者他人谋取不正当利益的；

（三）在公务活动或者工作中接受礼金、各种有价证券、支付凭证的；

（四）利用知悉或者掌握的内幕信息谋取利益的；

（五）用公款旅游或者变相用公款旅游的；

（六）违反国家规定，从事、参与营利性活动或者兼任职务领取报酬的；

（七）其他违反廉洁从业纪律的行为。

有前款第（一）项规定行为的，给予记过以上处分。

第十九条 有下列行为之一的，给予警告或者记过处分；情节较重的，给予降低岗位等级或者撤职处分；情节严重的，给予开除处分：

（一）违反国家财政收入上缴有关规定的；

（二）违反规定使用、骗取财政资金或者社会保险基金的；

（三）擅自设定收费项目或者擅自改变收费项目的范围、标准和对象的；

（四）挥霍、浪费国家资财或者造成国有资产流失的；

（五）违反国有资产管理规定，擅自占有、使用、处置国有资产的；

（六）在招标投标和物资采购工作中违反有关规定，造成不良影响或者损失的；

（七）其他违反财经纪律的行为。

第二十条 有下列行为之一的，给予警告或者记过处分；情节较重的，给予降低岗位等级或者撤职处分；情节严重的，给予开除处分：

（一）利用专业技术或者技能实施违法违纪行为的；

（二）有抄袭、剽窃、侵吞他人学术成果，伪造、篡改数据文献，或者捏造事实等学术不端行为的；

（三）利用职业身份进行利诱、威胁或者误导，损害他人合法权益的；

（四）利用权威、地位或者掌控的资源，压制不同观点，限制学术自由，造成重大损失或者不良影响的；

（五）在申报岗位、项目、荣誉等过程中弄虚作假的；

（六）工作态度恶劣，造成不良社会影响的；

（七）其他严重违反职业道德的行为。

有前款第（一）项规定行为的，给予记过以上处分。

第二十一条 有下列行为之一的，给予警告或者记过处分；情节较重的，给予降低岗位等级或者撤职处分；情节严重的，给予开除处分：

（一）制造、传播违法违禁物品及信息的；

（二）组织、参与卖淫、嫖娼等色情活动的；

（三）吸食毒品或者组织、参与赌博活动的；

（四）违反规定超计划生育的；

（五）包养情人的；

（六）有虐待、遗弃家庭成员，或者拒不承担赡养、抚养、扶养义务等的；

（七）其他严重违反公共秩序、社会公德的行为。

有前款第（二）项、第（三）项、第（四）项、第（五）项规定行为的，给予降低岗位等级或者撤职以上处分。

第二十二条 事业单位工作人员被依法判处刑罚的，给予降低岗位等级或者撤职以上处分。其中，被依法判处有期徒刑以上刑罚的，给予开除处分。

行政机关任命的事业单位工作人员，被依法判处刑罚的，给予开除处分。

第四章 处分的权限和程序

第二十三条 对事业单位工作人员的处分，按照以下权限决定：

（一）警告、记过、降低岗位等级或者撤职处分，按照干部人事管理权限，由事业单位或者事业单位主管部门决定。其中，由事业单位决定的，应当报事业单位主管部门备案。

（二）开除处分由事业单位主管部门决定，并报同级事业单位人事综合管理部门备案。

对中央和地方直属事业单位工作人员的处分，按照干部人事管理权限，由本单位或者有关部门决定；其中，由本单位作出开除处分决定的，报同级事业单位人事综合管理部门备案。

第二十四条 对事业单位工作人员的处分，按照以下程序办理：

（一）对事业单位工作人员违法违纪行为初步调查后，需要进一步查证的，应当按照干部人事管理权限，经事业单位负责人批准或者有关部门同意后立案；

（二）对被调查的事业单位工作人员的违法违纪行为作进一步调查，收集、查证有关证据材料，并形成书面调查报告；

（三）将调查认定的事实及拟给予处分的依据告知被调查的事业单位工作人员，听取其陈述和申辩，并对其所提出的事实、理由和证据进行复核，记录在案。被调查的事业单位工作人员提出的事实、理由和证据成立的，应予采信；

（四）按照处分决定权限，作出对该事业单位工作人员给予处分、免予处分或者撤销案件的决定；

（五）处分决定单位印发处分决定；

（六）将处分决定以书面形式通知受处分事业单位工作人员本人和有关单位，并在一定范围内宣布；

（七）将处分决定存入受处分事业单位工作人员的档案。

处分决定自作出之日起生效。

第二十五条 事业单位工作人员涉嫌违法违纪，已经被立案调查，不宜继续履行职责的，可以按照干部人事管理权限，由事业单位或者有关部门暂停其职责。

被调查的事业单位工作人员在违法违纪案件立案调查期间，不得解除聘用合同、出国（境）或者办理退休手续。

第二十六条 对事业单位工作人员违法违纪案件进行调查，应当由两名以上办案人员进行；接受调查的单位和个人应当如实提供情况。

以暴力、威胁、引诱、欺骗等非法方式收集的证据不得作为定案的根据。

第二十七条 参与事业单位工作人员违法违纪案件调查、处理的人员有下列情形之一的，应当提出回避申请；被调查的事业单位工作人员以及与案件有利害关系的公民、法人或者其他组织有权要求其回避：

（一）与被调查的事业单位工作人员有夫妻关系、直系血亲、三代以内旁系血亲关系或者近姻亲关系的；

（二）与被调查的案件有利害关系的；

（三）与被调查的事业单位工作人员有其他关系，可能影响案件公正处理的。

第二十八条 处分决定单位负责人的回避，按照干部人事管理权限决定；其他参与违法违纪案件调查、处理的人员的回避，由处分决定单位负责人决定。

处分决定单位发现参与违法违纪案件调查、处理的人员有应当回避情形的，可以直接决定该人员回避。

第二十九条 给予事业单位工作人员处分，应当自批准立案之日起6个月内作出决定；案情复杂或者遇有其他特殊情形的可以延长，但是办案期限最长不得超过12个月。

第三十条 处分决定应当包括下列内容：

（一）受处分事业单位工作人员的姓名、工作单位、原所聘岗位（所任职务）名称及等级等基本情况；

（二）经查证的违法违纪事实；

（三）处分的种类、受处分的期间和依据；

（四）不服处分决定的申诉途径和期限；

（五）处分决定单位的名称、印章和作出决定的日期。

第三十一条 事业单位工作人员受到开除处分后，事业单位应当及时办理档案和社会保险关系转移手续，具体办法按照有关规定执行。

第五章 处分的解除

第三十二条 事业单位工作人员受开除以外的处分，在受处分期间有悔改表现，并且没有再出现违法违纪情形的，处分期满，经原处分决定单位批准后解除处分。

事业单位工作人员在受处分期间终止或解除聘用合同的，处分期满后，自然解除处分。受处分事业单位工作人员要求原处分决定单位提供解除处分相关证明的，原处分决定单位应当予以提供。

第三十三条 事业单位工作人员在受处分期间有重大立功表现，按照有关规定给予个人记功以上奖励的，经批准后可以提前解除处分。

第三十四条 事业单位工作人员处分的解除或者提前解除，按照以下程序办理：

（一）按照干部人事管理权限，事业单位或者有关部门对受处分事业单位工作人员在受处分期间的表现情况，进行全面了解，并形成书面报告；

（二）按照处分决定权限，作出解除或者提前解除处分的决定；

（三）印发解除或者提前解除处分的决定；

（四）将解除或者提前解除处分的决定以书面形式通知本人，并在原宣布处分的范围内宣布；

（五）将解除或者提前解除处分的决定存入该工作人员的档案。

解除处分决定自作出之日起生效。

第三十五条 事业单位工作人员处分的解除或者提前解除按照本规定第二十七条、第二十八条的规定执行回避。

第三十六条 解除或者提前解除处分的决定应当包括原处分的种类和解除或者提前解除处分的依据，以及该工作人员在受处分期间的表现情况等内容。

第三十七条 处分解除后，考核、竞聘上岗和晋升工资按照国家有关规定执行，不再受原处分的影响。但是，受到降低岗位等级或者撤职处分的，不视为恢复受处分前的岗位等级和工资待遇。

第三十八条 解除处分的决定应当在处分期满后一个月内作出。

第六章 复核和申诉

第三十九条 受到处分的事业单位工作人员对处分决定不服的，可以自知道或者应当知道该处分决定之日起三十日内向原处分决定单位申请复核。对复核结果不服的，可以自接到复核决定之日起三十日内，按照规定向原处分决定单位的主管部门或者同级事业单位人事综合管理部门提出申诉。

受到处分的中央和地方直属事业单位工作人员的申诉，按照干部人事管理权限，由同级事业单位人事综合管理部门受理。

第四十条 原处分决定单位应当自接到复核申请后的三十日内作出复核决定。受理申诉的单位应当自受理之日起六十日内作出处理决定；案情复杂的，可以适当延长，但是延长期限最多不超过三十日。

复核、申诉期间不停止处分的执行。

事业单位工作人员不因提出复核、申诉而被加重处分。

第四十一条 有下列情形之一的，受理处分复核、申诉的单位应当撤销处分决定，重新作出决定或者责令原处分决定单位重新作出决定：

（一）处分所依据的事实不清、证据不足的；

（二）违反规定程序，影响案件公正处理的；

（三）超越职权或者滥用职权作出处分决定的。

第四十二条 有下列情形之一的，受理复核、申诉的单位应当变更处分决定或者责令原处分决定单位变更处分决定：

（一）适用法律、法规、规章错误的；

（二）对违法违纪行为的情节认定有误的；

（三）处分不当的。

第四十三条 事业单位工作人员的处分决定被变更，需要调整该工作人员的岗位等级或者工资待遇的，应当按照规定予以调整；事业单位工作人员的处分决定被撤销的，应当恢复该工作人员的岗位等级、工资待遇，按照原岗位等级安排相应的岗位，并在适当范围内为其恢复名誉。

被撤销处分或者被减轻处分的事业单位工作人员工资待遇受到损失的，应当予以补偿。

第七章 附 则

第四十四条 已经退休的事业单位工作人员有违法违纪行为应当受到处分的，不再作出处分决定。但是，应当给予降低岗位等级或者撤职以上处分的，相应降低或者取消其享受的待遇。

第四十五条 对事业单位工作人员处分工作中有滥用职权、玩忽职守、徇私舞弊、收受贿赂等违法违纪行为的工作人员，按照有关规定给予处分；涉嫌犯罪的，移送司法机关依法追究刑事责任。

第四十六条 对机关工勤人员给予处分，参照本规定执行。

第四十七条 教育、医疗卫生、科技、体育等部门，可以依据本规定，结合自身工作的实际情况，与国务院人力资源社会保障部门和国务院监察机关联合制定具体办法。

第四十八条 本规定自 2012 年 9 月 1 日起施行。

31. 安全生产领域违法违纪行为政纪处分暂行规定

（2006年11月22日监察部、国家安全监管总局令第11号公布）

第一条 为了加强安全生产工作，惩处安全生产领域违法违纪行为，促进安全生产法律法规的贯彻实施，保障人民群众生命财产和公共财产安全，根据《中华人民共和国行政监察法》、《中华人民共和国安全生产法》及其他有关法律法规，制定本规定。

第二条 国家行政机关及其公务员，企业、事业单位中由国家行政机关任命的人员有安全生产领域违法违纪行为，应当给予处分的，适用本规定。

第三条 有安全生产领域违法违纪行为的国家行政机关，对其直接负责的主管人员和其他直接责任人员，以及对有安全生产领域违法违纪行为的国家行政机关公务员（以下统称有关责任人员），由监察机关或者任免机关按照管理权限，依法给予处分。

有安全生产领域违法违纪行为的企业、事业单位，对其直接负责的主管人员和其他直接责任人员，以及对有安全生产领域违法违纪行为的企业、事业单位工作人员中由国家行政机关任命的人员（以下统称有关责任人员），由监察机关或者任免机关按照管理权限，依法给予处分。

第四条 国家行政机关及其公务员有下列行为之一的，对有关责任人员，给予警告、记过或者记大过处分；情节较重的，给予降级或者撤职处分；情节严重的，给予开除处分：

（一）不执行国家安全生产方针政策和安全生产法律、法规、规章以及上级机关、主管部门有关安全生产的决定、命令、指示的；

（二）制定或者采取与国家安全生产方针政策以及安全生产法律、法规、规章相抵触的规定或者措施，造成不良后果或者经上级机关、有关部门指出仍不改正的。

第五条 国家行政机关及其公务员有下列行为之一的，对有关责任人员，给予警告、记过或者记大过处分；情节较重的，给予降级或者撤职处分；情节严重的，给予开除处分：

（一）向不符合法定安全生产条件的生产经营单位或者经营者颁发有关证照的；

（二）对不具备法定条件机构、人员的安全生产资质、资格予以批准认定的；

（三）对经责令整改仍不具备安全生产条件的生产经营单位，不撤销原行政许可、审批或者不依法查处的；

（四）违法委托单位或者个人行使有关安全生产的行政许可权或者审批权的；

（五）有其他违反规定实施安全生产行政许可或者审批行为的。

第六条 国家行政机关及其公务员有下列行为之一的，对有关责任人员，给予警告、记过或者记大过处分；情节较重的，给予降级或者撤职处分；情节严重的，给予开除处分：

（一）批准向合法的生产经营单位或者经营者超量提供剧毒品、火工品等危险物资，造成后果的；

（二）批准向非法或者不具备安全生产条件的生产经营单位或者经营者，提供剧毒品、火工品等危险物资或者其他生产经营条件的。

第七条 国家行政机关公务员利用职权或者职务上的影响，违反规定为个人和亲友谋取私利，有下列行为之一的，给予警告、记过或者记大过处分；情节较重的，给予降级或者撤职处分；情节严重的，给予开除处分：

（一）干预、插手安全生产装备、设备、设施采购或者招标投标等活动的；

（二）干预、插手安全生产行政许可、审批或者安全生产监督执法的；

（三）干预、插手安全生产中介活动的；

（四）有其他干预、插手生产经营活动危及安全生产行为的。

第八条 国家行政机关及其公务员有下列行为之一的，对有关责任人员，给予警告、记过或者记大过处分；情节较重的，给予降级或者撤职处分；情节严重的，给予开除处分：

（一）未按照有关规定对有关单位申报的新建、改建、扩建工程项目的安全设施，与主体工程同时设计、同时施工、同时投入生产和使用中组织审查验收的；

（二）发现存在重大安全隐患，未按规定采取措施，导致生产安全事故发生的；

（三）对发生的生产安全事故瞒报、谎报、拖延不报，或者组织、参与瞒报、谎报、拖延不报的；

（四）生产安全事故发生后，不及时组织抢救的；

（五）对生产安全事故的防范、报告、应急救援有其他失职、渎职行为的。

第九条 国家行政机关及其公务员有下列行为之一的，对有关责任人员，给予警告、记过或者记大过处分；情节较重的，给予降级或者撤职处分；情节严重的，给予开除处分：

（一）阻挠、干涉生产安全事故调查工作的；

（二）阻挠、干涉对事故责任人员进行责任追究的；

（三）不执行对事故责任人员的处理决定，或者擅自改变上级机关批复的对事故责任人员的处理意见的。

第十条 国家行政机关公务员有下列行为之一的，给予警告、记过或者记大过处分；情节较重的，给予降级或者撤职处分；情节严重的，给予开除处分：

（一）本人及其配偶、子女及其配偶违反规定在煤矿等企业投资入股或者在安全生产领域经商办企业的；

（二）违反规定从事安全生产中介活动或者其他营利活动的；

（三）在事故调查处理时，滥用职权、玩忽职守、徇私舞弊的；

（四）利用职务上的便利，索取他人财物，或者非法收受他人财物，在安全生产领域为他人谋取利益的。

对国家行政机关公务员本人违反规定投资入股煤矿的处分，法律、法规另有规定的，从其规定。

第十一条 国有企业及其工作人员有下列行为之一的，对有关责任人员，给予警告、记过或者记大过处分；情节较重的，给予降级、撤职或者留用察看处分；情节严重的，给予开除处分：

（一）未取得安全生产行政许可及相关证照或者不具备安全生产条件从事生产经营活动的；

（二）弄虚作假，骗取安全生产相关证照的；

（三）出借、出租、转让或者冒用安全生产相关证照的；

（四）未按照有关规定保证安全生产所必需的资金投入，导致产生重大安全隐患的；

（五）新建、改建、扩建工程项目的安全设施，不与主体工程同时设计、同时施工、同时投入生产和使用，或者未按规定审批、验收，擅自组织施工和生产的；

（六）被依法责令停产停业整顿、吊销证照、关闭的生产经营单位，继续从事生产经营活动的。

第十二条 国有企业及其工作人员有下列行为之一，导致生产安全事故发生的，对有关责任人员，给予警告、记过或者记大过处分；情节较重的，给予降级、撤职或者留用察看处分；情节严重的，给予开除处分：

（一）对存在的重大安全隐患，未采取有效措施的；

（二）违章指挥，强令工人违章冒险作业的；

（三）未按规定进行安全生产教育和培训并经考核合格，允许从业人员上岗，致使违章作业的；

（四）制造、销售、使用国家明令淘汰或者不符合国家标准的设施、设备、器材或者产品的；

（五）超能力、超强度、超定员组织生产经营，拒不执行有关部门整改指令的；

（六）拒绝执法人员进行现场检查或者在被检查时隐瞒事故隐患，不如实反映情况的；

（七）有其他不履行或者不正确履行安全生产管理职责的。

第十三条　国有企业及其工作人员有下列行为之一的，对有关责任人员，给予记过或者记大过处分；情节较重的，给予降级、撤职或者留用察看处分；情节严重的，给予开除处分：

（一）对发生的生产安全事故瞒报、谎报或者拖延不报的；

（二）组织或者参与破坏事故现场、出具伪证或者隐匿、转移、篡改、毁灭有关证据，阻挠事故调查处理的；

（三）生产安全事故发生后，不及时组织抢救或者擅离职守的。

生产安全事故发生后逃匿的，给予开除处分。

第十四条　国有企业及其工作人员不执行或者不正确执行对事故责任人员作出的处理决定，或者擅自改变上级机关批复的对事故责任人员的处理意见的，对有关责任人员，给予警告、记过或者记大过处分；情节较重的，给予降级、撤职或者留用察看处分；情节严重的，给予开除处分。

第十五条　国有企业负责人及其配偶、子女及其配偶违反规定在煤矿等企业投资入股或者在安全生产领域经商办企业的，对由国家行政机关任命的人员，给予警告、记过或者记大过处分；情节较重的，给予降级、撤职或者留用察看处分；情节严重的，给予开除处分。

第十六条　承担安全评价、培训、认证、资质验证、设计、检测、检验等工作的机构及其工作人员，出具虚假报告等与事实不符的文件、材料，造成安全生产隐患的，对有关责任人员，给予警告、记过或者记大过处分；情节较重的，给予降级、降职或者撤职处分；情节严重的，给予开除留用察看或者开除处分。

第十七条　法律、法规授权的具有管理公共事务职能的组织以及国家行政机关依法委托的组织及其工勤人员以外的工作人员有安全生产领域违法违纪行为，应当给予处分的，参照本规定执行。

企业、事业单位中除由国家行政机关任命的人员外，其他人员有安全生产领域违法违纪行为，应当给予处分的，由企业、事业单位参照本规定执行。

第十八条　有安全生产领域违法违纪行为，需要给予组织处理的，依照有关规定办理。

第十九条　有安全生产领域违法违纪行为，涉嫌犯罪的，移送司法机关依法处理。

第二十条　本规定由监察部和国家安全生产监督管理总局负责解释。

第二十一条　本规定自公布之日起施行。

32. 监察机关参加生产安全事故调查处理的规定

（2012 年 11 月 15 日监察部令第 28 号公布）

第一章　总　　则

第一条　为了规范监察机关参加生产安全事故调查处理工作，落实生产安全事故责任追究制度，防止和减少生产安全事故，根据《中华人民共和国行政监察法》、《中华人民共和国安全生产法》、《生产安全事故报告和调查处理条例》及其他有关法律、行政法规，制定本规定。

第二条　监察机关参加本级人民政府统一组织或者本级人民政府授权有关部门组织，上级监察机关委托、指定，以及本级监察机关领导人员批准的生产安全事故调查处理工作，适用本规定。

第三条　监察机关参加生产安全事故调查处理，应当坚持科学严谨、依法依规、实事求是、注重实效的原则。

对生产安全事故违法违纪行为的调查处理，应当做到事实清楚、证据确凿、定性准确、处理恰当、程序合法、手续完备。

第四条　根据生产安全事故造成的人员伤亡或者直接经济损失情况，监察机关按照下列规定实行分级调查；必要时，上级监察机关可以直接办理所辖各级监察机关管辖范围内的生产安全事故的调查处理：

（一）造成 30 人以上死亡，或者 100 人以上重伤（包括急性工业中毒，下同），或者 1 亿元以上直接经济损失的特别重大事故，由国务院监察机关参加调查；

（二）造成 10 人以上 30 人以下死亡，或者 50 人以上 100 人以下重伤，或者 5000 万元以上 1 亿元以下直接经济损失的重大事故，由省级人民政府监察机关参加调查；

（三）造成 3 人以上 10 人以下死亡，或者 10 人以上 50 人以下重伤，或者 1000 万元以上 5000 万元以下直接经济损失的较大事故，由设区的市级人民政府监察机关参加调查；

（四）造成 3 人以下死亡，或者 10 人以下重伤，或者 1000 万元以下直接经济损失的一般事故，由县级人民政府监察机关参加调查。

没有造成人员伤亡或者直接经济损失，但是社会影响恶劣的事故，国务院或者有关地方人民政府认为需要调查处理的，监察机关依照本规定执行。

第五条　重大及以下等级事故，事故发生地与事故发生单位不在同一个县级以上行政区域的，原则上由事故发生地的县级以上监察机关为主参加调查；必要时，由对事故发生单位有管辖权的监察机关为主参加调查，有关监察机关协助调查。发生争议的，由其共同的上级监察机关决定。

调查结束后，有关监察机关按照管理权限分别处理各自管辖范围内的事项。在作出处理决定之前，应当通报、协商各自的处理意见。协商不一致的，由其共同的上级监察机关决定。

第六条　监察机关参加生产安全事故调查处理，依法履行下列职责：

（一）参与事故的原因、性质等方面的调查认定；

（二）组织开展对事故涉及的监察对象违法违纪行为的调查，依法作出监察决定或者提出监察建议；

（三）受理对事故涉及的监察对象违法违纪行为的控告、检举；

（四）对监察对象在事故调查处理工作中履行职责、遵纪守法情况进行监督；

（五）向有关监察对象提出监察建议，督促总结事故教训，健全生产安全规章制度。

第二章 立案与调查

第七条 监察机关参加生产安全事故调查，以本级人民政府、上级监察机关或者本级监察机关批准参加调查的决定、批复作为立案依据，不再另行履行立案报批手续。立案时间为作出决定、批复之日。

经认定属于自然灾害或者刑事案件的，按照有关规定处理。

第八条 监察机关参加生产安全事故调查，应当制定调查方案，经监察机关参加调查组的负责人批准后执行。

调查方案包括应当查明的问题和线索；调查人员的组成和分工；调查步骤、方法等内容。

第九条 监察机关应当依法、全面、客观地收集相关证据。调查取证时，调查人员不得少于2人。

第十条 监察机关可以进行现场勘查、检查，并应当制作笔录或者勘查、检查报告，由参加勘查、检查的人员和见证人签名或者盖章；必要时可以拍照、录像。

第十一条 监察机关进行调查询问应当个别进行，并现场制作谈话笔录。

第十二条 监察机关根据调查工作需要，可以提请有关行政部门、机构予以协助；对涉及的专门性问题，可以提请有关专门机构或者人员作出鉴定结论。

第十三条 监察机关应当将调查认定的违法违纪事实形成书面材料，与被调查人见面，并听取其陈述和申辩。

监察机关应当要求被调查人在调查事实见面材料上签署意见并签名。被调查人提出异议的，监察机关应当作出书面说明。

第十四条 事故调查结束后，监察机关参加事故调查的部门应当制作调查报告。调查报告的主要内容包括：立案依据；事故的基本事实；事故的原因及性质；有关单位和人员的责任及处理建议等。

第十五条 监察机关参加生产安全事故调查的时限，按照《生产安全事故报告和调查处理条例》的有关规定执行。

第十六条 监察机关参加生产安全事故调查的人员有下列情形之一，应当自行回避；被调查人、控告人、检举人以及与事故发生单位有利害关系的公民、法人或者其他组织有权申请其回避：

（一）是被调查人或者控告人、检举人的近亲属的；

（二）本人或者近亲属与事故发生单位有利害关系的；

（三）与被调查人或者控告人、检举人有其他关系，可能影响事故公正调查处理的。

监察机关负责人的回避，由上一级监察机关负责人决定；其他调查人员的回避，由所在监察机关负责人决定。监察机关发现参加调查的人员有应当回避的情形，可以直接决定该人员回避。

第十七条 监察机关参加生产安全事故调查的人员应当遵守事故调查组的纪律，保守秘密，不得擅自发布与事故有关的信息。

第十八条 监察机关在参加生产安全事故调查处理中，对监察对象涉嫌贪污、受贿等违反行政纪律的问题，可以根据实际情况并案或者另行立案调查处理。另行立案调查的，按照监察机关有关规定办理。

第十九条 发现调查组成员涉嫌违法违纪的，监察机关参加事故调查的部门应当报告本监察机关，经本监察机关负责人批准，由有关部门按照管理权限调查处理。

第三章 事 故 处 理

第二十条 监察机关对事故责任人员处理意见的审核，按照以下规定办理：

（一）由国务院统一组织或者国务院授权有关部门组织，国务院监察机关参加调查的特别重大事故，国务院监察机关参加调查的部门应当将案件移送审理部门进行审理；审理部门进行审理后，提交国务院监察机关研究决定或者提出意见。

（二）由地方人民政府组织或者授权、委托有关部门组织调查的生产安全事故，监察机关参加调查的部门应当将案件移送审理部门进行审理；由本监察机关提出对责任人员的处理意见，经地方人民政府同意后，报上一级监察机关备案。

（三）根据上级监察机关的相关决定或者批复参加调查的，监察机关参加调查的部门应当将案件移送审理部门进行审理；由本监察机关提出对责任人员的处理意见，并报作出相关决定或者批复的上级监察机关审定。

由上级监察机关参加调查的事故处理意见，已经上级监察机关审理的，下级监察机关在落实处理意见过程中可以不再审理。

第二十一条 移送审理的事故类案件，应当具备以下材料：

（一）立案依据；

（二）调查报告；

（三）参加调查部门的意见及其主管领导的批示；

（四）全部证据材料；

（五）被调查人事实见面材料和本人的意见及参加调查部门对其意见的说明；

（六）事故技术鉴定报告；

（七）其他应当移送审理的材料。

第二十二条 对重大复杂、社会关注度高、定性处理难度大的案件，监察机关参加事故调查的部门在基本事实查清、基本责任明确后，经本监察机关领导批准，审理部门可以提前介入审理。

第二十三条 监察机关依法提出的处理意见，应当提请事故调查组纳入事故调查报告。

第二十四条 监察机关在接到本级人民政府对事故调查组调查报告的批复后，应当依照法律、法规规定的权限和程序，对负有责任的监察对象直接作出处分决定或者逐级通知下级监察机关作出处分决定。下级监察机关落实处理意见的情况，应当在作出处分决定60日内逐级报上级监察机关备案。

第二十五条 监察机关对监察对象作出处分决定后，应当抄送本级人民政府人事部门或者有关部门执行。

第二十六条 监察机关在事故调查处理中应当加强与司法机关的协作配合。被调查人涉嫌犯罪的，应当移送司法机关依法处理。

第二十七条 事故责任人中的监察对象受到刑事追究的，监察机关应当根据司法机关的生效判决、裁定和决定及其认定的事实、性质和情节，按照管理权限依法给予处分或者作出其他处理。

第二十八条 监察机关应当会同有关部门对落实处理意见和执行处分决定的情况进行监督检查。

拒不执行或者故意违反规定不正确执行、故意拖延或者擅自变更处理意见、处分决定的，对负有责任的领导人员和直接责任人员依法给予处分。

第二十九条 受到处分的监察对象对处分决定不服的，可以依照《中华人民共和国行政监察法》、《中华人民共和国公务员法》和《行政机关公务员处分条例》的有关规定提出申诉。

第四章 附　　则

第三十条 监察机关参加本级人民政府统一组织或者本级人民政府授权有关部门组织，上级监察机关委托、指定，以及本级监察机关领导批准的生产安全事故以外的其他事故灾难和公共卫生事件、社会安全事件的调查处理，原则上参照本规定进行。国家法律法规另有规定的，从其规定。

第三十一条 本规定由监察部负责解释。

第三十二条 本规定自 2013 年 1 月 1 日起施行。《监察机关参加特别重大事故调查处理的暂行规定》（监发〔1991〕3 号）和《监察部关于对特大、重大责任事故责任人员行政处分分级审批的通知》（监发〔1997〕3 号）同时废止。

33. 司法鉴定程序通则

（2007 年 8 月 7 日司法部令第 107 号公布，2016 年 3 月 2 日司法部令第 132 号修正）

第一章　总　　则

第一条　为了规范司法鉴定机构和司法鉴定人的司法鉴定活动，保障司法鉴定质量，保障诉讼活动的顺利进行，根据《全国人民代表大会常务委员会关于司法鉴定管理问题的决定》和有关法律、法规的规定，制定本通则。

第二条　司法鉴定是指在诉讼活动中鉴定人运用科学技术或者专门知识对诉讼涉及的专门性问题进行鉴别和判断并提供鉴定意见的活动。司法鉴定程序是指司法鉴定机构和司法鉴定人进行司法鉴定活动的方式、步骤以及相关规则的总称。

第三条　本通则适用于司法鉴定机构和司法鉴定人从事各类司法鉴定业务的活动。

第四条　司法鉴定机构和司法鉴定人进行司法鉴定活动，应当遵守法律、法规、规章，遵守职业道德和执业纪律，尊重科学，遵守技术操作规范。

第五条　司法鉴定实行鉴定人负责制度。司法鉴定人应当依法独立、客观、公正地进行鉴定，并对自己作出的鉴定意见负责。司法鉴定人不得违反规定会见诉讼当事人及其委托的人。

第六条　司法鉴定机构和司法鉴定人应当保守在执业活动中知悉的国家秘密、商业秘密，不得泄露个人隐私。

第七条　司法鉴定人在执业活动中应当依照有关诉讼法律和本通则规定实行回避。

第八条　司法鉴定收费执行国家有关规定。

第九条　司法鉴定机构和司法鉴定人进行司法鉴定活动应当依法接受监督。对于有违反有关法律、法规、规章规定行为的，由司法行政机关依法给予相应的行政处罚；对于有违反司法鉴定行业规范行为的，由司法鉴定协会给予相应的行业处分。

第十条　司法鉴定机构应当加强对司法鉴定人执业活动的管理和监督。司法鉴定人违反本通则规定的，司法鉴定机构应当予以纠正。

第二章　司法鉴定的委托与受理

第十一条　司法鉴定机构应当统一受理办案机关的司法鉴定委托。

第十二条　委托人委托鉴定的，应当向司法鉴定机构提供真实、完整、充分的鉴定材料，并对鉴定材料的真实性、合法性负责。司法鉴定机构应当核对并记录鉴定材料的名称、种类、数量、性状、保存状况、收到时间等。

诉讼当事人对鉴定材料有异议的，应当向委托人提出。

本通则所称鉴定材料包括生物检材和非生物检材、比对样本材料以及其他与鉴定事项有关的鉴定资料。

第十三条　司法鉴定机构应当自收到委托之日起 7 个工作日内作出是否受理的决定。对于复杂、疑难或者特殊鉴定事项的委托，司法鉴定机构可以与委托人协商决定受理的时间。

第十四条 司法鉴定机构应当对委托鉴定事项、鉴定材料等进行审查。对属于本机构司法鉴定业务范围，鉴定用途合法，提供的鉴定材料能够满足鉴定需要的，应当受理。

对于鉴定材料不完整、不充分，不能满足鉴定需要的，司法鉴定机构可以要求委托人补充；经补充后能够满足鉴定需要的，应当受理。

第十五条 具有下列情形之一的鉴定委托，司法鉴定机构不得受理：

（一）委托鉴定事项超出本机构司法鉴定业务范围的；

（二）发现鉴定材料不真实、不完整、不充分或者取得方式不合法的；

（三）鉴定用途不合法或者违背社会公德的；

（四）鉴定要求不符合司法鉴定执业规则或者相关鉴定技术规范的；

（五）鉴定要求超出本机构技术条件或者鉴定能力的；

（六）委托人就同一鉴定事项同时委托其他司法鉴定机构进行鉴定的；

（七）其他不符合法律、法规、规章规定的情形。

第十六条 司法鉴定机构决定受理鉴定委托的，应当与委托人签订司法鉴定委托书。司法鉴定委托书应当载明委托人名称、司法鉴定机构名称、委托鉴定事项、是否属于重新鉴定、鉴定用途、与鉴定有关的基本案情、鉴定材料的提供和退还、鉴定风险，以及双方商定的鉴定时限、鉴定费用及收取方式、双方权利义务等其他需要载明的事项。

第十七条 司法鉴定机构决定不予受理鉴定委托的，应当向委托人说明理由，退还鉴定材料。

第三章 司法鉴定的实施

第十八条 司法鉴定机构受理鉴定委托后，应当指定本机构具有该鉴定事项执业资格的司法鉴定人进行鉴定。

委托人有特殊要求的，经双方协商一致，也可以从本机构中选择符合条件的司法鉴定人进行鉴定。

委托人不得要求或者暗示司法鉴定机构、司法鉴定人按其意图或者特定目的提供鉴定意见。

第十九条 司法鉴定机构对同一鉴定事项，应当指定或者选择二名司法鉴定人进行鉴定；对复杂、疑难或者特殊鉴定事项，可以指定或者选择多名司法鉴定人进行鉴定。

第二十条 司法鉴定人本人或者其近亲属与诉讼当事人、鉴定事项涉及的案件有利害关系，可能影响其独立、客观、公正进行鉴定的，应当回避。

司法鉴定人曾经参加过同一鉴定事项鉴定的，或者曾经作为专家提供过咨询意见的，或者曾被聘请为有专门知识的人参与过同一鉴定事项法庭质证的，应当回避。

第二十一条 司法鉴定人自行提出回避的，由其所属的司法鉴定机构决定；委托人要求司法鉴定人回避的，应当向该司法鉴定人所属的司法鉴定机构提出，由司法鉴定机构决定。

委托人对司法鉴定机构作出的司法鉴定人是否回避的决定有异议的，可以撤销鉴定委托。

第二十二条 司法鉴定机构应当建立鉴定材料管理制度，严格监控鉴定材料的接收、保管、使用和退还。

司法鉴定机构和司法鉴定人在鉴定过程中应当严格依照技术规范保管和使用鉴定材料，因严重不负责任造成鉴定材料损毁、遗失的，应当依法承担责任。

第二十三条 司法鉴定人进行鉴定，应当依下列顺序遵守和采用该专业领域的技术标准、技术规范和技术方法：

（一）国家标准；

（二）行业标准和技术规范；

（三）该专业领域多数专家认可的技术方法。

第二十四条 司法鉴定人有权了解进行鉴定所需要的案件材料，可以查阅、复制相关资料，必要时可以询问诉讼当事人、证人。

经委托人同意，司法鉴定机构可以派员到现场提取鉴定材料。现场提取鉴定材料应当由不少于2名司法鉴定机构的工作人员进行，其中至少1名应为该鉴定事项的司法鉴定人。现场提取鉴定材料时，应当有委托人指派或者委托的人员在场见证并在提取记录上签名。

第二十五条 鉴定过程中，需要对无民事行为能力人或者限制民事行为能力人进行身体检查的，应当通知其监护人或者近亲属到场见证；必要时，可以通知委托人到场见证。

对被鉴定人进行法医精神病鉴定的，应当通知委托人或者被鉴定人的近亲属或者监护人到场见证。

对需要进行尸体解剖的，应当通知委托人或者死者的近亲属或者监护人到场见证。

到场见证人员应当在鉴定记录上签名。见证人员未到场的，司法鉴定人不得开展相关鉴定活动，延误时间不计入鉴定时限。

第二十六条 鉴定过程中，需要对被鉴定人身体进行法医临床检查的，应当采取必要措施保护其隐私。

第二十七条 司法鉴定人应当对鉴定过程进行实时记录并签名。记录可以采取笔记、录音、录像、拍照等方式。记录应当载明主要的鉴定方法和过程，检查、检验、检测结果，以及仪器设备使用情况等。记录的内容应当真实、客观、准确、完整、清晰，记录的文本资料、音像资料等应当存入鉴定档案。

第二十八条 司法鉴定机构应当自司法鉴定委托书生效之日起30个工作日内完成鉴定。

鉴定事项涉及复杂、疑难、特殊技术问题或者鉴定过程需要较长时间的，经本机构负责人批准，完成鉴定的时限可以延长，延长时限一般不得超过30个工作日。鉴定时限延长的，应当及时告知委托人。

司法鉴定机构与委托人对鉴定时限另有约定的，从其约定。

在鉴定过程中补充或者重新提取鉴定材料所需的时间，不计入鉴定时限。

第二十九条 司法鉴定机构在鉴定过程中，有下列情形之一的，可以终止鉴定：

（一）发现有本通则第十五条第二项至第七项规定情形的；

（二）鉴定材料发生耗损，委托人不能补充提供的；

（三）委托人拒不履行司法鉴定委托书规定的义务、被鉴定人拒不配合或者鉴定活动受到严重干扰，致使鉴定无法继续进行的；

（四）委托人主动撤销鉴定委托，或者委托人、诉讼当事人拒绝支付鉴定费用的；

（五）因不可抗力致使鉴定无法继续进行的；

（六）其他需要终止鉴定的情形。

终止鉴定的，司法鉴定机构应当书面通知委托人，说明理由并退还鉴定材料。

第三十条 有下列情形之一的，司法鉴定机构可以根据委托人的要求进行补充鉴定：

（一）原委托鉴定事项有遗漏的；

（二）委托人就原委托鉴定事项提供新的鉴定材料的；

（三）其他需要补充鉴定的情形。

补充鉴定是原委托鉴定的组成部分，应当由原司法鉴定人进行。

第三十一条 有下列情形之一的，司法鉴定机构可以接受办案机关委托进行重新鉴定：

（一）原司法鉴定人不具有从事委托鉴定事项执业资格的；

（二）原司法鉴定机构超出登记的业务范围组织鉴定的；

（三）原司法鉴定人应当回避没有回避的；

（四）办案机关认为需要重新鉴定的；

（五）法律规定的其他情形。

第三十二条　重新鉴定应当委托原司法鉴定机构以外的其他司法鉴定机构进行；因特殊原因，委托人也可以委托原司法鉴定机构进行，但原司法鉴定机构应当指定原司法鉴定人以外的其他符合条件的司法鉴定人进行。

接受重新鉴定委托的司法鉴定机构的资质条件应当不低于原司法鉴定机构，进行重新鉴定的司法鉴定人中应当至少有 1 名具有相关专业高级专业技术职称。

第三十三条　鉴定过程中，涉及复杂、疑难、特殊技术问题的，可以向本机构以外的相关专业领域的专家进行咨询，但最终的鉴定意见应当由本机构的司法鉴定人出具。

专家提供咨询意见应当签名，并存入鉴定档案。

第三十四条　对于涉及重大案件或者特别复杂、疑难、特殊技术问题或者多个鉴定类别的鉴定事项，办案机关可以委托司法鉴定行业协会组织协调多个司法鉴定机构进行鉴定。

第三十五条　司法鉴定人完成鉴定后，司法鉴定机构应当指定具有相应资质的人员对鉴定程序和鉴定意见进行复核；对于涉及复杂、疑难、特殊技术问题或者重新鉴定的鉴定事项，可以组织 3 名以上的专家进行复核。

复核人员完成复核后，应当提出复核意见并签名，存入鉴定档案。

第四章　司法鉴定意见书的出具

第三十六条　司法鉴定机构和司法鉴定人应当按照统一规定的文本格式制作司法鉴定意见书。

第三十七条　司法鉴定意见书应当由司法鉴定人签名。多人参加的鉴定，对鉴定意见有不同意见的，应当注明。

第三十八条　司法鉴定意见书应当加盖司法鉴定机构的司法鉴定专用章。

第三十九条　司法鉴定意见书应当一式四份，三份交委托人收执，一份由司法鉴定机构存档。司法鉴定机构应当按照有关规定或者与委托人约定的方式，向委托人发送司法鉴定意见书。

第四十条　委托人对鉴定过程、鉴定意见提出询问的，司法鉴定机构和司法鉴定人应当给予解释或者说明。

第四十一条　司法鉴定意见书出具后，发现有下列情形之一的，司法鉴定机构可以进行补正：

（一）图像、谱图、表格不清晰的；

（二）签名、盖章或者编号不符合制作要求的；

（三）文字表达有瑕疵或者错别字，但不影响司法鉴定意见的。

补正应当在原司法鉴定意见书上进行，由至少 1 名司法鉴定人在补正处签名。必要时，可以出具补正书。

对司法鉴定意见书进行补正，不得改变司法鉴定意见的原意。

第四十二条　司法鉴定机构应当按照规定将司法鉴定意见书以及有关资料整理立卷、归档保管。

第五章　司法鉴定人出庭作证

第四十三条　经人民法院依法通知，司法鉴定人应当出庭作证，回答与鉴定事项有关的问题。

第四十四条　司法鉴定机构接到出庭通知后，应当及时与人民法院确认司法鉴定人出庭的时间、地点、人数、费用、要求等。

第四十五条 司法鉴定机构应当支持司法鉴定人出庭作证，为司法鉴定人依法出庭提供必要条件。

第四十六条 司法鉴定人出庭作证，应当举止文明，遵守法庭纪律。

第六章 附 则

第四十七条 本通则是司法鉴定机构和司法鉴定人进行司法鉴定活动应当遵守和采用的一般程序规则，不同专业领域对鉴定程序有特殊要求的，可以依据本通则制定鉴定程序细则。

第四十八条 本通则所称办案机关，是指办理诉讼案件的侦查机关、审查起诉机关和审判机关。

第四十九条 在诉讼活动之外，司法鉴定机构和司法鉴定人依法开展相关鉴定业务的，参照本通则规定执行。

第五十条 本通则自 2016 年 5 月 1 日起施行。司法部 2007 年 8 月 7 日发布的《司法鉴定程序通则》（司法部第 107 号令）同时废止。

第五部分　规范性文件

1. 中共中央　国务院关于推进安全生产领域改革发展的意见

中发〔2016〕32 号

安全生产是关系人民群众生命财产安全的大事，是经济社会协调健康发展的标志，是党和政府对人民利益高度负责的要求。党中央、国务院历来高度重视安全生产工作，党的十八大以来作出一系列重大决策部署，推动全国安全生产工作取得积极进展。同时也要看到，当前我国正处在工业化、城镇化持续推进过程中，生产经营规模不断扩大，传统和新型生产经营方式并存，各类事故隐患和安全风险交织叠加，安全生产基础薄弱、监管体制机制和法律制度不完善、企业主体责任落实不力等问题依然突出，生产安全事故易发多发，尤其是重特大安全事故频发势头尚未得到有效遏制，一些事故发生呈现由高危行业领域向其他行业领域蔓延趋势，直接危及生产安全和公共安全。为进一步加强安全生产工作，现就推进安全生产领域改革发展提出如下意见。

一、总体要求

（一）指导思想。全面贯彻党的十八大和十八届三中、四中、五中、六中全会精神，以邓小平理论、“三个代表”重要思想、科学发展观为指导，深入贯彻习近平总书记系列重要讲话精神和治国理政新理念新思想新战略，进一步增强“四个意识”，紧紧围绕统筹推进“五位一体”总体布局和协调推进“四个全面”战略布局，牢固树立新发展理念，坚持安全发展，坚守发展决不能以牺牲安全为代价这条不可逾越的红线，以防范遏制重特大生产安全事故为重点，坚持安全第一、预防为主、综合治理的方针，加强领导、改革创新，协调联动、齐抓共管，着力强化企业安全生产主体责任，着力堵塞监督管理漏洞，着力解决不遵守法律法规的问题，依靠严密的责任体系、严格的法治措施、有效的体制机制、有力的基础保障和完善的系统治理，切实增强安全防范治理能力，大力提升我国安全生产整体水平，确保人民群众安康幸福、共享改革发展和社会文明进步成果。

（二）基本原则

——坚持安全发展。贯彻以人民为中心的发展思想，始终把人的生命安全放在首位，正确处理安全与发展的关系，大力实施安全发展战略，为经济社会发展提供强有力的安全保障。

——坚持改革创新。不断推进安全生产理论创新、制度创新、体制机制创新、科技创新和文化创新，增强企业内生动力，激发全社会创新活力，破解安全生产难题，推动安全生产与经济社会协调发展。

——坚持依法监管。大力弘扬社会主义法治精神，运用法治思维和法治方式，深化安全生产监管执法体制改革，完善安全生产法律法规和标准体系，严格规范公正文明执法，增强监管执法效能，提高安全生产法治化水平。

——坚持源头防范。严格安全生产市场准入，经济社会发展要以安全为前提，把安全生产贯穿城乡规划布局、设计、建设、管理和企业生产经营活动全过程。构建风险分级管控和隐患排查治理双重预防工作机制，严防风险演变、隐患升级导致生产安全事故发生。

——坚持系统治理。严密层级治理和行业治理、政府治理、社会治理相结合的安全生产治理体系，组织动员各方面力量实施社会共治。综合运用法律、行政、经济、市场等手段，落实人防、技防、物防措施，提升全社会安全生产治理能力。

（三）目标任务。到2020年，安全生产监管体制机制基本成熟，法律制度基本完善，全国生产安全事故总量明显减少，职业病危害防治取得积极进展，重特大生产安全事故频发势头得到有效遏制，安全生产整体水平与全面建成小康社会目标相适应。到2030年，实现安全生产治理体系和治理能力现代化，全民安全文明素质全面提升，安全生产保障能力显著增强，为实现中华民族伟大复兴的中国梦奠定稳固可靠的安全生产基础。

二、健全落实安全生产责任制

（四）明确地方党委和政府领导责任。坚持党政同责、一岗双责、齐抓共管、失职追责，完善安全生产责任体系。地方各级党委和政府要始终把安全生产摆在重要位置，加强组织领导。党政主要负责人是本地区安全生产第一责任人，班子其他成员对分管范围内的安全生产工作负领导责任。地方各级安全生产委员会主任由政府主要负责人担任，成员由同级党委和政府及相关部门负责人组成。

地方各级党委要认真贯彻执行党的安全生产方针，在统揽本地区经济社会发展全局中同步推进安全生产工作，定期研究决定安全生产重大问题。加强安全生产监管机构领导班子、干部队伍建设。严格安全生产履职绩效考核和失职责任追究。强化安全生产宣传教育和舆论引导。发挥人大对安全生产工作的监督促进作用、政协对安全生产工作的民主监督作用。推动组织、宣传、政法、机构编制等单位支持保障安全生产工作。动员社会各界积极参与、支持、监督安全生产工作。

地方各级政府要把安全生产纳入经济社会发展总体规划，制定实施安全生产专项规划，健全安全投入保障制度。及时研究部署安全生产工作，严格落实属地监管责任。充分发挥安全生产委员会作用，实施安全生产责任目标管理。建立安全生产巡查制度，督促各部门和下级政府履职尽责。加强安全生产监管执法能力建设，推进安全科技创新，提升信息化管理水平。严格安全准入标准，指导管控安全风险，督促整治重大隐患，强化源头治理。加强应急管理，完善安全生产应急救援体系。依法依规开展事故调查处理，督促落实问题整改。

（五）明确部门监管责任。按照管行业必须管安全、管业务必须管安全、管生产经营必须管安全和谁主管谁负责的原则，厘清安全生产综合监管与行业监管的关系，明确各有关部门安全生产和职业健康工作职责，并落实到部门工作职责规定中。安全生产监督管理部门负责安全生产法规标准和政策规划制定修订、执法监督、事故调查处理、应急救援管理、统计分析、宣传教育培训等综合性工作，承担职责范围内行业领域安全生产和职业健康监管执法职责。负有安全生产监督管理职责的有关部门依法依规履行相关行业领域安全生产和职业健康监管职责，强化监管执法，严厉查处违法违规行为。其他行业领域主管部门负有安全生产管理责任，要将安全生产工作作为行业领域管理的重要内容，从行业规划、产业政策、法规标准、行政许可等方面加强行业安全生产工作，指导督促企事业单位加强安全管理。党委和政府其他有关部门要在职责范围内为安全生产工作提供支持保障，共同推进安全发展。

（六）严格落实企业主体责任。企业对本单位安全生产和职业健康工作负全面责任，要严格履行安全生产法定责任，建立健全自我约束、持续改进的内生机制。企业实行全员安全生产责任制度，法定代表人和实际控制人同为安全生产第一责任人，主要技术负责人负有安全生产技术决策和指挥权，强化部门安全生产职责，落实一岗双责。完善落实混合所有制企业以及跨地区、多层级和境外中资企业投资主体的安全生产责任。建立企业全过程安全生产和职业健康管理制度，做到安全责任、管理、投入、培训和应急救援“五到位”。国有企业要发挥安全生产工作示范带头作用，自觉接受属地监管。

（七）健全责任考核机制。建立与全面建成小康社会相适应和体现安全发展水平的考核评价体系。完善考核制度，统筹整合、科学设定安全生产考核指标，加大安全生产在社会治安综合治理、精神文明建设等考核中的权重。各级政府要对同级安全生产委员会成员单位和下级政府实施严格的安全生产工作责任考核，实行过程考核与结果考核相结合。各地区各单位要建立安全生产绩效与履职评定、职务晋升、奖励惩处挂钩制度，严格落实安全生产“一票否决”制度。

（八）严格责任追究制度。实行党政领导干部任期安全生产责任制，日常工作依责尽职、发生事故依责追究。依法依规制定各有关部门安全生产权力和责任清单，尽职照单免责、失职照单问责。建立企业生产经营全过程安全责任追溯制度。严肃查处安全生产领域项目审批、行政许可、监管执法中的失职渎职和权钱交易等腐败行为。严格事故直报制度，对瞒报、谎报、漏报、迟报事故的单位和个人依法依规追责。对被追究刑事责任的生产经营者依法实施相应的职业禁入，对事故发生负有重大责任的社会服务机构和人员依法严肃追究法律责任，并依法实施相应的行业禁入。

三、改革安全监管监察体制

（九）完善监督管理体制。加强各级安全生产委员会组织领导，充分发挥其统筹协调作用，切实解决突出矛盾和问题。各级安全生产监督管理部门承担本级安全生产委员会日常工作，负责指导协调、监督检查、巡查考核本级政府有关部门和下级政府安全生产工作，履行综合监管职责。负有安全生产监督管理职责的部门，依照有关法律法规和部门职责，健全安全生产监管体制，严格落实监管职责。相关部门按照各自职责建立完善安全生产工作机制，形成齐抓共管格局。坚持管安全生产必须管职业健康，建立安全生产和职业健康一体化监管执法体制。

（十）改革重点行业领域安全监管监察体制。依托国家煤矿安全监察体制，加强非煤矿山安全生产监管监察，优化安全监察机构布局，将国家煤矿安全监察机构负责的安全生产行政许可事项移交给地方政府承担。着重加强危险化学品安全监管体制改革和力量建设，明确和落实危险化学品建设项目立项、规划、设计、施工及生产、储存、使用、销售、运输、废弃处置等环节的法定安全监管责任，建立有力的协调联动机制，消除监管空白。完善海洋石油安全生产监督管理体制机制，实行政企分开。理顺民航、铁路、电力等行业跨区域监管体制，明确行业监管、区域监管与地方监管职责。

（十一）进一步完善地方监管执法体制。地方各级党委和政府要将安全生产监督管理部门作为政府工作部门和行政执法机构，加强安全生产执法队伍建设，强化行政执法职能。统筹加强安全监管力量，重点充实市、县两级安全生产监管执法人员，强化乡镇（街道）安全生产监管力量建设。完善各类开发区、工业园区、港区、风景区等功能区安全生产监管体制，明确负责安全生产监督管理的机构，以及港区安全生产地方监管和部门监管责任。

（十二）健全应急救援管理体制。按照政事分开原则，推进安全生产应急救援管理体制改革，强化行政管理职能，提高组织协调能力和现场救援时效。健全省、市、县三级安全生产应急救援管理工作机制，建设联动互通的应急救援指挥平台。依托公安消防、大型企业、工业园区等应急救援力量，加强矿山和危险化学品等应急救援基地和队伍建设，实行区域化应急救援资源共享。

四、大力推进依法治理

（十三）健全法律法规体系。建立健全安全生产法律法规立改废释工作协调机制。加强涉及安全生产相关法规一致性审查，增强安全生产法制建设的系统性、可操作性。制定安全生产中长期立法规划，加快制定修订安全生产法配套法规。加强安全生产和职业健康法律法规衔接融合。研究修改刑法有关条款，将生产经营过程中极易导致重大生产安全事故的违法行为列入刑法调整范围。制定完善高危行业领域安全规程。设区的市根据立法法的立法精神，加强安全生产地方性法规建设，解决区域性安全生产突出问题。

（十四）完善标准体系。加快安全生产标准制定修订和整合，建立以强制性国家标准为主体的安全生产标准体系。鼓励依法成立的社会团体和企业制定更加严格规范的安全生产标准，结合国情积极借鉴实施国际先进标准。国务院安全生产监督管理部门负责生产经营单位职业危害预防治理国家标准制定发布工作；统筹提出安全生产强制性国家标准立项计划，有关部门按照职责分工组织起草、审查、实施和监督执行，国务院标准化行政主管部门负责及时立项、编号、对外通报、批准并发布。

（十五）严格安全准入制度。严格高危行业领域安全准入条件。按照强化监管与便民服务相结合原则，科学设置安全生产行政许可事项和办理程序，优化工作流程，简化办事环节，实施网上公开办理，接受社会监督。对与人民群众生命财产安全直接相关的行政许可事项，依法严格管理。对取消、下放、移交的行政许可事项，要加强事中事后安全监管。

（十六）规范监管执法行为。完善安全生产监管执法制度，明确每个生产经营单位安全生产监督和管理主体，制定实施执法计划，完善执法程序规定，依法严格查处各类违法违规行为。建立行政执法和刑事司法衔接制度，负有安全生产监督管理职责的部门要加强与公安、检察院、法院等协调配合，完善安全生产违法线索通报、案件移送与协查机制。对违法行为当事人拒不执行安全生产行政执法决定的，负有安全生产监督管理职责的部门应依法申请司法机关强制执行。完善司法机关参与事故调查机制，严肃查处违法犯罪行为。研究建立安全生产民事和行政公益诉讼制度。

（十七）完善执法监督机制。各级人大常委会要定期检查安全生产法律法规实施情况，开展专题询问。各级政协要围绕安全生产突出问题开展民主监督和协商调研。建立执法行为审议制度和重大行政执法决策机制，评估执法效果，防止滥用职权。健全领导干部非法干预安全生产监管执法的记录、通报和责任追究制度。完善安全生产执法纠错和执法信息公开制度，加强社会监督和舆论监督，保证执法严明、有错必纠。

（十八）健全监管执法保障体系。制定安全生产监管监察能力建设规划，明确监管执法装备及现场执法和应急救援用车配备标准，加强监管执法技术支撑体系建设，保障监管执法需要。建立完善负有安全生产监督管理职责的部门监管执法经费保障机制，将监管执法经费纳入同级财政全额保障范围。加强监管执法制度化、标准化、信息化建设，确保规范高效监管执法。建立安全生产监管执法人员依法履行法定职责制度，激励保证监管执法人员忠于职守、履职尽责。严格监管执法人员资格管理，制定安全生产监管执法人员录用标准，提高专业监管执法人员比例。建立健全安全生产监管执法人员凡进必考、入职培训、持证上岗和定期轮训制度。统一安全生产执法标志标识和制式服装。

（十九）完善事故调查处理机制。坚持问责与整改并重，充分发挥事故查处对加强和改进安全生产工作的促进作用。完善生产安全事故调查组组长负责制。健全典型事故提级调查、跨地区协同调查和工作督导机制。建立事故调查分析技术支撑体系，所有事故调查报告要设立技术和管理问题专篇，详细分析原因并全文发布，做好解读，回应公众关切。对事故调查发现有漏洞、缺陷的有关法律法规和标准制度，及时启动制定修订工作。建立事故暴露问题整改督办制度，事故结案后一年内，负责事故调查的地方政府和国务院有关部门要组织开展评估，及时向社会公开，对履职不力、整改措施不落实的，依法依规严肃追究有关单位和人员责任。

五、建立安全预防控制体系

（二十）加强安全风险管控。地方各级政府要建立完善安全风险评估与论证机制，科学合理确定企业选址和基础设施建设、居民生活区空间布局。高危项目审批必须把安全生产作为前置条件，城乡规划布局、设计、建设、管理等各项工作必须以安全为前提，实行重大安全风险“一票否决”。加强新材料、新工艺、新业态安全风险评估和管控。紧密结合供给侧结构性改革，推动高危产业转型升级。位置相邻、行业相近、业态相似的地区和行业要建立完善重大安全风险联防联控机制。构建国家、省、市、县四级重大危险源信息管理体系，对重点行业、重点区域、重点企业实行风险预警控制，有效防范重特大生产安全事故。

（二十一）强化企业预防措施。企业要定期开展风险评估和危害辨识。针对高危工艺、设备、物品、场所和岗位，建立分级管控制度，制定落实安全操作规程。树立隐患就是事故的观念，建立健全隐患排查治理制度、重大隐患治理情况向负有安全生产监督管理职责的部门和企业职代会“双报告”制度，实行自查自改自报闭环管理。严格执行安全生产和职业健康“三同时”制度。大力推进企业安全生产标准化建设，实现安全管理、操作行为、设备设施和作业环境的标准化。开展经常性的应急演练和人员避险自救培训，着力提升现场应急处置能力。

（二十二）建立隐患治理监督机制。制定生产安全事故隐患分级和排查治理标准。负有安全生产监督管理职责的部门要建立与企业隐患排查治理系统联网的信息平台，完善线上线下配套监管制度。强化隐患排查治理监督执法，对重大隐患整改不到位的企业依法采取停产停业、停止施工、停止供电和查封扣押等强制措施，按规定给予上限经济处罚，对构成犯罪的要移交司法机关依法追究刑事责任。严格重大隐患挂牌督办制度，对整改和督办不力的纳入政府核查问责范围，实行约谈告诫、公开曝光，情节严重的依法依规追究相关人员责任。

（二十三）强化城市运行安全保障。定期排查区域内安全风险点、危险源，落实管控措施，构建系统性、现代化的城市安全保障体系，推进安全发展示范城市建设。提高基础设施安全配置标准，重点加强对城市高层建筑、大型综合体、隧道桥梁、管线管廊、轨道交通、燃气、电力设施及电梯、游乐设施等的检测维护。完善大型群众性活动安全管理制度，加强人员密集场所安全监管。加强公安、民政、国土资源、住房城乡建设、交通运输、水利、农业、安全监管、气象、地震等相关部门的协调联动，严防自然灾害引发事故。

（二十四）加强重点领域工程治理。深入推进对煤矿瓦斯、水害等重大灾害以及矿山采空区、尾矿库的工程治理。加快实施人口密集区域的危险化学品和化工企业生产、仓储场所安全搬迁工程。深化油气开采、输送、炼化、码头接卸等领域安全整治。实施高速公路、乡村公路和急弯陡坡、临水临崖危险路段公路安全生命防护工程建设。加强高速铁路、跨海大桥、海底隧道、铁路浮桥、航运枢纽、港口等防灾监测、安全检测及防护系统建设。完善长途客运车辆、旅游客车、危险物品运输车辆和船舶生产制造标准，提高安全性能，强制安装智能视频监控报警、防碰撞和整车整船安全运行监管技术装备，对已运行的要加快安全技术装备改造升级。

（二十五）建立完善职业病防治体系。将职业病防治纳入各级政府民生工程及安全生产工作考核体系，制定职业病防治中长期规划，实施职业健康促进计划。加快职业病危害严重企业技术改造、转型升级和淘汰退出，加强高危粉尘、高毒物品等职业病危害源头治理。健全职业健康监管支撑保障体系，加强职业健康技术服务机构、职业病诊断鉴定机构和职业健康体检机构建设，强化职业病危害基础研究、预防控制、诊断鉴定、综合治疗能力。完善相关规定，扩大职业病患者救治范围，将职业病失能人员纳入社会保障范围，对符合条件的职业病患者落实医疗与生活救助措施。加强企业职业健康监管执法，督促落实职业病危害告知、日常监测、定期报告、防护保障和职业健康体检等制度措施，落实职业病防治主体责任。

六、加强安全基础保障能力建设

（二十六）完善安全投入长效机制。加强中央和地方财政安全生产预防及应急相关资金使用管理，加大安全生产与职业健康投入，强化审计监督。加强安全生产经济政策研究，完善安全生产专用设备企业所得税优惠目录。落实企业安全生产费用提取管理使用制度，建立企业增加安全投入的激励约束机制。健全投融资服务体系，引导企业集聚发展灾害防治、预测预警、检测监控、个体防护、应急处置、安全文化等技术、装备和服务产业。

（二十七）建立安全科技支撑体系。优化整合国家科技计划，统筹支持安全生产和职业健康领域科研项目，加强研发基地和博士后科研工作站建设。开展事故预防理论研究和关键技术装备研发，加快成果转化和推广应用。推动工业机器人、智能装备在危险工序和环节广泛应用。提升现代信息技术与安全生产融合度，统一标准规范，加快安全生产信息化建设，构建安全生产与职业健康信息化全国“一张网”。加强安全生产理论和政策研究，运用大数据技术开展安全生产规律性、关联性特征分析，提高安全生产决策科学化水平。

（二十八）健全社会化服务体系。将安全生产专业技术服务纳入现代服务业发展规划，培育多元化服务主体。建立政府购买安全生产服务制度。支持发展安全生产专业化行业组织，强化自治自律。完善注册安全工程师制度。改革完善安全生产和职业健康技术服务机构资质管理办法。支持相关机构开展安全生产和职业健康一体化评价等技术服务，严格实施评价公开制度，进一步激活和规范专业技术服务市场。鼓励中小微企业订单式、协作式购买运用安全生产管理和技术服务。建立安全生产和职业健康技术服务机构公示制度和由第三方实施的信用评定制度，严肃查处租借资质、违法挂靠、弄虚作假、垄断收费等各类违法违规行为。

（二十九）发挥市场机制推动作用。取消安全生产风险抵押金制度，建立健全安全生产责任保险制度，在矿山、危险化学品、烟花爆竹、交通运输、建筑施工、民用爆炸物品、金属冶炼、渔业生产等高危行业领域强制实施，切实发挥保险机构参与风险评估管控和事故预防功能。完善工伤保险制度，加快制定工伤预防费用的提取比例、使用和管理具体办法。积极推进安全生产诚信体系建设，完善企业安全生产不良记录“黑名单”制度，建立失信惩戒和守信激励机制。

（三十）健全安全宣传教育体系。将安全生产监督管理纳入各级党政领导干部培训内容。把安全知识普及纳入国民教育，建立完善中小学安全教育和高危行业职业安全教育体系。把安全生产纳入农民工技能培训内容。严格落实企业安全教育培训制度，切实做到先培训、后上岗。推进安全文化建设，加强警示教育，强化全民安全意识和法治意识。发挥工会、共青团、妇联等群团组织作用，依法维护职工群众的知情权、参与权与监督权。加强安全生产公益宣传和舆论监督。建立安全生产“12350”专线与社会公共管理平台统一接报、分类处置的举报投诉机制。鼓励开展安全生产志愿服务和慈善事业。加强安全生产国际交流合作，学习借鉴国外安全生产与职业健康先进经验。

各地区各部门要加强组织领导，严格实行领导干部安全生产工作责任制，根据本意见提出的任务和要求，结合实际认真研究制定实施办法，抓紧出台推进安全生产领域改革发展的具体政策措施，明确责任分工和时间进度要求，确保各项改革举措和工作要求落实到位。贯彻落实情况要及时向党中央、国务院报告，同时抄送国务院安全生产委员会办公室。中央全面深化改革领导小组办公室将适时牵头组织开展专项监督检查。

2. 中共中央办公厅　国务院办公厅印发《关于实行党政领导干部问责的暂行规定》

中办发〔2009〕25号

第一章　总　　则

第一条　为加强对党政领导干部的管理和监督，增强党政领导干部的责任意识和大局意识，促进深入贯彻落实科学发展观，提高党的执政能力和执政水平，根据《中国共产党章程》、《党政领导干部选拔任用工作条例》等党内法规和《中华人民共和国行政监察法》、《中华人民共和国公务员法》等国家法律法规，制定本规定。

第二条　本规定适用于中共中央、国务院的工作部门及其内设机构的领导成员；县级以上地方各级党委、政府及其工作部门的领导成员，上列工作部门内设机构的领导成员。

第三条　对党政领导干部实行问责，坚持严格要求、实事求是，权责一致、惩教结合，依靠群众、依法有序的原则。

第四条　党政领导干部受到问责，同时需要追究纪律责任的，依照有关规定给予党纪政纪处分；涉嫌犯罪的，移送司法机关依法处理。

第二章　问责的情形、方式及适用

第五条　有下列情形之一的，对党政领导干部实行问责：

（一）决策严重失误，造成重大损失或者恶劣影响的；

（二）因工作失职，致使本地区、本部门、本系统或者本单位发生特别重大事故、事件、案件，或者在较短时间内连续发生重大事故、事件、案件，造成重大损失或者恶劣影响的；

（三）政府职能部门管理、监督不力，在其职责范围内发生特别重大事故、事件、案件，或者在较短时间内连续发生重大事故、事件、案件，造成重大损失或者恶劣影响的；

（四）在行政活动中滥用职权，强令、授意实施违法行政行为，或者不作为，引发群体性事件或者其他重大事件的；

（五）对群体性、突发性事件处置失当，导致事态恶化，造成恶劣影响的；

（六）违反干部选拔任用工作有关规定，导致用人失察、失误，造成恶劣影响的；

（七）其他给国家利益、人民生命财产、公共财产造成重大损失或者恶劣影响等失职行为的。

第六条　本地区、本部门、本系统或者本单位在贯彻落实党风廉政建设责任制方面出现问题的，按照《关于实行党风廉政建设责任制的规定》，追究党政领导干部的责任。

第七条　对党政领导干部实行问责的方式分为：责令公开道歉、停职检查、引咎辞职、责令辞职、免职。

第八条　党政领导干部具有本规定第五条所列情形，并且具有下列情节之一的，应当从重问责：

（一）干扰、阻碍问责调查的；

（二）弄虚作假、隐瞒事实真相的；

（三）对检举人、控告人打击、报复、陷害的；

（四）党内法规和国家法律法规规定的其他从重情节。

第九条　党政领导干部具有本规定第五条所列情形，并且具有下列情节之一的，可以从轻问责：

（一）主动采取措施，有效避免损失或者挽回影响的；

（二）积极配合问责调查，并且主动承担责任的。

第十条　受到问责的党政领导干部，取消当年年度考核评优和评选各类先进的资格。

引咎辞职、责令辞职、免职的党政领导干部，一年内不得重新担任与其原任职务相当的领导职务。

对引咎辞职、责令辞职、免职的党政领导干部，可以根据工作需要以及本人一贯表现、特长等情况，由党委（党组）、政府按照干部管理权限酌情安排适当岗位或者相应工作任务。

引咎辞职、责令辞职、免职的党政领导干部，一年后如果重新担任与其原任职务相当的领导职务，除应当按照干部管理权限履行审批手续外，还应当征求上一级党委组织部门的意见。

第三章　实行问责的程序

第十一条　对党政领导干部实行问责，按照干部管理权限进行。纪检监察机关、组织人事部门按照管理权限履行本规定中的有关职责。

第十二条　对党政领导干部实行问责，依照下列程序进行：

（一）对因检举、控告、处理重大事故事件、查办案件、审计或者其他方式发现的党政领导干部应当问责的线索，纪检监察机关按照权限和程序进行调查后，对需要实行问责的，按照干部管理权限向问责决定机关提出问责建议；

（二）对在干部监督工作中发现的党政领导干部应当问责的线索，组织人事部门按照权限和程序进行调查后，对需要实行问责的，按照干部管理权限向问责决定机关提出问责建议；

（三）问责决定机关可以根据纪检监察机关或者组织人事部门提出的问责建议作出问责决定；

（四）问责决定机关作出问责决定后，由组织人事部门办理相关事宜，或者由问责决定机关责成有关部门办理相关事宜。

第十三条　纪检监察机关、组织人事部门提出问责建议，应当同时向问责决定机关提供有关事实材料和情况说明，以及需要提供的其他材料。

第十四条　作出问责决定前，应当听取被问责的党政领导干部的陈述和申辩，并且记录在案；对其合理意见，应当予以采纳。

第十五条　对于事实清楚、不需要进行问责调查的，问责决定机关可以直接作出问责决定。

第十六条　问责决定机关按照干部管理权限对党政领导干部作出的问责决定，应当经领导班子集体讨论决定。

第十七条　对党政领导干部实行问责，应当制作《党政领导干部问责决定书》。《党政领导干部问责决定书》由负责调查的纪检监察机关或者组织人事部门代问责决定机关草拟。

《党政领导干部问责决定书》应当写明问责事实、问责依据、问责方式、批准机关、生效时间、当事人的申诉期限及受理机关等。作出责令公开道歉决定的，还应当写明公开道歉的方式、范围等。

第十八条　《党政领导干部问责决定书》应当送达被问责的党政领导干部本人及其所在单位。

问责决定机关作出问责决定后，应当派专人与被问责的党政领导干部谈话，做好其思想工作，督促其做好工作交接等后续工作。

第十九条　组织人事部门应当及时将被问责的党政领导干部的有关问责材料归入其个人档案，并且将执行情况报告问责决定机关，回复问责建议机关。

党政领导干部问责情况应当报上一级组织人事部门备案。

第二十条 问责决定一般应当向社会公开。

第二十一条 对经各级人民代表大会及其常务委员会选举或者决定任命的人员实行问责，按照有关法律规定的程序办理。

第二十二条 被问责的党政领导干部对问责决定不服的，可以自接到《党政领导干部问责决定书》之日起 15 日内，向问责决定机关提出书面申诉。问责决定机关接到书面申诉后，应当在 30 日内作出申诉处理决定。申诉处理决定应当以书面形式告知申诉人及其所在单位。

第二十三条 被问责的党政领导干部申诉期间，不停止问责决定的执行。

第四章 附 则

第二十四条 对乡（镇、街道）党政领导成员实行问责，适用本规定。

对县级以上党委、政府直属事业单位以及国有企业、国有金融企业领导人员实行问责，参照本规定执行。

第二十五条 本规定由中央纪委、中央组织部负责解释。

第二十六条 本规定自发布之日起施行。

3. 中共中央办公厅　国务院办公厅转发国务院法制办等部门《关于加强行政执法与刑事司法衔接工作的意见》的通知

中办发〔2011〕8号

做好行政执法与刑事司法衔接工作，事关依法行政和公正司法，事关经济社会秩序维护，事关人民群众切身利益保障。近年来，特别是《行政执法机关移送涉嫌犯罪案件的规定》施行以来，各地区各有关部门建立健全行政执法与刑事司法衔接工作机制，行政执法机关移送涉嫌犯罪案件工作得到加强，一大批危害社会主义市场经济秩序和社会管理秩序的犯罪行为受到刑事制裁，有力遏制了违法犯罪活动。但也要看到，在一些行政执法领域，有案不移、有案难移、以罚代刑的问题仍然比较突出。为了加强行政执法与刑事司法衔接工作，现提出如下意见。

一、严格履行法定职责

（一）行政执法机关和公安机关要严格依法履行职责，对涉嫌犯罪的案件，切实做到该移送的移送、该受理的受理、该立案的立案。

（二）行政执法机关在执法检查时，发现违法行为明显涉嫌犯罪的，应当及时向公安机关通报。接到通报后，公安机关应当立即派人进行调查，并依法作出立案或者不予立案的决定。公安机关立案后依法提请行政执法机关作出检验、鉴定、认定等协助的，行政执法机关应当予以协助（税务施评：且未明确是由行政机关直接检验、鉴定、认定，还是委托专业机构做检验、鉴定、认定，而相关上位法已经规定行政机关没有直接鉴定、认定权，所以，只能委托有资质的专业机构进行鉴定、认定）。

（三）行政执法机关向公安机关移送涉嫌犯罪案件，应当移交案件的全部材料，同时将案件移送书及有关材料目录抄送人民检察院。行政执法机关在移送案件时已经作出行政处罚决定的，应当将行政处罚决定书一并抄送公安机关、人民检察院；未作出行政处罚决定的，原则上应当在公安机关决定不予立案或者撤销案件、人民检察院作出不起诉决定、人民法院作出无罪判决或者免予刑事处罚后，再决定是否给予行政处罚。

（四）公安机关对行政执法机关移送的涉嫌犯罪案件，应当以书面形式予以受理。受理后认为不属于本机关管辖的应当及时转送有管辖权的机关，并书面告知移送案件的行政执法机关，同时抄送人民检察院。对受理的案件，公安机关应当及时审查，依法作出立案或者不予立案的决定并书面通知行政执法机关，同时抄送人民检察院。公安机关立案后决定撤销案件的，应当书面通知行政执法机关，同时抄送人民检察院。公安机关作出不立案决定或者撤销案件的，应当将案卷材料退回行政执法机关，行政执法机关应当对案件作出处理。

（五）人民检察院对作出不起诉决定的案件、人民法院对作出无罪判决或者免予刑事处罚的案件，认为依法应当给予行政处罚的，应当提出检察建议或者司法建议，移送有关行政执法机关处理。

（六）行政执法机关在查处违法行为，以及公安机关在审查、侦查行政执法机关移送的涉嫌犯罪案件过程中，发现国家工作人员涉嫌贪污贿赂、渎职侵权等违纪违法线索的，应当根据案件的性质，及时向监察机关或者人民检察院移送。监察机关、人民检察院应当对行政执法机关、公安机关移送的违纪或者职位犯罪案件线索及时认真审查，依纪依法处理，并将处理结果及时书面告知行政执法机关。

（七）行政执法机关在查处违法行为过程中，发现危害国家安全犯罪案件线索，依法应当向国家安全机关移送的，参照《行政执法机关移送涉嫌犯罪案件的规定》和本意见执行。

二、完善衔接工作机制

（八）各地区各有关部门要针对行政执法与刑事司法衔接工作的薄弱环节，建立健全衔接工作机制，促进各有关单位之间协调配合，形成工作合力。

（九）各地要根据实际情况，确定行政执法与刑事司法衔接工作牵头单位。牵头单位要发挥综合协调作用，组织推动各项工作顺利发展。

（十）建立行政执法与刑事司法衔接工作联席会议制度。牵头单位要定期组织召开联席会议，由有关单位相互通报查处破坏社会主义市场经济秩序、妨害社会管理秩序等违法犯罪行为以及衔接工作的有关情况，研究衔接工作中存在的问题，提出加强衔接工作的对策。

（十一）健全案件咨询制度。对案情重大、复杂、疑难，性质难以认定的案件，行政执法机关可以就刑事案件立案追诉标准、证据的固定和保全等问题咨询公安机关、人民检察院，公安机关、人民检察院可以就案件办理中的专业性问题咨询行政执法机关，受咨询的机关应当认真研究、及时答复。

（十二）建立衔接工作信息共享平台。各地要充分利用已有电子政务网络和信息共享公共基础设施等资源，将行政执法与刑事司法衔接工作信息共享平台建设纳入电子政务建设规划，拟定信息共享平台建设工作计划，明确完成时间，加大投入，加快工作进度，充分运用现代信息技术实现行政执法机关、公安机关、人民检察院之间执法、司法信息互联互通。行政执法机关应当在规定时间内，将查处的符合刑事追诉标准、涉嫌犯罪的案件信息以及虽为达到刑事追诉标准、但有其他严重情节的案件信息录入信息共享平台。各有关单位应当在规定时间内，将移送案件、办理移送案件的相关信息录入信息共享平台。加强对信息共享平台的管理，严格遵守共享信息的使用权限，防止泄密。积极推进网上移送、网上受理、网上监督，提高衔接工作效率。

三、加强对衔接工作的监督

（十三）县级以上地方人民政府、人民检察院和监察机关要依法履行监督职责，严格责任追究，确保行政执法与刑事司法衔接工作有关制度落到实处。

（十四）完善行政执法与刑事司法衔接工作举报制度。县级以上地方人民政府、人民检察院和监察机关对行政执法机关应当移送涉嫌犯罪案件而不移送或者公安机关应当受理而不受理、应当立案而不立案的举报，要认真调查处理，并将调查处理结果告知实名举报人。人民检察院、监察机关在调查时，应当及时向行政执法机关、公安机关查询案件情况，必要时，可以派人查阅、复印案件材料，行政执法机关、公安机关应当予以配合。

（十五）行政执法机关移送涉嫌犯罪案件或者逾期未移送的，由本级或者上级人民政府，或者实行垂直管理的上级行政机关，责令限期移送；情节严重的，对负有责任的主管人员和其他直接责任人员依法给予处分；构成犯罪的，依法追究刑事责任。人民检察院发现行政执法机关移送或者逾期未移送的，应当向行政执法机关提出意见，建议其移送。人民检察院建议移送的，行政执法机关应当立即移送，并将有关材料及时抄送人民检察院；行政执法机关仍不移送的，人民检察院应当将有关情况书面通知公安机关，公安机关应当根据人民检察院的意见，主动向行政执法机关查询案件，必要时直接立案侦查。

（十六）公安机关不受理行政执法机关移送的案件，或者未在法定期限内作出立案或者不予立案决定的，行政执法机关可以建议人民检察院进行立案监督。行政执法机关对公安机关作出的不予立案决定有异议的，可以向作出决定的公安机关提请复议，也可以建议人民检察院进行立案监督；对公安机关对公安机关不予立案的复议决定仍有异议的，可以建议人民检察院进行立案监督。行政执法机关对公安机关立案后作出撤销案件的决定有异议的，可以建议人民检察院进行立案监督。人民检察院对行政执法机关提出的立案监督建议，应当依法受理并进行审查。

（十七）人民检察院发现行政执法人员不移送涉嫌犯罪案件，公安机关人员不依法受理、立案，需要追究行政纪律责任的，应当将可以证明违纪违法事实的材料移送监察机关，由监察机关依纪依法处理；涉嫌犯罪的，应当依法追究刑事责任。

（十八）监察机关发现行政执法人员不移送涉嫌犯罪案件，公安机关工作人员不依法受理、立案，违反行政纪律、需要追究责任的，应当依纪依法处理；情节严重、涉嫌犯罪的，应当移送人民检察院。对行政执法机关或者人民检察院移送监察机关的违纪案件线索，监察机关应当及时受理，认真审查，依纪依法处理，并将处理结果及时书面告知移送案件线索的行政执法机关或者人民检察院。

四、切实加强组织领导

（十九）各地区各有关部门要把加强行政执法与刑事司法衔接工作列入重要议事日程，按照执法为民的要求，精心组织，认真督办，狠抓落实。加大培训力度，使行政执法人员和公安机关、监察机关、检察机关相关人员熟悉行政执法与刑事司法衔接工作的有关知识和具体要求，强化依法移送、依法办案的意识。加强对行政执法与刑事司法衔接工作的检查和考核，把是否依法移送、受理、立案、办案等情况，纳入政府和有关部门的综合考核评价体系。

4. 中共中央办公厅　国务院办公厅关于印发《地方党政领导干部安全生产责任制规定》的通知

厅字〔2018〕13 号

第一章　总　　则

第一条　为了加强地方各级党委和政府对安全生产工作的领导，健全落实安全生产责任制，树立安全发展理念，根据《中华人民共和国安全生产法》、《中华人民共和国公务员法》等法律规定和《中共中央、国务院关于推进安全生产领域改革发展的意见》、《中国共产党地方委员会工作条例》、《中国共产党问责条例》等中央有关规定，制定本规定。

第二条　本规定适用于县级以上地方各级党委和政府领导班子成员（以下统称地方党政领导干部）。

县级以上地方各级党委工作机关、政府工作部门及相关机构领导干部，乡镇（街道）党政领导干部，各类开发区管理机构党政领导干部，参照本规定执行。

第三条　实行地方党政领导干部安全生产责任制，必须以习近平新时代中国特色社会主义思想为指导，切实增强政治意识、大局意识、核心意识、看齐意识，牢固树立发展决不能以牺牲安全为代价的红线意识，按照高质量发展要求，坚持安全发展、依法治理，综合运用巡查督查、考核考察、激励惩戒等措施，加强组织领导，强化属地管理，完善体制机制，有效防范安全生产风险，坚决遏制重特大生产安全事故，促使地方各级党政领导干部切实承担起“促一方发展、保一方平安”的政治责任，为统筹推进“五位一体”总体布局和协调推进“四个全面”战略布局营造良好稳定的安全生产环境。

第四条　实行地方党政领导干部安全生产责任制，应当坚持党政同责、一岗双责、齐抓共管、失职追责，坚持管行业必须管安全、管业务必须管安全、管生产经营必须管安全。

地方各级党委和政府主要负责人是本地区安全生产第一责任人，班子其他成员对分管范围内的安全生产工作负领导责任。

第二章　职　　责

第五条　地方各级党委主要负责人安全生产职责主要包括：

（一）认真贯彻执行党中央以及上级党委关于安全生产的决策部署和指示精神，安全生产方针政策、法律法规；

（二）把安全生产纳入党委议事日程和向全会报告工作的内容，及时组织研究解决安全生产重大问题；

（三）把安全生产纳入党委常委会及其成员职责清单，督促落实安全生产“一岗双责”制度；

（四）加强安全生产监管部门领导班子建设、干部队伍建设和机构建设，支持人大、政协监督安全生产工作，统筹协调各方面重视支持安全生产工作；

（五）推动将安全生产纳入经济社会发展全局，纳入国民经济和社会发展考核评价体系，作为衡量经济发展、社会治安综合治理、精神文明建设成效的重要指标和领导干部政绩考核的重要内容；

（六）大力弘扬生命至上、安全第一的思想，强化安全生产宣传教育和舆论引导，将安全生产方针政策和法律法规纳入党委理论学习中心组学习内容和干部培训内容。

第六条　县级以上地方各级政府主要负责人安全生产职责主要包括：

（一）认真贯彻落实党中央、国务院以及上级党委和政府、本级党委关于安全生产的决策部署和指示精神，安全生产方针政策、法律法规；

（二）把安全生产纳入政府重点工作和政府工作报告的重要内容，组织制定安全生产规划并纳入国民经济和社会发展规划，及时组织研究解决安全生产突出问题；

（三）组织制定政府领导干部年度安全生产重点工作责任清单并定期检查考核，在政府有关工作部门“三定”规定中明确安全生产职责；

（四）组织设立安全生产专项资金并列入本级财政预算、与财政收入保持同步增长，加强安全生产基础建设和监管能力建设，保障监管执法必需的人员、经费和车辆等装备；

（五）严格安全准入标准，推动构建安全风险分级管控和隐患排查治理预防工作机制，按照分级属地管理原则明确本地区各类生产经营单位的安全生产监管部门，依法领导和组织生产安全事故应急救援、调查处理及信息公开工作；

（六）领导本地区安全生产委员会工作，统筹协调安全生产工作，推动构建安全生产责任体系，组织开展安全生产巡查、考核等工作，推动加强高素质专业化安全监管执法队伍建设。

第七条　地方各级党委常委会其他成员按照职责分工，协调纪检监察机关和组织、宣传、政法、机构编制等单位支持保障安全生产工作，动员社会各界力量积极参与、支持、监督安全生产工作，抓好分管行业（领域）、部门（单位）的安全生产工作。

第八条　县级以上地方各级政府原则上由担任本级党委常委的政府领导干部分管安全生产工作，其安全生产职责主要包括：

（一）组织制定贯彻落实党中央、国务院以及上级及本级党委和政府关于安全生产决策部署，安全生产方针政策、法律法规的具体措施；

（二）协助党委主要负责人落实党委对安全生产的领导职责，督促落实本级党委关于安全生产的决策部署；

（三）协助政府主要负责人统筹推进本地区安全生产工作，负责领导安全生产委员会日常工作，组织实施安全生产监督检查、巡查、考核等工作，协调解决重点难点问题；

（四）组织实施安全风险分级管控和隐患排查治理预防工作机制建设，指导安全生产专项整治和联合执法行动，组织查处各类违法违规行为；

（五）加强安全生产应急救援体系建设，依法组织或者参与生产安全事故抢险救援和调查处理，组织开展生产安全事故责任追究和整改措施落实情况评估；

（六）统筹推进安全生产社会化服务体系建设、信息化建设、诚信体系建设和教育培训、科技支撑等工作。

第九条　县级以上地方各级政府其他领导干部安全生产职责主要包括：

（一）组织分管行业（领域）、部门（单位）贯彻执行党中央、国务院以及上级及本级党委和政府关于安全生产的决策部署，安全生产方针政策、法律法规；

（二）组织分管行业（领域）、部门（单位）健全和落实安全生产责任制，将安全生产工作与业务工作同时安排部署、同时组织实施、同时监督检查；

（三）指导分管行业（领域）、部门（单位）把安全生产工作纳入相关发展规划和年度工作计划，从行业规划、科技创新、产业政策、法规标准、行政许可、资产管理等方面加强和支持安全生产工作；

（四）统筹推进分管行业（领域）、部门（单位）安全生产工作，每年定期组织分析安全生产形势，及时研究解决安全生产问题，支持有关部门依法履行安全生产工作职责；

（五）组织开展分管行业（领域）、部门（单位）安全生产专项整治、目标管理、应急管理、查处违法违规生产经营行为等工作，推动构建安全风险分级管控和隐患排查治理预防工作机制。

第三章 考 核 考 察

第十条 把地方党政领导干部落实安全生产责任情况纳入党委和政府督查督办重要内容，一并进行督促检查。

第十一条 建立完善地方各级党委和政府安全生产巡查工作制度，加强对下级党委和政府的安全生产巡查，推动安全生产责任措施落实。将巡查结果作为对被巡查地区党委和政府领导班子和有关领导干部考核、奖惩和使用的重要参考。

第十二条 建立完善地方各级党委和政府安全生产责任考核制度，对下级党委和政府安全生产工作情况进行全面评价，将考核结果与有关地方党政领导干部履职评定挂钩。

第十三条 在对地方各级党委和政府领导班子及其成员的年度考核、目标责任考核、绩效考核以及其他考核中，应当考核其落实安全生产责任情况，并将其作为确定考核结果的重要参考。

地方各级党委和政府领导班子及其成员在年度考核中，应当按照“一岗双责”要求，将履行安全生产工作责任情况列入述职内容。

第十四条 党委组织部门在考察地方党政领导干部拟任人选时，应当考察其履行安全生产工作职责情况。

有关部门在推荐、评选地方党政领导干部作为奖励人选时，应当考察其履行安全生产工作职责情况。

第十五条 实行安全生产责任考核情况公开制度。定期采取适当方式公布或者通报地方党政领导干部安全生产工作考核结果。

第四章 表 彰 奖 励

第十六条 对在加强安全生产工作、承担安全生产专项重要工作、参加抢险救护等方面作出显著成绩和重要贡献的地方党政领导干部，上级党委和政府应当按照有关规定给予表彰奖励。

第十七条 对在安全生产工作考核中成绩优秀的地方党政领导干部，上级党委和政府按照有关规定给予记功或者嘉奖。

第五章 责 任 追 究

第十八条 地方党政领导干部在落实安全生产工作责任中存在下列情形之一的，应当按照有关规定进行问责：

（一）履行本规定第二章所规定职责不到位的；

（二）阻挠、干涉安全生产监管执法或者生产安全事故调查处理工作的；

（三）对迟报、漏报、谎报或者瞒报生产安全事故负有领导责任的；

（四）对发生生产安全事故负有领导责任的；

（五）有其他应当问责情形的。

第十九条 对存在本规定第十八条情形的责任人员，应当根据情况采取通报、诫勉、停职检查、调整职务、责令辞职、降职、免职或者处分等方式问责；涉嫌职务违法犯罪的，由监察机关依法调查处置。

第二十条 严格落实安全生产“一票否决”制度，对因发生生产安全事故被追究领导责任的地方党政领导干部，在相关规定时限内，取消考核评优和评选各类先进资格，不得晋升职务、级别或者重用任职。

第二十一条 对工作不力导致生产安全事故人员伤亡和经济损失扩大，或者造成严重社会影响负有主要领导责任的地方党政领导干部，应当从重追究责任。

第二十二条 对主动采取补救措施，减少生产安全事故损失或者挽回社会不良影响的地方党政领导干部，可以从轻、减轻追究责任。

第二十三条 对职责范围内发生生产安全事故，经查实已经全面履行了本规定第二章所规定职责、法律法规规定有关职责，并全面落实了党委和政府有关工作部署的，不予追究地方有关党政领导干部的领导责任。

第二十四条 地方党政领导干部对发生生产安全事故负有领导责任且失职失责性质恶劣、后果严重的，不论是否已调离转岗、提拔或者退休，都应当严格追究其责任。

第二十五条 实施安全生产责任追究，应当依法依规、实事求是、客观公正，根据岗位职责、履职情况、履职条件等因素合理确定相应责任。

第二十六条 存在本规定第十八条情形应当问责的，由纪检监察机关、组织人事部门和安全生产监管部门按照权限和职责分别负责。

第六章 附 则

第二十七条 各省、自治区、直辖市党委和政府应当根据本规定制定实施细则。

第二十八条 本规定由应急管理部商中共中央组织部解释。

第二十九条 本规定自2018年4月8日起施行。

5. 国务院关于促进煤炭工业健康发展的若干意见

国发〔2005〕18号

各省、自治区、直辖市人民政府，国务院各部委、各直属机构：

煤炭是我国重要的基础能源和原料，在国民经济中具有重要的战略地位。在我国一次能源结构中，煤炭将长期是我国的主要能源。改革开放以来，煤炭工业取得了长足发展，煤炭产量持续增长，生产技术水平逐步提高，煤矿安全生产条件有所改善，对国民经济和社会发展发挥了重要的作用。但煤炭工业发展过程中还存在结构不合理、增长方式粗放、科技水平低、安全事故多发、资源浪费严重、环境治理滞后、历史遗留问题较多等突出问题。随着国民经济的发展，煤炭需求总量不断增加，资源、环境和安全压力进一步加大。为促进煤炭工业持续稳定健康发展，保障国民经济发展需要，提出以下意见：

一、指导思想、发展目标和基本原则

（一）指导思想。以邓小平理论和"三个代表"重要思想为指导，全面落实科学发展观，坚持依靠科技进步，走资源利用率高、安全有保障、经济效益好、环境污染少和可持续的煤炭工业发展道路。把煤矿安全生产始终放在各项工作的首位，以建设大型煤炭基地、培育大型煤炭企业和企业集团为主线，按照统筹煤炭工业与相关产业协调发展，统筹煤炭开发与生态环境协调发展，统筹矿山经济与区域经济协调发展的要求，构建与社会主义市场经济体制相适应的新型煤炭工业体系，实现煤炭工业持续稳定健康发展，加快建设资源节约型社会，为全面建设小康社会提供可靠的能源保障。

（二）发展目标。从2005年起，用3～5年时间，建立规范的煤炭资源开发秩序，大型煤炭基地建设初见成效，形成若干个亿吨级生产能力的大型煤炭企业和企业集团，煤矿安全基础条件有较大改善，煤矿瓦斯得到有效治理，重特大事故多发的势头得到有效遏制，煤矿安全生产形势明显好转，矿区生态环境恶化的趋势初步得到控制，煤炭法规政策体系逐步完善。再用5年左右时间，形成以合理保护、强化节约为重点的资源开发监管体系，以大型煤炭基地和大型煤炭企业集团为主体的煤炭供给体系，以强化管理和投入为重点、先进技术为支撑的安全生产保障体系，以煤炭加工转化、资源综合利用和矿山环境治理为核心的循环经济体系，以《中华人民共和国煤炭法》和《中华人民共和国矿产资源法》为基础的法规政策调控体系。

（三）基本原则。坚持发展先进生产能力和淘汰落后生产能力相结合的原则，一方面加快现代化大型煤炭基地建设，培育大型煤炭企业和企业集团，促进中小型煤矿重组联合改造，另一方面继续依法关闭布局不合理、不具备安全生产条件、浪费资源、破坏生态环境的小煤矿。坚持治标与治本相结合的原则，着力解决影响煤炭工业健康发展的突出问题，同时抓紧完善法规政策调控体系，提高煤炭资源勘查、开发准入条件。坚持"安全第一、预防为主"的方针和综合治理的原则，促使煤矿安全文化、安全法制、安全责任、安全科技、安全投入等各项要素到位。坚持国家引导、扶持和企业自主发展相结合的原则，既要帮助企业解决历史遗留问题，为企业发展创造公平竞争的市场环境，又要尊重企业的自主发展权。坚持体制改革与机制创新相结合的原则，推进煤炭企业建立规范的现代企业制度，建立保障安全生产和促进健康发展的激励约束机制，提高企业的活力和竞争力。坚持煤炭开发与地方经济和社会发展相结合的原则，合理开发利用煤炭资源，促进煤炭、电力、冶金、化工等相关产业的联合和煤炭就地转化，带动地方经济和社会协调发展。

二、强化规划和管理，完善煤炭资源开发监管体系

（四）加强对煤炭资源的规划管理。煤炭资源是重要的战略资源，要改进管理方式，实现由粗放开发型管理向科学合理开发、保护节约型管理的转变。依法科学合理划定煤炭资源国家规划矿区和对国民经济具有重要价值的矿区，严格按国家规划有序开发。国家规划矿区、对国民经济具有重要价值矿区的划定，由国土资源部研究提出，会同发展改革委共同审定并公布。建立煤炭资源战略储备制度，对特殊和稀缺煤种实行保护性开发。

（五）完善煤炭资源管理与生产开发的管理制度。各级发展改革（煤炭行业）主管部门要综合运用煤炭发展规划、产业政策、法律法规等手段，加强对煤矿开发建设和煤炭生产的监督管理。各级国土资源主管部门要按照《中华人民共和国矿产资源法》和国务院行政法规，规范煤炭资源勘查、开采登记管理工作，纠正、制止一切越权审批和以招商引资为由越权配置煤炭资源的行为。煤炭开发规划和资源管理工作要相互衔接，紧密配合。发展改革（煤炭行业）主管部门编制煤炭生产开发规划、矿区总体规划时，必须征求同级国土资源主管部门的意见，并作为批准规划的重要依据。国土资源主管部门在编制煤炭资源勘查规划、矿业权设置方案时，必须征求同级发展改革（煤炭行业）主管部门的意见，并作为批准煤炭资源勘查规划和矿业权设置方案的重要依据。产煤地区地方各级人民政府要落实煤炭行业管理职能部门，并充实和加强煤炭管理力量，健全和完善管理制度，强化煤炭资源和生产开发管理。

（六）加大煤炭资源勘探力度。加大煤炭资源勘探资金支持力度，研究建立煤炭地质勘探周转资金，增强煤炭资源保障能力。由国家投资完成煤炭资源的找煤、普查和必要的详查，统一管理煤炭资源一级探矿权市场，在此基础上编制矿区总体开发规划和矿业权设置方案；依据矿区总体开发规划和矿业权设置方案，实行煤炭资源二级探矿权和采矿权市场化转让，转让收入要按规定实行“收支两条线”管理，并用于煤炭资源勘探投入，实现滚动发展。健全煤炭地质勘查市场准入制度，培育精干高效、装备精良的煤田地质勘探队伍。严格执行勘查技术规程，进一步完善储量评估制度，依靠科技进步，提高地质勘探精度，保障地质勘查质量，为合理规划和开发煤炭资源奠定基础。

（七）合理有序开发煤炭资源。进一步完善矿业权有偿取得制度，规范煤炭矿业权价款评估办法，逐步形成矿业权价款市场发现机制，实现矿业权资产化管理。煤炭矿业权资产化要与科学的生产规划相结合，按照“统一规划、集中开发、一次置权、分期付款”的原则有序进行。严格矿业权审批，对国家规划矿区内的煤炭资源，凡未经国家批准开发规划和矿业权设置方案的，一律不得办理矿业权的设置。保障矿区井田的科学划分和合理开发，形成有利于保护和节约资源的煤炭开发秩序。加快修订煤矿设计规范，严格开采顺序、开采方法和开发强度管理，禁止越层越界和私挖乱采。鼓励采用先进技术，开采难采煤层和极薄煤层。煤矿新建和改扩建项目必须按照隶属关系，依法取得同级安全生产监管部门的审查批准，并认真执行安全生产设施“三同时”制度（同时设计、施工和投入使用）。

（八）保护节约和合理利用煤炭资源。修订煤炭生产矿井资源回采率标准和管理办法，凡设计回采率达不到国家规定标准的煤炭开发建设项目，一律不予核准，不予颁发采矿许可证。建立严格的煤炭资源利用监管制度，对煤炭资源回采率实行年度核查、动态监管，达不到回采率标准的煤矿，要责令限期整改；逾期仍达不到回采率标准的，依法予以处罚，直至吊销采矿许可证和煤炭生产许可证。加快完善煤炭资源税费计征办法，研究将煤炭资源税费以产量和销售收入为基数计征，改为以资源储量为基数计征的方案，并在条件成熟时实施；同时，要积极探索多种激励约束机制，促使煤炭生产企业节约煤炭资源。健全煤炭生产企业资源储量管理机构，落实储量管理责任，完善煤炭储量管理档案和制度，严格执行生产技术和管理规程。

三、加快结构调整，加强煤炭供应体系

（九）加快大型煤炭基地建设。按照煤炭发展规划和开发布局，选择资源条件好、具有发展潜力的矿区，以国有大型煤炭企业为依托，加快神东、陕北、晋中等13个大型煤炭基地建设，形成稳定可靠的商品煤供应基地、煤炭深加工基地和出口煤基地。国家继续从中央预算内基建投资（或国债资金）中安排资金，以资本金注入等方式，重点支持大型煤炭基地建设。政策性银行、国有商业银行和股份制商业银行应积极改进金融服务，加大金融产品创新力度，切实支持符合国家产业政策和市场准入条件的煤炭开发建设。支持有条件的煤炭企业上市融资，按照国家规定发行企业债券，筹集建设资金，加快建设和发展。

（十）促进煤炭与相关产业协调发展。大型煤炭基地建设要与煤炭外运和水资源等条件相衔接，与相关产业和地方经济发展相协调。要加大投资力度，改革铁路和港口投资体制，鼓励企业法人、非公有资本参股建设和管理，抓紧建设和改造山西、陕西、内蒙古西部出煤通道和北方煤炭下水港口，提高煤炭运输能力，从根本上缓解交通运输对煤炭供给的制约。按照政府引导和企业自愿的原则，鼓励煤电一体化发展，加快大型坑口电站建设，缓解煤炭运输压力。鼓励大型煤炭企业与冶金、化工、建材、交通运输企业联营。火力发电、煤焦化工、建材等产业发展布局，要优先安排依托煤炭矿区的项目，促进能源及相关产业布局的优化和煤炭产业与下游产业协调发展。

（十一）培育大型煤炭企业集团。打破地域、行业和所有制界限，加快培育和发展若干个亿吨级大型煤炭骨干企业和企业集团，使之成为优化煤炭工业结构、建设大型煤炭基地、平衡国内煤炭市场供需关系和“走出去”开发国外煤炭、参与国际市场竞争的主体。煤炭企业要进一步完善法人治理结构，按照现代企业制度要求积极推进股份制改造，转换经营机制，提高管理水平。国家规划矿区、对国民经济具有重要价值矿区的资源开发由国有资本控股。鼓励发展煤炭、电力、铁路、港口等一体化经营的具有国际竞争力的大型企业集团。鼓励大型煤炭企业到境外投资办矿，带动煤炭机械产品出口和技术、劳务输出，提高我国煤炭工业的国际竞争力。

（十二）进一步改造整顿和规范小煤矿。各产煤地区要充分发挥市场机制的作用，加快中小型煤矿的整顿、改造和提高，整合煤炭资源，实行集约化开发经营。鼓励大型煤炭企业兼并改造中小型煤矿，鼓励资源储量可靠的中小型煤矿，通过资产重组实行联合改造。积极推进中小型煤矿采煤工艺改革和技术改造，规模以上煤矿必须尽快做到壁式正规化开采。继续淘汰布局不合理、不符合安全标准、不符合环保要求和浪费资源的小煤矿，坚决取缔违法经营的小煤矿。

（十三）加快提升煤炭生产和设备制造技术水平。采用高新技术和先进适用技术，加快高产高效矿井建设，提高煤矿装备现代化、系统自动化、管理信息化水平，淘汰落后的技术装备与工艺，推动煤炭工业科技进步。大力推进中小型煤矿机械化，加快培育和发展面向小型煤矿的综合服务机构，形成完善的技术服务体系。通过关键技术引进、技贸结合、合作制造、市场换技术等多种方式，提高煤炭重大技术装备研发和制造能力，促进重大装备制造国产化。加强企业、科研机构和各类院校的联合，推进技术创新体系建设。

（十四）规范煤炭市场秩序。深化煤炭流通体制改革，改革电煤价格形成机制，运用经济手段和必要的行政法规，合理调整煤炭企业与发电企业的利益关系。继续推进煤炭订货方式改革，鼓励供需双方自主衔接、签订长期供货合同。加快建立以全国煤炭交易中心为主体，以区域市场为补充，以网络技术为平台，有利于政府宏观调控、市场主体自由交易的现代化煤炭交易体系。严格煤炭经营企业资格审查，取缔无证非法经营活动，清理煤炭运销环节乱收费、乱罚款，依法打击掺杂使假和偷骗税款等不法行为。

四、坚持综合治理，强化煤矿安全生产保障体系

（十五）进一步落实安全生产责任。加强“国家监察、地方监管、企业负责”的煤矿安全工作体系建设，进一步落实安全生产责任制。完善煤矿安全监察体制，提高监察的权威性和有效性，强化煤矿安全执法检查。落实地方人民政府煤矿安全监督管理职责，建立地方人民政府领导分工联系本地区煤矿安全生产工作制度。认真实行煤矿安全生产许可证制度，强化煤炭企业安全生产责任主体，落实企业法定代表人作为安全生产第一责任人的责任；精简企业管理机构，加强一线管理力量；坚持煤炭企业内部安全生产机构派驻制度，严格执行煤矿领导干部下井带班作业制度。严格外包工程队伍资质管理和现场管理。建立煤矿安全生产风险抵押金制度。

（十六）加大煤矿安全投入。按照企业负责、政府支持的原则，完善中央、地方和企业共同增加煤矿安全投入的机制。各类煤矿要按有关规定提取生产安全费用。国家继续从预算内基建投资（国债资金）中安排资金支持煤矿安全技术改造。对国家支持的煤矿安全改造项目，地方财政要积极安排配套资金，专项列支，并与中央资金同时到位。各级财政、审计和煤炭行业管理、煤矿安全监察部门要加强监督，确保煤矿安全资金专款专用，安全改造项目顺利实施并发挥效用。

（十七）提高瓦斯防治技术水平。成立煤矿瓦斯防治部际协调领导小组，加强煤矿瓦斯防治工作的领导和协调。设立国家瓦斯治理和利用（煤层气）工程研究中心，加强瓦斯防治科技攻关，立足于推动煤矿安全生产科技进步，从根本上扭转瓦斯事故多发的现状，加快瓦斯灾害监测预警、应急救援、瓦斯煤尘防爆、瓦斯抽采利用技术的研究。抓紧制订和实施全国煤矿瓦斯治理总体方案，尽快使煤矿瓦斯治理取得明显成效。财政、税务部门要尽快制订实施办法，对瓦斯（煤层气）抽采和利用实行税收优惠。煤炭企业要严格高瓦斯和瓦斯突出矿井的管理，建立健全危险源辨识技术体系、瓦斯抽采和监测监控体系、灾害预警救援体系，切实防范重特大瓦斯事故的发生。

（十八）提高煤矿职工队伍素质。建立和完善企业职工培训制度，组织和引导企业开展多层次、全方位的职工安全、技术培训和继续教育，全面提高煤矿职工队伍特别是采掘工人的素质和安全生产技能。对煤矿负责人和主要工种依法实行强制性安全培训，杜绝违章指挥、违章作业、违反纪律等现象。实行国家职业资格证书制度，对煤矿采煤等专业技术岗位人员和特殊工种人员实行职业准入，持证上岗，严格技术岗位人员配备标准。教育部门要加强与煤炭行业的合作，将煤炭行业有关专业纳入技能型紧缺人才培养、培训计划；要与大型煤炭企业合作，尽快恢复或设立一批煤炭职业技术学校。要引导有关大专院校和中等职业学校按照煤炭行业市场需求培养懂安全、有技术、会管理的煤炭专业人才。要通过设立煤炭专业奖学金、减免学费等措施，鼓励学生报考煤炭专业。

五、加强综合利用与环境治理，构建煤炭循环经济体系

（十九）推进洁净煤技术产业化发展。发展改革委要制定规划，完善政策，组织建设示范工程，并给予一定资金支持，推动洁净煤技术和产业化发展。大力发展洗煤、配煤和型煤技术，提高煤炭洗选加工程度。积极开展液化、气化等用煤的资源评价，稳步实施煤炭液化、气化工程。加快低品位、难采矿的地下气化等示范工程建设，带动以煤炭为基础的新型能源化工产业发展。采用先进的燃煤和环保技术，提高煤炭利用效率，减少污染物排放。

（二十）推进资源综合利用。按照高效、清洁、充分利用的原则，开展煤矸石、煤泥、煤层气、矿井排放水以及与煤共伴生资源的综合开发与利用。鼓励瓦斯抽采利用，变害为利，促进煤层气产业化发展。按照就近利用的原则，发展与资源总量相匹配的低热值煤发电、建材等产品的生产。修改制定配套法规、标准和管理办法，落实和完善财税优惠政策，鼓励对废弃物进行资源化利用，无害化处理。在煤炭生产开发规划和建设项目申报中，必须提出资源综合利用方案，并将其作为核准项目的条件之一。

（二十一）保护和治理矿区环境。煤炭资源的开发利用必须依法开展环境影响评价，环保设施与主体工程要严格实行建设项目“三同时”制度。按照“谁开发、谁保护，谁污染、谁治理，谁破坏、谁恢复”的原则，加强矿区生态环境和水资源保护、废弃物和采煤沉陷区治理。研究建立矿区生态环境恢复补偿机制，明确企业和政府的治理责任，加大生态环境治理投入，逐步使矿区环境治理步入良性循环。对原中央国有重点煤矿历史形成的采煤沉陷等环境治理欠账，要制订专项规划，继续实施综合治理，中央政府给予必要的资金和政策支持，地方各级人民政府和煤炭企业按规定安排配套资金。

（二十二）大力开展煤炭节约和有效利用。积极引导合理用煤、节约用煤和有效用煤，努力缓解当前煤炭供求紧张状况，解决煤炭产需长期矛盾。大力调整经济结构，切实转变增长方式，抓紧完善产业政策和产品能耗标准，限制高耗能工业的发展。优化能源生产和消费结构，鼓励发展新能源，努力减少和替代煤炭使用。依靠科技进步和创新，推广先进的节煤设备、工艺和技术。强化科学管理，减少煤炭生产、流通、消费等环节的损失和浪费。制定有利于节约用煤的经济政策、技术标准和法规，利用经济、法律和必要的行政手段，实行全面、严格的节煤措施，在全社会形成节约用煤和合理用煤的良好环境。

六、制订和完善有关法律规章制度，健全煤炭工业法规政策调控体系

（二十三）加强煤炭法制建设。抓紧修订《中华人民共和国煤炭法》和《中华人民共和国矿产资源法》，完善配套法规，建立健全与社会主义市场经济体制相适应的煤炭法规体系。尽快修订煤炭产业政策，完善办矿审核制度，严格准入标准。制订严格的煤炭资源消耗、污染物排放等标准，促进新技术、新工艺、新材料的应用，推动煤炭产业升级。加强煤炭执法队伍建设，依法规范煤炭市场秩序，为各类煤炭企业发展创造良好的市场环境。煤炭企业要认真贯彻执行国家关于资源、环境、安全生产等方面的技术政策和行业标准、规范，建立健全企业内部技术管理规章制度，规范矿井设计、施工、技术改造、生产和加工利用等方面的行为，深入开展安全质量标准化活动。

（二十四）切实减轻煤炭企业负担。各地要根据国家关于分离企业办社会职能的有关政策，加快分离煤炭企业办社会职能。严格按照1998年国务院关于改革国有重点煤矿管理体制的规定，切实落实原中央财政对国有重点煤矿增值税定额返还和所得税返还政策。加快增值税改革步伐，落实对已公布取消的各类基金和收费项目的清理、整顿措施，减轻煤炭企业负担。

（二十五）促进煤炭企业接续发展。落实《中华人民共和国煤炭法》有关规定，研究建立煤炭产业积累煤矿衰老期转产资金制度，筹集资金专项用于发展接续产业和替代产业。完善煤炭成本核算制度，保障煤炭企业增加接续资源，开展资源勘查，保护和治理环境，发展接续产业。重视煤炭合理开发与矿区经济社会的协调发展，在基础设施建设、财政转移支付等方面制定相关扶持政策，促进矿业城镇产业结构调整和经济发展，支持资源枯竭矿区经济转型。

（二十六）提高矿工劳动保障水平。加强煤矿质量标准化基础工作，提高机械化、自动化水平，改善作业环境，减轻矿工劳动强度。改革煤矿工作制度，将矿工入井时间缩短到八小时以内，并尽快实行四班六小时工作制。加强煤矿劳动保护用品的研发，煤炭企业必须为井下工人发放必需的劳动保护用品，不断提高劳动保护水平。加强对煤矿作业场所职业危害的监督检查，做好煤矿尘肺病等职业病的防治工作，保护矿工身心健康。全面贯彻落实《工伤保险条例》，各地劳动和社会保障部门要根据本地区煤炭企业的实际情况，制订煤炭企业参加工伤保险的具体办法。各类煤炭企业都应为矿工办理工伤保险，切实维护矿工的合法权益。

（二十七）提高矿工生活质量。劳动和社会保障部门要根据井下矿工的劳动强度和风险、生产环境等情况，制订或提高煤矿工人艰苦岗位津贴标准。各类煤炭企业应根据效益情况，逐步提高矿工收入水平。继续采取国家、地方政府、企业和个人共同出资的办法，解决历史形成的矿区危房、棚户改造问题。

（二十八）发挥中介组织作用。进一步培育和规范中介市场，充分发挥行业协会等中介组织在行业统计、技术服务、安全评价、市场开发、信息咨询、行业自律等方面的作用，为企业提供优质服务，为政府宏观调控提供决策咨询，规范企业市场行为，维护市场公平竞争秩序。

煤炭工业健康发展事关国民经济发展和能源安全大局。各地区、各部门要加强调查研究，结合本地区、本部门实际，认真做好贯彻落实工作，抓紧制订和落实各项具体措施。发展改革委要会同有关部门加强监督检查和指导协调，认真研究解决煤炭工业发展中遇到的困难和问题，促进煤炭工业持续健康发展。

国务院

二〇〇五年六月七日

6. 国务院关于进一步加强企业安全生产工作的通知

国发〔2010〕23号

各省、自治区、直辖市人民政府，国务院各部委、各直属机构：

近年来，全国生产安全事故逐年下降，安全生产状况总体稳定、趋于好转，但形势依然十分严峻，事故总量仍然很大，非法违法生产现象严重，重特大事故多发频发，给人民群众生命财产安全造成重大损失，暴露出一些企业重生产轻安全、安全管理薄弱、主体责任不落实，一些地方和部门安全监管不到位等突出问题。为进一步加强安全生产工作，全面提高企业安全生产水平，现就有关事项通知如下：

一、总体要求

1. 工作要求。深入贯彻落实科学发展观，坚持以人为本，牢固树立安全发展的理念，切实转变经济发展方式，调整产业结构，提高经济发展的质量和效益，把经济发展建立在安全生产有可靠保障的基础上；坚持“安全第一、预防为主、综合治理”的方针，全面加强企业安全管理，健全规章制度，完善安全标准，提高企业技术水平，夯实安全生产基础；坚持依法依规生产经营，切实加强安全监管，强化企业安全生产主体责任落实和责任追究，促进我国安全生产形势实现根本好转。

2. 主要任务。以煤矿、非煤矿山、交通运输、建筑施工、危险化学品、烟花爆竹、民用爆炸物品、冶金等行业（领域）为重点，全面加强企业安全生产工作。要通过更加严格的目标考核和责任追究，采取更加有效的管理手段和政策措施，集中整治非法违法生产行为，坚决遏制重特大事故发生；要尽快建成完善的国家安全生产应急救援体系，在高危行业强制推行一批安全适用的技术装备和防护设施，最大程度减少事故造成的损失；要建立更加完善的技术标准体系，促进企业安全生产技术装备全面达到国家和行业标准，实现我国安全生产技术水平的提高；要进一步调整产业结构，积极推进重点行业的企业重组和矿产资源开发整合，彻底淘汰安全性能低下、危及安全生产的落后产能；以更加有力的政策引导，形成安全生产长效机制。

二、严格企业安全管理

3. 进一步规范企业生产经营行为。企业要健全完善严格的安全生产规章制度，坚持不安全不生产。加强对生产现场监督检查，严格查处违章指挥、违规作业、违反劳动纪律的“三违”行为。凡超能力、超强度、超定员组织生产的，要责令停产停工整顿，并对企业和企业主要负责人依法给予规定上限的经济处罚。对以整合、技改名义违规组织生产，以及规定期限内未实施改造或故意拖延工期的矿井，由地方政府依法予以关闭。要加强对境外中资企业安全生产工作的指导和管理，严格落实境内投资主体和派出企业的安全生产监督责任。

4. 及时排查治理安全隐患。企业要经常性开展安全隐患排查，并切实做到整改措施、责任、资金、时限和预案“五到位”。建立以安全生产专业人员为主导的隐患整改效果评价制度，确保整改到位。对隐患整改不力造成事故的，要依法追究企业和企业相关负责人的责任。对停产整改逾期未完成的不得复产。

5. 强化生产过程管理的领导责任。企业主要负责人和领导班子成员要轮流现场带班。煤矿、非煤矿山要有矿领导带班并与工人同时下井、同时升井，对无企业负责人带班下井或该带班而未带班的，对有关责任人按擅离职守处理，同时给予规定上限的经济处罚。发生事故而没有领导现场带班的，对企业给予规定上限的经济处罚，并依法从重追究企业主要负责人的责任。

6. 强化职工安全培训。企业主要负责人和安全生产管理人员、特殊工种人员一律严格考核，按国家有关规定持职业资格证书上岗；职工必须全部经过培训合格后上岗。企业用工要严格依照劳动合同法与职工签订劳动合同。凡存在不经培训上岗、无证上岗的企业，依法停产整顿。没有对井下作业人员进行安全培训教育，或存在特种作业人员无证上岗的企业，情节严重的要依法予以关闭。

7. 全面开展安全达标。深入开展以岗位达标、专业达标和企业达标为内容的安全生产标准化建设，凡在规定时间内未实现达标的企业要依法暂扣其生产许可证、安全生产许可证，责令停产整顿；对整改逾期未达标的，地方政府要依法予以关闭。

三、建设坚实的技术保障体系

8. 加强企业生产技术管理。强化企业技术管理机构的安全职能，按规定配备安全技术人员，切实落实企业负责人安全生产技术管理负责制，强化企业主要技术负责人技术决策和指挥权。因安全生产技术问题不解决产生重大隐患的，要对企业主要负责人、主要技术负责人和有关人员给予处罚；发生事故的，依法追究责任。

9. 强制推行先进适用的技术装备。煤矿、非煤矿山要制定和实施生产技术装备标准，安装监测监控系统、井下人员定位系统、紧急避险系统、压风自救系统、供水施救系统和通信联络系统等技术装备，并于3年之内完成。逾期未安装的，依法暂扣安全生产许可证、生产许可证。运输危险化学品、烟花爆竹、民用爆炸物品的道路专用车辆，旅游包车和三类以上的班线客车要安装使用具有行驶记录功能的卫星定位装置，于2年之内全部完成；鼓励有条件的渔船安装防撞自动识别系统，在大型尾矿库安装全过程在线监控系统，大型起重机械要安装安全监控管理系统；积极推进信息化建设，努力提高企业安全防护水平。

10. 加快安全生产技术研发。企业在年度财务预算中必须确定必要的安全投入。国家鼓励企业开展安全科技研发，加快安全生产关键技术装备的换代升级。进一步落实《国家中长期科学和技术发展规划纲要（2006－2020年）》等，加大对高危行业安全技术、装备、工艺和产品研发的支持力度，引导高危行业提高机械化、自动化生产水平，合理确定生产一线用工。“十二五”期间要继续组织研发一批提升我国重点行业领域安全生产保障能力的关键技术和装备项目。

四、实施更加有力的监督管理

11. 进一步加大安全监管力度。强化安全生产监管部门对安全生产的综合监管，全面落实公安、交通、国土资源、建设、工商、质检等部门的安全生产监督管理及工业主管部门的安全生产指导职责，形成安全生产综合监管与行业监管指导相结合的工作机制，加强协作，形成合力。在各级政府统一领导下，严厉打击非法违法生产、经营、建设等影响安全生产的行为，安全生产综合监管和行业管理部门要会同司法机关联合执法，以强有力措施查处、取缔非法企业。对重大安全隐患治理实行逐级挂牌督办、公告制度，重大隐患治理由省级安全生产监管部门或行业主管部门挂牌督办，国家相关部门加强督促检查。对拒不执行监管监察指令的企业，要依法依规从重处罚。进一步加强监管力量建设，提高监管人员专业素质和技术装备水平，强化基层站点监管能力，加强对企业安全生产的现场监管和技术指导。

12. 强化企业安全生产属地管理。安全生产监管监察部门、负有安全生产监管职责的有关部门和行业管理部门要按职责分工，对当地企业包括中央、省属企业实行严格的安全生产监督检查和管理，组织对企业安全生产状况进行安全标准化分级考核评价，评价结果向社会公开，并向银行业、证券业、保险业、担保业等主管部门通报，作为企业信用评级的重要参考依据。

13. 加强建设项目安全管理。强化项目安全设施核准审批，加强建设项目的日常安全监管，严格落实审批、监管的责任。企业新建、改建、扩建工程项目的安全设施，要包括安全监控设施和防瓦斯等有害气体、防尘、排水、防火、防爆等设施，并与主体工程同时设计、同时施工、同时投入生产和使用。安全设施与建设项目主体工程未做到同时设计的一律不予审批，未做到同时施工的责令立即停止施工，未同时投入使用的不得颁发安全生产许可证，并视情节追究有关单位负责人的责任。严格落实建设、设计、施工、监理、监管等各方安全责任。对项目建设生产经营单位存在违法分包、转包等行为的，立即依法停工停产整顿，并追究项目业主、承包方等各方责任。

14. 加强社会监督和舆论监督。要充分发挥工会、共青团、妇联组织的作用，依法维护和落实企业职工对安全生产的参与权与监督权，鼓励职工监督举报各类安全隐患，对举报者予以奖励。有关部门和地方要进一步畅通安全生产的社会监督渠道，设立举报箱，公布举报电话，接受人民群众的公开监督。要发挥新闻媒体的舆论监督，对舆论反映的客观问题要深查原因，切实整改。

五、建设更加高效的应急救援体系

15. 加快国家安全生产应急救援基地建设。按行业类型和区域分布，依托大型企业，在中央预算内基建投资支持下，先期抓紧建设 7 个国家矿山应急救援队，配备性能可靠、机动性强的装备和设备，保障必要的运行维护费用。推进公路交通、铁路运输、水上搜救、船舶溢油、油气田、危险化学品等行业（领域）国家救援基地和队伍建设。鼓励和支持各地区、各部门、各行业依托大型企业和专业救援力量，加强服务周边的区域性应急救援能力建设。

16. 建立完善企业安全生产预警机制。企业要建立完善安全生产动态监控及预警预报体系，每月进行一次安全生产风险分析。发现事故征兆要立即发布预警信息，落实防范和应急处置措施。对重大危险源和重大隐患要报当地安全生产监管监察部门、负有安全生产监管职责的有关部门和行业管理部门备案。涉及国家秘密的，按有关规定执行。

17. 完善企业应急预案。企业应急预案要与当地政府应急预案保持衔接，并定期进行演练。赋予企业生产现场带班人员、班组长和调度人员在遇到险情时第一时间下达停产撤人命令的直接决策权和指挥权。因撤离不及时导致人身伤亡事故的，要从重追究相关人员的法律责任。

六、严格行业安全准入

18. 加快完善安全生产技术标准。各行业管理部门和负有安全生产监管职责的有关部门要根据行业技术进步和产业升级的要求，加快制定修订生产、安全技术标准，制定和实施高危行业从业人员资格标准。对实施许可证管理制度的危险性作业要制定落实专项安全技术作业规程和岗位安全操作规程。

19. 严格安全生产准入前置条件。把符合安全生产标准作为高危行业企业准入的前置条件，实行严格的安全标准核准制度。矿山建设项目和用于生产、储存危险物品的建设项目，应当分别按照国家有关规定进行安全条件论证和安全评价，严把安全生产准入关。凡不符合安全生产条件违规建设的，要立即停止建设，情节严重的由本级人民政府或主管部门实施关闭取缔。降低标准造成隐患的，要追究相关人员和负责人的责任。

20. 发挥安全生产专业服务机构的作用。依托科研院所，结合事业单位改制，推动安全生产评价、技术支持、安全培训、技术改造等服务性机构的规范发展。制定完善安全生产专业服务机构管理办法，保证专业服务机构从业行为的专业性、独立性和客观性。专业服务机构对相关评价、鉴定结论承担法律责任，对违法违规、弄虚作假的，要依法依规从严追究相关人员和机构的法律责任，并降低或取消相关资质。

七、加强政策引导

21. 制定促进安全技术装备发展的产业政策。要鼓励和引导企业研发、采用先进适用的安全技术和产品，鼓励安全生产适用技术和新装备、新工艺、新标准的推广应用。把安全检测监控、安全避险、安全保护、个人防护、灾害监控、特种安全设施及应急救援等安全生产专用设备的研发制造，作为安全产业加以培育，纳入国家振兴装备制造业的政策支持范畴。大力发展安全装备融资租赁业务，促进高危行业企业加快提升安全装备水平。

22. 加大安全专项投入。切实做好尾矿库治理、扶持煤矿安全技改建设、瓦斯防治和小煤矿整顿关闭等各类中央资金的安排使用，落实地方和企业配套资金。加强对高危行业企业安全生产费用提取和使用管理的监督检查，进一步完善高危行业企业安全生产费用财务管理制度，研究提高安全生产费用提取下限标准，适当扩大适用范围。依法加强道路交通事故社会救助基金制度建设，加快建立完善水上搜救奖励与补偿机制。高危行业企业探索实行全员安全风险抵押金制度。完善落实工伤保险制度，积极稳妥推行安全生产责任保险制度。

23. 提高工伤事故死亡职工一次性赔偿标准。从 2011 年 1 月 1 日起，依照《工伤保险条例》的规定，对因生产安全事故造成的职工死亡，其一次性工亡补助金标准调整为按全国上一年度城镇居民人均可支配收入的 20 倍计算，发放给工亡职工近亲属。同时，依法确保工亡职工一次性丧葬补助金、供养亲属抚恤金的发放。

24. 鼓励扩大专业技术和技能人才培养。进一步落实完善校企合作办学、对口单招、订单式培养等政策，鼓励高等院校、职业学校逐年扩大采矿、机电、地质、通风、安全等相关专业人才的招生培养规模，加快培养高危行业专业人才和生产一线急需技能型人才。

八、更加注重经济发展方式转变

25. 制定落实安全生产规划。各地区、各有关部门要把安全生产纳入经济社会发展的总体布局，在制定国家、地区发展规划时，要同步明确安全生产目标和专项规划。企业要把安全生产工作的各项要求落实在企业发展和日常工作之中，在制定企业发展规划和年度生产经营计划中要突出安全生产，确保安全投入和各项安全措施到位。

26. 强制淘汰落后技术产品。不符合有关安全标准、安全性能低下、职业危害严重、危及安全生产的落后技术、工艺和装备要列入国家产业结构调整指导目录，予以强制性淘汰。各省级人民政府也要制订本地区相应的目录和措施，支持有效消除重大安全隐患的技术改造和搬迁项目，遏制安全水平低、保障能力差的项目建设和延续。对存在落后技术装备、构成重大安全隐患的企业，要予以公布，责令限期整改，逾期未整改的依法予以关闭。

27. 加快产业重组步伐。要充分发挥产业政策导向和市场机制的作用，加大对相关高危行业企业重组力度，进一步整合或淘汰浪费资源、安全保障低的落后产能，提高安全基础保障能力。

九、实行更加严格的考核和责任追究

28. 严格落实安全目标考核。对各地区、各有关部门和企业完成年度生产安全事故控制指标情况进行严格考核，并建立激励约束机制。加大重特大事故的考核权重，发生特别重大生产安全事故的，要根据情节轻重，追究地市级分管领导或主要领导的责任；后果特别严重、影响特别恶劣的，要按规定追究省部级相关领导的责任。加强安全生产基础工作考核，加快推进安全生产长效机制建设，坚决遏制重特大事故的发生。

29. 加大对事故企业负责人的责任追究力度。企业发生重大生产安全责任事故，追究事故企业主要负责人责任；触犯法律的，依法追究事故企业主要负责人或企业实际控制人的法律责任。发生特别重大事故，除追究企业主要负责人和实际控制人责任外，还要追究上级企业主要负责人的责任；触犯法律的，依法追究企业主要负责人、企业实际控制人和上级企业负责人的法律责任。对重大、特别重大生产安全责任事故负有主要责任的企业，其主要负责人终身不得担任本行业企业的矿长（厂长、经理）。对非法违法生产造成人员伤亡的，以及瞒报事故、事故后逃逸等情节特别恶劣的，要依法从重处罚。

30. 加大对事故企业的处罚力度。对于发生重大、特别重大生产安全责任事故或一年内发生 2 次以上较大生产安全责任事故并负主要责任的企业，以及存在重大隐患整改不力的企业，由省级及以上安全监管监察部门会同有关行业主管部门向社会公告，并向投资、国土资源、建设、银行、证券等主管部门通报，一年内严格限制新增的项目核准、用地审批、证券融资等，并作为银行贷款等的重要参考依据。

31. 对打击非法生产不力的地方实行严格的责任追究。在所辖区域对群众举报、上级督办、日常检查发现的非法生产企业（单位）没有采取有效措施予以查处，致使非法生产企业（单位）存在的，对县（市、区）、乡（镇）人民政府主要领导以及相关责任人，根据情节轻重，给予降级、撤职或者开除的行政处分，涉嫌犯罪的，依法追究刑事责任。国家另有规定的，从其规定。

32. 建立事故查处督办制度。依法严格事故查处，对事故查处实行地方各级安全生产委员会层层挂牌督办，重大事故查处实行国务院安全生产委员会挂牌督办。事故查处结案后，要及时予以公告，接受社会监督。

各地区、各部门和各有关单位要做好对加强企业安全生产工作的组织实施，制订部署本地区本行业贯彻落实本通知要求的具体措施，加强监督检查和指导，及时研究、协调解决贯彻实施中出现的突出问题。国务院安全生产委员会办公室和国务院有关部门要加强工作督查，及时掌握各地区、各部门和本行业（领域）工作进展情况，确保各项规定、措施执行落实到位。省级人民政府和国务院有关部门要将加强企业安全生产工作情况及时报送国务院安全生产委员会办公室。

国务院

二〇一〇年七月十九日

7. 国务院关于坚持科学发展安全发展促进安全生产形势持续稳定好转的意见

国发〔2011〕40 号

各省、自治区、直辖市人民政府，国务院各部委、各直属机构：

安全生产事关人民群众生命财产安全，事关改革开放、经济发展和社会稳定大局，事关党和政府形象和声誉。为深入贯彻落实科学发展观，实现安全发展，促进全国安全生产形势持续稳定好转，提出以下意见：

一、充分认识坚持科学发展安全发展的重大意义

（一）坚持科学发展安全发展是对安全生产实践经验的科学总结。多年来，各地区、各部门、各单位深入贯彻落实科学发展观，按照党中央、国务院的决策部署，大力推进安全发展，全国安全生产工作取得了积极进展和明显成效。“十一五”期间，事故总量和重特大事故大幅度下降，全国各类事故死亡人数年均减少约 1 万人，反映安全生产状况的各项指标显著改善，安全生产形势持续稳定好转。实践表明，坚持科学发展安全发展，是对新时期安全生产客观规律的科学认识和准确把握，是保障人民群众生命财产安全的必然选择。

（二）坚持科学发展安全发展是解决安全生产问题的根本途径。我国正处于工业化、城镇化快速发展进程中，处于生产安全事故易发多发的高峰期，安全基础仍然比较薄弱，重特大事故尚未得到有效遏制，非法违法生产经营建设行为屡禁不止，安全责任不落实、防范和监督管理不到位等问题在一些地方和企业还比较突出。安全生产工作既要解决长期积累的深层次、结构性和区域性问题，又要应对不断出现的新情况、新问题，根本出路在于坚持科学发展安全发展。要把这一重要思想和理念落实到生产经营建设的每一个环节，使之成为衡量各行业领域、各生产经营单位安全生产工作的基本标准，自觉做到不安全不生产，实现安全与发展的有机统一。

（三）坚持科学发展安全发展是经济发展社会进步的必然要求。随着经济发展和社会进步，全社会对安全生产的期待不断提高，广大从业人员“体面劳动”意识不断增强，对加强安全监管监察、改善作业环境、保障职业安全健康权益等方面的要求越来越高。这就要求各地区、各部门、各单位必须始终把安全生产摆在经济社会发展重中之重的位置，自觉坚持科学发展安全发展，把安全真正作为发展的前提和基础，使经济社会发展切实建立在安全保障能力不断增强、劳动者生命安全和身体健康得到切实保障的基础之上，确保人民群众平安幸福地享有经济发展和社会进步的成果。

二、指导思想和基本原则

（四）指导思想。坚持以邓小平理论和“三个代表”重要思想为指导，深入贯彻落实科学发展观，牢固树立以人为本、安全发展的理念，始终把保障人民群众生命财产安全放在首位，大力实施安全发展战略，紧紧围绕科学发展主题和加快转变经济发展方式主线，自觉坚持“安全第一、预防为主、综合治理”方针，坚持速度、质量、效益与安全的有机统一，以强化和落实企业主体责任为重点，以事故预防为主攻方向，以规范生产为保障，以科技进步为支撑，认真落实安全生产各项措施，标本兼治、综合治理，有效防范和坚决遏制重特大事故，促进安全生产与经济社会同步协调发展。

（五）基本原则。——统筹兼顾，协调发展。正确处理安全生产与经济社会发展、与速度质量效益的关系，坚持把安全生产放在首要位置，促进区域、行业领域的科学、安全、可持续发展。——依法治安，综合治理。健全完善安全生产法律法规、制度标准体系，严格安全生产执法，严厉打击非法违法行为，综合运用法律、行政、经济等手段，推动安全生产工作规范、有序、高效开展。——突出预防，落实责任。加大安全投入，严格安全准入，深化隐患排查治理，筑牢安全生产基础，全面落实企业安全生产主体责任、政府及部门监管责任和属地管理责任。——依靠科技，创新管理。加快安全科技研发应用，加强专业技术人才队伍和高素质的职工队伍培养，创新安全管理体制机制和方式方法，不断提升安全保障能力和安全管理水平。

三、进一步加强安全生产法制建设

（六）健全完善安全生产法律制度体系。加快推进安全生产法等相关法律法规的修订制定工作。适应经济社会快速发展的新要求，制定高速铁路、高速公路、大型桥梁隧道、超高层建筑、城市轨道交通和地下管网等建设、运行、管理方面的安全法规规章。根据技术进步和产业升级需要，抓紧修订完善国家和行业安全技术标准，尽快健全覆盖各行业领域的安全生产标准体系。进一步建立完善安全生产激励约束、督促检查、行政问责、区域联动等制度，形成规范有力的制度保障体系。

（七）加大安全生产普法执法力度。加强安全生产法制教育，普及安全生产法律知识，提高全民安全法制意识，增强依法生产经营建设的自觉性。加强安全生产日常执法、重点执法和跟踪执法，强化相关部门及与司法机关的联合执法，确保执法实效。继续依法严厉打击各类非法违法生产经营建设行为，切实落实停产整顿、关闭取缔、严格问责的惩治措施。强化地方人民政府特别是县乡级人民政府责任，对打击非法生产不力的，要严肃追究责任。

（八）依法严肃查处各类事故。严格按照“科学严谨、依法依规、实事求是、注重实效”的原则，认真调查处理每一起事故，查明原因，依法严肃追究事故单位和有关责任人的责任，严厉查处事故背后的腐败行为，及时向社会公布调查进展和处理结果。认真落实事故查处分级挂牌督办、跟踪督办、警示通报、诫勉约谈和现场分析制度，深刻吸取事故教训，查找安全漏洞，完善相关管理措施，切实改进安全生产工作。

四、全面落实安全生产责任

（九）认真落实企业安全生产主体责任。企业必须严格遵守和执行安全生产法律法规、规章制度与技术标准，依法依规加强安全生产，加大安全投入，健全安全管理机构，加强班组安全建设，保持安全设备设施完好有效。企业主要负责人、实际控制人要切实承担安全生产第一责任人的责任，带头执行现场带班制度，加强现场安全管理。强化企业技术负责人技术决策和指挥权，注重发挥注册安全工程师对企业安全状况诊断、评估、整改方面的作用。企业主要负责人、安全管理人员、特种作业人员一律经严格考核、持证上岗。企业用工要严格依照劳动合同法与职工签订劳动合同，职工必须全部经培训合格后上岗。

（十）强化地方人民政府安全监管责任。地方各级人民政府要健全完善安全生产责任制，把安全生产作为衡量地方经济发展、社会管理、文明建设成效的重要指标，切实履行属地管理职责，对辖区内各类企业包括中央、省属企业实施严格的安全生产监督检查和管理。严格落实地方行政首长安全生产第一责任人的责任，建立健全政府领导班子成员安全生产“一岗双责”制度。省、市、县级政府主要负责人要定期研究部署安全生产工作，组织解决安全生产重点难点问题。

（十一）切实履行部门安全生产管理和监督职责。健全完善安全生产综合监管与行业监管相结合的工作机制，强化安全生产监管部门对安全生产的综合监管，全面落实行业主管部门的专业监管、行业管理和指导职责。相关部门、境内投资主体和派出企业要切实加强对境外中资企业安全生产工作的指导和管理。要不断探索创新与经济运行、社会管理相适应的安全监管模式，建立健全与企业信誉、项目核准、用地审批、证券融资、银行贷款等方面相挂钩的安全生产约束机制。

五、着力强化安全生产基础

（十二）严格安全生产准入条件。要认真执行安全生产许可制度和产业政策，严格技术和安全质量标准，严把行业安全准入关。强化建设项目安全核准，把安全生产条件作为高危行业建设项目审批的前置条件，未通过安全评估的不准立项；未经批准擅自开工建设的，要依法取缔。严格执行建设项目安全设施“三同时”（同时设计、同时施工、同时投产和使用）制度。制定和实施高危行业从业人员资格标准。加强对安全生产专业服务机构管理，实行严格的资格认证制度，确保其评价、检测结果的专业性和客观性。

（十三）加强安全生产风险监控管理。充分运用科技和信息手段，建立健全安全生产隐患排查治理体系，强化监测监控、预报预警，及时发现和消除安全隐患。企业要定期进行安全风险评估分析，重大隐患要及时报安全监管监察和行业主管部门备案。各级政府要对重大隐患实行挂牌督办，确保监控、整改、防范等措施落实到位。各地区要建立重大危险源管理档案，实施动态全程监控。

（十四）推进安全生产标准化建设。在工矿商贸和交通运输行业领域普遍开展岗位达标、专业达标和企业达标建设，对在规定期限内未实现达标的企业，要依据有关规定暂扣其生产许可证、安全生产许可证，责令停产整顿；对整改逾期仍未达标的，要依法予以关闭。加强安全标准化分级考核评价，将评价结果向银行、证券、保险、担保等主管部门通报，作为企业信用评级的重要参考依据。

（十五）加强职业病危害防治工作。要严格执行职业病防治法，认真实施国家职业病防治规划，深入落实职业危害防护设施“三同时”制度，切实抓好煤（矽）尘、热害、高毒物质等职业危害防范治理。对可能产生职业病危害的建设项目，必须进行严格的职业病危害预评价，未提交预评价报告或预评价报告未经审核同意的，一律不得批准建设；对职业病危害防控措施不到位的企业，要依法责令其整改，情节严重的要依法予以关闭。切实做好职业病诊断、鉴定和治疗，保障职工安全健康权益。

六、深化重点行业领域安全专项整治

（十六）深入推进煤矿瓦斯防治和整合技改。加快建设“通风可靠、抽采达标、监控有效、管理到位”的瓦斯综合治理工作体系，完善落实瓦斯抽采利用扶持政策，推进瓦斯防治技术创新。严格控制高瓦斯和煤与瓦斯突出矿井建设项目审批。建立完善煤矿瓦斯防治能力评估制度，对不具备防治能力的高瓦斯和煤与瓦斯突出矿井，要严格按规定停产整改、重组或依法关闭。继续运用中央预算内投资扶持煤矿安全技术改造，支持煤矿整顿关闭和兼并重组。加强对整合技改煤矿的安全管理，加快推进煤矿井下安全避险系统建设和小煤矿机械化改造。

（十七）加大交通运输安全综合治理力度。加强道路长途客运安全管理，修订完善长途客运车辆安全技术标准，逐步淘汰安全性能差的运营车型。强化交通运输企业安全主体责任，禁止客运车辆挂靠运营，禁止非法改装车辆从事旅客运输。严格长途客运、危险品车辆驾驶人资格准入，研究建立长途客车驾驶人强制休息制度，持续严厉整治超载、超限、超速、酒后驾驶、高速公路违规停车等违法行为。加强道路运输车辆动态监管，严格按规定强制安装具有行驶记录功能的卫星定位装置并实行联网联控。提高道路建设质量，完善安全防护设施，加强桥梁、隧道、码头安全隐患排查治理。加强高速铁路和城市轨道交通建设运营安全管理。继续强化民航、农村和山区交通、水上交通的安全监管，特别要抓紧完善校车安全法规和标准，依法强化校车安全监管。

（十八）严格危险化学品安全管理。全面开展危险化学品安全管理现状普查评估，建立危险化学品安全管理信息系统。科学规划化工园区，优化化工企业布局，严格控制城镇涉及危险化学品的建设项目。各地区要积极研究制定鼓励支持政策，加快城区高风险危险化学品生产、储存企业搬迁。地方各级人民政府要组织开展地下危险化学品输送管道设施安全整治，加强和规范城镇地面开挖作业管理。继续推进化工装置自动控制系统改造。切实加强烟花爆竹和民用爆炸物品的安全监管，深入开展“三超一改”（超范围、超定员、超药量和擅自改变工房用途）和礼花弹等高危产品专项治理。

（十九）深化非煤矿山安全整治。进一步完善矿产资源开发整合常态化管理机制，制定实施非煤矿山主要矿种最小开采规模和最低服务年限标准。研究制定充填开采标准和规定。积极推行尾矿库一次性筑坝、在线监测技术，搞好尾矿综合利用。全面加强矿井安全避险系统建设，组织实施非煤矿山采空区监测监控等科技示范工程。加强陆地和海洋石油天然气勘探开采的安全管理，重点防范井喷失控、硫化氢中毒、海上溢油等事故。

（二十）加强建筑施工安全生产管理。按照“谁发证、谁审批、谁负责”的原则，进一步落实建筑工程招投标、资质审批、施工许可、现场作业等各环节安全监管责任。强化建筑工程参建各方企业安全生产主体责任。严密排查治理起重机、吊罐、脚手架等设施设备安全隐患。建立建筑工程安全生产信息系统，健全施工企业和从业人员安全信用体系，完善失信惩戒制度。建立完善铁路、公路、水利、核电等重点工程项目安全风险评估制度。严厉打击超越资质范围承揽工程、违法分包转包工程等不法行为。

（二十一）加强消防、冶金等其他行业领域的安全监管。地方各级人民政府要把消防规划纳入当地城乡规划，切实加强公共消防设施建设。大力实施社会消防安全“防火墙”工程，落实建设项目消防安全设计审核、验收和备案抽查制度，严禁使用不符合消防安全要求的装修装饰材料和建筑外保温材料。严格落实人员密集场所、大型集会活动等安全责任制，严防拥挤踩踏事故。加强冶金、有色等其他工贸行业企业安全专项治理，严格执行压力容器、电梯、游乐设施等特种设备安全管理制度，加强电力、农机和渔船安全管理。

七、大力加强安全保障能力建设

（二十二）持续加大安全生产投入。探索建立中央、地方、企业和社会共同承担的安全生产长效投入机制，加大对贫困地区和高危行业领域倾斜。完善有利于安全生产的财政、税收、信贷政策，强化政府投资对安全生产投入的引导和带动作用。企业在年度财务预算中必须确定必要的安全投入，提足用好安全生产费用。完善落实工伤保险制度，积极稳妥推行安全生产责任保险制度，发挥保险机制的预防和促进作用。

（二十三）充分发挥科技支撑作用。整合安全科技优势资源，建立完善以企业为主体、以市场为导向、产学研用相结合的安全技术创新体系。加快推进安全生产关键技术及装备的研发，在事故预防预警、防治控制、抢险处置等方面尽快推出一批具有自主知识产权的科技成果。积极推广应用安全性能可靠、先进适用的新技术、新工艺、新设备和新材料。企业必须加快国家规定的各项安全系统和装备建设，提高生产安全防护水平。加强安全生产信息化建设，建立健全信息科技支撑服务体系。

（二十四）加强产业政策引导。加大高危行业企业重组力度，进一步整合浪费资源、安全保障低的落后产能，加快淘汰不符合安全标准、职业危害严重、危及安全生产的落后技术、工艺和装备。地方各级人民政府要制定相关政策，遏制安全水平低、保障能力差的项目的建设和延续。对存在落后技术设备、构成重大安全隐患的企业，要予以公布，责令其限期整改，逾期未整改的依法予以关闭。把安全产业纳入国家重点支持的战略产业，积极发展安全装备融资租赁业务，促进企业加快提升安全装备水平。

（二十五）加强安全人才和监管监察队伍建设。加强安全科学与工程学科建设，办好安全工程类高等教育和职业教育，重点培养中高级安全工程与管理人才。鼓励高等院校、职业学校进一步落实完善校企合作办学、对口单招、订单式培养等政策，加快培养高危行业专业人才和生产一线急需技能型人才。加快建设专业化的安全监管监察队伍，建立以岗位职责为基础的能力评价体系，加强在岗人员业务培训。进一步充实基层监管力量，改善监管监察装备和条件，创新安全监管监察机制，切实做到严格、公正、廉洁、文明执法。

八、建设更加高效的应急救援体系

（二十六）加强应急救援队伍和基地建设。抓紧7个国家级、14个区域性矿山应急救援基地建设，加快推进重点行业领域的专业应急救援队伍建设。县级以上地方人民政府要结合实际，整合应急资源，依托大型企业、公安消防等救援力量，加强本地区应急救援队伍建设。建立紧急医学救援体系，提升事故医疗救治能力。建立救援队伍社会化服务补偿机制，鼓励和引导社会力量参与应急救援。

（二十七）完善应急救援机制和基础条件。健全省、市、县及中央企业安全生产应急管理体系，加快建设应急平台，完善应急救援协调联动机制。建立健全自然灾害预报预警联合处置机制，加强安监、气象、地震、海洋等部门的协调配合，严防自然灾害引发事故灾难。建立完善企业安全生产动态监控及预警预报体系。加强应急救援装备建设，强化应急物资和紧急运输能力储备，提高应急处置效率。

（二十八）加强预案管理和应急演练。建立健全安全生产应急预案体系，加强动态修订完善。落实省、市、县三级安全生产预案报备制度，加强企业预案与政府相关应急预案的衔接。定期开展应急预案演练，切实提高事故救援实战能力。企业生产现场带班人员、班组长和调度人员在遇到险情时，要按照预案规定，立即组织停产撤人。

九、积极推进安全文化建设

（二十九）加强安全知识普及和技能培训。加强安全教育基地建设，充分利用电视、互联网、报纸、广播等多种形式和手段普及安全常识，增强全社会科学发展、安全发展的思想意识。在中小学广泛普及安全基础教育，加强防灾避险演练。全面开展安全生产、应急避险和职业健康知识进企业、进学校、进乡村、进社区、进家庭活动，努力提升全民安全素质。大力开展企业全员安全培训，重点强化高危行业和中小企业一线员工安全培训。完善农民工向产业工人转化过程中的安全教育培训机制。建立完善安全技术人员继续教育制度。大型企业要建立健全职业教育和培训机构。加强地方政府安全生产分管领导干部的安全培训，提高安全管理水平。

（三十）推动安全文化发展繁荣。充分利用社会资源和市场机制，培育发展安全文化产业，打造安全文化精品，促进安全文化市场繁荣。加强安全公益宣传，大力倡导“关注安全、关爱生命”的安全文化。建设安全文化主题公园、主题街道和安全社区，创建若干安全文化示范企业和安全发展示范城市。推进安全文化理论和建设手段创新，构建自我约束、持续改进的长效机制，不断提高安全文化建设水平，切实发挥其对安全生产工作的引领和推动作用。

十、切实加强组织领导和监督

（三十一）健全完善安全生产工作格局。各地区要进一步健全完善政府统一领导、部门依法监管、企业全面负责、群众参与监督、全社会广泛支持的安全生产工作格局，形成各方面齐抓共管的合力。要切实加强安全生产工作的组织领导，充分发挥各级政府安全生产委员会及其办公室的指导协调作用，落实各成员单位工作责任。县级以上人民政府要依法健全完善安全生产、职业健康监管体系，安全生产任务较重的乡镇要加强安全监管力量建设，确保事有人做、责有人负。

（三十二）加强安全生产绩效考核。把安全生产考核控制指标纳入经济社会发展考核评价指标体系，加大各级领导干部政绩业绩考核中安全生产的权重和考核力度。把安全生产工作纳入社会主义精神文明和党风廉政建设、社会管理综合治理体系之中。制定完善安全生产奖惩制度，对成效显著的单位和个人要以适当形式予以表扬和奖励，对违法违规、失职渎职的，依法严格追究责任。

（三十三）发挥社会公众的参与监督作用。推进安全生产政务公开，健全行政许可网上申请、受理、审批制度。落实安全生产新闻发布制度和救援工作报道机制，完善隐患、事故举报奖励制度，加强社会监督、舆论监督和群众监督。支持各级工会、共青团、妇联等群众组织动员广大职工开展群众性安全生产监督和隐患排查，落实职工岗位安全责任，推进群防群治。

国务院

二〇一一年十一月二十六日

8. 国务院关于煤炭行业化解过剩产能实现脱困发展的意见

国发〔2016〕7号

各省、自治区、直辖市人民政府，国务院各部委、各直属机构：

煤炭是我国主体能源。煤炭产业是国民经济基础产业，涉及面广、从业人员多，关系经济发展和社会稳定大局。近年来，受经济增速放缓、能源结构调整等因素影响，煤炭需求大幅下降，供给能力持续过剩，供求关系严重失衡，导致企业效益普遍下滑，市场竞争秩序混乱，安全生产隐患加大，对经济发展、职工就业和社会稳定造成了不利影响。为贯彻落实党中央、国务院关于推进结构性改革、抓好去产能任务的决策部署，进一步化解煤炭行业过剩产能、推动煤炭企业实现脱困发展，现提出以下意见：

一、总体要求

（一）指导思想。全面贯彻党的十八大和十八届三中、四中、五中全会以及中央经济工作会议精神，按照"五位一体"总体布局和"四个全面"战略布局，牢固树立和贯彻落实创新、协调、绿色、开放、共享的发展理念，着眼于推动煤炭行业供给侧结构性改革，坚持市场倒逼、企业主体，地方组织、中央支持，综合施策、标本兼治，因地制宜、分类处置，将积极稳妥化解过剩产能与结构调整、转型升级相结合，实现煤炭行业扭亏脱困升级和健康发展。

（二）基本原则。

市场倒逼与政府支持相结合。充分发挥市场机制作用和更好发挥政府引导作用，用法治化和市场化手段化解过剩产能。企业承担化解过剩产能的主体责任，地方政府负责制定落实方案并组织实施，中央给予资金奖补和政策支持。

化解产能与转型升级相结合。严格控制新增产能，切实淘汰落后产能，有序退出过剩产能，探索保留产能与退出产能适度挂钩。通过化解过剩产能，促进企业优化组织结构、技术结构、产品结构，创新体制机制，提升综合竞争力，推动煤炭行业转型升级。

整体推进与重点突破相结合。在重点产煤省份和工作基础较好的地区率先突破，为整体推进探索有益经验。以做好职工安置为重点，挖掘企业内部潜力，做好转岗分流工作，落实好各项就业和社会保障政策，保障职工合法权益，处理好企业资产债务。

（三）工作目标。在近年来淘汰落后煤炭产能的基础上，从2016年开始，用3至5年的时间，再退出产能5亿吨左右、减量重组5亿吨左右，较大幅度压缩煤炭产能，适度减少煤矿数量，煤炭行业过剩产能得到有效化解，市场供需基本平衡，产业结构得到优化，转型升级取得实质性进展。

二、主要任务

（四）严格控制新增产能。从2016年起，3年内原则上停止审批新建煤矿项目、新增产能的技术改造项目和产能核增项目；确需新建煤矿的，一律实行减量置换。在建煤矿项目应按一定比例与淘汰落后产能和化解过剩产能挂钩，已完成淘汰落后产能和化解过剩产能任务的在建煤矿项目应由省级人民政府有关部门予以公告。

（五）加快淘汰落后产能和其他不符合产业政策的产能。安全监管总局等部门确定的13类落后小煤矿，以及开采范围与自然保护区、风景名胜区、饮用水水源保护区等区域重叠的煤矿，要尽快依法关闭退出。产能小于30万吨/年且发生重大及以上安全生产责任事故的煤矿，产能15万吨/年及以下且发生较大及以上安全生产责任事故的煤矿，以及采用国家明令禁止使用的采煤方法、工艺且无法实施技术改造的煤矿，要在1至3年内淘汰。

（六）有序退出过剩产能。

1. 属于以下情况的，通过给予政策支持等综合措施，引导相关煤矿有序退出。

——安全方面：煤与瓦斯突出、水文地质条件极其复杂、具有强冲击地压等灾害隐患严重，且在现有技术条件下难以有效防治的煤矿；开采深度超过《煤矿安全规程》规定的煤矿；达不到安全质量标准化三级的煤矿。

——质量和环保方面：产品质量达不到《商品煤质量管理暂行办法》要求的煤矿。开采范围与依法划定、需特别保护的相关环境敏感区重叠的煤矿。

——技术和资源规模方面：非机械化开采的煤矿；晋、蒙、陕、宁等4个地区产能小于60万吨/年，冀、辽、吉、黑、苏、皖、鲁、豫、甘、青、新等11个地区产能小于30万吨/年，其他地区产能小于9万吨/年的煤矿；开采技术和装备列入《煤炭生产技术与装备政策导向（2014年版）》限制目录且无法实施技术改造的煤矿；与大型煤矿井田平面投影重叠的煤矿。

——其他方面：长期亏损、资不抵债的煤矿；长期停产、停建的煤矿；资源枯竭、资源赋存条件差的煤矿；不承担社会责任、长期欠缴税款和社会保障费用的煤矿；其他自愿退出的煤矿。

2. 对有序退出范围内属于满足林区、边远山区居民生活用煤需要或承担特殊供应任务的煤矿，经省级人民政府批准，可以暂时保留。保留的煤矿原则上要实现机械化开采。

3. 探索实行煤炭行业"存去挂钩"。除工艺先进、生产效率高、资源利用率高、安全保障能力强、环境保护水平高、单位产品能源消耗低的先进产能外，对其他保留产能探索实行"存去挂钩"，通过重新确定产能、实行减量生产等多种手段压减部分现有产能。

（七）推进企业改革重组。稳妥推动具备条件的国有煤炭企业发展混合所有制经济，完善现代企业制度，提高国有资本配置和运行效率。鼓励大型煤炭企业兼并重组中小型企业，培育一批大型煤炭企业集团，进一步提高安全、环保、能耗、工艺等办矿标准和生产水平。利用3年时间，力争单一煤炭企业生产规模全部达到300万吨/年以上。

（八）促进行业调整转型。鼓励发展煤电一体化，引导大型火电企业与煤炭企业之间参股。火电企业参股的煤炭企业产能超过该火电企业电煤实际消耗量的一定比例时，在发电量计划上给予该火电企业奖励。加快研究制定商品煤系列标准和煤炭清洁利用标准。鼓励发展煤炭洗选加工转化，提高产品附加值；按照《现代煤化工建设项目环境准入条件（试行）》，有序发展现代煤化工。鼓励利用废弃的煤矿工业广场及其周边地区，发展风电、光伏发电和现代农业。加快煤层气产业发展，合理确定煤层气勘查开采区块，建立煤层气、煤炭协调开发机制，处理好煤炭、煤层气矿业权重叠地区资源开发利用问题，对一定期限内规划建井开采的区域，按照煤层气开发服务于煤炭开发的原则，采取合作或调整煤层气矿业权范围等方式，优先保证煤炭开发需要，并有效利用煤层气资源。开展低浓度瓦斯采集、提纯和利用技术攻关，提高煤矿瓦斯利用率。

（九）严格治理不安全生产。进一步加大煤矿安全监管监察工作力度，开展安全生产隐患排查治理，对存在重大安全隐患的煤矿责令停产整顿。严厉打击证照不全、数据资料造假等违法生产行为，对安全监控系统不能有效运行、煤与瓦斯突出矿井未按规定落实区域防突措施、安全费用未按要求提取使用、不具备安全生产条件的煤矿，一律依法依规停产整顿。

（十）严格控制超能力生产。全面实行煤炭产能公告和依法依规生产承诺制度，督促煤矿严格按公告产能组织生产，对超能力生产的煤矿，一律责令停产整改。引导企业实行减量化生产，从2016

年开始，按全年作业时间不超过276个工作日重新确定煤矿产能，原则上法定节假日和周日不安排生产。对于生产特定煤种、与下游企业机械化连续供应以及有特殊安全要求的煤矿企业，可在276个工作日总量内实行适度弹性工作日制度，但应制定具体方案，并向当地市级以上煤炭行业管理部门、行业自律组织及指定的征信机构备案，自觉接受行业监管和社会监督。

（十一）严格治理违法违规建设。对基本建设手续不齐全的煤矿，一律责令停工停产，对拒不停工停产、擅自组织建设生产的，依法实施关闭。强化事中事后监管，建立和完善煤炭生产要素采集、登记、公告与核查制度，落实井下生产布局和技术装备管理规定，达不到国家规定要求的煤矿一律停产并限期整改,整改后仍达不到要求的,限期退出。有关部门要联合惩戒煤矿违法违规建设生产行为。

（十二）严格限制劣质煤使用。完善煤炭产业发展规划，停止核准高硫高灰煤项目，依法依规引导已核准的项目暂缓建设、正在建设的项目压缩规模、已投产的项目限制产量。落实商品煤质量管理有关规定，加大对京津冀、长三角、珠三角等地区销售使用劣质散煤情况的检查力度。按照有关规定继续限制劣质煤进口。

三、政策措施

（十三）加强奖补支持。设立工业企业结构调整专项奖补资金，按规定统筹对地方化解煤炭过剩产能中的人员分流安置给予奖补，引导地方综合运用兼并重组、债务重组和破产清算等方式，加快处置“僵尸企业”，实现市场出清。使用专项奖补资金要结合地方任务完成进度、困难程度、安置职工情况等因素，对地方实行梯级奖补，由地方政府统筹用于符合要求企业的职工安置。具体办法由相关部门另行制定。

（十四）做好职工安置。要把职工安置作为化解过剩产能工作的重中之重，坚持企业主体作用与社会保障相结合，细化措施方案，落实保障政策，维护职工合法权益。安置计划不完善、资金保障不到位以及未经职工代表大会或全体职工讨论通过的职工安置方案，不得实施。

1. 挖掘企业内部潜力。采取协商薪酬、灵活工时、培训转岗等方式，稳定现有工作岗位，对采取措施不裁员或少裁员的生产经营困难企业，通过失业保险基金发放稳岗补贴。支持创业平台建设和职工自主创业，积极培育适应煤矿职工特点的创业创新载体,将返乡创业试点范围扩大到矿区,通过加大专项建设基金投入等方式,提升创业服务孵化能力,培育接续产业集群,引导职工就地就近创业就业。

2. 对符合条件的职工实行内部退养。对距离法定退休年龄5年以内的职工经自愿选择、企业同意并签订协议后，依法变更劳动合同，企业为其发放生活费并缴纳基本养老保险费和基本医疗保险费。职工在达到法定退休年龄前，不得领取基本养老金。

3. 依法依规解除、终止劳动合同。企业确需与职工解除劳动关系的，应依法支付经济补偿，偿还拖欠的职工在岗期间工资和补缴社会保险费用，并做好社会保险关系转移接续手续等工作。企业主体消亡时，依法与职工终止劳动合同，对于距离法定退休年龄5年以内的职工，可以由职工自愿选择领取经济补偿金，或由单位一次性预留为其缴纳至法定退休年龄的社会保险费和基本生活费，由政府指定的机构代发基本生活费、代缴基本养老保险费和基本医疗保险费。

4. 做好再就业帮扶。通过技能培训、职业介绍等方式，促进失业人员再就业或自主创业。对就业困难人员，要加大就业援助力度，通过开发公益性岗位等多种方式予以帮扶。对符合条件的失业人员按规定发放失业保险金，符合救助条件的应及时纳入社会救助范围，保障其基本生活。

（十五）加大金融支持。

1. 金融机构对经营遇到困难但经过深化改革、加强内部管理仍能恢复市场竞争力的骨干煤炭企业，要加强金融服务，保持合理融资力度，不搞“一刀切”。支持企业通过发债替代高成本融资，降低资金成本。

2. 运用市场化手段妥善处置企业债务和银行不良资产，落实金融机构呆账核销的财税政策，完善金融机构加大抵债资产处置力度的财税支持政策。研究完善不良资产批量转让政策，支持银行加快不良资产处置进度，支持银行向金融资产管理公司打包转让不良资产，提高不良资产处置效率。

3. 支持社会资本参与企业并购重组，鼓励保险资金等长期资金创新产品和投资方式，参与企业并购重组，拓展并购资金来源。完善并购资金退出渠道，加快发展相关产权的二级交易市场，提高资金使用效率。

4. 严厉打击企业逃废银行债务行为，依法保护债权人合法权益。地方政府建立企业金融债务重组和不良资产处置协调机制，组织协调相关部门支持金融机构做好企业金融债务重组和不良资产处置工作。

（十六）盘活土地资源。支持退出煤矿用好存量土地，促进矿区更新改造和土地再开发利用。煤炭产能退出后的划拨用地，可以依法转让或由地方政府收回。地方政府收回原划拨土地使用权后的出让收入，可按规定通过预算安排用于支付产能退出企业职工安置费用。对用地手续完备的腾让土地，转产为生产性服务业等国家鼓励发展行业的，可在5年内继续按原用途和土地权利类型使用土地。

（十七）鼓励技术改造。鼓励和支持煤矿企业实施机械化、自动化改造，重点创新煤炭地质保障与高效建井关键技术，煤炭无人和无害化、无煤柱自成巷开采技术，推广保水充填开采、智能开采和特殊煤层开采等绿色智慧矿山关键技术，提升大型煤炭开采先进装备制造水平。

（十八）其他支持政策。加快推进国有煤炭企业分离办社会职能，尽快移交“三供一业”（供水、供电、供热和物业管理），解决政策性破产遗留问题。支持煤炭企业按规定缓缴采矿权价款。支持煤炭企业以采矿权抵押贷款，增加周转资金。改进国有煤炭企业业绩考核机制，根据市场变化情况科学合理确定企业经营业绩考核目标。调整完善煤炭出口政策，鼓励优势企业扩大对外出口。严格执行反不正当竞争法、反垄断法，严肃查处违法违规竞争行为，维护公平竞争市场秩序。

四、组织实施

（十九）加强组织领导。相关部门要建立化解煤炭过剩产能和脱困升级工作协调机制，加强综合协调，制定实施细则，督促任务落实，统筹推进各项工作。各有关省级人民政府对本地区化解煤炭过剩产能工作负总责，要成立领导小组，任务重的市、县和重点企业要建立相应领导机构和工作推进机制。国务院国资委牵头组织实施中央企业化解煤炭过剩产能工作。各有关省级人民政府、国务院国资委要根据本意见研究提出产能退出总规模、分企业退出规模及时间表，据此制订实施方案及配套政策，报送国家发展改革委。

（二十）强化监督检查。建立健全目标责任制，把各地区化解过剩产能目标落实情况列为落实中央重大决策部署监督检查的重要内容，加强对化解过剩产能工作全过程的监督检查。各地区要将化解过剩产能任务年度完成情况向社会公示，建立举报制度。强化考核机制，引入第三方机构对各地区任务完成情况进行评估，对未完成任务的地方和企业要予以问责。国务院相关部门要适时组织开展专项督查。

（二十一）做好行业自律。行业协会要引导煤炭企业依法经营、理性竞争，在“信用中国”网站和全国企业信用信息公示系统上公示企业依法依规生产承诺书，引入相关中介、评级、征信机构参与标准确认、公示监督等工作。化解煤炭过剩产能标准和结果向社会公示，加强社会监督，实施守信激励、失信惩戒。

（二十二）加强宣传引导。要通过报刊、广播、电视、互联网等方式，广泛深入宣传化解煤炭过剩产能的重要意义和经验做法，加强政策解读，回应社会关切，形成良好的舆论环境。

国务院

2016年2月1日

9. 国务院办公厅关于印发《煤矿安全监察管理体制改革实施方案》的通知

国办发〔1999〕104 号

各省、自治区、直辖市人民政府，国务院各部委、各直属机构：

为适应煤炭工业管理体制改革需要，进一步加强煤矿安全监察工作，根据国务院关于改革煤矿安全监察管理体制的有关要求，拟定本实施方案。

一、煤矿安全监察管理体制改革的指导思想

根据党的十五大关于加强执法监管部门的精神，从我国煤矿安全监察工作实际出发，借鉴国外的成功经验，在实行政企分开的基础上，按照精简、统一、效能的原则，改革现行煤矿安全监察体制，实行垂直管理。这项改革要突出重点、先易后难、分步实施，逐步建立起与社会主义市场经济体制相适应的煤矿安全监察管理体制。

二、煤矿安全监察管理体制的调整与机构设置

（一）设立国家煤矿安全监察局，与国家煤炭工业局一个机构、两块牌子。国家煤矿安全监察局是国家经济贸易委员会（以下简称国家经贸委）管理的负责煤矿安全监察的行政执法机构，承担现由国家经贸委负责的煤矿安全监察职能。国家煤炭工业局的有关内设机构，加挂国家煤矿安全监察局内设机构的牌子。

（二）将原煤炭部直属的河北、山西、内蒙古、辽宁、吉林、黑龙江、山东、江西、河南、湖南、重庆、四川、贵州、云南、陕西、新疆 16 个省（自治区、直辖市）煤炭工业管理局，以及安徽省、甘肃省、宁夏回族自治区煤炭工业管理局，改组为煤矿安全监察局（详见附表）。省（自治区、直辖市）煤矿安全监察局均为国家煤矿安全监察局的直属机构，实行国家煤矿安全监察局与所在省（自治区、直辖市）政府双重领导、以国家煤矿安全监察局为主的管理体制。现由劳动等部门负责的煤矿安全监察职能，均由煤矿安全监察局承担。

省（自治区、直辖市）煤矿安全监察局为正厅级机构，名称统一为“××（省、自治区、直辖市名）煤矿安全监察局”，一般设 4—6 个处（室）。

（三）煤炭行业管理任务比较重的省（自治区、直辖市），可暂在煤矿安全监察局加挂“××省（自治区、直辖市）煤炭工业局”的牌子，履行煤炭行业管理职能。这些地区的煤矿安全监察局，既是国家煤矿安全监察局的直属机构，又是所在省（自治区、直辖市）政府的工作机构，其煤矿安全监察业务以国家煤矿安全监察局管理为主，煤炭行业管理业务以所在省（自治区、直辖市）政府管理为主。具体事宜，由国家煤矿安全监察局与有关省（自治区、直辖市）政府商定。

（四）省（自治区、直辖市）煤矿安全监察局可在大中型矿区设立安全监察办事处，作为其派出机构。安全监察办事处为处级机构，名称统一为“××（地名）煤矿安全监察办事处”。具体的设置方案，由中央机构编制委员会办公室会同国家煤矿安全监察局另行下达。

（五）省（自治区、直辖市）煤矿安全监察局及安全监察办事处的设立、变更，由国家煤矿安全监察局商有关地方政府提出意见，经中央机构编制委员会办公室审核后，报国务院审批。

三、煤矿安全监察机构的主要职责

（一）国家煤矿安全监察局的主要职责：

1. 研究拟定煤矿安全生产工作的方针、政策，组织起草有关煤矿安全生产的法律、法规草案，制定煤矿安全生产规章、规程，拟定煤炭工业安全标准，提出保障煤矿安全的规划和目标。

2. 贯彻执行国家关于煤矿安全生产的方针、政策和法律、法规及有关规章，履行国家煤矿安全监察职责。

3. 组织调查和处理煤矿重大、特大事故，负责全国煤矿事故与职业危害的统计分析，发布全国煤矿安全生产信息。

4. 指导有关煤矿安全生产的科研工作，组织煤矿使用的设备、材料、仪器仪表的安全监察管理工作。

5. 拟定开办煤矿的安全标准，组织煤矿建设工程安全设施的设计审查和竣工验收，组织对不符合安全生产标准的煤炭企业的查处工作。

6. 组织、指导煤炭企业安全生产技术培训工作，负责煤炭企业主要经营管理者安全资格认证工作。

7. 监督检查煤矿职业危害的防治工作。

8. 组织、指导和协调煤矿救护队及其应急救援工作。

9. 按照干部管理权限负责直属煤矿安全监察机构的干部管理工作，组织煤矿安全监察人员的培训、考核工作。

10. 开展煤矿安全生产方面的国际交流与合作。

11. 承办国务院和国家经贸委交办的其他事项。

（二）省（自治区、直辖市）煤矿安全监察局的主要职责：

1. 贯彻落实国家关于煤矿安全生产的方针、政策和法律、法规及规章、规程。

2. 按照分级管理的原则和上级授权，组织查处煤矿伤亡事故。

3. 组织、指导煤矿安全生产技术培训、职业危害防治、煤矿救护队及其应急救援工作。

4. 负责煤矿使用的设备、材料、仪器仪表的安全监察管理工作。

5. 查处不符合安全生产标准的煤炭企业。

6. 承办国家煤矿安全监察局交办的其他事项。

（三）煤矿安全监察办事处的主要职责：

在省（自治区、直辖市）煤矿安全监察局的领导下，负责划定区域内煤矿的安全监察和执法工作。

四、煤矿安全监察机构的人员编制

（一）国家煤炭工业局与国家煤矿安全监察局实行一个机构、两块牌子后，其机关行政编制不变。

（二）按照精干机关、充实一线的原则，以划定区域煤矿的产量及煤矿职工人数作为标准，省（自治区、直辖市）煤矿安全监察局一般核定编制40名左右，业务量较大的可核定60名左右；煤矿安全监察办事处的编制一般为20名左右，业务量较大的可核定25名左右。按此标准，全国省（自治区、直辖市）煤矿安全监察局以及煤矿安全监察办事处（拟设68个）共核定行政编制2800名，属中央垂直管理，不计入地方行政编制总数。各省（自治区、直辖市）煤矿安全监察局及其安全监察办事处行政编制的具体数额，由中央机构编制委员会办公室会同国家煤矿安全监察局另行下达。

（三）省（自治区、直辖市）煤矿安全监察局领导职数一般为1正2副，加挂“省（自治区、直辖市）煤炭工业局”牌子的，可相应增加 1 名领导职数。煤矿安全监察办事处领导职数一般为 1 正 1 副。

各地煤矿安全监察局及其安全监察办事处的人员，除主要从原煤炭工业管理部门选调外，要选调劳动部门原从事煤矿安全监察的人员。有关考试录用及建立国家煤矿安全监察员制度等工作，由国家煤矿安全监察局商有关部门另行研究。

五、改革中应注意的几个问题

（一）改革煤矿安全监察管理体制，是深化我国煤炭工业管理体制改革的重要举措，涉及体制、机构、人员编制等方面的调整，影响面较大。因此，必须坚持积极稳妥的方针，切实加强组织领导。要注意掌握干部职工的思想动态，做耐心细致的思想政治工作，确保思想不散、秩序不乱、人员妥善安排、国有资产不流失、各项工作正常运转。这项改革的组织实施，由国家煤矿安全监察局负责。

（二）要以煤矿安全监察管理体制改革为契机，把人员分流与优化队伍结构、提高干部队伍素质结合起来，建设一支思想过硬、作风优良、技术精湛、秉公执法的煤矿安全监察队伍。同时，要采取有效措施，切实做好分流人员的安置工作。

（三）各地煤矿安全监察管理体制改革，原则上与省级政府机构改革同步进行。

10. 国务院办公厅关于完善煤矿安全监察体制的意见

国办发〔2004〕79 号

各省、自治区、直辖市人民政府，国务院各部委、各直属机构：

1999 年国务院决定煤矿安全监察体制实行垂直管理，这对加强煤矿安全生产工作，促进我国煤矿安全生产形势的好转，起到了重要作用。但是，在实际运行中煤矿安全监察、监管的部分职责尚需进一步明确，协调机制和自身体系建设有待完善。根据《国务院关于进一步加强安全生产工作的决定》（国发〔2004〕2 号），为进一步加强煤矿安全生产工作，按照权责一致和充分发挥各方面积极性的原则，对现行煤矿安全监察体制进行完善。经国务院批准，现提出如下意见：

一、明确煤矿安全监察、监管职责

依据《中华人民共和国安全生产法》、《煤矿安全监察条例》，结合实际情况，煤矿安全监察机构行使国家煤矿安全监察职能，主要职责是：对煤矿安全实施重点监察、专项监察和定期监察，对煤矿违法违规行为依法作出现场处理或实施行政处罚；对地方煤矿安全监管工作进行检查指导；负责煤矿安全生产许可证的颁发管理工作和矿长安全资格、特种作业人员的培训发证工作；负责煤矿建设工程安全设施的设计审查和竣工验收；组织煤矿事故的调查处理。

地方煤矿安全监管机构的主要职责是：对本地区煤矿安全进行日常性的监督检查，对煤矿违法违规行为依法作出现场处理或实施行政处罚；监督煤矿企业事故隐患的整改并组织复查；依法组织关闭不具备安全生产条件的矿井；负责组织煤矿安全专项整治；参与煤矿事故调查处理；对煤矿职工培训进行监督检查。根据上述职责，省级人民政府结合本地实际情况对地方煤矿安全监管机构及其职责做出具体规定。

二、建立健全煤矿安全监察、监管协调工作机制

设在地方的煤矿安全监察机构和有关地方人民政府及其相关部门，要加强联系、密切配合、协调行动，建立工作通报和信息交流制度，及时通报行政执法情况及有关资料，煤矿安全监察机构在颁发煤矿安全生产许可证等工作中听取地方相关部门的意见；建立联席会议制度，及时协商解决煤矿安全监察、监管工作中的重大问题；完善联合执法机制，杜绝重复执法和“一事两罚”，努力提高执法效率。具体办法由煤矿安全监察机构商当地有关部门研究制定。

三、加强对地方煤矿安全监管工作的检查指导

为保证国家有关煤矿安全生产法律法规的贯彻实施，协助地方搞好煤矿安全监管工作，煤矿安全监察机构要对地方煤矿安全监管工作进行检查指导，主要内容是：贯彻落实煤矿安全法律法规、标准情况；关闭不具备安全生产条件矿井情况；煤矿安全监督检查执法情况；煤矿安全专项整治、事故隐患整改及复查情况；煤矿事故责任人的责任追究落实情况。煤矿安全监察机构要根据检查的情况，向有关地方人民政府及其有关部门提出意见和建议。

四、完善煤矿安全监察体系，建立监察执法责任追究制度

调整煤矿安全监察机构布局，在监察任务繁重的地区适当增设煤矿安全监察机构。在湖北、广东、广西、青海、福建5省（自治区）增设煤矿安全监察局。将煤矿安全监察办事处更名为区域性监察分局。

煤矿安全监察机构要承担与其行使权力相对应的行政责任，建立执法责任追究制度。对煤矿安全监察人员在履行职责中滥用职权、玩忽职守、违反廉政规定等行为，承担相应责任。国家煤矿安全监察局制定监察执法责任追究办法，并向社会公布。

煤矿安全事关人民生命财产和改革发展稳定大局，各级煤矿安全监察机构和地方各级人民政府，要认真履行职责，切实落实责任，强化监管措施，促进煤矿安全局面的根本好转。

国务院办公厅

二〇〇四年十一月四日

11. 国务院办公厅关于加快煤层气（煤矿瓦斯）抽采利用的若干意见

国办发〔2006〕47号

各省、自治区、直辖市人民政府，国务院各部委、各直属机构：

煤层气俗称煤矿瓦斯，是宝贵的能源资源。我国高瓦斯、煤与瓦斯突出矿井多，煤矿瓦斯一直是煤矿安全生产的重大隐患。近年来，煤矿重特大瓦斯爆炸事故时有发生，给人民群众生命财产造成了重大损失；同时，未经处理或回收的煤层气直接排放到大气中，也造成了严重的环境污染和资源浪费。为进一步加大煤层气抽采利用力度，强化煤矿瓦斯治理，减轻煤矿瓦斯灾害，经国务院同意，现就加快煤层气抽采利用提出以下意见：

一、加快煤层气抽采利用是贯彻以人为本，落实科学发展观，建设节约型社会的重要体现。必须坚持先抽后采、治理与利用并举的方针，采取各种鼓励和扶持措施，防范煤矿瓦斯事故，充分利用能源资源，有效保护生态环境。

二、煤层气抽采利用项目经各省（区、市）煤炭行业管理部门会同同级人民政府资源综合利用主管部门认定后，可享受有关鼓励和扶持政策。主要包括：井下抽采系统项目，地面钻探、泵站项目，输配气管网项目，煤层气压缩、提纯、储存和销售站点项目，利用煤层气发电、供民用燃烧及生产化工产品项目等。

三、煤层气年输气能力5亿立方米及以上的输气管网项目或跨省（区、市）输气管网项目，由国务院投资主管部门核准；年输气能力5亿立方米以下的输气管网项目，由省级人民政府投资主管部门核准。煤层气发电并网项目，由省级人民政府投资主管部门核准。煤矿企业自采自用煤层气项目，由煤矿企业自主决策，报地方人民政府投资主管部门备案。

四、国土资源管理部门要依法加强对煤层气勘查开采活动的监督管理，严格执行国家关于最低勘探投入量和施工期的基本要求，对达不到要求的，按照《矿产资源勘查区块登记管理办法》的有关规定予以处理。

五、煤层中吨煤瓦斯含量必须降低到规定标准以下，方可实施煤炭开采。煤矿安监局要会同有关部门组织制订具体标准，并加强监督检查。

六、坚持采气采煤一体化，依法清理并妥善解决煤层气和煤炭资源的矿业权交叉问题。凡新设探矿权，必须对煤层气、煤炭资源进行综合勘查、评价和储量认定。煤层中吨煤瓦斯含量高于规定标准且具备地面开发条件的，必须统一编制煤层气和煤炭开发利用方案，并优先选择地面煤层气抽采。煤层气和煤炭资源实施综合勘查、评价和储量认定的具体办法由国土资源部研究制订。

七、限制企业直接向大气中排放煤层气，环保总局要研究制订煤层气大气污染物排放的具体标准，并对超标准排放煤层气的企业依法实施处罚。

八、煤层气抽采利用项目建设用地，按国家有关规定予以优先安排。

九、煤矿企业提取的生产安全费用可用于煤层气井上井下抽采系统建设。

十、统筹规划煤层气和天然气输送管网建设。煤层气经处理后，质量达到规定标准的，可优先并入天然气管网及城市公共供气管网。煤层气售价由供需双方协商确定，各级人民政府价格主管部门要加强监管，防止无序竞争。

十一、煤矿企业利用煤层气发电，可自发自用；多余电量需要上网的，由电网企业优先安排上网销售，不参与市场竞争，发电机组并网前要符合并网的技术要求和电网安全运行的有关标准。利用煤层气发电，其上网电价执行国家价格主管部门批准的上网电价或执行当地火电脱硫机组标杆电价。

十二、进一步加大煤层气抽采利用的科技攻关力度，加大科技投入，有关部门要积极研究制定相关政策措施。

十三、对煤层气抽采利用实行税收优惠政策，具体办法由财政部会同税务总局、发展改革委等有关部门制订。

十四、煤层气抽采利用设备在基准年限基础上实行加速折旧，折旧资金在企业成本中列支。加速折旧的具体比例由税务总局商有关部门研究确定。

十五、对地面直接从事煤层气勘查开采的企业，2020 年前可按国家有关规定申请减免探矿权使用费和采矿权使用费。

十六、各级人民政府要积极筹措资金，为煤层气抽采利用项目提供资金补助或贷款贴息。

国务院办公厅

二〇〇六年六月十五日

12. 国务院办公厅关于施行《中华人民共和国政府信息公开条例》若干问题的意见

国办发〔2008〕36 号

各省、自治区、直辖市人民政府，国务院各部委、各直属机构：

为有利于贯彻施行《中华人民共和国政府信息公开条例》（以下简称条例），积极稳妥地推进政府信息公开工作，保障公民、法人和其他组织依法获取政府信息，经国务院同意，现就条例施行中的若干问题提出以下意见：

一、关于政府信息公开管理体制问题

（一）县级以上人民政府各部门（单位）要在本级人民政府信息公开工作主管部门的统一指导、协调、监督下开展政府信息公开工作。

（二）实行垂直领导的部门（单位）要在其上级业务主管部门（单位）的领导下，在所在地地方人民政府统一指导、协调下开展政府信息公开工作。实行双重领导的部门（单位）要在所在地地方人民政府的领导下开展政府信息公开工作，同时接受上级业务主管部门（单位）的指导。

二、关于建立政府信息发布协调机制问题

（三）各级人民政府信息公开工作主管部门要组织、协调有关行政机关建立健全政府信息发布协调机制，形成畅通高效的信息发布沟通渠道。行政机关拟发布的政府信息涉及其他行政机关的，要与有关行政机关沟通协调，经对方确认后方可发布；沟通协调后不能达成一致意见的，由拟发布该政府信息的行政机关报请本级政府信息公开工作主管部门协调解决。

（四）根据法律、行政法规和国家有关规定，发布农产品质量安全状况、重大传染病疫情、重大动物疫情、重要地理信息数据、统计信息等政府信息，要严格按照规定权限和程序执行。

三、关于发布政府信息的保密审查问题

（五）行政机关在制作政府信息时，要明确该政府信息是否应当公开；对于不能确定是否可以公开的，要报有关业务主管部门（单位）或者同级保密工作部门确定。

（六）行政机关要严格依照《中华人民共和国保守国家秘密法》及其实施办法等相关规定，对拟公开的政府信息进行保密审查。凡属国家秘密或者公开后可能危及国家安全、公共安全、经济安全和社会稳定的政府信息，不得公开。

（七）对主要内容需要公众广泛知晓或参与，但其中部分内容涉及国家秘密的政府信息，应经法定程序解密并删除涉密内容后，予以公开。

（八）已经移交档案馆及档案工作机构的政府信息的管理，依照有关档案管理的法律、行政法规和国家有关规定执行。

四、关于主动公开政府信息问题

（九）各级行政机关特别是国务院各部门（单位）、各省（区、市）人民政府及其部门（单位）

要建立健全政府信息主动公开机制，增强工作的主动性和实效性。要充分利用政府网站、政府公报等各种便于公众知晓的方式，及时公开政府信息，并逐步完善政府信息公开目录及网上查询功能，为公众提供优质服务。

（十）因政府机构改革不再保留的部门（单位）的政府信息公开工作，由继续履行其职能的部门（单位）负责。

五、关于依申请公开政府信息问题

（十一）国务院各部门（单位）和地方各级人民政府及其部门（单位）要切实做好依申请公开政府信息的工作。要采取多种方式，方便公民、法人和其他组织申请公开政府信息。特别是设区的市级人民政府及其部门（单位）、县级人民政府及其部门（单位）、乡（镇）人民政府，直接面向基层群众，要充分利用现有的行政服务大厅、行政服务中心等行政服务场所，或者设立专门的接待窗口和场所，为人民群众提供便利，确保政府信息公开申请得到及时、妥善处理。省（区、市）人民政府、国务院各部门（单位）在做好本行政机关依申请公开政府信息工作的同时，要加强对下级政府和部门（单位）的指导。国务院办公厅不直接受理公民、法人和其他组织提出的政府信息公开申请。

（十二）行政机关要按照条例规定的时限及时答复申请公开政府信息的当事人。同时，对于可以公开的政府信息，能够在答复时提供具体内容的，要同时提供；不能同时提供的，要确定并告知申请人提供的期限。在条例正式施行后，如一段时间内出现大量申请公开政府信息的情况，行政机关难以按照条例规定期限答复的，要及时向申请人说明并尽快答复。

（十三）对于同一申请人向同一行政机关就同一内容反复提出公开申请的，行政机关可以不重复答复。

（十四）行政机关对申请人申请公开与本人生产、生活、科研等特殊需要无关的政府信息，可以不予提供；对申请人申请的政府信息，如公开可能危及国家安全、公共安全、经济安全和社会稳定，按规定不予提供，可告知申请人不属于政府信息公开的范围。

六、关于监督保障问题

（十五）国务院各部门（单位）和地方各级人民政府要抓紧制订完善政府信息公开工作考核办法，明确考核的原则、内容、标准、程序和方式。要建立社会评议制度，把政府信息公开工作纳入社会评议政风、行风的范围，并根据评议结果完善制度、改进工作。

（十六）国务院各部门（单位）和地方各级人民政府及其部门（单位）要建立健全分层级受理举报的制度，及时研究解决政府信息公开工作中反映出来的问题。公民、法人或者其他组织认为行政机关不依法履行政府信息公开义务的，可向本级监察机关、政府信息公开工作主管部门举报；对本级监察机关和政府信息公开工作主管部门的处理不满意的，可向上一级业务主管部门、监察机关或者政府信息公开工作主管部门举报。

（十七）国务院各部门（单位）和地方各级人民政府要按照《国务院办公厅关于做好施行〈中华人民共和国政府信息公开条例〉准备工作的通知》（国办发〔2007〕54号）的要求，落实业务经费，加强队伍建设。

（十八）国务院各部门（单位）和地方各级人民政府可以根据条例的规定，结合本部门（单位）、本地区的实际情况，制定施行条例的具体办法，保证条例的各项规定得到落实。

七、关于公共企事业单位的信息公开工作

（十九）国务院有关主管部门（单位）要按照条例的要求，把公共企事业单位的信息公开纳入本部门（单位）信息公开工作的总体部署，在2008年10月底前制定具体的实施办法，积极推动公共企事业单位的信息公开工作。同时，要加强对各省（区、市）人民政府有关部门的工作指导，把公共企事业单位信息公开工作全面推向深入。

（二十）公共企事业单位要以涉及人民群众切身利益、社会普遍关心的内容为重点，切实做好信息公开工作。要创新公开形式，拓展公开渠道，完善公开制度，全面提高公开工作水平。

国务院办公厅

二〇〇八年四月二十九日

13. 国务院办公厅关于印发《国家煤矿安全监察局主要职责内设机构和人员编制规定》的通知

国办发〔2008〕101 号

各省、自治区、直辖市人民政府，国务院各部委、各直属机构：

根据《国务院关于部委管理的国家局设置的通知》（国发〔2008〕12 号），设立国家煤矿安全监察局（副部级），为国家安全生产监督管理总局管理的国家局。

一、职责调整

（一）取消已由国务院公布取消的行政审批事项。

（二）将设在地方的煤矿安全监察机构负责的煤矿矿长安全资格和特种作业人员（含煤矿矿井使用的特种设备作业人员）操作资格考核发证工作，交给地方政府有关部门承担。

（三）加强对地方政府煤矿安全生产监督管理工作监督检查职责。

二、主要职责

（一）拟订煤矿安全生产政策，参与起草有关煤矿安全生产的法律法规草案，拟订相关规章、规程、安全标准，按规定拟订煤炭行业规范和标准，提出煤矿安全生产规划。

（二）承担国家煤矿安全监察责任，检查指导地方政府煤矿安全监督管理工作。对地方政府贯彻落实煤矿安全生产法律法规、标准，煤矿整顿关闭，煤矿安全监督检查执法，煤矿安全生产专项整治、事故隐患整改及复查，煤矿事故责任人的责任追究落实等情况进行监督检查，并向地方政府及其有关部门提出意见和建议。

（三）承担煤矿安全生产准入监督管理责任，依法组织实施煤矿安全生产准入制度，指导和管理煤矿有关资格证的考核颁发工作并监督检查，指导和监督相关安全培训工作。

（四）承担煤矿作业场所职业卫生监督检查责任，负责职业卫生安全许可证的颁发管理工作，监督检查煤矿作业场所职业卫生情况，组织查处煤矿职业危害事故和违法违规行为。

（五）负责对煤矿企业安全生产实施重点监察、专项监察和定期监察，依法监察煤矿企业贯彻执行安全生产法律法规情况及其安全生产条件、设备设施安全情况，对煤矿违法违规行为依法做出现场处理或实施行政处罚。

（六）负责发布全国煤矿安全生产信息，统计分析全国煤矿生产安全事故与职业危害情况，组织或参与煤矿生产安全事故调查处理，监督事故查处的落实情况。

（七）负责重大煤炭建设项目安全核准工作，组织煤矿建设工程安全设施的设计审查和竣工验收，查处不符合安全生产标准的煤矿企业。

（八）负责组织指导和协调煤矿事故应急救援工作。

（九）指导煤矿安全生产科研工作，组织对煤矿使用的设备、材料、仪器仪表的安全监察工作。

（十）指导煤炭企业安全基础管理工作，会同有关部门指导和监督煤矿生产能力核定和煤矿整顿关闭工作，对煤矿安全技术改造和瓦斯综合治理与利用项目提出审核意见。

（十一）承办国务院及国家安全生产监督管理总局交办的其他事项。

三、内设机构

根据上述职责，国家煤矿安全监察局设5个内设机构（副司局级）：

（一）办公室。

拟订机关工作规则和工作制度；承担机关公文管理、政务信息、机要保密工作；协调机关人事、财务、外事等相关工作。

（二）安全监察司。

依法监察煤矿企业执行安全生产法律法规情况及其安全生产条件、设备设施安全情况，依法查处不具备安全生产条件的煤矿；组织煤矿建设工程安全设施的设计审查和竣工验收；承担煤矿企业安全生产准入管理工作；承担对重大煤炭建设项目的安全核准工作；指导和监督煤矿整顿关闭工作；检查指导地方煤矿安全监督管理工作。

（三）事故调查司。

依法组织指导煤矿安全事故和职业危害事故的调查处理；按照职责分工，拟订煤矿作业场所职业卫生有关执法规章和标准；监督检查煤矿作业场所职业卫生情况；指导协调或参与煤矿事故应急救援工作；监督煤矿安全生产执法行为；承办相关行政复议；指导监督煤矿事故与职业危害统计分析及职业危害申报工作；发布煤矿安全生产信息；承担国家煤矿安全监察专员日常管理工作。

（四）科技装备司。

参与起草煤矿安全生产、安全监察有关法律法规草案；拟订煤矿安全生产规划、规章、规程、标准；指导和组织拟订煤炭行业规范和标准；组织煤矿安全生产科研及科技成果推广工作；组织监察煤矿设备、材料、仪器仪表安全；审核国有重点煤矿安全技术改造和瓦斯综合治理与利用项目。

（五）行业安全基础管理指导司。

指导和监督煤炭企业安全基础管理、安全标准化工作；指导和监督煤炭企业建立并落实安全隐患排查、报告和治理制度；指导和监督地方煤炭行业管理部门开展煤矿生产能力核定工作；依法监督检查中央管理的煤炭企业和为煤矿服务的（煤矿矿井建设施工、煤炭洗选等）企业的安全生产工作；指导和管理煤矿有关资格证的考核颁发工作并监督检查，指导和监督相关安全培训工作。

四、人员编制

国家煤矿安全监察局机关行政编制为63名。其中：局长1名、副局长4名（其中1名兼总工程师），正副司长职数21名（含国家煤矿安全监察专员6名）。

五、其他事项

国家煤矿安全监察局的综合性业务和人事党务、机关财务后勤、煤矿安全监察人员的考核和组织培训等事务，依托国家安全生产监督管理总局管理。

六、附则

本规定由中央机构编制委员会办公室负责解释，其调整由中央机构编制委员会办公室按规定程序办理。

14. 国务院办公厅关于进一步加强煤矿安全生产工作的意见

国办发〔2013〕99号

各省、自治区、直辖市人民政府，国务院各部委、各直属机构：

煤炭是我国的主体能源，煤矿安全生产关系煤炭工业持续发展和国家能源安全，关系数百万矿工生命财产安全。近年来，通过各方面共同努力，煤矿安全生产形势持续稳定好转。但事故总量仍然偏大，重特大事故时有发生，暴露出煤矿安全管理中仍存在一些突出问题。党中央、国务院对此高度重视，要求深刻汲取事故教训，坚守发展决不能以牺牲人的生命为代价的红线，始终把矿工生命安全放在首位，大力推进煤矿安全治本攻坚，建立健全煤矿安全长效机制，坚决遏制煤矿重特大事故发生。为进一步加强煤矿安全生产工作，经国务院同意，现提出以下意见：

一、加快落后小煤矿关闭退出

（一）明确关闭对象。重点关闭9万吨/年及以下不具备安全生产条件的煤矿，加快关闭9万吨/年及以下煤与瓦斯突出等灾害严重的煤矿，坚决关闭发生较大及以上责任事故的9万吨/年及以下的煤矿。关闭超层越界拒不退回和资源枯竭的煤矿；关闭拒不执行停产整顿指令仍然组织生产的煤矿。不能实现正规开采的煤矿，一律停产整顿；逾期仍未实现正规开采的，依法实施关闭。没有达到安全质量标准化三级标准的煤矿，限期停产整顿；逾期仍不达标的，依法实施关闭。

（二）加大政策支持力度。通过现有资金渠道加大支持淘汰落后产能力度，地方人民政府应安排配套资金，并向早关、多关的地区倾斜。研究制定信贷、财政优惠政策，鼓励优势煤矿企业兼并重组小煤矿。修订煤炭产业政策，提高煤矿准入标准。国家支持小煤矿集中关闭地区发展替代产业，加强基础设施建设，加快缺煤地区能源输送通道建设，优先保障缺煤地区的铁路运力。

（三）落实关闭目标和责任。到2015年底全国关闭2000处以上小煤矿。各省级人民政府负责小煤矿关闭工作，要制定关闭规划，明确关闭目标并确保按期完成。

二、严格煤矿安全准入

（四）严格煤矿建设项目核准和生产能力核定。一律停止核准新建生产能力低于30万吨/年的煤矿，一律停止核准新建生产能力低于90万吨/年的煤与瓦斯突出矿井。现有煤与瓦斯突出、冲击地压等灾害严重的生产矿井，原则上不再扩大生产能力；2015年底前，重新核定上述矿井的生产能力，核减不具备安全保障能力的生产能力。

（五）严格煤矿生产工艺和技术设备准入。建立完善煤炭生产技术与装备、井下合理生产布局以及能力核定等方面的政策、规范和标准，严禁使用国家明令禁止或淘汰的设备和工艺。煤矿使用的设备必须按规定取得煤矿矿用产品安全标志。

（六）严格煤矿企业和管理人员准入。规范煤矿建设项目安全核准、项目核准和资源配置的程序。未通过安全核准的，不得通过项目核准；未通过项目核准的，不得颁发采矿许可证。不具备相应灾害防治能力的企业申请开采高瓦斯、冲击地压、煤层易自燃、水文地质情况和条件复杂等煤炭资源的，不得通过安全核准。从事煤炭生产的企业必须有相关专业和实践经历的管理团队。煤矿必须配备矿长、总工程师和分管安全、生产、机电的副矿长，以及负责采煤、掘进、机电运输、通风、地质测量工作的专业技术人员。矿长、总工程师和分管安全、生产、机电的副矿长必须具有安全资格证，且严禁在其他煤矿兼职；专业技术人员必须具备煤矿相关专业中专以上学历或注册安全工程师资格，且有3年以上井下工作经历。鼓励专业化的安全管理团队以托管、入股等方式管理小煤矿，提高小煤矿技术、装备和管理水平。建立煤炭安全生产信用报告制度，完善安全生产承诺和安全生产信用分类管理制度，健全安全生产准入和退出信用评价机制。

三、深化煤矿瓦斯综合治理

（七）加强瓦斯管理。认真落实国家关于促进煤层气（煤矿瓦斯）抽采利用的各项政策。高瓦斯、煤与瓦斯突出矿井必须严格执行先抽后采、不抽不采、抽采达标。煤与瓦斯突出矿井必须按规定落实区域防突措施，开采保护层或实施区域性预抽，消除突出危险性，做到不采突出面、不掘突出头。发现瓦斯超限仍然作业的，一律按照事故查处，依法依规处理责任人。

（八）严格煤矿企业瓦斯防治能力评估。完善煤矿企业瓦斯防治能力评估制度，提高评估标准，增加必备性指标。加强评估结果执行情况监督检查，经评估不具备瓦斯防治能力的煤矿企业，所属高瓦斯和煤与瓦斯突出矿井必须停产整顿、兼并重组，直至依法关闭。加强评估机构建设，充实评估人员，落实评估责任，对弄虚作假的单位和个人要严肃追究责任。

四、全面普查煤矿隐蔽致灾因素

（九）强制查明隐蔽致灾因素。加强煤炭地质勘查管理，勘查程度达不到规范要求的，不得为其划定矿区范围。煤矿企业要加强建设、生产期间的地质勘查，查明井田范围内的瓦斯、水、火等隐蔽致灾因素，未查明的必须综合运用物探、钻探等勘查技术进行补充勘查；否则，一律不得继续建设和生产。

（十）建立隐蔽致灾因素普查治理机制。小煤矿集中的矿区，由地方人民政府组织进行区域性水害普查治理，对每个煤矿的老空区积水划定警戒线和禁采线，落实和完善预防性保障措施。国家从中央有关专项资金中予以支持。

五、大力推进煤矿“四化”建设

（十一）加快推进小煤矿机械化建设。国家鼓励和扶持30万吨/年以下的小煤矿机械化改造，对机械化改造提升的符合产业政策规定的最低规模的产能，按生产能力核定办法予以认可。新建、改扩建的煤矿，不采用机械化开采的一律不得核准。

（十二）大力推进煤矿安全质量标准化和自动化、信息化建设。深入推进煤矿安全质量标准化建设工作，强化动态达标和岗位达标。煤矿必须确保安全监控、人员定位、通信联络系统正常运转，并大力推进信息化、物联网技术应用，充分利用和整合现有的生产调度、监测监控、办公自动化等信息化系统，建设完善安全生产综合调度信息平台，做到视频监视、实时监测、远程控制。县级煤矿安全监管部门要与煤矿企业安全生产综合调度信息平台实现联网，随机抽查煤矿安全监控运行情况。地方人民政府要培育发展或建立区域性技术服务机构，为煤矿特别是小煤矿提供技术服务。

六、强化煤矿矿长责任和劳动用工管理

（十三）严格落实煤矿矿长责任制度。煤矿矿长要落实安全生产责任，切实保护矿工生命安全，确保煤矿必须证照齐全，严禁无证照或者证照失效非法生产；必须在批准区域正规开采，严禁超层越界或者巷道式采煤、空顶作业；必须做到通风系统可靠，严禁无风、微风、循环风冒险作业；必须做到瓦斯抽采达标，防突措施到位，监控系统有效，瓦斯超限立即撤人，严禁违规作业；必须落实井下

探放水规定，严禁开采防隔水煤柱；必须保证井下机电和所有提升设备完好，严禁非阻燃、非防爆设备违规入井；必须坚持矿领导下井带班，确保员工培训合格、持证上岗，严禁违章指挥。达不到要求的煤矿，一律停产整顿。

（十四）规范煤矿劳动用工管理。在一定区域内，加强煤矿企业招工信息服务，统一组织报名和资格审查、统一考核、统一签订劳动合同和办理用工备案、统一参加社会保险、统一依法使用劳务派遣用工，并加强监管。严格实施工伤保险实名制；严厉打击无证上岗、持假证上岗。

（十五）保护煤矿工人权益。开展行业性工资集体协商，研究确定煤矿工人小时最低工资标准，提高下井补贴标准，提高煤矿工人收入。严格执行国家法定工时制度。停产整顿煤矿必须按期发放工人工资。煤矿必须依法配备劳动保护用品，定期组织职业健康检查，加强尘肺病防治工作，建设标准化的食堂、澡堂和宿舍。

（十六）提高煤矿工人素质。加强煤矿班组安全建设，加快变“招工”为“招生”，强化矿工实际操作技能培训与考核。所有煤矿从业人员必须经考试合格后持证上岗，严格教考分离、建立统一题库、制定考核办法、对考核合格人员免费颁发上岗证书。健全考务管理体系，建立考试档案，切实做到考试不合格不发证。将煤矿农民工培训纳入各地促进就业规划和职业培训扶持政策范围。

七、提升煤矿安全监管和应急救援科学化水平

（十七）落实地方政府分级属地监管责任。地方各级人民政府要切实履行分级属地监管责任，强化“一岗双责”，严格执行“一票否决”。强化责任追究，对不履行或履行监管职责不力的，要依纪依法严肃追究相关人员的责任。各地区要按管理权限落实停产整顿煤矿的监管责任人和验收部门，省属煤矿和中央企业煤矿由省级煤矿安全监管部门组织验收，局长签字；市属煤矿由市（地）级煤矿安全监管部门组织验收，市（地）级人民政府主要负责人签字；其他煤矿由县级煤矿安全监管部门组织验收，县级人民政府主要负责人签字。中央企业煤矿必须由市（地）级以上煤矿安全监管部门负责安全监管，不得交由县、乡级人民政府及其部门负责。

（十八）明确部门安全监管职责。按照管行业必须管安全、管业务必须管安全、谁主管谁负责的原则，进一步明确各部门监管职责，切实加强基层煤炭行业管理和煤矿安全监管部门能力建设。创新监管监察方式方法，开展突击暗查、交叉执法、联合执法，提高监督管理的针对性和有效性。煤矿安全监管监察部门发现煤矿存在超能力生产等重大安全生产隐患和行为的，要依法责令停产整顿；发现违规建设的，要责令停止施工并依法查处；发现停产整顿期间仍然组织生产的煤矿，要依法提请地方政府关闭。煤矿安全监察机构要严格安全准入，严格煤矿建设工程安全设施的设计审查和竣工验收；依法加强对地方政府煤矿安全生产监管工作的监督检查；对停产整顿煤矿要依法暂扣其安全生产许可证。国土资源部门要严格执行矿产资源规划、煤炭国家规划矿区和矿业权设置方案制度，严厉打击煤矿无证勘查开采、以煤田灭火或地质灾害治理等名义实施露天采煤、以硐探坑探为名实施井下开采、超越批准的矿区范围采矿等违法违规行为。公安部门要停止审批停产整顿煤矿购买民用爆炸物品。电力部门要对停产整顿煤矿限制供电。建设主管部门要加强煤矿施工企业安全生产许可证管理，组织及时修订煤矿设计相应标准规范，会同煤炭行业管理部门强化对煤矿设计、施工和监理单位的资质监管。投资主管部门要提高煤矿安全技术改造资金分配使用的针对性和实效性。

（十九）加快煤矿应急救援能力建设。加强国家（区域）矿山应急救援基地建设，其运行维护费用由中央财政和所在地省级财政给予支持。加强地方矿山救护队伍建设，其运行维护费用由地方财政给予支持。煤矿企业按照相关规定建立专职应急救援队伍。没有建立专职救援队伍的，必须建设兼职辅助救护队。煤矿企业要统一生产、通风、安全监控调度，建立快速有效的应急处置机制；每年至少组织一次全员应急演练。加强煤矿事故应急救援指挥，发生重大及以上事故，省级人民政府主要负责人或分管负责人要及时赶赴事故现场。在煤矿抢险救灾中牺牲的救援人员，应当按照国家有关规定申

报烈士。

（二十）加强煤矿应急救援装备建设。煤矿要按规定建设完善紧急避险、压风自救、供水施救系统，配备井下应急广播系统，储备自救互救器材。煤矿或煤矿集中的矿区，要配备适用的排水设备和应急救援物资。加快研制并配备能够快速打通“生命通道”的先进设备。支持重点开发煤矿应急指挥、通信联络、应急供电等设备和移动平台，以及遇险人员生命探测与搜索定位、灾害现场大型破拆、救援人员特种防护用品和器材等救援装备。

国务院各有关部门要按照职责分工研究制定具体的政策措施，落实工作责任，加强监管监察并认真组织实施。各省级人民政府要结合本地实际制定实施办法，加强组织领导，强化煤矿安全生产责任体系建设，强化监督检查，加强宣传教育，强化社会监督，严格追究责任，确保各项要求得到有效执行。

国务院办公厅

2013 年 10 月 2 日

15. 国务院办公厅关于加强安全生产监管执法的通知

国办发〔2015〕20号

各省、自治区、直辖市人民政府，国务院各部委、各直属机构：

为贯彻落实党的十八大、十八届二中、三中、四中全会精神和党中央、国务院有关决策部署，按照全面推进依法治国的要求，着力强化安全生产法治建设，严格执行安全生产法等法律法规，切实维护人民群众生命财产安全和健康权益，经国务院同意，现就加强安全生产监管执法有关要求通知如下：

一、健全完善安全生产法律法规和标准体系

（一）加快制修订相关法律法规。抓紧制定安全生产法实施条例等配套法规，积极推动矿山安全法、消防法、道路交通安全法、海上交通安全法、铁路法等相关法律修订出台，加快煤矿安全监察、石油天然气管道保护、民用航空安全保卫、重大设备监理、高毒物品与高危粉尘作业劳动保护、安全生产应急管理等有关法规的研究论证和制修订工作。各省级人民政府要推动安全生产地方性法规、规章制修订工作，健全安全生产法治保障体系。

（二）制定完善安全生产标准。国务院安全生产监督管理部门要加强统筹协调，会同有关部门制定实施安全生产标准发展规划和年度计划，加快制修订安全生产强制性国家标准，逐步缩减推荐性标准。其他负有安全生产监督管理职责的部门要建立完善行业安全管理标准，并在制修订其他行业和技术标准时充分考虑安全生产的要求。要根据经济社会发展和安全生产实际需要，科学建立和优化工作程序，尽可能缩短相关标准出台期限，对于安全生产工作急需标准要按照特事特办原则，加快完成制修订工作并及时向社会公布。

（三）及时做好相关规章制度修改完善工作。加强调查研究，准确把握和研判安全生产形势、特点和规律，认真调查分析每一起生产安全事故，深入剖析事故发生的技术原因和管理原因，有针对性地健全和完善相关规章制度。对事故调查反映出相关法规规章有漏洞和缺陷的，要在事故结案后立即启动制修订工作。要按照深化行政审批制度改革的要求，及时做好有关地方和部门规章及规范性文件清理工作，既要简政放权，又要确保安全准入门槛不降低、安全监管不放松。

二、依法落实安全生产责任

（四）建立完善安全监管责任制。依法加快建立生产经营单位负责、职工参与、政府监管、行业自律和社会监督的安全生产工作机制。全面建立“党政同责、一岗双责、齐抓共管”的安全生产责任体系，落实属地监管责任。负有安全生产监督管理职责的部门要加强对有关行业领域的监督管理，形成综合监管和行业监管合力，提高监管效能，切实做到管行业必须管安全、管业务必须管安全、管生产经营必须管安全。加强安全生产目标责任考核，各级安全生产监督管理部门要定期向同级组织部门报送安全生产情况，将其纳入领导干部政绩业绩考核内容，严格落实安全生产“一票否决”制度。

（五）督促落实企业安全生产主体责任。督促企业严格履行法定责任和义务，建立健全安全生产管理机构，按规定配齐安全生产管理人员和注册安全工程师，切实做到安全生产责任到位、投入到位、培训到位、基础管理到位和应急救援到位。国有大中型企业和规模以上企业要建立安全生产委员会，主任由董事长或总经理担任，董事长、党委书记、总经理对安全生产工作均负有领导责任，企业领导班子成员和管理人员实行安全生产“一岗双责”。所有企业都要建立生产安全风险警示和预防应急公告制度，完善风险排查、评估、预警和防控机制，加强风险预控管理，按规定将本单位重大危险源及相关安全措施、应急措施报有关地方人民政府安全生产监督管理部门和有关部门备案。

（六）进一步严格事故调查处理。各类生产安全事故发生后，各级人民政府必须按照事故等级和管辖权限，依法开展事故调查，并通知同级人民检察院介入调查。完善事故查处挂牌督办制度，按规定由省级、市级和县级人民政府分别负责查处的重大、较大和一般事故，分别由上一级人民政府安全生产委员会负责挂牌督办、审核把关。对性质严重、影响恶劣的重大事故，经国务院批准后，成立国务院事故调查组或由国务院授权有关部门组织事故调查组进行调查。对典型的较大事故，可由国务院安全生产委员会直接督办。建立事故调查处理信息通报和整改措施落实情况评估制度，所有事故都要在规定时限内结案并依法及时向社会全文公布事故调查报告，同时由负责查处事故的地方人民政府在事故结案 1 年后及时组织开展评估，评估情况报上级人民政府安全生产委员会办公室备案。

三、创新安全生产监管执法机制

（七）加强重点监管执法。地方各级人民政府和负有安全生产监督管理职责的部门要根据辖区、行业领域安全生产实际情况，分别筛选确定重点监管的市、县、乡镇（街道）、行政村（社区）和生产经营单位，实行跟踪监管、直接指导。国务院安全生产监督管理部门要组织各地区排查梳理高危企业分布情况和近 5 年来事故发生情况，确定重点监管对象，纳入国家重点监管调度范围并实行动态管理。进一步加强部门联合监管执法，做到密切配合、协调联动，依法严肃查处突出问题，并通过暗访暗查、约谈曝光、专家会诊、警示教育等方式督促整改。

（八）加强源头监管和治理。地方各级人民政府要将安全生产和职业病防治纳入经济社会发展规划，实现同步协调发展。各有关部门要进一步加强有关建设项目规划、设计环节的安全把关，防止从源头上产生隐患。建立岗位安全知识、职业病危害防护知识和实际操作技能考核制度，全面推行教考分离，对发生事故的要依法倒查企业安全生产培训制度落实情况。深入开展企业安全生产标准化建设，对不符合安全生产条件的企业要依法责令停产整顿，直至关闭退出。督促企业加强生产经营场所职业病危害源头治理，防止职业病发生。地方各级安全生产监督管理部门要建立与企业联网的隐患排查治理信息系统，实行企业自查自报自改与政府监督检查并网衔接，并建立健全线下配套监管制度，实现分级分类、互联互通、闭环管理。

（九）改进监督检查方式。各地区和相关部门要建立完善“四不两直”（不发通知、不打招呼、不听汇报、不用陪同和接待，直奔基层、直插现场）暗查暗访安全检查制度，制定事故隐患分类和分级挂牌督办标准，对重大事故隐患加大执法检查频次，强化预防控制措施。推行安全生产网格化动态监管机制，力争用 3 年左右时间覆盖到所有生产经营单位和乡村、社区。地方各级人民政府要营造良好的安全生产监管执法环境，不得以招商引资、发展经济等为由对安全生产监管执法设置障碍，2015 年底前要全面清理、废除影响和阻碍安全生产监管执法的相关规定，并向上级人民政府报告。

（十）建立完善安全生产诚信约束机制。地方各级人民政府要将企业安全生产诚信建设作为社会信用体系建设的重要内容，建立健全企业安全生产信用记录并纳入国家和地方统一的信用信息共享交换平台。要实行安全生产“黑名单”制度并通过企业信用信息公示系统向社会公示，对列入“黑名单”的企业，在经营、投融资、政府采购、工程招投标、国有土地出让、授予荣誉、进出口、出入境、资质审核等方面依法予以限制或禁止。各地区要于 2016 年底前建立企业安全生产违法信息库，2018 年底前实现全国联网，并面向社会公开查询。相关部门要加强联动，依法对失信企业进行惩戒约束。

（十一）加快监管执法信息化建设。整合建立安全生产综合信息平台，统筹推进安全生产监管执法信息化工作，实现与事故隐患排查治理、重大危险源监控、安全诚信、安全生产标准化、安全教育培训、安全专业人才、行政许可、监测检验、应急救援、事故责任追究等信息共建共享，消除信息孤岛。要大力提升安全生产“大数据”利用能力，加强安全生产周期性、关联性等特征分析，做到检索查询即时便捷、归纳分析系统科学，实现来源可查、去向可追、责任可究、规律可循。

（十二）运用市场机制加强安全监管。在依法推进各类用人单位参加工伤保险的同时，鼓励企业投保安全生产责任保险，并理顺安全生产责任保险与风险抵押金的关系，推动建立社会商业保险机构参与安全监管的机制。要在长途客运、危险货物道路运输领域继续实施承运人责任保险制度的同时，进一步推动在煤矿、非煤矿山、危险化学品、烟花爆竹、建筑施工、民用爆炸物品、特种设备、金属冶炼与加工、水上运输等高危行业和重点领域实行安全生产责任保险制度，推动公共聚集场所和易燃易爆危险品生产、储存、运输、销售企业投保火灾公共责任保险。建立健全国家、省、市、县四级安全生产专家队伍和服务机制。培育扶持科研院所、行业协会、专业服务组织和注册安全工程师事务所参与安全生产工作，积极提供安全管理和技术服务。

（十三）加强与司法机关的工作协调。制定安全生产非法违法行为等涉嫌犯罪案件移送规定，明确移送标准和程序，建立安全生产监管执法机构与公安机关和检察机关安全生产案情通报机制，加强相关部门间的执法协作，严厉查处打击各类违法犯罪行为。安全生产监督管理部门对逾期不履行安全生产行政决定的，要依法强制执行或者向人民法院申请强制执行，维护法律的权威性和约束力，切实保障公民生命安全和职业健康。

四、严格规范安全生产监管执法行为

（十四）建立权力和责任清单。按照强化安全生产监管与透明、高效、便民相结合的原则，进一步取消或下放安全生产行政审批事项，制定完善事中和事后监管办法，提高政府安全生产监管服务水平。地方各级人民政府及其相关部门、中央垂直管理部门设在地方的机构要依照安全生产法等法律法规和规章，以清单方式明确每项安全生产监管监察职权和责任，制定工作流程图，并通过政府网站和政府公告等载体，及时向社会公开，切实做到安全生产监管执法不缺位、不越位。

（十五）完善科学执法制度。各级安全生产监督管理部门要制定年度执法计划，明确重点监管对象、检查内容和执法措施，并根据安全生产实际情况及时进行调整和完善，确保执法效果。建立安全生产与职业卫生一体化监管执法制度，对同类事项进行综合执法，降低执法成本，提高监管实效。各有关部门依法对企业作出安全生产执法决定之日起 20 个工作日内，要向社会公开执法信息。

（十六）强化严格规范执法。各级安全生产监督管理部门和其他负有安全生产监督管理职责的部门要依法明确停产停业、停止施工、停止使用相关设施或者设备，停止供电、停止供应民用爆炸物品，查封、扣押、取缔和上限处罚等执法决定的具体情形、时限、执行责任和落实措施。加强执法监督，建立执法行为审议制度和重大行政执法决策机制，依法规范执法程序和自由裁量权，评估执法效果，防止滥用职权；对同类安全生产执法案件按不低于 10% 的比例，召集相关企业进行公开裁定。

五、加强安全生产监管执法能力建设

（十七）健全监管执法机构。2016 年底前，所有的市、县级人民政府要健全安全生产监管执法机构，落实监管责任。地方各级人民政府要结合实际，强化安全生产基层执法力量，对安全生产监管人员结构进行调整，3 年内实现专业监管人员配比不低于在职人员的 75% 。各市、县级人民政府要通过探索实行派驻执法、跨区域执法、委托执法和政府购买服务等方式，加强和规范乡镇（街道）及各类经济开发区安全生产监管执法工作。

（十八）加强监管执法保障建设。国务院安全生产监督管理部门、发展改革部门要做好安全生产监管部门和煤矿安全监察机构监管监察能力建设发展规划的编制实施工作。国务院社会保险行政部门要会同财政、安全生产监督管理等部门，在总结做好工伤预防试点工作基础上，抓紧制定工伤预防费提取比例、使用和管理的具体办法，加大对工伤预防的投入。地方各级人民政府要将安全生产监管执法机构作为政府行政执法机构，健全安全生产监管执法经费保障机制，将安全生产监管执法经费纳入同级财政保障范围，深入开展安全生产监管执法机构规范化、标准化建设，改善调查取证等执法装备，保障基层执法和应急救援用车，满足工作需要。

（十九）加强法治教育培训。按照谁执法、谁负责的原则，加强安全生产法等法律法规普法宣传教育，提高全民安全生产法治素养。地方各级人民政府要把安全法治纳入领导干部教育培训的重要内容，加强安全生产监管执法人员法律法规和执法程序培训，对新录用的安全生产监管执法人员坚持凡进必考必训，对在岗人员原则上每 3 年轮训一次，所有人员都要经执法资格培训考试合格后方可执证上岗。

（二十）加强监管执法队伍建设。地方各级人民政府和相关部门要加强安全生产监管执法人员的思想建设、作风建设和业务建设，建立健全监督考核机制。建立现场执法全过程记录制度，2017 年底前，所有执法人员配备使用便携式移动执法终端，切实做到严格执法、科学执法、文明执法。进一步加强党风廉政建设，强化纪律约束，坚决查处腐败问题和失职渎职行为，宣传推广基层安全生产监管执法的先进典型，树立廉洁执法的良好社会形象。

各地区、各有关部门要充分认识进一步加强安全生产监管执法的重要意义，切实强化组织领导，积极抓好工作落实。各级领导干部要做尊法学法守法用法的模范，带头厉行法治、依法办事，运用法治思维和法治方式解决安全生产问题。国务院安全生产监督管理部门要会同有关部门认真开展监督检查，促进安全生产监管执法措施的落实，重大情况及时向国务院报告。

国务院办公厅

2015 年 4 月 2 日

16. 国务院办公厅关于全面推行行政执法公示制度执法全过程记录制度重大执法决定法制审核制度的指导意见

国办发〔2018〕118号

各省、自治区、直辖市人民政府，国务院各部委、各直属机构：

行政执法是行政机关履行政府职能、管理经济社会事务的重要方式。近年来，各地区、各部门不断加强行政执法规范化建设，执法能力和水平有了较大提高，但执法中不严格、不规范、不文明、不透明等问题仍然较为突出，损害人民群众利益和政府公信力。《中共中央关于全面推进依法治国若干重大问题的决定》和《法治政府建设实施纲要（2015—2020年）》对全面推行行政执法公示制度、执法全过程记录制度、重大执法决定法制审核制度（以下统称“三项制度”）作出了具体部署、提出了明确要求。聚焦行政执法的源头、过程、结果等关键环节，全面推行“三项制度”，对促进严格规范公正文明执法具有基础性、整体性、突破性作用，对切实保障人民群众合法权益，维护政府公信力，营造更加公开透明、规范有序、公平高效的法治环境具有重要意义。为指导各地区、各部门全面推行“三项制度”，经党中央、国务院同意，现提出如下意见。

一、总体要求

（一）指导思想。

以习近平新时代中国特色社会主义思想为指导，全面贯彻党的十九大和十九届二中、三中全会精神，着力推进行政执法透明、规范、合法、公正，不断健全执法制度、完善执法程序、创新执法方式、加强执法监督，全面提高执法效能，推动形成权责统一、权威高效的行政执法体系和职责明确、依法行政的政府治理体系，确保行政机关依法履行法定职责，切实维护人民群众合法权益，为落实全面依法治国基本方略、推进法治政府建设奠定坚实基础。

（二）基本原则。

坚持依法规范。全面履行法定职责，规范办事流程，明确岗位责任，确保法律法规规章严格实施，保障公民、法人和其他组织依法行使权利，不得违法增加办事的条件、环节等负担，防止执法不作为、乱作为。

坚持执法为民。牢固树立以人民为中心的发展思想，贴近群众、服务群众，方便群众及时获取执法信息、便捷办理各种手续、有效监督执法活动，防止执法扰民、执法不公。

坚持务实高效。聚焦基层执法实践需要，着力解决实际问题，注重措施的有效性和针对性，便于执法人员操作，切实提高执法效率，防止程序繁琐、不切实际。

坚持改革创新。在确保统一、规范的基础上，鼓励、支持、指导各地区、各部门因地制宜、更新理念、大胆实践，不断探索创新工作机制，更好服务保障经济社会发展，防止因循守旧、照搬照抄。

坚持统筹协调。统筹推进行政执法各项制度建设，加强资源整合、信息共享，做到各项制度有机衔接、高度融合，防止各行其是、重复建设。

（三）工作目标。

“三项制度”在各级行政执法机关全面推行，行政处罚、行政强制、行政检查、行政征收征用、行政许可等行为得到有效规范，行政执法公示制度机制不断健全，做到执法行为过程信息全程记载、执法全过程可回溯管理、重大执法决定法制审核全覆盖，全面实现执法信息公开透明、执法全过程留痕、执法决定合法有效，行政执法能力和水平整体大幅提升，行政执法行为被纠错率明显下降，行政执法的社会满意度显著提高。

二、全面推行行政执法公示制度

行政执法公示是保障行政相对人和社会公众知情权、参与权、表达权、监督权的重要措施。行政执法机关要按照“谁执法谁公示”的原则，明确公示内容的采集、传递、审核、发布职责，规范信息公示内容的标准、格式。建立统一的执法信息公示平台，及时通过政府网站及政务新媒体、办事大厅公示栏、服务窗口等平台向社会公开行政执法基本信息、结果信息。涉及国家秘密、商业秘密、个人隐私等不宜公开的信息，依法确需公开的，要作适当处理后公开。发现公开的行政执法信息不准确的，要及时予以更正。

（四）强化事前公开。行政执法机关要统筹推进行政执法事前公开与政府信息公开、权责清单公布、“双随机、一公开”监管等工作。全面准确及时主动公开行政执法主体、人员、职责、权限、依据、程序、救济渠道和随机抽查事项清单等信息。根据有关法律法规，结合自身职权职责，编制并公开本机关的服务指南、执法流程图，明确执法事项名称、受理机构、审批机构、受理条件、办理时限等内容。公开的信息要简明扼要、通俗易懂，并及时根据法律法规及机构职能变化情况进行动态调整。

（五）规范事中公示。行政执法人员在进行监督检查、调查取证、采取强制措施和强制执行、送达执法文书等执法活动时，必须主动出示执法证件，向当事人和相关人员表明身份，鼓励采取佩戴执法证件的方式，执法全程公示执法身份；要出具行政执法文书，主动告知当事人执法事由、执法依据、权利义务等内容。国家规定统一着执法服装、佩戴执法标识的，执法时要按规定着装、佩戴标识。政务服务窗口要设置岗位信息公示牌，明示工作人员岗位职责、申请材料示范文本、办理进度查询、咨询服务、投诉举报等信息。

（六）加强事后公开。行政执法机关要在执法决定作出之日起 20 个工作日内，向社会公布执法机关、执法对象、执法类别、执法结论等信息，接受社会监督，行政许可、行政处罚的执法决定信息要在执法决定作出之日起 7 个工作日内公开，但法律、行政法规另有规定的除外。建立健全执法决定信息公开发布、撤销和更新机制。已公开的行政执法决定被依法撤销、确认违法或者要求重新作出的，应当及时从信息公示平台撤下原行政执法决定信息。建立行政执法统计年报制度，地方各级行政执法机关应当于每年 1 月 31 日前公开本机关上年度行政执法总体情况有关数据，并报本级人民政府和上级主管部门。

三、全面推行执法全过程记录制度

行政执法全过程记录是行政执法活动合法有效的重要保证。行政执法机关要通过文字、音像等记录形式，对行政执法的启动、调查取证、审核决定、送达执行等全部过程进行记录，并全面系统归档保存，做到执法全过程留痕和可回溯管理。

（七）完善文字记录。文字记录是以纸质文件或电子文件形式对行政执法活动进行全过程记录的方式。要研究制定执法规范用语和执法文书制作指引，规范行政执法的重要事项和关键环节，做到文字记录合法规范、客观全面、及时准确。司法部负责制定统一的行政执法文书基本格式标准，国务院有关部门可以参照该标准，结合本部门执法实际，制定本部门、本系统统一适用的行政执法文书格式文本。地方各级人民政府可以在行政执法文书基本格式标准基础上，参考国务院部门行政执法文书格式，结合本地实际，完善有关文书格式。

（八）规范音像记录。音像记录是通过照相机、录音机、摄像机、执法记录仪、视频监控等记录设备，实时对行政执法过程进行记录的方式。各级行政执法机关要根据行政执法行为的不同类别、阶段、环节，采用相应音像记录形式，充分发挥音像记录直观有力的证据作用、规范执法的监督作用、依法履职的保障作用。要做好音像记录与文字记录的衔接工作，充分考虑音像记录方式的必要性、适当性和实效性，对文字记录能够全面有效记录执法行为的，可以不进行音像记录；对查封扣押财产、强制拆除等直接涉及人身自由、生命健康、重大财产权益的现场执法活动和执法办案场所，要推行全程音像记录；对现场执法、调查取证、举行听证、留置送达和公告送达等容易引发争议的行政执法过程，要根据实际情况进行音像记录。要建立健全执法音像记录管理制度，明确执法音像记录的设备配备、使用规范、记录要素、存储应用、监督管理等要求。研究制定执法行为用语指引，指导执法人员规范文明开展音像记录。配备音像记录设备、建设询问室和听证室等音像记录场所，要按照工作必需、厉行节约、性能适度、安全稳定、适量够用的原则，结合本地区经济发展水平和本部门执法具体情况确定，不搞“一刀切”。

（九）严格记录归档。要完善执法案卷管理制度，加强对执法台账和法律文书的制作、使用、管理，按照有关法律法规和档案管理规定归档保存执法全过程记录资料，确保所有行政执法行为有据可查。对涉及国家秘密、商业秘密、个人隐私的记录资料，归档时要严格执行国家有关规定。积极探索成本低、效果好、易保存、防删改的信息化记录储存方式，通过技术手段对同一执法对象的文字记录、音像记录进行集中储存。建立健全基于互联网、电子认证、电子签章的行政执法全过程数据化记录工作机制，形成业务流程清晰、数据链条完整、数据安全有保障的数字化记录信息归档管理制度。

（十）发挥记录作用。要充分发挥全过程记录信息对案卷评查、执法监督、评议考核、舆情应对、行政决策和健全社会信用体系等工作的积极作用，善于通过统计分析记录资料信息，发现行政执法薄弱环节，改进行政执法工作，依法公正维护执法人员和行政相对人的合法权益。建立健全记录信息调阅监督制度，做到可实时调阅，切实加强监督，确保行政执法文字记录、音像记录规范、合法、有效。

四、全面推行重大执法决定法制审核制度

重大执法决定法制审核是确保行政执法机关作出的重大执法决定合法有效的关键环节。行政执法机关作出重大执法决定前，要严格进行法制审核，未经法制审核或者审核未通过的，不得作出决定。

（十一）明确审核机构。各级行政执法机关要明确具体负责本单位重大执法决定法制审核的工作机构，确保法制审核工作有机构承担、有专人负责。加强法制审核队伍的正规化、专业化、职业化建设，把政治素质高、业务能力强、具有法律专业背景的人员调整充实到法制审核岗位，配强工作力量，使法制审核人员的配置与形势任务相适应，原则上各级行政执法机关的法制审核人员不少于本单位执法人员总数的5%。要充分发挥法律顾问、公职律师在法制审核工作中的作用，特别是针对基层存在的法制审核专业人员数量不足、分布不均等问题，探索建立健全本系统内法律顾问、公职律师统筹调用机制，实现法律专业人才资源共享。

（十二）明确审核范围。凡涉及重大公共利益，可能造成重大社会影响或引发社会风险，直接关系行政相对人或第三人重大权益，经过听证程序作出行政执法决定，以及案件情况疑难复杂、涉及多个法律关系的，都要进行法制审核。各级行政执法机关要结合本机关行政执法行为的类别、执法层级、所属领域、涉案金额等因素，制定重大执法决定法制审核目录清单。上级行政执法机关要对下一级执法机关重大执法决定法制审核目录清单编制工作加强指导，明确重大执法决定事项的标准。

（十三）明确审核内容。要严格审核行政执法主体是否合法，行政执法人员是否具备执法资格；行政执法程序是否合法；案件事实是否清楚，证据是否合法充分；适用法律、法规、规章是否准确，裁量基准运用是否适当；执法是否超越执法机关法定权限；行政执法文书是否完备、规范；违法行为是否涉嫌犯罪、需要移送司法机关等。法制审核机构完成审核后，要根据不同情形，提出同意或者存在问题的书面审核意见。行政执法承办机构要对法制审核机构提出的存在问题的审核意见进行研究，作出相应处理后再次报送法制审核。

（十四）明确审核责任。行政执法机关主要负责人是推动落实本机关重大执法决定法制审核制度的第一责任人，对本机关作出的行政执法决定负责。要结合实际，确定法制审核流程，明确送审材料报送要求和审核的方式、时限、责任，建立健全法制审核机构与行政执法承办机构对审核意见不一致时的协调机制。行政执法承办机构对送审材料的真实性、准确性、完整性，以及执法的事实、证据、法律适用、程序的合法性负责。法制审核机构对重大执法决定的法制审核意见负责。因行政执法承办机构的承办人员、负责法制审核的人员和审批行政执法决定的负责人滥用职权、玩忽职守、徇私枉法等，导致行政执法决定错误，要依纪依法追究相关人员责任。

五、全面推进行政执法信息化建设

行政执法机关要加强执法信息管理，及时准确公示执法信息，实现行政执法全程留痕，法制审核流程规范有序。加快推进执法信息互联互通共享，有效整合执法数据资源，为行政执法更规范、群众办事更便捷、政府治理更高效、营商环境更优化奠定基础。

（十五）加强信息化平台建设。依托大数据、云计算等信息技术手段，大力推进行政执法综合管理监督信息系统建设，充分利用已有信息系统和数据资源，逐步构建操作信息化、文书数据化、过程痕迹化、责任明晰化、监督严密化、分析可量化的行政执法信息化体系，做到执法信息网上录入、执法程序网上流转、执法活动网上监督、执法决定实时推送、执法信息统一公示、执法信息网上查询，实现对行政执法活动的即时性、过程性、系统性管理。认真落实国务院关于加快全国一体化在线政务服务平台建设的决策部署，推动政务服务“一网通办”，依托电子政务外网开展网上行政服务工作，全面推行网上受理、网上审批、网上办公，让数据多跑路、群众少跑腿。

（十六）推进信息共享。完善全国行政执法数据汇集和信息共享机制，制定全国统一规范的执法数据标准，明确执法信息共享的种类、范围、流程和使用方式，促进执法数据高效采集、有效整合。充分利用全国一体化在线政务服务平台，在确保信息安全的前提下，加快推进跨地区、跨部门执法信息系统互联互通，已建设并使用的有关执法信息系统要加强业务协同，打通信息壁垒，实现数据共享互通，解决“信息孤岛”等问题。认真梳理涉及各类行政执法的基础数据，建立以行政执法主体信息、权责清单信息、办案信息、监督信息和统计分析信息等为主要内容的全国行政执法信息资源库，逐步形成集数据储存、共享功能于一体的行政执法数据中心。

（十七）强化智能应用。要积极推进人工智能技术在行政执法实践中的运用，研究开发行政执法裁量智能辅助信息系统，利用语音识别、文本分析等技术对行政执法信息数据资源进行分析挖掘，发挥人工智能在证据收集、案例分析、法律文件阅读与分析中的作用，聚焦争议焦点，向执法人员精准推送办案规范、法律法规规定、相似案例等信息，提出处理意见建议，生成执法决定文书，有效约束规范行政自由裁量权，确保执法尺度统一。加强对行政执法大数据的关联分析、深化应用，通过提前预警、监测、研判，及时发现解决行政机关在履行政府职能、管理经济社会事务中遇到的新情况、新问题，提升行政立法、行政决策和风险防范水平，提高政府治理的精准性和有效性。

六、加大组织保障力度

（十八）加强组织领导。地方各级人民政府及其部门的主要负责同志作为本地区、本部门全面推行“三项制度”工作的第一责任人，要切实加强对本地区、本部门行政执法工作的领导，做好“三项制度”组织实施工作，定期听取有关工作情况汇报，及时研究解决工作中的重大问题，确保工作有方案、部署有进度、推进有标准、结果有考核。要建立健全工作机制，县级以上人民政府建立司法行政、编制管理、公务员管理、信息公开、电子政务、发展改革、财政、市场监管等单位参加的全面推行“三项制度”工作协调机制，指导协调、督促检查工作推进情况。国务院有关部门要加强对本系统全面推行“三项制度”工作的指导，强化行业规范和标准统一，及时研究解决本部门、本系统全面推行“三项制度”过程中遇到的问题。上级部门要切实做到率先推行、以上带下，充分发挥在行业系统中的带动引领作用，指导、督促下级部门严格规范实施“三项制度”。

（十九）健全制度体系。要根据本指导意见的要求和各地区、各部门实际情况，建立健全科学合理的“三项制度”体系。加强和完善行政执法案例指导、行政执法裁量基准、行政执法案卷管理和评查、行政执法投诉举报以及行政执法考核监督等制度建设，推进全国统一的行政执法资格和证件管理，积极做好相关制度衔接工作，形成统筹行政执法各个环节的制度体系。

（二十）开展培训宣传。要开展“三项制度”专题学习培训，加强业务交流。认真落实“谁执法谁普法”普法责任制的要求，加强对全面推行“三项制度”的宣传，通过政府网站、新闻发布会以及报刊、广播、电视、网络、新媒体等方式，全方位宣传全面推行“三项制度”的重要意义、主要做法、典型经验和实施效果，发挥示范带动作用，及时回应社会关切，合理引导社会预期，为全面推行“三项制度”营造良好的社会氛围。

（二十一）加强督促检查。要把“三项制度”推进情况纳入法治政府建设考评指标体系，纳入年底效能目标考核体系，建立督查情况通报制度，坚持鼓励先进与鞭策落后相结合，充分调动全面推行“三项制度”工作的积极性、主动性。对工作不力的要及时督促整改，对工作中出现问题造成不良后果的单位及人员要通报批评，依纪依法问责。

（二十二）保障经费投入。要建立责任明确、管理规范、投入稳定的执法经费保障机制，保障行政执法机关依法履职所需的执法装备、经费，严禁将收费、罚没收入同部门利益直接或者变相挂钩。省级人民政府要分类制定行政执法机关执法装备配备标准、装备配备规划、设施建设规划和年度实施计划。地方各级行政执法机关要结合执法实际，将执法装备需求报本级人民政府列入财政预算。

（二十三）加强队伍建设。高素质的执法人员是全面推行“三项制度”取得实效的关键。要重视执法人员能力素质建设，加强思想道德和素质教育，着力提升执法人员业务能力和执法素养，打造政治坚定、作风优良、纪律严明、廉洁务实的执法队伍。加强行政执法人员资格管理，统一行政执法证件样式，建立全国行政执法人员和法制审核人员数据库。健全行政执法人员和法制审核人员岗前培训和岗位培训制度。鼓励和支持行政执法人员参加国家统一法律职业资格考试，对取得法律职业资格的人员可以简化或免于执法资格考试。建立科学的考核评价体系和人员激励机制。保障执法人员待遇，完善基层执法人员工资政策，建立和实施执法人员人身意外伤害和工伤保险制度，落实国家抚恤政策，提高执法人员履职积极性，增强执法队伍稳定性。

各地区、各部门要于2019年3月底前制定本地区、本部门全面推行“三项制度”的实施方案，并报司法部备案。司法部要加强对全面推行“三项制度”的指导协调，会同有关部门进行监督检查和跟踪评估，重要情况及时报告国务院。

国务院办公厅

2018年12月5日

17. 国务院安委会关于印发《重大事故查处挂牌督办办法》的通知

安委〔2010〕6号

各省、自治区、直辖市人民政府，新疆生产建设兵团，国务院有关部门：

为认真贯彻落实《国务院关于进一步加强企业安全生产工作的通知》（国发〔2010〕23号），加强重大生产安全事故的查处，严肃追究事故责任者，有效防范和坚决遏制重特大事故发生，国务院安委会制定了《重大事故查处挂牌督办办法》。现印发给你们，请遵照执行。

国务院安全生产委员会

二〇一〇年九月二日

重大事故查处挂牌督办办法

第一条 严肃查处重大生产安全事故（以下简称重大事故），保障人民群众生命和财产安全，依据《国务院关于进一步加强企业安全生产工作的通知》（国发〔2010〕23号）的规定，制定本办法。

第二条 务院安委会对重大事故调查处理实行挂牌督办，国务院安委会办公室具体承担挂牌督办事项。

各省级人民政府负责落实挂牌督办事项，省级人民政府安委会办公室具体承担本行政区域内重大事故挂牌督办事项的综合工作。

第三条 务院安委会对重大事故查处挂牌督办，按照以下程序办理：

（一）国务院安委会办公室提出挂牌督办建议，报国务院安委会领导同志审定同意后，以国务院安委会名义向省级人民政府下达挂牌督办通知书；

（二）在中央主流媒体和中央政府网站、中国安全生产报、安全监管总局政府网站上公布挂牌督办信息。

第四条 牌督办通知书包括下列内容：

（一）事故名称；

（二）督办事项；

（三）办理期限；

（四）督办解除方式、程序。

第五条 级人民政府接到挂牌督办通知后，应当依据有关规定，组织和督促有关职能部门按照督办通知要求办理下列事项：

（一）做好事故善后工作；

（二）查清事故原因，认定事故性质；

（三）分清事故责任，提出对责任人的处理意见；

（四）依法实施经济处罚；

（五）形成事故调查报告；

（六）监督落实事故防范和整改措施。

第六条 级人民政府应当自接到挂牌督办通知之日起60日内完成督办事项。

第七条 重大事故查处督办期间，省级人民政府安委会办公室应当加强与国务院安委会办公室的沟通，及时汇报有关情况。

国务院安委会办公室负责对督办事项的指导、协调和督促。

第八条 大事故调查报告形成初稿后，省级人民政府安委会应当及时向国务院安委会办公室作出书面报告，经审核同意后，由省级人民政府作出批复决定。

第九条 大事故查处结案后，省级人民政府安委会和国务院安委会办公室应将重大事故挂牌督办情况和事故查处结案情况，在中央主流媒体和中央政府网站、中国安全生产报、安全监管总局政府网站上予以公告，接受社会监督。

第十条 担挂牌督办事项的省级人民政府有关职能部门对督办事项无故拖延、敷衍塞责，或者在解除挂牌督办过程中弄虚作假的，依法追究相关人员责任。

第十一条 依据有关法律、行政法规规定由国务院有关部门或者机构组织调查处理的重大事故的挂牌督办，依照本办法的相关规定执行。

第十二条 于重大事故以下的事故的挂牌督办，由各省级人民政府安委会参照本办法的规定另行制定。

第十三条 办法自印发之日起施行。

18. 国务院安委会关于深入企业安全生产标准化建设的指导意见

安委〔2011〕4号

各省、自治区、直辖市人民政府，新疆生产建设兵团，国务院安全生产委员会各有关成员单位：

为深入贯彻落实《国务院关于进一步加强企业安全生产工作的通知》（国发〔2010〕23号，以下简称《国务院通知》）和《国务院办公厅关于继续深化“安全生产年”活动的通知》（国办发〔2011〕11号，以下简称《国办通知》）精神，全面推进企业安全生产标准化建设，进一步规范企业安全生产行为，改善安全生产条件，强化安全基础管理，有效防范和坚决遏制重特大事故发生，经报国务院领导同志同意，现就深入开展企业安全生产标准化建设提出如下指导意见：

一、充分认识深入开展企业安全生产标准化建设的重要意义

（一）是落实企业安全生产主体责任的必要途径。国家有关安全生产法律法规和规定明确要求，要严格企业安全管理，全面开展安全达标。企业是安全生产的责任主体，也是安全生产标准化建设的主体，要通过加强企业每个岗位和环节的安全生产标准化建设，不断提高安全管理水平，促进企业安全生产主体责任落实到位。

（二）是强化企业安全生产基础工作的长效制度。安全生产标准化建设涵盖了增强人员安全素质、提高装备设施水平、改善作业环境、强化岗位责任落实等各个方面，是一项长期的、基础性的系统工程，有利于全面促进企业提高安全生产保障水平。

（三）是政府实施安全生产分类指导、分级监管的重要依据。实施安全生产标准化建设考评，将企业划分为不同等级，能够客观真实地反映出各地区企业安全生产状况和不同安全生产水平的企业数量，为加强安全监管提供有效的基础数据。

（四）是有效防范事故发生的重要手段。深入开展安全生产标准化建设，能够进一步规范从业人员的安全行为，提高机械化和信息化水平，促进现场各类隐患的排查治理，推进安全生产长效机制建设，有效防范和坚决遏制事故发生，促进全国安全生产状况持续稳定好转。

各地区、各有关部门和企业要把深入开展企业安全生产标准化建设的思想行动统一到《国务院通知》的规定要求上来，充分认识深入开展安全生产标准化建设对加强安全生产工作的重要意义，切实增强推动企业安全生产标准化建设的自觉性和主动性，确保取得实效。

二、总体要求和目标任务

（一）总体要求。深入贯彻落实科学发展观，坚持“安全第一、预防为主、综合治理”的方针，牢固树立以人为本、安全发展理念，全面落实《国务院通知》和《国办通知》精神，按照《企业安全生产标准化基本规范》（AQ/T 9006—2010，以下简称《基本规范》）和相关规定，制定完善安全生产标准和制度规范。严格落实企业安全生产责任制，加强安全科学管理，实现企业安全管理的规范化。加强安全教育培训，强化安全意识、技术操作和防范技能，杜绝“三违”。加大安全投入，提高专业技术装备水平，深化隐患排查治理，改进现场作业条件。通过安全生产标准化建设，实现岗位达标、专业达标和企业达标，各行业（领域）企业的安全生产水平明显提高，安全管理和事故防范能

力明显增强。

（二）目标任务。在工矿商贸和交通运输行业（领域）深入开展安全生产标准化建设，重点突出煤矿、非煤矿山、交通运输、建筑施工、危险化学品、烟花爆竹、民用爆炸物品、冶金等行业（领域）。其中，煤矿要在2011年底前，危险化学品、烟花爆竹企业要在2012年底前，非煤矿山和冶金、机械等工贸行业（领域）规模以上企业要在2013年底前，冶金、机械等工贸行业（领域）规模以下企业要在2015年前实现达标。要建立健全各行业（领域）企业安全生产标准化评定标准和考评体系；进一步加强企业安全生产规范化管理，推进全员、全方位、全过程安全管理；加强安全生产科技装备，提高安全保障能力；严格把关，分行业（领域）开展达标考评验收；不断完善工作机制，将安全生产标准化建设纳入企业生产经营全过程，促进安全生产标准化建设的动态化、规范化和制度化，有效提高企业本质安全水平。

三、实施方法

（一）打基础，建章立制。按照《基本规范》要求，将企业安全生产标准化等级规范为一、二、三级。各地区、各有关部门要分行业（领域）制定安全生产标准化建设实施方案，完善达标标准和考评办法，并于2011年5月底以前将本地区、本行业（领域）安全生产标准化建设实施方案报国务院安委会办公室。企业要从组织机构、安全投入、规章制度、教育培训、装备设施、现场管理、隐患排查治理、重大危险源监控、职业健康、应急管理以及事故报告、绩效评定等方面，严格对应评定标准要求，建立完善安全生产标准化建设实施方案。

（二）重建设，严加整改。企业要对照规定要求，深入开展自检自查，建立企业达标建设基础档案，加强动态管理，分类指导，严抓整改。对评为安全生产标准化一级的企业要重点抓巩固、二级企业着力抓提升、三级企业督促抓改进，对不达标的企业要限期抓整顿。各地区和有关部门要加强对安全生产标准化建设工作的指导和督促检查，对问题集中、整改难度大的企业，要组织专业技术人员进行“会诊”，提出具体办法和措施，集中力量，重点解决；要督促企业做到隐患排查治理的措施、责任、资金、时限和预案“五到位”，对存在重大隐患的企业，要责令停产整顿，并跟踪督办。对发生较大以上生产安全事故、存在非法违法生产经营建设行为、重大隐患限期整顿仍达不到安全要求，以及未按规定要求开展安全生产标准化建设且在规定限期内未及时整改的，取消其安全生产标准化达标参评资格。

（三）抓达标，严格考评。各地区、各有关部门要加强对企业安全生产标准化建设的督促检查，严格组织开展达标考评。对安全生产标准化一级企业的评审、公告、授牌等有关事项，由国家有关部门或授权单位组织实施；二级、三级企业的评审、公告、授牌等具体办法，由省级有关部门制定。各地区、各有关部门在企业安全生产标准化创建中不得收取费用。要严格达标等级考评，明确企业的专业达标最低等级为企业达标等级，有一个专业不达标则该企业不达标。

各地区、各有关部门要结合本地区、本行业（领域）企业的实际情况，对安全生产标准化建设工作作出具体安排，积极推进，成熟一批、考评一批、公告一批、授牌一批。对在规定时间内经整改仍不具备最低安全生产标准化等级的企业，地方政府要依法责令其停产整改直至依法关闭。各地区、各有关部门要将考评结果汇总后报送国务院安委会办公室备案，国务院安委会办公室将适时组织抽检。

四、工作要求

（一）加强领导，落实责任。按照属地管理和“谁主管、谁负责”的原则，企业安全生产标准化建设工作由地方各级人民政府统一领导，明确相关部门负责组织实施。国家有关部门负责指导和推动本行业（领域）企业安全生产标准化建设，制定实施方案和达标细则。企业是安全生产标准化建设工作的责任主体，要坚持高标准、严要求，全面落实安全生产法律法规和标准规范，加大投入，规范管理，加快实现企业高标准达标。

（二）分类指导，重点推进。对于尚未制定企业安全生产标准化评定标准和考评办法的行业（领域），要抓紧制定；已经制定的，要按照《基本规范》和相关规定进行修改完善，规范已达标企业的等级认定。要针对不同行业（领域）的特点，加强工作指导，把影响安全生产的重大隐患排查治理、重大危险源监控、安全生产系统改造、产业技术升级、应急能力提升、消防安全保障等作为重点，在达标建设过程中切实做到“六个结合”，即与深入开展执法行动相结合，依法严厉打击各类非法违法生产经营建设行为；与安全专项整治相结合，深化重点行业（领域）隐患排查治理；与推进落实企业安全生产主体责任相结合，强化安全生产基层和基础建设；与促进提高安全生产保障能力相结合，着力提高先进安全技术装备和物联网技术应用等信息化水平；与加强职业安全健康工作相结合，改善从业人员的作业环境和条件；与完善安全生产应急救援体系相结合，加快救援基地和相关专业队伍标准化建设，切实提高实战救援能力。

（三）严抓整改，规范管理。严格安全生产行政许可制度，促进隐患整改。对达标的企业，要深入分析二级与一级、三级与二级之间的差距，找准薄弱点，完善工作措施，推进达标升级；对未达标的企业，要盯住抓紧，督促加强整改，限期达标。通过安全生产标准化建设，实现“四个一批”：对在规定期限内仍达不到最低标准、不具备安全生产条件、不符合国家产业政策、破坏环境、浪费资源，以及发生各类非法违法生产经营建设行为的企业，要依法关闭取缔一批；对在规定时间内未实现达标的，要依法暂扣其生产许可证、安全生产许可证，责令停产整顿一批；对具备基本达标条件，但安全技术装备相对落后的，要促进达标升级，改造提升一批；对在本行业（领域）具有示范带动作用的企业，要加大支持力度，巩固发展一批。

（四）创新机制，注重实效。各地区、各有关部门要加强协调联动，建立推进安全生产标准化建设工作机制，及时发现解决建设过程中出现的突出矛盾和问题，对重大问题要组织相关部门开展联合执法，切实把安全生产标准化建设工作作为促进落实和完善安全生产法规规章、推广应用先进技术装备、强化先进安全理念、提高企业安全管理水平的重要途径，作为落实安全生产企业主体责任、部门监管责任、属地管理责任的重要手段，作为调整产业结构、加快转变经济发展方式的重要方式，扎实推进。要把安全生产标准化建设纳入安全生产“十二五”规划及有关行业（领域）发展规划。要积极研究采取相关激励政策措施，将达标结果向银行、证券、保险、担保等主管部门通报，作为企业绩效考核、信用评级、投融资和评先推优等的重要参考依据，促进提高达标建设的质量和水平。

（五）严格监督，加强宣传。各地区、各有关部门要分行业（领域）、分阶段组织实施，加强对安全生产标准化建设工作的督促检查，严格对有关评审和咨询单位进行规范管理。要深入基层、企业，加强对重点地区和重点企业的专题服务指导。加强安全专题教育，提高企业安全管理人员和从业人员的技能素质。充分利用各类舆论媒体，积极宣传安全生产标准化建设的重要意义和具体标准要求，营造安全生产标准化建设的浓厚社会氛围。国务院安委会办公室以及各地区、各有关部门要建立公告制度，定期发布安全生产标准化建设进展情况和达标企业、关闭取缔企业名单；及时总结推广有关地区、有关部门和企业的经验做法，培育典型，示范引导，推进安全生产标准化建设工作广泛深入、扎实有效开展。

国务院安全生产委员会

二〇一一年五月三日

19. 国务院安委会关于进一步加强生产安全事故应急处置工作的通知

安委〔2013〕8号

各省、自治区、直辖市人民政府，新疆生产建设兵团，国务院安委会各成员单位：

近年来，全国安全生产应急管理工作不断加强，生产安全事故（以下简称事故）应急处置能力不断提高，但在一些地方和行业领域仍存在应急主体责任不落实、救援指挥不科学、救援现场管理混乱等突出问题。为进一步加强事故应急处置工作，经国务院同意，现将有关事项通知如下：

一、高度重视事故应急处置工作

各地区、各部门和单位要始终把人民生命安全放在首位，以对党和人民高度负责的精神，进一步加强事故应急处置工作，最大程度地减少人员伤亡。要牢固树立“以人为本、安全第一、生命至上”和“不抛弃、不放弃”的理念，坚持“属地为主、条块结合、精心组织、科学施救”的原则，在确保救援人员安全的前提下实施救援，全力以赴搜救遇险人员，精心救治受伤人员，妥善处理善后，有效防范次生衍生事故。

二、严格落实事故应急处置责任

生产经营单位（以下统称企业）必须认真落实安全生产主体责任，严格按照相关法律法规和标准规范要求，建立专兼职救援队伍，做好应急物资储备，完善应急预案和现场处置措施，加强从业人员应急培训，组织开展演练，不断提高应急处置能力。

地方人民政府负责本行政区域内事故应急处置工作，负责制定与实施救援方案，组织开展应急救援，核实遇险、遇难及受伤人数，协调与调动应急资源，维护现场秩序，疏散转移可能受影响人员，开展医疗救治和疫情防控，并组织做好伤亡人员赔偿和安抚善后、救援人员抚恤和荣誉认定、应急处置信息发布及维护社会稳定等工作。

地方人民政府安全生产监管部门和负有安全生产监督管理职责的有关部门应进一步加强机构和队伍建设，配备专职的安全生产应急处置工作机构和工作人员。

三、进一步规范事故现场应急处置

（一）做好企业先期处置。发生事故或险情后，企业要立即启动相关应急预案，在确保安全的前提下组织抢救遇险人员，控制危险源，封锁危险场所，杜绝盲目施救，防止事态扩大；要明确并落实生产现场带班人员、班组长和调度人员直接处置权和指挥权，在遇到险情或事故征兆时立即下达停产撤人命令，组织现场人员及时、有序撤离到安全地点，减少人员伤亡。

要依法依规及时、如实向当地安全生产监管监察部门和负有安全生产监督管理职责的有关部门报告事故情况，不得瞒报、谎报、迟报、漏报，不得故意破坏事故现场、毁灭证据。

（二）加强政府应急响应。事故发生地人民政府及有关部门接到事故报告后，相关负责同志要立即赶赴事故现场，按照有关应急预案规定，成立事故应急处置现场指挥部（以下简称指挥部），代表本级人民政府履行事故应急处置职责，组织开展事故应急处置工作。

指挥部是事故现场应急处置的最高决策指挥机构，实行总指挥负责制。总指挥要认真履行指挥职责，明确下达指挥命令，明确责任、任务、纪律。指挥部会议、重大决策事项等要指定专人记录，指挥命令、会议纪要和图纸资料等要妥善保存。事故现场所有人员要严格执行指挥部指令，对于延误或拒绝执行命令的，要严肃追究责任。

按照事故等级和相关规定，上一级人民政府成立指挥部的，下一级人民政府指挥部要立即移交指挥权，并继续配合做好应急处置工作。

事故发生地有关单位、各类安全生产应急救援队伍接到地方人民政府及有关部门的应急救援指令或有关企业的请求后，应当及时出动参加事故救援。

（三）强化救援现场管理。指挥部要充分发挥专家组、企业现场管理人员和专业技术人员以及救援队伍指挥员的作用，实行科学决策。要根据事故救援需要和现场实际需要划定警戒区域，及时疏散和安置事故可能影响的周边居民和群众，疏导劝离与救援无关的人员，维护现场秩序，确保救援工作高效有序。必要时，要对事故现场实行隔离保护，尤其是矿井井口、危险化学品处置区域、火区灾区入口等重要部位要实行专人值守，未经指挥部批准，任何人不准进入。要对现场周边及有关区域实行交通管制，确保应急救援通道畅通。

（四）确保安全有效施救。救援过程中，要严格遵守安全规程，及时排除隐患，确保救援人员安全。救援队伍指挥员应当作为指挥部成员，参与制订救援方案等重大决策，并根据救援方案和总指挥命令组织实施救援；在行动前要了解有关危险因素，明确防范措施，科学组织救援，积极搜救遇险人员。遇到突发情况危及救援人员生命安全时，救援队伍指挥员有权作出处置决定，迅速带领救援人员撤出危险区域，并及时报告指挥部。

（五）适时把握救援暂停和终止。对于继续救援直接威胁救援人员生命安全、极易造成次生衍生事故等情况，指挥部要组织专家充分论证，作出暂停救援的决定；在事故现场得以控制、导致次生衍生事故隐患消除后，经指挥部组织研究，确认符合继续施救条件时，再行组织施救，直至救援任务完成。因客观条件导致无法实施救援或救援任务完成后，在经专家组论证并做好相关工作的基础上，指挥部要提出终止救援的意见，报本级人民政府批准。

四、加强事故应急处置相关工作

（一）全力强化应急保障。地方人民政府要对应急保障工作总负责，统筹协调，全力保证应急救援工作的需要；要采取财政措施，保障应急处置工作所需经费。政府有关部门要按照国家有关规定和指挥部的需要，在各自职责范围内做好应急保障工作，确保交通、通信、供电、供水、气象服务以及应急救援队伍、装备、物资等救援条件。

（二）及时发布有关信息。指挥部应当按照有关规定及时发布事故应急处置工作信息；设立举报电话、举报信箱，登记、核实举报情况，接受社会监督。有关各方要引导各类新闻媒体客观、公正、及时报道事故信息，不得编造、发布虚假信息。

（三）精心组织医疗卫生服务。事故发生地卫生行政主管部门要按照指挥部的要求，组织做好紧急医疗救护和现场卫生处置工作，协调有关专家、特种药品和特种救治装备，全力救治事故受伤人员，并按照专业规程做好现场防疫工作。必要时，由指挥部向上级卫生行政主管部门提出调配医疗专家和药品及转治伤员等相关请求。

（四）稳妥做好善后处置工作。地方人民政府和事故发生单位要组织妥善安置和慰问受害及受影响人员，组织开展遇难人员善后和赔偿、征用物资补偿、协调应急救援队伍补偿、污染物收集清理与处理等工作，尽快消除事故影响，恢复正常秩序，保证社会稳定。

五、建立健全事故应急处置制度

（一）建立分级指导配合制度。县级以上人民政府及其有关部门要建立事故应急处置分级指导配合制度。事故发生后，县级以上人民政府及其有关部门要根据事故等级和相关规定派出工作组，赶赴事故现场指导配合事发地开展工作。国务院安全生产监管监察部门和国务院负有安全生产监督管理职责的有关部门要对重特大事故或全国社会影响大的事故应急处置工作进行指导；省级安全生产监管监察部门和负有安全生产监督管理职责的有关部门要对重大、较大事故或本省（区、市）社会影响大的事故应急处置工作进行指导；市（地）级安全生产监管监察部门和负有安全生产监督管理职责的有关部门要对较大、一般事故或本市（地）社会影响大的事故应急处置工作进行指导。

工作组的主要任务是：了解掌握事故基本情况和初步原因；督促地方人民政府和相关部门及企业核查核实并如实上报事故遇险、遇难、受伤人员情况；根据前期处置情况对救援方案提出建议，协调调动外部应急资源，指导事故应对处置工作，但不替代地方指挥部的指挥职责；指导当地做好舆论引导和善后处理工作；起草事故情况报告，并及时向派出单位或上级单位报告有关工作情况。

（二）完善总结和评估制度。地方人民政府及其有关部门要建立健全事故应急处置总结和评估制度。指挥部要对事故应急处置工作进行总结并将总结报告报事故调查组和上级安全生产监管监察部门。事故应急处置工作总结报告的主要内容包括：事故基本情况、事故信息接收与报送情况、应急处置组织与领导、应急预案执行情况、应急救援队伍工作情况、主要技术措施及其实施情况、救援成效、经验教训、相关建议等。

事故调查组负责事故应急处置评估工作，并在事故调查报告中对应急处置作出评估结论。

（三）落实应急奖惩制度。各地区、各部门要落实事故应急处置奖励与责任追究制度。要根据有关法律法规和事故应急处置评估结论，对事故应急处置工作中表现突出的单位和个人给予奖励。对影响和妨碍事故应急处置工作的有关单位和人员，视情节和危害后果依法依规追究责任。

国务院安委会

2013 年 11 月 15 日

20. 国务院安全生产委员会关于印发安全生产约谈实施办法（试行）的通知

安委〔2018〕2号

各省、自治区、直辖市人民政府，新疆生产建设兵团，国务院安委会各成员单位：

为深入贯彻落实《中共中央国务院关于推进安全生产领域改革发展的意见》，推动安全生产责任措施落实，国务院安委会研究制定了《安全生产约谈实施办法（试行）》。经国务院领导同志同意，现印发你们，请认真贯彻落实。

国务院安全生产委员会
2018年2月26日

安全生产约谈实施办法（试行）

第一条 为促进安全生产工作，强化责任落实，防范和遏制重特大生产安全事故（生产安全事故以下简称“事故”），依据《中共中央国务院关于推进安全生产领域改革发展的意见》《国务院关于坚持科学发展安全发展促进安全生产形势持续稳定好转的意见》，制定本办法。

第二条 本办法所称安全生产约谈（以下简称约谈），是指国务院安全生产委员会（以下简称国务院安委会）主任、副主任及国务院安委会负有安全生产监督管理职责的成员单位负责人约见地方人民政府负责人，就安全生产有关问题进行提醒、告诫，督促整改的谈话。

第三条 国务院安委会进行的约谈，由国务院安委会办公室承办，其他约谈由国务院安委会有关成员单位按工作职责单独或共同组织实施。

共同组织实施约谈的，发起约谈的单位（以下简称约谈方）应与参加约谈的单位主动沟通，并就约谈事项达成一致。

第四条 发生特别重大事故或贯彻落实党中央、国务院安全生产重大决策部署不坚决、不到位的，由国务院安委会主任或副主任约谈省级人民政府主要负责人。

第五条 发生重大事故，有下列情形之一的，由国务院安委会办公室负责人或国务院安委会有关成员单位负责人约谈省级人民政府分管负责人：

（一）30日内发生2起的；

（二）6个月内发生3起的；

（三）性质严重、社会影响恶劣的；

（四）事故应急处置不力，致使事故危害扩大，死亡人数达到重大事故的；

（五）重大事故未按要求完成调查的，或未落实责任追究、防范和整改措施的；

（六）其他需要约谈的情形。

第六条 安全生产工作不力，有下列情形之一的，由国务院安委会办公室负责人或国务院安委会有关成员单位负责人或指定其内设司局主要负责人约谈市（州）人民政府主要负责人：

（一）发生重大事故或6个月内发生3起较大事故的；

（二）发生性质严重、社会影响恶劣较大事故的；

（三）事故应急处置不力，致使事故危害扩大，死亡人数达到较大事故的；

（四）国务院安委会督办的较大事故，未按要求完成调查的，或未落实责任追究、防范和整改措施的；

（五）国务院安委会办公室督办的重大事故隐患，未按要求完成整改的；

（六）其他需要约谈的情形。

第七条 约谈程序的启动：

（一）国务院安委会进行的约谈，由国务院安委会办公室提出建议，报国务院领导同志审定后，启动约谈程序；

（二）国务院安委会办公室进行的约谈，由国务院安委会有关成员单位按工作职责提出建议，报国务院安委会办公室主要负责人审定后，启动约谈程序；

（三）国务院安委会成员单位进行的约谈，由本部门有关内设机构提出建议，报本部门分管负责人批准后，抄送国务院安委会办公室，启动约谈程序。

第八条 约谈经批准后，由约谈方书面通知被约谈方，告知被约谈方约谈事由、时间、地点、程序、参加人员、需要提交的材料等。

第九条 被约谈方应根据约谈事由准备书面材料，主要包括基本情况、原因分析、主要教训以及采取的整改措施等。

第十条 被约谈方为省级人民政府的，省级人民政府主要或分管负责人及其有关部门主要负责人、市（州）人民政府主要负责人和分管负责人等接受约谈。视情要求有关企业主要负责人接受约谈。

被约谈方为市（州）人民政府的，市（州）人民政府主要负责人和分管负责人及其有关部门主要负责人、省级人民政府有关部门负责人等接受约谈。视情要求有关企业主要负责人接受约谈。

第十一条 约谈人员除主约谈人外，还包括参加约谈的国务院安委会成员单位负责人或其内设司局负责人，以及组织约谈的相关人员等。

第十二条 根据约谈工作需要，可邀请有关专家、新闻媒体、公众代表等列席约谈。

第十三条 约谈实施程序：

（一）约谈方说明约谈事由和目的，通报被约谈方存在的问题；

（二）被约谈方就约谈事项进行陈述说明，提出下一步拟采取的整改措施；

（三）讨论分析，确定整改措施及时限；

（四）形成约谈纪要。

国务院安委会成员单位进行的约谈，约谈纪要抄送国务院安委会办公室。

第十四条 整改措施落实与督促：

（一）被约谈方应当在约定的时限内将整改措施落实情况书面报约谈方，约谈方对照审核，必要时可进行现场核查；

（二）落实整改措施不力，连续发生事故的，由约谈方给予通报，并抄送被约谈方的上一级监察机关，依法依规严肃处理。

第十五条 约谈方根据政务公开的要求及时向社会公开约谈情况，接受社会监督。

第十六条 国务院安委会有关成员单位对中央管理企业的约谈参照本办法实施。

国务院安委会办公室对约谈办法实施情况进行督促检查。国务院安委会有关成员单位、各省级安委会可以参照本办法制定本单位、本地区安全生产约谈办法。

第十七条 本办法自印发之日起实施。

21. 国务院安委会办公室关于印发《非法违法较大生产安全事故查处跟踪督办暂行办法》的通知

安委办〔2011〕12号

第一条 为依法依规严厉打击非法违法生产经营建设导致较大生产安全事故（以下简称非法违法较大事故）的行为，严格事故责任追究，根据《安全生产法》、《生产安全事故报告和调查处理条例》等法律、行政法规和《国务院关于进一步加强企业安全生产工作的通知》（国发〔2010〕23号）、《国务院办公厅关于继续深化"安全生产年"活动的通知》（国办发〔2011〕11号）的规定，制定本办法。

第二条 省（区、市）人民政府安委会对包括非法违法较大事故在内的各类较大事故查处实行挂牌督办，省（区、市）人民政府安委会办公室具体承担挂牌督办事项。

国务院安委会办公室对本办法规定的非法违法较大事故查处实行跟踪督办。

第三条 工矿商贸生产经营单位发生下列非法违法较大事故，应当按照国家有关规定及时报告；省（区、市）人民政府安委会应当对其实行重点挂牌督办，并在10日内将事故简要情况及挂牌督办情况报国务院安委会办公室：

（一）无证、证照不全或者未取得有关安全生产的其他许可，以及超出行政许可范围从事生产经营建设导致的较大事故；

（二）依照国家和地方政府规定应当关闭而未按照标准关闭继续生产经营，或者关闭后又擅自生产经营建设导致的较大事故；

（三）证照过期、停产整顿、整合技改未经验收擅自组织生产，或者违反建设项目安全设施"三同时"规定导致的较大事故；

（四）拒不执行安全监管监察指令或者抗拒安全执法导致的较大事故；

（五）国务院安委会办公室认为需要跟踪督办的其他非法违法较大事故。

第四条 省（区、市）人民政府安委会对较大事故查处实行挂牌督办，应当参照《重大事故查处挂牌督办办法》（安委〔2010〕6号）有关规定，向有关人民政府或者部门（机构）下达挂牌督办通知书，并在省（区、市）主流媒体、省（区、市）人民政府网站或者省（区、市）安全生产监督管理部门网站上公布挂牌督办信息，接受社会监督。

第五条 有关人民政府或者部门（机构）接到挂牌督办通知后，应当依据《生产安全事故报告和调查处理条例》等有关规定，组织、督促有关部门按照"四不放过"（事故原因未查清不放过、责任人员未处理不放过、整改措施未落实不放过、有关人员未受到教育不放过）、"依法依规、实事求是、注重实效"的原则和督办通知的要求做好非法违法较大事故的查处工作。

第六条 国务院安委会办公室对本办法第三条规定的非法违法较大事故查处实行跟踪督办，应当向省（区、市）人民政府安委会下达跟踪督办通知书，并在国家安全生产监督管理总局网站上公布跟踪督办信息。

第七条 跟踪督办通知书包括下列内容：

（一）事故名称、性质；

（二）跟踪督办事项；

（三）跟踪督办责任人；

（四）跟踪督办的解除方式。

前款第（二）项所称的跟踪督办事项，依据《安全生产法》、《国务院关于预防煤矿生产安全事故的特别规定》、《国务院关于进一步加强企业安全生产工作的通知》、《国务院办公厅关于继续深化“安全生产年”活动的通知》等有关规定，结合事故情况确定。重点督办对非法单位是否依法取缔关闭、违法单位是否依法责令停产整顿、事故防范和整改措施是否依法落实、事故发生单位是否依法受到行政处罚、事故相关责任人是否依法依规受到追究等。

第八条　在非法违法较大事故查处跟踪督办期间，省（区、市）人民政府安委会办公室应当加强与国务院安委会办公室的沟通，及时汇报有关情况。

国务院安委会办公室应当加强对跟踪督办事项的指导、协调和监督，及时掌握非法违法较大事故查处的进展情况。必要时，国务院安委会办公室向有关省（区、市）派出工作组进行现场督办，并对非法违法较大事故查处中存在的违法违规等问题责令予以纠正。

第九条　本办法第三条规定的非法违法较大事故调查报告形成初稿后，有关人民政府安委会或者部门（机构）应当及时向省（区、市）人民政府安委会办公室作出书面报告。

省（区、市）人民政府安委会办公室应当对事故调查报告初稿进行审核，并报国务院安委会办公室备案。事故调查报告初稿经审核同意和备案后，由有关人民政府或者部门（机构）依照规定作出批复决定。

第十条　较大事故查处结案后，省（区、市）人民政府安委会办公室应当将事故挂牌督办情况和事故查处情况在省（区、市）主流媒体、省（区、市）人民政府网站或者省（区、市）安全生产监督管理部门网站上予以公告，接受社会监督。

第十一条　本办法第三条规定的非法违法较大事故批复结案后，省（区、市）人民政府安委会办公室应当在15日内将事故调查报告及其批复报国务院安委会办公室。

第十二条　非法违法较大事故批复和跟踪督办通知书中有关整改措施和责任追究等事项全部落实后，国务院安委会办公室解除跟踪督办，并在国家安全生产监督管理总局网站上予以公告，接受社会监督。

第十三条　本办法自印发之日起执行。

22. 国务院安委会办公室关于进一步做好重大事故查处挂牌督办有关工作的通知

安委办〔2012〕30号

各省、自治区、直辖市及新疆生产建设兵团安全生产委员会：

为进一步做好重大事故查处挂牌督办工作，现就有关事项通知如下：

一、切实提高对重大事故查处挂牌督办工作重要性的认识

国务院高度重视事故查处工作，近年来先后出台了一系列相关法规和制度规定，明确了事故查处的原则、程序和具体内容，为规范有序开展事故调查提供了制度保障。国发〔2010〕23号文件明确提出建立事故查处挂牌督办制度，实行更加严格的考核和责任追究，进一步强化了事故查处在强化安全监管中的重要作用。各地区、各有关部门要从推动科学发展、安全发展的高度，提高对重大事故查处挂牌督办工作重要性的认识，将其作为有效防范和坚决遏制重特大事故、用事故教训推动安全生产工作的一项重要举措，摆在重要位置，切实抓好落实。要进一步加强组织领导，严格落实重大事故查处挂牌督办工作责任，省级安委会负责同志要定期听取挂牌督办进展情况汇报，并及时组织协调解决重大事故查处中遇到的困难和问题，确保重大事故调查工作规范、有序、高效进行。

二、进一步规范重大事故调查组织工作

重大事故发生后，事故发生地省级人民政府（煤矿事故由省级煤矿安全监察机构负责）要及时依法组织成立事故调查组，对于事故发生地与事故发生单位不在同一个省级行政区域的，事故调查组要通知事故单位所在地省级人民政府派员参加事故调查。要进一步加强对事故调查工作的统一领导，健全和完善事故调查各项工作制度，明确工作职责，确保调查工作的科学性、规范性、实效性。要严格按照“四不放过”和“科学严谨、依法依规、实事求是、注重实效”的原则，通过现场勘察、技术鉴定、调查取证、综合分析和专家论证等，及时准确地查清事故经过和事故损失，客观科学地判定事故原因和事故性质，依法依规认定和追究事故责任，认真全面总结事故教训，提出有针对性的整改措施。

三、健全完善重大事故查处挂牌督办情况沟通机制

重大事故挂牌督办期间，有关省级安委会办公室（煤矿事故由省级煤矿安全监察机构负责）要加强与国务院安委会办公室的工作沟通，及时报告事故调查进展情况。事故调查报告初稿形成后，要及时向国务院安委会办公室进行书面或当面汇报沟通，重点汇报事故发生经过、事故原因和性质认定、法律法规适用、有关人员和单位的责任追究、整改措施建议等有关情况。事故调查组要按照国务院安委会办公室提出的意见和建议对有关事项进行补充调查，对事故调查报告进行修改完善，并以省级安委会文件正式报国务院安委会办公室，经国务院安委会办公室审核同意后，按程序批复结案。

四、切实提高重大事故调查工作时效

各地区要充分认识提高事故调查工作时效性是有效发挥事故查处警示作用的重要前提，进一步增强重大事故调查处理的时效观念，严格遵守《生产安全事故报告和调查处理条例》（国务院令第 493 号）的规定，健全完善事故调查组成员单位之间的协作配合机制，统筹推进重大事故调查各个阶段工作，确保及时提交事故调查报告。逾期未提交事故调查报告的，要向国务院安委会办公室作出书面说明。

五、及时做好重大事故查处信息公开工作

各地区要按照政府信息公开有关法律法规、《重大事故查处挂牌督办办法》和《国务院安委会办公室关于加强生产安全事故信息公开工作的意见》（安委办〔2012〕27 号）要求，积极主动公开重大事故调查进展情况，并在事故调查报告批复结案后，及时将事故调查报告和查处结案等情况，通过地方政府网站或安全监管监察部门网站等予以公布，接受社会监督，并将重大事故调查结案情况和对外公布的内容及形式一并报国务院安委会办公室备案。要加强对重大事故查处信息公开后的舆论研判，做好舆论引导工作。

六、严格督促落实重大事故整改措施

各地区要进一步健全完善重大事故整改措施落实的工作机制，切实落实责任，加强监督检查，确保整改措施落到实处。对于重大事故中暴露出的安全隐患，要责成有关单位制定切实可行的整改方案，做到整改措施、责任、资金、时限和预案“五到位”。要认真总结事故特点和规律，研究制定预防事故的对策措施，防范类似事故再次发生。要定期组织开展重大事故整改措施落实情况监督检查，督促相关部门和企业深刻吸取事故教训，切实加强和改进安全生产工作。

七、加强重大事故调查工作培训指导和总结分析

各地区要加强重大事故调查工作业务培训，通过专家讲座、专题研讨、定期培训等多种方式，着力培养相关人员对法律法规条文的学习理解能力、对事故和违法行为的调查取证和分析判断能力、对行政执法文书的制作运用能力。国务院安委会办公室将加强对各地区重大事故查处工作的总结分析，适时开展事故案例分析和研讨，研究事故调查工作中存在的问题，通报重大事故结案情况，对重大事故多发地区进行约谈指导，不断提高事故调查工作的质量和水平。

23. 国务院安委会办公室关于做好重特大生产安全事故调查报告有关事故防范和整改措施建议落实工作的通知

安委办〔2014〕16号

各省、自治区、直辖市及新疆生产建设兵团安全生产委员会，国务院安委会各成员单位：

为认真贯彻落实习近平总书记关于“一厂出事故、万厂受教育，一地有隐患、全国受警示”的重要指示精神，深刻吸取事故教训，确保防范和整改措施落实到位，依据《安全生产法》、《生产安全事故报告和调查处理条例》等法律法规规定，现就做好重特大生产安全事故调查报告有关事故防范和整改措施建议的落实工作通知如下：

一、生产安全事故调查处理工作要将深刻吸取事故教训、提出防范和整改措施建议作为一项重要内容。重特大生产安全事故调查报告应当提出明确的防范和整改措施建议；防范和整改措施建议应当根据事故发生的直接原因和间接原因由事故调查组组织提出，不但要包括事故发生单位，还要包括其他有关单位的防范和整改措施建议。

二、生产安全事故调查牵头部门在事故调查报告批复后，要以国务院安委会办公室名义（特别重大事故）或者省级安委会办公室名义（重大事故）及时下达关于落实事故调查报告有关事故防范和整改措施建议的督办通知书，明确责任单位、工作任务和完成时限，分别通知各有关地方政府、相关部门（单位）和事故发生单位，同时抄报本级人民政府。

三、有关地方政府、相关部门（单位）和事故发生单位接到事故督办通知书3个月内，要将事故防范和整改措施建议的落实情况书面报送发出督办通知书的机构。3个月内未能完成督办事项的，要作出说明并向发出督办通知书的机构报送下一步落实的工作方案。

四、国务院安委会办公室、省级安委会办公室分别负责对特别重大事故、重大事故督办事项落实的指导、协调和督促。要建立跟踪督办机制，做好和地方政府督促检查工作的协调，对责任分工中的阶段性措施要完成一项销号一项，长期性措施要作为重点工作持续抓落实。要建立督促检查情况通报制度，接受舆论和社会监督，确保各项防范和整改措施建议落实到位。

安全生产监督管理部门和负有安全生产监督管理职责的有关部门应当对事故发生单位及其相关单位（包括地方政府及其有关部门）落实防范和整改措施建议的情况进行监督检查。

五、较大和一般生产安全事故调查报告中有关事故防范和整改措施建议的落实工作，可参照本通知执行。

国务院安委会办公室

2014年6月24日

24. 国务院安委会办公室关于进一步加强安全生产应急预案管理工作的通知

安委办〔2015〕11 号

各省、自治区、直辖市及新疆生产建设兵团安全生产委员会，国务院安委会各成员单位，有关中央企业：

近年来，安全生产应急预案（以下简称应急预案）体系不断完善，应急预案质量逐步提高，在应急准备、事故处置中发挥了重要作用。但是，一些地区和生产经营单位仍然存在应急预案风险评估、政企衔接不到位，针对性不强，实用性和操作性差等问题。为深入贯彻落实新《安全生产法》，进一步加强应急预案工作，切实发挥应急预案在应急管理工作中的作用，现就有关要求通知如下：

一、总体要求

各地区、各有关部门和生产经营单位要进一步加强应急预案工作的组织领导，坚持以习近平总书记、李克强总理等党中央、国务院领导同志系列重要讲话和指示批示精神为指导，按照“管行业必须管安全、管业务必须管安全、管生产经营必须管安全”的要求，强化红线意识，坚持问题导向，树立“预案不完善就是隐患、培训不到位就是隐患、演练不到位就是隐患”的理念，落实责任、深化管理、加强执法，通过强化风险评估、预案修订、培训演练、监督检查等工作，深入开展应急预案优化工作，推动应急预案专业化、简明化、卡片化，完善体系、提升质量，实现应急预案科学、易记、好用。

二、严格落实应急预案管理责任

（一）强化生产经营单位主体责任。生产经营单位要把应急预案工作纳入本单位安全生产总体布局，同步规划、同步实施，落实机构、人员和经费，切实做好应急预案的编制与实施工作。生产经营单位主要负责人是本单位应急预案工作的第一责任人，负责组织制定并实施本单位的应急预案；各分管负责人要按职责分工落实分管领域的应急预案工作责任。

（二）落实属地管理责任。地方各级安委会要建立应急预案属地监管机制，将应急预案工作纳入本级安委会工作内容，定期研究落实应急预案工作。要督促有关部门履行在应急预案编制实施、监督管理等方面的职责。要组织有关部门制定本行政区域内专项应急预案，监督本行政区域内有关部门编制和实施好部门应急预案，推动有关部门广泛深入开展应急预案培训、演练、修订等工作。要落实政企应急预案衔接责任，在政府相关预案中明确生产经营单位在信息报告、警戒疏散、指挥权转移、医疗救治、交通控制等方面的衔接要求。

（三）落实部门监管责任。负有安全生产监督管理职责的部门要履行应急预案监督管理责任，负责本部门应急预案的编制与实施工作，监督管理本行业、领域生产经营单位的应急预案工作，研究制定规章标准、督促生产经营单位编制预案、做好预案衔接、规范预案评审备案等。

三、深入开展应急预案修订工作

（一）不断推进应急预案简明化。生产经营单位要结合本单位实际，梳理和明确不同层级间应对事故的职责和措施，在保证衔接性的基础上避免应急预案内容重复，并可根据本单位的实际情况确定是否编制专项预案。生产经营规模小、安全生产风险种类少、事故危害程度低、从业人员数量少的生产经营单位可仅编制现场处置方案。要大力推广应用应急处置卡，明确重点岗位、重点环节在事故处置中的具体处置措施。

（二）切实开展风险评估和应急资源调查。风险评估和应急资源调查是预案编制、修订的基础。编制和修订应急预案前，必须认真、科学识别本地区、本部门、本单位存在的安全生产风险，分析可能发生的事故类型、后果、危害程度和影响范围，提出防范和控制风险的措施；必须全面调查掌握本地区、本部门、本单位第一时间可调用的应急队伍、装备、物资及场所等应急资源状况和合作区域内可请求援助的应急资源状况，结合风险评估结果制定应急响应措施。应急预案应附有风险评估结果和应急资源调查清单。

（三）加强政企预案衔接与联动。地方各级安委会、有关部门和生产经营单位应急预案中要增加预案衔接内容，在做好不同层级应急预案衔接的基础上，明确生产经营单位与属地政府应急预案的衔接。生产经营单位应急响应级别可按照事故是否超出厂区范围、自身应急能力能否满足应急处置需要、危及人员数量等因素综合划定。生产经营单位不同层级应急预案应明确应急响应启动条件和影响范围。

四、认真开展应急预案宣传教育和培训演练

（一）广泛开展应急预案宣传教育。各地区、各有关部门和生产经营单位要加强应急预案基本知识的宣传教育，特别要注重对基层一线和社会公众的宣传教育，使社会公众和生产经营单位职工了解、掌握自身所涉及应急预案的核心内容，增强应急意识、提升自救互救能力。要充分发挥报纸、电视等传统媒体和网络、微博、微信等新媒体的宣传教育作用，制作通俗易懂、好记管用的宣传普及材料，向公众免费发放，推动应急预案宣传教育“进机关、进基层、进社区、进工厂、进学校”，做到应急预案宣传教育全覆盖。

（二）强化应急预案培训。应急预案发布单位要强化对应急预案涉及人员特别是指挥机构、各工作组成员、救援队伍等的培训，使其了解各自职责、信息报送程序、所在岗位应急措施等关键要素，做到内化于意识、外化于行动，科学有序有效应对事故灾难。明确员工入厂“三级安全教育”和全员安全培训中的应急预案培训要求，通过强化应急预案培训，使生产经营单位从业人员和各级应急指挥人员牢记应急措施和实施步骤，提高快速响应和有效应对事故灾难的能力。

（三）全面推进应急预案演练。各地区、各有关部门和生产经营单位要建立应急演练制度，广泛开展应急预案演练活动，并进行总结评估，查漏补缺，切实达到提升预案实效、普及应急知识、完善应急准备的目的。新编制应急预案颁布实施前要经过演练检验。政府专项和部门应急预案每3年至少演练一次；生产经营单位综合或专项预案每年至少演练一次，现场处置方案应经常性开展演练，切实提升带班领导、调度、班组长、生产骨干等关键岗位人员的响应速度和应急能力，提高现场作业人员的应急技能。

五、强化应急预案备案管理和监督检查

（一）严格应急预案备案管理。按照分级属地原则，健全完善应急预案备案制度。各级安全监管部门负责非煤矿山、金属冶炼、危险化学品的生产、经营、存储和油气输送管道运营等生产经营单位的应急预案备案工作。其他生产经营单位应急预案向所在地其他负有安全生产监督管理职责的部门备案并抄送同级安全监管部门。要将应急预案体系建设作为安全生产标准化创建的重要内容，在标准化创建评审中加大应急预案权重，推动生产经营单位应急预案工作。

（二）加大对应急预案工作的监管监察执法力度。各地区、各有关部门要将应急预案工作列入各

级安全监管监察执法范围，将应急预案编制、备案和实施等内容作为安全生产检查、督查、专项行动的重要内容，通过加大执法检查力度推动重点行业生产经营单位应急预案工作。要以“四不两直”暗查暗访等方式组织开展应急预案专项检查，并通过主流媒体及时予以公开，选择典型案例进行曝光，增强执法检查震慑作用。

（三）严肃责任追究。要对未按照规定制定应急预案或者未定期组织演练的生产经营单位依法进行处罚。要全面落实新《安全生产法》和《国务院安委会关于进一步加强生产安全事故应急处置工作的通知》（安委〔2013〕8号）要求，在日常执法检查和生产安全事故应急处置评估工作中加强对应急预案执行情况的检查和评估。对发生生产安全事故的单位，要严格检查预案编制、演练、修订、评审备案、宣传教育和启动等情况，对因预案工作不到位导致应急处置不当、救援响应不及时等造成事故扩大的，要依法依规追究相关人员责任。

国务院安委会办公室

2015年7月23日

25. 国务院安委会办公室关于继续深入开展煤矿隐患排查治理行动的通知

安委办函〔2015〕25 号

各产煤省、自治区、直辖市及新疆生产建设兵团安全生产委员会：

为贯彻落实全国安全生产工作会议精神，有效防范和坚决遏制煤矿事故，促进全国煤矿安全生产形势持续稳定好转，国务院安委会办公室决定将全国煤矿隐患排查治理行动延至今年 6 月底。现就有关事项通知如下：

一、各地区稳步开展行动，取得初步成效

各产煤地区按照《全国集中开展煤矿隐患排查治理行动方案》（安委办〔2014〕20 号）部署，积极开展煤矿隐患排查治理行动，取得了阶段性成效。据统计，截至 3 月 27 日，全国煤矿自查出一般隐患 181201 项，重大隐患 632 项（其中已治理 393 项）。全国共成立隐患排查组 2828 个，已排查煤矿 9209 处，占全国煤矿总数的 87.6%；累计排查出一般隐患 132314 项，重大隐患和问题 795 项，已反馈地方政府 476 项。北京、江苏、福建、河南、广西、甘肃、青海、新疆和新疆生产建设兵团等 9 个地区已完成第一轮全面排查工作，河北、山西、辽宁、黑龙江、安徽、江西、山东、湖北、湖南、重庆、四川、云南、陕西、甘肃、宁夏和新疆等 16 个地区已开展第二轮整改复查工作。

今年以来，全国煤矿未发生重特大事故，事故起数和死亡人数同比下降。但也要清醒地看到，一些地区和煤矿隐患排查治理不全面、不深入、不彻底，有的煤矿自查自改不认真，沿用以前老套路，甚至走过场，没有自查出隐患；个别地区工作进展缓慢，排查没有实现“全覆盖”，没有查出重大隐患；部分地区和企业对查出的隐患没有提出有效的整改措施和办法，对重大隐患挂牌督办事项不落实，没有真正做到隐患整改“五落实”；一些地区煤矿较大事故时有发生，安全生产形势依然严峻。

在全国集中开展煤矿隐患排查治理行动是创新煤矿安全管理的有益尝试，是对煤矿安全隐患的一次“大清查、大扫除”，有利于各级政府及监管部门进一步摸清实情，强化分类监管、重点监管；有利于煤矿企业强化主体责任，完善隐患排查治理长效机制。各级政府安委会及政府有关部门要进一步提高对深化开展煤矿隐患排查治理行动的认识，增强做好煤矿隐患排查治理工作的责任感，在今后三个月的行动中，要加强领导、完善措施，精心组织、见到实效。

二、继续深入排查整改，务必取得实效

（一）深入排查和复查，做到不留死角，不留盲区。各地区行动领导小组要加强对隐患排查治理工作的组织协调，加大排查整治力度。要按照《煤矿重大安全隐患认定办法（试行）》（安监总煤矿字〔2005〕133 号），对排查出的隐患进行认定。凡属重大隐患的，要按照《安全生产事故隐患排查治理暂行规定》（国家安全监管总局令第 16 号）要求，建立台账、挂牌督办、整改销号。属于其他有关部门职责范围内的重大隐患，应及时移送有关部门处理。

坚持从严要求，坚持时间服从质量，搞好集中排查和复查工作。第一轮排查确保实现“全覆盖”，对自行停产、停建煤矿，要排查停产、停建期间安全保障措施落实情况；对复产复工煤矿，要按照要求全面系统地排查隐患。第二轮复查重点是检查隐患整改情况，经整改仍不符合要求的，要移

交有关职能部门依法依规进行处罚；对复查时仍未完成整改的隐患，要落实政府有关部门跟踪督办整改。对行动开展以来发生事故的煤矿，要重新进行隐患排查。

（二）摸清底数，分类排队、分级监管。各地区行动领导小组要督促每个排查组按照要求，弄清填准基本数据和排查情况，逐矿登记造册。要建立全面的煤矿基本情况和隐患数据库，并将有关情况通报煤炭行业管理、煤矿安全监管部门和煤矿安全监察机构。

各地区要在此次排查工作的基础上，综合考虑煤矿储量、服务年限、灾害程度、采掘接续、隐蔽致灾因素、主要生产系统隐患治理能力以及水、火、瓦斯等灾害防治能力，对辖区内煤矿特别是小煤矿、高瓦斯矿井、煤与瓦斯突出煤矿进行分类排队、分级监管。对安全生产条件好的煤矿，要督促提高安全管理水平；对能够有效治理消除隐患的煤矿，要帮助整改提高；对存在重大系统性隐患（包括采掘接续失调）无能力、无资金整改的，灾害严重、无能力防治的，经整改仍达不到安全生产条件的煤矿，要研究制定退出措施。

（三）总结提炼经验，构建隐患排查治理长效机制。要对隐患排查治理行动中好的做法、经验进行总结提炼，固化成规。督促企业必须建立健全隐患排查治理制度，明确企业内部各层级责任、检查频次、建立台账、隐患认定、治理程序、重大隐患自查上报、向从业人员通报等内容，不断强化企业隐患排查、治理和防控的主体责任，构建隐患排查治理工作规范化、常态化长效机制。地方政府有关部门要健全完善重大隐患登记备案、挂牌督办、举报奖励、整改治理、监督检查等制度，落实监管责任，做到隐患排查治理监管制度化、信息化、规范化。

（四）大力宣传，继续营造隐患排查治理行动浓厚氛围。要充分发挥新闻媒体的舆论引导和监督作用，加大隐患排查治理工作的宣传力度。要注重宣传先进经验，曝光反面典型。各省级牵头部门要及时将正、反两方面典型报送国务院安委办煤矿隐患排查治理行动工作指导协调小组办公室。

各产煤省（区、市）和新疆生产建设兵团要认真总结本地区煤矿隐患排查治理行动开展情况、取得的成效、主要做法和经验、存在的问题，提出改进工作的措施建议，形成总结报告，于6月中旬报送国务院安委办煤矿隐患排查治理行动工作指导协调小组办公室。

联系人及电话：欧阳奇，010－64464725，64464768；电子邮箱：yhpc@chinasafety.gov.cn。

国务院安委会办公室
2015年3月30日

26. 国务院安委会办公室应急管理部关于进一步加强当前安全防范工作的紧急通知

安委办明电〔2018〕10号

各省、自治区、直辖市及新疆生产建设兵团安全生产委员会，国务院安委会有关成员单位：

7月5日，两艘载有中国游客的游船在泰国普吉岛附近海域发生倾覆事故，造成我国公民重大伤亡。党中央、国务院高度重视，习近平总书记作出重要指示，李克强总理作出批示。当前正值主汛期和暑期，旅游进入旺季，人员出行大量增加，安全风险加大。各地区、各有关部门和单位要认真贯彻落实中央领导同志重要指示批示精神，切实加强安全防范，严格落实责任措施，有效防范和遏制重特大事故，确保人民群众生命财产安全。现就有关要求通知如下：

一、严格落实安全责任制

要强化安全红线意识，坚持生命至上、安全第一，严格落实地方党政领导干部安全生产责任制，强化“一把手”安全第一责任人的责任，切实把安全责任抓在手上、扛在肩上，真正担负起“促一方发展，保一方平安”的政治责任。各级领导干部要紧急行动、靠前指挥，抓紧对当前安全防范工作进行一次再部署，派出工作组，深入各地加强安全督导检查。要进一步强化各有关部门安全监管责任，结合行业领域特点，加强安全风险评估，摸排查清重大风险隐患点，集中力量进行整改，全力化解风险隐患；要结合正在开展的消防安全工作考核，采取“四不两直”方式持续开展明查暗访，加强重点地区、重点领域和重点单位的监督检查，强化安全责任和措施落实。要督促各类生产经营单位严格落实安全生产主体责任，迅速开展自查自纠，对关键环节、重点岗位要逐一检查落实安全防控措施，严防发生重特大事故。

二、强化灾害性天气监测预警和风险提示

各地区、各有关部门和单位要密切关注汛情灾情，充分运用气象、海洋、地震、水文、地质灾害等部门预测预报成果，科学研判灾害性天气发展趋势，做到信息及时共享、同步应急联动。要完善预警手段，利用广播、电视、微博、微信、手机短信平台等渠道，及时发布、滚动播出预警信息和风险提示，确保险情、灾害信息第一时间通知到有关部门、企业和人员，指导企业和社会公众做好防范应对。各级旅游部门要及时发布出行安全提示，提醒游客密切关注旅游目的地天气、卫生、交通、突发事件、社会治安等情况，出发前做好个人安全防范必要准备。要加大安全宣传教育力度，普及风险防范和防灾减灾知识，增强全社会安全意识和避险逃生技能。

三、切实加强旅游和暑假安全防范工作

各级旅游和教育部门要坚持“管行业必须管安全”的原则，强化本系统本领域的安全工作。旅游部门要加强旅游市场监管，规范旅游秩序，依法严厉打击各类旅游“黑中介”“黑包车”“黑导游”等不法行为；海上旅游、水上旅游、山地旅游和野外旅游等组织单位要合理控制人员规模，检查备齐安全装备设施，并密切关注天气变化，及时调整旅游行程，严格落实安保措施；要加强旅游景点安全管理，不间断开展安全巡查，及时排查治理安全隐患，对极端灾害天气或存在重大风险隐患且

不能及时治理的，要果断关停并发布公告，防止人员误入造成伤害；要根据景点承载能力，分时段合理疏导控制客流，防止拥挤踩踏等事故发生。教育部门要加强对广大师生尤其是中小学生的安全教育，结合有关事故案例灌输安全知识，讲解安全防范常识和技能；要加强师生团体活动安全管理，督促活动组织单位和带队负责人严格落实安全防范措施，确保各类探险、郊游、游泳、演出、比赛和游学、拓展训练等活动安全。

四、深化重点行业领域隐患排查治理

各地区、各有关部门和单位要深刻汲取近期国内外发生的重大事故教训，突出重点地区、重点行业、重点单位、重点环节，深入排查治理安全隐患。水上运输，要加强“六区一线”（渤海水域、长江口水域、舟山群岛水域、台湾海峡水域、珠江口水域、琼州海峡水域以及长江一线）水域的现场监管，强化对渡口、水库、通航密集区、旅游区等水域的动态监管，充分利用企业 CCTV、GPS、AIS 等手段对旅游客船等重点船舶进行动态监控，及时实施禁限航措施，严禁船舶在大风浪、大雾等恶劣天气和水文条件下开航。道路和铁路交通，要加强对桥梁、涵洞、边坡的监测巡查，重点整改事故多发路段安全防护设施，及时发现险情、消除隐患；要加强对客车、危化品运输车等重点车辆安全状况检查和定位监控，严防“三超一疲劳”现象，防止车辆受洪水、高温、雷电影响发生涉水、自燃、燃爆事故。矿山和尾矿库，要加强矿井采空区、塌陷区、积水区和尾矿库坝体及周边山体、排土场的安全巡查监测，落实雨季“三防”措施，坚决防止溃水淹井、溃坝漫坝事故发生。危险化学品和烟花爆竹，要强化安全检查和生产监控，有针对性落实防水、防潮、降温措施，严格执行高温、雷雨天气停产规定，严防泄漏、爆炸等事故发生。建筑施工，要深入排查宿营地、工棚、仓库等重点位置存在的洪水、滑坡、泥石流等自然灾害风险隐患，严格控制安全距离，遇到暴雨、大风等极端天气提前采取有效防范应对措施。其他各类企业要结合实际，强化汛期暑期安全检查和隐患排查治理，严防自然灾害引发生产安全事故，确保万无一失。

五、加强应急响应和处置工作

各地区、各有关部门和单位要加强应急值守，严格执行领导带班查岗和 24 小时值班制度，保证通信畅通，发现险情及时、准确上报并启动应急响应。各类生产经营单位要密切关注灾情预警信息，完善应急预案，强化应急演练，熟练掌握应急处置基本要领和现场救援基本技能，做好应急物资储备，发现重大险情及时采取停产撤人、转移疏散、避险逃生等防范措施。消防、矿山、危险化学品、地震、森林防火等各类应急救援队伍要加强值班备勤，强化岗位练兵和装备物资准备，时刻保持应急状态，确保一旦发生险情有力有序有效应对处置，全力维护人民群众生命财产安全。

国务院安委会办公室
应急管理部
2018 年 7 月 6 日

27. 国家发展和改革委员会关于加强煤炭基本建设项目管理有关问题的通知

发改能源〔2005〕2605 号

各省、自治区、直辖市发展改革委，神华集团公司、中国中煤能源集团公司：

近年来，在国家有关政策的支持下，通过全行业的共同努力，大中型煤矿建设加快，煤炭供应能力迅速提高，有效缓解了“十五”中后期煤炭供应偏紧的局面，虽然当前煤炭需求仍持续旺盛，但仍保障了国民经济和社会发展对煤炭的需求，形成了当前全国煤炭供需基本平衡、价格平稳的良好态势，促进了煤炭工业的健康发展。但部分地区对煤炭需求增长缺乏科学分析，出现了投资过热、无序建设的苗头和现象。主要表现为：有的地方制定不切合实际的煤炭发展规划及生产建设指标，越权核准煤矿建设项目；有的企业边勘探、边设计、边报批，违反项目核准程序，擅自开工建设；有的煤矿边建设，边生产，给安全生产留下很多隐患；有的煤矿违反煤炭技术政策，擅自扩大生产规模，加速煤矿衰老报废。这种情况发展下去，势必造成煤矿建设失控、生产布局失衡、煤炭总量过剩，矿难事故多发。为加强煤炭基本建设管理，做好煤炭总量平衡，促进煤炭工业健康发展，现将有关事项通知如下：

一、抓紧完善煤炭发展规划

各产煤省（区、市）和企业要根据全国煤炭工业“十一五”发展规划的总体部署，从全局出发，结合资源条件、市场需求和外部建设条件，抓紧完善本地区和本企业煤炭发展规划，优化煤炭建设布局，合理安排建设规模，指导煤矿有序建设。

各产煤省（区、市）要抓紧组织编制煤炭矿区总体规划，经批准的矿区总体规划，是矿区勘探开发、单项工程建设的基本依据，煤矿建设项目必须符合煤炭工业发展规划和矿区总体规划。矿区总体规划编制和审批，按《国家发展改革委关于规范煤炭矿区总体规划审批管理工作的通知》（发改能源〔2004〕891 号）要求执行。

二、严格执行煤炭项目建设程序

各产煤省（区、市）和企业要严格执行《企业投资项目核准暂行办法》（国家发展改革委第 19 号令）的有关规定，规范煤炭项目前期工作及核准程序。国家规划矿区内的煤炭开发项目申请报告，由项目所在地省（区、市）发展改革委、项目所属中央管理企业集团初审后上报国家发展改革委，由国家发展改革委直接核准或报请国务院核准。其中，建设规模小于 60 万吨/年的煤炭项目，国家发展改革委将视具体情况，授权地方发展改革委核准。国家规划矿区以外的煤炭项目由地方发展改革委核准。

各产煤省（区、市）和企业在国家规划矿区内开展煤炭项目前期工作时，可就项目是否符合国家煤炭发展规划和产业政策等问题，向国家发展改革委提出咨询函。

国家规划矿区包括国家已批准总体规划、需要加强调控和具有开发潜力的矿区（详见煤炭资源国家规划矿区目录）。国家发展改革委将根据宏观调控需要，适时调整国家规划矿区目录。

各产煤省（区、市）有关部门要加强对煤炭项目建设的监督管理。项目建成后，符合验收标准的，要及时组织竣工验收。国家规划矿区内煤炭项目由国家发展改革委组织验收，国家规划矿区以外的煤炭项目由省级发展改革委组织验收。验收通过后，方可办理生产许可证，正式投入生产。

三、加快煤炭工业结构调整

各产煤省（区、市）要依据煤炭发展规划，按照总量调控、上大压小、优化结构的原则，继续推进大型煤炭基地建设，保持适度的建设规模，重点建设安全高效大型现代化煤矿，新建（扩建）大型煤炭项目时，必须与周边区域小煤矿资源整合、联合改造相结合。同时，要加快整合改造小煤矿，继续关闭布局不合理、浪费资源、不具备安全生产条件的小煤矿。

四、提高煤矿建设规模标准

各产煤省（区、市）新建煤矿单井井型不得低于以下规模：山西省、陕西省、内蒙古30万吨/年；新疆、甘肃、青海、北京、河北、东北及华东地区15万吨/年；西南和中南地区9万吨/年；开采极薄煤层3万吨/年。国家支持地方结合实际，在上述最小规模基础上，尽量提高新建煤矿规模。

五、全面调查和清理在建煤矿项目

各产煤省（区、市）发展改革委要会同有关部门，对辖区内在建煤矿项目进行全面调查摸底，对符合产业政策和煤炭规划、满足安全生产和环保要求、外部条件落实，但核准文件不齐备的项目，要严格按照项目核准程序补办手续；对不符合上述条件的违规新建（扩建）项目，要依照有关规定责令企业立即停建，由责任单位和责任人负责善后工作。

各产煤省（区、市）发展改革委、中央煤炭企业，要立即组织在建煤炭项目的调查和清理工作，并将调查和清理工作情况及附表于2006年3月底前报送我委。我委将对调查和清理结果进行重点检查。

附件：一、煤炭资源国家规划矿区目录（2005年版）

二、在建（改扩建）煤矿项目调查及清理表（略）

中华人民共和国国家发展和改革委员会

二〇〇五年十二月八日

28. 关于加强煤炭建设项目管理的通知

发改能源〔2006〕1039 号

各省、自治区、直辖市及新疆生产建设兵团发展改革委、经委（经贸委、工业办）、煤炭局（行业办）、国土资源厅（局）、安全生产监督管理局、建设厅（建委、建管局），各省级煤矿安全监察机构，神华集团公司、中煤能源集团公司：

近年来，国家采取一系列政策措施，加快大中型煤矿建设，保障了国民经济和社会发展对煤炭的需要，促进了煤炭工业健康发展。但一个时期以来，有的地方制定不切合实际的煤炭发展规划及生产建设指标，越权核准煤矿建设项目，部分企业违反项目核准和建设程序、擅自开工建设，导致煤矿建设规模过大，勘查、设计、施工质量下降，安全事故和隐患增加。为贯彻落实《国务院关于促进煤炭工业健康发展的若干意见》（国发〔2005〕18 号）和《国务院关于预防煤矿生产安全事故的特别规定》（国务院令第 446 号），加强煤矿建设项目管理，规范建设程序，保障煤矿建设和生产安全，现将有关事项通知如下：

一、加强地质勘查管理

各级国土资源管理部门要加强对煤炭地质勘查工作的管理，提高勘查地质报告质量。煤炭地质勘查工作要坚持煤炭、煤层气资源综合勘查、评价和储量认定的原则，加快推进采煤采气一体化。煤炭地质勘查工作必须由具有相应资质的地质勘查单位承担。勘查单位要严格按照《煤、泥炭地质勘查规范》（DZ/T 0215—2002）开展地质勘查工作，提交的井田勘查地质报告应达到规范要求。评审单位要严格按照有关规定进行评审，对煤炭储量、构造、瓦斯、水文等开采条件等是否满足煤矿设计需要提出明确的评审意见，并对评审结论负责。

对井田勘探地质报告达不到规范要求的，建设单位不得委托设计单位开展初步设计，设计单位也不得接受委托；国土资源管理部门不得通过开发利用方案审查。

二、严格建设项目（新建、改扩建）核准

各产煤省（区、市）和中央管理企业要依据煤炭勘查程度和建设条件，适时组织编制煤炭矿区总体规划。经批准的总体规划，是矿区内各煤炭单项工程开发建设的基本依据。

各产煤省（区、市）和中央管理企业要严格执行《国务院关于投资体制改革的决定》（国发〔2004〕20 号）和《企业投资项目核准暂行办法》（国家发展改革委令第 19 号）的有关规定，规范煤炭项目前期工作及核准程序；在国家规划矿区内开展煤炭项目前期工作时，可就项目是否符合国家煤炭发展规划和产业政策等问题，向国家发展改革委提出咨询。国家发展改革委将依据有关规定出具咨询复函。国家规划矿区内的煤炭开发项目申请报告，由项目所在地省（区、市）发展改革委（含具有投资管理职能的经贸委、经委与发展改革委联合）或项目所属中央管理企业初审后报送国家发展改革委，由国家发展改革委核准或报请国务院核准（简称“国家核准”）。国家规划矿区以外的煤炭项目由省级发展改革委或省级政府指定的部门会同省级发展改革委核准。国家核准煤炭规划矿区主要包括大型煤炭基地建设规划划定的矿区和有关省（区、市）具有开发潜力的矿区。国家核准煤炭规划矿区目录详见附件。

煤矿项目核准的建设规模和开拓部署等主要内容在初步设计、建设施工阶段发生重大变化调整

的，建设单位应及时以书面形式向原项目核准、审批部门报告。由原项目核准、审批部门根据项目调整的具体情况，出具书面意见或要求其重新办理核准、审批手续。

省级煤矿项目核准机关要严格执行项目核准的有关规定，不得越权核准煤矿项目。煤矿建设项目要按照核准批复的建设规模进行设计与建设，建设和设计单位不得擅自扩大生产环节能力。煤矿建设项目移交生产后原则上 3 年内不得申请改扩建，也不能通过生产能力核定扩大规模。

三、严把设计质量关

项目核准批复文件、评审备案的井田勘探（精查）地质报告和安全预评价报告是矿井初步设计和安全设施设计的重要依据。

建设单位要根据煤矿建设规模，委托具有相应资质的同一设计单位承担初步设计与安全设施设计。设计单位不得承接与本单位资质不符的煤矿设计；不得转包设计业务和挂靠设计资质。设计中要严格执行有关法规、规程、规范的规定，严把设计质量关。安全设施设计按有关规定报煤矿安全监察机构审查。

煤矿初步设计应按照批准的煤矿安全设施设计修改和完善。煤矿初步设计由所在地的省级政府指定的部门会同省级发展改革委审查，省级政府未指定审查部门的，由省级发展改革委会同同级煤炭行业管理部门审查。

四、规范施工和监理招投标

建设单位要按有关规定，通过招投标方式，结合煤矿建设施工的灾害特点，确定施工和监理单位，减少招标工程标段；建设单位、设计单位在编制工程概预算时，应当依据工程造价管理机构测定的相应费率，合理确定工程安全防护、文明施工措施费。招标方或具有资质的中介机构编制招标文件时，应当按照有关规定并结合工程实际单独列出安全防护、文明施工措施项目清单。

参与投标的设计、施工和监理单位，必须具备建设行政主管部门颁发的相应资质证书，施工单位必须具有建设行政主管部门核发的安全生产许可证。

省级发展改革委、煤炭行业管理部门要严格按照工程建设项目招投标规定，加强对煤矿建设项目招投标活动的监管。

五、实行项目开工备案

煤矿建设项目开工前，建设单位应将项目核准、初步设计和安全设施设计批复文件，采矿许可证，设计、施工和监理单位资质证，施工企业安全生产许可证，中标文件，工程质量监督手续，保证安全施工的措施，以及拟开工日期等，向省级发展改革委、煤炭行业管理部门、煤矿安全监管部门和煤矿安全监察机构告知备案，有关部门应出具备案回执。

六、明确安全监管责任

建设、设计、施工、监理等单位，必须遵守安全生产法律、法规的规定，保障建设工程施工安全，依法承担建设工程安全生产责任。

建设单位对煤矿建设施工安全负相应的管理责任。建设单位或总承包单位必须为施工单位提供必要的施工安全条件和有关技术资料，加强施工过程日常安全监督管理，协助施工单位做好高瓦斯、突出矿井瓦斯抽采与安全监测监控工作，及时协调解决存在的安全问题；不得随意压减设计周期、施工工期和工程造价。建设单位要向省级煤炭行业管理部门和煤矿安全监察机构每半年报送一次工程进展情况，对施工期间发生的安全事故应按规定及时上报项目所在地的煤矿安全监管、监察机构，事故在建设单位统计上报。

施工单位对煤矿建设施工负安全生产管理主体责任。施工单位应当建立健全安全生产责任制度和安全生产教育培训制度，制定安全生产规章制度和操作规程，保证安全投入，对建设工程进行定期和专项安全检查，并做好安全检查记录。煤矿施工现场应配齐专职安全管理人员和专业技术人员，按规定配备施工技术装备和安全防护设施。在高瓦斯、突出矿井井巷施工过程中，要采取瓦斯抽采和安全监测监控等有效措施，企业负责人、项目负责人、专职安全生产管理人员、特种作业人员必须经有关部门考核合格后，持证上岗。不得转包工程和挂靠施工资质。

工程监理单位对煤矿安全施工承担监理责任。工程监理单位应根据煤矿建设特点，配备相应的监理人员，按照法律、法规和工程建设强制性标准实施监理，审查施工组织设计中的安全技术措施或专项施工方案是否符合工程建设强制性标准。实施监理过程中，发现存在安全事故隐患的，应当要求施工单位整改；情节严重的，应当要求施工单位暂时停止施工，并及时报告建设单位。施工单位拒不整改或者不停止施工的，工程监理单位应及时向煤矿安全监管部门报告。

省级发展改革委（经贸委）、煤炭行业管理部门、煤矿安全监管部门和煤矿安全监察机构应将煤矿建设工程安全生产纳入日常监督检查范围，对未经或越权核准、未审批安全设施设计的项目，责令建设单位停止施工；对新建煤矿边建设、边生产的，改扩建煤矿施工与生产区域交叉、不能保障安全生产的，责令建设单位停止生产；对施工、监理单位资质不符合规定的，要责成建设单位予以清退；对违规行为要依法追究有关单位和人员责任。

七、规范竣工验收程序

煤矿项目按设计要求建成后，建设单位应组织有关单位编制联合试运转（含试生产）方案及安全保障措施，方可进行联合试运转。联合试运转结束后，应编制联合试运转总结报告，向有关部门申请安全、环保、消防等专项验收。各专项验收合格后，方可进行建设项目竣工验收。

国家核准煤炭规划矿区内煤炭项目由国家发展改革委组织验收，国家规划建设矿区以外的煤炭项目由省级发展改革委或省级政府指定的部门会同省级发展改革委组织验收。竣工验收通过后，方可申请办理煤炭生产许可证，正式投入生产。

八、严格各类资质管理

各有关部门要加强对从事煤炭行业的地质勘查、评审、咨询、设计、施工、监理、安全评价等单位的资质管理。对取得资质的单位，要加强日常监督管理，建立业绩考核档案，对违规单位依情节轻重，分别给予通报批评、降级或取消资质的处罚。各有关单位对煤矿建设工程的质量实行终身负责制，发生事故的，要依据调查情况和责任划分，分别予以追究和处理。

附件：国家核准煤炭规划矿区目录（2006 年版）

中华人民共和国国家发展和改革委员会
中华人民共和国国土资源部
中华人民共和国建设部
国家安全生产监督管理总局
国家煤矿安全监察局
二〇〇六年六月十二日

29. 关于进一步加强煤矿建设项目安全管理的通知

发改能源〔2010〕709 号

各产煤省、自治区、直辖市及新疆生产建设兵团发展改革委、能源局、煤炭行业管理部门、安全监管局、煤矿安全监管部门，各省级煤矿安全监察机构，司法部直属煤矿管理局，神华、中煤、华能、大唐、华电、国电、中电投、华润集团公司：

今年以来，部分地区煤矿建设项目接连发生重特大生产安全事故，给人民生命财产造成重大损失，产生严重社会影响。为深刻吸取事故教训，严厉打击非法违法和违规违章建设行为，进一步加强煤矿建设项目管理，遏制煤矿建设重特大事故发生，切实提高基建煤矿安全生产水平，促进基建项目顺利建成投产，保障能源供应，现将有关事项通知如下：

一、充分认识确保煤矿建设安全的重要意义

安全发展是党的十六届五中全会提出的重要理念，是贯彻落实科学发展观的具体体现。煤矿建设安全直接关系从业人员生命，关系矿区和谐稳定，关系煤矿顺利投产和煤炭长期稳定供应。各地区、各有关部门和单位要从贯彻落实科学发展观、坚持安全发展、构建和谐矿区、保障能源安全的高度，充分认识确保煤矿建设安全的极端重要性，坚持“安全第一、预防为主、综合治理”的工作方针和“严字当头、科学规范、狠抓落实”的工作作风，全面加强各类煤矿建设项目（包括新建、改扩建、技术改造、资源整合等项目）安全管理。

二、严格落实煤矿建设项目安全责任

地方各级人民政府要落实安全生产监管责任，进一步强化地方政府安全生产行政首长负责制，地方政府主要负责人对本地区煤矿建设安全工作负总责；分管领导要按照职责分工，切实加强煤矿建设安全的领导和监督。各级政府投资主管部门、煤炭行业管理部门、煤矿安全监管部门、煤矿安全监察机构要严格落实部门安全监管监察职责，加强协调配合，深入矿山，不留死角，做好煤矿建设项目日常监管和监察执法工作。

项目建设单位必须落实法定代表人建设安全第一责任人的责任，其上级集团公司承担建设安全领导责任。项目建设单位要全面负起安全管理职责，对项目施工相关单位进行统一协调管理，对防范瓦斯、水害等重大灾害负总责，建立健全项目建设安全管理制度，按照国家有关法律法规、规程和标准要求，组织项目施工准备和施工管理。

项目设计单位应当在设计中提出保障施工作业人员安全和预防生产安全事故的措施建议，对其设计负责。

项目施工单位对煤矿建设施工负建设安全主体责任。施工单位要健全和落实各项安全生产规章制度，严格施工现场安全管理。施工单位必须取得国家颁发的建筑业企业资质和安全生产许可证，并严格按资质等级许可的范围承建相应规模的煤矿建设项目，严禁超资质能力施工。煤矿施工等资质须经省级煤炭行业管理部门认定合格。严禁转包工程和挂靠施工资质。

项目监理单位对煤矿安全施工承担监理责任。监理单位要强化责任意识，严格审查施工组织中安全技术措施及专项施工方案是否符合有关安全标准和规定，对存在事故隐患的，应当要求立即进行整改。

三、严格履行煤矿项目建设程序

煤矿建设项目要严格执行《企业投资项目核准暂行办法》（国家发展改革委令第19号）、国家发展改革委等五部门《关于加强煤矿建设项目管理的通知》（发改能源〔2006〕1039号）和《国家发展改革委关于加强煤炭基本建设项目管理有关问题的通知》（发改能源〔2005〕2605号）等有关规定。所有新建项目、改扩建项目、生产能力提高一个标准设计档次（不含一个标准设计档次）以上的技术改造（产业升级）项目和净增生产能力60万吨/年及以上的资源整合（兼并重组）项目，必须履行项目核准、初步设计和安全设施设计审查程序。省级有关部门在规定权限内作出的项目核准、初步设计审查批准文件须抄报国家发展改革委、国家能源局。

任何部门和单位不得越权核准煤矿建设项目。建设单位要严格执行煤矿项目开工标准，未经项目核准、初步设计和安全设施设计审查的项目，不得以任何名义进行井筒开挖和剥离土（岩）开挖等主体工程施工。煤矿初步设计审查时，应对煤矿提升、运输、通风、排水等主要系统能力进行审核，不得预留富余能力，严禁批小建大。对于未经核准擅自开工以及越权违规核准的煤矿项目，有关部门不得受理初步设计和安全设施设计审查，不得进行项目竣工验收，不得发放有关证照。对于批小建大的项目，新增的生产能力不予认可，有关部门要严格按照项目核准的建设规模发放有关证照。上述违规建设项目，一经发现，应立即责令停止建设，并按有关规定追究项目建设单位和违规核准部门有关人员的责任。新建、改扩建、技术改造（产业升级）和资源整合（兼并重组）煤矿项目投产后5年内，不得通过能力核定提高生产能力。生产煤矿通过能力核定提高生产能力后5年内，也不得再次通过能力核定提高生产能力。

矿井标准设计档次分别是：6、9、15、21、30、45、60、90、120、150、180、240、300万吨/年，300万吨/年以上每增加100万吨/年按一个标准设计档次计算。露天矿每增加100万吨/年按一个标准设计档次计算。

四、扎实做好煤矿建设项目基础工作

煤矿项目建设应达到规定的勘查程度。煤田地质勘查单位要按照《煤、泥炭地质勘查规范》、《矿区水文地质工程地质勘探规范》等要求，做好项目地质勘查工作，确保提供的井田范围内构造断层、瓦斯参数、煤层顶底板含（隔）水层、老窑、小煤矿分布和开采情况等资料不低于勘查程度要求，并对勘查成果负责。地质报告要经有关机构评审、备案。

设计单位要按照《煤炭工业矿井设计规范》、《煤炭工业露天矿设计规范》、《煤矿安全规程》和煤矿安全标准，编制项目申请报告、初步设计和安全设施设计，不得承担与资质等级不符的设计编制任务，也不得承担未按规定查明瓦斯、水文、地质等安全开采条件的煤矿建设项目的初步设计和安全设施设计编制任务。

开采煤岩层范围有煤（岩）与瓦斯（二氧化碳）突出危险的矿区，以及井田内开采煤层瓦斯压力等单项突出危险性指标超标的，必须在可行性研究阶段对可能揭露的平均厚度在0.3米以上的所有煤层进行突出性危险评估。煤层突出危险性评估要由相应资质的安全评价等技术咨询机构，或政府部门牵头组织相关专家进行评估，评估报告结论要适用全矿井开采范围。

五、切实加强煤矿建设项目工程招投标管理

项目建设单位应按照招标投标法和项目核准文件等要求，做好项目勘察、设计、施工、监理以及重要设备、材料等采购活动的招投标工作，不得随意肢解工程。项目招标确需划分标段的，要以有利于施工安全为前提，严格控制单项工程（或同类专业工程）施工单位数量。矿井一期（从井筒开挖到井底车场施工前）工程施工单位原则上不超过2家；二期（从施工井底车场开始到进入采区施工

前）、三期（从施工采区车场开始到整个采区巷道施工）工程施工单位原则上不超过 3 家。高瓦斯、煤（岩）与瓦斯（二氧化碳）突出、有突水危险或水文地质条件类型复杂及以上的矿井，施工单位应具有国家特级施工资质，并具有同类项目的施工业绩。

建设单位不得对未经核准、未经初步设计和安全设施设计审查批准的煤矿项目组织施工和监理招标；施工和监理单位不得承接未经核准、未经初步设计和安全设施设计审查批准的煤矿项目。

六、科学编制煤矿建设项目施工组织设计

煤矿建设项目应编制施工组织设计。施工组织设计由建设单位（或项目总承包单位）负责组织编制，并经设计、监理、施工等相关单位会审后组织实施。施工组织设计中提出的矿井一期、二期、三期工程施工时间，应科学合理，满足施工安全要求。

煤矿建设项目施工过程中遇到瓦斯、煤层自燃、煤尘爆炸危险等级、水文地质类型等发生变化，原设计的开拓方式、开采工艺以及提升、运输、通风等主要生产系统、首采区及首采工作面布置等需要变更的，或施工过程中发现设计存在重大缺陷，影响安全施工，需要修改设计的，应立即停止施工，对初步设计和安全设施设计进行修改，报原批准部门重新审查。初步设计和安全设施设计经审查同意，并对施工组织设计修改完善后，方可恢复施工，不得先施工后报批、边施工边修改。其中，涉及项目核准文件所规定的建设规模、重大技术方案、总投资等有关内容调整的，应事先以书面形式向原核准部门报告，经原核准部门同意后，重新履行煤矿初步设计和安全设施设计报批程序。

七、合理安排煤矿建设项目施工顺序

煤矿建设项目要按照施工组织设计有序推进工程进度，完善有关安全设施。项目进入二期工程前，必须安装矿井安全监测监控系统；高瓦斯、煤（岩）与瓦斯（二氧化碳）突出、有突水危险或水文地质条件类型复杂及以上的矿井进入二期工程前，其他矿井进入三期工程前，必须按设计建成双回路供电；高瓦斯、煤（岩）与瓦斯（二氧化碳）突出矿井，进入二期工程前，必须形成由地面主要通风机供风的全风压通风系统；煤（岩）与瓦斯（二氧化碳）突出矿井揭露突出煤层前，必须建成瓦斯抽采系统并投入运行，同时严格落实两个“四位一体”（突出危险性预测、防治突出措施、防治突出措施的效果检验和安全防护措施）综合防突措施；高瓦斯矿井进入三期工程前，必须形成瓦斯抽采系统；有突水危险或水文地质条件类型复杂及以上的矿井，进入三期工程前，必须形成永久排水系统。

建设单位不得随意压减工期，不得盲目赶超进度，一期、二期、三期工程结束时间比施工组织设计原计划时间提前超过 3 个月的，应作为建设期间重大事项，及时向政府有关部门报告。

八、切实强化煤矿建设项目施工管理

建设单位要对煤矿建设项目统一指挥协调，保持信息畅通，建立健全安全、技术、工程管理机构，配齐瓦斯抽采和各类探放水等设备，组织制定并督促落实好各项安全技术措施，加强对建设项目施工的监督管理。

施工单位要严格按照《煤矿安全规程》、《矿山井巷工程施工及验收规范》、《防治煤与瓦斯突出规定》（国家安全监管总局令第 19 号）和《煤矿防治水规定》（国家安全监管总局令第 28 号）等有关规定规范施工，加强现场安全管理。在施工过程中发现地质条件变化较大时，应立即停止施工并向建设单位报告。建设单位应及时组织相关单位制定应急安全防范措施，提出修改设计并按规定重新报批。施工单位必须按照《劳动法》、《安全生产法》等法律法规规定，做好对主要负责人、管理人员和施工人员的培训特别是新上岗人员的岗前培训，严格执行特种作业人员持证上岗制度。

监理单位应按监理合同约定和《建设工程监理规范》等有关规定，配备与建设项目监理工作相适应的足够数量的监理工程师及其他监理人员，定期巡视检查工程施工情况，发现存在安全隐患或问题的，应当要求施工单位立即整改；情况严重的，应当要求施工单位暂停施工，及时撤人，并报告建设单位。监理单位应把检查、整改、复查、报告等情况记载在监理日志、监理月报中。

设计单位要派施工代表常驻施工现场，加强与施工和建设单位沟通交流，及时解决设计问题。

煤炭行业管理部门和煤矿安全监管部门要定期深入施工现场，对项目施工和管理进行监督检查。

九、建立健全煤矿建设项目应急管理机制

煤矿项目建设和施工单位要严格落实安全生产应急管理责任，完善应急预案，按规定建立矿山救援队伍或与具备救援能力的矿山救援队伍签订救援协议，配备必要的应急物资、装备和设施，定期实施演练，确保作业和施救人员掌握相关应急预案内容，具备应急处置能力。

十、全面开展煤矿建设项目大检查

省级煤炭行业管理部门、投资主管部门、煤矿安全监管部门、煤矿安全监察机构要按照《国务院安委会关于立即开展全国安全生产大检查的通知》（安委明电〔2010〕1 号）和本通知要求，立即组织有关煤矿企业开展煤矿建设项目大检查。

省级煤炭行业管理部门会同投资主管部门检查煤矿建设项目是否符合项目核准程序，项目初步设计是否审查。煤矿安全监察机构检查项目安全设施设计是否审查。对未经核准、初步设计和安全设施设计审查以及越权核准、批小建大的煤矿项目，一律责令停止建设，追究相关人员的责任。项目按规定程序履行有关手续后，方可恢复建设。

省级煤炭行业管理部门会同煤矿安全监管部门、煤矿安全监察机构在煤矿企业自查自纠的基础上，重点检查煤矿建设项目的基础工作、工程招投标、施工组织设计、施工顺序、施工进度、施工管理、应急管理等是否符合本通知要求，是否已对存在问题进行整改。未进行整改和整改不彻底的，必须停止施工，直到整改完毕并经有关部门验收合格后，方可恢复建设。

省级煤炭行业管理部门会同投资主管部门、煤矿安全监管部门、煤矿安全监察机构于 2010 年 5 月 31 日前将有关煤矿建设项目检查及处理情况上报国家能源局、国家煤矿安监局。国家发展改革委、国家能源局、国家安全监管总局、国家煤矿安监局等部门将组成联合检查组，对各产煤省（区、市）煤矿建设项目检查情况进行抽查。

国家发展改革委
国家能源局
国家安全监管总局
国家煤矿安监局
二〇一〇年四月十日

30. 国家安全监管总局　国家煤矿安监局关于进一步规范安全生产行政执法工作的指导意见

安监总政法〔2007〕193号

各省、自治区、直辖市及新疆生产建设兵团安全生产监督管理局，各省级煤矿安全监察机构：

为进一步贯彻落实《国务院关于印发全面推进依法行政实施纲要的通知》（国发（2004）10号），提高安全生产行政执法能力，根据行政处罚法等有关法律、法规和规章的规定，结合当前安全生产行政执法实际，现就规范安全生产行政执法工作提出如下意见。

一、充分认识规范安全生产行政执法工作的重要意义

各级安全生产监督管理部门、煤矿安全监察机构（以下统称安全监管监察部门）成立以来，高度重视安全生产行政执法工作，在加强执法队伍建设、规范执法程序、加大执法力度等方面做了大量工作，取得了明显成效。但是，在工作中也存在一些不容忽视的问题，有的安全监管监察部门法制观念不强，行政执法中重实体、轻程序，重结果、轻过程的问题比较突出；行政处罚事实不清、证据不足，适用法律规范不够准确等现象时有发生；由于执法不当所引发的行政申诉、行政复议和行政诉讼案件的数量逐年增多。这些问题的存在削弱了安全生产行政执法部门的执行力和公信力，降低了行政执法力度，影响了依法治安、重典治乱的实施。因此，迫切需要进一步增强依法行政、依法监管的法制观念，严格规范行政执法，提高安全生产行政执法能力和水平。

安全监管监察行政执法是各级安全监管监察部门的法定职责，直接面向各类生产经营单位及其从业人员。安全生产行政执法水平和质量的高低，直接关系到法律的尊严、政府的权威和自身的形象。规范安全生产行政执法工作，是推进依法行政、实现依法治国的重要内容，是推进依法治安、实施重典治乱、实现安全发展的重要保证，是提升安全生产监管监察执法机关执行力和公信力的重要措施。各级安全监管监察部门要从贯彻和落实科学发展观，构建社会主义和谐社会，全面推进依法行政的高度，切实提高认识，把依法行政、规范安全生产行政执法摆上本单位工作的重要议事日程。要在认真总结安全生产法实施五年来安全生产行政执法工作的基础上，认真研究当前安全生产行政执法工作出现的新特点、新情况，有针对性地提出规范安全生产行政执法的工作思路和保障措施，进一步促进依法行政，推进依法治安。

二、规范安全生产行政执法工作的重点内容

（一）坚持职权法定，正确履行职责

1. 严格遵守职权法定的原则。各级安全监管监察部门必须严格依照和遵守法律、法规、规章规定的权限开展行政执法活动，履行好法定职责，做到不越位、不缺位、不错位。

2. 严格遵守处罚法定的原则。凡是没有法律、法规或者规章的规定，安全监管监察部门及其执法人员不得作出影响公民、法人和其他组织合法权益或者增设公民、法人和其他组织义务的决定。

3. 严格遵守公正、公平的原则。要进一步规范和合理使用行政执法自由裁量权，保证行政执法权的正当使用。实施行政处罚必须以事实为依据，与违法行为的事实、性质、情节以及社会危害程度相当。可以采用多种方式实现行政执法目的的，应当避免采用损害当事人权益的方式。

（二）严格规范安全生产行政执法主体

4. 凡是没有法律、法规、规章的授权委托，或者在法定的授权委托范围之外的任何单位或者组织，都不得从事安全生产行政执法活动。委托执法的，必须以委托单位的名义执法，并出具有关执法文书。

5. 安全监管监察部门不得以“领导小组”、“领导小组办公室”或者“联合检查组”等协调议事机构、非常设机构或者临时机构的名义对外执法。严禁安全监管监察部门的内设机构以自己的名义对外执法。

6. 地方安全监管部门接受地方人民政府的授权或者委托，对重大、较大和一般事故进行事故调查，或者对事故调查报告进行批复，必须有政府授权或者委托的书面证明。

7. 安全监管监察执法人员必须持有国家安全监管总局或者地方人民政府颁发的有效行政执法证件，方可从事行政执法活动。在调查取证或者执法检查中，执法人员不得少于两人，并向当事人或者有关人员出示行政执法证件、表明执法身份，并记录在有关执法文书当中。

（三）严格行政执法程序，保障当事人合法权益

8. 安全监管监察部门开展行政执法工作，必须严格按照法律、法规、规章规定的步骤、方式、顺序、期限进行。

9. 建立健全立案登记制度。除依照行政处罚法可以当场作出行政处罚决定的外，安全监管监察部门办理行政处罚案件必须经过立案程序。受理行政许可、行政确认、行政裁决的，安全监管监察部门应当向当事人出具加盖本单位印章并注明日期的书面受理凭证。

10. 严格依法调查取证。安全监管监察部门在调查取证过程中，要听取当事人的陈述，并调取其他能够证明案件事实的相关证据，做到证据确凿充分。仅有当事人陈述而无其他证据证明的，不得定案。证据的内容和形式应当符合行政诉讼法和有关司法解释规定的要求。所有的证据材料必须经过查证核实方可作为证据使用。实行证据先行登记保存的，应当开列证据物品清单，并在法定期限内对登记保存的证据及时作出处理决定。

11. 充分保障当事人的权利。安全监管监察部门作出对行政管理相对人、利害关系人不利的行政决定前，必须告知其依法享有的陈述权和申辩权。告知要采用书面形式，并由当事人或者见证人签名或者盖章。对当事人提出陈述和申辩事实及理由，安全监管监察部门应当予以调查核实。当事人放弃陈述、申辩权的，应由当事人签字认可，并在有关执法文书中载明。对重大事项，行政管理相对人、利害关系人要求听证并符合法律规定的，安全监管监察部门应当组织听证。行政机关行使自由裁量权的，应当在行政决定中说明理由。作出行政决定后，应当及时告知当事人决定的事项以及申请行政复议或者提起行政诉讼的途径和期限。

12. 严格实施查封扣押权。对确需查封或者扣押当事人财物的，必须出具书面的暂扣或者扣押凭证和清单，详细载明暂扣或者扣押物品的名称、数量及相关特征，并依法在规定期限内作出处理决定。

13. 完善执法文书送达程序。安全监管监察部门作出行政处罚、行政复议行为应当依照相关规定送达行政执法文书。送达文书应由受送达人签字或盖章。非受送达人签收的，应当提供受送达人的书面委托。受送达人拒不签字或者盖章的，可以采取留置、邮寄、公告等其他合法方式予以送达。

（四）规范使用行政执法文书，建立案卷评查制度

14. 正确使用行政执法文书是规范行政执法行为的重要内容。要按照执法文书的要求和查明的案件事实，全面、准确地填写有关内容。对适用的法律依据，要载明法律依据的全称，引用条文要具体到条款项。

15. 行政执法必须使用统一格式的法律文书，禁止以通知、通报、公告等形式代替行政处罚决定

书。要规范行政执法文书的制作，除当场行政处罚决定书和当场不作出会影响执法工作的外，行政执法文书提倡使用打印式文书。执法文书应当统一编号、一案一制作，禁止铅笔书写的资料入卷，以保证案卷材料的严肃性和真实性。

16. 建立行政处罚、行政许可、行政裁决、行政强制等行政执法案卷评查制度。安全监管监察部门对处理完毕的案件，应当将相对人的基本情况、有关监督检查记录、证据材料、执法文书等材料编目装订、立卷归档。安全监管监察部门负责法制工作的机构要会同本部门其他机构定期对行政执法案卷进行评查。评查中发现的问题，被评查单位应当采取措施予以整改，并将整改情况报送安全监管监察部门负责法制工作的机构。行政执法案卷质量情况应当列入行政执法责任制评议考核的内容。

（五）严格执行重大行政处罚的备案审查制度

17. 要按照《安全生产违法行为行政处罚办法》（原国家安全监管局〈煤矿安监局〉令第 1 号）的规定，进一步完善重大行政处罚的备案方法和备案流程，明确备案工作部门，做到有案必备、有备必查、有错必纠。

18. 县级安全监管部门实施五千元以上罚款、责令停产停业、停产停业整顿及暂扣、吊销有关证照的行政处罚，应当自作出行政处罚之日起七日内报市（地）级安全监管部门备案。

19. 市（地）级安全监管部门或者煤矿安全监察分局实施一万元以上罚款、责令停产停业、停产停业整顿及吊销有关证照的行政处罚，应当自作出行政处罚之日起七日内报省级安监部门或者省级煤矿安全监察机构备案。

20. 省级安全监管部门或者省级煤矿安全监察机构实施十万元以上罚款、责令停产停业、停产停业整顿及吊销有关证照的行政处罚，应当自作出行政处罚之日起七日内报国家安全监管总局备案。省级煤监机构的相关行政处罚同时抄报国家煤矿安监局备案。

三、加强监督，落实责任

21. 要进一步转变执法理念。各级安全监管监察部门要进一步树立以人为本、执法为民的执法理念。在加大行政执法力度的同时，切实尊重和保护当事人的合法权益。要树立严格执法和科学执法相结合的执法理念。既要注重发挥查处安全生产违法案件的治标功能，又要注重发挥执法的引导、规范、警示、教育的治本功能。要树立责任执法的理念，有权必有责，权责相一致。行政执法违法或者不当，必须依法承担相应责任。

22. 要进一步加强执法监督。通过行政复议、行政执法的检查、暗访等途径强化层级监督，及时发现并纠正行政执法中存在的问题。上级安全监管监察部门对下级违法或者不当的行政执法行为，应当及时纠正、责令限期改正、直接予以撤销或者变更。要进一步建立健全行政执法公开和行政执法投诉等工作制度，自觉接受社会和舆论监督，增加行政执法的透明度，做到矛盾纠纷及早发现、及早控制和及早化解。

23. 要强化执法责任落实。紧紧抓住容易发生执法问题的重点岗位和薄弱环节，按照“谁执法、谁负责”，“谁分管、谁负责”的原则，细化岗位执法责任，完善责任追究制度。对有违法或者不当行政执法行为的单位及其执法人员，依法给予行政处分或者组织处理，切实规范行政执法行为，提高依法执法水平。

国家安全生产监督管理总局
国家煤矿安全监察局
二〇〇七年九月二十一日

31. 国家安全监管总局　国家煤矿安监局关于印发《煤矿生产安全事故报告和调查处理规定》的通知

安监总政法〔2008〕212 号

各省、自治区、直辖市及新疆生产建设兵团安全生产监督管理局、煤矿安全监管部门，各省级煤矿安全监察机构：

为了规范煤矿生产安全事故的报告和调查处理，现将《煤矿生产安全事故报告和调查处理规定》印发给你们，自印发之日起施行。

国家安全生产监督管理总局
国家煤矿安全监察局
二〇〇八年十二月十一日

煤矿生产安全事故报告和调查处理规定

第一章　总　　则

第一条　为了规范煤矿生产安全事故报告和调查处理，落实事故责任追究，防止和减少煤矿生产安全事故，依照《生产安全事故报告和调查处理条例》、《煤矿安全监察条例》和国务院有关规定，制定本规定。

第二条　本规定所称煤矿生产安全事故（以下简称事故），是指各类煤矿（包括与煤炭生产直接相关的煤矿地面生产系统、附属场所）发生的生产安全事故。

第三条　特别重大事故由国务院或者根据国务院授权，由国家安全生产监督管理总局组织调查处理。

特别重大事故以下等级的事故按照事故等级划分，分别由相应的煤矿安全监察机构负责组织调查处理。

未设立煤矿安全监察分局的省级煤矿安全监察机构，由省级煤矿安全监察机构履行煤矿安全监察分局的职责。

第二章　事　故　分　级

第四条　根据事故造成的人员伤亡或者直接经济损失，煤矿事故分为以下等级：

（一）特别重大事故，是指造成 30 人以上死亡，或者 100 人以上重伤（包括急性工业中毒，下同），或者 1 亿元以上直接经济损失的事故；

（二）重大事故，是指造成 10 人以上 30 人以下死亡，或者 50 人以上 100 人以下重伤，或者 5000 万元以上 1 亿元以下直接经济损失的事故；

（三）较大事故，是指造成 3 人以上 10 人以下死亡，或者 10 人以上 50 人以下重伤，或者 1000 万元以上 5000 万元以下直接经济损失的事故；

（四）一般事故，是指造成 3 人以下死亡，或者 10 人以下重伤，或者 1000 万元以下直接经济损失的事故。

本条所称的“以上”包括本数，所称的“以下”不包括本数。

第五条 事故中的死亡人员依据公安机关或者具有资质的医疗机构出具的证明材料进行确定，重伤人员依据具有资质的医疗机构出具的证明材料进行确定。

第六条 事故造成的直接经济损失包括：

（一）人身伤亡后所支出的费用，含医疗费用（含护理费用），丧葬及抚恤费用，补助及救济费用，歇工工资；

（二）善后处理费用，含处理事故的事务性费用，现场抢救费用，清理现场费用，事故赔偿费用；

（三）财产损失价值，含固定资产损失价值，流动资产损失价值。

第七条 事故发生单位应当按照规定及时统计直接经济损失。发生特别重大事故以下等级的事故，事故发生单位为省属以下煤矿企业的，其直接经济损失经企业上级政府主管部门（单位）审核后书面报组织事故调查的煤矿安全监察机构；事故发生单位为省属以上（含省属）煤矿企业的，其直接经济损失经企业集团公司或者企业上级政府主管部门审核后书面报组织事故调查的煤矿安全监察机构。特别重大事故的直接经济损失报国家安全生产监督管理总局。

第八条 自事故发生之日起 30 日内，事故造成的伤亡人数发生变化的，应当按照变化后的伤亡人数重新确定事故等级。

第九条 事故抢险救援时间超过 30 日的，应当在抢险救援结束后重新核定事故伤亡人数或者直接经济损失。重新核定的事故伤亡人数或者直接经济损失与原报告不一致的，按照重新核定的事故伤亡人数或者直接经济损失确定事故等级。

第三章 事 故 报 告

第十条 煤矿发生事故后，事故现场有关人员应当立即报告煤矿负责人；

煤矿负责人接到报告后，应当于 1 小时内报告事故发生地县级以上人民政府安全生产监督管理部门、负责煤矿安全生产监督管理的部门和驻地煤矿安全监察机构。

情况紧急时，事故现场有关人员可以直接向事故发生地县级以上人民政府安全生产监督管理部门、负责煤矿安全生产监督管理的部门和煤矿安全监察机构报告。

第十一条 煤矿安全监察分局接到事故报告后，应当在 2 小时内上报省级煤矿安全监察机构。

省级煤矿安全监察机构接到较大事故以上等级事故报告后，应当在 2 小时内上报国家安全生产监督管理总局、国家煤矿安全监察局。

国家安全生产监督管理总局、国家煤矿安全监察局接到特别重大事故、重大事故报告后，应当在 2 小时内上报国务院。

第十二条 地方人民政府安全生产监督管理部门和负责煤矿安全生产监督管理的部门接到煤矿事故报告后，应当在 2 小时内报告本级人民政府、上级人民政府安全生产监督管理部门、负责煤矿安全生产监督管理的部门和驻地煤矿安全监察机构，同时通知公安机关、劳动保障行政部门、工会和人民检察院。

第十三条 报告事故应当包括下列内容：

（一）事故发生单位概况（单位全称、所有制形式和隶属关系、生产能力、证照情况等）；

（二）事故发生的时间、地点以及事故现场情况；

（三）事故类别（顶板、瓦斯、机电、运输、放炮、水害、火灾、其他）；

（四）事故的简要经过，入井人数、生还人数和生产状态等；

（五）事故已经造成伤亡人数、下落不明的人数和初步估计的直接经济损失；

（六）已经采取的措施；

（七）其他应当报告的情况。

以上报告内容，初次报告由于情况不明没有报告的，应在查清后及时续报。

第十四条　事故报告后出现新情况的，应当及时补报或者续报。

事故伤亡人数发生变化的，有关单位应当在发生的当日内及时补报或者续报。

第十五条　事故报告应当及时、准确、完整，任何单位和个人不得迟报、漏报、谎报或者瞒报事故。

第四章　事故现场处置和保护

第十六条　煤矿安全监察机构接到事故报告后，按照规定，有关负责人应当立即赶赴事故现场，协助事故发生地有关人民政府做好应急救援工作。

第十七条　事故发生后，有关单位和人员应当妥善保护事故现场以及相关证据。任何单位和个人不得破坏事故现场、毁灭证据。

第十八条　因事故抢险救援必须改变事故现场状况的，应当绘制现场简图并做出书面记录，妥善保存现场重要痕迹、物证。抢险救灾结束后，现场抢险救援指挥部应当及时向事故调查组提交抢险救援报告及有关图纸、记录等资料。

第五章　事　故　调　查

第十九条　特别重大事故由国务院组织事故调查组进行调查，或者根据国务院授权，由国家安全生产监督管理总局组织国务院事故调查组进行调查。

重大事故由省级煤矿安全监察机构组织事故调查组进行调查。

较大事故由煤矿安全监察分局组织事故调查组进行调查。

一般事故中造成人员死亡的，由煤矿安全监察分局组织事故调查组进行调查；没有造成人员死亡的，煤矿安全监察分局可以委托地方人民政府负责煤矿安全生产监督管理的部门或者事故发生单位组织事故调查组进行调查。

第二十条　上级煤矿安全监察机构认为必要时，可以调查由下级煤矿安全监察机构负责调查的煤矿事故。

第二十一条　因伤亡人数变化导致事故等级发生变化的事故，依照本规定应当由上级煤矿安全监察机构调查的，上级煤矿安全监察机构可以另行组织事故调查组进行调查。

第二十二条　事故调查组的组成应当遵循精简、效能的原则。

特别重大事故由国务院或者经国务院授权由国家安全生产监督管理总局、国家煤矿安全监察局、监察部等有关部门、全国总工会和事故发生地省级人民政府派员组成国务院事故调查组，并邀请最高人民检察院派员参加。

特别重大事故以下等级的事故，根据事故的具体情况，由煤矿安全监察机构、有关地方人民政府及其安全生产监督管理部门、负责煤矿安全生产监督管理的部门、行业主管部门、监察机关、公安机关以及工会派人组成事故调查组，并应当邀请人民检察院派人参加。

事故调查组可以聘请有关专家参与调查。

第二十三条 事故调查组成员应当具有事故调查所需要的知识和专长，并与事故发生单位和所调查的事故没有直接利害关系。

第二十四条 事故调查组应当坚持实事求是、依法依规、注重实效的三项基本要求和“四不放过”的原则，做到诚信公正、恪尽职守、廉洁自律，遵守事故调查组的纪律，保守事故调查的秘密，不得包庇、袒护负有事故责任的人员或者借机打击报复。

第二十五条 重大、较大和一般事故的事故调查组组长由负责煤矿事故调查的煤矿安全监察机构负责人担任。委托调查的一般事故，事故调查组组长由煤矿安全监察机构商事故发生地人民政府确定。

事故调查组组长履行下列职责：

（一）主持事故调查组开展工作；

（二）明确事故调查组各小组的职责，确定事故调查组成员的分工；

（三）协调决定事故调查工作中的重要问题；

（四）批准发布事故有关信息；

（五）审核事故涉嫌犯罪事实证据材料，批准将有关材料或者复印件移交司法机关处理。

第二十六条 事故调查组坚持统一领导、协作办案、公平公正、精简高效的原则。

事故调查组履行下列主要职责：

（一）查明事故单位的基本情况；

（二）查明事故发生的经过、原因、类别、人员伤亡情况及直接经济损失；隐瞒事故的，应当查明隐瞒过程和事故真相；

（三）认定事故的性质和事故责任；

（四）提出对事故责任人员和责任单位的处理建议；

（五）总结事故教训，提出防范和整改措施；

（六）在规定时限内提交事故调查报告。

第二十七条 事故调查中需要对重大技术问题、重要物证进行技术鉴定的，事故调查组可以委托具有国家规定资质的单位或直接组织专家进行技术鉴定。进行技术鉴定的单位、专家应当出具书面技术鉴定结论，并对鉴定结论负责。技术鉴定所需时间不计入事故调查期限。

第二十八条 事故调查组应当自事故发生之日起60日内提交事故调查报告。

特殊情况下，经上级煤矿安全监察机构批准，提交事故调查报告的期限可以适当延长，但延长的期限最长不超过60日。

第二十九条 事故抢险救灾超过60日，无法进行事故现场勘察的，事故调查时限从具备现场勘察条件之日起计算。

瞒报事故的调查时限从查实之日起计算。

第三十条 事故调查报告应当包括下列内容：

（一）事故发生单位基本情况；

（二）事故发生经过、事故救援情况和事故类别；

（三）事故造成的人员伤亡和直接经济损失；

（四）事故发生的直接原因、间接原因和事故性质；

（五）事故责任的认定以及对事故责任人员和责任单位的处理建议；

（六）事故防范和整改措施。

事故调查组成员应当在事故调查报告上签名。

第三十一条 事故调查报告报送至负责事故调查的国家安全生产监督管理总局或者煤矿安全监察

机构后，事故调查工作即告结束。

第三十二条 事故调查的有关资料应当由组织事故调查的煤矿安全监察机构归档保存。归档保存的材料包括技术鉴定报告、重大技术问题鉴定结论和检测检验报告、尸检报告、物证和证人证言、直接经济损失文件、相关图纸、视听资料、批复文件等。

第六章 事 故 处 理

第三十三条 特别重大事故调查报告报经国务院同意后，由国家安全生产监督管理总局批复结案。

重大事故调查报告经征求省级人民政府意见后，报国家煤矿安全监察局批复结案。

较大事故调查报告经征求设区的市级人民政府意见后，报省级煤矿安全监察机构批复结案。

一般事故由煤矿安全监察分局批复结案。

第三十四条 重大事故、较大事故、一般事故，煤矿安全监察机构应当自收到事故调查报告之日起15日内作出批复。特别重大事故的批复时限依照《生产安全事故报告和调查处理条例》的规定执行。

第三十五条 事故批复应当主送落实责任追究的有关地方人民政府及其有关部门或者单位。

有关地方人民政府及其有关部门或者单位应当依照法律、行政法规规定的权限和程序，对事故责任单位和责任人员按照事故批复的规定落实责任追究，并及时将落实情况书面反馈批复单位。

第三十六条 煤矿安全监察机构依法对煤矿事故责任单位和责任人员实施行政处罚。

第三十七条 事故发生单位应当落实事故防范和整改措施。防范和整改措施的落实情况应当接受工会和职工的监督。

负责煤矿安全生产监督管理的部门应当对事故责任单位落实防范和整改措施的情况进行监督检查。

煤矿安全监察机构应当对事故责任单位落实防范和整改措施的情况进行监察。

第三十八条 特别重大事故的调查处理情况由国务院或者国务院授权组织事故调查的国家安全生产监督管理总局和其他部门向社会公布，特别重大事故以下等级的事故的调查处理情况由组织事故调查的煤矿安全监察机构向社会公布，依法应当保密的除外。

32. 国家安全监管总局关于印发《生产经营单位瞒报谎报事故行为查处办法》的通知

安监总政法〔2011〕91号

各省、自治区、直辖市及新疆生产建设兵团安全生产监督管理局，各省级煤矿安全监察机构：

为严肃查处瞒报谎报生产安全事故的行为，促进生产经营单位及其人员依法依规报告生产安全事故，根据《生产安全事故报告和调查处理条例》（国务院令第493号）和《国务院关于进一步加强企业安全生产工作的通知》（国发〔2010〕23号）等有关规定，国家安全监管总局制定了《生产经营单位瞒报谎报事故行为查处办法》，现印发给你们，请遵照执行。

国家安全监管总局

二〇一一年六月十五日

生产经营单位瞒报谎报事故行为查处办法

第一条 为了促进生产经营单位依法依规报告生产安全事故（以下简称事故），严肃查处瞒报、谎报事故行为，根据《安全生产法》、《生产安全事故报告和调查处理条例》（国务院令第493号）等法律、行政法规和《国务院关于进一步加强企业安全生产工作的通知》（国发〔2010〕23号）等有关规定，制定本办法。

第二条 对生产经营单位及其人员瞒报、谎报事故（包括涉险事故，下同）行为的举报、受理和查处，适用本办法。

国家机关工作人员参与瞒报、谎报事故的，依照有关法律、行政法规和纪律处分规定由监察机关或者任免机关按照干部管理权限给予处理。

第三条 本规定所称的瞒报、谎报事故行为，依照下列情形认定：

（一）隐瞒已经发生的事故，超过规定时限未向安全监管监察部门和有关部门报告，并经查证属实的，属于瞒报；

（二）故意不如实报告事故发生的时间、地点、初步原因、性质、伤亡人数和涉险人数、直接经济损失等有关内容的，属于谎报。

第四条 事故发生单位应当依法依规、报告事故情况，符合《生产安全事故报告和调查处理条例》和《生产安全事故信息报告和处置办法》（国家安全监管总局令第21号）的有关规定。

事故发生后，事故现场有关人员应当立即报告本单位负责人；单位负责人接到报告后，应当在1小时内向事故发生地安全监管监察部门和有关部门报告。情况紧急时，事故现场有关人员可以直接向安全监管监察部门和有关部门报告。

单位主要负责人对事故报告负总责，并对瞒报、谎报事故行为承担法律责任。

第五条 对瞒报、谎报事故的行为，任何单位和个人均有权向县级以上安全监管监察部门举报。

举报人应当实事求是、客观公正地反映有关事故情况，故意捏造或者歪曲事实、诬告或者陷害他人的，应当承担相应的法律责任。

第六条 安全监管监察部门应当向社会公布举报电话、电子信箱、通信地址及邮政编码，设立举报箱，畅通社会公众和职工群众的举报渠道。

严禁将举报人的有关信息和举报事项透露给被举报人或者有可能对举报人产生不利后果的其他人员、单位以及与案件查处无关的人员。

第七条 对已经受理的举报，安全监管监察部门应当按照下列规定处理：

（一）对实名举报的，立即组织查证。查证结束后，及时将查证及处理情况反馈举报人；

（二）对匿名举报的，根据举报具体情况决定是否进行查证。有具体的事故单位和伤亡人员姓名、联系方式等线索的，立即组织查证；

（三）举报事项经查证属实的，依照有关规定对举报有功人员给予奖励；

（四）举报事项经查证不属实的，以适当方式在一定范围内予以澄清，并依法保护被举报人的合法权益。

安全监管监察部门对查证瞒报、谎报事故确有困难的，可以提请本级人民政府组织查证。

第八条 对瞒报、谎报事故的查处，地方各级安全生产委员会应当实行挂牌督办。

第九条 调查瞒报、谎报事故行为，应当重点查明瞒报、谎报事故的原因、过程，是否贻误事故抢救造成人员伤亡扩大和严重社会危害，参与瞒报、谎报事故的单位和有关人员等情况。

瞒报、谎报事故涉嫌犯罪的，负责事故调查的部门应当及时移送司法机关处理。

第十条 事故发生单位主要负责人瞒报或者谎报事故的，处上一年年收入100%的罚款，并由公安机关依照《安全生产法》第九十一条的规定处十五日以下拘留；属于国家工作人员的，并依照法律、行政法规和纪律处分规定由监察机关或者任免机关按照干部管理权限给予处理；构成犯罪的，依法追究刑事责任。

第十一条 事故发生单位直接负责的主管人员和其他直接责任人员瞒报或者谎报事故的，处上一年年收入100%的罚款；属于国家工作人员的，并依照法律、行政法规和纪律处分规定由监察机关或者任免机关按照干部管理权限给予处理；构成犯罪的，依法追究刑事责任。

第十二条 事故发生单位瞒报或者谎报事故的，依照下列规定处以罚款：

（一）没有贻误事故抢救的，处200万元的罚款；

（二）贻误事故抢救或者造成事故扩大或者影响事故调查的，处300万元的罚款；

（三）贻误事故抢救或者造成事故扩大或者影响事故调查的，手段恶劣，情节严重的，处500万元的罚款。

第十三条 事故发生单位对事故发生负有责任且存在瞒报、谎报情形的，依照下列规定处以罚款：

（一）发生一般事故的，处20万元的罚款；

（二）发生较大事故的，处50万元的罚款；

（三）发生重大事故的，处200万元的罚款；

（四）发生特别重大事故的，处500万元的罚款。

第十四条 事故发生单位瞒报、谎报事故的，由有关部门依法暂扣或者吊销有关证照；负有事故责任的事故发生单位有关人员瞒报、谎报事故的，依法暂停或者撤销其与安全生产有关的执业资格、岗位证书。

对重大、特别重大事故负有主要责任的生产经营单位，其主要负责人终身不得担任本行业生产经营单位的矿长、厂长、经理。

第十五条 因瞒报、谎报事故，事故发生单位及其有关责任人员违反不同的法律规定，有两个以上应当给予行政处罚的违法行为的，应当适用不同的法律规定，分别裁量，合并处罚。

第十六条 瞒报、谎报事故行为调查处理结案后，承办事故调查处理的安全监管监察部门应当向上级安全监管监察部门报告事故的查处情况，并将查处结果在当地主要新闻媒体和本级政府网站、安全监管监察部门网站上予以公告，接受社会监督。

第十七条 本办法由国家安全监管总局负责解释。

33. 国家安全监管总局关于印发《安全生产非法违法行为查处办法》的通知

安监总政法〔2011〕158 号

各省、自治区、直辖市及新疆生产建设兵团安全生产监督管理局，各省级煤矿安全监察机构：

为了严厉打击安全生产非法违法行为，维护安全生产法治秩序，根据《中华人民共和国安全生产法》、《国务院关于进一步加强企业安全生产工作的通知》（国发〔2010〕23 号）等法律、行政法规和规定，国家安全监管总局制定了《安全生产非法违法行为查处办法》，现印发给你们，请遵照执行。

国家安全监管总局

二〇一一年十月十四日

安全生产非法违法行为查处办法

第一条 为了严厉打击安全生产非法违法行为，维护安全生产法治秩序，根据《中华人民共和国安全生产法》、《国务院关于进一步加强企业安全生产工作的通知》（国发〔2010〕23 号）等法律、行政法规和规定，制定本办法。

第二条 安全生产监督管理部门和煤矿安全监察机构（以下统称安全监管监察部门）依法查处安全生产非法违法行为，适用本办法。

本办法所称安全生产非法行为，是指公民、法人或者其他组织未依法取得安全监管监察部门负责的行政许可，擅自从事生产经营建设活动的行为，或者行政许可已经失效，继续从事生产经营建设活动的行为。

本办法所称安全生产违法行为，是指生产经营单位及其从业人员违反安全生产法律、法规、规章、强制性国家标准或者行业标准的规定，从事生产经营建设活动的行为。

第三条 安全监管监察部门依法查处安全生产非法违法行为，实行查处与引导相结合、处罚与教育相结合的原则，督促引导生产经营单位依法办理相应行政许可手续，合法从事生产经营建设活动。

第四条 任何单位和个人从事生产经营活动，不得违反安全生产法律、法规、规章和强制性标准的规定。

生产经营单位主要负责人对本单位安全生产工作全面负责，并对本单位安全生产非法违法行为承担法律责任；公民个人对自己的安全生产非法违法行为承担法律责任。

第五条 安全监管监察部门应当制订并实施年度安全监管监察执法工作计划，依照法律、法规和规章规定的职责、程序和要求，对发现和被举报的安全生产非法违法行为予以查处。

第六条 任何单位和个人均有权向安全监管监察部门举报安全生产非法违法行为。举报人故意捏造或者歪曲事实、诬告或者陷害他人的，应当承担相应的法律责任。

第七条 安全监管监察部门应当建立健全举报制度，对举报人的有关情况予以保密，不得泄露举报人身份或者将举报材料、举报人情况透露给被举报单位、被举报人；对举报有功人员，应当按照有关规定给予奖励。

第八条 安全监管监察部门接到举报后，能够当场答复是否受理的，应当当场答复；不能当场答复的，应当自收到举报之日起 15 个工作日内书面告知举报人是否受理。但举报人的姓名（名称）、住址或者其他联系方式不清的除外。

对于不属于本部门受理范围的举报，安全监管监察部门应当告知举报人向有处理权的单位反映，或者将举报材料移送有处理权的单位，并书面告知实名举报人。

第九条 对已经受理的举报，安全监管监察部门应当依照下列规定处理：

（一）对实名举报的，立即组织核查。安全监管监察部门认为举报内容不清的，可以请举报人补充情况；

（二）对匿名举报的，根据举报具体情况决定是否进行核查。有具体的单位、安全生产非法违法事实、联系方式等线索的，立即组织核实；

（三）举报事项经核查属查的，依法予以处理；

（四）举报事项经核查不属实的，以适当方式在一定范围内予以澄清，并依法保护被举报人的合法权益。

安全监管监察部门核查安全生产非法违法行为确有困难的，可以提请本级人民政府组织有关部门共同核查。

安全监管监察部门对举报的处理情况，应当在办结的同时书面答复实名举报人，但举报人的姓名（名称）、住址或者其他联系方式不清的除外。

第十条 对安全生产非法违法行为造成的一般、较大、重大生产安全事故，设区的市级以上人民政府安委会应当按照规定对事故查处情况实施挂牌督办，有关人民政府安委会办公室（安全生产监督管理部门）具体承担督办事项。

负责督办的人民政府安委会办公室应当在当地主要新闻媒体或者本单位网站上公开督办信息，接受社会监督。

负责督办的人民政府安委会办公室应当加强对督办事项的指导、协调和监督，及时掌握安全生产非法违法事故查处的进展情况；必要时，应当派出工作组进行现场督办，并对安全生产非法违法行为查处中存在的问题责令有关单位予以纠正。

第十一条 安全监管监察部门查处安全生产非法违法行为，有权依法采取下列行政强制措施：

（一）对有根据认为不符合安全生产的国家标准或者行业标准的在用设施、设备、器材，予以查封或者扣押，并应当在作出查封、扣押决定之日起 15 日内依法作出处理决定；

（二）查封违法生产、储存、使用、经营危险化学品的场所，扣押违法生产、储存、使用、经营、运输的危险化学品以及用于违法生产、使用、运输危险化学品的原材料、设备；

（三）法律、法规规定的其他行政强制措施。

安全监管监察部门查处安全生产非法违法行为时，可以会同有关部门实施联合执法，必要时可以提请本级人民政府组织有关部门共同查处。

第十二条 安全监管监察部门查处安全生产非法行为，对有关单位和责任人，应当依照相关法律、法规、规章规定的上限予以处罚。

安全监管监察部门查处其他安全生产违法行为，对有关单位和责任人，应当依照《安全生产行政处罚自由裁量适用规则》、《安全生产行政处罚自由裁量标准》或者《煤矿安全监察行政处罚自由裁量实施标准》确定的处罚种类和幅度进行处罚。

第十三条 当事人逾期不履行行政处罚决定的，安全监管监察部门可以采取下列措施：

（一）到期不缴纳罚款的，每日按罚款数额的 3% 加处罚款；

（二）根据法律规定，将查封、扣押的设施、设备、器材拍卖所得价款抵缴罚款；

（三）申请人民法院强制执行。

第十四条 对跨区域从事生产经营建设活动的生产经营单位及其相关人员的安全生产非法违法行为，应当依法给予重大行政处罚的，安全生产非法违法行为发生地负责查处的安全监管监察部门应当书面邀请生产经营单位注册地有关安全监管监察部门参与查处。

第十五条 对跨区域从事生产经营建设活动的生产经营单位不履行负责查处的安全监管监察部门作出的行政处罚决定的，生产经营单位注册地有关安全监管监察部门应当配合负责查处的安全监管监察部门采取本办法第十三条规定的措施。

对跨区域从事生产经营建设活动的生产经营单位及其相关人员的安全生产非法违法行为，应当给予暂扣或者吊销安全生产许可证、安全资格证处罚的，安全生产非法违法行为发生地负责查处的安全监管监察部门应当提出暂扣或者吊销安全生产许可证、安全资格证的建议，并移送负责安全生产许可证、安全资格证颁发管理的安全监管监察部门调查处理，接受移送的安全监管监察部门应当依法予以处理；接受移送的安全监管监察部门对前述行政处罚建议有异议的，应当报请共同的上级安全监管监察部门作出裁决。

第十六条 安全监管监察部门在安全生产监管监察中，发现不属于职责范围的下列非法违法行为的，应当移送工商行政管理部门、其他负责相关许可证或者批准文件的颁发管理部门处理：

（一）未依法取得营业执照、其他相关许可证或者批准文件，擅自从事生产经营建设活动的行为；

（二）已经办理注销登记或者被吊销营业执照，以及营业执照有效期届满后未按照规定重新办理登记手续，擅自继续从事生产经营建设活动的行为；

（三）其他相关许可证或者批准文件有效期届满后，擅自继续从事生产经营建设活动的行为；

（四）超出核准登记经营范围、其他相关许可证或者批准文件核准范围的违法生产经营建设行为。

第十七条 拒绝、阻碍安全监管监察部门依法查处安全生产非法违法行为，构成违反治安管理行为的，安全监管监察部门应当移送公安机关依照《中华人民共和国治安管理处罚法》的规定予以处罚；涉嫌犯罪的，依法追究刑事责任。

第十八条 安全监管监察部门应当将安全生产非法行为的查处情况，自查处结案之日起15个工作日内在当地有关媒体或者安全监管监察部门网站上予以公开，接受社会监督。

对安全生产非法违法事故查处情况实施挂牌督办的有关人民政府安委会办公室，应当在督办有关措施和处罚事项全部落实后解除督办，并在解除督办之日起10个工作日内在当地主要媒体和本单位网站上予以公告，接受社会监督。

第十九条 安全监管监察部门应当建立完善安全生产非法违法行为记录和查询系统，记载安全生产非法违法行为及其处理结果。

生产经营单位因非法违法行为造成重大、特别重大生产安全事故或者一年内发生2次以上较大生产安全责任事故并负主要责任，以及存在重大隐患整改不力的，省级安全监管监察部门应当会同有关行业主管部门向社会公告，并向投资、国土资源、建设、银行、证券等主管部门通报，作为一年内严格限制其新增的项目核准、用地审批、证券融资、银行贷款等的重要参考依据。

第二十条 安全监管监察部门查处安全生产非法行为，应当在作出行政处罚决定之日起10个工作日内，将行政处罚决定书及相关证据材料报上一级安全监管监察部门备案。

安全生产监管监察部门查处其他安全生产违法行为，应当依照《安全生产违法行为行政处罚办法》第六十二条、第六十三条、第六十四条的规定，将行政处罚决定书报上一级安全监管监察部门备案。

第二十一条 县（市、区）、乡（镇）人民政府对群众举报、上级督办、日常检查发现的所辖区域的非法生产企业（单位）没有采取有效措施予以查处，致使非法生产企业（单位）存在的，对县（市、区）、乡（镇）人民政府主要领导以及相关责任人，依照国家有关规定予以纪律处分；涉嫌犯罪的，依法追究刑事责任。

县（市、区）、乡（镇）人民政府所辖区域存在非法煤矿的，依据《国务院关于预防煤矿生产安全事故的特别规定》的有关规定予以处理。

第二十二条 国家机关工作人员参与安全生产非法违法行为的，依照有关法律、行政法规和纪律处分规定由监察机关或者任免机关按照干部管理权限予以处理；涉嫌犯罪的，依法追究刑事责任。

第二十三条 安全监管监察部门工作人员对发现或者接到举报的安全生产非法违法行为，未依照有关法律、法规、规章和本办法规定予以查处的，由任免机关按照干部管理权限予以处理；涉嫌犯罪的，依法追究刑事责任。

第二十四条 本办法自2011年12月1日起施行。

34. 国家安全监管总局关于进一步深化安全生产行政执法工作的意见

安监总政法〔2012〕157 号

各省、自治区、直辖市及新疆生产建设兵团安全生产监督管理局，各省级煤矿安全监察局：

为进一步深化安全生产行政执法工作，根据安全生产新形势新任务对执法工作提出的新要求以及有关法律法规和国务院规定，现提出如下意见：

一、强化执法意识，明确任务目标

（一）进一步提高对安全生产行政执法工作的认识。安全生产行政执法是指安全监管监察部门及其委托的行政执法机构依法履行安全生产（含职业健康，下同）监督管理职责的活动，既包括日常监督检查，查处非法违法行为，也包括行政许可、行政强制、调查处理事故、核查投诉举报等工作。做好安全生产行政执法工作，关系到安全监管监察部门的形象和公信力，关系到安全生产目标任务的完成，是贯彻落实科学发展观、实施安全发展战略的必然要求。

（二）指导思想和目标。以党的十八大精神为指引，坚持科学发展观和安全发展战略，坚持严格执法、规范执法、公正执法、文明执法，不断提升安全生产行政执法能力。力争到 2017 年，用 5 年左右的时间，建成一支统一、规范、高效的安全生产行政执法队伍，形成权责明确、行为规范、监督有力的行政执法体制机制，确保安全生产法律法规得到有效实施。

（三）基本原则。坚持职权法定、程序正当、依据正确、证据确凿，严格查处违法违规行为，切实维护当事人合法权益。坚持惩戒与教育、执法与服务相结合，实现执法的法律效果和社会效果的统一。坚持多方联动、综合治理，形成强有力的联合执法机制。坚持管理权、执法权相互协调促进，实现业务管理与执法检查相对分离。

二、完善执法机制，创新工作方法

（四）强化年度执法工作计划导向。按照统筹兼顾、突出重点、量力而行、提高效能的原则，科学合理地编制安全生产年度执法工作计划，严格执行执法计划的批准和备案程序，保证执法计划的协调运转。要根据执法计划编制现场检查方案，明确检查的区域、内容、重点及方式。年度执法工作计划及其落实情况，要通过适当方式向社会公开。

（五）落实安全生产分级属地监管职责。进一步明确行政执法级别和地域管辖权限，避免重复执法和监管监察缺位。国家安全监管总局、国家煤矿安监局重点负责工矿商贸行业中央企业总部的安全监管监察。省级安全监管部门要合理制定辖区内分级监管办法，明确省、市、县级安全监管部门的日常监管执法范围。要将生产经营单位划分为不同的安全类别或者风险等级，有针对性地开展执法检查，实施分类监管。

（六）健全部门联合执法和区域执法协作机制。各级安全监管监察部门要进一步强化综合监管职责，指导协调、监督检查有关部门落实安全监管职责，形成安全生产综合监管与行业（专项）监管相结合的执法工作模式。要在政府的统一领导下，健全安全监管部门与有关部门相配合的联合执法机制。逐步建立健全省（区、市）之间、市（地、州）之间的执法协作机制，加强在“打非治违”、事故查处、许可后续监管等方面的协同配合，努力构筑衔接顺畅、严密高效的全国安全生产行政执法网络。

（七）完善行政执法案件移送工作机制。安全监管监察部门在行政执法过程中，发现属于其他部门职责的事项，要及时移送相关部门处理。要按照《行政执法机关移送涉嫌犯罪案件的规定》（国务院令第310号），主动商请司法机关进一步明确移送程序和标准，发现违法行为涉嫌构成犯罪的，必须依法向司法机关移送，不得以行政处罚代替刑事处罚。要建立完善案件移送档案资料，跟踪案件查办结果。要健全案件信息通报制度，通过工作简报、典型案例通报、研讨交流等形式实现资源共享。

（八）加强立法后评估和解释工作。安全生产重要法律、行政法规和国家安全监管总局规章施行满5年后，省级安全监管监察部门要结合本地区执行情况，向国家安全监管总局提交评估报告。其他规范性文件每隔2年要进行一次清理，并向社会公布清理结果。要加强立法的解释工作，按照逐级请示的原则，及时答复下一级安全监管监察部门执法中遇到的问题。

三、加强制度建设，规范执法行为

（九）严格现场检查和调查取证。执法检查前，要主动出示证件、告知执法内容。检查过程中，要按照现场检查方案，采取表格检查法等方式，逐项记录检查情况。检查结束后，要依法制作现场检查和处理文书，注明违法行为及认定依据，告知被检查单位整改要求，明确复查单位和期限。严格证据的采集、固定、保存标准，证据形式和取得方式要符合行政处罚法、行政诉讼法和有关司法解释规定。未经调查取证或者证据不足的，不得采取不利于当事人的执法措施。

（十）健全行政执法听证制度。建立健全行政处罚、行政复议和行政许可听证制度。听证事项和申请时限要依法向社会公开，保障当事人、利害关系人申请听证的权利。听证事项涉及公共利益的，要科学合理地遴选一定数量的公众代表。听证代表意见的采纳情况，要以适当形式反馈。听证结束后，要认真形成听证报告，作为行政决策的重要依据。

（十一）完善行政裁量权基准制度。作出行政处罚决定时，要对自由裁量权的行使进行专门审查，并在相关执法文书中记载。当事人对自由裁量结果有疑义的，要予以解释和说明。要按照平等原则、比例原则，建立完善行政裁量基准制度，确保大致相同的违法行为适用法律大体一致。

（十二）强化行政处罚过程控制。要正确适用实体法，不得随意选择行政处罚依据。对重大行政处罚案件，在提请本部门负责人集体讨论前，必须经法制工作机构合法性审核。要严格按照行政处罚程序和种类，正确选择使用执法文书，并依法送达当事人。处罚执行完毕后，要在30日内办理结案并立卷归档。要建立案卷台账，严格档案管理，任何单位和个人不得擅自增加、更改案卷材料及其内容。重大行政处罚上报备案时，要同时提交行政处罚决定书和证据目录，列明证据名称和证明对象。

（十三）完善行政强制实施程序。采取行政强制措施的，要认真听取当事人陈述申辩、制作现场笔录、履行审批手续并制作决定书。采取行政强制措施后，要及时查清事实，在法定期限内作出没收、销毁非法物品或者解除强制措施的决定。将已经查封、扣押的财物拍卖抵缴罚款的，对于超出部分，要返还当事人或者依法予以提存。违法行为涉嫌犯罪移送司法机关的，应当将查封、扣押的财物一并移送，并告知当事人。行政强制措施依法解除的，要及时恢复原状、返还财物。

（十四）严格规范行政许可。要逐步减少行政审批事项，下放行政许可权力，简化审批流程，减轻企业负担。严格遵循行政许可种类、条件和程序法定的原则，禁止以备案方式增设行政许可项目，禁止通过口头告知、现场核查、前置审查等形式增加许可环节。除有法律、法规、规章规定的外，不得擅自委托实施行政许可。要依法公开行政许可的事项、依据、条件、收费标准、办结时限和结果。依法实施委托许可的，不得要求申请人重复提供申请材料。加强对行政许可的后续监管，发现不再具备法定条件的，要依法给予行政处罚，直至吊销相关行政许可证件。

（十五）依法规范生产安全事故调查处理。安全监管监察部门要根据法定授权或者委托，全面细致地做好事故调查的组织工作。要采用包括听证会在内的多种方法征求对事故结论的意见，对于事故调查组成员和其他方面的不同意见，要如实向负责事故查处的有关人民政府或者煤矿安全监察机构反映。事故调查报告批复以后，除依法应当保密的外，要向事故责任单位提供事故调查报告或其节录本。要依照《中华人民共和国政府信息公开条例》（国务院令第492号）、《安全生产监管监察部门信息公开办法》（国家安全监管总局令第56号）等规定，健全完善相关制度，依法公开事故的原因和处理情况。

（十六）加强安全生产举报投诉查处。通过设立举报箱、电子邮箱、网站专栏和公布举报电话等方式，畅通举报投诉渠道。要加强与当地有关部门的联系，尽快开通全国统一的安全生产举报投诉电话“12350”。严格依照《信访条例》（国务院令第431号）的规定，建立健全举报核查处理制度，落实审查登记、受理告知、核查处理、书面答复等基本程序，定期分析举报投诉的来源、类别、趋势、规律。认真落实安全生产举报奖励政策，并对举报人身份及相关信息予以保密。

（十七）加强行政执法统计分析。严格执行《安全生产行政执法统计制度》（安监总统计〔2011〕184号），健全统计的填报、审核、审批程序，确保数据的及时性、完整性和真实性。强化统计分析工作，定期进行量化对比，注重态势把握，找出阶段性特点和苗头性问题，提出有针对性的对策建议。

四、强化监督考核，提升执法效能

（十八）做好行政复议和行政应诉工作。充分发挥行政复议的层级监督作用，发现被复议机关违法或者需要做好善后工作的，要依法制作行政复议意见书，下级部门要按规定期限报告纠正违法行为和善后工作情况；发现法律法规实施中带有普遍性问题的，要依法制作行政复议建议书，向有关机关提出完善制度和改进执法的建议。建立完善行政应诉工作制度，安全监管监察部门负责人要主动出庭应诉，认真对待人民法院的司法建议，积极履行生效的判决和裁定。

（十九）严格行政执法评议考核。要根据行政执法工作计划、行政处罚、行政强制、行政许可、事故调查处理情况和复议诉讼结果等，对下级安全监管监察部门和本部门执法机构、执法人员开展行政执法评议考核。要建立健全考核指标体系，实现定性和定量、内部和外部、检查和自查相结合，评议考核结果要纳入部门绩效和公务员年度考核内容。

（二十）加强行政执法案卷评查。各级安全监管监察部门每年至少要开展一次行政执法案卷评查活动。要完善评查标准，注重评查实效，促进提升办案能力。评查结果要在一定范围内通报，对于带有普遍性的问题，要提出明确的整改措施和要求，并作为下一次案卷评查的重点内容。

（二十一）科学合理追究行政执法责任。坚持“权责一致、有错必纠”和“依法履职、尽职免责”相结合，严格实行个案审查。对有关部门和执法人员不履行、违法履行或者不当履行职责的行为，要严肃追究行政执法责任。对已经按照年度执法工作计划、现场检查方案和法律、法规、规章规定的方式、程序履行安全监管监察职责的，依法免予追究执法责任。

五、夯实基层基础，推进队伍建设

（二十二）加强组织领导。安全监管监察部门主要负责同志要定期听取汇报，研究部署行政执法工作，带头协调各方面的关系，解决执法难题。要大胆使用勇于开拓、敢于碰硬、善于执法的业务骨干。要通过扎实、深入、有效地开展行政执法工作，推动人员、编制、经费和装备的落实，全方位带动和提升执法队伍建设水平。

（二十三）充实基层执法力量。以安全生产法、职业病防治法等重要法律法规的修订和实施为契机，积极争取有关方面的支持，调整充实市（地）级和县级安全监管部门执法力量，加大各级专门行政执法机构的组建力度。有条件地区的县级安全监管部门可以设置安全监管工作站，也可以与有关乡镇、街道、园区共同组建工作站。

（二十四）实施执法工作条件标准化建设。积极争取地方人民政府及其有关部门的支持，按照国家发展改革委、国家安全监管总局印发的《安全生产监管部门和煤矿安全监察机构监管监察能力建设规划（2011－2015年）》（发改投资〔2012〕611号）的要求，加强办公业务用房、交通工具和执法装备等工作条件的标准化建设。执法车辆应喷涂“安全监管监察”或者“安全生产举报电话12350”等执法标识。大力推进行政执法信息化建设，建立电子政务和移动办公系统，逐步实现执法信息的网上传递和执法文书的电子化操作。

（二十五）提升行政执法人员业务能力。以提高依法履职能力和执法专业技能为核心，组织编写并定期更新执法培训大纲、教材及题库。切实加强执法人员的上岗培训、在岗培训，有计划地组织执法人员参加行政执法能力培训。新录用执法人员的上岗培训时间不得少于10天，在岗执法人员的培训时间原则上每年不低于32学时。要建立执法辅助人员培训考核和资格管理制度。严禁无行政执法资格的人员从事执法活动。

（二十六）狠抓执法队伍廉政建设。各级安全监管监察部门要创新方法和程序，持续深入地开展思想政治教育和廉洁执法教育，通过正面典型示范和反面典型警示，引导行政执法人员树立正确的价值观和利益观，筑牢反腐倡廉思想防线。

国家安全监管总局

2012年12月31日

35. 国家安全监管总局印发《关于生产安全事故调查处理中有关问题的规定》的通知

安监总政法〔2013〕115号

各省、自治区、直辖市及新疆生产建设兵团安全生产监督管理局，各省级煤矿安全监察局：

为进一步规范生产安全事故的调查处理，认真查处每一起事故，吸取事故教训，有效遏制重特大事故发生，国家安全监管总局制定了《关于生产安全事故调查处理中有关问题的规定》，现印发给你们，请遵照执行。

国家安全监管总局

2013年11月20日

关于生产安全事故调查处理中有关问题的规定

第一条 为进一步规范安全生产监督管理部门组织的生产安全事故的调查处理，认真查处每一起事故并严厉及时追责，吸取事故教训，有效遏制重特大事故发生，根据《生产安全事故报告和调查处理条例》（国务院令第493号，以下简称《条例》）等法律、行政法规，制定本规定。

第二条 《条例》第二条所称生产经营活动，是指在工作时间和工作场所，为实现某种生产、建设或者经营目的而进行的活动，包括与工作有关的预备性或者收尾性活动。

第三条 根据《条例》第三条的规定，按照死亡人数、重伤人数（含急性工业中毒，下同）、直接经济损失三者中最高级别确定事故等级。

因事故造成的失踪人员，自事故发生之日起30日后（交通事故、火灾事故自事故发生之日起7日后），按照死亡人员进行统计，并重新确定事故等级。

事故造成的直接经济损失，由事故发生单位依照《企业职工伤亡事故经济损失统计标准》（GB6721）提出意见，经事故发生单位上级主管部门同意后，报组织事故调查的安全生产监督管理部门确定；事故发生单位无上级主管部门的，直接报组织事故调查的安全生产监督管理部门确定。

第四条 事故调查工作应当按照“四不放过”和依法依规、实事求是、科学严谨、注重实效的原则认真开展。

第五条 事故调查组应当在查明事故原因，认定事故性质的基础上，分清事故责任，依法依规依纪对相关责任单位和责任人员提出严肃的处理意见，杜绝失之于软、失之于宽、失之于慢的现象。

第六条 对挂牌督办、跟踪督办的事故，组织事故调查的安全生产监督管理部门应当及时向督办机关请示汇报。负责督办的部门应当加强督促检查，并对事故查处进行具体指导，严格审核把关。

第七条 对于中央企业发生的事故，事故发生地的上级安全生产监督管理部门认为必要时，可以提请本级人民政府决定提级调查。

事故发生地与事故发生单位不在同一个县级以上行政区域，事故发生地安全生产监督管理部门认为开展事故调查确有困难的，可以报告本级人民政府提请上一级人民政府决定提级调查。

第八条 事故调查组组长一般由安全生产监督管理部门的人员担任。事故调查组成员应当按照

《条例》规定，在事故调查组组长统一领导下开展调查工作。

第九条 事故调查组应当制定事故调查方案，经事故调查组组长批准后执行。事故调查方案应当包括调查工作的原则、目标、任务和事故调查组专门小组的分工、应当查明的问题和线索，调查步骤、方法，完成相关调查的期限、措施、要求等内容。

第十条 事故调查组应当按照下列期限，向负责事故调查的人民政府提交事故调查报告：

（一）特别重大事故依照《条例》的有关规定执行；

（二）重大事故自事故发生之日起一般不得超过60日；

（三）较大事故、一般事故自事故发生之日起一般不得超过30日。

特殊情况下，经负责事故调查的人民政府批准，可以延长提交事故调查报告的期限，但最长不得超过30日。

下列时间不计入事故调查期限，但应当在报送事故调查报告时向负责事故调查的人民政府说明：

（一）瞒报、谎报、迟报事故的调查核实所需的时间；

（二）因事故救援无法进行现场勘察的时间；

（三）挂牌督办、跟踪督办的事故的审核备案时间；

（四）特殊疑难问题技术鉴定所需的时间。

第十一条 事故调查报告应当由事故调查组成员签名。事故调查组成员对事故的原因、性质和事故责任者的处理建议不能取得一致意见时，事故调查组组长有权提出结论性意见；仍有不同意见的，应当进一步协调；经协调仍不能统一意见的，应当报请本级人民政府裁决。

事故调查报告应当对落实事故防范和整改措施、责任追究等工作提出明确要求。

第十二条 负责事故调查的人民政府应当按照《条例》第三十二条规定的期限对事故调查报告作出批复，并抄送事故调查组成员所在单位和其他有关单位。

第十三条 经过批复的事故调查报告的正文部分由组织事故调查的安全生产监督管理部门按照国家有关规定及时在政府网站或者通过其他方式全文公开，但依法需要保密的内容除外。

第十四条 有关部门和事故发生单位应当自接到事故调查报告及其批复的3个月内，将有关责任人员和单位的处理情况、事故防范和整改措施的落实情况书面报（抄）送组织事故调查的安全生产监督管理部门及其他有关部门。

第十五条 本规定自印发之日起施行。煤矿、海上石油事故的调查处理，依照本规定执行；国家安全生产监督管理总局另有规定的，从其规定。

36. 国家安全监管总局关于进一步加强监管监察执法促进企业安全生产主体责任落实的意见

安监总政法〔2018〕5号

各省、自治区、直辖市及新疆生产建设兵团安全生产监督管理局，各省级煤矿安全监察局：

为贯彻落实《中共中央　国务院关于推进安全生产领域改革发展的意见》和《国务院办公厅关于加强安全生产监管执法的通知》（国办发〔2015〕20号）要求，进一步加强安全生产监管监察执法工作，促进企业落实安全生产主体责任，现提出如下意见。

一、充分认识加强监管监察执法促进企业安全生产主体责任落实的重要意义

近年来，各级安全生产监督管理部门、煤矿安全监察机构（以下统称安全监管监察部门）深入贯彻落实党中央、国务院重要决策部署，依法履行安全生产、职业健康监管监察执法（以下统称安全生产执法）职责，促进各类企业落实安全生产（含职业健康，下同）主体责任，取得了明显成效。但是也要看到，当前企业安全生产主体责任落实不到位、法律法规执行不严格等问题依然突出，导致生产安全事故多发，尤其是重特大事故未得到有效遏制，职业病危害依然十分严重。加强监管监察执法促进企业安全生产主体责任落实，是党中央关于全面依法治国的基本要求，是坚决遏制重特大事故的迫切需要，也是实现安全生产改革发展长远目标的内生动力和根本保障。各级安全监管监察部门要进一步提高认识，把思想统一到党中央、国务院重要决策部署上来，把加强监管监察执法促进企业落实安全生产主体责任摆上更加重要位置，推动安全生产工作取得新进展和新成效。

二、指导思想和工作目标、基本原则

（一）指导思想和工作目标。以党的十九大精神为指引，深入学习贯彻习近平新时代中国特色社会主义思想，树立安全发展理念，弘扬生命至上、安全第一的思想，坚持严格规范公正文明执法，确保安全生产法律法规得到有效贯彻实施。到2020年，建成规范统一、保障到位、运转高效的安全生产执法工作体系，执法在促进企业安全生产主体责任落实、防范遏制重特大事故中的地位和作用明显提升。在此基础上，持续深入推进安全生产执法工作，到2030年，实现安全生产执法工作体系和执法能力现代化，为促进企业落实安全生产主体责任，维护人民群众生命财产安全和职业健康权益提供坚实法治保障。

（二）基本原则。一是坚持依法履职、严格执法。依法履行安全生产执法职责，严肃查处安全生产违法行为，切实解决检查多、执法少和执法宽松软的问题。二是坚持统筹协调、整体推进。推进分级执法，实行按照年度监督检查计划、监察执法计划执法，完善全系统执法协调机制，形成上下联动、步调一致的执法新格局。三是坚持客观公正、过罚相当。正确适用法律，推行“阳光执法”，严格法制审核，维护企业合法权益。四是坚持突出重点、务求实效。对存在严重违法行为、拒不整改重大事故隐患、职业病危害因素严重超标的企业，加大执法检查和处罚力度，促进企业依法落实安全生产主体责任。

三、依法履行职责，创新制度机制，严格规范公正文明执法

（一）明确安全生产执法职责。各级安全监管监察部门要依照有关法律法规及本部门“三定”规

定明确的职责范围，对有关行业领域企业履行安全生产执法职责。乡镇人民政府、街道办事处按照职责开展安全生产监督检查的，安全监管部门要做好执法程序衔接，依法查处本部门执法职责范围内的违法行为。推动有关人民政府明确开发区管理机构的安全生产监管执法职责。驻地煤矿安全监察机构与负有煤矿安全生产监督管理职责的部门要加强协作配合，优化执法资源配置，提高执法效率和效果。

（二）推进安全生产分级执法。省级安全监管部门要抓紧制定本地区安全生产分级执法办法，结合企业所属行业领域、隶属关系、规模大小、风险等级等因素，明确省级、设区的市级、县级安全监管部门的执法分工。每个企业明确由一个安全监管部门负责日常执法。除开展执法抽查或者开展督导、示范性执法外，原则上上级安全监管部门不对下级安全监管部门负责日常执法的企业开展执法活动，下级安全监管部门也不对上级安全监管部门负责日常执法的企业开展执法活动。

（三）实行按照年度监督检查计划执法。地方各级安全监管部门编制年度监督检查计划时，要科学合理确定重点企业的范围、当年计划检查的次数，对重点企业实现年度监督检查“全覆盖”；对重点企业以外的一般企业，推行“双随机”（随机选取被检查企业、随机确定执法人员）抽查。要确保“双随机”抽查在年度监督检查计划中的比例，不断扩大“双随机”抽查涵盖的行业领域及企业范围，发挥“双随机”抽查对各个行业领域、各种规模类型企业的执法震慑作用。执行年度监督检查计划时，要按照本意见及有关监督检查重点事项的规定，结合企业特点及相关行业领域事故发生规律，有针对性地确定具体的监督检查事项。按照部署开展安全生产大检查时，有关执法安排要与年度监督检查计划有效衔接，根据需要适当调整年度监督检查计划；需对年度监督检查计划作重大调整的，按规定履行批准、备案程序。

（四）建立全系统执法协调联动机制。县级、设区的市级安全监管部门、驻地煤矿安全监察机构在查处违法行为、事故调查处理等方面需要其他地区协助的，可以报请共同的上级安全监管监察部门进行协调；跨省级行政区域的，由有关省级安全监管监察部门组织协调。接到协助请求的安全监管监察部门应当立即开展协调工作，并及时反馈相关工作情况。必要时，有关省级安全监管监察部门可以报请国家安全监管总局、国家煤矿安监局进行协调。

（五）建立执法统计分析通报机制。各级安全监管监察部门要按季度分析本地区执法情况，对比分析监督检查的企业次数以及现场处理措施、行政强制、行政处罚等执法数据，注重苗头性问题和趋势把握，对下一阶段执法工作提出明确的要求。省级安全监管监察部门季度执法分析情况应当通报设区的市级安全监管部门、驻地煤矿安全监察机构，并抄送有关人民政府和国家安全监管总局、国家煤矿安监局。

（六）推行行政执法公示制度。各级安全监管监察部门要通过政府网站或者本部门办事大厅、服务窗口等场所，公布本部门执法主体资格和行政执法依据等信息并及时更新，在每年第一季度公布本年度监督检查计划、监察执法计划的编制情况及上一年度的计划执行情况，及时公布安全生产执法及“双随机”抽查情况。要严格依照有关法律法规及国务院文件规定的时限和要求，公开行政许可、行政处罚、行政强制等执法信息。

（七）推行执法全过程记录制度。地方各级安全监管监察部门要建立本部门执法台账，准确记录开展监督检查、核查举报投诉等执法活动所涉及企业的名称、地址、行业领域以及执法人员等信息，并记明采取相关执法措施的情况，执法台账保存期限一般不少于5年。有关行政强制、行政处罚文书要及时立卷归档并按规定期限保存。其他执法文书要按年度、分类别归档保存，保存期限一般不少于10年。逐步推行通过执法记录仪、录音录像等方式对执法行为进行记录，实现全过程留痕和可回溯管理。

（八）推行行政执法法制审核及公开裁定制度。认真执行《行政处罚法》新增加的行政处罚审核规定，按照一般程序实施行政处罚的，在提请安全监管监察部门负责人作出处理决定或者集体讨论前，要经本部门行政处罚审核人员审核。要结合执法行为的类别、执法层级、所属领域、涉案金额以及对当事人、社会的影响等因素，确定重大执法决定的范围。作出重大执法决定前，要由本部门法制工作机构或者指定的其他机构进行法制审核。推行行政处罚公开裁定，对典型、重大行政处罚案件，可以组织召集同类企业进行公开裁定。公开裁定要如实记录当事人的意见，形成书面报告，作为作出行政处罚决定的重要参考。行政处罚案件依法举行听证的，公开裁定可以与听证一并实施。

（九）规范行政处罚自由裁量。行使行政处罚自由裁量权，应当全面分析违法行为的主体、违法情节、危害后果等因素，综合裁量，合理确定应否给予行政处罚或者应当给予行政处罚的种类、幅度。对同一类违法主体实施的性质相同、情节相近、危害后果基本相当的违法行为，其适用的行政处罚应当基本一致。要在行政处罚审批文书中列明当事人的全部违法行为及每个违法行为的裁量结果，并列明所依据的自由裁量标准；具有法定从重、从轻、不予处罚等情形的，要列明《行政处罚法》及《安全生产行政处罚自由裁量适用规则（试行）》（国家安全监管总局令第31号）等法律、法规和规章的具体依据。当事人对自由裁量有异议的，要予以解释说明并形成调查询问笔录等书面材料备查。

（十）建立“尽职照单免责、失职照单问责”机制。地方各级安全监管部门、驻地煤矿安全监察机构要按规定编制公布本部门权责清单，并根据有关法律、法规、规章制定修订情况及时更新。在事故调查过程中，要加强与监察机关、人民检察院的协调配合，全面调查核实有关部门及其执法人员的履职情况。对已经依照权责清单事项履行职责，按照法律、法规、规章规定的方式、程序采取执法措施的，依法不予追究有关人员的执法责任；依法应当追究有关人员执法责任的，要在事故调查报告中明确其违法行为及追责依据。

四、加强执法检查，突出检查重点，促进企业依法落实安全生产主体责任

（一）加强安全生产责任制落实情况的执法检查。督促企业主要负责人履行安全生产第一责任人职责，依法建立健全本单位安全生产责任制；企业安全生产责任制应当涵盖全体人员、全部岗位和全部生产经营活动，明确主要负责人及其他分管负责人、各部门负责人、其他从业人员的安全生产责任、考核标准及奖惩措施；企业应当定期对安全生产责任制的落实情况进行监督考核，保证安全生产责任制的落实。

（二）加强安全生产源头防范落实情况的执法检查。督促企业加强安全生产源头管控，严格执行建设项目安全设施“三同时”（建设项目安全设施必须与主体工程同时设计、同时施工、同时投入生产和使用）规定；有关安全设备的安装、使用、检测、维修、改造和报废应当符合国家标准或者行业标准，并进行经常性维护、保养和定期检测；严禁使用列入淘汰落后技术装备目录的工艺、设备；按照有关国家标准对本单位重大危险源进行辨识、登记建档，定期检测、评估、监控。

（三）加强事故隐患排查治理落实情况的执法检查。督促企业建立健全生产安全事故隐患排查治理制度，采取技术、管理措施，及时发现并消除事故隐患；煤矿、金属非金属矿山、危险化学品、烟花爆竹、工贸等企业必须按照有关重大事故隐患判定标准，排查治理本单位重大事故隐患，并在重大事故隐患治理过程中采取相应的安全防范措施，防止事故发生，按规定对重大事故隐患治理情况组织评估；已被安全监管监察部门依法责令暂时停产停业或者停止使用相关设施、设备的，重大事故隐患排除后，经有关安全监管监察部门审查同意，方可恢复生产经营和使用。

（四）加强安全生产教育培训落实情况的执法检查。督促企业落实全员安全生产教育和培训规定，煤矿、金属非金属矿山、危险化学品、烟花爆竹、金属冶炼等企业主要负责人和安全生产管理人员应当经有关部门对其安全生产知识和管理能力考核合格；企业应当对包括被派遣劳动者、实习生在内的所有从业人员进行安全生产教育和培训；企业采用新工艺、新技术、新材料或者使用新设备，必须对从业人员进行专门的安全生产教育和培训。

（五）加强现场作业安全管理落实情况的执法检查。督促企业加强现场作业管理，落实技术防范措施，严禁违章指挥、强令职工冒险作业；在有较大危险因素的生产经营场所和有关设施、设备上，设置明显的安全警示标志；从事危险化学品特殊作业、涉爆粉尘、有限空间、爆破、吊装及国家有关规定明确的危险作业时，应当安排专门人员进行现场安全管理，确保操作规程的遵守和安全措施的落实；企业将生产经营项目、场所发包或者出租的，应当对承包单位、承租单位的安全生产统一协调、管理，定期进行安全检查，督促整改检查发现的问题；两个以上企业在同一作业区域内进行生产经营活动，可能危及对方生产安全的，应当指定专职安全生产管理人员进行安全检查与协调；必须为从业人员提供符合国家标准或者行业标准的劳动防护用品。

（六）加强安全生产应急管理落实情况的执法检查。督促企业健全安全生产应急管理体系，依法建立应急救援组织；主要负责人应当依法组织制定并实施本单位事故应急预案，定期组织应急预案培训演练；煤矿、金属非金属矿山、金属冶炼和危险化学品的生产、经营、储存企业，以及使用危险化学品达到国家规定数量的化工企业、烟花爆竹生产、批发经营企业和中型规模以上的其他企业，应当对应急预案进行评审；企业应当配备必要的应急物资及装备，并进行经常性维护、保养，保证正常运转。

（七）加强职业病防护措施落实情况的执法检查。督促企业落实职业病预防和控制措施，严格执行建设项目职业病防护设施“三同时”（建设项目职业病防护设施必须与主体工程同时设计、同时施工、同时投入生产和使用）规定；依法设置职业健康管理机构，配备专兼职职业健康管理人员；及时、如实申报职业病危害项目；落实职业病危害告知、定期检测、个体防护和职业健康检查等制度措施；煤矿、金属非金属矿山、金属冶炼、石棉采选、石英砂加工、水泥、陶瓷、耐火材料等企业必须严格落实粉尘、化学毒物治理措施，确保工作场所职业病危害因素的浓度或者强度符合国家职业卫生标准。

（八）加强对企业取得许可后的执法检查。督促企业严格依照有关安全生产行政许可的范围、事项从事相关的生产经营活动，不得在取得行政许可后降低安全生产条件；按照法定期限、条件办理行政许可延续、变更手续，如实提供相关的情况及材料；严禁转让、冒用安全生产许可证或者使用伪造的安全生产许可证。发现企业不再具备许可条件的，依法责令整改直至吊销相关行政许可证件。企业未取得有关安全生产许可从事生产经营活动的，依照有关法律法规的规定予以严肃查处。

（九）强化对有关违法行为的依法处理。对企业开展执法检查时，各级安全监管监察部门应当依法采取现场处理、行政处罚、行政强制等执法措施，切实做到“检查必执法、执法必严格”。有关企业拒不执行停产停业等执法决定的，依法采取通知有关单位停止供电、停止供应民用爆炸物品等措施；经停产停业整顿仍不具备安全生产条件的，依法提请有关人民政府予以关闭。对安全生产大检查中发现的严重违法行为，按规定挂牌督办，落实“四个一律”执法要求，并将典型案例通过新闻媒体进行曝光。按规定将存在严重违法行为的企业纳入安全生产失信联合惩戒“黑名单”管理，依法依规落实联合惩戒措施。发现企业及其有关人员涉嫌犯罪的，严格依法向公安机关移送案件，加大对安全生产违法犯罪行为的打击和震慑力度。

国家安全监管总局

2018 年 1 月 10 日

37. 国家安全生产监督管理总局《关于生产安全事故认定若干意见问题的函》

政法函〔2007〕39号

各省、自治区、直辖市及新疆生产建设兵团安全生产监督管理局，各省级煤矿安全监察局：

近来，一些地方和部门反映，对由于某些原因造成的事故是否属于生产安全事故，如何认定和统计，希望能有个意见。这也是随着安全立法工作的深入和加强出现的新问题。经研究，对生产安全事故认定的若干问题作如下解释，供你们掌握。

一、生产安全事故的认定原则

一是严格依法认定、适度从严的原则；二是从实际出发，适应我国当前安全管理的体制机制，事故认定范围不宜作大的调整；三是有利于保护事故伤亡人员及其亲属的合法权益，维护社会稳定；四是有利于加强安全生产监管职责的落实，消灭监管“盲点”，促进安全生产形势的稳定好转。

二、生产经营单位和生产经营活动的认定

《安全生产法》所称的生产经营单位，是指从事生产活动或者经营活动的基本单元，既包括企业法人，也包括不具有企业法人资格的经营单位、个人合伙组织、个体工商户和自然人等其他生产经营主体；既包括合法的基本单元，也包括非法的基本单元。

《安全生产法》和《生产安全事故报告和调查处理条例》所称的生产经营活动，既包括合法的生产经营活动，也包括违法违规的生产经营活动。

综上，生产经营单位在生产经营活动中发生的造成人身伤亡或者直接经济损失的事故，属于生产安全事故。

国家机关、事业单位、人民团体发生的事故的报告和调查处理，参照《生产安全事故报告和调查处理条例》的规定执行。

三、关于非法生产经营造成事故的认定

1. 无证照或者证照不全的生产经营单位擅自从事生产经营活动，发生造成人身伤亡或者直接经济损失的事故，属于生产安全事故。

2. 个人私自从事生产经营活动（包括小作坊、小窝点、小坑口等），发生造成人身伤亡或者直接经济损失的事故，属于生产安全事故。

3. 个人非法进入已经关闭、废弃的矿井进行采挖或者盗窃设备设施过程中发生造成人身伤亡或者直接经济损失的事故，应按生产安全事故进行报告。其中由公安机关作为刑事或者治安管理案件处理的，侦查结案后须有同级公安机关出具相关证明，可从生产安全事故中剔除。

四、关于农村房屋建筑造成事故的认定

1. 由建筑施工单位（包括无资质的施工队）承包的农村新建、改建以及修缮房屋过程中发生的造成人身伤亡或者直接经济损失的事故，属于生产安全事故。

2. 虽无建筑施工单位（包括无资质的施工队）承包，但是农民以支付劳动报酬（货币或者实物）或者相互之间以互助的形式请人进行新建、改建以及修缮房屋过程中发生的造成人身伤亡或者直接经济损失的事故，属于生产安全事故。

五、关于自然灾害引发事故的认定

1. 由不能预见或者不能抗拒的自然灾害（包括洪水、泥石流、雷击、地震、雪崩、台风、海啸和龙卷风等）直接造成的事故，属于自然灾害。

2. 在能够预见或者能够防范可能发生的自然灾害的情况下，因生产经营单位防范措施不落实、应急救援预案或者防范救援措施不力，由自然灾害引发造成人身伤亡或者直接经济损失的事故，属于生产安全事故。

六、关于公安机关立案侦查事故的认定

事故发生后，公安机关依照刑法和刑事诉讼法的规定，对事故发生单位及其相关人员立案侦查的，其中：在结案后认定事故性质属于刑事案件或者治安管理案件的，应由公安机关出具证明，按照公共安全事件处理；在结案后认定不属于刑事案件或者治安管理案件的，包括因事故，相关单位、人员涉嫌构成犯罪或者治安管理违法行为，给予立案侦查或者给予治安管理处罚的，均属于生产安全事故。

七、关于购买、储藏炸药、雷管等爆炸物品造成事故的认定

1. 矿山存放在地面用于生产所购买的炸药、雷管等爆炸物品，因违反民用爆炸物品安全管理规定造成的人身伤亡或者直接经济损失的事故，属于生产安全事故。

2. 矿山存放在井下等生产场所的炸药、雷管等爆炸物品造成的人身伤亡或者直接经济损失的事故，属于生产安全事故。

八、农用船舶、车辆等非法载客造成事故的认定

1. 农用船舶非法载客过程中发生的造成人身伤亡或者直接经济损失的事故，属于生产安全事故。

2. 农用车辆非法载客过程中发生的造成人身伤亡或者直接经济损失的事故，属于生产安全事故。

九、关于救援人员在事故救援中造成人身伤亡事故的认定

专业救护队救援人员、生产经营单位所属非专业救援人员或者其他公民参加事故抢险救灾造成人身伤亡的事故，属于生产安全事故。

十、生产安全事故的认定程序

地方政府和部门对事故定性存在疑义的，参照《生产安全事故报告和调查处理条例》有关规定，按照下列程序认定：

1. 造成3人以下死亡，或者10人以下重伤，或者1000万元以下直接经济损失的事故，由县级人民政府初步认定，报设区的市人民政府确认。

2. 造成3人以上10人以下死亡，或者10人以上50人以下重伤，或者1000万元以上5000万元以下直接经济损失的事故，由设区的市级人民政府初步认定，报省级人民政府确认。

3. 造成10人以上30人以下死亡，或者50人以上100人以下重伤，或者5000万元以上1亿元以下直接经济损失的事故，由省级人民政府初步认定，报国家安全监管总局确认。

4. 造成30人以上死亡，或者100人以上重伤，或者1亿元以上直接经济损失的事故，由国家安全监管总局初步认定，报国务院确认。

5. 已由公安机关立案侦查的事故，按生产安全事故进行报告。侦查结案后认定属于刑事案件或者治安管理管理案件的，凭公安机关出具的结案证明，按公共安全事件处理。

各省局在实施中有何情况和意见请告总局政法司。

二〇〇七年十月九日

38. 关于进一步明确煤矿事故调查处理牵头部门的函

政法函〔2014〕4号

各省、自治区、直辖市及新疆生产建设兵团安全生产监督管理局，各省级煤矿安全监察局：

2013年11月20日国家安全监管总局《关于生产安全事故调查处理中有关问题的规定》（安监总政法〔2013〕115号），以下简称《规定》印发以来，部分地区对于煤矿事故调查的牵头部门存在不同理解。经请示总局领导同意，现明确如下：

根据《规定》第十五条“国家安全监督管理总局另有规定的，从其规定”的规定，对煤矿事故的调查处理仍然按照2008年12月11日国家安全监管总局、国家煤矿安监局印发的《煤矿生产安全事故报告和调查处理规定》（安监总政法〔2008〕212号）的有关规定执行：煤矿事故由煤矿安全监察机构组织调查，事故调查组组长由煤矿安全监察机构负责人担任。

国家安全监管总局政法司

二〇一四年一月二十二日

39. 国家安全监管总局　国家煤矿安监局关于切实加强对地方政府煤矿安全监管工作监督检查的意见

安监总煤监〔2009〕88号

各产煤省、自治区、直辖市及新疆生产建设兵团煤矿安全监管部门，各省级煤矿安全监察机构：

为深入贯彻落实《国务院办公厅关于进一步加强督促检查切实抓好工作落实的意见》（国办发〔2008〕120号）和《国务院办公厅关于印发国家煤矿安全监察局主要职责内设机构和人员编制规定的通知》（国办发〔2008〕101号，以下简称国家煤矿安监局“三定”规定），切实加强煤矿安全监察机构对地方政府煤矿安全监管工作的监督检查，促进地方各级政府进一步搞好煤矿安全监管工作，现提出以下工作意见，请遵照执行。

一、高度重视对地方政府煤矿安全监管工作的监督检查

党中央、国务院高度重视煤矿安全生产工作，赋予煤矿安全监察机构监督检查地方政府煤矿安全监管工作的职责。国家煤矿安监局“三定”规定的“职责调整”和“主要职责”表述中明确：“加强对地方政府煤矿安全生产监督管理工作监督检查职责”，“承担国家煤矿安全监察责任，检查指导地方政府煤矿安全监督管理工作。”

各级煤矿安全监察机构要认真学习，加深理解，提高认识，坚持煤矿安全“国家监察、地方监管、企业负责”的原则，认真履行职责，把对地方政府煤矿安全监管工作的监督检查纳入煤矿安全监察工作的重要内容。要紧紧依靠地方党委、政府，依法履行国家煤矿安全监察职能，促进地方政府煤矿安全监管主体责任的落实；通过强化国家监察和地方监管，促进煤矿企业安全生产主体责任的落实。地方各级政府及其煤矿安全监管部门要积极支持和配合煤矿安全监察机构的工作，共同构建“国家监察、地方监管、企业负责”的煤矿安全工作格局。

二、对地方政府煤矿安全监管工作监督检查的主要内容

（一）贯彻落实国家煤矿安全生产法律法规、标准情况。地方各级政府按照有关法律法规的要求，全面落实政府监管的主体责任，建立健全煤矿安全监管体系；根据本地区煤矿安全监管工作的需要，确定机构、人员、经费及装备等；制定本地区煤矿安全生产规划；定期召开政府办公会议，研究解决煤矿安全生产的突出问题等情况。

（二）煤矿整顿关闭工作情况。地方各级政府贯彻落实《国务院关于预防煤矿生产安全事故的特别规定》（国务院令第446号）、《国务院办公厅转发安全监管总局等部门关于进一步做好煤矿整顿关闭工作意见的通知》（国办发〔2006〕82号）以及煤炭产业政策等，制定小煤矿整顿关闭规划；关闭不具备安全生产条件、不符合国家产业政策、浪费资源、污染环境的矿井；加强矿井关闭监管和废弃矿井治理工作，落实关闭矿井“六条标准”；打击非法煤矿和死灰复燃现象等情况。

（三）煤矿安全监督检查执法工作情况。地方各级政府煤矿安全监管部门建立以政府监管责任制为主要内容的有关制度；认真履行监管职责，制定年度监管计划并组织实施；监督检查煤矿过程中，执法程序规范，适用法律正确，行政处罚适当，监管执法到位；与煤矿安全监察机构及相关部门建立联合执法机制、协调工作机制、联席会议机制和信息交流、工作通报机制；开展煤矿安全质量标准化制度建设等情况。

（四）煤矿安全生产专项整治、隐患整改及复查情况。地方各级政府煤矿安全监管部门建立健全煤矿重大隐患治理、挂牌督办、信息通报、社会公示、整改验收、档案管理等监管制度；煤矿瓦斯治理规划、瓦斯等级鉴定、瓦斯治理工作体系示范工程、瓦斯事故控制指标和瓦斯治理指标考核体系建设；水害治理；对停产整顿矿井的监管；对国家煤矿安全监察机构提出的监察意见的组织落实，并及时反馈整改结果等情况。

（五）煤矿事故责任人的责任追究落实情况。地方各级政府及有关部门建立和执行事故救援和报告制度；相关部门按规定参加和配合事故调查工作；对相关责任人的处理；对事故防范措施督促落实和反馈等情况。

（六）各级煤矿安全监察机构结合辖区煤矿实际确定的其他监督检查内容。

三、建立健全对地方政府煤矿安全监管工作监督检查的有关制度

（一）监督检查分级负责制。国家安全监管总局、国家煤矿安全监察局负责监督检查省级政府煤矿安全监管工作；省级煤矿安全监察机构负责监督检查同级煤矿安全监管部门和市（地）级政府及其相关部门煤矿安全监管工作；区域煤矿安全监察分局负责监督检查市（地）级煤矿安全监管部门和县级政府及其相关部门煤矿安全监管工作。

（二）定期逐级报告制。对地方政府煤矿安全监管工作的监督检查情况，区域煤矿安全监察分局向省级煤矿安全监察局每半年至少报告一次，省级煤矿安全监察机构向国家煤矿安全监察局每年至少报告一次，并提出相关工作建议。

上级煤矿安全监察机构根据所属下级煤矿安全监察机构的报告，适时监督检查地方政府煤矿安全监管工作，并提出监督检查的意见和建议。

（三）向地方政府报告、通报制。煤矿安全监察机构应及时将监察执法和监督检查发现的重大问题向上一级地方政府报告，向有关地方政府提交加强和改善煤矿安全管理工作建议书，向地方煤矿安全监管部门送达加强和改进安全管理监察意见书等，并可向上级有关部门报告。

四、对地方政府煤矿安全监管工作监督检查的方式方法

（一）定期听取汇报。区域煤矿安全监察分局每半年至少听取一次辖区内有关县级政府、省级煤矿安全监察机构每年至少听取一次辖区内有关市（地）级政府煤矿安全监管工作的情况汇报。

（二）定期向地方政府通报、报告。区域煤矿安全监察分局每半年至少向辖区内有关市（地）级政府通报一次、省级煤矿安全监察机构每年至少向所在地省级政府报告一次监督检查工作情况。

（三）督促检查整改工作。煤矿安全监察机构要督促地方政府及其相关部门对有关问题和隐患的整改意见、建议，举一反三，制定切实可行的整改方案，落实责任和期限，确保问题和隐患整改到位，并及时反馈情况。

（四）坚持现场检查煤矿企业。煤矿安全监察机构不仅要采取听取汇报、查阅资料等方式，更要坚持现场检查煤矿企业及其所属煤矿，从而验证地方政府及其相关部门煤矿安全监管工作情况。

煤矿安全监察机构应与地方政府及其煤矿安全监管部门建立联合执法、情况通报等相关工作机制，及时沟通监察、监管工作情况，协调解决监察、监管工作中出现的问题，切实做到相互支持、密切配合，确保监督检查工作的顺利开展，并取得实效。

各省级煤矿安全监察机构可根据辖区煤矿安全生产的实际情况制定具体实施办法。

国家安全生产监督管理总局

国家煤矿安全监察局

二〇〇九年四月二十三日

40. 国家安全监管总局　国家煤矿安监局关于加强托管煤矿安全监管监察工作的通知

安监总煤监〔2015〕15号

各产煤省、自治区、直辖市及新疆生产建设兵团煤炭行业管理部门、煤矿安全监管部门，各省级煤矿安全监察局：

近年来，一些产煤地区煤矿托管现象比较普遍，大部分托管煤矿的安全管理水平明显提高。但个别地区也存在托管煤矿安全责任不落实、假借托管逃避整顿关闭或假借托管转移监管责任等问题，造成监管真空，甚至发生生产安全事故。为加强托管煤矿的安全监管监察工作，现就有关事项通知如下：

一、严格托管条件审查

（一）托管煤矿必须是合法生产、建设煤矿。生产煤矿必须证照齐全、合法有效，建设煤矿必须取得采矿许可证及准予建设的相关手续。

（二）承托单位应为证照合法有效、具有法人资格的大型国有煤炭企业或具有煤矿生产专业化运营管理经验的单位。承托灾害严重（如高瓦斯、煤与瓦斯突出、煤层易自燃和极易自燃、水文地质条件复杂和极复杂等）的矿井，承托单位应当具有相应灾害类型矿井的安全管理经验和业绩。所托管煤矿发生一次重大事故的，承托企业一年内不得新承托煤矿；发生一次特别重大事故的，三年内不得新承托煤矿。

（三）产能在9万吨/年及以下煤与瓦斯突出等灾害严重的煤矿，发生较大及以上责任事故的9万吨/年及以下的煤矿，超层越界拒不退回的煤矿，拒不执行停产整顿指令的煤矿和资源枯竭的煤矿，一律不得纳入托管范围，严禁假借托管逃避整顿关闭。

二、切实加强托管煤矿安全管理，落实安全责任

（四）委托方或托管煤矿与承托单位要依据国家相关法律法规签订托管合同或协议，明确托管的方式、时间和内容以及双方的安全生产责任和权利、义务等。委托方或托管煤矿与承托单位都承担安全生产责任。

（五）开展托管工作前，托管合同或协议应书面报告所在地县级以上人民政府煤炭行业管理部门或煤矿安全监管部门，并抄送驻地煤矿安全监察机构。

（六）托管煤矿应保证安全生产所必须的资金投入，按规定提取和使用安全生产费用。

（七）煤矿托管必须采取整体托管形式。承托单位要对托管煤矿的生产、技术、安全实施全面管理，不得进行部分托管，或以技术服务、分项承包的形式进行托管，不得将托管煤矿再次委托第三方管理。同时，要将托管煤矿纳入承托单位的统一安全管理体系，承托单位上级主管单位要对托管煤矿进行安全管理，并承担相应的安全责任。

（八）托管合同签订后，承托单位应当按照法律、法规等规定，组建安全生产管理机构，配齐矿长、总工程师和分管安全、生产、机电的副矿长，以及负责采煤、掘进、机电运输、通风、地质测量工作的专业技术人员，重新组建成建制的生产队伍，建立健全安全生产责任制、安全管理和隐患排查

治理等相关规章制度。为托管煤矿组建的安全管理团队不得兼管其他煤矿。

（九）承托单位应当强化对托管煤矿从业人员的教育和培训，将托管煤矿的教育培训纳入本单位安全生产教育和培训计划，夯实托管煤矿安全基础。

三、加强对托管煤矿的监管、监察

（十）地方政府及煤炭行业管理、煤矿安全监管部门对托管煤矿的分级属地监管职责不变。要加强对辖区内托管煤矿的监督管理，检查承托企业的安全资质是否符合规定，安全生产管理团队是否到位；检查托管煤矿安全生产管理机构、制度是否健全，安全责任是否落实。

（十一）驻地煤矿安全监察机构应按照《煤矿企业安全生产许可证实施办法》（原国家安全监管局、国家煤矿安监局令第8号）严格对托管煤矿进行审查，不符合条件的，要依法暂扣其安全生产许可证。

国家安全监管总局
国家煤矿安监局
2015年2月16日

41. 国家安全监管总局　国家煤矿安监局关于印发《煤矿建设项目安全设施竣工验收监督核查暂行办法》的通知

安监总煤监〔2015〕34号

各省级煤矿安全监管部门、煤炭行业管理部门，各省级煤矿安全监察局：

现将《煤矿建设项目安全设施竣工验收监督核查暂行办法》印发给你们，请遵照执行。

国家安全监管总局
国家煤矿安监局
2015年4月10日

煤矿建设项目安全设施竣工验收监督核查暂行办法

第一条　为加强对煤矿建设项目（包括新建、改扩建、技术改造、资源整合项目）安全设施竣工验收活动和验收结果的监督核查工作，督促煤矿企业落实安全生产主体责任，保障煤矿安全生产，根据《安全生产法》、《煤矿安全监察条例》、《安全生产许可证条例》及《煤矿建设项目安全设施监察规定》、《煤矿企业安全生产许可证实施办法》等有关规定，制定本办法。

第二条　煤矿建设单位负责组织对煤矿建设项目安全设施进行竣工验收，并对验收结果负责；煤矿建设单位实行多级管理的，由项目建设单位上一级具有独立法人资格的单位（或公司总部）负责组织验收。

省级煤矿安全监察局会同同级煤矿安全监管部门和煤炭行业管理部门对建设单位的验收活动和验收结果进行监督核查。

第三条　煤矿建设项目符合以下条件后，方可组织安全设施竣工验收：

（一）按批准的安全设施设计建设完成；

（二）单项工程经过工程质量机构认证，并取得质量合格认证书；

（三）经过联合试运转运行正常，并提交联合试运转报告；

（四）提交进一步查清包含采空区积水、积气、火区等有关隐蔽致灾因素的建井地质报告；

（五）安全验收评价合格；

（六）取得采矿许可证，矿长和安全管理人员取得安全资格证，特种作业人员经培训取得资格证书，从业人员经安全培训并考试合格；

（七）提交矿井瓦斯等级、各煤层煤尘爆炸性和自燃倾向性鉴定报告，按突出矿井设计的还应提交已揭露煤层的突出危险性鉴定报告；提交矿井主要电器和机械设备检测检验合格报告。

第四条　煤矿建设项目在建设过程中出现下列情形之一，修改设计后未经原设计审查单位批复同意的，不得组织竣工验收。

（一）煤层自燃倾向性、煤尘爆炸危险等级和矿井瓦斯等级以及矿井水文地质、地温、冲击地压等灾害类型升级的；

（二）采煤方法及工艺发生变化的；

（三）矿井开拓方式、通风系统、排水系统、供电系统、提升运输方式发生变化的；

（四）首采区及首采工作面布置发生变化的；

（五）露天煤矿最终帮坡角、开采工艺、初始拉沟位置及排土场位置发生变化的。

第五条 煤矿建设单位组织安全设施竣工验收前，应编制验收方案。验收方案应包含以下内容：

（一）煤矿建设项目基本情况；

（二）参与验收人员（含验收专家组成员）及其工作内容和责任；

（三）验收工作时间安排、程序。

煤矿建设单位应在验收活动开始之前，提前20个工作日将验收方案抄送省级煤矿安全监察局、煤矿安全监管部门、煤炭行业管理部门，并对其真实性、合法性负责。

第六条 煤矿建设单位应从企业外部聘请技术专家组成验收专家组，对煤矿建设项目安全设施进行竣工验收。验收专家组应由地质、采矿、“一通三防”（露天边坡）机电运输、职业病危害防治等专业的技术专家组成，各专业技术专家人数不少于2人（大型矿井应根据实际情况适当增加），其中应有监测监控管理工作经验的人员。技术专家应满足以下条件：

（一）在煤矿企业、施工、监理等单位从事煤矿现场管理，或在设计、评价、科研院所等单位从事煤矿设计、评价、教学、研究工作五年以上，或在其他单位从事煤矿安全生产监督管理工作满三年以上；

（二）原则上具有副高级及以上职称，特殊情况下可以聘请部分中级职称人员，但其人数不得超出专家总人数的30%；

（三）与被验收单位及承担验收项目的设计、评价、施工、监理等单位不存在隶属或利益关系。

煤矿建设单位应当优先聘请具有煤矿建设项目安全设施竣工验收经验的技术专家。同时应邀请承担其设计、监理、工程质量认证、安全验收评价、施工等单位的相关人员参与验收活动。

第七条 验收专家组应严格依照国家有关法律法规，根据《煤矿安全规程》、《煤矿建设项目安全设施设计审查和竣工验收规范》（AQ 1055）等相关规章和标准，以及经批准的安全设施设计进行验收。验收专家组验收结束后应形成验收意见。

第八条 煤矿建设单位应对验收专家组提出的问题进行整改，合格后方可出具通过验收的意见，验收报告应参照国家有关煤矿建设项目安全设施设计审查与竣工验收报告规范文本进行编写。并抄送省级煤矿安全监察机构、煤矿安全监管部门、煤炭行业管理部门。

第九条 省级煤矿安全监察局应加强对煤矿建设单位的验收活动和验收结果的监督核查，内容包括：

（一）是否符合本办法第三条、第四条规定；

（二）验收过程是否严格执行验收方案；

（三）安全设施是否符合经批准的设计要求，以及安全设施设计批准后新出台的法规、标准；

（四）验收结论和意见是否真实；

（五）法律法规规定的其他有关内容。

第十条 省级煤矿安全监察局会同省级煤矿安全监管部门和煤炭行业管理部门对煤矿建设单位验收活动的监督原则上应在现场进行。

第十一条 省级煤矿安全监察局对验收结果的核查，应与安全生产许可证安全生产条件现场审查一并进行。

第十二条 省级煤矿安全监察局、煤矿安全监管部门、煤炭行业管理部门在对煤矿建设单位验收活动和验收结果的监督核查中，发现煤矿存在安全隐患或其他违法、违规生产建设行为以及其他问题的，应当按有关规定责令整改并依法从严查处；对违反本办法规定的，应当予以纠正。

第十三条 本办法自发布之日起施行。

42. 国家安全监管总局　国家煤矿安监局关于进一步规范煤矿安全监察执法工作的意见

安监总煤监〔2015〕103 号

各省级煤矿安全监察局：

为依法履行煤矿安全国家监察职责，切实加强煤矿安全监察执法制度建设，提高监察执法效能，预防和遏制煤矿生产安全事故，促进全国煤矿安全生产形势持续稳定好转，根据《安全生产法》、《煤矿安全监察条例》等有关法律法规和《国务院办公厅关于加强安全生产监管执法的通知》（国办发〔2015〕20 号）等规定，现就进一步规范煤矿安全监察执法工作提出以下意见：

一、监察执法主要内容和方式

（一）监察执法主要内容。依法监察煤矿企业贯彻落实国家安全生产法律法规、规章规程和标准，建立健全和落实安全生产责任制和安全管理制度，组织制定并落实本单位作业规程和操作规程，编制年度生产计划，落实瓦斯、水、火等重大灾害治理方案和措施，以及安全生产系统、设备设施和条件、相关人员持证上岗和管理等情况。监督检查地方政府贯彻落实煤矿安全生产法律法规规章，推进煤矿整顿关闭，加强煤矿安全监督管理，强化煤矿安全专项整治，督办事故隐患整改及复查、事故责任人责任追究等情况。

（二）对煤矿企业监察执法主要方式。依法对煤矿企业安全生产实施重点监察、专项监察、定期监察。根据监察执法计划，制定检查方案，确定监察执法内容，每次可检查一项或多项内容。重点检查煤矿企业是否建立健全各项安全管理制度和各级负责人、部门、岗位安全生产责任制以及重大灾害治理情况，通过对煤矿现场抽查的方式验证其落实情况，督促煤矿企业落实主体责任。对发现的煤矿安全生产违法违规行为和事故隐患，要依法进行处理处罚。定期向地方政府、有关部门和煤矿企业通报发现的共性和突出问题。

（三）对地方监管工作监督检查方式。按照《国家安全监管总局国家煤矿安监局关于切实加强对地方政府煤矿安全监管工作监督检查的意见》（安监总煤监〔2009〕88 号）要求进行监督检查，对煤矿暴露出的问题和事故隐患以及有关部门煤矿安全监管情况，要定期向地方政府通报、报告，督促地方政府及其相关部门监督煤矿企业制定整改方案、落实整改责任和期限。对煤矿安全生产倾向性、苗头性问题提出督查建议，督促地方政府煤矿安全监管部门和煤矿企业举一反三，落实整改措施。

（四）合理确定监察周期。省级煤矿安全监察局（以下简称省局）要根据驻地煤矿数量、分布、生产规模、灾害程度及安全状况，以及监察执法力量配备情况，对煤矿分类分级，合理确定各类煤矿的监察周期。要认真分析辖区内煤矿灾害特点及近五年来事故发生情况，确定重点监察对象，纳入重点监察范围，适当增加监察执法频次。对正常生产的煤与瓦斯突出矿井，每年至少监察 2 次；对正常生产的高瓦斯矿井和受水害威胁严重的矿井，每年至少监察 1 次。

二、实行计划监察执法

（五）统筹执法计划编制。省局及其所属监察分局（以下简称分局）要科学制定年度执法计划，合理确定监察矿次、内容、方式和工作日数，同时应各有侧重、统筹安排、相互衔接，避免重复。做好本单位年度执法计划的有机衔接，对辖区内的不同类别的煤矿，应做到一个监察周期内至少开展一次监察执法活动（含上级人民政府及相关部门组织开展的安全生产督查、检查、异地监察执法、联合执法等需要省局及其分局参与、配合的执法活动）。省局及其分局应根据年度执法计划编制月度执法计划。

（六）严格执法计划审批。执法计划应由上一级煤矿安全监察机构批准后方可实施。省局年度执法计划报国家煤矿安监局审批；分局年度执法计划报省局审批，月度执法计划报省局备案。执法计划实施过程中可根据实际情况进行调整，调整时应及时按程序报备。

（七）加强执法计划执行分析。省局及其分局要认真落实监察执法计划，定期分析执法计划执行、行政处理处罚、执法文书下达等情况及监察执法工作中遇到的问题，及时研究解决执法工作中发现的突出问题和存在的共性问题。

（八）强化执法计划执行考核。省局要将执法计划执行情况作为重点内容纳入年度工作目标考核，定期对机关处室及其所属分局执法计划执行情况进行检查、考核、总结分析。分局每季度对执法计划执行情况至少进行一次自查，省局每年对机关处室及所属分局执法计划执行情况至少进行一次检查，要通报检查结果，并上报国家煤矿安监局。

三、严格监察执法程序

（九）遵循监察执法流程。健全完善“编制执法计划、确定检查矿井、制定检查方案、开展执法检查、依法处理处罚、及时复查督办、按期结案归档”的闭合执法工作机制。对煤矿企业实施监察执法时，应有两名以上煤矿安全监察员参加，并主动出示执法证件，告知相关事项，依法依规实施监察执法。

（十）制作检查方案。依据执法计划，并结合煤矿的基本情况、生产布局、灾害特点和存在的突出问题等，编制具有针对性和可操作性的检查方案，明确工作内容、人员分工、监察方式、检查地点，采用列表方式细化需要检查的具体事项和内容，对照表格逐项检查。检查方案由监察执法带队负责人组织制定和审定。

（十一）依法作出相应处理。在监察执法中，对发现的违法违规生产建设行为和事故隐患，应要求煤矿企业予以纠正和消除，依法作出处理处罚决定，下达监察执法文书。发现存在重大事故隐患可能危及职工生命安全的紧急情况时，应责令煤矿立即撤出危险区域作业人员，并视情况通报县级以上地方人民政府或相关部门采取相应措施，督促煤矿整治并消除事故隐患。发现被责令停产整顿煤矿擅自组织生产，或经停产整顿逾期仍不具备安全生产条件的，应依法吊销其安全生产许可证。

（十二）及时督促复查整改。对检查过程中发现的违法违规行为或事故隐患的整改情况需要复查的事项，应按规定移交或委托地方煤矿安全监管部门，并督促其复查。认为需要自行复查的事项，整改期限届满或煤矿企业提出申请时应及时进行复查。

（十三）依法办理案件移送。发现煤矿存在非法违法行为的，应依法制止，属于其他部门查处职责范围内的，移送相关部门进一步处理。涉嫌超层越界开采的，移送国土资源部门；涉嫌非法违法用工的，移送人力资源社会保障部门；涉嫌未批先建的建设项目，移送投资主管部门。涉及需要采取停电、停止供应民用爆炸物品的，通知电力监管、公安部门；涉及吊销或暂扣安全生产许可证的，告知地方政府和地方煤矿安全监管、公安、电力监管、国土资源和工商等部门。对存在重大事故隐患不消除或故意造成重大事故隐患的煤矿责任人按照规定建议有关部门追究责任。

（十四）依法提请强制执行。对拒不执行处理处罚决定的，向地方人民政府报告或向有关部门通报；经督促仍拒不执行处罚决定、逾期不缴纳罚款的，申请人民法院强制执行。

（十五）建立“行刑衔接”机制。严厉查处打击煤矿安全生产非法违法行为，依据《行政执法机关移送涉嫌犯罪案件的规定》（国务院令第 310 号）等相关法律法规规定，发现煤矿非法违法生产行为涉嫌犯罪的，向公安机关移送。探索建立涉嫌犯罪的非法违法生产行为行政处罚与刑事处罚衔接机制。

四、规范监察执法行为

（十六）严格行政处罚自由裁量标准。行政处罚决定必须以事实为依据，与违法违规行为的性质、情节以及社会危害程度相当，定性准确，处罚适当。严格落实煤矿安全监察行政处罚自由裁量实施标准，规范和明确行政处罚自由裁量权的实施原则、决定程序和报送备案等，推进监察执法规范化、程序化、标准化。

（十七）规范重大行政处罚。需要作出吊销（撤销）证照、较大数额经济处罚、停产整顿等重大行政处罚的，必须做到事实清楚、证据充分、依据可循、程序合法、集体决定。对情节复杂案件或重大违法行为的行政处罚，应经过省局（分局）集体讨论决定。给予停产整顿处罚的，应在执法文书中明确整顿的内容、时间等具体要求，并暂扣安全生产许可证。

（十八）规范执法文书制作。正确选择和使用监察执法文书，做到执法计划、检查方案、检查和处理、立案查处、行政处罚、复查整改、案件结案归档的闭合管理。制作执法文书应使用规范用语，依据有关法律法规、规章规程和行业标准规定对违法违规行为和事故隐患进行描述。定期开展执法文书评议和执法案卷评查活动，通过开展监察执法文书制作培训、交流学习、专家点评等活动，提高执法文书制作质量和水平。

（十九）创新监察执法方法。不断改进和创新监察执法的方法和手段，推广异地执法、联合执法、专家会诊、集中执法等监察执法方式，探索建立“双随机”抽查机制，做到明察和暗访相结合。强化预防控制措施，督促企业建立隐患排查治理自查自改自报的长效机制，严格查处企业瞒报重大事故隐患等违法违规行为。

（二十）公开重大执法信息。依法对企业重大违法违规行为及重大事故隐患作出的处理处罚决定，应自决定作出之日起 20 个工作日内向社会公开，并纳入安全生产信用体系进行失信惩戒。重大执法信息公开应与“打非治违”、建立违法煤矿企业“黑名单”和安全生产违法行为信息库等相结合，公开曝光反面典型，充分发挥社会舆论的监督作用。

（二十一）建立权力、责任清单。省局要结合所在地区实际，依据《安全生产法》、《煤矿安全监察条例》等法律法规、规章以及法定职责规定，制定省局和分局行政权力和责任清单，以清单方式明确煤矿安全监察执法职权和责任，制定权力行使流程图，及时向社会公布，努力做到监察执法不缺位、不越位。

（二十二）加强执法行为监督。建立执法记录制度，对煤矿安全现场监察执法过程进行记录，切实做到严格、规范、公正、文明执法。按照《煤矿安全监察执法监督办法》（安监总煤调〔2014〕93 号），定期组织开展执法分析和监督检查。加强重大行政处罚的备案审查，认真复核已下达的执法文书，对事实不清楚、依据不充分、法律适用不准确、程序不合法、裁量不恰当的，及时提出整改要求予以纠正。对同类煤矿安全生产执法案件应按照不低于 10% 的比例，定期召集相关煤矿企业进行公开裁定。

国家安全监管总局

国家煤矿安监局

2015 年 10 月 14 日

43. 国家安全监管总局　国家煤矿安监局　国家发展改革委　国家能源局关于印发煤矿生产能力管理办法和核定标准的通知

安监总煤行〔2014〕61号

各产煤省、自治区、直辖市及新疆生产建设兵团煤炭行业管理部门、煤矿安全监管部门，各省级煤矿安全监察局，司法部直属煤矿管理局，有关中央企业：

现将修订后的《煤矿生产能力管理办法》和《煤矿生产能力核定标准》印发给你们，请遵照执行。

国家安全监管总局
国家煤矿安监局
国家发展改革委
国家能源局
2014年6月30日

44. 国家安全监管总局　保监会　财政部关于印发《安全生产责任保险实施办法》的通知

安监总办〔2017〕140号

各省、自治区、直辖市及计划单列市安全生产监督管理局、煤矿安全监管机构、煤炭行业管理部门、保监局、财政厅（局），新疆生产建设兵团安全生产监督管理局、财务局，各省级煤矿安全监察局，各财产保险公司，有关中央企业：

根据《中共中央国务院关于推进安全生产领域改革发展的意见》关于建立健全安全生产责任保险制度的要求，为进一步规范安全生产责任保险工作，切实发挥保险机构参与风险评估管控和事故预防功能，国家安全监管总局、保监会、财政部制定了《安全生产责任保险实施办法》，现印发给你们，请结合实际认真抓好贯彻落实。

国家安全监管总局

保监会

财政部

2017年12月12日

安全生产责任保险实施办法

第一章　总　　则

第一条　为了规范安全生产责任保险工作，强化事故预防，切实保障投保的生产经营单位及有关人员的合法权益，根据相关法律法规和规定，制定本办法。

第二条　本办法所称安全生产责任保险，是指保险机构对投保的生产经营单位发生的生产安全事故造成的人员伤亡和有关经济损失等予以赔偿，并且为投保的生产经营单位提供生产安全事故预防服务的商业保险。

第三条　按照本办法请求的经济赔偿，不影响参保的生产经营单位从业人员（含劳务派遣人员，下同）依法请求工伤保险赔偿的权利。

第四条　坚持风险防控、费率合理、理赔及时的原则，按照政策引导、政府推动、市场运作的方式推行安全生产责任保险工作。

第五条　安全生产责任保险的保费由生产经营单位缴纳，不得以任何方式摊派给从业人员个人。

第六条　煤矿、非煤矿山、危险化学品、烟花爆竹、交通运输、建筑施工、民用爆炸物品、金属冶炼、渔业生产等高危行业领域的生产经营单位应当投保安全生产责任保险。鼓励其他行业领域生产经营单位投保安全生产责任保险。各地区可针对本地区安全生产特点，明确应当投保的生产经营单位。

对存在高危粉尘作业、高毒作业或其他严重职业病危害的生产经营单位，可以投保职业病相关保险。

对生产经营单位已投保的与安全生产相关的其他险种，应当增加或将其调整为安全生产责任保险，增强事故预防功能。

第二章　承 保 与 投 保

第七条　承保安全生产责任保险的保险机构应当具有相应的专业资质和能力，主要包含以下方面：

（一）商业信誉情况；

（二）偿付能力水平；

（三）开展责任保险的业绩和规模；

（四）拥有风险管理专业人员的数量和相应专业资格情况；

（五）为生产经营单位提供事故预防服务情况。

第八条　根据实际需要，鼓励保险机构采取共保方式开展安全生产责任保险工作。

第九条　安全生产责任保险的保险责任包括投保的生产经营单位的从业人员人身伤亡赔偿，第三者人身伤亡和财产损失赔偿，事故抢险救援、医疗救护、事故鉴定、法律诉讼等费用。

保险机构可以开发适应各类生产经营单位安全生产保障需求的个性化保险产品。

第十条　除被依法关闭取缔、完全停止生产经营活动外，应当投保安全生产责任保险的生产经营单位不得延迟续保、退保。

第十一条　制定各行业领域安全生产责任保险基准指导费率，实行差别费率和浮动费率。建立费率动态调整机制，费率调整根据以下因素综合确定：

（一）事故记录和等级：费率调整根据生产经营单位是否发生事故、事故次数和等级确定，可以根据发生人员伤亡的一般事故、较大事故、重大及以上事故次数进行调整。

（二）其他：投保生产经营单位的安全风险程度、安全生产标准化等级、隐患排查治理情况、安全生产诚信等级、是否被纳入安全生产领域联合惩戒“黑名单”、赔付率等。

各地区可以参考以上因素，根据不同行业领域实际情况进一步确定具体的费率浮动。

第十二条　生产经营单位投保安全生产责任保险的保障范围应当覆盖全体从业人员。

第三章　事故预防与理赔

第十三条　保险机构应当建立生产安全事故预防服务制度，协助投保的生产经营单位开展以下工作：

（一）安全生产和职业病防治宣传教育培训；

（二）安全风险辨识、评估和安全评价；

（三）安全生产标准化建设；

（四）生产安全事故隐患排查；

（五）安全生产应急预案编制和应急救援演练；

（六）安全生产科技推广应用；

（七）其他有关事故预防工作。

第十四条　保险机构应当按照本办法第十三条规定的服务范围，在安全生产责任保险合同中约定具体服务项目及频次。

保险机构开展安全风险评估、生产安全事故隐患排查等服务工作时，投保的生产经营单位应当予以配合，并对评估发现的生产安全事故隐患进行整改；对拒不整改重大事故隐患的，保险机构可在下一投保年度上浮保险费率，并报告安全生产监督管理部门和相关部门。

第十五条 保险机构应当严格按照合同约定及时赔偿保险金；建立快速理赔机制，在事故发生后按照法律规定或者合同约定先行支付确定的赔偿保险金。

生产经营单位应当及时将赔偿保险金支付给受伤人员或者死亡人员的受益人（以下统称受害人），或者请求保险机构直接向受害人赔付。生产经营单位怠于请求的，受害人有权就其应获赔偿部分直接向保险机构请求赔付。

第十六条 同一生产经营单位的从业人员获取的保险金额应当实行同一标准，不得因用工方式、工作岗位等差别对待。

第十七条 各地区根据实际情况确定安全生产责任保险中涉及人员死亡的最低赔偿金额，每死亡一人按不低于30万元赔偿，并按本地区城镇居民上一年度人均可支配收入的变化进行调整。

对未造成人员死亡事故的赔偿保险金额度在保险合同中约定。

第四章 激励与保障

第十八条 安全生产监督管理部门和有关部门应当将安全生产责任保险投保情况作为生产经营单位安全生产标准化、安全生产诚信等级等评定的必要条件，作为安全生产与职业健康风险分类监管，以及取得安全生产许可证的重要参考。

安全生产和职业病预防相关法律法规另有规定的，从其规定。

第十九条 各地区应当在安全生产相关财政资金投入、信贷融资、项目立项、进入工业园区以及相关产业扶持政策等方面，在同等条件下优先考虑投保安全生产责任保险的生产经营单位。

第二十条 对赔付及时、事故预防成效显著的保险机构，纳入安全生产诚信管理体系，实行联合激励。

第二十一条 各地区将推行安全生产责任保险情况，纳入对本级政府有关部门和下级人民政府安全生产工作巡查和考核内容。

第二十二条 鼓励安全生产社会化服务机构为保险机构开展生产安全事故预防提供技术支撑。

第五章 监督与管理

第二十三条 建立安全生产监督管理部门和保险监督管理机构信息共享机制。安全生产监督管理部门和有关部门应当建立安全生产责任保险信息管理平台，并与安全生产监管信息平台对接，对保险机构开展生产安全事故预防服务及服务费用支出使用情况定期进行分析评估。安全生产监督管理部门可以引入第三方机构对安全生产责任保险信息管理平台进行建设维护及对保险机构开展预防服务情况开展评估，并依法保守有关商业秘密。

第二十四条 支持投保的生产经营单位、保险机构和相关社会组织建立协商机制，加强自主管理。

第二十五条 安全生产监督管理部门、保险监督管理机构和有关部门应当依据工作职责依法加强对生产经营单位和保险机构的监督管理，对实施安全生产责任保险情况开展监督检查。

第二十六条 对生产经营单位应当投保但未按规定投保或续保、将保费以各种形式摊派给从业人员个人、未及时将赔偿保险金支付给受害人的，保险机构预防费用投入不足、未履行事故预防责任、委托不合法的社会化服务机构开展事故预防工作的，安全生产监督管理部门、保险监督管理机构及有关部门应当提出整改要求；对拒不整改的，应当将其纳入安全生产领域联合惩戒“黑名单”管理，对违反相关法律法规规定的，依法追究其法律责任。

第二十七条 相关部门及其工作人员在对安全生产责任保险的监督管理中收取贿赂、滥用职权、玩忽职守、徇私舞弊的，依法依规对相关责任人严肃追责；涉嫌犯罪的，移交司法机关依法处理。

第六章 附　　则

第二十八条 各省级安全生产监督管理部门、保险监督管理机构和有关部门依据本办法制定具体实施细则。

第二十九条 本办法由国家安全生产监督管理总局、中国保险监督管理委员会和财政部负责解释。

第三十条 本办法自2018年1月1日起施行

45. 国家安全监管总局办公厅关于印发《安全监管总局机关生产安全较大以上事故报告和较大涉险事故信息处置办法》的通知

安监总厅统计〔2009〕119号

总局和煤矿安监局机关各司局、应急指挥中心，有关在京直属事业单位：

2007年8月24日印发的《安全监管总局机关生产安全较大以上事故和较大涉险事故信息处置办法》（安监总厅调度〔2007〕136号文件印发）同时废止。

国家安全生产监督管理总局办公厅

二〇〇九年七月二十日

安全监管总局机关生产安全较大以上事故和较大涉险事故信息处置办法

为贯彻落实《生产安全事故报告和调查处理条例》（以下简称《条例》）、《国家突发公共事件总体应急预案》和《生产安全事故信息报告和处置办法》（安全监管总局令第21号）的精神，适应全国安全生产新形势的要求，建立快速反应、运行有序的信息处置工作机制，进一步规范总局和煤矿安监局机关有关司局、应急指挥中心和有关直属事业单位做好生产安全较大以上事故和较大涉险事故（以下统称事故）信息处置和现场督导工作，制定本办法。

一、事故范围

（一）特别重大事故。

1. 造成30人以上死亡的事故；

2. 造成100人以上重伤（包括急性工业中毒，下同）的事故；

3. 造成1亿元以上直接经济损失的事故。

（二）重大事故。

1. 造成10人以上30人以下死亡的事故；

2. 造成50人以上100人以下重伤的事故；

3. 造成5000万元以上1亿元以下直接经济损失的事故。

（三）较大事故。

1. 造成3人以上10人以下死亡的事故；

2. 造成10人以上50人以下重伤的事故；

3. 造成1000万元以上5000万元以下直接经济损失的事故。

（四）较大涉险事故。

1. 涉险10人以上的事故；

2. 造成3人以上被困或下落不明的事故；

3. 紧急疏散人员500人以上和住院观察10人以上的事故；

4. 因生产安全事故对环境造成严重污染（人员密集场所、生活水源、农田、河流、水库、湖泊等）的事故；

5. 危及重要场所和设施安全（电站、重要水利设施、危化品库、油气站和车站、码头、港口、机场及其他人员密集场所等）的事故；

6. 其他较大涉险事故。

（五）社会影响较大的职业危害事故。

（六）新闻媒体披露和群众举报的较大以上事故及涉险事故。

（七）社会影响重大的其他事故。

上述所称的“以上”包括本数，“以下”不包括本数。

二、事故信息处置

（一）事故信息报送。

1. 统计司调度室（以下简称调度室）接到事故信息后，要立即报告本司负责人，将事故报告和事故信息传送办公厅值班室（以下简称值班室），其中重大、特别重大事故（以下简称重特大事故）信息和重要情况要电话确认，同时将事故信息分别传送有关司局和应急指挥中心。

2. 值班室接到事故信息后，要及时报告带班负责人阅批，立即报送总局主要领导和分管领导阅示（较大事故先送分管领导阅示后，再分送相关领导），并按照领导批示分送相关司局。重特大事故信息先电话报告国务院总值班室，随后再书面向中央办公厅、国务院办公厅报送，并按规定抄送有关部门和单位。

（二）事故信息处置。

1. 统计司负责事故信息的接报、事故的跟踪和编制《全国生产安全事故日报》。调度室接到事故信息后，除按规定报送事故信息外，要及时审核事故信息要素，跟踪调度事故抢救进展情况。

接到重特大事故信息，迅速起草《重特大生产安全事故报告》，与事故信息一并传送值班室并电话确认。统计司负责人根据事故等级，立即指挥启动应急工作预案：特别重大事故，立即通知办公厅、政法司、相关业务司局（煤矿事故要通知煤矿安监局相关司室，下同）主要负责人，应急指挥中心负责人，机关服务中心主要负责人，到调度室研究事故抢救和处置工作。

接到重大事故或性质严重、社会影响严重的较大事故，按照总局领导的要求，通知有关司局和应急指挥中心负责人到调度室，研究事故抢救和处置工作。将事故信息分别传送有关司局和应急指挥中心，特别重大事故要起草《事故抢险救援工作指导意见》，经总局领导签批后，传送值班室和相关省局。

接到较大事故，起草《较大事故和较大涉险事故报告》并传送值班室，由值班室报送总局领导。重要情况及时报告总局领导。其中：

煤矿事故信息传送煤矿安监局事故调查司（以下简称调查司）；

金属与非金属矿、石油、地质等行业事故信息传送监管一司（海油安办）；

军工（民用）、民爆、建筑、水利、电力、教育、邮政、电信、林业、旅游、道路交通、水上交通、铁路交通、民航、消防、农机、渔业船舶等行业（领域）事故信息传送监管二司；

危险化学品、化工（含石油化工，下同）、医药、烟花爆竹等行业（领域）事故信息传送监管三司；

冶金、有色、建材、机械、轻工、纺织、烟草、商贸等行业（领域）事故信息传送监管四司；

社会影响较大的职业危害事故信息传送职业健康司；

所有事故信息同时传送应急指挥中心。

2. 办公厅负责向总局领导报送事故信息。值班室接到事故信息后，除按规定报送事故信息外，对重特大事故信息先电话报告国务院总值班室，随后再起草《安全监管总局值班信息》，在规定时限内上报中央办公厅、国务院办公厅；将总局领导的批示和意见传送统计司和有关业务司局、应急指挥中心；将《事故抢险救援工作指导意见》传送相关省（区、市）人民政府值班室；接收中央领导同志的重要批示，迅速按程序报总局领导阅批；社会影响严重的事故信息，按总局领导要求上报。

3. 政法司负责有关事故信息新闻发布工作；负责与中宣部、国务院新闻办及主要新闻媒体的联系，进行有关宣传报道工作；协助地方有关部门做好事故现场新闻发布工作。接到事故信息后，做好有关事故信息新闻发布和宣传报道工作。

4. 监管一司（海油安办）、监管二司、监管三司、监管四司、职业健康司按照业务分工和工作职责，负责有关行业（领域）事故信息的跟踪工作。接到事故信息后，要按照本专业事故跟踪内容及时跟踪事故情况，有重大问题、重要情节的要及时报送总局主要领导和分管领导；协调、督促事故发生地区的地方安全监管部门、行业主管部门开展事故抢救和现场督导工作。情况不清楚的，要派人或督促有关地方安全监管部门赶赴事故现场，查明情况后及时报告。

5. 煤矿安监局办公室接到总局领导批示、意见后，及时报送煤矿安监局领导，并传送有关司。调查司接到领导批示和事故信息后，要及时跟踪了解事故情况，指导、协助事故抢救工作，督促驻地煤矿安监机构开展现场督导工作，报告事故抢救情况；情况不清楚的，要派人或督促驻地煤矿安监机构赶赴事故现场，查明情况后及时报告。

6. 应急指挥中心接到事故信息后，要了解并及时跟踪事故抢救进展情况。对煤矿、金属与非金属矿、危险化学品、烟花爆竹和其他工商贸事故要提出救援指导意见，协同有关司局组织相关人员参加应急救援督导。根据需要，协调组织救援队伍、设备开展救援，或组织专家和有关人员赶赴事故现场。

7. 机关服务中心接到事故信息后，负责事故信息处置过程中票务、交通等后勤保障工作。

8. 通信信息中心接到事故信息后，负责较大以上事故和互联网事故信息的搜集；按要求做好事故信息外网发布工作。

（三）事故举报信息处置。

1. 事故举报信息的处置。

办公厅（信访处）接到事故举报信息后，要及时转送总局和煤矿安监局相关业务司局；统计司接到事故举报信息后，要及时核对事故报告情况，同时将事故举报信息和事故报告情况一并转送总局和煤矿安监局相关业务司局；总局和煤矿安监局相关业务司局接到事故举报信息后，要及时下发核查通知，要求相关省级安全监管部门或煤矿安监机构组织调查核实，并在60天内反馈调查核实情况。重特大及情节严重的事故举报信息，抄报总局、煤矿安监局（煤矿事故）分管领导；特别重大及情节严重的事故举报信息，同时抄报总局、煤矿安监局（煤矿事故）主要领导。必要时，总局、煤矿安监局（煤矿事故）相关业务司局应组织相关人员赶赴地方，对举报事故进行调查核实。

对事故发生日期、地点、单位名称不清的事故举报，建议举报人详细了解情况后再报，否则，可不予处置。

2. 事故举报信息结果的处理。

举报的事故一经核查属实的，主办司局要按照有关规定办理对第一实名举报人予以奖励事宜。瞒报事故要按照《条例》、《最高人民法院、最高人民检察院关于办理危害矿山生产安全刑事案件具体应用法律若干问题的解释》等有关法律、法规，依法从重、从严进行查处。

三、事故的现场督导

总局和煤矿安监局机关有关司局、应急指挥中心赴事故现场督导的人员，应及时将事故抢救进展情况传送调度室。重特大事故每日至少续报 1 次，重要情况及时续报。

（一）特别重大事故的现场督导。

发生一次死亡（含被困或下落不明）30 人以上的特别重大事故，总局主要领导、分管领导和有关业务司局主要负责人、应急指挥中心负责人赶赴事故现场。

（二）重大事故的现场督导。

1. 发生一次死亡（含被困或下落不明）20 – 29 人的重大事故，总局、煤矿安监局（煤矿事故）分管领导和有关业务司局、应急指挥中心负责人赶赴事故现场。

2. 发生一次死亡（含被困或下落不明）10 – 19 人或有重大影响的事故，总局、煤矿安监局（煤矿事故）有关业务司局、应急指挥中心有关部门负责人赶赴事故现场。

（三）较大及较大涉险事故的现场督导。

1. 煤矿发生一次死亡 6 – 9 人、社会影响较大的事故，煤矿安监局相关司和应急指挥中心派员赶赴事故现场：

2. 下列事故，监管一司和应急指挥中心派员赶赴事故现场：

金属与非金属矿、地质等行业发生一次死亡 6 人以上，或一次受伤 20 人以上，或涉险 30 人以上的事故；

海上石油发生一次死亡 3 人以上，或钻井平台倾覆事故；

石油、天然气井（含有毒气体）发生较大井喷失控事故。

3. 下列事故，监管二司和应急指挥中心派员赶赴事故现场：

军工（民用）、民爆、建筑、水利、电力、教育、邮政、电信、林业等行业（领域）发生一次死亡 6 人以上，或一次重伤 10 人以上，或涉险 30 人以上的事故；

列车、地铁、城铁较大伤亡事故；建筑施工大面积坍塌、电网大面积停电、大型水利设施、电力设施事故。

4. 下列事故，监管三司和应急指挥中心派员赶赴事故现场：

一次死亡 6 人以上，或一次受伤 20 人以上，或涉险 30 人以上的危险化学品、化工、医药、烟花爆竹等行业（领域）的事故；

危险化学品大量泄漏、对环境造成严重污染的危险化学品事故；

紧急疏散人员 1000 人以上或住院观察治疗 50 人以上的危险化学品事故。

5. 下列事故，监管四司和应急指挥中心派员赶赴事故现场：

冶金、有色、建材、机械、轻工、纺织、烟草、商贸等行业（领域）发生一次死亡 6 人以上，或一次重伤 10 人以上，或涉险 30 人以上的事故。

（四）社会影响较大的职业危害事故的现场督导。

各行业（领域）发生社会影响较大的职业危害事故，职业健康司和应急指挥中心派员赶赴事故现场。

（五）中央领导同志及总局领导批示和社会影响严重的事故，有关司局、应急指挥中心派员赶赴事故现场。

（六）事故现场救援督导。

发生一次死亡 6 人以上事故，救援工作尚未结束的，应急指挥中心会同有关司局按照前款事故等级的规定派员赶赴事故现场指导救援工作。

（七）总局和煤矿安监局副局长以上领导赴现场进行处置的事故，政法司通知有关媒体赶赴事故现场。

四、重特大事故情况通报

（一）按照《生产安全事故信息报告和处置办法》中关于“各省级安全监管监察机构在重特大事故发生后3小时内报至总局”的规定，统计司于每月初对上月未及时报送重特大事故信息的省级安全监管监察机构予以通报。

（二）有关业务司局负责起草重特大事故通报。

46. 国家安全监管总局关于进一步加强和改进生产安全事故信息报告和处置工作的通知

安监总统计〔2010〕24号

各省、自治区、直辖市及新疆生产建设兵团安全生产监督管理局，各省级煤矿安全监察机构，总局和煤矿安监局机关各司局、应急指挥中心：

为适应新形势下安全生产工作的需要，进一步加强和改进生产安全事故信息报告和处置工作，建立健全快速反应、运行有序的生产安全事故信息报告和处置工作机制，及时、准确掌握生产安全事故信息，启动应急预案，有效处置生产安全事故，现就有关要求通知如下：

一、加强事故信息报告工作，全面提高生产安全事故信息报告的时效性

（一）严格安全调度值班制度。

各级安全监管部门和煤矿安全监察机构必须设立生产安全事故信息调度值班机构，建立健全安全调度值班制度，严格实行24小时不间断岗位值班，确保及时接报和处置生产安全事故信息。

（二）严格生产安全事故信息报告制度。

各级安全监管部门和煤矿安全监察机构接到各类生产安全事故信息报告后，要严格按照事故报告的时限、内容和要求逐级上报：

1. 重大和特别重大事故信息，要在事故发生后3小时内逐级上报至国家安全监管总局；

2. 较大事故和较大涉险事故信息、煤矿一般事故信息，要在事故发生后7小时内逐级上报至国家安全监管总局。事故具体情况一时难以核实清楚的，可先电话报告事故概况，随后及时报告文字材料；

3. 加强事故跟踪调度，及时续报事故抢救进展情况。重特大事故和社会影响重大的事故要每天早、晚各续报1次；较大事故和较大涉险事故要每天续报1次。续报工作直至事故抢救工作结束。

必要时，安全监管部门、煤矿安全监察机构可以越级上报事故情况。

（三）建立健全生产安全事故报告情况通报制度。

国务院安委会办公室决定从2010年开始，建立每月对各地重特大生产安全事故信息报告情况通报制度，对未按规定及时报告重特大生产安全事故的单位进行通报。各省（区、市）、市（地）安委会办公室也要建立健全生产安全事故信息报告情况的通报制度，每月对各地生产安全事故信息的报告情况进行通报，督促各地进一步加强和改进事故报告工作，全面提高生产安全事故信息报告的时效性。

（四）建立生产安全事故信息报告激励约束机制。

各地要建立生产安全事故信息报告的激励约束机制，将生产安全事故信息报告工作纳入各地安全生产工作绩效考核表彰奖励办法之中，与安全生产工作开展、控制指标实施和行政执法工作等一并进行考核。同时，将生产安全事故信息报告情况纳入安全生产评优评先的条件之一，对有瞒报、谎报、漏报或迟报重特大事故行为的，实行“一票否决”。

二、加强事故现场督导，及时有效地处置生产安全事故

（一）特别重大事故的现场督导。

发生一次死亡30人以上的特别重大事故（含被困和下落不明的情形，以下同），国家安全监管总局、国家煤矿安监局（煤矿事故，以下同）主要领导、分管领导和有关业务司局主要负责人、应急指挥中心负责人以及省、市、县级安全监管部门、驻地煤矿安全监察机构（煤矿事故，以下同）（以下简称安全监管监察机构）的主要负责人赶赴事故现场。

（二）重大事故的现场督导。

1. 发生一次死亡20－29人的重大事故，国家安全监管总局、国家煤矿安监局分管领导和有关业务司局、应急指挥中心负责人赶赴事故现场。

2. 发生一次死亡10－19人的重大事故，或有重大社会影响的事故，国家安全监管总局、国家煤矿安监局有关业务司局、应急指挥中心有关部门负责人赶赴事故现场。

3. 发生重大事故，省、市、县级安全监管监察机构主要负责人和有关业务处（科）室的主要负责人赶赴事故现场。

（三）较大及较大涉险事故的现场督导。

1. 发生一次死亡6－9人的较大事故，或受伤25－50人，或社会影响较大的事故，省级安全监管监察机构分管负责人和有关处室负责人赶赴事故现场。

2. 发生一次死亡3－5人的较大事故，或受伤10－24人或较大涉险事故，省级安全监管监察机构有关处室负责人赶赴事故现场。

3. 发生较大事故或较大涉险事故，市、县级安全监管监察机构主要负责人和有关科室主要负责人赶赴事故现场。

4. 下列事故，国家安全监管总局、国家煤矿安监局有关司局、应急指挥中心有关部门派员赶赴事故现场：

（1）煤矿发生一次死亡6－9人的典型事故，或一次受伤或涉险20人以上的事故。国家煤矿安监局相关司与应急指挥中心的有关处室负责人赶赴事故现场。

（2）金属与非金属矿、地质勘探等行业发生一次死亡6－9人，或一次受伤20人以上，或涉险30人以上的事故；海上石油发生一次死亡3－9人，或平台倾覆事故；石油、天然气井（含有毒气体）发生井喷失控事故。国家安全监管总局监管一司、应急指挥中心有关处室负责人赶赴事故现场。

（3）军工（民用）、民爆、建筑、水利、电力、教育、邮政、电信、林业等行业（领域）发生一次死亡6人以上，或一次受伤10人以上，或涉险30人以上的事故；列车、地铁、城铁较大伤亡事故；建筑施工大面积坍塌、大型水利设施、电力设施事故。国家安全监管总局监管二司、应急指挥中心有关处室负责人赶赴事故现场。

（4）危险化学品、化工、医药、烟花爆竹等行业（领域）发生一次死亡6人以上，或一次受伤20人以上，或涉险30人以上的事故；危险化学品大量泄漏、对环境造成严重污染的事故；紧急疏散人员1000人以上，或住院观察治疗50人以上的危险化学品事故。国家安全监管总局监管三司、应急指挥中心有关处室负责人赶赴事故现场。

（5）冶金、有色、建材、机械、轻工、纺织、烟草、商贸等行业（领域）发生一次死亡6人以上，或一次受伤10人以上，或涉险30人以上的事故。国家安全监管总局监管四司、应急指挥中心有关处室负责人赶赴事故现场。

三、进一步完善事故举报核查和处置制度，加大事故举报核查和瞒报事故的查处力度

（一）事故举报信息的核查。

国家安全监管总局接到事故举报后，有关司局要通知有关地区进行核查。接到重特大事故举报后，有关司局在立即通知有关地区进行核查的同时，要派员会同有关省（区、市）安全监管监察机构，共同组织开展核查工作。

各省级安全监管监察机构接到重特大事故举报后，要立即报告国家安全监管总局统计司，同时由分管负责人带队组织开展调查核实工作。接到较大事故举报后，在立即通知有关地区核查的同时，要派员会同有关市（地）政府及其安全监管部门和区域煤矿安全监察分局共同开展核查工作。

（二）瞒报事故的查处。

对瞒报事故，要按照提高一个事故等级进行调查处理。瞒报重大事故的，由国家安全监管总局派出工作组，会同有关省（区、市）政府及省级安全监管监察机构，共同开展瞒报事故查处工作；瞒报较大事故的，由有关省级安全监管监察机构派出工作组，会同有关市（地）政府及其安全监管部门和区域煤矿安全监察分局共同开展瞒报事故查处工作。

瞒报事故要依照《生产安全事故报告和调查处理条例》（国务院令第493号）、《刑法修正案(六)》等有关法律、法规规定进行查处。

四、加强领导，落实责任，切实做好生产安全事故信息报告和处置工作

各级安全监管监察机构要高度重视生产安全事故信息报告和处置工作，主要领导要亲自抓，认真落实领导负责制和部门责任制。要建立健全生产安全事故信息报告和处置制度，进一步改进和完善事故报告制度、报告方式和方法，强化制度落实，从组织、机构、人员、装备等方面为事故信息报告和处置工作提供保障。要建立联动机制，扩展信息渠道，提高事故报告时效性。总之，要采取有力措施，进一步加强和改进生产安全事故信息报告和处置工作，确保及时、有效地报告和处置生产安全事故。

国家安全生产监督管理总局

二〇一〇年二月九日

47. 国家安全监管总局办公厅关于印发《生产安全事故统计管理办法》的通知

安监总厅统计〔2016〕80号

各省、自治区、直辖市及新疆生产建设兵团安全生产监督管理局：

现将《生产安全事故统计管理办法》印发给你们，请遵照执行。《生产安全事故统计管理办法（暂行）》（安监总厅统计〔2015〕111号）同时废止。

国家安全监管总局办公厅

2016年7月27日

生产安全事故统计管理办法

第一条 为进一步规范生产安全事故统计工作，根据《中华人民共和国安全生产法》、《中华人民共和国统计法》和《生产安全事故报告和调查处理条例》有关规定，制定本办法。

第二条 中华人民共和国领域内的生产安全事故统计（不涉及事故报告和事故调查处理），适用本办法。

第三条 生产安全事故由县级安全生产监督管理部门归口统计、联网直报（以下简称“归口直报”）。

跨县级行政区域的特殊行业领域生产安全事故统计信息按照国家安全生产监督管理总局和有关行业领域主管部门确定的生产安全事故统计信息通报形式，实行上级安全生产监督管理部门归口直报。

第四条 县级以上（含本级，下同）安全生产监督管理部门负责接收本行政区域内生产经营单位报告和同级负有安全生产监督管理职责的部门通报的生产安全事故信息，依据本办法真实、准确、完整、及时进行统计。

县级以上安全生产监督管理部门应按规定时限要求在“安全生产综合统计信息直报系统”中填报生产安全事故信息，并按照《生产安全事故统计报表制度》有关规定进行统计。

第五条 生产安全事故按照《国民经济行业分类》（GB/T 4754—2011）分类统计。没有造成人员伤亡且直接经济损失小于100万元（不含）的生产安全事故，暂不纳入统计。

第六条 生产安全事故统计按照“先行填报、调查认定、信息公开、统计核销”的原则开展。经调查认定，具有以下情形之一的，按本办法第七条规定程序进行统计核销。

（一）超过设计风险抵御标准，工程选址合理，且安全防范措施和应急救援措施到位的情况下，由不能预见或者不能抗拒的自然灾害直接引发的。

（二）经由公安机关侦查，结案认定事故原因是蓄意破坏、恐怖行动、投毒、纵火、盗窃等人为故意行为直接或间接造成的。

（三）生产经营单位从业人员在生产经营活动过程中，突发疾病（非遭受外部能量意外释放造成的肌体创伤）导致伤亡的。

第七条 经调查（或由事故发生地人民政府有关部门出具鉴定结论等文书）认定不属于生产安

全事故的，由同级安全生产监督管理部门依据有关结论提出统计核销建议，并在本级政府（或部门）网站或相关媒体上公示7日。公示期间，收到对公示的统计核销建议有异议、意见的，应在调查核实后再作决定。

公示期满没有异议的（没有收到任何反映，视为公示无异议），报上一级安全生产监督管理部门备案；完成备案后，予以统计核销，并将相关信息在本级政府（或部门）网站或相关媒体上公开，信息公开时间不少于1年。

备案材料主要包括：事故统计核销情况说明（含公示期间收到的异议、意见及处理情况）、调查认定意见（事故调查报告或由事故发生地人民政府有关部门出具鉴定结论等文书）及其相关证明文件等。

地市级以上安全生产监督管理部门应当对其备案核销的事故进行监督检查。发现问题的，应当要求下一级安全生产监督管理部门提请同级人民政府复核，并在指定时限内反馈核查结果。

第八条 各级安全生产监督管理部门应督促填报单位在“安全生产综合统计信息直报系统”中及时补充完善或修正已填报的生产安全事故信息，及时补报经查实的瞒报、谎报的生产安全事故信息，及时排查遗漏、错误或重复填报的生产安全事故信息。

第九条 各级安全生产监督管理部门应根据各地区实际，建立完善生产安全事故统计信息归口直报制度，进一步明确本行政区域内各行业领域生产安全事故统计信息通报的方式、内容、时间等具体要求，并对本行政区域内生产安全事故统计工作进行监督检查。

第十条 国家安全生产监督管理总局建立健全生产安全事故统计数据修正制度，运用抽样调查等方法开展生产安全事故统计数据核查工作，定期修正并公布生产安全事故统计数据，通报统计工作情况。

第十一条 各级安全生产监督管理部门应定期在本级政府（或部门）网站或相关媒体上公布生产安全事故统计信息和统计资料，接受社会监督。

第十二条 本办法由国家安全生产监督管理总局负责解释。

第十三条 本办法自公布之日起执行。《生产安全事故统计管理办法（暂行）》（安监总厅统计〔2015〕111号）同时废止。

48. 国家安全监管总局　国家煤矿安监局关于认真贯彻执行《煤矿领导带班下井及安全监督检查规定》的通知

安监总煤行〔2010〕167 号

各产煤省、自治区、直辖市及新疆生产建设兵团煤炭行业管理、煤矿安全监管部门，各省级煤矿安全监察机构，司法部直属煤矿管理局，有关中央企业：

为深入贯彻落实《国务院关于进一步加强企业安全生产工作的通知》（国发［2010］23 号，以下简称《通知》）精神，国家安全监管总局、国家煤矿安监局制定并发布了《煤矿领导带班下井及安全监督检查规定》（国家安全监管总局令第 33 号，以下简称《规定》），自 2010 年 10 月 7 日起施行。为切实做好《规定》的贯彻执行，现就有关事项通知如下：

一、充分认识出台《规定》的重要意义，进一步强化煤矿生产过程管理的领导责任

出台《规定》是落实国务院《通知》精神，建立健全煤矿领导带班下井制度的具体措施，是强化煤矿生产过程管理领导责任的有效手段，是夯实安全生产基层基础、提升安全管理水平的有力举措。煤矿领导是煤矿安全生产管理的组织实施者，是落实各项安全管理措施的直接领导者。强调煤矿主要负责人和领导班子成员轮流带班下井，经常深入井下，了解掌握井下实际情况和生产现场动态，及时发现和处置事故隐患，是强化安全生产过程管理领导责任的必然要求。各地区、各有关部门和煤矿企业要充分认识《规定》对于加强煤矿安全生产工作、促进现场管理、有效防范和遏制重特大事故的重大意义，进一步发扬求真务实、真抓实干的工作作风，经常深入煤矿生产一线了解实情、排查险情、增进感情，确保《规定》提出的各项要求不折不扣地贯彻执行，努力推动全国煤矿安全生产形势持续稳定好转。

二、加大学习宣传力度，准确把握《规定》的基本内容和具体要求，切实增强贯彻执行《规定》的主动性

《规定》将煤矿领导带班下井制度纳入国家安全生产重要法规规章，使这项制度具有强制性。《规定》对煤矿领导带班下井的职责和监督事项等基本问题作出了科学回答，对带班下井及安全监督检查的对象范围、目标任务、责任划分及考核奖惩等均作了明确要求，具有很强的针对性和可操作性。《规定》更加突出了制度建设，明确了煤矿领导干部带班下井考核制度、备案制度、交接班制度、档案管理制度以及主要内容；更加突出了监督检查，明确了监督检查的重点内容、方式方法、时间频次等，并积极鼓励社会和舆论监督；更加突出了责任追究，明确了制度不落实时的经济和行政处罚，并依法进行责任追究。各地区、各有关部门和煤矿企业要认真组织学习，各单位主要负责同志和班子成员要率先学习好、贯彻好《规定》的基本内容和具体要求，增强贯彻执行《规定》的自觉性；要通过互联网、报纸、电视、广播等多种途径，加大宣贯力度，注重宣传效果，将《规定》的各项要求传达贯彻到各地区、各有关部门和所有煤矿企业及职工，切实增强贯彻执行《规定》的主动性。

三、制定相关配套制度，创新机制，严格考核，确保《规定》各项要求执行到位

煤矿企业是落实煤矿领导带班下井制度的责任主体，《规定》的执行关键在企业。一是煤矿企业集团要抓紧制定贯彻《规定》的管理办法，明确责任、强化考核、严格奖惩，使这项制度得到科学运行和有效执行。同时，包括中央企业在内的煤矿企业集团总部主要负责人、分管负责人和部门负责人等领导干部要坚持深入煤矿井下一线，及时了解掌握煤矿安全生产情况，尽快解决安全生产过程中的实际问题。二是各煤矿要抓紧研究制定落实《规定》的具体办法，进一步明确煤矿领导带班下井的具体内容和要求，细化责任、落实考核、兑现奖惩。尤其是小煤矿要迅速落实和执行主要负责人和矿领导班子成员带班下井制度，切实解决目前小煤矿安全基础薄弱、现场管理混乱、以包代管等突出问题。

地方各级煤炭行业管理部门是落实煤矿领导带班下井制度的主管部门，要抓紧会同煤矿安全监管部门制定落实《规定》的监督检查办法，把煤矿领导带班下井制度的建立和执行情况作为日常监督检查的一项重要内容。一是把握重点，解决国有煤矿企业领导干部带班下井没有完全做到与工人“同时下井，同时升井”的突出问题。二是找准难点，按照《规定》要求抓紧研究提出辖区内小煤矿落实矿级领导带班下井制度的具体管理办法和相关要求，确保《规定》在辖区内小煤矿中的有效落实。三是抓住关键，建立健全各类煤矿领导带班下井监督管理与考核考评机制，将煤矿领导带班下井情况作为安全生产业绩考核的重要内容，严格考核奖惩，确保《规定》各项要求执行到位。

四、加强监督检查，严格责任追究，切实提高《规定》的执行力

地方各级煤矿安全监管部门要加强对煤矿企业落实和执行《规定》情况的日常监督检查，每季度至少对辖区内煤矿领导带班下井制度执行情况进行一次监督检查，及时发现和纠正违反《规定》的行为，坚决防止弄虚作假，依法严厉查处以“矿长助理”、“带班矿长”等名义替代矿级领导带班下井的违规行为。驻各地煤矿安全监察机构要切实强化安全监察执法，把督促企业严格执行领导干部带班下井制度作为履行煤矿安全国家监察的一项重要任务，纳入监察执法的重要内容和年度监察计划，每年至少进行两次专项监察或者重点监察，凡发现未按规定建立健全领导带班下井制度的煤矿，给予警告，并依法对煤矿及其主要负责人给予规定上限的经济处罚；煤矿企业未制定和执行矿级领导轮流带班下井制度的，要责令改正，领导班子成员未按规定带班下井的，按擅离职守处理，视情节给予警告直至撤职的行政处分；发生事故而没有领导现场带班的，要依法从重追究煤矿企业主要负责人的责任。

地方各级煤炭行业管理、煤矿安全监管部门和驻地煤矿安全监察机构要建立举报制度，公开举报电话、信箱或者电子邮箱，受理有关举报并认真调查核实；经查证属实的，必须依法从重处罚，切实维护《规定》的权威性，确保《规定》的各项要求得到有效执行。

请各产煤省（市、区）及新疆生产建设兵团煤炭行业管理部门结合实际，抓紧研究制定《规定》实施细则，并与2010年10月底报国家煤矿安监局。国务院安委会办公室将于10月中下旬，组织对贯彻执行《规定》情况进行督查。

联系人及电话：王素锋、肖同社，010－64464017，64464294

49. 国家安全监管总局　国家煤矿安监局中华全国总工会关于印发《煤矿班组安全建设规定（试行)》的通知

安监总煤行〔2012〕86号

各产煤省、自治区、直辖市及新疆生产建设兵团煤炭行业管理、煤矿安全监管部门、总工会，各省级煤矿安全监察局，司法部直属煤矿管理局，有关中央企业：

为进一步规范和加强煤矿班组安全建设，充分发挥煤矿班组安全生产第一道防线的作用，提高煤矿现场管理水平，促进全国煤矿安全生产形势持续稳定好转，国家安全监管总局、国家煤矿安监局和中华全国总工会联合制定了《煤矿班组安全建设规定（试行)》，现印发给你们，请认真贯彻落实。

附件：煤矿班组安全建设规定（试行)

国家安全监管总局
国家煤矿安监局
中华全国总工会
二〇一二年六月二十六日

煤矿班组安全建设规定（试行)

第一章　总　　则

第一条　为进一步规范和加强煤矿班组安全建设，提高煤矿现场管理水平，促进煤矿安全生产，依据《安全生产法》、《煤炭法》、《工会法》等法律法规，制定本规定。

第二条　全国煤矿开展班组安全建设适用本规定。

第三条　地方各级人民政府煤炭行业管理部门是煤矿班组安全建设的主管部门，负责督促煤矿企业建立班组安全建设制度、落实班组安全建设规定。

各地工会要组织协调、督促煤矿企业开展煤矿班组安全建设工作，指导煤矿企业建立工会基层组织，维护职工合法权益。

第四条　煤矿企业应当建立健全从企业、矿井、区队到班组的班组安全建设体系，把班组安全建设作为加强煤矿安全生产基层和基础管理的重要环节，明确分管负责人和主管部门，制定班组建设总体规划、目标和保障措施。

煤矿企业工会要加强宣传和指导，积极参与煤矿班组安全建设。要建立健全区队工会和班组工会小组，强化班组民主管理，维护职工合法权益。

第五条　煤矿（井）是班组安全建设的责任主体，要围绕班组安全建设建立各项制度，落实建设资金和各项保障措施，保证职工福利补贴，完善职工收入与企业效益同步增长机制。

区队（车间）是班组安全建设的直接管理层，负责班组日常管理、业务培训等工作。

第六条 煤矿班组安全建设以“作风优良，技能过硬，管理严格，生产安全，团结和谐”为总要求，着力加强现场安全管理、班组安全教育培训、班组安全文化建设，筑牢煤矿安全生产第一道防线。

第二章 组 织 建 设

第七条 煤矿企业必须建立区队、班组建制，制定班组定员标准，确保班组基本配置。班组长应当发挥带头表率作用，加强班组作业现场管理，确保安全生产。

第八条 煤矿企业班组工会小组要设群众安全监督员，且不得由班组长兼任。中华全国总工会和国家煤矿安全监察局按规定程序在煤矿井下生产一线班组中聘任煤矿特聘群众安全监督员。

第九条 煤矿企业应当建立完善以下班组安全管理规章制度：

（一）班前、班后会和交接班制度；

（二）安全质量标准化和文明生产管理制度；

（三）隐患排查治理报告制度；

（四）事故报告和处置制度；

（五）学习培训制度；

（六）安全承诺制度；

（七）民主管理制度；

（八）安全绩效考核制度；

（九）煤矿企业认为需要制定的其他制度。

煤矿企业在制定、修改班组安全管理规章制度时，应当经职工代表大会或者全体职工讨论，与工会或者职工代表平等协商确定。

第十条 煤矿企业应当加强班组信息管理，班组要有质量验收、交接、隐患排查治理等记录，并做到字迹清晰、内容完整、妥善保存。

第十一条 煤矿企业应当指导班组建立健全从班组长到每个岗位人员的安全生产责任制。

第十二条 煤矿企业必须全面推行安全生产目标管理，将安全生产目标层层分解落实到班组，完善安全、生产、效益结构工资制，区队每月进行考核兑现。

第十三条 煤矿企业必须依据国家标准要求，改善作业环境，完善安全防护设施，按标准为职工配备合格的劳动防护用品，按规定对职工进行职业健康检查，建立职工个人健康档案，对接触有职业危害作业的职工，按有关规定落实相应待遇。

第十四条 煤矿企业应当制定班组作业现场应急处置方案，明确班组长应急处置指挥权和职工紧急避险逃生权。

第十五条 煤矿企业应当建立班组民主管理机构，组织开展班组民主活动，认真执行班务公开制度，赋予职工在班组安全生产管理、规章制度制定、安全奖罚、班组长民主评议等方面的知情权、参与权、表达权、监督权。

第三章 班 组 长 管 理

第十六条 煤矿企业必须建立班组长选聘、使用、培养制度和机制，积极从优秀班组长中选拔人才，把班组长纳入科（区）管理人才培养计划，区队安全生产管理人员原则上要有班组长经历。

第十七条 班组长应当具备以下任职条件:

(一) 热爱煤炭事业，关心企业发展，思想政治素质好、责任意识强，具有良好的道德品质;

(二) 认真贯彻执行党的安全生产方针，模范遵守安全生产法律法规、企业规章制度和规程措施;

(三) 熟悉本班组生产工艺流程，掌握矿井相关专业灾害预防知识，具备现场急救技能;

(四) 服从组织领导，坚持原则，公道正派，有较强的组织管理能力、创新能力和团队协作精神，在职工中具有较高威信;

(五) 一般应当具有高中(技校)及以上文化程度、3 年及以上现场工作经验，具有较好的身体素质。

第十八条 班组长应当履行以下职责:

(一) 班组长是本班组安全生产的第一责任人，对管辖范围内的现场安全管理全面负责，严格落实各项安全生产责任制，执行安全生产法律、法规、规程和技术措施，实行对本班组全员、全过程、全方位的动态安全生产管理;

(二) 负责分解落实生产任务，严格按照《煤矿安全规程》、作业规程和煤矿安全技术操作规程组织生产，科学合理安排劳动组织、配置生产要素，强化以岗位为核心的现场管理，提高生产效率;

(三) 负责加强班组安全质量标准化建设，推行作业现场精细化管理;

(四) 负责班组团队、安全文化建设和规范化管理等其他职责。

第十九条 班组长享有以下权利:

(一) 有权按规定组织落实安全规程措施，检查现场安全生产环境和职工安全作业情况，制止和处理职工违章作业，抵制违章指挥，在不具备安全生产条件且自身无力解决时有权拒绝开工、停止作业，遇到险情时有在第一时间下达停产撤人命令的直接决策权和指挥权，并组织班组人员安全有序撤离;煤矿企业不得因此降低从业人员工资、福利等待遇或者解除与其订立的劳动合同;

(二) 有权根据区队生产作业计划和本班组的实际情况，合理安排劳动组织，调配人员、设备、材料等;

(三) 有权核算班组安全、质量、生产等指标完成情况，根据有关规定，对班组成员的工作绩效进行考核;

(四) 企业赋予的其他权利。

第二十条 班组长任用应当遵循以下原则:

(一) 采取组织推荐、公开竞聘或民主选举等方式选拔班组长;

(二) 经选拔的班组长，要按规定履行正式聘任手续，不得随意更换班组长;

(三) 撤免班组长应当由区队提出撤免理由和建议，严格按相应程序办理。

第二十一条 煤矿企业必须建立班组长考核激励约束机制，明确班组长岗位津贴，制定班组长绩效考核制度，定期进行严格考核，并将考核结果作为班组长提拔、奖励、推优评先以及解聘、处罚的重要依据。

第四章 现场安全管理

第二十二条 煤矿企业应当依据《煤矿安全规程》、作业规程和煤矿安全技术操作规程等规定，制定班组安全工作标准、操作标准，规范工作流程。

第二十三条 班组必须严格落实班前会制度，结合上一班作业现场情况，合理布置当班安全生产任务，分析可能遇到的事故隐患并采取相应的安全防范措施，严格班前安全确认。

第二十四条 班组必须严格执行交接班制度，重点交接清楚现场安全状况、存在隐患及整改情况、生产条件和应当注意的安全事项等。

第二十五条 班组要坚持正规循环作业和正规操作，实现合理均衡生产，严禁两班交叉作业。

第二十六条 班组必须严格执行隐患排查治理制度，对作业环境、安全设施及生产系统进行巡回检查，及时排查治理现场动态隐患，隐患未消除前不得组织生产。

第二十七条 班组必须认真开展安全质量标准化工作，加强作业现场精细化管理，确保设备设施完好，各类材料、备品配件、工器具等排放整齐有序，清洁文明生产，做到岗位达标、工程质量达标，实现动态达标。

第二十八条 班组应当加强作业现场安全监测监控系统、安全监测仪器仪表、工器具和其他安全生产设施的保护和管理，确保正确正常使用、安全有效。

第五章 班组安全培训

第二十九条 煤矿企业应当重视和发挥班组在职工安全教育培训中的主阵地作用，开展安全警示教育，强化班组成员安全风险意识、责任意识，增强职工遵章作业的自觉性；加强班组职工安全知识、操作技能、规程措施和新工艺、新设备、新技术安全培训，提高职工遵章作业的能力。

第三十条 煤矿企业应当强化危险源辨识和风险评估培训，提高职工对生产作业过程中各类隐患的辨识和防范能力。

煤矿企业应当加强班组应急救援知识培训和模拟演练，班组成员应当牢固掌握防灾、避灾路线，增强自救互救和现场处置能力。

煤矿企业应当加强班组现场急救知识和处置技能培训，班组成员应当具有正确使用安全防护设备、及时果断进行现场急救的能力。

第三十一条 煤矿企业应当确保班组教育培训投入，建立实训基地，建立学习活动室，配备教学所需的设施、多媒体器材、书籍和资料等。

第三十二条 煤矿企业每年必须对班组长及班组成员进行专题安全培训，培训时间不得少于20学时。

第六章 班组安全文化建设

第三十三条 煤矿企业应当把班组安全文化建设作为矿井整体安全文化建设的重要组成部分，切实加强组织领导，加大安全文化建设投入，为班组安全文化建设提供必要的条件和支持，培育独具特色的班组安全文化。

第三十四条 煤矿班组应当落实“安全第一，预防为主，综合治理”的安全生产方针，牢固树立“以人为本”、“事故可防可控”和“班组安全生产，企业安全发展”等安全生产理念。

第三十五条 煤矿企业应当以提高职工责任意识、法制意识、安全意识和防范技能为重点，加强正面舆论引导和法制宣传，发挥群众安全监督组织、家属协管的作用，培养正确的安全生产价值观，增强班组安全生产的内在动力。

第三十六条 煤矿企业应当建立安全诚信考核机制，建立职工安全诚信档案，并将安全诚信与安全生产抵押金、工资分配挂钩。

第三十七条 班组长应当加强人文关怀、情感交流和心理疏导，提高班组凝聚力，强化班组团队建设。

第三十八条 煤矿企业应当建立班组合理化建议与创新激励机制，鼓励班组开展岗位创新、质量管理（QC）小组等活动，培育团队创新精神。

第七章　表　彰　奖　励

第三十九条　煤矿企业应当积极开展班组建设创先争优活动，每年组织优秀班组和优秀班组长评选，对班组安全建设工作开展情况进行总结考核，对在安全生产工作中作出突出贡献的班组及班组长给予表彰奖励。

煤矿企业在组织职工休（疗）养、外出学习考察活动时，优先选派优秀班组长参加。

第四十条　各省（区、市）人民政府煤炭行业管理部门会同本级总工会，定期对在安全生产工作中作出突出贡献的班组、班组长进行表彰奖励。

第四十一条　国家安全生产监督管理总局、国家煤矿安全监察局和中华全国总工会结合煤矿开展争创优秀安全班组、优秀班组长、优秀群监员活动，对在安全生产工作中作出突出贡献的班组、班组长进行表彰与奖励。

第八章　附　　则

第四十二条　各级人民政府煤炭行业管理部门、煤矿安全监督管理部门以及各级煤矿安全监察机构、工会组织依照本规定对煤矿班组安全建设实施监督检查和指导。

第四十三条　地方各级人民政府有关部门和煤矿企业可依据本规定，制定具体的实施办法或实施细则。

第四十四条　本规定自2012年10月1日起施行，由国家安全生产监督管理总局、国家煤矿安全监察局、中华全国总工会负责解释。

50. 关于印发《煤矿企业安全生产管理制度规定》的通知

煤安监办字〔2004〕42 号

一、为了促进煤矿企业建立健全安全生产管理制度，保障安全生产，根据《安全生产法》和有关法律法规，制定本规定。

二、本规定适用于全国各类煤矿企业。

三、煤矿企业必须建立以下安全生产管理制度：

（一）安全生产责任制；

（二）安全办公会议制度；

（三）安全目标管理制度；

（四）安全投入保障制度；

（五）安全质量标准化管理制度；

（六）安全教育与培训制度；

（七）事故隐患排查制度；

（八）安全监督检查制度；

（九）安全技术审批制度；

（十）矿用设备、器材使用管理制度；

（十一）矿井主要灾害预防管理制度；

（十二）煤矿事故应急救援制度；

（十三）安全奖罚制度；

（十四）入井检身与出入井人员清点制度；

（十五）安全操作规程管理制度等。

四、煤矿企业安全生产管理制度应满足下列规定：

（一）符合相关的法律、法规、规章、规程和标准；

（二）内容具体，责任明确，能够对照执行和检查，严格管理措施，有针对性、可操作；

（三）对违反制度的各种行为有明确、具体的处罚措施和责任追究办法；

（四）所引用的依据及适用范围和时间明确，表述规范，条款清晰，能确保相关人员了解和掌握；

（五）以正式文件发布，并确保其能够约束涉及到的部门和人。

五、煤矿企业安全生产管理制度内容的具体要求。

（一）安全生产责任制。要按照岗位、职能、权利和责任相统一的原则，明确各级负责人、职能机构和各岗位人员承担的安全生产责任和义务；

要将企业、部门或单位的全部安全生产责任逐项分解，逐级落实到各岗位和人员。

（二）安全办公会议制度。要明确安全办公会议的召开周期、内容、主持人和参加人员。安全办公会议必须由安全生产第一责任人主持。会议应当有完整的记录，载明议定的事项、决定以及落实的人员、措施和期限。会议记录、纪要应纳入档案管理。

（三）安全目标管理制度。应依据上级下达的安全指标，结合实际制定年度或阶段安全生产目标，并将指标逐级分解，明确责任、保证措施、考核和奖惩办法。

（四）安全投入保障制度。应按国家有关规定建立稳定的安全投入资金渠道，保证新增、改善和更新安全系统、设备、设施，消除事故隐患，改善安全生产条件，安全生产宣传、教育、培训，安全奖励，推广应用先进安全技术措施和管理方法，抢险救灾等均有可靠的资金来源；安全投入应能充分保证安全生产需要，安全投入资金要专款专用；煤矿企业应当编制年度安全技术措施计划，确定项目，落实资金、完成时间和责任人。

（五）安全质量标准化管理制度。明确检查标准、检查周期、考核评级奖惩办法、组织检查的部门和人员。

（六）安全教育与培训制度。应保证煤矿企业职工掌握本职工作应具备的法律法规知识、安全知识、专业技术知识和操作技能；明确企业职工教育与培训的周期、内容、方式、标准和考核办法；明确相关部门安全教育与培训的职责和考核办法；明确年度安全生产教育与培训计划，确定任务，落实费用。

（七）事故隐患排查制度。应保证及时发现和消除矿井在通风、瓦斯、煤尘、火灾、顶板、机电、运输、放炮、水害和其他方面存在的隐患；明确事故隐患的识别、评估、报告、监控和治理标准；按照分级管理的原则，明确隐患治理的责任和义务。

（八）安全监督检查制度。应保证有专门的安全管理机构，配备足额的专职安全管理人员，有效地监督安全生产规章制度、规程、标准、规范等执行情况；重点检查矿井“一通三防”的装备、管理情况；明确安全检查的周期、内容、检查标准、检查方式、负责组织检查的部门和人员、对检查结果的处理办法。对查出的问题和隐患应按“四定”原则（定项目、定人员、定措施、定时间）落实处理，并将结果进行通报及存档备案。

（九）安全技术审批制度。要确定各类工程设计、作业规程、安全措施和方案等安全技术审批的内容、程序、标准、时限、审批级别；审批人员职别和资格，编制、审核、审批人员的职责、权限和义务。安全技术审批应保证依据充分、正确、内容全面、具体、安全措施可靠，能够有效指导生产施工、作业和操作。

（十）矿用设备、器材使用管理制度。应保证在用设备、器材符合相关标准，保持完好状态；明确矿用设备、器材使用前的检测标准、程序、方法和检验单位、人员的资质；明确使用过程中的检验标准、周期、方法和校验单位、人员的资质；明确维修、更新和报废的标准、程序和方法。

（十一）矿井主要灾害预防管理制度。要明确可能导致重大事故的“一通三防”、防治水、冲击地压、职业危害等主要危险，有针对性地分别制定专门制度，强化管理，加强监控，制定预防措施。

（十二）煤矿事故应急救援制度。要制定事故应急救援预案，明确发生事故后的上报时限、上报部门、上报内容、应采取的应急救援措施等。

（十三）安全奖罚制度。必须兼顾责任、权利、义务，规定明确，奖罚对应；明确奖罚的项目、标准和考核办法。

（十四）入井检身与出入井人员清点制度。明确入井人员禁止带入井下的物品和检查方法；明确人员入井、升井登记、清点和统计、报告办法，保证准确掌握井下作业人数和人员名单，及时发现未能正常升井的人员并查明原因。

（十五）安全操作规程管理制度。操作规程要涵盖从进入操作现场、操作准备到操作结束和离开操作现场全过程的各个操作环节。要分别制定各工种的岗位操作规程，明确各工种、岗位对操作人员的基本要求、操作程序和标准，明确违反操作程序和标准可能导致的危险和危害。

六、煤矿企业及其所属单位、部门应制定相关配套的制度，并根据企业实际情况和安全生产管理工作需要制定其他安全生产管理制度。

七、负有煤矿安全生产监督管理职责的部门应加强对煤矿企业建立健全安全生产管理制度工作的监督管理，指导企业制定安全生产管理制度。煤矿安全监察人员实施安全监察时，发现煤矿企业未按本规定建立安全生产管理制度或制度内容未达到本规定要求的，应责令限期改正；逾期不改正的，依照有关法律法规实施处罚。

八、本规定由国家煤矿安全监察局负责解释。

九、本规定自印发之日起施行。

51. 关于进一步做好煤矿安全质量标准化有关工作的通知

煤安监司办〔2011〕25 号

各产煤省、自治区、直辖市及新疆生产建设兵团煤炭行业管理部门，各省级煤矿安全监察机构，司法部直属煤矿管理局，有关中央企业：

为认真贯彻《国务院关于进一步加强企业安全生产工作的通知》（国发〔2010〕23 号，以下简称《通知》）精神，结合《国家安全监管总局国家煤矿安监局关于认真贯彻落实国务院〈通知〉精神切实加强煤矿安全生产工作的实施意见》（安监总煤监〔2010〕152 号，以下简称《实施意见》）要求，现就进一步做好煤矿安全质量标准化工作有关事项通知如下：

一、各地要严格按照《通知》和《实施意见》要求，深入开展以岗位达标、专业达标和企业达标为内容的安全质量标准化煤矿建设，凡在 2011 年底达不到省级安全质量标准化最低等级的煤矿，煤矿安全监察机构要依法暂扣其安全生产许可证，煤炭行业管理部门要依法暂扣其生产许可证，责令停产整顿，限期达标，对整改逾期未达标的，提请地方人民政府依法予以关闭。

二、新建、改扩建、资源整合煤矿在建设施工过程中，要注重安全质量标准化工作，保证工程竣工验收时必须达到省级安全质量标准化最低等级，否则不得予以通过验收。

三、为确保《通知》精神落实到位，各地要提前开展 2011 年度本省（区、市）煤矿安全质量标准化达标考核和国家级安全质量标准化煤矿申报工作，并按本通知要求将本地区一级、二级、三级安全质量标准化煤矿考核验收结果、工作总结和申报国家级安全质量标准化煤矿材料以书面形式报送国家煤矿安全监察局行管司。报送材料主要内容及报送时间要求如下：

1. 煤矿安全质量标准化工作总结，于 2011 年 12 月 25 日之前报送。

2. 2011 年安全质量标准化达标煤矿统计表和 2011 年一级安全质量标准化煤矿名单（具体格式详见附件 1、2），于 2011 年 12 月 25 日之前报送。

3. 国家级安全质量标准化煤矿申报材料，于 2012 年 1 月 31 日之前报送。

四、各地在开展煤矿安全质量标准化考核评级过程中，要严格按照省级煤矿安全质量标准化标准和考核评级办法，认真组织考核验收，严格考核验收程序、严格标准，确保质量，不得为提高本地区达标率而擅自降低标准。对申报国家级安全质量标准化的煤矿要按照标准要求进行认真审核并签署意见，按时上报材料。

五、联系方式

通讯地址：北京市东城区和平里北街 21 号，国家煤矿安全监察局行管司基础处，邮编：100713。

联系人：张燕青、王素锋。联系电话：010 - 64464294（带传真）、010 - 64464017。电子邮箱：hgsjcc@ 163. com。

附件：

1. 2011 年安全质量标准化达标煤矿统计表

2. 2011 年一级安全质量标准化煤矿名单

国家煤矿安全监察局办公室

二〇一一年十一月八日

52. 国家煤矿安全监察局关于印发《煤矿防治水细则》的通知

煤安监调查〔2018〕14 号

各产煤省、自治区、直辖市及新疆生产建设兵团煤矿安全监管部门、煤炭行业管理部门，各省级煤矿安全监察局，司法部直属煤矿管理局，有关中央企业：

《煤矿防治水细则》已经 2018 年 5 月 2 日国家煤矿安监局第 16 次局长办公会议审议通过，现予印发，自 2018 年 9 月 1 日起施行，请认真贯彻落实。

原《煤矿防治水规定》（国家安全监管总局令第 28 号）同时废止。

附件：煤矿防治水细则

国家煤矿安全监察局
2018 年 6 月 4 日

煤矿防治水细则

第一章　总　　则

第一条　为了加强煤矿防治水工作，防止和减少事故，保障职工生命安全和健康，根据《中华人民共和国安全生产法》《中华人民共和国矿山安全法》《国务院关于预防煤矿生产安全事故的特别规定》和《煤矿安全规程》等，制定本细则。

第二条　煤炭企业、煤矿和有关单位的防治水工作，适用本细则。

第三条　煤矿防治水工作应当坚持预测预报、有疑必探、先探后掘、先治后采的原则，根据不同水文地质条件，采取探、防、堵、疏、排、截、监等综合防治措施。

煤矿必须落实防治水的主体责任，推进防治水工作由过程治理向源头预防、局部治理向区域治理、井下治理向井上下结合治理、措施防范向工程治理、治水为主向治保结合的转变，构建理念先进、基础扎实、勘探清楚、科技攻关、综合治理、效果评价、应急处置的防治水工作体系。

第四条　煤炭企业、煤矿的主要负责人（法定代表人、实际控制人，下同）是本单位防治水工作的第一责任人，总工程师（技术负责人，下同）负责防治水的技术管理工作。

第五条　煤矿应当根据本单位的水害情况，配备满足工作需要的防治水专业技术人员，配齐专用的探放水设备，建立专门的探放水作业队伍，储备必要的水害抢险救灾设备和物资。

水文地质类型复杂、极复杂的煤矿，还应当设立专门的防治水机构、配备防治水副总工程师。

第六条　煤炭企业、煤矿应当结合本单位实际情况建立健全水害防治岗位责任制、水害防治技术管理制度、水害预测预报制度、水害隐患排查治理制度、探放水制度、重大水患停产撤人制度以及应急处置制度等。

煤矿主要负责人必须赋予调度员、安检员、井下带班人员、班组长等相关人员紧急撤人的权力，发现突水（透水、溃水，下同）征兆、极端天气可能导致淹井等重大险情，立即撤出所有受水患威胁地点的人员，在原因未查清、隐患未排除之前，不得进行任何采掘活动。

第七条 煤炭企业、煤矿应当编制本单位防治水中长期规划（5年）和年度计划，并组织实施。煤矿防治水应当做到“一矿一策、一面一策”，确保安全技术措施的科学性、针对性和有效性。

第八条 当矿井水文地质条件尚未查清时，应当进行水文地质补充勘探工作。在水害隐患情况未查明或者未消除之前，严禁进行采掘活动。

第九条 矿井应当建立地下水动态监测系统，对井田范围内主要充水含水层的水位、水温、水质等进行长期动态观测，对矿井涌水量进行动态监测。受底板承压水威胁的水文地质类型复杂、极复杂矿井，应当采用微震、微震与电法耦合等科学有效的监测技术，建立突水监测预警系统，探测水体及导水通道，评估注浆等工程治理效果，监测导水通道受采动影响变化情况。

第十条 煤炭企业、煤矿应当对井下职工进行防治水知识的教育和培训，对防治水专业人员进行新技术、新方法的再教育，提高防治水工作技能和有效处置水灾的应急能力。

第十一条 煤炭企业、煤矿和相关单位应当加强防治水技术研究和科技攻关，推广使用防治水的新技术、新装备和新工艺，提高防治水工作的科技水平。

第二章 矿井水文地质类型划分及基础资料

第一节 矿井水文地质类型划分

第十二条 根据井田内受采掘破坏或者影响的含水层及水体、井田及周边老空（火烧区，下同）水分布状况、矿井涌水量、突水量、开采受水害影响程度和防治水工作难易程度，将矿井水文地质类型划分为简单、中等、复杂和极复杂4种类型（表2-1）。

表2-1 矿井水文地质类型

分类依据		类别			
		简单	中等	复杂	极复杂
井田内受采掘破坏或者影响的含水层及水体	含水层（水体）性质及补给条件	为孔隙、裂隙、岩溶含水层，补给条件差，补给来源少或者极少	为孔隙、裂隙、岩溶含水层，补给条件一般，有一定的补给水源	为岩溶含水层、厚层砂砾石含水层、老空水、地表水，其补给条件好，补给水源充沛	为岩溶含水层、老空水、地表水，其补给条件很好，补给来源极其充沛，地表泄水条件差
	单位涌水量 $q/(L\cdot s^{-1}\cdot m^{-1})$	$q\leqslant 0.1$	$0.1<q\leqslant 1.0$	$1.0<q\leqslant 5.0$	$q>5.0$
井田及周边老空水分布状况		无老空积水	位置、范围、积水量清楚	位置、范围或者积水量不清楚	位置、范围、积水量不清楚
矿井涌水量/$(m^3\cdot h^{-1})$	正常 Q_1	$Q_1\leqslant 180$	$180<Q_1\leqslant 600$	$600<Q_1\leqslant 2100$	$Q_1>2100$
	最大 Q_2	$Q_2\leqslant 300$	$300<Q_2\leqslant 1200$	$1200<Q_2\leqslant 3000$	$Q_2>3000$
突水量 $Q_3/(m^3\cdot h^{-1})$		$Q_3\leqslant 60$	$60<Q_3\leqslant 600$	$600<Q_3\leqslant 1800$	$Q_3>1800$
开采受水害影响程度		采掘工程不受水害影响	矿井偶有突水，采掘工程受水害影响，但不威胁矿井安全	矿井时有突水，采掘工程、矿井安全受水害威胁	矿井突水频繁，采掘工程、矿井安全受水害严重威胁

表2-1（续）

分类依据	类别			
	简单	中等	复杂	极复杂
防治水工作难易程度	防治水工作简单	防治水工作简单或者易于进行	防治水工作难度较高，工程量较大	防治水工作难度高，工程量大

注：1. 单位涌水量 q 以井田主要充水含水层中有代表性的最大值为分类依据；

2. 矿井涌水量 Q_1、Q_2 和突水量 Q_3 以近3年最大值并结合地质报告中预测涌水量作为分类依据。含水层富水性及突水点等级划分标准见附录一；

3. 同一井田煤层较多，且水文地质条件变化较大时，应当分煤层进行矿井水文地质类型划分；

4. 按分类依据就高不就低的原则，确定矿井水文地质类型。

第十三条 矿井应当收集水文地质类型划分各项指标的相关资料，分析矿井水文地质条件，编制矿井水文地质类型报告，由煤炭企业总工程师组织审批。

矿井水文地质类型报告，应当包括下列主要内容：

（一）矿井所在位置、范围及四邻关系，自然地理，防排水系统等情况；

（二）以往地质和水文地质工作评述；

（三）井田地质、水文地质条件；

（四）矿井充水因素分析，井田及周边老空水分布状况；

（五）矿井涌水量的构成分析，主要突水点位置、突水量及处理情况；

（六）矿井未来3年采掘和防治水规划，开采受水害影响程度和防治水工作难易程度评价；

（七）矿井水文地质类型划分结果及防治水工作建议。

第十四条 矿井水文地质类型应当每3年修订1次。当发生较大以上水害事故或者因突水造成采掘区域或矿井被淹的，应当在恢复生产前重新确定矿井水文地质类型。

第二节 基础资料

第十五条 矿井应当根据实际情况建立下列防治水基础台账，并至少每半年整理完善1次。

（一）矿井涌水量观测成果台账；

（二）气象资料台账；

（三）地表水文观测成果台账；

（四）钻孔水位、井泉动态观测成果及河流渗漏台账；

（五）抽（放）水试验成果台账；

（六）矿井突水点台账；

（七）井田地质钻孔综合成果台账；

（八）井下水文地质钻孔成果台账；

（九）水质分析成果台账；

（十）水源水质受污染观测资料台账；

（十一）水源井（孔）资料台账；

（十二）封孔不良钻孔资料台账；

（十三）矿井和周边煤矿采空区相关资料台账；

（十四）防水闸门（墙）观测资料台账；

（十五）物探成果验证台账；

（十六）其他专门项目的资料台账。

第十六条 建设矿井应当按照矿井建设的有关规定，在建井期间收集、整理、分析有关水文地质资料，并在建井完成后将井田地质勘探报告、建井设计及建井地质报告等资料全部移交给生产单位。

建设矿井应当编制下列主要成果及图件：

（一）水文地质观测台账和成果；

（二）突水点台账，防治水的技术总结，注浆堵水记录和有关资料；

（三）井筒及主要巷道水文地质实测剖面；

（四）建井水文地质补充勘探成果（如井筒检查孔等）；

（五）建井地质报告，应当包含防治水的相关内容。

第十七条 生产矿井应当编制包括防治水内容的生产地质报告，并按照规定编制下列水文地质图件：

（一）矿井综合水文地质图；

（二）矿井综合水文地质柱状图；

（三）矿井水文地质剖面图；

（四）矿井充水性图；

（五）矿井涌水量与相关因素动态曲线图。

矿井水文地质图件主要内容及要求见附录二，并至少每半年修订 1 次。

其他有关防治水图件由矿井根据实际需要编制。

第十八条 矿井闭坑报告应当包括下列防治水相关内容：

（一）闭坑前的矿井采掘空间分布情况，对可能存在的充水水源、通道、积水量和水位等情况的分析评价；

（二）闭坑对邻近生产矿井安全的影响和采取的防治水措施；

（三）矿井关闭时采取的水害隐患处置工作及关闭后淹没过程检测监控情况。

第十九条 矿井应当建立水文地质信息管理系统，实现矿井水文地质文字资料收集、数据采集、台账编制、图件绘制、计算评价和水害预测预报一体化。

第三章 矿井水文地质补充勘探

第一节 一 般 规 定

第二十条 矿井有下列情形之一的，应当开展水文地质补充勘探工作：

（一）矿井主要勘探目的层未开展过水文地质勘探工作的；

（二）矿井原勘探工作量不足，水文地质条件尚未查清的；

（三）矿井经采掘揭露煤岩层后，水文地质条件比原勘探报告复杂的；

（四）矿井水文地质条件发生较大变化，原有勘探成果资料难以满足生产建设需要的；

（五）矿井开拓延深、开采新煤系（组）或者扩大井田范围设计需要的；

（六）矿井采掘工程处于特殊地质条件部位，强富水松散含水层下提高煤层开采上限或者强富水含水层上带压开采，专门防治水工程设计、施工需要的；

（七）矿井井巷工程穿过强含水层或者地质构造异常带，防治水工程设计、施工需要的。

第二十一条 矿井水文地质补充勘探应当针对具体问题合理选择勘查技术、方法，井田外区域以遥感水文地质测绘等为主，井田内以水文地质物探、钻探、试验、实验及长期动态观（监）测等为主，进行综合勘查。

第二十二条 矿井水文地质补充勘探应当根据相关规范编制补充勘探设计，经煤炭企业总工程师组织审批后实施。

补充勘探工作完成后，应当及时提交矿井水文地质补充勘探报告和相关成果，由煤炭企业总工程师组织评审。

第二节　水文地质补充调查

第二十三条　水文地质测绘应当采用遥感水文地质测绘方法，应用全球卫星定位系统、地理信息系统、数字影像、互联网等技术手段，提高测绘质量。区域水文地质测绘比例尺应当采用1∶100000～1∶10000，矿区应当采用1∶10000～1∶2000。

第二十四条　水文地质补充调查应当包括下列主要内容：

（一）资料收集。收集降水量、蒸发量、气温、气压、相对湿度、风向、风速及其历年月平均值、两极值等气象资料。收集调查区内以往勘查研究成果，动态观测资料，勘探钻孔、供水井钻探及抽水试验资料；

（二）地貌地质。调查收集由开采或者地下水活动诱发的崩塌、滑坡、地裂缝、人工湖等地貌变化、岩溶发育矿区的各种岩溶地貌形态。对松散覆盖层和基岩露头，查明其时代、岩性、厚度、富水性及地下水的补排方式等情况，并划分含水层或者相对隔水层。查明地质构造的形态、产状、性质、规模、破碎带（范围、充填物、胶结程度、导水性）及有无泉水出露等情况，初步分析研究其对矿井开采的影响；

（三）地表水体。调查收集矿区河流、水渠、湖泊、积水区、山塘、水库等地表水体的历年水位、流量、积水量、最大洪水淹没范围、含泥沙量、水质以及与下伏含水层的水力联系等。对可能渗漏补给地下水的地段应当进行详细调查，并进行渗漏量监测；

（四）地面岩溶。调查岩溶发育的形态、分布范围。详细调查对地下水运动有明显影响的补给和排泄通道，必要时可进行连通试验和暗河测绘工作。分析岩溶发育规律和地下水径流方向，圈定补给区，测定补给区内的渗漏情况，估算地下水径流量。对有岩溶塌陷的区域，进行岩溶塌陷的测绘工作；

（五）井泉。调查井泉的位置、标高、深度、出水层位、涌水量、水位、水质、水温、气体溢出情况及类型、流量（浓度）及其补给水源。素描泉水出露的地形地质平面图和剖面图；

（六）老空。调查老空的位置、分布范围、积水量及补给情况等，分析空间位置关系以及对矿井生产的影响；

（七）周边矿井。调查周边矿井的位置、范围、开采层位、充水情况、地质构造、采煤方法、采出煤量、隔离煤柱以及与相邻矿井的空间关系，以往发生水害的观测资料，并收集系统完整的采掘工程平面图及有关资料；

（八）本矿井历史资料。收集整理矿井充水因素、突水情况、矿井涌水量动态变化情况、防治水措施及效果等。

第二十五条　煤矿应当加强与当地气象部门沟通联系，及时收集气象资料，建立气象资料台账；矿井30 km范围内没有气象台（站），气象资料不能满足安全生产需要时，应当建立降水量观测站。

第二十六条　矿井应当对与充水含水层有水力联系的地表水体进行长期动态观测，掌握其动态规律，分析研究地表水与地下水的水力联系，掌握其补给、排泄地下水的规律，测算补给、排泄量。

第二十七条　井下水文地质观测应当包括下列主要内容：

（一）对新开凿的井筒、主要穿层石门及开拓巷道，应当及时进行水文地质观测和编录，并绘制井筒、石门、巷道的实测水文地质剖面图或者展开图；

（二）井巷穿过含水层时，应当详细描述其产状、厚度、岩性、构造、裂隙或者岩溶的发育与充填情况，揭露点的位置及标高、出水形式、涌水量和水温等，并采取水样进行水质分析；

（三）遇裂隙时，应当测定其产状、长度、宽度、数量、形状、尖灭情况、充填物及充填程度等，观察地下水活动的痕迹，绘制裂隙玫瑰花图，并选择有代表性的地段测定岩石的裂隙率。较密集裂隙，测定的面积可取 1 ~ 2 m^2；稀疏裂隙，可取 4 ~ 10 m^2。其计算公式为

$$K_T = \frac{\sum lb}{A} \times 100\% \tag{3-1}$$

式中 K_T——裂隙率，%；

A——测定面积，m^2；

l——裂隙长度，m；

b——裂隙宽度，m；

（四）遇岩溶时，应当观测其形态、发育情况、分布状况、充填物成分及充水状况等，并绘制岩溶素描图；

（五）遇断裂构造时，应当测定其产状、断距、断层带宽度，观测断裂带充填物成分、胶结程度及导水性等；

（六）遇褶曲时，应当观测其形态、产状及破碎情况等；

（七）遇陷落柱时，应当观测陷落柱内外地层岩性与产状、裂隙与岩溶发育程度及涌水等情况，并编制卡片，绘制平面图、剖面图和素描图；

（八）遇突水点时，应当详细观测记录突水的时间、地点、出水形式，出水点层位、岩性、厚度以及围岩破坏情况等，并测定水量、水温、水质和含砂量。同时，应当观测附近出水点涌水量和观测孔水位的变化，并分析突水原因。各主要突水点应当作为动态观测点进行系统观测，并编制卡片，绘制平面图、素描图和水害影响范围预测图。

对于大中型煤矿发生 300 m^3/h 以上、小型煤矿发生 60 m^3/h 以上的突水，或者因突水造成采掘区域或矿井被淹的，应当将突水情况及时上报地方人民政府负责煤矿安全生产监督管理的部门、煤炭行业管理部门和驻地煤矿安全监察机构；

（九）应当加强矿井涌水量观测和水质监测。

矿井应当分水平、分煤层、分采区设观测站进行涌水量观测，每月观测次数不得少于 3 次。对于涌水量较大的断裂破碎带、陷落柱，应当单独设观测站进行观测，每月观测 1 ~ 3 次。水质的监测每年不得少于 2 次，丰、枯水期各 1 次。涌水量出现异常、井下发生突水或者受降水影响矿井的雨季时段，观测频率应当适当增加。

对于井下新揭露的出水点，在涌水量尚未稳定或者尚未掌握其变化规律前，一般应当每日观测 1 次。对溃入性涌水，在未查明突水原因前，应当每隔 1 ~ 2h 观测 1 次，以后可以适当延长观测间隔时间，并采取水样进行水质分析。涌水量稳定后，可按井下正常观测时间观测。

当采掘工作面上方影响范围内有地表水体、富水性强的含水层，穿过与富水性强的含水层相连通的构造断裂带或者接近老空积水区时，应当每作业班次观测涌水情况，掌握水量变化。

对于新凿立井、斜井，垂深每延深 10 m，应当观测 1 次涌水量；揭露含水层时，即使未达规定深度，也应当在含水层的顶底板各测 1 次涌水量。

矿井涌水量观测可以采用容积法、堰测法、浮标法、流速仪法等测量方法，测量工具和仪表应当定期校验；

（十）对含水层疏水降压时，在涌水量、水压稳定前，应当每小时观测 1 ~ 2 次钻孔涌水量和水压；待涌水量、水压基本稳定后，按照正常观测的要求进行。

第三节　地面水文地质补充勘探

第二十八条　应当根据勘探区的水文地质条件、探测地质体的地球物理特征和探测工作目的等编写地面水文地质物探设计，由煤炭企业总工程师组织审批。

应当采用多种物探方法进行综合勘探，可以采用地震与电法相结合的勘探技术方法查明构造及其富水性。水文物探主要以电法勘探为主，宜采用直流电法、瞬变电磁法或者可控源音频大地电磁测深等技术方法。可以采用高精度三维地震勘探查明火成岩侵入范围和断层、陷落柱等构造。

物探作业时，野外施工、资料处理和解释应当符合国家、行业标准。

施工结束后应当提交成果报告，由煤炭企业总工程师组织审批。物探成果应当与其他勘探成果相结合，相互验证。

第二十九条 水文地质钻探工程量应当根据水文地质补充勘探目的、具体任务及综合勘探的要求等确定；应当充分利用已有钻孔（井）及钻探成果，与长期水文动态观（监）测网的建设（完善）统筹考虑，形成控制地下水降落漏斗形态的水文地质剖面线。

第三十条 按照水文地质补充勘探设计要求，编写单孔设计，内容包括钻孔结构、套管结构、孔斜、岩芯采取、封孔止水、终孔直径、终孔层位、简易水文观测、抽水试验、地球物理测井及采样测试、封孔质量、孔口装置和测量标志等要求。

水文地质钻探主要技术指标应当符合下列要求：

（一）以煤层底板水害为主的矿井，其钻孔终孔深度以揭露下伏主要含水层段为原则；

（二）所有勘探钻孔均应当进行水文测井工作，配合钻探取芯划分含、隔水层，取得有关参数；

（三）主要含水层或者试验观测段采用清水钻进。遇特殊情况可以采用低固相优质泥浆钻进，并采取有效的洗孔措施；

（四）抽水试验孔试验段孔径，以满足设计的抽水量和安装抽水设备为原则；水位观测孔观测段孔径，应当满足止水和水位观测的要求；

（五）抽水试验钻孔的孔斜，应当满足选用抽水设备和水位观测仪器的工艺要求；

（六）钻孔应当取芯钻进，并进行岩芯描述。岩芯采取率：岩石，大于70%；破碎带，大于50%；黏土，大于70%；砂和砂砾层，大于30%。当采用水文物探测井，能够正确划分地层和含（隔）水层位置及厚度时，可以适当减少取芯；

（七）在钻孔分层（段）隔离止水时，通过提水、注水和水文测井等不同方法，检查止水效果，并作正式记录；不合格的，应当重新止水；

（八）除长期动态观测钻孔外，其余钻孔应当使用高标号水泥封孔，并取样检查封孔质量；

（九）水文地质钻孔应当做好简易水文地质观测，其技术要求参照相关规程规范。否则，应当降低其钻孔质量等级或者不予验收；

（十）观测孔竣工后，应当进行洗孔，以确保观测层（段）不被淤塞，并进行抽水试验。水文地质观测孔，应当安装孔口装置和长期观测测量标志，并采取有效保护措施。

第三十一条 编制抽水试验设计，应当根据矿井水文地质条件、水文地质概念模型和水文地质计算的要求，选择稳定流或者非稳定流抽水试验。抽水试验时，应当对其影响范围内的观测孔同步观测水位。

抽水试验成果应当满足矿井涌水量预测、防治水工程设计施工的要求，取得含水层渗透系数、导水系数、给水度、释水系数等水文地质参数。

应当利用抽水试验资料分析研究地下水、地表水及不同含水层（组）之间水力联系，确定断层、陷落柱等构造的导（含）水性，必要时进行抽（放）水连通（示踪）试验。

第三十二条 需要进行注水试验的，应当编制注水试验设计。设计包括试验层段的起、止深度，孔径及套管下入层位、深度及止水方法，采用的注水设备、注水试验方法，以及注水试验质量要求等内容。

注水试验施工主要技术指标，应当符合下列要求：

（一）根据岩层的岩性和孔隙、裂隙发育深度，确定试验孔段，并严格做好止水工作；

（二）注水试验前，彻底洗孔，以确保疏通含水层，并测定钻孔水温和注入水的温度；

（三）注水试验前后，应当分别进行静止水位和恢复水位的观测。

第四节　井下水文地质补充勘探

第三十三条　矿井有下列情形之一的，应当进行井下水文地质补充勘探：

（一）采用地面水文地质勘探难以查清问题，需要在井下进行放水试验或者连通（示踪）试验的；

（二）受地表水体、地形限制或者受开采塌陷影响，地面没有施工条件的；

（三）孔深或者地下水位埋深过大，地面无法进行水文地质试验的。

第三十四条　井下水文地质补充勘探应当采用井下钻探、物探、化探、监测、测试等综合勘探方法，针对井下特殊作业环境，采取可靠的安全技术措施。

第三十五条　放水试验应当符合下列要求：

（一）编制放水试验设计，确定试验方法、降深值和放水量。放水量视矿井现有最大排水能力而确定，原则上放水试验的观测孔应当有明显的水位降深。其设计由煤矿总工程师组织审批；

（二）做好放水试验前的准备工作，检验校正观测仪器和工具，检查排水设备能力和排水线路，采取可靠的安全技术组织措施；

（三）放水前，在同一时间对井上下观测孔和出水点的水位、水压、涌水量、水温和水质进行统测；

（四）根据具体情况确定放水试验的延续时间。当涌水量、水位难以稳定时，试验延续时间一般不少于10～15日。选取观测时间间隔，应当考虑非稳定流计算的需要。中心水位或者水压与涌水量进行同步观测；

（五）观测数据及时录入台账，并绘制涌水量与水位历时曲线；

（六）放水试验结束后，及时整理资料，提交放水试验总结报告。

第三十六条　井下物探应当符合下列要求：

（一）物探作业前，应当根据采掘工作面的实际情况和工作目的等编写设计，设计时充分考虑控制精度，设计由煤矿总工程师组织审批；

（二）可以采用直流电阻率电测深、瞬变电磁、音频电穿透、探地雷达、瑞利波及槽波、无线电坑透等方法探测，采煤工作面应当选择两种以上方法，相互验证；

（三）采用电法实施掘进工作面超前探测的，探测环境应当符合下列要求：

1. 巷道断面、长度满足探测所需要的空间；

2. 距探测点20 m范围内不得有积水，且不得存放掘进机、铁轨、皮带机架、锚网、锚杆等金属物体；

3. 巷道内动力电缆、大型机电设备必须停电；

（四）施工结束后，应当提交成果报告，由煤矿总工程师组织验收。物探成果应当与其他勘探成果相结合，相互验证。

第四章　井 下 探 放 水

第三十七条　矿井应当加强充水条件分析，认真开展水害预测预报及隐患排查工作。

（一）每年年初，根据年度采掘计划，结合矿井水文地质资料，全面分析水害隐患，提出水害分析预测表及水害预测图；

（二）水文地质类型复杂、极复杂矿井应当每月至少开展1次水害隐患排查，其他矿井应当每季度至少开展 1 次；

（三）在采掘过程中，对预测图、表逐月进行检查，不断补充和修正。发现水患险情，及时发出水害通知单，并报告矿井调度室；

（四）采掘工作面年度和月度水害预测资料及时报送煤矿总工程师及生产安全部门。

采掘工作面水害分析预报表和预测图模式见附录三。

第三十八条 在地面无法查明水文地质条件时，应当在采掘前采用物探、钻探或者化探等方法查清采掘工作面及其周围的水文地质条件。

采掘工作面遇有下列情况之一的，必须进行探放水：

（一）接近水淹或者可能积水的井巷、老空或者相邻煤矿时；

（二）接近含水层、导水断层、溶洞或者导水陷落柱时；

（三）打开隔离煤柱放水时；

（四）接近可能与河流、湖泊、水库、蓄水池、水井等相通的导水通道时；

（五）接近有出水可能的钻孔时；

（六）接近水文地质条件不清的区域时；

（七）接近有积水的灌浆区时；

（八）接近其他可能突水的地区时。

第三十九条 严格执行井下探放水“三专”要求。由专业技术人员编制探放水设计，采用专用钻机进行探放水，由专职探放水队伍施工。严禁使用非专用钻机探放水。

严格执行井下探放水“两探”要求。采掘工作面超前探放水应当同时采用钻探、物探两种方法，做到相互验证，查清采掘工作面及周边老空水、含水层富水性以及地质构造等情况。有条件的矿井，钻探可采用定向钻机，开展长距离、大规模探放水。

第四十条 矿井受水害威胁的区域，巷道掘进前，地测部门应当提出水文地质情况分析报告和水害防治措施，由煤矿总工程师组织生产、安检、地测等有关单位审批。

第四十一条 工作面回采前，应当查清采煤工作面及周边老空水、含水层富水性和断层、陷落柱含（导）水性等情况。地测部门应当提出专门水文地质情况评价报告和水害隐患治理情况分析报告，经煤矿总工程师组织生产、安检、地测等有关单位审批后，方可回采。发现断层、裂隙或者陷落柱等构造充水的，应当采取注浆加固或者留设防隔水煤（岩）柱等安全措施；否则，不得回采。

第四十二条 采掘工作面探水前，应当编制探放水设计和施工安全技术措施，确定探水线和警戒线，并绘制在采掘工程平面图和矿井充水性图上。探放水钻孔的布置和超前距、帮距，应当根据水头值高低、煤（岩）层厚度、强度及安全技术措施等确定，明确测斜钻孔及要求。探放水设计由地测部门提出，探放水设计和施工安全技术措施经煤矿总工程师组织审批，按设计和措施进行探放水。

第四十三条 布置探放水钻孔应当遵循下列规定：

（一）探放老空水和钻孔水。老空和钻孔位置清楚时，应当根据具体情况进行专门探放水设计，经煤矿总工程师组织审批后，方可施工；老空和钻孔位置不清楚时，探水钻孔成组布设，并在巷道前方的水平面和竖直面内呈扇形，钻孔终孔位置满足水平面间距不得大于 3 m，厚煤层内各孔终孔的竖直面间距不得大于 1.5 m；

（二）探放断裂构造水和岩溶水等时，探水钻孔沿掘进方向的正前方及含水体方向呈扇形布置，钻孔不得少于 3 个，其中含水体方向的钻孔不得少于 2 个；

（三）探查陷落柱等垂向构造时，应当同时采用物探、钻探两种方法，根据陷落柱的预测规模布孔，但底板方向钻孔不得少于 3 个，有异常时加密布孔，其探放水设计由煤矿总工程师组织审批；

（四）煤层内，原则上禁止探放水压高于 1 MPa 的充水断层水、含水层水及陷落柱水等。如确实需要的，可以先构筑防水闸墙，并在闸墙外向内探放水。

第四十四条 上山探水时，应当采用双巷掘进，其中一条超前探水和汇水，另一条用来安全撤人；双巷间每隔 30 ~ 50 m 掘 1 个联络巷，并设挡水墙。

第四十五条 在安装钻机进行探水前，应当符合下列规定：

（一）加强钻孔附近的巷道支护，并在工作面迎头打好坚固的立柱和拦板，严禁空顶、空帮作业；

（二）清理巷道，挖好排水沟。探水钻孔位于巷道低洼处时，应当施工临时水仓，配备足够能力的排水设备；

（三）在钻探地点或附近安设专用电话；

（四）由测量人员依据设计现场标定探放水钻孔位置，与负责探放水工作的人员共同确定钻孔的方位、倾角、深度和钻孔数量；

（五）制定包括紧急撤人时避灾路线在内的安全措施，使作业区域的每个人员了解和掌握，并保持撤人通道畅通。

第四十六条 在预计水压大于 0.1 MPa 的地点探水时，预先固结套管，并安装闸阀。止水套管应当进行耐压试验，耐压值不得小于预计静水压值的 1.5 倍，兼做注浆钻孔的，应当综合注浆终压值确定，并稳定 30 min 以上；预计水压大于 1.5 MPa 时，采用反压和有防喷装置的方法钻进，并制定防止孔口管和煤（岩）壁突然鼓出的措施。

第四十七条 探放水钻孔除兼作堵水钻孔外，终孔孔径一般不得大于 94 mm。

第四十八条 探放水钻孔超前距和止水套管长度，应当符合下列规定：

（一）老空积水范围、积水量不清楚的，近距离煤层开采的或者地质构造不清楚的，探放水钻孔超前距不得小于 30 m，止水套管长度不得小于 10 m；老空积水范围、积水量清楚的，根据水头值高低、煤（岩）层厚度、强度及安全技术措施等确定；

（二）沿岩层探放含水层、断层和陷落柱等含水体时，按表 4－1 确定探放水钻孔超前距和止水套管长度。

表 4－1 岩层中探放水钻孔超前距和止水套管长度

水压 p/MPa	钻孔超前距/m	止水套管长度/m
$p<1.0$	>10	>5
$1.0\leqslant p<2.0$	>15	>10
$2.0\leqslant p<3.0$	>20	>15
$p\geqslant 3.0$	>25	>20

第四十九条 在探放水钻进时，发现煤岩松软、片帮、来压或者钻孔中水压、水量突然增大和顶钻等突水征兆时，立即停止钻进，但不得拔出钻杆；应当立即撤出所有受水威胁区域的人员到安全地点，并向矿井调度室汇报，采取安全措施，派专业技术人员监测水情并分析，妥善处理。

第五十条 探放老空水时，预计可能发生瓦斯或者其他有害气体涌出的，应当设有瓦斯检查员或者矿山救护队员在现场值班，随时检查空气成分。如果瓦斯或者其他有害气体浓度超过有关规定，应当立即停止钻进，切断电源，撤出人员，并报告矿井调度室，及时处理。揭露老空未见积水的钻孔应当立即封堵。

第五十一条 钻孔放水前，应当估计积水量，并根据排水能力和水仓容量，控制放水流量，防止淹井淹面；放水时，应当设有专人监测钻孔出水情况，测定水量和水压，做好记录。如果水量突然变化，应当分析原因，及时处理，并立即报告矿井调度室。

第五章　矿井防治水技术

第一节　地 表 水 防 治

第五十二条　煤矿应当查清矿区、井田及其周边对矿井开采有影响的河流、湖泊、水库等地表水系和有关水利工程的汇水、疏水、渗漏情况，掌握当地历年降水量和历史最高洪水位资料，建立疏水、防水和排水系统。

煤矿应当查明采矿塌陷区、地裂缝区分布情况及其地表汇水情况。

第五十三条　矿井井口和工业场地内建筑物的地面标高，应当高于当地历史最高洪水位；否则，应当修筑堤坝、沟渠或者采取其他可靠防御洪水的措施。不具备采取可靠安全措施条件的，应当封闭填实该井口。

在山区还应当避开可能发生泥石流、滑坡等地质灾害危险的地段。

第五十四条　当矿井井口附近或者塌陷区波及范围的地表水体可能溃入井下时，必须采取安全防范措施。

在地表容易积水的地点，应当修筑沟渠，排泄积水。修筑沟渠时，应当避开煤层露头、裂隙和导水岩层。特别低洼地点不能修筑沟渠排水的，应当填平压实。如果低洼地带范围太大无法填平时，应当采取水泵或者建排洪站专门排水，防止低洼地带积水渗入井下。

当矿井受到河流、山洪威胁时，应当修筑堤坝和泄洪渠，防止洪水侵入。

对于排到地面的矿井水，应当妥善处理，避免再渗入井下。

对于漏水的沟渠（包括农田水利的灌溉沟渠）和河床，如果威胁矿井安全，应当进行铺底或者改道。地面裂缝和塌陷地点应当及时填塞。进行填塞工作时，应当采取相应的安全措施，防止人员陷入塌陷坑内。

在有滑坡危险的地段，可能威胁煤矿安全时，应当进行治理。

在井田内季节性沟谷下开采前，需对是否有洪水灌井的危险进行评价，开采应避开雨季，采后及时做好地面裂缝的填堵工作。

第五十五条　严禁将矸石、炉灰、垃圾等杂物堆放在山洪、河流可能冲刷到的地段，以免淤塞河道、沟渠。

发现与煤矿防治水有关系的河道中存在障碍物或者堤坝破损时，应当及时报告当地人民政府，采取措施清理障碍物或者修复堤坝，防止地表水进入井下。

第五十六条　使用中的钻孔，应当按照规定安装孔口盖。报废的钻孔应当及时封孔，防止地表水或者含水层的水涌入井下，封孔资料等有关情况记录在案，存档备查。观测孔、注浆孔、电缆孔、下料孔、与井下或者含水层相通的钻孔，其孔口管应当高出当地历史最高洪水位。

第五十七条　报废的立井应当封堵填实，或者在井口浇注坚实的钢筋混凝土盖板，设置栅栏和标志。

报废的斜井应当封堵填实，或者在井口以下垂深大于 20 m 处砌筑 1 座混凝土墙，再用泥土填至井口，并在井口砌筑厚度不低于 1 m 的混凝土墙。

报废的平硐，应当从硐口向里封堵填实至少 20 m，再砌封墙。

位于斜坡、汇水区、河道附近的井口，充填距离应当适当加长。报废井口的周围有地表水影响的，应当设置排水沟。

封填报废的立井、斜井或者平硐时，应当做好隐蔽工程记录，并填图归档。

第五十八条　每年雨季前，必须对煤矿防治水工作进行全面检查，制定雨季防治水措施，建立雨季巡视制度，组织抢险队伍并进行演练，储备足够的防洪抢险物资。对检查出的事故隐患，应当制定措施，落实资金，责任到人，并限定在汛期前完成整改。需要施工防治水工程的应当有专门设计，工程竣工后由煤矿总工程师组织验收。

第五十九条 煤矿应当与当地气象、水利、防汛等部门进行联系，建立灾害性天气预警和预防机制。应当密切关注灾害性天气的预报预警信息，及时掌握可能危及煤矿安全生产的暴雨洪水灾害信息，采取安全防范措施；加强与周边相邻矿井信息沟通，发现矿井水害可能影响相邻矿井时，立即向周边相邻矿井发出预警。

第六十条 煤矿应当建立暴雨洪水可能引发淹井等事故灾害紧急情况下及时撤出井下人员的制度，明确启动标准、指挥部门、联络人员、撤人程序和撤退路线等，当暴雨威胁矿井安全时，必须立即停产撤出井下全部人员，只有在确认暴雨洪水隐患消除后方可恢复生产。

第六十一条 煤矿应当建立重点部位巡视检查制度。当接到暴雨灾害预警信息和警报后，对井田范围内废弃老窑、地面塌陷坑、采动裂隙以及可能影响矿井安全生产的河流、湖泊、水库、涵闸、堤防工程等实施 24 h 不间断巡查。矿区降大到暴雨时和降雨后，应当派专业人员及时观测矿井涌水量变化情况。

第二节 顶板水防治

第六十二条 当煤层（组）顶板导水裂隙带范围内的含水层或者其他水体影响采掘安全时，应当采用超前疏放、注浆改造含水层、帷幕注浆、充填开采或者限制采高等方法，消除威胁后，方可进行采掘活动。

第六十三条 采取超前疏放措施对含水层进行区域疏放水的，应当综合分析导水裂隙带发育高度、顶板含水层富水性，进行专门水文地质勘探和试验，开展可疏性评价。根据评价成果，编制区域疏放水方案，由煤炭企业总工程师审批。

第六十四条 采取注浆改造顶板含水层的，必须制定方案，经煤炭企业总工程师审批后实施，确保开采后导水裂隙带波及范围内含水层改造成弱含水层或者隔水层。

第六十五条 采取充填开采、限制采高等措施控制导水裂隙带高度的，必须制定方案，经煤炭企业总工程师审批后实施，确保导水裂隙带不波及含水层。

第六十六条 疏干（降）开采半固结或者较松散的古近系、新近系、第四系含水层覆盖的煤层时，开采前应当遵守下列规定：

（一）查明流砂层的埋藏分布条件，研究其相变及成因类型；

（二）查明流砂层的富水性、水理性质，预计涌水量和评价可疏干（降）性，建立水文动态观测网，观测疏干（降）速度和疏干（降）半径；

（三）在疏干（降）开采试验中，应当观测研究导水裂隙带发育高度，水砂分离方法、跑砂休止角，巷道开口时溃水溃砂的最小垂直距离，钻孔超前探放水安全距离等；

（四）研究对溃水溃砂引起地面塌陷的预测及处理方法。

第六十七条 被富水性强的松散含水层覆盖的缓倾斜煤层，需要疏干（降）开采时，应当进行专门水文地质勘探或者补充勘探，根据勘探成果确定疏干（降）地段、制定疏干（降）方案，经煤炭企业总工程师组织审批后实施。

第六十八条 矿井疏干（降）开采可以应用“三图双预测法”进行顶板水害分区评价和预测。有条件的矿井可以应用数值模拟技术，进行导水裂隙带发育高度、疏干水量和地下水流场变化的模拟和预测；观测研究多煤层开采后导水裂隙带综合发育高度。

第六十九条 受离层水威胁（火成岩等坚硬覆岩下开采）的矿井，应当对煤层覆岩特征及其组合关系、力学性质、含水层富水性等进行分析，判断离层发育的层位，采取施工超前钻孔等手段，破坏离层空间的封闭性、预先疏放离层的补给水源或者超前疏放离层水等。

第三节　底 板 水 防 治

第七十条　底板水防治应当遵循井上与井下治理相结合、区域与局部治理相结合的原则。根据矿井实际，采取地面区域治理、井下注浆加固底板或者改造含水层、疏水降压、充填开采等防治水措施，消除水害威胁。

第七十一条　当承压含水层与开采煤层之间的隔水层能够承受的水头值大于实际水头值时，可以进行带压开采，但应当制定专项安全技术措施，由煤炭企业总工程师审批。

第七十二条　当承压含水层与开采煤层之间的隔水层能够承受的水头值小于实际水头值时，开采前应当遵守下列规定：

（一）采取疏水降压的方法，把承压含水层的水头值降到安全水头值以下，并制定安全措施，由煤炭企业总工程师审批。矿井排水应与矿区供水、生态环境保护相结合，推广应用矿井排水、供水、生态环保“三位一体”优化结合的管理模式和方法；

（二）承压含水层的集中补给边界已经基本查清情况下，可以预先进行帷幕注浆，截断水源，然后疏水降压开采；

（三）当承压含水层的补给水源充沛，不具备疏水降压和帷幕注浆的条件时，可以采用地面区域治理，或者局部注浆加固底板隔水层、改造含水层的方法，但应当编制专门的设计，在有充分防范措施的条件下进行试采，并制定专门的防止淹井措施，由煤炭企业总工程师审批。

安全水头值计算公式见附录四。各矿区应当总结适合本矿区的安全水头值。

第七十三条　煤层底板存在高承压岩溶含水层，且富水性强或者极强，采用井下探查、注浆加固底板或者改造含水层时，应当符合下列要求：

（一）掘进前应当同时采用钻探和物探方法，确认无突水危险时方可施工。巷道底板的安全隔水层厚度，钻探与物探探测深度按附录五式（附5－1）合理确定，钻孔超前距和帮距参考附录六式（附6－3）确定；

（二）应当编制注浆加固底板或者改造含水层设计和施工安全技术措施，由煤矿总工程师组织审批。可结合矿井实际情况，建立地面注浆系统；

（三）注浆加固底板或者改造含水层结束后，由煤炭企业总工程师组织效果评价。采煤工作面突水系数按附录五式（附5－2）计算，不得大于0.1 MPa/m。

第七十四条　煤层底板存在高承压岩溶含水层，且富水性强或者极强，采用地面区域治理方法时，应当符合下列要求：

（一）煤矿总工程师组织编制区域治理设计方案，由煤炭企业总工程师审批；

（二）地面区域治理可以采用定向钻探技术，根据矿井水文地质条件确定治理目标层和布孔方式，并根据注浆扩散距离确定合理孔间距，施工中应当逢漏必注，循环钻进直至设计终孔位置，注浆终压不得小于底板岩溶含水层静水压力的1.5倍，达到探测、治理、验证“三位一体”的治理效果；

（三）区域治理工程结束后，对工程效果做出结论性评价，提交竣工报告，由煤炭企业总工程师组织验收。采煤工作面突水系数按附录五式（附5－2）计算，不得大于0.1 MPa/m；

（四）实施地面区域治理的区域，掘进前应当采用物探方法进行效果检验，没有异常的，可以正常掘进；发现异常的，应当采用钻探验证并治理达标。回采前应同时采用物探、钻探方法进行效果验证。

第七十五条　有条件的矿井可以采用“脆弱性指数法”或者“五图双系数法”等，对底板承压含水层突水危险性进行综合分区评价。

第四节 老 空 水 防 治

第七十六条 煤矿应当开展老空分布范围及积水情况调查工作，查清矿井和周边老空及积水情况，调查内容包括老空位置、形成时间、范围、层位、积水情况、补给来源等。老空范围不清、积水情况不明的区域，必须采取井上下结合的钻探、物探、化探等综合技术手段进行探查，编制矿井老空水害评价报告，制定老空水防治方案。

（一）地面物探可以采用地震勘探方法探查老空范围，采用直流电法、瞬变电磁法、可控源音频大地电磁测深法探查老空积水情况；

（二）井下物探可以采用槽波地震勘探、瑞利波勘探、无线电波透视法（坑透）探测老空边界，采用瞬变电磁法、直流电法、音频电穿透法探测老空积水情况；

（三）物探等探查圈定的异常区应当采用钻探方法验证；

（四）可以采用化探方法分析老空水来源及补给情况。

第七十七条 煤矿应当根据老空水查明程度和防治措施落实到位程度，对受老空水影响的煤层按威胁程度编制分区管理设计，由煤矿总工程师组织审批。老空积水情况清楚且防治措施落实到位的区域，划为可采区；否则，划为缓采区。缓采区由煤矿地测部门编制老空水探查设计，通过井上下探查手段查明老空积水情况，防治措施落实到位后，方可转为可采区；治理后仍不能保证安全开采的，划为禁采区。

第七十八条 煤矿应当及时掌握本矿及相邻矿井距离本矿 200 m 范围内的采掘动态，将采掘范围、积水情况、防隔水煤（岩）柱等填绘在矿井充水性图、采掘工程平面图等图件上，并标出积水线、探水线和警戒线的位置。

第七十九条 当老空有大量积水或者有稳定补给源时，应当优先选择留设防隔水煤（岩）柱；当老空积水量较小或者没有稳定补给源时，应当优先选择超前疏干（放）方法；对于有潜在补给源的未充水老空，应当采取切断可能补给水源或者修建防水闸墙等隔离措施。

第八十条 疏放老空水时，应当由地测部门编制专门疏放水设计，经煤矿总工程师组织审批后，按设计实施。疏放过程中，应当详细记录放水量、水压动态变化。放水结束后，对比放水量与预计积水量，采用钻探、物探方法对放水效果进行验证，确保疏干放净。

第八十一条 近距离煤层群开采时，下伏煤层采掘前，必须疏干导水裂隙带波及范围内的上覆煤层采空区积水。

第八十二条 沿空掘进的下山巷道超前疏放相邻采空区积水的，在查明采空区积水范围、积水标高等情况后，可以实行限压（水压小于 0.01 MPa）循环放水，但必须制定专门措施由煤矿总工程师审批。

第八十三条 应当对老空积水情况进行动态监测，监测内容包括水压、水量、水温、水质、有害气体等；采用留设防隔水煤（岩）柱和防水闸墙措施隔离老空水的，还应当对其安全状态进行监测。

第五节 水 体 下 采 煤

第八十四条 在矿井、水平、采区设计时必须划定受河流、湖泊、水库、采煤塌陷区和海域等地表水体威胁的开采区域。受地表水体威胁区域的近水体下开采，应当留足防隔水煤（岩）柱。

在松散含水层下开采时，应当按照水体采动等级留设防水、防砂或者防塌等不同类型的防隔水煤（岩）柱。

在基岩含水层（体）或者含水断裂带下开采时，应当对开采前后覆岩的渗透性及含水层之间的水力联系进行分析评价，确定采用留设防隔水煤（岩）柱或者采用疏干（降）等方法保证安全开采。

第八十五条 水体下采煤，应当根据矿井水文地质及工程地质条件、开采方法、开采高度和顶板控制方法等，按照《建筑物、水体、铁路及主要井巷煤柱留设与压煤开采规范》中有关规定，编制专项开采方案设计，经有关专家论证，煤炭企业主要负责人审批后，方可进行试采。采煤过程中，应当严格按照批准的设计要求，控制开采范围、开采高度和防隔水煤（岩）柱尺寸。

第八十六条 进行水体下采煤的，应当对开采煤层上覆岩层进行专门水文地质工程地质勘探。

专门水文地质工程地质勘探应当包括下列内容：

（一）查明与煤层开采有关的上覆岩层水文地质结构，包括含水层、隔水层的厚度和分布，含水层水位、水质、富水性，各含水层之间的水力联系及补给、径流、排泄条件，断层的导（含）水性；

（二）采用钻探、物探等方法探明工作面上方基岩面的起伏和基岩厚度。在松散含水层下开采时，应当查明松散层底部隔水层的厚度、变化与分布情况；

（三）通过岩芯工程地质编录和数字测井等，查明上覆岩土层的工程地质类型、覆岩组合及结构特征，采取岩土样进行物理力学性质测试。

第八十七条 水体下采煤，其防隔水煤（岩）柱应当按照裂缝角与水体采动等级所要求的防隔水煤（岩）柱相结合的原则设计留设。煤层（组）垮落带、导水裂隙带高度、保护层厚度可以按照《建筑物、水体、铁路及主要井巷煤柱留设与压煤开采规范》中的公式计算，或者根据实测、类似地质条件下的经验数据结合力学分析、数值模拟、物理模拟等多种方法综合确定。放顶煤开采或者大采高（3 m 以上）综采的垮落带、导水裂隙带高度，应当根据本矿区类似地质条件实测资料等多种方法综合确定。煤层顶板存在富水性中等及以上含水层或者其他水体威胁时，应当实测垮落带、导水裂隙带发育高度，进行专项设计，确定防隔水煤（岩）柱尺寸。

放顶煤开采的保护层厚度，应当根据对上覆岩土层结构和岩性、垮落带、导水裂隙带高度以及开采经验等分析确定。

留设防砂和防塌煤（岩）柱开采的，应当结合上覆土层、风化带的临界水力坡度，进行抗渗透破坏评价，确保不发生溃水和溃砂事故。

第八十八条 临近水体下的采掘工作，应当遵守下列规定：

（一）采用有效控制采高和开采范围的采煤方法，防止急倾斜煤层抽冒。在工作面范围内存在高角度断层时，采取有效措施，防止断层导水或者沿断层带抽冒破坏；

（二）在水体下开采缓倾斜及倾斜煤层时，宜采用倾斜分层长壁开采方法，并尽量减少第一、第二分层的采厚；上下分层同一位置的采煤间歇时间不得小于 6 个月，岩性坚硬顶板间歇时间适当延长。留设防砂和防塌煤（岩）柱，采用放顶煤开采方法时，先试验后推广；

（三）严禁开采地表水体、老空水淹区域、强含水层下且水患威胁未消除的急倾斜煤层；

（四）开采煤层组时，采用间隔式采煤方法。如果仍不能满足安全开采的，修改煤柱设计，加大煤柱尺寸，保障矿井安全；

（五）当地表水体或者松散层富水性强的含水层下无隔水层时，开采浅部煤层及在采厚大、含水层富水性中等以上、预计导水裂隙带大于水体与开采煤层间距时，采用充填法、条带开采、顶板关键层弱化或者限制开采厚度等控制导水裂隙带发育高度的开采方法。对于易于疏降的中等富水性以上松散层底部含水层，可以采用疏降含水层水位或者疏干等方法，以保证安全开采；

（六）开采老空积水区内有陷落柱或者断层等构造发育的下伏煤层，在煤层间距大于预计的导水裂隙带波及范围时，还必须查明陷落柱或者断层等构造的导（含）水性，采取相应的防治措施，在隐患消除前不得开采。

第八十九条 进行水体下采掘活动时，应当加强水情和水体底界面变形的监测。试采结束后，提出试采总结报告，研究规律，指导类似条件下的水体下采煤。

第九十条 在采掘过程中，当发现地质条件变化，需要缩小防隔水煤（岩）柱尺寸、提高开采上限时，应当进行可行性研究和工程验证，组织有关专家论证评价，经煤炭企业主要负责人审批后方可进行试采。

缩小防隔水煤（岩）柱的，工作面内或者其附近范围内钻孔间距不得大于500 m，且至少有2个以上钻孔控制含水层顶、底界面，查明含水层顶、底界面及含水层岩性组合、富水性等水文地质工程地质条件。

进行缩小防隔水煤（岩）柱试采时，必须开展垮落带和导水裂隙带的实测工作。

第六节　防隔水煤（岩）柱留设

第九十一条　相邻矿井的分界处，应当留设防隔水煤（岩）柱。矿井以断层分界的，应当在断层两侧留设防隔水煤（岩）柱。

第九十二条　有下列情况之一的，应当留设防隔水煤（岩）柱：

（一）煤层露头风化带；

（二）在地表水体、含水冲积层下或者水淹区域邻近地带；

（三）与富水性强的含水层间存在水力联系的断层、裂隙带或者强导水断层接触的煤层；

（四）有大量积水的老空；

（五）导水、充水的陷落柱、岩溶洞穴或者地下暗河；

（六）分区隔离开采边界；

（七）受保护的观测孔、注浆孔和电缆孔等。

第九十三条　矿井应当根据地质构造、水文地质条件、煤层赋存条件、围岩物理力学性质、开采方法及岩层移动规律等因素确定相应的防隔水煤（岩）柱的尺寸。防隔水煤（岩）柱的尺寸要求见附录六，但不得小于20 m。

防隔水煤（岩）柱应当由矿井地测部门组织编制专门设计，经煤炭企业总工程师组织有关单位审批后实施。

第九十四条　矿井防隔水煤（岩）柱一经确定，不得随意变动。严禁在各类防隔水煤（岩）柱中进行采掘活动。

第九十五条　有突水淹井历史或者带压开采并有突水淹井威胁的矿井，应当分水平或者分采区实行隔离开采，留设防隔水煤（岩）柱。多煤层开采矿井，各煤层的防隔水煤（岩）柱必须统一考虑确定。

第七节　防水闸门与防水闸墙

第九十六条　水文地质类型复杂、极复杂或者有突水淹井危险的矿井，应当在井底车场周围设置防水闸门或者在正常排水系统基础上另外安设由地面直接供电控制，且排水能力不小于最大涌水量的潜水泵排水系统。不具备形成独立潜水泵排水系统条件，与正常排水系统共用排水管路的老矿井，必须安装控制阀门，实现管路间的快速切换。

第九十七条　有突水危险的采区，应当在其附近设置防水闸门；不具备设置防水闸门条件的，应当制定防突水措施，由煤炭企业主要负责人审批。

第九十八条　建筑防水闸门应当符合下列规定：

（一）防水闸门由具有相应资质的单位进行设计，门体应当采用定型设计；

（二）防水闸门的施工及其质量，应当符合设计要求。闸门和闸门硐室不得漏水；

（三）防水闸门硐室前、后两端，分别砌筑不小于5 m的混凝土护碹，碹后用混凝土填实，不得空帮、空顶。防水闸门硐室和护碹采用高标号水泥进行注浆加固，注浆压力应当符合设计要求；

（四）防水闸门来水一侧15～25 m处，加设1道挡物箅子门。防水闸门与箅子门之间，不得停放车辆或者堆放杂物。来水时，先关箅子门，后关防水闸门。如果采用双向防水闸门，应当在两侧各设1道箅子门；

（五）通过防水闸门的轨道、电机车架空线、带式输送机等必须灵活易拆。通过防水闸门墙体的各种管路和安设在闸门外侧的闸阀的耐压能力，与防水闸门所设计压力相一致。电缆、管道通过防水闸门墙体处，用堵头和阀门封堵严密，不得漏水；

（六）防水闸门必须安设观测水压的装置，并有放水管和放水闸阀；

（七）防水闸门竣工后，必须按照设计要求进行验收。对新掘进巷道内建筑的防水闸门，必须进行注水耐压试验；防水闸门内巷道的长度不得大于15 m，试验的压力不得低于设计水压，其稳压时间在24 h以上，试压时应当有专门安全措施；

（八）防水闸门必须灵活可靠，并保证每年进行2次关闭试验，其中1次在雨季前进行。关闭闸门所用的工具和零配件必须专人保管，专门地点存放，不得挪用丢失。

第九十九条 井下防水闸墙的设置应当根据矿井水文地质条件确定，其设计经煤炭企业总工程师批准后方可施工，投入使用前应当由煤炭企业总工程师组织竣工验收。

第一百条 报废的暗井和倾斜巷道下口的密闭防水闸墙必须留泄水孔，每月定期进行观测记录，雨季加密观测，发现异常及时处理。

第八节 注 浆 堵 水

第一百零一条 井筒预注浆应当符合下列规定：

（一）当井筒（立井、斜井）预计穿过较厚裂隙含水层或者裂隙含水层较薄但层数较多时，可以选用地面竖孔预注浆或者定向斜孔预注浆；

（二）在制定注浆方案前，施工井筒检查孔，获取含水层的埋深、厚度、岩性及简易水文观测、抽（压）水试验、水质分析等资料；

（三）注浆起始深度确定在风化带以下较完整的岩层内。注浆终止深度大于井筒要穿过的最下部含水层底板的埋深或者超过井筒深度10～20 m；

（四）当含水层富水性弱时，可以在井筒工作面直接注浆；

（五）井筒预注浆方案，经煤炭企业总工程师组织审批后实施。

第一百零二条 注浆封堵突水点时，应当根据突水水量、水压、水质、水温及含水层水位动态变化特征等，综合分析判断突水水源，结合地层岩性、构造特征，分析判断突水通道性质特征，制定注浆堵水方案，经煤炭企业总工程师批准后实施。

第一百零三条 需要疏干（降）与区域水源有水力联系的含水层时，可以采取帷幕注浆截流措施。帷幕注浆方案编制前，应当对帷幕截流进行可行性研究，开展帷幕建设条件勘探，查明地层层序、地质构造、边界条件以及含水层水文地质工程地质参数，必要时开展地下水数值模拟研究。帷幕注浆方案经煤炭企业总工程师组织审批后实施。

第一百零四条 当井下巷道穿过含水层或者与河流、湖泊、溶洞、强含水层等存在水力联系的导水断层、裂隙（带）、陷落柱等构造前，应当查明水文地质条件，根据需要可以采取井下或者地面竖孔、定向斜孔超前预注浆封堵加固措施，巷道穿过后应当进行壁后围岩注浆处理。巷道超前预注浆封堵加固方案，经煤炭企业总工程师组织审批后实施。

第一百零五条 矿井闭坑前，应当采用物探、化探和钻探等方法，探测矿井边界防隔水煤（岩）柱破坏状况及其可能的透水地段，采取注浆堵水措施隔断废弃矿井与相邻生产矿井的水力联系，避免矿井发生水害事故。

第九节 井下排水系统

第一百零六条 矿井应当配备与矿井涌水量相匹配的水泵、排水管路、配电设备和水仓等，并满足矿井排水的需要。除正在检修的水泵外，应当有工作水泵和备用水泵。工作水泵的能力，应当能在

20 h 内排出矿井 24 h 的正常涌水量（包括充填水及其他用水）。备用水泵的能力，应当不小于工作水泵能力的 70% 。检修水泵的能力，应当不小于工作水泵的 25% 。工作和备用水泵的总能力，应当能在 20 h 内排出矿井 24 h 的最大涌水量。

水文地质类型复杂、极复杂的矿井，除符合本条第一款规定外，可以在主泵房内预留一定数量的水泵安装位置，或者增加相应的排水能力。

排水管路应当有工作管路和备用管路。工作管路的能力，应当满足工作水泵在 20 h 内排出矿井 24 h 的正常涌水量。工作和备用管路的总能力，应当满足工作和备用水泵在 20 h 内排出矿井 24 h 的最大涌水量。

配电设备的能力应当与工作、备用和检修水泵的能力相匹配，能保证全部水泵同时运转。

第一百零七条 矿井主要泵房至少有 2 个出口，一个出口用斜巷通到井筒，并高出泵房底板 7 m 以上；另一个出口通到井底车场，在此出口通路内，应当设置易于关闭的既能防水又能防火的密闭门。泵房和水仓的连接通道，应当设置控制闸门。

第一百零八条 矿井主要水仓应当有主仓和副仓，当一个水仓清理时，另一个水仓能够正常使用。

新建、改扩建矿井或者生产矿井的新水平，正常涌水量在 1000 m^3/h 以下时，主要水仓的有效容量应当能容纳所承担排水区域 8 h 的正常涌水量。

正常涌水量大于 1000 m^3/h 的矿井，主要水仓有效容量可以按照下式计算

$$V = 2(Q + 3000) \tag{5-1}$$

式中 V——主要水仓的有效容量，m^3；

Q——矿井每小时的正常涌水量，m^3。

采区水仓的有效容量应当能容纳 4 h 的采区正常涌水量，排水设备应当满足采区排水的需要。

矿井最大涌水量与正常涌水量相差大的矿井，排水能力和水仓容量应当由有资质的设计单位编制专门设计，由煤炭企业总工程师组织审批。

水仓进口处应当设置箅子。对水砂充填和其他涌水中带有大量杂质的矿井，还应当设置沉淀池。各水仓的空仓容量应当经常保持在总容量的 50% 以上。

第一百零九条 水泵、水管、闸阀、配电设备和线路，必须经常检查和维护。在每年雨季之前，应当全面检修 1 次，并对全部工作水泵、备用水泵及潜水泵进行 1 次联合排水试验，提交联合排水试验报告。

水仓、沉淀池和水沟中的淤泥，应当及时清理；每年雨季前必须清理 1 次。检修、清理工作应当做好记录，并存档备查。

第一百一十条 特大型矿井根据井下生产布局及涌水情况，可以分区建设排水系统，实现独立排水，排水能力根据分区预测的正常和最大涌水量计算配备，但泵房总体设计需满足第一百零六条至第一百零九条要求。

第一百一十一条 采用平硐自流排水的矿井，平硐内水沟的总过水能力应当不小于历年矿井最大涌水量的 1.2 倍；专门泄水巷的顶板标高应当低于主运输巷道底板的标高。

第一百一十二条 新建矿井永久排水系统形成前，各施工区应当设置临时排水系统，并按该区预计的最大涌水量配备排水设备、设施，保证有足够的排水能力。

第一百一十三条 生产矿井延深水平，只有在建成新水平的防、排水系统后，方可开拓掘进。

第六章 露天煤矿防治水

第一百一十四条 露天煤矿应当制定防治水中长期规划，对地下水、地表水和降水可能对排土场、工业广场、采场等区域造成的危害进行风险评估；应当在每年年初制定防排水计划和措施，由煤

炭企业负责人审批。雨季前必须对防排水设施作全面检查，并完成防排水设施检修。新建的重要防排水工程必须在雨季前完工。

第一百一十五条 露天煤矿各种设施要充分考虑当地历史最高洪水位的影响，对低于当地历史最高洪水位的设施，必须按规定采取修筑堤坝沟渠、疏通水沟等防洪措施，矿坑内必须形成可靠排水系统。

第一百一十六条 露天煤矿地表及边坡上的防排水设施，应当避开有滑坡危险的地段；当采场内有滑坡区时，应当在滑坡区周围采取设置截水沟等措施。排水沟应当经常检查、清淤，不应渗漏、倒灌或者漫流；当水沟经过有变形、裂缝的边坡地段时，应当采取防渗措施。排土场应当保持平整，不得有积水，周围应当修筑可靠的截泥、防洪或者排水设施。

第一百一十七条 用露天采场深部做储水池排水时，必须采取安全措施，备用水泵的能力不得小于工作水泵能力的50% 。

第一百一十八条 地层含水影响采矿工程正常进行时，应当进行疏干，当疏干不可行，可以采取帷幕注浆截流等措施，疏干、帷幕注浆截流等工程应当超前于采矿工程。在矿床疏干漏斗范围内，如果地面出现裂缝、塌陷时，应当圈定范围加以防护、设置警示标志，并采取安全措施；（半）地下疏干泵房应当设通风装置。

第一百一十九条 受地下水影响较大和已进行疏干排水工程的边坡，应当施工水文观测孔，进行地下水位、水压及矿坑涌水量的观测，分析地下水对边坡稳定的影响程度及疏干的效果，并制定地下水治理措施。

第一百二十条 排土场进行排弃时，底部应当排弃易透水的大块岩石，确保排土场正常渗流。对含有泉眼、冲沟等水文地质条件复杂的排土场，应当采用引水隧道、暗涵、盲沟等工程措施，确保排土场排水畅通。因地下水水位升高，可能造成排土场或者采场滑坡时，必须进行地下水疏干。

第一百二十一条 露天煤矿采排场周围存在地表河流、水库或者地下水体，且水体难以疏干，应当进行专门的水文地质勘探，确定含水区域准确边界，进行专门设计，确定防隔水煤（岩）柱尺寸。并定期对水位水情进行观测，分析防隔水煤（岩）柱稳定情况。

第七章 水害应急处置

第一节 应急预案及实施

第一百二十二条 煤炭企业、煤矿应当开展水害风险评估和应急资源调查工作，根据风险评估结论及应急资源状况，制定水害应急专项预案和现场处置方案，并组织评审，形成书面评审纪要，由本单位主要负责人批准后实施。应急预案内容应当具有针对性、科学性和可操作性。

第一百二十三条 煤炭企业、煤矿应当组织开展水害应急预案、应急知识、自救互救和避险逃生技能的培训，使矿井管理人员、调度室人员和其他相关作业人员熟悉预案内容、应急职责、应急处置程序和措施。

第一百二十四条 每年雨季前至少组织开展1次水害应急预案演练。演练结束后，应当对演练效果进行评估，分析存在的问题，并对水害应急预案进行修订完善。演练计划、方案、记录和总结评估报告等资料保存期限不得少于2年。

第一百二十五条 矿井必须规定避水灾路线，设置能够在矿灯照明下清晰可见的避水灾标识。巷道交叉口必须设置标识，采区巷道内标识间距不得大于200 m，矿井主要巷道内标识间距不得大于300 m，并让井下职工熟知，一旦突水，能够安全撤离。

第一百二十六条 井下泵房应当积极推广无人值守和地面远程监控集控系统，加强排水系统检测与维修，时刻保持排水系统运转正常。水文地质类型复杂、极复杂的矿井，应当实现井下泵房无人值守和地面远程监控。

第一百二十七条 煤矿调度室接到水情报告后，应当立即启动本矿水害应急预案，向值班负责人和主要负责人汇报，并将水患情况通报周边所有煤矿。

第一百二十八条 当发生突水时，矿井应当立即做好关闭防水闸门的准备，在确认人员全部撤离后，方可关闭防水闸门。

第一百二十九条 矿井应当根据水患的影响程度，及时调整井下通风系统，避免风流紊乱、有害气体超限。

第一百三十条 煤矿应当将防范灾害性天气引发煤矿事故灾难的情况纳入事故应急处置预案和灾害预防处理计划中，落实防范暴雨洪水等所需的物资、设备和资金，建立专业抢险救灾队伍，或者与专业抢险救灾队伍签订协议。

第一百三十一条 煤矿应当加强与各级抢险救灾机构的联系，掌握抢救技术装备情况，一旦发生水害事故，立即启动相应的应急预案，争取社会救援，实施事故抢救。

第一百三十二条 水害事故发生后，煤矿应当依照有关规定报告政府有关部门，不得迟报、漏报、谎报、瞒报。

第二节 排水恢复被淹井巷

第一百三十三条 恢复被淹井巷前，应当编制矿井突水淹井调查分析报告。报告应当包括下列主要内容：

（一）突水淹井过程，突水点位置，突水时间，突水形式，水源分析，淹没速度和涌水量变化等；

（二）突水淹没范围，估算积水量；

（三）预计排水过程中的涌水量。依据淹没前井巷各个部分的涌水量，推算突水点的最大涌水量和稳定涌水量，预计恢复过程中各不同标高段的涌水量，并设计排水量曲线；

（四）分析突水原因所需的有关水文地质点（孔、井、泉）的动态资料和曲线、矿井综合水文地质图、矿井水文地质剖面图、矿井充水性图和水化学资料等。

第一百三十四条 矿井恢复时，应当设有专人跟班定时测定涌水量和下降水面高程，并做好记录；观察记录恢复后井巷的冒顶、片帮和淋水等情况；观察记录突水点的具体位置、涌水量和水温等，并作突水点素描；定时对地面观测孔、井、泉等水文地质点进行动态观测，并观察地面有无塌陷、裂缝现象等。

第一百三十五条 排除井筒和下山的积水及恢复被淹井巷前，应当制定防止被水封闭的有害气体突然涌出的安全措施。排水过程中，矿山救护队应当现场监护，并检查水面上的空气成分；发现有害气体，及时处理。

第一百三十六条 矿井恢复后，应当全面整理淹没和恢复两个过程的图纸和资料，查明突水原因，提出防范措施。

第八章 附　　则

第一百三十七条 本细则下列用语的含义：

老空，是指采空区、老窑和已经报废井巷的总称。

采空区，是指回采以后不再维护的空间。

火烧区，是指出露或者接近地表的煤层经过氧化燃烧，并伴随其高温引起顶底板岩层的物化特征发生变化，形成的空间区域。

水淹区域，是指被水淹没的井巷和被水淹没的老空的总称。

矿井正常涌水量，是指矿井开采期间，单位时间内流入矿井的平均水量。一般以年度作为统计区间，以“m^3/h”为计量单位。

矿井最大涌水量，是指矿井开采期间，正常情况下矿井涌水量的高峰值。主要与采动影响和降水量有关，不包括矿井灾害水量。一般以年度作为统计区间，以“m^3/h”为计量单位。

突水，是指含水层水的突然涌出。

透水，是指老空水的突然涌出。

离层水，是指煤层开采后，顶板覆岩不均匀变形及破坏而形成的离层空腔积水。

安全水头值，是指隔水层能承受含水层的最大水头压力值。

防隔水煤（岩）柱，是指为确保近水体安全采煤而留设的煤层开采上（下）限至水体底（顶）界面之间的煤岩层区段。

探放水，是指包括探水和放水的总称。探水是指采矿过程中用超前勘探方法，查明采掘工作面顶底板、侧帮和前方等水体的具体空间位置和状况等情况。放水是指为了预防水害事故，在探明情况后采用施工钻孔等安全方法将水体放出。

垮落带，是指由采煤引起的上覆岩层破裂并向采空区垮落的岩层范围。

导水裂隙带，是指垮落带上方一定范围内的岩层发生断裂，产生裂隙，且具有导水性的岩层范围。

抽冒，是指在浅部厚煤层、急倾斜煤层及断层破碎带和基岩风化带附近采煤或者掘进时，顶板岩层或者煤层本身在较小范围内垮落超过正常高度的现象。

带压开采，是指在具有承压水压力的含水层上进行的采煤。

隔水层厚度，是指开采煤层底板至含水层顶面之间的厚度。

三图双预测法，是指一种解决煤层顶板充水水源、通道和强度三大问题的顶板水害评价方法。三图是指煤层顶板充水含水层富水性分区图、顶板垮裂安全性分区图和顶板涌（突）水条件综合分区图；双预测是指顶板充水含水层预处理前、后采煤工作面分段和整体工程涌水量预测。

脆弱性指数法，是指将可以确定底板突水多种主控因素权重系数的信息融合与具有强大空间信息分析处理功能的 GIS 耦合于一体的煤层底板水害评价方法。

五图双系数法，是指一种煤层底板水害评价方法。五图是指底板保护层破坏深度等值线图、底板保护层厚度等值线图、煤层底板以上水头等值线图、有效保护层厚度等值线图、带压开采评价图；双系数是指带压系数和突水系数。

积水线，是指经过调查确定的积水边界线。

探水线，是指用钻探方法进行探水作业的起始线。

警戒线，是指开始加强水情观测、警惕积水威胁的起始线。

超前距，是指探水钻孔沿巷道掘进前方所控制范围超前于掘进工作面迎头的最小安全距离。

帮距，是指最外侧探水钻孔所控制范围与巷道帮的最小安全距离。

煤炭企业，是指从事煤炭生产与煤矿建设具有法人地位的企业。

煤矿，是指直接从事煤炭生产和煤矿建设的业务单元，可以是法人单位，也可以是非法人单位，包括井工和露天煤矿。

矿井，是指从事地下开采的煤矿。

第一百三十八条 本细则自 2018 年 9 月 1 日起施行。原国家安全生产监督管理总局 2009 年 9 月 21 日公布的《煤矿防治水规定》同时废止。

附录一　含水层富水性及突水点等级划分标准

一、按照钻孔单位涌水量 q 值大小，将含水层富水性分为以下 4 级。

1. 弱富水性：$q \leqslant 0.1$ L/(s·m)；
2. 中等富水性：0.1L/(s·m) $< q \leqslant 1.0$ L/(s·m)；
3. 强富水性：1.0L/(s·m) $< q \leqslant 5.0$ L/(s·m)；
4. 极强富水性：$q > 5.0$ L/(s·m)。

注：评价含水层的富水性，钻孔单位涌水量以口径 91 mm、抽水水位降深 10 m 为准；若口径、降深与上述不符时，应当进行换算后再比较富水性。换算方法：先根据抽水时涌水量 Q 和降深 S 的数据，用最小二乘法或者图解法确定 $Q = f(S)$ 曲线，根据 $Q - S$ 曲线确定降深 10 m 时抽水孔的涌水量，再用下面的公式计算孔径为 91 mm 时的涌水量，最后除以 10 m 即单位涌水量。

$$Q_{91} = Q\left(\frac{\lg R - \lg r}{\lg R_{91} - \lg r_{91}}\right) \qquad (附 1-1)$$

式中　Q_{91}、R_{91}、r_{91}——孔径为 91 mm 的钻孔的涌水量、影响半径和钻孔半径；

Q、R、r——拟换算钻孔的涌水量、影响半径和钻孔半径。

二、按照突水量 Q 值大小，将突水点分为以下 4 级。

1. 小突水点：30 $m^3/h \leqslant Q \leqslant 60$ m^3/h；
2. 中等突水点：60 $m^3/h < Q \leqslant 600$ m^3/h；
3. 大突水点：600 $m^3/h < Q \leqslant 1800$ m^3/h；
4. 特大突水点：$Q > 1800$ m^3/h。

附录二　矿井水文地质图件主要内容及要求

一、矿井综合水文地质图

矿井综合水文地质图是反映矿井水文地质条件的图纸之一，也是进行矿井防治水工作的主要参考依据。综合水文地质图一般在井田地形地质图的基础上编制，比例尺为 1∶2000、1∶5000 或者1∶10000。主要内容有：

1. 基岩含水层露头（包括岩溶）及冲积层底部含水层（流砂、砂砾、砂礓层等）的平面分布状况；
2. 地表水体，水文观测站，井、泉分布位置及陷落柱范围；
3. 水文地质钻孔及其抽水试验成果；
4. 基岩等高线（适用于隐伏煤田）；
5. 已开采井田井下主干巷道、矿井回采范围及井下突水点资料；
6. 主要含水层等水位（压）线；
7. 老窑、小煤矿位置及开采范围和涌水情况；
8. 有条件时，划分水文地质单元，进行水文地质分区。

二、矿井综合水文地质柱状图

矿井综合水文地质柱状图是反映含水层、隔水层及煤层之间的组合关系和含水层层数、厚度及富水性的图纸。一般采用相应比例尺随同矿井综合水文地质图一道编制。主要内容有：

1. 含水层年代地层名称、厚度、岩性、岩溶发育情况；
2. 各含水层水文地质试验参数；
3. 含水层的水质类型；

4. 含水层与主要开采煤层之间距离关系。

三、矿井水文地质剖面图

矿井水文地质剖面图主要是反映含水层、隔水层、褶曲、断裂构造等和煤层之间的空间关系。主要内容有：

1. 含水层岩性、厚度、埋藏深度、岩溶裂隙发育深度；
2. 水文地质孔、观测孔及其试验参数和观测资料；
3. 地表水体及其水位；
4. 主要井巷位置；
5. 主要开采煤层位置。

矿井水文地质剖面图一般以走向、倾向有代表性的地质剖面为基础。

四、矿井充水性图

矿井充水性图是综合记录井下实测水文地质资料的图纸，是分析矿井充水规律、开展水害预测及制定防治水措施的主要依据之一，也是矿井防治水的必备图纸。一般采用采掘工程平面图作底图进行编制，比例尺为1∶2000或者1∶5000。主要内容有：

1. 各种类型的出（突）水点应当统一编号，并注明出水日期、涌水量、水位（水压）、水温及涌水特征；
2. 古井、废弃井巷、采空区、老硐等的积水范围和积水量；
3. 井下防水闸门、防水闸墙、放水孔、防隔水煤（岩）柱、泵房、水仓、水泵台数及能力；
4. 井下输水路线；
5. 井下涌水量观测站（点）的位置；
6. 其他。

矿井充水性图应当随采掘工程的进展定期补充填绘。

五、矿井涌水量与相关因素动态曲线图

矿井涌水量与相关因素动态曲线是综合反映矿井充水变化规律，预测矿井涌水趋势的图件。各矿井应当根据具体情况，选择不同的相关因素绘制下列几种关系曲线图。

1. 矿井涌水量与降水量、地下水位关系曲线图；
2. 矿井涌水量与单位走向开拓长度、单位采空面积关系曲线图；
3. 矿井涌水量与地表水补给量或者水位关系曲线图；
4. 矿井涌水量随开采深度变化曲线图。

六、矿井含水层等水位（压）线图

等水位（压）线图主要反映地下水的流场特征。水文地质复杂型和极复杂型的矿井，对主要含水层（组）应当坚持定期绘制等水位（压）线图，以对照分析矿井疏干（降）动态。比例尺为1∶2000、1∶5000或者1∶10000。主要内容有：

1. 含水层、煤层露头线，主要断层线；
2. 水文地质孔、观测孔、井、泉的地面标高，孔（井、泉）口标高和地下水位（压）标高；
3. 河、渠、山塘、水库、塌陷积水区等地表水体观测站的位置、地面标高和同期水面标高；
4. 矿井井口位置、开拓范围和公路、铁路交通干线；
5. 地下水等水位（压）线和地下水流向；

6. 可采煤层底板隔水层等厚线（当受开采影响的主含水层在可采煤层底板下时）；

7. 井下涌水、突水点位置及涌水量。

七、区域水文地质图

区域水文地质图一般在1∶10000～1∶100000区域地质图的基础上经过区域水文地质调查之后编制。成图的同时，尚需写出编图说明书。矿井水文地质复杂型和极复杂型矿井，应当认真加以编制。主要内容有：

1. 地表水系、分水岭界线、地貌单元划分；
2. 主要含水层露头，松散层等厚线；
3. 地下水天然出露点及人工揭露点；
4. 岩溶形态及构造破碎带；
5. 水文地质钻孔及其抽水试验成果；
6. 地下水等水位线，地下水流向；
7. 划分地下水补给、径流、排泄区；
8. 划分不同水文地质单元，进行水文地质分区；
9. 附相应比例尺的区域综合水文地质柱状图、区域水文地质剖面图。

八、矿区岩溶图

岩溶特别发育的矿区，应当根据调查和勘探的实际资料编制矿区岩溶图，为研究岩溶的发育分布规律和矿井岩溶水防治提供参考依据。

岩溶图的形式可以根据具体情况编制成岩溶分布平面图、岩溶实测剖面图或者展开图等。

1. 岩溶分布平面图可以在矿井综合水文地质图的基础上填绘岩溶地貌、汇水封闭洼地、落水洞、地下暗河的进出水口、天窗、地下水的天然出露点及人工出露点、岩溶塌陷区、地表水和地下水的分水岭等；

2. 岩溶实测剖面图或者展开图，根据对溶洞或者暗河的实际测绘资料编制。

附录三　采掘工作面水害分析预报表和预测图模式

一、采掘工作面水害分析预报表

附表3－1　采掘工作面水害分析预测表

矿井	项号	预测水害地点	采掘队	工作面上下标高	煤层			采掘时间	水害类型	水文地质简述	预防及处理意见	责任单位	备注
					名称	厚度/m	倾角/(°)						
	1												
	2												
	3												
	4												
	5												

注：水害类型指地表水、孔隙水、裂隙水、岩溶水、老空水、断裂构造水、陷落柱水、钻孔水、顶板水、底板水等。

二、水害预测图

在矿井采掘工程图（月报图）上，按预报表上的项目，在可能发生水害的部位，用红颜色标上水害类型符号。符号图例如附图 3－1 所示。

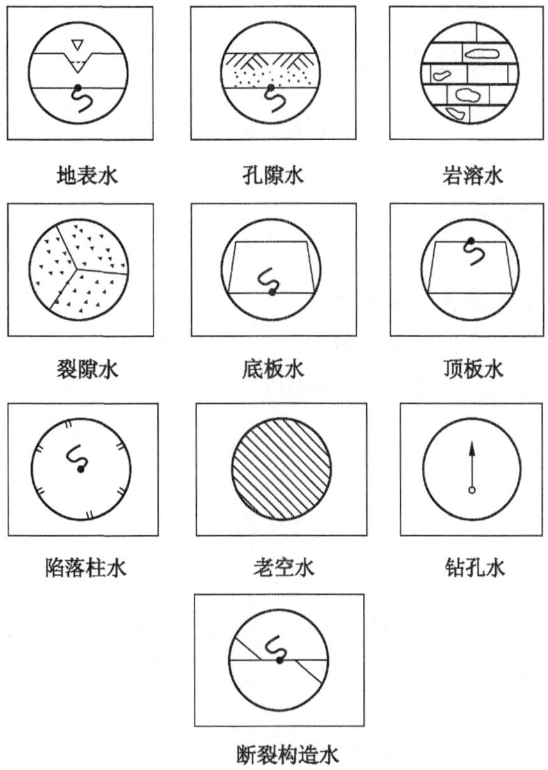

附图 3－1　矿井采掘工作面水害预测图例

附录四　安全水头值计算公式

一、掘进巷道底板隔水层安全水头值计算公式

$$p_s = 2K_p \frac{t^2}{L^2} + \gamma t \qquad (附 4－1)$$

式中　p_s——底板隔水层安全水头值，MPa；

t——隔水层厚度，m；

L——巷道底板宽度，m；

γ——底板隔水层的平均重度，MN/m^3；

K_p——底板隔水层的平均抗拉强度，MPa。

二、采煤工作面安全水头值计算公式

$$p_s = T_s M \qquad (附 4－2)$$

式中　p_s——底板隔水层安全水头值，MPa；

M——底板隔水层厚度，m；

T_s——临界突水系数，MPa/m。

T_s 值应当根据本区资料确定，一般情况下，底板受构造破坏的地段按 0.06 MPa/m 计算，隔水层完整无断裂构造破坏的地段按 0.1 MPa/m 计算。

附录五　安全隔水层厚度和突水系数计算公式

一、掘进工作面安全隔水层厚度计算公式

$$t=\frac{L(\sqrt{\gamma^2L^2+8K_\mathrm{p}p}-\gamma L)}{4K_\mathrm{p}} \qquad (附5-1)$$

式中　t——安全隔水层厚度，m；

L——巷道底板宽度，m；

γ——底板隔水层的平均重度，MN/m^3；

K_p——底板隔水层的平均抗拉强度，MPa；

p——底板隔水层承受的实际水头值，MPa。

二、突水系数计算公式

$$T=\frac{p}{M} \qquad (附5-2)$$

式中　T——突水系数，MPa/m；

p——底板隔水层承受的实际水头值，MPa；水压应当从含水层顶界面起算，水位值取近3年含水层观测水位最高值；

M——底板隔水层厚度，m。

式（附5-2）适用于采煤工作面，就全国实际资料看，底板受构造破坏的地段突水系数一般不得大于0.06 MPa/m，隔水层完整无断裂构造破坏的地段不得大于0.1 MPa/m。

附录六　防隔水煤（岩）柱的尺寸要求

一、煤层露头防隔水煤（岩）柱的留设

1. 煤层露头无覆盖或者被黏土类微透水松散层覆盖时，其计算公式为

$$H_\mathrm{f}=H_\mathrm{k}+H_\mathrm{b} \qquad (附6-1)$$

2. 煤层露头被松散富水性强的含水层覆盖时（附图6-1），其计算公式为

$$H_\mathrm{f}=H_\mathrm{d}+H_\mathrm{b} \qquad (附6-2)$$

式中　H_f——防隔水煤（岩）柱高度，m；

H_k——垮落带高度，m；

H_d——最大导水裂隙带高度，m；

H_b——保护层厚度，m。

式中H_k、H_d的计算，参照《建筑物、水体、铁路及主要井巷煤柱留设与压煤开采规范》的相关规定。

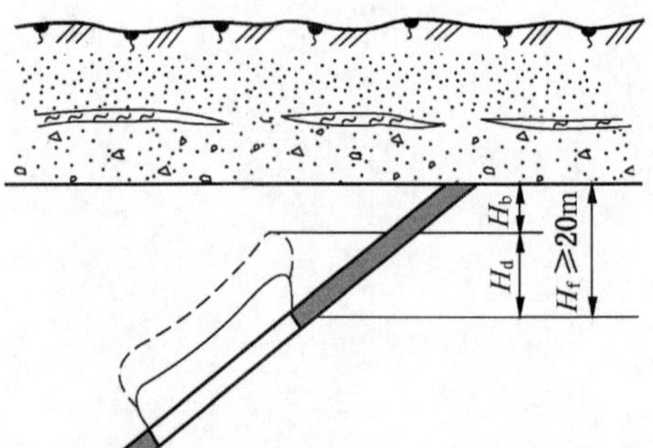

附图6-1　煤层露头被松散富水性强含水层覆盖时防隔水煤（岩）柱留设图

二、含水或者导水断层防隔水煤（岩）柱的留设

可以参照下列经验公式计算（附图6-2）：

$$L=0.5KM\sqrt{\frac{3p}{K_\mathrm{p}}} \qquad (附6-3)$$

式中　L——煤柱留设的宽度，m；

K——安全系数，一般取2～5；
M——煤层厚度或者采高，m；
p——实际水头值，MPa；
K_p——煤的抗拉强度，MPa。

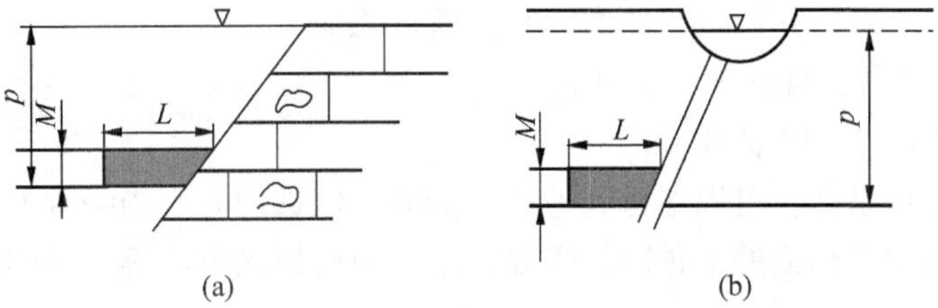

附图6－2　含水或者导水断层防隔水煤（岩）柱留设图

三、煤层与强含水层或者导水断层接触防隔水煤（岩）柱的留设

1. 当含水层顶面高于最高导水裂隙带上限时，防隔水煤（岩）柱可以按附图6－3a、附图6－3b留设。其计算公式为

$$L = L_1 + L_2 + L_3 = H_a\csc\theta + H_d\cot\theta + H_d\cot\delta \qquad (附6-4)$$

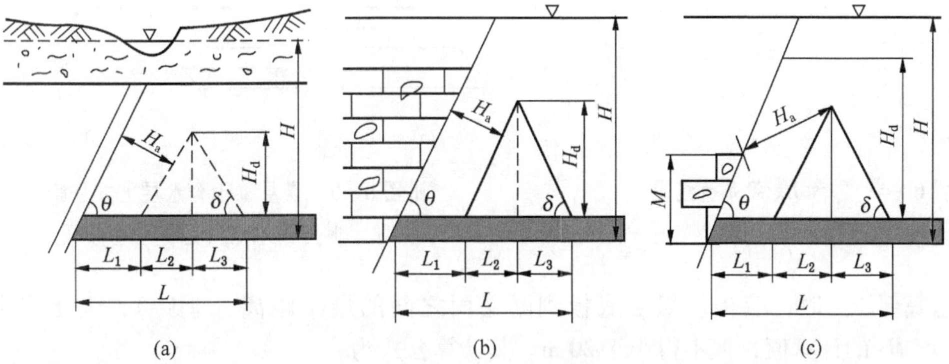

附图6－3　煤层与富水性强的含水层或者导水断层接触时防隔水煤（岩）柱留设图

2. 最高导水裂隙带上限高于断层上盘含水层时，防隔水煤（岩）柱按附图6－3c留设。其计算公式为

$$L = L_1 + L_2 + L_3 = H_a(\sin\delta - \cos\delta\cot\theta) + (H_a\cos\delta + M)(\cot\theta + \cot\delta) \qquad (附6-5)$$

式中　L——防隔水煤（岩）柱宽度，m；
L_1、L_2、L_3——防隔水煤（岩）柱各分段宽度，m；
H_d——最大导水裂隙带高度，m；
θ——断层倾角，(°)；
δ——岩层塌陷角，(°)；
M——断层上盘含水层顶面高出下盘煤层底板的高度，m；
H_a——安全防隔水煤（岩）柱的宽度，m。

H_a值应当根据矿井实际观测资料来确定，即通过总结本矿区在断层附近开采时发生突水和安全开采的地质、水文地质资料，按公式（附5－2）计算其临界突水系数 T_s，并将各计算值标到以 T_s 为横轴、以埋藏深度 H_0 为纵轴的坐标系内，找出 T_s 值的安全临界线（附图6－4）。

H_a 值也可以按下列公式计算：

$$H_a = \frac{p}{T_s} + 10 \qquad (附6－6)$$

式中 p——防隔水煤（岩）柱所承受的实际水头值，MPa；

T_s——临界突水系数，MPa/m；

10——保护层厚度，一般取10 m。

本矿区如无实际突水系数，可以参考其他矿区资料，但选用时应当综合考虑隔水层的岩性、物理力学性质、巷道跨度或者工作面的空顶距、采煤方法和顶板控制方法等一系列因素。

四、煤层位于含水层上方且断层导水时防隔水煤（岩）柱的留设

1. 在煤层位于含水层上方且断层导水的情况下（附图6－5），防隔水煤（岩）柱的留设应当考虑2个方向上的压力：一是煤层底部隔水层能否承受下部含水层水的压力；二是断层水在顺煤层方向上的压力。

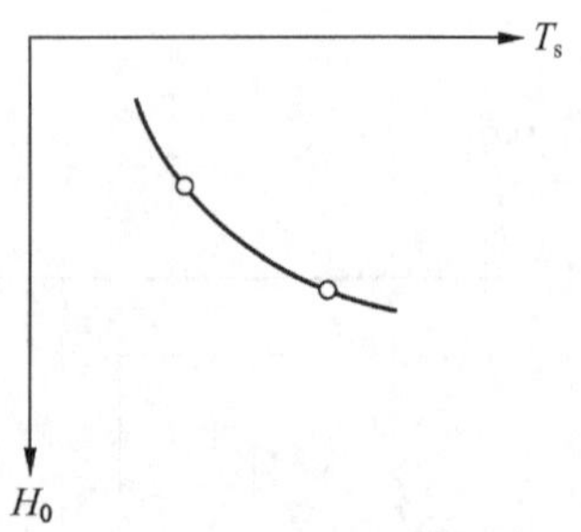

附图6－4 T_s 和 H_0 关系曲线图

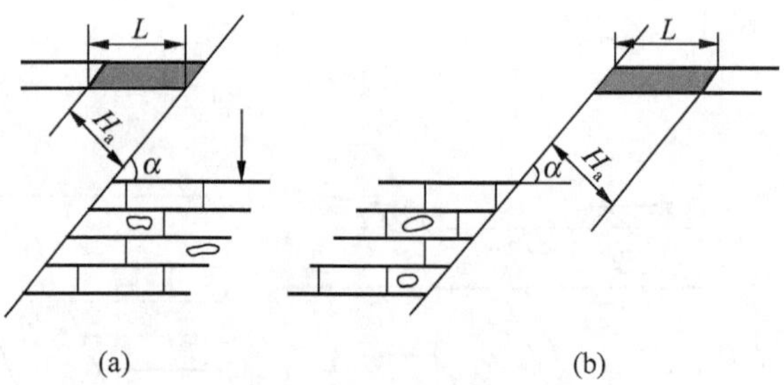

附图6－5 煤层位于含水层上方且断层导水时防隔水煤（岩）柱留设图

当考虑底部压力时，应当使煤层底板到断层面之间的最小距离（垂距），大于安全防隔水煤（岩）柱宽度 H_a 的计算值，但不得小于20 m。其计算公式为

$$L = \frac{H_a}{\sin\alpha} \qquad (附6－7)$$

式中 L——防隔水煤（岩）柱宽度，m；

H_a——安全防隔水煤（岩）柱的宽度，m；

α——断层倾角，(°)。

当考虑断层水在顺煤层方向上的压力时，按附录六之二计算煤柱宽度。

根据以上两种方法计算的结果，取用较大的数值，但仍不得小于20 m。

2. 如果断层不导水（附图6－6），防隔水煤（岩）柱的留设尺寸，应当保证含水层顶面与断层面交点至煤层底板间的最小距离，在垂直于断层走向的剖面上大于安全防隔水煤（岩）柱宽度 H_a，但不得小于20 m。

五、水淹区域下采掘时防隔水煤（岩）柱的留设

1. 巷道在水淹区域下掘进时，巷道与水体之间的最小距离，不得小于巷道高度的10倍；

2. 在水淹区域下同一煤层中进行开采时，若水淹区域的界线已基本查明，防隔水煤（岩）柱的尺寸应当按附录六之二的规定留设；

3. 在水淹区域下的煤层中进行回采时，防隔水煤（岩）柱的尺寸，不得小于最大导水裂隙带高度与保护层厚度之和。

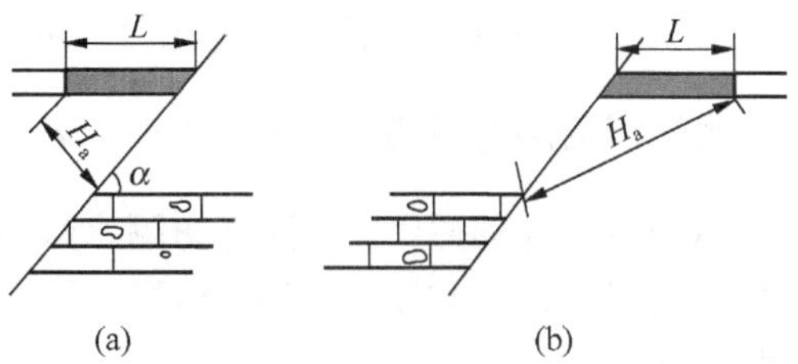

附图 6-6 煤层位于含水层上方且断层不导水时防隔水煤（岩）柱留设图

六、保护地表水体防隔水煤（岩）柱的留设

保护地表水体防隔水煤（岩）柱的留设，可以参照《建筑物、水体、铁路及主要井巷煤柱留设与压煤开采规范》执行。

七、保护通水钻孔防隔水煤（岩）柱的留设

根据钻孔测斜资料换算钻孔见煤点坐标，按附录六之二的办法留设防隔水煤（岩）柱，如无测斜资料，应当考虑钻孔可能偏斜的误差。

八、相邻矿（井）人为边界防隔水煤（岩）柱的留设

1. 水文地质类型简单、中等的矿井，可以采用垂直法留设，但总宽度不得小于40 m；

2. 水文地质类型复杂、极复杂的矿井，应当根据煤层赋存条件、地质构造、静水压力、开采煤层上覆岩层移动角、导水裂隙带高度等因素确定；

3. 多煤层开采，当上、下两层煤的层间距小于下层煤开采后的导水裂隙带高度时，下层煤的边界防隔水煤（岩）柱，应当根据最上一层煤的岩层移动角和煤层间距向下推算（附图 6-7a）；当上、下两层煤之间的层间距大于下层煤开采后的导水裂隙带高度时，上、下煤层的防隔水煤（岩）柱，可以分别留设（附图 6-7b）。

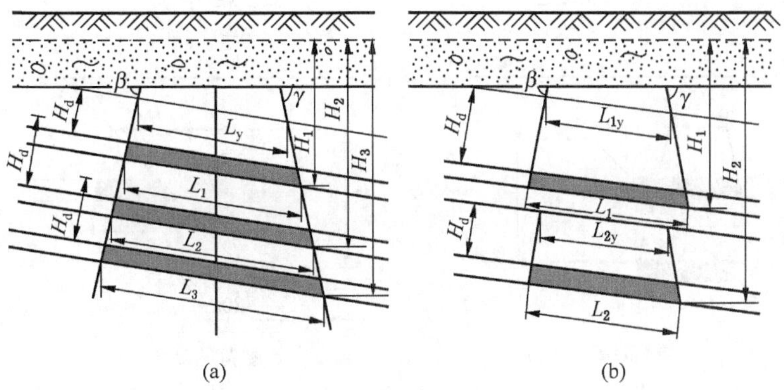

L_y、L_{1y}、L_{2y}—导水裂隙带上限岩柱宽度；L_1—上层煤防水煤柱宽度；L_2、L_3—下层煤防水煤柱宽度；γ—上山岩层移动角；β—下山岩层移动角；H_d—最大导水裂隙带高度；H_1、H_2、H_3—各煤层底板以上的静水位高度

附图 6-7 多煤层开采边界防隔水煤（岩）柱留设图

导水裂隙带上限岩柱宽度 L_y 的计算，可以采用下列公式：

$$L_y = \frac{H - H_d}{10} \times \frac{1}{\lambda} \qquad (附6-8)$$

式中 L_y——导水裂隙带上限岩柱宽度，m；

H——煤层底板以上的静水位高度，m；

H_d——最大导水裂隙带高度，m；

λ——水压与岩柱宽度的比值，可以取1。

九、以断层为界的井田防隔水煤（岩）柱的留设

以断层为界的井田，其边界防隔水煤（岩）柱可以参照断层煤柱留设，但应当考虑井田另一侧煤层的情况，以不破坏另一侧所留煤（岩）柱为原则（除参照断层煤柱的留设外，尚可参考附图6-8所示的例图）。

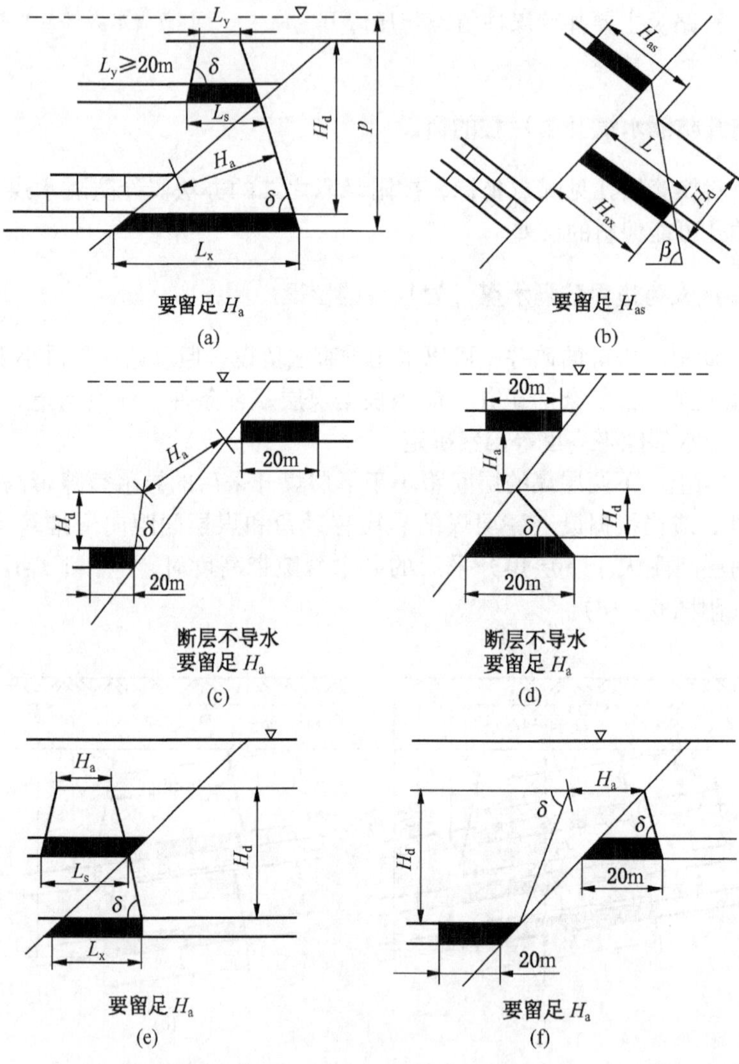

L—煤柱宽度；L_s、L_x—上、下煤层的煤柱宽度；L_y—导水裂隙带上限岩柱宽度；H_a、H_{as}、H_{ax}—安全防水岩柱宽度；H_d—最大导水裂隙带高度；p—底板隔水层承受的实际水头值

附图6-8　以断层分界的井田防隔水煤（岩）柱留设图

53. 国家煤矿安监局　国家能源局关于印发《煤矿瓦斯等级鉴定办法》的通知

煤安监技装〔2018〕9号

各产煤省、自治区、直辖市及新疆生产建设兵团煤矿安全监管部门、煤炭行业管理部门，各省级煤矿安全监察局，司法部直属煤矿管理局，有关中央企业：

现将《煤矿瓦斯等级鉴定办法》印发给你们，请遵照执行。原国家安全监管总局、国家发展改革委和国家能源局、国家煤矿安监局印发的《煤矿瓦斯等级鉴定暂行办法》（安监总煤装〔2011〕第162号）同时废止。

国家煤矿安监局
国家能源局
2018年4月27日

煤矿瓦斯等级鉴定办法

第一章　总　　则

第一条　为进一步规范煤矿瓦斯等级鉴定工作，加强矿井瓦斯管理，预防瓦斯事故，保障职工生命安全，根据《安全生产法》、《煤矿安全监察条例》、《国务院关于预防煤矿生产安全事故的特别规定》、《煤矿安全规程》等，制定本办法。

第二条　井工煤矿（包括新建矿井、改扩建矿井、资源整合矿井、生产矿井等）、鉴定机构（单位）应当按照本办法进行煤矿瓦斯等级鉴定。

第三条　国家煤矿安全监察局指导、协调和监督全国煤矿瓦斯等级鉴定工作。

各省级煤炭行业管理部门负责辖区内煤矿瓦斯等级鉴定的管理工作。

各级地方煤矿安全监管部门、各驻地煤矿安全监察机构负责辖区内煤矿瓦斯等级鉴定的监管监察工作。

第四条　煤矿企业将煤矿瓦斯等级鉴定结果报省级煤炭行业管理部门和省级煤矿安全监察机构，由省级煤炭行业管理部门按年度汇总报国家煤矿安全监察局、国家能源局，并抄送省级煤矿安全监管部门。

第二章　矿井瓦斯等级划分

第五条　矿井瓦斯等级鉴定应当以独立生产系统的矿井为单位。

第六条　矿井瓦斯等级应当依据实际测定的瓦斯涌出量、瓦斯涌出形式以及实际发生的瓦斯动力现象、实测的突出危险性参数等确定。

第七条 矿井瓦斯等级划分为：

（一）低瓦斯矿井；

（二）高瓦斯矿井；

（三）煤（岩）与瓦斯（二氧化碳）突出矿井（以下简称“突出矿井”）。

第八条 在矿井的开拓、生产范围内有突出煤（岩）层的矿井为突出矿井。

有下列情形之一的煤（岩）层为突出煤（岩）层：

（一）发生过煤（岩）与瓦斯（二氧化碳）突出的；

（二）经鉴定或者认定具有煤（岩）与瓦斯（二氧化碳）突出危险的。

第九条 非突出矿井具备下列情形之一的为高瓦斯矿井，否则为低瓦斯矿井：

（一）矿井相对瓦斯涌出量大于 10 m^3/t；

（二）矿井绝对瓦斯涌出量大于 40 m^3/min；

（三）矿井任一掘进工作面绝对瓦斯涌出量大于 3 m^3/min；

（四）矿井任一采煤工作面绝对瓦斯涌出量大于 5 m^3/min。

第十条 低瓦斯矿井每 2 年应当进行一次高瓦斯矿井等级鉴定，高瓦斯、突出矿井应当每年测定和计算矿井、采区、工作面瓦斯（二氧化碳）涌出量，并报省级煤炭行业管理部门和煤矿安全监察机构。

经鉴定或者认定为突出矿井的，不得改定为非突出矿井。

第十一条 新建矿井在可行性研究阶段，应当依据地质勘探资料、所处矿区的地质资料和相邻矿井相关资料等，对井田范围内采掘工程可能揭露的所有平均厚度在 0.3 m 及以上的煤层进行突出危险性评估，评估结果应当在可研报告中表述清楚。

经评估为有突出危险煤层的新建矿井，建井期间应当对开采煤层及其他可能对采掘活动造成威胁的煤层进行突出危险性鉴定，鉴定工作应当在主要巷道进入煤层前开始。所有需要进行鉴定的新建矿井在建井期间，鉴定为突出煤层的应当及时提交鉴定报告，鉴定为非突出煤层的突出鉴定工作应当在矿井建设三期工程竣工前完成。

新建矿井在设计阶段应当按地勘资料、瓦斯涌出量预测结果、邻近矿井瓦斯等级、煤层突出危险性评估结果等综合预测瓦斯等级，作为矿井设计和建井期间井巷揭煤作业的依据。

第十二条 低瓦斯矿井应当在以下时间前进行并完成高瓦斯矿井等级鉴定工作：（一）新建矿井投产验收；（二）矿井生产能力核定完成；（三）改扩建矿井改扩建工程竣工；（四）新水平、新采区或开采新煤层的首采面回采满半年；（五）资源整合矿井整合完成。

第十三条 低瓦斯矿井生产过程中出现本办法第九条中所列高瓦斯矿井条件的，煤矿企业应当立即认定该矿井为高瓦斯矿井，并报省级煤炭行业管理部门和省级煤矿安全监察机构。

第十四条 非突出矿井或者突出矿井的非突出煤层出现下列情况之一的，应当立即进行煤层突出危险性鉴定，或直接认定为突出煤层；鉴定完成前，应当按照突出煤层管理：

（一）有瓦斯动力现象的；

（二）煤层瓦斯压力达到或者超过 0.74 MPa 的；

（三）相邻矿井开采的同一煤层发生突出事故或者被鉴定、认定为突出煤层的。

直接认定为突出煤层或者按突出煤层管理的，煤矿企业应当报省级煤炭行业管理部门和煤矿安全监察机构。

第十五条 除停产停建矿井和新建矿井外，矿井内根据第十四条规定按突出管理的煤层，应当在确定按突出管理之日起 6 个月内完成该煤层的突出危险性鉴定，否则，直接认定为突出煤层。

原低瓦斯矿井经突出鉴定为非突出矿井的，还应当立即进行高瓦斯矿井等级鉴定。

开采同一煤层达到相邻矿井始突深度的不得定为非突出煤层。

第十六条 矿井发生生产安全事故，经事故调查组分析确定为突出事故的，应当直接认定该煤层为突出煤层、矿井为突出矿井。

第三章 鉴 定 管 理

第十七条 突出矿井（或突出煤层）鉴定工作由具备煤与瓦斯突出鉴定资质的机构承担。

高瓦斯矿井等级鉴定工作，由具备鉴定能力的煤矿企业或者委托具备相应资质的鉴定机构承担。具体办法由省级煤炭行业管理部门会同省级煤矿安全监管部门和省级煤矿安全监察机构制定。

第十八条 用于煤矿瓦斯等级鉴定或者测定的所有仪器仪表应当保证状态完好、精度满足要求、测值准确，计量仪器仪表应当在其计量检定或校准证书的有效期内使用。

第十九条 煤矿委托鉴定机构（单位）鉴定时，应当与鉴定机构（单位）签订合同，合同内容应当包括鉴定对象、内容及双方职责等。委托时不得要求特定的鉴定结果。

鉴定机构（单位）在鉴定合同生效后，高瓦斯矿井鉴定应当在2个月内完成；除新建矿井外，突出矿井（煤层）鉴定应当在4个月内完成。

第二十条 煤矿提供的基础资料、数据等必须真实、完整，并建立瓦斯鉴定档案，妥善保存鉴定过程中的原始资料。

鉴定机构按照本办法鉴定为突出煤层的，煤矿不得再委托其他鉴定机构鉴定为非突出煤层。

第二十一条 鉴定机构（单位）应当依照法律、法规、标准和执业规则等公正、诚信、科学地开展煤矿瓦斯等级鉴定工作，并对其鉴定结果负责。

鉴定机构（单位）不得转让、出借、出租瓦斯等级鉴定资质，不得转包或分包瓦斯等级鉴定工作。

第二十二条 鉴定机构（单位）应当建立健全瓦斯等级鉴定工作质量管理体系，对鉴定程序、鉴定人员、报告审批、鉴定资料的档案管理等进行严格管控，尤其对鉴定方法、指标测定、鉴定结论等应当建立内部评审机制。

第二十三条 鉴定人员应当为鉴定机构（单位）正式员工，熟悉相关法律、法规、标准和规定，具备鉴定工作所需要的专业知识和能力后方可从事鉴定工作。突出鉴定项目负责人必须从事煤矿瓦斯防治工作至少10年以上，并取得高级职称。

鉴定机构（单位）及其鉴定人员从事瓦斯鉴定活动，不得泄露被鉴定单位的技术和商业秘密等信息。

第二十四条 鉴定报告应当有被鉴定矿井（煤层）名称、鉴定机构（单位）名称、鉴定日期以及鉴定人员、鉴定负责人、审核人和授权签字人（批准人）的签字，加盖鉴定机构（单位）公章。突出鉴定报告还应当在鉴定证书中加盖突出鉴定资质章，并附鉴定资质证书复印件。

第二十五条 省级煤炭行业管理部门应当建立本省（区、市）煤矿瓦斯等级鉴定电子档案和数据库。矿井名称、鉴定结果、鉴定机构（单位）等与鉴定有关的信息应当公开。

第二十六条 各级煤矿安全监管部门和煤矿安全监察机构在开展安全监管监察工作时，发现矿井瓦斯的实际情况明显异于矿井瓦斯等级的，应当责令矿井限期进行瓦斯等级鉴定。

第四章 高瓦斯矿井等级鉴定

第二十七条 鉴定开始前应当编制鉴定工作方案，做好仪器准备、人员组织和分工、计划测定路线等。

第二十八条 鉴定应当根据当地气候条件选择在矿井绝对瓦斯涌出量最大的月份，且在矿井正常生产、建设时进行。

第二十九条 参数测定工作应当在鉴定月的上、中、下旬各取1天（间隔不少于7天），每天分3个班（或4个班）、每班3次进行。

第三十条 鉴定时应当准确测定风量、甲烷浓度、二氧化碳浓度及温度、气压等参数，统计井下瓦斯抽采量、月产煤量，全面收集煤层瓦斯压力、瓦斯含量、动力现象及预兆、瓦斯喷出、邻近矿井瓦斯等级等资料。

鉴定实测数据与最近6个月以来矿井安全监控系统的监测数据、通风报表和产量报表数据相差超过10%的，应当分析原因，必要时应当重新测定。

第三十一条 测点应当布置在进、回风巷测风站（包括主要通风机风硐）内，如无测风站，则选取断面规整且无杂物堆积的一段平直巷道作测点。每一测定班应当在同一时间段的正常生产时间进行。

第三十二条 绝对瓦斯涌出量按矿井、采区和采掘工作面等分别计算，相对瓦斯涌出量按矿井、采区或采煤工作面计算，计算方法见附录B，测定的基础数据和汇总表可参照附录E的格式填写。

第三十三条 高瓦斯矿井等级鉴定报告应当采用统一的表格格式（可参考附录E格式），并包括以下主要内容：

（一）矿井基本情况；

（二）矿井瓦斯和二氧化碳测定基础数据表；

（三）矿井瓦斯和二氧化碳测定结果报告表；

（四）标注有测定地点的矿井通风系统示意图；

（五）矿井瓦斯来源分析；

（六）最近5年内矿井的煤尘爆炸性鉴定、煤层自然发火倾向性鉴定、最短发火期及瓦斯（煤尘）爆炸或燃烧等情况；

（七）瓦斯喷出及瓦斯动力现象情况；

（八）鉴定月份生产状况及鉴定结果简要分析或说明；

（九）鉴定单位和鉴定人员；

（十）煤矿瓦斯等级鉴定结果表。

第五章 突出矿井鉴定

第三十四条 突出矿井鉴定应当首先根据实际发生的瓦斯动力现象进行，当由瓦斯动力现象特征不能确定为煤与瓦斯突出或者没有发生瓦斯动力现象时，应当采用实际测定的突出危险性指标进行鉴定。

第三十五条 煤层初次发生瓦斯动力现象的，煤矿应当详细记录瓦斯动力现象的基本特征或保留现场，及时检测并记录瓦斯动力现象影响区域的瓦斯浓度、风量及其变化、抛出的煤（岩）量等情况，并委托鉴定机构开展鉴定工作；或直接认定为突出煤层。鉴定机构接受委托后，应当指派至少2名本机构专业技术人员（其中至少1名具有高级职称）进行现场勘测并核实有关资料。

第三十六条 以瓦斯动力现象特征为主要依据进行鉴定的，应当将现场勘测情况与煤与瓦斯突出的基本特征进行对比，当瓦斯动力现象特征基本符合附录C中的特征时，该瓦斯动力现象为煤与瓦斯突出。

第三十七条 采用煤层突出危险性指标进行突出煤层鉴定的，应当将实际测定的原始煤层瓦斯压力（相对压力）、煤的坚固性系数、煤的破坏类型、煤的瓦斯放散初速度作为鉴定依据。

全部指标均符合下表所列条件的或打钻过程中发生喷孔、顶钻等突出预兆的，鉴定为突出煤层。

否则，煤层的突出危险性可由鉴定机构结合直接法测定的原始瓦斯含量等实际情况综合分析确定，但当$f\leqslant0.3$、$P\geqslant0.74$ MPa，或$0.3<f\leqslant0.5$、$P\geqslant1.0$ MPa，或$0.5<f\leqslant0.8$、$P\geqslant1.50$ MPa，或$P\geqslant2.0$ MPa的，一般鉴定为突出煤层。

煤层突出危险性鉴定指标表

判定指标	煤的破坏类型	瓦斯放散初速度ΔP	煤的坚固性系数f	煤层原始瓦斯压力（相对）P/MPa
有突出危险的临界值及范围	Ⅲ、Ⅳ、Ⅴ	≥10	≤0.5	≥0.74

确定为非突出煤层时，应当在鉴定报告中明确划定鉴定的范围。当采掘工程进入鉴定范围以外的，应当经常性测定瓦斯压力、瓦斯含量及其与突出危险性相关的参数，掌握瓦斯动态。但若是根据第十四条规定进行的突出煤层鉴定确定为非突出煤层的，在开拓新水平、新采区或采深增加超过50 m，或者进入新的地质单元时，应当重新进行突出煤层鉴定。

第三十八条 采用第三十七条进行突出煤层鉴定的，还应当符合下列要求：

（一）鉴定前应当制定鉴定工作方案。

（二）煤层瓦斯压力测定地点应当位于未受采动及抽采影响区域。

（三）突出危险性指标数据应当为实际测定数据。

（四）具备施工穿层钻孔测定瓦斯压力条件的，应当优先选择穿层钻孔；测点布置应当能有效代表待鉴定范围的突出危险性，且应当按照不同的地质单元分别布置，测点分布和数量根据煤层范围大小、地质构造复杂程度等确定，但同一地质单元内沿煤层走向测点不应少于2个、沿倾向不应少于3个，并应当在埋深最大及标高最低的开拓工程部位布置有测点。

（五）用于瓦斯放散初速度和煤的坚固性系数测定的煤样，应当具有代表性，取样地点应当不少于3个。当有软分层时，应当采取软分层煤样。

（六）各指标值取鉴定煤层各测点的最高煤层破坏类型、煤的最小坚固性系数、最大瓦斯放散初速度和最大瓦斯压力值。

（七）所有指标测试应当严格执行相关标准。

第三十九条 当鉴定为非突出煤层时，应当充分考虑测点分布、地质单元、瓦斯赋存规律、地质构造分布、采区边界、开拓标高、采掘部署等因素，合理划定鉴定范围。

第四十条 鉴定报告应当对被鉴定矿井、煤层给出明确的结论，并包括鉴定证书、鉴定说明书和附件三部分。

鉴定证书以表格形式列出被鉴定矿井及煤层名称、鉴定依据、关键测定参数、鉴定结论（含范围）、鉴定机构、鉴定日期、鉴定人员签字。

鉴定说明书中应当包含矿井概况、瓦斯动力现象发生情况或煤层突出危险性指标测定情况及测定结果可靠性分析、确定是否为突出矿井（煤层）的主要依据及鉴定结论、应当采取的措施及管理建议。采用突出危险性指标鉴定时还应当包含瓦斯参数测点、煤样取样点布置图、关键瓦斯压力上升曲线图、鉴定范围图等。

采用突出危险性指标鉴定时，附件应当含有仪器仪表检定证书、突出危险性指标实验测试报告等。

第四十一条 煤与二氧化碳突出煤层的鉴定参照煤与瓦斯突出煤层的鉴定方法进行。

岩石与二氧化碳（瓦斯）突出岩层的鉴定依据为实际发生的动力现象，当动力现象具有如下基本特征时，应当确定为岩石与二氧化碳（瓦斯）突出岩层：

（一）在炸药直接作用范围外，发生破碎岩石被抛出现象；

（二）抛出的岩石中，含有大量的砂粒和粉尘；

（三）产生明显动力效应；

（四）巷道二氧化碳（瓦斯）涌出量明显增大；

（五）在岩体中形成孔洞；

（六）岩层松软，呈片状、碎屑状，岩芯呈凹凸片状，并具有较大的孔隙率和二氧化碳（瓦斯）含量。

第六章 鉴定责任

第四十二条 在鉴定过程中，煤矿提供的相关数据及图纸资料等与实际不符、弄虚作假甚至干扰鉴定工作，导致矿井瓦斯等级降低的，应当由安全生产许可证发放部门撤销其安全生产许可证。

第四十三条 鉴定机构应当对鉴定结果负责；出具虚假鉴定报告的，应当由资质发放部门吊销其鉴定资质，并按照有关法律法规予以处罚。

第七章 附 则

第四十四条 本办法所列附录 A 至附录 E 为本办法的一部分。

第四十五条 本办法自 2018 年 4 月 27 日起施行。

54. 国家煤矿安全监察局关于印发《防范煤矿采掘接续紧张暂行办法》的通知

煤安监技装〔2018〕23号

各产煤省、自治区、直辖市及新疆生产建设兵团煤矿安全监管部门、煤炭行业管理部门，各省级煤矿安全监察局，司法部直属煤矿管理局，有关中央企业：

《防范煤矿采掘接续紧张暂行办法》已经2018年9月3日国家煤矿安监局第29次局长办公会议审议通过，现予印发，自2018年11月1日起施行。

国家煤矿安全监察局
2018年9月21日

防范煤矿采掘接续紧张暂行办法

第一条 为有效管控煤矿采掘接续紧张引发重特大事故风险，根据《国务院关于预防煤矿生产安全事故的特别规定》和《煤矿重大生产安全事故隐患判定标准》，制定本办法。

第二条 矿井有下列情形之一的，为采掘接续紧张：

（一）除衰老矿井和计划停产关闭矿井外，正常生产矿井的开拓煤量、准备煤量、回采煤量（以下简称“三量”）可采期小于本办法第三条规定的最短时间的；

（二）开采煤层群的突出矿井，具备开采保护层条件，未优先选取无突出危险的煤层或者突出危险程度较小的煤层作为保护层开采的；

（三）未按《煤矿安全规程》形成完整的水平或采（盘）区通风、排水、供电、通讯等系统，进行回采巷道施工的；

（四）采（盘）区内同时作业的采煤工作面和煤巷掘进工作面个数超过《煤矿安全规程》规定的；

（五）擅自缩短工作面走向（推进）长度的（除遇大断层构造带或煤层变薄带不可采等外），或未经批准擅自将一个采区划分为多个采区的；

（六）煤层群开采时，未留有足够的顶底板稳定时间，施工近距离邻近煤层回采巷道的；

（七）擅自减少瓦斯、水害等重大灾害治理巷道工程、钻孔工程，或擅自缩减瓦斯抽采时间，减少灾害治理措施的；

（八）采煤工作面生产安全系统未形成进行采煤的；

（九）各省级煤矿安全监察局和煤矿安全监管部门认定并经国家煤矿安全监察局批复确认的其他采掘接续紧张情形。

第三条 矿井开拓煤量可采期应当符合下列规定：

（一）煤与瓦斯突出矿井、水文地质类型极复杂矿井、冲击地压矿井不得少于5年；

（二）高瓦斯矿井、水文地质类型复杂矿井不得少于4年；

（三）其他矿井不得少于3年。

矿井准备煤量可采期应当符合下列规定：

（一）水文地质条件复杂和极复杂矿井、煤与瓦斯突出矿井、冲击地压矿井、煤巷掘进机械化程度与综合机械化采煤程度的比值小于0.7的矿井不得少于14个月；

（二）其他矿井不得少于12个月。

矿井回采煤量可采期应当符合下列规定：

（一）2个及以上采煤工作面同时生产的矿井不得少于5个月；

（二）其他矿井不得少于4个月。

矿井“三量”及“三量”可采期计算方法见附录。

第四条　矿井应当定期计算分析矿井“三量”，确保矿井灾害治理和采掘平衡，通过绘制和填报相应的图、表、台账及文字说明，及时掌握和分析生产准备程度与采掘关系；至少每季度形成期末“三量”动态报表，并根据采掘接续变化，定期（每年不得少于1次）对三量的动态变化进行统计和分析，形成分析报告，编制或修订不少于24个月的采掘工作面接续图表，算出最短的“三量”可采期。

矿井应当建立完善“三量”管理制度，明确责任分工和管理要求。

矿井应当编制矿井生产和灾害治理规划、年度计划，统筹采掘工程、灾害治理工程安排。

第五条　矿井发现“三量”可采期未达到规定要求的，应当及时报告上级公司，并主动降低产量，制定相应的灾害治理和采掘调整计划方案。矿井可根据采掘接续紧张的严重程度，相应调减计划产量，或减少同时作业的采煤工作面个数，并形成正式文件或纪要，报上级公司或负责属地监管的煤矿安全监管部门。工作面回采结束后无接续工作面的，应当确定停采期。

第六条　煤矿上级公司应当加强煤矿灾害治理和采掘平衡管理工作，发现所属矿井采掘接续紧张或接到矿井采掘接续紧张的报告并验证确认后，应当按照“三量”平衡管理要求，以正式文件或纪要形式重新调整下达产量考核指标和相对应的经营考核指标。

第七条　煤矿上级公司明知矿井采掘接续紧张仍然下达导致采掘接续紧张的产量考核指标或相应的经营考核指标的，依法对上级公司进行联合惩戒，导致生产安全事故发生的，依照有关规定对上级公司主要负责人、分管负责人及相关管理部门负责人给予问责。

第八条　煤矿安全监管监察部门发现矿井采掘接续紧张没有主动采取限产或停采措施，仍然进行生产的，应当依照《国务院关于预防煤矿生产安全事故的特别规定》和《煤矿重大生产安全事故隐患判定标准》进行处罚。

第九条　本规定自2018年11月1日起施行。

55. 国家煤矿安全监察局关于印发《防治煤与瓦斯突出细则》的通知

煤安监技装〔2019〕28 号

各产煤省、自治区、直辖市及新疆生产建设兵团煤矿安全监管部门、煤炭行业管理部门，各省级煤矿安全监察局，司法部直属煤矿管理局，有关中央企业，有关煤矿企业（集团）、煤炭科研和设计院所，有关单位：

《防治煤与瓦斯突出细则》已经国家煤矿安全监察局 2019 年第 14 次局长办公会议审议通过，现予公布，自 2019 年 10 月 1 日起施行，请认真贯彻落实。

附件：《防治煤与瓦斯突出细则》

国家煤矿安全监察局

2019 年 7 月 16 日

第一章　总　　则

第一条　为加强防治煤（岩）与瓦斯（二氧化碳）突出（以下简称突出）工作（以下简称防突工作），预防煤矿事故，保障从业人员生命安全，根据《中华人民共和国安全生产法》《中华人民共和国矿山安全法》《煤矿安全规程》等，制定本细则。

第二条　煤矿企业、煤矿和有关单位的防突工作，适用本细则。

第三条　突出煤层是指在矿井井田范围内发生过突出或者经鉴定、认定有突出危险的煤层。

突出矿井是指在矿井开拓、生产范围内有突出煤层的矿井。

第四条　煤矿企业主要负责人、矿长是本单位防突工作的第一责任人。

有突出矿井的煤矿企业、突出矿井应当设置防突机构，建立健全防突管理制度和各级岗位责任制。

突出矿井应当建立突出预警机制，逐步实现突出预兆、瓦斯和地质异常、采掘影响等多元信息的综合预警、快速响应和有效处理。

第五条　有突出矿井的煤矿企业、突出矿井应当依据本细则，结合矿井开采条件，制定、实施区域和局部综合防突措施。

区域综合防突措施包括下列内容：

（一）区域突出危险性预测；

（二）区域防突措施；

（三）区域防突措施效果检验；

（四）区域验证。

局部综合防突措施包括下列内容：

（一）工作面突出危险性预测；

（二）工作面防突措施；

（三）工作面防突措施效果检验；

（四）安全防护措施。

突出矿井应当加强区域和局部（以下简称两个“四位一体”）综合防突措施实施过程的安全管理和质量管控，确保质量可靠、过程可溯。

第六条 防突工作必须坚持“区域综合防突措施先行、局部综合防突措施补充”的原则，按照“一矿一策、一面一策”的要求，实现“先抽后建、先抽后掘、先抽后采、预抽达标”。突出煤层必须采取两个“四位一体”综合防突措施，做到多措并举、可保必保、应抽尽抽、效果达标，否则严禁采掘活动。

在采掘生产和综合防突措施实施过程中，发现有喷孔、顶钻等明显突出预兆或者发生突出的区域，必须采取或者继续执行区域防突措施。

第七条 突出矿井发生突出的必须立即停产，并分析查找原因；在强化实施综合防突措施、消除突出隐患后，方可恢复生产。

非突出矿井首次发生突出的必须立即停产，按本细则的要求建立防突机构和管理制度，完善安全设施和安全生产系统，配备安全装备，实施两个“四位一体”综合防突措施并达到效果后，方可恢复生产。

第八条 具有冲击地压危险的突出矿井，应当根据本矿井条件，制定防治突出和冲击地压复合型煤岩动力灾害的综合技术措施，强化保护层开采、煤层瓦斯抽采及其他卸压措施。

第九条 鼓励煤矿企业、煤矿和科研单位开展防突新技术、新装备、新工艺、新材料的研究、试验和推广应用。

第二章　一　般　规　定

第一节　突出煤层和突出矿井鉴定

第十条 突出煤层和突出矿井的鉴定工作应当由具备煤与瓦斯突出鉴定资质的机构承担。

除停产停建矿井和新建矿井外，矿井内根据本细则第十三条按突出煤层管理的，应当在确定按突出煤层管理之日起6个月内完成该煤层的突出危险性鉴定；否则，直接认定为突出煤层。鉴定机构应当在接受委托之日起4个月内完成鉴定工作，并对鉴定结果负责。

按照突出煤层管理的煤层，必须采取区域或者局部综合防突措施。

煤矿企业应当将突出矿井及突出煤层的鉴定或者认定结果、按照突出煤层管理的情况，及时报省级煤炭行业管理部门、煤矿安全监管部门和煤矿安全监察机构。

第十一条 突出煤层鉴定应当首先根据实际发生的瓦斯动力现象进行，瓦斯动力现象特征基本符合煤与瓦斯突出特征或者抛出煤的吨煤瓦斯涌出量大于等于30 m^3（或者为本区域煤层瓦斯含量2倍以上）的，应当确定为煤与瓦斯突出，该煤层为突出煤层。

当根据瓦斯动力现象特征不能确定为突出，或者没有发生瓦斯动力现象时，应当根据实际测定的原始煤层瓦斯压力（相对压力）P、煤的坚固性系数f、煤的破坏类型、煤的瓦斯放散初速度Δp等突出危险性指标进行鉴定。

当全部指标均符合表1所列条件，或者钻孔施工过程中发生喷孔、顶钻等明显突出预兆的，应当鉴定为突出煤层。否则，煤层突出危险性应当由鉴定机构结合直接法测定的原始瓦斯含量等实际情况综合分析确定，但当$f \leqslant 0.3$、$P \geqslant 0.74$ MPa，或者$0.3 < f \leqslant 0.5$、$P \geqslant 1.0$ MPa，或者$0.5 < f \leqslant 0.8$、$P \geqslant 1.50$ MPa，或者$P \geqslant 2.0$ MPa的，一般鉴定为突出煤层。

表1　煤层突出危险性鉴定指标

判定指标	原始煤层瓦斯压力（相对）P/MPa	煤的坚固性系数 f	煤的破坏类型	煤的瓦斯放散初速度 Δp
有突出危险的临界值及范围	≥0.74	≤0.5	Ⅲ、Ⅳ、Ⅴ	≥10

确定为非突出煤层时，应当在鉴定报告中明确划定鉴定范围。当采掘工程超出鉴定范围的，应当测定瓦斯压力、瓦斯含量及其他与突出危险性相关的参数，掌握煤层瓦斯赋存变化情况。但若是根据本细则第十三条要求进行的突出煤层鉴定确定为非突出煤层的，在开拓新水平、新采区或者采深增加超过 50 m，或者进入新的地质单元时，应当重新进行突出煤层危险性鉴定。

第十二条　突出煤层的认定按以下要求进行：

（一）经事故调查确定为突出事故的所在煤层，或者根据本细则第十三条要求按突出煤层管理超期未完成鉴定的，由省级煤炭行业管理部门直接认定为突出煤层；

（二）煤矿企业自行认定为突出煤层的，应当报省级煤炭行业管理部门、煤矿安全监管部门和煤矿安全监察机构。

第十三条　非突出煤层出现下列情况之一的，应当立即进行煤层突出危险性鉴定，或者直接认定为突出煤层；鉴定或者直接认定完成前，应当按照突出煤层管理：

（一）有瓦斯动力现象的；

（二）煤层瓦斯压力达到或者超过 0.74 MPa 的；

（三）相邻矿井开采的同一煤层发生突出或者被鉴定、认定为突出煤层的。

第十四条　按本细则第十三条要求进行鉴定，结果为非突出煤层但具有下列情况之一的，应当在采掘作业时考察煤层的突出危险性，包括观察突出预兆、分析瓦斯涌出变化情况等，并在井巷揭煤、煤巷掘进及采煤工作面分别采用本细则第八十七条、第八十九条、第九十三条的方法测定突出危险性指标，其中采掘工作面每推进 100 m（地质构造带 50 m）应当进行不少于 2 次的测定：

（一）P≥0.74 MPa 的；

（二）当 P≥0.50 MPa 时，f≤0.5 或者煤层埋深大于 500 m 的。

当突出危险性指标达到或者超过临界值时，则自工作面位置半径 100 m 范围内的煤层应当采取局部综合防突措施。

当后续的采掘作业或者钻孔施工中出现瓦斯动力现象的，应当再次进行煤层突出危险性鉴定，或者直接认定为突出煤层。

第二节　矿井建设和开采基本要求

第十五条　地质勘查阶段应当查明矿床瓦斯地质情况。地质勘查报告应当提供煤层突出危险性的基础资料。

基础资料应当包括下列内容：

（一）煤层赋存条件及其稳定性；

（二）煤的结构类型及工业分析；

（三）煤的坚固性系数、煤层围岩性质及厚度；

（四）煤层瓦斯含量、瓦斯成分和煤的瓦斯放散初速度等指标；

（五）标有瓦斯含量等值线的瓦斯地质图；

（六）地质构造类型及其特征、火成岩侵入形态及其分布、水文地质情况；

（七）勘探过程中钻孔穿过煤层时的瓦斯涌出动力现象；

（八）邻近矿井的瓦斯情况。

第十六条 新建矿井在可行性研究阶段，应当对井田范围内采掘工程可能揭露的所有平均厚度在 0.3 m 及以上的煤层，根据地质勘查资料和邻近生产矿井资料等进行建井前突出危险性评估，并对评估为有突出危险煤层划分出突出危险区和无突出危险区。若地质勘查时期测定的煤层瓦斯含量等参数与邻近生产矿井的参数存在较大差异时，应当对矿井首采区进行专项瓦斯补充勘查，查明首采区瓦斯地质情况。建井前评估结论作为矿井立项、初步设计和指导建井期间揭煤作业的依据。

建井前经评估为有突出危险煤层的，应当按突出矿井设计。

按突出矿井设计的矿井建设工程开工前，应当对首采区内评估有突出危险且瓦斯含量大于等于 12 m^3/t 的煤层进行地面井预抽煤层瓦斯，预抽率应当达到30%以上。

煤矿防突工作基本流程见附录 A。

第十七条 按突出矿井设计的新建矿井在建井期间，突出煤层鉴定完成前必须对评估为有突出危险的煤层采取区域综合防突措施，评估为无突出危险的煤层必须采取区域或者局部综合防突措施。

按非突出矿井设计的新建矿井在建井期间，所有平均厚度 0.3 m 以上的煤层在首次揭煤时，应当测定瓦斯压力、瓦斯含量等参数。

第十八条 根据建井前评估结果进行的突出矿井设计及突出矿井的新水平、新采区设计，必须有防突设计篇章。非突出矿井升级为突出矿井时，必须编制矿井防突专项设计。设计应当包括开拓方式、煤层开采顺序、采区巷道布置、采煤方法、通风系统、防突设施（设备）、两个“四位一体”综合防突措施等内容。

突出矿井必须建立地面永久瓦斯抽采系统。

突出矿井必须对防突措施的技术参数和效果进行实际考察确定。

第十九条 建井前经评估为有突出危险煤层的新建矿井，建井期间应当对开采煤层及其他可能对采掘活动造成威胁的煤层进行突出危险性鉴定或者认定。鉴定工作应当在巷道揭穿煤层前开始。所有需要进行鉴定的新建矿井，在建井期间鉴定为突出煤层的应当及时提交鉴定报告；鉴定为非突出煤层的，在建井期间应当采取区域或者局部综合防突措施，并在矿井建设三期工程竣工前完成突出鉴定工作。

第二十条 新建突出矿井设计生产能力不得低于 0.9 Mt/a，且不得高于 5.0 Mt/a。

新建突出矿井第一生产水平开采深度不得超过 800 m，生产的突出矿井延深水平开采深度不得超过 1200 m。

第二十一条 突出矿井的新水平和新采区开拓设计前，应当根据地质勘查资料、上水平及邻近区域的实测和生产资料等，参照本细则第五十八条方法，对新水平或者新采区内平均厚度在 0.3 m 以上的煤层进行区域突出危险性评估，评估结论作为新水平和新采区设计以及揭煤作业的依据。对评估为无突出危险的煤层，所有井巷揭煤作业还必须采取区域或者局部综合防突措施；对评估为有突出危险的煤层，按突出煤层进行设计。

突出矿井的设计应当根据对各煤层突出危险性的区域评估结果等，确定煤层开采顺序、巷道布置、区域防突措施的方式和主要参数等。非突出煤层区域评估为有突出危险的，开拓期间的所有揭煤作业前应当采取区域综合防突措施。

第二十二条 突出矿井和按突出矿井设计的矿井，巷道布置设计应当符合下列要求：

（一）斜井和平硐，运输和轨道大巷、主要进（回）风巷等主要巷道应当布置在岩层或者无突出危险煤层中。采区上下山布置在突出煤层中时，必须布置在评估为无突出危险区或者采用区域防突措施（顺层钻孔预抽煤巷条带煤层瓦斯除外）有效的区域；

（二）减少井巷揭开（穿）突出煤层的次数，揭开（穿）突出煤层的地点应当合理避开地质构造带；

（三）突出煤层的巷道优先布置在被保护区域、其他有效卸压区域或者无突出危险区域。

第二十三条　突出矿井必须确定合理的采掘部署，使煤层的开采顺序、巷道布置、采煤方法、采掘接替等有利于区域防突措施的实施。

突出矿井在编制生产发展规划和年度生产计划时，必须同时编制相应的区域防突措施规划和年度实施计划，将保护层开采、区域预抽煤层瓦斯等工程与矿井采掘部署、工程接替等统一安排，使矿井的开拓区、抽采区、保护层开采区和被保护区按比例协调配置，确保采掘作业在区域防突措施有效区域内进行。

第二十四条　突出矿井应当有效防范采掘接续紧张，根据采掘接续变化，至少每年进行1次矿井开拓煤量、准备煤量、回采煤量（以下简称“三量”）统计和分析。

正常生产的突出矿井“三量”可采期的最短时间为：

（一）开拓煤量可采期不得少于5年；

（二）准备煤量可采期不得少于14个月；

（三）2个及以上采煤工作面同时生产的矿井回采煤量可采期不得少于5个月，其他矿井不得少于4个月。

当矿井“三量”低于上述要求时，应当及时降低煤炭产量，制定相应的灾害治理和采掘调整计划方案。

第二十五条　突出矿井地质测量工作必须遵守下列规定：

（一）地质测量部门与防突机构、通风部门共同编制矿井瓦斯地质图。图中应当标明采掘进度、被保护范围、煤层赋存条件、地质构造、突出点的位置、突出强度、瓦斯基本参数及绝对瓦斯涌出量和相对瓦斯涌出量等资料，作为区域突出危险性预测和制定防突措施的依据。矿井瓦斯地质图更新周期不得超过1年、工作面瓦斯地质图更新周期不得超过3个月；

（二）地质测量部门在采掘工作面距离未保护区边缘50 m前，编制临近未保护区通知单，并报煤矿总工程师审批后交有关采掘区（队）；

（三）在突出煤层顶、底板掘进岩巷时，地质测量部门必须提前进行地质预测，编制巷道剖面图，及时掌握施工动态和围岩变化情况，验证提供的地质资料，并定期通报给煤矿防突机构和采掘区（队）；遇有较大变化时，随时通报。

第二十六条　突出矿井开采的非突出煤层和高瓦斯矿井的开采煤层，在延深达到或者超过50 m或者开拓新采区时，必须测定煤层瓦斯压力、瓦斯含量及其他与突出危险性相关的参数。

突出矿井的非突出煤层和高瓦斯矿井各煤层在新水平、新采区开拓工程的所有煤巷掘进过程中，应当密切观察突出预兆，并在开拓工程揭穿这些煤层时执行揭煤工作面的局部综合防突措施。

有突出危险煤层的新建矿井或者突出矿井，开拓新水平的井巷第一次揭穿（开）厚度为0.3 m及以上煤层时，必须超前探测煤层厚度及地质构造、测定煤层瓦斯压力及瓦斯含量等与突出危险性相关的参数。

第二十七条　突出煤层的采掘作业应当遵守下列规定：

（一）严禁采用水力采煤法、倒台阶采煤法或者其他非正规采煤法；

（二）容易自燃的突出煤层在无突出危险区或者采取区域防突措施有效的区域进行放顶煤开采时，煤层瓦斯含量不得大于6 m^3/t；

（三）采用上山掘进时，上山坡度在25°~45°的，应当制定包括加强支护、减小巷道空顶距等内容的专项措施，并经煤矿总工程师批准；当上山坡度大于45°时，应当采用双上山掘进方式，并加强支护，减少空顶距和空顶时间；

（四）坡度大于25°的上山掘进工作面采用爆破作业时，应当采用深度不大于1.0 m的炮眼远距离全断面一次爆破；

（五）预测或者认定为突出危险区的采掘工作面严禁使用风镐作业；

（六）掘进工作面与煤层巷道交叉贯通前，被贯通的煤层巷道必须超过贯通位置，其超前距不得小于5 m，并且贯通点周围10 m内的巷道应当加强支护。

在掘进工作面与被贯通巷道距离小于50 m的作业期间，被贯通巷道内不得安排作业，保持正常通风，并且在掘进工作面爆破时不得有人；在贯通相距50 m以前实施钻孔一次打透，只允许向一个方向掘进；

（七）在突出煤层的煤巷中安装、更换、维修或者回收支架时，必须采取预防煤体冒落引起突出的措施；

（八）突出矿井的所有采掘工作面使用安全等级不低于三级的煤矿许用含水炸药。

第二十八条 突出煤层任何区域的任何工作面进行揭煤和采掘作业期间，必须采取安全防护措施。

突出矿井的入井人员必须随身携带隔离式自救器。

第二十九条 在突出煤层顶、底板及邻近煤层中掘进巷道（包括钻场等）时，必须超前探测煤层及地质构造情况，分析勘测验证地质资料，编制巷道剖面图，及时掌握施工动态和围岩变化情况，防止误穿突出煤层。当巷道距离突出煤层的最小法向距离小于10 m时（在地质构造破坏带小于20 m时），必须先探后掘。

在距突出煤层突出危险区法向距离小于5 m的邻近煤、岩层内进行采掘作业前，必须对突出煤层相应区域采取区域防突措施并经区域效果检验有效。

第三十条 在同一突出煤层正在采掘的工作面应力集中范围内，不得安排其他工作面同时进行回采或者掘进。应力集中范围由煤矿总工程师确定,但2个采煤工作面之间的距离不得小于150 m；采煤工作面与掘进工作面的距离不得小于80 m；2个同向掘进工作面之间的距离不得小于50 m；2个相向掘进工作面之间的距离不得小于60 m。

突出煤层的掘进工作面应当避开邻近煤层采煤工作面的应力集中范围，与可能造成应力集中的邻近煤层相向掘进工作面的间距不得小于60 m，相向采煤工作面的间距不得小于100 m。

第三十一条 突出矿井的通风系统应当符合下列要求：

（一）井巷揭穿突出煤层前，具有独立的、可靠的通风系统；

（二）突出矿井、有突出煤层的采区应当有独立的回风系统，并实行分区通风，采区回风巷和区段回风石门是专用回风巷。突出煤层采掘工作面回风应当直接进入专用回风巷。准备采区时，突出煤层掘进巷道的回风不得经过有人作业的其他采区回风巷；

（三）开采有瓦斯喷出、有突出危险的煤层，或者在距离突出煤层最小法向距离小于10 m的区域掘进施工时，严禁2个工作面之间串联通风；

（四）突出煤层双巷掘进工作面不得同时作业，其他突出煤层区域预测为危险区域的采掘工作面，其进入专用回风巷前的回风严禁切断其他采掘作业地点唯一安全出口；

（五）突出矿井采煤工作面的进、回风巷内，以及煤巷、半煤岩巷和有瓦斯涌出的岩巷掘进工作面回风流中，采区回风巷及总回风巷，应当安设全量程或者高低浓度甲烷传感器；突出矿井采煤工作面的进风巷内甲烷传感器应当安设在距工作面10 m以内的位置；

（六）开采突出煤层时，工作面回风侧不得设置调节风量的设施；

（七）严禁在井下安设辅助通风机；

（八）突出煤层采用局部通风机通风时，必须采用压入式。

第三十二条 施工防突措施钻孔时，应当满足以下要求：

（一）在钻机回风侧 10 m 范围内应当设置甲烷传感器，并具备超限报警断电功能。采用干式排渣工艺施工时，还应当悬挂一氧化碳报警仪或者设置一氧化碳传感器；

（二）煤层瓦斯压力达到或者超过2 MPa 的区域，以及施工钻孔时出现喷孔、顶钻等动力现象的，应当采取防止瓦斯超限和喷孔顶钻伤人等措施或者使用远程操控钻机施工。钻孔施工与受威胁的掘进工作面，以及回风流中的采掘工作面不得同时作业；

（三）顺层钻孔直径超过 120 mm 时，必须制定专门的防止钻孔施工期间发生突出的安全措施。

第三十三条 突出矿井严禁使用架线式电机车。

突出矿井井下进行电焊、气焊和喷灯焊接等明火作业时，必须制定专门的安全技术措施并经矿长批准，且停止突出煤层的掘进、回采、钻孔、支护以及其他所有扰动突出煤层的作业。

第三十四条 清理突出的煤（岩）时，必须制定防煤尘、片帮、冒顶、瓦斯超限、火源、煤层自燃，以及防止再次发生突出事故的安全技术措施。

突出孔洞应当及时充填、封闭严实或者进行支护，在过突出孔洞及其附近 30 m 范围内进行采掘作业时，必须加强支护。

第三节 防突管理及培训

第三十五条 有突出矿井的煤矿企业主要负责人应当每季度、突出矿井矿长应当每月至少进行 1 次防突专题研究，检查、部署防突工作，解决防突所需的人力、财力、物力，确保抽、掘、采平衡和防突措施的落实。

有突出矿井（煤层）的煤矿企业、煤矿应当建立防突技术管理制度，煤矿企业技术负责人、煤矿总工程师对防突工作负技术责任，负责组织编制、审批、检查防突工作规划、计划和措施。

煤矿企业、煤矿的分管负责人负责落实所分管范围内的防突工作。

煤矿企业、煤矿的各职能部门负责人对职责范围内的防突工作负责；区（队）长、班组长对管辖范围内防突工作负直接责任；瓦斯防突工对所在岗位的防突工作负责。

煤矿企业、煤矿的安全生产管理部门负责对防突工作的监督检查。

第三十六条 有突出煤层的煤矿企业、煤矿应当设置满足防突工作需要的专业防突队伍。

突出矿井必须编制突出事故应急预案。突出煤层每个采掘工作面开始作业后 10 天内应当进行 1 次突出事故逃生、救援演习，以后每半年至少进行 1 次逃生演习，但当安全设施或者作业人员发生较大变化时必须进行 1 次逃生演习。

第三十七条 有突出煤层的煤矿企业、煤矿在编制年度、季度、月度生产建设计划时，必须同时编制年度、季度、月度防突措施计划，保证抽、掘、采平衡。

防突措施计划及所需的人力、物力、财力保障安排由煤矿企业技术负责人和煤矿总工程师组织编制，煤矿企业主要负责人、矿长审批，分管负责人组织实施。

第三十八条 各项防突措施按照下列要求贯彻实施：

（一）施工前，施工防突措施的区（队）负责向本区（队）从业人员讲解并严格组织实施防突措施；

（二）采掘作业时，应当严格执行防突措施的规定并有详细准确的记录。由于地质条件或者其他原因不能执行所规定的防突措施的，施工区（队）必须立即停止作业并报告矿调度室，经煤矿总工程师组织有关人员到现场调查后，由原措施编制部门提出修改或者补充措施，并按原措施的审批程序重新审批后方可继续施工；其他部门或者个人不得改变已批准的防突措施；

（三）煤矿企业的主要负责人、技术负责人应当每季度至少 1 次到现场检查各项防突措施的落实情况。矿长和总工程师应当每月至少 1 次到现场检查各项防突措施的落实情况；

（四）煤矿企业、煤矿的防突机构应当随时检查综合防突措施的实施情况，并及时将检查结果分别向煤矿企业主要负责人和技术负责人、矿长和总工程师汇报，有关负责人应当对发现的问题立即组织解决；

（五）煤矿企业、煤矿进行安全检查时，必须检查综合防突措施的编制、审批和贯彻执行情况。

第三十九条 突出煤层采掘工作面每班必须有专人经常检查瓦斯。

突出煤层工作面的作业人员、瓦斯检查工、班组长应当熟悉突出预兆，发现有突出预兆时，必须立即停止作业，按避灾路线撤出，并报告矿调度室。班组长、瓦斯检查工、矿调度员有权责令相关现场作业人员停止作业、停电撤人。

突出煤层采掘工作面爆破工作必须由固定的专职爆破工担任。

第四十条 防突技术资料的管理工作应当符合下列要求：

（一）每次发生突出后，煤矿企业指定专人进行现场调查，认真填写突出记录卡片，提交专题调查报告，分析突出发生的原因，总结经验教训，制定对策措施；

（二）每年第一季度将上年度发生煤与瓦斯突出矿井的基本情况调查表（见附录B）、煤与瓦斯突出记录卡片（见附录C）、矿井煤与瓦斯突出汇总表（见附录D）连同总结资料报省级煤炭行业管理部门；

（三）所有有关防突工作的资料均存档；

（四）煤矿企业每年对全年的防突技术资料进行系统分析总结，掌握突出规律，完善防突措施。

第四十一条 突出矿井的管理人员和井下工作人员必须接受防突知识的培训，经考试合格后方可上岗作业。

各类人员的培训达到下列要求：

（一）突出矿井的井下工作人员的培训包括防突基本知识以及与本岗位相关的防突规章制度；

（二）突出矿井的区（队）长、班组长和有关职能部门的工作人员应当全面熟悉两个“四位一体”综合防突措施、防突的规章制度等内容；

（三）突出矿井的防突工属于特种作业人员，必须接受防突知识、操作技能的专门培训，并取得特种作业操作证；

（四）有突出矿井的煤矿企业技术负责人和突出矿井的矿长、总工程师应当接受防突专项培训，具备突出矿井的安全生产知识和管理能力。

第四十二条 突出矿井的矿长、总工程师、防突机构和安全管理机构负责人、防突工应当满足下列要求：

矿长、总工程师应当具备煤矿相关专业大专及以上学历，具有3年以上煤矿相关工作经历；

防突机构和安全管理机构负责人应当具备煤矿相关中专及以上学历，具有2年以上煤矿相关工作经历；

防突机构应当配备不少于2名专业技术人员，具备煤矿相关专业中专及以上学历；

防突工应当具备初中及以上文化程度（新上岗的煤矿特种作业人员应当具备高中及以上文化程度），具有煤矿相关工作经历，或者具备职业高中、技工学校及中专以上相关专业学历。

第四十三条 突出矿井应当开展突出事故的监测报警工作，实时监测、分析井下各相关地点瓦斯浓度、风量、风向等的突变情况，及时判断突出事故发生的时间、地点和可能的波及范围等。一旦判断发生突出事故，及时采取断电、撤人、救援等措施。

第四节 综合防突措施实施过程管理与突出预兆管控

第四十四条 突出矿井应当对两个“四位一体”综合防突措施的实施进行全过程管理，建立完善综合防突措施实施、检查、验收、审批等管理制度。

突出矿井应当详细记录突出预测、防突措施实施、措施效果检验、区域验证等关键环节的主要信息，并与视频监控、仪器测量、抽采计量等数据统一归档管理，并至少保存至相关区域采掘作业结束。

鼓励突出矿井建立防突信息系统，实施信息化管理。

第四十五条 区域预测或者区域措施效果检验测定瓦斯压力、瓦斯含量等参数时，应当记录测试时间、测试点位置、钻孔竣工轨迹及参数、钻进异常现象、取样及测试情况、测定结果和人员等信息。测试点及测定钻孔轨迹应当在瓦斯地质图或者防突措施竣工图上标注。

区域预测报告和区域防突措施效果检验报告，应当附包含测定钻孔记录和测定结果等数据资料的表单，记录和表单由测定人员及其部门负责人审核签字。

第四十六条 采用预抽煤层瓦斯区域防突措施的，应当采取措施确保预抽瓦斯钻孔能够按设计参数控制整个预抽区域。应当记录钻孔位置、实际参数、见煤见岩情况、钻进异常现象、钻孔施工时间和人员等信息，并绘制防突措施竣工图等。有关信息资料应当经施工人员、验收人员和负责人审核签字。

采用穿层钻孔预抽煤层瓦斯区域防突措施的，钻孔施工过程中出现见（止）煤深度与设计相差 5 m 及以上时，应当及时核查分析，不合格的及时补孔，出现喷孔、顶钻或者瓦斯异常现象的，应当在防突措施竣工图中标注清楚。防突措施竣工图应当有平面图和剖面图。采用顺层钻孔预抽煤层瓦斯区域防突措施的，必须及时核查分析，绘制平面图，对钻孔见岩长度超过孔深五分之一的，必须对有煤区域提前补孔，消除煤孔空白带。

第四十七条 区域预测、区域预抽、区域效果检验等钻孔施工应当采用视频监控等手段检查确认钻孔深度，并建立核查分析制度。

深度超过 120 m 的预抽瓦斯钻孔应当每 10 个钻孔至少测定 2 个钻孔的轨迹，深度 60 ~ 120 m 的应当每 10 个钻孔至少测定 1 个钻孔的轨迹。对穿层预抽瓦斯钻孔实际见（止）煤与设计见（止）煤长度误差超过三分之一的钻孔应当测定该钻孔轨迹。当钻孔控制范围不足或者存在空白区域时，必须补充区域防突措施。

预抽煤层瓦斯时应当记录每个钻孔的接抽时间，定期测定钻孔的浓度、负压；分单元安装抽采自动计量装置，按措施效果检验单元分别监测或者检测管道瓦斯的浓度、负压、流量、温度、一氧化碳等，自动计量或者统计计算单元的瓦斯抽采量。抽采自动计量数据或者统计计算数据作为预抽效果检验的基础数据。

第四十八条 局部综合防突措施由煤矿总工程师审批并落实。钻孔施工、核查、预测和效果检验管理比照区域综合防突措施执行，但可以不进行钻孔轨迹测定，采煤工作面区域验证和局部综合防突措施的钻孔施工可以不用视频监控。

工作面预测和措施效果检验报告应当按规定程序审核、审批。

第四十九条 突出矿井应当建立通风瓦斯日分析制度、突出预警分析与处置制度和突出预兆的报告制度。总工程师、安全矿长或者通风副总工程师负责每天组织防突、通风、地质和监测监控等人员对突出煤层的采掘工作面瓦斯涌出异常等现象，以及钻孔施工中出现的顶钻、喷孔等明显的突出预兆进行全面分析、查明原因，并采取措施、建立台账。

突出矿井应当利用人工观测、物探和钻探、煤矿安全监控系统、视频监控等手段综合分析地质构造、煤层赋存条件变化、采掘应力集中、瓦斯涌出异常变化、顶钻、卡钻、喷孔等现象。

采用人工观测、物探和钻探等手段发现突出煤层采掘工作面前方遇有断层、褶曲、火成岩侵入、煤层赋存条件急剧变化等情况时，应当按突出危险工作面采取防突措施。

通过监测和综合分析辨识发现有明显突出预兆时，应当及时发出煤层突出危险性动态预警，撤离现场作业人员，分析原因、采取措施。

突出煤层的采掘工作面应当编制防突预测图。防突预测图以煤层瓦斯地质图为基图，将采掘工程范围内的煤层赋存、瓦斯地质、巷道布置、综合防突措施等内容标注在图纸上，分别挂设在地面调度室和井下现场，用于指导工作面防突工作。

第五十条 在采掘过程中应当随时观测突出预兆。典型的突出预兆主要包括：响煤炮声（机枪声、闷雷声、劈裂声），喷孔、顶钻，煤壁外鼓、掉渣，瓦斯涌出持续增大或者忽大忽小，煤尘增大，煤壁温度降低、挂汗等。

第三章 区域综合防突措施

第一节 区域综合防突工作程序和要求

第五十一条 突出矿井应当主要依据煤层瓦斯的井下实测资料，并结合地质勘查资料、上水平及邻近区域的实测和生产资料等对开采的突出煤层进行区域突出危险性预测（以下简称区域预测）。经区域预测后，突出煤层划分为无突出危险区和突出危险区，用于指导采煤工作面设计和采掘生产作业。

未进行区域预测的区域视为突出危险区。

第五十二条 突出煤层区域预测的范围根据突出矿井的开拓方式、巷道布置、地质构造分布、测试点布置等情况划定。区域预测范围最大不得超出1个采（盘）区，一般不小于1个区段。若1个区段预测为突出危险区的，不得在该区段内划分无突出危险区；若预测为无突出危险区的，可根据区段内测定的煤层瓦斯参数、煤层赋存、地质构造等逐块段进行区域预测。

第五十三条 对已确切掌握煤层突出危险区域的分布规律，并有可靠的煤层赋存条件、地质构造、瓦斯参数等预测资料的，区域预测工作由总工程师组织实施；否则，应当委托有煤与瓦斯突出鉴定资质的机构进行区域预测。

区域预测结果为无突出危险区的应当由煤矿企业技术负责人批准。

第五十四条 经区域预测为突出危险区的煤层，必须采取区域防突措施并进行区域防突措施效果检验。经效果检验仍为突出危险区的，必须继续进行或者补充实施区域防突措施。

经区域预测或者区域防突措施效果检验为无突出危险区的煤层进行揭煤和采掘作业时，必须采用工作面预测方法进行区域验证。

所有区域防突措施的设计均由煤矿企业技术负责人批准。

当区域预测或者区域防突措施效果检验结果认定为无突出危险区时，如果采掘过程中发现所依据的条件发生明显变化的，煤矿总工程师应当及时组织分析其对区域煤层突出危险性可能产生的影响，采取相应的对策和措施。

以下区域在实施区域验证、局部综合防突措施或者采掘作业中，发现有喷孔、顶钻等明显突出预兆或者发生突出的，必须采取或者继续执行区域防突措施。

（一）在原有区域预测划分的无突出危险区内发生明显突出预兆或者突出的位置以上20 m（埋深）及以下的范围；

（二）在实施预抽煤层瓦斯区域防突措施的区域发生明显突出预兆或者突出的位置半径100 m范围内。

第五十五条 矿井首次开采某个保护层或者保护层与被保护层的层间距、岩性及保护层开采厚度等发生了较大变化时，应当对被保护层的保护效果及其有效保护范围进行实际考察。经保护效果考察有效的范围为无突出危险区。若经实际考察被保护层的最大膨胀变形量大于3‰，则检验和考察结果可适用于具有同一保护层和被保护层关系的其他区域。

有下列情况之一的，必须对每个被保护工作面的保护效果进行检验：

（一）未实际考察保护效果和保护范围的；

（二）最大膨胀变形量未超过3‰的；

（三）保护层的开采厚度小于等于0.5 m的；

（四）上保护层与被保护突出煤层间距大于50 m或者下保护层与被保护突出煤层间距大于80 m的。

保护效果和保护范围考察结果由煤矿企业技术负责人批准。

第五十六条 突出危险区的煤层不具备开采保护层条件的，必须采用预抽煤层瓦斯区域防突措施并进行区域防突措施效果检验。

预抽煤层瓦斯区域防突措施效果检验结果应当经煤矿总工程师批准。

第二节 区域突出危险性预测

第五十七条 区域预测一般根据煤层瓦斯参数结合瓦斯地质分析的方法进行，也可以采用其他经试验证实有效的方法。

根据煤层瓦斯压力和瓦斯含量进行区域预测的临界值应当由具有煤与瓦斯突出鉴定资质的机构进行试验考察。试验方案和考察结果应用前由煤矿企业技术负责人批准。

区域预测新方法的研究试验应当由具有煤与瓦斯突出鉴定资质的机构进行，并在试验前由煤矿企业技术负责人批准。

第五十八条 根据煤层瓦斯参数结合瓦斯地质分析的区域预测方法应当按照下列要求进行：

（一）煤层瓦斯风化带为无突出危险区；

（二）根据已开采区域确切掌握的煤层赋存特征、地质构造条件、突出分布的规律和对预测区域煤层地质构造的探测、预测结果，采用瓦斯地质分析的方法划分出突出危险区。当突出点或者具有明显突出预兆的位置分布与构造带有直接关系时，则该构造的延伸位置及其两侧一定范围的煤层为突出危险区；否则，在同一地质单元内，突出点和具有明显突出预兆的位置以上20 m（垂深）及以下的范围为突出危险区（图1）；

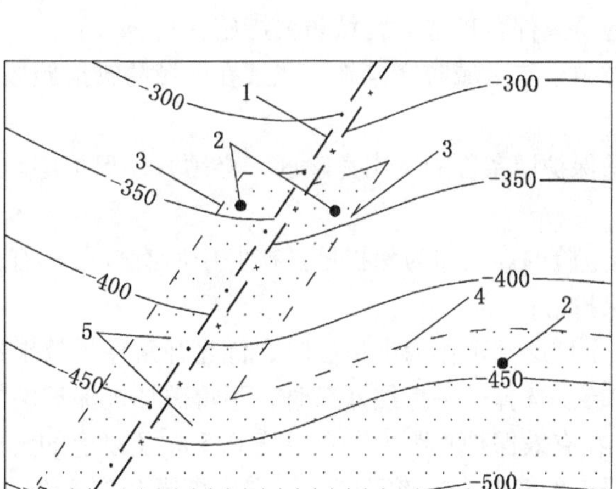

1—断层；2—突出点或者突出预兆位置；

3—根据突出点或者突出预兆点推测的断层两侧突出危险区边界线；

4—推测的下部区域突出危险区上边界线；5—突出危险区（阴影部分）

图1 根据瓦斯地质分析划分突出危险区示意图

（三）在第一项划分出的无突出危险区和第二项划分的突出危险区以外的范围，应当根据煤层瓦

斯压力 P 和煤层瓦斯含量 W 进行预测。预测所依据的临界值应当根据试验考察确定，在确定前可暂按表 2 预测。

表 2　根据煤层瓦斯压力和瓦斯含量进行区域预测的临界值

瓦斯压力 P/MPa	瓦斯含量 $W/(m^3 \cdot t^{-1})$	区域类别
$P<0.74$	$W<8$（构造带 $W<6$）	无突出危险区
除上述情况以外的其他情况		突出危险区

第五十九条　区域预测所依据的主要瓦斯参数测定应当符合下列要求：

（一）煤层瓦斯压力、瓦斯含量等参数应当为井下实测数据，用直接法测定瓦斯含量时应当定点取样；

（二）测定煤层瓦斯压力、瓦斯含量等参数的测试点在不同地质单元内根据其范围、地质复杂程度等实际情况和条件分别布置；同一地质单元内沿煤层走向布置测试点不少于 2 个，沿倾向不少于 3 个，并确保在预测范围内埋深最大及标高最低的部位有测试点。

第三节　区 域 防 突 措 施

第六十条　区域防突措施是指在突出煤层进行采掘前，对突出危险区煤层较大范围采取的防突措施。区域防突措施包括开采保护层和预抽煤层瓦斯2 类。

开采保护层分为上保护层和下保护层 2 种方式。

预抽煤层瓦斯区域防突措施可采用的方式有：地面井预抽煤层瓦斯、井下穿层钻孔或者顺层钻孔预抽区段煤层瓦斯、顺层钻孔或者穿层钻孔预抽回采区域煤层瓦斯、穿层钻孔预抽井巷（含立、斜井，石门等）揭煤区域煤层瓦斯、穿层钻孔预抽煤巷条带煤层瓦斯、顺层钻孔预抽煤巷条带煤层瓦斯、定向长钻孔预抽煤巷条带煤层瓦斯等。

煤矿应当根据生产和地质条件合理选取区域防突措施。

突出煤层突出危险区必须采取区域防突措施，严禁在区域防突措施效果未达到要求的区域进行采掘作业。

第六十一条　具备开采保护层条件的突出危险区，必须开采保护层。选择保护层应当遵循下列原则：

（一）优先选择无突出危险的煤层作为保护层。矿井中所有煤层都有突出危险时，应当选择突出危险程度较小的煤层作为保护层；

（二）当煤层群中有几个煤层都可作为保护层时，优先开采保护效果最好的煤层；

（三）优先选择上保护层。选择下保护层开采时，不得破坏被保护层的开采条件；

（四）开采煤层群时，在有效保护垂距内存在厚度 0.5 m 及以上的无突出危险煤层的，除因与突出煤层距离太近威胁保护层工作面安全或者可能破坏突出煤层开采条件的情况外，应当作为保护层首先开采。

第六十二条　开采保护层区域防突措施应当符合下列要求：

（一）开采保护层时，应当做到连续和规模开采，同时抽采被保护层和邻近层的瓦斯；

（二）开采近距离保护层时，必须采取防止误穿突出煤层和被保护层卸压瓦斯突然涌入保护层工作面的措施；

（三）正在开采的保护层采煤工作面必须超前于被保护层的掘进工作面，超前距离不得小于保护层与被保护层之间法向距离的 3 倍，并不得小于 100 m。应当将保护层工作面推进情况在瓦斯地质图上标注，并及时更新；

（四）开采保护层时，采空区内不得留设煤（岩）柱。特殊情况需留煤（岩）柱时，必须将煤（岩）柱的位置和尺寸准确标注在采掘工程平面图和瓦斯地质图上，在瓦斯地质图上还应当标出煤（岩）柱的影响范围，在煤（岩）柱及其影响范围内的突出煤层采掘作业前，必须采取预抽煤层瓦斯区域防突措施。

当保护层留有不规则煤柱时，按照其最外缘的轮廓划出平直轮廓线，并根据保护层与被保护层之间的层间距变化，确定煤柱影响范围；在被保护层进行采掘作业期间，还应当根据采掘工作面瓦斯涌出情况及时修改煤柱影响范围。

第六十三条 开采保护层的有效保护范围及有关参数应当根据试验考察确定，并报煤矿企业技术负责人批准后执行。

首次开采保护层时，可参照附录 E 确定沿倾斜的保护范围、沿走向（始采线、终采线）的保护范围、保护层与被保护层之间的最大保护垂距、开采下保护层时不破坏上部被保护层的最小层间距等参数。

保护层开采后，在有效保护范围内的被保护层区域为无突出危险区，超出有效保护范围的区域仍然为突出危险区。

对不具备保护层开采条件的突出厚煤层，利用上分层或者相邻区段开采后形成的卸压作用保护下分层或者相邻区段煤层时，应当依据实际考察结果确定其有效保护范围。

第六十四条 采取井下预抽煤层瓦斯区域防突措施时，应当遵守下列规定：

（一）穿层钻孔或者顺层钻孔预抽区段煤层瓦斯区域防突措施的钻孔应当控制区段内整个回采区域、两侧回采巷道及其外侧如下范围内的煤层：倾斜、急倾斜煤层巷道上帮轮廓线外至少 20 m（均为沿煤层层面方向的距离，下同），下帮至少 10 m；其他煤层为巷道两侧轮廓线外至少各 15 m；

（二）顺层钻孔或者穿层钻孔预抽回采区域煤层瓦斯区域防突措施的钻孔应当控制整个回采区域的煤层。具备条件的，井下预抽煤层瓦斯钻孔应当优先采用定向钻机施工；

（三）穿层钻孔预抽井巷揭煤区域煤层瓦斯区域防突措施的钻孔应当在揭煤工作面距煤层最小法向距离 7 m 以前实施，并用穿层钻孔至少控制以下范围的煤层：石门和立井、斜井揭煤处巷道轮廓线外 12 m（急倾斜煤层底部或者下帮 6 m），同时还应当保证控制范围的外边缘到巷道轮廓线（包括预计前方揭煤段巷道的轮廓线）的最小距离不小于 5 m。

当区域防突措施难以一次施工完成时，可分段实施，但每一段都应当能保证揭煤工作面到巷道前方至少 20 m 之间的煤层内，区域防突措施控制范围符合上述要求；

（四）穿层钻孔预抽煤巷条带煤层瓦斯区域防突措施的钻孔应当控制整条煤层巷道及其两侧一定范围内的煤层。该范围与本条第一项中巷道外侧的要求相同；

（五）顺层钻孔预抽煤巷条带煤层瓦斯区域防突措施的钻孔应当控制煤巷条带前方长度不小于 60 m，煤巷两侧控制范围与本条第一项中巷道外侧的要求相同；

（六）定向长钻孔预抽煤巷条带煤层瓦斯区域防突措施的钻孔应当采用定向钻进工艺施工预抽钻孔，且钻孔应当控制煤巷条带煤层前方长度不小于300 m 和煤巷两侧轮廓线外一定范围，该范围与本条第一项中巷道外侧的要求相同；

（七）当煤巷掘进和采煤工作面在预抽煤层瓦斯防突效果有效的区域内作业时，工作面距未预抽或者预抽防突效果无效区域边界的最小距离不得小于20 m；

（八）厚煤层分层开采时，预抽钻孔应当一次性穿透全煤层，不能穿透的，应当控制开采分层及其上部法向距离至少 20 m、下部 10 m 范围内的煤层，当遇有局部煤层增厚时，应当对钻孔布置做相应的调整或者增加钻孔；

（九）对距本煤层法向距离小于 5 m 的平均厚度大于 0.3 m 的邻近突出煤层，预抽钻孔控制范围与本煤层相同。

（十）煤层瓦斯压力达到 3 MPa 的区域应当采用地面井预抽煤层瓦斯，或者开采保护层，或者采用远程操控钻机施工钻孔预抽煤层瓦斯；

（十一）不具备按要求实施区域防突措施条件，或者实施区域防突措施时不能满足安全生产要求的突出煤层或者突出危险区，不得进行开采活动，并划定禁采区和限采区。

第六十五条 采用顺层钻孔预抽煤巷条带煤层瓦斯作为区域防突措施时，钻孔预抽煤层瓦斯的有效抽采时间不得少于 20 天；如果在钻孔施工过程中发现有喷孔、顶钻等动力现象的，有效抽采时间不得少于 60 天。

有下列条件之一的突出煤层，不得将顺层钻孔预抽煤巷条带煤层瓦斯作为区域防突措施：

（一）新建矿井经建井前评估有突出危险的煤层，首采区未按要求测定瓦斯参数并掌握瓦斯赋存规律的；

（二）历史上发生过突出强度大于 500 t/次的；

（三）开采范围内 $f<0.3$ 的；f 为 0.3～0.5，且埋深大于 500 m 的；f 为 0.5～0.8，且埋深大于 600 m 的；煤层埋深大于 700 m 的；煤巷条带位于开采应力集中区的；

（四）煤层瓦斯压力 $P\geqslant1.5$ MPa 或者瓦斯含量 $W\geqslant15\ m^3/t$ 的区域。

第六十六条 地面井预抽煤层瓦斯区域防突措施应当符合下列要求：

（一）地面井的井型和位置应当根据开拓部署及井下采掘布置进行选择和设计，不应影响后期井下采掘作业；

（二）钻井时应当对预抽煤层瓦斯含量进行测定；

（三）每口地面井预抽煤层瓦斯量应当准确计量；

（四）地面井预抽煤层瓦斯区域开拓准备工程施工前应当测定预抽区域煤层残余瓦斯含量。

第六十七条 预抽煤层瓦斯钻孔间距应当根据实际考察的煤层有效抽采半径确定。

穿层钻孔应当钻进到煤层顶（底）板岩层，顺层钻孔应当有效控制煤层全厚，否则按照本细则第六十四条执行。

厚煤层或者煤层明显变厚时，采取顺层钻孔预抽煤层瓦斯区域防突措施应当增加钻孔数量，或者采用穿层钻孔预抽煤层瓦斯。

采用倾角大于等于 25°的下向顺层钻孔预抽煤层瓦斯区域防突措施时，应当采取有效防范钻孔积水、确保抽采效果的技术措施，否则不得采用。

预抽瓦斯钻孔封堵必须严密。穿层钻孔的封孔段长度不得小于 5 m，顺层钻孔的封孔段长度不得小于 8 m。

第四节　区域防突措施效果检验

第六十八条 开采保护层的保护效果检验主要采用残余瓦斯压力、残余瓦斯含量及其他经试验（应当符合本细则第五十七条的要求）证实有效的指标和方法。

采用残余瓦斯压力、残余瓦斯含量检验的，应当根据实测的最大残余瓦斯压力或者最大残余瓦斯含量按本细则第五十八条第三项的要求对被保护区域的保护效果进行检验。若检验结果仍为突出危险区，保护效果为无效。

第六十九条 采用预抽煤层瓦斯区域防突措施的，必须对区域防突措施效果进行检验，检验指标优先采用残余瓦斯含量指标，根据现场条件也可采用残余瓦斯压力或者其他经试验（应当符合本细则第五十七条的要求）证实有效的指标和方法进行检验。

采用残余瓦斯含量或者残余瓦斯压力检验指标时，应当首先根据检验单元内瓦斯抽采及排放量等计算煤层的残余瓦斯含量或者残余瓦斯压力，达到了要求指标后再现场直接测定残余瓦斯含量或者残余瓦斯压力指标，并根据直接测定指标判断防突效果。残余瓦斯含量和残余瓦斯压力的测定方法应当符合本细则第五十九条的要求。

采用穿层钻孔预抽井巷揭煤区域煤层瓦斯区域防突措施时，也可以参照本细则第八十八条的方法采用钻屑瓦斯解吸指标进行措施效果检验。

要对距本煤层法向距离小于 5 m 的平均厚度大于 0. 3 m 的邻近突出煤层一并检验。

检验期间还应当观察、记录在煤层中进行钻孔施工等作业时发生的喷孔、顶钻、卡钻及其他突出预兆。

第七十条 对预抽煤层瓦斯区域防突措施进行检验时，应当根据经试验考察（应当符合本细则第五十七条的要求）确定的临界值进行评判。在确定前可以按照表 2 指标进行评判，当瓦斯含量或者瓦斯压力大于等于表 2 的临界值，或者在检验过程中有喷孔、顶钻等动力现象时，判定区域防突措施无效，该预抽区域为突出危险区；否则预抽措施有效，该区域为无突出危险区。

若检验指标达到或者超过临界值，或者出现喷孔、顶钻及其他明显突出预兆时，则以此检验测试点或者发生明显突出预兆的位置为中心，半径 100 m 范围内的区域判定为措施无效，仍为突出危险区。

穿层钻孔预抽井巷揭煤区域煤层瓦斯区域防突措施采用钻屑瓦斯解吸指标进行检验的，如果所有实测的指标值均小于临界值且没有喷孔、顶钻等动力现象时，判定区域防突措施有效，否则措施无效。

第七十一条 对预抽煤层瓦斯区域防突措施进行检验时，均应当首先分析、检查预抽区域内钻孔的分布等是否符合设计要求。不符合设计要求的，不予检验。

第七十二条 采用直接测定煤层残余瓦斯含量或者残余瓦斯压力等参数进行预抽煤层瓦斯区域防突措施效果检验时，应当符合下列要求：

（一）对预抽区段煤层瓦斯区域防突措施和预抽回采区煤层瓦斯区域防突措施进行检验时，若区段宽度（两侧回采巷道间距加回采巷道外侧控制范围）或者回采区域宽度未超过 120 m，则沿采煤工作面推进方向每间隔 30 ~ 50 m 至少布置 2 个检验测试点；否则，应当沿采煤工作面推进方向每间隔 30 ~ 50 m 至少布置 3 个检验测试点，且检验测试点距离回采巷道两帮大于 20 m；

（二）对穿层钻孔预抽井巷揭煤区域煤层瓦斯区域防突措施进行检验时，至少布置 4 个检验测试点，分别位于井巷中部和井巷轮廓线外的上部和两侧。

当分段实施区域防突措施时，揭煤工作面与煤层最小法向距离小于 7 m 后的各段都必须进行区域防突措施效果检验，且每一段布置的检验测试点不得少于 4 个。

自煤层顶板揭煤对实施的防突措施效果进行检验时，应当至少增加 1 个位于巷道轮廓线下部的检验测试点；

（三）对穿层钻孔预抽煤巷条带煤层瓦斯区域防突措施进行检验时，沿煤巷条带每间隔 30 ~ 50 m 至少布置 1 个检验测试点；

（四）对顺层钻孔预抽煤巷条带煤层瓦斯区域防突措施效果进行检验时，沿煤巷条带每间隔 20 ~ 30 m 至少布置 1 个检验测试点，且每个检验区域不得少于 5 个检验测试点；

（五）对定向长钻孔预抽煤巷条带煤层瓦斯区域防突措施进行检验时，沿煤巷条带每隔 20 ~ 30 m 至少布置 1 个检验测试点。也可以分段检验，但每段检验的煤巷条带长度不得小于 80 m，且每段不得少于 5 个检验测试点；

（六）对预抽区段和回采区煤层瓦斯区域防突措施效果及穿层钻孔预抽煤巷条带煤层瓦斯区域防突措施效果进行检验时，可以沿采煤工作面推进方向或者巷道掘进方向分段进行检验，但每段的长度不得小于 200 m；

（七）各检验测试点应当布置于所在钻孔密度较小、孔间距较大、预抽时间较短的位置，并尽可能远离各预抽瓦斯钻孔或者尽可能与周围预抽瓦斯钻孔保持等距离，避开采掘巷道的排放范围和工作面的预抽超前距。在地质构造复杂区域适当增加检验测试点。

第五节　区　域　验　证

第七十三条　区域预测为无突出危险区或者区域措施效果检验有效时，采掘过程中还应当对无突出危险区进行区域验证，并保留完整的工程设计、施工和验证的原始资料。

对井巷揭煤区域进行的区域验证，应当采用本细则第八十七条所列的井巷揭煤工作面突出危险性预测方法进行。

在煤巷掘进工作面和采煤工作面应当分别采用本细则第八十九条、第九十三条所列的工作面预测方法结合工作面瓦斯涌出动态变化等对无突出危险区进行区域验证，并按照下列要求进行：

（一）在工作面首次进入该区域时，立即连续进行至少 2 次区域验证；

（二）工作面每推进 10 ~ 50 m（在地质构造复杂区域或者采取非定向钻机施工的预抽煤层瓦斯区域防突措施的每推进 30 m）至少进行 2 次区域验证，并保留完整的工程设计、施工和效果检验的原始资料；

（三）在构造破坏带连续进行区域验证；

（四）在煤巷掘进工作面还应当至少施工 1 个超前距不小于 10 m 的超前钻孔或者采取超前物探措施，探测地质构造和观察突出预兆。

第七十四条　当区域验证为无突出危险时，应当采取安全防护措施后进行采掘作业。但若为采掘工作面在该区域进行的首次区域验证时，采掘前还应当保留足够的突出预测超前距。

只要有一次区域验证为有突出危险，则该区域以后的采掘作业前必须采取区域或者局部综合防突措施。

第四章　局部综合防突措施

第一节　局部综合防突工作程序和要求

第七十五条　工作面突出危险性预测（以下简称工作面预测）是预测工作面煤体的突出危险性，包括井巷揭煤工作面、煤巷掘进工作面和采煤工作面的突出危险性预测等。工作面预测应当在工作面推进过程中进行，经工作面预测后划分为突出危险工作面和无突出危险工作面。

应当采取局部综合防突措施的采掘工作面未进行工作面预测的，视为突出危险工作面。

第七十六条　当预测为突出危险工作面时，必须实施工作面防突措施和工作面防突措施效果检验。只有经效果检验证实措施有效后，即判定为无突出危险工作面，方可进行采掘作业；当措施无效时，仍为突出危险工作面，必须采取补充防突措施，并再次进行措施效果检验，直到措施有效。

无突出危险工作面必须在采取安全防护措施并保留足够的突出预测超前距或者防突措施超前距的条件下进行采掘作业。

煤巷掘进和采煤工作面应当保留的最小预测超前距均为 2 m。

工作面应当保留的最小防突措施超前距为：煤巷掘进工作面 5 m，采煤工作面 3 m；在地质构造破坏严重地带煤巷掘进工作面不小于 7 m，采煤工作面不小于 5 m。

每次工作面防突措施施工完成后，应当绘制工作面防突措施竣工图，并标注每次工作面预测、效果检验的数据。

第七十七条　井巷揭开突出煤层前，必须掌握煤层层位、赋存参数、地质构造等情况。

在揭煤工作面掘进至距煤层最小法向距离 10 m 之前，应当至少施工 2 个穿透煤层全厚且进入顶

（底）板不小于0.5 m的前探取芯钻孔，并详细记录岩芯资料，掌握煤层赋存条件、地质构造等。当需要测定瓦斯压力时，前探钻孔可用作测压钻孔；若二者不能共用时，则必须在最小法向距离7 m前施工2个瓦斯压力测定钻孔，且应当布置在与该区域其他钻孔见煤点间距最大的位置。

在地质构造复杂、岩石破碎的区域，揭煤工作面掘进至距煤层最小法向距离20 m之前必须布置一定数量的前探钻孔，也可用物探等手段探测煤层的层位、赋存形态和底（顶）板岩石致密性等情况。

第七十八条 揭煤作业包括从距突出煤层底（顶）板的最小法向距离5 m开始，直至揭穿煤层进入顶（底）板2 m（最小法向距离）的全过程，应当采取局部综合防突措施。在距煤层底（顶）板最小法向距离5 m至2 m范围，掘进工作面应当采用远距离爆破。揭煤作业前应当编制井巷揭煤防突专项设计，并报煤矿企业技术负责人审批。

揭煤作业应当按照下列程序进行（井巷揭煤作业基本程序参考示意图参见附录F）：

（一）探明揭煤工作面和煤层的相对位置；

（二）在与煤层保持适当距离的位置进行工作面预测（或者区域验证）；

（三）工作面预测（或者区域验证）有突出危险时，采取工作面防突措施；

（四）实施工作面措施效果检验；

（五）采用工作面预测方法进行揭煤验证；

（六）采取安全防护措施并采用远距离爆破揭开或者穿过煤层。

第七十九条 井巷揭煤工作面的突出危险性预测必须在距突出煤层最小法向距离5 m前进行，地质构造复杂、岩石破碎的区域应当适当加大法向距离。

经工作面预测或者措施效果检验为无突出危险工作面时，应当采用物探或者钻探手段边探边掘至距突出煤层法向距离不小于2 m处，然后采用井巷揭煤工作面预测的方法进行揭煤验证。若经揭煤验证仍为无突出危险工作面时，方可揭开突出煤层。

当工作面预测、措施效果检验或者揭煤前验证为突出危险工作面时，必须采取或者补充工作面防突措施，直到经措施效果检验和验证为无突出危险工作面。

第八十条 井巷揭煤作业期间必须采取安全防护措施，加强煤层段及煤岩交接处的巷道支护。井巷揭煤工作面距煤层法向距离2 m至进入顶（底）板2 m的范围，均应当采用远距离爆破掘进工艺。

禁止使用震动爆破揭开突出煤层。

第八十一条 揭煤巷道全部或者部分在煤层中掘进期间，还应当按照煤巷掘进工作面的要求连续进行工作面预测，并且根据煤层赋存状况分别在位于巷道轮廓线上方和下方的煤层中至少增加1个预测钻孔，当预测有突出危险时应当按照煤巷掘进工作面的要求实施局部综合防突措施。

第八十二条 根据超前探测结果，当井巷揭穿厚度小于0.3 m的突出煤层时，可在采取安全防护措施的条件下，直接采用远距离爆破方式揭穿煤层。

第八十三条 突出煤层的每个煤巷掘进工作面和采煤工作面都必须编制工作面防突专项设计，报煤矿总工程师批准。实施过程中当煤层赋存条件变化较大或者巷道设计发生变化时，还应当作出补充或者修改设计。

第八十四条 在实施局部综合防突措施的煤巷掘进工作面和采煤工作面，当预测为无突出危险，且上一循环的预测也是无突出危险时，方可确定为无突出危险工作面，并在采取安全防护措施、保留足够的预测超前距的条件下进行采掘作业；否则，仍要执行一次工作面防突措施和措施效果检验。

第二节　工作面突出危险性预测

第八十五条 对于各类工作面，除本细则规定应当或者可以采用的工作面预测方法外，其他新方法的研究试验应当由具有煤与瓦斯突出鉴定资质的机构进行；在试验前，应当由煤矿企业技术负责人批准。

突出矿井应当针对各煤层的特点和条件试验确定工作面预测的敏感指标和临界值，并作为判定工作面突出危险性的主要依据。试验应当由具有煤与瓦斯突出鉴定资质的机构进行，在试验前和应用前应当由煤矿企业技术负责人批准。

第八十六条 为使工作面预测更可靠，鼓励根据实际条件增加一些辅助预测指标（工作面瓦斯涌出量动态变化、声发射、电磁辐射、钻屑温度、煤体温度等），并采用物探、钻探等手段探测前方地质构造，观察分析煤体结构和采掘作业、钻孔施工中的各种现象，进行工作面突出危险性的综合预测。

工作面地质构造、采掘作业及钻孔等现象主要有以下方面：

（一）煤层的构造破坏带，包括断层、剧烈褶曲、火成岩侵入等；

（二）煤层赋存条件急剧变化；

（三）采掘应力叠加；

（四）工作面出现喷孔、顶钻等；

（五）工作面出现明显的突出预兆。

在突出煤层，当出现上述第四、第五项情况时，必须采取区域综合防突措施；当有上述第一、第二、第三项情况时，除已经实施了工作面防突措施外，应当视为突出危险工作面并实施相关措施。

第八十七条 井巷揭煤工作面的突出危险性预测应当选用钻屑瓦斯解吸指标法或者其他经试验证实有效的方法进行。

第八十八条 采用钻屑瓦斯解吸指标法预测井巷揭煤工作面突出危险性时，由工作面向煤层的适当位置至少施工 3 个钻孔，在钻孔钻进到煤层时每钻进 1 m 采集一次孔口排出的粒径 1 ~ 3 mm 的煤钻屑，测定其瓦斯解吸指标 K_1 或者 Δh_2 值。测定时，应当考虑不同钻进工艺条件下的排渣速度。

各煤层井巷揭煤工作面钻屑瓦斯解吸指标的临界值应当根据试验考察确定，在确定前可暂按表 3 中所列的指标临界值预测突出危险性。

表 3　钻屑瓦斯解吸指标法预测井巷揭煤工作面突出危险性的参考临界值

煤 样	Δh_2 指标临界值/Pa	K_1 指标临界值/［$mL\cdot(g\cdot min^{\frac{1}{2}})^{-1}$］
干煤样	200	0.5
湿煤样	160	0.4

如果所有实测的指标值均小于临界值，并且未发现其他异常情况，则该工作面为无突出危险工作面；否则，为突出危险工作面。

第八十九条 可采用下列方法预测煤巷掘进工作面的突出危险性：

（一）钻屑指标法；

（二）复合指标法；

（三）R 值指标法；

（四）其他经试验证实有效的方法。

当采用第一至第三项预测方法时，预测钻孔的布置方式为：在近水平、缓倾斜煤层工作面应当向前方煤体至少施工 3 个预测钻孔，在倾斜或者急倾斜煤层至少施工 2 个直径 42 mm、孔深 8 ~ 10 m 的预测钻孔。钻孔应当尽可能布置在软分层中，其中 1 个钻孔位于掘进巷道断面中部，并平行于掘进方向，其他钻孔的终孔点应当位于巷道断面两侧轮廓线外 2 ~ 4 m 处。对于厚度超过 5 m 的煤层应当向巷道上方或者下方的煤体适当增加预测钻孔。

第九十条 采用钻屑指标法预测煤巷掘进工作面突出危险性时，预测钻孔从第 2 m 深度开始，每钻进 1 m 测定该1 m 段的全部钻屑量 S，每钻进 2 m 至少测定 1 次钻屑瓦斯解吸指标 K_1 或者 Δh_2 值。

各煤层采用钻屑指标法预测煤巷掘进工作面突出危险性的指标临界值应当根据试验考察确定，在确定前可暂按表 4 的临界值确定工作面的突出危险性。

表 4　钻屑指标法预测煤巷掘进工作面突出危险性的参考临界值

钻屑瓦斯解吸指标 Δh_2/Pa	钻屑瓦斯解吸指标 K_1/[$mL\cdot(g\cdot min^{\frac{1}{2}})^{-1}$]	钻屑量 S/	
		($kg\cdot m^{-1}$)	($L\cdot m^{-1}$)
200	0.5	6	5.4

如果实测得到的 S、K_1 或者 Δh_2 的所有测定值均小于临界值，并且未发现其他异常情况，则该工作面预测为无突出危险工作面；否则，为突出危险工作面。

第九十一条　采用复合指标法预测煤巷掘进工作面突出危险性时，预测钻孔从第 2 m 深度开始，每钻进 1 m 测定该 1 m 段的全部钻屑量 S，并在暂停钻进后 2 min 内测定钻孔瓦斯涌出初速度 q。测定钻孔瓦斯涌出初速度时，测量室的长度为 1.0 m。

各煤层采用复合指标法预测煤巷掘进工作面突出危险性的指标临界值应当根据试验考察确定，在确定前可暂按表 5 的临界值进行预测。

表 5　复合指标法预测煤巷掘进工作面突出危险性的参考临界值

钻孔瓦斯涌出初速度 q/($L\cdot min^{-1}$)	钻屑量 S/	
	($kg\cdot m^{-1}$)	($L\cdot m^{-1}$)
5	6	5.4

如果实测得到的指标 q、S 的所有测定值均小于临界值，并且未发现其他异常情况，则该工作面预测为无突出危险工作面；否则，为突出危险工作面。

第九十二条　采用 R 值指标法预测煤巷掘进工作面突出危险性时，预测钻孔从第 2 m 深度开始，每钻进 1 m 收集并测定该 1 m 段的全部钻屑量 S，并在暂停钻进后 2 min 内测定钻孔瓦斯涌出初速度 q。测定钻孔瓦斯涌出初速度时，测量室的长度为 1.0 m。

按下式计算各孔的 R 值：

$$R=(S_{max}-1.8)(q_{max}-4)$$

式中　S_{max}——每个钻孔沿孔长的最大钻屑量，L/m；

q_{max}——每个钻孔的最大钻孔瓦斯涌出初速度，L/min。

判定各煤层煤巷掘进工作面突出危险性的临界值应当根据试验考察确定，在确定前可暂按以下指标进行预测：当所有钻孔的 R 值小于 6 且未发现其他异常情况时，该工作面可预测为无突出危险工作面；否则，判定为突出危险工作面。

第九十三条　对采煤工作面的突出危险性预测，可参照本细则第八十九条所列的煤巷掘进工作面预测方法进行。但应当沿采煤工作面每隔 10 ~ 15 m 布置 1 个预测钻孔，深度 5 ~ 10 m，除此之外的各项操作等均与煤巷掘进工作面突出危险性预测相同。

判定采煤工作面突出危险性的各项指标临界值应当根据试验考察确定，在确定前可参照煤巷掘进工作面突出危险性预测的临界值。

第三节　工作面防突措施

第九十四条　工作面防突措施是针对经工作面预测有突出危险的煤层实施的局部防突措施，其有效作用范围一般仅限于当前工作面周围的较小范围。

第九十五条　井巷揭煤防突专项设计应当至少包括下列内容：

（一）井巷揭煤区域煤层、瓦斯、地质构造及巷道布置的基本情况；

（二）建立安全可靠的独立通风系统及加强控制通风风流设施的措施；

（三）控制突出煤层层位、准确确定安全岩柱厚度的措施，测定煤层瓦斯参数的钻孔等工程布置、实施方案；

（四）揭煤工作面突出危险性预测及防突措施效果检验的方法、指标，预测及检验钻孔布置等；

（五）井巷揭煤工作面防突措施；

（六）安全防护措施及组织管理措施；

（七）加强过煤层段巷道的支护及其他措施。

应当采取区域综合防突措施的，还要包括本细则第三章规定的相关内容。

第九十六条　井巷揭煤工作面的防突措施包括超前钻孔预抽瓦斯、超前钻孔排放瓦斯、金属骨架、煤体固化、水力冲孔或者其他经试验证明有效的措施。

立井揭煤工作面可以选用前款规定中除水力冲孔以外的各项措施。

金属骨架、煤体固化措施，应当在采用了其他防突措施并检验有效后方可在揭开煤层前实施。

对所实施的防突措施都必须进行实际考察，得出符合本矿井实际条件的有关参数。

根据工作面岩层情况，实施工作面防突措施时，揭煤工作面与突出煤层间的最小法向距离：采取超前钻孔预抽瓦斯、超前钻孔排放瓦斯以及水力冲孔措施均为5 m；采取金属骨架、煤体固化措施均为2 m。当井巷断面较大、岩石破碎程度较高时，还应当适当加大距离。

第九十七条　在井巷揭煤工作面采用超前钻孔预抽瓦斯、超前钻孔排放瓦斯防突措施时，钻孔直径一般为75～120 mm。石门揭煤工作面钻孔的控制范围是：石门揭煤工作面的两侧和上部轮廓线外至少5 m、下部至少3 m。立井揭煤工作面钻孔控制范围是：近水平、缓倾斜、倾斜煤层为井筒四周轮廓线外至少5 m；急倾斜煤层沿走向两侧及沿倾斜上部轮廓线外至少5 m，下部轮廓线外至少3 m。钻孔的孔底间距应根据实际考察确定。

揭煤工作面施工的钻孔应当尽可能穿透煤层全厚。当不能一次揭穿（透）煤层全厚时，可分段施工，但第一次实施的钻孔穿煤长度不得小于15 m，且进入煤层掘进时，必须至少留有5 m的超前距离（掘进到煤层顶或者底板时不在此限）。

超前预抽钻孔和超前排放钻孔在揭穿煤层之前应当保持抽采或者自然排放状态。

采取排放钻孔措施的，应当明确排放的时间。

第九十八条　石门揭煤工作面采用水力冲孔防突措施时，钻孔应当至少控制自揭煤巷道至轮廓线外3～5 m的煤层，冲孔顺序为先冲对角孔后冲边上孔，最后冲中间孔。水压视煤层的软硬程度而定。石门全断面冲出的总煤量（t）数值不得小于煤层厚度（m）的20倍。若有钻孔冲出的煤量较少时，应当在该孔周围补孔。

第九十九条　井巷揭煤工作面金属骨架措施一般在石门和斜井上部和两侧或者立井周边外0.5～1.0 m范围内布置骨架孔。骨架钻孔应当穿过煤层并进入煤层顶（底）板至少0.5 m，当钻孔不能一次施工至煤层顶（底）板时，则进入煤层的深度不应小于15 m。钻孔间距一般不大于0.3 m，对于松软煤层应当安设两排金属骨架，钻孔间距应当小于0.2 m。骨架材料可选用8 kg/m及以上的钢轨、型钢或者直径不小于50 mm的钢管，其伸出孔外端用金属框架支撑或者砌入碹内等方法加固。插入骨架材料后，应当向孔内灌注水泥砂浆等不延燃性固化材料。

揭开煤层后，严禁拆除金属骨架。

第一百条 井巷揭煤工作面煤体固化措施适用于松软煤层，用以增加工作面周围煤体的强度。向煤体注入固化材料的钻孔应当进入煤层顶(底)板0.5 m及以上，一般钻孔间距不大于0.5 m，钻孔位于巷道轮廓线外0.5~2.0 m的范围内，根据需要也可在巷道轮廓线外布置多排环状钻孔。当钻孔不能一次施工至煤层顶板时，则进入煤层的深度不应小于10 m。

各钻孔应当在孔口封堵牢固后方可向孔内注入固化材料。可以根据注入压力升高的情况或者注入量决定是否停止注入。

固化操作时，所有人员不得正对孔口。

在巷道四周环状固化钻孔外侧的煤体中，预抽或者排放瓦斯钻孔自固化作业到完成揭煤前应当保持抽采或者自然排放状态，否则，应当施工一定数量的排放瓦斯钻孔。从固化作业完成到揭煤结束的时间超过5天时，必须重新进行工作面突出危险性预测或者措施效果检验。

第一百零一条 煤巷掘进和采煤工作面防突专项设计应当至少包括下列内容：

（一）煤层、瓦斯、地质构造及邻近区域巷道布置的基本情况；

（二）建立安全可靠的独立通风系统及加强控制通风风流设施的措施；

（三）工作面突出危险性预测及防突措施效果检验的方法、指标以及预测、效果检验钻孔布置等；

（四）防突措施的选取及施工设计；

（五）安全防护措施；

（六）组织管理措施。

矿井各煤层采用的煤巷掘进工作面和采煤工作面各种防突措施的效果和参数等都要经实际考察确定。

第一百零二条 有突出危险的煤巷掘进工作面防突措施选择应当符合下列要求：

（一）优先选用超前钻孔（包括超前钻孔预抽瓦斯、超前钻孔排放瓦斯），采取超前钻孔排放措施的，应当明确排放的时间；

（二）不得选用水力挤出（挤压）、水力冲孔措施；倾角在8°以上的上山掘进工作面不得选用松动爆破、水力疏松措施；

（三）采用松动爆破或者其他工作面防突措施时，必须经试验考察确认防突效果有效后方可使用；

（四）前探支架措施应当配合其他措施一起使用。

第一百零三条 煤巷掘进工作面在地质构造破坏带或者煤层赋存条件急剧变化处不能按原措施设计要求实施时，必须施工钻孔查明煤层赋存条件，然后采用直径为42~75 mm的钻孔排放瓦斯。

若突出煤层煤巷掘进工作面前方遇到落差超过煤层厚度的断层，应当参照石门揭煤的措施执行。

在煤巷掘进工作面第一次执行工作面防突措施或者措施超前距不足时，必须采取小直径超前排放钻孔防突措施，只有在工作面前方形成5 m及以上的安全屏障后，方可进入正常防突措施循环。

第一百零四条 煤巷掘进工作面采用超前钻孔作为工作面防突措施时，应当符合下列要求：

（一）巷道两侧轮廓线外钻孔的最小控制范围：近水平、缓倾斜煤层两侧各5 m，倾斜、急倾斜煤层上帮7 m、下帮3 m。当煤层厚度较大时，钻孔应当控制煤层全厚或者在巷道顶部煤层控制范围不小于7 m，巷道底部煤层控制范围不小于3 m；

（二）钻孔在控制范围内应当均匀布置，在煤层的软分层中可适当增加钻孔数。钻孔数量、孔底间距等应当根据钻孔的有效抽放或者排放半径确定；

（三）钻孔直径应当根据煤层赋存条件、地质构造和瓦斯情况确定，一般为75~120 mm，地质条件变化剧烈地带应当采用直径42~75 mm的钻孔；

（四）煤层赋存状态发生变化时，及时探明情况，重新确定超前钻孔的参数；

（五）钻孔施工前，加强工作面支护，打好迎面支架，背好工作面煤壁。

第一百零五条　煤巷掘进工作面采用松动爆破防突措施时，应当符合下列要求：

（一）松动爆破钻孔的孔径一般为 42 mm，孔深不得小于 8 m。松动爆破应当至少控制到巷道轮廓线外 3 m 的范围。孔数根据松动爆破的有效影响半径确定。松动爆破的有效影响半径通过实测确定；

（二）松动爆破孔的装药长度为孔长减去 5.5 ~ 6 m；

（三）松动爆破按远距离爆破的要求执行；

（四）松动爆破应当配合瓦斯抽放钻孔一起使用。

第一百零六条　煤巷掘进工作面水力疏松措施应当符合下列要求：

（一）向工作面前方按一定间距布置注水钻孔，然后利用封孔器封孔，向钻孔内注入高压水。注水参数应当根据煤层性质合理选择，如未实测确定，可参考如下参数：钻孔间距 4.0 m、孔径 42 ~ 50 mm、孔长 6.0 ~ 10 m、封孔 2 ~ 4 m，注水压力不超过 10 MPa，注水时以煤壁出水或者注水压力下降 30% 后方可停止注水；

（二）水力疏松后的允许推进度，一般不宜超过封孔深度，其孔间距不超过注水有效半径的 2 倍；

（三）单孔注水时间不低于 9 min。若提前漏水，则在邻近钻孔 2.0 m 左右处补充施工注水钻孔。

第一百零七条　前探支架可用于松软煤层的平巷掘进工作面。一般是向工作面前方施工钻孔，孔内插入钢管或者钢轨，其长度可按两次掘进循环的长度再加 0.5 m，每掘进一次施工一排钻孔，形成两排钻孔交替前进，钻孔间距为 0.2 ~ 0.3 m。

第一百零八条　采煤工作面可以选用超前钻孔（包括超前钻孔预抽瓦斯和超前钻孔排放瓦斯）、注水湿润煤体、松动爆破或者其他经试验证实有效的防突措施。采取排放钻孔措施的，应当明确排放的时间。

第一百零九条　采煤工作面采用超前钻孔作为工作面防突措施时，钻孔直径一般为 75 ~ 120 mm，钻孔在控制范围内应当均匀布置，在煤层的软分层中可适当增加钻孔数；超前钻孔的孔数、孔底间距等应当根据钻孔的有效排放或者抽放半径确定。

第一百一十条　采煤工作面的松动爆破防突措施适用于煤质较硬、围岩稳定性较好的煤层。松动爆破孔间距根据实际情况确定，一般 2 ~ 3 m，孔深不小于 5 m，炮泥封孔长度不得小于 1 m。应当适当控制装药量，以免孔口煤壁垮塌。

松动爆破时，应当按远距离爆破的要求执行。

第一百一十一条　采煤工作面浅孔注水湿润煤体措施可用于煤质较硬的突出煤层。注水孔间距和注水压力等根据实际情况考察确定，但孔深不小于 4 m，注水压力不得高于 10 MPa。当发现水由煤壁或者相邻注水钻孔中流出时，即可停止注水。

第四节　工作面防突措施效果检验

第一百一十二条　工作面执行防突措施后，必须对防突措施效果进行检验。

在实施钻孔检验防突措施效果时，分布在工作面各部位的检验钻孔应当布置于所在部位防突措施钻孔密度相对较小、孔间距相对较大的位置，并远离周围的各防突措施钻孔或者尽可能与周围各防突措施钻孔保持等距离。在地质构造复杂地带应当根据情况适当增加检验钻孔。

工作面防突措施效果检验必须包括以下两部分内容：

（一）检查所实施的工作面防突措施是否达到了设计要求和满足有关规章、标准等规定，并了解、收集工作面及实施措施的相关情况、突出预兆等（包括喷孔、顶钻等），作为措施效果检验报告的内容之一，用于综合分析、判断；

（二）各检验指标的测定情况及主要数据。

第一百一十三条 对井巷揭煤工作面进行防突措施效果检验时，应当选择本细则第八十七条所列的钻屑瓦斯解吸指标法，或者其他经试验证实有效的方法，但所有用钻孔方式检验的方法中检验孔数均不得少于5个，分别位于井巷的上部、中部、下部和两侧。

如果工作面措施检验结果的各项指标都在该煤层突出危险临界值以下，且未发现其他异常情况，则措施有效；否则，判定为措施无效，必须重新执行区域综合防突措施或者局部综合防突措施。

第一百一十四条 煤巷掘进工作面执行防突措施后，应当选择本细则第八十九条所列的方法进行措施效果检验。

检验孔应当不少于3个，深度应当小于或者等于防突措施钻孔。

如果煤巷掘进工作面措施效果检验指标均小于指标临界值，且未发现其他异常情况，则措施有效；否则，判定为措施无效，必须重新执行区域综合防突措施或者局部综合防突措施。

当检验结果措施有效时，若检验孔与防突措施钻孔向巷道掘进方向的投影长度（以下简称投影孔深）相等，则可在留足防突措施超前距（见本细则第七十六条）并采取安全防护措施的条件下掘进。当检验孔的投影孔深小于防突措施钻孔时，则应当在留足所需的防突措施超前距并同时保留有至少2 m检验孔投影孔深超前距的条件下，采取安全防护措施后实施掘进作业。

第一百一十五条 对采煤工作面防突措施效果的检验应当参照采煤工作面突出危险性预测的方法和指标实施。但应当沿采煤工作面每隔10～15 m布置1个检验钻孔，深度应当小于或者等于防突措施钻孔。

如果采煤工作面检验指标均小于指标临界值，且未发现其他异常情况，则措施有效，为无突出危险工作面；否则，判定为措施无效，必须重新执行区域综合防突措施或者局部综合防突措施。

当检验结果为措施有效时，若检验孔与防突措施钻孔深度相等，则可在留足防突措施超前距（见本细则第七十六条）并采取安全防护措施的条件下回采。当检验孔的深度小于防突措施钻孔时，则应当在留足所需的防突措施超前距并同时保留有2 m检验孔超前距的条件下，采取安全防护措施后实施回采作业。

第五节 安全防护措施

第一百一十六条 井巷揭穿突出煤层和在突出煤层中进行采掘作业时，必须采取避难硐室、反向风门、压风自救装置、隔离式自救器、远距离爆破等安全防护措施。

第一百一十七条 突出矿井必须建设采区避难硐室，采区避难硐室必须接入矿井压风管路和供水管路，满足避险人员的避险需要，额定防护时间不低于96 h。

突出煤层的掘进巷道长度及采煤工作面推进长度超过500 m时，应当在距离工作面500 m范围内建设临时避难硐室或者其他临时避险设施。临时避难硐室必须设置向外开启的密闭门或者隔离门（隔离门按反向风门设置标准安设），接入矿井压风管路，并安设压风自救装置，设置与矿调度室直通的电话，配备足量的饮用水及自救器。

第一百一十八条 在突出煤层的井巷揭煤、煤巷和半煤岩巷掘进工作面进风侧，必须设置至少2道牢固可靠的反向风门。风门之间的距离不得小于4 m。

工作面爆破作业或者无人时，反向风门必须关闭。

反向风门距工作面的距离和反向风门的组数，应当根据掘进工作面的通风系统和预计的突出强度确定，但反向风门距工作面回风巷不得小于10 m，与工作面的最近距离一般不得小于70 m，如小于70 m时应设置至少3道反向风门。

反向风门墙垛可用砖、料石或者混凝土砌筑，嵌入巷道周边岩石的深度可根据岩石的性质确定，但不得小于0.2 m；墙垛厚度不得小于0.8 m。在煤巷构筑反向风门时，风门墙体四周必须掏槽，掏槽深度见硬帮硬底后再进入实体煤不小于0.5 m。

通过反向风门墙垛的风筒、水沟、刮板输送机道等，必须设有逆向隔断装置。

第一百一十九条 为降低因爆破诱发突出的强度，可根据情况在炮掘工作面安设挡栏。挡栏可以用金属、矸石或者木垛等构成。金属挡栏一般是由槽钢排列成的方格框架，框架中槽钢的间隔为0.4 m，槽钢彼此用卡环固定，使用时在迎工作面的框架上再铺上金属网，然后用木支柱将框架撑成45°的斜面。一组挡拦通常由两架组成，间距为6～8 m。可根据预计的突出强度在设计中确定挡栏距工作面的距离。

第一百二十条 井巷揭穿突出煤层和突出煤层的炮掘、炮采工作面必须采取远距离爆破安全防护措施。

井巷揭煤采用远距离爆破时，必须明确包括起爆地点、避灾路线、警戒范围，制定停电撤人等措施。

井巷揭煤起爆及撤人地点必须位于反向风门外且距工作面500 m以上全风压通风的新鲜风流中，或者距工作面300 m以外的避难硐室内。

在矿井尚未构成全风压通风的建井初期，在井巷揭穿有突出危险煤层的全部作业过程中，与此井巷有关的其他工作面必须停止工作。在实施揭穿突出煤层的远距离爆破时，井下全部人员必须撤至地面，井下必须全部断电，立井井口附近地面20 m范围内或者斜井井口前方50 m、两侧20 m范围内严禁有任何火源。

煤巷掘进工作面采用远距离爆破时，起爆地点必须设在进风侧反向风门之外的全风压通风的新鲜风流中或者避难硐室内，起爆地点距工作面爆破地点的距离应当在措施中明确，由煤矿总工程师根据曾经发生的最大突出强度等具体情况确定，但不得小于300 m；采煤工作面起爆地点到工作面的距离由煤矿总工程师根据具体情况确定，但不得小于100 m，且位于工作面外的进风侧。

远距离爆破时，回风系统必须停电撤人。爆破后，进入工作面检查的时间应当在措施中明确规定，但不得小于30 min。

第一百二十一条 突出煤层采掘工作面附近、爆破撤离人员集中地点、起爆地点必须设有直通矿调度室的电话，并设置有供给压缩空气的避险设施或者压风自救装置。工作面回风系统中有人作业的地点，也应当设置压风自救装置。

压风自救系统应当达到下列要求：

（一）压风自救装置安装在掘进工作面巷道和采煤工作面巷道内的压缩空气管道上；

（二）在以下每个地点都应当至少设置一组压风自救装置：距采掘工作面25～40 m的巷道内、起爆地点、撤离人员与警戒人员所在的位置以及回风巷有人作业处等地点。在长距离的掘进巷道中，应当每隔200 m至少安设一组压风自救装置，并在实施预抽煤层瓦斯区域防突措施的区域，根据实际情况增加压风自救装置的设置组数；

（三）每组压风自救装置应当可供5～8人使用，平均每人的压缩空气供给量不得少于0.1 m^3/min。

第五章 防治岩石与二氧化碳（瓦斯）突出措施

第一百二十二条 在矿井范围内发生过突出的岩层或者经鉴定、认定有突出危险的岩层，为岩石与二氧化碳（瓦斯）突出岩层（以下简称突出岩层）。

在开拓、生产范围内有突出岩层的矿井即为岩石与二氧化碳（瓦斯）突出矿井（以下简称岩石突出矿井）。

煤矿企业应当对岩石突出矿井、突出岩层分别参照本细则对于突出矿井、突出煤层管理的各项要求，专门制定满足安全生产需要的管理措施，报省级煤炭行业管理部门、煤矿安全监管部门和煤矿安全监察机构。

第一百二十三条 在突出岩层内掘进巷道或者揭穿该岩层时，必须采取工作面突出危险性预测、工作面防治岩石突出措施、工作面防突措施效果检验、安全防护措施的局部综合防突措施。

当预测有突出危险时，必须采取防治岩石突出措施。只有经措施效果检验证实措施有效后，方可在采取安全防护措施的情况下进行掘进作业。

岩石与二氧化碳（瓦斯）突出危险性预测可以采用岩芯法或者突出预兆法。措施效果检验应当采用岩芯法。

安全防护措施应当按照防治煤与瓦斯突出的安全防护措施实施。

第一百二十四条 采用岩芯法预测工作面岩石与二氧化碳（瓦斯）突出危险性时，在工作面前方岩体内施工直径 50 ~ 70 mm、长度不小于 10 m 的钻孔，取出全部岩芯，并从孔深 2 m 处起记录岩芯中的圆片数。

工作面突出危险性的判定方法为：

（一）岩芯中没有圆片和岩芯表面上没有环状裂缝时，预测为无突出危险地带；

（二）当取出的岩芯大部分长度在 150 mm 及以上，且有裂缝围绕，个别为小圆柱体或者圆片时，预测为一般突出危险地带；

（三）取出 1 m 长的岩芯内，部分岩芯出现 20 ~ 30 个圆片，其余岩芯为长 50 ~ 100 mm 的圆柱体并有环状裂隙时，预测为中等突出危险地带；

（四）当 1 m 长的岩芯内具有 20 ~ 40 个凸凹状圆片时，预测为严重突出危险地带。

第一百二十五条 采用突出预兆法预测工作面岩石与二氧化碳（瓦斯）突出危险性时，具有下列情况之一的，确定为岩石与二氧化碳（瓦斯）突出危险工作面：

（一）岩石呈薄片状或者松软碎屑状的；

（二）工作面爆破后，进尺超过炮眼深度的；

（三）有明显的火成岩侵入或者工作面二氧化碳（瓦斯）涌出量明显增大的。

第一百二十六条 巷道应当尽可能避免布置在突出岩层中。在突出岩层中掘进巷道时，可以采取钻眼爆破工程参数优化、超前钻孔、松动爆破、开卸压槽及在工作面附近设置挡栏等防治岩石与二氧化碳（瓦斯）突出措施。

采取上述措施的，应当符合下列要求：

（一）在一般或者中等程度突出危险地带，可以采用浅孔爆破措施或者远距离多段爆破法，以减少对岩体的震动强度、降低突出频率和强度。远距离多段爆破法的做法是，先在工作面施工 6 个掏槽眼、6 个辅助眼，呈椭圆形布置，使爆破后形成椭圆形超前孔洞，然后爆破周边炮眼，其炮眼距超前孔洞周边应当大于 0.6 m，孔洞超前距不小于 2 m；

（二）在严重突出危险地带，可以采用超前钻孔和松动爆破措施。超前钻孔直径不小于 75 mm，孔数根据巷道断面大小、突出危险岩层赋存及单个排放钻孔有效作用半径考察确定，但不得少于 3 个，孔深应当大于 40 m，钻孔超前工作面的安全距离不得小于 5 m。

深孔松动爆破孔径一般 60 ~ 75 mm，孔长 15 ~ 25 m，封孔深度不小于 5 m，孔数 4 ~ 5 个，其中爆破孔 1 ~ 2 个，其他孔不装药，以提高松动效果。

第六章 附　　则

第一百二十七条 本细则自 2019 年 10 月 1 日起施行。

附录A　防治煤与瓦斯

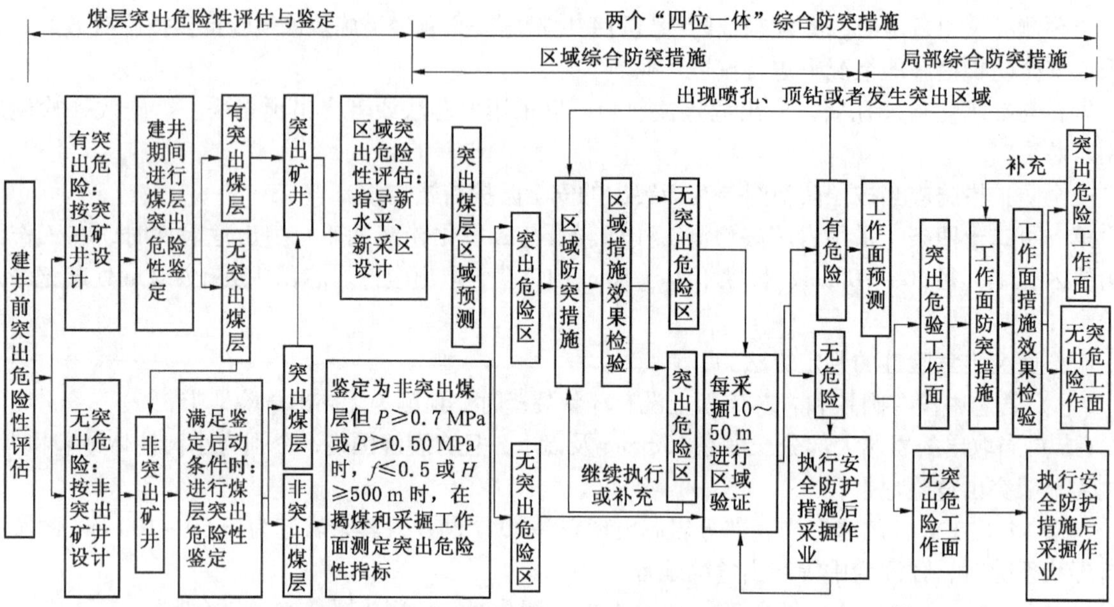

注：1. 施工中发现有突出预兆或者发生突出的区域必须重新采取区域综合防突措施。

2. 只要有一次区域验证为有突出危险，则该区域以后的采掘作业必须采取区域或者局部综合防突措施。

附录B　煤与瓦斯突出矿井基本情况调查表

______省______市(县)　　企业名称________矿______井　　填表日期______年______月______日

<table>
<tr><td colspan="2">矿井设计能力/t</td><td></td><td rowspan="3">首次突出</td><td colspan="4">时间</td><td colspan="3"></td></tr>
<tr><td colspan="2">矿井实际生产能力/t</td><td></td><td colspan="4">地点及标高/m</td><td colspan="3"></td></tr>
<tr><td colspan="2">开拓方式</td><td></td><td colspan="4">距地表垂深/m</td><td colspan="3"></td></tr>
<tr><td colspan="2">矿井可采煤层层数</td><td></td><td rowspan="3">突出次数</td><td rowspan="3">总计</td><td colspan="6">各类坑道中突出次数</td></tr>
<tr><td colspan="2">矿井可采煤层储量/t</td><td></td><td>石门</td><td>平巷</td><td>上山</td><td>下山</td><td>回采</td><td>其他</td></tr>
<tr><td colspan="2">突出煤层可采储量/t</td><td></td><td></td><td></td><td></td><td></td><td></td><td></td></tr>
<tr><td rowspan="7">突出煤层及围岩特征</td><td>名　称</td><td></td><td rowspan="2">突出最大强度</td><td colspan="3">煤（岩）量/t</td><td colspan="4"></td></tr>
<tr><td>厚度/m</td><td></td><td colspan="3">突出瓦斯量/m³</td><td colspan="4"></td></tr>
<tr><td>倾角/(°)</td><td></td><td colspan="2">千吨以上突出次数</td><td colspan="2"></td><td rowspan="5">采取保种防突措施及其效果</td><td colspan="3" rowspan="5"></td></tr>
<tr><td>煤　质</td><td></td><td rowspan="4">其中</td><td>石　门</td><td colspan="2"></td></tr>
<tr><td>软煤的坚固性系数f</td><td></td><td>平　巷</td><td colspan="2"></td></tr>
<tr><td>顶板岩性</td><td></td><td>上　山</td><td colspan="2"></td></tr>
<tr><td>底板岩性</td><td></td><td>下　山</td><td colspan="2"></td></tr>
</table>

（续）

<table>
<tr><td rowspan="4">保护层</td><td>类 型</td><td></td><td rowspan="2"></td><td>回 采</td><td rowspan="2"></td><td rowspan="2"></td></tr>
<tr><td>煤层名称</td><td></td><td>其 他</td></tr>
<tr><td>厚度/m</td><td></td><td colspan="3" rowspan="4">目前正在进行的防治突出的研究课题</td><td rowspan="2">主攻方向</td><td rowspan="2"></td></tr>
<tr><td>距危险层最大距离/m</td><td></td></tr>
<tr><td rowspan="2">瓦斯压力</td><td>最高压力/MPa</td><td></td><td>进展情况</td><td></td></tr>
<tr><td>测压地点距地表垂深/m</td><td></td><td>人员及参加单位</td><td></td></tr>
<tr><td colspan="2">煤层瓦斯含量/($m^3 \cdot t^{-1}$)</td><td></td><td colspan="3" rowspan="3">备 注</td><td colspan="2" rowspan="3"></td></tr>
<tr><td colspan="2">矿井瓦斯涌出量/($m^3 \cdot min^{-1}$)</td><td></td></tr>
<tr><td colspan="2">有无抽采系统及抽采方式</td><td></td></tr>
</table>

煤矿企业负责人：　　　　煤矿企业技术负责人：　　　　防突机构负责人：　　　　填表人：

附录 C　煤与瓦斯突出记录卡片

编号________　________省（区、市）　　　　企业名称________矿________井

<table>
<tr><td colspan="3">突出日期</td><td colspan="3">年　月　日　时</td><td colspan="2">地点</td><td rowspan="10">发生动力现象后的主要特征</td><td>孔洞形状轴线与水平面之夹角</td><td></td></tr>
<tr><td>标高</td><td></td><td>巷道类型</td><td></td><td>突出类型</td><td></td><td>距地表垂深/m</td><td></td><td>喷出煤量和岩石量</td><td></td></tr>
<tr><td colspan="4">突出地点通风系统示意图（注距离尺寸）</td><td colspan="4">突出处煤层剖面图（注比例尺）
煤层顶底板岩层柱状图</td><td>煤喷出距离和堆积坡度</td><td></td></tr>
<tr><td rowspan="2">煤层特征</td><td>名称</td><td></td><td>倾角/（°）</td><td></td><td rowspan="2">邻近层开采情况</td><td>上部</td><td></td><td rowspan="2">喷出煤的粒度和分选情况</td><td rowspan="2"></td></tr>
<tr><td>厚度/m</td><td></td><td>硬度</td><td></td><td>下部</td><td></td></tr>
<tr><td colspan="3" rowspan="2">地质构造的叙述（断层、褶曲、厚度、倾角及其变化）</td><td colspan="5" rowspan="2"></td><td>突出地点附近围岩和煤层破碎情况</td><td></td></tr>
<tr><td>动力效应</td><td></td></tr>
<tr><td colspan="2">支护形式</td><td></td><td colspan="3">棚间距离/m</td><td colspan="2"></td><td rowspan="2">突出前瓦斯压力和突出后瓦斯涌出情况</td><td rowspan="2"></td></tr>
<tr><td colspan="2">控顶距离/m</td><td></td><td colspan="3">有效风量/($m^3 \cdot min^{-1}$)</td><td colspan="2"></td></tr>
<tr><td colspan="2">正常瓦斯浓度/%</td><td></td><td colspan="3">绝对瓦斯量/($m^3 \cdot min^{-1}$)</td><td colspan="2"></td><td>其他</td><td></td></tr>
</table>

<table>
<tr><td>突出前作业和使用工具</td><td></td><td colspan="4">突出孔洞及煤堆积情况（注比例尺）</td></tr>
<tr><td rowspan="2">突出前所采取的措施（附图）</td><td rowspan="2"></td><td colspan="4">现场见证人（姓名、职务）</td></tr>
<tr><td colspan="4">伤亡情况</td></tr>
<tr><td>突出预兆</td><td></td><td colspan="4">主要经验教训</td></tr>
<tr><td rowspan="2">突出前及突出当时发生过程的描述</td><td rowspan="2"></td><td>填表人</td><td>矿防突机构负责人</td><td>矿技术负责人</td><td>矿长</td></tr>
<tr><td></td><td></td><td></td><td></td></tr>
</table>

附录D　矿井煤与瓦斯突出汇总表

________煤矿　　　　　　　　　　　　　　　　　　　　　　　　　　填表日期________年______月______日

编号	时间	地点	巷道类型	标高/m	煤层			地质构造	邻近层开采情况		预兆										突出情况				
					层别	厚度/m	角度/(°)		未采	已采但遗留煤柱	突出前作业及工具	预防措施	煤体内声响	煤体硬度变化	煤光泽变化	煤层层理变化	掉渣及煤面外移	支架压力增加	瓦斯忽大忽小	打钻夹钻喷煤	抛出煤量/t	抛出距离/m	堆积坡度/(°)	有无分选	突出瓦斯量/m^3

煤矿企业负责人：　　　　　　煤矿企业技术负责人：　　　　　　防突机构负责人：　　　　　　填表人：

附录E　保护层保护范围的确定

E.1　沿倾斜方向的保护范围

保护层工作面沿倾斜方向的保护范围应当根据卸压角δ划定，如图E.1所示。在没有本矿井实测的卸压角时，可参考表E.1的数据。

表E.1　保护层沿倾斜方向的卸压角

煤层倾角α/(°)	卸压角δ/(°)			
	δ_1	δ_2	δ_3	δ_4
0	80	80	75	75
10	77	83	75	75
20	73	87	75	75
30	69	90	77	70
40	65	90	80	70
50	70	90	80	70
60	72	90	80	70
70	72	90	80	72
80	73	90	78	75
90	75	80	75	80

E.2 沿走向方向的保护范围

若保护层采煤工作面停采时间超过3个月且卸压比较充分，则该保护层采煤工作面对被保护层沿走向的保护范围对应于始采线、采止线以及所留煤柱边缘位置的边界线可按卸压角 $\delta_5=56°\sim60°$ 划定，如图E.2所示。

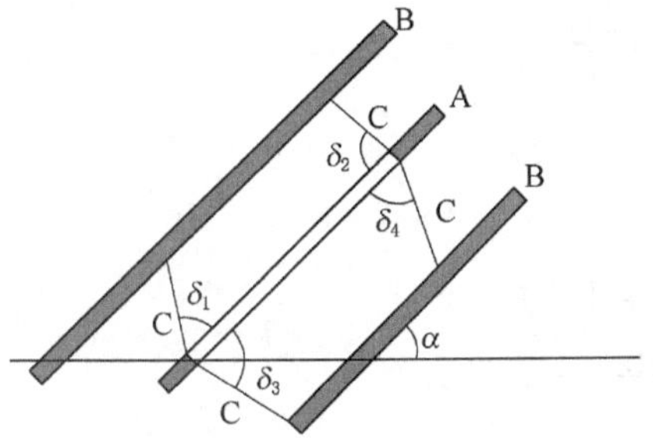

A—保护层；B—被保护层；C—保护范围边界线

图E.1 保护层工作面沿倾斜方向的保护范围

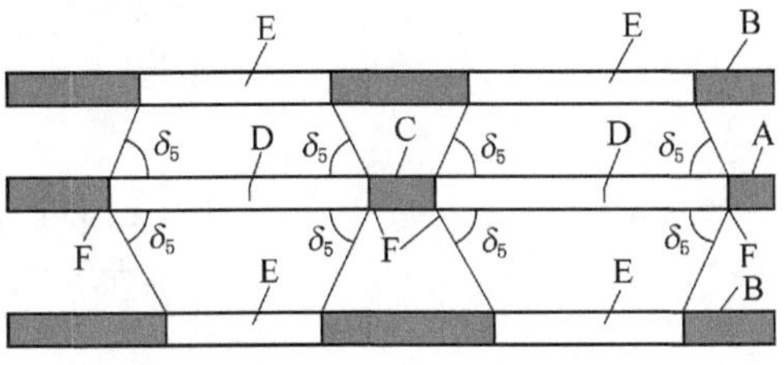

A—保护层；B—被保护层；C—煤柱；D—采空区；
E—保护范围；F—始采线、采止线

图E.2 保护层工作面始采线、采止线和煤柱的影响范围

E.3 最大保护垂距

保护层与被保护层之间的最大保护垂距可参照表（E.2）选取或者用式（E.1）、式（E.2）计算确定：

表E.2 保护层与被保护层之间的最大保护垂距

煤层类别	最大保护垂距(结合抽采瓦斯)/m	
	上保护层	下保护层
急倾斜煤层	<60	<80
缓倾斜和倾斜煤层	<50	<100

下保护层的最大保护垂距：

$$S_{下}=S'_{下}\beta_1\beta_2 \tag{E.1}$$

上保护层的最大保护垂距：

$$S_{上}=S'_{上}\beta_1\beta_2 \tag{E.2}$$

式中 $S'_{下}$、$S'_{上}$——下保护层和上保护层的理论最大保护垂距，m。它与工作面长度 L 和开采深度 H 有关，可参照表E.3取值。当 $L>0.3H$ 时，取 $L=0.3H$，但 L 不得大于250 m；

β_1——保护层开采的影响系数，当 $M\leqslant M_0$ 时，$\beta_1=M/M_0$，当 $M>M_0$ 时，$\beta_1=1$；

M——保护层的开采厚度，m；

M_0——保护层的最小有效厚度，m。M_0 可参照图E.3确定；

β_2——层间硬岩（砂岩、石灰岩）含量系数，以 η 表示在层间岩石中所占的百分比，当 $\eta\geqslant50\%$ 时，$\beta_2=1-0.4\eta/100$，当 $\eta<50\%$ 时，$\beta_2=1$。

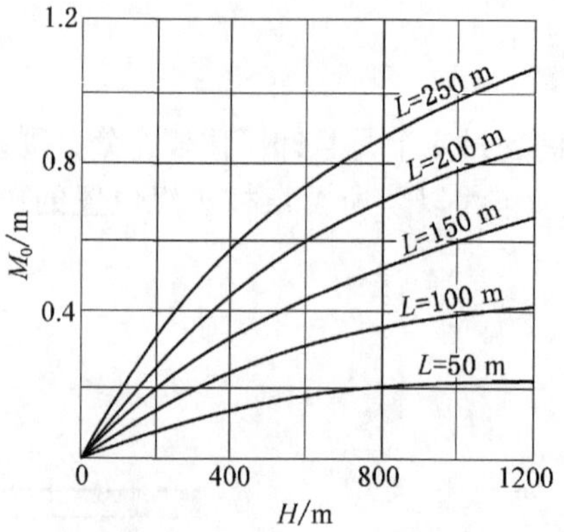

图 E.3 保护层的最小有效厚度 M_0 与开采深度 H 的关系曲线图

表 E.3 $S'_{上}$ 和 $S'_{下}$ 与开采深度 H 和工作面长度 L 之间的关系

开采深度 H/m	$S'_{下}$/m								$S'_{上}$/m						
	工作面长度 L/m								工作面长度 L/m						
	50	75	100	125	150	175	200	250	50	75	100	125	150	200	250
300	70	100	125	148	172	190	205	220	56	67	76	83	87	90	92
400	58	85	112	134	155	170	182	194	40	50	58	66	71	74	76
500	50	75	100	120	142	154	164	174	29	39	49	56	62	66	68
600	45	67	90	109	126	138	146	155	24	34	43	50	55	59	61
800	33	54	73	90	103	117	127	135	21	29	36	41	45	49	50
1000	27	41	57	71	88	100	114	122	18	25	32	36	41	44	45
1200	24	37	50	63	80	92	104	113	16	23	30	32	37	40	41

E.4 开采下保护层的最小层间距

开采下保护层时，不破坏上部被保护层的最小层间距可参用式（E.3）或者式（E.4）确定：

$$当\ \alpha < 60°时, H = KM\cos\alpha \tag{E.3}$$

$$当\ \alpha \geqslant 60°时, H = KM\sin(\alpha/2) \tag{E.4}$$

式中 H——允许采用的最小层间距，m；

M——保护层的开采厚度，m；

α——煤层倾角，（°）；

K——顶板管理系数。冒落法管理顶板时，K 取 10，充填法管理顶板时，K 取 6。

附录 F　井巷揭煤作业基本程序参考示意图

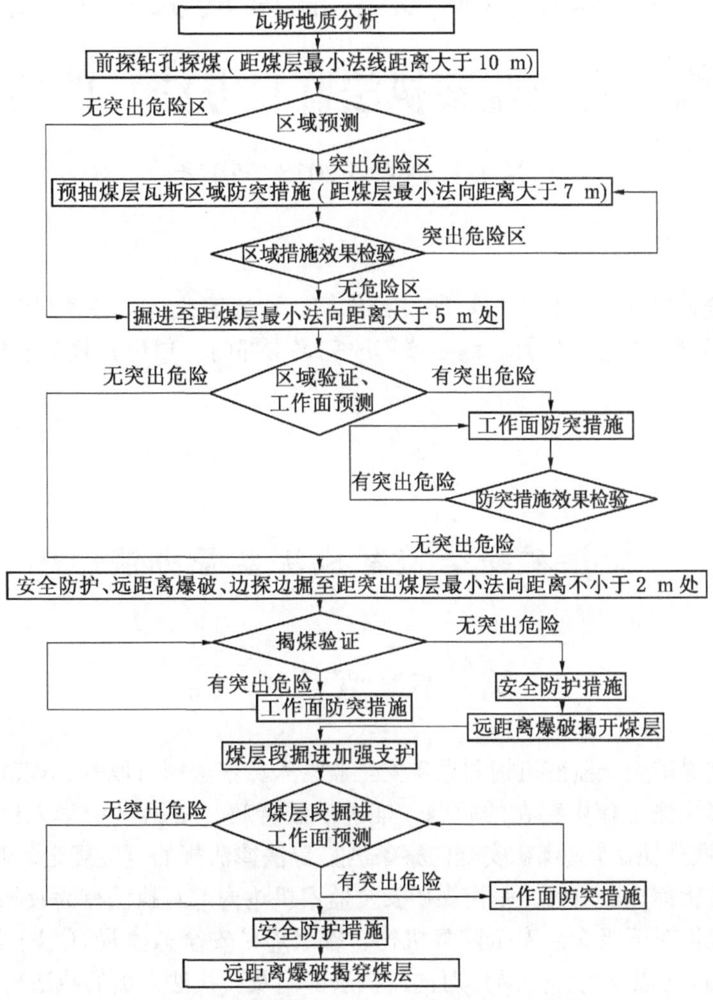

56. 国家煤矿安全监察局关于印发《煤矿安全监察执法监督办法》的通知

煤安监调查〔2018〕10号

各省级煤矿安全监察局：

现将《煤矿安全监察执法监督办法》印发给你们，请遵照执行。各省级煤矿安全监管部门可参照本办法，结合本部门（单位）实际，制定或修改完善本部门（单位）执法监督实施办法。

国家煤矿安全监察局

2018年5月7日

煤矿安全监察执法监督办法

第一章 总 则

第一条 为促进煤矿安全监察机构和煤矿安全监察人员依法履行职责，规范执法行为，及时发现和纠正煤矿安全监察执法工作中存在的问题，推进依法行政，根据《中华人民共和国安全生产法》《中华人民共和国行政处罚法》《煤矿安全监察条例》等法律法规的有关规定，制定本办法。

第二条 本办法所称执法监督，是指煤矿安全监察机构内部对执法行为及相关活动的监督，包括上级煤矿安全监察机构对下级煤矿安全监察机构、省级煤矿安全监察局（以下简称省局）和所属煤矿安全监察分局（站）（以下简称分局）对内设执法部门及其执法人员的执法行为实施的监督。

第三条 执法监督应当遵循监督检查与改进工作相结合的原则，坚持自我规范、自我完善、自我纠正、自我提高，推动严格、规范、公正、文明执法。

第四条 省局及分局主要负责人是本单位执法监督工作的第一责任人，负责组织开展执法监督工作。省局及分局应当明确执法监督工作的分管领导、责任部门及专职或兼职工作人员。设立分局的省局应当配备不少于二名专职执法监督工作人员。

未设立分局的省局应当配备不少于二名专职或兼职执法监督工作人员。

第五条 执法监督工作人员应当熟练掌握有关法律法规，依法取得《煤矿安全监察执法证》，并具备二年及以上煤矿安全监察执法一线工作经历。

第二章 执法监督的范围与方式

第六条 执法监督的范围主要包括：

（一）监察执法工作制度和机制的建立健全及落实情况；制定执法工作制度的合法性、合规性情况；

（二）监察执法计划制定、审批和执行情况；

（三）执法主体、执法程序及执法行为合法性情况，是否存在违法决定、处理安全监察职权范围以外事项等情况；

（四）监察执法人员持有煤矿安全监察执法证情况；

（五）监察执法人员正确履行法定职责、依法处理违法违规行为情况；监察发现的重大事故隐患依法依规处理情况；适用法律法规准确性以及证据采集充分、合法性等情况；

（六）执法分析制度建立健全和落实情况；

（七）行政处罚自由就量权实施情况，是否存在显失公正等情况；

（八）煤矿安全监察执法相关信息化业务系统的应用情况，执法文书使用和制作的准确性、规范性，执法案卷材料完整性等情况；

（九）按照职责权限，依法依规组织开展事故调查处理，落实事故调查报告中对责任单位和责任人的行政处罚意见、防范和整改措施的监察；按照有关规定向社会公布事故调查报告等情况；

（十）行政复议办理情况，是否依法受理、兼公办理行政复议案件，及时纠正违法或不当的执法行为等情况；

（十一）对申诉人、举报人是否存在打击报复等情况；

（十二）依法应当监督的其他情况。

第七条 省局和分局应当重点对以下监察执法工作制度的制定和落实情况进行监督：

（一）重大行敢处罚集体研究和各案制度。省局和分局对严重安全生产违法行为给予的行政处罚，应当按规定由本单位负意人集体研究讨论决定。分局作出重大行政处罚的，应当按规定报省局备案；

（二）行政处罚审被制度。省局和分局的行政处罚案件：在修法作出决定之前，应当进行合法性审核，有关审核材料要随案归档；

（三）执法案卷评查制度，省局和分局应当定期开展执法案卷抽查、评比活动，评查结果应当在一定范围内通报，针对普遍性问短提出整改措施和要求，并纳人下次案楼评查的内容之一，确保执法文书合法、严谨、有效；

（四）行政执法评议制度。省局和分局应当定期对下级煤矿安全监察机构和内设执法部门开展行政执法评议，依据评议结果，进行汇总和综合分析评价，并提出改进建议。评议结果应纳入年度绩效考核的范围；

（五）其他监察执法工作制度。

第八条 执法监督应采取现场检查、抽查执法文书和座谈反馈等方式进行。国家煤矿安全监察局每年对省局、分局开展执法监督工作抽查或组织各省局开展执法监督工作交叉检查。省局应当制定本单位年度执法监督计划，每年对所属分局至少开展一次执法监督检查，对内设执法部门和所属分局至少开展一次行政执法评议。

第九条 省局和分局履行执法监督职责的部门，每年应至少开展一次走访煤矿企业和其他相关部门活动，了解执法人员严格执法、规范执法、公正执法、文明执法等依法行政情况，听取意见和建议。

第十条 省局和分局履行执法监督职责的部门，对上级交办，群众举报或反映集中的执法问题，应组织开展专项执法监督。

第三章 执法监督的实施

第十一条 执法监督人员有权调阅、复制和摘抄执法文书、案卷、台账、记录等资料，向有关执法人员了解相关情况。被监督单位和人员应当配合执法监督人员的工作，如实反映情况，主动接受监督，及时整改问题，不得拒绝、阻挠或变相阻挠执法监督工作。

第十二条 执法监督中发现的不影响行政处罚决定的问题，可以采取内部通报等方式要求执法单位和执法人员引以为戒、及时整改。对于影响行政处罚决定的严重问题，应当制作执法监督意见书，载明被监督单位和人员存在的问题、处理意见和整改建议，明确整改期限等内容，报省局或分局主要负责人批准后按程序下发。被监督单位按照时限要求要向监督单位报告整改情况。

第十三条 执法监督发现煤矿安全监察执法有下列情形之一的，应当及时依法改正、纠正：

（一）文字表述错误或者数据计算错误的；

（二）执法文书填写缺项、漏项的

（三）执法文书类型选择错误的；

（四）违法行为认定或者适用法律错误的；

（五）对发现的违法行为未依法进行处理的

（六）处理措施存在错误、漏项或不当的；

（七）其他应当改正、纠正的情形。

第十四条 执法监督发现煤矿安全监察执法有下列情形之一的，应当予以撤销：

（一）违反法定程序的；

（二）主要事实不清、证据不足的；

（三）法律法规规定其他应当撤销的情形。

第十五条 执法单位具体行政行为被行政复议机关复议决定微销、变更、确认违法或责令限期履行的，应当按照复议决定，依法纠正。

第十六条 对执法监督中发现不认真履行法定职责的，应当对执法单位或执法人员给子通报批评或约谈；发现利用执法权以权谋私、涉嫌违纪违法的，依照规定移交有关部门处理。

第十七条 在煤矿安全监察执法和监督工作中表现突出的单位和个人，应当以适当的方式给予表彰和奖励。

第四章　附　　则

第十八条 下级煤矿安全监察机构应当于每年 1 月 15 日前向上一级煤矿安全监察机构报送上年度执法监督工作总结，其中应当包括本单位年度内行政复议办理、行政应诉案件详细情况。

第十九条 省局可结合本地区实际，制定具体实施办法、

第二十条 本办法自印发之日起施行。《煤矿安全监察执法监督办法（试行）》（安监总煤调〔2014〕93 号）同时废止。

57. 国家煤矿安全监察局关于印发《煤矿井下单班作业人数限员规定（试行）》的通知

煤安监行管〔2018〕38 号

各产煤省、自治区、直辖市及新疆生产建设兵团煤矿安全监管部门、煤炭行业管理部门，各省级煤矿安全监察局，有关中央企业：

国家煤矿安监局制定了《煤矿井下单班作业人数限员规定（试行）》，现印发给你们，请遵照执行。

附件：煤矿井下单班作业人数限员规定（试行）

国家煤矿安全监察局
2018 年 12 月 25 日

煤矿井下单班作业人数限员规定（试行）

第一条 为提高煤矿安全保障能力和生产效率，引导和推动煤矿企业加强机械化、自动化、信息化、智能化建设，研发应用煤矿机器人，简化生产系统，优化劳动组织，减少井下作业人数，从源头上防控群死群伤事故风险，结合煤矿安全生产情况，制定本规定。

第二条 本规定适用于全国所有的生产、建设煤矿（井工）。

第三条 本规定中的矿井类型及采掘工作面范围的界定如下：

（一）灾害严重矿井是指高瓦斯矿井、煤（岩）与瓦斯（二氧化碳）突出矿井、水文地质类型复杂极复杂矿井、冲击地压矿井。

（二）采煤工作面是指包括工作面及工作面进、回风巷在内的区域；掘进工作面是指从掘进迎头至工作面回风流与全风压风流汇合处的区域。采掘工作面限员人数不包括临时性进出的煤矿领导及职能部门巡检人员。

第四条 矿井单班作业人数应符合以下规定：

生产能力 $K/(万\ t\cdot a^{-1})$	灾害严重矿井/人	其他矿井/人
$K\leqslant30$	≤100	≤80
$30<K\leqslant60$	≤200	≤100
$60<K<120$	≤300	≤180
$120\leqslant K<180$	≤400	≤200
$180\leqslant K<300$	≤600	≤280
$300\leqslant K<500$	≤800	≤400
$K\geqslant500$	≤850	≤450

第五条 采煤工作面单班作业人数应符合以下规定：

矿井类型	机械化采煤工作面/人		炮采工作面/人
	检修班	生产班	
灾害严重矿井	≤40	≤25	≤25
其他矿井	≤30	≤20	≤25

第六条 掘进工作面单班作业人数应符合以下规定：

矿井类型	综掘工作面/人	炮掘工作面/人
灾害严重矿井	≤18	≤15
其他矿井	≤16	≤12

第七条 煤矿企业应制定井下作业限员制度，在采掘作业地点悬挂限员牌板，按照《煤矿安全规程》要求布置人员位置监测系统读卡分站，加强劳动组织管理，严格控制矿井和采掘工作面作业人数。灾害严重矿井要制定减人计划，明确减人目标，确保按期达到限员要求。

第八条 地方煤矿安全监管部门和驻地煤矿安全监察机构要将煤矿执行限员规定情况作为检查的重点内容，强化监督检查，督促煤矿企业认真落实煤矿井下限员要求。

第九条 本规定施行之日起，对未达到本规定要求的煤矿，不予核增生产能力；对一年内仍未达到本规定要求的煤矿，不予核增生产能力、不予通过一、二级安全生产标准化考核定级；对两年内仍未达到本规定要求的煤矿，煤矿安全监管监察部门依法依规查处。

第十条 高瓦斯、煤与瓦斯突出和冲击地压矿井，采掘工作面确需增加灾害治理人员的，必须经省级煤矿安全监管部门同意，并报告驻地煤矿安监局。

第十一条 省级煤矿安全监管部门可结合本地实际，制定实施细则。

第十二条 本规定自2019年1月1日起施行。

58. 国家安全监管总局　国家煤矿安监局关于推进煤矿企业安全生产诚信建设的指导意见

安监总煤办〔2009〕135 号

各产煤省、自治区、直辖市及新疆生产建设兵团煤炭行业管理部门、煤矿安全监管部门，各省级煤矿安全监察机构，有关中央企业：

近年来，各地积极探索落实煤矿企业安全生产主体责任、强化安全生产自主管理的途径和方法，不断促进煤矿企业深入贯彻落实科学发展观、树立安全发展科学理念，有效提高了干部职工的安全素质，在加强企业安全生产诚信建设、构建安全生产长效机制等方面积累了十分宝贵的经验。但是，从全国范围看，煤矿企业安全生产诚信缺失的问题还不同程度存在。主要表现在：一些企业违法违规生产经营行为屡禁不止，安全生产责任不落实，安全生产机制不健全，安全管理制度不完善，安全教育培训不到位，安全投入不足，安全承诺不兑现，以及谎报、瞒报事故的现象时有发生等。

为进一步贯彻落实党中央、国务院关于加强社会诚信建设的重要指示精神，国家安全监管总局、国家煤矿安监局决定在煤矿企业广泛开展推进安全生产诚信建设活动，努力构建安全生产长效机制，促进煤矿安全生产形势进一步稳定好转。现提出以下指导意见：

一、推进诚信建设的重要意义、指导思想和总体要求

（一）重要意义。煤矿企业安全生产诚信，是煤矿企业及其干部职工在安全生产活动中自觉执行法律法规、遵守规章制度、保障职工生命财产安全的意识、行为，以及创造安全生产环境、提高处置危害事件能力的综合反映。它体现了企业和职工在安全生产活动中履行承诺、义务的能力和水平，以及企业和职工在安全生产方面的可信程度。推进煤矿企业安全生产诚信建设，是全面落实科学发展观、坚持安全发展指导原则的必然要求，是督促企业落实安全生产主体责任和社会责任的重要途径，是建立安全生产长效机制的现实需要，也是提高煤矿安全监察监管效能的重要手段。

（二）指导思想。以邓小平理论和“三个代表”重要思想为指导，全面贯彻落实科学发展观，坚持“安全发展”指导原则和“安全第一、预防为主、综合治理”方针，以保障煤矿职工生命安全和职业健康为核心，以加强安全文化建设为主线，以完善安全生产管理制度为抓手，以确保安全投入和提高职工素质为基础，以煤矿安全管理和监察监管为载体，通过推进煤矿企业安全生产诚信建设，督促企业自觉落实安全生产主体责任和社会责任，建立健全安全生产长效机制，有效防范和遏制重特大事故发生，实现煤矿安全生产形势的持续稳定好转。

（三）总体要求。在地方党委、政府和国家有关部门领导下，切实把诚信观念纳入安全生产监察监管范畴，建立健全安全生产诚信制度，大力推进煤矿企业诚信建设，督促企业牢固树立诚实守信、依法经营观念，认真履行安全生产法定义务和社会责任，强化安全生产责任意识，深化安全生产自主管理，促进安全生产主体责任的落实和自我约束机制的形成，构建煤矿安全生产长效机制，不断提高煤矿安全生产整体水平。

二、坚持原则，分步推进

（四）基本原则。一是坚持以人为本、诚信守法。推进煤矿企业诚信建设，必须始终把维护煤矿

职工生命安全摆在第一位，切实遵守安全生产法律法规和规章制度，认真履行安全生产主体责任和社会责任，扎实开展安全生产自主管理，自觉遵章指挥和按章作业，坚决杜绝一切非法违法行为，最大限度地保障职工生命财产安全。二是坚持政府引导、企业自律。在地方政府引导下，将煤矿企业诚信建设纳入安全生产长效机制建设。地方各级政府有关部门要大力引导各类煤矿企业积极开展诚信建设活动，积极营造推进诚信建设的外部环境；煤矿企业要自觉把诚信建设当作一项重要任务来抓，加强组织领导，建立健全制度，增强自律意识，形成良好的诚信氛围。三是坚持分类指导、循序渐进。各地区在推进诚信建设的工作中，应充分考虑辖区煤矿安全生产实际情况，因地制宜、统筹兼顾，有针对性地确定工作目标和工作重点，建立起符合当地实际的煤矿企业安全生产诚信机制。要把重点放在企业落实安全生产责任、履行社会责任、健全安全管理制度、加大安全投入、狠抓安全培训、开展隐患排查治理、防治职业危害、执行事故报告和调查处理规定等方面。

（五）工作步骤。推进煤矿企业安全生产诚信建设，原则上分三个步骤进行。第一步，在各级地方政府相关部门指导帮助下，煤矿企业根据自身情况，建立与安全生产诚信相关的各项制度，增强安全生产自律意识，在内部营造良好的诚信氛围。要真实反映自身的安全生产诚信情况，及时披露本企业的安全生产信息，定期报告本企业诚信建设情况和履行社会责任情况，自觉接受政府部门、社会舆论监督，促进煤矿企业安全管理水平不断提高。第二步，地方各级煤炭行业管理部门、煤矿安全监管部门和驻地煤矿安全监察机构会同相关部门，对煤矿企业建立和执行安全生产诚信制度情况进行监督和指导。针对不同类型煤矿提出相应的工作要求和目标，分类指导、示范引领，扎实推进煤矿企业诚信建设工作。第三步，地方各级煤炭行业管理部门牵头，会同煤矿安全监管部门和驻地煤矿安全监察机构研究建立诚信评价标准和考核机制，定期对煤矿企业安全生产诚信度进行评价考核，督促煤矿企业健全完善安全生产诚信机制，并努力营造全社会关注、监督、支持煤矿企业诚信建设的良好氛围，不断提高煤矿企业安全生产诚信建设水平。

三、诚信建设的主要制度

（六）建立煤矿企业安全生产承诺制度。煤矿企业按照隶属关系，由其法定代表人与县级以上地方政府签订《法定代表人安全生产承诺书》，向地方政府、企业职工以及社会公开做出安全生产承诺；企业内部，各生产矿井主要负责人与煤矿企业、生产区队与生产矿井、职工个人与生产区队等也分别签订《安全生产承诺书》。安全生产承诺书应该包括规范的格式、承诺程序、具体的承诺内容以及承诺人亲笔签字。煤矿企业要建立与安全生产承诺制度配套的执行报告、绩效考核、监督检查、公示公告、安全诚信档案以及安全诚信文化创建等相关实施办法和保障措施。

（七）建立煤矿企业安全生产诚信报告制度。各类煤矿企业都要定期发布安全生产诚信报告，公布企业履行安全生产主体责任的现状、问题和措施，兑现安全生产各项承诺的执行情况，开展安全生产诚信建设的具体情况，企业履行社会责任的情况，特别是落实安全生产责任、健全安全管理制度、加大安全投入、强化安全培训、开展隐患排查治理、防治职业危害、执行事故报告和调查处理规定等方面情况。同时，及时了解和回应地方政府及有关部门的相关意见、建议，主动接受社会各界和新闻媒体的监督。

（八）建立煤矿安全生产诚信缺失企业“黑名单”制度。有下列情形之一的煤矿企业及其法定代表人（包括实际控制人）按照隶属关系，由县级以上地方政府将其列入“黑名单”：（1）凡发生较大以上责任事故的；（2）存在重大安全生产隐患未得到整治的；（3）屡次发生严重违法违规生产经营行为的；（4）谎报、瞒报、迟报、漏报事故的；（5）拒不执行安全监管监察指令、抗拒安全执法的；（6）职业危害严重、职业病患者得不到及时救治的，等等。地方政府有关部门及时将列入“黑名单”的煤矿企业及其法定代表人（包括实际控制人）在相关媒体上予以曝光，定期将安全生产诚信缺失的煤矿企业相关信息向发展改革、安全监管监察、国土资源管理、劳动保障、公安、工商、税务及银行、保险等相关部门（单位）进行通报，并建议采取相应制裁措施。

（九）建立煤矿企业安全生产诚信档案制度。建立完备的煤矿企业安全生产诚信档案，对违规违纪、弄虚作假的单位或个人，要将其失信行为记录在诚信档案中，让其承担法律、经济等方面的相应责任。同时，地方各级煤炭行业管理部门要会同煤矿安全监管部门和驻地煤矿安全监察机构，联合相关部门，建立安全生产诚信信息平台，实现对相关煤矿企业和干部职工安全生产诚信缺失行为记录等诚信信息的共建共享。

（十）建立煤矿企业安全生产诚信评价制度。适时制定安全生产诚信评价标准和办法，定期开展煤矿企业安全生产诚信评价工作。地方各级煤炭行业管理部门要会同煤矿安全监管部门和驻地煤矿安全监察机构，按照各自工作职责，在督促帮助煤矿企业健全完善安全生产诚信机制的同时，组织开展辖区煤矿企业安全生产诚信评价工作，从企业安全意识、安全素质、安全责任、安全行为、安全环境、安全保障能力以及安全文化等层面建立综合评价体系。同时，对煤矿企业安全管理状况进行信用评估，评估结果及时备案、定期公布，引导和规范煤矿企业扎实推进诚信建设。

（十一）建立煤矿企业安全生产诚信度公告和通报预警制度。通过地方各级政府和相关部门网站以及广播电视、报刊杂志等多种途径公布煤矿企业安全生产诚信度评价结果。对安全生产诚信度低的企业及其法定代表人（包括实际控制人）进行提示性警告或限制性警告，督促给予强制性培训或限制其生产经营活动中的相关行为。对于安全生产诚信度低的煤矿企业提出警告后，限期整改未达标的，实行挂牌警告，并通过主流媒体进行公告。

（十二）建立煤矿企业安全生产诚信考核奖惩制度。建立煤矿企业安全生产诚信目标体系，从企业安全意识、安全素质、安全责任、安全行为、安全环境、安全保障能力以及安全文化等方面，确定考核内容和标准、评价方法和指标以及诚信度分级办法。适时制定煤矿企业安全生产诚信奖惩办法，对于安全生产诚信煤矿企业及其法定代表人等给予奖励；对失信煤矿企业及其法定代表人（包括实际控制人），特别是列入“黑名单”的企业给予应有的行政处罚，并对其进行重点监察监管；对存在严重失信行为的，按相关规定上限予以处罚，必要时责令停产整顿、吊销（暂扣）相关证照。同时，省级煤炭行业管理部门应会同发展改革、安全监管监察、国土资源管理、劳动保障、公安、工商、税务及银行、保险等相关部门（单位）研究制定相应的配套奖惩办法，对不同安全生产诚信度的煤矿企业在矿产资源配置、建设项目立项、行政许可、税收、贷款额度及企业保险费率等方面实施不同的激励约束政策。

（十三）建立煤矿企业安全生产诚信监督制度。加强群众监督和社会舆论监督，对安全生产诚信者给予社会褒奖，对安全生产失信者进行舆论谴责。鼓励社会各界及新闻媒体对安全生产诚信度差的煤矿企业及其法定代表人（包括实际控制人）的失信行为进行举报，一经查实，有关部门应按照相关规定给予举报者一定的奖励。

四、诚信建设的保障措施

（十四）加强煤矿企业诚信建设的组织领导。地方各级煤炭行业管理部门作为推进煤矿企业安全生产诚信建设的牵头部门，要明确具体负责的机构和人员。各级煤矿安全监管部门要积极配合开展煤矿企业安全生产诚信建设工作。驻各地煤矿安全监察机构要把地方各级政府煤炭行业管理、煤矿安全监管部门对煤矿企业安全生产诚信情况的监管工作，纳入对地方政府煤矿安全监管工作监督检查的重要内容。煤矿企业的主要负责人是本企业诚信建设第一责任人，要把推进诚信建设作为安全管理的一项重要工作来抓，发挥党政工团齐抓共管安全生产的制度优势，由企业安全管理部门牵头负责，企业宣传、企管、生产、劳资等部门和工会、共青团等组织共同参加，并作为落实安全生产责任制和安全生产绩效考核的重要内容，促进煤矿企业进一步提高安全管理水平和安全保障能力。

（十五）积极协调有关部门及地方政府制定相应的配套政策措施。地方各级煤炭行业管理部门要会同煤矿安全监管部门和驻地煤矿安全监察机构，积极协调相关部门对安全生产诚信度较低的煤矿企业，特别是列入“黑名单”的煤矿企业及其法定代表人（包括实际控制人）采取措施进行惩治。要加强对煤矿安全评价机构、检测检验机构等中介机构和矿用安全产品生产企业商业信用的监督和考核，为煤矿企业提供可靠的技术检验报告和合格的矿用产品或信息。要积极建议并争取地方各级政府结合当地煤矿企业实际，制定完善促进煤矿企业诚信建设的相关激励政策，引导煤矿企业切实履行安全生产主体责任和社会责任，并为煤矿企业诚信建设创造良好的外部条件和社会环境。

（十六）努力营造煤矿企业诚信建设的舆论氛围。煤矿企业要把诚信建设作为安全生产基础管理和提升安全管理水平的一项重要内容来抓。要使企业和职工牢固树立诚实守信、依法经营的理念，组织开展各种安全生产诚信宣传教育活动，树立煤矿企业良好的社会形象。要注重发挥广大煤矿安全群众监督员在诚信建设中的作用。地方各级煤炭行业管理、煤矿安全监管部门和驻各地煤矿安全监察机构要督促企业开展安全生产诚信教育，加大对诚信建设工作的宣传力度，把诚信建设作为全国“安全生产月”等宣传教育活动的重要内容，在煤矿安全生产领域唱响诚信建设的主旋律，在全社会营造煤矿企业诚信建设的良好氛围。

（十七）积极总结交流煤矿企业诚信建设的经验。地方各级煤炭行业管理部门、煤矿安全监管部门和驻各地煤矿安全监察机构要在地方党委、政府统一领导下，积极探索各具特色的煤矿企业诚信建设之路，积极创造条件搭建诚信建设的交流平台，通过组织现场会、座谈会和研讨会等，及时总结交流煤矿企业诚信建设工作，及时宣传和推广好的经验和做法，树立先进典型，以点带面推动工作，不断推进煤矿企业安全生产诚信建设健康发展。

本指导意见适用各种所有制煤矿企业，包括有关中央企业。各地区、各相关部门可结合辖区实际制定具体实施办法。

国家安全生产监督管理总局
国家煤矿安全监察局
二〇〇九年七月十七日

59. 国家煤矿安全监察局关于印发《煤矿复工复产验收管理办法》的通知

煤安监行管〔2019〕4号

各产煤省、自治区、直辖市及新疆生产建设兵团煤矿安全监管部门、煤炭行业管理部门，各省级煤矿安全监察局，有关中央企业：

为加强和规范煤矿复工复产验收工作，国家煤矿安监局制定了《煤矿复工复产验收管理办法》，现印发给你们，请遵照执行。

国家煤矿安全监察局
2019年1月9日

煤矿复工复产验收管理办法

第一条 为加强和规范煤矿复工复产验收工作，坚决防范和遏制煤矿重特大事故，根据《中华人民共和国安全生产法》《国务院办公厅关于进一步加强煤矿安全生产工作的意见》等法律法规、文件要求，制定本办法。

第二条 本办法适用于我国境内所有合法生产、建设煤矿的复工复产验收工作。

第三条 煤矿复工复产验收工作根据停工停产状态和性质不同分类实施。停工是指建设煤矿停止施工作业；停产是指生产煤矿停止生产作业。

（一）自行连续停工停产时间不足30天，通风、排水、安全监控系统和人员位置监测系统运行正常，且停产期间井下巷道及设备设施维护、安全检查正常实施的煤矿，由煤矿企业（煤矿）负责验收。

（二）下列煤矿由煤矿安全监管部门负责验收。

1. 因自然灾害或矿井灾变等原因，安全生产系统或巷道遭到严重破坏或封闭井口（采区）的煤矿；

2. 连续停工停产时间达30天及以上的煤矿；

3. 因发生生产安全事故、存在重大生产安全事故隐患或违法违规行为等，被相关部门责令停工停产的煤矿；

4. 煤矿安全监管部门和煤矿安全监察机构认为需要复工复产验收的其他煤矿。

第四条 按照分级属地监管原则，对复工复产煤矿实施分级验收。省级煤矿安全监管部门负责监管的煤矿，由省级煤矿安全监管部门组织验收，主要负责人签字；市（地）级煤矿安全监管部门负责监管的煤矿，由市（地）级安全监管部门组织验收，市（地）级人民政府主要负责人签字；其他煤矿由县级煤矿安全监管部门组织验收，县级人民政府主要负责人签字。煤矿企业（煤矿）组织验收的，由煤矿企业（煤矿）主要负责人签字。

第五条 煤矿启封井口、人员进入严重冲击地压矿井或者停工停产时间30天及以上矿井排查事故隐患前，应先评估安全风险，制定井口启封、事故隐患排查的工作方案和安全技术措施，并向煤矿安全监管部门提出申请，经审查同意后，方可开展井口启封等复工复产前期工作。煤矿排查治理事故隐患必须划定作业范围，明确作业期限、限定作业地点和各工种作业人数，做到“责任、措施、资金、时限、预案”五落实。

由公安、国土、环保、煤炭行业管理等部门责令停工停产的煤矿，须在相关部门已同意恢复生产建设后，方可申请复工复产。

第六条 申请复工复产的煤矿，应当至少具备下列条件：

（一）煤矿安全生产许可证合法有效，安全生产条件符合《煤矿企业安全生产许可证实施办法》规定，建设煤矿建设手续齐全，施工和监理单位资质符合相关规定；

（二）达到三级安全生产标准化等级要求；

（三）隐蔽致灾因素普查清楚，矿井和周边老空积水情况清楚；

（四）安全监控、人员位置监测系统运行正常；

（五）煤矿管理人员、专业技术人员和特种作业人员配备符合要求；

（六）职工安全培训达到《煤矿安全培训规定》要求；

（七）灾害治理机构、人员、设备等符合相关规定要求；

（八）煤矿有符合规定的矿山救护队为其服务。

第七条 煤矿复工复产验收工作，按照下列程序进行：

（一）煤矿主要负责人组织制定复工复产方案和安全技术措施；

（二）煤矿主要负责人组织排查治理事故隐患；

（三）煤矿企业（煤矿）验收。

由部门验收的煤矿，在履行煤矿企业（煤矿）验收程序的同时，还应履行以下程序：

（四）由煤矿企业（煤矿）提出复工复产验收申请；

（五）煤矿安全监管部门组织验收；

（六）履行签字手续；

（七）下发同意复工复产的通知。

第八条 存在以下情形之一的煤矿，不得复工复产：

（一）申报材料不齐全或不真实的；

（二）煤矿主要负责人未组织全面排查隐患、未制定隐患整改安全技术措施或者未完成隐患治理的；

（三）未严格履行复工复产验收程序的；

（四）未经验收、验收不合格或未按规定履行签字手续或者部门验收的煤矿未取得复工复产通知的；

（五）存在以设备检修、隐患整改名义擅自组织生产建设行为的；

（六）存在明令禁止使用或淘汰的设备、工艺等重大事故隐患的；

（七）煤矿安全监管部门和煤矿安全监察机构认为恢复生产建设存在重大安全风险的。

第九条 煤矿自行停工停产期间，要加强安全管理，做好正常的通风、排水、井下巷道及设备设施维护、安全检查、监测监控、值班值守等工作。由煤矿企业（煤矿）负责验收复工复产的煤矿，要告知煤矿安全监管部门和煤矿安全监察机构。

第十条 煤矿安全监管部门和煤矿安全监察机构在责令煤矿停工停产后，要及时告知公安、电力等部门（单位）依法停止或限制供应、收缴民用爆炸物品，限制电力供应。

第十一条 煤矿安全监管部门下发复工复产通知时，要同时抄送煤矿安全监察、煤炭行业管理、公安、电力等部门（单位）。

第十二条 对验收不合格的煤矿，2 个月内不再受理其复工复产验收申请；对弄虚作假、故意隐瞒问题的煤矿，6 个月内不再受理其复工复产验收申请，并将其作为重点监管监察对象。煤矿安全监管部门和煤矿安全监察机构发现擅自复工复产的煤矿，应当责令立即停产整顿，暂扣安全生产许可证。

第十三条 煤矿复工复产验收实行“谁验收、谁签字、谁负责”的工作制度，参与验收的人员均要在验收报告上签字，并对验收结果的真实性负责。凡在复工复产验收工作中违反程序、降低标准、把关不严、弄虚作假的，一经发现要严肃追究有关单位和人员的责任。

第十四条 各省级煤矿安全监管部门可根据本办法制定本地区煤矿复工复产验收工作实施细则。

第十五条 本办法由国家煤矿安全监察局负责解释，自发布之日起施行。

60. 国家煤矿安全监察局关于开展在建整合技改煤矿安全专项监察的紧急通知

煤安监监察〔2011〕15号

各省级煤矿安全监察机构：

为认真贯彻落实国务院领导同志近期关于安全生产工作的一系列重要批示以及3月21日召开的国务院安委会办公室专题视频会议精神，进一步加强监管，落实责任，督促整合技改煤矿切实强化安全管理，坚决遏制煤矿重特大事故发生，经研究，国家煤矿安全监察局决定立即组织开展一次在建整合技改煤矿安全专项监察活动。现将有关事项通知如下：

一、监察对象

已经履行规定审批程序，并开始施工的整合技改煤矿。

二、监察主要内容

1. 在建的整合技改煤矿原有安全生产许可证等有关证照是否已被暂扣或吊（注）销，并按规定停止生产、集中精力进行建设；整合技改方案及设计中不予利用的井巷是否关闭封填到位。

2. 企业安全生产主体责任是否得到落实，特别是整合主体企业是否建立健全项目建设安全管理机构和制度，是否查明并掌握矿井开采安全条件，是否向施工、监理等单位提供了相关技术资料，并对相关单位进行统一协调管理，全面负责整合技改煤矿安全管理工作。

3. 建设和施工单位是否按规定编制施工组织设计并按设计施工，安全设施是否与主体工程同步施工，施工顺序是否符合国家4部门《关于进一步加强煤矿建设项目安全管理的通知》（发改能源〔2010〕709号）的要求；是否按批准的建设工期进行施工，特殊情况需要延期的，是否经原审批部门批准同意；遇重大变化是否停止施工并及时变更设计和报批。

4. 施工单位安全管理机构和岗位责任制是否健全，是否建立健全并落实领导带班下井、隐患排查治理等各项安全管理制度；突出矿井是否认真贯彻执行了《防治煤与瓦斯突出规定》，受水害威胁的矿井是否严格执行了《煤矿防治水规定》等有关安全标准和规定，是否存在重大隐患等。

5. 整合技改煤矿是否纳入地方监管范畴，地方政府及有关部门的安全监管责任是否落实。

三、时间安排

专项监察从4月6日开始，到4月25日结束。

四、有关要求

1. 请各省级煤矿安全监察机构（以下简称省局）高度重视，认真组织开展好此次专项监察。现场监察前，应全面了解辖区内在建整合技改煤矿施工进展情况，在此基础上确定监察重点，制定监察方案，有针对性地开展专项监察。

2. 监察执法必须切实做到“四个一律”，对监察中发现有国家13部门《关于进一步规范煤矿资源整合技改工作的通知》（安监总煤监〔2010〕185号）规定的5类情形之一的，必须取消整合技改资格，提请地方人民政府依法予以关闭；对其他非法违法行为和安全生产隐患，要依法从严从重处理。同时，要认真分析辖区内煤矿资源整合技改项目安全管理中存在的突出问题和共性问题，向地方人民政府提出改进相关工作的意见和建议，促进地方做好煤矿安全监管工作。

3. 各省局要对此次专项监察开展情况及时进行汇总分析，形成总结报告。主要内容应包括：前期了解的有关情况、监察煤矿数量、查出隐患及处理情况、行政罚款、提请关闭情况、存在的主要问题和相关建议意见等。国家煤矿安监局将适时组织听取专项监察情况汇报。

联系人：李大生

联系电话：010－64463029（带传真）

电子信箱：jcyc@ chinasafety. gov. cn

国家煤矿安全监察局

二〇一一年三月三十日

61. 国家煤矿安全监察局关于印发《煤矿安全监察执法工作计划编制和审批办法》的通知

煤安监监察〔2016〕27 号

各省级煤矿安全监察局：

新修订的《煤矿安全监察执法工作计划编制和审批办法》已经国家煤矿安监局 2016 年第 30 次局长办公会审议通过，现予以印发，请遵照执行。

2007 年 11 月 2 日印发的《国家煤矿安全监察局关于印发煤矿安全监察执法工作计划的编制审批考核办法（试行）的通知》（煤安监监察〔2007〕46 号）同时废止。

国家煤矿安全监察局

2016 年 12 月 2 日

煤矿安全监察执法工作计划编制和审批办法

为贯彻落实《安全生产法》《煤矿安全监察条例》，更好地履行煤矿安全国家监察职责，按照《国家安全监管总局国家煤矿安监局关于进一步规范煤矿安全监察执法工作的意见》(安监总煤监〔2015〕103 号)要求，落实计划监察执法工作机制，提高监察执法效能，促进煤矿安全生产，制定本办法。

一、执法计划的编制原则

（一）坚持依法编制。依据有关煤矿安全生产的法律法规、国家安全监管总局（以下简称总局）和国家煤矿安监局有关规范性文件要求，编制执法计划。

（二）坚持分类编制。执法计划分为年度和月度执法计划。各省级煤矿安全监察局（以下简称省局）及所属监察分局（以下简称分局）应编制执法计划。省局和分局的执法计划在时间安排、监察内容等方面应各有侧重、统筹安排、相互衔接。

（三）坚持突出重点。将防范遏制煤矿重特大事故、降低事故总量作为首要任务，强化对煤矿企业主体责任落实、生产计划安排、矿井开拓部署、采掘布置、安全投入、安全监控系统运行的监察执法，强化对煤矿瓦斯、水、火、冲击地压等重大灾害治理情况的监察执法。

（四）坚持落实责任。通过对煤矿企业贯彻落实国家安全生产法律法规、建立健全和落实安全生产责任制、安全生产管理制度等情况的监察执法，充分利用“双随机抽查”、执法信息公开等有效手段，督促其健全完善风险分级管控和隐患排查治理双重预防机制，深入排查和有效化解各类安全生产风险，切实落实安全生产主体责任。

（五）坚持执法方式创新。注重规范和创新监察执法方式，坚持问题导向，用好重点监察、专项监察、定期监察、集中执法、异地执法、专家会诊等方式方法，重大隐患和重大执法信息要及时通报有关地方政府及部门。用好“联合惩戒”等手段，定期公布违法违规生产建设、超强度超能力生产、重大隐患不整改、发生重大责任事故的企业名单，接受社会监督。落实事故通报、警示、约谈、督办制度，发挥事故的警示教育作用。

二、执法计划的编制要求

（六）制定煤矿分类标准。省局要根据辖区煤矿数量、分布、生产规模、灾害程度及近五年安全生产状况等制定辖区煤矿分类标准，并对煤矿进行分类。

（七）分析监察执法重点。根据辖区煤矿分类情况（见附件1），分析不同类型煤矿的灾害特点和近五年事故情况以及生产特点，确定各类各级煤矿的监察执法重点。突出对事故多发地区的煤矿和瓦斯、水、火、冲击地压等灾害严重矿井的监察。

（八）确定监察执法力量。根据工作性质，扣除不直接参与煤矿安全监察执法的相关人员，确定本单位监察执法人员的人数占在册人员总人数的比例。原则上，省局监察执法人员比例不得低于在册人数的65%，分局不得低于90%。

（九）确定总法定工作日数。依据国家有关法定工作日的规定和节假日安排，以及纳入监察执法人员的数量等情况，计算总法定工作日数（总法定工作日数等于国家法定工作日和纳入监察执法人员的人数的乘积，减去执法人员带薪年休假日数）；少数民族地区同时应执行地方性法规关于节日放假的有关规定。

（十）确定监察工作日数。监察工作日数包括对煤矿企业的监察执法，对地方政府及其煤矿安全监管部门的监督检查，煤矿企业安全生产许可证的颁发和管理，中介机构的资质认证和检查考核，煤矿建设项目安全设施设计审查以及竣工验收的监督核查，煤矿重大隐患排查治理督导，煤矿伤亡事故的调查处理，煤矿生产安全案件的举报核查，上级人民政府及其相关部门组织开展的安全生产督查、检查、异地监察执法、联合执法等需要参与、配合的执法活动，执法案件听证、复议等需要的工作日。省局（含所属分局）年度监察工作日数占总法定工作日数的比例应不低于65%。

（十一）确定各类煤矿的监察周期。综合考虑监察执法力量、监察工作日数和监察执法重点等因素，确定各类煤矿的监察周期。对正常生产、建设的煤与瓦斯突出、受水害威胁严重、有冲击地压危险的矿井，全年至少开展2次现场监察，正常生产建设的其他矿井，全年至少开展1次现场监察。对煤矿上级主管企业（集团）每年至少开展1次安全生产主体责任落实情况的监察。

（十二）对地方煤矿安全监管工作的监督检查。省局负责对产煤市（设区市）级政府煤矿安全监管工作的监督检查，分局负责对产煤县级政府煤矿安全监管工作的监督检查。重点检查其贯彻落实国家有关煤矿安全法律法规规章、政策措施，上一级党委、政府有关煤矿安全工作部署，加强煤矿安全监管，强化煤矿安全专项整治，督办事故隐患整改及复查、事故责任追究落实等情况。对在监察中发现的煤矿企业安全生产违法违规行为和事故隐患，以及地方煤矿安全监管工作存在的主要问题，定期向有关地方党委、政府和有关部门进行报告、通报，提出监察建议。对产煤市、县级政府煤矿安全监管工作的监督检查，每年至少开展1次。

三、执法计划的批准

（十三）执法计划报批的层级和时限。省局年度执法计划应于上一年度12月15日前报国家煤矿安监局审批；分局年度执法计划报省局审批，月度执法计划报省局备案。省局和分局月度执法计划应根据年度执法计划编制，并在上一月度的25日前编制完成。

（十四）执法计划的调整。切实维护执法计划的严肃性，不得擅自调整或变更执法计划。因上级行政机关或地方人民政府对煤矿安全生产工作部署调整或其他不可预见因素等，确需调整、变更执法计划的，应及时将调整与变更情况报上级行政机关备案。

四、执法计划编制和落实的保障措施

（十五）落实执法计划的编制责任。明确负责执法计划编制、审批、考核、统计分析等相关工作的责任处室或牵头处室，制定相关的工作制度，保障计划监察工作的顺利开展。

（十六）掌握煤矿企业基本情况。利用“煤矿企业安全生产基础数据管理平台”，掌握辖区内煤矿企业基本信息和监察执法信息。督促辖区煤矿企业及时更新相关数据，为执法计划的编制和现场监察执法活动的开展提供基础数据支持。

（十七）定期分析执法计划的执行情况。省局和分局要严格执行批复后的执法计划，及时分析执法计划执行、执法处理处罚、执法文书下达等情况，研究解决监察执法工作中遇到的问题，确保执法计划的落实。省局应于每年 7 月 15 日、下一年的 1 月 15 日前将半年度和年度监察执法计划执行情况向国家煤矿安监局进行书面报告并填报执法计划统计表（见附件 2）。

（十八）执法计划执行的考核。要将执法计划执行情况纳入年度工作目标考核，定期对执法计划执行情况进行检查。分局每季度对执法计划执行情况至少进行 1 次自查，省局每半年对机关处室及所属分局执法计划执行情况进行 1 次检查。国家煤矿安监局对省局执法计划执行情况进行检查和抽查。

（十九）做好与地方监管部门执法计划的协调配合。编制年度执法计划时，可与地方煤矿安全监管部门进行沟通协调，征求意见。年度执法计划经批复后，可送同级地方煤矿安全监管部门，并建立信息通报和联席会议制度，避免对煤矿的现场检查出现不必要的重复或遗漏，促进监管监察工作形成合力。

附件：1. ××年煤矿分类情况表

2. ××年煤矿安全监察执法计划统计表

附件 1

××年煤矿分类情况表

单位（盖章）：

序号	煤矿分类	煤矿数量	煤矿生产能力	监察执法重点内容	监察执法周期
合计	—			—	—
1					
2					
3					
…					
…					

分管负责人：　　填表人：　　填表人电话：　　填表日期：　年　月　日

填表说明：1. 本表由省局填报。省局要制定辖区煤矿分类标准，对煤矿进行分类。

2. 根据对辖区煤矿分类的结果，分析灾害特点和安全生产情况，确定各级煤矿的监察执法重点内容。

3. 在一个监察执法周期内，至少对本类煤矿开展 1 次现场监察。

4. 本表各项内容填写后应在左上角加盖省局公章。

附件 2

××年煤矿安全监察执法计划统计表

单位（盖章）：

项目内容		工作日数	监察矿井数	监察次数
总法定工作日				
监察工作日	合计		占总法定工作日的比例/%	
	1. 对煤矿企业的监察执法			
	2. 对地方政府及其煤矿安全监管部门的监督检查			

（续）

项目内容		工作日数	监察矿井数	监察次数
监察工作日	3. 煤矿企业安全生产许可证颁发和管理			
	4. 中介机构的资质认证和检查考核			
	5. 煤矿建设项目安全设施设计审查以及竣工验收的监督核查			
	6. 煤矿重大隐患排查治理督导			
	7. 煤矿伤亡事故调查处理			
	8. 煤矿生产安全案件的举报核查			
	9. 上级人民政府及其相关部门组织开展的安全生产督查、检查、异地监察执法、联合执法等需要参与、配合的执法活动			
	10. 听证、复议			
	11. 其他需要安排的监察工作			
	合计		占总法定工作日的比例/%	
非监察工作日	1. 机关值班			
	2. 学习、培训、考核、会议			
	3. 资料整理归档、统计分析、档案管理			
	4. 其他			

	编制人数	在册人数	监察人员人数	监察人员占在册人员比例
合计				
省局机关				
分局合计				

分管负责人： 填表人： 填表人电话： 填表日期： 年 月 日

填表说明：1. 本表由省局填报，内容是指省局机关及所辖分局合计的工作日数、监察矿井数和监察矿次数。

2. 本表各项内容填写后应在左上角加盖省局公章。

62. 国家煤矿安监局关于开展煤矿安全自检自改工作的通知

煤安监监察〔2017〕6 号

各产煤省、自治区、直辖市及新疆生产建设兵团煤矿安全监管部门，各省级煤矿安全监察局，有关中央企业：

为切实做好煤矿全面安全“体检”专项工作，督促煤矿企业进一步落实安全生产主体责任，查找煤矿生产过程中存在的主要风险和隐患，提升煤矿管理水平和安全生产保障能力，国家煤矿安监局组织制定了煤矿安全自检表，现印发给你们，指导煤矿企业开展自检自改工作。现将有关事项通知如下：

一、自检范围

正常生产、建设煤矿，复工复产煤矿。

二、组织形式

自检工作由煤矿企业自身或委托安全中介服务机构进行。参加自检的技术人员应涵盖煤矿生产所涉及的地质、采矿、通风、机电、安全等主体专业，并具有中级以上专业技术职称或资格。

三、开展时间

所有正常生产、建设煤矿应于 4 月中旬完成自检。

复工复产煤矿在复工复产前必须开展自检。

四、自检内容

煤矿企业要结合自身实际，依据《井工煤矿安全自检表》、《露天煤矿安全自检表》（见附件 1、2，建设煤矿参照执行）开展自检。

五、有关要求

（一）加强组织领导，落实责任。煤矿企业主要负责人和煤矿矿长是自检自改工作的第一责任人，要成立专门工作机构，制定工作方案；委托中介机构承担的，中介机构还应制定评价方案。要坚持高标准、严要求，不走形式、不走过场，确保自检自改工作取得成效。煤矿企业集团公司要及时掌握并督促所属煤矿开展自检自改工作。

（二）及时汇总分析，提交报告。煤矿自检结束后，要进行认真分析，制定并落实整改措施，提交自检自改报告。自检报告须经煤矿上一级企业主要负责人和煤矿矿长（实际控制人）签字确认后，按属地管理原则报送煤矿安全监管部门和驻地煤矿监察机构。自检报告主要包括以下内容：

1. 煤矿基本情况。煤矿隶属关系；安全管理人员配备情况；持证情况；各生产、安全系统简要情况；2017 年“采、掘、抽”接续计划情况；主要灾害类型和等级；采取的主要灾害防治措施；近 3 年事故情况。

2. 自检自改情况。参与自检工作人员构成；存在的主要风险和隐患，原因分析，采取的针对性措施和初步落实情况。

3. 煤矿自检表格。

（三）采取有效措施，消除隐患。对排查出的问题和隐患，企业要建立台账，并按照整改措施、责任、资金、时限和预案“五落实”的要求，及时消除隐患，对重大隐患要按照规定上报。各级煤矿安全监管监察部门在“体检”工作中，对企业自检发现并落实整改的问题和隐患，可从轻予以处罚；发现煤矿企业自检不认真、走过场、自检报告严重失实的，要责成煤矿企业委托第三方重新排查，并对查出的隐患从严处罚。

请各省级煤矿安全监管部门将本通知传达到辖区煤矿企业，并督促煤矿企业立即开展自检自改。

附件：

1. 井工煤矿安全自检表

2. 露天煤矿安全自检表

国家煤矿安监局

2017 年 2 月 26 日

63. 国家煤矿安监局关于煤矿分类监管监察工作的指导意见

煤安监监察〔2018〕15 号

各产煤省、自治区、直辖市及新疆生产建设兵团煤矿安全监管部门，各省级煤矿安全监察局：

为强化煤矿分类监管监察执法工作，切实提高执法计划编制的针对性和实效性，突出执法重点，提升执法效能，根据《安全生产法》《国务院安委会办公室关于切实落实安全生产责任坚决防范遏制煤矿重特大事故的通知》（安委办〔2017〕28 号）要求，现就规范和推进煤矿分类监管监察工作，提出如下指导意见：

一、分类原则

（一）坚持科学分类。采用定性与定量相结合的方式，综合考虑煤矿的灾害程度和安全状况等因素，科学分类。

（二）坚持问题导向。突出重点，并加大对安全管理、责任落实的考量，强化风险预控和重大灾害治理。

（三）坚持因地制宜。立足不同地区实际，细化分类要素，完善分类程序，提高煤矿分类结果适用性。

（四）坚持动态管理。根据煤矿生产状态和安全状况等变化情况，相应调整煤矿分类类别。

二、分类类别

（五）类别划分。以安全风险管控为主线，综合考虑煤矿安全管理、灾害程度、生产布局、装备工艺、安全诚信、安全生产标准化建设、人员素质及生产建设状态等因素，将井工煤矿按安全保障程度从高到低确定为 A、B、C、D 四类。其中：A 类煤矿为安全保障程度较高的煤矿，B 类煤矿为安全保障程度一般的煤矿，C 类煤矿为安全保障程度较低的煤矿，D 类煤矿为长期停工停产煤矿。

（六）A 类煤矿。满足下列所有条件，可划分为 A 类煤矿。

1. 安全管理：证照或建设项目手续符合要求，安全管理机构、安全生产管理制度和安全生产责任制健全，安全生产教育、培训和安全生产投入符合要求，五年内未发生死亡事故。

2. 灾害程度：低瓦斯矿井；水文地质类型为中等及以下矿井；无冲击地压危险性，井下无火区，并建立有可靠的、抗灾能力强的灾害防治系统以及安全应急避险系统的矿井。

3. 开拓和生产布局：开拓、准备、回采煤量符合规定，通风、排水等生产系统完善、可靠，单水平开采，采用“一井一区一面”或“一井两区两面”生产模式，采（盘）区采煤工作面与回采巷道掘进工作面之比不超过 1∶2，年产量不超过核定（设计）生产能力的 110%，最大月度产量不超过核定（设计）生产能力的 10% 。

4. 主要装备：采煤工作面采用机械化开采（急倾斜煤层除外）或综合机械化开采工艺，主排水泵房、中央变电所、主要通风机房等实现自动化运行和远程监控，安全监控系统运行正常，设置有应急广播系统。

5. 安全诚信：5 年内未发现存在“五假五超”现象，3 年内无安全生产失信行为。

6. 安全生产标准化：安全生产标准化达到一级。

7. 人员素质：煤矿企业主要负责人、安全生产管理人员、特种作业人员学历、工作经历、安全培训考核能达到《煤矿安全培训规定》要求。

8. 省级煤矿安全监管监察部门认定的其他条件。

（七）B 类煤矿。满足下列所有条件，可划分为 B 类煤矿。

1. 安全管理：证照或建设项目手续符合要求，安全管理机构、安全生产管理制度和安全生产责任制健全，安全生产教育、培训和安全生产投入符合要求，三年内未发生较大及以上死亡事故。

2. 灾害程度：高瓦斯和部分低瓦斯矿井；冲击地压矿井；瓦斯、水、火、顶板及冲击地压等灾害治理效果明显，并建立有可靠的、抗灾能力强的灾害防治系统以及安全应急避险系统的矿井；建立并落实瓦斯防治责任制、瓦斯检查制度、瓦斯抽采管理制度的矿井；能够落实“三专两探一撤人”防治水措施的矿井；开采容易自燃和自燃煤层采取了综合预防煤层自然发火措施的矿井；开采冲击地压煤层采取了冲击地压危险性预测、监测预警、防范治理、效果检验、安全防护等综合性防治措施的矿井。

3. 开拓和生产布局：开拓、准备、回采、抽采达标煤量符合规定，通风系统完善、可靠，水平、采区和采掘工作面布置符合《煤矿安全规程》要求，年产量不超过核定（设计）生产能力的 110% ，最大月度产量不超过核定（设计）生产能力的 10% 。

4. 主要装备：矿井主要提升、通风、排水等设施设备符合要求；安全监控系统运行正常，设置有应急广播系统。

5. 安全诚信：3 年内未发现存在“五假五超”现象，2 年内无安全生产失信行为。

6. 安全生产标准化：安全生产标准化达到二级或三级。

7. 人员素质：煤矿企业主要负责人、安全生产管理人员学历、工作经历、安全培训考核达到《煤矿安全培训规定》要求。

8. 监管监察发现存在现场安全管理不严格、安全生产管理制度落实有盲区、事故防范措施有漏洞等问题。

9. 省级煤矿安全监管监察部门认定的其他条件。

（八）C 类煤矿。符合下列条件之一的，应划分为 C 类煤矿：

1. 安全管理：证照或建设项目手续不全；安全管理机构、安全生产管理制度和安全生产责任制不健全；安全生产教育、培训和安全生产投入不符合要求；五年内发生较大及以上死亡事故，或一年内发生两起及以上一般事故，或连续两年发生一般事故；一年内有瞒报事故行为。

2. 灾害程度：煤（岩）与瓦斯（二氧化碳）突出矿井；水文地质类型复杂、极复杂矿井；严重冲击地压矿井；瓦斯、水、火、顶板及冲击地压等灾害治理效果差或防治系统不完善、不可靠的矿井；未落实“三专两探一撤人”防治水措施的矿井；开采容易自燃和自燃煤层未采取综合预防煤层自然发火措施的矿井；开采冲击地压煤层未采取冲击地压危险性预测、监测预警、防范治理、效果检验、安全防护等综合性防治措施的矿井。

3. 开拓和生产布局：开拓、准备、回采、抽采达标煤量不符合规定，采掘接续失调；存在采区未形成完整的通风、排水等生产系统开采现象；通风系统不完善、不可靠；水平、采区和采掘工作面布置不符合《煤矿安全规程》要求；可采储量小于 5 倍矿井核定生产能力（未进行生产能力核定的为设计生产能力）；列入当年去产能淘汰退出规划尚未封闭井口的煤矿。

未建成地面主风机供风的全风压通风系统和主副井等一期工程，开始进行二期工程施工；未建成供电、通风、运输、排水、监控等永久系统，开始进行三期工程施工的煤矿建设项目。

4. 主要装备：使用国家明令淘汰和禁止使用的设备及工艺；矿井主要提升、通风、排水等设施设备不符合要求；安全监控系统运行不正常。

5. 安全诚信：3 年内发现存在“五假五超”（假整改、假密闭、假数据、假图纸、假报告和超能力、超强度、超定员、超层越界、证件超期）现象；2 年内纳入过安全生产不良记录“黑名单”；1 年内纳入过联合惩戒对象。

6. 安全生产标准化：安全生产标准化未达标、未认定，或达标后被撤销等级。

7. 人员素质：煤矿企业主要负责人、安全生产管理人员学历、工作经历、安全培训考核达不到《煤矿安全培训规定》要求；煤矿企业主要负责人、安全生产管理人员存在“挂名”现象。

8. 存在重大事故隐患被责令停产整顿。

9. 9 万吨/年及以下生产矿井。

10. 省级煤矿安全监管监察部门认定的其他问题。

（九）D 类煤矿。属于下列情况的，可划分为 D 类煤矿。

1. 连续半年以上停止生产建设，地方监管部门已落实驻矿盯守或巡查措施及停、限电和停供民用爆炸物品。

2. 省级煤矿安全监管监察部门认定的其他情况。

（十）露天煤矿类别划分。露天煤矿类别划分可参考井工煤矿，由各地自行确定。

三、强化监管监察执法

（十一）科学监管监察。认真运用分类结果，科学确定各类煤矿监管监察周期，明确监管监察重点，编制执法工作计划。对安全保障程度较低的 C 类煤矿，要列为重点对象，加大检查频次，强化监管监察执法；对安全保障程度一般的 B 类煤矿，要保持一定的检查频次，防止安全管理滑坡；对安全保障程度较高的 A 类煤矿，可适当降低检查频次；对长期停产停工的 D 类煤矿，要严格落实驻矿盯守或巡查责任。

（十二）坚持严格执法。要根据分类情况，确定检查重点，精准检查，严格执法，严格处理。对检查中发现的安全生产违法行为，要当场予以纠正或者要求限期改正；对发现的隐患，要责令煤矿立即排除；重大隐患排除前或排除过程中无法保证安全的，要责令煤矿从危险区域内撤出作业人员，责令停止作业；对依法应当给予行政处罚的行为，要依法作出行政处罚决定；对重大隐患或严重违法违规行为，要依法严肃查处并曝光公示。

（十三）及时调整分类。在日常监管监察中发现煤矿安全生产状况及生产建设状态发生变化的，应及时调整分类类别，并按照调整后的类别强化监管监察执法工作。

四、工作要求

（十四）加强领导。各省级煤矿安全监管监察部门要高度重视煤矿分类工作，细化工作分工、强化责任落实，按照分类要求认真制定煤矿分类实施细则，并根据法律法规标准规范及煤炭产业政策的变化，适时进行修订。

（十五）摸清情况。各省级煤矿安全监察局会同省级煤矿安全监管部门结合监管监察执法情况，逐一梳理分析每处煤矿主要安全风险、安全管理薄弱环节等情况，“一矿一册”建立档案，扎实做好煤矿分类基础工作。

（十六）组织实施。煤矿分类工作由省级煤矿安全监察局牵头组织，各省级煤矿安全监管部门配合，每年进行一次，在编制下一年度执法计划之前完成。分类时应首先按照生产建设状态确定 D 类煤矿名单，对生产建设的煤矿，按照安全保障程度由高到低的顺序，依次确定 A、B、C 类煤矿名单。

（十七）完善机制。各省级煤矿安全监管监察部门要不断总结煤矿分类工作经验，建立分类监管监察长效机制。要加强与相关部门沟通联系，做到信息共享，及时掌握煤矿重大灾害治理、安全生产状况、重大违法违规行为处置及安全诚信建设等情况，切实做好煤矿分类要素信息收集工作。根据工作需要，可将煤矿分类结果抄送给其他有关负有煤矿安全监督管理、行业管理等职能的部门。

国家煤矿安监局

2018 年 7 月 2 日

64. 国家煤矿安全监察局关于规范煤矿安全监管执法工作的意见

煤安监监察〔2018〕32号

各产煤省、自治区、直辖市及新疆生产建设兵团煤矿安全监管部门：

为强化煤矿安全监管执法工作，落实地方监管责任，按照“国家监察、地方监管、企业负责”的原则，根据《安全生产法》《中共中央国务院关于推进安全生产领域改革发展的意见》《国务院办公厅关于加强安全生产监管执法的通知》等规定，现就规范煤矿安全监管执法工作提出以下意见：

一、监管执法的主要内容和方式

（一）主要内容。重点检查煤矿企业贯彻落实有关煤矿安全生产的法律法规规章和标准情况；履行安全生产主体责任，建立健全并落实安全生产管理制度和安全生产责任制情况；贯彻落实各级政府各有关部门关于煤矿安全生产工作安排部署情况；安全生产费用提取和使用情况；煤矿各生产安全系统完善可靠、重大灾害有效防治、事故隐患及时消除情况；健全完善风险分级管控、隐患排查治理和安全质量达标“三位一体”的安全生产标准化体系，强化“四化”建设和“一优三减”工作情况；煤矿企业主要负责人、安全管理人员、从业人员安全生产教育培训情况等。依法组织关闭不具备安全生产条件的煤矿，推动煤炭行业落后产能淘汰退出情况。

（二）实行分类监管。按照国家煤矿安监局关于煤矿分类监管监察工作的指导意见有关要求，以安全风险管控为主线，综合考虑煤矿安全管理、灾害程度、生产布局等因素，对辖区煤矿进行分类，确定不同类别煤矿的监管周期，实施分类监管。要把安全保障程度较低的C类煤矿作为重点监管对象，加大检查频次；对安全保障程度一般的B类煤矿，保持一定的检查频次，防止安全管理滑坡；对安全保障程度较高的A类煤矿，可适当降低检查频次；对长期停产停工的D类煤矿，要安排驻矿盯守或定期巡查。

（三）推行分级监管。认真落实《中共中央国务院关于推进安全生产领域改革发展意见》《国务院办公厅关于进一步加强煤矿安全生产工作的意见》（国办发〔2013〕99号）要求，进一步完善煤矿安全监管执法制度，按照分级属地监管原则，确定省、市、县三级煤矿安全监管部门负责监管的煤矿名单，明确每一处煤矿企业的安全监管主体。上级煤矿安全监管部门应通过安全生产督查检查、随机抽查、示范性执法等，对下级煤矿安全监管部门的日常安全监管工作进行监督检查和指导。

（四）实施计划执法。各级地方煤矿安全监管部门及其所属专门的执法队伍都应制定年度及月度监管执法计划，并按照监管执法计划对煤矿企业开展监督检查。年度监管执法计划制定完成后，应报送同级人民政府批准或备案，经批准或备案后报上一级煤矿安全监管部门备案，并抄送驻地煤矿安全监察机构。各级煤矿安全监管部门编制的执法计划应当相互衔接，避免监管重复或缺位。

（五）突出重点、提高针对性。按照执法计划确定的执法工作量和原则，结合当地煤矿安全的实际随机确定检查煤矿和检查时间。对煤矿开展的现场检查可根据实际，对一个或多个专项进行检查，但要以强化和落实企业主体责任为重点，以事故预防为目的。但对直接监管的正常生产建设煤矿每年至少开展1次系统性的监督检查，推进煤矿提升安全管理水平。对煤矿的上级公司每年至少开展1次监督检查，主要检查其是否落实公司管理层和有关部门安全生产责任制，是否落实对所属煤矿的安全管理责任，是否保证所属煤矿的安全投入，是否超能力下达生产经营指标。

（六）推进执法创新。坚持问题导向，创新监管方式，用好“双随机”抽查、联合执法、委托执法、专家会诊、联合惩戒、“黑名单”管理、执法信息公开与信息共享等方式方法，发挥警示教育作用。运用科技和信息手段，实施远程监管，发挥隐患排查治理、安全监控、预报预警等系统联网的作用，提高监管执法效能。加强执法管理，推进实现执法信息网上录入、执法程序网上流转、执法过程网上监督、执法数据网上统计和分析。

二、加强监管执法体系建设

（七）完善执法制度。省级煤矿安全监管部门要按照有关法律法规、规章规定等梳理煤矿安全监管执法依据，制定完善煤矿安全监管执法相关制度，规范煤矿安全监管执法行政处罚自由裁量基准和执法文书式样，提高文书制作质量，避免行政处理处罚的随意性。

（八）健全保障体系。严格监管执法人员资格管理，制定煤矿安全监管执法人员录用标准，提高专业监管执法人员比例。建立健全监管执法人员入职培训、持证上岗和定期轮训制度。保障监管执法车辆、装备和经费，加强监管业务培训，提升监管执法人员依法履职能力。

三、严格监管执法程序

（九）遵循规范流程。建立健全“编制执法计划、确定检查矿井、制定检查方案、开展执法检查、注重证据收集、依法处理处罚、及时落实整改、按期结案归档”的闭合执法工作机制。

（十）制作检查方案。依据执法计划，结合检查煤矿的基本情况、生产布局、灾害特点和存在的突出问题等，编制具有针对性和可操作性的检查方案，明确检查内容、人员分工、检查方式、检查地点，采用列表方式细化需要检查的具体事项，对照表格逐项检查。检查方案由监管执法带队负责人组织制定和审定。

（十一）严格处理处罚。发现违法违规生产建设行为和事故隐患，应要求煤矿企业予以纠正和消除，并依法作出处理处罚决定，下达监管执法文书。发现存在重大事故隐患可能危及职工生命安全的紧急情况时，应责令煤矿立即撤出危险区域作业人员，并采取相应措施消除事故隐患，同时应报送地方政府进行挂牌督办，确保监控、整改、防范等措施落实到位。发现被责令停产整顿煤矿擅自组织生产，或经停产整顿逾期仍不具备安全生产条件的，提请同级地方人民政府依法关闭。

（十二）督促企业落实整改。督促煤矿企业严格执行监管执法指令，对问题和隐患建立台账，做到隐患整改责任、措施、资金、时限、预案“五落实”。对隐患整改完毕的，按规定的程序进行复核和验收，确保隐患整改到位。对立案调查的执法案件，在相关事故隐患尚未消除之前，不得结案归档。

（十三）依法移送案件。发现煤矿存在非法违法行为的，应依法制止，并进行处理处罚；对需要移交其他部门进一步查处的，依照规定的程序办理移交，并制作执法文书形成记录备查。涉嫌超层越界开采的，移送自然资源部门；涉嫌非法违法用工的，移送人力资源和社会保障部门；涉嫌未批先建的建设项目，移送投资主管部门；涉嫌违反职业病危害防治有关规定的，移送职业卫生管理部门；涉及防雷检查的，移送气象部门。涉及需要采取停电、停止供应民用爆炸物品的，通知电力监管、公安部门。对存在重大事故隐患不消除或故意造成重大事故隐患的煤矿责任人，按照规定建议有关部门追究责任。

（十四）依法提请强制执行。对拒不执行处理处罚决定、逾期不缴纳罚款的，依法进行催告，下达行政决定履行催告有关执法文书。对经催告仍不履行义务的，可采取加处罚款、拍卖查封扣押的财物等措施；经督促仍拒不执行处罚决定的，依法向人民法院提出申请强制执行。

（十五）推进“行刑衔接”。依据《行政执法机关移送涉嫌犯罪案件的规定》（国务院令第 310

号）等相关法律法规规定，探索建立涉嫌犯罪的非法违法生产行为行政处罚与刑事处罚衔接机制。加强与公安、法院、检察院等部门的协调配合，完善安全生产线索通报、案件移送与协查机制，发现煤矿非法违法生产行为涉嫌犯罪的，及时向监察部门、检察部门、公安机关移送，做到行政执法与刑事司法相衔接。

四、规范监管执法行为

（十六）规范权责清单。根据有关法律法规和“三定方案”制定本部门权力清单和责任清单及流程图，并向社会公布，尽职照单免责，失职照单追责，做到监管执法不缺位、不越位、不错位。

（十七）加强执法分析。要建立健全执法计划执行情况统计分析和报告制度，定期分析执法计划执行情况、行政处理处罚情况、执法文书下达情况，评估执法效果，研究解决执法工作中发现的突出问题和存在的共性问题，研究和改进监管执法的办法和措施，提高执法效能。

（十八）规范重大行政处罚。对较大数额经济处罚、停产整顿等重大行政处罚，必须做到事实清楚、证据充分、依据可循、程序合法、集体决定。给予停产整顿处罚的，应在执法文书中明确整顿的内容、时间等具体要求，并在当地相关媒体予以曝光。

（十九）规范执法文书制作。正确选择和使用执法文书样式，使用规范用语制作执法文书，客观准确描述违法违规行为和事故隐患。定期开展执法文书评议和执法案卷评查活动，开展执法文书制作培训、交流学习、专家点评等活动，提高执法文书制作质量和水平。

（二十）加强执法监督与考核。加强内部执法案宗审核、分析、评比及执法过程的监督检查，强化对执法文书下达前的预审，对事实不清楚、依据不充分、法律适用不准确、程序不合法、裁量不恰当的，及时提出整改要求予以纠正，提高公正执法、文明执法水平。健全完善相关执法工作考核机制，推进执法量化考核。

（二十一）严格执法公示制度。通过政府网站或者本部门办事大厅、服务窗口等场所，公布本部门执法主体资格和行政执法依据等信息。实行“谁执法谁制作、谁制作谁公示、谁公示谁负责”，加强事前公开、规范事中公开、推动事后公开，全面及时主动向社会公开有关行政执法信息，接受社会监督。

（二十二）推行执法全过程记录制度。建立完善本部门执法台账，准确记录开展监督检查等执法活动所涉及企业的名称、地址及采取相关执法措施等情况，执法台账保存期限一般不少于5年。有关行政强制、行政处罚文书要及时立卷归档并按规定期限保存。其他执法文书要按年度分类别归档保存，保存期限一般不少于10年。逐步推行通过执法记录仪、录音录像等方式对执法行为进行记录，实现全过程留痕和可回溯管理。

（二十三）推行行政执法法制审核及公开裁定制度。认真执行行政处罚审核规定，适用一般程序的行政处罚，在提请监管负责人作出处理决定或者集体讨论前，要经本部门行政处罚审核人员审核。建立健全法律顾问制度，重大执法决定前，要经本部门法制工作机构进行法制审核。对典型、重大行政处罚案件，可以组织召集同类企业进行公开裁定，公开裁定要如实记录当事人的意见，形成书面报告，作为行政处罚决定的重要参考。

国家煤矿安全监察局

2018年11月29日

65. 国家煤矿安全监察局关于印发煤矿安全监察执法文书样式、制作规范和模板的通知

煤安监监察〔2018〕35 号

各省级煤矿安全监察局：

经国家煤矿安监局局长办公会审议通过，现将修订后的《国家煤矿安全监察执法文书样式》《国家煤矿安全监察执法文书制作规范》和《国家煤矿安全监察执法文书制作模板》予以印发，自 2019 年 1 月 1 日起施行。《国家煤矿安全监察局关于印发国家煤矿安全监察执法文书样式的通知》（煤安监监察〔2016〕14 号）、《国家煤矿安全监察局关于印发〈国家煤矿安全监察执法文书制作规范〉和〈国家煤矿安全监察执法文书制作模板〉的通知》（煤安监监察〔2016〕22）同时废止。

附件：

1. 国家煤矿安全监察执法文书样式
2. 国家煤矿安全监察执法文书制作规范
3. 国家煤矿安全监察执法文书制作模板

国家煤矿安全监察局

2018 年 12 月 11 日

66. 国家煤矿安全监察局关于印发《煤矿安全监察行政处罚自由裁量基准》的通知

煤安监监察〔2018〕36 号

各省级煤矿安全监察局：

《煤矿安全监察行政处罚自由裁量基准》已经国家煤矿安监局局长办公会审议通过，现予以印发，请遵照执行（电子版可登录邮箱 jczfgzzj2017@163.com 自行下载，密码：64462002）。国家煤矿安监局 2016 年印发的《煤矿安全监察行政处罚自由裁量实施标准》（煤安监监察〔2016〕10 号）同时废止。

附件：煤矿安全监察行政处罚自由裁量基准

国家煤矿安全监察局

2018 年 12 月 17 日

煤矿安全监察行政处罚自由裁量基准

目　　录

第一编　总　　则

第一条　制定目的和依据

为规范煤矿安全监察机构在行政处罚过程中的自由裁量权，建立统一的煤矿安全监察行政处罚标准，促进依法行政，实现行政处罚的合理性，保护煤矿企业的合法权益，根据《安全生产法》《行政处罚法》《煤矿安全监察条例》《国务院关于预防煤矿生产安全事故的特别规定》《生产安全事故报告和调查处理条例》《安全生产许可证条例》等法律、行政法规和部门规章的规定，制定本基准。

第二条 概念界定

本基准所称行政处罚自由裁量权是指在煤矿企业违法事实确定的情况下，煤矿安全监察机构及其执法人员在法律、行政法规或规章规定的行政处罚的幅度或范围内，依据立法目的和合法、合理原则，自行判断对违法行为作出行政处罚的种类、幅度的判断过程。

第三条 自由裁量权的合法原则

煤矿监察机构行使行政处罚自由裁量权时，应遵循行政合法原则。

第四条 自由裁量权的合理原则

煤矿安全监察机构及其工作人员应当根据煤矿企业违法行为的事实、性质、情节、违法事实的数量、当事人对违法行为的态度、社会危害程度、地域差异、煤矿企业的实际情况、整改情况等因素，合理确定行政处罚的种类和幅度。

煤矿安全监察机构及其工作人员对其作出的行政处罚决定应当说明事实、理由和依据。

第五条 法律冲突的解决

法律、行政法规、部门规章对同一违法行为作出不同的行政处罚的，应按照下列顺序选择适用法律：

（一）优先选择效力层次高的法律适用；

（二）效力层次相同的，后颁布实施的优先于先颁布实施的；

（三）效力层次相同的，特别的规定优先于一般规定。

第六条 同一违法行为的认定

同一违法行为是指当事人的行为违反了同一个法律规范。当事人存在多个违法事实但违反了同一个法律规范的，仍属于同一违法行为。

第七条 “可以”、“应当” 的解释

法律、行政法规、部门规章中的“可以给予行政处罚”应理解为“允许煤矿安全监察机构及其工作人员选择”，但不论是否做出行政处罚都应当说明理由。

法律、行政法规、部门规章中的“应当”应理解为必须，不得选择适用。

第八条 处罚幅度量化

法律、行政法规、部门规章设定的处罚幅度，根据违法行为情节和危害结果的轻重等，可以分为不予处罚、一般处罚、从轻或减轻处罚和从重处罚。

当事人既有从轻处罚情节，又有从重处罚情节的，应当按照过罚相当的原则，决定行政处罚的幅度。

第九条 罚款的减轻、从轻、一般和从重的判断

本基准所称的一般处罚，是指在从轻处罚的上限和从重处罚的下限之间确定处罚数额

本基准所称的减轻处罚，是指在法定罚款幅度以下进行的处罚。

本基准所称的从轻处罚，是指罚款数额由最低罚款金额与法定罚款幅度内最高罚款额与最低罚款额之差的百分之三十处罚数额之和，但不得低于处罚幅度所设定的最低下限。

本基准所称的从重处罚，是指罚款数额由最低罚款金额与法定罚款幅度内最高罚款额与最低罚款额之差的70%处罚数额之和，但最高不能超过法定的最高额。

例如，法律规定处罚20万以上50万以下的，从轻处罚的幅度为20万至29万元；从重处罚的幅度为41万元至50万元。一般处罚的幅度为29万元至41万元。

第十条 不予处罚的情形

当事人有下列情形之一的，不予行政处罚：

（一）不满十四周岁的人有违法行为的，不予行政处罚，但责令监护人加以管教；

（二）精神病人在不能辨认或者不能控制自己行为时有违法行为的，不予行政处罚，但应当责令其监护人严加看管和治疗；

（三）违法行为轻微并及时纠正，没有造成危害后果的；

（四）其他依法不予行政处罚的。

第十一条 从轻或减轻处罚的情形

当事人有下列情形之一的，应当依法从轻或者减轻行政处罚：

（一）主动消除或者减轻违法行为危害后果的；

（二）受他人胁迫有违法行为的；

（三）配合行政机关查处违法行为有立功表现的；

（四）已满十四周岁不满十八周岁的人有违法行为的；

（五）主动投案，向安全监管监察部门如实交代自己的违法行为的；

（六）其他依法从轻或者减轻行政处罚的。

本条第一款第（三）项所称的立功表现，是指当事人有揭发他人安全生产违法行为，并经查证属实；或者提供查处其他安全生产违法行为的重要线索，并经查证属实；或者阻止他人实施安全生产违法行为；或者协助司法机关抓捕其他违法犯罪嫌疑人的行为。

第十二条 从重处罚的情形

当事人有下列情形之一的，应当从重处罚：

（一）煤矿安全监察机构责令限期改正，而拒不改正的；

（二）存在两个或两个以上违反同一法律规范的违法事实或者一年内因同一违法行为受到两次以上行政处罚的；

（三）违法行为性质恶劣、社会影响较大的；

（四）违法行为违法案值大或者违法所得数额较大的；

（五）恶意隐瞒违法行为，藏匿证据或提供虚假事实材料的

（六）以暴力或者其他手段阻碍执法检查或调查的；

（七）明知有违法行为而放任，导致产生重大事故隐患的；

（八）违法行为危害公共安全的；

（九）违法行为严重破坏公共利益或社会秩序的；

（十）其他依法从重处罚的情形的。

第十三条 法制审核制度和集体讨论决定

调查终结，行政机关负责人应当对调查结果进行审查，根据不同情况，分别作出如下决定：

（一）确有应受行政处罚的违法行为的，根据情节轻重及具体情况，作出行政处罚决定；

（二）违法行为轻微，依法可以不予行政处罚的，不予行政处罚；

（三）违法事实不能成立的，不得给予行政处罚；

（四）违法行为已构成犯罪的，移送司法机关。

在行政机关负责人作出决定之前，应当由从事行政处罚决定审核的人员进行审核。行政机关中初次从事行政处罚决定审核的人员，应当通过国家统一法律职业资格考试取得法律职业资格。

对情节复杂或者重大违法行为给予较重的行政处罚，行政机关的负责人应当集体讨论决定。

情节复杂是指违法行为存在不予处罚、减轻处罚、从轻处罚或从重处罚等情节的。

重大行政处罚是指对严重安全生产违法行为给予责令停产停业整顿、责令停产停业、责令停止建设、责令停止施工、吊销有关许可证、撤销有关执业资格或者岗位证书、5 万元以上罚款、没收违法所得、没收非法开采的煤炭产品或者采掘设备价值 5 万元以上的行政处罚。

第十四条 追究违法行为行政责任的期限

违法行为在二年内未被发现的，不再给予行政处罚。法律另有规定的除外。

前款规定的期限，从违法行为发生之日起计算；违法行为有连续或者继续状态的，从行为终了之日起计算。

第十五条 一事不再罚

对同一煤矿及其有关人员的同一个安全生产违法行为，不得给予两次以上罚款的行政处罚。

第十六条 分别裁量、合并处罚

生产经营单位及其有关人员触犯不同的法律规定，有两个以上应当给予行政处罚的安全生产违法行为的，安全监管监察部门应当适用不同的法律规定，分别裁量，合并处罚。

“合并处罚”是指将各违法行为分别裁量的数额相加。

第十七条 违法行为的技术性判断

煤矿企业在违反《煤矿安全规程》、《防治煤与瓦斯突出规定》、《煤矿防治水细则》等关于煤矿开采的部门规章、规程、标准和技术性规范中的强制性规定，法律、行政法规、部门规章没有设定相应行政处罚时，执法人员因根据现场情况进行综合判断，属于“通风、防火、防水、防瓦斯、防毒、防尘等安全设施和条件不符合国家安全标准、行业安全标准、煤矿安全规程和行业技术规范的要求”的，按照《煤矿安全监察条例》第三十七条进行处罚，其他行为，依据《安全生产法》第六十二条和第九十九条之规定进行现场处理和行政处罚。

第十八条 “以上，以下，以内，不满，超过”的界定

规范年龄、期限、尺度、重量等数量关系，涉及以上、以下、以内、不满、超过的规定时，“以上、以下、以内”均含本数，“不满、超过”均不含本数。

第十九条 违法所得的计算

本基准中所称的违法所得，按照下列规定计算：

（一）生产、加工产品的，以生产、加工产品的销售收入作为违法所得；

（二）销售商品的，以销售收入作为违法所得；

（三）提供安全生产中介、租赁等服务的，以服务收入或者报酬作为违法所得；

（四）销售收入无法计算的，按当地同类同等规模的生产经营单位的平均销售收入计算；

（五）服务收入、报酬无法计算的，按照当地同行业同种服务的平均收入或者报酬计算。

第二十条 停产停业后仍不具备安全生产条件的处理

经停产停业整改后，仍不具备安全生产条件的，除法律、行政法规另有规定外，由煤矿安全监察机构决定吊销安全生产许可证，并移送地质矿产主管部门依法吊销采矿许可证。

第二编　分　　则

第一章　煤矿安全生产许可、审批和安全生产条件方面违法行为

第二十一条 煤矿矿井通风等安全设施和条件不符合国家安全标准、行业安全标准、煤矿安全规程和行业技术规范的违法行为。

一、法律依据

（一）法律

《安全生产法》第十七条“生产经营单位应当具备本法和有关法律、行政法规和国家标准或者行业标准规定的安全生产条件；不具备安全生产条件的，不得从事生产经营活动。”

（二）行政法规

《煤矿安全监察条例》第三十七条“煤矿矿井通风、防火、防水、防瓦斯、防毒、防尘等安全设施和条件不符合国家安全标准、行业安全标准、煤矿安全规程和行业技术规范的要求，经煤矿安全监察机构责令限期达到要求，逾期仍达不到要求的，由煤矿安全监察机构责令停产整顿。”

（三）部门规章

《煤矿安全监察行政处罚办法》第八条“煤矿矿井通风、防火、防水、防瓦斯、防毒、防尘等安全设施不符合法定要求的，责令限期达到要求。”

二、法律适用

本条属于兜底性条款，在法律、行政法规或部门规章没有做出明确规定的情形下，如果煤矿矿井通风、防火、防水、防瓦斯、防毒、防尘等安全设施和条件不符合国家安全标准、行业安全标准、煤矿安全规程和行业技术规范的要求，违反了《安全生产法》第十七条、《煤矿安全监察条例》第三十七条、《煤矿安全监察行政处罚办法》第八条之规定，依据《煤矿安全监察条例》第三十七条之规定进行处罚。

三、行政处罚基准

有上述违法行为的，依据《煤矿安全监察条例》第三十七条之规定，责令限期达到要求。逾期仍达不到要求的，由煤矿安全监察机构责令停产整顿。

第二十二条　未取得安全生产许可证擅自进行生产的违法行为。

一、法律依据

（一）法律

《行政许可法》第八十条“公民、法人或者其他组织未经行政许可，擅自从事依法应当取得行政许可的活动的，行政机关应当依法采取措施予以制止，并依法给予行政处罚；构成犯罪的，依法追究刑事责任。”

（二）行政法规

1.《安全生产许可证条例》第十九条“违反本条例规定，未取得安全生产许可证擅自进行生产的，责令停止生产，没收违法所得，并处10万元以上50万元以下的罚款；造成重大事故或者其他严重后果，构成犯罪的，依法追究刑事责任。”

2.《国务院关于预防煤矿生产安全事故的特别规定》第五条“煤矿未依法取得采矿许可证、安全生产许可证、营业执照和矿长未依法取得矿长资格证、矿长安全资格证的，煤矿不得从事生产。擅自从事生产的，属非法煤矿。负责颁发前款规定证照的部门，一经发现煤矿无证照或者证照不全从事生产的，应当责令该煤矿立即停止生产，没收违法所得和开采出的煤炭以及采掘设备，并处违法所得1倍以上5倍以下的罚款；构成犯罪的，依法追究刑事责任；同时于2日内提请当地县级以上地方人民政府予以关闭，并可以向上级地方人民政府报告。”

（三）部门规章

1.《煤矿企业安全生产许可证实施办法》第四十条“发现煤矿企业有下列行为之一的，责令停止生产，没收违法所得，并处10万元以上50万元以下的罚款；构成犯罪的，依法追究刑事责任：（一）未取得安全生产许可证，擅自进行生产的。”

2.《煤矿安全规程》第三条“煤炭生产实行安全生产许可证制度，未取得安全生产许可证的，不得从事煤炭生产活动。”

二、法律适用

未取得煤矿安全生产许可证擅自进行生产的，《国务院关于预防煤矿生产安全事故的特别规定》第五条之规定和《安全生产许可证条例》第十九条之规定存在冲突。二者都属于行政法规，效力层级相同，其中《国务院关于预防煤矿生产安全事故的特别规定》关于煤矿安全生产许可证行政处罚的规定与《安全生产许可证条例》比，属于特别要求，且《国务院关于预防煤矿生产安全事故的特别规定》属于新法。因此，上述违法行为，违反了《行政许可法》第八十条、《安全生产许可证条例》第十九条和《国务院关于预防煤矿生产安全事故的特别规定》第五条的规定，应依据《国务院关于预防煤矿生产安全事故的特别规定》第五条进行处罚。

三、行政处罚基准

未依法取得安全生产许可证的，依据《国务院关于预防煤矿生产安全事故的特别规定》第五条之规定，

（一）责令停止生产，没收违法所得和开采出的煤炭以及采掘设备；

（二）并处违法所得 1 倍以上 5 倍以下的罚款；

（三）在 2 日内提请当地县级以上地方人民政府予以关闭，并可以向上级地方人民政府报告。

第二十三条 煤矿不再具备安全生产条件的违法行为。

一、法律依据

（一）法律

《安全生产法》第一百零八条“生产经营单位不具备本法和其他有关法律、行政法规和国家标准或者行业标准规定的安全生产条件，经停产停业整顿仍不具备安全生产条件的，予以关闭；有关部门应当依法吊销其有关证照。”

（二）行政法规

《安全生产许可证条例》第六条“企业取得安全生产许可证，应当具备下列安全生产条件：（一）建立、健全安全生产责任制，制定完备的安全生产规章制度和操作规程；（二）安全投入符合安全生产要求；（三）设置安全生产管理机构，配备专职安全生产管理人员；（四）主要负责人和安全生产管理人员经考核合格；（五）特种作业人员经有关业务主管部门考核合格，取得特种作业操作资格证书；（六）从业人员经安全生产教育和培训合格；（七）依法参加工伤保险，为从业人员缴纳保险费；（八）厂房、作业场所和安全设施、设备、工艺符合有关安全生产法律、法规、标准和规程的要求；（九）有职业危害防治措施，并为从业人员配备符合国家标准或者行业标准的劳动防护用品；（十）依法进行安全评价；（十一）有重大危险源检测、评估、监控措施和应急预案；（十二）有生产安全事故应急救援预案、应急救援组织或者应急救援人员，配备必要的应急救援器材、设备；（十三）法律、法规规定的其他条件。”第十四条第二款“安全生产许可证颁发管理机关应当加强对取得安全生产许可证的企业的监督检查，发现其不再具备本条例规定的安全生产条件的，应当暂扣或者吊销安全生产许可证。”

（三）部门规章

《煤矿企业安全生产许可证实施办法》第六条“煤矿企业取得安全生产许可证，应当具备下列安全生产条件：（一）建立、健全主要负责人、分管负责人、安全生产管理人员、职能部门、岗位安全生产责任制；制定安全目标管理、安全奖惩、安全技术审批、事故隐患排查治理、安全检查、安全办公会议、地质灾害普查、井下劳动组织定员、矿领导带班下井、井工煤矿入井检身与出入井人员清点等安全生产规章制度和各工种操作规程；（二）安全投入满足安全生产要求，并按照有关规定足额提取和使用安全生产费用；（三）设置安全生产管理机构，配备专职安全生产管理人员；煤与瓦斯突出矿井、水文地质类型复杂矿井还应设置专门的防治煤与瓦斯突出管理机构和防治水管理机构；（四）主要负责人和安全生产管理人员的安全生产知识和管理能力经考核合格；（五）参加工伤保险，为从业人员缴纳工伤保险费；（六）制定重大危险源检测、评估和监控措施；（七）制定应急救援预案，并按照规定设立矿山救护队，配备救护装备；不具备单独设立矿山救护队条件的煤矿企业，所属煤矿应当设立兼职救护队，并与邻近的救护队签订救护协议；（八）制定特种作业人员培训计划、从业人员培训计划、职业危害防治计划；（九）法律、行政法规规定的其他条件。”第七条“煤矿除符

合本实施办法第六条规定的条件外，还必须符合下列条件：（一）特种作业人员经有关业务主管部门考核合格，取得特种作业操作资格证书；（二）从业人员进行安全生产教育培训，并经考试合格；（三）制定职业危害防治措施、综合防尘措施，建立粉尘检测制度，为从业人员配备符合国家标准或者行业标准的劳动防护用品；（四）依法进行安全评价；（五）制定矿井灾害预防和处理计划；（六）依法取得采矿许可证，并在有效期内。第八条“井工煤矿除符合本实施办法第六条、第七条规定的条件外，其安全设施、设备、工艺还必须符合下列条件：（一）矿井至少有2个能行人的通达地面的安全出口，各个出口之间的距离不得小于30米；井下每一个水平到上一个水平和各个采（盘）区至少有两个便于行人的安全出口，并与通达地面的安全出口相连接；采煤工作面有两个畅通的安全出口，一个通到进风巷道，另一个通到回风巷道。在用巷道净断面满足行人、运输、通风和安全设施及设备安装、检修、施工的需要；（二）按规定进行瓦斯等级、煤层自燃倾向性和煤尘爆炸危险性鉴定；（三）矿井有完善的独立通风系统。矿井、采区和采掘工作面的供风能力满足安全生产要求，矿井使用安装在地面的矿用主要通风机进行通风，并有同等能力的备用主要通风机，主要通风机按规定进行性能检测；生产水平和采区实行分区通风；高瓦斯和煤与瓦斯突出矿井、开采容易自燃煤层的矿井、煤层群联合布置矿井的每个采区设置专用回风巷，掘进工作面使用专用局部通风机进行通风，矿井有反风设施；（四）矿井有安全监控系统，传感器的设置、报警和断电符合规定，有瓦斯检查制度和矿长、技术负责人瓦斯日报审查签字制度，配备足够的专职瓦斯检查员和瓦斯检测仪器；按规定建立瓦斯抽采系统，开采煤与瓦斯突出危险煤层的有预测预报、防治措施、效果检验和安全防护的综合防突措施；（五）有防尘供水系统，有地面和井下排水系统；有水害威胁的矿井还应有专用探放水设备；（六）制定井上、井下防火措施；有地面消防水池和井下消防管路系统，井上、井下有消防材料库；开采容易自燃和自燃煤层的矿井还应有防灭火专项设计和综合预防煤层自然发火的措施；（七）矿井有两回路电源线路；严禁井下配电变压器中性点直接接地；井下电气设备的选型符合防爆要求，有短路、过负荷、接地、漏电等保护，掘进工作面的局部通风机按规定采用专用变压器、专用电缆、专用开关，实现风电、瓦斯电闭锁；（八）运送人员的装置应当符合有关规定。使用检测合格的钢丝绳；带式输送机采用非金属聚合物制造的输送带的阻燃性能和抗静电性能符合规定，设置安全保护装置；（九）有通信联络系统，按规定建立人员位置监测系统；（十）按矿井瓦斯等级选用相应的煤矿许用炸药和电雷管，爆破工作由专职爆破工担任；（十一）不得使用国家有关危及生产安全淘汰目录规定的设备及生产工艺；使用的矿用产品应有安全标志；（十二）配备足够数量的自救器，自救器的选用型号应与矿井灾害类型相适应，按规定建立安全避险系统；（十三）有反映实际情况的图纸：矿井地质图和水文地质图，井上下对照图，巷道布置图，采掘工程平面图，通风系统图，井下运输系统图，安全监控系统布置图和断电控制图，人员位置监测系统图，压风、排水、防尘、防火注浆、抽采瓦斯等管路系统图，井下通信系统图，井上、下配电系统图和井下电气设备布置图，井下避灾路线图。采掘工作面有符合实际情况的作业规程。”第三十八条“安全生产许可证颁发管理机关应当加强对取得安全生产许可证的煤矿企业的监督检查，发现其不再具备本实施办法规定的安全生产条件的，应当责令限期整改，依法暂扣安全生产许可证；经整改仍不具备本实施办法规定的安全生产条件的，依法吊销安全生产许可证。”

二、法律适用

上述违法行为违反了《煤矿企业安全生产许可证实施办法》第六条、第七条、第八条、第三十八条之规定，同时还违反了《安全生产许可证条例》第六条之规定，应依据《煤矿企业安全生产许可证实施办法》第三十八条、《煤矿企业安全生产许可证实施办法》第十四条第二款和《安全生产法》第一百零八条之规定进行处罚。

三、行政处罚基准

有上述违法行为的，依据《煤矿企业安全生产许可证实施办法》第三十八条、《煤矿企业安全生产许可证实施办法》第十四条第二款和《安全生产法》第一百零八条之规定，责令限期整改，依法暂扣安全生产许可证；经停产停业整顿仍不具备安全生产条件的，予以关闭；有关部门应当依法吊销其有关证照。

第二十四条 安全生产许可证有效期满未办理延期手续，继续进行生产的违法行为。

一、法律依据

（一）行政法规

《安全生产许可证条例》第九条“安全生产许可证的有效期为3年。安全生产许可证有效期满需要延期的，企业应当于期满前3个月向原安全生产许可证颁发管理机关办理延期手续。企业在安全生产许可证有效期内，严格遵守有关安全生产的法律法规，未发生死亡事故的，安全生产许可证有效期届满时，经原安全生产许可证颁发管理机关同意，不再审查，安全生产许可证有效期延期3年。”第二十条“违反本条例规定，安全生产许可证有效期满未办理延期手续，继续进行生产的，责令停止生产，限期补办延期手续，没收违法所得，并处5万元以上10万元以下的罚款。”

（二）部门规章

《煤矿企业安全生产许可证实施办法》第十七条“安全生产许可证的有效期为3年。安全生产许可证有效期满需要延期的，煤矿企业应当于期满前3个月按照本实施办法第十条的规定，向原安全生产许可证颁发管理机关提出延期申请，并提交本实施办法第十一条规定的文件、资料和安全生产许可证正本、副本。”第十八条“对已经受理的延期申请，安全生产许可证颁发管理机关应当按照本实施办法的规定办理安全生产许可证延期手续。”第四十一条“在安全生产许可证有效期满未申请办理延期手续，继续进行生产的，责令停止生产，限期补办延期手续，没收违法所得，并处5万元以上10万元以下的罚款。”

二、法律适用

上述行为违反了《安全生产许可证条例》第九条、《煤矿企业安全生产许可证实施办法》第十七条和第十八条，应依据《煤矿企业安全生产许可证实施办法》第四十一条和《安全生产许可证条例》第二十条之规定进行处罚。

三、行政处罚基准

未办理延期手续，继续进行生产的，依据《安全生产许可证条例》第二十条和《煤矿企业安全生产许可证实施办法》第四十一条之规定，责令停止生产，限期补办延期手续，没收违法所得，并处5万元以上10万元以下的罚款。

第二十五条 逾期仍不办理安全生产许可证延期手续，继续进行生产的违法行为。

一、法律依据

（一）行政法规

《安全生产许可证条例》第二十条“违反本条例规定，安全生产许可证有效期满未办理延期手续，继续进行生产的，责令停止生产，限期补办延期手续，没收违法所得，并处5万元以上10万元以下的罚款；逾期仍不办理延期手续，继续进行生产的，依照本条例第十九条的规定处罚。”第十九条“违反本条例规定，未取得安全生产许可证擅自进行生产的，责令停止生产，没收违法所得，并处10万元以上50万元以下的罚款；造成重大事故或者其他严重后果，构成犯罪的，依法追究刑事责任。”

（二）部门规章

《煤矿企业安全生产许可证实施办法》第四十一条“在安全生产许可证有效期满未申请办理延期手续，继续进行生产的，责令停止生产，限期补办延期手续，没收违法所得，并处5万元以上10万元以下的罚款；逾期仍不申请办理延期手续，依照本实施办法第二十九条、第四十条的规定处理。”第二十九条“取得安全生产许可证的煤矿企业有下列情形之一的，安全生产许可证颁发管理机关应当注销其安全生产许可证：（四）安全生产许可证有效期满未申请办理延期手续。”第四十条“发现煤矿企业有下列行为之一的，责令停止生产，没收违法所得，并处10万元以上50万元以下的罚款；构成犯罪的，依法追究刑事责任：（一）未取得安全生产许可证，擅自进行生产的。”

二、法律适用

逾期仍不办理安全生产许可证延期手续，继续进行生产的，违反了《安全生产许可证条例》第二十条和《煤矿企业安全生产许可证实施办法》第四十一条之规定，应依据《安全生产许可证条例》第十九条和《煤矿企业安全生产许可证实施办法》第四十条之规定进行处罚。

三、行政处罚基准

逾期仍不办理延期手续，继续进行生产的，依据《安全生产许可证条例》第十九条《煤矿企业安全生产许可证实施办法》第四十条之规定，责令停止生产，没收违法所得，并处10万元以上50万元以下的罚款。并依据《煤矿企业安全生产许可证实施办法》第二十九条第四项之规定，注销其安全生产许可证。

第二十六条　不正当手段取得煤矿安全生产许可证的违法行为。

一、法律依据

1.《煤矿企业安全生产许可证实施办法》第二十八条“安全生产许可证颁发管理机关发现有下列情形之一的，应当撤销已经颁发的安全生产许可证：（四）以欺骗、贿赂等不正当手段取得安全生产许可证的”。

2.《安全生产违法行为行政处罚办法》第五十一条“生产经营单位及其有关人员弄虚作假，骗取或者勾结、串通行政审批工作人员取得安全生产许可证书及其他批准文件的，撤销许可及批准文件，并按照下列规定处以罚款：（一）生产经营单位有违法所得的，没收违法所得，并处违法所得1倍以上3倍以下的罚款，但是最高不得超过3万元；没有违法所得的，并处5千元以上1万元以下的罚款；（二）对有关人员处1千元以上1万元以下的罚款。有前款规定违法行为的生产经营单位及其有关人员在3年内不得再次申请该行政许可。生产经营单位及其有关人员未依法办理安全生产许可证书变更手续的，责令限期改正，并对生产经营单位处1万元以上3万元以下的罚款，对有关人员处1千元以上5千元以下的罚款。”

二、法律适用

不正当手段取得煤矿安全生产许可证的，违反了《煤矿企业安全生产许可证实施办法》第二十八条和《安全生产违法行为行政处罚办法》第五十一条之规定，应依据《煤矿企业安全生产许可证实施办法》第二十八条和《安全生产违法行为行政处罚办法》第五十一条之规定进行处罚。

三、行政处罚基准

不正当手段取得煤矿安全生产许可证的，依据《煤矿企业安全生产许可证实施办法》第二十八条和《安全生产违法行为行政处罚办法》第五十一条之规定，（一）撤销已经颁发的安全生产许可证；（二）有违法所得的，没收违法所得，并处违法所得1倍以上3倍以下的罚款，但最高不得超过3万元；没有违法所得的，处5千元以上1万元以下的罚款；对有关人员处1千元以上1万元以下的罚款；（三）煤矿企业及其有关人员在3年内不得再次申请该行政许可。

第二十七条　非法买卖、出租、出借、转让、冒用、伪造安全生产许可证的违法行为。

一、法律依据

（一）行政法规

《安全生产许可证条例》第二十一条“违反本条例规定，转让安全生产许可证的，没收违法所得，处10万元以上50万元以下的罚款，并吊销其安全生产许可证；构成犯罪的，依法追究刑事责任；接受转让的，依照本条例第十九条的规定处罚。冒用安全生产许可证或者使用伪造的安全生产许可证的，依本条例第十九条的规定处罚。”第十九条“违反本条例规定，未取得安全生产许可证擅自进行生产的，责令停止生产，没收违法所得，并处10万元以上50万元以下的罚款；造成重大事故或者其他严重后果，构成犯罪的，依法追究刑事责任。”

（二）部门规章

1.《煤矿企业安全生产许可证实施办法》第二十六条“煤矿企业不得转让、冒用、买卖、出租、出借或者使用伪造的安全生产许可证。”第三十九条“取得安全生产许可证的煤矿企业，倒卖、出租、出借或者以其他形式非法转让安全生产许可证的，没收违法所得，处10万元以上50万元以下的罚款，吊销其安全生产许可证；构成犯罪的，依法追究刑事责任。”第四十条“发现煤矿企业有下列行为之一的，责令停止生产，没收违法所得，并处10万元以上50万元以下的罚款；构成犯罪的，依法追究刑事责任：（二）接受转让的安全生产许可证的；（三）冒用安全生产许可证的；（四）使用伪造安全生产许可证的。”

2.《安全生产违法行为行政处罚办法》第四十九条“生产经营单位转让安全生产许可证的，没收违法所得，吊销安全生产许可证，并按照下列规定处以罚款：（一）接受转让的单位和个人未发生生产安全事故的，处10万元以上30万元以下的罚款；（二）接受转让的单位和个人发生生产安全事故但没有造成人员死亡的，处30万元以上40万元以下的罚款；（三）接受转让的单位和个人发生人员死亡生产安全事故的，处40万元以上50万元以下的罚款。”

二、法律适用

非法买卖、出租、出借、转让、冒用、伪造安全生产许可证的，违反了《安全生产许可证条例》第二十一条和《煤矿企业安全生产许可证实施办法》第二十六条之规定。

倒卖、出租、出借或者以其他形式非法转让安全生产许可证的，既要对作为转让方的煤矿企业进行处罚，又要对受让方进行处罚。对转让方，依据《安全生产许可证条例》第二十一条和《煤矿企业安全生产许可证实施办法》第三十九条之规定进行处罚；对受让方，依据《安全生产许可证条例》第二十一条、第十九条，《煤矿企业安全生产许可证实施办法》第四十条，《安全生产违法行为行政处罚办法》第四十九条之规定进行处罚。

冒用安全生产许可证或者使用伪造的安全生产许可证的，依据《安全生产许可证条例》第二十一条、第十九条之规定进行处罚；倒卖安全生产许可证的，依据《煤矿企业安全生产许可证实施办法》第三十九条之规定进行处罚；出租安全生产许可证的，依据《煤矿企业安全生产许可证实施办法》第三十九条之规定进行处罚；出借安全生产许可证的，依据《煤矿企业安全生产许可证实施办法》第三十九条之规定进行处罚。

三、行政处罚基准

（一）非法转让安全生产许可证的，依据《安全生产许可证条例》第二十一条之规定和《煤矿企业安全生产许可证实施办法》第三十九条之规定，没收违法所得，处10万元以上50万元以下的罚款，吊销其安全生产许可证。

（二）非法接受转让的安全生产许可证的，依据《安全生产许可证条例》第二十一条、第十九条，《煤矿企业安全生产许可证实施办法》第四十条，《安全生产违法行为行政处罚办法》第四十九条之规定，责令停止生产，没收违法所得，并按照下列规定处以罚款：接受转让的单位和个人未发生生产安全事故的，处10万元以上30万元以下的罚款；接受转让的单位和个人发生生产安全事故但没有造成人员死亡的，处30万元以上40万元以下的罚款；接受转让的单位和个人发生人员死亡生产安全事故的，处40万元以上50万元以下的罚款。

（三）冒用安全生产许可证或者使用伪造的安全生产许可证的，依据《安全生产许可证条例》第二十一条、第十九条和《煤矿企业安全生产许可证实施办法》第四十条之规定，责令停止生产，没收违法所得，并处10万元以上50万元以下的罚款。

第二十八条 安全生产许可证有效期内主要负责人、隶属关系、企业名称发生变化，未按规定申请办理变更手续的违法行为。

一、法律依据

《煤矿企业安全生产许可证实施办法》第二十条第一款“煤矿企业在安全生产许可证有效期内有下列情形之一的，应当向原安全生产许可证颁发管理机关申请变更安全生产许可证：（一）变更主要负责人的；（二）变更隶属关系的；（三）变更经济类型的；（四）变更煤矿企业名称的；（五）煤矿改建、扩建工程经验收合格的。”第二款“变更本条第一款第一、二、三、四项的，自工商营业执照变更之日起 10 个工作日内提出申请；变更本条第一款第五项的，应当在改建、扩建工程验收合格后 10 个工作日内提出申请。”第三款“申请变更本条第一款第一项的，应提供变更后的工商营业执照副本和主要负责人任命文件（或者聘书）；申请变更本条第一款第二、三、四项的，应提供变更后的工商营业执照副本；申请变更本条第一款第五项的，应提供改建、扩建工程安全设施及条件竣工验收合格的证明材料。”第二十一条第一款“对于本实施办法第二十条第一款第一、二、三、四项的变更申请，安全生产许可证颁发管理机关在对申请人提交的相关文件、资料审核后，即可办理安全生产许可证变更。”第二款“对于本实施办法第二十条第一款第五项的变更申请，安全生产许可证颁发管理机关应当按照本实施办法第十四条、第十五条的规定办理安全生产许可证变更。”第四十二条第一款“在安全生产许可证有效期内，主要负责人、隶属关系、经济类型、煤矿企业名称发生变化，未按本实施办法申请办理变更手续的，责令限期补办变更手续，并处 1 万元以上 3 万元以下罚款。”

二、法律适用

在安全生产许可证有效期内，主要负责人、隶属关系、经济类型、煤矿企业名称发生变化，应当依法办理变更手续，未按照《煤矿企业安全生产许可证实施办法》申请办理变更手续的，违反了《煤矿企业安全生产许可证实施办法》第二十条、第二十一条之规定，应依据《煤矿企业安全生产许可证实施办法》第四十二条第一款之规定进行处罚。

三、行政处罚基准

有上述违法行为的，依据《煤矿企业安全生产许可证实施办法》第四十二条第一款之规定，责令限期办理变更手续，并处 1 万元以上 3 万元以下的罚款。

第二十九条 改建、扩建工程已验收合格，但未按规定申请办理变更安全生产许可证手续擅自投入生产的违法行为。

一、法律依据

《煤矿企业安全生产许可证实施办法》第二十条第一款“煤矿企业在安全生产许可证有效期内有下列情形之一的，应当向原安全生产许可证颁发管理机关申请变更安全生产许可证：（一）变更主要负责人的；（二）变更隶属关系的；（三）变更经济类型的；（四）变更煤矿企业名称的；（五）煤矿改建、扩建工程经验收合格的。”第二款“变更本条第一款第一、二、三、四项的，自工商营业执照变更之日起 10 个工作日内提出申请；变更本条第一款第五项的，应当在改建、扩建工程验收合格后 10 个工作日内提出申请。”第三款“申请变更本条第一款第一项的，应提供变更后的工商营业执照副本和主要负责人任命文件（或者聘书）；申请变更本条第一款第二、三、四项的，应提供变更后的工商营业执照副本；申请变更本条第一款第五项的，应提供改建、扩建工程安全设施及条件竣工验收合格的证明材料。”第二十一条第一款“对于本实施办法第二十条第一款第一、二、三、四项的变更申请，安全生产许可证颁发管理机关在对申请人提交的相关文件、资料审核后，即可办理安全生产许可证变更。”第二款“对于本实施办法第二十条第一款第五项的变更申请，安全生产许可证颁发管理机关应当按照本实施办法第十四条、第十五条的规定办理安全生产许可证变更。”第四十二条“改建、扩建工程已经验收合格，未按本实施办法规定申请办理变更手续擅自投入生产的，责令停止生产，限期补办变更手续，并处 1 万元以上 3 万元以下罚款；逾期仍不办理变更手续，继续进行生产的，依照本实施办法第四十条的规定处罚。”第四十条“发现煤矿企业有下列行为之一的，责令停止生产，没收违法所得，并处10万元以上50万元以下的罚款；构成犯罪的，依法追究刑事责任：（一）未取得安全生产许可证，擅自进行生产的；（二）接受转让的安全生产许可证的；（三）冒用安全生产许可证的；（四）使用伪造安全生产许可证的。”

二、法律适用

改建、扩建工程已经验收合格，未按《煤矿企业安全生产许可证实施办法》的规定申请办理变更手续擅自投入生产的，违反了《煤矿企业安全生产许可证实施办法》第二十条、第二十一条之规定，应依据《煤矿企业安全生产许可证实施办法》第四十二条的规定进行处罚；在出现上述违法行为后，责令限期补办手续期满仍未办理变更手续，继续进行生产的，依据《煤矿企业安全生产许可证实施办法》第四十条之规定进行处罚。

三、行政处罚基准

（一）改建、扩建工程已经验收合格，未按《煤矿企业安全生产许可证实施办法》的规定申请办理变更手续擅自投入生产的，依据《煤矿企业安全生产许可证实施办法》第四十二条之规定，责令停止生产，限期办理变更手续，处1万元以上3万元以下罚款。

（二）逾期仍不办理变更手续，继续进行生产的，依据《煤矿企业安全生产许可证实施办法》第四十条责令停止生产，没收违法所得，并处10万元以上50万元以下的罚款；构成犯罪的，依法追究刑事责任。

第三十条 知道或者应当知道煤矿企业未取得安全生产许可证或者其他批准文件擅自从事生产经营活动，仍为其提供生产经营场所、运输、保管、仓储等条件的违法行为。

一、法律依据

《安全生产违法行为行政处罚办法》第五十条“知道或者应当知道生产经营单位未取得安全生产许可证或者其他批准文件擅自从事生产经营活动，仍为其提供生产经营场所、运输、保管、仓储等条件的，责令立即停止违法行为，有违法所得的，没收违法所得，并处违法所得1倍以上3倍以下的罚款，但是最高不得超过3万元；没有违法所得的，并处5千元以上1万元以下的罚款。”

二、法律适用

知道或者应当知道煤矿企业未取得安全生产许可证或者其他批准文件擅自从事生产经营活动，仍为其提供生产经营场所、运输、保管、仓储等条件的，违反了《安全生产违法行为行政处罚办法》第五十条之规定，应依据《安全生产违法行为行政处罚办法》第五十条之规定进行处罚。

三、行政处罚基准

有上述违法行为的，依据《安全生产违法行为行政处罚办法》第五十条之规定，没收违法所得，并处违法所得1倍以上3倍以下的罚款，但是最高不得超过3万元；没有违法所得的，并处5千元以上1万元以下的罚款。

第三十一条 煤矿建设项目没有安全设施设计但擅自施工的违法行为。

一、法律依据

（一）法律

《安全生产法》第三十条第二款“矿山、金属冶炼建设项目和用于生产、储存、装卸危险物品的建设项目的安全设施设计应当按照国家有关规定报经有关部门审查，审查部门及其负责审查的人员对审查结果负责。”第九十五条“生产经营单位有下列行为之一的，责令停止建设或者停产停业整顿，限期改正；逾期未改正的，处五十万元以上一百万元以下的罚款，对其直接负责的主管人员和其他直接责任人员处二万元以上五万元以下的罚款；构成犯罪的，依照刑法有关规定追究刑事责任：（二）矿山、金属冶炼建设项目或者用于生产、储存、装卸危险物品的建设项目没有安全设施设计或者安全设施设计未按照规定报经有关部门审查同意的。”

（二）部门规章

《煤矿安全监察行政处罚办法》第七条“煤矿或者施工单位有下列行为之一的，责令停止建设或者停产停业整顿，限期改正；逾期未改正的，处50万元以上100万元以下的罚款，对其直接负责的主管人员和其他直接责任人员处2万元以上5万元以下的罚款；构成犯罪的，依照刑法有关规定追究刑事责任：（二）煤矿建设工程没有安全设施设计或者安全设施设计未按照规定报经有关部门审查同意的。”

二、法律适用

煤矿建设项目没有安全设施设计的，违反了《安全生产法》第三十条之规定，因《安全生产法》第三十条第二款、第九十五条第二项和《煤矿安全监察行政处罚办法》第七条之规定不冲突，有上述违法行为时，应依据《安全生产法》第九十五条第（二）项和《煤矿安全监察行政处罚办法》第七条之规定进行处罚。

三、行政处罚基准

有上述违法行为的，依据《安全生产法》第九十五条第（二）项和《煤矿安全监察行政处罚办法》第七条之规定，责令停止建设或者停产停业整顿，限期改正；逾期未改正的，处五十万元以上一百万元以下的罚款，对其直接负责的主管人员和其他直接责任人员处二万元以上五万元以下的罚款。

第三十二条 煤矿建设项目安全设施设计未经审查同意擅自施工的违法行为。

一、法律依据

（一）法律

《安全生产法》第三十条第二款“矿山、金属冶炼建设项目和用于生产、储存、装卸危险物品的建设项目的安全设施设计应当按照国家有关规定报经有关部门审查，审查部门及其负责审查的人员对审查结果负责。”第九十五条“生产经营单位有下列行为之一的，责令停止建设或者停产停业整顿，限期改正；逾期未改正的，处五十万元以上一百万元以下的罚款，对其直接负责的主管人员和其他直接责任人员处二万元以上五万元以下的罚款；构成犯罪的，依照刑法有关规定追究刑事责任：（二）矿山、金属冶炼建设项目或者用于生产、储存、装卸危险物品的建设项目没有安全设施设计或者安全设施设计未按照规定报经有关部门审查同意的。”

（二）行政法规

《煤矿安全监察条例》第二十一条“煤矿建设工程设计必须符合煤矿安全规程和行业技术规范的要求。煤矿建设工程安全设施设计必须经煤矿安全监察机构审查同意；未经审查同意的，不得施工。煤矿安全监察机构审查煤矿建设工程安全设施设计，应当自收到申请审查的设计资料之日起30日内审查完毕，签署同意或者不同意的意见，并书面答复。”第三十五条“煤矿建设工程安全设施设计未经煤矿安全监察机构审查同意，擅自施工的，由煤矿安全监察机构责令停止施工；拒不实施的，由煤矿安全监察机构移送地质矿产主管部门依法吊销采矿许可证。”

（三）部门规章

《煤矿安全监察行政处罚办法》第七条“煤矿或者施工单位有下列行为之一的，责令停止建设或者停产停业整顿，限期改正；逾期未改正的，处50万元以上100万元以下的罚款，对其直接负责的主管人员和其他直接责任人员处2万元以上5万元以下的罚款；构成犯罪的，依照刑法有关规定追究刑事责任：（二）煤矿建设工程没有安全设施设计或者安全设施设计未按照规定报经有关部门审查同意的。”

二、法律适用

煤矿建设项目安全设施设计未经审查同意擅自施工的，违反了《安全生产法》第三十条、第九十五条第（二）项以及《煤矿安全监察条例》第二十一条之规定，依据《安全生产法》第九十五条和《煤矿安全监察条例》第三十五条之规定进行处罚。

三、行政处罚基准

有上述违法行为的，依据《安全生产法》第九十五条之规定：责令停止建设或者停产整顿，限期改正；逾期未改正的，对煤矿企业处 50 万元以上 100 万元以下的罚款，对其直接负责的主管人员和其他直接责任人员处 2 万元以上 5 万元以下的罚款。

拒不停止建设或停产整顿的，依据《煤矿安全监察条例》第三十五条之规定，移送国土资源部门依法吊销采矿许可证。

第三十三条 煤矿建设项目的施工单位未按照批准的安全设施设计施工的违法行为。

一、法律依据

（一）法律

《安全生产法》第三十一条第一款“矿山、金属冶炼建设项目和用于生产、储存、装卸危险物品的建设项目的施工单位必须按照批准的安全设施设计施工，并对安全设施的工程质量负责。”第九十五条“生产经营单位有下列行为之一的，责令停止建设或者停产停业整顿，限期改正；逾期未改正的，处五十万元以上一百万元以下的罚款，对其直接负责的主管人员和其他直接责任人员处二万元以上五万元以下的罚款；构成犯罪的，依照刑法有关规定追究刑事责任：（三）矿山、金属冶炼建设项目或者用于生产、储存、装卸危险物品的建设项目的施工单位未按照批准的安全设施设计施工的。”

（二）部门规章

《煤矿安全监察行政处罚办法》第七条“煤矿或者施工单位有下列行为之一的，责令停止建设或者停产停业整顿，限期改正；逾期未改正的，处 50 万元以上 100 万元以下的罚款，对其直接负责的主管人员和其他直接责任人员处 2 万元以上 5 万元以下的罚款；构成犯罪的，依照刑法有关规定追究刑事责任：（三）煤矿建设工程的施工单位未按照批准的安全设施设计施工的。”

二、法律适用

煤矿建设项目的施工单位未按照批准的安全设施设计施工的，违反了《安全生产法》第三十一条第一款、第九十五条第（三）项与《煤矿安全监察行政处罚办法》第七条之规定，因《安全生产法》与《煤矿安全监察行政处罚办法》对其处罚的内容不冲突，应依据《安全生产法》第九十五条和《煤矿安全监察行政处罚办法》第七条之规定进行处罚。

三、行政处罚基准

有上述违法行为的，依据《安全生产法》第九十五条和《煤矿安全监察行政处罚办法》第七条之规定：责令停止建设或者停产整顿，限期改正；逾期未改正的，对煤矿企业处 50 万元以上 100 万元以下的罚款，对其直接负责的主管人员和其他直接责任人员处 2 万元以上 5 万元以下的罚款。

第三十四条 煤矿建设工程的安全设施和条件未经验收或验收不合格投入生产的违法行为。

一、法律依据

（一）法律

1.《安全生产法》第三十一条第二款“矿山、金属冶炼建设项目和用于生产、储存危险物品的建设项目竣工投入生产或者使用前，应当由建设单位负责组织对安全设施进行验收；验收合格后，方可投入生产和使用。安全生产监督管理部门应当加强对建设单位验收活动和验收结果的监督核查。”第九十五条“生产经营单位有下列行为之一的，责令停止建设或者停产停业整顿，限期改正；逾期未改正的，处五十万元以上一百万元以下的罚款，对其直接负责的主管人员和其他直接责任人员处二万元以上五万元以下的罚款；构成犯罪的，依照刑法有关规定追究刑事责任：（四）矿山、金属冶炼建设项目或者用于生产、储存危险物品的建设项目竣工投入生产或者使用前，安全设施未经验收合格的。”

2.《矿山安全法》第十二条第二款“矿山建设工程安全设施竣工后，由管理矿山企业的主管部门验收，并须有劳动行政主管部门参加；不符合矿山安全规程和行业技术规范的，不得验收，不得投入生产。”第四十三条“矿山建设工程的安全设施未经验收或者验收不合格擅自投入生产的，由劳动行政主管部门会同管理矿山企业的主管部门责令停止生产，并由劳动行政主管部门处以罚款；拒不停止生产的，由劳动行政主管部门提请县级以上人民政府决定由有关主管部门吊销其采矿许可证和营业执照。”

（二）行政法规

1.《矿山安全法实施条例》第九条“管理矿山企业的主管部门、劳动行政主管部门应当自收到建设单位报送的矿山建设工程安全设施施工、竣工情况的综合报告之日起30日内，对矿山建设工程的安全设施进行检查；不符合矿山安全规程、行业技术规范的，不得验收，不得投入生产或者使用。”第五十三条“依照《矿山安全法》第四十三条规定处以罚款的，罚款幅度为5万元以上10万元以下。”

2.《煤矿安全监察条例》第二十二条“煤矿建设工程竣工后或者投产前，应当经煤矿安全监察机构对其安全设施和条件进行验收；未经验收或者验收不合格的，不得投入生产。煤矿安全监察机构对煤矿建设工程安全设施和条件进行验收，应当自收到申请验收文件之日起30日内验收完毕，签署合格或者不合格的意见，并书面答复。”第三十六条“煤矿建设工程安全设施和条件未经验收或者验收不合格，擅自投入生产的，由煤矿安全监察机构责令停止生产，处5万元以上10万元以下的罚款；拒不停止生产的，由煤矿安全监察机构移送地质矿产主管部门依法吊销采矿许可证。”

（三）部门规章

《煤矿安全监察行政处罚办法》第七条“煤矿或者施工单位有下列行为之一的，责令停止建设或者停产停业整顿，限期改正；逾期未改正的，处50万元以上100万元以下的罚款，对其直接负责的主管人员和其他直接责任人员处2万元以上5万元以下的罚款；构成犯罪的，依照刑法有关规定追究刑事责任：（四）煤矿建设项目竣工投入生产或者使用前，安全设施未经验收合格的。”

二、法律适用

煤矿建设工程的安全设施和条件未经验收或验收不合格投入生产的，违反了《安全生产法》第三十一条第二款、第九十五条第（四）项和《矿山安全法》第十二条第二款以及《矿山安全法实施条例》第九条和《煤矿安全监察条例》第二十二条之规定，因为《安全生产法》和《矿山安全法》规定的处罚不冲突，且处于同一效力位阶，对上述违法行为处罚的规定，两法规定互补，可同时适用。而《矿山安全法实施条例》第五十三条和《煤矿安全监察条例》第三十六条之规定的罚款数额与《安全生产法》第九十五条不一致，根据上位法优于下位法的原则，有上述违法行为时，应依据《安全生产法》第九十五条之规定进行处罚。

三、行政处罚基准

有上述违法行为的，依据《安全生产法》第三十一条第二款、第九十五条第（四）项之规定：责令停止建设或者停产整顿，限期改正；逾期未改正的，对煤矿企业处50万元以上100万元以下的罚款，对其直接负责的主管人员和其他直接责任人员处2万元以上5万元以下的罚款。

拒不停止生产的，依据《矿山安全法》第四十三条之规定，由煤矿安全监察机构移送有关主管部门吊销其采矿许可证和营业执照。

第三十五条　煤矿建设项目没有进行安全评价的违法行为。

一、法律依据

（一）法律

《安全生产法》第二十九条“矿山、金属冶炼建设项目和用于生产、储存、装卸危险物品的建设项目，应当按照国家有关规定进行安全评价。”第九十五条“生产经营单位有下列行为之一的，责令停止建设或者停产停业整顿，限期改正；逾期未改正的，处五十万元以上一百万元以下的罚款，对其直接负责的主管人员和其他直接责任人员处二万元以上五万元以下的罚款；构成犯罪的，依照刑法有关规定追究刑事责任：（一）未按照规定对矿山、金属冶炼建设项目或者用于生产、储存、装卸危险物品的建设项目进行安全评价的；”

（二）部门规章

《煤矿安全监察行政处罚办法》第七条“煤矿或者施工单位有下列行为之一的，责令停止建设或者停产停业整顿，限期改正；逾期未改正的，处50万元以上100万元以下的罚款，对其直接负责的主管人员和其他直接责任人员处2万元以上5万元以下的罚款；构成犯罪的，依照刑法有关规定追究刑事责任：（一）未按照规定对煤矿建设项目进行安全评价的。”

二、法律适用

煤矿建设项目没有进行安全评价的，违反了《安全生产法》第二十九条之规定，因《煤矿安全监察行政处罚办法》对上述违法行为进行处罚的规定与《安全生产法》没有冲突，有上述违法行为的，依据《安全生产法》第二十九条、第九十五条第一项之规定进行处罚。

三、行政处罚基准

有上述违法行为的，依据《安全生产法》第二十九条、第九十五条之规定：责令停止建设或者停产停业整顿，限期改正；逾期未改正的，处50万元以上100万元以下的罚款，对其直接负责的主管人员和其他直接责任人员处2万元以上5万元以下的罚款。

第三十六条 新建、改扩建煤矿违反有关规定仍进行生产的违法行为。

一、法律依据

（一）行政法规

《国务院关于预防煤矿生产安全事故的特别规定》第八条第二款“煤矿有下列重大安全生产隐患和行为的，应当立即停止生产，排除隐患：（十二）新建煤矿边建设边生产，煤矿改扩建期间，在改扩建的区域生产，或者在其他区域的生产超出安全设计规定的范围和规模的。”第十条第一款“煤矿有本规定第八条第二款所列情形之一，仍然进行生产的，由县级以上地方人民政府负责煤矿安全生产监督管理的部门或者煤矿安全监察机构责令停产整顿，提出整顿的内容、时间等具体要求，处50万元以上200万元以下的罚款；对煤矿企业负责人处3万元以上15万元以下的罚款。”第十一条第一款“对被责令停产整顿的煤矿，颁发证照的部门应当暂扣采矿许可证、安全生产许可证、营业执照和矿长资格证、矿长安全资格证。”

（二）部门规章

《煤矿重大生产安全事故隐患判定标准》第十五条“新建煤矿边建设边生产，煤矿改扩建期间，在改扩建的区域生产，或者在其他区域的生产超出安全设计规定的范围和规模”重大事故隐患，是指有下列情形之一的：（一）建设项目安全设施设计未经审查批准，或者批准后做出重大变更后未经再次审批擅自组织施工的；（二）改扩建矿井在改扩建区域生产的；（三）改扩建矿井在非改扩建区域超出设计规定范围和规模生产的。”

二、法律适用

新建、改扩建煤矿违反有关规定仍进行生产的，违反了《国务院关于预防煤矿生产安全事故的特别规定》第八条第二款第（十二）项和《煤矿重大生产安全事故隐患判定标准》第十五条之规定，应依据《国务院关于预防煤矿生产安全事故的特别规定》第十条第一款和第十一条第一款之规定进行行政处罚。

三、行政处罚基准

有上述违法行为，依据《国务院关于预防煤矿生产安全事故的特别规定》第十条第一款和第十一条第一款之规定，责令停产整顿，提出整顿的内容、时间等具体要求，处50万元以上200万元以下的罚款；颁发证照的部门应当暂扣采矿许可证、安全生产许可证、营业执照和矿长资格证、矿长安全资格证；对煤矿企业负责人处3万元以上15万元以下的罚款。

第三十七条 未在有较大危险因素的生产经营场所和有关设施、设备上设置明显的安全警示标志的违法行为。

一、法律依据

《安全生产法》第三十二条"生产经营单位应当在有较大危险因素的生产经营场所和有关设施、设备上，设置明显的安全警示标志。"第九十六条"生产经营单位有下列行为之一的，责令限期改正，可以处五万元以下的罚款；逾期未改正的，处五万元以上二十万元以下的罚款，对其直接负责的主管人员和其他直接责任人员处一万元以上二万元以下的罚款；情节严重的，责令停产停业整顿；构成犯罪的，依照刑法有关规定追究刑事责任：（一）未在有较大危险因素的生产经营场所和有关设施、设备上设置明显的安全警示标志的。"

二、法律适用

未在有较大危险因素的生产经营场所和有关设施、设备上设置明显的安全警示标志的，违反了《安全生产法》第三十二条之规定，应依据《安全生产法》第三十二条以及第九十六条之规定进行处罚。

三、行政处罚基准

有上述违法行为的，依据《安全生产法》第九十六条之规定，责令限期改正，可以处五万元以下的罚款；逾期未改正的，处五万元以上二十万元以下的罚款，对其直接负责的主管人员和其他直接责任人员处一万元以上二万元以下的罚款；情节严重的，责令停产停业整顿。

第三十八条 3个月内2次或2次以上发现重大安全生产隐患的违法行为。

一、法律依据

《国务院关于预防煤矿生产安全事故的特别规定》第十条第二款"对3个月内2次或者2次以上发现有重大安全生产隐患，仍然进行生产的煤矿，县级以上地方人民政府负责煤矿安全生产监督管理的部门、煤矿安全监察机构应当提请有关地方人民政府关闭该煤矿，并由颁发证照的部门立即吊销矿长资格证和矿长安全资格证，该煤矿的法定代表人和矿长5年内不得再担任任何煤矿的法定代表人或者矿长。"

二、法律适用

3个月内2次或2次以上发现重大隐患的，违反了《国务院关于预防煤矿生产安全事故的特别规定》第十条第二款之规定，应依据《国务院关于预防煤矿生产安全事故的特别规定》第十条第二款进行处罚。

三、行政处罚基准

有上述违法行为的，依据《国务院关于预防煤矿生产安全事故的特别规定》第十条第二款之规定，县级以上地方人民政府负责煤矿安全生产监督管理的部门、煤矿安全监察机构应当提请有关地方人民政府关闭该煤矿，并由颁发证照的部门立即吊销矿长资格证和矿长安全资格证，该煤矿的法定代表人和矿长5年内不得再担任任何煤矿的法定代表人或者矿长。

第三十九条 没有分别配备矿长、总工程师和分管安全、生产、机电的副矿长，以及负责采煤、掘进、机电运输、通风、地质测量工作的专业技术人员的违法行为。

一、法律依据

（一）行政法规

《国务院关于预防煤矿生产安全事故的特别规定》第八条第二款"煤矿有下列重大安全生产隐患和行为的，应当立即停止生产，排除隐患：（十五）有其他重大安全生产隐患的。"第十条第一款"煤矿有本规定第八条第二款所列情形之一，仍然进行生产的，由县级以上地方人民政府负责煤矿安全生产监督管理的部门或者煤矿安全监察机构责令停产整顿，提出整顿的内容、时间等具体要求，处50万元以上200万元以下的罚款；对煤矿企业负责人处3万元以上15万元以下的罚款。"第十一条第一款“对被责令停产整顿的煤矿，颁发证照的部门应当暂扣采矿许可证、安全生产许可证、营业执照和矿长资格证、矿长安全资格证。”

（二）部门规章

《煤矿重大生产安全事故隐患判定标准》第十八条“‘其他重大事故隐患’，是指有下列情形之一的：（一）没有分别配备矿长、总工程师和分管安全、生产、机电的副矿长，以及负责采煤、掘进、机电运输、通风、地质测量工作的专业技术人员的。”

二、法律适用

没有分别配备矿长、总工程师和分管安全、生产、机电的副矿长，以及负责采煤、掘进、机电运输、通风、地质测量工作的专业技术人员的，违反了《国务院关于预防煤矿生产安全事故的特别规定》第八条第二款第（十五）项、《煤矿重大生产安全事故隐患判定标准》第十八条第（一）项之规定，应依据《国务院关于预防煤矿生产安全事故的特别规定》第十条第一款和第十一条第一款处罚。

三、行政处罚基准

有上述违法行为的，依据《国务院关于预防煤矿生产安全事故的特别规定》第十条第一款和第十一条第一款之规定，责令停产整顿，提出整顿的内容、时间等具体要求，处50万元以上200万元以下的罚款；颁发证照的部门应当暂扣采矿许可证、安全生产许可证、营业执照和矿长资格证、矿长安全资格证；对煤矿企业负责人处3万元以上15万元以下的罚款。

第四十条 图纸作假、隐瞒采掘工作面的违法行为。

一、法律依据

（一）行政法规

《国务院关于预防煤矿生产安全事故的特别规定》第八条第二款“煤矿有下列重大安全生产隐患和行为的，应当立即停止生产，排除隐患：（十五）有其他重大安全生产隐患的。”第十条第一款：“煤矿有本规定第八条第二款所列情形之一，仍然进行生产的，由县级以上地方人民政府负责煤矿安全生产监督管理的部门或者煤矿安全监察机构责令停产整顿，提出整顿的内容、时间等具体要求，处50万元以上200万元以下的罚款；对煤矿企业负责人处3万元以上15万元以下的罚款。”第十一条第一款“对被责令停产整顿的煤矿，颁发证照的部门应当暂扣采矿许可证、安全生产许可证、营业执照和矿长资格证、矿长安全资格证。”

（二）部门规章

《煤矿重大生产安全事故隐患判定标准》第十八条“‘其他重大事故隐患’，是指有下列情形之一的：（四）图纸作假、隐瞒采掘工作面的。”

二、法律适用

“图纸作假、隐瞒采掘工作面的”是一种违法行为，即图纸作假的目的是隐瞒采掘工作面。该违法行为违反了《国务院关于预防煤矿生产安全事故的特别规定》第八条第二款第（十五）项、《煤矿重大生产安全事故隐患判定标准》第十八条第（四）项的规定，属于重大事故隐患，有这一违法行为的，应依据《国务院关于预防煤矿生产安全事故的特别规定》第十条第一款和第十一条第一款处罚。

三、行政处罚基准

有上述违法行为的，依据《国务院关于预防煤矿生产安全事故的特别规定》第十条第一款和第十一条第一款之规定，责令停产整顿，提出整顿的内容、时间等具体要求，处50万元以上200万元以下的罚款；颁发证照的部门应当暂扣采矿许可证、安全生产许可证、营业执照和矿长资格证、矿长安全资格证；对煤矿企业负责人处3万元以上15万元以下的罚款。

第二章　采掘工程方面违法行为

第四十一条　采用危及相邻煤矿生产安全危险方法进行采矿作业的违法行为。

一、法律依据

（一）法律

《煤炭法》第二十四条第二款“采矿作业不得擅自开采保安煤柱，不得采用可能危及相邻煤矿生产安全的决水、爆破、贯通巷道等危险方法。”第五十八条“违反本法第二十四条的规定，擅自开采保安煤柱或者采用危及相邻煤矿生产安全的危险方法进行采矿作业的，由劳动行政主管部门会同煤炭管理部门责令停止作业；由煤炭管理部门没收违法所得，并处违法所得一倍以上五倍以下的罚款；构成犯罪的，由司法机关依法追究刑事责任；造成损失的，依法承担赔偿责任。”

（二）行政法规

《煤矿安全监察条例》第四十三条“擅自开采保安煤柱，或者采用危及相邻煤矿生产安全的决水、爆破、贯通巷道等危险方法进行采矿作业，经煤矿安全监察人员责令立即停止作业，拒不停止作业的，由煤矿安全监察机构决定吊销安全生产许可证，并移送地质矿产主管部门依法吊销采矿许可证；造成损失的，依法承担赔偿责任。”

（三）部门规章

《煤矿安全监察行政处罚办法》第二十一条“擅自开采保安煤柱，或者采用危及相邻煤矿生产安全的决水、爆破、贯通巷道等危险方法进行采矿作业，责令立即停止作业；拒不停止作业的，由煤矿安全监察机构决定吊销安全生产许可证，并移送地质矿产主管部门依法吊销采矿许可证。”

二、法律适用

采用危及相邻煤矿生产安全危险方法进行采矿作业的，违反了《煤炭法》第二十四条第二款、《煤矿安全监察条例》第四十三条之规定，《煤炭法》第二十四条第二款和第五十八条以及《煤矿安全监察条例》第四十三条对行政处罚做了规定，但因煤矿安全监察机构不属于煤炭管理部门，不能依《煤炭法》进行处罚，因此有上述违法行为时，应依据《煤矿安全监察条例》第四十三条之规定处罚。

三、行政处罚基准

有上述违法行为的，依据《煤矿安全监察条例》第四十三条之规定，责令立即停止作业，拒不停止作业的，由煤矿安全监察机构决定吊销安全生产许可证，并移送地质矿产主管部门依法吊销采矿许可证；造成损失的，依法承担赔偿责任。

第四十二条　超能力、超强度或者超定员组织生产的违法行为。

一、法律依据

（一）行政法规

《国务院关于预防煤矿生产安全事故的特别规定》第八条第二款“煤矿有下列重大安全生产隐患和行为的，应当立即停止生产，排除隐患：（一）超能力、超强度或者超定员组织生产的。”第十条第一款“煤矿有本规定第八条第二款所列情形之一，仍然进行生产的，由县级以上地方人民政府负责煤矿安全生产监督管理的部门或者煤矿安全监察机构责令停产整顿，提出整顿的内容、时间等具体要求，处50万元以上200万元以下的罚款；对煤矿企业负责人处3万元以上15万元以下的罚款。”第十一条第一款“对被责令停产整顿的煤矿，颁发证照的部门应当暂扣采矿许可证、安全生产许可证、营业执照和矿长资格证、矿长安全资格证。”

（二）部门规章

《煤矿重大生产安全事故隐患判定标准》第四条“超能力、超强度或者超定员组织生产”重大事故隐患，是指有下列情形之一的：（一）矿井全年原煤产量超过矿井核定（设计）生产能力110%的，或者矿井月产量超过矿井核定（设计）生产能力10%的；（二）矿井开拓、准备、回采煤量可采期小于有关标准规定的最短时间组织生产、造成接续紧张的，或者采用“剃头下山”开采的；（三）采掘工作面瓦斯抽采不达标组织生产的；（四）煤矿未制定或者未严格执行井下劳动定员制度的。”

二、法律适用

《煤矿重大生产安全事故隐患判定标准》关于“超能力、超强度或者超定员组织生产的。”的规定，是对《国务院关于预防煤矿生产安全事故的特别规定》将“超能力、超强度或者超定员组织生产的。”的明确化。出现《煤矿重大生产安全事故隐患判定标准》规定的情形，继续生产的，违反了《国务院关于预防煤矿生产安全事故的特别规定》第八条第二款第（一）项、《煤矿重大生产安全事故隐患判定标准》第四条之规定，应依据《国务院关于预防煤矿生产安全事故的特别规定》第十条第一款和第十一条第一款处罚。

三、行政处罚基准

有上述违法行为的，依据《国务院关于预防煤矿生产安全事故的特别规定》第十条第一款和第十一条第一款之规定，责令停产整顿，提出整顿的内容、时间等具体要求，处50万元以上200万元以下的罚款；颁发证照的部门应当暂扣采矿许可证、安全生产许可证、营业执照和矿长资格证、矿长安全资格证；对煤矿企业负责人处3万元以上15万元以下的罚款。

第四十三条　超层越界开采的违法行为。

一、法律依据

（一）法律

《矿产资源法》第四十条“超越批准的矿区范围采矿的，责令退回本矿区范围内开采、赔偿损失，没收越界开采的矿产品和违法所得，可以并处罚款；拒不退回本矿区范围内开采，造成矿产资源破坏的，吊销采矿许可证，依照刑法有关规定对直接责任人员追究刑事责任。”第四十五条“本法第三十九条、第四十条、第四十二条规定的行政处罚，由县级以上人民政府负责地质矿产管理工作的部门按照国务院地质矿产主管部门规定的权限决定。第四十三条规定的行政处罚，由县级以上人民政府工商行政管理部门决定。第四十四条规定的行政处罚，由省、自治区、直辖市人民政府地质矿产主管部门决定。给予吊销勘查许可证或者采矿许可证处罚的，须由原发证机关决定。”

《煤炭法》第二十四条第二款“采矿作业不得擅自开采保安煤柱，不得采用可能危及相邻煤矿生产安全的决水、爆破、贯通巷道等危险方法。”第五十八条“违反本法第二十四条的规定，擅自开采保安煤柱或者采用危及相邻煤矿生产安全的危险方法进行采矿作业的，由劳动行政主管部门会同煤炭管理部门责令停止作业；由煤炭管理部门没收违法所得，并处违法所得一倍以上五倍以下的罚款；构成犯罪的，由司法机关依法追究刑事责任；造成损失的，依法承担赔偿责任。”

（二）行政法规

1.《国务院关于预防煤矿生产安全事故的特别规定》第八条第二款“煤矿有下列重大安全生产隐患和行为的，应当立即停止生产，排除隐患：（七）超层越界开采的。”第十条第一款“煤矿有本规定第八条第二款所列情形之一，仍然进行生产的，由县级以上地方人民政府负责煤矿安全生产监督管理的部门或者煤矿安全监察机构责令停产整顿，提出整顿的内容、时间等具体要求，处50万元以上200万元以下的罚款；对煤矿企业负责人处3万元以上15万元以下的罚款。”

2.《矿山安全法实施条例》第十三条“矿山企业应当在采矿许可证批准的范围开采，禁止越层、越界开采。”

3.《煤矿安全监察条例》第四十三条“擅自开采保安煤柱，或者采用危及相邻煤矿生产安全的决水、爆破、贯通巷道等危险方法进行采矿作业，经煤矿安全监察人员责令立即停止作业，拒不停止作业的，由煤矿安全监察机构决定吊销安全生产许可证，并移送地质矿产主管部门依法吊销采矿许可证；造成损失的，依法承担赔偿责任。”

4.《国务院关于预防煤矿生产安全事故的特别规定》第八条第二款“煤矿有下列重大安全生产隐患和行为的，应当立即停止生产，排除隐患：（七）超层越界开采的。”第十条第一款“煤矿有本规定第八条第二款所列情形之一，仍然进行生产的，由县级以上地方人民政府负责煤矿安全生产监督管理的部门或者煤矿安全监察机构责令停产整顿，提出整顿的内容、时间等具体要求，处50万元以上200万元以下的罚款；对煤矿企业负责人处3万元以上15万元以下的罚款。”

（三）部门规章

1.《煤矿重大生产安全事故隐患判定标准》第十条“‘超层越界开采’重大事故隐患，是指有下列情形之一的：（一）超出采矿许可证规定开采煤层层位或者标高而进行开采的；（二）超出采矿许可证载明的坐标控制范围而开采的；（三）擅自开采保安煤柱的。”

2.《煤矿安全监察行政处罚办法》第二十一条“擅自开采保安煤柱，或者采用危及相邻煤矿生产安全的决水、爆破、贯通巷道等危险方法进行采矿作业，责令立即停止作业；拒不停止作业的，由煤矿安全监察机构决定吊销安全生产许可证，并移送地质矿产主管部门依法吊销采矿许可证。”

二、法律适用

鉴于《煤矿重大生产安全事故隐患判定标准》第十条是对《国务院关于预防煤矿生产安全事故的特别规定》第八条第二款第七项的明确化；而《国务院关于预防煤矿生产安全事故的特别规定》第八条第二款第七项将“超层越界”界定为“重大事故隐患”。依据《国务院关于预防煤矿生产安全事故的特别规定》第十条第一款处“50万元以上200万元以下的罚款；对煤矿企业负责人处3万元以上15万元以下的罚款。”但按照《矿产资源法》第四十条、第四十五条的规定，超层越界开采的，由县级以上人民政府负责地质矿产管理工作的部门按照国务院地质矿产主管部门规定的权限进行处罚。从表面上看《国务院关于预防煤矿生产安全事故的特别规定》的行政处罚与《矿产资源法》的规定不一致，根据上位法优于下位法的原则，应依据《矿产资源法》由县级以上人民政府负责地质矿产管理工作的部门进行处罚。但是，因《国务院关于预防煤矿生产安全事故的特别规定》关于“超层越界”的规定是关于煤矿安全生产方面的，是从煤矿安全角度进行处罚，这与《矿产资源法》的立法目的不同，因此，超层越界开采的，违反了《煤矿重大生产安全事故隐患判定标准》第十条、《国务院关于预防煤矿生产安全事故的特别规定》第八条第二款第七项之规定，应依据《国务院关于预防煤矿生产安全事故的特别规定》第十条第一款、第十一条第一款之规定处罚。

《煤矿重大生产安全事故隐患判定标准》第十条将“擅自开采保安煤柱”作为“超层越界”处理，这样就指向了《国务院关于预防煤矿生产安全事故的特别规定》第十条第1款“煤矿有本规定第八条第二款所列情形之一，仍然进行生产的，由县级以上地方人民政府负责煤矿安全生产监督管理的部门或者煤矿安全监察机构责令停产整顿，提出整顿的内容、时间等具体要求，处50万元以上200万元以下的罚款；对煤矿企业负责人处3万元以上15万元以下的罚款。”而《煤炭法》第五十八条则规定“违反本法第二十四条的规定，擅自开采保安煤柱或者采用危及相邻煤矿生产安全的危险方法进行采矿作业的，由劳动行政主管部门会同煤炭管理部门责令停止作业；由煤炭管理部门没收违法所得，并处违法所得一倍以上五倍以下的罚款；构成犯罪的，由司法机关依法追究刑事责任；造成损失的，依法承担赔偿责任。”就对煤矿罚款的数额来看，《国务院关于预防煤矿生产安全事故的特别规定》与《煤炭法》相冲突，根据上位法优于下位法的原则，应选择《煤炭法》。但因煤矿安全监察机构不属于煤炭管理部门，不能依《煤炭法》进行处罚，因此，擅自开采保安煤柱的，违反了《煤矿重大生产安全事故隐患判定标准》第十条、《国务院关于预防煤矿生产安全事故的特别规定》第八条第二款第七项之规定，应依据《国务院关于预防煤矿生产安全事故的特别规定》第十条第一款、第十一条第一款之规定处罚。

针对盗采资源的违法行为，在依据《国务院关于预防煤矿生产安全事故的特别规定》进行处罚的同时，应移送地质矿产主管部门。

三、行政处罚基准

有上述违法行为的，依据《国务院关于预防煤矿生产安全事故的特别规定》第十条第一款和第十一条第一款之规定，责令停产整顿，提出整顿的内容、时间等具体要求，处50万元以上200万元以下的罚款；颁发证照的部门应当暂扣采矿许可证、安全生产许可证、营业执照和矿长资格证、矿长安全资格证；对煤矿企业负责人处3万元以上15万元以下的罚款。

第四十四条 有冲击地压危险，未采取有效措施仍然进行生产的违法行为。

一、法律依据

（一）行政法规

《国务院关于预防煤矿生产安全事故的特别规定》第八条第二款“煤矿有下列重大安全生产隐患和行为的，应当立即停止生产，排除隐患：（八）有冲击地压危险，未采取有效措施的。”第十条第一款“煤矿有本规定第八条第二款所列情形之一，仍然进行生产的，由县级以上地方人民政府负责煤矿安全生产监督管理的部门或者煤矿安全监察机构责令停产整顿，提出整顿的内容、时间等具体要求，处50万元以上200万元以下的罚款；对煤矿企业负责人处3万元以上15万元以下的罚款。”

（二）部门规章

《煤矿安全规程》第二百二十七条“开采具有冲击倾向性的煤层，必须进行冲击危险性评价。”第二百三十四条“冲击地压矿井必须进行区域危险性预测（以下简称区域预测）和局部危险性预测（以下简称局部预测）。区域与局部预测可根据地质与开采技术条件等，优先采用综合指数法确定冲击危险性。”

二、法律适用

有冲击地压危险，未采取有效措施仍然进行生产的，违反了《国务院关于预防煤矿生产安全事故的特别规定》第八条第二款第（八）项之规定，应依据《国务院关于预防煤矿生产安全事故的特别规定》第十条第一款、第十一条第一款之规定处罚。

三、行政处罚基准

有上述违法行为的，依据《国务院关于预防煤矿生产安全事故的特别规定》第十条第一款和第十一条第一款之规定，责令停产整顿，提出整顿的内容、时间等具体要求，处50万元以上200万元以下的罚款；颁发证照的部门应当暂扣采矿许可证、安全生产许可证、营业执照和矿长资格证、矿长安全资格证；对煤矿企业负责人处3万元以上15万元以下的罚款。

第四十五条 有冲击地压危险，未编制专门设计文件的违法行为。

一、法律依据

《矿山安全法实施条例》第十九条 “在下列条件下从事矿山开采，应当编制专门设计文件，并报管理矿山企业的主管部门批准：（二）有冲击地压的。”第五十四条“违反本条例第十五条、第十六条、第十七条、第十八条、第十九条、第二十条、第二十一条、第二十二条、第二十三条、第二十五条规定的，由劳动行政主管部门责令改正，可以处2万元以下的罚款。”

二、法律适用

有冲击地压危险，未编制专门设计文件，并报管理矿山企业的主管部门批准的，违反了《矿山安全法实施条例》第十九条第二项之规定，依据《矿山安全法实施条例》第五十四条之规定处罚。

三、行政处罚基准

煤矿在有冲击地压条件下从事采掘作业，未编制专门设计文件和报主管部门批准的，依据《矿山安全法实施条例》第五十四条之规定，责令改正，可以并处2万元以下的罚款。

第四十六条 违反顶帮管理和支护管理以及露天采剥、排土作业等相关规定的违法行为。

一、法律依据

（一）行政法规

《矿山安全法实施条例》第十七条第一款“井下采掘作业，必须按照作业规程的规定管理顶帮。采掘作业通过地质破碎带或者其他顶帮破碎地点时，应当加强支护。”第五十四条“违反本条例第十五条、第十六条、第十七条、第十八条、第十九条、第二十条、第二十一条、第二十二条、第二十三条、第二十五条规定的，由劳动行政主管部门责令改正，可以处2万元以下的罚款。”

（二）部门规章

《煤矿安全监察行政处罚办法》第十三条“煤矿井下采掘作业，未按照作业规程的规定管理顶帮；通过地质破碎带或者其他顶帮破碎地点时，未加强支护；露天采剥作业，未按照设计规定，控制采剥工作面的阶段高度、宽度、边坡角和最终边坡角；采剥作业和排土作业，对深部或者邻近井巷造成危害的，责令改正，可以并处二万元以下的罚款。”

二、法律适用

违反顶帮管理和支护管理以及露天采剥、排土作业等相关规定的，违反了《安全生产违法行为行政处罚办法》第十七条第一款、《煤矿安全监察行政处罚办法》第十三条之规定，对煤矿企业的罚款，《煤矿安全监察行政处罚办法》第十三条与《矿山安全法实施条例》第五十四条之规定在罚款数额上不存在冲突，有上述违法行为时，应依据《矿山安全法实施条例》第五十四条和《煤矿安全监察行政处罚办法》第十三条的规定进行处罚。

三、行政处罚基准

有上述违法行为的，对煤矿企业要依据《矿山安全法实施条例》第五十四条和《煤矿安全监察行政处罚办法》第十三条之规定，责令改正，并可以对煤矿企业处2万元以下的罚款。

第四十七条　在建筑物、构筑物和铁路下面开采，未编制专门设计文件的违法行为。

一、法律依据

（一）行政法规

《矿山安全法实施条例》第十九条“在下列条件下从事矿山开采，应当编制专门设计文件，并报管理矿山企业的主管部门批准：（三）在需要保护的建筑物、构筑物和铁路下面开采的。”第五十四条“违反本条例第十五条、第十六条、第十七条、第十八条、第十九条、第二十条、第二十一条、第二十二条、第二十三条、第二十五条规定的，由劳动行政主管部门责令改正，可以处2万元以下的罚款。”

（二）部门规章

1.《煤矿安全监察行政处罚办法》第十五条“煤矿在有瓦斯突出、冲击地压条件下从事采掘作业；在未加保护的建筑物、构筑物和铁路、水体下面开采；在地温异常或者热水涌出的地区开采，未编制专门设计文件和报主管部门批准的，责令改正，可以并处二万元以下的罚款。”

2.《煤矿安全规程》第一百二十三条“建（构）筑物下、水体下、铁路下，以及主要井巷煤柱开采，必须经过试采。试采前，必须按其重要程度以及可能受到的影响，采取相应技术措施并编制开采设计。”

二、法律适用

在建筑物、构筑物和铁路下面开采，未编制专门设计文件的，违反了《矿山安全法实施条例》第十九条第（三）项、《煤矿安全规程》第一百二十三条和《煤矿安全监察行政处罚办法》第十五条的规定，《煤矿安全监察行政处罚办法》第十五条与《矿山安全法实施条例》第五十四条之规定在罚款数额上不存在冲突，有上述违法行为时，应依据《矿山安全法实施条例》第五十四条和《煤矿安全监察行政处罚办法》第十五条之规定处罚。

三、行政处罚基准

有上述违法行为的，依据《矿山安全法实施条例》第五十四条和《煤矿安全监察行政处罚办法》

第十五条之规定，责令改正，并可以对煤矿企业处2万元以下的罚款。

第四十八条 矿井、采区、采煤工作面安全出口及在用巷道净断面不符合规定的违法行为。

一、法律依据

（一）行政法规

《安全生产许可证条例》第六条“企业取得安全生产许可证，应当具备下列安全生产条件：（一）建立、健全安全生产责任制，制定完备的安全生产规章制度和操作规程；（二）安全投入符合安全生产要求；（三）设置安全生产管理机构，配备专职安全生产管理人员；（四）主要负责人和安全生产管理人员经考核合格；（五）特种作业人员经有关业务主管部门考核合格，取得特种作业操作资格证书；（六）从业人员经安全生产教育和培训合格；（七）依法参加工伤保险，为从业人员缴纳保险费；（八）厂房、作业场所和安全设施、设备、工艺符合有关安全生产法律、法规、标准和规程的要求；（九）有职业危害防治措施，并为从业人员配备符合国家标准或者行业标准的劳动防护用品；（十）依法进行安全评价；（十一）有重大危险源检测、评估、监控措施和应急预案；（十二）有生产安全事故应急救援预案、应急救援组织或者应急救援人员，配备必要的应急救援器材、设备；（十三）法律、法规规定的其他条件。”第十四条“安全生产许可证颁发管理机关应当加强对取得安全生产许可证的企业的监督检查，发现其不再具备本条例规定的安全生产条件的，应当暂扣或者吊销安全生产许可证。”

（二）部门规章

《煤矿企业安全生产许可证实施办法》第八条“井工煤矿除符合本实施办法第六条、第七条规定的条件外，其安全设施、设备、工艺还必须符合下列条件：（一）矿井至少有2个能行人的通达地面的安全出口，各个出口之间的距离不得小于30米；井下每一个水平到上一个水平和各个采（盘）区至少有两个便于行人的安全出口，并与通达地面的安全出口相连接；采煤工作面有两个畅通的安全出口，一个通到进风巷道，另一个通到回风巷道。在用巷道净断面满足行人、运输、通风和安全设施及设备安装、检修、施工的需要。”第三十八条“安全生产许可证颁发管理机关应当加强对取得安全生产许可证的煤矿企业的监督检查，发现其不再具备本实施办法规定的安全生产条件的，应当责令限期整改，依法暂扣安全生产许可证；经整改仍不具备本实施办法规定的安全生产条件的，依法吊销安全生产许可证。”

二、法律适用

矿井、采区、采煤工作面安全出口及在用巷道净断面不符合规定的，违反了《安全生产许可证条例》第六条和《煤矿企业安全生产许可证实施办法》第八条之规定，《煤矿企业安全生产许可证实施办法》第八条是对《安全生产许可证条例》第六条第（八）项的细化和明确。因此，矿井、采区、采煤工作面安全出口及在用巷道净断面不符合规定的，应依据《安全生产许可证条例》第十四条和《煤矿企业安全生产许可证实施办法》第三十八条之规定处罚。

三、行政处罚基准

有上述违法行为的，依据《安全生产许可证条例》第十四条和《煤矿企业安全生产许可证实施办法》第三十八条之规定，责令限期整改，暂扣安全生产许可证；经整改仍不具备安全生产条件的，吊销安全生产许可证。

第四十九条 突出矿井的巷道布置不符合规定的违法行为。

一、法律依据

《防治煤与瓦斯突出规定》第十六条“突出矿井的巷道布置应当符合下列要求和原则：（一）运输和轨道大巷、主要风巷、采区上山和下山（盘区大巷）等主要巷道布置在岩层或非突出煤层中；（二）减少井巷揭穿突出煤层的次数；（三）井巷揭穿突出煤层的地点应当合理避开地质构造破坏；（四）突出煤层的巷道优先布置在被保护区域或其他卸压区域。”第一百一十五条“煤矿企业违反本规定第十六条、第十九条、第二十一条、第二十二条第一款和第二款规定的，责令限期改正，处50万元以上100万元以下的罚款；逾期未改正的，责令停止施工或停产整顿。”

二、法律适用

突出矿井的巷道布置不符合规定的，违反了《防治煤与瓦斯突出规定》第十六条之规定，应依据《防治煤与瓦斯突出规定》第一百一十五条之规定进行处罚。

三、行政处罚基准

有上述违法行为的，依据《防治煤与瓦斯突出规定》第一百一十五条之规定，责令限期改正，处50万元以上100万元以下的罚款；逾期未改正的，责令停止施工或停产整顿。

第五十条 突出煤层的采掘作业不符合规定的违法行为。

一、法律依据

《防治煤与瓦斯突出规定》第十九条“突出煤层的采掘作业应当符合以下规定：（一）严禁采用水力采煤法、倒台阶采煤法及其他非正规采煤法；（二）急倾斜煤层适合采用伪倾斜正台阶、掩护支架采煤法；（三）急倾斜煤层掘进上山时，采用双上山或伪倾斜上山等掘进方式，并加强支护；（四）掘进工作面与煤层巷道交叉贯通前，被贯通的煤层巷道必须超过贯通位置，其超前距不得小于5 m，并且贯通点周围10 m内的巷道应加强支护。在掘进工作面与被贯通巷道距离小于60 m的作业期间，被贯通巷道内不得安排作业，并保持正常通风，且在放炮时不得有人；（五）采煤工作面尽可能采用刨煤机或浅截深采煤机采煤；（六）煤、半煤岩炮掘和炮采工作面，使用安全等级不低于三级的煤矿许用含水炸药（二氧化碳突出煤层除外）。”第一百一十五条“煤矿企业违反本规定第十六条、第十九条、第二十一条、第二十二条第一款和第二款规定的，责令限期改正，处50万元以上100万元以下的罚款；逾期未改正的，责令停止施工或停产整顿。”

二、法律适用

突出煤层的采掘作业不符合规定的，违反了《防治煤与瓦斯突出规定》第十九条之规定，应依据《防治煤与瓦斯突出规定》第一百一十五条之规定进行处罚。

三、行政处罚基准

有上述违法行为的，依据《防治煤与瓦斯突出规定》第一百一十五条之规定，责令限期改正，处50万元以上100万元以下的罚款；逾期未改正的，责令停止施工或停产整顿。

第五十一条 靠近突出煤层的掘进巷道不按照规定边探边掘的违法行为。

一、法律依据

《防治煤与瓦斯突出规定》第二十一条“所有突出煤层外的掘进巷道（包括钻场等）距离突出煤层的最小法向距离小于10 m时（在地质构造破坏带小于20 m时），必须边探边掘，确保最小法向距离不小于5 m。”第一百一十五条“煤矿企业违反本规定第十六条、第十九条、第二十一条、第二十二条第一款和第二款规定的，责令限期改正，处50万元以上100万元以下的罚款；逾期未改正的，责令停止施工或停产整顿。”

二、法律适用

靠近突出煤层的掘进巷道不按照规定边探边掘的，违反了《防治煤与瓦斯突出规定》第二十一条之规定，应依据《防治煤与瓦斯突出规定》第一百一十五条之规定进行处罚。

三、行政处罚基准

有上述违法行为的，依据《防治煤与瓦斯突出规定》第一百一十五条之规定，责令限期改正，处50万元以上100万元以下的罚款；逾期未改正的，责令停止施工或停产整顿。

第五十二条 突出煤层的采掘工作面违反规定安排在应力集中范围内的违法行为。

一、法律依据

《防治煤与瓦斯突出规定》第二十二条第一款“在同一突出煤层正在采掘的工作面应力集中范围

内，不得安排其他工作面进行回采或者掘进。具体范围由矿技术负责人确定，但不得小于 30 m。”第二款“突出煤层的掘进工作面应当避开邻近煤层采煤工作面的应力集中范围。”第一百一十五条“煤矿企业违反本规定第十六条、第十九条、第二十一条、第二十二条第一款和第二款规定的，责令限期改正，处 50 万元以上 100 万元以下的罚款；逾期未改正的，责令停止施工或停产整顿。

二、法律适用

突出煤层的采掘工作面违反规定安排在应力集中范围内的，违反了《防治煤与瓦斯突出规定》第二十二条第一款、第二款之规定，应依据《防治煤与瓦斯突出规定》第一百一十五条之规定进行处罚。

三、行政处罚基准

有上述违法行为的，依据《防治煤与瓦斯突出规定》第一百一十五条之规定，责令限期改正，处 50 万元以上 100 万元以下的罚款；逾期未改正的，责令停止施工或停产整顿。

第五十三条 在突出煤层的煤巷中违反规定安装、更换、维修或回收支架的违法行为。

一、法律依据

《防治煤与瓦斯突出规定》第二十二条第三款“在突出煤层的煤巷中安装、更换、维修或回收支架时，必须采取预防煤体垮落而引起突出的措施。”第一百一十七条“煤矿企业违反本规定第二十二条第三款、第二十四条第二款、第二十五条规定的，责令限期改正，处 3 万元以上 5 万元以下的罚款；逾期未改正的，责令停止施工或停产整顿。”

二、法律适用

在突出煤层的煤巷中违反规定安装、更换、维修或回收支架的，违反了《防治煤与瓦斯突出规定》第二十二条第三款之规定，应依据《防治煤与瓦斯突出规定》第一百一十七条之规定进行处罚。

三、行政处罚基准

有上述违法行为的，依据《防治煤与瓦斯突出规定》第一百一十七条之规定，令限期改正，处 3 万元以上 5 万元以下的罚款；逾期未改正的，责令停止施工或停产整顿。

第五十四条 突出孔洞的管理不符合规定的违法行为。

一、法律依据

1.《防治煤与瓦斯突出规定》第二十五条第二款“突出孔洞应当及时充填、封闭严实或者进行支护；当恢复采掘作业时，应当在其附近 30 m 范围内加强支护。”第一百一十七条“煤矿企业违反本规定第二十二条第三款、第二十四条第二款、第二十五条规定的，责令限期改正，处 3 万元以上 5 万元以下的罚款；逾期未改正的，责令停止施工或停产整顿。”

2.《煤矿安全规程》第一百九十六条“突出煤层的采掘工作应当遵守下列规定：（五）在过突出孔洞及其附近 30 m 范围内进行采掘作业时，必须加强支护。”

二、法律适用

突出孔洞的管理不符合规定的，违反了《防治煤与瓦斯突出规定》第二十五条第二款之规定，应依据《防治煤与瓦斯突出规定》第一百一十七条之规定进行处罚。

三、行政处罚基准

有上述违法行为的，依据《防治煤与瓦斯突出规定》第一百一十七条之规定，令限期改正，处 3 万元以上 5 万元以下的罚款；逾期未改正的，责令停止施工或停产整顿。

第五十五条 突出矿井井下进行电焊、气焊和喷灯焊接不符合规定的违法行为。

一、法律依据

《防治煤与瓦斯突出规定》第二十四条第二款“煤（岩）与瓦斯突出矿井井下进行电焊、气焊和喷灯焊接时，必须停止突出煤层的掘进、回采、钻孔、支护以及其他所有扰动突出煤层的作业。”第一百一十七条“煤矿企业违反本规定第二十二条第三款、第二十四条第二款、第二十五条规定的，责令限期改正，处3万元以上5万元以下的罚款；逾期未改正的，责令停止施工或停产整顿。”

二、法律适用

突出矿井井下进行电焊、气焊和喷灯焊接不符合规定的，违反了《防治煤与瓦斯突出规定》第二十四条第二款之规定，应依据《防治煤与瓦斯突出规定》第一百一十七条之规定进行处罚。

三、行政处罚基准

有上述违法行为的，依据《防治煤与瓦斯突出规定》第一百一十七条之规定，令限期改正，处3万元以上5万元以下的罚款；逾期未改正的，责令停止施工或停产整顿。

第三章 “一通三防”方面违法行为

第五十六条 瓦斯超限作业的违法行为。

一、法律依据

（一）行政法规

《国务院关于预防煤矿生产安全事故的特别规定》第八条第二款“煤矿有下列重大安全生产隐患和行为的，应当立即停止生产，排除隐患：（二）瓦斯超限作业的。”第十条第一款“煤矿有本规定第八条第二款所列情形之一，仍然进行生产的，由县级以上地方人民政府负责煤矿安全生产监督管理的部门或者煤矿安全监察机构责令停产整顿，提出整顿的内容、时间等具体要求，处50万元以上200万元以下的罚款；对煤矿企业负责人处3万元以上15万元以下的罚款。”第十一条第一款“对被责令停产整顿的煤矿，颁发证照的部门应当暂扣采矿许可证、安全生产许可证、营业执照和矿长资格证、矿长安全资格证。”

（二）部门规章

1.《煤矿安全监察行政处罚办法》第十六条“煤矿作业场所的瓦斯、粉尘或者其他有毒有害气体的浓度超过国家安全标准或者行业安全标准的，责令立即停止作业；拒不停止作业的，责令停产整顿，可以并处十万元以下的罚款。”

2.《煤矿安全规程》第一百七十二条“采区回风巷、采掘工作面回风巷风流中甲烷浓度超过1.0%或者二氧化碳浓度超过1.5%时，必须停止工作，撤出人员，采取措施，进行处理。”第一百七十三条“采掘工作面及其他作业地点风流中甲烷浓度达到1.0%时，必须停止用电钻打眼；爆破地点附近20 m以内风流中甲烷浓度达到1.0%时，严禁爆破。采掘工作面及其他作业地点风流中、电动机或者其开关安设地点附近20 m以内风流中的甲烷浓度达到1.5%时，必须停止工作，切断电源，撤出人员，进行处理。采掘工作面及其他巷道内，体积大于0.5 m^3的空间内积聚的甲烷浓度达到2.0%时，附近20 m内必须停止工作，撤出人员，切断电源，进行处理。对因甲烷浓度超过规定被切断电源的电气设备，必须在甲烷浓度降到1.0%以下时，方可通电开动。”第一百七十七条“井筒施工以及开拓新水平的井巷第一次接近各开采煤层时，必须按掘进工作面距煤层的准确位置，在距煤层垂距10 m以外开始打探煤钻孔，钻孔超前工作面的距离不得小于5 m，并有专职瓦斯检查工经常检查瓦斯。岩巷掘进遇到煤线或者接近地质破坏带时，必须有专职瓦斯检查工经常检查瓦斯，发现瓦斯大量增加或者其他异常时，必须停止掘进，撤出人员，进行处理。”

3.《煤矿重大生产安全事故隐患判定标准》第五条“瓦斯超限作业”重大事故隐患，是指有下列情形之一的：（一）瓦斯检查存在漏检、假检的；（二）井下瓦斯超限后不采取措施继续作业的。”

二、法律适用

瓦斯超限作业的，违反了《国务院关于预防煤矿生产安全事故的特别规定》第八条第二款第（二）项、《煤矿重大生产安全事故隐患判定标准》第五条、《煤矿安全监察行政处罚办法》第十六条、《煤矿安全规程》第一百七十二条之规定，《煤矿重大生产安全事故隐患判定标准》关于“瓦斯超限作业”的界定是对《国务院关于预防煤矿生产安全事故的特别规定》的明确化。瓦斯超限作业，煤矿企业拒不整改而继续生产的，依据《国务院关于预防煤矿生产安全事故的特别规定》第十条第一款、第十一条第一款处罚。

三、行政处罚基准

有上述违法行为的，依据《国务院关于预防煤矿生产安全事故的特别规定》第十条第一款、第十一条第一款之规定，责令停产整顿，提出整顿的内容、时间等具体要求，处50万元以上200万元以下的罚款；颁发证照的部门应当暂扣采矿许可证、安全生产许可证、营业执照和矿长资格证、矿长安全资格证；对煤矿企业负责人处3万元以上15万元以下的罚款。

第五十七条 有瓦斯突出危险，未编制专门设计文件的违法行为。

一、法律依据

（一）行政法规

1.《矿山安全法实施条例》第十九条“在下列条件下从事矿山开采，应当编制专门设计文件，并报管理矿山企业的主管部门批准：（一）有瓦斯突出的。”第五十四条“违反本条例第十五条、第十六条、第十七条、第十八条、第十九条、第二十条、第二十一条、第二十二条、第二十三条、第二十五条规定的，由劳动行政主管部门责令改正，可以处2万元以下的罚款。”

2.《煤矿安全监察条例》第三十七条“煤矿矿井通风、防火、防水、防瓦斯、防毒、防尘等安全设施和条件不符合国家安全标准、行业安全标准、煤矿安全规程和行业技术规范的要求，经煤矿安全监察机构责令限期达到要求，逾期仍达不到要求的，由煤矿安全监察机构责令停产整顿；经停产整顿仍不具备安全生产条件的，由煤矿安全监察机构决定吊销安全生产许可证，并移送地质矿产主管部门依法吊销采矿许可证。”

（二）部门规章

1.《防治煤与瓦斯突出规定》第十四条第一款“有突出危险的新建矿井及突出矿井的新水平、新采区，必须编制专门防突专项设计。设计应当包括开拓方式、煤层开采顺序、采区巷道布置、采煤方法、通风系统、防突设施（设备）、区域防突措施和局部综合防突措施等内容。”第一百一十四条“煤矿企业违反本规定第十四条第一款和第二款规定的，责令限期改正，处5万元以上10万元以下的罚款；逾期未改正的，责令停止施工或停产整顿。”

2.《煤矿安全监察行政处罚办法》第十五条“煤矿在有瓦斯突出、冲击地压条件下从事采掘作业；在未加保护的建筑物、构筑物和铁路、水体下面开采；在地温异常或者热水涌出的地区开采，未编制专门设计文件和报主管部门批准的，责令改正，可以并处二万元以下的罚款。”

3.《煤矿安全规程》第一百九十三条“有突出危险煤层的新建矿井及突出矿井的新水平、新采区的设计，必须有防突设计篇章。非突出矿井升级为突出矿井时，必须编制防突专项设计。”第一百九十四条第一款、第二款“石门、井筒揭穿突出煤层必须编制防突专项设计，并报企业技术负责人审批。突出煤层采掘工作面必须编制防突专项设计。”

二、法律适用

有瓦斯突出危险，未编制专门设计文件的，违反了《矿山安全法实施条例》第十九条、《防治煤与瓦斯突出规定》第十四条第一款、《煤矿安全监察行政处罚办法》第十五条、《煤矿安全规程》第一百九十三条。根据国务院授权，部门规章最高可以设定3万元以下的罚款的行政处罚，而《防治煤与瓦斯突出规定》第一百一十四条针对“有瓦斯突出危险，未编制专门设计文件的违法行为。”规定的罚款数额最低为5万元，这与上位法《矿山安全法实施条例》第五十四条的规定相冲突。有上述违法行为的，应依据《矿山安全法实施条例》第五十四条对煤矿企业进行罚款，依据《煤矿安全监察条例》第三十七条之规定，采取罚款之外的行政处罚措施。

三、行政处罚基准

有上述违法行为的，依据《矿山安全法实施条例》第五十四条和《煤矿安全监察条例》第三十七条之规定，责令限期达到要求，可以处2万元以下的罚款。逾期仍达不到要求的，由煤矿安全监察机构责令停产整顿；经停产整顿仍不具备安全生产条件的，由煤矿安全监察机构决定吊销安全生产许可证，并移送地质矿产主管部门依法吊销采矿许可证。

第五十八条 煤与瓦斯突出矿井，未依照规定实施防突出措施仍然进行生产的违法行为。

一、法律依据

（一）行政法规

《国务院关于预防煤矿生产安全事故的特别规定》第八条第二款“煤矿有下列重大安全生产隐患和行为的，应当立即停止生产，排除隐患：（三）煤与瓦斯突出矿井，未依照规定实施防突出措施的。”第十条第一款“煤矿有本规定第八条第二款所列情形之一，仍然进行生产的，由县级以上地方人民政府负责煤矿安全生产监督管理的部门或者煤矿安全监察机构责令停产整顿，提出整顿的内容、时间等具体要求，处50万元以上200万元以下的罚款；对煤矿企业负责人处3万元以上15万元以下的罚款。”第十一条“对被责令停产整顿的煤矿，颁发证照的部门应当暂扣采矿许可证、安全生产许可证、营业执照和矿长资格证、矿长安全资格证。”

（二）部门规章

1.《防治煤与瓦斯突出规定》第十四条第三款“突出矿井必须建立满足防突工作要求的地面永久瓦斯抽采系统。”第一百一十六条“煤矿企业违反本规定第十四条第三款、第二十四条第一款规定，仍然进行生产的，责令停产整顿，处150万元以上200万元以下的罚款；对煤矿企业负责人处10万元以上15万元以下的罚款。”

2.《煤矿重大生产安全事故隐患判定标准》第三条第三项“煤矿重大事故隐患包括以下15个方面：（三）煤与瓦斯突出矿井，未依照规定实施防突出措施。”第六条“‘煤与瓦斯突出矿井，未依照规定实施防突出措施’重大事故隐患，是指有下列情形之一的：（一）未建立防治突出机构并配备相应专业人员的；（二）未装备矿井安全监控系统和地面永久瓦斯抽采系统或者系统不能正常运行的；（三）未进行区域或者工作面突出危险性预测的；（四）未按规定采取防治突出措施的；（五）未进行防治突出措施效果检验或者防突措施效果检验不达标仍然组织生产建设的；（六）未采取安全防护措施的；（七）使用架线式电机车的。”

3.《煤矿安全规程》第一百九十一条“突出矿井的防突工作必须坚持区域综合防突措施先行、局部综合防突措施补充的原则。区域综合防突措施包括区域突出危险性预测、区域防突措施、区域防突措施效果检验和区域验证等内容。局部综合防突措施包括工作面突出危险性预测、工作面防突措施、工作面防突措施效果检验和安全防护措施等内容。突出矿井的新采区和新水平进行开拓设计前，应当对开拓采区或者开拓水平内平均厚度在0.3 m以上的煤层进行突出危险性评估，评估结论作为开拓采区或者开拓水平设计的依据。对评估为无突出危险的煤层，所有井巷揭煤作业还必须采取区域或者局部综合防突措施；对评估为有突出危险的煤层，按突出煤层进行设计。突出煤层突出危险区必须采取区域防突措施，严禁在区域防突措施效果未达到要求的区域进行采掘作业。施工中发现有突出预兆或者发生突出的区域，必须采取区域综合防突措施。经区域验证有突出危险，则该区域必须采取区域或者局部综合防突措施。按突出煤层管理的煤层，必须采取区域或者局部综合防突措施。在突出煤层进行采掘作业期间必须采取安全防护措施。”

二、法律适用

煤与瓦斯突出矿井，未依照规定实施防突出措施仍然进行生产的，违反了《国务院关于预防煤矿生产安全事故的特别规定》第八条第二款第三项、《煤矿重大生产安全事故隐患判定标准》第六条、《防治煤与瓦斯突出规定》第十四条第三款之规定。《煤矿重大生产安全事故隐患判定标准》关于“煤与瓦斯突出矿井，未依照规定实施防突出措施”的界定是对《国务院关于预防煤矿生产安全事故的特别规定》的明确化。煤与瓦斯突出矿井，未依照规定实施防突出措施的，依据《国务院关于预防煤矿生产安全事故的特别规定》第八条第二款、第十条第一款之规定进行处罚。

三、行政处罚基准

有上述违法行为的，依据《国务院关于预防煤矿生产安全事故的特别规定》第十条第一款、第十一条第一款之规定，责令停产整顿，提出整顿的内容、时间等具体要求，处50万元以上200万元以下的罚款；颁发证照的部门应当暂扣采矿许可证、安全生产许可证、营业执照和矿长资格证、矿长安全资格证；对煤矿企业负责人处3万元以上15万元以下的罚款。

第五十九条 高瓦斯矿井瓦斯抽放系统和监控系统管理不符合规定的违法行为。

一、法律依据

（一）行政法规

《国务院关于预防煤矿生产安全事故的特别规定》第八条第二款“煤矿有下列重大安全生产隐患和行为的，应当立即停止生产，排除隐患：（四）高瓦斯矿井未建立瓦斯抽放系统和监控系统，或者瓦斯监控系统不能正常运行的。”第十条第一款“煤矿有本规定第八条第二款所列情形之一，仍然进行生产的，由县级以上地方人民政府负责煤矿安全生产监督管理的部门或者煤矿安全监察机构责令停产整顿，提出整顿的内容、时间等具体要求，处50万元以上200万元以下的罚款；对煤矿企业负责人处3万元以上15万元以下的罚款。”第十一条第一款“对被责令停产整顿的煤矿，颁发证照的部门应当暂扣采矿许可证、安全生产许可证、营业执照和矿长资格证、矿长安全资格证。”

（二）部门规章

1.《煤矿安全监察行政处罚办法》第八条“煤矿矿井通风、防火、防水、防瓦斯、防毒、防尘等安全设施不符合法定要求的，责令限期达到要求；逾期仍达不到要求的，责令停产整顿。”第十一条“煤矿使用不符合国家安全标准或者行业安全标准的设备、器材、仪器、仪表、防护用品的，责令限期改正或者责令立即停止使用；逾期不改正或者不立即停止使用的，处五万元以下的罚款；情节严重的，责令停产整顿。”

2.《煤矿安全规程》第一百八十一条“突出矿井必须建立地面永久抽采瓦斯系统。有下列情况之一的矿井，必须建立地面永久抽采瓦斯系统或者井下临时抽采瓦斯系统：（一）任一采煤工作面的瓦斯涌出量大于5 m^3/min 或者任一掘进工作面瓦斯涌出量大于3 m^3/min，用通风方法解决瓦斯问题不合理的。（二）矿井绝对瓦斯涌出量达到下列条件的：1. 大于或者等于40 m^3/min;2. 年产量1.0～1.5 Mt的矿井，大于30 m^3/min；3. 年产量0.6～1.0 Mt的矿井，大于25 m^3/min；4. 年产量0.4～0.6 Mt的矿井，大于20 m^3/min；5. 年产量小于或者等于0.4Mt的矿井，大于15 m^3/min。”

3.《煤矿重大生产安全事故隐患判定标准》第七条“高瓦斯矿井未建立瓦斯抽采系统和监控系统，或者不能正常运行”重大事故隐患，是指有下列情形之一的：（一）按照《煤矿安全规程》规定应当建立而未建立瓦斯抽采系统的；（二）未按规定安设、调校甲烷传感器，人为造成甲烷传感器失效的，瓦斯超限后不能断电或者断电范围不符合规定的；（三）安全监控系统出现故障没有及时采取措施予以恢复的，或者对系统记录的瓦斯超限数据进行修改、删除、屏蔽的。

二、法律适用

高瓦斯矿井瓦斯抽放系统和监控系统管理不符合规定的，违反了《国务院关于预防煤矿生产安全事故的特别规定》第八条第二款第（四）项、《煤矿重大生产安全事故隐患判定标准》第七条之规定，《煤矿重大生产安全事故隐患判定标准》关于“高瓦斯矿井未建立瓦斯抽采系统和监控系统，或者不能正常运行”的界定是对《国务院关于预防煤矿生产安全事故的特别规定》的明确化。高瓦斯矿井未建立瓦斯抽采系统和监控系统，或者不能正常运行，依据《国务院关于预防煤矿生产安全事故的特别规定》第十条第一款、第十一条第二款之规定处罚。

三、行政处罚基准

有上述违法行为的，依据《国务院关于预防煤矿生产安全事故的特别规定》第十条第一款、第十一条第二款之规定，责令停产整顿，提出整顿的内容、时间等具体要求，处50万元以上200万元以下的罚款；颁发证照的部门应当暂扣采矿许可证、安全生产许可证、营业执照和矿长资格证、矿长安全资格证；对煤矿企业负责人处3万元以上15万元以下的罚款。

第六十条 矿井通风系统不完善、不可靠仍然进行生产的违法行为。

一、法律依据

（一）行政法规

《国务院关于预防煤矿生产安全事故的特别规定》第八条第二款“煤矿有下列重大安全生产隐患和行为的，应当立即停止生产，排除隐患：（五）通风系统不完善、不可靠的。”第十条第一款“煤矿有本规定第八条第二款所列情形之一，仍然进行生产的，由县级以上地方人民政府负责煤矿安全生产监督管理的部门或者煤矿安全监察机构责令停产整顿，提出整顿的内容、时间等具体要求，处50万元以上200万元以下的罚款；对煤矿企业负责人处3万元以上15万元以下的罚款。”第十一条第一款“对被责令停产整顿的煤矿，颁发证照的部门应当暂扣采矿许可证、安全生产许可证、营业执照和矿长资格证、矿长安全资格证。”

（二）部门规章

1.《煤矿安全监察行政处罚办法》第八条“煤矿矿井通风、防火、防水、防瓦斯、防毒、防尘等安全设施不符合法定要求的，责令限期达到要求；逾期仍达不到要求的，责令停产整顿。”第十一条“煤矿使用不符合国家安全标准或者行业安全标准的设备、器材、仪器、仪表、防护用品的，责令限期改正或者责令立即停止使用；逾期不改正或者不立即停止使用的，处五万元以下的罚款；情节严重的，责令停产整顿。”

2.《煤矿重大生产安全事故隐患判定标准》第三条第五项“煤矿重大事故隐患包括以下15个方面：（五）通风系统不完善、不可靠。”第八条“‘通风系统不完善、不可靠’重大事故隐患，是指有下列情形之一的：（一）矿井总风量不足的；（二）没有备用主要通风机或者两台主要通风机工作能力不匹配的；（三）违反规定串联通风的；（四）没有按设计形成通风系统的，或者生产水平和采区未实现分区通风的；（五）高瓦斯、煤与瓦斯突出矿井的任一采区，开采容易自燃煤层、低瓦斯矿井开采煤层群和分层开采采用联合布置的采区，未设置专用回风巷的，或者突出煤层工作面没有独立的回风系统的；（六）采掘工作面等主要用风地点风量不足的；（七）采区进（回）风巷未贯穿整个采区，或者虽贯穿整个采区但一段进风、一段回风的；（八）煤巷、半煤岩巷和有瓦斯涌出的岩巷的掘进工作面未装备甲烷电、风电闭锁装置或者不能正常使用的；（九）高瓦斯、煤与瓦斯突出建设矿井局部通风不能实现双风机、双电源且自动切换的；（十）高瓦斯、煤与瓦斯突出建设矿井进入二期工程前，其他建设矿井进入三期工程前，没有形成地面主要通风机供风的全风压通风系统的。”

二、法律适用

矿井通风系统不完善、不可靠仍然进行生产的，违反了《国务院关于预防煤矿生产安全事故的特别规定》第八条第二款第（五）项、《煤矿重大生产安全事故隐患判定标准》第七条之规定，《煤矿重大生产安全事故隐患判定标准》关于“通风系统不完善、不可靠的”的界定是对《国务院关于预防煤矿生产安全事故的特别规定》的明确化，有上述违法行为的，应依据《国务院关于预防煤矿生产安全事故的特别规定》第十条第一款、第十一条第一款进行处罚。

三、行政处罚基准

有上述违法行为的，依据《国务院关于预防煤矿生产安全事故的特别规定》第十条第一款、第十一条第二款之规定，责令停产整顿，提出整顿的内容、时间等具体要求，处50万元以上200万元以下的罚款；颁发证照的部门应当暂扣采矿许可证、安全生产许可证、营业执照和矿长资格证、矿长安全资格证；对煤矿企业负责人处3万元以上15万元以下的罚款。

第六十一条 突出矿井新水平、新采区移交生产前，未经防突专项验收移交生产的违法行为。

一、法律规定

《防治煤与瓦斯突出规定》第十四条第一款“突出矿井新水平、新采区移交生产前，必须经当地人民政府煤矿安全监管部门按管理权限组织防突专项验收；未通过验收的不得移交生产。”第一百一十四条“煤矿企业违反本规定第十四条第一款和第二款、第十五条、第十七条、第二十七条第二款、第二十八条、第二十九条规定的，责令限期改正，处5万元以上10万元以下的罚款；逾期未改正的，责令停止施工或停产整顿。”

二、法律适用

突出矿井新水平、新采区移交生产前，未经防突专项验收移交生产的，违反了《防治煤与瓦斯突出规定》第十四条之规定，应依据《防治煤与瓦斯突出规定》第一百一十四条处罚。

三、行政处罚基准

出现上述违法行为的，依据《防治煤与瓦斯突出规定》第一百一十四条之规定，责令限期改正，处5万元以上10万元以下的罚款；逾期未改正的，责令停止施工或停产整顿。

第六十二条 矿井发生煤与瓦斯突出，未依照规定实施防突措施的违法行为。

一、法律依据

《防治煤与瓦斯突出规定》第七条“突出矿井发生突出的必须立即停产，并立即分析、查找突出原因。在强化实施综合防突措施消除突出隐患后，方可恢复生产。”第一百一十二条“煤矿企业违反本规定第七条规定的，责令停止施工或停产整顿，处150万元以上200万元以下的罚款，对煤矿企业负责人处10万元以上15万元以下的罚款。”

二、法律适用

矿井发生煤与瓦斯突出，未依照规定实施防突措施的，违反了《防治煤与瓦斯突出规定》第七条之规定，应依据《防治煤与瓦斯突出规定》第一百一十二条之规定处罚。

三、行政处罚基准

有上述违法行为的，依据《防治煤与瓦斯突出规定》第一百一十二条之规定责令停止施工或停产整顿，处150万元以上200万元以下的罚款，对煤矿企业负责人处10万元以上15万元以下的罚款。

第六十三条 清理突出的煤炭时，未按规定制定防煤尘等安全技术措施的违法行为。

一、法律依据

1.《防治煤与瓦斯突出规定》第二十五条第一款“清理突出的煤炭时，应当制定防煤尘、防片帮、防冒顶、防瓦斯超限、防火源的安全技术措施。”第一百一十七条“煤矿企业违反本规定第二十二条第三款、第二十四条第二款、第二十五条规定的，责令限期改正，处3万元以上5万元以下的罚款；逾期未改正的，责令停止施工或停产整顿。”

2.《煤矿安全规程》第二百二十四条“清理突出的煤（岩）时，必须制定防煤尘、片帮、冒顶、瓦斯超限、出现火源，以及防止再次发生突出事故的安全措施。”

二、法律适用

清理突出的煤炭时，未按规定制定防煤尘等安全技术措施的，违反了《防治煤与瓦斯突出规定》第二十五条、《煤矿安全规程》第二百二十四条之规定，应依据《防治煤与瓦斯突出规定》第一百一十七条处罚。

三、行政处罚基准

有上述违法行为的，依据《防治煤与瓦斯突出规定》第一百一十七条之规定，责令限期改正，处3万元以上5万元以下的罚款；逾期未改正的，责令停止施工或停产整顿。

第六十四条 有突出矿井的煤矿企业及突出矿井的主要负责人，技术、分管、职能部门负责人等未按规定履行职责的违法行为。

一、法律依据

（一）法律

《安全生产法》第九十一条第一款“生产经营单位的主要负责人未履行本法规定的安全生产管理职责的，责令限期改正；逾期未改正的，处二万元以上五万元以下的罚款，责令生产经营单位停产停业整顿。”

（二）部门规章

《防治煤与瓦斯突出规定》第二十六条第一款“有突出矿井的煤矿企业主要负责人、突出矿井矿长应当分别每季度、每月进行防突专题研究，检查、部署防突工作；保证防突科研工作的投入，解决防突所需的人力、财力、物力；确保抽、掘、采平衡；确保防突工作和措施的落实。”第二十六条第二款“煤矿企业、矿井的技术负责人对防突工作负技术责任，组织编制、审批、检查防突工作规划、计划和措施；煤矿企业、矿井的分管负责人负责落实所分管的防突工作。”第二十六条第三款“煤矿企业、矿井的各职能部门负责人对本职范围内的防突工作负责；区（队）、班组长对管辖范围内防突工作负直接责任；防突人员对所在岗位的防突工作负责。”第二十六条第四款“煤矿企业、矿井的安全监察部门负责对防突工作的监督检查。”第一百一十九条“煤矿企业违反本规定第二十六条、第二十七条第一款、第三十二条规定的，责令限期改正，处3万元以上5万元以下的罚款；逾期未改正的，暂扣安全生产许可证。”

二、法律适用

有突出矿井的煤矿企业及突出矿井的主要负责人，技术、分管、职能部门负责人等未按规定履行职责的，违反了《防治煤与瓦斯突出规定》第二十六条之规定，《防治煤与瓦斯突出规定》关于有突出矿井的煤矿企业及突出矿井的主要负责人，技术、分管、职能部门负责人等未按规定履行职责的规定，是对《安全生产法》第九十一条第一款“生产经营单位的主要负责人未履行本法规定的安全生产管理职责的”和第九十三条“生产经营单位的安全生产管理人员未履行本法规定的安全生产管理职责的”具体化。应依据《安全生产法》第九十一条之规定进行处罚。

三、行政处罚基准

煤矿企业的主要负责人未履行法定的安全生产管理职责的，依据《安全生产法》第九十一条第一款之规定，责令限期改正；逾期未改正的，处二万元以上五万元以下的罚款，责令生产经营单位停产停业整顿。

第六十五条 有突出矿井的煤矿企业、突出矿井未按规定设置专业防突队伍的违法行为。

一、法律依据

《防治煤与瓦斯突出规定》第二十七条第一款“有突出矿井的煤矿企业、突出矿井应当设置满足防突工作需要的专业防突队伍。”第一百一十九条“煤矿企业违反本规定第二十六条、第二十七条第一款、第三十二条规定的，责令限期改正，处3万元以上5万元以下的罚款；逾期未改正的，暂扣安全生产许可证。”

二、法律适用

有突出矿井的煤矿企业、突出矿井未按规定设置专业防突队伍的，违反了《防治煤与瓦斯突出规定》第二十七条第一款之规定，有上述违法行为的，应依据《防治煤与瓦斯突出规定》第一百一十九条处罚。

三、行政处罚基准

有上述违法行为的，依据《防治煤与瓦斯突出规定》第一百一十九条之规定，责令限期改正，处3万元以上5万元以下的罚款；逾期未改正的，暂扣安全生产许可证。

第六十六条 突出煤层采掘工作面未按规定设专职瓦斯检查工并随时检查瓦斯的违法行为。

一、法律依据

《防治煤与瓦斯突出规定》第三十条第一款“突出煤层采掘工作面每班必须设专职瓦斯检查工并随时检查瓦斯。”第一百二十条“煤矿企业违反本规定第三十条规定的，责令限期改正，处 2 万元以下的罚款；逾期未改正的，责令停止施工或停产整顿。”

二、法律适用

突出煤层采掘工作面未按规定设专职瓦斯检查工并随时检查瓦斯的，违反了《防治煤与瓦斯突出规定》第三十条第一款之规定，应依据《防治煤与瓦斯突出规定》第一百二十条进行处罚。

三、行政处罚基准

有上述违法行为的，依据《防治煤与瓦斯突出规定》第一百二十条，责令限期改正，处 2 万元以下的罚款；逾期未改正的，责令停止施工或停产整顿。

第六十七条　在突出煤层中，专职爆破工未按规定固定在同一工作面工作的违法行为。

一、法律依据

《防治煤与瓦斯突出规定》第三十条第二款“在突出煤层中，专职爆破工必须固定在同一工作面工作。”第一百二十条“煤矿企业违反本规定第三十条规定的，责令限期改正，处 2 万元以下的罚款；逾期未改正的，责令停止施工或停产整顿。”

二、法律适用

在突出煤层中，专职爆破工未按规定固定在同一工作面工作的，违反了《防治煤与瓦斯突出规定》第三十条第二款之规定，应按照《防治煤与瓦斯突出规定》第一百二十条之规定处罚。

三、行政处罚基准

有上述规定的，依据《防治煤与瓦斯突出规定》第一百二十条之规定，责令限期改正，处 2 万元以下的罚款；逾期未改正的，责令停止施工或停产整顿。

第六十八条　突出矿井开采的非突出煤层和高瓦斯矿井的开采煤层未按规定测定煤层瓦斯压力、含量及相关参数的违法行为。

一、法律依据

《防治煤与瓦斯突出规定》第十八条第一款“突出矿井开采的非突出煤层和高瓦斯矿井的开采煤层，在延深达到或超过 50 m 或开拓新采区时，必须测定煤层瓦斯压力、瓦斯含量及其他与突出危险性相关的参数。”第一百一十三条“煤矿企业违反本规定第十条、第十一条、第十八条规定的，责令停止施工或停产整顿，处 100 万元以上 150 万元以下的罚款，提出限期改正的要求；对煤矿企业负责人处 9 万元以上 12 万元以下的罚款。逾期仍未改正的，提请地方人民政府予以关闭。”

二、法律适用

突出矿井开采的非突出煤层和高瓦斯矿井的开采煤层未按规定测定煤层瓦斯压力、含量及相关参数的，违反了《防治煤与瓦斯突出规定》第十八条第一款之规定，依据《防治煤与瓦斯突出规定》第一百一十三条之规定处罚。

三、行政处罚基准

有上述违法行为的，依据《防治煤与瓦斯突出规定》第一百一十三条之规定，责令停止施工或停产整顿，处 100 万元以上 150 万元以下的罚款，提出限期改正的要求；对煤矿企业负责人处 9 万元以上 12 万元以下的罚款。逾期仍未改正的，提请地方人民政府予以关闭。

第六十九条　高瓦斯矿井、突出矿井非突出煤层未按规定观察突出预兆、执行局部综合防突措施的违法行为。

一、法律依据

《防治煤与瓦斯突出规定》第十八条第二款“高瓦斯矿井各煤层和突出矿井的非突出煤层在新水平开拓工程的所有煤巷掘进过程中，应当密切观察突出预兆，并在开拓工程首次揭穿这些煤层时执行石门和立井、斜井揭煤工作面的局部综合防突措施。”第一百一十三条“煤矿企业违反本规定第十条、第十一条、第十八条规定的，责令停止施工或停产整顿，处100万元以上150万元以下的罚款，提出限期改正的要求；对煤矿企业负责人处9万元以上12万元以下的罚款。逾期仍未改正的，提请地方人民政府予以关闭。”

二、法律适用

高瓦斯矿井、突出矿井非突出煤层未按规定观察突出预兆、执行局部综合防突措施的，违反了《防治煤与瓦斯突出规定》第十八条第二款的规定，应依据《防治煤与瓦斯突出规定》第一百一十三条之规定处罚。

三、行政处罚基准

有上述违法行为的，依据《防治煤与瓦斯突出规定》第一百一十三条之规定，责令停止施工或停产整顿，处100万元以上150万元以下的罚款，提出限期改正的要求；对煤矿企业负责人处9万元以上12万元以下的罚款。逾期仍未改正的，提请地方人民政府予以关闭。

第七十条 自然发火严重，未按规定采取有效措施仍然进行生产的违法行为。

一、法律依据

（一）行政法规

《国务院关于预防煤矿生产安全事故的特别规定》第八条第二款“煤矿有下列重大安全生产隐患和行为的，应当立即停止生产，排除隐患：（九）自然发火严重，未采取有效措施的。”第十条第一款“煤矿有本规定第八条第二款所列情形之一，仍然进行生产的，由县级以上地方人民政府负责煤矿安全生产监督管理的部门或者煤矿安全监察机构责令停产整顿，提出整顿的内容、时间等具体要求，处50万元以上200万元以下的罚款；对煤矿企业负责人处3万元以上15万元以下的罚款。”第十一条第一款“对被责令停产整顿的煤矿，颁发证照的部门应当暂扣采矿许可证、安全生产许可证、营业执照和矿长资格证、矿长安全资格证。”

（二）部门规章

《煤矿重大生产安全事故隐患判定标准》第三条第九项“煤矿重大事故隐患包括以下15个方面：（九）自然发火严重，未采取有效措施。”第十二条“‘自然发火严重，未采取有效措施’重大事故隐患，是指有下列情形之一的：（一）开采容易自燃和自燃的煤层时，未编制防止自然发火设计或者未按设计组织生产建设的；（二）高瓦斯矿井采用放顶煤采煤法不能有效防治煤层自然发火的；（三）有自然发火征兆没有采取相应的安全防范措施并继续生产建设的。”

二、法律适用

自然发火严重，未按规定采取有效措施仍然进行生产的，违反了《国务院关于预防煤矿生产安全事故的特别规定》第八条第二款第（九）项、《煤矿重大生产安全事故隐患判定标准》第三条和第十二条之规定，应依据应依据《国务院关于预防煤矿生产安全事故的特别规定》第十条第一款、第十一条第一款处罚。

三、行政处罚基准

有上述违法行为的，依据《国务院关于预防煤矿生产安全事故的特别规定》第十条第一款、第十一条第二款之规定，责令停产整顿，提出整顿的内容、时间等具体要求，处50万元以上200万元以下的罚款；颁发证照的部门应当暂扣采矿许可证、安全生产许可证、营业执照和矿长资格证、矿长安全资格证；对煤矿企业负责人处3万元以上15万元以下的罚款。

第七十一条 有自然发火可能性的矿井，未按规定采取措施的违法行为。

一、法律依据

（一）行政法规

《矿山安全法实施条例》第二十条“有自然发火可能性的矿井，应当采取下列措施：（一）及时清出采场浮矿和其他可燃物质，回采结束后及时封闭采空区；（二）采取防火灌浆或者其他有效的预防自然发火的措施；（三）定期检查井巷和采区封闭情况，测定可能自然发火地点的温度和风量；定期检测火区内的温度、气压和空气成分。”第五十四条“违反本条例第十五条、第十六条、第十七条、第十八条、第十九条、第二十条、第二十一条、第二十二条、第二十三条、第二十五条规定的，由劳动行政主管部门责令改正，可以处 2 万元以下的罚款。”

（二）部门规章

《煤矿安全监察行政处罚办法》第十七条“有自然发火可能性的矿井，未按规定采取有效的预防自然发火措施的，责令改正，可以并处二万元以下的罚款。”

二、法律适用

有自然发火可能性的矿井，未按规定采取措施的，违反了《矿山安全法实施条例》第二十条之规定，应依据《矿山安全法实施条例》第五十四条、《煤矿安全监察行政处罚办法》第十七条之规定进行处罚。

三、行政处罚基准

有上述违法行为的，依据《矿山安全法实施条例》第五十四条、《煤矿安全监察行政处罚办法》第十七条之规定，责令改正，对煤矿企业可以处 2 万元以下的罚款。

第七十二条　煤矿作业场所的粉尘等浓度超标，拒不停止作业的违法行为。

一、法律依据

《煤矿安全监察行政处罚办法》第十六条“煤矿作业场所的瓦斯、粉尘或者其他有毒有害气体的浓度超过国家安全标准或者行业安全标准的，责令立即停止作业；拒不停止作业的，责令停产整顿，可以并处十万元以下的罚款。”

二、法律适用

煤矿作业场所的粉尘等浓度超标，拒不停止作业的，违反了《煤矿安全监察行政处罚办法》第十六条之规定，有上述违法行为的，应依据《煤矿安全监察行政处罚办法》第十六条、《煤矿安全监察条例》第四十二条之规定处罚。

三、行政处罚基准

有上述违法行为的，依据《煤矿安全监察行政处罚办法》第十六条之规定，责令停产整顿，可以处 10 万元以下的罚款。

第七十三条　产生粉尘的作业场所未采取综合防尘措施或未按规定对粉尘进行检测的违法行为。

一、法律依据

（一）行政法规

《矿山安全法实施条例》第二十五条第二款“矿山企业对地面、井下产生粉尘的作业，应当采取综合防尘措施，控制粉尘危害。”第五十四条“违反本条例第十五条、第十六条、第十七条、第十八条、第十九条、第二十条、第二十一条、第二十二条、第二十三条、第二十五条规定的，由劳动行政主管部门责令改正，可以处 2 万元以下的罚款。”

（二）部门规章

《煤矿安全监察行政处罚办法》第二十条“煤矿对产生粉尘的作业场所，未采取综合防尘措施，或者未按规定对粉尘进行检测的，责令改正，可以并处 2 万元以下的罚款。”

二、法律适用

产生粉尘的作业场所未采取综合防尘措施或未按规定对粉尘进行检测的，违反了《矿山安全法实施条例》第二十五条第二款和《煤矿安全监察行政处罚办法》第二十条之规定。《矿山安全法实施条例》第五十四条和《煤矿安全监察行政处罚办法》第二十条不冲突，有上述违法行为的，应按照《矿山安全法实施条例》第五十四条和《煤矿安全监察行政处罚办法》第二十条之规定处罚。

三、行政处罚基准

有上述违法行为的，依据《矿山安全法实施条例》第五十四条和《煤矿安全监察行政处罚办法》第二十条之规定，责令改正，对煤矿企业可以并处2万元以下的罚款。

第七十四条 不严格执行瓦斯检查制度，携带烟草和点火用具下井的违法行为。

一、法律依据

（一）行政法规

《矿山安全法实施条例》第十八条“煤矿和其他有瓦斯爆炸可能性的矿井，应当严格执行瓦斯检查制度，任何人不得携带烟草和点火用具下井。”第五十四条“违反本条例第十五条、第十六条、第十七条、第十八条、第十九条、第二十条、第二十一条、第二十二条、第二十三条、第二十五条规定的，由劳动行政主管部门责令改正，可以处2万元以下的罚款。”

（二）部门规章

《煤矿安全监察行政处罚办法》第十四条“煤矿未严格执行瓦斯检查制度，入井人员携带烟草和点火用具下井的，责令改正，可以并处二万元以下的罚款。”

二、法律适用

不严格执行瓦斯检查制度，携带烟草和点火用具下井的，违反了《矿山安全法实施条例》第十八条、《煤矿安全监察行政处罚办法》第十四条之规定，应依据《矿山安全法实施条例》第五十四条和《煤矿安全监察行政处罚办法》第十四条之规定处罚。

三、行政处罚基准

有上述违法行为的，依据《矿山安全法实施条例》第五十四条和《煤矿安全监察行政处罚办法》第十四条之规定，责令改正，对煤矿企业可以处2万元以下的罚款。

第七十五条 井下风量、风质、风速和作业环境的气候不符合规定的违法行为。

一、法律依据

（一）行政法规

《矿山安全法实施条例》第二十二条“井下风量、风质、风速和作业环境的气候，必须符合矿山安全规程的规定。采掘工作面进风风流中，按照体积计算，氧气不得低于20%，二氧化碳不得超过0.5%。井下作业地点的空气温度不得超过28℃；超过时，应当采取降温或者其他防护措施。”第五十四条“违反本条例第十五条、第十六条、第十七条、第十八条、第十九条、第二十条、第二十一条、第二十二条、第二十三条、第二十五条规定的，由劳动行政主管部门责令改正，可以处2万元以下的罚款。”

（二）部门规章

《煤矿安全监察行政处罚办法》第十九条“煤矿井下风量、风质、风速和作业环境的气候，不符合煤矿安全规程的规定的，责令改正，可以并处二万元以下的罚款。”

二、法律适用

井下风量、风质、风速和作业环境的气候不符合规定的，违反了《矿山安全法实施条例》第二十二条、《煤矿安全监察行政处罚办法》第十九条之规定，应依据《矿山安全法实施条例》第五十四条和《煤矿安全监察行政处罚办法》第十九条之规定处罚。

三、行政处罚基准

有上述违法行为的，依据《矿山安全法实施条例》第五十四条和《煤矿安全监察行政处罚办法》第十九条之规定，责令改正，对煤矿企业可以处2万元以下的罚款。

第七十六条 井下风动凿岩干打眼的违法行为。

一、法律依据

《矿山安全法实施条例》第二十五条“矿山企业对地面、井下产生粉尘的作业，应当采取综合防尘措施，控制粉尘危害。井下风动凿岩，禁止干打眼。”第五十四条“违反本条例第十五条、第十六条、第十七条、第十八条、第十九条、第二十条、第二十一条、第二十二条、第二十三条、第二十五条规定的，由劳动行政主管部门责令改正，可以处 2 万元以下的罚款。”

二、法律适用

井下风动凿岩干打眼的，违反了《矿山安全法实施条例》第二十五条之规定，有上述违法行为的，依据《矿山安全法实施条例》第五十四条之规定进行行政处罚。

三、行政处罚基准

有上述违法行为的，依据《矿山安全法实施条例》第五十四条之规定，责令改正，可以处 2 万元以下的罚款。

第七十七条 未按规定进行突出危险性鉴定的违法行为。

一、法律依据

（一）行政法规

《国务院关于预防煤矿生产安全事故的特别规定》第八条第二款“煤矿有下列重大安全生产隐患和行为的，应当立即停止生产，排除隐患：（十五）有其他重大安全生产隐患的。”第十条第一款“煤矿有本规定第八条第二款所列情形之一，仍然进行生产的，由县级以上地方人民政府负责煤矿安全生产监督管理的部门或者煤矿安全监察机构责令停产整顿，提出整顿的内容、时间等具体要求，处 50 万元以上 200 万元以下的罚款；对煤矿企业负责人处 3 万元以上 15 万元以下的罚款。”

（二）部门规章

《煤矿重大生产安全事故隐患判定标准》第十八条第一项“‘其他重大事故隐患’，是指有下列情形之一的：（三）出现瓦斯动力现象，或者相邻矿井开采的同一煤层发生了突出，或者煤层瓦斯压力达到或者超过 0. 74 MPa 的非突出矿井，未立即按照突出煤层管理并在规定时限内进行突出危险性鉴定的（直接认定为突出矿井的除外）。”

二、法律适用

未按规定进行突出危险性鉴定的，违反了《国务院关于预防煤矿生产安全事故的特别规定》第八条第二款第（十五）项和《煤矿重大生产安全事故隐患判定标准》第十八条之规定，应依据《国务院关于预防煤矿生产安全事故的特别规定》第十条第一款、第十一条第一款进行处罚。

三、行政处罚基准

有上述违法行为的，依据《国务院关于预防煤矿生产安全事故的特别规定》第十条第一款、第十一条第二款之规定，责令停产整顿，提出整顿的内容、时间等具体要求，处 50 万元以上 200 万元以下的罚款；颁发证照的部门应当暂扣采矿许可证、安全生产许可证、营业执照和矿长资格证、矿长安全资格证；对煤矿企业负责人处 3 万元以上 15 万元以下的罚款。

第七十八条 井工煤矿通风、防尘、防火、防瓦斯的设施、设备和工艺不符合规定的违法行为。

一、法律依据

《煤矿企业安全生产许可证实施办法》第八条“井工煤矿除符合本实施办法第六条、第七条规定的条件外，其安全设施、设备、工艺还必须符合下列条件：（二）按规定进行瓦斯等级、煤层自燃倾向性和煤尘爆炸危险性鉴定；（三）矿井有完善的独立通风系统。矿井、采区和采掘工作面的供风能力满足安全生产要求，矿井使用安装在地面的矿用主要通风机进行通风，并有同等能力的备用主要通风机，主要通风机按规定进行性能检测；生产水平和采区实行分区通风；高瓦斯和煤与瓦斯突出矿井、开采容易自燃煤层的矿井、煤层群联合布置矿井的每个采区设置专用回风巷，掘进工作面使用专用局部通风机进行通风，矿井有反风设施；（四）矿井有安全监控系统，传感器的设置、报警和断电符合规定，有瓦斯检查制度和矿长、技术负责人瓦斯日报审查签字制度，配备足够的专职瓦斯检查员和瓦斯检测仪器；按规定建立瓦斯抽采系统，开采煤与瓦斯突出危险煤层的有预测预报、防治措施、效果检验和安全防护的综合防突措施；（五）有防尘供水系统，有地面和井下排水系统；有水害威胁的矿井还应有专用探放水设备；（六）制定井上、井下防火措施；有地面消防水池和井下消防管路系统，井上、井下有消防材料库；开采容易自燃和自燃煤层的矿井还应有防灭火专项设计和综合预防煤层自然发火的措施；（十）按矿井瓦斯等级选用相应的煤矿许用炸药和电雷管，爆破工作由专职爆破工担任。”第三十八条“安全生产许可证颁发管理机关应当加强对取得安全生产许可证的煤矿企业的监督检查，发现其不再具备本实施办法规定的安全生产条件的，应当责令限期整改，依法暂扣安全生产许可证；经整改仍不具备本实施办法规定的安全生产条件的，依法吊销安全生产许可证。”

二、法律适用

井工煤矿通风、防尘、防火、防瓦斯的设施、设备和工艺不符合规定的，违反了《煤矿企业安全生产许可证实施办法》第八条之规定，应依据《煤矿企业安全生产许可证实施办法》第三十八条之规定处罚。

三、行政处罚基准

有上述违法行为的，依据《煤矿企业安全生产许可证实施办法》第三十八条之规定，应当责令限期整改，依法暂扣安全生产许可证；经整改仍不具备安全生产条件的，依法吊销安全生产许可证。

第七十九条　爆破、吊装以及其他危险作业，未安排专门人员进行现场安全管理的违法行为。

一、法律依据

《安全生产法》第四十条“生产经营单位进行爆破、吊装以及国务院安全生产监督管理部门会同国务院有关部门规定的其他危险作业，应当安排专门人员进行现场安全管理，确保操作规程的遵守和安全措施的落实。”第九十八条“生产经营单位有下列行为之一的，责令限期改正，可以处十万元以下的罚款；逾期未改正的，责令停产停业整顿，并处十万元以上二十万元以下的罚款，对其直接负责的主管人员和其他直接责任人员处二万元以上五万元以下的罚款；构成犯罪的，依照刑法有关规定追究刑事责任：（三）进行爆破、吊装以及国务院安全生产监督管理部门会同国务院有关部门规定的其他危险作业，未安排专门人员进行现场安全管理的。”

二、法律适用

爆破、吊装以及其他危险作业，未安排专门人员进行现场安全管理的，违反了《安全生产法》第四十条之规定，应依据《安全生产法》第九十八条之规定处罚。

三、行政处罚基准

有上述违法行为的，依据《安全生产法》第九十八条之规定，责令限期改正，可以处十万元以下的罚款；逾期未改正的，责令停产停业整顿，并处十万元以上二十万元以下的罚款，对其直接负责的主管人员和其他直接责任人员处二万元以上五万元以下的罚款。

第四章　防治水方面违法行为

第八十条　有严重水患，未采取有效措施仍然进行生产的违法行为。

一、法律依据

（一）行政法规

《国务院关于预防煤矿生产安全事故的特别规定》第八条第二款“煤矿有下列重大安全生产隐患和行为的，应当立即停止生产，排除隐患：第（六）项有严重水患，未采取有效措施的。”第十条第一款“煤矿有本规定第八条第二款所列情形之一，仍然进行生产的，由县级以上地方人民政府负责煤矿安全生产监督管理的部门或者煤矿安全监察机构责令停产整顿，提出整顿的内容、时间等具体要求，处50万元以上200万元以下的罚款；对煤矿企业负责人处3万元以上15万元以下的罚款。”第十一条第一款“对被责令停产整顿的煤矿，颁发证照的部门应当暂扣采矿许可证、安全生产许可证、营业执照和矿长资格证、矿长安全资格证。”

（二）部门规章

《煤矿重大生产安全事故隐患判定标准》第三条“煤矿重大事故隐患包括以下15个方面：（六）有严重水患，未采取有效措施。”第九条“‘有严重水患，未采取有效措施’重大事故隐患，是指有下列情形之一的：（一）未查明矿井水文地质条件和井田范围内采空区、废弃老窑积水等情况而组织生产建设的；（二）水文地质类型复杂、极复杂的矿井没有设立专门的防治水机构和配备专门的探放水作业队伍、配齐专用探放水设备的；（三）在突水威胁区域进行采掘作业未按规定进行探放水的；（四）未按规定留设或者擅自开采各种防隔水煤柱的；（五）有透水征兆未撤出井下作业人员的；（六）受地表水倒灌威胁的矿井在强降雨天气或其来水上游发生洪水期间未实施停产撤人的；（七）建设矿井进入三期工程前，没有按设计建成永久排水系统的。”

二、法律适用

有严重水患，未采取有效措施仍然进行生产的，违反了《国务院关于预防煤矿生产安全事故的特别规定》第八条第二款第（六）项、《煤矿重大生产安全事故隐患判定标准》第三条和第九条的规定，应依据《国务院关于预防煤矿生产安全事故的特别规定》第十条第一款和第十一条第一款之规定进行处罚。

三、行政处罚基准

有上述违法行为的，依据《国务院关于预防煤矿生产安全事故的特别规定》第十条第一款和第十一条第一款之规定，责令停产整顿，提出整顿的内容、时间等具体要求，处50万元以上200万元以下的罚款；颁发证照的部门应当暂扣采矿许可证、安全生产许可证、营业执照和矿长资格证、矿长安全资格证；对煤矿企业负责人处3万元以上15万元以下的罚款。

第八十一条　在水体下和地温异常及有热水涌出地区开采未编制专门设计文件的违法行为。

一、法律依据

（一）行政法规

《矿山安全法实施条例》第十九条“在下列条件下从事矿山开采，应当编制专门设计文件，并报管理矿山企业的主管部门批准：（四）在水体下面开采的；（五）在地温异常或者有热水涌出的地区开采的。”第五十四条“违反本条例第十五条、第十六条、第十七条、第十八条、第十九条、第二十条、第二十一条、第二十二条、第二十三条、第二十五条规定的，由劳动行政主管部门责令改正，可以处2万元以下的罚款。”

（二）部门规章

《煤矿安全监察行政处罚办法》第十五条“煤矿在有瓦斯突出、冲击地压条件下从事采掘作业；在未加保护的建筑物、构筑物和铁路、水体下面开采；在地温异常或者热水涌出的地区开采，未编制专门设计文件和报主管部门批准的，责令改正，可以并处二万元以下的罚款。”

二、法律适用

在水体下和地温异常及有热水涌出地区开采未编制专门设计文件的，违反了《矿山安全法实施条例》第十九条和《煤矿安全监察行政处罚办法》第十五条之规定。因部门规章和行政法规规定的一致，有上述违法行为的，应依据《矿山安全法实施条例》第五十四条和《煤矿安全监察行政处罚办法》第十五条之规定进行行政处罚。

三、行政处罚基准

有上述违法行为的，依据《矿山安全法实施条例》第五十四条和《煤矿安全监察行政处罚办法》第十五条之规定，责令改正，对煤矿企业可以处2万元以下的罚款。

第八十二条　井下采掘作业违反探放水规定的违法行为。

一、法律依据

《矿山安全法实施条例》第二十一条"井下采掘作业遇下列情形之一时，应当探水前进：（一）接近承压含水层或者含水的断层、流砂层、砾石层、溶洞、陷落柱时；（二）接近与地表水体相通的地质破碎带或者接近连通承压层的未封钻孔时；（三）接近积水的老窑、旧巷或者灌过泥浆的采空区时；（四）发现有出水征兆时；（五）掘开隔离矿柱或者岩柱放水时。"第五十四条"违反本条例第十五条、第十六条、第十七条、第十八条、第十九条、第二十条、第二十一条、第二十二条、第二十三条、第二十五条规定的，由劳动行政主管部门责令改正，可以处2万元以下的罚款。"

二、法律适用

井下采掘作业违反探放水规定的，违反了《矿山安全法实施条例》第二十一条，应依据《矿山安全法实施条例》第五十四条之规定处罚。

三、行政处罚基准

有上述违法行为的，应根据《矿山安全法实施条例》第五十四条之规定，责令改正，对煤矿企业可以并处2万元以下的罚款。

第五章　设施设备方面违法行为

第八十三条　安全设备安装、使用、检测、改造和报废不符合有关标准规定的违法行为。

一、法律依据

（一）法律

1.《安全生产法》第三十三条第一款"安全设备的设计、制造、安装、使用、检测、维修、改造和报废，应当符合国家标准或者行业标准。"第九十六条"生产经营单位有下列行为之一的，责令限期改正，可以处五万元以下的罚款；逾期未改正的，处五万元以上二十万元以下的罚款，对其直接负责的主管人员和其他直接责任人员处一万元以上二万元以下的罚款；情节严重的，责令停产停业整顿；构成犯罪的，依照刑法有关规定追究刑事责任：（二）安全设备的安装、使用、检测、改造和报废不符合国家标准或者行业标准的。"

2.《矿山安全法》第四十条"违反本法规定，有下列行为之一的，由劳动行政主管部门责令改正，可以并处罚款；情节严重的，提请县级以上人民政府决定责令停产整顿；对主管人员和直接责任人员由其所在单位或者上级主管机关给予行政处分：（二）使用不符合国家安全标准或者行业安全标准的设备、器材、防护用品、安全检测仪器的。"

（二）行政法规

1.《矿山安全法实施条例》第五十二条"依照《矿山安全法》第四十条规定处以罚款的，分别按照下列规定执行：（二）使用不符合国家安全标准或者行业安全标准的设备、器材、防护用品和安全检测仪器的，处5万元以下的罚款。"

2.《煤矿安全监察条例》第三十八条"煤矿作业场所未使用专用防爆电器设备、专用放炮器、人员专用升降容器或者使用明火明电照明，经煤矿安全监察机构责令限期改正，逾期不改正的，由煤矿安全监察机构责令停产整顿，可以处3万元以下的罚款。"第三十九条"未依法提取或者使用煤矿安全技术措施专项费用，或者使用不符合国家安全标准或者行业安全标准的设备、器材、仪器、仪表、防护用品，经煤矿安全监察机构责令限期改正或者责令立即停止使用，逾期不改正或者不立即停止使用的，由煤矿安全监察机构处5万元以下的罚款；情节严重的，由煤矿安全监察机构责令停产整顿；对直接负责的主管人员和其他直接责任人员，依法给予纪律处分。"

（三）部门规章

《煤矿安全监察行政处罚办法》第十一条"煤矿使用不符合国家安全标准或者行业安全标准的设备、器材、仪器、仪表、防护用品的，责令限期改正或者责令立即停止使用；逾期不改正或者不立即停止使用的，处五万元以下的罚款；情节严重的，责令停产整顿。”

二、法律适用

安全设备安装、使用、检测、改造和报废不符合有关标准规定的，违反了《安全生产法》第三十三条第一款之规定，有上述违法行为的，法律、行政法规、部门规章规定不一致，按照新法优于旧法，上位法优于下位法的原则，应依据《安全生产法》第九十六条之规定进行处罚。

三、行政处罚基准

有上述违法行为的，依据《安全生产法》第九十六条第二项之规定，责令限期改正，对煤矿企业可以处5万元以下的罚款；逾期未改正的，处5万元以上20万元以下的罚款，对其直接负责的主管人员和其他直接责任人员处1万元以上2万元以下的罚款；情节严重的，责令停产整顿。

第八十四条　使用不符合安全标准的设备、器材、防护用品和安全检测仪器的违法行为。

一、法律依据

（一）行政法规

《煤矿安全监察条例》第三十九条“未依法提取或者使用煤矿安全技术措施专项费用，或者使用不符合国家安全标准或者行业安全标准的设备、器材、仪器、仪表、防护用品，经煤矿安全监察机构责令限期改正或者责令立即停止使用，逾期不改正或者不立即停止使用的，由煤矿安全监察机构处5万元以下的罚款；情节严重的，由煤矿安全监察机构责令停产整顿；对直接负责的主管人员和其他直接责任人员，依法给予纪律处分。”

（二）部门规章

1.《煤矿企业安全生产许可证实施办法》第八条第（十一）项“不得使用国家有关危及生产安全淘汰目录规定的设备及生产工艺；使用的矿用产品应有安全标志。”第三十八条“安全生产许可证颁发管理机关应当加强对取得安全生产许可证的煤矿企业的监督检查，发现其不再具备本实施办法规定的安全生产条件的，应当责令限期整改，依法暂扣安全生产许可证；经整改仍不具备本实施办法规定的安全生产条件的，依法吊销安全生产许可证。”

2.《煤矿安全监察行政处罚办法》第十一条“煤矿使用不符合国家安全标准或者行业安全标准的设备、器材、仪器、仪表、防护用品的，责令限期改正或者责令立即停止使用；逾期不改正或者不立即停止使用的，处五万元以下的罚款；情节严重的，责令停产整顿。”

二、法律适用

使用不符合安全标准的设备、器材、防护用品和安全检测仪器的，违反了《煤矿安全监察条例》第三十九条、《煤矿企业安全生产许可证实施办法》第八条第（十一）项、《煤矿安全监察行政处罚办法》第十一条之规定，应依据《煤矿安全监察条例》第三十九条和《煤矿安全监察行政处罚办法》第十一条之规定进行处罚。

三、行政处罚基准

有上述违法行为的，依据《煤矿安全监察条例》第三十九条和《煤矿安全监察行政处罚办法》第十一条之规定，责令限期改正；逾期不改正或者不立即停止使用的，处五万元以下的罚款；情节严重的，责令停产整顿。

第八十五条　矿山井下特种设备未取得安全使用证或者安全标志，投入使用的违法行为。

一、法律依据

《安全生产法》第三十四条“生产经营单位使用的危险物品的容器、运输工具，以及涉及人身安全、危险性较大的海洋石油开采特种设备和矿山井下特种设备，必须按照国家有关规定，由专业生产单位生产，并经具有专业资质的检测、检验机构检测、检验合格，取得安全使用证或者安全标志，方可投入使用。检测、检验机构对检测、检验结果负责。”第九十六条“生产经营单位有下列行为之一的，责令限期改正，可以处五万元以下的罚款；逾期未改正的，处五万元以上二十万元以下的罚款，对其直接负责的主管人员和其他直接责任人员处一万元以上二万元以下的罚款；情节严重的，责令停产停业整顿；构成犯罪的，依照刑法有关规定追究刑事责任：（五）危险物品的容器、运输工具，以及涉及人身安全、危险性较大的海洋石油开采特种设备和矿山井下特种设备未经具有专业资质的机构检测、检验合格，取得安全使用证或者安全标志，投入使用的。”

二、法律适用

矿山井下特种设备未取得安全使用证或者安全标志，投入使用的，违反了《安全生产法》第三十四条之规定，应依据《安全生产法》第九十六条之规定进行处罚。

三、行政处罚基准

有上述违法行为的，依据《安全生产法》第九十六条之规定，责令限期改正或立即停止使用，对煤矿企业可以处5万元以下的罚款；逾期未改正或不立即停止使用的，对煤矿企业处5万元以上20万元以下的罚款，对其直接负责的主管人员和其他直接责任人员处1万元以上2万元以下的罚款；情节严重的，责令停产整顿，构成犯罪的，依法移送司法机关追究刑事责任。

第八十六条 未对安全设备进行经常性维护、保养和定期检测的违法行为。

一、法律依据

《安全生产法》第三十三条第二款“生产经营单位必须对安全设备进行经常性维护、保养，并定期检测，保证正常运转。维护、保养、检测应当作好记录，并由有关人员签字。”第九十六条“生产经营单位有下列行为之一的，责令限期改正，可以处五万元以下的罚款；逾期未改正的，处五万元以上二十万元以下的罚款，对其直接负责的主管人员和其他直接责任人员处一万元以上二万元以下的罚款；情节严重的，责令停产停业整顿；构成犯罪的，依照刑法有关规定追究刑事责任：（三）未对安全设备进行经常性维护、保养和定期检测的。”

二、法律适用

未对安全设备进行经常性维护、保养和定期检测的，违反了《安全生产法》第九十六条之规定，应依据《安全生产法》第九十六条第（三）项之规定进行处罚。

三、行政处罚基准

有上述违法行为的，依据《安全生产法》第九十六条第（三）项之规定，责令限期改正，对煤矿企业可以处5万元以下的罚款；逾期未改正的，处5万元以上20万元以下的罚款，对其直接负责的主管人员和其他直接责任人员处1万元以上2万元以下的罚款；情节严重的，责令停产整顿。

第八十七条 使用应当淘汰、禁止使用的危及生产安全的工艺、设备的违法行为。

一、法律依据

（一）法律

《安全生产法》第三十五条第三款“生产经营单位不得使用应当淘汰的危及生产安全的工艺、设备。”第九十六条“生产经营单位有下列行为之一的，责令限期改正，可以处五万元以下的罚款；逾期未改正的，处五万元以上二十万元以下的罚款，对其直接负责的主管人员和其他直接责任人员处一万元以上二万元以下的罚款；情节严重的，责令停产停业整顿；构成犯罪的，依照刑法有关规定追究刑事责任：（六）使用应当淘汰的危及生产安全的工艺、设备的。”

（二）行政法规

《国务院关于预防煤矿生产安全事故的特别规定》第八条第二款：“煤矿有下列重大安全生产隐患和行为的，应当立即停止生产，排除隐患：（十）“使用明令禁止使用或者淘汰的设备、工艺的。”第十条第一款“煤矿有本规定第八条第二款所列情形之一，仍然进行生产的，由县级以上地方人民政府负责煤矿安全生产监督管理的部门或者煤矿安全监察机构责令停产整顿，提出整顿的内容、时间等具体要求，处50万元以上200万元以下的罚款；对煤矿企业负责人处3万元以上15万元以下的罚款。”第十一条第一款“对被责令停产整顿的煤矿，颁发证照的部门应当暂扣采矿许可证、安全生产许可证、营业执照和矿长资格证、矿长安全资格证。”

（三）部门规章

《煤矿重大生产安全事故隐患判定标准》第十三条“‘使用明令禁止使用或者淘汰的设备、工艺重大事故隐患’，是指有下列情形之一的：（一）使用被列入国家应予淘汰的煤矿机电设备和工艺目录的产品或者工艺的；（二）井下电气设备未取得煤矿矿用产品安全标志，或者防爆等级与矿井瓦斯等级不符的；（三）未按矿井瓦斯等级选用相应的煤矿许用炸药和雷管、未使用专用发爆器的，或者裸露放炮的；（四）采煤工作面不能保证2个畅通的安全出口的；（五）高瓦斯矿井、煤与瓦斯突出矿井、开采容易自燃和自燃煤层（薄煤层除外）矿井，采煤工作面采用前进式采煤方法的。”

二、法律适用

使用应当淘汰、禁止使用的危及生产安全的工艺、设备的，违反了《安全生产法》第三十五条第三款、《国务院关于预防煤矿生产安全事故的特别规定》第八条第二款第（十）项、《煤矿重大生产安全事故隐患判定标准》第十三条之规定。因《国务院关于预防煤矿生产安全事故的特别规定》和《安全生产法》规定不一致，根据上位法优于下位法的原则，依据《安全生产法》第九十六条之规定进行处罚。

三、行政处罚基准

有上述违法行为的，依据《安全生产法》第九十六条第（六）项之规定，责令限期改正，对煤矿企业可以处5万元以下的罚款；逾期未改正的，处5万元以上20万元以下的罚款，对其直接负责的主管人员和其他直接责任人员处1万元以上2万元以下的罚款；情节严重的，责令停产整顿。

第八十八条　煤矿没有双回路供电系统的违法行为。

一、法律依据

（一）行政法规

《国务院关于预防煤矿生产安全事故的特别规定》第八条第二款“煤矿有下列重大安全生产隐患和行为的，应当立即停止生产，排除隐患：（十一）年产6万吨以上的煤矿没有双回路供电系统的。”第十条第一款“煤矿有本规定第八条第二款所列情形之一，仍然进行生产的，由县级以上地方人民政府负责煤矿安全生产监督管理的部门或者煤矿安全监察机构责令停产整顿，提出整顿的内容、时间等具体要求，处50万元以上200万元以下的罚款；对煤矿企业负责人处3万元以上15万元以下的罚款。”第十一条第一款“对被责令停产整顿的煤矿，颁发证照的部门应当暂扣采矿许可证、安全生产许可证、营业执照和矿长资格证、矿长安全资格证。”

（二）部门规章

《煤矿重大生产安全事故隐患判定标准》第三条“煤矿重大事故隐患包括以下15个方面：（十一）煤矿没有双回路供电系统。”

二、法律适用

煤矿没有双回路供电系统的，违反了《国务院关于预防煤矿生产安全事故的特别规定》第八条第二款第（十一）项、《煤矿重大生产安全事故隐患判定标准》第三条之规定，应依据《国务院关于预防煤矿生产安全事故的特别规定》第十条第一款、第十一条第一款之规定处罚。

三、行政处罚基准

有上述违法行为的，依据《国务院关于预防煤矿生产安全事故的特别规定》第十条第一款、第十一条第一款之规定，责令停产整顿，提出整顿的内容、时间等具体要求，处50万元以上200万元以下的罚款；颁发证照的部门应当暂扣采矿许可证、安全生产许可证、营业执照和矿长资格证、矿长安全资格证；对煤矿企业负责人处3万元以上15万元以下的罚款。

第八十九条 矿井未使用专用防爆电器设备、专用放炮器、专用升降容器和使用明火明电照明的违法行为。

一、法律依据

（一）行政法规

《煤矿安全监察条例》第二十六条“煤矿安全监察机构发现煤矿作业场所有下列情形之一的，应当责令立即停止作业，限期改正；有关煤矿或其作业场所经复查合格的，方可恢复作业：（一）未使用专用防爆电器设备的；（二）未使用专用放炮器的；（三）未使用人员专用升降容器的；（四）使用明火明电照明的。”第三十八条“煤矿作业场所未使用专用防爆电器设备、专用放炮器、人员专用升降容器或者使用明火明电照明，经煤矿安全监察机构责令限期改正，逾期不改正的，由煤矿安全监察机构责令停产整顿，可以处3万元以下的罚款。”

（二）部门规章

1.《煤矿安全监察行政处罚办法》第九条“煤矿作业场所有下列情形之一的，责令限期改正；逾期不改正的，责令停产整顿，并处三万元以下的罚款：（一）未使用专用防爆电器设备的；（三）未使用人员专用升降容器的；（四）使用明火明电照明的。”

二、法律适用

矿井未使用专用防爆电器设备、专用放炮器、专用升降容器和使用明火明电照明的，违反了《煤矿安全监察条例》第二十六条、《煤矿安全监察行政处罚办法》第九条之规定，依据《煤矿安全监察条例》第三十八条和《煤矿安全监察行政处罚办法》第九条之规定进行处罚。

三、行政处罚基准

有上述违法行为的，依据《煤矿安全监察条例》第三十八条和《煤矿安全监察行政处罚办法》第九条之规定，责令限期改正；逾期不改正的，责令停产整顿，并处三万元以下的罚款。

第九十条 机电设备、安全仪器未按规定操作、检查、维修和建立档案的违法行为。

一、法律依据

（一）法律

《矿山安全法》第十六条“矿山企业必须对机电设备及其防护装置、安全检测仪器，定期检查、维修，保证使用安全。”

（二）行政法规

《矿山安全法实施条例》第十五条“矿山企业应当对机电设备及其防护装置、安全检测仪器定期检查、维修，并建立技术档案，保证使用安全。非负责设备运行的人员，不得操作设备。非值班电气人员，不得进行电气作业。操作电气设备的人员，应当有可靠的绝缘保护。检修电气设备时，不得带电作业。”第五十四条“违反本条例第十五条、第十六条、第十七条、第十八条、第十九条、第二十条、第二十一条、第二十二条、第二十三条、第二十五条规定的，由劳动行政主管部门责令改正，可以处2万元以下的罚款。”

（三）部门规章

《煤矿安全监察行政处罚办法》第十二条“煤矿企业的机电设备、安全仪器，未按照下列规定操作、检查、维修和建立档案的，责令改正，可以并处二万元以下的罚款：（一）未定期对机电设备及其防护装置、安全检测仪器检查、维修和建立技术档案的；（二）非负责设备运行人员操作设备的；（三）非值班电气人员进行电气作业的；（四）操作电气设备的人员，没有可靠的绝缘保护和检修电气设备带电作业的。”

二、法律适用

机电设备、安全仪器未按规定操作、检查、维修和建立档案的，违反了《矿山安全法》第十六条、《矿山安全法实施条例》第十五条之规定，因《矿山安全法实施条例》第十五条和《煤矿安全监察行政处罚办法》第十二条规定的行政处罚相同，不存在法律冲突，有上述违法行为的，应依据《矿山安全法实施条例》第十五条和《煤矿安全监察行政处罚办法》第十二条之规定进行处罚。

三、行政处罚基准

有上述违法行为的，依据《矿山安全法实施条例》第十五条和《煤矿安全监察行政处罚办法》第十二条之规定，责令改正，可以并处二万元以下的罚款。

第九十一条 应急救援器材、设备和物资未按规定配备并未进行经常性维护保养的违法行为。

一、法律依据

（一）法律

《安全生产法》第七十九条第二款“危险物品的生产、经营、储存、运输单位以及矿山、金属冶炼、城市轨道交通运营、建筑施工单位应当配备必要的应急救援器材、设备和物资，并进行经常性维护、保养，保证正常运转。”

（二）行政法规

《安全生产违法行为行政处罚办法》第四十六条“危险物品的生产、经营、储存单位以及矿山、金属冶炼单位有下列行为之一的，责令改正，并可以处1万元以上3万元以下的罚款：（二）未配备必要的应急救援器材、设备和物资，并进行经常性维护、保养，保证正常运转的。”

二、法律适用

应急救援器材、设备和物资未按规定配备并未进行经常性维护保养的，违反了《安全生产法》第七十九条第二款之规定，应依据《安全生产违法行为行政处罚办法》第四十六条之规定。

三、行政处罚基准

有上述违法行为的，依据《安全生产违法行为行政处罚办法》第四十六条之规定，责令改正，并可以对煤矿企业处1万元以上3万元以下的罚款。

第九十二条 井工煤矿的电源线路、电气设备、三专两闭锁、提升运输及通信设备不符合规定的违法行为。

一、法律依据

《煤矿企业安全生产许可证实施办法》第八条“井工煤矿除符合本实施办法第六条、第七条规定的条件外，其安全设施、设备、工艺还必须符合下列条件：（七）矿井有两回路电源线路；严禁井下配电变压器中性点直接接地；井下电气设备的选型符合防爆要求，有短路、过负荷、接地、漏电等保护，掘进工作面的局部通风机按规定采用专用变压器、专用电缆、专用开关，实现风电、瓦斯电闭锁；（八）运送人员的装置应当符合有关规定。使用检测合格的钢丝绳；带式输送机采用非金属聚合物制造的输送带的阻燃性能和抗静电性能符合规定，设置安全保护装置；（九）有通信联络系统，按规定建立人员位置监测系统。”第三十八条“安全生产许可证颁发管理机关应当加强对取得安全生产许可证的煤矿企业的监督检查，发现其不再具备本实施办法规定的安全生产条件的，应当责令限期整改，依法暂扣安全生产许可证；经整改仍不具备本实施办法规定的安全生产条件的，依法吊销安全生产许可证。”

二、法律适用

井工煤矿的电源线路、电气设备、三专两闭锁、提升运输及通信设备不符合规定的，违反了《煤矿企业安全生产许可证实施办法》第八条之规定，依据《煤矿企业安全生产许可证实施办法》第三十八条的规定进行处罚。

三、行政处罚基准

有上述违法行为的，按照《煤矿企业安全生产许可证实施办法》第三十八条之规定，责令限期整改，暂扣安全生产许可证；经整改仍不具备安全生产条件的，吊销安全生产许可证。

第九十三条 露天煤矿安全设施、设备、工艺不符合规定的违法行为。

一、法律依据

《煤矿企业安全生产许可证实施办法》第九条“露天煤矿除符合本实施办法第六条、第七条规定的条件外，其安全设施、设备、工艺还必须符合下列条件：（一）按规定设置栅栏、安全挡墙、警示标志；（二）露天采场最终边坡的台阶坡面角和边坡角符合最终边坡设计要求；（三）配电线路、电动机、变压器的保护符合安全要求；（四）爆炸物品的领用、保管和使用符合规定；（五）有边坡工程、地质勘探工程、岩土物理力学试验和稳定性分析，有边坡监测措施；（六）有防排水设施和措施；（七）地面和采场内的防灭火措施符合规定；开采有自然发火倾向的煤层或者开采范围内存在火区时，制定专门防灭火措施；（八）有反映实际情况的图纸：地形地质图，工程地质平面图、断面图、综合水文地质图，采剥、排土工程平面图和运输系统图，供配电系统图，通信系统图，防排水系统图，边坡监测系统平面图，井工采空区与露天矿平面对照图。”第三十八条“安全生产许可证颁发管理机关应当加强对取得安全生产许可证的煤矿企业的监督检查，发现其不再具备本实施办法规定的安全生产条件的，应当责令限期整改，依法暂扣安全生产许可证；经整改仍不具备本实施办法规定的安全生产条件的，依法吊销安全生产许可证。”

二、法律适用

露天煤矿安全设施、设备、工艺不符合规定的，违反了《煤矿企业安全生产许可证实施办法》第九条之规定，应依据《煤矿企业安全生产许可证实施办法》第三十八条之规定进行处罚。

三、行政处罚基准

有上述违法行为的，依据《煤矿企业安全生产许可证实施办法》第三十八条之规定，应当责令限期整改，依法暂扣安全生产许可证；经整改仍不具备安全生产条件的，依法吊销安全生产许可证。

第九十四条 未按规定为从业人员提供符合国家标准或行业标准的劳动防护用品的违法行为。

一、法律依据

（一）法律

1.《安全生产法》第四十二条“生产经营单位必须为从业人员提供符合国家标准或者行业标准的劳动防护用品，并监督、教育从业人员按照使用规则佩戴、使用。”第九十六条第四项“生产经营单位有下列行为之一的，责令限期改正，可以处五万元以下的罚款；逾期未改正的，处五万元以上二十万元以下的罚款，对其直接负责的主管人员和其他直接责任人员处一万元以上二万元以下的罚款；情节严重的，责令停产停业整顿；构成犯罪的，依照刑法有关规定追究刑事责任：（四）未为从业人员提供符合国家标准或者行业标准的劳动防护用品的。”

2.《矿山安全法》第十五条“矿山使用的有特殊安全要求的设备、器材、防护用品和安全检测仪器，必须符合国家安全标准或者行业安全标准；不符合国家安全标准或者行业安全标准的，不得使用。”第四十条“违反本法规定，有下列行为之一的，由劳动行政主管部门责令改正，可以并处罚款；情节严重的，提请县级以上人民政府决定责令停产整顿；对主管人员和直接责任人员由其所在单位或者上级主管机关给予行政处分：（二）使用不符合国家安全标准或者行业安全标准的设备、器材、防护用品、安全检测仪器的。”

（二）行政法规

1.《矿山安全法实施条例》第十四条“矿山使用的下列设备、器材、防护用品和安全检测仪器，应当符合国家安全标准或者行业安全标准；不符合国家安全标准或者行业安全标准的，不得使用；（一）采掘、支护、装载、运输、提升、通风、排水、瓦斯抽放、压缩空气和起重设备；（二）电动机、变压器、配电柜、电器开关、电控装置；（三）爆破器材、通讯器材、矿灯、电缆、钢丝绳、支护材料、防火材料；（四）各种安全卫生检测仪器仪表；（五）自救器、安全帽、防尘防毒口罩或者面罩、防护服、防护鞋等防护用品和救护设备；（六）经有关主管部门认定的其他有特殊安全要求的设备和器材。”第五十二条“依照《矿山安全法》第四十条规定处以罚款的，分别按照下列规定执行：（二）使用不符合国家安全标准或者行业安全标准的设备、器材、防护用品和安全检测仪器的，处5万元以下的罚款。”

2.《煤矿安全监察条例》第二十八条“煤矿安全监察机构发现煤矿矿井使用的设备、器材、仪器、仪表、防护用品不符合国家安全标准或者行业安全标准的，应当责令立即停止使用。”第三十九条“未依法提取或者使用煤矿安全技术措施专项费用，或者使用不符合国家安全标准或者行业安全标准的设备、器材、仪器、仪表、防护用品，经煤矿安全监察机构责令限期改正或者责令立即停止使用，逾期不改正或者不立即停止使用的，由煤矿安全监察机构处5万元以下的罚款；情节严重的，由煤矿安全监察机构责令停产整顿；对直接负责的主管人员和其他直接责任人员，依法给予纪律处分。”

（三）部门规章

《煤矿安全监察行政处罚办法》第十一条“煤矿使用不符合国家安全标准或者行业安全标准的设备、器材、仪器、仪表、防护用品的，责令限期改正或者责令立即停止使用；逾不改正或者不立即停止使用的，处五万元以下的罚款；情节严重的，责令停产整顿。”

二、法律适用

未按规定为从业人员提供符合国家标准或行业标准的劳动防护用品的，违反了《安全生产法》第四十二条、《矿山安全法实施条例》第十四条、《煤矿安全监察条例》第二十八条之规定。有上述违法行为的，《安全生产法》第九十六条第四项、《矿山安全法实施条例》第五十二条、都有对煤矿企业责令限期改正和情节严重的停业整顿处罚规定，但对煤矿企业以及直接负责的主管人员和其他直接责任人员如何进行罚款却有冲突之处，根据法律适用效力等级，《安全生产法》的效力等级高于《矿山安全法实施条例》、《煤矿安全监察条例》以及《煤矿安全监察行政处罚办法》。有上述违法行为，需要对煤矿企业及直接负责的主管人员和其他直接责任人员进行罚款的行政处罚时，英剧《安全生产法》第九十六条第四项的规定。有上述违法行为，《安全生产法》规定了对煤矿企业以及对直接负责的主管人员和其他直接责任人员的行政处罚，《矿山安全法》既规定了对煤矿企业的行政处罚，也规定了对直接负责的主管人员和其他直接责任人员的行政处分。根据适用法律从新的原则，适用《安全生产法》九十六条第四项之规定；对直接负责的主管人员和其他直接责任人员进行行政处分时，则适用《矿山安全法》第四十条的规定。

三、行政处罚基准

有上述违法行为的，依据《安全生产法》九十六条第四项之规定，责令限期改正，可以处五万元以下的罚款；逾期未改正的，处五万元以上二十万元以下的罚款，对其直接负责的主管人员和其他直接责任人员处一万元以上二万元以下的罚款；情节严重的，责令停产停业整顿；

依据《矿山安全法》第四十条之规定，对主管人员和直接责任人员由其所在单位或者上级主管机关给予行政处分。

第六章　组织机构、作业制度方面违法行为

第九十五条　未按规定设立安全生产管理机构或配备安全生产管理人员的违法行为。

一、法律依据

（一）法律

《安全生产法》第二十一条第一款“矿山、金属冶炼、建筑施工、道路运输单位和危险物品的生产、经营、储存单位，应当设置安全生产管理机构或者配备专职安全生产管理人员。”第二款“前款

规定以外的其他生产经营单位，从业人员超过一百人的，应当设置安全生产管理机构或者配备专职安全生产管理人员；从业人员在一百人以下的，应当配备专职或者兼职的安全生产管理人员。”第九十四条“生产经营单位有下列行为之一的，责令限期改正，可以处五万元以下的罚款；逾期未改正的，责令停产停业整顿，并处五万元以上十万元以下的罚款，对其直接负责的主管人员和其他直接责任人员处一万元以上二万元以下的罚款：（一）未按照规定设置安全生产管理机构或者配备安全生产管理人员的。”

（二）行政法规

《国务院关于预防煤矿生产安全事故的特别规定》第八条第二款“（十四）煤矿改制期间，未明确安全生产责任人和安全管理机构的，或者在完成改制后，未重新取得或者变更采矿许可证、安全生产许可证、煤炭生产许可证和营业执照的。”第十条第一款“煤矿有本规定第八条第二款所列情形之一，仍然进行生产的，由县级以上地方人民政府负责煤矿安全生产监督管理的部门或者煤矿安全监察机构责令停产整顿，提出整顿的内容、时间等具体要求，处 50 万元以上 200 万元以下的罚款；对煤矿企业负责人处 3 万元以上 15 万元以下的罚款。”第十一条第二款“被责令停产整顿的煤矿应当制定整改方案，落实整改措施和安全技术规定；整改结束后要求恢复生产的，应当由县级以上地方人民政府负责煤矿安全生产监督管理的部门自收到恢复生产申请之日起 60 日内组织验收完毕；验收合格的，经组织验收的地方人民政府负责煤矿安全生产监督管理的部门的主要负责人签字，并经有关煤矿安全监察机构审核同意，报请有关地方人民政府主要负责人签字批准，颁发证照的部门发还证照，煤矿方可恢复生产；验收不合格的，由有关地方人民政府予以关闭。”

《安全许可证条例》第十四条“企业取得安全生产许可证后，不得降低安全生产条件，并应当加强日常安全生产管理，接受安全生产许可证颁发管理机关的监督检查。安全生产许可证颁发管理机关应当加强对取得安全生产许可证的企业的监督检查，发现其不再具备本条例规定的安全生产条件的，应当暂扣或者吊销安全生产许可证。”

（三）部门规章

《煤矿企业安全生产许可证实施办法》第六条“煤矿企业取得安全生产许可证，应当具备下列安全生产条件：（三）设置安全生产管理机构，配备专职安全生产管理人员；煤与瓦斯突出矿井、水文地质类型复杂矿井还应设置专门的防治煤与瓦斯突出管理机构和防治水管理机构。”第三十八条“安全生产许可证颁发管理机关应当加强对取得安全生产许可证的煤矿企业的监督检查，发现其不再具备本实施办法规定的安全生产条件的，应当责令限期整改，依法暂扣安全生产许可证；经整改仍不具备本实施办法规定的安全生产条件的，依法吊销安全生产许可证。”

二、法律适用

未按规定设立安全生产管理机构或配备安全生产管理人员的，违反了《安全生产法》第二十一条、《国务院关于预防煤矿生产安全事故的特别规定》第八条第二款第（十四）项、《煤矿企业安全生产许可证实施办法》第六条之规定。依据法律的效力高于行政法规效力的原则，作为行政法规的《国务院关于预防煤矿生产安全事故的特别规定》对违法行为的处罚的规定与作为法律的《安全生产法》规定相冲突的，应依据《安全生产法》第九十四条第一项之规定进行处罚。

三、行政处罚基准

有上述违法行为的，依据《安全生产法》第九十四条第一项之规定，责令限期改正，可以处五万元以下的罚款；逾期未改正的，责令停产停业整顿，并处五万元以上十万元以下的罚款，对其直接负责的主管人员和其他直接责任人员处一万元以上二万元以下的罚款。

第九十六条　未建立并实施安全生产隐患排查、治理和报告制度的违法行为。

一、法律依据

（一）法律

《安全生产法》第三十八条第一款“生产经营单位应当建立健全生产安全事故隐患排查治理制度，采取技术、管理措施，及时发现并消除事故隐患。事故隐患排查治理情况应当如实记录，并向从业人员通报。”第九十八条“生产经营单位有下列行为之一的，责令限期改正，可以处十万元以下的罚款；逾期未改正的，责令停产停业整顿，并处十万元以上二十万元以下的罚款，对其直接负责的主管人员和其他直接责任人员处二万元以上五万元以下的罚款；构成犯罪的，依照刑法有关规定追究刑事责任：（四）未建立事故隐患排查治理制度的。”

（二）行政法规

《国务院关于预防煤矿生产安全事故的特别规定》第九条“煤矿企业应当建立健全安全生产隐患排查、治理和报告制度。煤矿企业应当对本规定第八条第二款所列情形定期组织排查，并将排查情况每季度向县级以上地方人民政府负责煤矿安全生产监督管理的部门、煤矿安全监察机构写出书面报告。报告应当经煤矿企业负责人签字。煤矿企业未依照前款规定排查和报告的，由县级以上地方人民政府负责煤矿安全生产监督管理的部门或者煤矿安全监察机构责令限期改正；逾期未改正的，责令停产整顿，并对煤矿企业负责人处3万元以上15万元以下的罚款。”

（三）部门规章

《安全生产事故隐患排查治理暂行规定》第二十六条“生产经营单位违反本规定，有下列行为之一的，由安全监管监察部门给予警告，并处三万元以下的罚款：（一）未建立安全生产事故隐患排查治理等各项制度的。”

二、法律适用

未建立并实施安全生产隐患排查、治理和报告制度的，违反了《安全生产法》第三十八条第一款、《国务院关于预防煤矿生产安全事故的特别规定》第九条之规定。《安全生产法》第九十八条、《国务院关于预防煤矿生产安全事故的特别规定》第九条以及《安全生产事故隐患排查治理暂行规定》第二十六条分别对如何处罚煤矿企业及煤矿负责人做了规定，但内容有冲突，根据法律适用的效力层级，《安全生产法》作为法律，其效力明显高于作为行政法规的《国务院关于预防煤矿生产安全事故的特别规定》和作为部门规章的《安全生产事故隐患排查治理暂行规定》。有上述违法行为，应依据《安全生产法》第九十八条之规定对煤矿企业及其负责人进行处罚。

三、行政处罚基准

有上述违法行为，根据《安全生产法》第九十八条之规定：责令限期改正，可以处十万元以下的罚款；逾期未改正的，责令停产停业整顿，并处十万元以上二十万元以下的罚款，对其直接负责的主管人员和其他直接责任人员处二万元以上五万元以下的罚款。

第九十七条 主要负责人未履行法定安全生产管理职责的违法行为。

一、法律依据

《安全生产法》第十八条“生产经营单位的主要负责人对本单位安全生产工作负有下列职责：（一）建立、健全本单位安全生产责任制；（二）组织制定本单位安全生产规章制度和操作规程；（三）保证本单位安全生产投人的有效实施；（四）督促、检查本单位的安全生产工作，及时消除生产安全事故隐患；（五）组织制定并实施本单位的生产安全事故应急救援预案；（六）及时、如实报告生产安全事故；（七）组织制定并实施本单位安全生产教育和培训计划。”第九十一条第一款“生产经营单位的主要负责人未履行本法规定的安全生产管理职责的，责令限期改正；逾期未改正的，处二万元以上五万元以下的罚款，责令生产经营单位停产停业整顿。”

二、法律适用

主要负责人未履行法定安全生产管理职责的，违反了《安全生产法》第十八条之规定，该违法行为分两个层次：（一）生产经营单位的主要负责人未履行安全生产管理职责的，应依据《安全生产法》第九十一条第一款规定处罚；（二）生产经营单位的主要负责人未履行安全生产管理职责，导致发生生产安全事故的，依据《安全生产法》第九十一条第二款、《生产安全事故罚款处罚规定（试行）》第十八条之规定处罚。

三、行政处罚基准

生产经营单位的主要负责人未履行安全生产管理职责的，依据《安全生产法》第九十一条第一款之规定，责令限期改正；逾期未改正的，处二万元以上五万元以下的罚款，责令生产经营单位停产停业整顿。

第九十八条 与从业人员订立协议，免除或减轻因生产安全事故伤亡应承担责任的违法行为。

一、法律依据

（一）法律

《安全生产法》第四十九条第二款“生产经营单位不得以任何形式与从业人员订立协议，免除或者减轻其对从业人员因生产安全事故伤亡依法应承担的责任。”第一百零三条“生产经营单位与从业人员订立协议，免除或者减轻其对从业人员因生产安全事故伤亡依法应承担的责任的，该协议无效；对生产经营单位的主要负责人、个人经营的投资人处二万元以上十万元以下的罚款。”

（二）部门规章

《安全生产违法行为行政处罚办法》第四十七条“生产经营单位与从业人员订立协议，免除或者减轻其对从业人员订立协议，免除或者减轻其对从业人员因生产安全事故伤亡依法应承担的责任的，该协议无效；对生产经营单位的主要负责人、个人经营的投资人按照下列规定处以罚款：（一）在协议中减轻因生产安全事故伤亡对从业人员依法应承担的责任的，处2万元以上5万元以下的罚款；（二）在协议中免除因生产安全事故伤亡对从业人员依法应承担的责任的，处5万元以上10万元以下的罚款。”

二、法律适用

与从业人员订立协议，免除或减轻因生产安全事故伤亡应承担责任的，违反了《安全生产法》第四十九条之规定。根据法律适用的原则，《安全生产法》的法律效力高于作为部门规章的《安全生产违法行为行政处罚办法》的效力，两者均对上述违法情形的处罚作出了规定，且两者规定没有冲突，《安全生产违法行为行政处罚办法》的规定更细化，具有可操作性。因此，有上述违法行为，可依据《安全生产法》第一百零三条和《安全生产违法行为行政处罚办法》第四十七条之规定进行处罚。

三、行政处罚基准

有上述违法行为的，依据《安全生产法》第一百零三条和《安全生产违法行为行政处罚办法》第四十七条之规定，对生产经营单位的主要负责人、个人经营的投资人按照下列规定处以罚款：（一）在协议中减轻因生产安全事故伤亡对从业人员依法应承担的责任的，处2万元以上5万元以下的罚款；（二）在协议中免除因生产安全事故伤亡对从业人员依法应承担的责任的，处5万元以上10万元以下的罚款。

第九十九条 未免费为每位职工发放煤矿职工安全手册的违法行为。

一、法律依据

《国务院关于预防煤矿生产安全事故的特别规定》第二十二条“煤矿企业应当免费为每位职工发放煤矿职工安全手册。煤矿职工安全手册应当载明职工的权利、义务，煤矿重大安全生产隐患的情形和应急保护措施、方法以及安全生产隐患和违法行为的举报电话、受理部门。煤矿企业没有为每位职工发放符合要求的职工安全手册的，由县级以上人民政府负责煤矿安全生产监督管理的部门或者煤矿安全监察机构责令限期改正；逾期未改正的，处5万元以下的罚款。”

二、法律适用

未免费为每位职工发放煤矿职工安全手册的，违反了《国务院关于预防煤矿生产安全事故的特别规定》第二十二条之规定，依据《国务院关于预防煤矿生产安全事故的特别规定》第二十二条之规定进行处罚。

三、行政处罚基准

有上述违法行为的，依据《国务院关于预防煤矿生产安全事故的特别规定》第二十二条之规定，由县级以上人民政府负责煤矿安全生产监督管理的部门或者煤矿安全监察机构责令限期改正；逾期未改正的，处5万元以下的罚款。

第一百条 违章指挥工人或强令工人违章、冒险作业的违法行为。

一、法律依据

《煤矿安全监察条例》第四十四条“煤矿矿长或者其他主管人员有下列行为之一的，由煤矿安全监察机构给予警告；造成严重后果，构成犯罪的，依法追究刑事责任：（一）违章指挥工人或者强令工人违章、冒险作业的。”

二、法律适用

违章指挥工人或强令工人违章、冒险作业的，违反了《煤矿安全监察条例》第四十四条之规定，应依据《煤矿安全监察条例》第四十四条之规定进行处罚。

三、行政处罚基准

有上述违法行为的，依据《煤矿安全监察条例》第四十四条之规定，给予警告；造成严重后果，构成犯罪的，依法追究刑事责任。

第一百零一条 煤矿企业及其主要负责人或者其他人员发现从业人员违章作业不加制止的违法行为。

一、法律依据

《煤矿安全监察条例》第四十四条“煤矿矿长或者其他主管人员有下列行为之一的，由煤矿安全监察机构给予警告；造成严重后果，构成犯罪的，依法追究刑事责任：（二）对工人屡次违章作业熟视无睹，不加制止的。”

二、法律适用

煤矿企业及其主要负责人或者其他人员发现从业人员违章作业不加制止的，违反了《煤矿安全监察条例》第四十四条之规定，应依据《煤矿安全监察条例》第四十四条之规定进行处罚。

三、行政处罚基准

有上述违法行为的，依据《煤矿安全监察条例》第四十四条之规定，由煤矿安全监察机构给予警告；造成严重后果，构成犯罪的，依法追究刑事责任。

第一百零二条 违反操作规程或安全管理规定作业的违法行为。

一、法律依据

《安全生产违法行为行政处罚办法》第四十五条“生产经营单位及其主要负责人或者其他人员有下列行为之一的，给予警告，并可以对生产经营单位处1万元以上3万元以下罚款，对其主要负责人、其他有关人员处1千元以上1万元以下的罚款：（一）违反操作规程或者安全管理规定作业的。”

二、法律适用

违反操作规程或安全管理规定作业的，违反了《安全生产违法行为行政处罚办法》第四十五条之规定，应依据《安全生产违法行为行政处罚办法》第四十五条第一项之规定进行处罚。但是，在法律、行政法规、部门规章对“违反操作规程或安全管理规定作业的违法行为”有特别规定时，不适用本条进行处罚。

三、行政处罚基准

有上述违法行为的，依据《安全生产违法行为行政处罚办法》第四十五条第一项之规定，给予警告，并可以对煤矿处1万以上3万元以下罚款，对其要负责人、其他有关人员处1千元以上1万元以下的罚款。

第一百零三条　未按规定执行煤矿领导带班下井制度的违法行为。

一、法律依据

《煤矿领导带班下井及安全监督检查规定》第五条“煤矿、施工单位是落实领导带班下井制度的责任主体，每班必须有矿领导带班下井，并与工人同时下井、同时升井。煤矿的主要负责人对落实领导带班下井制度全面负责。煤矿集团公司应当加强对所属煤矿领导带班下井的情况实施监督检查。”第七条“煤矿应当建立健全领导带班下井制度，并严格考核。带班下井制度应当明确带班下井人员、每月带班下井的个数、在井下工作时间、带班下井的任务、职责权限、群众监督和考核奖惩等内容。”第十条“煤矿领导带班下井实行井下交接班制度。上一班的带班领导应当在井下向接班的领导详细说明井下安全状况、存在的问题及原因、需要注意的事项等，并认真填写交接班记录簿。”第十一条“煤矿应当建立领导带班下井档案管理制度。煤矿领导升井后，应当及时将下井的时间、地点、经过路线、发现的问题及处理情况、意见等有关情况进行登记，并由专人负责整理和存档备查。”第十八条“煤矿有下列情形之一的，给予警告，并处 3 万元罚款；对煤矿主要负责人处 1 万元罚款：（一）未建立健全煤矿领导带班下井制度的；（二）未建立煤矿领导井下交接班制度的；（三）未建立煤矿领导带班下井档案管理制度的；（四）煤矿领导每月带班下井情况未按照规定公示的；（五）未按规定填写煤矿领导下井交接班记录簿、带班下井记录或者保存带班下井相关记录档案的。”

二、法律适用

未按规定执行煤矿领导带班下井制度的，违反了《煤矿领导带班下井及安全监督检查规定》第五条、第七条、第十条、第十一条之规定，应依据《煤矿领导带班下井及安全监督检查规定》第十八条之规定进行处罚。

三、行政处罚基准

有上述违法行为的，依据《煤矿领导带班下井及安全监督检查规定》第十八条之规定，给予警告，对煤矿企业并处 3 万元罚款；对煤矿主要负责人处 1 万元罚款。

第一百零四条　煤矿领导未按规定带班下井的违法行为。

一、法律依据

（一）行政法规

《国务院关于预防煤矿生产安全事故的特别规定》第二十一条第二款“县级以上地方人民政府负责煤矿安全生产监督管理的部门或者煤矿安全监察机构发现煤矿企业在生产过程中，1 周内其负责人或者生产经营管理人员没有按照国家规定带班下井，或者下井登记档案虚假的，责令改正，并对该煤矿企业处 3 万元以上 15 万元以下的罚款。”

（二）部门规章

《煤矿领导带班下井及安全监督检查规定》第十九条“煤矿领导未按规定带班下井，或者带班下井档案虚假的，责令改正，并对该煤矿处 15 万元的罚款，对违反规定的煤矿领导按照擅离职守处理，对煤矿主要负责人处 1 万元的罚款。”第二十一条第一款“对发生事故而没有煤矿领导带班下井的煤矿，对其主要负责人依法暂扣或者吊销其安全资格证，并依照下列规定处以罚款：（一）发生一般事故，处上一年年收入 30% 的罚款；（二）发生较大事故的，处上一年年收入 40% 的罚款；（三）发生重大事故的，处上一年年收入 60% 的罚款；（四）发生特别重大事故的，处上一年年收入 80% 的罚款。”

二、法律适用

煤矿领导未按规定带班下井的，违反了《国务院关于预防煤矿生产安全事故的特别规定》第二十一条和《煤矿领导带班下井及安全监督检查规定》第十九条之规定，有上述违法行为的，依据《国务院关于预防煤矿生产安全事故的特别规定》第二十一条第二款、《煤矿领导带班下井及安全监督检查规定》第十九条和第二十一条第一款之规定进行处罚。

三、行政处罚基准

有上述违法行为的，依据《国务院关于预防煤矿生产安全事故的特别规定》第二十一条第二款、《煤矿领导带班下井及安全监督检查规定》第十九条和第二十一条第一款的规定，责令改正，并对煤矿处3万元以上15万元以下的罚款；对违反规定的煤矿领导按照擅离职守处理，对煤矿主要负责人处1万元的罚款。

对发生事故而没有煤矿领导带班下井的煤矿，对其主要负责人依法暂扣或者吊销其安全生产有关证书，并按照以下基准进行处罚：

（1）发生一般事故，处上一年年收入30%的罚款；

（2）发生较大事故的，处上一年年收入40%的罚款；

（3）发生重大事故的，处上一年年收入60%的罚款；

（4）发生特别重大事故的，处上一年年收入80%的罚款。

第一百零五条 煤矿领导带班下井登记档案虚假的违法行为。

一、法律依据

（一）行政法规

《国务院关于预防煤矿生产安全事故的特别规定》第二十一条第二款“县级以上地方人民政府负责煤矿安全生产监督管理的部门或者煤矿安全监察机构发现煤矿企业在生产过程中，1周内其负责人或者生产经营管理人员没有按照国家规定带班下井，或者下井登记档案虚假的，责令改正，并对该煤矿企业处3万元以上15万元以下的罚款。”

（二）部门规章

《煤矿领导带班下井及安全监督检查规定》第十一条“煤矿应当建立领导带班下井档案管理制度。煤矿领导升井后，应当及时将下井的时间、地点、经过路线、发现的问题及处理情况、意见等有关情况进行登记，并由专人负责整理和存档备查。煤矿领导带班下井的相关记录和煤矿井下人员定位系统存储信息保存期不少于一年”。第十九条“煤矿领导未按规定带班下井，或者带班下井档案虚假的，责令改正，并对该煤矿处15万元的罚款，对违反规定的煤矿领导按照擅离职守处理，对煤矿主要负责人处1万元的罚款。”

二、法律适用

煤矿领导带班下井登记档案虚假的，违反了《国务院关于预防煤矿生产安全事故的特别规定》第二十一条、《煤矿领导带班下井及安全监督检查规定》第十一条之规定，《国务院关于预防煤矿生产安全事故的特别规定》第二十一条第二款对具有上述违法情形的煤矿的处罚进行了规定，《煤矿领导带班下井及安全监督检查规定》第十一条对有上述违法情形时对煤矿企业及煤矿企业主要负责人的处罚均做了规定。但对煤矿处罚的额度设定不一致，有上述违法行为时，对煤矿企业的处罚适用《国务院关于预防煤矿生产安全事故的特别规定》第二十一条第二款之规定；对煤矿企业主要负责人的处罚依据《煤矿领导带班下井及安全监督检查规定》第十九条之规定。

三、行政处罚基准

有上述违法行为的，依据《国务院关于预防煤矿生产安全事故的特别规定》第二十一条第二款之规定，责令改正，并对该煤矿企业处3万元以上15万元以下的罚款。

依据《煤矿领导带班下井及安全监督检查规定》第十一条、第十九条之规定，对违反规定的煤矿领导按照擅离职守处理，对煤矿主要负责人处1万元的罚款。

第七章　安全培训方面违法行为

第一百零六条 煤矿企业未按照规定对从业人员、被派遣劳动者、实习学生进行安全生产教育和培训，或者未按照规定如实告知有关的安全生产事项的违法行为。

一、法律依据

（一）法律

1.《安全生产法》第二十五条第一款“生产经营单位应当对从业人员进行安全生产教育和培训，保证从业人员具备必要的安全生产知识，熟悉有关的安全生产规章制度和安全操作规程，掌握本岗位的安全操作技能，了解事故应急处理措施，知悉自身在安全生产方面的权利和义务。未经安全生产教育和培训合格的从业人员，不得上岗作业。”第二款“生产经营单位使用被派遣劳动者的，应当将被派遣劳动者纳入本单位从业人员统一管理，对被派遣劳动者进行岗位安全操作规程和安全操作技能的教育和培训。劳务派遣单位应当对被派遣劳动者进行必要的安全生产教育和培训。”第三款“生产经营单位接收中等职业学校、高等学校学生实习的，应当对实习学生进行相应的安全生产教育和培训，提供必要的劳动防护用品。学校应当协助生产经营单位对实习学生进行安全生产教育和培训。”第四十一条“生产经营单位应当教育和督促从业人员严格执行本单位的安全生产规章制度和安全操作规程；并向从业人员如实告知作业场所和工作岗位存在的危险因素、防范措施以及事故应急措施。”第四十九条“生产经营单位与从业人员订立的劳动合同，应当载明有关保障从业人员劳动安全、防止职业危害的事项，以及依法为从业人员办理工伤保险的事项。生产经营单位不得以任何形式与从业人员订立协议，免除或者减轻其对从业人员因生产安全事故伤亡依法应承担的责任。”第九十四条“生产经营单位有下列行为之一的，责令限期改正，可以处五万元以下的罚款；逾期未改正的，责令停产停业整顿，并处五万元以上十万元以下的罚款，对其直接负责的主管人员和其他直接责任人员处一万元以上二万元以下的罚款：（三）未按照规定对从业人员、被派遣劳动者、实习学生进行安全生产教育和培训，或者未按照规定如实告知有关的安全生产事项的。”

2.《矿山安全法》第四十条“有下列行为之一的，由劳动行政主管部门责令改正，可以并处罚款；（一）未对职工进行安全教育、培训，分配职工上岗作业的。”

（二）行政法规

1.《矿山安全法实施条例》第五十二条“依照《矿山安全法》第四十条规定处以罚款的，分别按照下列规定执行：（一）未对职工进行安全教育、培训，分配职工上岗作业的，处4万元以下的罚款。”

2.《国务院关于预防煤矿生产安全事故的特别规定》第十六条第一款“煤矿企业应当依照国家有关规定对井下作业人员进行安全生产教育和培训，保证井下作业人员具有必要的安全生产知识，熟悉有关安全生产规章制度和安全操作规程，掌握本岗位的安全操作技能，并建立培训档案。未进行安全生产教育和培训或者经教育和培训不合格的人员不得下井作业。”第二款“县级以上地方人民政府负责煤矿安全生产监督管理的部门应当对煤矿井下作业人员的安全生产教育和培训情况进行监督检查；煤矿安全监察机构应当对煤矿特种作业人员持证上岗情况进行监督检查。发现煤矿企业未依照国家有关规定对井下作业人员进行安全生产教育和培训或者特种作业人员无上岗证的，应当责令限期改正，处10万元以上50万元以下的罚款；逾期未改正的，责令停产整顿。”第十七条“县级以上地方人民政府负责煤矿安全生产监督管理的部门、煤矿安全监察机构在监督检查中，1个月内3次或者3次以上发现煤矿企业未依照国家有关规定对井下作业人员进行安全生产教育和培训或者特种作业人员无证上岗的，应当提请有关地方人民政府对该煤矿予以关闭。”

3.《煤矿安全监察条例》第四十一条“分配职工上岗作业前未进行安全教育、培训，经煤矿安全监察机构责令限期改正，逾期不改正的，由煤矿安全监察机构处4万元以下的罚款；情节严重的，由煤矿安全监察机构责令停产整顿；对直接负责的主管人员和其他直接责任人员，依法给予纪律处分。”

（三）部门规章

《煤矿安全培训规定》第四十七条“煤矿企业有下列行为之一的，由煤矿安全培训主管部门或者煤矿安全监察机构责令其限期改正，可以处五万元以下的罚款；逾期未改正的，责令停产停业整顿，并处五万元以上十万元以下的罚款，对其直接负责的主管人员和其他直接责任人员处一万元以上二万元以下的罚款：（一）主要负责人和安全生产管理人员未按照规定经考核合格的；（二）未按照规定对从业人员进行安全生产培训的；（三）未如实记录安全生产培训情况的；（四）特种作业人员未经专门的安全培训并取得相应资格，上岗作业的。”

二、法律适用

煤矿企业未按照规定对从业人员、被派遣劳动者、实习学生进行安全生产教育和培训的，违反了《安全生产法》第二十五条和第四十一条之规定，《国务院关于预防煤矿生产安全事故的特别规定》第十六条第二款与《安全生产法》第九十四条第三项之规定不一致，根据上位法优于下位法的原则，应该依据《安全生产法》第九十四条第三项进行处罚。而《煤矿安全培训规定》第四十七条与《安全生产法》第九十四条第三项一致，应依据《煤矿安全培训规定》第四十七条与《安全生产法》第九十四条第三项处罚。未按照规定如实告知有关的安全生产事项的，违反了《安全生产法》第四十九条之规定，依据《安全生产法》第九十四条第（三）项进行处罚。

三、行政处罚基准

煤矿企业未按照规定对从业人员、被派遣劳动者、实习学生进行安全生产教育和培训的，依据《安全生产法》第九十四条第三项和《煤矿安全培训规定》第四十七条之规定，责令限期改正，可以处五万元以下的罚款；逾期未改正的，责令停产停业整顿，并处五万元以上十万元以下的罚款，对其直接负责的主管人员和其他直接责任人员处一万元以上二万元以下的罚款。

未按照规定如实告知有关的安全生产事项的，依据《安全生产法》第九十四条第三项，未按照规定如实告知有关的安全生产事项的，依据《安全生产法》第九十四条第三项进行处罚。

1 个月内 3 次或者 3 次以上发现煤矿企业未依照国家有关规定对井下作业人员进行安全生产教育和培训或者特种作业人员无证上岗的，依据《国务院关于预防煤矿生产安全事故的特别规定》第十七条之规定，提请有关地方人民政府对该煤矿予以关闭。

第一百零七条　主要负责人和安全生产管理人员未按照规定经考核合格的违法行为。

一、法律依据

（一）法律

《安全生产法》第二十四条第二款“危险物品的生产、经营、储存单位以及矿山、金属冶炼、建筑施工、道路运输单位的主要负责人和安全生产管理人员，应当由主管的负有安全生产监督管理职责的部门对其安全生产知识和管理能力考核合格。”第九十四条“生产经营单位有下列行为之一的，责令限期改正，可以处五万元以下的罚款；逾期未改正的，责令停产停业整顿，并处五万元以上十万元以下的罚款，对其直接负责的主管人员和其他直接责任人员处一万元以上二万元以下的罚款：（二）危险物品的生产、经营、储存单位以及矿山、金属冶炼、建筑施工、道路运输单位的主要负责人和安全生产管理人员未按照规定经考核合格的。”

（二）行政法规

《煤矿安全监察条例》第四十条“煤矿矿长不具备安全专业知识，或者特种作业人员未取得操作资格证书上岗作业，经煤矿安全监察机构责令限期改正，逾期不改正的，责令停产整顿；调整配备合格人员并经复查合格后，方可恢复生产。”

《安全许可证条例》第十四条第二款“安全生产许可证颁发管理机关应当加强对取得安全生产许可证的企业的监督检查，发现其不再具备本条例规定的安全生产条件的，应当暂扣或者吊销安全生产许可证。”

（三）部门规章

1.《生产经营单位安全培训规定》第二十四条“煤矿、非煤矿山、危险化学品、烟花爆竹、金属冶炼等生产经营单位主要负责人和安全生产管理人员，自任职之日起6个月内，必须经安全生产监管监察部门对其安全生产知识和管理能力考核合格”。第三十条“生产经营单位有下列行为之一的，由安全生产监管监察部门责令其限期改正，可以处5万元以下的罚款；逾期未改正的，责令停产停业整顿，并处5万元以上10万元以下的罚款，对其直接负责的主管人员和其他直接责任人员处1万元以上2万元以下的罚款：（一）煤矿、非煤矿山、危险化学品、烟花爆竹、金属冶炼等生产经营单位主要负责人和安全管理人员未按照规定经考核合格的。”

2. 《煤矿企业安全生产许可证实施办法》第六条“煤矿企业取得安全生产许可证，应当具备下列安全生产条件：（四）主要负责人和安全生产管理人员的安全生产知识和管理能力经考核合格。”第三十八条“安全生产许可证颁发管理机关应当加强对取得安全生产许可证的煤矿企业的监督检查，发现其不再具备本实施办法规定的安全生产条件的，应当责令限期整改，依法暂扣安全生产许可证；经整改仍不具备本实施办法规定的安全生产条件的，依法吊销安全生产许可证。”

3. 《煤矿安全规程》第九条第二款“主要负责人和安全生产管理人员必须具备煤矿安全生产知识和管理能力，并经考核合格。特种作业人员必须按国家有关规定培训合格，取得资格证书，方可上岗作业。”第九条第三款“矿长必须具备安全专业知识，具有组织、领导安全生产和处理煤矿事故的能力。”

4. 《煤矿安全培训规定》第四十七条“煤矿企业有下列行为之一的，由煤矿安全培训主管部门或者煤矿安全监察机构责令其限期改正，可以处五万元以下的罚款；逾期未改正的，责令停产停业整顿，并处五万元以上十万元以下的罚款，对其直接负责的主管人员和其他直接责任人员处一万元以上二万元以下的罚款：（一）主要负责人和安全生产管理人员未按照规定经考核合格的；”

二、法律适用

主要负责人和安全生产管理人员未按照规定经考核合格的，违反了《安全生产法》第二十四条第二款、《生产经营单位安全培训规定》第二十四条和第九条第二款、《煤矿企业安全生产许可证实施办法》第六条之规定。《安全生产法》第九十四条第（二）项对煤矿企业及其直接负责的主管人员和其他直接责任人员进行责令限期改正以及罚款的行政处罚进行规定，根据法律适用的效力层级，行政法规和部门规章对其规定与《安全生产法》有冲突的，适用《安全生产法》第九十四条第（二）项之规定；《煤矿安全培训规定》第四十七条之规定与《安全生产法》第九十四条之规定不冲突。有上述违法行为时，可以依据《安全生产法》第九十四条和《煤矿安全培训规定》第四十七条进行处罚。

关于暂扣或吊销安全生产许可证的规定，《安全许可证条例》第十四条第二款和《煤矿企业安全生产许可证实施办法》第三十八条也不冲突。可以依据《煤矿企业安全生产许可证实施办法》第三十八条和《安全生产许可证条例》第十四条第二款之规定进行处罚。

三、行政处罚基准

有上述违法行为的，依据《煤矿安全培训规定》第四十七条与《安全生产法》第九十四条之规定，责令限期改正，可以处五万元以下的罚款；逾期未改正的，责令停产停业整顿，并处五万元以上十万元以下的罚款，对其直接负责的主管人员和其他直接责任人员处一万元以上二万元以下的罚款。

发现其不再具备法定安全生产条件的，依据《煤矿企业安全生产许可证实施办法》第七条第一项、第三十八条和《安全生产许可证条例》第十四条第二款之规定，责令限期整改，暂扣安全生产许可证；经整改仍不具备安全生产条件的，吊销安全生产许可证。

第一百零八条 特种作业人员未经培训并取得操作资格证书上岗作业的违法行为。

一、法律依据

（一）法律

《安全生产法》第二十七条第一款“生产经营单位的特种作业人员必须按照国家有关规定经专门

的安全作业培训，取得相应资格，方可上岗作业。”第九十四条“生产经营单位有下列行为之一的，责令限期改正，可以处五万元以下的罚款；逾期未改正的，责令停产停业整顿，并处五万元以上十万元以下的罚款，对其直接负责的主管人员和其他直接责任人员处一万元以上二万元以下的罚款：（七）特种作业人员未按照规定经专门的安全作业培训并取得相应资格，上岗作业的。”

（二）行政法规

《国务院关于预防煤矿生产安全事故的特别规定》第十六条第一款“煤矿企业应当依照国家有关规定对井下作业人员进行安全生产教育和培训，保证井下作业人员具有必要的安全生产知识，熟悉有关安全生产规章制度和安全操作规程，掌握本岗位的安全操作技能，并建立培训档案。未进行安全生产教育和培训或者经教育和培训不合格的人员不得下井作业。”“县级以上地方人民政府负责煤矿安全生产监督管理的部门应当对煤矿井下作业人员的安全生产教育和培训情况进行监督检查；煤矿安全监察机构应当对煤矿特种作业人员持证上岗情况进行监督检查。发现煤矿企业未依照国家有关规定对井下作业人员进行安全生产教育和培训或者特种作业人员无上岗证的，应当责令限期改正，处 10 万元以上 50 万元以下的罚款；逾期未改正的，责令停产整顿。”第十七条“县级以上地方人民政府负责煤矿安全生产监督管理的部门、煤矿安全监察机构在监督检查中，1 个月内 3 次或者 3 次以上发现煤矿企业未依照国家有关规定对井下作业人员进行安全生产教育和培训或者特种作业人员无证上岗的，应当提请有关地方人民政府对该煤矿予以关闭。”

《安全许可证条例》第十四条第二款“安全生产许可证颁发管理机关应当加强对取得安全生产许可证的企业的监督检查，发现其不再具备本条例规定的安全生产条件的，应当暂扣或者吊销安全生产许可证。”

（三）部门规章

1.《煤矿安全培训规定》第四十七条“煤矿企业有下列行为之一的，由煤矿安全培训主管部门或者煤矿安全监察机构责令其限期改正，可以处五万元以下的罚款；逾期未改正的，责令停产停业整顿，并处五万元以上十万元以下的罚款，对其直接负责的主管人员和其他直接责任人员处一万元以上二万元以下的罚款：（四）特种作业人员未经专门的安全培训并取得相应资格，上岗作业的。”

2.《煤矿企业安全生产许可证实施办法》第七条“煤矿除符合本实施办法第六条规定的条件外，还必须符合下列条件：（一）特种作业人员经有关业务主管部门考核合格，取得特种作业操作资格证书。”第三十八条“安全生产许可证颁发管理机关应当加强对取得安全生产许可证的煤矿企业的监督检查，发现其不再具备本实施办法规定的安全生产条件的，应当责令限期整改，依法暂扣安全生产许可证；经整改仍不具备本实施办法规定的安全生产条件的，依法吊销安全生产许可证。”

3.《特种作业人员安全技术培训考核管理规定》第三十九条第二款“煤矿企业使用未取得特种作业操作证的特种作业人员上岗作业的，依照《国务院关于预防煤矿生产安全事故的特别规定》的规定处罚。”

4.《煤矿安全规程》第九条“煤矿企业必须对从业人员进行安全教育和培训。培训不合格的，不得上岗作业。主要负责人和安全生产管理人员必须具备煤矿安全生产知识和管理能力，并经考核合格。特种作业人员必须按国家有关规定培训合格，取得资格证书，方可上岗作业。”

二、法律适用

特种作业人员未经培训并取得操作资格证书上岗作业的，违反了《安全生产法》第二十七条第一款、《国务院关于预防煤矿生产安全事故的特别规定》第十六条第一款、《煤矿安全规程》第九条和安全许可证条例》第十四条之规定，除《煤矿安全培训规定》第四十七条外，其他行政法规、部门规章之规定与《安全生产法》规定有冲突。有上述违法行为的，依据《安全生产法》第九十四条第（七）项和《煤矿安全培训规定》第四十七条第（四）项进行处罚。

三、行政处罚基准

有上述违法行为的，依据《安全生产法》第九十四条第（七）项之规定和《煤矿安全培训规定》第四十七条第（四）项的规定，责令限期改正，可以处5万元以下的罚款；逾期未改正的，责令停产停业整顿，并处5万元以上10万元以下的罚款；对其直接负责的主管人员和其他直接责任人员处1万元以上2万元以下的罚款。

发现其不再具备法定安全生产条件的，依据《煤矿企业安全生产许可证实施办法》第七条第一项、第三十八条之规定，责令限期整改，暂扣安全生产许可证；经整改仍不具备安全生产条件的，吊销安全生产许可证。

第一百零九条 非法印制、伪造、倒卖特种作业操作证或使用非法印制、伪造、倒卖的特种作业操作证的违法行为。

一、法律依据

《特种作业人员安全技术培训考核管理规定》第四十条“生产经营单位非法印制、伪造、倒卖特种作业操作证，或者使用非法印制、伪造、倒卖的特种作业操作证的，给予警告，并处1万元以上3万元以下的罚款；构成犯罪的，依法追究刑事责任。”第四十一条“特种作业人员伪造、涂改特种作业操作证或者使用伪造的特种作业操作证的，给予警告，并处1000元以上5000元以下的罚款。特种作业人员转借、转让、冒用特种作业操作证的，给予警告，并处2000元以上10000元以下的罚款。”

二、法律适用

非法印制、伪造、倒卖特种作业操作证或使用非法印制、伪造、倒卖的特种作业操作证的，违反了《特种作业人员安全技术培训考核管理规定》第四十条规定，有上述违法行为的，依据《特种作业人员安全技术培训考核管理规定》第四十条及第四十一条之规定进行处罚。

三、行政处罚基准

有上述违法行为的，依据《特种作业人员安全技术培训考核管理规定》第四十条及第四十一条之规定，按照以下基准处罚：

（一）生产经营单位非法印制、伪造、倒卖特种作业操作证，或者使用非法印制、伪造、倒卖的特种作业操作证的，给予警告，并处1万元以上3万元以下的罚款；构成犯罪的，依法移送司法机关追究刑事责任。

（二）特种作业人员伪造、涂改特种作业操作证或者使用伪造的特种作业操作证的，给予警告，并处1千元以上5千元以下的罚款。

（三）特种作业人员转借、转让、冒用特种作业操作证的，给予警告，并处2千元以上1万元以下的罚款。

第一百一十条 特种作业人员以欺骗、贿赂等不正当手段取得特种作业操作证的违法行为。

一、法律依据

《安全生产培训管理办法》第四十九条“生产经营单位主要负责人、安全生产管理人员、特种作业人员以欺骗、贿赂等不正当手段取得安全资格证或者特种作业操作证的，除撤销其相关资格证外，处3千元以下的罚款，并自撤销其相关资格证之日起3年内不得再次申请该资格证。”

二、法律适用

特种作业人员以欺骗、贿赂等不正当手段取得特种作业操作证的，违反了《安全生产培训管理办法》第四十九条之规定，应依据《安全生产培训管理办法》第四十九条之规定进行处罚。

三、行政处罚基准

有上述违法行为的，依据《安全生产培训管理办法》第四十九条之规定，撤销其相关资格证外，处3千元以下的罚款，并自撤销其相关资格证之日起3年内不得再次申请该资格证。

第一百一十一条 煤矿企业对从业人员安全培训的时间少于有关标准规定的违法行为。

一、法律依据

1.《安全生产培训管理办法》第五十条“生产经营单位有下列情形之一的，责令改正，处3万元以下的罚款：（二）从业人员安全培训的时间少于《生产经营单位安全培训规定》或者有关标准规定的。”

2.《生产经营单位安全培训规定》第九条第二款“煤矿、非煤矿山、危险化学品、烟花爆竹、金属冶炼等生产经营单位主要负责人和安全生产管理人员初次安全培训时间不得少于48学时，每年再培训时间不得少于16学时”。第十三条第二款“煤矿、非煤矿山、危险化学品、烟花爆竹、金属冶炼等生产经营单位新上岗的从业人员安全培训时间不得少于72学时，每年再培训的时间不得少于20学时。”

3.《煤矿安全培训规定》第二十五条“煤矿特种作业人员在参加资格考试前应当按照规定的培训大纲进行安全生产知识和实际操作能力的专门培训。其中，初次培训的时间不得少于九十学时。已经取得职业高中、技工学校及中专以上学历的毕业生从事与其所学专业相应的特种作业，持学历证明经考核发证部门审核属实的，免予初次培训，直接参加资格考试。”第三十五条“煤矿企业或者具备安全培训条件的机构应当按照培训大纲对其他从业人员进行安全培训。其中，对从事采煤、掘进、机电、运输、通风、防治水等工作的班组长的安全培训，应当由其所在煤矿的上一级煤矿企业组织实施；没有上一级煤矿企业的，由本单位组织实施。煤矿企业其他从业人员的初次安全培训时间不得少于七十二学时，每年再培训的时间不得少于二十学时。煤矿企业或者具备安全培训条件的机构对其他从业人员安全培训合格后，应当颁发安全培训合格证明；未经培训并取得培训合格证明的，不得上岗作业。”

二、法律适用

煤矿企业对从业人员安全培训的时间少于有关标准规定的，违反了《安全生产培训管理办法》第九条第二款、第十三条第二款和《煤矿安全培训规定》第二十五条之规定，应依据《安全生产培训管理办法》第五十条之规定处罚。

三、行政处罚基准

有上述违法行为的，依据《安全生产培训管理办法》第五十条之规定，责令改正，处3万元以下的罚款：（二）从业人员安全培训的时间少于《生产经营单位安全培训规定》或者有关标准规定的。

第一百一十二条 煤矿企业违反安全培训有关规定的违法行为。

一、法律依据

《煤矿安全培训规定》第六条“煤矿企业应当建立完善安全培训管理制度，制定年度安全培训计划，明确负责安全培训工作的机构，配备专职或者兼职安全培训管理人员，按照国家规定的比例提取教育培训经费。其中，用于安全培训的资金不得低于教育培训经费总额的百分之四十。”第七条“对从业人员的安全技术培训，具备《安全培训机构基本条件》（AQ/T 8011）规定的安全培训条件的煤矿企业应当以自主培训为主，也可以委托具备安全培训条件的机构进行安全培训。不具备安全培训条件的煤矿企业应当委托具备安全培训条件的机构进行安全培训。从事煤矿安全培训的机构，应当将教师、教学和实习与实训设施等情况书面报告所在地省级煤矿安全培训主管部门。”第三十四条“省级煤矿安全培训主管部门负责制定煤矿企业其他从业人员安全培训大纲和考核标准。”第三十五条“煤矿企业或者具备安全培训条件的机构应当按照培训大纲对其他从业人员进行安全培训。其中，对从事采煤、掘进、机电、运输、通风、防治水等工作的班组长的安全培训，应当由其所在煤矿的上一级煤矿企业组织实施；没有上一级煤矿企业的，由本单位组织实施。煤矿企业其他从业人员的初次安全培训时间不得少于七十二学时，每年再培训的时间不得少于二十学时。煤矿企业或者具备安全培训条件的机构对其他从业人员安全培训合格后，应当颁发安全培训合格证明；未经培训并取得培训合格证明的，不得上岗作业。”第四十八条“煤矿安全培训主管部门或者煤矿安全监察机构发现煤矿企业有下列行为之一的，责令其限期改正，可以处一万元以上三万元以下的罚款：（一）未建立安全培训管理制度或者未制定年度安全培训计划的；（二）未明确负责安全培训工作的机构，或者未配备专兼职安全培训管理人员的；（三）用于安全培训的资金不符合本规定的；（四）未按照统一的培训大纲组织培训的；（五）不具备安全培训条件进行自主培训，或者委托不具备安全培训条件机构进行培训的。”

二、法律适用

煤矿企业违反安全培训有关规定的，违反了《煤矿安全培训规定》第六、七、三十五、三十六条之规定，出现上述违法行为之一的，依据《煤矿安全培训规定》的规定进行处罚。

三、行政处罚基准

有上述违法行为的，依据《煤矿安全培训规定》第四十八条的规定，责令其限期改正，可以处一万元以上三万元以下的罚款。

第一百一十三条 突出矿井管理人员和井下工作人员未按规定培训上岗作业的违法行为。

一、法律依据

《防治煤与瓦斯突出规定》第三十二条第一款“突出矿井的管理人员和井下工作人员必须接受防突知识的培训，经考试合格后方准上岗作业。”第一百一十九条“煤矿企业违反本规定第二十六条、第二十七条第一款、第三十二条规定的，责令限期改正，处3万元以上5万元以下的罚款；逾期未改正的，暂扣安全生产许可证。”

二、法律适用

突出矿井管理人员和井下工作人员未按规定培训上岗作业的，违反了《防治煤与瓦斯突出规定》第三十二条之规定，有上述违法行为的，依据《防治煤与瓦斯突出规定》第一百一十九条第一款之规定进行处罚。

三、行政处罚基准

上述违法行为的，依据《防治煤与瓦斯突出规定》第一百一十九条之规定，责令限期改正，处3万元以上5万元以下的罚款；逾期未改正的，暂扣安全生产许可证。

第一百一十四条 未如实记录安全生产教育和培训情况的违法行为。

一、法律依据

（一）法律

《安全生产法》第二十五条第四款“生产经营单位应当建立安全生产教育和培训档案，如实记录安全生产教育和培训的时间、内容、参加人员以及考核结果等情况。”第九十四条“生产经营单位有下列行为之一的，责令限期改正，可以处五万元以下的罚款；逾期未改正的，责令停产停业整顿，并处五万元以上十万元以下的罚款，对其直接负责的主管人员和其他直接责任人员处一万元以上二万元以下的罚款：(四) 未如实记录安全生产教育和培训情况的。”

（二）部门规章

1.《特种作业人员安全技术培训考核管理规定》第三十八条“生产经营单位未建立健全特种作业人员档案的，给予警告，并处1万元以下的罚款。”

2.《煤矿安全培训规定》第四十七条“煤矿企业有下列行为之一的，由煤矿安全培训主管部门或者煤矿安全监察机构责令其限期改正，可以处五万元以下的罚款；逾期未改正的，责令停产停业整顿，并处五万元以上十万元以（三）未如实记录安全生产培训情况的；”

3.《生产经营单位安全培训规定》第三十条“生产经营单位有下列行为之一的，由安全生产监管监察部门责令其限期改正，可以处5万元以下的罚款；逾期未改正的，责令停产停业整顿，并处5万元以上10万元以下的罚款，对其直接负责的主管人员和其他直接责任人员处1万元以上2万元以下的罚款：（三）未如实记录安全生产教育和培训情况的。”

二、法律适用

未如实记录安全生产教育和培训情况的，违反了《安全生产法》第二十五条第四款，由于《安全生产法》第九十四条、《特种作业人员安全技术培训考核管理规定》第三十八条、《煤矿安全培训规定》第四十七条、《生产经营单位安全培训规定》第三十条之规定没有冲突，有上述违法行为的，依据《安全生产法》第九十四条第四项和《煤矿安全培训规定》第四十七条之规定进行处罚。

三、行政处罚基准

未如实记录安全生产教育和培训情况的，依据《安全生产法》第二十五条第四款、第九十四条第四项之规定：责令限期改正，可以处5万元以下的罚款；逾期未改正的，责令停产整顿，并处5万元以上10万元以下的罚款；逾期未改正的，对其直接负责的主管人员和其他直接责任人员处1万元以上2万元以下的罚款。

未建立健全特种作业人员档案的，依据《特种作业人员安全技术培训考核管理规定》第三十八条之规定，给予警告，并处1万元以下的罚款。

第一百一十五条 安全培训机构违反有关规定的违法行为。

一、法律依据

1.《安全生产培训管理办法》第五条“安全培训的机构应当具备从事安全培训工作所需要的条件。从事危险物品的生产、经营、储存单位以及矿山、金属冶炼单位的主要负责人和安全生产管理人员，特种作业人员以及注册安全工程师等相关人员培训的安全培训机构，应当将教师、教学和实习实训设施等情况书面报告所在地安全生产监督管理部门、煤矿安全培训监管机构。”第六条“安全培训应当按照规定的安全培训大纲进行。”第十五条“安全培训机构应当建立安全培训工作制度和人员培训档案。安全培训相关情况，应当如实记录并建档备查。”第三十四条第一款“安全培训机构有下列情形之一的，责令限期改正，处1万元以下的罚款；逾期未改正的，给予警告，处1万元以上3万元以下的罚款：（一）不具备安全培训条件的；（二）未按照统一的培训大纲组织教学培训的；（三）未建立培训档案或者培训档案管理不规范的。”第二款“安全培训机构采取不正当竞争手段，故意贬低、诋毁其他安全培训机构的，依照前款规定处罚。”

2.《煤矿安全培训规定》第七条“对从业人员的安全技术培训，具备《安全培训机构基本条件》（AQ/T 8011）规定的安全培训条件的煤矿企业应当以自主培训为主，也可以委托具备安全培训条件的机构进行安全培训。不具备安全培训条件的煤矿企业应当委托具备安全培训条件的机构进行安全培训。从事煤矿安全培训的机构，应当将教师、教学和实习与实训设施等情况书面报告所在地省级煤矿安全培训主管部门。”第四十八条第1款“煤矿安全培训主管部门或者煤矿安全监察机构发现煤矿企业有下列行为之一的，责令其限期改正，可以处一万元以上三万元以下的罚款：（一）未建立安全培训管理制度或者未制定年度安全培训计划的；（二）未明确负责安全培训工作的机构，或者未配备专兼职安全培训管理人员的；（三）用于安全培训的资金不符合本规定的；（四）未按照统一的培训大纲组织培训的；（五）不具备安全培训条件进行自主培训，或者委托不具备安全培训条件机构进行培训的。”第二款“具备安全培训条件的机构未按照规定的培训大纲进行安全培训，或者未经安全培训并考试合格颁发有关培训合格证明的，依照前款规定给予行政处罚。”

二、法律适用

安全培训机构违反有关规定的，违反了《安全生产培训管理办法》第五、六、第十五条条和《煤矿安全培训规定》第七条之规定，应依据《煤矿安全培训规定》第四十八条之规定进行处罚。

三、行政处罚基准

有上述违法行为的，依据《煤矿安全培训规定》第四十八条之规定，责令其限期改正，可以处一万元以上三万元以下的罚款。

第八章　安全生产资金投入方面违法行为

第一百一十六条　未按规定提取或使用安全生产费用的违法行为

一、法律依据

（一）法律

1.《安全生产法》第二十条第二款“有关生产经营单位应当按照规定提取和使用安全生产费用，专门用于改善安全生产条件。安全生产费用在成本中据实列支。安全生产费用提取、使用和监督管理的具体办法由国务院财政部门会同国务院安全生产监督管理部门征求国务院有关部门意见后制定。”

2.《矿山安全法》第三十二条“矿山企业必须从矿产品销售额中按照国家规定提取安全技术措施专项费用。安全技术措施专项费用必须全部用于改善矿山安全生产条件，不得挪作他用。”第四十条“有下列行为之一的，由劳动行政主管部门责令改正，可以并处罚款：（三）未按照规定提取或者使用安全技术措施专项费用的。”

（二）行政法规

1.《矿山安全法实施条例》第十五条“生产经营单位应当按照国家和省的规定提取安全费用，专项用于安全生产，保证安全生产的资金投入。”第五十二条“依照《矿山安全法》第四十条规定处以罚款的，分别按照下列规定执行：（三）未按照规定提取或者使用安全技术措施专项费用的，处5万元以下的罚款。”

2.《煤矿安全监察条例》第三十九条“未依法提取或者使用煤矿安全技术措施专项费用，或者使用不符合国家安全标准或者行业安全标准的设备、器材、仪器、仪表、防护用品，经煤矿安全监察机构责令限期改正或者责令立即停止使用，逾期不改正或者不立即停止使用的，由煤矿安全监察机构处5万元以下的罚款；情节严重的，由煤矿安全监察机构责令停产整顿；对直接负责的主管人员和其他直接责任人员，依法给予纪律处分。”

3.《国务院关于预防煤矿生产安全事故的特别规定》第八条第二款“煤矿有下列重大安全生产隐患和行为的，应当立即停止生产，排除隐患：（十五）有其他重大安全生产隐患的。”第十条“煤矿有本规定第八条第二款所列情形之一，仍然进行生产的，由县级以上地方人民政府负责煤矿安全生产监督管理的部门或者煤矿安全监察机构责令停产整顿，提出整顿的内容、时间等具体要求，处50万元以上200万元以下的罚款；对煤矿企业负责人处3万元以上15万元以下的罚款。”第十一条第一款“对被责令停产整顿的煤矿，颁发证照的部门应当暂扣采矿许可证、安全生产许可证、营业执照和矿长资格证、矿长安全资格证。”

（三）部门规章

1.《安全生产违法行为行政处罚办法》第四十三条“生产经营单位的决策机构、主要负责人、个人经营的投资人（包括实际控制人，下同）未依法保证下列安全生产所必需的资金投入，致使生产经营单位不具备安全生产条件的，责令限期改正，提供必需的资金，并可以对生产经营单位处1万元以上3万元以下罚款，对生产经营单位的主要负责人、个人经营的投资人处5千元以上1万元以下罚款；逾期未改正的，责令生产经营单位停产停业整顿：（一）提取或者使用安全生产费用的；（二）用于配备劳动防护用品的经费；（三）用于安全生产教育和培训的经费；（四）国家规定的其他安全生产所必须的资金投入。生产经营单位主要负责人、个人经营的投资人有前款违法行为，导致发生生产安全事故的，依照《生产安全事故罚款处罚规定（试行）》的规定给予处罚。”

2.《煤矿企业安全生产许可证实施办法》第六条“煤矿企业取得安全生产许可证，应当具备下列安全生产条件：（二）安全投入满足安全生产要求，并按照有关规定足额提取和使用安全生产费用。”第三十八条“安全生产许可证颁发管理机关应当加强对取得安全生产许可证的煤矿企业的监督检查，发现其不再具备本实施办法规定的安全生产条件的，应当责令限期整改，依法暂扣安全生产许可证；经整改仍不具备安全生产条件的，依法吊销安全生产许可证。”

3.《煤矿安全监察行政处罚办法》第十条“煤矿未依法提取或者使用煤矿安全技术措施专项费用的，责令限期改正，提供必需的资金；逾期不改正的，处5万元以下的罚款，责令停产整顿。有前款违法行为，导致发生生产安全事故的，对煤矿主要负责人给予撤职处分，对个人经营的投资人处2万元以上20万元以下的罚款；构成犯罪的，依照刑法有关规定追究刑事责任。”

4.《煤矿安全规程》第十一条“煤矿企业在编制生产建设长远发展规划和年度生产建设计划时，必须编制安全技术与职业病危害防治发展规划和安全技术措施计划。安全技术措施与职业病危害防治所需费用、材料和设备等必须列入企业财务、供应计划。煤炭生产与煤矿建设的安全投入和职业病危害防治费用提取、使用必须符合国家有关规定。”

5.《煤矿重大生产安全事故隐患判定标准》第十八条第二项“‘其他重大事故隐患’，是指有下列情形之一的：（二）未按规定足额提取和使用安全生产费用的。”

二、法律适用

未按规定提取或使用安全生产费用的，违反了《安全生产法》第二十条第二款、《矿山安全法》第三十二条、《矿山安全法实施条例》第十五条、《煤矿安全监察条例》第三十九条、《国务院关于预防煤矿生产安全事故的特别规定》第八条之规定。煤矿企业未按照规定提取或使用安全生产费用的，就罚款数额，《矿山安全法实施条例》第五十二条、《煤矿安全监察条例》第三十九条与《国务院关于预防煤矿生产安全事故的特别规定》第十条之规定不一致，根据新法优于旧法、特别法优于一般法的原则，有上述违法行为时，应依据《国务院关于预防煤矿生产安全事故的特别规定》第十条之规定处罚。非法款之行政处罚，《国务院关于预防煤矿生产安全事故的特别规定》和《煤矿安全监察条例》一致，《煤矿安全监察条例》第三十九条可以同时适用。

三、行政处罚基准

有上述违法行为的，依据《国务院关于预防煤矿生产安全事故的特别规定》第十条和《煤矿安全监察条例》第三十九条之规定，责令停产整顿，提出整顿的内容、时间等具体要求，处50万元以上200万元以下的罚款；颁发证照的部门应当暂扣采矿许可证、安全生产许可证、营业执照和矿长资格证、矿长安全资格证；对煤矿企业负责人处3万元以上15万元以下的罚款。

第一百一十七条　未按规定保证安全生产所必需资金投入的违法行为。

一、法律依据

《安全生产法》第二十条第一款“生产经营单位应当具备的安全生产条件所必需的资金投入，由生产经营单位的决策机构、主要负责人或者个人经营的投资人予以保证，并对由于安全生产所必需的资金投入不足导致的后果承担责任。”第九十条“生产经营单位的决策机构、主要负责人或者个人经营的投资人不依照本法规定保证安全生产所必需的资金投入，致使生产经营单位不具备安全生产条件的，责令限期改正，提供必需的资金；逾期未改正的，责令生产经营单位停产停业整顿。有前款违法行为，导致发生生产安全事故的，对生产经营单位的主要负责人给予撤职处分，对个人经营的投资人处二万元以上二十万元以下的罚款；构成犯罪的，依照刑法有关规定追究刑事责任。”

二、法律适用

未按规定保证安全生产所必需资金投入的，违反了《安全生产法》第二十条之规定，煤矿企业的决策机构、主要负责人或者个人经营的投资人予以保证，并对由于安全生产所必需的资金投入不足导致的后果承担责任，依据《安全生产法》第九十条的规定处罚。

三、行政处罚基准

有上述违法行为的，依据《安全生产法》第九十条之规定，责令限期改正，提供必需的资金；逾期未改正的，责令生产经营单位停产停业整顿。上述违法行为导致发生生产安全事故的，对生产经营单位的主要负责人给予撤职处分，对个人经营的投资人处二万元以上二十万元以下的罚款。

第一百一十八条 煤矿企业未依法参加工伤保险并为从业人员缴纳工伤保险费的违法行为。

一、法律依据

（一）法律

1.《安全生产法》第四十八条“生产经营单位必须依法参加工伤保险，为从业人员缴纳保险费。”

2.《煤炭法》第三十七条“煤矿企业应当依法为职工参加工伤保险缴纳工伤保险费。鼓励企业为井下作业职工办理意外伤害保险，支付保险费。”

（二）部门规章

《煤矿企业安全生产许可证实施办法》第六条“煤矿企业取得安全生产许可证，应当具备下列安全生产条件：（五）参加工伤保险，为从业人员缴纳工伤保险费。”第三十八条“安全生产许可证颁发管理机关应当加强对取得安全生产许可证的煤矿企业的监督检查，发现其不再具备本实施办法规定的安全生产条件的，应当责令限期整改，依法暂扣安全生产许可证；经整改仍不具备本实施办法规定的安全生产条件的，依法吊销安全生产许可证。”

二、法律适用

煤矿企业未依法参加工伤保险并为从业人员缴纳工伤保险费的，违反了《安全生产法》第四十八条、《煤炭法》第三十七条、《煤矿企业安全生产许可证实施办法》第六条之规定，《安全生产法》、《煤炭法》对煤炭企业为职工参加工伤保险做了要求性规定，但对具体罚则没有具体要求，因此，有上述违法行为，依据《煤矿企业安全生产许可证实施办法》第六条第（五）项及第三十八条之规定进行处罚。

三、行政处罚基准

有上述违法行为的，依据《煤矿企业安全生产许可证实施办法》第六条第（五）项、第三十八条之规定：责令限期整改，暂扣安全生产许可证；经整改仍不具备安全生产条件的，吊销安全生产许可证。

第九章　承包租赁方面违法行为

第一百一十九条 将生产经营项目、场所、设备发包或出租给不具备安全生产条件或相应资质的单位或个人的违法行为。

一、法律依据

《安全生产法》第四十六条第一款“生产经营单位不得将生产经营项目、场所、设备发包或者出租给不具备安全生产条件或者相应资质的单位或者个人。”第一百条“生产经营单位将生产经营项目、场所、设备发包或者出租给不具备安全生产条件或者相应资质的单位或者个人的，责令限期改正，没收违法所得；违法所得十万元以上的，并处违法所得二倍以上五倍以下的罚款；没有违法所得或者违法所得不足十万元的，单处或者并处十万元以上二十万元以下的罚款；对其直接负责的主管人员和其他直接责任人员处一万元以上二万元以下的罚款；导致发生生产安全事故给他人造成损害的，与承包方、承租方承担连带赔偿责任。生产经营单位未与承包单位、承租单位签订专门的安全生产管理协议或者未在承包合同、租赁合同中明确各自的安全生产管理职责，或者未对承包单位、承租单位的安全生产统一协调、管理的，责令限期改正，可以处五万元以下的罚款，对其直接负责的主管人员和其他直接责任人员可以处一万元以下的罚款；逾期未改正的，责令停产停业整顿。”

二、法律适用

将生产经营项目、场所、设备发包或出租给不具备安全生产条件或相应资质的单位或个人的，违反了《安全生产法》第四十六条第一款之规定，应依据《安全生产法》第四十六条和第一百条之规定处罚。

三、行政处罚基准

有上述违法行为的，依据《安全生产法》第一百条之规定，责令限期改正，没收违法所得；违法所得十万元以上的，并处违法所得二倍以上五倍以下的罚款；没有违法所得或者违法所得不足十万元的，单处或者并处十万元以上二十万元以下的罚款；对其直接负责的主管人员和其他直接责任人员处一万元以上二万元以下的罚款；导致发生生产安全事故给他人造成损害的，与承包方、承租方承担连带赔偿责任。生产经营单位未与承包单位、承租单位签订专门的安全生产管理协议或者未在承包合同、租赁合同中明确各自的安全生产管理职责，或者未对承包单位、承租单位的安全生产统一协调、管理的，责令限期改正，可以处五万元以下的罚款，对其直接负责的主管人员和其他直接责任人员可以处一万元以下的罚款；逾期未改正的，责令停产停业整顿。

第一百二十条 煤矿企业未签订安全生产管理协议或未指定专职安全生产管理人员进行安全检查与协调的违法行为。

一、法律依据

《安全生产法》第四十五条“两个以上生产经营单位在同一作业区域内进行生产经营活动，可能危及对方生产安全的，应当签订安全生产管理协议，明确各自的安全生产管理职责和应当采取的安全措施，并指定专职安全生产管理人员进行安全检查与协调。”第一百零一条“两个以上生产经营单位在同一作业区域内进行可能危及对方安全生产的生产经营活动，未签订安全生产管理协议或者未指定专职安全生产管理人员进行安全检查与协调的，责令限期改正，可以处五万元以下的罚款，对其直接负责的主管人员和其他直接责任人员可以处一万元以下的罚款；逾期未改正的，责令停产停业。”

二、法律适用

煤矿企业未签订安全生产管理协议或未指定专职安全生产管理人员进行安全检查与协调的，违反了《安全生产法》第四十五条之规定，应依据《安全生产法》第一百零一条之规定进行处罚。

三、行政处罚基准

有上述违法行为的，依据《安全生产法》第一百零一条之规定，责令限期改正，可以处五万元以下的罚款，对其直接负责的主管人员和其他直接责任人员可以处一万元以下的罚款；逾期未改正的，责令停产停业。

第一百二十一条 未与承包单位、承租单位签订专门的安全生产管理协议或者未在承包合同、租赁合同中明确各自的安全生产管理职责，或者未对承包单位、承租单位的安全生产统一协调、管理的违法行为。

一、法律依据

《安全生产法》第四十六条第二款“生产经营项目、场所发包或者出租给其他单位的，生产经营单位应当与承包单位、承租单位签订专门的安全生产管理协议，或者在承包合同、租赁合同中约定各自的安全生产管理职责；生产经营单位对承包单位、承租单位的安全生产工作统一协调、管理，定期进行安全检查，发现安全问题的，应当及时督促整改。”第一百条第二款“生产经营单位未与承包单位、承租单位签订专门的安全生产管理协议或者未在承包合同、租赁合同中明确各自的安全生产管理职责，或者未对承包单位、承租单位的安全生产统一协调、管理的，责令限期改正，可以处五万元以下的罚款，对其直接负责的主管人员和其他直接责任人员可以处一万元以下的罚款；逾期未改正的，责令停产停业整顿。”

二、法律适用

上述违法行为违反了《安全生产法》第四十六条之规定，应依据《安全生产法》第一百条第二款之规定进行处罚。

三、行政处罚基准

有上述违法行为的，依据《安全生产法》第一百条第二款之规定，责令限期改正，可以处五万元以下的罚款，对其直接负责的主管人员和其他直接责任人员可以处一万元以下的罚款；逾期未改正的，责令停产停业整顿。

第一百二十二条 实行承包违反有关规定的违法行为。

一、法律依据

（一）行政法规

《国务院关于预防煤矿生产安全事故的特别规定》第八条第二款第（十三）项“煤矿实行整体承包生产经营后，未重新取得安全生产许可证和煤炭生产许可证，从事生产的，或者承包方再次转包的，以及煤矿将井下采掘工作面和井巷维修作业进行劳务承包的。”第十条第一款“煤矿有本规定第八条第二款所列情形之一，仍然进行生产的，由县级以上地方人民政府负责煤矿安全生产监督管理的部门或者煤矿安全监察机构责令停产整顿，提出整顿的内容、时间等具体要求，处50万元以上200万元以下的罚款；对煤矿企业负责人处3万元以上15万元以下的罚款。”第十一条第一款“对被责令停产整顿的煤矿，颁发证照的部门应当暂扣采矿许可证、安全生产许可证、营业执照和矿长资格证、矿长安全资格证。”

（二）部门规章

《煤矿重大生产安全事故隐患判定标准》第十六条“‘煤矿实行整体承包生产经营后，未重新取得或者及时变更安全生产许可证从事生产的，或者承包方再次转包，以及将井下采掘工作面和井巷维修作业进行劳务承包’重大事故隐患，是指有下列情形之一的：（一）生产经营单位将煤矿承包或者托管给没有合法有效煤矿生产建设证照的单位或者个人的；（二）煤矿实行承包（托管）但未签订安全生产管理协议，或者未约定双方安全生产管理职责合同而进行生产的；（三）承包方（承托方）未按规定变更安全生产许可证进行生产的；（四）承包方（承托方）再次将煤矿承包（托管）给其他单位或者个人的；（五）煤矿将井下采掘工作面或者井巷维修作业作为独立工程承包（托管）给其他企业或者个人的。”

二、法律适用

实行承包违反有关规定的，违反了《国务院关于预防煤矿生产安全事故的特别规定》第八条第二款第（十三）项和《煤矿重大生产安全事故隐患判定标准》第十六条之规定，应依照《国务院关于预防煤矿生产安全事故的特别规定》第十条第一款和第十一条第一款之规定处罚。

三、行政处罚基准

有上述违法行为的，依据《国务院关于预防煤矿生产安全事故的特别规定》第十条第一款之规定，责令停产整顿，提出整顿的内容、时间等具体要求，处50万元以上200万元以下的罚款；颁发证照的部门应当暂扣采矿许可证、安全生产许可证、营业执照和矿长资格证、矿长安全资格证；对煤矿企业负责人处3万元以上15万元以下的罚款。

第十章 评价、检测检验方面违法行为

第一百二十三条 安全评价机构和其有关人员无有效资质、资格，以及资质证书有效期届满未办理延期或者未经批准延期从事安全评价活动的违法行为。

一、法律依据

（一）法律

《安全生产法》第六十九条“承担安全评价、认证、检测、检验的机构应当具备国家规定的资质条件，并对其作出的安全评价、认证、检测、检验的结果负责。”

（二）部门规章

1.《安全生产违法行为行政处罚办法》第五十二条“未取得相应资格、资质证书的机构及其有关人员从事安全评价、认证、检测、检验工作，责令停止违法行为，并按照下列规定处以罚款：（一）机构有违法所得的，没收违法所得，并处违法所得1倍以上3倍以下的罚款，但是最高不得超过3万元；没有违法所得的，并处5千元以上1万元以下的罚款；（二）有关人员处5千元以上1万元以下的罚款。”

2.《安全评价机构管理规定》第三十五条“安全评价机构未取得相应资质证书，或者冒用资质证书、使用伪造的资质证书从事安全评价活动的，给予警告，并处2万元以上3万元以下的罚款。转让、租借资质证书或者转包安全评价项目的，给予警告，并处1万元以上2万元以下的罚款。安全评价机构的资质证书有效期届满未办理延期或者未经批准延期擅自从事安全评价活动的，依照本条第一款的规定处罚。”

二、法律适用

安全评价机构和其有关人员无有效资质、资格，以及资质证书有效期届满未办理延期或者未经批准延期从事安全评价活动的，违反了《安全生产法》第六十九条之规定。《安全生产违法行为行政处罚办法》第五十二条对未取得相应资格、资质证书的机构及其有关人员从事安全评价、认证、检测工作等违法行为的处罚作出了规定；而《安全评价机构管理规定》第三十五条对安全评价机构未取得相应资质证书及冒用和使用伪造的资质证书从事上述违法活动的情形进行了规定。二者都是部门规章，《安全评价机构管理规定》相对于《安全生产违法行为行政处罚办法》，其属于特别法，根据特别法优于一般法的原因，对安全评价机构从事上述违法行为需要进行处罚的，依据《安全评价机构管理规定》第三十五条之规定处罚。除此之外的未取得相应资格、资质证书而从事上述违法行为的机构及其有关人员的处罚适用《安全生产违法行为行政处罚办法》第五十二条之规定处罚。

三、行政处罚基准

安全评价机构未取得相应资质证书，或者冒用资质证书、使用伪造的资质证书从事安全评价活动的，或有关机构转让、租借资质证书或者转包安全评价项目的，或有关机构的资质证书有效期届满未办理延期或者未经批准延期擅自从事安全评价活动的，依据《安全评价机构管理规定》第三十五条之规定，给予警告，并处2万元以上3万元以下的罚款。

有关机构及其有关人员未取得相应资格证书的，依据《安全生产违法行为行政处罚办法》第五十二条第二项之规定，责令停止违法行为，对有关人员处5千元以上1万元以下的罚款。

第一百二十四条　安全评价机构和人员违反有关规定的违法行为。

一、法律依据

《安全评价机构管理规定》第三十六条“安全评价机构有下列情形之一的，给予警告，并处1万元以下的罚款；情节严重的，暂停资质半年，并处3万元以下的罚款；对相关责任人依法给予处理：（一）从业人员不到现场开展评价活动的；（二）安全评价报告与实际情况不符，或者评价报告存在重大疏漏，但尚未造成重大损失的；（三）未按照有关法律、法规、规章和国家标准、行业标准的规定从事安全评价活动的；（四）泄露被评价对象的技术秘密和商业秘密的；（五）采取不正当竞争手段，故意贬低、诋毁其他安全评价机构，并造成严重影响的；（六）未按规定办理资质证书变更手续的；（七）定期考核不合格，经整改后仍达不到规定要求的；（八）内部管理混乱，安全评价过程控制未有效实施的；（九）未依法与委托方签订安全评价技术服务合同的；（十）拒绝、阻碍安全生产监督管理部门、煤矿安全监察机构依法监督检查的。”第三十八条“安全评价机构有下列情形之一的，撤销其相应资质：（一）不符合本规定第八条、第九条规定的资质条件的；（二）弄虚作假骗取资质证书的；（三）有其他依法应当撤销资质的情形的。”

二、法律适用

上述违法行为违反了《安全评价机构管理规定》第三十六条和第三十八条之规定，有上述违法行为的，依据《安全评价机构管理规定》第三十六条及第三十八条之规定进行处罚。

三、行政处罚基准

有上述违法行为的，依据《安全评价机构管理规定》第三十六条及第三十八条之规定进行处罚：给予警告，并处1万元以下的罚款；情节严重的，暂停资质半年，并处3万元以下的罚款。

第一百二十五条 承担安全评价、认证、检测、检验工作的机构出具虚假证明的违法行为。

一、法律依据

（一）法律

《安全生产法》第六十九条“承担安全评价、认证、检测、检验的机构应当具备国家规定的资质条件，并对其作出的安全评价、认证、检测、检验的结果负责。”第八十九条第一款“承担安全评价、认证、检测、检验工作的机构，出具虚假证明的，没收违法所得；违法所得在十万元以上的，并处违法所得二倍以上五倍以下的罚款；没有违法所得或者违法所得不足十万元的，单处或者并处十万元以上二十万元以下的罚款；对其直接负责的主管人员和其他直接责任人员处二万元以上五万元以下的罚款；给他人造成损害的，与生产经营单位承担连带赔偿责任；构成犯罪的，依照刑法有关规定追究刑事责任。”第二款“对有前款违法行为的机构，吊销其相应资质。”

（二）部门规章

1.《煤矿企业安全生产许可证实施办法》第三十七条“承担安全评价、检测、检验工作的机构，出具虚假安全评价、检测、检验报告或者证明的，没收违法所得；违法所得在10万元以上的，并处违法所得2倍以上5倍以下的罚款，没有违法所得或者违法所得不足10万元的，单处或者并处10万元以上20万元以下的罚款，对其直接负责的主管人员和其他直接责任人员处2万元以上5万元以下的罚款；给他人造成损害的，与煤矿企业承担连带赔偿责任；构成犯罪的，依照刑法有关规定追究刑事责任。对有前款违法行为的机构，依法吊销其相应资质。”

2.《安全评价机构管理规定》第三十七条“安全评价机构出具虚假证明或者虚假评价报告，尚不构成刑事处罚的，没收违法所得，违法所得在5千元以上的，并处违法所得二倍以上五倍以下的罚款；没有违法所得或者违法所得不足5千元的，单处或者并处5千元以上2万元以下的罚款，对其直接负责的主管人员和其他责任人员处5千元以上5万元以下的罚款；给他人造成损害的，与被评价对象承担连带赔偿责任。对有前款违法行为的，撤销其相应的资质。”

3.《安全生产检测检验机构管理规定》第二十一条“检测检验机构或者检测检验人员伪造检测检验结果，出具虚假证明，构成犯罪的，依法追究刑事责任；尚不够刑事处罚的，没收违法所得，违法所得在五千元以上的，并处违法所得二倍以上五倍以下的罚款，没有违法所得或者违法所得不足五千元的，单处或者并处五千元以上二万元以下的罚款，对其直接负责的主管人员和其他直接责任人员处五千元以上五万元以下的罚款；给他人造成损害的，与生产经营单位承担连带偿责任。对有前款违法行为的机构，撤销其检测检验资质。”

4.《安全生产事故隐患排查治理暂行规定》第二十七条“承担检测检验、安全评价的中介机构，出具虚假评价证明，尚不够刑事处罚的，没收违法所得，违法所得在五千元以上的，并处违法所得二倍以上五倍以下的罚款，没有违法所得或者违法所得不足五千元的，单处或者并处五千元以上二万元以下的罚款，同时可对其直接负责的主管人员和其他直接责任人员处五千元以上五万元以下的罚款；给他人造成损害的，与生产经营单位承担连带赔偿责任。对有前款违法行为的机构，撤销其相应的资质。”

二、法律适用

承担安全评价、认证、检测、检验工作的机构出具虚假证明的，违反了《安全生产法》第六十九条的规定。《煤矿企业安全生产许可证实施办法》第三十七条、《安全评价机构管理规定》第三十七条、《安全生产检测检验机构管理规定》第二十一条、《安全生产事故隐患排查治理暂行规定》第二十七条之规定，与《安全生产法》第六十九条及第八十九条内容相冲突，根据上位法优于下位法的原则，应依据《安全生产法》第八十九条之规定进行处罚。

三、行政处罚基准

出具虚假证明的，依据《安全生产法》第八十九条第一款之规定，没收违法所得；违法所得在十万元以上的，并处违法所得二倍以上五倍以下的罚款；没有违法所得或者违法所得不足十万元的，单处或者并处十万元以上二十万元以下的罚款；对其直接负责的主管人员和其他直接责任人员处二万元以上五万元以下的罚款。

出具虚假证明的，依据《安全生产法》第八十九条第二款之规定“吊销其相应资质。”

第一百二十六条 检测检验机构未取得资质证书或者有效期届满未批准换证继续从事安全生产检测检验活动的违法行为。

一、法律依据

（一）法律

《安全生产法》第六十九条“承担安全评价、认证、检测、检验的机构应当具备国家规定的资质条件，并对其作出的安全评价、认证、检测、检验的结果负责。”

（二）部门规章

1.《安全生产违法行为行政处罚办法》第五十二条“未取得相应资格、资质证书的机构及其有关人员从事安全评价、认证、检测、检验工作，责令停止违法行为，并按照下列规定处以罚款：（一）机构有违法所得的，没收违法所得，并处违法所得1倍以上3倍以下的罚款，但是最高不得超过3万元；没有违法所得的，并处5千元以上1万元以下的罚款；（二）有关人员处5千元以上1万元以下的罚款。”

2.《安全生产检测检验机构管理规定》第九条“检测检验资质有效期为3年。资质有效期届满需要延续的，检测检验机构应当于资质有效期届满6个月前提出换证申请。换证审批程序按照本规定第七条和安全监管总局的相关规定执行。换证工作应当在机构资质有效期满前完成。”第二十条“检测检验机构未取得资质或者伪造资质证书从事安全生产检测检验活动的，或者资质有效期届满未批准换证继续从事安全生产检测检验活动的，处一万元以上三万元以下的罚款。”

二、法律适用

检测检验机构未取得资质证书或者有效期届满未批准换证继续从事安全生产检测检验活动的，违反了《安全生产法》第六十九条和《安全生产检测检验机构管理规定》第九条之规定。《安全生产检测检验机构管理规定》与《安全生产违法行为行政处罚办法》均属于部门规章，具有同等的法律效力，对实施了“检测检验机构未取得相应资质证书，或者冒用资质证书、使用伪造的资质证书从事安全评价活动的”违法行为的情形，依照《安全生产检测检验机构管理规定》第二十条及《安全生产违法行为行政处罚办法》第五十二条之规定进行处罚，二者互为补充；对于“检测检验机构有关人员未取得相应资格证书的”的违法情形如何处罚，《安全生产违法行为行政处罚办法》第五十二条第二项作出了规定；对于“检测检验机构伪造资质证书从事安全生产检测检验活动的，或者资质有效期届满未批准换证继续从事安全生产检测检验活动的”的违法行为，依据《安全生产检测检验机构管理规定》第二十条之规定进行处罚。

三、行政处罚基准

（一）检测检验机构未取得相应资质证书，或者冒用资质证书、使用伪造的资质证书从事安全评价活动的，依据《安全生产检测检验机构管理规定》第二十条之规定，处1万元以上3万元以下的罚款。同时，依据《安全生产违法行为行政处罚办法》第五十二条之规定，责令停止违法行为，机构有违法所得的，没收违法所得，对有关人员处5千元以上1万元以下的罚款。

（二）检测检验机构伪造资质证书从事安全生产检测检验活动的，或者资质有效期届满未批准换证继续从事安全生产检测检验活动的，依据《安全生产检测检验机构管理规定》第二十条之规定，处 1 万元以上 3 万元以下的罚款。

第一百二十七条 检测检验机构超出批准的业务范围从事安全生产检测检验活动的违法行为。

一、法律依据

《安全生产检测检验机构管理规定》第三条“检测检验机构应当取得安全生产检测检验资质，并在资质有效期和批准的检测检验业务范围内独立开展检测检验活动。”第二十三条“检测检验机构在资质有效期内超出批准的检测检验业务范围从事安全生产检测检验活动的，责令其停止超范围检测检验，处五千元以上二万元以下的罚款；不补办增项手续，继续超范围检测检验的，撤销其检测检验资质。”

二、法律适用

检测检验机构超出批准的业务范围从事安全生产检测检验活动的，违反了《安全生产检测检验机构管理规定》第三条之规定，应依据《安全生产检测检验机构管理规定》第二十三条之规定进行处罚。

三、行政处罚基准

有上述违法行为的，依据《安全生产检测检验机构管理规定》第二十三条之规定，责令其停止超范围检测检验，处五千元以上二万元以下的罚款；不补办增项手续，继续超范围检测检验的，撤销其检测检验资质。

第一百二十八条 检测检验机构在资质有效期内应当办理变更确认而未办理的违法行为。

一、法律依据

《安全生产检测检验机构管理规定》第九条第二款“在资质有效期内，需要增加检测检验项目的，检测检验机构应当提出增项申请。增项审批程序按照本规定第七条和安全监管总局的相关规定执行。增项评审可与定期监督评审合并进行。”第三款“在资质有效期内，依据标准、主要负责人、授权签字人及授权签字事项、机构名称、地址、法定代表人、隶属关系等有关情况发生变更以及减少检测检验项目的，检测检验机构应当在变更后及时报资质证书颁发机关办理变更确认或者备案手续。”第二十四条“检测检验机构在资质有效期内应当办理变更确认而未办理的，责令改正；仍不改正，继续从事检测检验活动的，责令暂停三至六个月检测检验工作；逾期仍不改正的，撤销其检测检验资质。”

二、法律适用

检测检验机构在资质有效期内应当办理变更确认而未办理的，违反了《安全生产检测检验机构管理规定》第九条第二款、第三款之规定，应依据《安全生产检测检验机构管理规定》第二十四条之规定进行处罚。

三、实施基准

有上述违法行为的，依据《安全生产检测检验机构管理规定》第二十四条之规定，责令改正；仍不改正，继续从事检测检验活动的，责令暂停三至六个月检测检验工作；逾期仍不改正的，撤销其检测检验资质。

第一百二十九条 检测检验机构在监督评审或监督检查中不合格的违法行为。

一、法律依据

《安全生产检测检验机构管理规定》第十六条“在检测检验资质有效期内，检测检验机构应当接受资质证书颁发机关组织进行的定期和不定期的监督评审或者检查。省级资质证书颁发机关监督评审的结果应当抄报安全监管总局。安全监管总局可以对乙级机构进行不定期的监督评审或者检查。经委托各省级安全生产监督管理部门或者煤矿安全监察机构可以对本行政区域内甲级机构进行监督检查。”第二十二条“检测检验机构在监督评审或者监督检查中不合格的，责令限期改正；情节严重的，责令暂停三至六个月检测检验工作，并进行整改；整改后仍不合格的或者连续两次监督评审不合格的，撤销其检测检验资质。”

二、法律适用

检测检验机构在监督评审或监督检查中不合格的，违反了《安全生产检测检验机构管理规定》第十六条之规定，依据《安全生产检测检验机构管理规定》第二十二条之规定进行处罚。

三、行政处罚基准

检测检验机构在监督评审或者监督检查中不合格的，依据《安全生产检测检验机构管理规定》第二十二条之规定，责令限期改正；情节严重的，责令暂停三至六个月检测检验工作，并进行整改；整改后仍不合格的或者连续两次监督评审不合格的，撤销其检测检验资质。

第一百三十条 检测检验机构违反其他有关规定的违法行为。

一、法律依据

《安全生产检测检验机构管理规定》第十条“资质证书颁发机关向社会公告取得资质的检测检验机构及其检测检验业务范围、授权签字人及授权签字事项。乙级机构的批准文件应当抄报安全监管总局备案。检测检验资质证书由安全监管总局制作，资质证书由证书及附件组成。”第十一条“检测检验机构应当依照法律、行政法规、规章、执业准则和相关技术规范、标准，科学、公正、诚信地开展检测检验工作，提供及时、优质、安全的服务，保证检测检验结果真实、准确、客观，并对检测检验结果负责。检测检验人员应当熟悉安全生产法律、法规、规章、标准和有关规定，具备检测检验工作所需要的专业知识和能力，经过专业培训和考核，并应当只在一个检测检验机构中从事检测检验工作。检测检验人员未经培训或者考核不合格的，不得从事安全生产检测检验工作。”第十二条“检测检验机构及其检测检验人员在从事检测检验活动时，应当恪守职业道德，诚实守信，不得泄露被检测检验单位的技术、商业秘密，不得接受可能影响检测检验公正性的资助，不得从事与检测检验业务范围相关的产品开发、营销等活动，不得利用检测检验机构的名义参与企业的商业性活动。检测检验收费应当符合法律、行政法规的规定。”第十三条“检测检验机构不得转让或者出借资质证书，不得将所承担的检测检验工作转包给其他检测检验机构，不得设立分支机构。检测检验机构需要分包个别检测检验项目时，必须选择有资质的检测机构，并对检测检验的最终结果负责。”第十四条“检测检验机构及其检测检验人员应当接受安全生产监督管理部门或者煤矿安全监察机构的监督检查。检测检验机构在工商注册地外的其他省、自治区、直辖市从事检测检验活动，当地安全生产监督管理部门或者煤矿安全监察机构有权对其活动进行监督管理。”第十五条“发现被检设施设备、产品、作业场所等存在重大事故隐患，检测检验机构必须立即告知检测检验委托方，并及时向安全生产监督管理部门或者煤矿安全监察机构报告，不得隐瞒不报、谎报或者拖延不报。”第十六条“在检测检验资质有效期内，检测检验机构应当接受资质证书颁发机关组织进行的定期和不定期的监督评审或者检查。省级资质证书颁发机关监督评审的结果应当抄报安全监管总局。安全监管总局可以对乙级机构进行不定期的监督评审或者检查。经委托各省级安全生产监督管理部门或者煤矿安全监察机构可以对本行政区域内甲级机构进行监督检查。”第二十五条“检测检验机构有下列情形之一的，视情节轻重，分别予以责令改正、警告、暂停三至六个月检测检验工作、撤销资质的处罚；情节严重的，并处五千元以上二万元以下的罚款：（一）检测检验不严格实施相关技术规范、标准的；（二）出具的检测检验结果错误，造成重大以上事故或者重大损失的；（三）检测检验人员未经培训、考核的；（四）泄露被检测检验单位技术、商业秘密的；（五）利用检测检验机构的名义参与企业的商业性活动等影响诚信和公正的；（六）弄虚作假骗取资质证书的；（七）转让或者出借资质证书的；（八）转包检测检验工作的，分包给没有资质的机构的，设立分支机构的；（九）阻扰安全生产监督管理部门或者煤矿安全监察机构依法进行监督管理的；（十）不及时报告重大事故隐患的。”

二、法律适用

检测检验机构违反其他有关规定的，主要是违反了《安全生产检测检验机构管理规定》第十条、

第十一条、第十二条、第十三条、第十四条、第十五条、第十六条之规定，应依据《安全生产检测检验机构管理规定》第二十五条之规定进行处罚。

三、行政处罚基准

有上述违法行为的，依据《安全生产检测检验机构管理规定》第二十五条之规定：视情节轻重，分别予以责令改正、警告、暂停3至6个月检测检验工作、撤销资质的处罚；情节严重的，并处5千元以上2万元以下的罚款。

第一百三十一条 未经注册擅自以注册安全工程师名义执业的违法行为。

一、法律依据

《注册安全工程师管理规定》第三条“本规定所称注册安全工程师是指取得中华人民共和国注册安全工程师执业资格证书，在生产经营单位从事安全生产管理、安全技术工作或者在安全生产中介机构从事安全生产专业服务工作，并按照本规定注册取得中华人民共和国注册安全工程师执业证和执业印章的人员。”第七条“取得资格证书的人员，经注册取得执业证和执业印章后方可以注册安全工程师的名义执业。”第三十条“未经注册擅自以注册安全工程师名义执业的，由县级以上安全生产监督管理部门、有关主管部门或者煤矿安全监察机构责令其停止违法活动，没收违法所得，并处三万元以下的罚款；造成损失的，依法承担赔偿责任。”

二、法律适用

未经注册擅自以注册安全工程师名义执业的，违反了《注册安全工程师管理规定》第三条之规定，应依据《注册安全工程师管理规定》第三十条之规定进行处罚。

三、行政处罚基准

未经注册擅自以注册安全工程师名义执业的，依据《注册安全工程师管理规定》第三十条之规定，责令其停止违法活动，没收违法所得，并处3万元以下的罚款。

第一百三十二条 注册安全工程师以欺骗、贿赂等不正当手段取得执业证的违法行为。

一、法律依据

《注册安全工程师管理规定》第三十一条“注册安全工程师以欺骗、贿赂等不正当手段取得执业证的，由县级以上安全生产监督管理部门、有关主管部门或者煤矿安全监察机构处三万元以下的罚款；由执业证颁发机关撤销其注册，当事人三年内不得再次申请注册。”

二、法律适用

注册安全工程师以欺骗、贿赂等不正当手段取得执业证的，违反了《注册安全工程师管理规定》第三十一条之规定，依据《注册安全工程师管理规定》第三十一条之规定进行处罚

三、行政处罚基准

注册安全工程师以欺骗、贿赂等不正当手段取得执业证的，依据《注册安全工程师管理规定》第三十一条之规定，由县级以上安全生产监督管理部门、有关主管部门或者煤矿安全监察机构处三万元以下的罚款；由执业证颁发机关撤销其注册，当事人三年内不得再次申请注册。

第一百三十三条 注册安全工程师其他违法行为。

一、法律依据

《注册安全工程师管理规定》第三十二条“注册安全工程师有下列行为之一的，由县级以上安全生产监督管理部门、有关主管部门或者煤矿安全监察机构处三万元以下的罚款；由执业证颁发机关吊销其执业证，当事人五年内不得再次申请注册；造成损失的，依法承担赔偿责任；构成犯罪的，依法追究刑事责任：（一）准许他人以本人名义执业的；（二）以个人名义承接业务、收取费用的；（三）出租、出借、涂改、变造执业证和执业印章的；（四）泄漏执业过程中应当保守的秘密并造成严重后果的；（五）利用执业之便，贪污、索贿、受贿或者谋取不正当利益的；（六）提供虚假执业活动成果的；（七）超出执业范围或者聘用单位业务范围从事执业活动的；（八）法律、法规、规章规定的其他违法行为。”

二、法律适用

注册安全工程师其他违法行为主要是指违反了《注册安全工程师管理规定》第三十二条之规定的行为，应依据《注册安全工程师管理规定》第三十二条之规定进行处罚。

三、行政处罚基准

有上述违法行为的，依据《注册安全工程师管理规定》第三十二条之规定，处三万元以下的罚款；由执业证颁发机关吊销其执业证，当事人五年内不得再次申请注册。

第十一章　应急救援方面违法行为

第一百三十四条　对重大危险源未登记建档，或者检测、评估、监控措施和应急预案不符合规定的违法行为。

一、法律依据

（一）法律

《安全生产法》第三十七条第一款“生产经营单位对重大危险源应当登记建档，进行定期检测、评估、监控，并制定应急预案，告知从业人员和相关人员在紧急情况下应当采取的应急措施。”第九十八条“生产经营单位有下列行为之一的，责令限期改正，可以处十万元以下的罚款；逾期未改正的，责令停产停业整顿，并处十万元以上二十万元以下的罚款，对其直接负责的主管人员和其他直接责任人员处二万元以上五万元以下的罚款；构成犯罪的，依照刑法有关规定追究刑事责任：（二）对重大危险源未登记建档，或者未进行评估、监控，或者未制定应急预案的。”

（二）部门规章

《煤矿企业安全生产许可证实施办法》第六条“煤矿企业取得安全生产许可证，应当具备下列安全生产条件：（六）制定重大危险源检测、评估和监控措施。”第三十八条“安全生产许可证颁发管理机关应当加强对取得安全生产许可证的煤矿企业的监督检查，发现其不再具备本实施办法规定的安全生产条件的，应当责令限期整改，依法暂扣安全生产许可证；经整改仍不具备本实施办法规定的安全生产条件的，依法吊销安全生产许可证。”

二、法律适用

对重大危险源未登记建档，或者检测、评估、监控措施和应急预案不符合规定的，违反了《安全生产法》第三十七条、《煤矿企业安全生产许可证实施办法》第六条之规定，应依据《安全生产法》第九十八条之规定、《煤矿企业安全生产许可证实施办法》第六条和第三十八条之规定进行处罚。

三、行政处罚基准

有上述违法行为的，依据《安全生产法》第九十八条的规定，责令限期改正，可以处十万元以下的罚款；逾期未改正的，责令停产停业整顿，并处十万元以上二十万元以下的罚款，对其直接负责的主管人员和其他直接责任人员处二万元以上五万元以下的罚款。

依据《煤矿企业安全生产许可证实施办法》第三十八条之规定，责令限期整改，暂扣安全生产许可证；经整改仍不具备安全生产条件的，吊销安全生产许可证。

第一百三十五条　未采取措施消除事故隐患的违法行为。

一、法律依据

（一）法律

《安全生产法》第三十八条第一款“生产经营单位应当建立健全生产安全事故隐患排查治理制度，采取技术、管理措施，及时发现并消除事故隐患。事故隐患排查治理情况应当如实记录，并向从业人员通报。”第九十九条“生产经营单位未采取措施消除事故隐患的，责令立即消除或者限期消除；生产经营单位拒不执行的，责令停产停业整顿，并处十万元以上五十万元以下的罚款，对其直接负责的主管人员和其他直接责任人员处二万元以上五万元以下的罚款。”

（二）行政法规

《煤矿安全监察条例》第四十四条“煤矿矿长或者其他主管人员有下列行为之一的，由煤矿安全监察机构给予警告；造成严重后果，构成犯罪的，依法追究刑事责任：（三）对重大事故预兆或者已发现的事故隐患不及时采取措施的。”

（三）部门规章

《安全生产违法行为行政处罚办法》第四十五条“生产经营单位及其主要负责人或者其他人员有下列行为之一的，给予警告，并可以对生产经营单位处 1 万元以上 3 万元以下罚款，对其主要负责人、其他有关人员处 1 千元以上 1 万元以下的罚款：（六）故意提供虚假情况或者隐瞒存在的事故隐患以及其他安全问题的。”

二、法律适用

构成重大事故隐患的，依据《国务院关于预防煤矿生产安全事故的特别规定》规定处罚。本条适用于重大事故隐患之外的一般隐患或者虽然属于重大事故隐患但明确说明应依据本条进行处罚的情形。本条规定的违法行为违反了《安全生产法》第三十八条之规定，《煤矿安全监察条例》和《安全生产违法行为行政处罚办法》对上述违法行为处罚的规定与《安全生产法》有冲突，有上述违法行为的，适用《安全生产法》第九十九条之规定进行处罚。

三、行政处罚基准

有上述违法行为的，依据《安全生产法》第九十九条之规定，责令立即消除或者限期消除；生产经营单位拒不执行的，责令停产停业整顿，并处十万元以上五十万元以下的罚款，对其直接负责的主管人员和其他直接责任人员处二万元以上五万元以下的罚款。

第一百三十六条 提供虚假情况或者隐瞒存在的事故隐患以及其他安全问题的违法行为。

一、法律依据

（一）行政法规

《煤矿安全监察条例》第三十二条“煤矿安全监察机构及其煤矿安全监察人员履行安全监察职责，向煤矿有关人员了解情况时，有关人员应当如实反映情况，不得提供虚假情况，不得隐瞒本煤矿存在的事故隐患以及其他安全问题。”第四十五条“煤矿有关人员拒绝、阻碍煤矿安全监察机构及其煤矿安全监察人员现场检查，或者提供虚假情况，或者隐瞒存在的事故隐患以及其他安全问题的，由煤矿安全监察机构给予警告，可以并处 5 万元以上 10 万元以下的罚款；情节严重的，由煤矿安全监察机构责令停产整顿；对直接负责的主管人员和其他直接责任人员，依法给予撤职直至开除的纪律处分。”

（二）部门规章

《煤矿安全监察行政处罚办法》第二十二条第二款“煤矿提供虚假情况，或者隐瞒存在的事故隐患以及其他安全问题的，由煤矿安全监察机构给予警告，可以并处 5 万元以上 10 万元以下的罚款；情节严重的，责令停产整顿。”

二、法律适用

提供虚假情况或者隐瞒存在的事故隐患以及其他安全问题的，违反了《煤矿安全监察条例》第三十二条之规定，根据上位法优于下位法原则，依据《煤矿安全监察条例》第四十五条之规定进行处罚。

三、行政处罚基准

有上述违法行为的，依据《煤矿安全监察条例》第四十五条之规定，给予警告，可以并处五万元以上十万元以下的罚款；情节严重的，责令停产整顿；对直接负责的主管人员和其他直接责任人员，依法给予撤职直至开除的纪律处分。

第一百三十七条 违反事故隐患排查治理相关规定的违法行为。

一、法律依据

《安全生产事故隐患排查治理暂行规定》第四条“生产经营单位应当建立健全事故隐患排查治理制度。”第六条“任何单位和个人发现事故隐患，均有权向安全监管监察部门和有关部门报告。安全监管监察部门接到事故隐患报告后，应当按照职责分工立即组织核实并予以查处；发现所报告事故隐患应当由其他有关部门处理的，应当立即移送有关部门并记录备查。”第十一条“生产经营单位应当建立事故隐患报告和举报奖励制度，鼓励、发动职工发现和排除事故隐患，鼓励社会公众举报。对发现、排除和举报事故隐患的有功人员，应当给予物质奖励和表彰。”第十四条“生产经营单位应当每季、每年对本单位事故隐患排查治理情况进行统计分析，并分别于下一季度15日前和下一年1月31日前向安全监管监察部门和有关部门报送书面统计分析表。统计分析表应当由生产经营单位主要负责人签字。对于重大事故隐患，生产经营单位除依照前款规定报送外，应当及时向安全监管监察部门和有关部门报告。重大事故隐患报告内容应当包括：（一）隐患的现状及其产生原因；（二）隐患的危害程度和整改难易程度分析；（三）隐患的治理方案。”第十五条“对于一般事故隐患，由生产经营单位（车间、分厂、区队等）负责人或者有关人员立即组织整改。对于重大事故隐患，由生产经营单位主要负责人组织制定并实施事故隐患治理方案。重大事故隐患治理方案应当包括以下内容：（一）治理的目标和任务；（二）采取的方法和措施；（三）经费和物资的落实；（四）负责治理的机构和人员；（五）治理的时限和要求；（六）安全措施和应急预案。”第二十六条“生产经营单位违反本规定，有下列行为之一的，由安全监管监察部门给予警告，并处三万元以下的罚款：（一）未建立安全生产事故隐患排查治理等各项制度的；（二）未按规定上报事故隐患排查治理统计分析表的；（三）未制定事故隐患治理方案的；（四）重大事故隐患不报或者未及时报告的；（五）未对事故隐患进行排查治理擅自生产经营的；（六）整改不合格或者未经安全监管监察部门审查同意擅自恢复生产经营的。”

二、法律适用

煤矿企业有上述违法行为的，违反了《安全生产事故隐患排查治理暂行规定》第四条、第六条、第十一条、第十四条、第二十六条之规定，有上述违法行为的，依据《安全生产事故隐患排查治理暂行规定》第二十六条之规定处罚。

三、行政处罚基准

有上述违法行为的，依据《安全生产事故隐患排查治理暂行规定》第二十六条之规定，给予警告，并处三万元以下的罚款。

第一百三十八条 未按规定编制应急预案或未定期组织演练的违法行为。

一、法律依据

（一）法律

《安全生产法》第七十八条“生产经营单位应当制定本单位生产安全事故应急救援预案，与所在地县级以上地方人民政府组织制定的生产安全事故应急救援预案相衔接，并定期组织演练。”第九十四条第六项“生产经营单位有下列行为之一的，责令限期改正，可以处五万元以下的罚款；逾期未改正的，责令停产停业整顿，并处五万元以上十万元以下的罚款，对其直接负责的主管人员和其他直接责任人员处一万元以上二万元以下的罚款：（六）未按照规定制定生产安全事故应急救援预案或者未定期组织演练的。”

（二）部门规章

《生产安全事故应急预案管理办法》第四十四条“生产经营单位有下列情形之一的，由县级以上安全生产监督管理部门依照《安全生产法》第九十四条的规定，责令限期改正，可以处5万元以下罚款；逾期未改正的，责令停产停业整顿，并处5万元以上10万元以下罚款，对直接负责的主管人员和其他直接责任人员处 1 万元以上 2 万元以下的罚款：（一）未按照规定编制应急预案的；（二）未按照规定定期组织应急预案演练的。”

二、法律适用

未按规定编制应急预案或未定期组织演练的，违反了《安全生产法》第七十八条之规定，本条有两个违法行为：（一）未按照规定编制应急预案的；（二）未按照规定定期组织应急预案演练的，依据《安全生产法》第九十四条第六项之规定进行处罚。

三、行政处罚基准

有上述违法行为的，依据《安全生产法》第九十四条第六项之规定，责令限期改正，可以处 5 万元以下的罚款；逾期未改正的，责令停产停业整顿，并处 5 万元以上 10 万元以下的罚款，对其直接负责的主管人员和其他直接责任人员处 1 万元以上 2 万元以下的罚款。

第一百三十九条 应急预案其他违反有关规定的违法行为。

一、法律规定

《生产安全事故应急预案管理办法》第十条“编制应急预案前，编制单位应当进行事故风险评估和应急资源调查。事故风险评估，是指针对不同事故种类及特点，识别存在的危险危害因素，分析事故可能产生的直接后果以及次生、衍生后果，评估各种后果的危害程度和影响范围，提出防范和控制事故风险措施的过程。应急资源调查，是指全面调查本地区、本单位第一时间可以调用的应急资源状况和合作区域内可以请求援助的应急资源状况，并结合事故风险评估结论制定应急措施的过程。”第二十条“地方各级安全生产监督管理部门应当组织有关专家对本部门编制的部门应急预案进行审定；必要时，可以召开听证会，听取社会有关方面的意见。”第二十四条第二款“事故风险可能影响周边其他单位、人员的，生产经营单位应当将有关事故风险的性质、影响范围和应急防范措施告知周边的其他单位和人员。”第二十五条“地方各级安全生产监督管理部门的应急预案，应当报同级人民政府备案，并抄送上一级安全生产监督管理部门。其他负有安全生产监督管理职责的部门的应急预案，应当抄送同级安全生产监督管理部门。”第三十五条“应急预案编制单位应当建立应急预案定期评估制度，对预案内容的针对性和实用性进行分析，并对应急预案是否需要修订作出结论。矿山、金属冶炼、建筑施工企业和易燃易爆物品、危险化学品等危险物品的生产、经营、储存企业、使用危险化学品达到国家规定数量的化工企业、烟花爆竹生产、批发经营企业和中型规模以上的其他生产经营单位，应当每三年进行一次应急预案评估。应急预案评估可以邀请相关专业机构或者有关专家、有实际应急救援工作经验的人员参加，必要时可以委托安全生产技术服务机构实施。”第三十六条“有下列情形之一的，应急预案应当及时修订并归档：（一）依据的法律、法规、规章、标准及上位预案中的有关规定发生重大变化的；（二）应急指挥机构及其职责发生调整的；（三）面临的事故风险发生重大变化的；（四）重要应急资源发生重大变化的；（五）预案中的其他重要信息发生变化的；（六）在应急演练和事故应急救援中发现问题需要修订的；（七）编制单位认为应当修订的其他情况。”第三十七条“应急预案修订涉及组织指挥体系与职责、应急处置程序、主要处置措施、应急响应分级等内容变更的，修订工作应当参照本办法规定的应急预案编制程序进行，并按照有关应急预案报备程序重新备案。”第三十八条“生产经营单位应当按照应急预案的规定，落实应急指挥体系、应急救援队伍、应急物资及装备，建立应急物资、装备配备及其使用档案，并对应急物资、装备进行定期检测和维护，使其处于适用状态。”第四十条“生产安全事故应急处置和应急救援结束后，事故发生单位应当对应急预案实施情况进行总结评估。”第四十五条“生产经营单位有下列情形之一的，由县级以上安全生产监督管理部门责令限期改正，可以处 1 万元以上 3 万元以下罚款：（一）在应急预案编制前未按照规定开展风险评估和应急资源调查的；（二）未按照规定开展应急预案评审或者论证的；（三）未按照规定进行应急预案备案的；（四）事故风险可能影响周边单位、人员的，未将事故风险的性质、影响范围和应急防范措施告知周边单位和人员的；（五）未按照规定开展应急预案评估的；

（六）未按照规定进行应急预案修订并重新备案的；（七）未落实应急预案规定的应急物资及装备的。”

二、法律适用

应急预案其他违反有关规定的，是指违反了《生产安全事故应急预案管理办法》第十条、第二十条、第二十四条、第二十五条、第三十五条、第三十六条、第三十七条、第三十八条、第四十条之规定的义务。有上述违法行为之一的，依据《生产安全事故应急预案管理办法》第四十五条进行处罚。

三、行政处罚基准

有上述违法行为的，依据《生产安全事故应急预案管理办法》第四十五条之规定，责令限期改正，可以处1万元以上3万元以下罚款。

第一百四十条 在设立矿山救护队、配备救援装备等方面不符合规定的违法行为。

一、法律依据

（一）法律

《安全生产法》第七十九条“危险物品的生产、经营、储存单位以及矿山、金属冶炼、城市轨道交通运营、建筑施工单位应当建立应急救援组织；生产经营规模较小的，可以不建立应急救援组织，但应当指定兼职的应急救援人员。”

（二）部门规章

1.《煤矿企业安全生产许可证实施办法》第六条“煤矿企业取得安全生产许可证，应当具备下列安全生产条件：（七）制定应急救援预案，并按照规定设立矿山救护队，配备救护装备；不具备单独设立矿山救护队条件的，与邻近的专业矿山救护队签订救护协议。”第三十八条“安全生产许可证颁发管理机关应当加强对取得安全生产许可证的煤矿企业的监督检查，发现其不再具备本实施办法规定的安全生产条件的，应当责令限期整改，依法暂扣安全生产许可证；经整改仍不具备本实施办法规定的安全生产条件的，依法吊销安全生产许可证。”

2.《安全生产违法行为行政处罚办法》第四十六条第一项“危险物品的生产、经营、储存单位以及矿山、金属冶炼单位有下列行为之一的，责令改正，并可以处1万元以上3万元以下的罚款：（一）未建立应急救援组织或者生产经营规模较小、未指定兼职应急救援人员的。”

二、法律适用

在设立矿山救护队、配备救援装备等方面不符合规定的，违反了《安全生产法》第七十九条、《煤矿企业安全生产许可证实施办法》第六条之规定，有上述违法行为的，依据《煤矿企业安全生产许可证实施办法》第三十八条和《安全生产违法行为行政处罚办法》第四十六条第一项规定进行处罚。

三、行政处罚基准

有上述违法行为的，依据《煤矿企业安全生产许可证实施办法》第六条、第三十八条规定的，责令限期整改，暂扣安全生产许可证；经整改仍不具备安全生产条件的，吊销安全生产许可证。

未建立应急救援组织或者生产经营规模较小、未指定兼职应急救援人员的，依据《安全生产违法行为行政处罚办法》第四十六条第一项规定的，责令改正，并可以对煤矿企业处1万元以上3万元以下的罚款。

第一百四十一条 没有制定矿井灾害预防和处理计划的违法行为。

一、法律依据

《煤矿企业安全生产许可证实施办法》第七条“煤矿除符合本实施办法第六条规定的条件外，还必须符合下列条件：（五）制定矿井灾害预防和处理计划。”第三十八条“安全生产许可证颁发管理机关应当加强对取得安全生产许可证的煤矿企业的监督检查，发现其不再具备本实施办法规定的安全生产条件的，应当责令限期整改，依法暂扣安全生产许可证；经整改仍不具备本实施办法规定的安全生产条件的，依法吊销安全生产许可证。”

二、法律适用

没有制定矿井灾害预防和处理计划的，违反了《煤矿企业安全生产许可证实施办法》第七条之规定，有上述违法行为的，依据《煤矿企业安全生产许可证实施办法》第三十八条之规定进行处罚。

三、行政处罚基准

有上述违法行为的，依据《煤矿企业安全生产许可证实施办法》第三十八条之规定，暂扣其安全生产许可证，责令限期整改；经整改仍不具备法定安全生产条件的，依法吊销安全生产许可证。

第一百四十二条 自救器配备、安全避险系统不符合规定的违法行为。

一、法律依据

《煤矿企业安全生产许可证实施办法》第八条“井工煤矿除符合本实施办法第六条、第七条规定的条件外，其安全设施、设备、工艺还必须符合下列条件：（十二）配备足够数量的自救器，自救器的选用型号应与矿井灾害类型相适应，按规定建立安全避险系统。”第三十八条“安全生产许可证颁发管理机关应当加强对取得安全生产许可证的煤矿企业的监督检查，发现其不再具备本实施办法规定的安全生产条件的，应当责令限期整改，依法暂扣安全生产许可证；经整改仍不具备本实施办法规定的安全生产条件的，依法吊销安全生产许可证。”

二、法律适用

自救器配备、安全避险系统不符合规定的，违反了《煤矿企业安全生产许可证实施办法》第八条之规定，有上述违法行为的，依据《煤矿企业安全生产许可证实施办法》第三十八条之规定进行处罚。

三、行政处罚基准

有上述违法行为的，依据《煤矿企业安全生产许可证实施办法》第三十八条之规定，暂扣其安全生产许可证，责令限期整改；经整改仍不具备法定安全生产条件的，依法吊销安全生产许可证。

第十二章　检查整改方面违法行为

第一百四十三条 拒不执行煤矿安全监察机构监察执法指令的违法行为。

一、法律依据

（一）行政法规

1.《煤矿安全监察条例》第三十四条“煤矿安全监察机构及其煤矿安全监察人员履行安全监察职责，应当出示安全监察证件。发出安全监察指令，应当采用书面通知形式；紧急情况下需要采取紧急处置措施，来不及书面通知的，应当随后补充书面通知。”第四十四条“煤矿矿长或者其他主管人员有下列行为之一的，由煤矿安全监察机构给予警告；造成严重后果，构成犯罪的，依法追究刑事责任：（四）拒不执行煤矿安全监察机构及其煤矿安全监察人员的安全监察指令的。”

2.《国务院关于预防煤矿生产安全事故的特别规定》第十八条“煤矿拒不实施县级以上地方人民政府负责煤矿安全生产监督的部门或者煤矿安全监察机构依法下达的执法指令，由颁发证照的部门吊销矿长资格证和矿长安全资格证；构成违反治安管理行为的，由公安机关依照治安管理的法律、行政法规的规定处罚；构成犯罪的，依法追究刑事责任。”

（二）部门规章

《安全生产违法行为行政处罚办法》第四十五条“生产经营单位及其主要负责人或者其他人员有下列行为之一的，给予警告，并可以对生产经营单位处 1 万元以上 3 万元以下罚款，对其主要负责人、其他有关人员处 1 千元以上 1 万元以下的罚款：（七）拒不执行安全监管监察部门依法下达的安全监管监察指令的。”

二、法律适用

拒不执行煤矿安全监察机构监察执法指令的，违反了《煤矿安全监察条例》第三十四条、四十四条、《国务院关于预防煤矿生产安全事故的特别规定》第十八条和《安全生产违法行为行政处罚办法》第四十五条之规定。《煤矿安全监察条例》第四十四条是对煤矿矿长或者其他主管人员具有“拒不执行煤矿安全监察机构监察执法指令的违法行为”情形时进行处罚的规定，而《国务院关于预防煤矿生产安全事故的特别规定》第十八条是对煤矿企业具有“拒不执行煤矿安全监察机构监察执法指令的违法行为”情形时对矿长其主要负责人或者其他人员进行处罚的规定。同时，因为《国务院关于预防煤矿生产安全事故的特别规定》第十八条没有对矿长或者其他主管人员具有违反“拒不执行煤矿安全监察机构监察执法指令的违法行为”的情形时进行罚款的规定，《安全生产违法行为行政处罚办法》第四十五条是对《国务院关于预防煤矿生产安全事故的特别规定》的补充，当矿长和其他主管人员具有“拒不执行煤矿安全监察机构监察执法指令的违法行为”的情形时，在适用《国务院关于预防煤矿生产安全事故的特别规定》第十八条规定的同时，可以适用《安全生产违法行为行政处罚办法》的规定。“矿长资格证和矿长安全资格证”已经被取消了，不能再依据《特别规定》第十八条的规定作出此类处罚。

三、行政处罚基准

有上述违法行为的，依据《煤矿安全监察条例》第四十四条之规定，煤矿矿长或者其他主管人员实施了上述违法行为时，由煤矿安全监察机构给予警告；依据《安全生产违法行为行政处罚办法》第四十五条之规定，有上述违法行为的，对煤矿企业处 1 万元以上 3 万元以下罚款，对其主要负责人、其他有关人员处 1 千元以上 1 万元以下的罚款。

第一百四十四条 拒绝、阻碍煤矿安全监察机构及其煤矿安全监察人员监督检查的违法行为。

一、法律依据

（一）法律

1.《安全生产法》第六十三条“生产经营单位对负有安全生产监督管理职责的部门的监督检查人员（以下统称安全生产监督检查人员）依法履行监督检查职责，应当予以配合，不得拒绝、阻挠。”第一百零五条“违反本法规定，生产经营单位拒绝、阻碍负有安全生产监督管理职责的部门依法实施监督检查的，责令改正；拒不改正的，处二万元以上二十万元以下的罚款；对其直接负责的主管人员和其他直接责任人员处一万元以上二万元以下的罚款；构成犯罪的，依照刑法有关规定追究刑事责任。”

2.《矿山安全法》第四十条“违反本法规定，有下列行为之一的，由劳动行政主管部门责令改正，可以并处罚款；情节严重的，提请县级以上人民政府决定责令停产整顿；对主管人员和直接责任人员由其所在单位或者上级主管机关给予行政处分：（四）拒绝矿山安全监督人员现场检查或者在被检查时隐瞒事故隐患、不如实反映情况的。”

（二）行政法规

1.《矿山安全法实施条例》第五十二条“依照《矿山安全法》第四十条规定处以罚款的，分别按照下列规定执行：（四）拒绝矿山安全监督人员现场检查或者在被检查时隐瞒事故隐患、不如实反映情况的，处 2 万元以下罚款。”

2.《煤矿安全监察条例》第四十五条“煤矿有关人员拒绝、阻碍煤矿安全监察机构及其煤矿安全监察人员现场检查，或者提供虚假情况，或者隐瞒存在的事故隐患以及其他问题的，由煤矿安全监察机构给予警告，可以并处 5 万元以上 10 万元以下的罚款；情节严重的，由煤矿安全监察机构责令停产整顿；对直接负责的主管人员和其他直接责任人员，依法给予撤职直至开除的纪律处分。”

（三）部门和地方政府规章

《煤矿安全监察行政处罚办法》第二十二条第一款“煤矿违反有关安全生产法律、行政法规的规定，拒绝、阻碍煤矿安全监察机构依法实施监督检查的，责令改正；拒不改正的，处 2 万元以上 20

万元以下的罚款；对其直接负责的主管人员和其他直接责任人员处1万元以上2万元以下的罚款；构成犯罪的，依照刑法有关规定追究刑事责任。”

二、法律适用

拒绝、阻碍煤矿安全监察机构及其煤矿安全监察人员监督检查的，违反了《安全生产法》第六十三条之规定。煤矿企业实施了“拒绝、阻碍煤矿安全监察机构及其煤矿安全监察人员监督检查的违法行为”当出现情节严重的情形时，依据《矿山安全法》四十条和《煤矿安全监察条例》第四十五条的规定，由煤矿安全监察机构责令停产整顿；对直接负责的主管人员和其他直接责任人员，依法给予撤职直至开除的纪律处分。

当煤矿企业实施了“拒绝、阻碍煤矿安全监察机构及其煤矿安全监察人员监督检查的违法行为。”《安全生产法》第一百零五条、《矿山安全法实施条例》第五十二条、《煤矿安全监察条例》第四十五条、《煤矿安全监察行政处罚办法》第二十二条第一款、《安全生产违法行为行政处罚办法》第四十五条对煤矿企业以及对其直接负责的主管人员和其他直接责任人员如何罚款的规定有冲突，根据上位法优于下位法的原则，依据《安全生产法》第一百零五条处罚。

三、行政处罚基准

有上述违法行为的，依据《安全生产法》第六十三条、第一百零五条之规定，责令改正；拒不改正的，对煤矿企业处2万元以上20万元以下的罚款；对其直接负责的主管人员和其他直接责任人员处1万元以上2万元以下的罚款。

情节严重的，依据《矿山安全法》第四十条和《煤矿安全监察条例》第四十五条之规定，责令停产整顿。

第一百四十五条 被责令停产整顿的煤矿擅自从事生产的违法行为。

一、法律依据

《国务院关于预防煤矿生产安全事故的特别规定》第十一条第一款“对被责令停产整顿的煤矿，颁发证照的部门应当暂扣采矿许可证、安全生产许可证、煤炭生产许可证、营业执照和矿长资格证、矿长安全资格证。”第三款“被责令停产整顿的煤矿擅自从事生产的，县级以上地方人民政府负责煤矿安全生产监督管理的部门、煤矿安全监察机构应当提请有关地方人民政府予以关闭，没收违法所得，并处违法所得1倍以上5倍以下的罚款；构成犯罪的，依法追究刑事责任。”

二、法律适用

被责令停产整顿的煤矿擅自从事生产的，违反《国务院关于预防煤矿生产安全事故的特别规定》第十一条之规定，有上述违法行为的，依据《国务院关于预防煤矿生产安全事故的特别规定》第十一条第三款之规定进行处罚。

三、行政处罚基准

对被责令停产整顿的煤矿，依据《国务院关于预防煤矿生产安全事故的特别规定》第十一条第一款之规定，暂扣安全生产许可证。

被责令停产整顿的煤矿擅自从事生产的，依据《国务院关于预防煤矿生产安全事故的特别规定》第十一条第三款之规定，提请有关地方人民政府予以关闭，没收违法所得，并处违法所得1倍以上5倍以下的罚款。

第一百四十六条 关闭的煤矿擅自恢复生产的违法行为。

一、法律依据

（一）法律

《安全生产法》第十七条“生产经营单位应当具备本法和有关法律、行政法规和国家标准或者行业标准规定的安全生产条件；不具备安全生产条件的，不得从事生产经营活动。”

（二）行政法规

1.《安全生产许可证条例》第二条“国家对矿山企业、建筑施工企业和危险化学品、烟花爆竹、民用爆炸物品生产企业实行安全生产许可制度。企业未取得安全生产许可证的，不得从事生产活动。”

2.《国务院关于预防煤矿生产安全事故的特别规定》第五条第二款“负责颁发前款规定证照的部门，一经发现煤矿无证照或者证照不全从事生产的，应当责令该煤矿立即停止生产，没收违法所得和开采出的煤炭以及采掘设备，并处违法所得1倍以上5倍以下的罚款；构成犯罪的，依法追究刑事责任；同时于2日内提请县级以上地方人民政府予以关闭，并可以向上一级地方人民政府报告。”第十三条第一款“对提请关闭的煤矿，县级以上地方人民政府负责煤矿安全生产监督管理的部门或者煤矿安全监察机构应当责令立即停止生产；有关地方人民政府应当在7日内作出关闭或者不予关闭的决定，并由其主要负责人签字存档。对决定关闭的，有关地方人民政府应当立即组织实施。”第十三条第二款“关闭煤矿应当达到下列要求：（一）吊销相关证照；（二）停止供应并处理火工用品；（三）停止供电，拆除矿井生产设备、供电、通信线路；（四）封闭、填实矿井井筒，平整井口场地，恢复地貌；（五）妥善遣散从业人员。”第十三条第五款“关闭的煤矿擅自恢复生产的，依照本规定第五条第二款规定予以处罚；构成犯罪的，依法追究刑事责任。”

二、法律适用

关闭的煤矿擅自恢复生产的，违反了《安全生产法》第十七条和《安全生产许可证条例》第二条之规定。应依据《国务院关于预防煤矿生产安全事故的特别规定》第五条第二款、第十三条第一款、第二款和第五款之规定进行处罚。

三、行政处罚基准

有上述违法行为的，依据《国务院关于预防煤矿生产安全事故的特别规定》第五条第二款之规定，应当责令该煤矿立即停止生产，没收违法所得和开采出的煤炭以及采掘设备，并处违法所得1倍以上5倍以下的罚款；同时于2日内提请县级以上地方人民政府予以关闭，并可以向上一级地方人民政府报告。

第一百四十七条　对被查封或者扣押的设施、设备、器材、危险物品和作业场所擅自启封或者使用的违法行为。

一、法律依据

（一）法律

《行政强制法》第二十六条“对查封、扣押的场所、设施或者财物，行政机关应当妥善保管，不得使用或者损毁；造成损失的，应当承担赔偿责任。对查封的场所、设施或者财物，行政机关可以委托第三人保管，第三人不得损毁或者擅自转移、处置。因第三人的原因造成的损失，行政机关先行赔付后，有权向第三人追偿。因查封、扣押发生的保管费用由行政机关承担。”

（二）部门规章

《安全生产违法行为行政处罚办法》第四十五条“生产经营单位及其主要负责人或者其他人员有下列行为之一的，给予警告，并可以对生产经营单位处1万元以上3万元以下罚款，对其主要负责人、其他有关人员处1千元以上1万元以下的罚款：（五）对被查封或者扣押的设施、设备、器材、危险物品和作业场所，擅自启封或者使用的。”

二、法律适用

上对被查封或者扣押的设施、设备、器材、危险物品和作业场所擅自启封或者使用的，违反了《行政强制法》第二十六条之规定，应依据《安全生产违法行为行政处罚办法》第四十五条之规定进行处罚。

三、行政处罚基准

对被查封或者扣押的设施、设备、器材、危险物品和作业场所擅自启封或者使用的，依据《安全生产违法行为行政处罚办法》第四十五条之规定，给予警告，并可以对生产经营单位处 1 万元以上 3 万元以下罚款，对其主要负责人、其他有关人员处 1 千元以上 1 万元以下的罚款。

第十三章　事故报告和调查处理方面违法行为

第一百四十八条　煤矿企业主要负责人未依法履行安全生产管理职责，导致事故发生的违法行为。

一、法律依据

（一）法律

《安全生产法》第十八条“生产经营单位的主要负责人对本单位安全生产工作负有下列职责：（一）建立、健全本单位安全生产责任制；（二）组织制定本单位安全生产规章制度和操作规程；（三）组织制定并实施本单位安全生产教育和培训计划；（四）保证本单位安全生产投入的有效实施；（五）督促、检查本单位的安全生产工作，及时消除生产安全事故隐患；（六）组织制定并实施本单位的生产安全事故应急救援预案；（七）及时、如实报告生产安全事故。”第九十二条“生产经营单位的主要负责人未履行本法规定的安全生产管理职责，导致发生生产安全事故的，由安全生产监督管理部门依照下列规定处以罚款：（一）发生一般事故的，处上一年年收入百分之三十的罚款；（二）发生较大事故的，处上一年年收入百分之四十的罚款；（三）发生重大事故的，处上一年年收入百分之六十的罚款；（四）发生特别重大事故的，处上一年年收入百分之八十的罚款。

（二）行政法规

《生产安全事故报告和调查处理条例》第三十八条“事故发生单位主要负责人未依法履行安全生产管理职责，导致事故发生的，依照下列规定处以罚款；属于国家工作人员的，并依法给予处分；构成犯罪的，依法追究刑事责任：（一）发生一般事故的，处上年年收入 30% 的罚款；（二）发生较大事故的，处上年年收入 40% 的罚款；（三）发生重大事故的，处上年年收入 60% 的罚款；（四）发生特别重大事故的，处上年年收入 80% 的罚款。”第四十条第一款“事故发生单位对事故发生负有责任的，由有关部门依法暂扣或者吊销其有关证照；对事故发生单位主要负责人受到刑事处罚或者撤职处分的，自刑罚实施完毕或者受处分之日起，5 年内不得担任任何生产经营单位的主要负责人。”

二、法律适用

煤矿企业主要负责人应按照《安全生产法》第十八条规定的义务履行自己的职责，未依法履行安全生产管理职责，导致事故发生的，应依据《安全生产法》第九十二条、《生产安全事故报告和调查处理条例》第三十八条和第四十条之规定处罚。

三、行政处罚基准

有上述违法行为的，依据《安全生产法》第九十二条和《生产安全事故报告和调查处理条例》第十四条第一款之规定，给予煤矿企业主要负责人撤职处分，依法暂扣或者吊销其安全生产许可证，并按照以下基准处罚：（一）发生一般事故的，处上年年收入 30% 的罚款；（二）发生较大事故的，处上年年收入 40% 的罚款；（三）发生重大事故的，处上年年收入 60% 的罚款；（四）发生特别重大事故的，处上年年收入 80% 的罚款。”

对事故发生单位主要负责人受到刑事处罚或者撤职处分的，自刑罚实施完毕或者受处分之日起，5 年内不得担任任何生产经营单位的主要负责人。

第一百四十九条　煤矿企业安全生产管理人员对事故发生负有责任的违法行为。

一、法律依据

《安全生产法》第二十二条“生产经营单位的安全生产管理机构以及安全生产管理人员履行下列职责：（一）组织或者参与拟订本单位安全生产规章制度、操作规程和生产安全事故应急救援预案；

（二）组织或者参与本单位安全生产教育和培训，如实记录安全生产教育和培训情况；（三）督促落实本单位重大危险源的安全管理措施；（四）组织或者参与本单位应急救援演练；（五）检查本单位的安全生产状况，及时排查生产安全事故隐患，提出改进安全生产管理的建议；（六）制止和纠正违章指挥、强令冒险作业、违反操作规程的行为；（七）督促落实本单位安全生产整改措施。”第二十三条第一款“生产经营单位的安全生产管理机构以及安全生产管理人员应当恪尽职守，依法履行职责。”第九十三条“生产经营单位的安全生产管理人员未履行本法规定的安全生产管理职责的，责令限期改正；导致发生生产安全事故的，暂停或者撤销其与安全生产有关的资格；构成犯罪的，依照刑法有关规定追究刑事责任。”

二、法律适用

煤矿企业的安全生产管理人员应当按照《安全生产法》第二十二条、第二十三条第一款履行职责，如果未履行《安全生产法》规定的安全生产管理职责的，应依据《安全生产法》第九十三条进行处罚。

三、行政处罚基准

煤矿企业的安全生产管理人员未履行法定的安全生产管理职责的，依据《安全生产法》第九十三条之规定，责令限期改正；导致发生生产安全事故的，暂停或者撤销其与安全生产有关的资格。

第一百五十条 煤矿企业及其有关人员对事故发生负有责任的违法行为。

一、法律依据

（一）法律

第一百零九条“发生生产安全事故，对负有责任的生产经营单位除要求其依法承担相应的赔偿等责任外，由安全生产监督管理部门依照下列规定处以罚款：（一）发生一般事故的，处二十万元以上五十万元以下的罚款；（二）发生较大事故的，处五十万元以上一百万元以下的罚款；（三）发生重大事故的，处一百万元以上五百万元以下的罚款；（四）发生特别重大事故的，处五百万元以上一千万元以下的罚款；情节特别严重的，处一千万元以上二千万元以下的罚款。”

（二）行政法规

《生产安全事故报告和调查处理条例》第三十七条“事故发生单位对事故发生负有责任的，依照下列规定处以罚款：（一）发生一般事故的，处10万元以上20万元以下的罚款；（二）发生较大事故的，处20万元以上50万元以下的罚款；（三）发生重大事故的，处50万元以上200万元以下的罚款；（四）发生特别重大事故的，处200万元以上500万元以下的罚款。”第四十条第一款“事故发生单位对事故发生负有责任的，由有关部门依法暂扣或者吊销其有关证照；对事故发生单位负有事故责任的有关人员，依法暂停或者撤销其与安全生产有关的执业资格、岗位证书；事故发生单位主要负责人受到刑事处罚或者撤职处分的，自刑罚实施完毕或者受处分之日起，5年内不得担任任何生产经营单位的主要负责人。”

（三）部门规章

1.《生产安全事故罚款处罚规定（试行）》第十四条“事故发生单位对造成3人以下死亡，或者3人以上10人以下重伤（包括急性工业中毒，下同），或者300万元以上1000万元以下直接经济损失的一般事故负有责任的，处20万元以上50万元以下的罚款。事故发生单位有本条第一款规定的行为且有谎报或者瞒报事故情节的，处50万元的罚款。”第十五条“事故发生单位对较大事故发生负有责任的，依照下列规定处以罚款：（一）造成3人以上6人以下死亡，或者10人以上30人以下重伤，或者1000万元以上3000万元以下直接经济损失的，处50万元以上70万元以下的罚款；（二）造成6人以上10人以下死亡，或者30人以上50人以下重伤，或者3000万元以上5000万元以下直接经济损失的，处70万元以上100万元以下的罚款。事故发生单位对较大事故发生负有责任且有谎报或者瞒报情节的，处100万元的罚款。”第十六条“事故发生单位对重大事故发生负有责任的，依照下列规定处以罚款：（一）造成 10 人以上 15 人以下死亡，或者 50 人以上 70 人以下重伤，或者 5000 万元以上 7000 万元以下直接经济损失的，处 100 万元以上 300 万元以下的罚款；（二）造成 15 人以上 30 人以下死亡，或者 70 人以上 100 人以下重伤，或者 7000 万元以上 1 亿元以下直接经济损失的，处 300 万元以上 500 万元以下的罚款。事故发生单位对重大事故发生负有责任且有谎报或者瞒报情节的，处 500 万元的罚款。”第十七条“事故发生单位对特别重大事故发生负有责任的，依照下列规定处以罚款：（一）造成 30 人以上 40 人以下死亡，或者 100 人以上 120 人以下重伤，或者 1 亿元以上 1.2 亿元以下直接经济损失的，处 500 万元以上 1000 万元以下的罚款；（二）造成 40 人以上 50 人以下死亡，或者 120 人以上 150 人以下重伤，或者 1.2 亿元以上 1.5 亿元以下直接经济损失的，处 1000 万元以上 1500 万元以下的罚款；（三）造成 50 人以上死亡，或者 150 人以上重伤，或者 1.5 亿元以上直接经济损失的，处 1500 万元以上 2000 万元以下的罚款。事故发生单位对特别重大事故发生负有责任且有下列情形之一的，处 2000 万元的罚款：（一）谎报特别重大事故的；（二）瞒报特别重大事故的；（三）未依法取得有关行政审批或者证照擅自从事生产经营活动的；（四）拒绝、阻碍行政执法的；（五）拒不执行有关停产停业、停止施工、停止使用相关设备或者设施的行政执法指令的；（六）明知存在事故隐患，仍然进行生产经营活动的；（七）一年内已经发生 2 起以上较大事故，或者 1 起重大以上事故，再次发生特别重大事故的；（八）地下矿山负责人未按照规定带班下井的。”

2.《煤矿领导带班下井及安全监督检查规定》第二十条“对发生事故而没有煤矿领导带班下井的煤矿，依法责令停产整顿，暂扣或者吊销煤炭生产许可证和煤矿安全生产许可证，并依照下列规定处以罚款；情节严重的，提请有关人民政府依法予以关闭：（一）发生一般事故，处 20 万元的罚款；（二）发生较大事故，处 50 万元的罚款；（三）发生重大事故，处 200 万元的罚款；（四）发生特别重大事故，处 500 万元的罚款。”

二、法律适用

按照《安全生产法》规定，煤矿企业应当承担安全生产保障职责，对安全生产负主体责任。煤矿、煤矿企业没有尽到安全保障责任，发生安全生产事故的，因《安全生产法》第一百零九条、《生产安全事故报告和调查处理条例》第三十七条和第四十条、《生产安全事故罚款处罚规定（试行）》第十四条、《煤矿领导带班下井及安全监督检查规定》第二十条之规定的处罚没有冲突，有上述违法行为时，依据《安全生产法》第九十三条和第一百零九条、《生产安全事故罚款处罚规定（试行）》第十四条、第十五条、第十六条、第十七条以及《生产安全事故报告和调查处理条例》第四十条第一款之规定进行处罚。

三、行政处罚基准

发生生产安全事故，对负有责任的煤矿企业，依据《安全生产法》第一百零九条，《生产安全事故罚款处罚规定（试行）》第十四条、第十五条、第十六条、第十七条之规定，按照以下标准进行处罚：

（1）发生一般事故，造成 3 人以下死亡，或者 3 人以上 10 人以下重伤（包括急性工业中毒，下同），或者 300 万元以上 1000 万元以下直接经济损失的，处 20 万元以上 50 万元以下的罚款；有谎报或者瞒报事故情节的，处 50 万元的罚款。

（2）发生较大事故，造成 3 人以上 6 人以下死亡，或者 10 人以上 30 人以下重伤，或者 1000 万元以上 3000 万元以下直接经济损失的，处 50 万元以上 70 万元以下的罚款；造成 6 人以上 10 人以下死亡，或者 30 人以上 50 人以下重伤，或者 3000 万元以上 5000 万元以下直接经济损失的，处 70 万元以上 100 万元以下的罚款；有谎报或者瞒报情节的，处 100 万元的罚款。

（3）发生重大事故，造成 10 人以上 15 人以下死亡，或者 50 人以上 70 人以下重伤，或者 5000 万元以上 7000 万元以下直接经济损失的，处 100 万元以上 300 万元以下的罚款；造成 15 人以上 30

人以下死亡，或者 70 人以上 100 人以下重伤，或者 7000 万元以上 1 亿元以下直接经济损失的，处 300 万元以上 500 万元以下的罚款；有谎报或者瞒报情节的，处 500 万元的罚款。

（4）发生特别重大事故，造成 30 人以上 40 人以下死亡，或者 100 人以上 120 人以下重伤，或者 1 亿元以上 1.2 亿元以下直接经济损失的，处 500 万元以上 1000 万元以下的罚款；造成 40 人以上 50 人以下死亡，或者 120 人以上 150 人以下重伤，或者 1.2 亿元以上 1.5 亿元以下直接经济损失的，处 1000 万元以上 1500 万元以下的罚款；造成 50 人以上死亡，或者 150 人以上重伤，或者 1.5 亿元以上直接经济损失的，处 1500 万元以上 2000 万元以下的罚款。

（5）发生特别重大事故，有下列情形之一的，处 2000 万元的罚款：①谎报特别重大事故的；②瞒报特别重大事故的；③未依法取得有关行政审批或者证照擅自从事生产经营活动的；④拒绝、阻碍行政执法的；⑤拒不执行有关停产停业、停止施工、停止使用相关设备或者设施的行政执法指令的；⑥明知存在事故隐患，仍然进行生产经营活动的；⑦一年内已经发生 2 起以上较大事故，或者 1 起重大以上事故，再次发生特别重大事故的；⑧煤矿领导未按照规定带班下井的。

同时，依据《生产安全事故报告和调查处理条例》第四十条第一款之规定，事故发生单位对事故发生负有责任的，暂扣或者吊销其安全生产许可证；对事故发生单位负有事故责任的有关人员，撤销其与安全生产有关的证书。

第一百五十一条 煤矿主要负责人对生产安全事故隐瞒不报、谎报或者迟报的违法行为。

一、法律规定

（一）法律

1.《安全生产法》第八十条“生产经营单位发生生产安全事故后，事故现场有关人员应当立即报告本单位负责人。单位负责人接到事故报告后，应当迅速采取有效措施，组织抢救，防止事故扩大，减少人员伤亡和财产损失，并按照国家有关规定立即如实报告当地负有安全生产监督管理职责的部门，不得隐瞒不报、谎报或者迟报，不得故意破坏事故现场、毁灭有关证据。”第一百零六条第一款“生产经营单位的主要负责人在本单位发生生产安全事故时，不立即组织抢救或者在事故调查处理期间擅离职守或者逃匿的，给予降级、撤职的处分，并由安全生产监督管理部门处上一年年收入百分之六十至百分之一百的罚款；对逃匿的处十五日以下拘留；构成犯罪的，依照刑法有关规定追究刑事责任。”第二款“生产经营单位的主要负责人对生产安全事故隐瞒不报、谎报或者迟报的，依照前款规定处罚。”

2.《矿山安全法》第四十条“违反本法规定，有下列行为之一的，由劳动行政主管部门责令改正，可以并处罚款；情节严重的，提请县级以上人民政府决定责令停产整顿；对主管人员和直接责任人员由其所在单位或者上级主管机关给予行政处分：（五）未按照规定及时、如实报告矿山事故的。”

（二）行政法规

1.《矿山安全法实施条例》第五十二条“依照《矿山安全法》第四十条规定处以罚款的，分别按照下列规定执行：（五）“未按照规定及时、如实报告矿山事故的，处 3 万元以下的罚款。”

2.《煤矿安全监察条例》第四十六条“煤矿发生事故，有下列情形之一的，由煤矿安全监察机构给予警告，可以并处 3 万元以上 15 万元以下的罚款；情节严重的，由煤矿安全监察机构责令停产整顿；对直接负责的主管人员和其他直接责任人员，依法给予降级直至开除的纪律处分；构成犯罪的，依法追究刑事责任；（一）不按照规定及时、如实报告煤矿事故的；（二）伪造、故意破坏煤矿事故现场的；（三）阻碍、干涉煤矿事故调查工作的，拒绝接受调查取证、提供有关情况和资料的。”

3.《生产安全事故报告和调查处理条例》第四条“事故报告应当及时、准确、完整，任何单位和个人对事故不得迟报、漏报、谎报或者瞒报。”第九条“事故发生后，事故现场有关人员应当立即向本单位负责人报告；单位负责人接到报告后，应当于 1 小时内向事故发生地县级以上人民政府安全生产监督管理部门和负有安全生产监督管理职责的有关部门报告。情况紧急时，事故现场有关人员可以直接向事故发生地县级以上人民政府安全生产监督管理部门和负有安全生产监督管理职责的有关部门报告。”第三十五条“事故发生单位主要负责人有下列行为之一的，处上年年收入40%至80%的罚款；属于国家工作人员的，并依法给予处分；构成犯罪的，依法追究刑事责任：（二）迟报或者漏报事故的。”

（三）部门规章

《生产安全事故罚款处罚规定》第十一条“事故发生单位主要负责人有《安全生产法》第一百零六条、《条例》第三十五条规定的下列行为之一的，依照下列规定处以罚款：（二）事故发生单位主要负责人迟报事故的，处上一年年收入60%至80%的罚款；漏报事故的，处上一年年收入40%至60%的罚款；”第十三条“事故发生单位的主要负责人、直接负责的主管人员和其他直接责任人员有《生产安全事故报告和调查处理条例》第三十六条规定的行为之一的，依照下列规定处以罚款：（二）谎报、瞒报事故或者事故发生后逃匿的，处上一年年收入100%的罚款。”

二、法律适用

煤矿主要负责人对生产安全事故隐瞒不报、谎报或者迟报的，违反了《安全生产法》第八十条、《生产安全事故报告和调查处理条例》第四条、第九条之规定。《矿山安全法》第四十条、《矿山安全法实施条例》第五十二条、《煤矿安全监察条例》第四十六条等对该违法行为的罚款数额与《安全生产法》第一百零六条之规定不一致，根据上位法优于下位法、新法优于旧法的原则，煤矿主要负责人对生产安全事故隐瞒不报、谎报或者迟报的，依据《安全生产法》第一百零六条之规定处罚。《生产安全事故报告和调查处理条例》第三十五条对“迟报或者漏报事故的”罚款数额在《安全生产法》第一百零六条规定的范围之内，具有更强的可操作性。而《生产安全事故罚款处罚规定》第十一条系对《生产安全事故报告和调查处理条例》第三十五条对“迟报或者漏报事故的”罚款数额的细化。所以，“迟报或者漏报事故的”，应依据《生产安全事故报告和调查处理条例》第三十五条和《生产安全事故罚款处罚规定》第十一条进行处罚。瞒报、谎报的，应依据《生产安全事故罚款处罚规定》第十三条是对《安全生产法》第一百零六条之规定处罚。

三、行政处罚基准

有上述行为之一的，依据《安全生产法》第一百零六条，对煤矿企业主要负责人给予降级、撤职的处分。同时按照以下四种情形进行处罚：

（1）事故发生单位主要负责人迟报事故的，应依据《生产安全事故报告和调查处理条例》第三十五条和《生产安全事故罚款处罚规定》第十一条，处上一年年收入60%至80%的罚款；（2）漏报事故的，依据《生产安全事故报告和调查处理条例》第三十五条和《生产安全事故罚款处罚规定》第十一条，处上一年年收入40%至60%的罚款；（3）谎报、瞒报事故，依据《生产安全事故罚款处罚规定》第十三条是对《安全生产法》第一百零六条，处上一年年收入100%的罚款。

第一百五十二条 煤矿企业主要负责人不立即组织事故抢救或者在事故调查处理期间擅离职守或者逃匿的违法行为。

一、法律依据

（一）法律

《安全生产法》第八十条“生产经营单位发生生产安全事故后，事故现场有关人员应当立即报告本单位负责人。单位负责人接到事故报告后，应当迅速采取有效措施，组织抢救，防止事故扩大，减少人员伤亡和财产损失，并按照国家有关规定立即如实报告当地负有安全生产监督管理职责的部门，不得隐瞒不报、谎报或者迟报，不得故意破坏事故现场、毁灭有关证据。”第一百零六条第一款“生产经营单位的主要负责人在本单位发生生产安全事故时，不立即组织抢救或者在事故调查处理期间擅离职守或者逃匿的，给予降级、撤职的处分，并由安全生产监督管理部门处上一年年收入百分之六十至百分之一百的罚款；对逃匿的处十五日以下拘留；构成犯罪的，依照刑法有关规定追究刑事责任。”第二款“生产经营单位的主要负责人对生产安全事故隐瞒不报、谎报或者迟报的，依照前款规定处罚。”

（二）行政法规

《生产安全事故报告和调查处理条例》第三十五条“事故发生单位主要负责人有下列行为之一的，处上年年收入40%至80%的罚款；属于国家工作人员的，并依法给予处分；构成犯罪的，依法追究刑事责任：（一）不立即组织事故抢救的；（三）在事故调查处理期间擅离职守的。”

（三）部门规章

《生产安全事故罚款处罚规定》第十一条“事故发生单位主要负责人有《安全生产法》第一百零六条、《条例》第三十五条规定的下列行为之一的，依照下列规定处以罚款：（一）事故发生单位主要负责人在事故发生后不立即组织事故抢救的，处上一年年收入100%的罚款；（三）事故发生单位主要负责人在事故调查处理期间擅离职守的，处上一年年收入80%至100%的罚款。”第十三条“事故发生单位的主要负责人、直接负责的主管人员和其他直接责任人员有《生产安全事故报告和调查处理条例》第三十六条规定的行为之一的，依照下列规定处以罚款：（二）谎报、瞒报事故或者事故发生后逃匿的，处上一年年收入100%的罚款。”

二、法律适用

煤矿企业主要负责人不立即组织事故抢救或者在事故调查处理期间擅离职守或者逃匿的，违反了《安全生产法》第八十条和第一百零六条规定的义务。同时，《安全生产法》第一百零六条、《生产安全事故报告和调查处理条例》第三十五条和《生产安全事故罚款处罚规定》第十一条是对上述违法行为的处罚的规定，他们之间没有冲突。有上述违法行为的，依据《安全生产法》第四十七条、第八十条第二款、第一百零六条，《生产安全事故罚款处罚规定》第十一条、第十三条之规定进行处罚。

三、行政处罚基准

有上述违法行为的，依据《安全生产法》第四十七条、第八十条第二款、第一百零六条，《生产安全事故罚款处罚规定》第十一条、第十三条之规定：（一）事故发生单位主要负责人在事故发生后不立即组织事故抢救的，处上一年年收入100%的罚款；（二）事故发生单位主要负责人在事故调查处理期间擅离职守的，处上一年年收入80%至100%的罚款；（三）事故发生单位的主要负责人事故发生后逃匿的，处上一年年收入100%的罚款。

第一百五十三条 事故发生单位及对煤矿事故直接负责的主管人员和其他直接责任人员谎报瞒报事故、伪造破坏事故现场、销毁证据、拒绝接受调查、作伪证、事故发生后逃匿等违法行为。

一、法律依据

（一）法律

《安全生产法》第八十条“生产经营单位发生生产安全事故后，事故现场有关人员应当立即报告本单位负责人。单位负责人接到事故报告后，应当迅速采取有效措施，组织抢救，防止事故扩大，减少人员伤亡和财产损失，并按照国家有关规定立即如实报告当地负有安全生产监督管理职责的部门，不得隐瞒不报、谎报或者迟报，不得故意破坏事故现场、毁灭有关证据。”第八十五条“任何单位和个人不得阻挠和干涉对事故的依法调查处理。”

（二）行政法规

《生产安全事故报告和调查处理条例》第四条“事故报告应当及时、准确、完整，任何单位和个人对事故不得迟报、漏报、谎报或者瞒报。事故调查处理应当坚持科学严谨、依法依规、实事求是、注重实效的原则，及时、准确地查清事故经过、事故原因和事故损失，查明事故性质，认定事故责任，总结事故教训，提出整改措施，并对事故责任者依法追究责任。”第十六条“事故发生后，有关单位和人员应当妥善保护事故现场以及相关证据，任何单位和个人不得破坏事故现场、毁灭相关证据。因抢救人员、防止事故扩大以及疏通交通等原因，需要移动事故现场物件的，应当做出标志，绘制现场简图并做出书面记录，妥善保存现场重要痕迹、物证。”第二十六条“事故调查组有权向有关单位和个人了解与事故有关的情况，并要求其提供相关文件、资料，有关单位和个人不得拒绝。事故发生单位的负责人和有关人员在事故调查期间不得擅离职守，并应当随时接受事故调查组的询问，如实提供有关情况。事故调查中发现涉嫌犯罪的，事故调查组应当及时将有关材料或者其复印件移交司法机关处理。”第三十六条“事故发生单位及其有关人员有下列行为之一的，对事故发生单位处100万元以上500万元以下的罚款；对主要负责人、直接负责的主管人员和其他直接责任人员处上年年收入60%至100%的罚款；属于国家工作人员的，并依法给予处分；构成违反治安管理行为的，由公安机关依法给予治安管理处罚；构成犯罪的，依法追究刑事责任：（一）谎报或者瞒报事故的；（二）伪造或者故意破坏事故现场的；（三）转移、隐匿资金、财产，或者销毁有关证据、资料的；（四）拒绝接受调查或者拒绝提供有关情况和资料的；（五）在事故调查中作伪证或者指使他人作伪证的；（六）事故发生后逃匿的。”

（三）部门规章

《生产安全事故罚款处罚规定（试行）》第十三条“事故发生单位的主要负责人、直接负责的主管人员和其他直接责任人员有《条例》第三十六条规定的行为之一的，依照下列规定处以罚款：（一）伪造、故意破坏事故现场，或者转移、隐匿资金、财产、销毁有关证据、资料，或者拒绝接受调查，或者拒绝提供有关情况和资料，或者在事故调查中作伪证，或者指使他人作伪证的，处上一年年收入80%至90%的罚款；（二）谎报、瞒报事故或者事故发生后逃匿的，处上一年年收入100%的罚款。”

二、法律适用

上述违法行为违反了《安全生产法》第八十条、第八十五条、《生产安全事故报告和调查处理条例》第四条、第十六条、第二十六条之规定。《生产安全事故报告和调查处理条例》第三十六条和《生产安全事故罚款处罚规定（试行）》第十三条之规定，两者对上述违法行为处罚的规定没有冲突，有上述违法行为的，应依据《生产安全事故报告和调查处理条例》第三十六条和《生产安全事故罚款处罚规定（试行）》第十三条之规定进行处罚。

三、行政处罚基准

有下列违法行为的，依据《生产安全事故报告和调查处理条例》第三十六条和《生产安全事故罚款处罚规定（试行）》第十三条之规定，对事故发生单位按照以下标准进行处罚：

（一）对事故发生单位处100万元以上500万元以下的罚款；

（二）对直接负责的主管人员和其他直接责任人员处上年年收入60%至100%的罚款；直接负责的主管人员和其他直接责任人员伪造、故意破坏事故现场，或者转移、隐匿资金、财产、销毁有关证据、资料，或者拒绝接受调查，或者拒绝提供有关情况和资料，或者在事故调查中作伪证，或者指使他人作伪证的，处上一年年收入80%至90%的罚款；直接负责的主管人员和其他直接责任人员谎报、瞒报事故或者事故发生后逃匿的，处上一年年收入100%的罚款。

（三）构成违反治安管理行为的，由公安机关依法给予治安管理处罚。

第一百五十四条 煤矿企业对较大涉险事故迟报、漏报、谎报或者瞒报的违法行为。

一、法律依据

《生产安全事故信息报告和处置办法》第三条“本办法规定的应当报告和处置的生产安全事故信息（以下简称事故信息），是指已经发生的生产安全事故和较大涉险事故的信息。”第六条“生产经营单位发生生产安全事故或者较大涉险事故，其单位负责人接到事故信息报告后应当于1小时内报告事故发生地县级安全生产监督管理部门、煤矿安全监察分局。发生较大以上生产安全事故的，事故发生单位在依照第一款规定报告的同时，应当在1小时内报告省级安全生产监督管理部门、省级煤矿安全监察机构。发生重大、特别重大生产安全事故的，事故发生单位在依照本条第一款、第二款规定报告的同时，可以立即报告国家安全生产监督管理总局、国家煤矿安全监察局。”第七条“安全生产监督管理部门、煤矿安全监察机构接到事故发生单位的事故信息报告后，应当按照下列规定上报事故情况，同时书面通知同级公安机关、劳动保障部门、工会、人民检察院和有关部门：（一）一般事故和较大涉险事故逐级上报至设区的市级安全生产监督管理部门、省级煤矿安全监察机构；（二）较大事故逐级上报至省级安全生产监督管理部门、省级煤矿安全监察机构；（三）重大事故、特别重大事故逐级上报至国家安全生产监督管理总局、国家煤矿安全监察局。前款规定的逐级上报，每一级上报时间不得超过2小时。安全生产监督管理部门依照前款规定上报事故情况时，应当同时报告本级人民政府。”第十条“报告事故信息，应当包括下列内容：（一）事故发生单位的名称、地址、性质、产能等基本情况；（二）事故发生的时间、地点以及事故现场情况；（三）事故的简要经过（包括应急救援情况）；（四）事故已经造成或者可能造成的伤亡人数（包括下落不明、涉险的人数）和初步估计的直接经济损失；（五）已经采取的措施；（六）其他应当报告的情况。使用电话快报，应当包括下列内容：（一）事故发生单位的名称、地址、性质；（二）事故发生的时间、地点；（三）事故已经造成或者可能造成的伤亡人数（包括下落不明、涉险的人数）。”第十一条“事故具体情况暂时不清楚的，负责事故报告的单位可以先报事故概况，随后补报事故全面情况。事故信息报告后出现新情况的，负责事故报告的单位应当依照本办法第六条、第七条、第八条、第九条的规定及时续报。较大涉险事故、一般事故、较大事故每日至少续报1次；重大事故、特别重大事故每日至少续报2次。自事故发生之日起30日内（道路交通、火灾事故自发生之日起7日内），事故造成的伤亡人数发生变化的，应于当日续报。”第二十五条“生产经营单位对较大涉险事故迟报、漏报、谎报或者瞒报的，给予警告，并处3万元以下的罚款。”第二十六条“本办法所称的较大涉险事故是指：（一）涉险10人以上的事故；（二）造成3人以上被困或者下落不明的事故；（三）紧急疏散人员500人以上的事故；（四）因生产安全事故对环境造成严重污染（人员密集场所、生活水源、农田、河流、水库、湖泊等）的事故；（五）危及重要场所和设施安全（电站、重要水利设施、危化品库、油气站和车站、码头、港口、机场及其他人员密集场所等）的事故；（六）其他较大涉险事故。”

二、法律适用

煤矿企业对较大涉险事故迟报、漏报、谎报或者瞒报的，违反了《生产安全事故信息报告和处置办法》第三条、第六条、第七条、第十条、第十一条和第二十六条之规定，应依据《生产安全事故信息报告和处置办法》第二十五条之规定进行处罚。

三、行政处罚基准

上述违法行为的，依据《生产安全事故信息报告和处置办法》第二十五条规定，给予警告，对煤矿企业并处3万元以下的罚款。

第一百五十五条　中介机构为发生事故的单位提供虚假证明的违法行为。

一、法律依据

（一）法律

《安全生产法》第六十九条“承担安全评价、认证、检测、检验的机构应当具备国家规定的资质条件，并对其作出的安全评价、认证、检测、检验的结果负责。”

（二）行政法规

《生产安全事故报告和调查处理条例》第四十条第二款“为发生事故的单位提供虚假证明的中介机构，由有关部门依法暂扣或者吊销其有关证照及其相关人员的执业资格；构成犯罪的，依法追究刑事责任。”

二、法律适用

中介机构为发生事故的单位提供虚假证明的，违反了《安全生产法》第六十九条规定的义务，应依据《生产安全事故报告和调查处理条例》第四十条第二款之规定处罚。

三、行政处罚基准

有上述违法行为的，依据《生产安全事故报告和调查处理条例》第四十条第二款规定，由有关部门依法暂扣或者吊销其有关证照及其相关人员的执业资格。

附：

备注 1：《国务院办公厅关于印发煤矿安全监察管理体制改革实施方案的通知》（国办发〔1999〕104 号）“现由劳动等部门负责的煤矿安全监察职能，均由煤矿安全监察局承担。”

备注 2：《国务院关于取消和调整一批行政审批项目等事项的决定》（国发〔2015〕11 号）、《国家煤矿安全监察局关于取消煤矿矿长资格证行政许可的通知》（煤安监监察〔2014〕33 号）已经取消了煤矿矿长资格证和矿长安全资格证。

图书在版编目（CIP）数据

煤矿安全法律法规汇编/国家煤矿安全监察局编. --北京：应急管理出版社，2020（2023.12重印）

ISBN 978-7-5020-7687-0

Ⅰ.①煤… Ⅱ.①国… Ⅲ.①煤矿—安全法规—汇编—中国 Ⅳ.①D922.549

中国版本图书馆CIP数据核字（2019）第190146号

煤矿安全法律法规汇编

编　　者　国家煤矿安全监察局
责任编辑　成联君
责任校对　邢蕾严　赵　盼　李新荣
封面设计　雨　辰

出版发行　应急管理出版社（北京市朝阳区芍药居35号　100029）
电　　话　010-84657898（总编室）　010-84657880（读者服务部）
网　　址　www.cciph.com.cn
印　　刷　北京建宏印刷有限公司
经　　销　全国新华书店

开　　本　889mm×1194mm $^{1}/_{16}$　**印张**　56 $^{1}/_{4}$　**字数**　1641千字
版　　次　2020年3月第1版　2023年12月第3次印刷
社内编号　20192855　　　　**定价**　338.00元